高等数学典型问题精讲
（教学篇）

罗来珍　李兴华　张贵钧　主编

科学出版社

北　京

内 容 简 介

　　本书采用精讲例题和精练习题相结合的方式, 帮助学生深入理解并掌握高等数学的基本概念、理论和方法. 内容覆盖高等数学的主要知识点, 结构清晰, 条理分明. 注重将理论知识与实际应用相结合, 以提升学生的数学素养和解决实际问题的能力.

　　本书分为教学篇、竞赛篇两册. 教学篇按照高等数学的章节安排, 侧重基础知识点的讲解和相应练习, 旨在激发学生的学习兴趣, 并帮助学生夯实和巩固基础知识. 竞赛篇以专题形式展开, 对高等数学综合性试题进行分析、解答, 注重数学抽象思维的呈现, 以提高学生综合分析和解决问题能力为目的, 竞赛篇还配有全国大学生数学竞赛试题以及模拟试题供学习者参考练习, 此外, 扫描二维码, 可查看习题精练与模拟试题解答.

　　本书可供高等学校理工类、经管类、农林类等各专业的学生学习使用, 也可作为全国大学生数学竞赛和全国硕士研究生考试的辅导用书.

图书在版编目 (CIP) 数据

高等数学典型问题精讲. 教学篇 / 罗来珍, 李兴华, 张贵钧主编. -- 北京 : 科学出版社, 2025. 3. -- ISBN 978-7-03-081529-3

I. O13

中国国家版本馆 CIP 数据核字第 2025HR5759 号

责任编辑: 王　静　李　萍 / 责任校对: 杨聪敏
责任印制: 师艳茹 / 封面设计: 陈　敬

科学出版社 出版
北京东黄城根北街 16 号
邮政编码: 100717
http://www.sciencep.com
三河市骏杰印刷有限公司印刷
科学出版社发行　各地新华书店经销

*

2025 年 3 月第 一 版　开本: 720×1000　1/16
2025 年 3 月第一次印刷　印张: 46 1/2
字数: 937 000
定价: 169.00 元 (全 2 册)
(如有印装质量问题, 我社负责调换)

前　言

本书是作者为在科学出版社出版的《高等数学》(上册: 赵辉等; 下册: 罗来珍等) 编写的配套教学辅导用书, 同时也可作为全国大学生数学竞赛的教学辅导用书和全国硕士研究生入学考试的备考辅导用书. 本书依据教育部高等学校大学数学课程教学指导委员会制定的非数学专业 "高等数学" 课程教学基本要求、全国大学生数学竞赛非数学类竞赛大纲和全国硕士研究生入学考试数学考试大纲等内容和要求编写, 适合各高等院校理工类、经管类、农林类等各专业的学生学习高等数学课程使用.

在人工智能赋能教育时代背景下, 大数据、云计算和人工智能迅猛发展, 对"高等数学" 这门课程提出了全新要求, 传统的教材已经不能适应新时期高等教育改革的需要, 尤其是在 "双一流" 建设背景下, 新工科、新文科、新农科、新医科的发展如火如荼, 高等数学课程的教材改革应运而生.

本书作者团队在高等数学教学上经验丰富、成果丰硕. 赵辉教授曾获评国家级课程思政教学名师, 主讲课程 "高等数学" 获评首批国家级一流本科课程和国家级课程思政示范课程, 同时赵老师还是国家级课程思政教学团队负责人, 省级虚拟教研室 "高等数学" 负责人. 在本书的编写过程中, 作者团队融入了多年来在"高等数学" 课程教学中积累的实际教学工作经验, 并吸取了国内外许多教材的精华. 力求教材的体系和内容符合一流本科教育背景下课程改革的总体目标, 并兼顾许多学生参加大学生数学竞赛和报考硕士研究生的学习需求.

本书知识结构紧密结合高等数学教学的总体要求, 内容重点突出、难点适度, 同时便于自学自测. 在选材上, 本书强调题目的典型性、代表性, 解法的启发性、灵活性. 题材广泛, 题型多样, 讲题示法, 以题明理. 书中注重解题思路和规律的分析、解题的方法和技巧的提炼, 以及有关注意事项的阐释. 在写作风格上, 力求逻辑严谨, 文字简洁, 语言流畅, 深入浅出, 以便于学生理解和掌握.

本书分为教学篇、竞赛篇两册, 由赵辉设计和统稿. 教学篇由罗来珍 (第 1—4章)、李兴华 (第 5—8 章)、张贵钧 (第 9—12 章) 共同完成编写工作, 内容按照高等数学的章节安排, 侧重基础知识点的讲解和相应练习, 旨在激发学生的学习兴趣, 并帮助学生夯实和巩固基础知识. 竞赛篇由赵辉 (专题一、专题二)、孟桂芝(专题三—专题五)、杜士晗 (专题六、专题七, 以及竞赛试题和模拟试题) 共同完成编写工作, 以专题形式展开, 对高等数学综合性试题进行分析、解答, 注重数学抽象思维的呈现, 以提高学生综合分析和解决问题能力为目的, 竞赛篇还配有全国大学生数学竞赛试题以及模拟试题供学习者参考练习, 此外, 扫描二维码, 可查看习题精练与模拟试题解答.

　　本书内容充实、精心选材, 充分体现了高等数学习题教学的高阶性、创新性和挑战度, 能有效提升学生的高等数学解题技巧和解决复杂工程问题的能力, 显著增强学生的抽象思维能力、空间想象能力和知识迁移能力. 本书特别适合理工科大学生在学习和复习高等数学课程时反复使用, 也是理工科大学生参加全国大学生数学竞赛和考研复习的有效指导用书.

　　由于作者水平所限, 书中不妥之处在所难免, 殷切地希望广大读者批评指正、不吝赐教, 以便不断改进和完善.

作　者

2024 年 2 月于哈尔滨

目　　录

第 1 章　函数与极限

1.1　函数的极限

一、知识要点

1. 函数的概念和基本性质.

2. 掌握函数的特性: 单调性、奇偶性、有界性.

3. 熟练计算复合函数的表达式.

4. 极限的定义与性质.

5. 极限的运算法则.

6. 数列的极限的性质.

(1) 唯一性: 若 $\{a_n\}$ 收敛, 且有 $\lim\limits_{n\to\infty} a_n = A$ 及 $\lim\limits_{n\to\infty} a_n = B$, 则 $A = B$.

(2) 有界性: 若 $\{a_n\}$ 收敛, 则 $\{a_n\}$ 有界 (其逆命题不真, 如 $x_n = (-1)^n$).

(3) 保号性: 如果 $\lim\limits_{n\to\infty} a_n = a$, 且 $a > 0$ (或 $a < 0$), 那么存在正整数 N, 当 $n > N$ 时都有 $a_n > 0$ (或 $a_n < 0$).

推论: 如果数列 a_n 从某一项起有 $x_n \geqslant 0$ (或 $x_n \leqslant 0$), 且 $\lim\limits_{n\to\infty} a_n = a$, 那么 $a \geqslant 0$ (或 $a \leqslant 0$).

注 1　数列极限的性质中需要注意:

(1) $\lim\limits_{n\to\infty} x_n = a \Rightarrow \lim\limits_{n\to\infty} |x_n| = |a|$;

(2) $\lim\limits_{n\to\infty} x_n = a \Leftrightarrow \{x_n\}$ 的任一子列都收敛于 a;

(3) $\lim\limits_{n\to\infty} x_n = a \Leftrightarrow \{x_n\}$ 的奇子列 $\{x_{2n+1}\}$ 和偶子列 $\{x_{2n}\}$ 都收敛于 a.

注 2　常用的极限公式:

(1) $\lim\limits_{n\to\infty} q^n = 0\ (|q| < 1)$;

(2) $\lim\limits_{n\to\infty} \sqrt[n]{a} = 1\ (a > 0)$;

(3) $\lim\limits_{n\to\infty} \sqrt[n]{n} = 1$;

(4) $\lim\limits_{n\to\infty} \dfrac{\ln n}{n} = 0$;

(5) $\lim\limits_{n\to\infty} \dfrac{n^k}{a^n} = 0\ (a > 1)$.

7. 极限存在的两个准则.

(1) 夹逼定理: 若存在正数 δ, 对于任意满足 $0 < |x - x_0| < \delta$ 的 x 都有 $\varphi(x) \leqslant f(x) \leqslant \psi(x)$, 且 $\lim \varphi(x) = \lim \psi(x) = A$, 则 $\lim f(x) = A$.

若存在自然数 N, 当 $n > N$ 时, 恒有 $y_n \leqslant x_n \leqslant z_n$, 且有 $\lim\limits_{n \to \infty} y_n = \lim\limits_{n \to \infty} z_n = a$, 则 $\lim\limits_{n \to \infty} x_n = a$.

(2) 单调有界原理: 单调递增有上界 (或单调递减有下界) 的数列必有极限.

8. 两个重要极限.

(1) $\lim\limits_{x \to 0} \dfrac{\sin x}{x} = 1$. 　　　　　推广: $\lim\limits_{f(x) \to 0} \dfrac{\sin f(x)}{f(x)} = 1, f(x) \neq 0$.

(2) $\lim\limits_{x \to \infty} \left(1 + \dfrac{1}{x} \right)^x = \mathrm{e}$.

9. 函数的极限.

(1) $x \to x_0$ 时的极限:

$\lim\limits_{x \to x_0} f(x) = A \Leftrightarrow \forall \varepsilon > 0, \exists \delta > 0$, 当 $0 < |x - x_0| < \delta$ 时, 有 $|f(x) - A| < \varepsilon$.

(2) $x \to \infty$ 时的极限:

$\lim\limits_{x \to \infty} f(x) = A \Leftrightarrow \forall \varepsilon > 0, \exists$ 一个正数 $M > 0$, 当 $|x| > M$ 时, 有 $|f(x) - A| < \varepsilon$.

10. 函数极限的性质.

(1) 唯一性: 若 $\lim\limits_{x \to x_0} f(x)$ 存在, 且有 $\lim\limits_{x \to x_0} f(x) = A$ 及 $\lim\limits_{x \to x_0} f(x) = B$, 则 $A = B$.

(2) 有界性: 若 $\lim\limits_{x \to x_0} f(x)$ 存在, 则存在正数 δ, 使得 $f(x)$ 在 $(x_0 - \delta, x_0) \cup (x_0, x_0 + \delta)$ 内有界.

(3) 保号性: 若 $\lim\limits_{x \to x_0} f(x) = A$, 且 $A > 0$ (或 $A < 0$), 则存在常数 $\delta > 0$, 使得当 $0 < |x - x_0| < \delta$ 时, 都有 $f(x) > 0$ (或 $f(x) < 0$).

对于 $x \to \infty$, 函数的极限有以上类似的性质.

11. 极限的四则运算.

设 $\lim\limits_{x \to \square} f(x) = A$, $\lim\limits_{x \to \square} g(x) = B$, $x \to \square$ 表示同一极限过程, 可以是 $x \to x_0$, $x \to \infty$ 等, 则

$$\lim\limits_{x \to \square} [f(x) \pm g(x)] = \lim\limits_{x \to \square} f(x) \pm \lim\limits_{x \to \square} g(x) = A \pm B,$$

$$\lim\limits_{x \to \square} f(x)g(x) = \lim\limits_{x \to \square} f(x) \lim\limits_{x \to \square} g(x) = AB,$$

$$\lim\limits_{x \to \square} \dfrac{f(x)}{g(x)} = \dfrac{\lim\limits_{x \to \square} f(x)}{\lim\limits_{x \to \square} g(x)} = \dfrac{A}{B} \quad (B \neq 0).$$

二、例题分析

例 1　设 $f(x) = \mathrm{e}^x + 2$, $f[\varphi(x)] = x^2$, 求 $\varphi(x)$.

解 由 $f(x) = \mathrm{e}^x + 2$ 知 $f[\varphi(x)] = \mathrm{e}^{\varphi(x)} + 2$, 又 $f[\varphi(x)] = x^2$, 所以 $\mathrm{e}^{\varphi(x)} + 2 = x^2$, 从而

$$\varphi(x) = \ln(x^2 - 2), \quad x \in (-\infty, -\sqrt{2}) \cup (\sqrt{2}, +\infty).$$

例 2 设 $f(x) = \begin{cases} \ln x, & x > 0, \\ x, & x \leqslant 0, \end{cases}$ 且 $g(x) = \begin{cases} x^2, & x \leqslant 1, \\ x^3, & x > 1, \end{cases}$ 求 $f[g(x)]$.

解法 1 (先内后外法)

$$f[g(x)] = \begin{cases} f(x^2), & x \leqslant 1, \\ f(x^3), & x > 1 \end{cases} = \begin{cases} \ln x^2, & x^2 > 0 且 x \leqslant 1, \\ x^2, & x^2 \leqslant 0 且 x \leqslant 1, \\ \ln x^3, & x^3 > 0 且 x > 1, \\ x^3, & x^3 \leqslant 0 且 x > 1 \end{cases}$$

$$= \begin{cases} \ln x^2, & x \leqslant 1 且 x \neq 0, \\ x^2, & x = 0, \\ \ln x^3, & x > 1. \end{cases}$$

解法 2 (先外后内法)

$$f[g(x)] = \begin{cases} \ln g(x), & g(x) > 0, \\ g(x), & g(x) \leqslant 0 \end{cases} = \begin{cases} \ln x^2, & x \leqslant 1 且 g(x) > 0, \\ \ln x^3, & x > 1 且 g(x) > 0, \\ x^2, & x \leqslant 1 且 g(x) \leqslant 0, \\ x^3, & x > 1 且 g(x) \leqslant 0. \end{cases}$$

因为

$$g(x) > 0 \Leftrightarrow x^2 > 0 且 x \leqslant 1 或 x^3 > 0 且 x > 1$$

$$\Leftrightarrow x \leqslant 1 且 x \neq 0 或 x > 1 \Leftrightarrow x \neq 0,$$

所以 $g(x) > 0 \Leftrightarrow x \neq 0$. 故

$$f[g(x)] = \begin{cases} \ln x^2, & x \leqslant 1 且 x \neq 0, \\ \ln x^3, & x > 1 且 x \neq 0, \\ x^2, & x \leqslant 1 且 x = 0, \\ x^3, & x > 1 且 x = 0 \end{cases} = \begin{cases} \ln x^2, & x \leqslant 1 且 x \neq 0, \\ x^2, & x = 0, \\ \ln x^3, & x > 1. \end{cases}$$

例 3 设 $f(x)$ 满足条件 $2f(x) + f\left(\dfrac{1}{x}\right) = \dfrac{a}{x}$ (a 为常数), 且 $f(0) = 0$, 证明: $f(x)$ 是奇函数.

证明 因为

$$2f(x) + f\left(\frac{1}{x}\right) = \frac{a}{x}, \qquad\qquad ①$$

所以

$$2f\left(\frac{1}{x}\right) + f(x) = ax. \qquad\qquad ②$$

由 ①, ② 有

$$f(x) = \begin{cases} \dfrac{a(2-x^2)}{3x}, & x \neq 0, \\ 0, & x = 0. \end{cases}$$

显然 $f(x)$ 是奇函数.

例 4 设 $y = \begin{cases} x, & x < 1, \\ x^3, & 1 \leqslant x \leqslant 2, \\ 3^x, & x > 2, \end{cases}$ 求其反函数.

解 当 $x < 1$ 时, $y = x$, 故其反函数为 $y = x$, $x \in (-\infty, 1)$;

当 $1 \leqslant x \leqslant 2$ 时, $y = x^3$, 故其反函数为 $y = \sqrt[3]{x}$, $x \in [1, 8]$;

当 $x > 2$ 时, $y = 3^x$, 故其反函数为 $y = \log_3 x$, $x \in (9, +\infty)$.

从而反函数为 $y = \begin{cases} x, & x < 1, \\ \sqrt[3]{x}, & 1 \leqslant x \leqslant 8, \\ \log_3 x, & x > 9. \end{cases}$

注 常见的分段函数

(1) 绝对值函数 $f(x) = |x| = \begin{cases} x, & x \geqslant 0, \\ -x, & x < 0; \end{cases}$

(2) 符号函数 $\mathrm{sgn}(x) = \begin{cases} 1, & x > 0, \\ 0, & x = 0, \\ -1, & x < 0; \end{cases}$

(3) 最大值函数 $\max\{f(x), g(x)\} = \begin{cases} f(x), & f(x) \geqslant g(x), \\ g(x), & f(x) < g(x); \end{cases}$

(4) 取整函数 $f(x) = [x]$, 其中 $[3.5] = 3, [-3.5] = -4$.

例 5 计算下列数列的极限:

(1) $\displaystyle\lim_{n\to\infty} n(\sqrt{n^2+1} - n)$;   (2) $\displaystyle\lim_{n\to\infty} \left(1 - \frac{1}{2}\right)\left(1 - \frac{1}{3}\right)\cdots\left(1 - \frac{1}{n}\right)$;

(3) $\lim\limits_{n\to\infty} \dfrac{1}{n}\left[\left(x+\dfrac{1}{n}a\right)+\left(x+\dfrac{2}{n}a\right)+\cdots+\left(x+\dfrac{n-1}{n}a\right)\right]$;

(4) $\lim\limits_{n\to\infty} \sqrt{2}\cdot\sqrt[4]{2}\cdot\cdots\cdot\sqrt[2^n]{2}$; (5) $\lim\limits_{n\to\infty}\left(\dfrac{1}{3}+\dfrac{1}{15}+\cdots+\dfrac{1}{4n^2-1}\right)$;

(6) 设 $\{x_n\}$ 满足 $x_1=a$, $x_2=b$, $x_{n+2}=\dfrac{x_{n+1}+x_n}{2}$ $(n=1,2,\cdots)$, 求 $\lim\limits_{n\to\infty}x_n$.

解 (1) 原式 $=\lim\limits_{n\to\infty}\dfrac{n}{\sqrt{n^2+1}+n}=\lim\limits_{n\to\infty}\dfrac{1}{\sqrt{1+\dfrac{1}{n^2}}+1}=\dfrac{1}{2}$.

(2) 原式 $=\lim\limits_{n\to\infty}\dfrac{2-1}{2}\times\dfrac{3-1}{3}\times\cdots\times\dfrac{n-1}{n}=\lim\limits_{n\to\infty}\dfrac{1}{n}=0$.

(3) 原式 $=\lim\limits_{n\to\infty}\dfrac{1}{n}\left\{(n-1)x+\dfrac{a}{n}[1+2+\cdots+(n-1)]\right\}$

$=\lim\limits_{n\to\infty}\dfrac{1}{n}\left[(n-1)x+\dfrac{a}{n}\cdot\dfrac{(n-1)n}{2}\right]$

$=\lim\limits_{n\to\infty}\dfrac{n-1}{n}\left(x+\dfrac{a}{2}\right)=x+\dfrac{a}{2}$.

(4) 原式 $=\lim\limits_{n\to\infty}2^{\frac{1}{2}}\cdot2^{\frac{1}{2^2}}\cdot\cdots\cdot2^{\frac{1}{2^n}}=\lim\limits_{n\to\infty}2^{1-\left(\frac{1}{2}\right)^n}=2$.

(5) 因为 $\dfrac{1}{4n^2-1}=\dfrac{1}{2}\left(\dfrac{1}{2n-1}-\dfrac{1}{2n+1}\right)$, 所以

原式 $=\lim\limits_{n\to\infty}\dfrac{1}{2}\left[\left(1-\dfrac{1}{3}\right)+\left(\dfrac{1}{3}-\dfrac{1}{5}\right)+\cdots+\left(\dfrac{1}{2n-1}-\dfrac{1}{2n+1}\right)\right]$

$=\lim\limits_{n\to\infty}\dfrac{1}{2}\left(1-\dfrac{1}{2n+1}\right)=\dfrac{1}{2}$.

(6) 由 $x_{n+2}=\dfrac{x_{n+1}+x_n}{2}$, 得

$$x_{n+2}-x_{n+1}=-\dfrac{1}{2}(x_{n+1}-x_n)\quad(n=1,2,\cdots).$$

所以, 当 $n\geqslant3$ 时,

$$x_n-x_{n-1}=-\dfrac{1}{2}(x_{n-1}-x_{n-2})$$

$$=\left(-\dfrac{1}{2}\right)^{n-2}(x_2-x_1)=\left(-\dfrac{1}{2}\right)^{n-2}(b-a).$$

故

$$x_n = x_1 + \sum_{k=2}^{n} (x_k - x_{k-1}) = x_1 + (b-a) \sum_{k=0}^{n-2} \left(-\frac{1}{2}\right)^k$$

$$= a + \frac{2}{3}(b-a) \left[1 - \left(-\frac{1}{2}\right)^{n-1}\right].$$

所以, $\lim\limits_{n \to \infty} x_n = \dfrac{1}{3}(2b+a)$.

例 6 求下列数列的极限:

(1) 设 $x_n = \dfrac{1}{2} \cdot \dfrac{3}{4} \cdot \dfrac{5}{6} \cdot \cdots \cdot \dfrac{2n-1}{2n}$, 求 $\lim\limits_{n \to \infty} x_n$;

(2) 设 $x_n = \dfrac{1}{n^2+n+1} + \dfrac{2}{n^2+n+2} + \cdots + \dfrac{n}{n^2+n+n}$, 求 $\lim\limits_{n \to \infty} x_n$;

(3) 设 $x_n = \sqrt[n]{a_1^n + a_2^n + \cdots + a_k^n}$ (a_i, $i = 1, 2, \cdots, k$, 皆为大于零的常数, $k \in \mathbf{N}$), 求 $\lim\limits_{n \to \infty} x_n$;

(4) 求 $\lim\limits_{n \to \infty} \dfrac{2^n}{n!}$;

(5) 求 $\lim\limits_{n \to \infty} \dfrac{\sqrt[3]{n^2} \sin(n!)}{n+1}$.

解 (1) 令 $y_n = \dfrac{2}{3} \cdot \dfrac{4}{5} \cdot \cdots \cdot \dfrac{2n}{2n+1}$, 则有

$$0 < x_n < y_n,$$

$$0 < x_n^2 < x_n y_n = \frac{1}{2n+1}.$$

于是 $0 < x_n < \dfrac{1}{\sqrt{2n+1}}$. 又 $\lim\limits_{n \to \infty} \dfrac{1}{\sqrt{2n+1}} = 0$, 由夹逼定理知 $\lim\limits_{n \to \infty} x_n = 0$.

(2) 因

$$\frac{n(n+1)}{2(n^2+n+n)} \leqslant x_n \leqslant \frac{n(n+1)}{2(n^2+n+1)},$$

而

$$\lim_{n \to \infty} \frac{n(n+1)}{2(n^2+n+n)} = \lim_{n \to \infty} \frac{n(n+1)}{2(n^2+n+1)} = \frac{1}{2},$$

故 $\lim\limits_{n \to \infty} x_n = \dfrac{1}{2}$.

(3) 记 $a = \max\{a_1, a_2, \cdots, a_k\}$, 则

$$\sqrt[n]{a^n} \leqslant \sqrt[n]{a_1^n + a_2^n + \cdots + a_k^n} \leqslant \sqrt[n]{ka^n},$$

而

$$\lim_{n \to \infty} \sqrt[n]{k} = 1, \quad \lim_{n \to \infty} \sqrt[n]{a^n} = a,$$

所以

$$\lim_{n \to \infty} \sqrt[n]{a_1^n + a_2^n + \cdots + a_k^n} = a = \max\{a_1, a_2, \cdots, a_k\}.$$

(4) **法 1** 因

$$0 < \frac{2^n}{n!} = \frac{2}{1} \cdot \frac{2}{2} \cdot \frac{2}{3} \cdot \cdots \cdot \frac{2}{n} \leqslant \frac{4}{n},$$

而 $\lim\limits_{n \to \infty} \dfrac{4}{n} = 0$, 故 $\lim\limits_{n \to \infty} \dfrac{2^n}{n!} = 0$.

法 2 设

$$x_n = \frac{2^n}{n!}, \quad \frac{x_{n+1}}{x_n} = \frac{\dfrac{2^{n+1}}{(n+1)!}}{\dfrac{2^n}{n!}} = \frac{2}{n+1} \leqslant 1,$$

故 $x_{n+1} \leqslant x_n$, 即 $\{x_n\}$ 单调递减.

又 $x_n > 0$, 即 $\{x_n\}$ 有下界, 从而 $\{x_n\}$ 收敛.

设 $\lim\limits_{n \to \infty} x_n = a$, 由 $x_{n+1} = \dfrac{2}{n+1} x_n$, 得 $a = 0 \cdot a$, 故 $a = 0$, 即 $\lim\limits_{n \to \infty} x_n = 0$.

(5) **法 1** 由于

$$0 \leqslant \left| \frac{\sqrt[3]{n^2} \sin(n!)}{n+1} \right| \leqslant \frac{\sqrt[3]{n^2}}{n+1} < \frac{\sqrt[3]{n^2}}{n} = \frac{1}{\sqrt[3]{n}},$$

因此

$$-\frac{1}{\sqrt[3]{n}} < \frac{\sqrt[3]{n^2} \sin(n!)}{n+1} < \frac{1}{\sqrt[3]{n}},$$

而

$$\lim_{n \to \infty} \left(-\frac{1}{\sqrt[3]{n}} \right) = \lim_{n \to \infty} \frac{1}{\sqrt[3]{n}} = 0,$$

故

$$\lim_{n \to \infty} \frac{\sqrt[3]{n^2} \sin(n!)}{n+1} = 0.$$

法 2　因为

$$\lim_{n\to\infty} \frac{\sqrt[3]{n^2}}{n+1} = \lim_{n\to\infty} \frac{\frac{1}{\sqrt[3]{n}}}{1+\frac{1}{n}} = 0,$$

而 $|\sin(n!)| \leqslant 1$, 由于无穷小量与有界函数的乘积仍是无穷小量, 因此

$$\lim_{n\to\infty} \frac{\sqrt[3]{n^2}\sin(n!)}{n+1} = 0.$$

例 7　计算下列极限:

(1) $\lim\limits_{n\to\infty} \sum\limits_{k=1}^{n} \dfrac{1}{k(k+1)(k+2)}$;

(2) $\lim\limits_{n\to\infty} \sum\limits_{k=1}^{n} \dfrac{k}{n^2+k}$;

(3) $\lim\limits_{n\to\infty} \prod\limits_{k=0}^{n} \cos \dfrac{x}{2^k} (x \neq 0)$.

解　(1) 因为

$$\sum_{k=1}^{n} \frac{1}{k(k+1)(k+2)} = \frac{1}{2} \sum_{k=1}^{n} \left[\frac{1}{k(k+1)} - \frac{1}{(k+1)(k+2)} \right]$$

$$= \frac{1}{2} \left[\frac{1}{2} - \frac{1}{(n+1)(n+2)} \right],$$

所以 $\lim\limits_{n\to\infty} \sum\limits_{k=1}^{n} \dfrac{1}{k(k+1)(k+2)} = \lim\limits_{n\to\infty} \dfrac{1}{2} \left[\dfrac{1}{2} - \dfrac{1}{(n+1)(n+2)} \right] = \dfrac{1}{4}.$

(2) 首先根据极限式的特点, 我们有

$$\sum_{k=1}^{n} \frac{k}{n^2+n} < \sum_{k=1}^{n} \frac{k}{n^2+k} < \sum_{k=1}^{n} \frac{k}{n^2+1}.$$

而

$$\lim_{n\to\infty} \sum_{k=1}^{n} \frac{k}{n^2+1} = \lim_{n\to\infty} \frac{1+2+3+\cdots+n}{n^2+1} = \lim_{n\to\infty} \frac{\frac{n(n+1)}{2}}{n^2+1} = \frac{1}{2},$$

$$\lim_{n\to\infty} \sum_{k=1}^{n} \frac{k}{n^2+n} = \lim_{n\to\infty} \frac{1+2+3+\cdots+n}{n^2+n} = \lim_{n\to\infty} \frac{\frac{n(n+1)}{2}}{n^2+n} = \frac{1}{2},$$

由夹逼定理可知

$$\lim_{n\to\infty}\sum_{k=1}^{n}\frac{k}{n^2+k}=\frac{1}{2}.$$

(3) 因为

$$\prod_{k=1}^{n}\cos\frac{x}{2^k}=\cos\frac{x}{2}\cos\frac{x}{2^2}\cdots\cos\frac{x}{2^n}=\frac{\cos\dfrac{x}{2}\cos\dfrac{x}{2^2}\cdots\cos\dfrac{x}{2^n}\sin\dfrac{x}{2^n}}{\sin\dfrac{x}{2^n}}=\frac{\dfrac{1}{2^n}\sin x}{\sin\dfrac{x}{2^n}},$$

则

$$\lim_{n\to\infty}\prod_{k=1}^{n}\cos\frac{x}{2^k}=\lim_{n\to\infty}\frac{\dfrac{1}{2^n}\sin x}{\sin\dfrac{x}{2^n}}=\frac{\sin x}{x}.$$

例 8 证明下列数列极限存在, 并求极限:

(1) 设 $x_1=2,\ x_{n+1}=\dfrac{1}{2}\left(x_n+\dfrac{1}{x_n}\right)\ (n=1,2,\cdots)$;

(2) 设 $x_n=\dfrac{11\times12\times13\times\cdots\times(n+10)}{2\times5\times8\times\cdots\times(3n-1)}\ (n=1,2,\cdots)$;

(3) 设 $x_1>a>0$, 且 $x_{n+1}=\sqrt{ax_n}\ (n=1,2,\cdots)$.

证明 (1) 因为 $x_n>0$, 且当 $n>1$ 时, 有

$$x_n=\frac{1}{2}\left(x_{n-1}+\frac{1}{x_{n-1}}\right)\geqslant\frac{1}{2}\cdot2\sqrt{x_{n-1}\cdot\frac{1}{x_{n-1}}}=1,$$

又

$$x_{n+1}-x_n=\frac{1-x_n^2}{2x_n}\leqslant0,$$

所以 $\{x_n\}$ 单调减少且有下界, 从而 $\lim\limits_{n\to\infty}x_n$ 存在.

设 $\lim\limits_{n\to\infty}x_n=a$, 则有 $a=\dfrac{1}{2}\left(a+\dfrac{1}{a}\right)$, 知 $a=\pm1$, 又由于 $x_n\geqslant1$, 故 $\lim\limits_{n\to\infty}x_n=1$.

(2) 因为 $x_{n+1}=\dfrac{n+11}{3n+2}x_n$, 所以, 当 $n>20$ 时, 有

$$0<x_{n+1}<\frac{1}{2}x_n<x_n,$$

故 $\{x_n\}$ 单调减少且有下界, 从而 $\lim\limits_{n\to\infty} x_n$ 存在.

设 $\lim\limits_{n\to\infty} x_n = a$, 则 $a = \dfrac{1}{3}a$, 得 $a = 0$, 即 $\lim\limits_{n\to\infty} x_n = 0$.

(3) **法 1**　用数学归纳法证明 $\{x_n\}$ 有界.

① 当 $n = 1$ 时, $x_1 > a$;

② 当 $n = k$ 时, $x_k > a$ 成立, 则当 $n = k+1$ 时, 有

$$x_{k+1} = \sqrt{ax_k} > \sqrt{a \cdot a} = a.$$

由数学归纳法知 $\{x_n\}$ 有下界.

又 $x_{n+1} = \sqrt{ax_n} < \sqrt{x_n^2} = x_n$, 故 $\{x_n\}$ 单调减少, 从而 $\lim\limits_{n\to\infty} x_n$ 存在.

设 $\lim\limits_{n\to\infty} x_n = A$, 由 $x_n > a$ 知

$$A \geqslant a > 0,$$

于是, 由

$$\lim_{n\to\infty} x_{n+1} = \lim_{n\to\infty} \sqrt{ax_n},$$

有 $A^2 = aA$, 因为 $A \neq 0$, 所以 $A = a$, 即 $\lim\limits_{n\to\infty} x_n = a$.

法 2　$\lim\limits_{n\to\infty} x_n = \lim\limits_{n\to\infty} a^{\frac{1}{2}} x_{n-1}^{\frac{1}{2}} = \lim\limits_{n\to\infty} a^{\frac{1}{2}} \cdot a^{\frac{1}{2^2}} \cdot x_{n-2}^{\frac{1}{2^2}}$

$$= \lim_{n\to\infty} a^{\frac{1}{2}} \cdot a^{\frac{1}{2^2}} \cdot \cdots \cdot a^{\frac{1}{2^{n-1}}} \cdot x_1^{\frac{1}{2^{n-1}}}$$

$$= \lim_{n\to\infty} a^{\frac{1}{2} + \frac{1}{2^2} + \cdots + \frac{1}{2^{n-1}}} \cdot x_1^{\frac{1}{2^{n-1}}}$$

$$= \lim_{n\to\infty} a^{\left(1 - \frac{1}{2^{n-1}}\right)} \cdot x_1^{\frac{1}{2^{n-1}}} = a.$$

例 9　求下列极限:

(1) $\lim\limits_{x\to\infty} \dfrac{(4x+1)^{30}(9x+2)^{20}}{(6x-1)^{50}}$;　　　　　(2) $\lim\limits_{x\to 1} \dfrac{x + x^2 + \cdots + x^n - n}{x-1}$;

(3) $\lim\limits_{x\to 1}(1+2x)^{3x-1}$.

解　(1) 原式 $= \lim\limits_{x\to\infty} \dfrac{\left(4 + \dfrac{1}{x}\right)^{30}\left(9 + \dfrac{2}{x}\right)^{20}}{\left(6 - \dfrac{1}{x}\right)^{50}} = \dfrac{4^{30} \cdot 9^{20}}{6^{50}} = \left(\dfrac{2}{3}\right)^{10}$.

(2) 原式 $= \lim\limits_{x\to 1} \dfrac{(x-1) + (x^2-1) + \cdots + (x^n-1)}{x-1}$

$$= \lim_{x \to 1}[1 + (x+1) + \cdots + (x^{n-1} + x^{n-2} + \cdots + 1)]$$

$$= 1 + 2 + \cdots + n = \frac{n(n+1)}{2}.$$

(3) 因为 $\lim_{x \to 1}(1 + 2x) = 3$, $\lim_{x \to 1}(3x - 1) = 2$, 所以

$$\lim_{x \to 1}(1 + 2x)^{3x-1} = 3^2 = 9.$$

注 对于幂指函数 $f(x)^{g(x)}(f(x) > 0)$, 若 $\lim f(x) = a > 0$, $\lim g(x) = b$, 则

$$\lim f(x)^{g(x)} = a^b.$$

例 10 证明 $\lim_{x \to \infty} \dfrac{e^x - e^{-x}}{e^x + e^{-x}}$ 不存在.

证明 因为

$$\lim_{x \to -\infty} \frac{e^x - e^{-x}}{e^x + e^{-x}} = \lim_{x \to -\infty} \frac{e^{2x} - 1}{e^{2x} + 1} = -1,$$

$$\lim_{x \to +\infty} \frac{e^x - e^{-x}}{e^x + e^{-x}} = \lim_{x \to +\infty} \frac{1 - e^{-2x}}{1 + e^{-2x}} = 1,$$

所以 $\lim_{x \to \infty} \dfrac{e^x - e^{-x}}{e^x + e^{-x}}$ 不存在.

注 $\lim_{x \to -\infty} e^x = 0$, $\lim_{x \to +\infty} e^x = +\infty$.

例 11 计算下列极限:

(1) $\lim_{x \to \infty} \dfrac{e^x - x \arctan x}{e^x + x}$;

(2) $\lim_{x \to 0} \left(\dfrac{2 + e^{\frac{1}{x}}}{1 + e^{\frac{4}{x}}} + \dfrac{\sin x}{|x|} \right)$;

(3) $\lim_{x \to +\infty} \dfrac{x^3 + x^2 + 1}{2^x + x^3}(\sin x + \cos x)$; (4) $\lim_{x \to -\infty} \dfrac{\sqrt{4x^2 + x - 1} + x + 1}{\sqrt{x^2 + \sin x}}$.

解 (1) 分 $x \to +\infty$ 与 $x \to -\infty$ 两种情况计算:

$$\lim_{x \to +\infty} \frac{e^x - x \arctan x}{e^x + x} = \lim_{x \to +\infty} \frac{1 - \dfrac{x \arctan x}{e^x}}{1 + \dfrac{x}{e^x}} = 1$$

$$\left(\text{最后一步用到了 } \lim_{x \to +\infty} \frac{x}{e^x} = 0 \right).$$

$$\lim_{x \to -\infty} \frac{e^x - x \arctan x}{e^x + x} = \lim_{x \to -\infty} \frac{\dfrac{e^x}{x} - \arctan x}{\dfrac{e^x}{x} + 1} = \frac{\pi}{2}.$$

由于

$$\lim_{x\to+\infty} \frac{\mathrm{e}^x - x\arctan x}{\mathrm{e}^x + x} \neq \lim_{x\to-\infty} \frac{\mathrm{e}^x - x\arctan x}{\mathrm{e}^x + x},$$

因此 $\lim\limits_{x\to\infty} = \dfrac{\mathrm{e}^x - x\arctan x}{\mathrm{e}^x + x}$ 不存在.

(2) 由于

$$\lim_{x\to 0^+} \left(\frac{2 + \mathrm{e}^{\frac{1}{x}}}{1 + \mathrm{e}^{\frac{4}{x}}} + \frac{\sin x}{|x|} \right) = \lim_{x\to 0^+} \left(\mathrm{e}^{-\frac{3}{x}} \frac{2\mathrm{e}^{-\frac{1}{x}} + 1}{\mathrm{e}^{-\frac{4}{x}} + 1} + \frac{\sin x}{x} \right),$$

又 $\lim\limits_{x\to 0^+} \mathrm{e}^{-\frac{1}{x}} = 0$, 可知

$$\lim_{x\to 0^+} \left(\mathrm{e}^{-\frac{3}{x}} \frac{2\mathrm{e}^{-\frac{1}{x}} + 1}{\mathrm{e}^{-\frac{4}{x}} + 1} + \frac{\sin x}{x} \right) = 1.$$

由于

$$\lim_{x\to 0^-} \left(\frac{2 + \mathrm{e}^{\frac{1}{x}}}{1 + \mathrm{e}^{\frac{4}{x}}} + \frac{\sin x}{|x|} \right) = \lim_{x\to 0^+} \left(\frac{2 + \mathrm{e}^{\frac{1}{x}}}{1 + \mathrm{e}^{\frac{4}{x}}} - \frac{\sin x}{x} \right),$$

又 $\lim\limits_{x\to 0^-} \mathrm{e}^{\frac{1}{x}} = 0$, 可知

$$\lim_{x\to 0^-} \left(\frac{2 + \mathrm{e}^{\frac{1}{x}}}{1 + \mathrm{e}^{\frac{4}{x}}} - \frac{\sin x}{x} \right) = 2 - 1 = 1,$$

因此左右极限都存在并且都等于 1, 则 $\lim\limits_{x\to 0} \left(\dfrac{2 + \mathrm{e}^{\frac{1}{x}}}{1 + \mathrm{e}^{\frac{4}{x}}} + \dfrac{\sin x}{|x|} \right) = 1$.

(3) 由于

$$\lim_{x\to+\infty} \frac{x^3 + x^2 + 1}{2^x + x^3} = \lim_{x\to+\infty} \frac{\dfrac{x^3 + x^2 + 1}{2^x}}{1 + \dfrac{x^3}{2^x}} = 0$$

$\left(\text{式中用到了} \lim\limits_{x\to+\infty} \dfrac{x^n}{2^x} = 0 (n = 1, 2, \cdots) \right)$, 而 $\sin x + \cos x$ 是一个有界量, 且无穷小量乘以有界量仍为无穷小量, 因此有

$$\lim_{x\to+\infty} \frac{x^3 + x^2 + 1}{2^x + x^3} (\sin x + \cos x) = 0.$$

(4) $\lim\limits_{x \to -\infty} \dfrac{\sqrt{4x^2 + x - 1} + x + 1}{\sqrt{x^2 + \sin x}} = \lim\limits_{x \to -\infty} \dfrac{\dfrac{\sqrt{4x^2 + x - 1} + x + 1}{x}}{\dfrac{\sqrt{x^2 + \sin x}}{x}}$

$= \lim\limits_{x \to -\infty} \dfrac{-\sqrt{4 + \dfrac{1}{x} - \dfrac{1}{x^2}} + 1 + \dfrac{1}{x}}{-\sqrt{1 + \dfrac{\sin x}{x^2}}} = 1.$

注 常见办法是用 $t = -x$ 换元, 即

$$\lim\limits_{x \to -\infty} \dfrac{\sqrt{4x^2 + x - 1} + x + 1}{\sqrt{x^2 + \sin x}} = \lim\limits_{t \to +\infty} \dfrac{\sqrt{4t^2 - t - 1} - t + 1}{\sqrt{t^2 - \sin t}} = 1.$$

注 需要区分**左右极限**的函数:

$$\lim\limits_{x \to +\infty} \mathrm{e}^x = +\infty, \qquad \lim\limits_{x \to -\infty} \mathrm{e}^x = 0;$$

$$\lim\limits_{x \to +\infty} \arctan x = \dfrac{\pi}{2}, \qquad \lim\limits_{x \to -\infty} \arctan x = -\dfrac{\pi}{2};$$

$$\lim\limits_{x \to +\infty} \operatorname{arccot} x = 0, \qquad \lim\limits_{x \to -\infty} \operatorname{arccot} x = \pi;$$

$$\lim\limits_{x \to 0^+} \arctan \dfrac{1}{x} = \dfrac{\pi}{2}, \qquad \lim\limits_{x \to 0^-} \arctan \dfrac{1}{x} = -\dfrac{\pi}{2};$$

$$\lim\limits_{x \to +\infty} \dfrac{\sqrt{1 + x^2}}{x} = 1, \qquad \lim\limits_{x \to -\infty} \dfrac{\sqrt{1 + x^2}}{x} = -1.$$

例 12 求下列极限:

(1) $\lim\limits_{x \to +\infty} \dfrac{\sin x}{\mathrm{e}^x}$;

(2) $\lim\limits_{x \to 0} \dfrac{x^2 \sin\dfrac{1}{x}}{\sin x}$.

解 (1) 因为 $\lim\limits_{x \to +\infty} \dfrac{1}{\mathrm{e}^x} = 0$, $|\sin x| \leqslant 1$, 所以由无穷小量和有界函数的乘积仍为无穷小量可知

$$\lim\limits_{x \to +\infty} \dfrac{\sin x}{\mathrm{e}^x} = 0.$$

(2) 由于 $\lim\limits_{x \to 0} \dfrac{x}{\sin x} = 1$, 而 $\lim\limits_{x \to 0} x\sin\dfrac{1}{x} = 0$ (无穷小量乘有界函数仍为无穷小量), 故

$$\lim\limits_{x \to 0} \dfrac{x^2 \sin\dfrac{1}{x}}{\sin x} = \lim\limits_{x \to 0} \left(x\sin\dfrac{1}{x} \cdot \dfrac{x}{\sin x} \right) = 0 \cdot 1 = 0.$$

例 13　已知函数的极限, 求常数 a, b.

(1) 设 $\lim\limits_{x \to \infty} \left(\dfrac{x^2}{x+1} - ax - b \right) = 0$;

(2) 设 $\lim\limits_{x \to 1} \dfrac{x^2 + ax + b}{x-1} = -1$.

解　(1) 由题意得

$$\lim_{x \to \infty} \left(\frac{x^2}{x+1} - ax \right) = b,$$

即

$$\lim_{x \to \infty} \frac{x^2 - ax^2 - ax}{x+1} = \lim_{x \to \infty} \frac{(1-a)x^2 - ax}{x+1} = b.$$

所以 $1 - a = 0$, $a = 1$, 故 $b = \lim\limits_{x \to \infty} \left(\dfrac{x^2}{x+1} - x \right) = \lim\limits_{x \to \infty} \dfrac{-x}{x+1} = -1$.

(2) 由 $\lim\limits_{x \to 1} \dfrac{x^2 + ax + b}{x-1} = -1$, 且 $\lim\limits_{x \to 1}(x - 1) = 0$, 得 $\lim\limits_{x \to 1}(x^2 + ax + b) = 0$,

即 $a + b + 1 = 0$, 得 $b = -(a+1)$. 从而

$$\begin{aligned}
\lim_{x \to 1} \frac{x^2 + ax + b}{x-1} &= \lim_{x \to 1} \frac{x^2 + ax - (a+1)}{x-1} \\
&= \lim_{x \to 1} \frac{(x-1)(x+1+a)}{x-1} = \lim_{x \to 1}(x + 1 + a) \\
&= 2 + a = -1.
\end{aligned}$$

故 $a = -3$, 从而 $b = -(a+1) = 2$.

例 14　求下列极限 (换元法):

(1) $\lim\limits_{x \to \pi/2} \dfrac{\cos x}{x - \pi/2}$;　　　　　　　(2) $\lim\limits_{x \to \pi/4} \tan 2x \tan \left(\dfrac{\pi}{4} - x \right)$.

解　(1) 设 $y = x - \dfrac{\pi}{2}$, 则 $x = y + \dfrac{\pi}{2}$, 从而

$$原式 = \lim_{y \to 0} \frac{\cos \left(y + \dfrac{\pi}{2} \right)}{y} = -\lim_{y \to 0} \frac{\sin y}{y} = -1.$$

(2) 设 $y = \dfrac{\pi}{4} - x$, 则 $x = \dfrac{\pi}{4} - y$. 从而

$$\begin{aligned}
原式 &= \lim_{y \to 0} \tan \left[2 \left(\frac{\pi}{4} - y \right) \right] \tan y = \lim_{y \to 0} \cot 2y \tan y \\
&= \lim_{y \to 0} \frac{\tan y}{\tan 2y} = \lim_{y \to 0} \frac{y}{2y} \quad (\text{利用当 } x \to 0 \text{时}, \tan x \sim x)
\end{aligned}$$

$$= \frac{1}{2}.$$

例 15 求下列极限:

(1) $\lim\limits_{x \to \infty} \left(\dfrac{x+1}{x-1} \right)^x$;

(2) $\lim\limits_{x \to 0} (1+3x)^{\frac{2}{\sin x}}$;

(3) $\lim\limits_{x \to 0} \left(\cos^2 x \right)^{\frac{1}{\sin^2 x}}$.

解 (1) **法 1**

$$原式 = \lim_{x \to \infty} \left(1 + \frac{2}{x-1} \right)^x = \lim_{x \to \infty} \left(1 + \frac{2}{x-1} \right)^{\frac{x-1}{2} \cdot 2 + 1}$$

$$= \left[\lim_{x \to \infty} \left(1 + \frac{2}{x-1} \right)^{\frac{x-1}{2}} \right]^2 \cdot \lim_{x \to \infty} \left(1 + \frac{2}{x-1} \right)$$

$$= \mathrm{e}^2 \cdot 1 = \mathrm{e}^2.$$

法 2

$$\lim_{x \to \infty} \left(\frac{x+1}{x-1} \right)^x = \mathrm{e}^{\lim\limits_{x \to \infty} x \ln \frac{x+1}{x-1}} = \mathrm{e}^{\lim\limits_{x \to \infty} x \ln \left(1 + \frac{2}{x-1} \right)} = \mathrm{e}^{\lim\limits_{x \to \infty} x \cdot \frac{2}{x-1}} = \mathrm{e}^2.$$

(利用当 $x \to 0$ 时, $\ln(1+x) \sim x$.)

法 3 由题意, 有

$$\lim_{x \to \infty} \left(\frac{x+1}{x-1} \right)^x = \lim_{x \to \infty} \left(1 + \frac{2}{x-1} \right)^x = \lim_{x \to \infty} \left(1 + \frac{2}{x-1} \right)^{\frac{x-1}{2} \cdot \frac{2x}{x-1}}.$$

因为 $\lim\limits_{x \to \infty} \dfrac{2x}{x-1} = 2$, 所以

$$\lim_{x \to \infty} \left(\frac{x+1}{x-1} \right)^x = \mathrm{e}^2.$$

(2) 原式 $= \lim\limits_{x \to 0} \left[(1+3x)^{\frac{1}{3x}} \right]^{\frac{6x}{\sin x}} = \mathrm{e}^6.$

(3) 原式 $= \lim\limits_{x \to 0} \left(1 - \sin^2 x \right)^{-\frac{1}{\sin^2 x} \times (-1)} = \mathrm{e}^{-1}.$

注 (1) 利用对数恒等式 $u(x)^{v(x)} = \mathrm{e}^{v(x) \ln u(x)}$ 进行变形, 可以将 $0^0, \infty^0, 1^\infty$ 型都变为 $0 \cdot \infty$ 型;

(2) 对于 1^∞ 型的极限 $\lim\limits_{x\to} u(x)^{v(x)}$ $(u(x)\to 1, v(x)\to\infty)$ 还可以利用重要极限来计算: $\lim\limits_{x\to\square} u(x)^{v(x)} = \lim\limits_{x\to\square}\left[u(x)^{\frac{1}{u(x)-1}}\right]^{v(x)[u(x)-1]} = \mathrm{e}^{\lim\limits_{x\to\square} v(x)[u(x)-1]}$, 在计算时就可以把 1^∞ 型的极限 $\lim\limits_{x\to\square} u(x)^{v(x)}$ 直接转化为 $0\cdot\infty$ 型极限 $\lim\limits_{x\to\square} v(x)[u(x)-1]$.

例 16 设 $\lim\limits_{x\to\infty}\left(\dfrac{x+2a}{x-a}\right)^{\frac{x}{3}} = 8$, 求 a.

解 $\lim\limits_{x\to\infty}\left(\dfrac{x+2a}{x-a}\right)^{\frac{x}{3}} = \lim\limits_{x\to\infty}\left[\left(1+\dfrac{3a}{x-a}\right)^{\frac{x-a}{3a}}\right]^a \left(1+\dfrac{3a}{x-a}\right)^{\frac{a}{3}}$

$$= \mathrm{e}^a.$$

例 17 证明 $f(x) = x\cos x$ 在 $(-\infty,+\infty)$ 内无界, 且当 $x\to\infty$ 时, $f(x)$ 不是无穷大量.

证明 取 $x_n = 2n\pi(n=1,2,\cdots)$, 则

$$x_n\in(-\infty,+\infty),\ \text{且}\ \lim\limits_{n\to\infty} x_n = +\infty,$$

$$\lim\limits_{n\to\infty} f(x_n) = \lim\limits_{n\to\infty} 2n\pi\cos(2n\pi) = +\infty,$$

所以 $f(x)$ 在 $(-\infty,+\infty)$ 上无界.

取 $x_n = 2n\pi + \dfrac{\pi}{2}\ (n=1,2,\cdots)$, 则

$$x_n\in(-\infty,+\infty),\ \text{且}\ \lim\limits_{n\to\infty} x_n = +\infty.$$

而 $f(x_n)\equiv 0\ (n=1,2,\cdots)$, 所以, 当 $x\to\infty$ 时, $f(x)$ 不是无穷大量.

例 18 若 $\lim\limits_{x\to 0}\dfrac{xf(x)+\sin 6x}{x^3} = 0$, 求极限 $\lim\limits_{x\to 0}\dfrac{f(x)+6}{x^2}$.

解法 1 $\lim\limits_{x\to 0}\dfrac{xf(x)+\sin 6x}{x^3} = \lim\limits_{x\to 0}\dfrac{xf(x)+\left[6x-\dfrac{1}{3!}(6x)^3 + o\left(x^3\right)\right]}{x^3}$

$$= \lim\limits_{x\to 0}\dfrac{f(x)+6}{x^2} - 36 = 0,$$

则 $\lim\limits_{x\to 0}\dfrac{f(x)+6}{x^2} = 36$.

解法 2 由 $\lim\limits_{x\to 0}\dfrac{xf(x)+\sin 6x}{x^3} = \lim\limits_{x\to 0}\dfrac{(xf(x)+6x)+(\sin 6x - 6x)}{x^3} = 0$ 知

$$\lim\limits_{x\to 0}\dfrac{f(x)+6}{x^2} = \lim\limits_{x\to 0}\dfrac{6x-\sin 6x}{x^3} = \lim\limits_{x\to 0}\dfrac{6-6\cos 6x}{3x^2} = \lim\limits_{x\to 0}\dfrac{6\cdot\dfrac{1}{2}(6x)^2}{3x^2} = 36.$$

解法 3 由 $\lim\limits_{x \to 0} \dfrac{xf(x) + \sin 6x}{x^3} = 0$ 知, 当 $x \to 0$ 时, $xf(x) + \sin 6x = o\left(x^3\right)$, 则

$$f(x) = -\frac{\sin 6x}{x} + o\left(x^2\right),$$

因此

$$\lim_{x \to 0} \frac{f(x) + 6}{x^2} = \lim_{x \to 0} \frac{6 - \dfrac{\sin 6x}{x} + o\left(x^2\right)}{x^2}$$

$$= \lim_{x \to 0} \frac{6 - \dfrac{\sin 6x}{x}}{x^2} = \lim_{x \to 0} \frac{6x - \sin 6x}{x^3} = 36.$$

1.2 函数的连续性

一、知识要点

1. 函数在 x_0 点连续的定义如下.

设 $f(x)$ 在 x_0 点的某一个邻域内有定义, 则

定义 1 若 $\lim\limits_{x \to x_0} f(x) = f(x_0)$, 则 $f(x)$ 在 x_0 点连续.

定义 2 设 $\Delta y = f(x_0 + \Delta x) - f(x_0)$, 若

$$\lim_{\Delta x \to 0} \Delta y = 0,$$

则 $f(x)$ 在 x_0 点连续.

2. 间断点的分类.

第一类间断点: 若 x_0 点为 $f(x)$ 的间断点, 且 x_0 点的左、右极限存在, 则称 x_0 点为 $f(x)$ 的第一类间断点. 若 $\lim\limits_{x \to x_0 - 0} f(x) = \lim\limits_{x \to x_0 + 0} f(x)$, 则称 x_0 点为 $f(x)$ 的可去间断点; 若 $\lim\limits_{x \to x_0 - 0} f(x) \neq \lim\limits_{x \to x_0 + 0} f(x)$, 则称 x_0 点为 $f(x)$ 的跳跃间断点.

第二类间断点: 不是第一类间断点的任何间断点, 称为第二类间断点.

3. 初等函数在其定义区间内是连续的.

4. 闭区间上连续函数的性质.

(1) 有界性: 设函数 $f(x)$ 在 $[a, b]$ 上连续, 则 $f(x)$ 在 $[a, b]$ 上有界.

(2) 最值定理: 设函数 $f(x)$ 在 $[a, b]$ 上连续, 则 $f(x)$ 在 $[a, b]$ 上能够取到最大值与最小值.

(3) 介值定理: 设函数 $f(x)$ 在 $[a, b]$ 上连续, M 和 m 分别为 $f(x)$ 在 $[a, b]$ 上的最大值与最小值, 若 $\exists C$ 满足 $m \leqslant C \leqslant M$, 则 $\exists \xi \in [a, b]$, 使得 $f(\xi) = C$.

(4) 零点存在定理: 设函数 $f(x)$ 在 $[a,b]$ 上连续, 且有 $f(a)f(b) < 0$, 则 $\exists \xi \in (a,b)$, 使得 $f(\xi) = 0$.

二、例题分析

例 1 利用函数的连续性求下列极限:

(1) $\lim\limits_{x \to 0} \dfrac{\ln(1 + \cos x)}{\mathrm{e}^x + 2}$;

(2) $\lim\limits_{x \to 0} \ln \dfrac{\sin x}{x}$.

解 (1) $\lim\limits_{x \to 0} \dfrac{\ln(1 + \cos x)}{\mathrm{e}^x + 2} = \dfrac{\ln(1 + \cos 0)}{\mathrm{e}^0 + 2} = \dfrac{1}{3} \ln 2$.

(2) $\lim\limits_{x \to 0} \ln \dfrac{\sin x}{x} = \ln \left(\lim\limits_{x \to 0} \dfrac{\sin x}{x} \right) = \ln 1 = 0$.

例 2 求函数 $f(x) = \dfrac{1}{1 - \mathrm{e}^{\frac{x}{1-x}}}$ 的间断点并判断其类型.

解 当 $x = 1$ 时, 函数无定义.

当 $1 - \mathrm{e}^{\frac{x}{1-x}} = 0$, 即 $x = 0$ 时, 函数无定义, 从而 $x = 0$ 与 $x = 1$ 是间断点. 因为

$$\lim\limits_{x \to 1+0} f(x) = \lim\limits_{x \to 1+0} \dfrac{1}{1 - \mathrm{e}^{\frac{x}{1-x}}} = 1 \quad \text{及} \quad \lim\limits_{x \to 1-0} f(x) = \lim\limits_{x \to 1-0} \dfrac{1}{1 - \mathrm{e}^{\frac{x}{1-x}}} = 0,$$

所以 $x = 1$ 是第一类间断点, 且是跳跃间断点.

又因为 $\lim\limits_{x \to 0} f(x) = \lim\limits_{x \to 0} \dfrac{1}{1 - \mathrm{e}^{\frac{x}{1-x}}} = \infty$, 所以 $x = 0$ 是第二类间断点.

例 3 设 $f(x) = \begin{cases} \mathrm{e}^{\frac{1}{x}} + 1, & x < 0, \\ 1, & x = 0, \\ 1 + x \sin \dfrac{1}{x}, & x > 0. \end{cases}$ 求 $f(x)$ 的连续区间.

解 $f(x)$ 在 $x \neq 0$ 处显然是连续的.

在 $x = 0$ 处, 因 $f(0) = 1$, 以及

$$\lim\limits_{x \to 0-0} f(x) = \lim\limits_{x \to 0-0} \left(\mathrm{e}^{\frac{1}{x}} + 1 \right) = 1, \quad \lim\limits_{x \to 0+0} f(x) = \lim\limits_{x \to 0+0} \left(1 + x \sin \dfrac{1}{x} \right) = 1,$$

故在 $x = 0$ 处, 有 $\lim\limits_{x \to 0} f(x) = f(0) = 1$, 从而, $f(x)$ 在 $(-\infty, +\infty)$ 内连续.

例 4 设 $f(x) = \begin{cases} \dfrac{\ln(1 + 2x)}{\sqrt{1 + x} - \sqrt{1 - x}}, & x < 0, \\ a, & x = 0, \\ x^2 + b, & x > 0. \end{cases}$ 求 a, b, 使 $f(x)$ 在 $x = 0$ 处连续.

解 $\lim\limits_{x \to 0-0} f(x) = \lim\limits_{x \to 0-0} \dfrac{\ln(1+2x)}{\sqrt{1+x} - \sqrt{1-x}}$

$$= \lim\limits_{x \to 0-0} \dfrac{\ln(1+2x)\left(\sqrt{1+x} + \sqrt{1-x}\right)}{2x}$$

$$= \lim\limits_{x \to 0-0} \dfrac{2x\left(\sqrt{1+x} + \sqrt{1-x}\right)}{2x} = 2.$$

而 $\lim\limits_{x \to 0+0} f(x) = \lim\limits_{x \to 0+0} (x^2 + b) = b$, $f(0) = a$, 由 $x = 0$ 点的连续性, 有 $\lim\limits_{x \to 0-0} f(x) = \lim\limits_{x \to 0+0} f(x) = f(0)$, 即 $a = b = 2$.

例 5 讨论函数 $f(x) = \lim\limits_{n \to \infty} \dfrac{x^{n+2} - x^{-n}}{x^n + x^{-n}}$ 的连续性.

解 若 $x \neq 0$, 则有

$$f(x) = \lim\limits_{n \to \infty} \dfrac{x^{2n+2} - 1}{x^{2n} + 1} = \begin{cases} -1, & 0 < |x| < 1, \\ 0, & |x| = 1, \\ x^2, & |x| > 1. \end{cases}$$

而 $f(x)$ 在 $(-\infty, -1)$, $(-1, 0)$, $(0, 1)$, $(1, +\infty)$ 上是初等函数, 故连续.

在 $x = -1$ 处,

$$\lim\limits_{x \to -1-0} f(x) = \lim\limits_{x \to -1-0} x^2 = 1, \quad \lim\limits_{x \to -1+0} f(x) = \lim\limits_{x \to -1+0} (-1) = -1.$$

在 $x = 1$ 处,

$$\lim\limits_{x \to 1-0} f(x) = \lim\limits_{x \to 1-0} (-1) = -1, \quad \lim\limits_{x \to 1+0} f(x) = \lim\limits_{x \to 1+0} x^2 = 1.$$

故 $f(x)$ 在 $x = 1$, $x = -1$, $x = 0$ 处间断.

例 6 设 $f(x)$ 对一切 x_1, x_2 适合如下等式:

$$f(x_1 + x_2) = f(x_1) + f(x_2)$$

且 $f(x)$ 在 $x = 0$ 处连续, 求证: $f(x)$ 在任意点 x_0 处连续.

证明 由 $f(x_1 + x_2) = f(x_1) + f(x_2)$, 有

$$f(x) = f(x) + f(0),$$

得 $f(0) = 0$. 又 $f(x)$ 在 $x = 0$ 处连续, 所以

$$\lim\limits_{x \to 0} f(x) = f(0) = 0.$$

对任意点 x_0, 由已知有 $f(x_0 + \Delta x) = f(x_0) + f(\Delta x)$, 则

$$\lim\limits_{\Delta x \to 0} \Delta y = \lim\limits_{\Delta x \to 0} [f(x_0 + \Delta x) - f(x_0)]$$

$$= \lim_{\Delta x \to 0} f(\Delta x) = f(0) = 0,$$

所以 $f(x)$ 在 x_0 处连续.

例 7 设函数 $f(x)$ 在 $[0,1]$ 上连续, 且 $0 < f(x) < 1$, 试证明: 方程 $f(x) - x = 0$ 在 $(0,1)$ 内至少有一个实数根.

证明 设 $F(x) = f(x) - x$, 则 $F(x)$ 在 $[0,1]$ 上连续. 又

$$F(0) = f(0) > 0, \quad F(1) = f(1) - 1 < 0,$$

由零点定理, 至少存在一点 $\xi \in (0,1)$, 使

$$F(\xi) = f(\xi) - \xi = 0.$$

命题得证.

例 8 证明: 方程 $x = a \sin x + b$ (其中 $a > 0, b > 0$) 至少有一个不超过 $a + b$ 的正根.

证明 设 $f(x) = a \sin x + b - x$, 则 $f(x)$ 在 $[0, a+b]$ 上连续, 且

$$f(0) = b > 0, \quad f(a+b) = a[\sin(a+b) - 1].$$

(1) 若 $\sin(a+b) = 1$, 则有 $(a+b) = a \sin(a+b) + b$, 即方程有一个根 $a+b$.

(2) 若 $\sin(a+b) < 1$, 可知 $f(a+b) < 0$, 由零点定理知, 至少存在一点 ξ, 使

$$f(\zeta) - a \sin \xi + b - \xi = 0,$$

即

$$\xi = a \sin \xi + b, \quad \xi \in (0, a+b).$$

综合 (1) 和 (2), 命题得证.

例 9 设 $f(x)$ 在 $[0, 2a]$ 上连续, 且 $f(0) = f(2a)$. 证明在 $[0, a]$ 上至少存在一点 ξ, 使 $f(\xi) = f(\xi + a)$.

证明 设 $F(x) = f(x) - f(x+a)$, $x \in [0, a]$, 则 $F(x)$ 在 $[0, a]$ 上连续. 又

$$F(0) = f(0) - f(a),$$

$$F(a) = f(a) - f(2a) = f(a) - f(0).$$

(1) 当 $f(a) \neq f(0)$ 时, 因 $F(0) \cdot F(a) < 0$, 由零点定理, 至少存在一点 $\xi \in (0, a)$, 使

$$F(\xi) = f(\xi) - f(\xi + a) = 0,$$

即 $f(\xi) = f(\xi + a)$.

(2) 当 $f(a) = f(0)$ 时, 由于 $F(a) = 0$, 取 $\xi = a$, 有

$$F(a) = f(a) - f(a + a) = 0,$$

即 $F(\xi) = f(\xi) - f(\xi + a) = 0$.

综合 (1) 和 (2), 命题得证.

例 10 设 $f(x)$ 在 $[a,b]$ 上连续, $x_i \in [a,b]$, $t_i > 0$ $(i = 1, 2, \cdots, n)$, 且 $\sum\limits_{i=1}^{n} t_i = 1$, 试证: 至少存在一点 $\xi \in [a,b]$, 使

$$f(\xi) = t_1 f(x_1) + t_2 f(x_2) + \cdots + t_n f(x_n).$$

证明 因为 $f(x)$ 在 $[a,b]$ 上连续, 所以有

$$M = \max_{x \in [a,b]} f(x), \quad m = \min_{x \in [a,b]} f(x),$$

使得对任何 $x \in [a,b]$, 都有 $m \leqslant f(x) \leqslant M$.

由于 $x_i \in [a,b]$, $t_i > 0$ $(i = 1, 2, \cdots, n)$, 且 $\sum\limits_{i=1}^{n} t_i = 1$, 因此

$$m = mt_1 + mt_2 + \cdots + mt_n$$

$$\leqslant t_1 f(x_1) + t_2 f(x_2) + \cdots + t_n f(x_n)$$

$$\leqslant Mt_1 + Mt_2 + \cdots + Mt_n = M.$$

由介值定理, 至少存在一点 $\xi \in [a,b]$, 使

$$f(\xi) = t_1 f(x_1) + t_2 f(x_2) + \cdots + t_n f(x_n).$$

1.3 利用等价无穷小求极限

一、知识要点

1. 无穷小的替换定理.

设 $\alpha \sim \alpha'$, $\beta \sim \beta'$, 若 $\lim \dfrac{\alpha'}{\beta'} = A$ (或 ∞), 则

$$\lim \frac{\alpha}{\beta} = \lim \frac{\alpha'}{\beta'} = A \ (\text{或} \ \infty).$$

注　乘积因子中的等价无穷小可以替换.

2. 常用等价无穷小.

当 $x \to 0$ 时, 有

$$x \sim \sin x \sim \arcsin x \sim \tan x \sim \arctan x \sim \ln(1+x) \sim \mathrm{e}^x - 1,$$

$$1 - \cos x \sim \frac{1}{2}x^2, \quad x - \sin x \sim \frac{1}{6}x^3,$$

$$(1+x)^a - 1 \sim ax, \quad a^x - 1 \sim \ln a \cdot x.$$

二、例题分析

例 1　求下列极限:

(1) $\lim\limits_{x \to 0} \dfrac{\sqrt[m]{(1+x)^n} - 1}{x}$;

(2) $\lim\limits_{x \to 1} \dfrac{\ln\left(1 + \sqrt{x-1}\right)}{\arcsin\left(2\sqrt{x-1}\right)}$;

(3) $\lim\limits_{x \to \infty} x\left(\mathrm{e}^{\frac{1}{x}} - 1\right)$;

(4) $\lim\limits_{x \to 0} \dfrac{\tan x - \sin x}{x^3}$.

解　(1) 原式 $= \lim\limits_{x \to 0} \dfrac{\mathrm{e}^{\frac{n}{m}\ln(1+x)} - 1}{x} = \lim\limits_{x \to 0} \dfrac{\dfrac{n}{m}\ln(1+x)}{x} = \dfrac{n}{m}$.

(2) 原式 $= \lim\limits_{x \to 1} \dfrac{\sqrt{x-1}}{2\sqrt{x-1}} = \dfrac{1}{2}$.

(3) 原式 $= \lim\limits_{x \to \infty} \dfrac{\mathrm{e}^{\frac{1}{x}} - 1}{\dfrac{1}{x}} = \lim\limits_{x \to \infty} \dfrac{\dfrac{1}{x}}{\dfrac{1}{x}} = 1$.

(4) 原式 $= \lim\limits_{x \to 0} \dfrac{\tan x \cdot (1 - \cos x)}{x^3} = \lim\limits_{x \to 0} \dfrac{x \cdot \dfrac{x^2}{2}}{x^3} = \dfrac{1}{2}$.

例 2　求下列极限:

(1) $\lim\limits_{x \to 0} \dfrac{\mathrm{e}^{\tan x} - \mathrm{e}^{\sin x}}{\tan x - \sin x}$;

(2) $\lim\limits_{x \to \infty} \dfrac{\ln\sqrt{\sin\dfrac{1}{x} + \cos\dfrac{1}{x}}}{\sin\dfrac{1}{x} + \cos\dfrac{1}{x} - 1}$;

(3) $\lim\limits_{x \to 0} \dfrac{\ln(\sin^2 x + \mathrm{e}^x) - x}{\ln(x^2 + \mathrm{e}^{2x}) - 2x}$;

(4) $\lim\limits_{x \to a} \tan\dfrac{\pi x}{2a} \ln\left(2 - \dfrac{x}{a}\right)$;

(5) 已知 $\lim\limits_{x \to 0} \dfrac{\sqrt{1 + f(x)\sin 2x} - 1}{\mathrm{e}^{3x} - 1} = 2$, 求 $\lim\limits_{x \to 0} f(x)$.

解　(1) 原式 $= \lim\limits_{x \to 0} \mathrm{e}^{\sin x} \dfrac{\mathrm{e}^{\tan x - \sin x} - 1}{\tan x - \sin x} = \lim\limits_{x \to 0} \dfrac{\mathrm{e}^{\tan x - \sin x} - 1}{\tan x - \sin x}$

$\qquad = \lim\limits_{x \to 0} \dfrac{\tan x - \sin x}{\tan x - \sin x} = 1$.

(2) 原式 $= \dfrac{1}{2} \lim\limits_{x\to\infty} \dfrac{\ln\left[1 + \left(\sin\dfrac{1}{x} + \cos\dfrac{1}{x} - 1\right)\right]}{\sin\dfrac{1}{x} + \cos\dfrac{1}{x} - 1}$

$= \dfrac{1}{2} \lim\limits_{x\to\infty} \dfrac{\sin\dfrac{1}{x} + \cos\dfrac{1}{x} - 1}{\sin\dfrac{1}{x} + \cos\dfrac{1}{x} - 1} = \dfrac{1}{2}.$

(3) 原式 $= \lim\limits_{x\to 0} \dfrac{\ln\left(1 + \dfrac{\sin^2 x}{e^x}\right)}{\ln\left(1 + \dfrac{x^2}{e^{2x}}\right)} = \lim\limits_{x\to 0} \dfrac{\dfrac{\sin^2 x}{e^x}}{\dfrac{x^2}{e^{2x}}} = 1.$

(4) 原式 $= \lim\limits_{x\to a} \dfrac{\ln\left(2 - \dfrac{x}{a}\right)}{\tan\left(\dfrac{\pi}{2} - \dfrac{\pi x}{2a}\right)} = \lim\limits_{x\to a} \dfrac{\ln\left[1 + \left(1 - \dfrac{x}{a}\right)\right]}{\tan\dfrac{\pi}{2}\left(1 - \dfrac{x}{a}\right)}$

$= \lim\limits_{x\to a} \dfrac{1 - \dfrac{x}{a}}{\dfrac{\pi}{2}\left(1 - \dfrac{x}{a}\right)} = \dfrac{2}{\pi}.$

(5) 因为 $\lim\limits_{x\to 0} \dfrac{\sqrt{1 + f(x)\sin 2x} - 1}{e^{3x} - 1} = 2$, 又

$$\lim\limits_{x\to 0}(e^{3x} - 1) = 0,$$

所以

$$\lim\limits_{x\to 0}\left(\sqrt{1 + f(x)\sin 2x} - 1\right) = 0.$$

故 $\lim\limits_{x\to 0} f(x)\sin 2x = 0$, 从而

$2 = \lim\limits_{x\to 0} \dfrac{\sqrt{1 + f(x)\sin 2x} - 1}{e^{3x} - 1} = \lim\limits_{x\to 0} \dfrac{e^{\frac{1}{2}\ln[1 + f(x)\sin 2x]} - 1}{3x}$

$= \lim\limits_{x\to 0} \dfrac{\dfrac{1}{2}\ln[1 + f(x)\sin 2x]}{3x} = \dfrac{1}{6}\lim\limits_{x\to 0} \dfrac{f(x)\sin 2x}{x}$

$= \dfrac{1}{6}\lim\limits_{x\to 0} \dfrac{f(x)\cdot 2x}{x} = \dfrac{1}{3}\lim\limits_{x\to 0} f(x),$

故 $\lim\limits_{x\to 0} f(x) = 6.$

例 3 求下列极限:

(1) $\lim\limits_{x\to 0}(\cos 2x)^{\frac{1}{x^2}}$;

(2) $\lim\limits_{x\to 0}\left(1 + e^x\sin^2 x\right)^{\frac{1}{1 - \cos x}}$.

解　(1) 原式 $= \mathrm{e}^{\lim\limits_{x\to0}\frac{\ln\cos 2x}{x^2}} = \mathrm{e}^{\lim\limits_{x\to0}\frac{\cos 2x-1}{x^2}} = \mathrm{e}^{\lim\limits_{x\to0}\frac{-\frac{1}{2}(2x)^2}{x^2}} = \mathrm{e}^{-2}.$

(2) 原式 $= \mathrm{e}^{\lim\limits_{x\to0}\frac{\ln(1+\mathrm{e}^x\sin^2 x)}{1-\cos x}} = \mathrm{e}^{\lim\limits_{x\to0}\frac{\mathrm{e}^x\sin^2 x}{\frac{1}{2}x^2}} = \mathrm{e}^2.$

例 4　当 $x\to 0$ 时, $\sqrt{1+ax^2}-1$ 与 $\cos x-1$ 等价无穷小, 求 a.

解　依题意知 $\lim\limits_{x\to0}\dfrac{\sqrt{1+ax^2}-1}{\cos x-1}=1$, 又

$$\lim_{x\to0}\frac{\sqrt{1+ax^2}-1}{\cos x-1} = \lim_{x\to0}\frac{ax^2}{(\cos x-1)(\sqrt{1+ax^2}+1)}$$

$$= \frac{1}{2}\lim_{x\to0}\frac{ax^2}{(\cos x-1)} = \frac{1}{2}\lim_{x\to0}\frac{ax^2}{-\dfrac{x^2}{2}} = -a,$$

所以 $a=-1$.

第 2 章　导数与微分

2.1　用定义讨论函数的可导性

一、知识要点

1. 导数定义.

设 $y = f(x)$ 在 x_0 点的某邻域内有定义, 若

$$\lim_{\Delta x \to 0} \frac{f(x_0 + \Delta x) - f(x_0)}{\Delta x}$$

存在, 则称 $y = f(x)$ 在 x_0 处可导, 称此极限为 $y = f(x)$ 在 x_0 处的导数, 记为 $f'(x_0)$ 或 $\left.\dfrac{\mathrm{d}y}{\mathrm{d}x}\right|_{x=x_0}$, $\left.\dfrac{\mathrm{d}f(x)}{\mathrm{d}x}\right|_{x=x_0}$, $\left. y' \right|_{x=x_0}$.

注　导数的另一种形式:

$$f'(x_0) = \lim_{x \to x_0} \frac{f(x) - f(x_0)}{x - x_0}.$$

若 $\lim\limits_{\Delta x \to 0+0} \dfrac{f(x_0 + \Delta x) - f(x_0)}{\Delta x}$ $\left(\text{或} \lim\limits_{\Delta x \to 0-0} \dfrac{f(x_0 + \Delta x) - f(x_0)}{\Delta x}\right)$ 存在, 则此极限为 $y = f(x)$ 在 x_0 点处的右导数 (或左导数), 记作 $f'_+(x_0)$ (或 $f'_-(x_0)$).

结论: $y = f(x)$ 在 x_0 点处可导 $\Leftrightarrow$ $f'_+(x_0)$, $f'_-(x_0)$ 存在且相等.

2. 微分定义.

设函数 $y = f(x)$ 在某区间内有定义, x_0 及 $x_0 + \Delta x$ 在此区间内, 若 $\Delta y = f(x_0 + \Delta x) - f(x_0)$ 可表示为

$$\Delta y = A\Delta x + o(\Delta x),$$

其中 A 为与 Δx 无关的常数, $o(\Delta x)$ 是比 Δx 高阶的无穷小, 则称 $y = f(x)$ 在 x_0 处可微, $A\Delta x$ 叫做 $y = f(x)$ 在 x_0 处相应于 Δx 的微分, 记为 $\mathrm{d}y$, 即 $\mathrm{d}y = A\Delta x$.

3. 微分公式: $\mathrm{d}y = f'(x)\mathrm{d}x$.

4. 导数与微分的几何意义: $f'(x_0)$ 表示曲线 $y = f(x)$ 在点 $(x_0, f(x_0))$ 处的切线的斜率. $\mathrm{d}y$ 表示曲线 $y = f(x)$ 在点 $(x_0, f(x_0))$ 处切线上点的纵坐标的增量.

5. 可导、可微及连续之间的关系.

(1) $y = f(x)$ 在点 x_0 处可导 $\Leftrightarrow$ 可微, 且 $\mathrm{d}y = f'(x_0)\mathrm{d}x$.

(2) $y = f(x)$ 在点 x_0 处可导 $\Rightarrow$ 连续, 但连续 $\not\Rightarrow$ 可导.

6. 高阶导数.

二阶及二阶以上的导数统称高阶导数.

(1) 二阶导数.

若函数 $y = f(x)$ 的导数 $f'(x)$ 在 x 处可导, 则称 $f'(x)$ 在点 x 处的导数为 $f(x)$ 在 x 处的二阶导数, 记作 y'', $f''(x)$ 或者 $\dfrac{\mathrm{d}^2 y}{\mathrm{d}x^2}$.

(2) n 阶导数 $(n > 2)$.

二阶导数的导数叫做三阶导数, 三阶导数的导数叫做四阶导数, 等等. 一般地, $(n-1)$ 阶导数的导数叫做 n 阶导数, 分别记作 y''', $y^{(4)}$, $\cdots$, $y^{(n)}$ 或者 $\dfrac{\mathrm{d}^3 y}{\mathrm{d}x^3}$, $\dfrac{\mathrm{d}^4 y}{\mathrm{d}x^4}$, $\cdots$,

$\dfrac{\mathrm{d}^n y}{\mathrm{d}x^n}$.

二、 例题分析

例 1   设 $y = f(x)$ 在 x_0 处可导, 求极限 $\displaystyle\lim_{x \to 0} \dfrac{f(x_0 + x) - f(x_0 - 3x)}{x}$.

解 $\displaystyle\lim_{x \to 0} \dfrac{f(x_0 + x) - f(x_0 - 3x)}{x}$

$= \displaystyle\lim_{x \to 0} \dfrac{[f(x_0 + x) - f(x_0)] + [f(x_0) - f(x_0 - 3x)]}{x}$

$= \displaystyle\lim_{x \to 0} \dfrac{f(x_0 + x) - f(x_0)}{x} + 3 \lim_{x \to 0} \dfrac{f(x_0 - 3x) - f(x_0)}{-3x}$

$= f'(x_0) + 3f'(x_0) = 4f'(x_0)$.

注   以下解法是错误的: 令 $t = x_0 - 3x$, 则 $x_0 = t + 3x$, 于是

$$原式 = \lim_{x \to 0} \frac{f(t + 4x) - f(t)}{x} = 4 \lim_{x \to 0} f'(t)$$

$$= 4 \lim_{x \to 0} f'(x_0 - 3x) = 4f'(x_0).$$

例 2   讨论函数 $f(x) = \begin{cases} \dfrac{x}{1 - \mathrm{e}^{\frac{1}{x}}}, & x \neq 0, \\ 0, & x = 0 \end{cases}$ 在 $x = 0$ 处是否连续, 是否可导.

解   (1) 连续性.

因为

$$\lim_{x \to 0+0} f(x) = \lim_{x \to 0+0} \frac{x}{1 - e^{\frac{1}{x}}} = 0 \quad \left(\text{因} \lim_{x \to 0+0} e^{\frac{1}{x}} = +\infty\right),$$

$$\lim_{x \to 0-0} f(x) = \lim_{x \to 0-0} \frac{x}{1 - e^{\frac{1}{x}}} = 0 \quad \left(\text{因} \lim_{x \to 0-0} e^{\frac{1}{x}} = 0\right),$$

即 $\lim\limits_{x \to 0} f(x) = 0 = f(0)$, 所以 $f(x)$ 在 $x = 0$ 处连续.

(2) 可导性.

因为

$$f'_+(0) = \lim_{x \to 0+0} \frac{f(x) - f(0)}{x - 0} = \lim_{x \to 0+0} \frac{1}{1 - e^{\frac{1}{x}}} = 0,$$

$$f'_-(0) = \lim_{x \to 0-0} \frac{f(x) - f(0)}{x - 0} = \lim_{x \to 0-0} \frac{1}{1 - e^{\frac{1}{x}}} = 1,$$

即 $f'_+(0) \neq f'_-(0)$, 所以 $f(x)$ 在 $x = 0$ 处不可导.

例 3 已知 $f(x) = \begin{cases} x^2 \sin \dfrac{1}{x}, & x > 0, \\ 0, & x \leqslant 0. \end{cases}$ 求:

(1) $f'_+(0)$, $f'_-(0)$ 和 $f'(x)$;

(2) $\lim\limits_{x \to 0+0} f'(x)$, $\lim\limits_{x \to 0-0} f'(x)$ 和 $\lim\limits_{x \to 0} f'(x)$.

解 (1) 由题意知

$$f'_+(0) = \lim_{x \to 0+0} \frac{f(x) - f(0)}{x - 0} = \lim_{x \to 0+0} \frac{x^2 \sin \dfrac{1}{x}}{x} = \lim_{x \to 0+0} x \sin \frac{1}{x} = 0,$$

$$f'_-(0) = \lim_{x \to 0-0} \frac{f(x) - f(0)}{x - 0} = \lim_{x \to 0-0} \frac{0 - 0}{x} = 0,$$

故 $f'(0) = 0$. 又因为

当 $x > 0$ 时, $f'(x) = \left(x^2 \sin \dfrac{1}{x}\right)' = 2x \sin \dfrac{1}{x} - \cos \dfrac{1}{x}$;

当 $x < 0$ 时, $f'(x) = 0$.

故

$$f'(x) = \begin{cases} 2x \sin \dfrac{1}{x} - \cos \dfrac{1}{x}, & x > 0, \\ 0, & x \leqslant 0. \end{cases}$$

(2) $\lim\limits_{x \to 0-0} f'(x) = \lim\limits_{x \to 0-0} 0 = 0$, 但 $\lim\limits_{x \to 0+0} f'(x) = \lim\limits_{x \to 0+0} \left(2x \sin \dfrac{1}{x} - \cos \dfrac{1}{x}\right)$

不存在, 因而 $\lim\limits_{x \to 0} f'(x)$ 不存在.

注 (1) 下面求 $f'(0)$ 的方法不对: 因为

$$f'(x) = \begin{cases} \left(x^2 \sin \dfrac{1}{x}\right)', & x > 0, \\ (0)', & x \leqslant 0 \end{cases} = \begin{cases} 2x \sin \dfrac{1}{x} - \cos \dfrac{1}{x}, & x > 0, \\ 0, & x \leqslant 0, \end{cases}$$

所以 $f'(0) = 0$.

举反例: 取 $f(x) = \begin{cases} x^2, & x \geqslant 0, \\ x\mathrm{e}^x, & x < 0, \end{cases}$ 则

$$f'_+(0) = \lim_{x \to 0+0} \frac{f(x) - f(0)}{x - 0} = 0, \quad f'_-(0) = \lim_{x \to 0-0} \frac{f(x) - f(0)}{x - 0} = 1.$$

可知 $f'(0)$ 不存在, 而若用

$$f'(x) = \begin{cases} (x^2)', & x \geqslant 0, \\ (x\mathrm{e}^x)', & x < 0 \end{cases} = \begin{cases} 2x, & x \geqslant 0, \\ (1+x)\mathrm{e}^x, & x < 0 \end{cases}$$

可得出 $f'(0) = 0$ 的错误结论.

可以证明: 若 $\lim\limits_{x \to x_0+0} f'(x)$, $\lim\limits_{x \to x_0-0} f'(x)$ 存在且相等, 而 $f(x)$ 在 x_0 点连续, 则 $f(x)$ 在 x_0 点可导. 这时用上述方法求 $f'(0)$ 才正确. 因此, 在考虑分段函数分界点的可导性时, 一定要用导数的定义.

(2) 问题: 若 $\lim\limits_{x \to x_0} f'(x)$ 不存在, 是否能判定 $f'(x_0)$ 不存在?

不能. 本题中 $\lim\limits_{x \to 0} f'(x)$ 不存在, 但是 $f'(0) = 0$. 只有 $f'(x)$ 在 $x = 0$ 处连续时, 才有 $\lim\limits_{x \to 0} f'(x) = f'(0)$.

例 4 若 $\varphi(x)$ 在 $x = a$ 处连续, $f(x) = (x-a)\varphi(x)$, $g(x) = |x-a|\varphi(x)$, 求 $f'(a)$, $g'(a)$.

解 由题意知

$$f'(a) = \lim_{x \to a} \frac{f(x) - f(a)}{x - a} = \lim_{x \to a} \frac{(x-a)\varphi(x) - 0}{x - a} = \lim_{x \to a} \varphi(x) = \varphi(a),$$

$$g'_+(a) = \lim_{x \to a+0} \frac{g(x) - g(a)}{x - a} = \lim_{x \to a+0} \frac{(x-a)\varphi(x) - 0}{x - a} = \varphi(a),$$

$$g'_-(a) = \lim_{x \to a-0} \frac{g(x) - g(a)}{x - a} = \lim_{x \to a-0} \frac{(a-x)\varphi(x) - 0}{x - a} = -\varphi(a).$$

若 $\varphi(a) = 0$, 则 $g'(a) = 0$; 若 $\varphi(a) \neq 0$, 则 $g'_+(a) \neq g'_-(a)$, 从而 $g'(a)$ 不存在.

注 错误解法:

因为 $f'(x) = [(x-a)\varphi(x)]' = \varphi(x) + (x-a)\varphi'(x)$, 所以

$$f'(a) = \varphi(a) + (a-a)\varphi'(a) = \varphi(a).$$

此做法是错误的, 因为 $\varphi'(x)$ 可能不存在.

例 5 设 $f(x) = \begin{cases} \dfrac{1-\cos x}{\sqrt{x}}, & x > 0, \\ x^2 g(x), & x \leqslant 0, \end{cases}$ 其中 $g(x)$ 是有界函数, 求 $f'(0)$.

解 因为

$$f'_+(0) = \lim_{x \to 0+0} \frac{f(x) - f(0)}{x - 0} = \lim_{x \to 0+0} \frac{1 - \cos x}{\sqrt{x} \cdot x} = \lim_{x \to 0+0} \frac{\frac{1}{2}x^2}{\sqrt{x} \cdot x} = 0,$$

$$f'_-(0) = \lim_{x \to 0-0} \frac{f(x) - f(0)}{x - 0} = \lim_{x \to 0-0} \frac{x^2 g(x)}{x} = \lim_{x \to 0-0} x g(x) = 0,$$

所以 $f'(0) = 0$.

例 6 设 $f(x) = \begin{cases} e^x, & x < 0, \\ a + bx, & x \geqslant 0, \end{cases}$ 问 a, b 为何值时, $f(x)$ 在 $x = 0$ 处可导?

解 因为 $f(x)$ 在 $x = 0$ 处连续, 而

$$\lim_{x \to 0+0} f(x) = \lim_{x \to 0+0} (a + bx) = a, \quad \lim_{x \to 0-0} f(x) = \lim_{x \to 0-0} e^x = 1,$$

所以 $a = 1$.

又因为

$$f'_+(0) = \lim_{x \to 0+0} \frac{f(x) - f(0)}{x - 0} = \lim_{x \to 0+0} \frac{(1 + bx) - 1}{x} = b,$$

$$f'_-(0) = \lim_{x \to 0-0} \frac{f(x) - f(0)}{x - 0} = \lim_{x \to 0-0} \frac{e^x - 1}{x} = 1,$$

所以 $b = 1$.

例 7 设 $f(x)$ 在 $(-\infty, +\infty)$ 上有定义, 且对任何 $x, y \in (-\infty, +\infty)$, 有 $f(x + y) = f(x)f(y)$, 且 $f'(0) = 1$. 证明: 当 $x \in (-\infty, +\infty)$ 时,

$$f'(x) = f(x).$$

证明 因为对任何 $x, y \in (-\infty, +\infty)$, 有 $f(x+y) = f(x)f(y)$, 所以, 令 $y = 0$, 有 $f(x) = f(x)f(0)$, 即

$$f(x)[1 - f(0)] = 0.$$

由 x 的任意性及 $f'(0) = 1$, 得 $f(0) = 1$. 所以, 对任何 $x \in (-\infty, +\infty)$, 有

$$f'(x) = \lim_{\Delta x \to 0} \frac{f(x + \Delta x) - f(x)}{\Delta x} = \lim_{\Delta x \to 0} \frac{f(x)f(\Delta x) - f(x)}{\Delta x}$$

$$= \lim_{\Delta x \to 0} \frac{f(x)\,[f(\Delta x) - 1]}{\Delta x} = f(x) \lim_{\Delta x \to 0} \frac{f(\Delta x) - f(0)}{\Delta x}$$

$$= f(x)f'(0) = f(x).$$

例 8 证明: 可导偶函数的导数为奇函数.

证明 设 $f(x)$ 是偶函数, 即 $f(-x) = f(x)$, 则

$$f'(-x) = \lim_{\Delta x \to 0} \frac{f(-x + \Delta x) - f(-x)}{\Delta x} = \lim_{\Delta x \to 0} \frac{f[-(x - \Delta x)] - f(-x)}{\Delta x}$$

$$= \lim_{\Delta x \to 0} \frac{f(x - \Delta x) - f(x)}{\Delta x} = -\lim_{\Delta x \to 0} \frac{f(x - \Delta x) - f(x)}{-\Delta x} = -f'(x),$$

故 $f'(x)$ 为奇函数.

例 9 设 $f(x)$ 连续, $\varphi(x) = \int_0^1 f(xt)\mathrm{d}t$, 且 $\lim_{x \to 0} \dfrac{f(x)}{x} = A$, 求 $\varphi'(x)$ 并讨论 $\varphi'(x)$ 在 $x = 0$ 处的连续性.

解 当 $x \neq 0$ 时, 作变量代换 $u = xt$ 得 $\varphi(x) = \dfrac{\displaystyle\int_0^x f(u)\mathrm{d}u}{x}$.

当 $x = 0$ 时, $\varphi(0) = \int_0^1 f(0)\mathrm{d}t = f(0)$. 由于 $f(x)$ 连续, 且 $\lim_{x \to 0} \dfrac{f(x)}{x} = A$, 可知 $f(0) = 0$. 故

$$\varphi(x) = \begin{cases} \dfrac{\displaystyle\int_0^x f(u)\mathrm{d}u}{x}, & x \neq 0, \\ 0, & x = 0. \end{cases}$$

则当 $x \neq 0$ 时,

$$\varphi'(x) = \frac{xf(x) - \displaystyle\int_0^x f(u)\mathrm{d}u}{x^2}.$$

当 $x = 0$ 时,

$$\varphi'(0) = \lim_{x \to 0} \frac{\varphi(x) - \varphi(0)}{x} = \lim_{x \to 0} \frac{\displaystyle\int_0^x f(u)\mathrm{d}u}{x^2} = \lim_{x \to 0} \frac{f(x)}{2x} = \frac{A}{2}.$$

故 $\varphi'(x) = \begin{cases} \dfrac{xf(x) - \displaystyle\int_0^x f(u)\mathrm{d}u}{x^2}, & x \neq 0, \\[4mm] \dfrac{A}{2}, & x = 0. \end{cases}$

下面再讨论 $\varphi'(x)$ 在 $x = 0$ 处的连续性.

由于

$$\lim_{x \to 0} \varphi'(x) = \lim_{x \to 0} \frac{xf(x) - \displaystyle\int_0^x f(u)\mathrm{d}u}{x^2}$$

$$= \lim_{x \to 0} \frac{f(x)}{x} - \lim_{x \to 0} \frac{\displaystyle\int_0^x f(u)\mathrm{d}u}{x^2} = A - \frac{A}{2} = \frac{A}{2} = \varphi'(0),$$

可知 $\varphi'(x)$ 在 $x = 0$ 处连续.

注 先作变量代换 $u = xt$. 计算 $\varphi'(x)$ 时, 分 $x = 0$ 与 $x \neq 0$ 两种情况计算: 当 $x \neq 0$ 时, 直接用求导法则计算; 当 $x = 0$ 时, 用导数的定义计算.

2.2 计算导数与微分

一、知识要点

1. 求导法则.

(1) 基本初等函数的求导公式.

(2) 四则运算法则: 设 u, v 可导, 则

$$(u \pm v)' = u' \pm v'; \quad (uv)' = u'v + uv';$$

$$\left(\frac{u}{v}\right)' = \frac{u'v - uv'}{v^2} \ (\text{其中} v \neq 0), \ \text{特别} \ \left(\frac{1}{v}\right)' = -\frac{v'}{v^2}.$$

(3) 复合函数求导法则: 若 $y = f(u)$ 和 $u = g(x)$ 关于其自变量分别可导, 则 $y = f[g(x)]$ 也可导, 且

$$\frac{\mathrm{d}y}{\mathrm{d}x} = \frac{\mathrm{d}y}{\mathrm{d}u} \cdot \frac{\mathrm{d}u}{\mathrm{d}x} \quad \left(\text{或} \ \{f[g(x)]\}' = f'(u)g'(x)\right).$$

(4) 反函数求导法则: 设 $y = f(x)$ 在区间 I_x 上单调、可导, 且 $f'(x) \neq 0$, 则其反函数 $x = \varphi(y)$ 在 $I_y = \{y \mid y = f(x), x \in I_x\}$ 上也单调、可导, 且

$$\varphi'(y) = \frac{1}{f'(x)}.$$

(5) 隐函数求导法则: 若方程 $F(x, y) = 0$ 确定隐函数 $y = y(x)$, 则 $F(x, y(x)) = 0$, 两边对 x 逐次求导, 可得 $\dfrac{\mathrm{d}y}{\mathrm{d}x}$, $\dfrac{\mathrm{d}^2 y}{\mathrm{d}x^2}$, $\cdots$ (表达式含 x, y).

(6) 由参数方程所确定函数的求导法则.

设 $\begin{cases} x = \varphi(t), \\ y = \psi(t), \end{cases}$ 其中 $\varphi(t)$, $\psi(t)$ 二阶可导, 且 $\varphi'(t) \neq 0$, 则

$$\frac{\mathrm{d}y}{\mathrm{d}x} = \frac{\psi'(t)}{\varphi'(t)},$$

$$\frac{\mathrm{d}^2 y}{\mathrm{d}x^2} = \frac{\mathrm{d}}{\mathrm{d}x}\left(\frac{\mathrm{d}y}{\mathrm{d}x}\right) = \frac{\mathrm{d}}{\mathrm{d}x}\left(\frac{\psi'(t)}{\varphi'(t)}\right)$$

$$= \frac{\mathrm{d}}{\mathrm{d}t}\left(\frac{\psi'(t)}{\varphi'(t)}\right) \cdot \frac{1}{\varphi'(t)} = \frac{\mathrm{d}}{\mathrm{d}t}\left(\frac{\psi'(t)}{\varphi'(t)}\right) \cdot \frac{1}{\dfrac{\mathrm{d}x}{\mathrm{d}t}}.$$

(7) 莱布尼茨法则: 设 u, v 为 n 阶可导函数, 则

$$(uv)^{(n)} = u^{(n)}v + nu^{(n-1)}v' + \frac{n(n-1)}{2!}u^{(n-2)}v'' + \cdots + uv^{(n)}.$$

(8) 几个常用函数的 n 阶导数公式:

$$(a^x)^{(n)} = a^x (\ln a)^n \quad (a > 0, a \neq 1);$$

$$(\sin x)^{(n)} = \sin\left(x + \frac{n\pi}{2}\right);$$

$$(\cos x)^{(n)} = \cos\left(x + \frac{n\pi}{2}\right);$$

$$(\ln(1 + x))^{(n)} = (-1)^{n-1}\frac{(n-1)!}{(1+x)^n};$$

$$(x^\mu)^{(n)} = \mu(\mu - 1)\cdots(\mu - n + 1)x^{\mu - n}.$$

特别地 $(x^n)^{(n)} = n!$.

2. 微分运算法则.

(1) 四则运算法则.

(2) 一阶微分形式的不变性: 无论 u 是自变量还是另一个变量的可微函数, 微分形式 $\mathrm{d}y = f'(u)\mathrm{d}u$ 保持不变 (其中 $y = f(u)$).

二、例题分析

例 1 计算下列导数:

(1) $y = \sin^2\left(\dfrac{1 - \ln x}{x}\right)$;

(2) $y = \mathrm{e}^{\sin^2 2x}$;

(3) $y = \dfrac{x}{2}\sqrt{x^2 - a^2} - \dfrac{a^2}{2}\ln\left(x + \sqrt{x^2 - a^2}\right)$;

(4) $y = \sqrt{x + \sqrt{x + \cos x}}$;

(5) $y = \dfrac{1}{4}\ln\dfrac{1 + x}{1 - x} - \dfrac{1}{2}\arctan x$;

(6) $y = \sin x \cos x \cos 2x \cos 4x$.

解 (1) **法 1** (利用复合函数求导法则求导)

$$\frac{\mathrm{d}y}{\mathrm{d}x} = 2\sin\left(\frac{1 - \ln x}{x}\right) \cdot \left[\sin\left(\frac{1 - \ln x}{x}\right)\right]'$$

$$= 2\sin\left(\frac{1 - \ln x}{x}\right) \cdot \cos\left(\frac{1 - \ln x}{x}\right) \cdot \left(\frac{1 - \ln x}{x}\right)'$$

$$= \frac{\ln x - 2}{x^2}\sin 2\left(\frac{1 - \ln x}{x}\right).$$

法 2 (利用一阶微分形式的不变性) 因为

$$\mathrm{d}y = \mathrm{d}\sin^2\left(\frac{1 - \ln x}{x}\right) = 2\sin\left(\frac{1 - \ln x}{x}\right) \cdot \mathrm{d}\sin\left(\frac{1 - \ln x}{x}\right)$$

$$= 2\sin\left(\frac{1 - \ln x}{x}\right) \cdot \cos\left(\frac{1 - \ln x}{x}\right) \cdot \mathrm{d}\left(\frac{1 - \ln x}{x}\right)$$

$$= \frac{\ln x - 2}{x^2}\sin 2\left(\frac{1 - \ln x}{x}\right)\mathrm{d}x,$$

所以 $\dfrac{\mathrm{d}y}{\mathrm{d}x} = \dfrac{\ln x - 2}{x^2}\sin 2\left(\dfrac{1 - \ln x}{x}\right)$.

(2) $y' = \mathrm{e}^{\sin^2 2x}\left(\sin^2 2x\right)' = \mathrm{e}^{\sin^2 2x}\left(2\sin 2x\right)\left(\sin 2x\right)'$

$= \mathrm{e}^{\sin^2 2x}\left(2\sin 2x\right)\left(\cos 2x\right)\left(2x\right)' = 2\mathrm{e}^{\sin^2 2x}\sin 4x.$

(3) $y' = \left(\dfrac{x}{2}\sqrt{x^2 - a^2}\right)' - \left[\dfrac{a^2}{2}\ln\left(x + \sqrt{x^2 - a^2}\right)\right]'$

$$= \frac{1}{2} \left(\sqrt{x^2 - a^2} + x \cdot \frac{2x}{2\sqrt{x^2 - a^2}} \right) - \frac{a^2}{2} \frac{1 + \dfrac{2x}{2\sqrt{x^2 - a^2}}}{x + \sqrt{x^2 - a^2}}$$

$$= \sqrt{x^2 - a^2}.$$

(4) $y' = \dfrac{1}{2\sqrt{x + \sqrt{x + \cos x}}} \left(x + \sqrt{x + \cos x} \right)'$

$$= \frac{1}{2\sqrt{x + \sqrt{x + \cos x}}} \left(1 + \frac{1}{2\sqrt{x + \cos x}} (x + \cos x)' \right)$$

$$= \frac{1}{2\sqrt{x + \sqrt{x + \cos x}}} \left(1 + \frac{1 - \sin x}{2\sqrt{x + \cos x}} \right)$$

$$= \frac{2\sqrt{x + \cos x} + 1 - \sin x}{4\sqrt{x + \cos x}\sqrt{x + \sqrt{x + \cos x}}}.$$

(5) 因为

$$y = \frac{1}{4} \left[\ln(1 + x) - \ln(1 - x) \right] - \frac{1}{2} \arctan x,$$

所以

$$y' = \frac{1}{4} \left(\frac{1}{1 + x} - \frac{-1}{1 - x} \right) - \frac{1}{2} \cdot \frac{1}{1 + x^2}$$

$$= \frac{1}{4} \cdot \frac{2}{1 - x^2} - \frac{1}{2(1 + x^2)} = \frac{x^2}{1 - x^4}.$$

(6) 因为

$$y = \frac{1}{2} \sin 2x \cos 2x \cos 4x = \frac{1}{4} \sin 4x \cos 4x = \frac{1}{8} \sin 8x,$$

所以

$$y' = \frac{1}{8} \cos 8x \cdot (8x)' = \cos 8x.$$

例 2　计算下列导数:

(1) 设 $f(x) = x(x - 1)(x - 2) \cdots (x - 1000)$, 求 $f'(0)$;

(2) 设 $f(t) = \lim\limits_{x \to \infty} t \left(\dfrac{x + t}{x - t} \right)^x$, 求 $f'(t)$.

解　(1) **法 1**

$$f'(0) = \lim_{x \to 0} \frac{f(x) - f(0)}{x - 0} = \lim_{x \to 0} (x - 1)(x - 2) \cdots (x - 1000) = 1000!.$$

法 2 (利用导数运算法则) 因为

$$f'(x) = (x-1)(x-2)(x-3)\cdots(x-1000)$$

$$+ x(x-2)(x-3)\cdots(x-1000) + x(x-1)(x-3)\cdots(x-1000)$$

$$+ \cdots + x(x-1)(x-2)\cdots(x-999),$$

所以 $f'(0) = 1000!$.

(2) 因为 $\lim\limits_{x\to\infty}\left(\dfrac{x+t}{x-t}\right)^x = \mathrm{e}^{2t}$, 所以 $f(t) = t\mathrm{e}^{2t}$, $f'(t) = (2t+1)\mathrm{e}^{2t}$.

例 3 计算下列导数:

(1) 已知 $y = f\left(\dfrac{3x-2}{3x+2}\right)$, $f'(x) = \arctan x^2$, 求 $\left.\dfrac{\mathrm{d}y}{\mathrm{d}x}\right|_{x=0}$;

(2) $y = \arcsin f(\sqrt{x}) + g(\arctan x^2)$, 其中 $f(u), g(u)$ 可导;

(3) $y = \mathrm{e}^{f^2(x)}f(\mathrm{e}^{x^2})$.

解 (1) 由于

$$y' = f'\left(\frac{3x-2}{3x+2}\right)\cdot\left(\frac{3x-2}{3x+2}\right)' = \arctan\left(\frac{3x-2}{3x+2}\right)^2\cdot\frac{12}{(3x+2)^2},$$

因此 $\left.\dfrac{\mathrm{d}y}{\mathrm{d}x}\right|_{x=0} = \dfrac{3\pi}{4}$.

(2) $$y' = \frac{1}{\sqrt{1-f^2(\sqrt{x})}}[f(\sqrt{x})]' + g'(\arctan x^2)(\arctan x^2)'$$

$$= \frac{1}{\sqrt{1-f^2(\sqrt{x})}}f'(\sqrt{x})(\sqrt{x})' + g'(\arctan x^2)\cdot\frac{1}{1+(x^2)^2}\cdot(x^2)'$$

$$= \frac{f'(\sqrt{x})}{2\sqrt{x}\sqrt{1-f^2(\sqrt{x})}} + \frac{2xg'(\arctan x^2)}{1+x^4}.$$

(3) $$y' = [\mathrm{e}^{f^2(x)}]'f(\mathrm{e}^{x^2}) + \mathrm{e}^{f^2(x)}[f(\mathrm{e}^{x^2})]'$$

$$= \mathrm{e}^{f^2(x)}[f^2(x)]'f(\mathrm{e}^{x^2}) + \mathrm{e}^{f^2(x)}f'(\mathrm{e}^{x^2})(\mathrm{e}^{x^2})'$$

$$= \mathrm{e}^{f^2(x)}2f(x)f'(x)f(\mathrm{e}^{x^2}) + \mathrm{e}^{f^2(x)}f'(\mathrm{e}^{x^2})\mathrm{e}^{x^2}(x^2)'$$

$$= 2f(x)f'(x)f(\mathrm{e}^{x^2})\mathrm{e}^{f^2(x)} + 2xf'(\mathrm{e}^{x^2})\mathrm{e}^{x^2}\mathrm{e}^{f^2(x)}$$

$$= 2\mathrm{e}^{f^2(x)}[f(x)f'(x)f(\mathrm{e}^{x^2}) + xf'(\mathrm{e}^{x^2})\mathrm{e}^{x^2}].$$

例 4 设 $f(x) = a_1\sin x + a_2\sin 2x + \cdots + a_n\sin nx$, 且满足 $|f(x)| \leqslant |\sin x|$, 其中 $a_1, a_2, \cdots, a_n$ 为常数, 试证:

$$|a_1 + 2a_2 + \cdots + na_n| \leqslant 1.$$

证明 因为

$$f'(x) = a_1 \cos x + 2a_2 \cos 2x + \cdots + na_n \cos nx,$$

$$f'(0) = a_1 + 2a_2 + \cdots + na_n,$$

又

$$f'(0) = \lim_{x \to 0} \frac{f(x) - f(0)}{x - 0}$$

及

$$\left| \frac{f(x) - f(0)}{x - 0} \right| = \frac{|f(x)|}{|x|} \leqslant \frac{|\sin x|}{|x|} \leqslant 1,$$

所以 $|f'(0)| = \lim\limits_{x \to 0} \left| \dfrac{f(x) - f(0)}{x - 0} \right| \leqslant 1$, 即 $|a_1 + 2a_2 + \cdots + na_n| \leqslant 1$.

例 5 求下列导数:

(1) $\arctan \dfrac{y}{x} = \ln \sqrt{x^2 + y^2}$, 求 $\dfrac{\mathrm{d}y}{\mathrm{d}x}$;

(2) $\sin(xy) + \ln(y - x) = x$, 求 $\dfrac{\mathrm{d}y}{\mathrm{d}x}\bigg|_{x=0}$;

(3) 设 $f(x)$ 满足 $f(x) + 2f\left(\dfrac{1}{x}\right) = \dfrac{3}{x}$, 求 $f'(x)$.

解 (1) 方程两边对 x 求导, 有

$$\frac{1}{1 + \left(\frac{y}{x}\right)^2} \cdot \frac{xy' - y}{x^2} = \frac{1}{\sqrt{x^2 + y^2}} \cdot \frac{2x + 2yy'}{2\sqrt{x^2 + y^2}},$$

解得 $y' = \dfrac{x + y}{x - y}$.

(2) 方程两边对 x 求导, 有

$$\cos(xy)\left(y + x\frac{\mathrm{d}y}{\mathrm{d}x}\right) + \frac{1}{y - x}\left(\frac{\mathrm{d}y}{\mathrm{d}x} - 1\right) = 1, \qquad \textcircled{1}$$

将 $x = 0$ 代入原方程, 得 $y = 1$. 将 $x = 0$, $y = 1$ 代入 ① 式, 得

$$1 + \frac{\mathrm{d}y}{\mathrm{d}x}\bigg|_{x=0} - 1 = 1,$$

即 $\dfrac{\mathrm{d}y}{\mathrm{d}x}\bigg|_{x=0} = 1$.

(3) **法 1** 先求出 $f(x)$ 的表达式, 再求出 $f'(x)$. 解略.

法 2 两边对 x 求导, 得

$$f'(x) - \frac{2}{x^2} f'\left(\frac{1}{x}\right) = -\frac{3}{x^2}. \qquad ①$$

将原等式中的 x 换成 $\dfrac{1}{x}$ 后, 得

$$f\left(\frac{1}{x}\right) + 2f(x) = 3x,$$

两边对 x 求导, 得

$$-\frac{1}{x^2} f'\left(\frac{1}{x}\right) + 2f'(x) = 3. \qquad ②$$

②×2−①得

$$3f'(x) = 6 + \frac{3}{x^2},$$

故 $f'(x) = 2 + \dfrac{1}{x^2}$.

例 6 求下列导数:

(1) 设 $x^y = y^x$, 求 $\dfrac{\mathrm{d}y}{\mathrm{d}x}$; (2) 设 $y = \dfrac{(x-2)^3 \sqrt{x-5}}{\sqrt[3]{x+1}}$, 求 $\dfrac{\mathrm{d}y}{\mathrm{d}x}$;

(3) 设 $x^{y^2} + y^2 \ln x = 4$, 求 $\dfrac{\mathrm{d}y}{\mathrm{d}x}$.

解 (1) **法 1** 方程两边取对数, 得

$$y \ln x = x \ln y.$$

方程两边对 x 求导, 得

$$y' \ln x + y \cdot \frac{1}{x} = \ln y + x \cdot \frac{1}{y} y',$$

解得 $y' = \dfrac{xy \ln y - y^2}{xy \ln x - x^2}$.

法 2 由 $x^y = y^x$ 得 $\mathrm{e}^{y \ln x} = \mathrm{e}^{x \ln y}$. 方程两边对 x 求导, 得

$$\mathrm{e}^{y \ln x} (y \ln x)' = \mathrm{e}^{x \ln y} (x \ln y)',$$

$$x^y \left(y' \ln x + y \cdot \frac{1}{x}\right) = y^x \left(\ln y + x \cdot \frac{1}{y} y'\right),$$

又因为 $x^y = y^x$, 所以

$$y' \ln x + y \cdot \frac{1}{x} = \ln y + x \cdot \frac{1}{y} y',$$

解得 $y' = \dfrac{xy \ln y - y^2}{xy \ln x - x^2}$.

(2) 两边取对数, 得

$$\ln y = 3 \ln(x - 2) + \frac{1}{2} \ln(x - 5) - \frac{1}{3} \ln(x + 1),$$

两边对 x 求导, 得

$$\frac{1}{y} \cdot y' = \frac{3}{x - 2} + \frac{1}{2(x - 5)} - \frac{1}{3(x + 1)},$$

所以

$$y' = \frac{(x - 2)^3 \sqrt{x - 5}}{\sqrt[3]{x + 1}} \left[\frac{3}{x - 2} + \frac{1}{2(x - 5)} - \frac{1}{3(x + 1)} \right].$$

(3) 方程可化为 $e^{y^2 \ln x} + y^2 \ln x = 4$, 令 $u = y^2 \ln x$, 方程变为 $e^u + u = 4$. 两边对 x 求导, 得

$$e^u \frac{\mathrm{d}u}{\mathrm{d}x} + \frac{\mathrm{d}u}{\mathrm{d}x} = 0,$$

即

$$(e^u + 1) \frac{\mathrm{d}u}{\mathrm{d}x} = 0.$$

而 $(e^u + 1) \neq 0$, 所以 $\dfrac{\mathrm{d}u}{\mathrm{d}x} = 0$. 由 $u = y^2 \ln x$, 得

$$\frac{\mathrm{d}u}{\mathrm{d}x} = 2yy' \ln x + y^2 \cdot \frac{1}{x} = 0,$$

故 $y' = -\dfrac{y}{2x \ln x}$.

例 7　求下列导数:

(1) 设 $\begin{cases} x = t - \ln(1 + t), \\ y = t^3 + t^2, \end{cases}$　求 $\dfrac{\mathrm{d}y}{\mathrm{d}x}$; (2) 设 $\begin{cases} x = e^{\sin t}, \\ y = \sin e^t, \\ z = t^2, \end{cases}$　求 $\dfrac{\mathrm{d}x}{\mathrm{d}z}, \dfrac{\mathrm{d}y}{\mathrm{d}z}$.

解 (1) $\dfrac{\mathrm{d}y}{\mathrm{d}x} = \dfrac{\dfrac{\mathrm{d}y}{\mathrm{d}t}}{\dfrac{\mathrm{d}x}{\mathrm{d}t}} = \dfrac{3t^2 + 2t}{1 - \dfrac{1}{1+t}} = (1+t)(3t+2).$

(2) **法 1** $\dfrac{\mathrm{d}x}{\mathrm{d}z} = \dfrac{\dfrac{\mathrm{d}x}{\mathrm{d}t}}{\dfrac{\mathrm{d}z}{\mathrm{d}t}} = \dfrac{\mathrm{e}^{\sin t}\cos t}{2t}, \dfrac{\mathrm{d}y}{\mathrm{d}z} = \dfrac{\dfrac{\mathrm{d}y}{\mathrm{d}t}}{\dfrac{\mathrm{d}z}{\mathrm{d}t}} = \dfrac{\mathrm{e}^t \cos \mathrm{e}^t}{2t}.$

法 2 $\mathrm{d}x = \mathrm{e}^{\sin t}\cos t\mathrm{d}t, \mathrm{d}y = \mathrm{e}^t \cos \mathrm{e}^t \mathrm{d}t, \mathrm{d}z = 2t\mathrm{d}t.$ 所以

$$\frac{\mathrm{d}x}{\mathrm{d}z} = \frac{\mathrm{e}^{\sin t}\cos t}{2t}, \quad \frac{\mathrm{d}y}{\mathrm{d}z} = \frac{\mathrm{e}^t \cos \mathrm{e}^t}{2t}.$$

例 8 求曲线 $\begin{cases} x + t(1-t) = 0, \\ t\mathrm{e}^y + y + 1 = 0 \end{cases}$ 在 $t = 0$ 处的切线方程.

解 将 $t\mathrm{e}^y + y + 1 = 0$ 两边对 t 求导, 得

$$\mathrm{e}^y + t\mathrm{e}^y \cdot \frac{\mathrm{d}y}{\mathrm{d}t} + \frac{\mathrm{d}y}{\mathrm{d}t} = 0,$$

解得 $\dfrac{\mathrm{d}y}{\mathrm{d}t} = \dfrac{-\mathrm{e}^y}{1 + t\mathrm{e}^y}.$

将 $x + t(1-t) = 0$ 两边对 t 求导, 得 $\dfrac{\mathrm{d}x}{\mathrm{d}t} + 1 - 2t = 0$, 即 $\dfrac{\mathrm{d}x}{\mathrm{d}t} = 2t - 1$. 故

$$\frac{\mathrm{d}y}{\mathrm{d}x} = \frac{\dfrac{\mathrm{d}y}{\mathrm{d}t}}{\dfrac{\mathrm{d}x}{\mathrm{d}t}} = \frac{\mathrm{e}^y}{(1 - 2t)(1 + t\mathrm{e}^y)}.$$

当 $t = 0$ 时, $x = 0, y = -1$. 故 $\dfrac{\mathrm{d}y}{\mathrm{d}x}\Big|_{t=0} = \dfrac{1}{\mathrm{e}}.$

于是切线方程为 $y + 1 = \dfrac{1}{\mathrm{e}}x$, 即 $x - \mathrm{e}y - \mathrm{e} = 0$.

例 9 求下列微分:

(1) 设 $y = \mathrm{e}^{\pi - 3x}\cos 3x$, 求 $\mathrm{d}y\big|_{x=\frac{\pi}{3}}$;

(2) 设 $y = \mathrm{e}^{\sin x} + \ln \cos \sqrt{x}$, 求 $\mathrm{d}y$;

(3) 设 $y = f\left(\arctan \dfrac{1}{x}\right)$, $f(u)$ 可导, 求 $\mathrm{d}y$;

(4) 设 $\mathrm{e}^{x+y} - y \sin x = 0$, 求 $\mathrm{d}y$.

解　(1) 因为

$$\mathrm{d}y = \cos 3x \mathrm{d}(\mathrm{e}^{\pi-3x}) + \mathrm{e}^{\pi-3x}\mathrm{d}(\cos 3x)$$

$$= \cos 3x \mathrm{e}^{\pi-3x}\mathrm{d}(\pi - 3x) + \mathrm{e}^{\pi-3x}(-\sin 3x)\mathrm{d}(3x)$$

$$= -3\mathrm{e}^{\pi-3x}\cos 3x \mathrm{d}x - 3\mathrm{e}^{\pi-3x}\sin 3x \mathrm{d}x$$

$$= -3\mathrm{e}^{\pi-3x}(\cos 3x + \sin 3x)\mathrm{d}x,$$

于是 $\left.\mathrm{d}y\right|_{x=\frac{\pi}{3}} = 3\mathrm{d}x.$

(2)
$$\mathrm{d}y = \mathrm{e}^{\sin x}\mathrm{d}(\sin x) + \frac{1}{\cos\sqrt{x}}\mathrm{d}\left(\cos\sqrt{x}\right)$$

$$= \mathrm{e}^{\sin x}\cos x \mathrm{d}x + \frac{1}{\cos\sqrt{x}}\left(-\sin\sqrt{x}\right)\mathrm{d}\left(\sqrt{x}\right)$$

$$= \mathrm{e}^{\sin x}\cos x \mathrm{d}x - \frac{\tan\sqrt{x}}{2\sqrt{x}}\mathrm{d}x$$

$$= \left(\mathrm{e}^{\sin x}\cos x - \frac{\tan\sqrt{x}}{2\sqrt{x}}\right)\mathrm{d}x.$$

(3)
$$\mathrm{d}y = f'\left(\arctan\frac{1}{x}\right)\mathrm{d}\left(\arctan\frac{1}{x}\right)$$

$$= f'\left(\arctan\frac{1}{x}\right)\cdot\frac{1}{1+\dfrac{1}{x^2}}\mathrm{d}\left(\frac{1}{x}\right)$$

$$= f'\left(\arctan\frac{1}{x}\right)\cdot\frac{x^2}{1+x^2}\left(-\frac{1}{x^2}\right)\mathrm{d}x$$

$$= -f'\left(\arctan\frac{1}{x}\right)\cdot\frac{1}{1+x^2}\mathrm{d}x.$$

(4) 对方程两边求微分, 有

$$\mathrm{d}(\mathrm{e}^{x+y}) - \mathrm{d}(y\sin x) = 0,$$

$$\mathrm{e}^{x+y}\mathrm{d}(x + y) - [\sin x \mathrm{d}y + y\mathrm{d}(\sin x)] = 0,$$

$$\mathrm{e}^{x+y}(\mathrm{d}x + \mathrm{d}y) - \sin x \mathrm{d}y - y\cos x \mathrm{d}x = 0,$$

解得

$$\mathrm{d}y = \frac{y\cos x - \mathrm{e}^{x+y}}{\mathrm{e}^{x+y} - \sin x}\mathrm{d}x = \frac{y(\cos x - \sin x)}{(y-1)\sin x}\mathrm{d}x.$$

例 10 求二阶导数:

(1) 设 $f'(\cos x) = \cos 2x$, 求 $f''(x)$;

(2) 设 $e^{x+y} - xy = 1$, 求 $y''(0)$;

(3) 设 $\begin{cases} x = e^{2t} - 1, \\ y = 2e^t, \end{cases}$ 求 y'';

(4) 设复合函数 $u = f[\varphi(x) + y^2]$, 其中 x, y 满足 $y + e^y = x$, 且 $f(x)$ 及 $\varphi(x)$ 均二阶可导, 求 $\dfrac{\mathrm{d}^2 u}{\mathrm{d}x^2}$;

(5) 设 $y = y(x)$ 二阶可导, 且 $\dfrac{\mathrm{d}x}{\mathrm{d}y} = \dfrac{1}{y'}$, 求 $\dfrac{\mathrm{d}^2 x}{\mathrm{d}y^2}$.

解 (1) 因为 $f'(\cos x) = \cos 2x = 2\cos^2 x - 1$, 所以

$$f'(x) = 2x^2 - 1, \quad |x| \leqslant 1,$$

$$f''(x) = 4x, \quad |x| \leqslant 1.$$

(2) 易知 $y(0) = 0$, 两边对 x 求导, 得

$$(1 + y')e^{x+y} - y - xy' = 0, \qquad \text{①}$$

故

$$y'(0) = -1.$$

① 式两边再对 x 求导, 得

$$(1 + y')^2 e^{x+y} + y'' e^{x+y} - 2y' - xy'' = 0, \qquad \text{②}$$

将 $x = 0, y = 0, y'(0) = -1$ 代入 ② 式得

$$y''(0) = -2.$$

(3) 由题意得

$$\frac{\mathrm{d}y}{\mathrm{d}x} = \frac{\dfrac{\mathrm{d}y}{\mathrm{d}t}}{\dfrac{\mathrm{d}x}{\mathrm{d}t}} = \frac{2e^t}{2e^{2t}} = e^{-t},$$

$$\frac{\mathrm{d}^2 y}{\mathrm{d}x^2} = \frac{\mathrm{d}}{\mathrm{d}x}(e^{-t}) = \frac{\mathrm{d}}{\mathrm{d}t}(e^{-t}) \cdot \frac{1}{\dfrac{\mathrm{d}x}{\mathrm{d}t}} = \frac{-e^{-t}}{2e^{2t}} = -\frac{1}{2}e^{-3t}.$$

注 常犯的错误为 $\dfrac{\mathrm{d}^2 y}{\mathrm{d}x^2} = (e^{-t})' = -e^{-t}.$

(4) 因为

$$\frac{\mathrm{d}u}{\mathrm{d}x} = f'[\varphi(x) + y^2]\left[\varphi'(x) + 2y\frac{\mathrm{d}y}{\mathrm{d}x}\right],$$

$$\frac{\mathrm{d}^2 u}{\mathrm{d}x^2} = f''[\varphi(x) + y^2]\frac{\mathrm{d}[\varphi(x) + y^2]}{\mathrm{d}x}\left[\varphi'(x) + 2y\frac{\mathrm{d}y}{\mathrm{d}x}\right]$$

$$+ f'[\varphi(x) + y^2]\left[\varphi''(x) + 2\left(\frac{\mathrm{d}y}{\mathrm{d}x}\right)^2 + 2y\frac{\mathrm{d}^2 y}{\mathrm{d}x^2}\right]$$

$$= f''[\varphi(x) + y^2]\left[\varphi'(x) + 2y\frac{\mathrm{d}y}{\mathrm{d}x}\right]^2$$

$$+ f'[\varphi(x) + y^2]\left[\varphi''(x) + 2\left(\frac{\mathrm{d}y}{\mathrm{d}x}\right)^2 + 2y\frac{\mathrm{d}^2 y}{\mathrm{d}x^2}\right],$$

下面计算 $\dfrac{\mathrm{d}y}{\mathrm{d}x}, \dfrac{\mathrm{d}^2 y}{\mathrm{d}x^2}$.

由 $y + \mathrm{e}^y = x$, 两边对 x 求导, 得

$$\frac{\mathrm{d}y}{\mathrm{d}x} + \mathrm{e}^y\frac{\mathrm{d}y}{\mathrm{d}x} = 1,$$

解得

$$\frac{\mathrm{d}y}{\mathrm{d}x} = \frac{1}{1 + \mathrm{e}^y},$$

$$\frac{\mathrm{d}^2 y}{\mathrm{d}x^2} = -\frac{1}{(1 + \mathrm{e}^y)^2}\mathrm{e}^y\frac{\mathrm{d}y}{\mathrm{d}x} = -\frac{\mathrm{e}^y}{(1 + \mathrm{e}^y)^3}.$$

所以

$$\frac{\mathrm{d}^2 u}{\mathrm{d}x^2} = f''[\varphi(x) + y^2]\left[\varphi'(x) + \frac{2y}{1 + \mathrm{e}^y}\right]^2$$

$$+ f'[\varphi(x) + y^2]\left[\varphi''(x) + \frac{2}{(1 + \mathrm{e}^y)^2} - \frac{2y\mathrm{e}^y}{(1 + \mathrm{e}^y)^3}\right].$$

(5) 由题意得

$$\frac{\mathrm{d}^2 x}{\mathrm{d}y^2} = \frac{\mathrm{d}}{\mathrm{d}y}\left(\frac{\mathrm{d}x}{\mathrm{d}y}\right) = \frac{\mathrm{d}}{\mathrm{d}y}\left(\frac{1}{y'}\right) = \frac{\mathrm{d}}{\mathrm{d}x}\left(\frac{1}{y'}\right)\frac{\mathrm{d}x}{\mathrm{d}y}$$

$$= -\frac{y''}{y'^2}\cdot\frac{1}{y'} = -\frac{y''}{y'^3}.$$

注 错误解法: $\dfrac{\mathrm{d}^2 x}{\mathrm{d}y^2} = \dfrac{\mathrm{d}}{\mathrm{d}y}\left(\dfrac{1}{y'}\right) = -\dfrac{y''}{y'^2}$.

例 11 试作变换 $u = \tan y, x = \mathrm{e}^t$, 将方程

$$x^2 \frac{\mathrm{d}^2 y}{\mathrm{d}x^2} + 2x^2 (\tan y)\left(\frac{\mathrm{d}y}{\mathrm{d}x}\right)^2 + x\frac{\mathrm{d}y}{\mathrm{d}x} - \sin y \cos y = 0$$

化为 u 关于 t 的方程.

解 由链式法则和反函数求导法则得

$$\frac{\mathrm{d}y}{\mathrm{d}x} = \frac{\mathrm{d}y}{\mathrm{d}u}\frac{\mathrm{d}u}{\mathrm{d}t}\frac{\mathrm{d}t}{\mathrm{d}x} = \frac{1}{\dfrac{\mathrm{d}u}{\mathrm{d}y}}\frac{\mathrm{d}u}{\mathrm{d}t}\frac{1}{\dfrac{\mathrm{d}x}{\mathrm{d}t}} = \cos^2 y \frac{\mathrm{d}u}{\mathrm{d}t}\mathrm{e}^{-t}.$$

进一步有

$$\frac{\mathrm{d}^2 y}{\mathrm{d}x^2}$$

$$= \frac{\mathrm{d}}{\mathrm{d}x}\left(\cos^2 y \frac{\mathrm{d}u}{\mathrm{d}t}\mathrm{e}^{-t}\right)$$

$$= \frac{\mathrm{d}}{\mathrm{d}x}(\cos^2 y)\frac{\mathrm{d}u}{\mathrm{d}t}\mathrm{e}^{-t} + \frac{\mathrm{d}}{\mathrm{d}x}\left(\frac{\mathrm{d}u}{\mathrm{d}t}\right)\cos^2 y\mathrm{e}^{-t} + \frac{\mathrm{d}}{\mathrm{d}x}(\mathrm{e}^{-t})\cos^2 y\frac{\mathrm{d}u}{\mathrm{d}t}$$

$$= \frac{\mathrm{d}}{\mathrm{d}y}(\cos^2 y)\frac{\mathrm{d}y}{\mathrm{d}x}\frac{\mathrm{d}u}{\mathrm{d}t}\mathrm{e}^{-t} + \frac{\mathrm{d}}{\mathrm{d}t}\left(\frac{\mathrm{d}u}{\mathrm{d}t}\right)\frac{\mathrm{d}t}{\mathrm{d}x}\cos^2 y\mathrm{e}^{-t} + \frac{\mathrm{d}}{\mathrm{d}t}(\mathrm{e}^{-t})\frac{\mathrm{d}t}{\mathrm{d}x}\cos^2 y\frac{\mathrm{d}u}{\mathrm{d}t}$$

$$= (-2\cos y \sin y)\left(\cos^2 y \frac{\mathrm{d}u}{\mathrm{d}t}\mathrm{e}^{-t}\right)\frac{\mathrm{d}u}{\mathrm{d}t}\mathrm{e}^{-t} + \frac{\mathrm{d}^2 u}{\mathrm{d}t^2}\mathrm{e}^{-t}\cos^2 y\mathrm{e}^{-t} + (-\mathrm{e}^{-t})\mathrm{e}^{-t}\cos^2 y\frac{\mathrm{d}u}{\mathrm{d}t}$$

$$= -2\mathrm{e}^{-2t}\cos^3 y \sin y \left(\frac{\mathrm{d}u}{\mathrm{d}t}\right)^2 + \frac{\mathrm{d}^2 u}{\mathrm{d}t^2}\mathrm{e}^{-2t}\cos^2 y - \frac{\mathrm{d}u}{\mathrm{d}t}\mathrm{e}^{-2t}\cos^2 y,$$

代入原方程并整理得 $\cos^2 y \dfrac{\mathrm{d}^2 u}{\mathrm{d}t^2} - \sin y \cos y = 0$, 即 $\dfrac{\mathrm{d}^2 u}{\mathrm{d}t^2} - u = 0$.

注 综合运用链式法则和反函数求导法则: $\dfrac{\mathrm{d}y}{\mathrm{d}x} = \dfrac{\mathrm{d}y}{\mathrm{d}u}\dfrac{\mathrm{d}u}{\mathrm{d}t}\dfrac{\mathrm{d}t}{\mathrm{d}x} = \dfrac{\mathrm{d}y}{\mathrm{d}u}\dfrac{\mathrm{d}u}{\mathrm{d}t}\dfrac{1}{\dfrac{\mathrm{d}x}{\mathrm{d}t}}$,

$\dfrac{\mathrm{d}^2 y}{\mathrm{d}x^2}$ 的处理方式类似.

例 12 求高阶导数:

(1) 设 $y = \dfrac{1}{x^2 - 5x + 4}$, 求 $y^{(100)}$;   (2) 设 $y = \cos^2 x$, 求 $y^{(n)}$;

(3) 设 $y = \dfrac{x^3}{1-x}$, 求 $y^{(n)}$.

解 (1) 由于

$$y = \frac{1}{3}\left(\frac{1}{x-4} - \frac{1}{x-1}\right),$$

因此

$$y^{(100)} = \frac{1}{3}\left[\left(\frac{1}{x-4}\right)^{(100)} - \left(\frac{1}{x-1}\right)^{(100)}\right]$$

$$= \frac{1}{3}\left[\frac{100!}{(x-4)^{101}} - \frac{100!}{(x-1)^{101}}\right].$$

(2) 因为

$$y = \cos^2 x = \frac{1}{2} + \frac{1}{2}\cos 2x,$$

所以

$$y' = \frac{1}{2} \cdot 2\cos\left(2x + \frac{\pi}{2}\right) = \cos\left(2x + \frac{\pi}{2}\right),$$

$$y'' = 2\cos\left(2x + 2 \cdot \frac{\pi}{2}\right),$$

$$\cdots\cdots$$

$$y^{(n)} = 2^{n-1}\cos\left(2x + \frac{n\pi}{2}\right).$$

(3) 因为

$$y = \frac{x^3}{1-x} = -x^2 - x - 1 + \frac{1}{1-x},$$

所以

$$y' = -2x - 1 + \frac{1}{(1-x)^2},$$

$$y'' = -2 + \frac{1 \cdot 2}{(1-x)^3},$$

$$y''' = \frac{1 \cdot 2 \cdot 3}{(1-x)^4},$$

$$\cdots\cdots$$

$$y^{(n)} = \frac{n!}{(1-x)^{n+1}} \quad (n \geqslant 3).$$

例 13 求 $y = x^2 \sin 2x$ 的 n 阶导数.

解 设 $u = \sin 2x$, $v = x^2$, 则

$$u^{(k)} = 2^k \sin\left(2x + \frac{k\pi}{2}\right) \quad (k = 1, 2, \cdots, n),$$

$$v' = 2x, \quad v'' = 2, \quad v^{(k)} = 0 \quad (k = 3, 4, \cdots, n),$$

由莱布尼茨公式, 有

$$y^{(n)} = (uv)^{(n)} = u^{(n)}v + nu^{(n-1)}v' + \frac{n(n-1)}{2!}u^{(n-2)}v'' + \cdots + uv^{(n)}$$

$$= x^2 2^n \sin\left(2x + \frac{n\pi}{2}\right) + n \cdot 2x \cdot 2^{n-1} \sin\left[2x + \frac{(n-1)\pi}{2}\right]$$

$$+ \frac{n(n-1)}{2!} \cdot 2 \cdot 2^{n-2} \sin\left[2x + \frac{(n-2)\pi}{2}\right]$$

$$= 2^{n-2}\left\{4x^2 \sin\left(2x + \frac{n\pi}{2}\right) + 4nx \sin\left[2x + \frac{(n-1)\pi}{2}\right]\right.$$

$$\left. + n(n-1) \sin\left[2x + \frac{(n-2)\pi}{2}\right]\right\}.$$

例 14 证明: 函数 $y = \arctan x$ 满足

$$(1 + x^2)y^{(n)} + 2(n-1)xy^{(n-1)} + (n-1)(n-2)y^{(n-2)} = 0,$$

其中 $n > 1$.

证明 由于

$$y' = \frac{1}{1 + x^2},$$

即

$$(1 + x^2)y' = 1,$$

故上式两边对 x 求 $(n-1)$ 阶导数, 得

$$[(1 + x^2)y']^{(n-1)} = 0 \quad (n - 1 > 0).$$

由莱布尼茨公式, 得

$$(y')^{(n-1)}(1 + x^2) + (n-1)(y')^{(n-2)}(1 + x^2)' + \frac{(n-1)(n-2)}{2!}(y')^{(n-3)}(1 + x^2)''$$

$$= (1 + x^2)y^{(n)} + 2(n-1)x(y)^{(n-1)} + (n-1)(n-2)y^{(n-2)} = 0.$$

故结论成立.

第 3 章　中值定理与导数的应用

3.1　中 值 定 理

一、知识要点

1. 费马引理

设函数 $f(x)$ 在点 x_0 的某邻域 $U(x_0)$ 内有定义, 并且在 x_0 处可导, 如果对任意的 $x \in U(x_0)$, 有 $f(x_0) \leqslant f(x)$ 或 $f(x_0) \geqslant f(x)$, 那么 $f'(x_0) = 0$.

注 (1) 引理中点 x_0 的定义就是极值点的定义, 费马引理的内容可概括为当函数在 x_0 可导时, 在某点取得极值的必要条件是在该点的导数值为 0;

(2) 会用函数的保号性证明费马定理.

2. 罗尔定理

如果函数 $f(x)$ 满足

(1) 在闭区间 $[a,b]$ 上连续;

(2) 在开区间 (a,b) 内可导;

(3) 在区间端点处的函数值相等, 即 $f(a) = f(b)$,

那么在 (a,b) 内至少存在一点 $\xi(a < \xi < b)$, 使得 $f'(\xi) = 0$.

注 罗尔定理的几何意义:

条件 (1) 说明曲线 $y = f(x)$ 在点 $A(a, f(a))$ 和点 $B(b, f(b))$ 之间是连续曲线;

条件 (2) 说明曲线 $y = f(x)$ 在点 A, B 之间是光滑曲线;

条件 (3) 说明曲线 $y = f(x)$ 在端点 A 和 B 处纵坐标相等.

结论说明: 曲线 $y = f(x)$ 在点 A 和点 B 之间 (不包括点 A 和点 B) 至少有一点处的切线平行于 x 轴. 如图 3-1 所示.

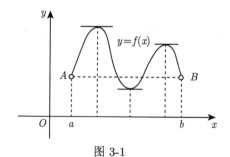

图 3-1

3. 拉格朗日中值定理

如果函数 $f(x)$ 满足

(1) 在闭区间 $[a,b]$ 上连续;

(2) 在开区间 (a,b) 内可导,

那么在 (a,b) 内至少存在一点 $\xi(a < \xi < b)$, 使得 $f'(\xi) = \dfrac{f(b) - f(a)}{b - a}$.

注 拉格朗日中值定理的几何意义:

条件 (1) 说明曲线 $y = f(x)$ 在点 $A(a, f(a))$ 和点 $B(b, f(b))$ 之间 (包括点 A 和点 B) 是连续曲线;

条件 (2) 说明曲线 $y = f(x)$(不包括点 A 和点 B) 是光滑曲线.

结论说明: 曲线 $y = f(x)$ 在 A, B 之间 (不包括点 A 和点 B) 至少有一点处的切线与割线 AB 是平行的. 如图 3-2 所示.

拉格朗日中值定理实为罗尔定理的推广, 当 $f(a) = f(b)$ 时的特殊情形, 就是罗尔定理.

由拉格朗日中值定理可以得到两个推论:

推论 1 若 $f(x)$ 在 (a,b) 内可导, 且 $f'(x) \equiv 0$, 则 $f(x)$ 在 (a,b) 内为常数.

推论 2 若 $f(x)$ 和 $g(x)$ 在 (a,b) 内可导, 且 $f'(x) \equiv g'(x)$, 则在 $[a,b]$ 上 $f(x) = g(x) + C$, 其中 C 为一个常数.

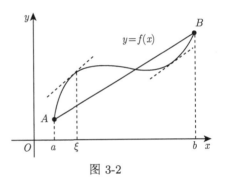

图 3-2

4. 柯西中值定理

如果函数 $f(x)$ 和 $g(x)$ 满足

(1) 在闭区间 $[a,b]$ 上连续;

(2) 在开区间 (a,b) 内可导;

(3) 对任意的 $x \in (a,b)$, $g'(x) \neq 0$,

那么在 (a,b) 内至少存在一点 $\xi(a < \xi < b)$, 使得 $\dfrac{f'(\xi)}{g'(\xi)} = \dfrac{f(b) - f(a)}{g(b) - g(a)}$.

注 柯西中值定理的几何意义: 考虑曲线 AB 的参数方程 $\begin{cases} x = g(t), \\ y = f(t), \end{cases} t \in$ $[a,b]$, 点 $A(g(a), f(a))$, 点 $B(g(b), f(b))$. 曲线在 AB 上是连续曲线, 除端点外是光滑曲线, 那么在曲线上至少有一点, 它的切线平行于割线 $\overline{AB}$. 如图 3-3 所示.

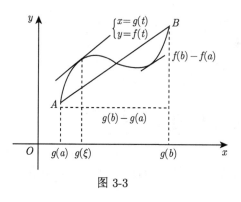

图 3-3

柯西中值定理实为拉格朗日中值定理的推广，令 $g(x) = x$，就是拉格朗日中值定理.

由拉格朗日中值定理可以得到两个推论：

推论 1 若 $f(x)$ 在 (a, b) 内可导，且 $f'(x) \equiv 0$，则 $f(x)$ 在 (a, b) 内为常数.

推论 2 若 $f(x)$ 和 $g(x)$ 在 (a, b) 内可导，且 $f'(x) \equiv g'(x)$，则在 (a, b) 内 $f(x) = g(x) + C$，其中 C 为一个常数.

5. 泰勒中值定理

(1) 带佩亚诺余项的泰勒公式：设函数 $f(x)$ 在点 x_0 处有 n 阶导数，则在 x_0 的某邻域内有

$$f(x) = f(x_0) + f'(x_0)(x - x_0) + \frac{f''(x_0)}{2!}(x - x_0)^2 + \cdots + \frac{f^{(n)}(x_0)}{n!}(x - x_0)^n$$
$$+ o\left[(x - x_0)^n\right].$$

(2) 带拉格朗日余项的泰勒公式：设函数 $f(x)$ 在含 x_0 的区间 (a, b) 内具有 $n + 1$ 阶导数，在 $[a, b]$ 内有 n 阶连续导数，则 $\forall x \in [a, b]$，有

$$f(x) = f(x_0) + f'(x_0)(x - x_0) + \frac{f''(x_0)}{2!}(x - x_0)^2 + \cdots + \frac{f^{(n)}(x_0)}{n!}(x - x_0)^n$$
$$+ \frac{f^{(n+1)}(\xi)}{(n+1)!}(x - x_0)^{n+1}$$

$$(\xi \text{ 在 } x \text{ 与 } x_0 \text{ 之间，也可以写成 } \xi = x_0 + \theta(x - x_0), \theta \in (0, 1)).$$

(3) 麦克劳林公式：$x_0 = 0$ 的泰勒公式又称为麦克劳林公式.

5 个基本初等函数 $e^x, \sin x, \cos x, \ln(1 + x), (1 + x)^\alpha (\alpha \in \mathbf{R})$ 在 $x_0 = 0$ 处的带有拉格朗日余项的泰勒公式为

$$e^x = 1 + x + \frac{x^2}{2!} + \cdots + \frac{x^n}{n!} + \frac{e^{\theta x}}{(n+1)!}x^{n+1} \quad (0 < \theta < 1),$$

$$\sin x = x - \frac{x^3}{3!} + \cdots + (-1)^{n-1}\frac{x^{2n-1}}{(2n-1)!} + \frac{(-1)^n \cos \theta x}{(2n+1)!}x^{2n+1} \quad (0 < \theta < 1),$$

$$\cos x = 1 - \frac{x^2}{2!} + \cdots + (-1)^n \frac{x^{2n}}{(2n)!} + \frac{(-1)^{n+1} \cos \theta x}{(2n+2)!} x^{2n+2} \quad (0 < \theta < 1),$$

$$\ln(1+x) = x - \frac{x^2}{2} + \cdots + (-1)^{n-1} \frac{x^n}{n} + (-1)^n \frac{1}{(1+\theta x)^{n+1}} \frac{x^{n+1}}{n+1} \quad (0 < \theta < 1),$$

$$(1+x)^\alpha = 1 + \alpha x + \frac{\alpha(\alpha-1)}{2!} x^2 + \cdots + \frac{\alpha(\alpha-1)\cdots(\alpha-n+1)}{n!} x^n$$

$$+ \frac{\alpha(\alpha-1)\cdots(\alpha-n)}{(n+1)!} (1+\theta x)^{\alpha-n-1} x^{n+1} \quad (0 < \theta < 1).$$

注 泰勒中值定理, 包括两种余项形式的考察方法主要有

(1) 求极限, 需要用佩亚诺型余项;

(2) 高阶导数的计算, 佩亚诺型余项亦可;

(3) 中值定理的证明.

二、例题分析

例 1 设 $f(x)$ 在 $[a,b]$ 上连续, 在 (a,b) 内可导, 证明: 在 (a,b) 内存在一点 ξ, 使 $f'(\xi) = \dfrac{f(\xi) - f(a)}{b - \xi}$ 成立.

分析 将 $f'(\xi) = \dfrac{f(\xi) - f(a)}{b - \xi}$ 变形为

$$f(\xi) - f(a) = f'(\xi)(b - \xi),$$

即

$$f'(\xi)(b - \xi) - f(\xi) + f(a) = 0. \qquad ①$$

将 ξ 换成 x, 若能构造一个函数 $F(x)$, 使其满足

$$\begin{cases} F'(x) = f'(x)(b - x) - f(x) + f(a), \\ F(a) = F(b). \end{cases}$$

则由罗尔定理有 $\xi \in (a,b)$, 使 $F'(\xi) = 0$, 即①式成立.

由于

$$F'(x) = bf'(x) - [xf'(x) + f(x)] + f(a)$$

$$= [bf(x)]' - [xf(x)]' + [f(a)x]'$$

$$= [bf(x) - xf(x) + f(a)x]',$$

可构造辅助函数 $F(x) = bf(x) - xf(x) + f(a)x$.

证明 设

$$F(x) = bf(x) - xf(x) + f(a)x,$$

由于 $f(x)$ 在 $[a, b]$ 上连续, 在 (a, b) 内可导, 故 $F(x)$ 在 $[a, b]$ 上连续, 在 (a, b) 内可导, 且

$$F(a) = F(b) = bf(a).$$

由罗尔定理, 在 (a, b) 内存在一点 ξ, 使

$$F'(\xi) = 0.$$

由 $F'(x) = f'(x)(b - x) - f(x) + f(a)$, 有

$$f'(\xi)(b - \xi) - f(\xi) + f(a) = 0,$$

即 $f'(\xi) = \dfrac{f(\xi) - f(a)}{b - \xi} (a < \xi < b)$.

例 2 证明: 方程 $4ax^3 + 3bx^2 + 2cx = a + b + c$ 至少有一个小于 1 的正根.

证明 令 $f(x) = ax^4 + bx^3 + cx^2 - (a + b + c)x$, 则

$$f(0) = f(1) = 0,$$

且 $f(x)$ 在 $[0, 1]$ 上连续, 在 $(0, 1)$ 内可导, 由罗尔定理, 至少存在一点 $\xi \in (0, 1)$, 使 $f'(\xi) = 0$.

即 $4a\xi^3 + 3b\xi^2 + 2c\xi = a + b + c$, 说明此方程至少有一个小于 1 的正根.

例 3 设函数 $f(x)$ 在 $[0, 1]$ 上可导, 当 $x \in [0, 1]$ 时, $0 < f(x) < 1$, 且对于所有 $x \in (0, 1)$, 有 $f'(x) \neq 1$. 求证在 $(0, 1)$ 内有且仅有一个 x_0, 使 $f(x_0) = x_0$.

证明 (1) 存在性.

令 $F(x) = f(x) - x$, 由于 $0 < f(x) < 1$, 故

$$F(1) = f(1) - 1 < 0, \quad F(0) = f(0) > 0.$$

由 $f(x)$ 在 $[0, 1]$ 上可导知, $F(x)$ 在 $[0, 1]$ 连续.

由零点定理知, 至少存在一点 $x_0 \in (0, 1)$, 使 $F(x_0) = 0$, 即 $f(x_0) = x_0$.

(2) 唯一性.

反证法 设有两点 $x_1, x_2 \in (0, 1)$, 且 $x_1 < x_2$, 使得

$$f(x_1) = x_1, \quad f(x_2) = x_2.$$

则 $F(x) = f(x) - x$ 满足罗尔定理的条件. 由罗尔定理, 在 (x_1, x_2) 内至少有一点 ξ, 使 $F'(\xi) = 0$, 即 $f'(\xi) = 1$, 与已知矛盾.

故在 $(0, 1)$ 内有且仅有一个 x_0, 使 $f(x_0) = x_0$.

例 4 设 $f(x)$ 在 $[0, 1]$ 上连续, 在 $(0, 1)$ 内可微, 且

$$f(1) = 1, \quad f(0) = 0.$$

则在 $(0, 1)$ 内至少存在一点 ξ, 使

$$e^{\xi-1}[f(\xi) + f'(\xi)] = 1.$$

分析 将 $e^{\xi-1}[f(\xi) + f'(\xi)] = 1$ 变形为

$$e^{\xi}[f(\xi) + f'(\xi)] = e,$$

将 ξ 换成 x, 有

$$e^x[f(x) + f'(x)] = e.$$

由 $e^x[f(x) + f'(x)] = [e^x f(x)]'$, 可设 $F(x) = e^x f(x)$, 而

$$\frac{F(1) - F(0)}{1 - 0} = F'(\xi) = [e^x f(x)]'|_{x=\xi},$$

故可用拉格朗日中值定理证明.

证明 设 $F(x) = e^x f(x)$, 由 $f(x)$ 在 $[0, 1]$ 上连续, 在 $(0, 1)$ 内可导知, $F(x)$ 在 $[0, 1]$ 上连续, 在 $(0, 1)$ 内可导, 故由拉格朗日中值定理, 在 $(0, 1)$ 内至少存在一点 ξ, 使

$$\frac{F(1) - F(0)}{1 - 0} = F'(\xi). \qquad\qquad ①$$

而

$$F(0) = 0, \quad F(1) = e, \quad F'(x) = e^x[f(x) + f'(x)],$$

故①可化为 $e^{\xi}[f(\xi) + f'(\xi)] = e$, 即

$$e^{\xi-1}[f(\xi) + f'(\xi)] = 1.$$

另证: 设辅助函数 $F(x) = e^x f(x) - ex$, 由罗尔定理证明. 证略.

例 5 设 $f(x)$ 在 $[a, b]$ 上连续, 在 (a, b) 内二阶可导, 且连接点 $A(a, f(a))$、点 $B(b, f(b))$ 的直线与曲线 $y = f(x)$ 相交于点 $C(c, f(c))$, $c \in (a, b)$, 试证在 (a, b) 内至少存在一点 ξ, 使 $f''(\xi) = 0$.

证明　由题设, $f(x)$ 在 $[a,c],[c,b]$ 上均满足拉格朗日定理的条件, 故存在 $\xi_1,\xi_2(a<\xi_1<c,c<\xi_2<b)$, 使得

$$\frac{f(c)-f(a)}{c-a}=f'(\xi_1),\quad \frac{f(b)-f(c)}{b-c}=f'(\xi_2).$$

而 A,C,B 三点共线, 故有

$$\frac{f(c)-f(a)}{c-a}=\frac{f(b)-f(c)}{b-c},$$

即得 $f'(\xi_1)=f'(\xi_2)$.

再对 $f'(x)$ 在 $[\xi_1,\xi_2]$ 上用罗尔定理, 则至少存在一点 $\xi\in(\xi_1,\xi_2)\subset(a,b)$, 使得 $f''(\xi)=0$.

例 6　设函数 $f(x)$ 在 $[a,+\infty)$ 上连续, 且当 $x>a$ 时, $f'(x)>k>0$, 其中 k 为常数, 试证: 若 $f(a)<0$, 则方程 $f(x)=0$ 在 $\left(a,a-\dfrac{f(a)}{k}\right)$ 内有且仅有一个实根.

证明　由题设知 $f(x)$ 在 $\left[a,a-\dfrac{f(a)}{k}\right]$ 上满足拉格朗日定理的条件, 故有

$$f\left(a-\frac{f(a)}{k}\right)-f(a)=f'(\xi)\left[a-\frac{f(a)}{k}-a\right],\quad \xi\in\left(a,a-\frac{f(a)}{k}\right),$$

即

$$f\left(a-\frac{f(a)}{k}\right)=f(a)\left[1-\frac{f'(\xi)}{k}\right].$$

因为 $f(a)<0,f'(x)>k>0$, 所以

$$f\left(a-\frac{f(a)}{k}\right)=f(a)\left[1-\frac{f'(\xi)}{k}\right]>0.$$

由零点定理, $f(x)=0$ 在 $\left(a,a-\dfrac{f(a)}{k}\right)$ 内至少有一个实根. 又因为 $f'(x)>0$, 即 $f(x)$ 在 $(a,+\infty)$ 单调递增, 所以 $f(x)=0$ 在 $\left(a,a-\dfrac{f(a)}{k}\right)$ 内有且仅有一个实根.

例 7　设 $f(x)$ 在 $[0,1]$ 上连续, 在 $(0,1)$ 内可微, 且

$$f(1)=1,\quad f(0)=\frac{1}{2}.$$

求证: 在 $(0,1)$ 内至少存在一点 ξ, 使 $1 = (1+\xi)^2 f'(\xi)$.

分析 将 $1 = (1+\xi)^2 f'(\xi)$ 变形为

$$1 = \frac{f'(\xi)}{\dfrac{1}{(1+\xi)^2}},$$

分母类似 $\dfrac{1}{1+x}$ 在 $x = \xi$ 处的导数, 仅差负号, 猜想用柯西中值定理, 其中分母函数为 $F(x) = \dfrac{1}{1+x}$.

证明 设 $F(x) = \dfrac{1}{1+x}$, 则 $F'(x) = -\dfrac{1}{(1+x)^2}$, 且 $F'(x) \neq 0, x \in (0,1)$, $f(x), F(x)$ 均满足柯西中值定理的条件, 于是在 $(0,1)$ 内至少存在一点 ξ, 使

$$\frac{f(1) - f(0)}{F(1) - F(0)} = \frac{f'(\xi)}{F'(\xi)}.$$

因 $f(1) = 1, f(0) = \dfrac{1}{2}, F(1) = \dfrac{1}{2}, F(0) = 1$, 得

$$\frac{1 - \dfrac{1}{2}}{\dfrac{1}{2} - 1} = \frac{f'(\xi)}{-\dfrac{1}{(1+\xi)^2}},$$

即 $(1+\xi)^2 f'(\xi) = 1$.

另证: 设 $F(x) = f(x) + \dfrac{1}{1+x}$, 用罗尔定理证明.

例 8 已知 $f(x)$ 在 $[a,b]$ 上连续, 在 (a,b) 内可导 $(a > 0, b > 0)$. 求证: 方程 $f(b) - f(a) = x\left(\ln\dfrac{b}{a}\right) f'(x)$ 在 (a,b) 内至少有一个根.

分析 本题零点定理的条件不具备 ($f'(x)$ 不一定连续), 故考虑用中值定理.

将原式变形为

$$\frac{f(b) - f(a)}{\ln b - \ln a} = x f'(x) = \frac{f'(x)}{\dfrac{1}{x}},$$

可用柯西中值定理.

证明 设 $F(x) = \ln x$, 则 $f(x), F(x)$ 在 $[a,b]$ 上满足柯西中值定理的条件, 故

至少存在一点 $\xi \in (a, b)$, 使得

$$\frac{f(b) - f(a)}{\ln b - \ln a} = \frac{f'(\xi)}{\frac{1}{\xi}},$$

从而

$$f(b) - f(a) = \xi \left(\ln \frac{b}{a} \right) f'(\xi).$$

故原方程在 (a, b) 内至少有一个根.

另证: 设 $F(x) = [f(b) - f(a)] \ln x - f(x) \ln \frac{b}{a}$, 用罗尔定理证明.

注   下列证法是错误的.

设 $F(x) = \ln x$, 因为 $f(x), F(x)$ 在 $[a, b]$ 上都满足拉格朗日定理的条件, 故有

$$\frac{\ln b - \ln a}{b - a} = F'(\xi) = \frac{1}{\xi} \quad (a < \xi < b),$$

$$\frac{f(b) - f(a)}{b - a} = f'(\xi) \quad (a < \xi < b).$$

以上两式相除得

$$\frac{f(b) - f(a)}{\ln b - \ln a} = \xi f'(\xi) \quad (a < \xi < b),$$

所以在 (a, b) 内至少有一点 ξ, 为 $\frac{f(b) - f(a)}{\ln b - \ln a} = x f'(x)$ 的根.

上述证法的错误在于忽略了: 两个不同函数在 $[a, b]$ 上运用拉格朗日定理所用的 ξ 一般是不同的, 即

$$\frac{\ln b - \ln a}{b - a} = \frac{1}{\xi_1} \quad (a < \xi_1 < b),$$

$$\frac{f(b) - f(a)}{b - a} = f'(\xi_2) \quad (a < \xi_2 < b).$$

因此所述证法是错误的.

例 9   当 $x > 0$ 时, 证明 $x < \mathrm{e}^x - 1 < x\mathrm{e}^x$.

证明   设 $f(x) = \mathrm{e}^x$, 则 $f(x)$ 在 $[0, x]$ 上满足拉格朗日中值定理, 因而有

$$\frac{f(x) - f(0)}{x - 0} = f'(\xi) \quad (0 < \xi < x),$$

即

$$\frac{e^x - 1}{x} = e^\xi.$$

由 $0 < \xi < x$, 有 $1 < e^\xi < e^x$, 从而 $1 < \dfrac{e^x - 1}{x} < e^x$, 即

$$x < e^x - 1 < xe^x.$$

例 10 求 $f(x) = x^2 e^{-x}$ 在 $x = 0$ 处的 n 阶泰勒展开式 (带佩亚诺余项).

解 由

$$e^x = 1 + x + \frac{x^2}{2!} + \cdots + \frac{x^n}{n!} + o(x^n),$$

得

$$e^{-x} = 1 + (-x) + \frac{(-x)^2}{2!} + \cdots + \frac{(-x)^n}{n!} + o(x^n),$$

即

$$e^{-x} = 1 - x + \frac{x^2}{2!} + \cdots + (-1)^n \frac{x^n}{n!} + o(x^n),$$

故

$$f(x) = x^2 e^{-x} = x^2 - x^3 + \frac{x^4}{2!} + \cdots + (-1)^n \frac{x^{n+2}}{n!} + o(x^{n+2}).$$

注 求已知函数的泰勒展开式有如下两种方法.

(1) 直接法: 先求 $f(x_0), f'(x_0), \cdots, f^{(n)}(x_0)$, 并且写出 $f^{(n+1)}(\xi)$ 的表达式, 再代入泰勒公式或麦克劳林公式.

(2) 间接法: 利用 5 个基本展开式 (即 $e^x, \sin x, \cos x, \ln(1+x), (1+x)^\alpha$ 的展开式).

例 11 设函数 $f(x)$ 在 $[0,2]$ 上二阶可导, 且 $|f(x)| \leqslant 1, |f''(x)| \leqslant 1, x \in [0,2]$. 证明: 对一切 $x \in [0,2]$, 有 $|f'(x)| \leqslant 2$.

分析 一般估值问题常用泰勒公式. 因已知条件中含有 $f''(x)$, 故用一阶泰勒公式证之.

证明 对任一点 $x \in [0,2]$(x 暂时固定), 在 x 处展为一阶泰勒公式

$$f(t) = f(x) + f'(x)(t-x) + \frac{1}{2!}f''(\xi)(t-x)^2 \quad (\xi \text{在} t \text{与} x \text{之间}).$$

分别令 $t = 0, 2$, 代入上式, 得

$$f(0) = f(x) + f'(x)(0-x) + \frac{1}{2!}f''(\xi_1)(0-x)^2 \quad (0 < \xi_1 < x),$$

$$f(2) = f(x) + f'(x)(2-x) + \frac{1}{2!}f''(\xi_2)(2-x)^2 \quad (x < \xi_2 < 2).$$

两式相减并整理得

$$2f'(x) = f(2) - f(0) + \frac{1}{2}x^2 f''(\xi_1) - \frac{1}{2}(2-x)^2 f''(\xi_2),$$

则

$$2\,|f'(x)| \leqslant |f(2)| + |f(0)| + \frac{1}{2}x^2\,|f''(\xi_1)| + \frac{1}{2}(2-x)^2\,|f''(\xi_2)|.$$

因

$$|f(x)| \leqslant 1, \quad |f''(x)| \leqslant 1,$$

故

$$2\,|f'(x)| \leqslant 1 + 1 + \frac{1}{2}x^2 + \frac{1}{2}(2-x)^2 = 2 + \frac{x^2 + (2-x)^2}{2}.$$

由于在 $[0,2]$ 上, $x^2 + (2-x)^2 \leqslant 4$, 故 $2\,|f'(x)| \leqslant 4$, 即

$$|f'(x)| \leqslant 2, \quad x \in [0,2].$$

3.2　未定型的极限问题

一、知识要点

1. 洛必达法则.

设在 x 的某极限过程中, 函数 $f(x), F(x)$ 可导, 且 $F'(x) \neq 0$, 若极限 $\lim \dfrac{f(x)}{F(x)}$ 是 $\dfrac{0}{0}$ 型或 $\dfrac{\infty}{\infty}$ 型未定式, 且

$$\lim \frac{f'(x)}{F'(x)} = A(\text{或}\infty),$$

则

$$\lim \frac{f(x)}{F(x)} = \lim \frac{f'(x)}{F'(x)} = A(\text{或}\infty).$$

注　若 $\lim \dfrac{f'(x)}{F'(x)}$ 不存在又不是无穷大, 则洛必达法则失效.

2. 几个常用的函数的带佩亚诺余项的麦克劳林公式:

$$\mathrm{e}^x = 1 + x + \frac{x^2}{2!} + \cdots + \frac{x^n}{n!} + o(x^n) \quad (x \to 0),$$

$$\sin x = x - \frac{x^3}{3!} + \cdots + (-1)^{n-1}\frac{x^{2n-1}}{(2n-1)!} + o(x^{2n}) \quad (x \to 0),$$

$$\cos x = 1 - \frac{x^2}{2!} + \cdots + (-1)^n \frac{x^{2n}}{(2n)!} + o(x^{2n+1}) \quad (x \to 0),$$

$$\ln(1+x) = x - \frac{x^2}{2} + \cdots + (-1)^{n-1}\frac{x^n}{n} + o(x^n) \quad (x \to 0),$$

$$(1+x)^\alpha = 1 + \alpha x + \frac{\alpha(\alpha-1)}{2!}x^2 + \cdots$$

$$+ \frac{\alpha(\alpha-1)\cdots(\alpha-n+1)}{n!}x^n + o(x^n) \quad (x \to 0).$$

注 以上带有佩亚诺余项的麦克劳林公式在求极限时经常用到.

二、例题分析

例 1 求下列极限:

(1) $\lim\limits_{x \to \pi} \dfrac{\sin 3x}{\tan 5x}$;

(2) $\lim\limits_{x \to +\infty} \dfrac{\ln(1+e^x)}{\sqrt{1+x^2}}$;

(3) $\lim\limits_{x \to 0} \dfrac{e^x(x-2)+x+2}{\sin^3 x}$;

(4) $\lim\limits_{x \to 0} \dfrac{e^x + \ln(1-x) - 1}{x - \arctan x}$;

(5) $\lim\limits_{x \to 0} \dfrac{e^{-\frac{1}{x^2}}}{x^{100}}$;

(6) $\lim\limits_{x \to 0} \dfrac{(1+x)^{\frac{1}{x}} - e}{x}$;

(7) $\lim\limits_{x \to 0} \dfrac{x^2 \sin\dfrac{1}{x}}{\sin x}$;

(8) 设函数 $f(x)$ 二阶可导, 且 $f(0) = 0, f'(0) = 1, f''(0) = 2$, 求 $\lim\limits_{x \to 0} \dfrac{f(x) - x}{x^2}$.

解 (1) 原式 $= \lim\limits_{x \to \pi} \dfrac{3\cos 3x}{5\sec^2 5x} = -\dfrac{3}{5}$.

(2) 原式 $= \lim\limits_{x \to +\infty} \dfrac{\dfrac{e^x}{1+e^x}}{\dfrac{x}{\sqrt{1+x^2}}} = 1$.

(3) 原式 $= \lim\limits_{x \to 0} \dfrac{e^x(x-2)+x+2}{x^3}$

$= \lim\limits_{x \to 0} \dfrac{xe^x - e^x + 1}{3x^2} = \lim\limits_{x \to 0} \dfrac{xe^x}{6x} = \dfrac{1}{6}$.

注　在使用洛必达法则过程中, 可利用 "等价无穷小替代", "提出极限不为 0 的因子" 等方法将运算简化.

(4) 原式 $= \lim\limits_{x \to 0} \dfrac{e^x - \dfrac{1}{1-x}}{1 - \dfrac{1}{1+x^2}} = \lim\limits_{x \to 0} \dfrac{1+x^2}{1-x} \cdot \dfrac{(1-x)e^x - 1}{x^2}$

$$= \lim\limits_{x \to 0} \dfrac{(1-x)e^x - 1}{x^2} \quad \left(\text{因为} \lim\limits_{x \to 0} \dfrac{1+x^2}{1-x} = 1 \right)$$

$$= \lim\limits_{x \to 0} \dfrac{-xe^x}{2x} = -\dfrac{1}{2}.$$

(5) 本题若直接用洛必达法则, 计算过程较麻烦.

令 $u = \dfrac{1}{x^2}$, 则

$$\text{原式} = \lim\limits_{u \to +\infty} \dfrac{u^{50}}{e^u} = \lim\limits_{u \to +\infty} \dfrac{50u^{49}}{e^u} = \cdots = \lim\limits_{u \to +\infty} \dfrac{50!}{e^u} = 0.$$

(6) **法 1**　原式 $= \lim\limits_{x \to 0} (1+x)^{\frac{1}{x}} \dfrac{x - (1+x)\ln(1+x)}{x^2(1+x)}$

$$= e \cdot \lim\limits_{x \to 0} \dfrac{x - (1+x)\ln(1+x)}{x^2} = e \cdot \lim\limits_{x \to 0} \dfrac{-\ln(1+x)}{2x} = -\dfrac{e}{2}$$

法 2　原式 $= \lim\limits_{x \to 0} \dfrac{e^{\frac{1}{x}\ln(1+x)} - e}{x} = \lim\limits_{x \to 0} \dfrac{e\left[e^{\frac{1}{x}\ln(1+x)-1} - 1 \right]}{x}$

$$= e \cdot \lim\limits_{x \to 0} \dfrac{\dfrac{1}{x}\ln(1+x) - 1}{x} = e \cdot \lim\limits_{x \to 0} \dfrac{\ln(1+x) - x}{x^2}$$

$$= e \cdot \lim\limits_{x \to 0} \dfrac{\dfrac{1}{1+x} - 1}{2x} = -\dfrac{e}{2} \lim\limits_{x \to 0} \dfrac{1}{1+x} = -\dfrac{e}{2}$$

(利用当 $x \to 0$ 时, $e^x - 1 \sim x$).

(7) 原式 $= \lim\limits_{x \to 0} \dfrac{2x \sin \dfrac{1}{x} - \cos \dfrac{1}{x}}{\cos x}$. 此极限不存在, 洛必达法则失效.

解法如下:

$$\lim\limits_{x \to 0} \dfrac{x^2 \sin \dfrac{1}{x}}{\sin x} = \lim\limits_{x \to 0} \dfrac{x \sin \dfrac{1}{x}}{\dfrac{\sin x}{x}} = 0.$$

(8) 原式 $= \lim\limits_{x \to 0} \dfrac{f'(x) - 1}{2x} = \dfrac{1}{2} \lim\limits_{x \to 0} \dfrac{f'(x) - f'(0)}{x - 0} = \dfrac{1}{2} f''(0) = 1.$

例 2 求下列极限:

(1) $\lim\limits_{n \to \infty} n(a^{\frac{1}{n}} - 1), n$ 为自然数, $a > 0$; (2) $\lim\limits_{n \to \infty} \left(1 + \dfrac{1}{n} + \dfrac{1}{n^2}\right)^n.$

解 (1) 因为

$$\lim\limits_{x \to +\infty} x\left(a^{\frac{1}{x}} - 1\right) = \lim\limits_{x \to +\infty} \dfrac{a^{\frac{1}{x}} - 1}{\dfrac{1}{x}} = \lim\limits_{t \to +0} \dfrac{a^t - 1}{t} \quad \left(令 t = \dfrac{1}{x}\right)$$

$$= \lim\limits_{t \to +0} \dfrac{a^t \ln a}{1} = \ln a,$$

所以 $\lim\limits_{n \to \infty} n\left(a^{\frac{1}{n}} - 1\right) = \ln a.$

注 对 "$\dfrac{0}{0}$" 或 "$\dfrac{\infty}{\infty}$" 型数列不能直接用洛必达法则求导, 应利用 "$\lim\limits_{x \to +\infty} f(x) = A$ 是 $\lim\limits_{n \to \infty} f(n) = A$ 的充分条件" 求数列的极限.

(2) 因为

$$\lim\limits_{x \to +\infty} \left(1 + \dfrac{1}{x} + \dfrac{1}{x^2}\right)^x = e^{\lim\limits_{x \to +\infty} x \ln\left(1 + \frac{1}{x} + \frac{1}{x^2}\right)},$$

而

$$\lim\limits_{x \to +\infty} x \ln\left(1 + \dfrac{1}{x} + \dfrac{1}{x^2}\right) = \lim\limits_{x \to +\infty} \dfrac{\ln\left(1 + \dfrac{1}{x} + \dfrac{1}{x^2}\right)}{\dfrac{1}{x}}$$

$$= \lim\limits_{t \to +0} \dfrac{\ln\left(1 + t + t^2\right)}{t} \quad \left(令 t = \dfrac{1}{x}\right)$$

$$= \lim\limits_{t \to +0} \dfrac{\dfrac{1 + 2t}{1 + t + t^2}}{1} = 1,$$

所以

$$\lim\limits_{x \to +\infty} \left(1 + \dfrac{1}{x} + \dfrac{1}{x^2}\right)^x = e.$$

从而

$$\lim\limits_{n \to \infty} \left(1 + \dfrac{1}{n} + \dfrac{1}{n^2}\right)^n = e.$$

例 3　求下列极限:

(1) $\lim\limits_{x\to 0}(\cos \pi x)^{\frac{1}{x^2}}$;

(2) $\lim\limits_{x\to +\infty}\left(\dfrac{\pi}{2}-\arctan x\right)^{\frac{1}{\ln x}}$;

(3) $\lim\limits_{x\to \infty}\left[(2+x)\mathrm{e}^{\frac{1}{x}}-x\right]$;

(4) $\lim\limits_{x\to 1}(1-x)\tan \dfrac{\pi}{2}x$.

解　(1) 因为

$$\lim_{x\to 0}\frac{\ln \cos \pi x}{x^2}=\lim_{x\to 0}\frac{\dfrac{-\pi \sin \pi x}{\cos \pi x}}{2x}=-\frac{\pi}{2}\lim_{x\to 0}\frac{\sin \pi x}{x}=-\frac{\pi^2}{2},$$

所以, 原式 $=\mathrm{e}^{\lim\limits_{x\to 0}\frac{\ln \cos \pi x}{x^2}}=\mathrm{e}^{-\frac{\pi^2}{2}}$.

(2) 因为

$$\lim_{x\to +\infty}\frac{\ln \left(\dfrac{\pi}{2}-\arctan x\right)}{\ln x}=\lim_{x\to +\infty}\frac{\dfrac{1}{\dfrac{\pi}{2}-\arctan x}\cdot \left(-\dfrac{1}{1+x^2}\right)}{\dfrac{1}{x}}$$

$$=\lim_{x\to +\infty}\frac{-\dfrac{x}{1+x^2}}{\dfrac{\pi}{2}-\arctan x}=\lim_{x\to +\infty}\frac{\dfrac{1-x^2}{(1+x^2)^2}}{\dfrac{1}{1+x^2}}$$

$$=\lim_{x\to +\infty}\frac{1-x^2}{1+x^2}=-1,$$

所以, 原式 $=\mathrm{e}^{\lim\limits_{x\to +\infty}\frac{\ln \left(\frac{\pi}{2}-\arctan x\right)}{\ln x}}=\mathrm{e}^{-1}$.

(3) 原式 $=\lim\limits_{x\to \infty}x\left[\left(\dfrac{2}{x}+1\right)\mathrm{e}^{\frac{1}{x}}-1\right]=\lim\limits_{x\to \infty}\dfrac{\left(\dfrac{2}{x}+1\right)\mathrm{e}^{\frac{1}{x}}-1}{\dfrac{1}{x}}$

$$=\lim_{t\to 0}\frac{(2t+1)\mathrm{e}^t-1}{t}\quad \left(令 t=\frac{1}{x}\right)$$

$$=\lim_{t\to 0}\frac{(2t+3)\mathrm{e}^t}{1}=3.$$

(4) 原式 $=\lim\limits_{x\to 1}\dfrac{(1-x)\sin \dfrac{\pi}{2}x}{\cos \dfrac{\pi}{2}x}=\lim\limits_{x\to 1}\sin \dfrac{\pi}{2}x\cdot \lim\limits_{x\to 1}\dfrac{1-x}{\cos \dfrac{\pi}{2}x}$

$$=\lim_{x\to 1}\frac{1-x}{\cos \dfrac{\pi}{2}x}=\lim_{x\to 1}\frac{-1}{-\dfrac{\pi}{2}\sin \dfrac{\pi}{2}x}=\frac{2}{\pi}.$$

例 4 用泰勒公式求极限:

(1) $\lim\limits_{x \to 0} \dfrac{\mathrm{e}^{-\frac{x^2}{2}} - \cos x}{x^4}$; 　　　　　　(2) $\lim\limits_{x \to 0} \dfrac{\mathrm{e}^x \sin x - x(1 + x)}{x^3}$.

解 (1) 由泰勒公式知, 当 $x \to 0$ 时, 有

$$\mathrm{e}^{-\frac{x^2}{2}} = 1 + \left(-\frac{1}{2}x^2\right) + \frac{1}{2!}\left(-\frac{1}{2}x^2\right)^2 + o(x^4),$$

$$\cos x = 1 - \frac{1}{2!}x^2 + \frac{1}{4!}x^4 + o(x^4).$$

故

$$\mathrm{e}^{-\frac{x^2}{2}} - \cos x = \frac{1}{12}x^4 + o(x^4).$$

从而

$$原式 = \lim_{x \to 0} \frac{\frac{1}{12}x^4 + o(x^4)}{x^4} = \frac{1}{12}.$$

(2) 由泰勒公式知, 当 $x \to 0$ 时, 有

$$\mathrm{e}^x = 1 + x + \frac{1}{2!}x^2 + \frac{1}{3!}x^3 + o(x^3),$$

$$\sin x = x - \frac{1}{3!}x^3 + o(x^3).$$

于是

$$\mathrm{e}^x \sin x - x(1 + x) = x + x^2 + \frac{1}{3}x^3 + o(x^3) - x - x^2$$

$$= \frac{1}{3}x^3 + o(x^3),$$

故

$$原式 = \lim_{x \to 0} \frac{\frac{1}{3}x^3 + o(x^3)}{x^3} = \frac{1}{3}.$$

3.3　导数的应用

一、知识要点

1. 函数单调性判别法.

若 $f(x)$ 在 $[a,b]$ 上连续, 在 (a,b) 内可导, 且 $f'(x) > 0$(或 $f'(x) < 0$), 则 $f(x)$ 在 $[a,b]$ 上单调增加 (或单调减少).

推论　若函数 $f(x)$ 连续且除有限个 (或可数个) 点外, $f'(x) > 0$(或 $f'(x) < 0$), 则 $f(x)$ 单调增加 (或单调减少).

2. 函数极值点及其判定方法.

(1) 极值点.

设函数 $f(x)$ 在点 x_0 的某邻域 $U(x_0)$ 内有定义, 如果对任意的 $x \in \overset{\circ}{U}(x_0)$, 有 $f(x_0) < f(x)$(或 $f(x_0) > f(x)$), 则称 $f(x_0)$ 是函数 $f(x)$ 的一个极大值 (或极小值).

(2) 极值点的判别定理.

(a)(必要条件) 设函数 $f(x)$ 在 x_0 处可导, 并在 x_0 处取得极值, 那么 $f'(x_0) = 0$.

(b)(第一充分条件) 设函数 $f(x)$ 在 x_0 处连续, 并在 x_0 的某去心邻域 $\overset{\circ}{U}(x_0, \delta)$ 内可导.

(i) 若 $x \in (x_0 - \delta, x_0)$ 时, $f'(x) > 0$, 而 $x \in (x_0, x_0 + \delta)$ 时, $f'(x) < 0$, 则 $f(x)$ 在 x_0 处取得极大值;

(ii) 若 $x \in (x_0 - \delta, x_0)$ 时, $f'(x) < 0$, 而 $x \in (x_0, x_0 + \delta)$ 时, $f'(x) > 0$, 则 $f(x)$ 在 x_0 处取得极小值;

(iii) 若 $x \in \overset{\circ}{U}(x_0, \delta)$ 时, $f'(x)$ 符号保持不变, 则 $f(x)$ 在 x_0 处没有极值.

(c)(第二充分条件) 设函数 $f(x)$ 在 x_0 处存在二阶导数, 且 $f'(x_0) = 0$, 那么

(i) 若 $f''(x_0) > 0$, 则 $f(x)$ 在 x_0 处取得极小值;

(ii) 若 $f''(x_0) < 0$, 则 $f(x)$ 在 x_0 处取得极大值.

注　(1) 设函数 $f(x)$ 在 x_0 处存在二阶导数, 且 $f'(x_0) = 0, f(x)$ 在 x_0 处取得极小值, 那么 $f''(x_0) > 0$. 这种说法是错误的, 反例 $f(x) = x^4$.

(2) 当 $f''(x_0) = 0$ 时, x_0 可能是极大值点、极小值点或者拐点. 可以应用保号性证明以下结论: 设函数 $f(x)$ 在 x_0 处存在三阶导数, 且 $f'(x_0) = 0, f''(x_0) = 0$, 若 $f'''(x_0) \neq 0$, 则 x_0 是函数 $f(x)$ 的拐点. 本结论也是对 $f''(x_0) = 0$ 时相关题型进行分析的一个重要方法.

3. 函数的最大值和最小值.

注 若函数在区间内只有唯一的一个驻点, 而实际问题中确有最值, 则唯一的驻点就是最值点.

4. 函数图形的凹凸性及拐点.

(1) 凹函数与凸函数的定义.

设函数 $f(x)$ 在区间 I 上连续, 如果对 I 上任意两点 x_1, x_2 恒有 $f\left(\dfrac{x_1 + x_2}{2}\right) < \dfrac{f(x_1) + f(x_2)}{2}$, 则称 $f(x)$ 是 I 上的凹函数;

如果对 I 上任意两点 x_1, x_2 恒有 $f\left(\dfrac{x_1 + x_2}{2}\right) > \dfrac{f(x_1) + f(x_2)}{2}$, 则称 $f(x)$ 是 I 上的凸函数.

(2) 凹凸性与二阶导数的关系.

凹凸性判别: 设函数 $f(x)$ 在闭区间 $[a, b]$ 上连续, 在开区间 (a, b) 内具有一阶、二阶导数, 那么

(i) 如果在 (a, b) 上有 $f''(x) > 0$, 那么函数 $f(x)$ 在 $[a, b]$ 上是凹函数;

(ii) 如果在 (a, b) 上有 $f''(x) < 0$, 那么函数 $f(x)$ 在 $[a, b]$ 上是凸函数.

函数的拐点: 函数凹凸性的分界点称为拐点. ($f''(x_0) = 0$ 或 $f''(x_0)$ 不存在, 都可能是拐点.)

(3) 拐点的判别.

拐点判别定理 I: 若在点 x_0 处 $f''(x_0) = 0$ 或 $f''(x_0)$ 不存在, 且在点 x_0 两侧函数二阶导数的符号不一样, 则点 x_0 为拐点.

拐点判别定理 II: 若在点 x_0 处 $f''(x_0) = 0$, 且有 $f'''(x_0) \neq 0$, 则点 x_0 为拐点.

5. 函数图形的渐近线.

(1) 水平渐近线: 若 $\lim\limits_{x \to \infty} f(x) = c$, 则直线 $y = c$ 是函数 $y = f(x)$ 图形的水平渐近线.

(2) 铅直渐近线: 若 $\lim\limits_{x \to x_0} f(x) = \infty$, 则直线 $x = x_0$ 是函数图形的铅直渐近线.

(3) 斜渐近线: 若 $\lim\limits_{x \to \infty} \dfrac{f(x)}{x} = k \neq 0$, 且

$$\lim_{x \to \infty} (f(x) - kx) = b,$$

则直线 $y = kx + b$ 是函数图形的斜渐近线.

注　上述定义中的 $x \to x_0, x \to \infty, f(x) \to \infty$ 还可以是 $x \to x_0 + 0, x \to x_0 - 0, x \to +\infty, x \to -\infty, f(x) \to +\infty, f(x) \to -\infty$.

6. 函数的作图.

7. 曲线的曲率与曲率半径.

(1) 曲率定义.

(2) 曲率公式: 设曲线 $y = f(x), f(x)$ 二阶可导, 则曲率

$$k = \frac{|y''|}{(1 + y'^2)^{\frac{3}{2}}}.$$

(3) 曲率半径: $\rho = \dfrac{1}{k}$.

二、例题分析

例 1　求由方程 $x^3 + 3x^2 y - 2y^3 = 2$ 所确定函数 $y = f(x)$ 的极值.

解　将方程两边对 x 求导, 得

$$3x^2 + 6xy + 3x^2 y' - 6y^2 y' = 0,$$

解得

$$y' = \frac{x(x + 2y)}{2y^2 - x^2}.$$

令 $y' = 0$, 得 $x(x + 2y) = 0$, 解得

$$x = 0, \quad x = -2y.$$

将 $x = 0, x = -2y$ 代入原方程得

$$\begin{cases} x = 0, \\ y = -1, \end{cases} \quad \begin{cases} x = -2, \\ y = 1. \end{cases}$$

又

$$y'' = \frac{(2x + 2xy' + 2y)(2y^2 - x^2) - (x^2 + 2xy)(4yy' - 2x)}{(2y^2 - x^2)^2},$$

故

$$y'' \Big|_{\substack{x=0 \\ y=-1}} < 0, \quad y'' \Big|_{\substack{x=-2 \\ y=1}} > 0.$$

所以, 极大值为 $y(0) = -1$, 极小值为 $y(-2) = 1$.

例 2 证明下列不等式:

(1) 当 $x > 0$ 时, $\ln(1+x) > \dfrac{\arctan x}{1+x}$;

(2) 当 $0 < x < 1$ 时, $\dfrac{1-x}{1+x} < \mathrm{e}^{-2x}$;

(3) 当 $0 < x < +\infty$ 时, $x \geqslant \mathrm{e}\ln x$;

(4) 当 $0 < x < y < \dfrac{\pi}{2}$ 时, $\tan x + \tan y > 2\tan\dfrac{x+y}{2}$.

证明 (1) 设 $f(x) = (1+x)\ln(1+x) - \arctan x$, 则

$$f'(x) = \ln(1+x) + \frac{x^2}{1+x^2}.$$

因 $f(x)$ 在 $[0, +\infty)$ 上连续, 在 $(0, +\infty)$ 内 $f'(x) > 0$, 故 $f(x)$ 在 $[0, +\infty)$ 内单调增加, 又 $f(0) = 0$, 所以, 当 $x > 0$ 时, $f(x) > f(0) = 0$, 即

$$(1+x)\ln(1+x) - \arctan x > 0,$$

亦即 $\ln(1+x) > \dfrac{\arctan x}{1+x}$.

(2) 设 $f(x) = (1-x)\mathrm{e}^{2x} - (1+x)$, 则

$$f'(x) = (1-2x)\mathrm{e}^{2x} - 1, \quad f''(x) = -4x\mathrm{e}^{2x}.$$

当 $0 < x < 1$ 时, $f''(x) < 0$, 而 $f'(x)$ 在 $[0,1]$ 上连续, 所以 $f'(x)$ 在 $[0,1]$ 上单调减少, 从而 $f'(x) < f'(0) = 0$, 又 $f(x)$ 在 $[0,1]$ 上连续, 因此 $f(x)$ 在 $[0,1]$ 上单调减少, 故 $f(x) < f(0) = 0$, 即

$$(1-x)\mathrm{e}^{2x} - (1+x) < 0,$$

亦即

$$\frac{1-x}{1+x} < \mathrm{e}^{-2x}, \quad x \in (0,1).$$

注 当 $f'(x)$ 符号不易判断时, 若 $f''(x)$ 符号易判断, 则可根据 $f''(x)$ 的符号来判断 $f'(x)$ 的符号.

(3) 设 $f(x) = x - \mathrm{e}\ln x$, 则

$$f'(x) = 1 - \frac{\mathrm{e}}{x}.$$

令 $f'(x) = 0$, 得

$$x = \mathrm{e}.$$

当 $0 < x < \mathrm{e}$ 时, $f'(x) < 0$; 当 $\mathrm{e} < x < +\infty$ 时, $f'(x) > 0$. 故 $x = \mathrm{e}$ 是极小值点, 且是 $(0, +\infty)$ 内唯一一个驻点, 故 $f(\mathrm{e})$ 是 $f(x)$ 在 $(0, +\infty)$ 上的最小值, 从而有 $f(x) \geqslant f(\mathrm{e}) = 0$, 即当 $0 < x < +\infty$ 时, $x \geqslant \mathrm{e} \ln x$.

(4) 设 $f(x) = \tan x$, 则

$$f'(x) = \sec^2 x, \quad f''(x) = 2 \sec^2 x \tan x.$$

当 $0 < x < \dfrac{\pi}{2}$ 时, $f''(x) > 0$, 所以, $f(x)$ 在 $\left(0, \dfrac{\pi}{2}\right)$ 内是凹的, 即有

$$\frac{1}{2}[f(x) + f(y)] > f\left(\frac{x+y}{2}\right), \quad 0 < x < y < \frac{\pi}{2}.$$

从而, 当 $0 < x < y < \dfrac{\pi}{2}$ 时, $\tan x + \tan y > 2 \tan \dfrac{x+y}{2}$.

说明　证明不等式的基本方法有

(1) 利用拉格朗日中值定理;

(2) 利用函数的单调性;

(3) 利用函数的最大 (小) 值;

(4) 利用函数图形的凹凸性;

(5) 利用泰勒公式.

例 3　讨论方程 $\ln x = ax(a > 0)$ 有几个实根.

解　设 $F(x) = \ln x - ax$, 则只需讨论方程 $F(x) = 0$ 有几个实根. 因

$$F'(x) = \frac{1 - ax}{x},$$

令 $F'(x) = 0$, 得

$$x = \frac{1}{a} \quad (a > 0).$$

当 $x \in \left(0, \dfrac{1}{a}\right)$ 时, $F'(x) > 0$; 当 $x \in \left(\dfrac{1}{a}, +\infty\right)$ 时, $F'(x) < 0$. 故 $x = \dfrac{1}{a}$ 是 $F(x)$ 的唯一的极值点且是极大值点, 即为最大值点, 最大值为

$$F\left(\frac{1}{a}\right) = \ln \frac{1}{a} - 1.$$

方程 $F(x) = 0$ 的实根个数可按下列三种情形进行讨论.

(1) 当 $a = \dfrac{1}{\mathrm{e}}$ 时, $F(x)$ 的图形与 x 轴相切. 此时 $F(x)$ 只有一个实根 (见图 3-4).

(2) 当最大值 $\ln\dfrac{1}{a}-1<0$, 即 $a>\dfrac{1}{\mathrm{e}}$ 时, $F(x)$ 的图形与 x 轴不相交, 此时 $F(x)$ 没有实根 (见图 3-5).

(3) 当最大值 $\ln\dfrac{1}{a}-1>0$, 即 $0<a<\dfrac{1}{\mathrm{e}}$ 时, 由于

$$\lim_{x\to+\infty}F(x)=-\infty, \qquad \lim_{x\to0+0}F(x)=-\infty,$$

故 $F(x)$ 的图形与 x 轴有两个交点, 此时 $F(x)$ 有两个实根 (见图 3-6).

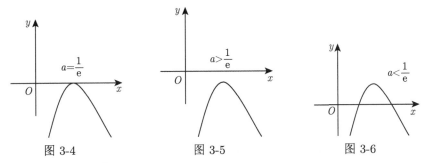

图 3-4   图 3-5   图 3-6

综上, 当 $a>\dfrac{1}{\mathrm{e}}$ 时, 方程 $\ln x=ax$ 没有实根;

当 $a=\dfrac{1}{\mathrm{e}}$ 时, 方程 $\ln x=ax$ 有一个实根;

当 $0<a<\dfrac{1}{\mathrm{e}}$ 时, 方程 $\ln x=ax$ 有两个实根.

注 证明方程根的存在性及讨论方程根的个数问题有三种方法.

(1) 证明方程存在根用零点定理或中值定理.

(2) 证明 $F(x)=0$ 的根是唯一的 (或最多只有一个根), 一般采取两种方法: ①证明 $F(x)$ 单调; ②用反证法, 如存在两个根 $x_1\ne x_2\Rightarrow F(x_1)=F(x_2)=0$(用 罗尔定理或拉格朗日定理证)$\Rightarrow F'(\xi)=0\Rightarrow$ 与已知条件矛盾.

(3) 确定方程 $F(x)=0$ 有几个根: 利用导数与极限, 确定 $F(x)$ 的单调区间、极值及开区间端点的单向极限值 (也可用单调性与零点定理结合起来), 从而可判定方程 $F(x)=0$ 的根的个数及根所在的区间.

例 4 求数列 $\{\sqrt[n]{n}\}$ 的最大项.

解 设 $f(x)=x^{\frac{1}{x}}(x>0)$, 则

$$f'(x)=x^{\frac{1}{x}}\cdot\frac{1-\ln x}{x^2}.$$

令 $f'(x)=0$, 得

$$x=\mathrm{e}.$$

当 $0 < x < \mathrm{e}$ 时, $f'(x) > 0$; 当 $x > \mathrm{e}$ 时, $f'(x) < 0$, 所以 $f(x)$ 在 $x = \mathrm{e}$ 处取得极大值. 因 $f(x)$ 只有一个驻点, 所以极大值就是最大值. 又 $2 < \mathrm{e} < 3$, 因此最大值在 $\sqrt{2}$ 与 $\sqrt[3]{3}$ 之间, 而 $\left(\sqrt{2}\right)^6 = 8$, $\left(\sqrt[3]{3}\right)^6 = 9$, 故 $\sqrt{2} < \sqrt[3]{3}$, 所以 $\sqrt[3]{3}$ 为最大项.

例 5   求 $f(x) = (x^2 + 3x - 3)\mathrm{e}^{-x}$ 在 $[-4, +\infty)$ 内的最大值和最小值.

解   由 $f'(x) = -(x+3)(x-2)\mathrm{e}^{-x}$ 可得驻点为

$$x = -3, \quad x = 2.$$

又

$$f(-3) = -3\mathrm{e}^3, \quad f(2) = 7\mathrm{e}^{-2}, \quad f(-4) = \mathrm{e}^4$$

及

$$\lim_{x \to +\infty} f(x) = 0,$$

故最小值为 $f(-3) = -3\mathrm{e}^3$, 最大值为 $f(-4) = \mathrm{e}^4$.

例 6   设 $f(x)$ 在 x_0 某邻域内有直到 $n+1$ 阶导数, 且

$$f'(x_0) = f''(x_0) = \cdots = f^{(k-1)}(x_0) = 0,$$

$$f^{(k)}(x_0) \neq 0 \quad (k \leqslant n).$$

试证明: (1) k 为奇数时, $f(x_0)$ 不是极值;

(2) k 为偶数时, $f(x_0)$ 为极值.

证明   在 $x = x_0$ 处将 $f(x)$ 按泰勒公式展开. 由题设条件可得

$$f(x) - f(x_0) = \frac{f^{(k)}(\xi)}{k!}(x - x_0)^k \quad (\xi \text{ 在 } x \text{ 与 } x_0 \text{ 之间})$$

且在 x_0 某邻域内 $f^{(k)}(\xi)$ 不变号.

(1) 若 k 为奇数, 因当 $x > x_0$ 与 $x < x_0$ 时, $(x-x_0)^k$ 变号, 故 $\dfrac{f^{(k)}(\xi)}{k!}(x-x_0)^k$ 变号, 从而 $f(x) - f(x_0)$ 变号, 即 $f(x)$ 在 $x = x_0$ 点不取极值.

(2) 若 k 为偶数, $(x - x_0)^k > 0$.

若 $f^{(k)}(\xi) > 0$, 有 $f(x) - f(x_0) > 0$, 即 $f(x) > f(x_0)$, 则 $f(x)$ 在 $x = x_0$ 处取极小值.

若 $f^{(k)}(\xi) < 0$, 有 $f(x) - f(x_0) < 0$, 即 $f(x) < f(x_0)$, 则 $f(x)$ 在 $x = x_0$ 处取极大值.

例 7 已知双曲线 $xy = 1$ 在第一象限的分支上有一定点 $P\left(a, \dfrac{1}{a}\right)$, 在给定曲线的第三象限的分支上有一动点 Q, 试求使线段 PQ 长度最短的 Q 点的坐标, 如图 3-7 所示.

解 设 Q 点坐标为 $(x, y) = \left(x, \dfrac{1}{x}\right)$, 令

$$f(x) = |PQ|^2 = (x - a)^2 + \left(\frac{1}{x} - \frac{1}{a}\right)^2,$$

其中 $x < 0, a > 0$, 则

$$f'(x) = 2(x - a)\left(1 + \frac{1}{ax^3}\right).$$

令 $f'(x) = 0$, 得

$$x = -\frac{1}{\sqrt[3]{a}},$$

而

$$f''(x) = 2 + \frac{6}{x^4} - \frac{4}{ax^3} > 0,$$

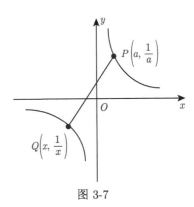

图 3-7

故 $x = -\dfrac{1}{\sqrt[3]{a}}$ 是 $f(x)$ 的极小值点, 也是最小值点, 故所求 Q 点的坐标为 $\left(-\dfrac{1}{\sqrt[3]{a}}, -\sqrt[3]{a}\right)$.

例 8 求下列曲线的凹凸区间和拐点:

(1) $y = x^{\frac{5}{3}}$;　　　　　　(2) $y = x^{\frac{3}{5}}$;　　　　　　(3) $y = x^{\frac{2}{3}}$.

解 (1) $y' = \dfrac{5}{3}x^{\frac{2}{3}}, y'' = \dfrac{10}{9}x^{-\frac{1}{3}}$, 令 $y'' = 0$, 无根.

当 $x = 0$ 时, $y' = 0, y''$ 不存在, 列表如下:

x	$(-\infty,0)$	0	$(0,+\infty)$
y''	$-$	不存在	$+$
y	凸	拐点	凹

所以, 曲线在 $(-\infty, 0]$ 内是凸的, 在 $[0, +\infty)$ 内是凹的, 拐点为 $x = 0$.

(2) $y' = \dfrac{3}{5}x^{-\frac{2}{5}}, y'' = -\dfrac{6}{25}x^{-\frac{7}{5}}$.

当 $x = 0$ 时, y 连续, y', y'' 都不存在, 列表如下:

x	$(-\infty, 0)$	0	$(0, +\infty)$
y''	+	不存在	−
y	凹	拐点	凸

所以, 曲线在 $(-\infty, 0]$ 内是凹的, 在 $[0, +\infty)$ 内是凸的, 拐点为 $x = 0$.

(3) $y' = \dfrac{2}{3} x^{-\frac{1}{3}}, y'' = -\dfrac{2}{9} x^{-\frac{4}{3}}$.

当 $x = 0$ 时, y 连续, y', y'' 不存在, 列表如下:

x	$(-\infty, 0)$	0	$(0, +\infty)$
y''	−	不存在	−
y	凸	无拐点	凸

所以曲线在 $(-\infty, +\infty)$ 上是凸的, 曲线无拐点.

说明　(1) 在点 x_0 处函数的一阶导数存在而二阶导数不存在时, 如果在 x_0 左右邻近二阶导数符号相反, 则 x_0 是拐点.

(2) 在点 x_0 处连续, 而一阶、二阶导数都不存在时, 如果在 x_0 左右邻近二阶导数符号相反, 则 x_0 是拐点.

例 9　求曲线 $y = \dfrac{x^2}{x+1}$ 的渐近线.

解　(1) 因为 $\lim\limits_{x \to -1} \dfrac{x^2}{x+1} = \infty$, 所以 $x = -1$ 是曲线的铅直渐近线.

(2) 由于

$$a = \lim_{x \to \infty} \frac{f(x)}{x} = \lim_{x \to \infty} \frac{x}{x+1} = 1,$$

又

$$b = \lim_{x \to \infty} [f(x) - ax] = \lim_{x \to \infty} \left[\frac{x^2}{x+1} - x \right] = \lim_{x \to \infty} \frac{-x}{x+1} = -1,$$

故 $y = x - 1$ 是曲线的斜渐近线.

例 10　求曲线 $y = x \sin x$ 在点 $\left(\dfrac{\pi}{2}, \dfrac{\pi}{2} \right)$ 处的曲率.

解　因为

$$y'\left(\frac{\pi}{2} \right) = \sin x + x \cos x \Big|_{\frac{\pi}{2}} = 1, \quad y'' = 2 \cos x - x \sin x \Big|_{\frac{\pi}{2}} = -\frac{\pi}{2},$$

则 $k = \dfrac{|y''|}{(1 + (y')^2)^{\frac{3}{2}}} = \dfrac{\sqrt{2}\pi}{8}$.

例 11 抛物线 $y = ax^2 + bx + c$ 上哪一点处的曲率最大?

解 由于 $y' = 2ax + b, y'' = 2a$, 由曲率公式, 得

$$K = \frac{|2a|}{[1 + (2ax + b)^2]^{3/2}}.$$

显然, 当

$$2ax + b = 0, \text{即} x = -\frac{b}{2a}$$

时曲率最大, 它对应抛物线的顶点. 因此, 抛物线在顶点处的曲率最大, 最大曲率为 $K = |2a|$.

第 4 章　不 定 积 分

4.1　不定积分 I

一、知识要点

1. 原函数与不定积分的概念.

(1) **原函数**　如果在区间 I 上, 可导函数 $F(x)$ 的导函数为 $f(x)$, 即对任意 $x \in I$ 都有 $F'(x) = f(x)$ 或 $\mathrm{d}F(x) = f(x)\mathrm{d}x$, 则称 $F(x)$ 为 $f(x)$ 在区间 I 上的原函数.

(2) **原函数存在定理**　连续函数必存在原函数.

注　由于只相差一个常数的两个函数的导函数相等, 因此如果 $F(x)$ 为 $f(x)$ 的原函数, 则对任意的实常数 $C, F(x) + C$ 仍为 $f(x)$ 的原函数.

(3) 不定积分: 在区间 I 上, 函数 $f(x)$ 的原函数全体称为 $f(x)$ 在区间 I 上的不定积分, 记作 $\displaystyle\int f(x)\mathrm{d}x$, 其中 $f(x)\mathrm{d}x$ 称为被积表达式, x 称为积分变量.

2. 不定积分的性质:

(1) $\displaystyle\int [f(x) + g(x)]\mathrm{d}x = \int f(x)\mathrm{d}x + \int g(x)\mathrm{d}x$;

(2) $\displaystyle\int kf(x)\mathrm{d}x = k \int f(x)\mathrm{d}x$ (k为常数).

3. 基本积分公式:

(1) $\displaystyle\int x^a\mathrm{d}x = \frac{1}{a+1}x^{a+1} + C (a \neq -1)$;

(2) $\displaystyle\int \frac{1}{x}\mathrm{d}x = \ln|x| + C$;

(3) $\displaystyle\int a^x\mathrm{d}x = \frac{1}{\ln a}a^x + C (a > 0, a \neq 1)$,　$\displaystyle\int \mathrm{e}^x\mathrm{d}x = \mathrm{e}^x + C$;

(4) $\displaystyle\int \cos x\mathrm{d}x = \sin x + C$,　$\displaystyle\int \sin x\mathrm{d}x = -\cos x + C$;

(5) $\displaystyle\int \sec^2 x\mathrm{d}x = \tan x + C$,　$\displaystyle\int \csc^2 x\mathrm{d}x = -\cot x + C$;

(6) $\displaystyle\int \sec x\mathrm{d}x = \ln|\tan x + \sec x| + C$,　$\displaystyle\int \csc x\mathrm{d}x = \ln|\csc x - \cot x| + C$;

(7) $\displaystyle\int \sec x \tan x \mathrm{d}x = \sec x + C,\quad \int \csc x \cot x \mathrm{d}x = -\csc x + C;$

(8) $\displaystyle\int \tan x \mathrm{d}x = \ln|\sin x| + C,\quad \int \cot x \mathrm{d}x = -\ln|\cos x| + C;$

(9) $\displaystyle\int \frac{1}{a^2 x^2 + b^2}\mathrm{d}x = \frac{1}{ab}\arctan\frac{ax}{b} + C(a\neq 0,\, b\neq 0),$

$\displaystyle\int \frac{1}{1 + x^2}\mathrm{d}x = \arctan x + C;$

(10) $\displaystyle\int \frac{1}{\sqrt{b^2 - a^2 x^2}}\mathrm{d}x = \frac{1}{a}\arcsin\frac{ax}{b} + C(a\neq 0,\, b\neq 0),$

$\displaystyle\int \frac{1}{\sqrt{1 - x^2}}\mathrm{d}x = \arcsin x + C;$

(11) $\displaystyle\int \frac{1}{a^2 - x^2}\mathrm{d}x = \frac{1}{2a}\ln\left|\frac{a + x}{a - x}\right| + C(a\neq 0);$

(12) $\displaystyle\int \frac{1}{\sqrt{x^2 \pm a^2}}\mathrm{d}x = \ln\left|x + \sqrt{x^2 \pm a^2}\right| + C.$

4. 不定积分法.

(1) 直接积分法, 即仅利用不定积分的性质及基本积分公式求不定积分的方法.

(2) 换元积分法.

(i) 第一类换元法 (也称凑微分法). 设 $\displaystyle\int f(x)\mathrm{d}x = F(x) + C$, 则

$$\int f\left[\varphi(x)\right]\varphi'(x)\mathrm{d}x = \int f\left[\varphi(x)\right]\mathrm{d}\varphi(x) = \int f(u)\mathrm{d}u \quad (\diamondsuit u = \varphi(x))$$

$$= F(u) + C = F\left[\varphi(x)\right] + C.$$

注 运算熟练后, 可不必写出中间变量 $u = \varphi(x)$.

(ii) 第二类换元法. 设 $x = \varphi(t)$ 单调、可导, 且 $\varphi'(t)\neq 0$, 又 $f\left[\varphi(t)\right]\varphi'(t)$ 的原函数为 $F(t)$, 则

$$\int f(x)\mathrm{d}x = \int f\left[\varphi(t)\right]\varphi'(t)\mathrm{d}t \quad (\diamondsuit x = \varphi(t))$$

$$= F(t) + C = F\left[\varphi^{-1}(x)\right] + C,$$

其中 $t = \varphi^{-1}(x)$ 为 $x = \varphi(t)$ 的反函数.

第二类换元法主要用来去根号. 基本思想是通过适当的变量代换将其化为有理函数的积分.

注 常见的变换如下:

被积函数中有 $\sqrt{a^2 - x^2}$, 可令 $x = a \sin t$;

被积函数中有 $\sqrt{a^2 + x^2}$, 可令 $x = a \tan t$;

被积函数中有 $\sqrt{x^2 - a^2}$, 可令 $x = a \sec t$;

被积函数中有 $\dfrac{1}{x}$, 可考虑倒代换 $t = \dfrac{1}{x}$.

(3) 分部积分法: 设 $u(x), v(x)$ 为连续函数, 则

$$\int uv' \mathrm{d}x = uv - \int vu' \mathrm{d}x.$$

或写成

$$\int u\mathrm{d}v = uv - \int v\mathrm{d}u.$$

注 (i) 运用公式 $\int u\mathrm{d}v = uv - \int v\mathrm{d}u$ 的关键是如何把被积函数分为 u 和 $\mathrm{d}v$ 两部分. 一般来说, 选取的原则是反对幂指三 (反三角函数、对数函数、幂函数、指数函数、三角函数), 即排在后面的优先选为 $\mathrm{d}v$.

(ii) 当被积函数形如 $P_n(x)\mathrm{e}^{kx}, P_n(x)\sin \alpha x, P_n(x)\cos \alpha x$ 时, 一般选取 $u(x) = P_n(x), \mathrm{d}v = \mathrm{e}^{kx}\mathrm{d}x$(或 $\sin \alpha x\mathrm{d}x, \cos \alpha x\mathrm{d}x$).

(iii) 当被积函数形如 $\mathrm{e}^{kx}\sin \alpha x, \mathrm{e}^{kx}\cos \alpha x$ 时, u 和 $\mathrm{d}v$ 可以随意选取, 一般通过两次分部积分再解方程; 连续使用分部积分时, 选择的 u 需要是同类型的函数.

(iv) 当被积函数形如 $P_n(x)\arctan x, P_n(x)\arcsin x, P_n(x)\arccos x, P_n(x)\ln x$ 时, 选取 $\mathrm{d}v = P_n(x)\mathrm{d}x, u(x) = \arctan x$ (或 $\arcsin x, \arccos x, \ln x$).

(v) 当被积函数中出现 $\mathrm{e}^{x^2}, \dfrac{\sin x}{x}, \dfrac{\mathrm{e}^x}{x}$ 等已知的 "积不出来" 的函数或其他很不熟悉的函数时, 可以考虑通过分部积分把复杂的积分消去; 有些不定积分不能用初等函数来表示, 例如:

$$\int \mathrm{e}^{x^2}\mathrm{d}x; \quad \int \sin\left(x^2\right)\mathrm{d}x; \quad \int \cos\left(x^2\right)\mathrm{d}x; \quad \int \frac{1}{\ln x}\mathrm{d}x;$$

$$\int \frac{\mathrm{e}^x}{x}\mathrm{d}x; \quad \int \frac{\sin x}{x}\mathrm{d}x; \quad \int \frac{\cos x}{x}\mathrm{d}x \ 等.$$

二、例题分析

例 1 计算下列不定积分:

(1) $\displaystyle\int \frac{\mathrm{d}x}{\sqrt{4 - x^2}\arcsin \dfrac{x}{2}}$;

(2) $\displaystyle\int \sqrt{1 + \sin x}\mathrm{d}x$;

(3) $\displaystyle\int \frac{\ln \tan x}{\sin 2x} \mathrm{d}x$;

(4) $\displaystyle\int \frac{\tan x}{a^2 \sin^2 x + b^2 \cos^2 x} \mathrm{d}x (a \neq 0, a, b$ 为常数$)$.

解 (1) $\displaystyle\int \frac{\mathrm{d}x}{\sqrt{4-x^2} \arcsin \dfrac{x}{2}} = \int \frac{\mathrm{d}\dfrac{x}{2}}{\sqrt{1-\left(\dfrac{x}{2}\right)^2} \arcsin \dfrac{x}{2}}$

$$= \int \frac{\mathrm{d}\arcsin \dfrac{x}{2}}{\arcsin \dfrac{x}{2}} = \ln|\arcsin x| + C.$$

(2) $\displaystyle\int \sqrt{1+\sin x}\,\mathrm{d}x = \int \frac{\cos x}{\sqrt{1-\sin x}} \mathrm{d}x = -2\sqrt{1-\sin x} + C.$

(3) $\displaystyle\int \frac{\ln \tan x}{\sin 2x} \mathrm{d}x = \frac{1}{2}\int \frac{\ln \tan x}{\tan x \cos^2 x} \mathrm{d}x = \frac{1}{2}\int \frac{\ln \tan x}{\tan x} \mathrm{d}\tan x$

$$= \frac{1}{2}\int \ln \tan x\, \mathrm{d}\ln \tan x = \frac{1}{4}\left(\ln \tan x\right)^2 + C.$$

(4) $\displaystyle\int \frac{\tan x}{a^2 \sin^2 x + b^2 \cos^2 x} \mathrm{d}x = \int \frac{\tan x}{a^2 \tan^2 x + b^2} \mathrm{d}\tan x$

$$= \frac{1}{2}\int \frac{\mathrm{d}(\tan x)^2}{a^2 \tan^2 x + b^2} = \frac{1}{2a^2}\ln\left|a^2 \tan^2 x + b^2\right| + C.$$

例 2 计算下列不定积分:

(1) $\displaystyle\int x^3 \sqrt{4-x^2}\,\mathrm{d}x$;

(2) $\displaystyle\int \frac{\mathrm{d}x}{x(x^n+4)}$;

(3) $\displaystyle\int \frac{\mathrm{d}x}{\sin x + \tan x}$;

(4) $\displaystyle\int \frac{\mathrm{e}^x}{\mathrm{e}^x + 2 + 3\mathrm{e}^{-x}} \mathrm{d}x.$

解 (1) $\displaystyle\int x^3 \sqrt{4-x^2}\,\mathrm{d}x = \frac{1}{2}\int x^2 \sqrt{4-x^2}\,\mathrm{d}x^2$

$$= \frac{1}{2}\int (4-x^2-4)\sqrt{4-x^2}\,\mathrm{d}(4-x^2)$$

$$= \frac{1}{2}\int \left[(4-x^2)^{\frac{3}{2}} - 4\left(4-x^2\right)^{\frac{1}{2}}\right] \mathrm{d}(4-x^2)$$

$$= \frac{1}{5}\left(4-x^2\right)^{\frac{5}{2}} - \frac{4}{3}\left(4-x^2\right)^{\frac{3}{2}} + C.$$

(2) $\displaystyle\int \frac{\mathrm{d}x}{x(x^n+4)} = \frac{1}{4}\int \frac{4+x^n-x^n}{x(x^n+4)} \mathrm{d}x = \frac{1}{4}\int \left(\frac{1}{x} - \frac{x^{n-1}}{x^n+4}\right) \mathrm{d}x$

$$= \frac{1}{4}\int \frac{1}{x}\mathrm{d}x - \frac{1}{4n}\int \frac{\mathrm{d}(x^n+4)}{x^n+4}$$

$$= \frac{1}{4}\ln|x| - \frac{1}{4n}\ln|x^n + 4| + C.$$

(3) $\displaystyle\int \frac{\mathrm{d}x}{\sin x + \tan x} = \int \frac{\cos x \mathrm{d}x}{\sin x(1 + \cos x)} = \int \frac{\cos x + 1 - 1}{\sin x(1 + \cos x)}\mathrm{d}x$

$$= \int \frac{1}{\sin x}\mathrm{d}x - \int \frac{1}{\sin x(1 + \cos x)}\mathrm{d}x$$

$$= \ln\left|\tan\frac{x}{2}\right| - \frac{1}{4}\int \frac{1}{\sin\dfrac{x}{2}\cos\dfrac{x}{2}\cos^2\dfrac{x}{2}}\mathrm{d}x$$

$$= \ln\left|\tan\frac{x}{2}\right| - \frac{1}{2}\int \frac{1}{\tan\dfrac{x}{2}\cos^2\dfrac{x}{2}}\mathrm{d}\tan\frac{x}{2}$$

$$= \ln\left|\tan\frac{x}{2}\right| - \frac{1}{2}\int \frac{1 + \tan^2\dfrac{x}{2}}{\tan\dfrac{x}{2}}\mathrm{d}\tan\frac{x}{2}$$

$$= \frac{1}{2}\ln\left|\tan\frac{x}{2}\right| - \frac{1}{4}\tan^2\frac{x}{2} + C.$$

(4) $\displaystyle\int \frac{\mathrm{e}^x}{\mathrm{e}^x + 2 + 3\mathrm{e}^{-x}}\mathrm{d}x = \int \frac{\mathrm{e}^{2x}}{\mathrm{e}^{2x} + 2\mathrm{e}^x + 3}\mathrm{d}x$

$$= \int \frac{\mathrm{e}^x}{\mathrm{e}^{2x} + 2\mathrm{e}^x + 3}\mathrm{d}\mathrm{e}^x = \int \frac{\mathrm{e}^x + 1 - 1}{(\mathrm{e}^x + 1)^2 + 2}\mathrm{d}\mathrm{e}^x$$

$$= \frac{1}{2}\int \frac{\mathrm{d}(\mathrm{e}^x + 1)^2}{(\mathrm{e}^x + 1)^2 + 2} - \int \frac{\mathrm{d}\mathrm{e}^x}{(\mathrm{e}^x + 1)^2 + 2}$$

$$= \frac{1}{2}\ln\left|(\mathrm{e}^x + 1)^2 + 2\right| - \frac{1}{\sqrt{2}}\arctan\frac{\mathrm{e}^x + 1}{\sqrt{2}} + C.$$

注 这几道题采用的是加一项减一项再 "拆项凑微分" 这样一种常见的积分方法. 读者应注意掌握.

例 3 计算下列不定积分:

(1) $\displaystyle\int (x\ln x)^{\frac{3}{2}}(\ln x + 1)\mathrm{d}x$; (2) $\displaystyle\int \frac{1 - \ln x}{(x - \ln x)^2}\mathrm{d}x$;

(3) $\displaystyle\int \frac{(1 + x)\mathrm{d}x}{x(1 + x\mathrm{e}^x)}$; (4) $\displaystyle\int \frac{\mathrm{e}^{\sin 2x}\sin^2 x}{\mathrm{e}^{2x}}\mathrm{d}x$.

解 (1) $\displaystyle\int (x\ln x)^{\frac{3}{2}}(\ln x + 1)\mathrm{d}x = \int (x\ln x)^{\frac{3}{2}}\mathrm{d}(x\ln x) = \frac{2}{5}(x\ln x)^{\frac{5}{2}} + C.$

(2) $\displaystyle\int \frac{1 - \ln x}{(x - \ln x)^2}\mathrm{d}x = \int \frac{1 - \ln x}{x^2\left(1 - \dfrac{\ln x}{x}\right)^2}\mathrm{d}x = \int \frac{1}{\left(1 - \dfrac{\ln x}{x}\right)^2}\mathrm{d}\frac{\ln x}{x}$

$$= \frac{1}{1 - \dfrac{\ln x}{x}} + C = \frac{x}{x - \ln x} + C.$$

(3) $\displaystyle\int \frac{(1+x)\mathrm{d}x}{x(1+x\mathrm{e}^x)} = \int \frac{\mathrm{e}^x(1+x)\mathrm{d}x}{x\mathrm{e}^x(1+x\mathrm{e}^x)} = \int \frac{\mathrm{d}(x\mathrm{e}^x)}{x\mathrm{e}^x(1+x\mathrm{e}^x)}$

$$= \int \frac{1 + x\mathrm{e}^x - x\mathrm{e}^x}{x\mathrm{e}^x(1+x\mathrm{e}^x)} \mathrm{d}(x\mathrm{e}^x) = \ln|x\mathrm{e}^x| - \ln|1 + x\mathrm{e}^x| + C.$$

(4) $\displaystyle\int \frac{\mathrm{e}^{\sin 2x}\sin^2 x}{\mathrm{e}^{2x}}\mathrm{d}x = \int \mathrm{e}^{\sin 2x - 2x}\frac{1 - \cos 2x}{2}\mathrm{d}x$

$$= \int \mathrm{e}^{\sin 2x - 2x}\frac{1}{2}\mathrm{d}\left(x - \frac{1}{2}\sin 2x\right)$$

$$= \frac{1}{4}\int \mathrm{e}^{\sin 2x - 2x}\mathrm{d}(2x - \sin 2x)$$

$$= -\frac{1}{4}\mathrm{e}^{\sin 2x - 2x} + C.$$

注 这几道题是将被积函数变形, 再利用某些函数积商的微分凑出该微分即可. 例如: (1) 利用了 $(\ln x + 1)\mathrm{d}x = \mathrm{d}(x\ln x)$; (2) 利用了 $\dfrac{1 - \ln x}{x^2}\mathrm{d}x = \mathrm{d}\dfrac{\ln x}{x}$ 等.

例 4 计算:

(1) $\displaystyle\int \frac{x\mathrm{d}x}{(x^2+1)\sqrt{1-x^2}}$;   (2) $\displaystyle\int \frac{x+1}{\sqrt{-x^2-4x}}\mathrm{d}x.$

解 (1) 由于被积函数有 $\sqrt{1-x^2}$, 应作变换 $x = \sin t$.

$$\text{原式} = \int \frac{\sin t \cos t \mathrm{d}t}{(\sin^2 t + 1)\cos t} = -\int \frac{\mathrm{d}\cos t}{2 - \cos^2 t}$$

$$= -\frac{1}{2\sqrt{2}}\ln\left|\frac{\sqrt{2} + \cos t}{\sqrt{2} - \cos t}\right| + C$$

$$= -\frac{1}{2\sqrt{2}}\ln\left|\frac{\sqrt{2} + \sqrt{1-x^2}}{\sqrt{2} - \sqrt{1-x^2}}\right| + C.$$

(2) 需先化 $\sqrt{-x^2 - 4x} = \sqrt{2^2 - (x+2)^2}$.

令 $x + 2 = 2\sin t$, 则

$$\text{原式} = \int \frac{2\sin t - 1}{2\cos t} \cdot 2\cos t \mathrm{d}t = \int (2\sin t - 1)\mathrm{d}t$$

$$= -2\cos t - t + C = -\sqrt{-x^2 - 4x} - \arcsin \frac{x+2}{2} + C.$$

例 5　计算:

(1) $\displaystyle\int \frac{\mathrm{d}x}{x^2(2+x^3)^{5/3}}$;　　　　　　　　　　(2) $\displaystyle\int \frac{\mathrm{d}x}{x^4\sqrt{1+x^2}}$.

解　(1) 用倒代换 $x = \dfrac{1}{t}$.

$$\int \frac{\mathrm{d}x}{x^2(2+x^3)^{5/3}} = \int \frac{-\dfrac{1}{t^2}}{\dfrac{1}{t^2}\left(2+\dfrac{1}{t^3}\right)^{5/3}} \,\mathrm{d}t = -\int \frac{t^5}{(2t^3+1)^{5/3}} \,\mathrm{d}t$$

$$= -\frac{1}{6}\int \frac{t^3\,\mathrm{d}(2t^3+1)}{(2t^3+1)^{5/3}} = -\frac{1}{12}\int \frac{2t^3+1-1}{(2t^3+1)^{\frac{5}{3}}}\,\mathrm{d}(2t^3+1)$$

$$= -\frac{1}{12}\int \left[(2t^3+1)^{-\frac{2}{3}} - (2t^3+1)^{-\frac{5}{3}}\right]\mathrm{d}(2t^3+1)$$

$$= -\frac{1}{12}\left[3(2t^3+1)^{\frac{1}{3}} + \frac{3}{2}(2t^3+1)^{-\frac{2}{3}}\right] + C$$

$$= -\frac{1}{8}\frac{4t^3+3}{(2t^3+1)^{2/3}} + C = -\frac{4+3x^3}{8x\sqrt[3]{(2+x^3)^2}} + C.$$

(2) 若用 $x = \tan t$, 代换后的积分很麻烦. 这里用倒代换 $x = \dfrac{1}{t}$.

$$原式 = \int \frac{t^4\left(-\dfrac{1}{t^2}\right)}{\sqrt{1+\dfrac{1}{t^2}}}\mathrm{d}t = -\int \frac{t^3}{\sqrt{1+t^2}}\mathrm{d}t = -\frac{1}{2}\int \frac{t^2+1-1}{\sqrt{1+t^2}}\mathrm{d}t^2$$

$$= -\frac{1}{2}\int \left[(t^2+1)^{\frac{1}{2}} - (t^2+1)^{-\frac{1}{2}}\right]\mathrm{d}(t^2+1)$$

$$= -\frac{1}{3}(t^2+1)^{\frac{3}{2}} + \sqrt{t^2+1} + C$$

$$= -\frac{1}{3}\left(1+\frac{1}{x^2}\right)^{\frac{3}{2}} + \sqrt{1+\frac{1}{x^2}} + C.$$

例 6　计算:

(1) $\displaystyle\int \frac{\sqrt{x(x+1)}\mathrm{d}x}{\sqrt{x}+\sqrt{x+1}}$;　　　　　　　　　　(2) $\displaystyle\int \frac{\mathrm{d}x}{\sqrt[3]{(1+x)^2(x-1)^4}}$;

(3) $\displaystyle\int \frac{x\mathrm{d}x}{(4-x^2)+\sqrt{4-x^2}}$; (4) $\displaystyle\int (\arcsin x)^2\mathrm{d}x.$

解 (1) 不需换元, 对被积函数变形即可直接积出.

$$\text{原式} = \int \frac{\sqrt{x(x+1)}\left(\sqrt{x}-\sqrt{x+1}\right)}{x-(x+1)}\mathrm{d}x$$

$$= \int \left[\sqrt{x}(x+1)-x\sqrt{x+1}\right]\mathrm{d}x$$

$$= \int \left[x^{\frac{3}{2}}+x^{\frac{1}{2}}-(x+1)^{\frac{3}{2}}+(x+1)^{\frac{1}{2}}\right]\mathrm{d}x$$

$$= \frac{2}{5}x^{\frac{5}{2}}+\frac{2}{3}x^{\frac{3}{2}}-\frac{2}{5}(x+1)^{\frac{5}{2}}+\frac{2}{3}(x+1)^{\frac{3}{2}}+C.$$

(2) 先将其变形, 使被积函数含线性根式:

$$\int \frac{\mathrm{d}x}{\sqrt[3]{(1+x)^2(x-1)^4}} = \int \frac{\mathrm{d}x}{(x^2-1)\sqrt[3]{\dfrac{x-1}{x+1}}}.$$

作代换 $\sqrt[3]{\dfrac{x-1}{x+1}}=t$, 则 $x=\dfrac{1+t^3}{1-t^3}$, $\mathrm{d}x=\dfrac{6t^2\mathrm{d}t}{(1-t^3)^2}.$

$$\text{原式} = \frac{3}{2}\int \frac{\mathrm{d}t}{t^2} = -\frac{3}{2}\cdot\frac{1}{t}+C = -\frac{3}{2}\sqrt[3]{\frac{x+1}{x-1}}+C.$$

(3) $\displaystyle\int \frac{x\mathrm{d}x}{(4-x^2)+\sqrt{4-x^2}} = -\frac{1}{2}\int \frac{\mathrm{d}(4-x^2)}{(4-x^2)+\sqrt{4-x^2}}.$

令 $(4-x^2)=u$, 则

$$\text{原式} = -\frac{1}{2}\int \frac{\mathrm{d}u}{u+\sqrt{u}}.$$

再令 $\sqrt{u}=t$, 因此

$$\text{原式} = -\int \frac{\mathrm{d}t}{1+t} = -\ln|t+1|+C = -\ln\left|\sqrt{u}+1\right|+C$$

$$= -\ln\left(\sqrt{4-x^2}+1\right)+C.$$

(4) **法 1** $\displaystyle\int (\arcsin x)^2\mathrm{d}x$

$$= x(\arcsin x)^2 - \int x\mathrm{d}(\arcsin x)^2$$

$$= x(\arcsin x)^2 - 2\int \frac{x\arcsin x}{\sqrt{1-x^2}}\mathrm{d}x$$

$$= x(\arcsin x)^2 + 2\int \arcsin x\,\mathrm{d}\sqrt{1-x^2}$$

$$= x(\arcsin x)^2 + 2\left[\sqrt{1-x^2}\arcsin x - \int \sqrt{1-x^2}\,\mathrm{d}\arcsin x\right]$$

$$= x(\arcsin x)^2 + 2\left[\sqrt{1-x^2}\arcsin x - \int \mathrm{d}x\right]$$

$$= x(\arcsin x)^2 + 2\sqrt{1-x^2}\arcsin x - 2x + C.$$

法 2　令 $\arcsin x = t$, 则 $x = \sin t$, 因此

$$\int (\arcsin x)^2 \mathrm{d}x = \int t^2\mathrm{d}\sin t = t^2\sin t - 2\int t\sin t\mathrm{d}t$$

$$= t^2\sin t + 2\int t\mathrm{d}\cos t$$

$$= t^2\sin t + 2t\cos t - 2\int \cos t\mathrm{d}t$$

$$= t^2\sin t + 2t\cos t - 2\sin t + C$$

$$= x(\arcsin x)^2 + 2\sqrt{1-x^2}\arcsin x - 2x + C.$$

例 7　计算下列积分:

(1) $\displaystyle\int x^\alpha \ln x\mathrm{d}x(\alpha$ 为常数$)$;　　　　　　(2) $\displaystyle\int (x+1)\arctan x\mathrm{d}x$;

(3) $\displaystyle\int \frac{\ln\cos x}{\cos^2 x}\mathrm{d}x$.

解　(1) 当 $\alpha = -1$ 时,

$$\int x^\alpha \ln x\mathrm{d}x = \int \frac{\ln x}{x}\mathrm{d}x = \frac{1}{2}\ln^2 x + C.$$

当 $\alpha \neq -1$ 时,

$$\int x^\alpha \ln x\mathrm{d}x = \frac{1}{\alpha+1}\int \ln x\mathrm{d}x^{\alpha+1}$$

$$= \frac{1}{\alpha+1}\left[x^{\alpha+1}\ln x - \int x^{\alpha+1}\mathrm{d}\ln x\right]$$

$$= \frac{1}{\alpha+1}\left[x^{\alpha+1}\ln x - \int x^\alpha \mathrm{d}x\right]$$

$$= \frac{x^{\alpha+1}}{\alpha+1}\ln x - \frac{x^{\alpha+1}}{(\alpha+1)^2} + C.$$

(2) $\displaystyle\int (x+1)\arctan x\mathrm{d}x = \int x\arctan x\mathrm{d}x + \int \arctan x\mathrm{d}x$

$\displaystyle = \frac{1}{2}\int \arctan x\mathrm{d}x^2 + x\arctan x - \int \frac{x}{1+x^2}\mathrm{d}x$

$\displaystyle = \frac{1}{2}\left(x^2\arctan x - \int \frac{x^2}{1+x^2}\mathrm{d}x\right) + x\arctan x - \frac{1}{2}\ln(1+x^2)$

$\displaystyle = \frac{1}{2}(x^2\arctan x - x + \arctan x) + x\arctan x - \frac{1}{2}\ln(1+x^2) + C.$

(3) $\displaystyle\int \frac{\ln\cos x}{\cos^2 x}\mathrm{d}x = \int \ln\cos x\mathrm{d}\tan x$

$\displaystyle = \tan x\ln\cos x - \int \tan x\mathrm{d}(\ln\cos x)$

$\displaystyle = \tan x\ln\cos x + \int \tan x\frac{\sin x}{\cos x}\mathrm{d}x$

$\displaystyle = \tan x\ln\cos x + \int (\sec^2 x - 1)\mathrm{d}x$

$\displaystyle = \tan x\ln\cos x + \tan x - x + C.$

例 8 计算下列不定积分:

(1) $\displaystyle\int \frac{x^2\mathrm{e}^x}{(x+2)^2}\mathrm{d}x;$ 　　　　　　　(2) $\displaystyle\int \frac{x^5}{\sqrt{a^3-x^3}}\mathrm{d}x;$

(3) $\displaystyle\int \frac{x\mathrm{e}^{\arctan x}}{(1+x^2)^{3/2}}\mathrm{d}x;$ 　　　　　(4) $\displaystyle\int \frac{x^2}{(x\cos x - \sin x)^2}\mathrm{d}x.$

解 (1) $\displaystyle\int \frac{x^2\mathrm{e}^x}{(x+2)^2}\mathrm{d}x = -\int x^2\mathrm{e}^x\mathrm{d}\left(\frac{1}{x+2}\right) = -\frac{x^2\mathrm{e}^x}{x+2} + \int \frac{2x\mathrm{e}^x + x^2\mathrm{e}^x}{x+2}\mathrm{d}x$

$\displaystyle = -\frac{x^2\mathrm{e}^x}{x+2} + \int x\mathrm{e}^x\mathrm{d}x = -\frac{x^2\mathrm{e}^x}{x+2} + x\mathrm{e}^x - \mathrm{e}^x + C.$

(2) $\displaystyle\int \frac{x^5}{\sqrt{a^3-x^3}}\mathrm{d}x = \frac{1}{3}\int \frac{x^3\mathrm{d}x^3}{\sqrt{a^3-x^3}} = -\frac{2}{3}\int x^3\mathrm{d}(\sqrt{a^3-x^3})$

$\displaystyle = -\frac{2}{3}x^3\sqrt{a^3-x^3} + \frac{2}{3}\int \sqrt{a^3-x^3}\mathrm{d}(x^3)$

$\displaystyle = -\frac{2}{3}x^3\sqrt{a^3-x^3} - \frac{4}{9}(a^3-x^3)^{\frac{3}{2}} + C.$

(3) $\displaystyle\int \frac{x\mathrm{e}^{\arctan x}}{(1+x^2)^{3/2}}\mathrm{d}x = \int \frac{x\mathrm{e}^{\arctan x}}{\sqrt{1+x^2}}\mathrm{d}\arctan x = \int \frac{x}{\sqrt{1+x^2}}\mathrm{d}\mathrm{e}^{\arctan x}$

$\displaystyle = \frac{x}{\sqrt{1+x^2}}\mathrm{e}^{\arctan x} - \int \frac{1}{(1+x^2)^{\frac{3}{2}}}\mathrm{e}^{\arctan x}\mathrm{d}x$

$\displaystyle = \frac{x}{\sqrt{1+x^2}}\mathrm{e}^{\arctan x} - \int \frac{1}{\sqrt{1+x^2}}\mathrm{d}\mathrm{e}^{\arctan x}$

$$= \frac{x}{\sqrt{1+x^2}} e^{\arctan x} - \frac{1}{\sqrt{1+x^2}} e^{\arctan x} - \int \frac{x e^{\arctan x}}{(1+x^2)^{3/2}} dx.$$

后一积分为原型, 移项得

$$\int \frac{x e^{\arctan x}}{(1+x^2)^{3/2}} dx = \frac{x-1}{2\sqrt{1+x^2}} e^{\arctan x} + C.$$

(4) $\displaystyle\int \frac{x^2}{(x\cos x - \sin x)^2} dx$

$$= \int \frac{x^2 \cdot x \sin x}{x \sin x (x \cos x - \sin x)^2} dx = \int \frac{x^2}{x \sin x} d\frac{1}{x \cos x - \sin x}$$

$$= \frac{x}{\sin x} \cdot \frac{1}{x \cos x - \sin x} - \int \frac{1}{x \cos x - \sin x} \cdot \frac{\sin x - x \cos x}{\sin^2 x} dx.$$

$$= \frac{x}{\sin x} \cdot \frac{1}{x \cos x - \sin x} + \int \frac{1}{\sin^2 x} dx$$

$$= \frac{x}{\sin x (x \cos x - \sin x)} - \cot x + C$$

例 9　设 $f(\ln x) = \dfrac{\ln(1+x)}{x}$, 计算 $\displaystyle\int f(x)dx$.

解法 1　令 $u = \ln x$, 则 $x = e^u, f(u) = \dfrac{\ln(1+e^u)}{e^u}$, 则

$$\int f(x)dx = \int \frac{\ln(1+e^x)}{e^x} dx = -\int \ln(1+e^x) de^{-x}$$

$$= -e^{-x} \ln(1+e^x) + \int \frac{dx}{1+e^x}.$$

而

$$\int \frac{dx}{1+e^x} \xlongequal{u=e^x} \int \frac{dx}{u(1+u)} = \ln \frac{u}{1+u} + C = \ln \frac{e^x}{1+e^x} + C,$$

则

$$\int f(x)dx = -e^{-x} \ln(1+e^x) + \ln \frac{e^x}{1+e^x} + C.$$

解法 2　令 $x = \ln t$, 则

$$\int f(x)dx = \int \frac{f(\ln t)}{t} dt = \int \frac{\ln(1+t)}{t^2} dt$$

$$= \int \ln(1+t) d\left(-\frac{1}{t}\right) = -\frac{\ln(1+t)}{t} + \int \frac{1}{t(1+t)} dt$$

$$= -\frac{\ln(1+t)}{t} + \ln\frac{t}{1+t} + C = -\frac{\ln(1+\mathrm{e}^x)}{\mathrm{e}^x} + \ln\frac{\mathrm{e}^x}{1+\mathrm{e}^x} + C.$$

例 10 设 $f(x)$ 的一个原函数 $F(x) = \dfrac{\sin x}{x}$, 求 $\displaystyle\int xf'(x)\mathrm{d}x$.

注 $f(x)$ 可通过对 $\dfrac{\sin x}{x}$ 求导得到, $f'(x)$ 也可以求得, 但计算很麻烦.

解 由 $f(x) = \dfrac{x\cos x - \sin x}{x^2}$, 则有

$$\int xf'(x)\mathrm{d}x = \int x\mathrm{d}\left(f(x)\right) = x\frac{x\cos x - \sin x}{x^2} - \int f(x)\mathrm{d}x$$

$$= \frac{x\cos x - \sin x}{x} - \frac{\sin x}{x} + C = \cos x - \frac{2\sin x}{x} + C.$$

4.2 不定积分 II

一、知识要点

1. 有理函数的积分.

形如

$$\frac{P(x)}{Q(x)} = \frac{a_0 x^n + a_1 x^{n-1} + \cdots + a_{n-1}x + a_n}{b_0 x^m + b_1 x^{m-1} + \cdots + b_{m-1}x + a_m} \qquad ①$$

的函数称为有理函数, 其中 $a_0, a_1, a_2, \cdots, a_n$ 及 $b_0, b_1, b_2, \cdots, b_m$ 为常数, 且 $a_0 \neq 0$, $b_0 \neq 0$.

(1) 有理真分式的分解定理.

如果分子多项式 $P(x)$ 的次数 n 小于分母多项式 $Q(x)$ 的次数 m, 称分式为真分式; 如果分子多项式 $P(x)$ 的次数 n 大于或等于分母多项式 $Q(x)$ 的次数 m, 称分式为假分式. 利用多项式除法可得, 任一假分式可转化为多项式与真分式之和.

因此, 我们仅讨论真分式的积分 (如果是假分式, 可以通过多项式除法化成真分式).

(2) 有理函数的积分.

根据上述分解定理, 求任何有理函数的积分, 可归结为求多项式的积分和如下四种最简分式的不定积分:

$$\int \frac{A}{x-a}\mathrm{d}x;$$

$$\int \frac{A}{(x-a)^n}\mathrm{d}x \quad (n > 1\text{为正整数});$$

$$\int \frac{Bx+C}{x^2+px+q}\mathrm{d}x;$$

$$\int \frac{Bx+C}{(x^2+px+q)^n}\mathrm{d}x \quad (n>1\text{为正整数}).$$

上述积分均可积出, 且原函数均为初等函数.

2. 三角函数有理式的积分.

形如 $\int R(\sin x,\cos x)\mathrm{d}x$ 的积分 (R 表示有理函数), 称为三角函数有理式的积分. 一般的积分方法如下.

(1) 万能代换: 令 $t=\tan\dfrac{x}{2}$, 则

$$\int R(\sin x,\cos x)\mathrm{d}x = \int R\left(\frac{2t}{1+t^2},\frac{1-t^2}{1+t^2}\right)\frac{2}{1+t^2}\mathrm{d}t$$

化成了关于 t 的有理函数的积分.

(2) 以下情形可采用特殊代换:

若 $R(-\sin x,-\cos x)=R(\sin x,\cos x)$, 可考虑代换

$$t=\tan x;$$

若 $R(-\sin x,\cos x)=-R(\sin x,\cos x)$, 可考虑代换

$$t=\cos x;$$

若 $R(\sin x,-\cos x)=-R(\sin x,\cos x)$, 可考虑代换

$$t=\sin x.$$

3. 各类积分杂题:

(1) 分段函数的积分;

(2) 抽象函数的积分;

(3) 各类方法的综合.

二、 例题分析

例 1 计算 $\int \dfrac{x^3+x+6}{(x^2+2x+2)(x^2-4)}\mathrm{d}x$.

解 因为

$$\frac{x^3+x+6}{(x^2+2x+2)(x^2-4)} = \frac{Ax+B}{x^2+2x+2}+\frac{C}{x+2}+\frac{D}{x-2},$$

得恒等式

$$x^3 + x + 6 = (Ax + B)(x^2 - 4) + C(x^2 + 2x + 2)(x - 2)$$
$$+ D(x^2 + 2x + 2)(x + 2).$$

先用赋值法: 令 $x = -2$, 得 $C = \dfrac{1}{2}$; 令 $x = 2$, 得 $D = \dfrac{2}{5}$.

再比较 x^3 与 x^0 的系数, 得

$$\begin{cases} A + C + D = 1, \\ -4B - 4C + 4D = 6, \end{cases}$$

解得

$$A = \frac{1}{10}, \quad B = -\frac{8}{5}.$$

所以

$$\int \frac{x^3 + x + 6}{(x^2 + 2x + 2)(x^2 - 4)} \mathrm{d}x$$

$$= \int \left(\frac{\dfrac{1}{10}x - \dfrac{8}{5}}{x^2 + 2x + 2} + \frac{\dfrac{1}{2}}{x + 2} + \frac{\dfrac{2}{5}}{x - 2} \right) \mathrm{d}x$$

$$= \frac{1}{20} \int \frac{2x + 2 - 34}{x^2 + 2x + 2} \mathrm{d}x + \frac{1}{2} \ln|x + 2| + \frac{2}{5} \ln|x - 2|$$

$$= \frac{1}{20} \ln|x^2 + 2x + 2| - \frac{17}{10} \arctan(x + 1) + \frac{1}{2} \ln|x + 2| + \frac{2}{5} \ln|x - 2| + C.$$

注 (1) 有理函数的积分结果仅限于有理函数、对数函数、反正切函数.

(2) 尽管从理论上讲一切有理函数都可利用上面类似的方法积出, 但将一个有理真分式分解成部分分式的计算过程较繁. 在许多问题中, 我们常常采用一些特殊的技巧避开这种繁复.

例 2 计算下列积分:

(1) $\displaystyle\int \frac{\mathrm{d}x}{x^4(x^2 + 1)}$;

(2) $\displaystyle\int \frac{(x^2 + 1)\mathrm{d}x}{(x^4 + 1)}$.

解 (1) 若将被积函数分解

$$\frac{\mathrm{d}x}{x^4(x^2 + 1)} = \frac{A}{x} + \frac{B}{x^2} + \frac{C}{x^3} + \frac{D}{x^4} + \frac{Ex + F}{x^2 + 1},$$

需待定诸多系数, 较麻烦, 这里采用代换的方法, 令 $x = \dfrac{1}{t}$, 则

$$\int \frac{\mathrm{d}x}{x^4(x^2+1)} = \int \frac{t^4\left(-\dfrac{1}{t^2}\right)\mathrm{d}t}{1+\dfrac{1}{t^2}} = -\int \frac{t^4}{1+t^2}\mathrm{d}t = -\int\left(t^2-1+\frac{1}{1+t^2}\right)\mathrm{d}t$$

$$= -\frac{1}{3}t^3 + t - \arctan t + C = -\frac{1}{3x^3} + \frac{1}{x} - \arctan\frac{1}{x} + C.$$

(2) 此题可将分母分解

$$(x^4+1) = \left(x^2+1+\sqrt{2}x\right)\left(x^2+1-\sqrt{2}x\right)$$

后, 按一般方法积出, 但这里用凑微分法积分.

$$\int \frac{(x^2+1)\mathrm{d}x}{x^4+1} = \int \frac{1+\dfrac{1}{x^2}}{x^2+\dfrac{1}{x^2}}\mathrm{d}x = \int \frac{1+\dfrac{1}{x^2}}{\left(x-\dfrac{1}{x}\right)^2+2}\mathrm{d}x$$

$$= \int \frac{\mathrm{d}\left(x-\dfrac{1}{x}\right)}{\left(x-\dfrac{1}{x}\right)^2+2} = \frac{1}{\sqrt{2}}\arctan\frac{x-\dfrac{1}{x}}{\sqrt{2}} + C$$

$$= \frac{1}{\sqrt{2}}\arctan\frac{x^2-1}{\sqrt{2}x} + C.$$

例 3　计算下列有理函数的积分:

(1) $\displaystyle\int \frac{x}{x^8-1}\mathrm{d}x$;　　　　　　　　　　　(2) $\displaystyle\int \frac{\mathrm{d}x}{x(x^{10}+1)^2}$;

(3) $\displaystyle\int \frac{x^9-8}{x^{10}+8x}\mathrm{d}x$.

解　(1) $\displaystyle\int \frac{x}{x^8-1}\mathrm{d}x = \int \frac{(x^4+1)-(x^4-1)}{4(x^4+1)(x^4-1)}\mathrm{d}x^2$

$$= \frac{1}{4}\int \frac{\mathrm{d}x^2}{x^4-1} - \frac{1}{4}\int \frac{\mathrm{d}x^2}{x^4+1}$$

$$= \frac{1}{8}\ln\left|\frac{x^2-1}{x^2+1}\right| - \frac{1}{4}\arctan x^2 + C.$$

(2) $\displaystyle\int \frac{\mathrm{d}x}{x(x^{10}+1)^2} = \int \frac{x^9\mathrm{d}x}{x^{10}(x^{10}+1)^2} = \frac{1}{10}\int \frac{\mathrm{d}x^{10}}{x^{10}(x^{10}+1)^2}.$

令 $x^{10}=t$, 则

$$原式 = \frac{1}{10}\int \frac{\mathrm{d}t}{t(t+1)^2} = \frac{1}{10}\int \frac{(1+t-t)\mathrm{d}t}{t(t+1)^2}$$

$$= \frac{1}{10}\int \frac{\mathrm{d}t}{t(t+1)} - \frac{1}{10}\int \frac{\mathrm{d}t}{(t+1)^2}$$

$$= \frac{1}{10}\int \left(\frac{1}{t} - \frac{1}{t+1}\right)\mathrm{d}t + \frac{1}{10}\frac{1}{t+1}$$

$$= \frac{1}{10}\ln|t| - \frac{1}{10}\ln|t+1| + \frac{1}{10}\frac{1}{t+1} + C$$

$$= \frac{1}{10}\ln\left|\frac{x^{10}}{1+x^{10}}\right| + \frac{1}{10}\frac{1}{x^{10}+1} + C.$$

(3) $\displaystyle\int \frac{x^9-8}{x^{10}+8x}\mathrm{d}x = \int \frac{x^9-8}{x(x^9+8)}\mathrm{d}x = \int \frac{(x^9-8)x^8}{x^9(x^9+8)}\mathrm{d}x$

$$= \frac{1}{9}\int \frac{2x^9-(x^9+8)}{x^9(x^9+8)}\mathrm{d}x^9$$

$$= \frac{2}{9}\ln|x^9+8| - \frac{1}{9}\ln|x^9| + C.$$

注 上述方法是计算幂次比较高的有理函数积分的常用方法.

例 4 计算下列不定积分:

(1) $\displaystyle\int \frac{\mathrm{d}x}{(2+\cos x)\sin x}$;

(2) $\displaystyle\int \frac{1+\cos^2 x}{1+\sin^2 x}\mathrm{d}x$;

(3) $\displaystyle\int \frac{\cos^5 x}{\sin^4 x}\mathrm{d}x.$

解 (1) 用万能代换, 令 $t=\tan\dfrac{x}{2}$, 则

$$\cos x = \frac{1-t^2}{1+t^2}, \quad \sin x = \frac{2t}{1+t^2}, \quad \mathrm{d}x = \frac{2}{1+t^2}\mathrm{d}t.$$

因此

$$\int \frac{\mathrm{d}x}{(2+\cos x)\sin x} = \int \frac{1+t^2}{t(3+t^2)}\mathrm{d}t = \frac{1}{3}\int \left(\frac{1}{t} + \frac{2t}{3+t^2}\right)\mathrm{d}t$$

$$= \frac{1}{3} \left[\ln |t| + \ln |3 + t^2| \right] + C$$

$$= \frac{1}{3} \left[\ln \left| \tan \frac{x}{2} \right| + \ln \left(3 + \tan^2 \frac{x}{2} \right) \right] + C.$$

注   从理论上讲三角函数有理式 $R(\sin x, \cos x)$ 的积分均可用其一般方法——万能代换, 将其转化为有理函数的积分. 但此方法运算过程较繁, 故不易积出. 实际上三角函数有理式的积分方法是相当灵活的, 有些积分可采用简捷的方法. 如利用三角恒等式、加减项、乘除项等变形或采用其他代换等将积分化繁为简, 化难为易, 从而积出.

(2) 令 $t = \tan x$ 则 $x = \arctan t, \mathrm{d}x = \dfrac{\mathrm{d}t}{1 + t^2}$, 则

$$\int \frac{1 + \cos^2 x}{1 + \sin^2 x} \mathrm{d}x = \int \frac{\sec^2 x + 1}{\sec^2 x + \tan^2 x} \mathrm{d}x = \int \frac{t^2 + 2}{2t^2 + 1} \cdot \frac{1}{1 + t^2} \mathrm{d}t$$

$$= \int \frac{\mathrm{d}t}{2t^2 + 1} + \int \frac{\mathrm{d}t}{(2t^2 + 1)(1 + t^2)}$$

$$= \int \frac{\mathrm{d}t}{2t^2 + 1} + \int \left(\frac{2}{2t^2 + 1} - \frac{1}{1 + t^2} \right) \mathrm{d}t$$

$$= \frac{3}{\sqrt{2}} \arctan \sqrt{2}t - \arctan t + C$$

$$= \frac{3}{\sqrt{2}} \arctan \left(\sqrt{2} \tan x \right) - x + C.$$

(3) 对于 $\displaystyle\int \frac{\cos^5 x}{\sin^4 x} \mathrm{d}x$, 因为 $R(\sin x, -\cos x) = -R(\sin x, \cos x)$, 令 $\sin x = t$, 则

$$原式 = \int \frac{(1 - t^2)^2}{t^4} \mathrm{d}t = \int \frac{1 - 2t^2 + t^4}{t^4} \mathrm{d}t = -\frac{1}{3} \frac{1}{t^3} + \frac{2}{t} + t + C$$

$$= -\frac{1}{3 \sin^3 x} + \frac{2}{\sin x} + \sin x + C.$$

例 5   计算 $\displaystyle\int \frac{\mathrm{d}x}{\sin x \cos^4 x}$.

解   原式 $= \displaystyle\int \frac{(\sin^2 x + \cos^2 x)\mathrm{d}x}{\sin x \cos^4 x} = \int \frac{\sin x}{\cos^4 x} \mathrm{d}x + \int \frac{\mathrm{d}x}{\sin x \cos^2 x}$

$$= -\int \frac{\mathrm{d}\cos x}{\cos^4 x} + \int \frac{\sin^2 x + \cos^2 x}{\sin x \cos^2 x} \mathrm{d}x$$

$$= \frac{1}{3} \frac{1}{\cos^3 x} + \int \frac{\sin x}{\cos^2 x} \mathrm{d}x + \int \frac{\mathrm{d}x}{\sin x}$$

$$= \frac{1}{3} \frac{1}{\cos^3 x} + \frac{1}{\cos x} + \ln|\csc x - \cot x| + C.$$

注 本题提供的方法是处理形如 $\displaystyle\int \frac{\mathrm{d}x}{\sin^m x \cos^n x}$ (其中 m, n 为正整数) 的不定积分的一般方法.

例 6 证明

$$\int \frac{a_1 \sin x + b_1 \cos x}{a \sin x + b \cos x} \mathrm{d}x = Ax + B \ln|a \sin x + b \cos x| + C,$$

其中 A, B 为常数.

证明 在被积函数中为使分子含有分母的导数, 可令

$$a_1 \sin x + b_1 \cos x = A(a \sin x + b \cos x) + B(a \sin x + b \cos x)'$$

$$= A(a \sin x + b \cos x) + B(a \cos x - b \sin x)$$

$$= (Aa - Bb) \sin x + (Ab + Ba) \cos x,$$

比较系数 $\begin{cases} Aa - Bb = a_1, \\ Ab + Ba = b_1, \end{cases}$ 得

$$A = \frac{aa_1 + bb_1}{a^2 + b^2}, \quad B = \frac{ab_1 - a_1 b}{a^2 + b^2}.$$

于是

$$\int \frac{a_1 \sin x + b_1 \cos x}{a \sin x + b \cos x} \mathrm{d}x = \int \left[A + B \frac{(a \sin x + b \cos x)'}{a \sin x + b \cos x} \right] \mathrm{d}x$$

$$= Ax + B \ln|a \sin x + b \cos x| + C,$$

故

$$\int \frac{a_1 \sin x + b_1 \cos x}{a \sin x + b \cos x} \mathrm{d}x = Ax + B \ln|a \sin x + b \cos x| + C.$$

注 本题提供的方法适用于分子、分母均为 $\sin x, \cos x$ 的一次式的情形.

例 7 计算下列不定积分:

(1) $\displaystyle\int \mathrm{e}^{-x} \arctan \mathrm{e}^x \mathrm{d}x$;

(2) $\displaystyle\int \frac{x \ln x}{(x^2 - 1)^{3/2}} \mathrm{d}x$;

(3) $\displaystyle\int \frac{\arctan x}{x^2(1+x^2)}\mathrm{d}x.$

解 (1) $\displaystyle\int \mathrm{e}^{-x}\arctan \mathrm{e}^x\mathrm{d}x = -\int \arctan \mathrm{e}^x\mathrm{d}\mathrm{e}^{-x}$

$$= -\mathrm{e}^{-x}\arctan \mathrm{e}^x + \int \frac{\mathrm{d}x}{1+\mathrm{e}^{2x}}.$$

令 $\mathrm{e}^{2x} = u$, 则 $x = \dfrac{1}{2}\ln u, \mathrm{d}x = \dfrac{\mathrm{d}u}{2u}$, 因此

$$\int \frac{\mathrm{d}x}{1+\mathrm{e}^{2x}} = \frac{1}{2}\int \frac{\mathrm{d}u}{(1+u)u} = \frac{1}{2}\int \left(\frac{1}{u} - \frac{1}{1+u}\right)\mathrm{d}u$$

$$= \frac{1}{2}\ln\left|\frac{u}{u+1}\right| + C = \frac{1}{2}\ln\left|\frac{\mathrm{e}^{2x}}{1+\mathrm{e}^{2x}}\right| + C$$

$$= x - \frac{1}{2}\ln(1+\mathrm{e}^{2x}) + C,$$

所以

$$原式 = -\mathrm{e}^{-x}\arctan \mathrm{e}^x + x - \frac{1}{2}\ln(1+\mathrm{e}^{2x}) + C.$$

(2) $\displaystyle\int \frac{x\ln x}{(x^2-1)^{3/2}}\mathrm{d}x = -\int \ln x\,\mathrm{d}\left(\frac{1}{\sqrt{x^2-1}}\right)$

$$= -\frac{\ln x}{\sqrt{x^2-1}} + \int \frac{\mathrm{d}x}{x\sqrt{x^2-1}}$$

$$= -\frac{\ln x}{\sqrt{x^2-1}} + \int \frac{\mathrm{d}x}{x^2\sqrt{1-\dfrac{1}{x^2}}}$$

$$= -\frac{\ln x}{\sqrt{x^2-1}} - \arcsin\frac{1}{x} + C.$$

(3) 令 $t = \arctan x$, 则 $x = \tan t, \mathrm{d}x = \sec^2 t\,\mathrm{d}t$, 因此

$$\int \frac{\arctan x}{x^2(1+x^2)}\mathrm{d}x = \int \frac{t}{\tan^2 t}\mathrm{d}t = \int t(\csc^2 t - 1)\mathrm{d}t$$

$$= -\int t\,\mathrm{d}\cot t - \frac{1}{2}t^2 = -t\cot t + \ln|\sin t| - \frac{1}{2}t^2 + C$$

$$= -\frac{\arctan x}{x} + \ln\left|\frac{x}{\sqrt{1+x^2}}\right| - \frac{1}{2}\arctan^2 x + C.$$

例 8 计算:

(1) $I = \displaystyle\int \frac{(\cos^2 x - \sin x)}{\cos x(1 + \cos x \mathrm{e}^{\sin x})}\mathrm{d}x$;

(2) $\displaystyle\int \frac{\cos x + x \sin x}{(x + \cos x)^2}\mathrm{d}x$;

(3) $\displaystyle\int (\tan x + \sec^2 x)\mathrm{e}^x\mathrm{d}x$.

解 (1) 设 $t = \cos x \mathrm{e}^{\sin x}, \mathrm{d}t = (\cos^2 x - \sin x)\mathrm{e}^{\sin x}\mathrm{d}x$. 则

$$
\begin{aligned}
I &= \int \frac{(\cos^2 x - \sin x)\mathrm{e}^{\sin x}}{\cos x \mathrm{e}^{\sin x}(1 + \cos x \mathrm{e}^{\sin x})}\mathrm{d}x = \int \frac{\mathrm{d}t}{t(1 + t)} \\
&= \int \left(\frac{1}{t} - \frac{1}{1+t}\right)\mathrm{d}t = \ln|t| - \ln|1 + t| + C \\
&= \sin x + \ln|\cos x| - \ln\left|1 + \cos x \mathrm{e}^{\sin x}\right| + C.
\end{aligned}
$$

$$
\begin{aligned}
(2)\ \int \frac{\cos x + x\sin x}{(x + \cos x)^2}\mathrm{d}x &= \int \frac{x + \cos x - x(1 - \sin x)}{(x + \cos x)^2}\mathrm{d}x \\
&= \int \frac{\mathrm{d}x}{x + \cos x} + \int x\mathrm{d}\left(\frac{1}{x + \cos x}\right) \\
&= \int \frac{\mathrm{d}x}{x + \cos x} + \frac{x}{x + \cos x} - \int \frac{1}{x + \cos x}\mathrm{d}x \\
&= \frac{x}{x + \cos x} + C.
\end{aligned}
$$

注 利用分部积分去抵消一个较难的积分的方法, 在不定积分的计算中常会遇到, 应掌握.

$$
\begin{aligned}
(3)\ \int (\tan x + \sec^2 x)\mathrm{e}^x\mathrm{d}x &= \int \mathrm{e}^x \tan x\mathrm{d}x + \int \mathrm{e}^x \sec^2 x\mathrm{d}x \\
&= \int \tan x\mathrm{d}\mathrm{e}^x + \int \mathrm{e}^x \sec^2 x\mathrm{d}x \\
&= \mathrm{e}^x \tan x - \int \mathrm{e}^x \sec^2 x\mathrm{d}x + \int \mathrm{e}^x \sec^2 x\mathrm{d}x \\
&= \mathrm{e}^x \tan x + C.
\end{aligned}
$$

例 9 已知 $f'(\ln x) = \begin{cases} 1, & 0 < x \leqslant 1, \\ x, & 1 < x < +\infty \end{cases}$ 且 $f(0) = 0$, 求 $f(x)$.

解 当 $0 < x \leqslant 1$ 时, $f'(\ln x) = 1$, 于是

$$
\frac{f'(\ln x)}{x} = \frac{1}{x},
$$

两边积分得

$$\int \frac{f'(\ln x)}{x}\mathrm{d}x = \int \frac{1}{x}\mathrm{d}x, \quad f(\ln x) = \ln x + C_1.$$

当 $1 < x < +\infty$ 时, $f'(\ln x) = x$, 于是

$$\frac{f'(\ln x)}{x} = 1,$$

两边积分, 得 $f(\ln x) = x + C_2$. 所以

$$f(\ln x) = \begin{cases} \ln x + C_1, & 0 < x \leqslant 1, \\ x + C_2, & 1 < x < +\infty. \end{cases}$$

设 $\ln x = t$, 则

$$f(t) = \begin{cases} t + C_1, & -\infty < t \leqslant 0, \\ \mathrm{e}^t + C_2, & 0 < t < +\infty. \end{cases}$$

由 $f(0) = 0$ 得 $C_1 = 0$. 再由 $f(t)$ 在 $t = 0$ 处连续性有 $C_2 = -1$. 所以

$$f(x) = \begin{cases} x, & -\infty < x \leqslant 0, \\ \mathrm{e}^x - 1, & 0 < x < +\infty. \end{cases}$$

例 10　已知 $f(x) = \max\{x^3, x^2, 1\}$, 求 $I = \int f(x)\mathrm{d}x$.

解　由于

$$f(x) = \max\{x^3, x^2, 1\} = \begin{cases} x^2, & x \leqslant -1, \\ 1, & -1 < x < 1, \\ x^3, & x \geqslant 1, \end{cases}$$

故

$$\int f(x)\mathrm{d}x = \begin{cases} \dfrac{1}{3}x^3 + C_1, & x \leqslant -1, \\ x + C_2, & -1 < x < 1, \\ \dfrac{1}{4}x^4 + C_3, & x \geqslant 1. \end{cases}$$

根据原函数的连续性, 在 $x = -1$ 处,

$$\lim_{x \to -1+0}(x + C_2) = \lim_{x \to -1-0}\left(\frac{1}{3}x^3 + C_1\right), \quad 即 -1 + C_2 = -\frac{1}{3} + C_1.$$

在 $x = 1$ 处,

$$\lim_{x \to 1+0} \left(\frac{1}{4}x^4 + C_3\right) = \lim_{x \to 1-0}(x + C_2), \quad 即 \frac{1}{4} + C_3 = 1 + C_2.$$

解得

$$\begin{cases} C_1 = -\dfrac{2}{3} + C_2, \\ C_3 = \dfrac{3}{4} + C_2. \end{cases}$$

令 $C_2 = C$, 得

$$\int f(x)\mathrm{d}x = \begin{cases} \dfrac{1}{3}x^3 - \dfrac{2}{3} + C, & x \leqslant -1, \\ x + C, & -1 < x < 1, \\ \dfrac{1}{4}x^4 + \dfrac{3}{4} + C, & x \geqslant 1. \end{cases}$$

注 被积函数为分段函数时, 积分要特别注意原函数的连续性.

例 11 设 $f'(\sin^2 x + 2) = 4\cos^2 x + 3\tan^2 x (0 \leqslant x \leqslant 1)$, 求 $f(x)$.

解 设 $t = \sin^2 x + 2$, 则

$$\sin^2 x = t - 2, \quad \cos^2 x = 1 - \sin^2 x = 3 - t,$$
$$\tan^2 x = \frac{t-2}{3-t}.$$

于是

$$f'(t) = 4(3 - t) + 3\frac{t-2}{3-t} = 9 - 4t - \frac{3}{t-3},$$

$$f(t) = \int \left(9 - 4t - \frac{3}{t-3}\right)\mathrm{d}t = 9t - 2t^2 - 3\ln|t-3| + C,$$

所以

$$f(x) = 9x - 2x^2 - 3\ln(3 - x) + C \quad (0 \leqslant x \leqslant 1).$$

例 12 设 $f(x)$ 在 $[1, 2]$ 上连续, 在 $(1, 2)$ 内可导, 且 $f(1) = \dfrac{1}{2}, f(2) = 2$, 证明存在 $\xi \in (1, 2)$ 使

$$f'(\xi) = \frac{2f(\xi)}{\xi}.$$

证明 作辅助函数 $F(x) = \dfrac{f(x)}{x^2}$, 则 $F(1) = F(2) = \dfrac{1}{2}$, 满足罗尔定理条件, 则存在 $\xi \in (1, 2)$ 使 $F'(\xi) = 0$. 而

$$F'(x) = \frac{f'(x)x^2 - 2xf(x)}{x^4} = \frac{xf'(x) - 2f(x)}{x^3},$$

则有 $f'(\xi) = \dfrac{2f(\xi)}{\xi}$.

注　以本题为例介绍求辅助函数 $F(x)$ 的不定积分法:

(1) 将所证等式中 ξ 换成 $x, f'(x) = \dfrac{2f(x)}{x}$;

(2) 将上式变形为易于积分的形式 $\dfrac{f'(x)}{f(x)} = \dfrac{2}{x}$;

(3) 将两边积分 $\ln|f(x)| = 2\ln|x| + \ln C$, 从而 $f(x) = Cx^2$;

(4) 解出 $C = \dfrac{f(x)}{x^2}$;

(5) 作辅助函数 $F(x) = \dfrac{f(x)}{x^2}$ (易验证 $F'(\xi) = 0$, 即为所证).

第 5 章 定 积 分

5.1 定积分的概念及性质

一、知识要点

1. 定积分的概念

$$\int_a^b f(x)\mathrm{d}x = \lim_{\lambda \to 0} \sum_{i=1}^n f(\xi_i)\Delta x_i.$$

注   定积分是与被积函数 $f(x)$ 及积分区间 $[a,b]$ 有关的常数, 而与积分变量无关, 即

$$\int_a^b f(x)\mathrm{d}x = \int_a^b f(t)\mathrm{d}t = \int_a^b f(u)\mathrm{d}u.$$

2. 定积分的性质.

定理 1   设函数 $f(x)$ 在区间 $[a,b]$ 上连续, 则 $f(x)$ 在区间 $[a,b]$ 上可积.

定理 2   设函数 $f(x)$ 在区间 $[a,b]$ 上有界, 且只有有限多个间断点, 则 $f(x)$ 在区间 $[a,b]$ 上可积.

定理 3   设函数 $f(x)$ 在区间 $[a,b]$ 上单调, 则 $f(x)$ 在区间 $[a,b]$ 上可积.

推论   (i) 如果在区间 $[a,b]$ 上恒有 $f(x) \geqslant g(x)$, 则有

$$\int_a^b f(x)\mathrm{d}x \geqslant \int_a^b g(x)\mathrm{d}x;$$

(ii) 设 M 和 m 是函数 $f(x)$ 在区间 $[a,b]$ 上的最大值与最小值, 则有

$$m(b-a) \leqslant \int_a^b f(x)\mathrm{d}x \leqslant M(b-a);$$

(iii) (积分中值定理) 设函数 $f(x)$ 在区间 $[a,b]$ 上连续, 则在积分区间 $[a,b]$ 上至少存在一点 ξ 使得下式成立: $\int_a^b f(x)\mathrm{d}x = f(\xi)(b-a).$

3. 积分变上限函数及其性质.

设 $f(x)$ 在 $[a,b]$ 上可积, 则

$$\phi(x) = \int_a^x f(t)\mathrm{d}t \quad (a \leqslant x \leqslant b)$$

称为积分上限函数. 它有如下性质:

(1) $\phi(x)$ 在 $[a,b]$ 上是 x 的连续函数;

(2) 若 $f(x)$ 在 $[a,b]$ 上连续, 则 $\phi(x)$ 在 $[a,b]$ 上可导, 且

$$\phi'(x) = f(x);$$

(3) 若 $f(x)$ 在 $[a,b]$ 上连续, $u(x) \in [a,b]$ 且可导, 则有

$$\frac{\mathrm{d}}{\mathrm{d}x} \int_a^{u(x)} f(t)\mathrm{d}t = f[u(x)] \cdot u'(x).$$

更一般地有

$$\frac{\mathrm{d}}{\mathrm{d}x} \int_{u_1(x)}^{u_2(x)} f(t)\mathrm{d}t = f[u_2(x)] \cdot u_2'(x) - f[u_1(x)] \cdot u_1'(x).$$

4. 利用奇偶性计算极限.

设 $f(x)$ 在区间 $[-a,a]$ 上可积, 则有

$$\int_{-a}^a f(x)\mathrm{d}x = \int_0^a (f(x) + f(-x))\mathrm{d}x.$$

特别地, 若 $f(x)$ 是偶函数, 则有 $\int_{-a}^a f(x)\mathrm{d}x = 2\int_0^a f(x)\mathrm{d}x$; 若 $f(x)$ 是奇函数, 则有 $\int_{-a}^a f(x)\mathrm{d}x = 0$.

5. 利用定积分的定义计算极限.

若将区间 $[a,b]$ 平均分成 n 份, ξ_i 取右端点 $a + \dfrac{i(b-a)}{n}$, 则有

$$\lim_{n \to \infty} \sum_{i=1}^n f\left[a + \frac{i(b-a)}{n}\right] \cdot \frac{b-a}{n} = \int_a^b f(x)\mathrm{d}x.$$

注　(1) 利用定积分的定义计算极限的步骤: 每项提出 $\dfrac{b-a}{n}$ 或 $\dfrac{1}{n}$ 后, 原和

式可写成 $\sum\limits_{i=1}^{n} \dfrac{b-a}{n} f\left[a + \dfrac{i(b-a)}{n}\right]$ 或 $\sum\limits_{i=1}^{n} \dfrac{1}{n} f\left(\dfrac{i}{n}\right)$; 利用定积分的定义, 有

$$\lim_{n\to\infty} \sum_{i=1}^{n} \frac{b-a}{n} f\left[a + \frac{i(b-a)}{n}\right] = \int_a^b f(x)\mathrm{d}x$$

或

$$\lim_{n\to\infty} \sum_{i=1}^{n} \frac{1}{n} f\left(\frac{i}{n}\right) = \int_0^1 f(x)\mathrm{d}x.$$

(2) 如果要计算的极限是连乘形式的, 先对两边取对数化为连加.

6. 重要的等式关系.

(1) $\displaystyle\int_0^{\frac{\pi}{2}} f(\sin x)\mathrm{d}x = \int_0^{\frac{\pi}{2}} f(\cos x)\mathrm{d}x.$

(2) $\displaystyle\int_0^{\pi} x f(\sin x)\mathrm{d}x = \frac{\pi}{2} \int_0^{\pi} f(\sin x)\mathrm{d}x.$

(3) 设 $f(x)$ 是连续的周期函数, 周期为 T, 则

$$\int_a^{a+T} f(x)\mathrm{d}x = \int_0^T f(x)\mathrm{d}x, \qquad \int_a^{a+nT} f(x)\mathrm{d}x = n \int_0^T f(x)\mathrm{d}x.$$

(4) 定积分公式:

$$I_n = \int_0^{\frac{\pi}{2}} \sin^n x\mathrm{d}x = \int_0^{\frac{\pi}{2}} \cos^n x\mathrm{d}x$$

$$= \begin{cases} \dfrac{n-1}{n} \cdot \dfrac{n-3}{n-2} \cdot \cdots \cdot \dfrac{3}{4} \cdot \dfrac{1}{2} \cdot \dfrac{\pi}{2}, & n\text{为正偶数}, \\[3mm] \dfrac{n-1}{n} \cdot \dfrac{n-3}{n-2} \cdot \cdots \cdot \dfrac{4}{5} \cdot \dfrac{2}{3}, & n\text{为大于 1 的正奇数}. \end{cases}$$

(5) 设 $f(x)$ 在 $[a,b]$ 上连续, 则 $\displaystyle\int_a^b f(x)\mathrm{d}x = \int_a^b f(a+b-x)\mathrm{d}x.$

7. 反常积分.

(1) 无穷限反常积分.

设函数 $f(x)$ 在 $[a,+\infty)$ 上连续, 取 $t > a$, 如果极限 $\lim\limits_{t\to+\infty} \displaystyle\int_a^t f(x)\mathrm{d}x$ 存在,

则称此极限值为函数 $f(x)$ 在 $[a,+\infty)$ 上的反常积分, 记作 $\displaystyle\int_a^{+\infty} f(x)\mathrm{d}x.$ 也就是

说 $\displaystyle\int_a^{+\infty} f(x)\mathrm{d}x = \lim_{t\to+\infty}\int_a^t f(x)\mathrm{d}x.$ 此时也称反常积分 $\displaystyle\int_a^{+\infty} f(x)\mathrm{d}x$ 收敛, 否则称反常积分 $\displaystyle\int_a^{+\infty} f(x)\mathrm{d}x$ 发散.

同样, 当 $f(x)$ 在 $(-\infty,a]$ 上连续, 且极限 $\displaystyle\lim_{t\to-\infty}\int_t^a f(x)\mathrm{d}x$ 存在时, 称此极限为函数 $f(x)$ 在 $(-\infty,a]$ 上的反常积分, 记作 $\displaystyle\int_{-\infty}^a f(x)\mathrm{d}x$, 即 $\displaystyle\int_{-\infty}^a f(x)\mathrm{d}x = \lim_{t\to-\infty}\int_t^a f(x)\mathrm{d}x.$ 此时也称反常积分 $\displaystyle\int_{-\infty}^a f(x)\mathrm{d}x$ 收敛, 否则称反常积分 $\displaystyle\int_{-\infty}^a f(x)\mathrm{d}x$ 发散.

最后, 当 $f(x)$ 在 $(-\infty,+\infty)$ 上连续, 且极限 $\displaystyle\lim_{t\to-\infty}\int_t^a f(x)\mathrm{d}x$ 和 $\displaystyle\lim_{t\to+\infty}\int_a^t f(x)\mathrm{d}x$ 都存在时, 则称这两个极限值之和为函数 $f(x)$ 在 $(-\infty,+\infty)$ 上的反常积分, 记作 $\displaystyle\int_{-\infty}^{+\infty} f(x)\mathrm{d}x$, 即

$$\int_{-\infty}^{+\infty} f(x)\mathrm{d}x = \lim_{t\to-\infty}\int_t^a f(x)\mathrm{d}x + \lim_{t\to+\infty}\int_a^t f(x)\mathrm{d}x = \int_a^{+\infty} f(x)\mathrm{d}x + \int_{-\infty}^a f(x)\mathrm{d}x,$$

也就是说当反常积分 $\displaystyle\int_a^{+\infty} f(x)\mathrm{d}x$ 和 $\displaystyle\int_{-\infty}^a f(x)\mathrm{d}x$ 都收敛时, $\displaystyle\int_{-\infty}^{+\infty} f(x)\mathrm{d}x$ 收敛; 当 $\displaystyle\int_a^{+\infty} f(x)\mathrm{d}x$ 和 $\displaystyle\int_{-\infty}^a f(x)\mathrm{d}x$ 有一个发散时, $\displaystyle\int_{-\infty}^{+\infty} f(x)\mathrm{d}x$ 发散.

(2) 无界函数反常积分.

瑕点: 如果函数 $f(x)$ 在 $x=a$ 的任一邻域内都无界, 则称点 a 为函数 $f(x)$ 的瑕点.

反常积分.

(1) 设函数 $f(x)$ 在 $[a,b)$ 上连续, b 为 $f(x)$ 的瑕点, 如果极限 $\displaystyle\lim_{t\to b^-}\int_a^t f(x)\mathrm{d}x$ 存在, 则称该极限为函数 $f(x)$ 在 $[a,b)$ 上的反常积分, 记作 $\displaystyle\int_a^b f(x)\mathrm{d}x$. 也就是说 $\displaystyle\int_a^b f(x)\mathrm{d}x = \lim_{t\to b^-}\int_a^t f(x)\mathrm{d}x.$ 此时也称反常积分 $\displaystyle\int_a^b f(x)\mathrm{d}x$ 收敛, 否则称反常积分 $\displaystyle\int_a^b f(x)\mathrm{d}x$ 发散.

(2) 设函数 $f(x)$ 在 $(a,b]$ 上连续, a 为 $f(x)$ 的瑕点, 如果极限 $\displaystyle\lim_{t\to a^+}\int_t^b f(x)\mathrm{d}x$

存在, 则称该极限为函数 $f(x)$ 在 $(a, b]$ 上的反常积分, 记作 $\int_a^b f(x)\mathrm{d}x$. 也就是说

$$\int_a^b f(x)\mathrm{d}x = \lim_{t \to a^+} \int_t^b f(x)\mathrm{d}x.$$ 此时也称反常积分 $\int_a^b f(x)\mathrm{d}x$ 收敛, 否则称反常

积分 $\int_a^b f(x)\mathrm{d}x$ 发散.

(3) 设函数 $f(x)$ 在 $[a, b]$ 上除了点 c $(a < c < b)$ 处处连续, 如果极限 $\lim\limits_{t \to c^-} \int_a^t f(x)\mathrm{d}x$ 与极限 $\lim\limits_{t \to c^+} \int_t^b f(x)\mathrm{d}x$ 都存在, 则称这两个极限值之和为函数 $f(x)$ 在 $[a, b]$ 上的反常积分, 记作 $\int_a^b f(x)\mathrm{d}x$, 即

$$\int_a^b f(x)\mathrm{d}x = \lim_{t \to c^+} \int_t^b f(x)\mathrm{d}x + \lim_{t \to c^-} \int_a^t f(x)\mathrm{d}x = \int_a^c f(x)\mathrm{d}x + \int_c^a f(x)\mathrm{d}x.$$

也就是说, 当反常积分 $\int_a^c f(x)\mathrm{d}x$ 和 $\int_c^b f(x)\mathrm{d}x$ 都收敛时, $\int_a^b f(x)\mathrm{d}x$ 收敛; 当 $\int_a^c f(x)\mathrm{d}x$ 和 $\int_c^b f(x)\mathrm{d}x$ 有一个发散时, $\int_a^b f(x)\mathrm{d}x$ 发散.

二、例题分析

例 1 估计定积分 $\int_0^2 \mathrm{e}^{x^2 - x}\mathrm{d}x$ 值的范围.

解 $y = \mathrm{e}^{x^2 - x}$ 可看作函数 $y = \mathrm{e}^u$ 与 $u = x^2 - x$ 的复合. 而 $y = \mathrm{e}^u$ 关于 u 是单增函数, 故只要考虑 $u = x^2 - x$ 在 $[0, 2]$ 上的最值即可相应地求出 $y = \mathrm{e}^u$ 的最值.

对于 $u = x^2 - x$, $u' = 2x - 1$, 得驻点 $x = \dfrac{1}{2}$. 则

$$u(0) = 0, \quad u\left(\frac{1}{2}\right) = -\frac{1}{4}, \quad u(2) = 2.$$

故 $u_{\min} = -\dfrac{1}{4}$, $u_{\max} = 2$, 从而 $\mathrm{e}^{-\frac{1}{4}} \leqslant \mathrm{e}^{x^2 - x} \leqslant \mathrm{e}^2$, $x \in [0, 2]$, 所以

$$2\mathrm{e}^{-\frac{1}{4}} \leqslant \int_0^2 \mathrm{e}^{x^2 - x}\mathrm{d}x \leqslant 2\mathrm{e}^2.$$

例 2　计算下列积分:

(1) $\displaystyle\int_{-\frac{\pi}{2}}^{\frac{\pi}{2}} \left(x^3 + \sin^2 x\right) \cos^2 x \mathrm{d}x$;

(2) $\displaystyle\int_{-2}^{2} (x+1)\sqrt{4|x| - x^2}\mathrm{d}x$;

(3) $\displaystyle\int_{0}^{\pi} \frac{1}{1+x^2} \sin^2 x \mathrm{d}x + \int_{-\pi}^{0} \frac{1}{1+x^2} \cos^2 x \mathrm{d}x$;

(4) $\displaystyle\int_{-\frac{1}{2}}^{\frac{1}{2}} \left[\frac{x \arcsin x}{\sqrt{1-x^2}} - \ln\left(x + \sqrt{1+x^2}\right) \right] \mathrm{d}x$.

解　(1) $\displaystyle\int_{-\frac{\pi}{2}}^{\frac{\pi}{2}} \left(x^3 + \sin^2 x\right) \cos^2 x \mathrm{d}x = \int_{-\frac{\pi}{2}}^{\frac{\pi}{2}} x^3 \cos^2 x \mathrm{d}x + \int_{-\frac{\pi}{2}}^{\frac{\pi}{2}} \sin^2 x \cos^2 x \mathrm{d}x$

$$= 2\int_{0}^{\frac{\pi}{2}} \sin^2 x \cos^2 x \mathrm{d}x = \frac{1}{2}\int_{0}^{\frac{\pi}{2}} \cos^2 2x \mathrm{d}x = \frac{1}{4}\int_{0}^{\frac{\pi}{2}} 1 + \cos 4x \mathrm{d}x = \frac{\pi}{8}.$$

(2) $\displaystyle\int_{-2}^{2} (x+1)\sqrt{4|x| - x^2}\mathrm{d}x = \int_{-2}^{2} x\sqrt{4|x| - x^2}\mathrm{d}x + \int_{-2}^{2} \sqrt{4|x| - x^2}\mathrm{d}x$

$$= 2\int_{0}^{2} \sqrt{4x - x^2}\mathrm{d}x = 2\int_{0}^{2} \sqrt{4 - (2-x)^2}\mathrm{d}x$$

$$\xeq{2-x=\sin t}\ 8\int_{0}^{\frac{\pi}{2}} \cos^2 t \mathrm{d}t = 4\int_{0}^{\frac{\pi}{2}} 1 + \cos 2t \mathrm{d}t = 2\pi.$$

(3) 由于 $\dfrac{1}{1+x^2}\cos^2 x$ 为偶函数, 因此

$$\int_{-\pi}^{0} \frac{1}{1+x^2} \cos^2 x \mathrm{d}x = \int_{0}^{\pi} \frac{1}{1+x^2} \cos^2 x \mathrm{d}x,$$

则

$$\int_{0}^{\pi} \frac{1}{1+x^2} \sin^2 x \mathrm{d}x + \int_{-\pi}^{0} \frac{1}{1+x^2} \cos^2 x \mathrm{d}x$$

$$= \int_{0}^{\pi} \frac{\sin^2 x + \cos^2 x}{1+x^2} \mathrm{d}x = \arctan x \Big|_{0}^{\pi} = \arctan \pi.$$

(4) 注意到 $\dfrac{x \arcsin x}{\sqrt{1-x^2}}$ 为偶函数, $\ln\left(x + \sqrt{1+x^2}\right)$ 为奇函数, 因此

$$\int_{-\frac{1}{2}}^{\frac{1}{2}} \left[\frac{x \arcsin x}{\sqrt{1-x^2}} - \ln\left(x + \sqrt{1+x^2}\right) \right] \mathrm{d}x = 2\int_{0}^{\frac{1}{2}} \frac{x \arcsin x}{\sqrt{1-x^2}}\mathrm{d}x.$$

对积分 $\displaystyle\int_0^{\frac{1}{2}} \frac{x \arcsin x}{\sqrt{1-x^2}} \mathrm{d}x$, 可用分部积分法计算:

$$\int_0^{\frac{1}{2}} \frac{x \arcsin x}{\sqrt{1-x^2}} \mathrm{d}x = \int_0^{\frac{1}{2}} \arcsin x \mathrm{d}\left(-\sqrt{1-x^2}\right)$$

$$= -\sqrt{1-x^2} \arcsin x \bigg|_0^{\frac{1}{2}} + \int_0^{\frac{1}{2}} 1 \mathrm{d}x = -\frac{\sqrt{2}\pi}{12} + \frac{1}{2}.$$

例 3 求下列积分上限函数的导数, 设 $f(u)$ 连续.

(1) $F(x) = \displaystyle\int_{x^2}^{\sin x} \cos(\pi t^2) \mathrm{d}t$;

(2) $F(x) = \displaystyle\int_a^x (x-t)^2 f(t) \mathrm{d}t$;

(3) $F(x) = \displaystyle\int_0^x f(t-x) \mathrm{d}t$.

解 (1) 可直接利用公式

$$\frac{\mathrm{d}}{\mathrm{d}x} \int_{\psi(x)}^{\varphi(x)} f(t) \mathrm{d}t = f[\varphi(x)] \varphi'(x) - f[\psi(x)] \psi'(x),$$

得

$$F'(x) = \cos(\pi \sin^2 x) \cdot \cos x - \cos(\pi x^4) \cdot 2x.$$

(2) 此为含参积分, 应将被积函数中的参变量表达式与含积分变量表达式加以分离, 然后把参变量表达式提到积分号外再求导.

$$F(x) = \int_a^x (x^2 - 2tx + t^2) f(t) \mathrm{d}t$$

$$= x^2 \int_a^x f(t) \mathrm{d}t - 2x \int_a^x t f(t) \mathrm{d}t + \int_a^x t^2 f(t) \mathrm{d}t,$$

$$F'(x) = 2x \int_a^x f(t) \mathrm{d}t + x^2 f(x) - 2 \int_a^x t f(t) \mathrm{d}t - 2x^2 f(x) + x^2 f(x)$$

$$= 2x \int_a^x f(t) \mathrm{d}t - 2 \int_a^x t f(t) \mathrm{d}t.$$

(3) 该含参表达式无法分离, 采用变量替换, 将参变量转到积分限上去再求导. 为此令 $t - x = u$, 则

$$F(x) = \int_0^x f(t-x) \mathrm{d}t = \int_{-x}^0 f(u) \mathrm{d}u = -\int_0^{-x} f(u) \mathrm{d}u,$$

$$F'(x) = -f(-x) \cdot (-1) = f(-x).$$

例 4　求极限 $\displaystyle\lim_{x \to 0} \frac{\left(\displaystyle\int_0^x \mathrm{e}^{t^2}\mathrm{d}t\right)^2}{\displaystyle\int_0^x t\mathrm{e}^{2t^2}\mathrm{d}t}$.

解　当 $x \to 0$ 时, 这是 "$\dfrac{0}{0}$" 型未定式, 用洛必达法则两次, 则

$$\lim_{x \to 0} \frac{\left(\displaystyle\int_0^x \mathrm{e}^{t^2}\mathrm{d}t\right)^2}{\displaystyle\int_0^x t\mathrm{e}^{2t^2}\mathrm{d}t} = \lim_{x \to 0} \frac{2\displaystyle\int_0^x \mathrm{e}^{t^2}\mathrm{d}t \cdot \mathrm{e}^{x^2}}{x\mathrm{e}^{2x^2}}$$

$$= \lim_{x \to 0} \frac{2\displaystyle\int_0^x \mathrm{e}^{t^2}\mathrm{d}t}{x\mathrm{e}^{x^2}} = \lim_{x \to 0} \frac{2\mathrm{e}^{x^2}}{\mathrm{e}^{x^2} + 2x^2\mathrm{e}^{x^2}} = 2.$$

例 5　求 a, b 的值, 使 $\displaystyle\lim_{x \to 0} \frac{1}{bx - \sin x} \int_0^x \frac{t^2}{\sqrt{a+t}}\mathrm{d}t = 1$.

解　当 $x \to 0$ 时, 等式左边为 "$\dfrac{0}{0}$" 型未定式, 将左边用洛必达法则, 则

$$左边 = \lim_{x \to 0} \frac{\displaystyle\int_0^x \frac{t^2}{\sqrt{a+t}}\mathrm{d}t}{bx - \sin x} = \lim_{x \to 0} \frac{\dfrac{x^2}{\sqrt{a+x}}}{b - \cos x} = 1.$$

由于 $\displaystyle\lim_{x \to 0} \frac{x^2}{\sqrt{a+x}} = 0$, 故

$$\lim_{x \to 0}(b - \cos x) = 0,$$

得 $b = 1$. 又当 $x \to 0$ 时, $1 - \cos x \sim \dfrac{1}{2}x^2$, 从而

$$左边 = \lim_{x \to 0} \frac{\dfrac{x^2}{\sqrt{a+x}}}{1 - \cos x} = \lim_{x \to 0} \frac{\dfrac{x^2}{\sqrt{a+x}}}{\dfrac{1}{2}x^2} = \frac{2}{\sqrt{a}},$$

则有 $\dfrac{2}{\sqrt{a}} = 1$, 得 $a = 4, b = 1$.

例 6 计算下列积分:

(1) $\displaystyle\int_0^{\frac{\pi}{2}} \frac{\sin x}{\sin x + \cos x}\mathrm{d}x;$ 　　　　　　(2) $\displaystyle\int_0^{\pi} \frac{x\sin x}{1+\cos^2 x}\mathrm{d}x;$

(3) $\displaystyle\int_0^{n\pi} \sqrt{1+\sin 2x}\,\mathrm{d}x;$ 　　　　　　(4) $\displaystyle\int_0^{\frac{\pi}{2}} \sin^6 x\,\mathrm{d}x;$

(5) $\displaystyle\int_{-\frac{\pi}{4}}^{\frac{\pi}{4}} \frac{\sin^2 x}{1+\mathrm{e}^{-x}}\mathrm{d}x.$

解 (1) $\displaystyle\int_0^{\frac{\pi}{2}} \frac{\sin x}{\sin x + \cos x}\mathrm{d}x = \int_0^{\frac{\pi}{2}} \frac{\cos x}{\cos x + \sin x}\mathrm{d}x$

$$= \frac{1}{2}\left(\int_0^{\frac{\pi}{2}} \frac{\sin x}{\sin x + \cos x}\mathrm{d}x + \int_0^{\frac{\pi}{2}} \frac{\cos x}{\cos x + \sin x}\mathrm{d}x\right)$$

$$= \frac{1}{2}\int_0^{\frac{\pi}{2}}\left(\frac{\sin x}{\sin x + \cos x} + \frac{\cos x}{\cos x + \sin x}\right)\mathrm{d}x$$

$$= \frac{1}{2}\int_0^{\frac{\pi}{2}} 1\mathrm{d}x = \frac{\pi}{4}.$$

(2) $\displaystyle\int_0^{\pi} \frac{x\sin x}{1+\cos^2 x}\mathrm{d}x = \frac{\pi}{2}\int_0^{\pi} \frac{\sin x}{1+\cos^2 x}\mathrm{d}x$

$$= -\frac{\pi}{2}\int_0^{\pi} \frac{1}{1+\cos^2 x}\mathrm{d}(\cos x) = \frac{\pi^2}{4}.$$

(3) $\displaystyle\int_0^{n\pi} \sqrt{1+\sin 2x}\,\mathrm{d}x = n\int_0^{\pi} \sqrt{1+\sin 2x}\,\mathrm{d}x$

$$= n\int_0^{\pi} |\sin x + \cos x|\mathrm{d}x = 2\sqrt{2}n.$$

(4) $\displaystyle\int_0^{\frac{\pi}{2}} \sin^6 x\,\mathrm{d}x = \frac{5}{6}\frac{3}{4}\frac{1}{2}\frac{\pi}{2} = \frac{15\pi}{96}.$

(5) $\displaystyle\int_{-\frac{\pi}{4}}^{\frac{\pi}{4}} \frac{\sin^2 x}{1+\mathrm{e}^{-x}}\mathrm{d}x \xlongequal{x=-t} \int_{-\frac{\pi}{4}}^{\frac{\pi}{4}} \frac{\sin^2 t}{1+\mathrm{e}^{t}}\mathrm{d}t = \int_{-\frac{\pi}{4}}^{\frac{\pi}{4}} \frac{\sin^2 x}{1+\mathrm{e}^{x}}\mathrm{d}x$ (后一个等式是因为

积分只与被积函数和积分上下限有关, 与积分符号无关). 则

$$\int_{-\frac{\pi}{4}}^{\frac{\pi}{4}} \frac{\sin^2 x}{1+\mathrm{e}^{-x}}\mathrm{d}x = \frac{1}{2}\left[\int_{-\frac{\pi}{4}}^{\frac{\pi}{4}} \frac{\sin^2 x}{1+\mathrm{e}^{-x}}\mathrm{d}x + \int_{-\frac{\pi}{4}}^{\frac{\pi}{4}} \frac{\sin^2 x}{1+\mathrm{e}^{x}}\mathrm{d}x\right]$$

$$= \frac{1}{2}\int_{-\frac{\pi}{4}}^{\frac{\pi}{4}} \sin^2 x\,\mathrm{d}x = \frac{1}{8}(\pi - 2).$$

例 7 计算下列反常:

(1) $\displaystyle\int_e^{+\infty} \frac{\mathrm{d}x}{x\ln^2 x}$;

(2) $\displaystyle\int_1^{+\infty} \frac{\mathrm{d}x}{\mathrm{e}^x + \mathrm{e}^{2-x}}$;

(3) $\displaystyle\int_1^{+\infty} \frac{\arctan x}{x^2}\mathrm{d}x$;

(4) $\displaystyle\int_2^{+\infty} \frac{\mathrm{d}x}{(x+7)\sqrt{x-2}}$;

(5) $\displaystyle\int_0^1 \frac{x}{(x^2+1)\sqrt{1-x^2}}\mathrm{d}x$;

(6) $\displaystyle\int_0^2 \frac{1}{\sqrt{x(2-x)}}\mathrm{d}x$.

解 (1) $\displaystyle\int_e^{+\infty} \frac{\mathrm{d}x}{x\ln^2 x} = -\frac{1}{\ln x}\Big|_e^{+\infty} = 1$.

(2) $\displaystyle\int_1^{+\infty} \frac{\mathrm{d}x}{\mathrm{e}^x + \mathrm{e}^{2-x}} = \int_1^{+\infty} \frac{\mathrm{d}\mathrm{e}^x}{\mathrm{e}^{2x} + \mathrm{e}^2} = \mathrm{e}^{-1}\arctan \mathrm{e}^{x-1}\Big|_1^{+\infty} = \frac{\pi}{4\mathrm{e}}$.

(3) $\displaystyle\int_1^{+\infty} \frac{\arctan x}{x^2}\mathrm{d}x = \int_1^{+\infty} \arctan x\,\mathrm{d}\left(-\frac{1}{x}\right)$

$$= -\frac{1}{x}\arctan x\Big|_1^{+\infty} + \int_1^{+\infty} \frac{\mathrm{d}x}{x(1+x^2)}$$

$$= \frac{\pi}{4} + \int_1^{+\infty} \frac{1}{x} - \frac{x}{1+x^2}\mathrm{d}x$$

$$= \frac{\pi}{4} + \ln\frac{x}{\sqrt{1+x^2}}\Big|_1^{+\infty} = \frac{\pi}{4} + \frac{1}{2}\ln 2.$$

(4) $\displaystyle\int_2^{+\infty} \frac{\mathrm{d}x}{(x+7)\sqrt{x-2}} \xup1 \xovertext{\sqrt{x-2}=t} \int_0^{+\infty} \frac{2\mathrm{d}t}{t^2+9} = \frac{2}{3}\arctan\frac{t}{3}\Big|_0^{+\infty} = \frac{\pi}{3}$.

(5) $\displaystyle\int_0^1 \frac{x}{(x^2+1)\sqrt{1-x^2}}\mathrm{d}x \xovertext{x=\sin t} \int_0^{\frac{\pi}{2}} \frac{\sin t}{\sin^2 t + 1}\mathrm{d}x$

$$= -\int_0^{\frac{\pi}{2}} \frac{\mathrm{d}(\cos t)}{2-\cos^2 t} = \frac{1}{2\sqrt{2}}\ln\frac{\sqrt{2}-\cos t}{\sqrt{2}+\cos t}\Big|_0^{\frac{\pi}{2}}$$

$$= \frac{1}{\sqrt{2}}\ln(\sqrt{2}+1).$$

(6) $\displaystyle\int_0^2 \frac{1}{\sqrt{x(2-x)}}\mathrm{d}x = \int_0^2 \frac{1}{\sqrt{1-(x-1)^2}}\mathrm{d}x \xovertext{x-1=\sin t} \int_{-\frac{\pi}{2}}^{\frac{\pi}{2}} \mathrm{d}t = \pi$.

注 (1) 反常积分的计算方法与定积分基本一致, 可以选择换元法或是分部积分法, 处理方式也与定积分一致.

(2) 需要注意的是: 反常积分的计算实际上是计算积分与求极限两个过程的结合, 因此在计算过程中要遵循极限的相关运算法则. 分析: 根据被积函数的特点选择需要作的变量代换或进行分部积分, 基本原则与定积分的计算中一致. 经过变量代换, 反常积分可能会变成常义积分.

例 8 若 $f(x)$ 在 $[a, b]$ 上连续, 且在 (a, b) 内有 $f'(x) < 0$, 证明

$$F(x) = \frac{1}{x - a} \int_a^x f(t)\mathrm{d}t$$

在 (a, b) 内是单减的.

证明 因为

$$F'(x) = \frac{-1}{(x - a)^2} \int_a^x f(t)\mathrm{d}t + \frac{1}{x - a}f(x)$$

$$= \frac{1}{(x - a)^2}\left[(x - a)f(x) - \int_a^x f(t)\mathrm{d}t\right],$$

由积分中值定理, 存在 $\xi_1 \in [a, x]$, 使

$$\int_a^x f(t)\mathrm{d}t = (x - a)f(\xi_1),$$

则

$$F'(x) = \frac{1}{x - a}\left[f(x) - f(\xi_1)\right].$$

再由拉格朗日中值定理, 存在 $\xi_2 \in (\xi_1, x)$, 使

$$F'(x) = \frac{1}{x - a}f'(\xi_2)(x - \xi_1) < 0,$$

所以, $F(x)$ 在 (a, b) 内单减.

例 9 已知 $f(x)$ 为连续函数, 且

$$\int_0^{2x} xf(t)\mathrm{d}t + 2\int_x^0 tf(2t)\mathrm{d}t = 2x^3(x - 1),$$

求 $f(x)$ 在 $[0, 2]$ 上的最大值与最小值.

解 为先求出 $f(x)$, 将等式两端对 x 求导,

$$\int_0^{2x} f(t)\mathrm{d}t + 2xf(2x) - 2xf(2x) = 8x^3 - 6x^2,$$

即

$$\int_0^{2x} f(t)\mathrm{d}t = 8x^3 - 6x^2,$$

两端再求导

$$2f(2x) = 24x^2 - 12x,$$

即

$$f(2x) = 12x^2 - 6x.$$

令 $2x = t$, 则 $f(t) = 3t^2 - 3t$, 即得到 $f(x) = 3x^2 - 3x$, 求其最值.

因为 $f'(x) = 6x - 3$, 驻点为 $x = \dfrac{1}{2}$, 又

$$f(0) = 0, \quad f(2) = 6, \quad f\left(\dfrac{1}{2}\right) = -\dfrac{3}{4},$$

则 $f(x)$ 在 $[0, 2]$ 上的最大值为 $f(2) = 6$, 最小值为 $f\left(\dfrac{1}{2}\right) = -\dfrac{3}{4}$.

例 10 设 $f(x), g(x)$ 在 $[a, b]$ 上可积, 则证明柯西–施瓦茨不等式:

$$\left[\int_a^b f(x)g(x)\mathrm{d}x\right]^2 \leqslant \int_a^b f^2(x)\mathrm{d}x \cdot \int_a^b g^2(x)\mathrm{d}x.$$

证明 对任意实数 λ, 有

$$\int_a^b [f(x) - \lambda g(x)]^2 \, \mathrm{d}x \geqslant 0,$$

即

$$\lambda^2 \int_a^b g^2(x)\mathrm{d}x - 2\lambda \int_a^b f(x)g(x)\mathrm{d}x + \int_a^b f^2(x)\mathrm{d}x \geqslant 0.$$

上式左端是一个关于 λ 的二次三项式, 要使其值非负, 则其判别式 $\Delta \leqslant 0$, 即

$$\Delta = \left[2\int_a^b f(x)g(x)\mathrm{d}x\right]^2 - 4\int_a^b f^2(x)\mathrm{d}x \cdot \int_a^b g^2(x)\mathrm{d}x \leqslant 0,$$

亦即

$$\left[\int_a^b f(x)g(x)\mathrm{d}x\right]^2 \leqslant \int_a^b f^2(x)\mathrm{d}x \cdot \int_a^b g^2(x)\mathrm{d}x.$$

例 11 设 $f(x)$ 在 $[0, 1]$ 上连续且单减, 证明对任何 $\alpha \in [0, 1]$ 都有

$$\int_0^\alpha f(x)\mathrm{d}x \geqslant \alpha \int_0^1 f(x)\mathrm{d}x.$$

证明 设 $x = \alpha t$, 则 $\mathrm{d}x = \alpha \mathrm{d}t$,

$$\int_0^\alpha f(x)\mathrm{d}x = \int_0^1 f(\alpha t)\alpha \mathrm{d}t = \alpha \int_0^1 f(\alpha t)\mathrm{d}t.$$

因 $\alpha \leqslant 1, 0 \leqslant t \leqslant 1$, 有 $\alpha t \leqslant t$. 又由于 $f(x)$ 单减, 有 $f(\alpha t) \geqslant f(t)$, 所以

$$\int_0^\alpha f(x)\mathrm{d}x = \alpha \int_0^1 f(\alpha t)\mathrm{d}t \geqslant \alpha \int_0^1 f(t)\mathrm{d}t,$$

即 $\int_0^\alpha f(x)\mathrm{d}x \geqslant \alpha \int_0^1 f(x)\mathrm{d}x$.

例 12 设 $f(x)$ 在 $[0,2]$ 上连续, 在 $(0,2)$ 上可导, 且

$$f(0) = f\left(\frac{1}{2}\right) = 0, \quad 2\int_{\frac{1}{2}}^1 f(x)\mathrm{d}x = f(2).$$

试证在 $(0,2)$ 内存在一点 ξ, 使 $f''(\xi) = 0$.

证明 因为

$$f(0) = f\left(\frac{1}{2}\right) = 0,$$

由罗尔定理, 存在 $\xi_1 \in \left(0, \frac{1}{2}\right)$, 使得

$$f'(\xi_1) = 0.$$

又由积分中值定理有

$$f(2) = 2\int_{\frac{1}{2}}^1 f(x)\mathrm{d}x = f(\xi_2) \quad \left(\xi_2 \in \left[\frac{1}{2}, 1\right]\right),$$

则在 $[\xi_2, 2]$ 上由罗尔定理, 存在 $\xi_3 \in (\xi_2, 2)$, 使得 $f'(\xi_3) = 0$, 且 $\xi_1 < \xi_3$. 再由 $f'(\xi_1) = f'(\xi_3) = 0$, 在 $[\xi_1, \xi_3]$ 上对 $f'(x)$ 再次使用罗尔定理, 有

$$f''(\xi) = 0, \quad \xi \in (\xi_1, \xi_3) \subset (0,2).$$

例 13 若 $f(x)$ 在 $[a,b]$ 上具有二阶连续导数, 则在 (a,b) 内至少存在一点 ξ, 使

$$\int_a^b f(x)\mathrm{d}x = (b-a)f\left(\frac{a+b}{2}\right) + \frac{1}{24}f''(\xi)(b-a)^3.$$

证明 将 $f(x)$ 在 $x = \dfrac{a+b}{2}$ 处展开为二阶泰勒公式

$$f(x) = f\left(\frac{a+b}{2}\right) + f'\left(\frac{a+b}{2}\right)\left(x - \frac{a+b}{2}\right)$$
$$+ \frac{1}{2!}f''[\xi_1(x)]\left(x - \frac{a+b}{2}\right)^2, \quad \xi_1(x) \in (a,b).$$

两端积分得

$$\int_a^b f(x)\mathrm{d}x = \int_a^b f\left(\frac{a+b}{2}\right)\mathrm{d}x + \int_a^b f'\left(\frac{a+b}{2}\right)\left(x - \frac{a+b}{2}\right)\mathrm{d}x$$
$$+ \frac{1}{2!}\int_a^b f''[\xi_1(x)]\left(x - \frac{a+b}{2}\right)^2 \mathrm{d}x$$
$$= f\left(\frac{a+b}{2}\right)(b-a) + \frac{1}{2}f'\left(\frac{a+b}{2}\right)\left(x - \frac{a+b}{2}\right)^2\Bigg|_a^b$$
$$+ \frac{1}{2!}\int_a^b f''[\xi_1(x)]\left(x - \frac{a+b}{2}\right)^2 \mathrm{d}x$$
$$= f\left(\frac{a+b}{2}\right)(b-a) + \frac{1}{2!}\int_a^b f''[\xi_1(x)]\left(x - \frac{a+b}{2}\right)^2 \mathrm{d}x.$$

由于 $f''(x)$ 在 $[a,b]$ 上连续, 因此 $f''(x)$ 在 $[a,b]$ 存在最大值 M 与最小值 m, 则

$$m\left(x - \frac{a+b}{2}\right)^2 \leqslant f''[\xi_1(x)]\left(x - \frac{a+b}{2}\right)^2 \leqslant M\left(x - \frac{a+b}{2}\right)^2,$$

故

$$\frac{1}{12}m(b-a)^3 \leqslant \int_a^b f''[\xi_1(x)]\left(x - \frac{a+b}{2}\right)^2 \mathrm{d}x \leqslant \frac{1}{12}M(b-a)^3.$$

又根据 $f''(x)$ 在 $[a,b]$ 上的连续性, 易知至少存在 $\xi \in (a,b)$, 使

$$\int_a^b f''[\xi_1(x)]\left(x - \frac{a+b}{2}\right)^2 \mathrm{d}x = \frac{1}{12}f''(\xi)(b-a)^3,$$

即

$$\int_a^b f(x)\mathrm{d}x = (b-a)f\left(\frac{a+b}{2}\right) + \frac{1}{24}f''(\xi)(b-a)^3.$$

例 14 设 $f'(x)$ 在 $[a,b]$ 上连续, 且 $f(a) = 0$. 证明:

(1) $|f(x)| \leqslant \displaystyle\int_a^x |f'(t)|\,\mathrm{d}t$;

(2) $\displaystyle\int_a^b f^2(x)\mathrm{d}x \leqslant \dfrac{(b-a)^2}{2} \int_a^x [f'(x)]^2\mathrm{d}x$.

证明 (1) 由于 $f(a) = 0$, 由牛顿–莱布尼茨公式有

$$f(x) = \int_a^x f'(t)\mathrm{d}t + f(a) = \int_a^x f'(t)\mathrm{d}t \quad (a \leqslant x \leqslant b).$$

再由定积分的性质, 有

$$|f(x)| = \left| \int_a^x f'(t)\mathrm{d}t \right| \leqslant \int_a^x |f'(t)|\,\mathrm{d}t.$$

(2) 由 (1) 及柯西–施瓦茨不等式, 有

$$f^2(x) = |f(x)|^2 \leqslant \left[\int_a^x |f'(t)|\,\mathrm{d}t \right]^2 \leqslant (x-a) \int_a^b [f'(t)]^2\mathrm{d}t,$$

两边积分, 得

$$\int_a^b f^2(x)\mathrm{d}x \leqslant \int_a^b [f'(t)]^2\mathrm{d}t \cdot \int_a^b (x-a)\mathrm{d}x$$

$$= \frac{(b-a)^2}{2} \int_a^b [f'(t)]^2\mathrm{d}t.$$

例 15 设函数 $f(x)$ 在 $[0,1]$ 上连续可导, 证明对于 $x \in [0,1]$ 有

$$|f(x)| \leqslant \int_0^1 [|f(t)| + |f'(t)|]\,\mathrm{d}t.$$

证明 因为 $|f(x)|$ 在 $[0,1]$ 上连续, 由积分中值定理, 存在 $\xi \in [0,1]$, 使得

$$\int_0^1 |f(t)|\,\mathrm{d}t = |f(\xi)|,$$

故

$$\int_0^1 [|f(t)| + |f'(t)|]\,\mathrm{d}t = \int_0^1 |f(t)|\,\mathrm{d}t + \int_0^1 |f'(t)|\,\mathrm{d}t$$

$$= |f(\xi)| + \int_0^1 |f'(t)|\,\mathrm{d}t$$

$$\geqslant |f(\xi)| + \int_x^\xi |f'(t)| \, \mathrm{d}t$$

$$\geqslant |f(\xi)| + \left| \int_x^\xi f'(t) \mathrm{d}t \right|$$

$$\geqslant |f(\xi)| + |f(\xi) - f(x)| \geqslant |f(x)|,$$

所以

$$f(x) \leqslant \int_0^1 \left[|f(t)| + |f'(t)| \right] \mathrm{d}t.$$

例 16 求极限 $\displaystyle\lim_{x \to +\infty} \dfrac{\displaystyle\int_0^x |\sin t| \, \mathrm{d}t}{x}$.

解 不妨设 $n = \left[\dfrac{x}{\pi} \right]$, 则有不等式

$$n\pi \leqslant x < (n+1)\pi,$$

即

$$\frac{1}{(n+1)\pi} < \frac{1}{x} \leqslant \frac{1}{n\pi},$$

则有不等式

$$\frac{1}{(n+1)\pi} \int_0^{n\pi} |\sin t| \, \mathrm{d}t \leqslant \frac{1}{x} \int_0^x |\sin t| \, \mathrm{d}t \leqslant \frac{1}{n\pi} \int_0^{(n+1)\pi} |\sin t| \, \mathrm{d}t.$$

而

$$\int_0^{n\pi} |\sin t| \, \mathrm{d}t = n \int_0^\pi |\sin t| \, \mathrm{d}t = n \int_0^\pi \sin t \mathrm{d}t = 2n,$$

$$\int_0^{(n+1)\pi} |\sin t| \, \mathrm{d}t = 2(n+1),$$

则不等式为

$$\frac{2n}{(n+1)\pi} \leqslant \frac{1}{x} \int_0^x |\sin t| \, \mathrm{d}t \leqslant \frac{2(n+1)}{n\pi}.$$

根据夹逼准则, 且当 $x \to +\infty$ 时, $n \to \infty$, 有

$$\lim_{x \to +\infty} \frac{\displaystyle\int_0^x |\sin t| \, \mathrm{d}t}{x} = \frac{2}{\pi}.$$

例 17 设 $f(x)$ 是 $[0,1]$ 上连续可微函数, 且当 $x \in (0,1)$ 时, $0 < f'(x) < 1$, $f(0) = 0$. 试证明

$$\left[\int_0^1 f(x)\mathrm{d}x \right]^2 > \int_0^1 f^3(x)\mathrm{d}x.$$

证明 设 $F(x) = \left[\int_0^x f(t)\mathrm{d}t \right]^2 - \int_0^x f^3(t)\mathrm{d}t$, 则 $F(0) = 0$, 又

$$F'(x) = 2 \int_0^x f(t)\mathrm{d}t \cdot f(x) - f^3(x)$$

$$= f(x) \left[2 \int_0^x f(t)\mathrm{d}t - f^2(x) \right],$$

设 $G(x) = 2 \int_0^x f(t)\mathrm{d}t - f^2(x)$, 则 $G(0) = 0$.

$$G'(x) = 2f(x) - 2f(x)f'(x) = 2f(x)[1 - f'(x)].$$

因为当 $x \in (0,1)$ 时, $0 < f'(x) < 1$, $f(0) = 0$, 有 $f(x)$ 单增, 即当 $x > 0$ 时, 有 $f(x) > 0$. 所以 $G'(x) > 0$. 故当 $x \in (0,1)$ 时,

$$G(x) > G(0) = 0.$$

从而有 $F'(x) > 0$, 即 $F(x)$ 单增. 所以, 对任意的 $x \in (0,1)$, 有 $F(x) > F(0) = 0$, 故

$$F(1) > F(0) = 0,$$

即

$$\left[\int_0^1 f(x)\mathrm{d}x \right]^2 > \int_0^1 f^3(x)\mathrm{d}x.$$

5.2 定积分的计算

一、知识要点

1. 牛顿–莱布尼茨公式 (微积分基本公式).

设 $f(x)$ 是 $[a,b]$ 上的连续函数, $F(x)$ 是它的一个原函数, 则

$$\int_a^b f(x)\mathrm{d}x = F(x)\Big|_a^b = F(b) - F(a).$$

该公式将定积分问题转化为求原函数问题.

2. 定积分的变量替换.

设 $f(x)$ 在 $I \supset [a,b]$ 上连续, $\varphi(t)$ 满足

(1) $\varphi(t)$ 在 $[\alpha, \beta]$ 上有连续的导数;

(2) $\varphi(\alpha) = a$, $\varphi(\beta) = b$, 且当 $t \in [\alpha, \beta]$ 时, $\varphi(t) \in I$, 则

$$\int_a^b f(x)\mathrm{d}x = \int_\alpha^\beta f[\varphi(t)]\varphi'(t)\mathrm{d}t.$$

该公式若从右到左进行代换时, 即为凑微分法.

3. 定积分的分部积分法.

设 $u(x)$, $v(x)$ 在 $[a,b]$ 上具有连续的导数, 则

$$\int_a^b u(x)\mathrm{d}v(x) = u(x) \cdot v(x)\Big|_a^b - \int_a^b v(x)\mathrm{d}u(x).$$

4. 反常积分:

(1) 无穷区间上的积分;

(2) 无界函数的积分.

5. 常用的定积分公式.

(1) $f(x)$ 在对称区间 $[-a, a]$ 上连续, 则

$$\int_{-a}^a f(x)\mathrm{d}x = \int_0^a [f(x) + f(-x)]\mathrm{d}x.$$

特别地, 有

$$\int_{-a}^a f(x)\mathrm{d}x = \begin{cases} 2\displaystyle\int_0^a f(x)\mathrm{d}x, & \text{当 } f(x) \text{ 为偶函数时,} \\ 0, & \text{当 } f(x) \text{ 为奇函数时.} \end{cases}$$

(2) 若 $f(x)$ 是以 T 为周期的周期函数, 则

$$\int_a^{a+T} f(x)\mathrm{d}x = \int_0^T f(x)\mathrm{d}x.$$

(3) 若 $f(x)$ 在 $[0, 1]$ 上连续, 则

$$\int_0^{\pi/2} f(\sin x)\mathrm{d}x = \int_0^{\pi/2} f(\cos x)\mathrm{d}x = \frac{1}{2}\int_0^\pi f(\sin x)\mathrm{d}x.$$

(4) 若 $f(x)$ 在 $[0,1]$ 上连续, 则

$$\int_0^\pi x f(\sin x)\mathrm{d}x = \frac{\pi}{2}\int_0^\pi f(\sin x)\mathrm{d}x.$$

(5) $\displaystyle\int_0^{\pi/2} f(\sin x, \cos x)\mathrm{d}x = \int_0^{\pi/2} f(\cos x, \sin x)\mathrm{d}x.$

(6) $\displaystyle\int_0^a f(x)\mathrm{d}x = \int_0^{a/2}[f(x) + f(a-x)]\mathrm{d}x$

$$= \frac{1}{2}\int_0^a [f(x) + f(a-x)]\mathrm{d}x.$$

(7) $\displaystyle\int_0^{\pi/2}\sin^n x\mathrm{d}x = \int_0^{\pi/2}\cos^n x\mathrm{d}x$

$$= \begin{cases} \dfrac{n-1}{n}\cdot\dfrac{n-3}{n-2}\cdot\cdots\cdot\dfrac{1}{2}\cdot\dfrac{\pi}{2}, & \text{当 } n \text{ 为偶数,} \\ \dfrac{n-1}{n}\cdot\dfrac{n-3}{n-2}\cdot\cdots\cdot\dfrac{2}{3}\cdot 1, & \text{当 } n \text{ 为奇数.} \end{cases}$$

二、例题分析

例 1 计算下列定积分:

(1) $\displaystyle\int_{-\pi/4}^{\pi/4}\frac{1+x}{\cos^2 x + 1}\mathrm{d}x;$

(2) $\displaystyle\int_{1/4}^{1/2}\frac{\arcsin\sqrt{x}}{\sqrt{x(1-x)}}\mathrm{d}x;$

(3) $\displaystyle\int_{-1}^{1}(x + \sqrt{4-x^2})^2\mathrm{d}x;$

(4) $\displaystyle\int_0^{\pi/2}\frac{\sin x\cos x}{a^2\sin^2 x + b^2\cos^2 x}\mathrm{d}x$ (其中 $a \neq \pm b$, $a \neq 0$, $b \neq 0$).

解 (1) $\displaystyle\int_{-\pi/4}^{\pi/4}\frac{1+x}{\cos^2 x + 1}\mathrm{d}x = \int_{-\pi/4}^{\pi/4}\frac{1}{\cos^2 x + 1}\mathrm{d}x + \int_{-\pi/4}^{\pi/4}\frac{x}{\cos^2 x + 1}\mathrm{d}x$

$$= 2\int_0^{\pi/4}\frac{1}{\cos^2 x + 1}\mathrm{d}x + 0 = 2\int_0^{\pi/4}\frac{\mathrm{d}\tan x}{2 + \tan^2 x}$$

$$= \sqrt{2}\arctan\frac{\tan x}{\sqrt{2}}\Big|_0^{\pi/4} = \sqrt{2}\arctan\frac{\sqrt{2}}{2}.$$

(2) $\displaystyle\int_{1/4}^{1/2}\frac{\arcsin\sqrt{x}}{\sqrt{x(1-x)}}\mathrm{d}x = 2\int_{1/4}^{1/2}\frac{\arcsin\sqrt{x}}{\sqrt{1-(\sqrt{x})^2}}\mathrm{d}\sqrt{x}$

$$= \left(\arcsin\sqrt{x}\right)^2\Big|_{1/4}^{1/2} = \frac{5}{144}\pi^2.$$

(3) 利用奇函数在对称区间上积分的性质,

$$\int_{-1}^{1} \left(x + \sqrt{4 - x^2} \right)^2 \mathrm{d}x = \int_{-1}^{1} \left(x^2 + 2x\sqrt{4 - x^2} + 4 - x^2 \right) \mathrm{d}x$$

$$= \int_{-1}^{1} 2x\sqrt{4 - x^2}\mathrm{d}x + \int_{-1}^{1} 4\mathrm{d}x = 8.$$

(4) $\int_{0}^{\pi/2} \dfrac{\sin x \cos x}{a^2 \sin^2 x + b^2 \cos^2 x}\mathrm{d}x = \dfrac{1}{2} \int_{0}^{\pi/2} \dfrac{\mathrm{d}\sin^2 x}{b^2 + (a^2 - b^2) \sin^2 x}$

$$= \dfrac{1}{2(a^2 - b^2)} \ln \left| b^2 + (a^2 - b^2) \sin^2 x \right| \Big|_{0}^{\pi/2}$$

$$= \dfrac{1}{a^2 - b^2} \ln \left| \dfrac{a}{b} \right|.$$

例 2　计算 $I = \int_{-\pi/4}^{\pi/4} \dfrac{\sin^2 t}{1 + \mathrm{e}^{-t}}\mathrm{d}t.$

解　$I = \int_{-\pi/4}^{0} \dfrac{\sin^2 t}{1 + \mathrm{e}^{-t}}\mathrm{d}t + \int_{0}^{\pi/4} \dfrac{\sin^2 t}{1 + \mathrm{e}^{-t}}\mathrm{d}t = I_1 + I_2,$

在第一个积分中令 $x = -t$, 则

$$I_1 = \int_{-\pi/4}^{0} \dfrac{\sin^2 t}{1 + \mathrm{e}^{-t}}\mathrm{d}t = \int_{\pi/4}^{0} \dfrac{\sin^2 x}{1 + \mathrm{e}^{x}}\mathrm{d}(-x) = \int_{0}^{\pi/4} \dfrac{\sin^2 x}{1 + \mathrm{e}^{x}}\mathrm{d}x.$$

于是

$$I = \int_{0}^{\pi/4} \sin^2 x \left(\dfrac{1}{1 + \mathrm{e}^{x}} + \dfrac{1}{1 + \mathrm{e}^{-x}} \right)\mathrm{d}x$$

$$= \int_{0}^{\pi/4} \sin^2 x\mathrm{d}x = \dfrac{1}{2} \int_{0}^{\pi/4} (1 - \cos 2x)\mathrm{d}x = \dfrac{\pi - 2}{8}.$$

例 3　设 $f(x)$ 在 $[-a, a]$ $(a > 0)$ 上连续, 证明

$$\int_{-a}^{a} f(x)\mathrm{d}x = \int_{0}^{a} [f(x) + f(-x)]\mathrm{d}x,$$

并计算 $\int_{-\pi/4}^{\pi/4} \dfrac{1}{1 + \sin x}\mathrm{d}x.$

证明　$\int_{-a}^{a} f(x)\mathrm{d}x = \int_{-a}^{0} f(x)\mathrm{d}x + \int_{0}^{a} f(x)\mathrm{d}x = I_1 + I_2,$

在第一个积分中令 $x = -t$, 则

$$I_1 = \int_{-a}^{0} f(x)\mathrm{d}x = \int_{a}^{0} f(-t)\mathrm{d}(-t) = \int_{0}^{a} f(-x)\mathrm{d}x,$$

因此

$$原式 = I_1 + I_2 = \int_{0}^{a} f(x)\mathrm{d}x + \int_{0}^{a} f(-x)\mathrm{d}x = \int_{0}^{a} [f(x) + f(-x)]\mathrm{d}x,$$

而且

$$\int_{-\pi/4}^{\pi/4} \frac{1}{1 + \sin x}\mathrm{d}x = \int_{0}^{\pi/4} \left(\frac{1}{1 + \sin x} + \frac{1}{1 - \sin x} \right) \mathrm{d}x$$

$$= \int_{0}^{\pi/4} \frac{2}{\cos^2 x}\mathrm{d}x = 2.$$

注 $\int_{-a}^{a} f(x)\mathrm{d}x = \int_{0}^{a} [f(x) + f(-x)]\mathrm{d}x$ 可作为公式记住.

例 4 证明 $\int_{0}^{a} f(x)\mathrm{d}x = \int_{0}^{a} f(a - x)\mathrm{d}x$, 并计算 $\int_{0}^{\pi/4} \frac{1 - \sin 2x}{1 + \sin 2x}\mathrm{d}x$.

证明 令 $a - x = t$, 则

$$\int_{0}^{a} f(a - x)\mathrm{d}x = \int_{a}^{0} f(t)(-\mathrm{d}t) = \int_{0}^{a} f(x)\mathrm{d}x.$$

利用该公式有

$$\int_{0}^{\pi/4} \frac{1 - \sin 2x}{1 + \sin 2x}\mathrm{d}x = \int_{0}^{\pi/4} \frac{1 - \sin 2\left(\frac{\pi}{4} - x \right)}{1 + \sin 2\left(\frac{\pi}{4} - x \right)}\mathrm{d}x$$

$$= \int_{0}^{\pi/4} \frac{1 - \cos 2x}{1 + \cos 2x}\mathrm{d}x = \int_{0}^{\pi/4} \frac{2\sin^2 x}{2\cos^2 x}\mathrm{d}x$$

$$= \int_{0}^{\pi/4} \tan^2 x\mathrm{d}x = \int_{0}^{\pi/4} (\sec^2 x - 1)\mathrm{d}x = 1 - \frac{\pi}{4}.$$

例 5 计算 $\int_{0}^{a} \frac{\mathrm{d}x}{x + \sqrt{a^2 - x^2}}$ $(a > 0)$.

解 令 $x = a\sin t$, 则

$$\int_{0}^{a} \frac{\mathrm{d}x}{x + \sqrt{a^2 - x^2}} = \int_{0}^{\pi/2} \frac{\cos t}{\sin t + \cos t}\mathrm{d}t.$$

利用公式

$$\int_0^{\pi/2} f(\sin t, \cos t)\mathrm{d}t = \int_0^{\pi/2} f(\cos t, \sin t)\mathrm{d}t,$$

则有

$$\int_0^{\pi/2} \frac{\cos t}{\sin t + \cos t}\mathrm{d}t = \int_0^{\pi/2} \frac{\sin t}{\cos t + \sin t}\mathrm{d}t.$$

所以

$$\int_0^a \frac{\mathrm{d}x}{x + \sqrt{a^2 - x^2}} = \int_0^{\pi/2} \frac{\cos t}{\sin t + \cos t}\mathrm{d}t$$

$$= \frac{1}{2}\int_0^{\pi/2} \frac{\cos t + \sin t}{\sin t + \cos t}\mathrm{d}t = \frac{\pi}{4}.$$

例 6　计算 $\displaystyle\int_0^1 \frac{\ln(1+x)}{1+x^2}\mathrm{d}x$.

解　令 $x = \tan t$, 则

$$原式 = \int_0^{\pi/4} \frac{\ln(1+\tan t)}{1+\tan^2 t}\sec^2 t\mathrm{d}t = \int_0^{\pi/4} \ln(1+\tan t)\mathrm{d}t.$$

再作代换 $t = \dfrac{\pi}{4} - u$, 则

$$\int_0^{\pi/4} \ln(1+\tan t)\mathrm{d}t = \int_{\pi/4}^0 \ln\left[1 + \tan\left(\frac{\pi}{4} - u\right)\right](-\mathrm{d}u)$$

$$= \int_0^{\pi/4} \ln\left(1 + \frac{1-\tan u}{1+\tan u}\right)\mathrm{d}u$$

$$= \int_0^{\pi/4} \ln\left(\frac{2}{1+\tan u}\right)\mathrm{d}u$$

$$= \frac{\pi}{4}\ln 2 - \int_0^{\pi/4} \ln(1+\tan u)\mathrm{d}u.$$

故有

$$原式 = \int_0^{\pi/4} \ln(1+\tan t)\mathrm{d}t = \frac{\pi}{8}\ln 2.$$

例 7　计算 $I = \displaystyle\int_0^{2n\pi} \frac{\mathrm{d}x}{\sin^4 x + \cos^4 x}$ （n 为正整数）.

解 由题意可得

$$I = 2n \int_0^\pi \frac{\mathrm{d}x}{\sin^4 x + \cos^4 x}$$

$$= 4n \int_0^{\pi/2} \frac{\mathrm{d}x}{\sin^4 x + \cos^4 x} = 4n \int_0^{\pi/2} \frac{2\mathrm{d}x}{2\cos^2(2x) + \sin^2(2x)}$$

$$= 4n \left[\int_0^{\pi/4} \frac{2\mathrm{d}x}{2\cos^2(2x) + \sin^2(2x)} + \int_{\pi/4}^{\pi/2} \frac{2\mathrm{d}x}{2\cos^2(2x) + \sin^2(2x)} \right].$$

在上面第二个积分中, 令 $t = \dfrac{\pi}{2} - x$, 则

$$\int_{\pi/4}^{\pi/2} \frac{2\mathrm{d}x}{2\cos^2(2x) + \sin^2(2x)} = \int_0^{\pi/4} \frac{2\mathrm{d}t}{2\cos^2(2t) + \sin^2(2t)}.$$

于是

$$I = 8n \int_0^{\pi/4} \frac{2\mathrm{d}x}{2\cos^2(2x) + \sin^2(2x)}$$

$$= 8n \int_0^{\pi/4} \frac{\mathrm{d}\tan(2x)}{2 + \tan^2(2x)} = \frac{8n}{\sqrt{2}} \arctan\left(\frac{\tan(2x)}{\sqrt{2}}\right) \bigg|_0^{\pi/4} = 2\sqrt{2}\,n\pi.$$

注 以上计算过程中利用了 $f(x)$ 的周期、奇偶等特性.

思考 下面的解法错在哪?

$$I = 2n \int_0^\pi \frac{\mathrm{d}x}{\sin^4 x + \cos^4 x}$$

$$= 2n \int_0^\pi \frac{\mathrm{d}x}{(\cos^2 x + \sin^2 x)^2 - 2\sin^2 x \cos^2 x}$$

$$= 2n \int_0^\pi \frac{\mathrm{d}x}{1 - \dfrac{1}{2}\sin^2(2x)} = 2n \int_0^\pi \frac{2\mathrm{d}x}{2 - \sin^2(2x)}$$

$$= 2n \int_0^\pi \frac{2\mathrm{d}x}{2\cos^2(2x) + \sin^2(2x)} = 2n \int_0^\pi \frac{\mathrm{d}\tan(2x)}{2 + \tan^2(2x)}$$

$$= \frac{2n}{\sqrt{2}} \arctan\left(\frac{\tan(2x)}{\sqrt{2}}\right) \bigg|_0^\pi = 0.$$

例 8 求下列积分的值:

$(1) \displaystyle\int_0^3 \arcsin\sqrt{\frac{x}{1+x}}\,\mathrm{d}x;$

$(2) \displaystyle\int_0^{\pi/4} \frac{x\sec^2 x}{(1+\tan x)^2}\,\mathrm{d}x.$

解　(1) 原式 $= x \arcsin \sqrt{\dfrac{x}{1+x}} \Big|_0^3 - \displaystyle\int_0^3 x \mathrm{d}\left(\sin\sqrt{\dfrac{x}{1+x}}\right)$

$$= 3\arcsin\frac{\sqrt{3}}{2} - \int_0^3 \frac{x\mathrm{d}x}{2\sqrt{x}(1+x)}$$

$$= \pi - \int_0^3 \frac{x}{1+x}\mathrm{d}\sqrt{x} = \pi - \int_0^3 \frac{x+1-1}{1+x}\mathrm{d}\sqrt{x}$$

$$= \pi - \sqrt{x}\Big|_0^3 + \int_0^3 \frac{1}{1+x}\mathrm{d}\sqrt{x}$$

$$= \pi - \sqrt{3} + \arctan\sqrt{x}\Big|_0^3 = \frac{4}{3}\pi - \sqrt{3}.$$

(2)　$\displaystyle\int_0^{\pi/4} \frac{x\sec^2 x}{(1+\tan x)^2}\mathrm{d}x = -\int_0^{\pi/4} x\mathrm{d}\frac{1}{1+\tan x}$

$$= -\frac{x}{1+\tan x}\Big|_0^{\pi/4} + \int_0^{\pi/4} \frac{1}{1+\tan x}\mathrm{d}x.$$

作代换 $x = \dfrac{\pi}{4} - t$, 则

$$\text{原式} = -\frac{\pi}{8} + \int_0^{\pi/4} \frac{\mathrm{d}t}{1+\dfrac{1-\tan t}{1+\tan t}} = -\frac{\pi}{8} + \int_0^{\pi/4} \frac{1+\tan t}{2}\mathrm{d}t$$

$$= -\frac{\pi}{8} + \left(\frac{1}{2}t - \frac{1}{2}\ln|\cos t|\right)\Big|_0^{\pi/4} = \frac{1}{4}\ln 2.$$

例 9　已知 $f(\pi) = 2$, $\displaystyle\int_0^\pi [f(x) + f''(x)]\sin x\mathrm{d}x = 5$, 求 $f(0)$.

解　$\displaystyle\int_0^\pi [f(x) + f''(x)]\sin x\mathrm{d}x$

$$= \int_0^\pi f(x)\sin x\mathrm{d}x + \int_0^\pi f''(x)\sin x\mathrm{d}x$$

$$= -\int_0^\pi f(x)\mathrm{d}\cos x + \int_0^\pi \sin x\mathrm{d}f'(x)$$

$$= -\cos x f(x)\Big|_0^\pi + \int_0^\pi \cos x f'(x)\mathrm{d}x + \sin x f'(x)\Big|_0^\pi - \int_0^\pi f'(x)\cos x\mathrm{d}x$$

$$= f(\pi) + f(0) = 2 + f(0),$$

由条件知 $2 + f(0) = 5$, 所以 $f(0) = 3$.

例 10　计算 $\displaystyle\int_0^{n\pi} \mathrm{e}^{\frac{x}{\pi}}|\sin x|\mathrm{d}x$ (n 为正整数).

解 令 $t = \dfrac{x}{\pi}$, 则 $x = \pi t$.

当 $x = 0$ 时, $t = 0$; 当 $x = n\pi$ 时, $t = n$, 于是

$$\int_0^{n\pi} \mathrm{e}^{\frac{x}{\pi}} |\sin x| \, \mathrm{d}x = \int_0^n \mathrm{e}^t |\sin \pi t| \, \pi \mathrm{d}t = \pi \sum_{k=0}^{n-1} \int_k^{k+1} \mathrm{e}^t |\sin \pi t| \mathrm{d}t$$

$$= \pi \sum_{k=0}^{n-1} (-1)^k \int_k^{k+1} \mathrm{e}^t \sin \pi t \mathrm{d}t$$

$$= \pi \sum_{k=0}^{n-1} (-1)^k (-1)^k \frac{(1+\mathrm{e})\pi}{1+\pi^2} \mathrm{e}^k$$

$$= \pi^2 \frac{1+\mathrm{e}}{1+\pi^2} \sum_{k=0}^{n-1} \mathrm{e}^k = \frac{\pi^2(1+\mathrm{e})}{1+\pi^2} \frac{\mathrm{e}^n - 1}{\mathrm{e} - 1}.$$

例 11 若 $f(x)$ 是连续函数, 证明

$$\int_0^x \left[\int_0^u f(t)\mathrm{d}t \right] \mathrm{d}u = \int_0^x (x - u) f(u)\mathrm{d}u.$$

证明 设 $\varphi(u) = \displaystyle\int_0^u f(t)\mathrm{d}t$, 则

$$左 = \int_0^x \left[\int_0^u f(t)\mathrm{d}t \right] \mathrm{d}u = \int_0^x \varphi(u)\mathrm{d}u$$

$$= u\varphi(u) \Big|_0^x - \int_0^x u\varphi'(u)\mathrm{d}u = x\varphi(x) - \int_0^x u f(u)\mathrm{d}u$$

$$= x \int_0^x f(t)\mathrm{d}t - \int_0^x u f(u)\mathrm{d}u = \int_0^x (x - u) f(u)\mathrm{d}u = 右.$$

例 12 设 $I_k = \displaystyle\int_0^{\pi/4} \tan^{2k} x \mathrm{d}x$, k 为大于 1 的整数, 求出 I_k 的递推公式, 并求 I_5.

解
$$I_k = \int_0^{\pi/4} \tan^{2k-2} x (\sec^2 x - 1)\mathrm{d}x$$

$$= \int_0^{\pi/4} \tan^{2k-2} x \mathrm{d}\tan x - \int_0^{\pi/4} \tan^{2k-2} x \mathrm{d}x$$

$$= \frac{1}{2k-1} - I_{k-1}.$$

由于

$$I_1 = \int_0^{\pi/4} \tan^2 x \mathrm{d}x = 1 - \frac{\pi}{4},$$

所以

$$I_5 = \frac{1}{9} - I_4 = \frac{1}{9} - \left(\frac{1}{7} - I_3 \right)$$

$$= \frac{1}{9} - \frac{1}{7} + \frac{1}{5} - \frac{1}{3} + I_1$$

$$= \frac{1}{9} - \frac{1}{7} + \frac{1}{5} - \frac{1}{3} + 1 - \frac{\pi}{4} = \frac{263}{315} - \frac{\pi}{4}.$$

例 13 设

$$f(x) = \begin{cases} x\mathrm{e}^{-x^2}, & x \geqslant 0, \\ x^2, & x < 0, \end{cases}$$

计算 $\displaystyle\int_1^4 f(x-2)\mathrm{d}x$.

解 设 $t = x - 2$, 则

$$\int_1^4 f(x-2)\mathrm{d}x = \int_{-1}^2 f(t)\mathrm{d}t = \int_{-1}^0 t^2\mathrm{d}t + \int_0^2 t\mathrm{e}^{-t^2}\mathrm{d}t = \frac{5}{6} - \frac{1}{2}\mathrm{e}^{-4}.$$

例 14 计算 $\displaystyle\int_0^2 x\,|x-a|\,\mathrm{d}x$ (a 为常数).

解 根据 a 的不同情况讨论如下.

当 $a \leqslant 0$ 时,

$$\int_0^2 x\,|x-a|\,\mathrm{d}x = \int_0^2 x(x-a)\mathrm{d}x = \frac{8}{3} - 2a.$$

当 $0 < a \leqslant 2$ 时,

$$\int_0^2 x\,|x-a|\,\mathrm{d}x = \int_0^a x(a-x)\mathrm{d}x + \int_a^2 x(x-a)\mathrm{d}x = \frac{8}{3} + \frac{a^3}{3} - 2a.$$

当 $a > 2$ 时,

$$\int_0^2 x\,|x-a|\,\mathrm{d}x = \int_0^2 x(a-x)\mathrm{d}x = -\frac{8}{3} + 2a.$$

所以

$$\int_0^2 x|x-a|\,\mathrm{d}x = \begin{cases} \dfrac{8}{3} - 2a, & a \leqslant 0, \\[2mm] \dfrac{8}{3} + \dfrac{a^3}{3} - 2a, & 0 < a \leqslant 2, \\[2mm] -\dfrac{8}{3} + 2a, & a > 2. \end{cases}$$

例 15 设 $f(x)$ 在 $[-\pi,\pi]$ 上连续, 且

$$f(x) = \frac{x}{1 + \cos^2 x} + \int_{-\pi}^{\pi} f(x)\sin x\,\mathrm{d}x,$$

求 $f(x)$.

解 设 $A = \displaystyle\int_{-\pi}^{\pi} f(x)\sin x\,\mathrm{d}x$, 则

$$f(x) = \frac{x}{1 + \cos^2 x} + A.$$

又

$$\begin{aligned} A &= \int_{-\pi}^{\pi} f(x)\sin x\,\mathrm{d}x = \int_{-\pi}^{\pi} \left(\frac{x}{1 + \cos^2 x} + A \right) \sin x\,\mathrm{d}x \\ &= 2\int_0^{\pi} \frac{x\sin x}{1 + \cos^2 x}\,\mathrm{d}x = \pi\int_0^{\pi} \frac{\sin x}{1 + \cos^2 x}\,\mathrm{d}x \\ &= -\pi \arctan\cos x \Big|_0^{\pi} = \frac{\pi^2}{2}, \end{aligned}$$

所以

$$f(x) = \frac{x}{1 + \cos^2 x} + \frac{\pi^2}{2}.$$

注 (1) 本题利用了公式

$$\int_0^{\pi} xf(\sin x)\,\mathrm{d}x = \frac{\pi}{2}\int_0^{\pi} f(\sin x)\,\mathrm{d}x.$$

(2) 定积分是一个值, 可作一个常数对待, 在此类问题中常用.

例 16 设 $f(x)$ 连续, 且 $\displaystyle\int_0^x tf(2x-t)\,\mathrm{d}t = \frac{1}{2}\arctan x^2$, 已知 $f(1) = 1$, 求 $\displaystyle\int_1^2 f(x)\,\mathrm{d}x$.

解　令 $u = 2x - t$, 则

$$\int_0^x tf(2x-t)\mathrm{d}t = \int_{2x}^x (2x-u)f(u)(-\mathrm{d}u)$$

$$= 2x\int_x^{2x} f(u)\mathrm{d}u - \int_x^{2x} uf(u)\mathrm{d}u,$$

于是有

$$2x\int_x^{2x} f(u)\mathrm{d}u - \int_x^{2x} uf(u)\mathrm{d}u = \frac{1}{2}\arctan x^2.$$

两边对 x 求导

$$2\int_x^{2x} f(u)\mathrm{d}u - 2x[2f(2x)-f(x)] - 4xf(2x) + xf(x) = \frac{x}{1+x^4},$$

即

$$2\int_x^{2x} f(u)\mathrm{d}u = \frac{x}{1+x^4} + xf(x),$$

令 $x = 1$, 得

$$2\int_1^2 f(u)\mathrm{d}u = \frac{1}{2} + f(1) = \frac{3}{2},$$

所以 $\int_1^2 f(x)\mathrm{d}x = \dfrac{3}{4}$.

例 17　设 $f(x), g(x)$ 在区间 $[-a, a]$ $(a > 0)$ 上连续, $g(x)$ 为偶函数, 且 $f(x)$ 满足条件 $f(x) + f(-x) = A$ (A 为常数).

(1) 证明 $\displaystyle\int_{-a}^a f(x)g(x)\mathrm{d}x = A\int_0^a g(x)\mathrm{d}x$;

(2) 利用 (1) 计算 $\displaystyle\int_{-\pi/2}^{\pi/2} |\sin x|\arctan \mathrm{e}^x\mathrm{d}x$.

解　(1) 证明

$$\int_{-a}^a f(x)g(x)\mathrm{d}x = \int_{-a}^0 f(x)g(x)\mathrm{d}x + \int_0^a f(x)g(x)\mathrm{d}x,$$

对第一个积分作代换 $x = -t$, 有

$$\int_{-a}^0 f(x)g(x)\mathrm{d}x = \int_0^a f(-t)g(t)\mathrm{d}t,$$

于是

$$\int_{-a}^{a} f(x)g(x)\mathrm{d}x = \int_{0}^{a} f(-x)g(x)\mathrm{d}x + \int_{0}^{a} f(x)g(x)\mathrm{d}x$$

$$= \int_{0}^{a} [f(-x) + f(x)]\, g(x)\mathrm{d}x = A\int_{0}^{a} g(x)\mathrm{d}x.$$

(2) 取 $f(x) = \arctan \mathrm{e}^{x}$, $g(x) = |\sin x|$. 则 $f(x)$, $g(x)$ 在 $\left[-\dfrac{\pi}{2}, \dfrac{\pi}{2}\right]$ 上连续, 且 $g(x)$ 为偶函数, 又 $f(x)$ 满足

$$f(x) + f(-x) = \arctan \mathrm{e}^{x} + \arctan \mathrm{e}^{-x}$$

$$= \arctan \mathrm{e}^{x} + \arctan \frac{1}{\mathrm{e}^{x}} = \frac{\pi}{2},$$

于是

$$\int_{-\pi/2}^{\pi/2} |\sin x| \arctan \mathrm{e}^{x}\mathrm{d}x = \frac{\pi}{2}\int_{0}^{\pi/2} |\sin x|\,\mathrm{d}x = \frac{\pi}{2}.$$

例 18 计算下列无穷积分:

(1) $\displaystyle\int_{0}^{+\infty} \frac{x\mathrm{e}^{-x}}{(1 + \mathrm{e}^{-x})^2}\mathrm{d}x$;

(2) $\displaystyle\int_{0}^{+\infty} \frac{\mathrm{d}x}{(1 + x^2)(1 + x^{\alpha})}$ $(\alpha \geqslant 0)$.

解 (1) $\displaystyle\int_{0}^{+\infty} \frac{x\mathrm{e}^{-x}}{(1 + \mathrm{e}^{-x})^2}\mathrm{d}x = \int_{0}^{+\infty} \frac{x\mathrm{e}^{-x}}{\mathrm{e}^{-2x}(1 + \mathrm{e}^{x})^2}\mathrm{d}x$

$$= \int_{0}^{+\infty} \frac{x\mathrm{e}^{x}}{(1 + \mathrm{e}^{x})^2}\mathrm{d}x = -\int_{0}^{+\infty} x\mathrm{d}\frac{1}{1 + \mathrm{e}^{x}}$$

$$= -\frac{x}{1 + \mathrm{e}^{x}}\bigg|_{0}^{+\infty} + \int_{0}^{+\infty} \frac{1}{1 + \mathrm{e}^{x}}\mathrm{d}x$$

$$= \int_{0}^{+\infty} \frac{1}{1 + \mathrm{e}^{x}}\mathrm{d}x,$$

作代换, 令 $\mathrm{e}^{x} = t$, 则

$$\text{原式} = \int_{1}^{+\infty} \frac{\mathrm{d}t}{(1 + t)t} = \int_{1}^{+\infty} \left(\frac{1}{t} - \frac{1}{1 + t}\right)\mathrm{d}t = \ln\left(\frac{t}{1 + t}\right)\bigg|_{1}^{+\infty} = \ln 2.$$

(2) 作倒代换 $x = \dfrac{1}{t}$, 则

$$原式 = \int_{+\infty}^{0} \frac{-\dfrac{1}{t^2}}{\left(1 + \dfrac{1}{t^2}\right)\left(1 + \dfrac{1}{t^\alpha}\right)} \mathrm{d}t$$

$$= \int_{0}^{+\infty} \frac{t^\alpha}{(1+t^2)(1+t^\alpha)} \mathrm{d}t = \int_{0}^{+\infty} \frac{t^\alpha + 1 - 1}{(1+t^2)(1+t^\alpha)} \mathrm{d}t$$

$$= \int_{0}^{+\infty} \frac{\mathrm{d}t}{(1+t^2)} - \int_{0}^{+\infty} \frac{\mathrm{d}t}{(1+t^2)(1+t^\alpha)},$$

移项有

$$原式 = \frac{1}{2} \int_{0}^{+\infty} \frac{\mathrm{d}t}{(1+t^2)} = \frac{\pi}{4}.$$

例 19　计算下列积分:

(1) $\displaystyle\int_{1/2}^{3/2} \frac{\mathrm{d}x}{\sqrt{|x - x^2|}}$;

(2) 设 $\varphi(x) = \dfrac{x+1}{x(x-2)}$, 求 $\displaystyle\int_{1}^{3} \frac{\varphi'(x)}{1 + \varphi^2(x)} \mathrm{d}x$.

解　(1) 被积函数有绝对值, 且 $x = 1$ 为其无穷间断点, 故

$$\int_{1/2}^{3/2} \frac{\mathrm{d}x}{\sqrt{|x - x^2|}} = \int_{1/2}^{1} \frac{\mathrm{d}x}{\sqrt{x - x^2}} + \int_{1}^{3/2} \frac{\mathrm{d}x}{\sqrt{x^2 - x}},$$

其中

$$\int_{1/2}^{1} \frac{\mathrm{d}x}{\sqrt{x - x^2}} = \int_{1/2}^{1} \frac{\mathrm{d}x}{\sqrt{\dfrac{1}{4} - \left(x - \dfrac{1}{2}\right)^2}} = \arcsin(2x - 1)\Big|_{1/2}^{1} = \frac{\pi}{2},$$

又

$$\int_{1}^{3/2} \frac{\mathrm{d}x}{\sqrt{x^2 - x}} = \int_{1}^{3/2} \frac{\mathrm{d}x}{\sqrt{(x - \dfrac{1}{2})^2 - \dfrac{1}{4}}}$$

$$= \ln\left(x - \frac{1}{2} + \sqrt{x^2 - x}\right)\Big|_{1}^{3/2} = \ln(2 + \sqrt{3}),$$

所以, 原式 $= \dfrac{\pi}{2} + \ln(2 + \sqrt{3})$.

(2) $x = 2$ 为该积分的瑕点.

$$\int_1^3 \frac{\varphi'(x)}{1 + \varphi^2(x)} \mathrm{d}x = \int_1^2 \frac{\varphi'(x)}{1 + \varphi^2(x)} \mathrm{d}x + \int_2^3 \frac{\varphi'(x)}{1 + \varphi^2(x)} \mathrm{d}x$$

$$= \arctan \varphi(x) \Big|_1^2 + \arctan \varphi(x) \Big|_2^3$$

$$= \arctan \frac{x+1}{x(x-2)} \Big|_1^2 + \arctan \frac{x+1}{x(x-2)} \Big|_2^3$$

$$= -\frac{\pi}{2} + \arctan 2 + \arctan \frac{4}{3} - \frac{\pi}{2}$$

$$= \arctan 2 + \arctan \frac{4}{3} - \pi.$$

注 这里的

$$\arctan \frac{x+1}{x(x-2)} \Big|_1^2 = \lim_{x \to 2-0} \arctan \frac{x+1}{x(x-2)} + \arctan 2$$

$$= -\frac{\pi}{2} + \arctan 2.$$

同样地,

$$\arctan \frac{x+1}{x(x-2)} \Big|_2^3 = \arctan \frac{4}{3} - \lim_{x \to 2+0} \arctan \frac{x+1}{x(x-2)}$$

$$= \arctan \frac{4}{3} - \frac{\pi}{2}.$$

第 6 章　定积分的应用

一、知识要点

1. 微元法简介.

(1) 微元法是用积分计算连续变化的量的一种重要思想方法, 它适用于满足可加性的实际量, 如面积、体积、质量、作用力等. 前面平面图形面积的计算公式都可以用微元法进行推导.

(2) 微元法使用步骤.

(i) 根据问题的具体情况选取一个变量如 x 为积分变量, 并确定它的变化区间.

(ii) 将区间 $[a,b]$ 分为许多小区间, 取其中一个小区间 $[x, x+\mathrm{d}x]$, 根据实际问题求出在这一小区间上 U 所对应的分量 ΔU, ΔU 可以表示为形式 $f(x)\mathrm{d}x$.

(iii) 计算积分 $\displaystyle\int_a^b f(x)\mathrm{d}x$.

(3) 极坐标下应用微元法计算图形面积.

设曲线方程为 $r = \rho(\theta)$, 取 θ 为积分变量, 设其上下限为 α, β. 设其角度为 $\mathrm{d}\theta$, 当 $\mathrm{d}\theta$ 取得比较小时, r 在这个范围内可以看作不变的, 设为 $\rho(\theta)$. 于是, 该面积元可以近似看作一个扇形, 其面积为 $\mathrm{d}S = \dfrac{1}{2}(\rho(\theta))^2\mathrm{d}\theta$. 由此可以得到面积计算公式 $S = \dfrac{1}{2}\displaystyle\int_\alpha^\beta (\rho(\theta))^2\mathrm{d}\theta$.

2. 定积分在几何上的应用.

(1) 求平面图形的面积.

(i) 若平面图形是由连续曲线 $y = f_1(x)$, $y = f_2(x)$ 及直线 $x = a$, $x = b$ $(a < b)$ 所围成的, 则该图形的面积为

$$A = \int_a^b |f_2(x) - f_1(x)|\mathrm{d}x.$$

(ii) 若平面图形是由连续曲线 $x = g_1(y)$, $x = g_2(y)$ 及直线 $y = c$, $y = d$ $(c < d)$ 所围成的, 则该图形的面积为

$$A = \int_c^d |g_2(y) - g_1(y)|\mathrm{d}y.$$

(iii) 若平面图形的边界曲线是由参数方程

$$\begin{cases} x = x(t), \\ y = y(t), \end{cases} \quad \alpha \leqslant t \leqslant \beta$$

表示的分段光滑的封闭曲线, 则该曲线所围成图形的面积为

$$A = \left| \int_{\alpha}^{\beta} y(t)x'(t)\mathrm{d}t \right| = \left| \int_{\alpha}^{\beta} x(t)y'(t)\mathrm{d}t \right|.$$

(iv) 由曲线 $r = r(\theta)$ 及射线 $\theta = \alpha$, $\theta = \beta$ $(\alpha < \beta)$ 所围成的平面图形的面积为

$$A = \frac{1}{2} \int_{\alpha}^{\beta} r^2(\theta)\mathrm{d}\theta.$$

(2) 求立体的体积.

(i) 平行截面为已知的立体的体积.

若立体介于 $a \leqslant x \leqslant b$ 内, 在点 x 处垂直 x 轴的截面面积为 $A(x)$, 则该立体的体积为

$$V = \int_a^b A(x)\mathrm{d}x.$$

(ii) 旋转体的体积.

若旋转体是由连续曲线 $y = f(x)$ 与直线 $x = a$, $x = b$ 及 x 轴所围成的图形绕 x 轴旋转一周而成, 则其体积为

$$V = \pi \int_a^b f^2(x)\mathrm{d}x.$$

若旋转体是由上述平面图形绕 y 轴旋转一周而成, 则其体积为

$$V = 2\pi \int_a^b x\,|f(x)|\mathrm{d}x, \quad 0 \leqslant a < b.$$

(iii) 求平面曲线的弧长.

① 若平面曲线的方程为 $y = f(x)$, 则介于 $a \leqslant x \leqslant b$ 的一段曲线的弧长为

$$s = \int_a^b \sqrt{1 + f'^2(x)}\mathrm{d}x.$$

② 若平面曲线的方程由参数方程

$$\begin{cases} x = \varphi(t), \\ y = \psi(t), \end{cases} \alpha \leqslant t \leqslant \beta$$

给出, 则该段曲线的弧长为

$$s = \int_\alpha^\beta \sqrt{\varphi'^2(t) + \psi'^2(t)}\mathrm{d}t.$$

③ 若平面曲线的方程由极坐标

$$r = r(\theta) \quad (\alpha \leqslant \theta \leqslant \beta)$$

给出, 则该段曲线的弧长为

$$s = \int_\alpha^\beta \sqrt{r^2(\theta) + r'^2(\theta)}\mathrm{d}\theta.$$

3. 定积分在物理上的应用:
(1) 求变力沿直线所做的功;
(2) 求液体的侧压力;
(3) 求细杆对质点的引力.

二、例题分析

例 1　求曲线 $y = |\ln x|$ 与直线 $y = 0$, $x = \mathrm{e}^{-1}$, $x = \mathrm{e}$ 所围成的平面图形的面积.

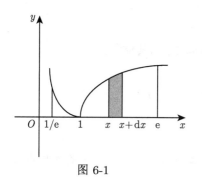

图 6-1

解　该面积如图 6-1. 取 x 为积分变量, 它的变化区间为 $[\mathrm{e}^{-1}, \mathrm{e}]$, 相应于 $[\mathrm{e}^{-1}, \mathrm{e}]$ 上的任一小区间 $[x, x + \mathrm{d}x]$, 所对应的面积元素为

$$\mathrm{d}A = |\ln x|\,\mathrm{d}x,$$

于是

$$A = \int_{1/\mathrm{e}}^\mathrm{e} |\ln x|\,\mathrm{d}x = \int_{1/\mathrm{e}}^1 (-\ln x)\mathrm{d}x + \int_1^\mathrm{e} \ln x\,\mathrm{d}x$$

$$= x(1 - \ln x)\Big|_{1/\mathrm{e}}^1 + x(\ln x - 1)\Big|_1^\mathrm{e} = 2 - \frac{2}{\mathrm{e}}.$$

例 2　试求由双纽线 $(x^2 + y^2)^2 = a^2(x^2 - y^2)$ 所围成, 且在 $x^2 + y^2 = \dfrac{a^2}{2}$ 内部的图形的面积.

解　该图形关于 x 轴、y 轴对称, 故总面积为第一象限部分面积的 4 倍. 如图 6-2 所示. 在极坐标下双纽线方程为

$$r^2 = a^2 \cos 2\theta,$$

圆方程为

$$r = \frac{a}{\sqrt{2}}.$$

由 $\begin{cases} r^2 = a^2 \cos 2\theta, \\ r^2 = \dfrac{a^2}{2}, \end{cases}$　解得 $\theta = \dfrac{\pi}{6}$. 又

$$S_1 = \frac{\frac{\pi}{6}}{2\pi} \cdot \frac{a^2}{2}\pi = \frac{\pi}{24}a^2,$$

$$S_2 = \frac{1}{2} \int_{\pi/6}^{\pi/4} r^2(\theta)\mathrm{d}\theta = \frac{1}{2} \int_{\pi/6}^{\pi/4} a^2 \cos 2\theta \mathrm{d}\theta = \left(\frac{1}{4} - \frac{\sqrt{2}}{8}\right) a^2,$$

故

$$S = 4(S_1 + S_2) = \left(\frac{\pi}{6} + 1 - \frac{\sqrt{2}}{2}\right) a^2.$$

例 3　求两椭圆 $x^2 + \dfrac{y^2}{3} = 1$ 和 $\dfrac{x^2}{3} + y^2 = 1$ 公共部分的面积 S (如图 6-3).

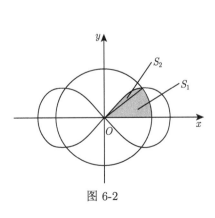

图 6-2

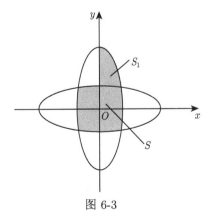

图 6-3

解 解方程 $\begin{cases} x^2 + \dfrac{y^2}{3} = 1, \\ \dfrac{x^2}{3} + y^2 = 1, \end{cases}$ 得交点 $A\left(\dfrac{\sqrt{3}}{2}, \dfrac{\sqrt{3}}{2}\right)$. 设 S_1, 如图 6-3 所示.

$$S_1 = \int_0^{\sqrt{3}/2} \left[\sqrt{3(1-x^2)} - \sqrt{1 - \frac{x^2}{3}}\right] \mathrm{d}x = \frac{\sqrt{3}}{12}\pi,$$

又椭圆面积

$$S_2 = \sqrt{3}\pi,$$

故

$$S = S_2 - 4S_1 = \frac{2\sqrt{3}}{3}\pi.$$

注 此题亦可在极坐标下计算:

椭圆 $x^2 + \dfrac{y^2}{3} = 1$ 的极坐标方程为

$$r^2 = \frac{3}{3\cos^2\theta + \sin^2\theta},$$

由图形的对称性可知公共部分面积

$$S = 8 \cdot \frac{1}{2} \int_0^{\pi/4} r^2(\theta)\mathrm{d}\theta = 4\int_0^{\pi/4} \frac{3}{3\cos^2\theta + \sin^2\theta}\mathrm{d}\theta$$

$$= 12\int_0^{\pi/4} \frac{\mathrm{d}\tan\theta}{3 + \tan^2\theta} = \frac{12}{\sqrt{3}} \arctan \frac{\tan\theta}{\sqrt{3}}\bigg|_0^{\pi/4} = \frac{2\sqrt{3}}{3}\pi.$$

例 4 求曲线 $y^2 = x^2 - x^4$ 所围成图形的面积.

解 由于曲线 $y^2 = x^2 - x^4$ 关于 x 轴和 y 轴对称, 围成一条封闭曲线, 故只要计算位于第一象限中图形的面积. 由于在直角坐标下不易计算, 故可化成参数方程.

因为 $y^2 = x^2 - x^4 = x^2(1 - x^2) \geqslant 0$, 知 $|x| \leqslant 1$, 因而, 可设 $x = \cos t$, 于是 $y^2 = \cos^2 t \sin^2 t$. 因只考虑第一象限部分, 故曲线的参数方程为

$$\begin{cases} x = \cos t, \\ y = \sin t \cos t \end{cases} \left(0 \leqslant t \leqslant \frac{\pi}{2}\right).$$

故所求图形面积为

$$S = 4\left|\int_0^{\pi/2} y(t)x'(t)\mathrm{d}t\right| = 4\int_0^{\pi/2} \sin^2 t \cos t\,\mathrm{d}t = \frac{4}{3}.$$

例 5　设平面图形 A 由 $x^2 + y^2 \leqslant 2x$ 与 $y \geqslant x$ 所确定, 求图形 A 绕直线 $x = 2$ 旋转一周所得旋转体的体积.

解　如图 6-4 所示. 绕 $x = 2$ 旋转, 可取 y 为积分变量, 且 $y \in [0, 1]$, A 的两条边界分别为

$$x = 1 - \sqrt{1 - y^2} \quad \text{及} \quad x = y,$$

于是, 在 $[y, y + \mathrm{d}y]$ 上, 旋转体的体积元素为

$$\mathrm{d}V = \left(\pi \left[2 - (1 - \sqrt{1 - y^2}) \right]^2 - \pi(2 - y)^2 \right) \mathrm{d}y$$

$$= 2\pi \left[\sqrt{1 - y^2} - (1 - y)^2 \right] \mathrm{d}y,$$

$$V = 2\pi \int_0^1 \left[\sqrt{1 - y^2} - (1 - y)^2 \right] \mathrm{d}y$$

$$= 2\pi \left[\frac{\pi}{4} + \frac{1}{3}(1 - y)^3 \Big|_0^1 \right] = \frac{\pi^2}{2} - \frac{2}{3}\pi.$$

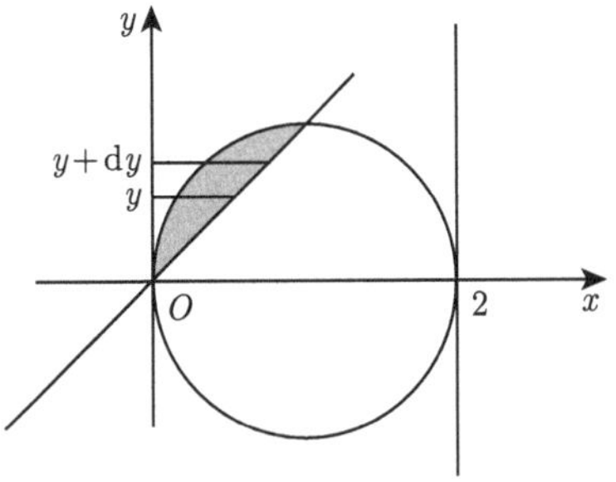

图 6-4

例 6　求由心形线 $r = 4(1 + \cos\theta)$ 和直线 $\theta = 0, \theta = \dfrac{\pi}{2}$ 所围图形绕极轴旋转所成旋转体的体积.

解　因

$$x = r\cos\theta = 4(1 + \cos\theta)\cos\theta,$$

$$y = r\sin\theta = 4(1 + \cos\theta)\sin\theta,$$

又当 $\theta = 0$ 时, $x = 8$, 当 $\theta = \dfrac{\pi}{2}$ 时, $x = 0$, 所以

$$V = \pi \int_0^8 y^2(x)\mathrm{d}x$$

$$= \pi \int_{\pi/2}^0 [4 + (1 + \cos\theta)\sin\theta]^2 \mathrm{d}[4 + (1 + \cos\theta)\cos\theta]$$

$$= -64\pi \int_{\pi/2}^0 (1 + \cos\theta)^2 \sin^2\theta(\sin\theta + 2\cos\theta\sin\theta)\mathrm{d}\theta$$

$$= -64\pi \int_0^{\pi/2} (1 + \cos\theta)^2(1 - \cos^2\theta)(2\cos\theta + 1)\mathrm{d}\cos\theta$$

$$= 160\pi.$$

例 7 设有一正椭圆柱体, 其底面的长短轴分别为 $2a$, $2b$, 用过此柱体底面的短轴, 且与底面成 α 角 $\left(0 < \alpha < \dfrac{\pi}{2}\right)$ 的平面截此柱体, 得一楔形体, 求此楔形体的体积 V.

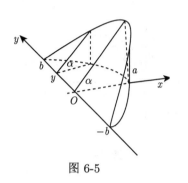

图 6-5

解 如图 6-5 所示. 底面椭圆方程 $\dfrac{x^2}{a^2} + \dfrac{y^2}{b^2} = 1$, 垂直于 y 轴的平行截面截此楔形体所得的截面为直角三角形, 且

$$A(y) = \frac{1}{2} \cdot x \cdot x \tan \alpha,$$

$$A(y) = \frac{1}{2} a^2 (1 - \frac{y^2}{b^2}) \tan \alpha,$$

所以

$$V = 2V_1 = 2 \int_0^b \frac{1}{2} a^2 \left(1 - \frac{y^2}{b^2}\right) \tan \alpha \mathrm{d}y$$

$$= \frac{2}{3} a^2 b \tan \alpha.$$

例 8 证明由 $y = f(x)$ $(f(x) \geqslant 0)$ 及 $x = a$, $x = b$ $(0 < a < b)$, $y = 0$ 围成的曲边梯形绕 y 轴旋转所形成的旋转体体积为

$$V = 2\pi \int_a^b x f(x) \mathrm{d}x.$$

证明 将 $[a, b]$ 分成 n 个小区间, 小区间 $[x, x + \mathrm{d}x]$ 上的小曲边梯形面积 $\Delta S \approx f(x) \Delta x$, 绕 y 轴旋转一周, 小旋转体体积为

$$\Delta V \approx 2\pi x f(x) \Delta x,$$

$$\mathrm{d}V = 2\pi x f(x) \mathrm{d}x,$$

从而

$$V = 2\pi \int_a^b x f(x) \mathrm{d}x.$$

注 利用此公式计算某些旋转体的体积要简便的多, 如: $xy = a$ $(a > 0)$ 与直线 $x = a$, $x = 2a$, $y = 0$ 所围图形绕 Oy 轴旋转一周的体积为

$$V = 2\pi \int_a^{2a} x \frac{a}{x} \mathrm{d}x = 2\pi a^2.$$

例 9　求悬链线 $y = \dfrac{a}{2}\left(\mathrm{e}^{\frac{x}{a}} + \mathrm{e}^{-\frac{x}{a}}\right)$ 介于 $x = 0$, $x = a$ 间的弧长 s.

解　因为

$$y' = \frac{1}{2}\left(\mathrm{e}^{\frac{x}{a}} - \mathrm{e}^{-\frac{x}{a}}\right),$$

$$\sqrt{1 + y'^2} = \sqrt{1 + \frac{1}{4}\left(\mathrm{e}^{\frac{x}{a}} - \mathrm{e}^{-\frac{x}{a}}\right)^2} = \frac{1}{2}\left(\mathrm{e}^{\frac{x}{a}} + \mathrm{e}^{-\frac{x}{a}}\right),$$

所以

$$s = \int_0^a \sqrt{1 + y'^2}\,\mathrm{d}x = \frac{1}{2}\int_0^a \left(\mathrm{e}^{\frac{x}{a}} + \mathrm{e}^{-\frac{x}{a}}\right)\mathrm{d}x = \frac{a}{2}\left(\mathrm{e} - \mathrm{e}^{-1}\right).$$

例 10　在星形线 $x = a\cos^3 t$, $y = a\sin^3 t$ 上已知两点 $A(a, 0)$, $B(0, a)$, 求点 M, 使 $\overparen{AM} = \dfrac{1}{4}\overparen{AB}$.

解　对 $0 < \alpha < \dfrac{\pi}{2}$ 计算积分,

$$\int_0^\alpha \sqrt{[x'(t)]^2 + [y'(t)]^2}\,\mathrm{d}t$$

$$= \int_0^\alpha \sqrt{(3a\cos^2 t \sin t)^2 + (3a\sin^2 t \cos t)^2}\,\mathrm{d}t$$

$$= 3a\int_0^\alpha \sin t \cos t\,\mathrm{d}t = \frac{3a}{2}\sin^2\alpha.$$

设对应于所求点 M 的参数 $t = t_0$, 则

$$\overparen{AM} = \frac{3a}{2}\sin^2 t_0 \quad \left(0 < t_0 < \frac{\pi}{2}\right).$$

另一方面,

$$\overparen{AB} = \int_0^{\pi/2} \sqrt{[x'(t)]^2 + [y'(t)]^2}\,\mathrm{d}t = \frac{3a}{2}.$$

由题意 $\overparen{AM} = \dfrac{1}{4}\overparen{AB}$, 故有

$$\frac{3a}{2}\sin^2 t_0 = \frac{1}{4} \cdot \frac{3a}{2} = \frac{3a}{8},$$

解得 $t_0 = \dfrac{\pi}{6}$. 此时

$$x_0 = a\cos^3 \frac{\pi}{6} = \frac{3\sqrt{3}}{8}a, \quad y_0 = a\sin^3 \frac{\pi}{6} = \frac{a}{8},$$

故点 $M\left(\dfrac{3\sqrt{3}}{8}a, \dfrac{a}{8}\right)$ 即为所求的点.

例 11　对于函数 $y = \sin x$ $\left(0 \leqslant x \leqslant \dfrac{\pi}{2}\right)$,

(1) 当 t 取何值时, 图 6-6 中阴影部分面积 $S_1 + S_2$ 最小;

(2) 当 t 取何值时, 图 6-6 中阴影部分面积 $S_1 + S_2$ 最大.

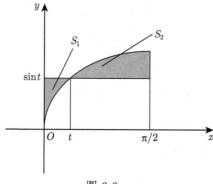

图 6-6

解　$S_1 = t \sin t - \displaystyle\int_0^t \sin x \mathrm{d}x = t \sin t + \cos t - 1,$

$$S_2 = \int_t^{\pi/2} \sin x \mathrm{d}x - \left(\frac{\pi}{2} - t\right) \sin t = \cos t - \frac{\pi}{2} \sin t + t \sin t,$$

$$S(t) = S_1 + S_2 = 2\cos t + 2t \sin t - \frac{\pi}{2} \sin t - 1,$$

$$S'(t) = 2\left(t - \frac{\pi}{4}\right) \cos t \quad \left(0 \leqslant t \leqslant \frac{\pi}{2}\right).$$

令 $S'(t) = 0$, 在 $\left(0, \dfrac{\pi}{2}\right)$ 内仅有一个极值点 $t = \dfrac{\pi}{4}$, 又因为

$$S''(t) = 2\cos t + 2\left(\frac{\pi}{4} - t\right) \sin t, \quad S''\left(\frac{\pi}{4}\right) > 0,$$

故 $t = \dfrac{\pi}{4}$ 为极小点. 又

$$S(0) = 1, \quad S\left(\frac{\pi}{2}\right) = \frac{\pi}{2} - 1, \quad S\left(\frac{\pi}{4}\right) = \sqrt{2} - 1,$$

所以当 $t = \dfrac{\pi}{4}$ 时, $S_1 + S_2$ 最小; 当 $t = 0$ 时, $S_1 + S_2$ 最大.

例 12　设 $y = f(x)$ 是 $[0, 1]$ 上任一非负连续函数.

(1) 试证存在点 $x_0 \in (0, 1)$, 使得在区间 $[0, x_0]$ 上以 $f(x_0)$ 为高的矩形面积等于在区间 $[x_0, 1]$ 上以 $y = f(x)$ 为曲边的曲边梯形面积.

(2) 设 $f(x)$ 在 $(0,1)$ 内可导, 且 $f'(x) > \dfrac{-2f(x)}{x}$, 证明 (1) 中的 x_0 是唯一的.

证明　(1) 设辅助函数 $g(x) = -x\displaystyle\int_x^1 f(t)\mathrm{d}t$, 则 $g(x)$ 在 $[0,1]$ 上满足罗尔定理条件, 因此至少存在一点 $x_0 \in (0,1)$ 使 $g'(x_0) = 0$, 而

$$g'(x) = -\int_x^1 f(t)\mathrm{d}t + xf(x),$$

即

$$x_0 f(x_0) = \int_{x_0}^1 f(t)\mathrm{d}t.$$

(1) 得证.

(2) 因为 x_0 是 $g'(x)$ 的零点, 只要证 $g'(x)$ 单调即可. 又

$$g''(x) = f(x) + f(x) + xf'(x) = 2f(x) + xf'(x)$$

$$= x\left[\frac{2f(x)}{x} + f'(x)\right] > 0,$$

所以 $g'(x)$ 是单增的, 其零点 x_0 唯一.

例 13　设直线 $y = ax\ (a < 1)$ 与抛物线 $y = x^2$ 所围成的图形的面积为 S_1, 它们与直线 $x = 1$ 所围成的图形面积为 S_2.

(1) 试确定 a 的值, 使 $S_1 + S_2$ 达到最小并求最小值;

(2) 求该最小值所对应的平面图形绕 x 轴旋转一周所得旋转体的体积.

解　(1) 当 $0 < a < 1$ 时, 如图 6-7 所示.

$$S(a) = S_1 + S_2$$

$$= \int_0^a (ax - x^2)\mathrm{d}x + \int_a^1 (x^2 - ax)\mathrm{d}x$$

$$= \frac{a^3}{3} - \frac{a}{2} + \frac{1}{3},$$

令 $S'(a) = a^2 - \dfrac{1}{2} = 0$, 得驻点

$$a = \frac{1}{\sqrt{2}}.$$

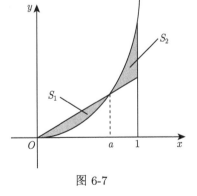

图 6-7

又 $S''\left(\dfrac{1}{\sqrt{2}}\right) = \sqrt{2} > 0$, 则 $S\left(\dfrac{1}{\sqrt{2}}\right)$ 是极小值. 即为最小值, 其值为

$$S\left(\frac{1}{\sqrt{2}}\right) = \frac{2 - \sqrt{2}}{6}.$$

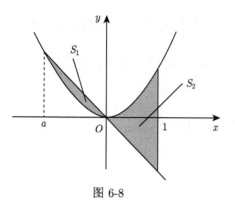

图 6-8

当 $a \leqslant 0$ 时, 如图 6-8 所示.

$$S(a) = S_1 + S_2$$
$$= \int_a^0 (ax - x^2)\mathrm{d}x + \int_0^1 (x^2 - ax)\mathrm{d}x$$
$$= -\frac{a^3}{6} - \frac{a}{2} + \frac{1}{3},$$

则

$$S'(a) = -\frac{1}{2}(a^2 + 1) < 0,$$

即 S 单减, 故 $a = 0$ 时, S 最小, 此时 $S(0) = \frac{1}{3}$.

综上所述, 当 $a = \dfrac{1}{\sqrt{2}}$ 时, $S\left(\dfrac{1}{\sqrt{2}}\right)$ 为所求最小值, 其值为 $S\left(\dfrac{1}{\sqrt{2}}\right) = \dfrac{2 - \sqrt{2}}{6}$.

(2) $V = \pi \displaystyle\int_0^{1/\sqrt{2}} \left(\frac{1}{2}x^2 - x^4\right) \mathrm{d}x + \pi \int_{1/\sqrt{2}}^1 \left(x^4 - \frac{1}{2}x^2\right)\mathrm{d}x = \dfrac{\sqrt{2}+1}{30}\pi.$

例 14　由抛物线 $y = x^2$ 及 $y = 4x^2$ 绕 y 轴旋转一周构成一旋转抛物面的容器, 高为 H. 现于其中盛水, 水高 $\dfrac{1}{2}H$. 问要将水全部抽出, 外力需做多少功?

解　建立坐标系, 如图 6-9 所示. 相应于 $[y, y + \mathrm{d}y]$, 这一部分水的重量约为

$$\pi\left(y - \frac{y}{4}\right)\mathrm{d}y = \frac{3}{4}\pi y\mathrm{d}y,$$

则抽出这部分水需做的功为

$$\mathrm{d}W = \frac{3}{4}\pi y(H - y)\mathrm{d}y,$$

故

$$W = \frac{3}{4}\pi \int_0^{H/2} y(H - y)\mathrm{d}y = \frac{1}{16}\pi H^3.$$

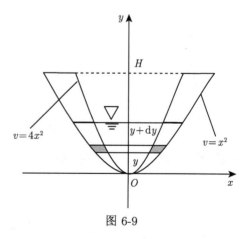

图 6-9

例 15　设有一薄板, 其边缘为一抛物线, 如图 6-10 所示, 铅直垂入水中.
(1) 若顶点恰在水面上, 试求薄板所受的静压力; 将薄板下沉多深, 压力加倍?

(2) 若将薄板倒置使弦恰在水面, 求薄板所受静压力; 将薄板下沉多深, 压力加倍?

解　(1) 建立坐标系, 如图 6-10 所示. 设抛物线方程

$$y^2 = 2px.$$

将 $x = 20, y = 6$ 代入上式得

$$p = \frac{9}{10},$$

故 $y^2 = \frac{9}{5}x$. 相应于 $[x, x + \mathrm{d}x]$ 段的薄板所受的压力元素为

$$\mathrm{d}F = \gamma \cdot x \cdot 2y\mathrm{d}x = 2\gamma x\sqrt{\frac{9x}{5}}\mathrm{d}x,$$

故

$$F = \int_0^{20} 2\gamma x\sqrt{\frac{9x}{5}}\mathrm{d}x = 1920\gamma.$$

设将薄板下沉 h 时压力加倍, 故有

$$2 \times 1920\gamma = 2\int_0^{20} \gamma(x + h)\sqrt{\frac{9x}{5}}\mathrm{d}x,$$

解得 $h = 12$.

(2) 建立坐标系, 如图 6-11 所示. 该抛物线方程为

$$y^2 = \frac{9}{5}(20 - x),$$

故

$$F = 2\int_0^{20} \gamma x\sqrt{\frac{9}{5}(20 - x)}\mathrm{d}x = 1280\gamma.$$

设将薄板再下沉 h 时压力加倍, 即

$$2 \times 1280\gamma = 2\int_0^{20} \gamma(x + h)\sqrt{\frac{9}{5}(20 - h)}\mathrm{d}x,$$

解得 $h = 8$.

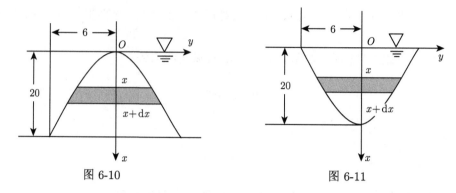

图 6-10　　　　　　　　　　　　图 6-11

例 16　为清除井底污泥, 用缆绳将抓斗放入井底, 抓起污泥后提出井口 (如图 6-12). 已知井深 30m, 抓斗自重 400N, 缆绳每米重 50N, 抓斗抓起的污泥重 2000N, 提升速度为 3m/s, 在提升过程中, 污泥以 20N/s 的速度从抓斗缝隙中漏掉. 现将抓起污泥的抓斗提升至井口, 问克服重力需做多少焦耳的功 W? (1N × 1m = 1J) (抓斗的高度及位于井口上方的缆绳长度忽略不计.)

解　建立坐标系, 如图 6-12 所示.

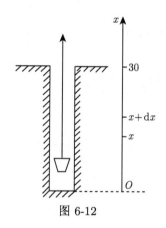

图 6-12

将抓起污泥的抓斗提升至井口需做功

$$W = W_1 + W_2 + W_3,$$

其中 W_1 是克服抓斗自重所做的功, W_2 是克服缆绳重力所做的功, W_3 为提出污泥所做的功. 由题意

$$W_1 = 400 \times 30 = 12000\text{J},$$

将抓斗由 x 处提升至 $x + \mathrm{d}x$ 处克服缆绳重力所做的功为

$$\mathrm{d}W_2 = 50(30 - x)\mathrm{d}x,$$

从而

$$W_2 = \int_0^{30} 50(30 - x)\mathrm{d}x = 22500\mathrm{J}.$$

在时间间隔 $[t, t + \mathrm{d}t]$ 内提升污泥需做功

$$\mathrm{d}W_3 = 3(2000 - 20t)\mathrm{d}t,$$

将污泥从井底提升至井口共需时间 $\dfrac{30}{3} = 10\mathrm{s}$, 所以

$$W_3 = \int_0^{10} 3(2000 - 20t)\mathrm{d}t = 57000\mathrm{J}.$$

故

$$W = W_1 + W_2 + W_3 = 91500\mathrm{J}.$$

第 7 章　向量代数与空间解析几何

7.1　向量的代数运算

一、知识要点

1. 向量的基本概念: 模、方向角、方向余弦、向量的坐标表示、基本单位向量、零向量、单位向量等.

2. 向量的运算及运算性质.

设

$$\boldsymbol{a} = \{a_x, a_y, a_z\}, \quad \boldsymbol{b} = \{b_x, b_y, b_z\}, \quad \boldsymbol{c} = \{c_x, c_y, c_z\}.$$

向量的加 (减) 法服从平行四边形法则和三角形法则.

$$\boldsymbol{a} \pm \boldsymbol{b} = \{a_x \pm b_x, a_y \pm b_y, a_z \pm b_z\}.$$

数与向量的乘积: $\lambda \boldsymbol{a} = \{\lambda a_x, \lambda a_y, \lambda a_z\}$.

向量的数量积: $\boldsymbol{a} \cdot \boldsymbol{b} = |\boldsymbol{a}| \, |\boldsymbol{b}| \cos(\widehat{\boldsymbol{a}, \boldsymbol{b}}) = |\boldsymbol{a}| \operatorname{Prj}_{\boldsymbol{a}} \boldsymbol{b} = |\boldsymbol{b}| \operatorname{Prj}_{\boldsymbol{b}} \boldsymbol{a}$,

$$\boldsymbol{a} \cdot \boldsymbol{b} = a_x b_x + a_y b_y + a_z b_z,$$

$$\boldsymbol{a} \perp \boldsymbol{b} \Leftrightarrow \boldsymbol{a} \cdot \boldsymbol{b} = 0 \Leftrightarrow a_x b_x + a_y b_y + a_z b_z = 0.$$

向量积是一个向量, 记为 $\boldsymbol{a} \times \boldsymbol{b}$, 则

(1) $\boldsymbol{a} \times \boldsymbol{b}$ 的大小为 $|\boldsymbol{a} \times \boldsymbol{b}| = |\boldsymbol{a}| \, |\boldsymbol{b}| \sin(\widehat{\boldsymbol{a}, \boldsymbol{b}})$,

(2) $\boldsymbol{a} \times \boldsymbol{b}$ 的方向为 $\boldsymbol{a} \times \boldsymbol{b} \perp \boldsymbol{a}$, $\boldsymbol{a} \times \boldsymbol{b} \perp \boldsymbol{b}$, 且 $\boldsymbol{a} \times \boldsymbol{b}$, $\boldsymbol{a}$, $\boldsymbol{b}$ 成右手系.

$|\boldsymbol{a} \times \boldsymbol{b}|$ 表示以 $\boldsymbol{a}$, $\boldsymbol{b}$ 为邻边的平行四边形的面积.

$$\boldsymbol{a} \times \boldsymbol{b} = \begin{vmatrix} \boldsymbol{i} & \boldsymbol{j} & \boldsymbol{k} \\ a_x & a_y & a_z \\ b_x & b_y & b_z \end{vmatrix} = \begin{vmatrix} a_y & a_z \\ b_y & b_z \end{vmatrix} \boldsymbol{i} + \begin{vmatrix} a_z & a_x \\ b_z & b_x \end{vmatrix} \boldsymbol{j} + \begin{vmatrix} a_x & a_y \\ b_x & b_y \end{vmatrix} \boldsymbol{k}$$

$$= (a_y b_z - b_y a_z) \boldsymbol{i} + (a_z b_x - a_x b_z) \boldsymbol{j} + (a_x b_y - a_y b_x) \boldsymbol{k}.$$

$$\boldsymbol{a} / / \boldsymbol{b} \Leftrightarrow \boldsymbol{a} \times \boldsymbol{b} = \boldsymbol{0} \Leftrightarrow \boldsymbol{a} = \lambda \boldsymbol{b} \text{ 或 } \boldsymbol{b} = \mu \boldsymbol{a} \Leftrightarrow \frac{a_x}{b_x} = \frac{a_y}{b_y} = \frac{a_z}{b_z}.$$

向量的混合积:

$$[\boldsymbol{a} \quad \boldsymbol{b} \quad \boldsymbol{c}] = \boldsymbol{a} \cdot (\boldsymbol{b} \times \boldsymbol{c}) = \boldsymbol{b} \cdot (\boldsymbol{c} \times \boldsymbol{a}) = \boldsymbol{c} \cdot (\boldsymbol{a} \times \boldsymbol{b}),$$

$$[\boldsymbol{a} \quad \boldsymbol{b} \quad \boldsymbol{c}] = \begin{vmatrix} a_x & a_y & a_z \\ b_x & b_y & b_z \\ c_x & c_y & c_z \end{vmatrix}.$$

混合积的绝对值表示以 $\boldsymbol{a}, \boldsymbol{b}, \boldsymbol{c}$ 为棱的平行六面体的体积.

$\boldsymbol{a}, \boldsymbol{b}, \boldsymbol{c}$ 共面 $\Leftrightarrow [\boldsymbol{a} \quad \boldsymbol{b} \quad \boldsymbol{c}] = 0.$

四点 A, B, C, D 共面 $\left[\overrightarrow{AB} \quad \overrightarrow{AC} \quad \overrightarrow{AD} \right] = 0.$

3. 向量之间的关系.

设

$$\boldsymbol{\alpha} = \{x_1, y_1, z_1\}, \quad \boldsymbol{\beta} = \{x_2, y_2, z_2\}, \quad \boldsymbol{\gamma} = \{x_3, y_3, z_3\}.$$

两个向量垂直的充要条件:

$$\boldsymbol{\alpha} \perp \boldsymbol{\beta} \Leftrightarrow \boldsymbol{\alpha} \boldsymbol{\beta} = 0 \Leftrightarrow x_1 x_2 + y_2 y_1 + z_2 z_1 = 0.$$

两个向量平行的充要条件: $\boldsymbol{\alpha} // \boldsymbol{\beta} \Leftrightarrow \boldsymbol{\alpha} \times \boldsymbol{\beta} = \boldsymbol{0} \Leftrightarrow \dfrac{x_1}{x_2} = \dfrac{y_1}{y_2} = \dfrac{z_1}{z_2}.$

两个向量共线的充要条件: 存在不全为 0 的实数 λ, μ 使得 $\lambda \boldsymbol{\alpha} + \mu \boldsymbol{\beta} = \boldsymbol{0}.$

三个向量共线的充要条件: 存在不全为 0 的实数 λ, μ, ν 使得 $\lambda \boldsymbol{\alpha} + \mu \boldsymbol{\beta} + \nu \boldsymbol{\gamma} = \boldsymbol{0}$, 也等价于 $(\boldsymbol{\alpha}, \boldsymbol{\beta}, \boldsymbol{\gamma}) = 0.$

两个向量的夹角 $(\boldsymbol{\alpha}, \boldsymbol{\beta})$:

$$\cos(\boldsymbol{\alpha}, \boldsymbol{\beta}) = \frac{x_1 x_2 + y_2 y_1 + z_2 z_1}{\sqrt{x_1^2 + y_1^2 + z_1^2} \sqrt{x_2^2 + y_2^2 + z_2^2}}.$$

二、例题分析

例 1 已知向量 $\boldsymbol{a} = \{1, 0, -1\}, \boldsymbol{b} = \{2, 3, 1\}$. 试求:

(1) 向量 $\boldsymbol{b}$ 在三坐标轴上的投影;

(2) 向量 $\boldsymbol{a}$ 的模及其方向余弦;

(3) $2\boldsymbol{a} + \boldsymbol{b}$;

(4) $\boldsymbol{a} \cdot \boldsymbol{b}, \boldsymbol{a} \times \boldsymbol{b}$;

(5) 与 $\boldsymbol{b}$ 平行的单位向量;

(6) 同时垂直向量 $\boldsymbol{a}$ 与 $\boldsymbol{b}$ 的单位向量;

(7) 向量 $\boldsymbol{a}$ 在 $\boldsymbol{b}$ 上的投影及投影向量;

(8) 以 $\boldsymbol{a}$, $\boldsymbol{b}$ 为边的平行四边形的面积.

解 (1) 向量 $\boldsymbol{b}$ 在 x 轴、y 轴、z 轴上的投影分别为 2, 3, 1.

(2) $|\boldsymbol{a}| = \sqrt{1^2 + 0^2 + (-1)^2} = \sqrt{2}$, 方向余弦为

$$\cos\alpha = \frac{1}{\sqrt{2}}, \quad \cos\beta = 0, \quad \cos\gamma = \frac{-1}{\sqrt{2}}.$$

(3) $2\boldsymbol{a} + \boldsymbol{b} = 2\{1, 0, -1\} + \{2, 3, 1\} = \{4, 3, -1\}.$

(4) $\boldsymbol{a} \cdot \boldsymbol{b} = 1 \cdot 2 + 0 \cdot 3 + (-1) \cdot 1 = 1,$

$$\boldsymbol{a} \times \boldsymbol{b} = \begin{vmatrix} \boldsymbol{i} & \boldsymbol{j} & \boldsymbol{k} \\ 1 & 0 & -1 \\ 2 & 3 & 1 \end{vmatrix} = 3\boldsymbol{i} - 3\boldsymbol{j} + 3\boldsymbol{k}.$$

(5) $|\boldsymbol{b}| = \sqrt{2^2 + 3^2 + 1^2} = \sqrt{14}$ 与 $\boldsymbol{b}$ 平行的单位向量为

$$\boldsymbol{b}_0 = \pm\frac{\boldsymbol{b}}{|\boldsymbol{b}|} = \pm\left\{\frac{2}{\sqrt{14}}, \frac{3}{\sqrt{14}}, \frac{1}{\sqrt{14}}\right\}.$$

(6) $|\boldsymbol{a} \times \boldsymbol{b}| = 3\sqrt{3}$ 同时垂直向量 $\boldsymbol{a}$ 与 $\boldsymbol{b}$ 的单位向量为

$$\boldsymbol{c}_0 = \pm\frac{\boldsymbol{a} \times \boldsymbol{b}}{|\boldsymbol{a} \times \boldsymbol{b}|} = \pm\left\{\frac{1}{\sqrt{3}}, -\frac{1}{\sqrt{3}}, \frac{1}{\sqrt{3}}\right\}.$$

(7) 因为 $\boldsymbol{a} \cdot \boldsymbol{b} = |\boldsymbol{b}| \operatorname{Prj}_{\boldsymbol{b}}\boldsymbol{a}$, 所以 $\boldsymbol{a}$ 在 $\boldsymbol{b}$ 上的投影为

$$\operatorname{Prj}_{\boldsymbol{b}}\boldsymbol{a} = \frac{\boldsymbol{a} \cdot \boldsymbol{b}}{|\boldsymbol{b}|} = \frac{1}{\sqrt{14}};$$

$\boldsymbol{a}$ 在 $\boldsymbol{b}$ 上的投影向量为

$$\operatorname{Prj}_{\boldsymbol{b}}\boldsymbol{a} \cdot \frac{\boldsymbol{b}}{|\boldsymbol{b}|} = \frac{1}{\sqrt{14}}\left\{\frac{2}{\sqrt{14}}, \frac{3}{\sqrt{14}}, \frac{1}{\sqrt{14}}\right\} = \left\{\frac{2}{14}, \frac{3}{14}, \frac{1}{14}\right\}.$$

(8) 以 $\boldsymbol{a}$, $\boldsymbol{b}$ 为边的平行四边形的面积 S 为

$$S = |\boldsymbol{a} \times \boldsymbol{b}| = 3\sqrt{3}.$$

例 2 设向量 $\boldsymbol{a}$ 与 $\boldsymbol{b}$ 共线, 已知 $\boldsymbol{b} = \{4, -1, 3\}$, 且 $\boldsymbol{a} \cdot \boldsymbol{b} = -26$. 求向量 $\boldsymbol{a}$.

解 因为 $\boldsymbol{a}$ 与 $\boldsymbol{b}$ 共线, 所以有

$$\boldsymbol{a} = \lambda\boldsymbol{b} = \{4\lambda, -\lambda, 3\lambda\},$$

其中 λ 为待定常数.

因为 $\boldsymbol{a} \cdot \boldsymbol{b} = -26$, 所以, 有 $\lambda \boldsymbol{b} \cdot \boldsymbol{b} = -26$, 即

$$\lambda = \frac{-26}{|\boldsymbol{b}|^2},$$

而 $|\boldsymbol{b}| = \sqrt{4^2 + (-1)^2 + 3^2} = \sqrt{26}$, 故 $\lambda = -1$.

从而, 所求向量 $\boldsymbol{a} = -\boldsymbol{b} = \{-4, 1, -3\}$.

例 3 已知向量 $\boldsymbol{a}$ 与 $\boldsymbol{b}$ 不共线, 试求它们夹角平分线上的单位向量.

解 设 $\boldsymbol{a}_0$, $\boldsymbol{b}_0$ 分别为与 $\boldsymbol{a}$, $\boldsymbol{b}$ 同方向的单位向量, 即

$$\boldsymbol{a}_0 = \frac{\boldsymbol{a}}{|\boldsymbol{a}|}, \quad \boldsymbol{b}_0 = \frac{\boldsymbol{b}}{|\boldsymbol{b}|},$$

则向量 $\boldsymbol{a}_0 + \boldsymbol{b}_0$ 同 $\boldsymbol{a}$ 与 $\boldsymbol{b}$ 夹角平分线平行, 从而所求向量 $\boldsymbol{c}_0$ 为

$$\boldsymbol{c}_0 = \pm \frac{\boldsymbol{a}_0 + \boldsymbol{b}_0}{|\boldsymbol{a}_0 + \boldsymbol{b}_0|} = \pm \frac{\dfrac{\boldsymbol{a}}{|\boldsymbol{a}|} + \dfrac{\boldsymbol{b}}{|\boldsymbol{b}|}}{\left| \dfrac{\boldsymbol{a}}{|\boldsymbol{a}|} + \dfrac{\boldsymbol{b}}{|\boldsymbol{b}|} \right|} = \pm \frac{|\boldsymbol{b}|\,\boldsymbol{a} + |\boldsymbol{a}|\,\boldsymbol{b}}{\big|\,|\boldsymbol{b}|\,\boldsymbol{a} + |\boldsymbol{a}|\,\boldsymbol{b}\,\big|}.$$

例 4 设向量 $\boldsymbol{a} = \{1, -1, 1\}$, $\boldsymbol{b} = \{3, -4, 5\}$, 且 $\boldsymbol{x} = \boldsymbol{a} + \lambda \boldsymbol{b}$, 其中 λ 为常数. 试证明: 使 $|\boldsymbol{x}|$ 最小的向量 $\boldsymbol{x}_1$ 必垂直向量 $\boldsymbol{b}$.

证明 因为

$$|\boldsymbol{x}|^2 = |\boldsymbol{a} + \lambda \boldsymbol{b}|^2 = (\boldsymbol{a} + \lambda \boldsymbol{b}) \cdot (\boldsymbol{a} + \lambda \boldsymbol{b})$$

$$= \boldsymbol{a} \cdot \boldsymbol{a} + 2\lambda \boldsymbol{a} \cdot \boldsymbol{b} + \lambda^2 \boldsymbol{b} \cdot \boldsymbol{b}$$

$$= |\boldsymbol{a}|^2 + 2\lambda \boldsymbol{a} \cdot \boldsymbol{b} + \lambda^2 |\boldsymbol{b}|^2,$$

而 $|\boldsymbol{a}|^2 = 3$, $|\boldsymbol{b}|^2 = 50$, $\boldsymbol{a} \cdot \boldsymbol{b} = 12$, 所以

$$|\boldsymbol{x}|^2 = 3 + 24\lambda + 50\lambda^2.$$

易知 $\lambda = -\dfrac{6}{25}$ 时 $|\boldsymbol{x}|^2$ 最小, 亦即 $|\boldsymbol{x}|$ 最小, 此时向量

$$\boldsymbol{x}_1 = \boldsymbol{a} - \frac{6}{25}\boldsymbol{b} = \left\{ \frac{7}{25}, -\frac{1}{25}, -\frac{5}{25} \right\},$$

由于 $\boldsymbol{x}_1 \cdot \boldsymbol{b} = 0$, 故 $\boldsymbol{x}_1 \perp \boldsymbol{b}$.

例 5　已知平行四边形 $ABCD$, BC 和 CD 的中点分别为 E 和 F, 且 $\overrightarrow{AE} = \boldsymbol{a}$, $\overrightarrow{AF} = \boldsymbol{b}$, 试用 $\boldsymbol{a}, \boldsymbol{b}$ 表示 $\overrightarrow{BC}$ 和 $\overrightarrow{CD}$ (如图 7-1).

解　因为

$$\boldsymbol{a} = \overrightarrow{AB} + \overrightarrow{BE} = -\overrightarrow{CD} + \frac{1}{2}\overrightarrow{BC}, \qquad ①$$

$$\boldsymbol{b} = \overrightarrow{AD} + \overrightarrow{DF} = \overrightarrow{BC} - \frac{1}{2}\overrightarrow{CD}, \qquad ②$$

所以

$$①×2 - ②: \quad -\frac{3}{2}\overrightarrow{CD} = 2\boldsymbol{a} - \boldsymbol{b}, \quad \overrightarrow{CD} = \frac{2}{3}(\boldsymbol{b} - 2\boldsymbol{a}).$$

$$②×2 - ①: \quad \frac{3}{2}\overrightarrow{BC} = 2\boldsymbol{b} - \boldsymbol{a}, \quad \overrightarrow{BC} = \frac{2}{3}(2\boldsymbol{b} - \boldsymbol{a}).$$

例 6　用向量的方法证明三角形的三条高相交于一点.

证明　设三角形 ABC (如图 7-2), 两条高 BE 与 CF 相交于一点 P, 连 AP 到 D 交 BC 于 D, 现证 APD 是三角形的高, 只需证 $AD \perp BC$.

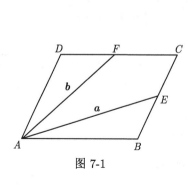

图 7-1

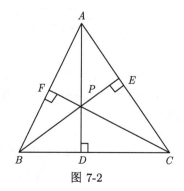

图 7-2

因为 $\overrightarrow{CF} \perp \overrightarrow{AB}$, $\overrightarrow{BE} \perp \overrightarrow{CA}$, 所以

$$\overrightarrow{CP} \cdot \overrightarrow{AB} = 0, \quad \overrightarrow{BP} \cdot \overrightarrow{CA} = 0,$$

又因为 $\overrightarrow{CP} = \overrightarrow{CA} + \overrightarrow{AP}$, $\overrightarrow{BP} = \overrightarrow{BA} + \overrightarrow{AP}$, 所以

$$\overrightarrow{CP} \cdot \overrightarrow{AB} = (\overrightarrow{CA} + \overrightarrow{AP}) \cdot \overrightarrow{AB} = 0, \quad \overrightarrow{BP} \cdot \overrightarrow{CA} = (\overrightarrow{BA} + \overrightarrow{AP}) \cdot \overrightarrow{CA} = 0,$$

即

$$\overrightarrow{CA} \cdot \overrightarrow{AB} + \overrightarrow{AP} \cdot \overrightarrow{AB} = 0, \qquad ①$$

$$\overrightarrow{BA} \cdot \overrightarrow{CA} + \overrightarrow{AP} \cdot \overrightarrow{CA} = 0. \qquad ②$$

① + ② 得

$$\overrightarrow{AP} \cdot \overrightarrow{AB} + \overrightarrow{AP} \cdot \overrightarrow{CA} = 0,$$

即 $\overrightarrow{AP} \cdot (\overrightarrow{AB} + \overrightarrow{CA}) = \overrightarrow{AP} \cdot \overrightarrow{CB} = 0$, 故 $\overrightarrow{AP} \perp \overrightarrow{CB}$, 即 $\overrightarrow{AD} \perp \overrightarrow{CB}$, 从而 AP 是三角形的高.

例 7 已知单位向量 $\overrightarrow{OA}$ 与三坐标轴正向夹角相等, 且为钝角, B 是点 $M(1, -3, 2)$ 关于点 $N(-1, 2, 1)$ 的对称点, 求 $\overrightarrow{OA} \times \overrightarrow{OB}$.

解 设 $\overrightarrow{OA}$ 的方向余弦为 $\cos\alpha, \cos\beta, \cos\gamma$, 则

$$\cos^2\alpha + \cos^2\beta + \cos^2\gamma = 1.$$

而 $\overrightarrow{OA}$ 与三坐标轴正向夹角相等且为钝角, 所以有

$$\cos\alpha = \cos\beta = \cos\gamma = -\frac{1}{\sqrt{3}},$$

故

$$\overrightarrow{OA} = \left\{ -\frac{1}{\sqrt{3}}, -\frac{1}{\sqrt{3}}, -\frac{1}{\sqrt{3}} \right\}.$$

又设点 $B(x, y, z)$, 由 B 是点 M 关于点 N 的对称点, 有

$$-1 = \frac{1+x}{2}, \quad 2 = \frac{-3+y}{2}, \quad 1 = \frac{2+z}{2},$$

解得 $x = -3, y = 7, z = 0$. 故 $\overrightarrow{OB} = \{-3, 7, 0\}$, 从而

$$\overrightarrow{OA} \times \overrightarrow{OB} = \begin{vmatrix} \boldsymbol{i} & \boldsymbol{j} & \boldsymbol{k} \\ -\dfrac{1}{\sqrt{3}} & -\dfrac{1}{\sqrt{3}} & -\dfrac{1}{\sqrt{3}} \\ -3 & 7 & 0 \end{vmatrix} = \left\{ \frac{7}{\sqrt{3}}, \sqrt{3}, -\frac{10}{\sqrt{3}} \right\}.$$

例 8 设向量 $\boldsymbol{a} + 3\boldsymbol{b}$ 与 $7\boldsymbol{a} - 5\boldsymbol{b}$ 垂直, 向量 $\boldsymbol{a} - 4\boldsymbol{b}$ 与向量 $7\boldsymbol{a} - 2\boldsymbol{b}$ 垂直, 求 $\boldsymbol{a}, \boldsymbol{b}$ 间的夹角.

解 因为 $\boldsymbol{a} + 3\boldsymbol{b} \perp 7\boldsymbol{a} - 5\boldsymbol{b}$, $\boldsymbol{a} - 4\boldsymbol{b} \perp 7\boldsymbol{a} - 2\boldsymbol{b}$, 所以

$$(\boldsymbol{a} + 3\boldsymbol{b}) \cdot (7\boldsymbol{a} - 5\boldsymbol{b}) = 0, \quad (\boldsymbol{a} - 4\boldsymbol{b}) \cdot (7\boldsymbol{a} - 2\boldsymbol{b}) = 0,$$

整理得

$$7|\boldsymbol{a}|^2 - 15|\boldsymbol{b}|^2 + 16\boldsymbol{a} \cdot \boldsymbol{b} = 0, \tag{①}$$

$$7|\boldsymbol{a}|^2 + 8|\boldsymbol{b}|^2 - 30\boldsymbol{a} \cdot \boldsymbol{b} = 0, \tag{②}$$

由 ① 和 ② 得

$$|\boldsymbol{a}|^2 = |\boldsymbol{b}|^2 = 2\boldsymbol{a} \cdot \boldsymbol{b}.$$

由于 $\cos(\widehat{\boldsymbol{a}, \boldsymbol{b}}) = \dfrac{\boldsymbol{a} \cdot \boldsymbol{b}}{|\boldsymbol{a}| \, |\boldsymbol{b}|} = \dfrac{1}{2}$, 所以 $\boldsymbol{a}$ 与 $\boldsymbol{b}$ 的夹角为 $\dfrac{\pi}{3}$.

7.2　平面与直线

一、知识要点

1. 平面方程的各种形式.

(1) 点法式: 已知平面上的一点 $M(x_0, y_0, z_0)$ 及平面的法线向量 $\boldsymbol{n} = \{A, B, C\}$, 则平面方程为

$$A(x - x_0) + B(y - y_0) + C(z - z_0) = 0.$$

(2) 一般式: $Ax + By + Cz + D = 0$.

要清楚当一般式方程中缺项时平面所处的特殊位置.

(3) 截距式: 已知平面在三个坐标轴上的截距分别为 $(a, 0, 0)$, $(0, b, 0)$, $(0, 0, c)$, 则平面方程为

$$\frac{x}{a} + \frac{y}{b} + \frac{z}{c} = 1.$$

(4) 三点式: 已知平面上三点的坐标 $A(x_1, y_1, z_1)$, $B(x_2, y_2, z_2)$, $C(x_3, y_3, z_3)$, 则平面方程为

$$\begin{vmatrix} x - x_1 & y - y_1 & z - z_1 \\ x_2 - x_1 & y_2 - y_1 & z_2 - z_1 \\ x_3 - x_1 & y_3 - y_1 & z_3 - z_1 \end{vmatrix} = 0.$$

2. 空间直线方程的各种形式.

(1) 对称式 (点向式): 已知直线上一点 $M(x_0, y_0, z_0)$ 及方向向量 $\boldsymbol{s} = \{m, n, p\}$, 则直线方程为

$$\frac{x - x_0}{m} = \frac{y - y_0}{n} = \frac{z - z_0}{p}.$$

(2) 参数式: $\begin{cases} x = x_0 + mt, \\ y = y_0 + nt, \\ z = z_0 + pt, \end{cases}$　t 为参数.

(3) 一般式: $\begin{cases} A_1 x + B_1 y + C_1 z + D_1 = 0, \\ A_2 x + B_2 y + C_2 z + D_2 = 0. \end{cases}$

直线的一个方向向量 $\boldsymbol{s} = \{A_1, B_1, C_1\} \times \{A_2, B_2, C_2\}$.

(4) 两点式: 已知直线上的两点 $M(x_0, y_0, z_0)$, $M_1(x_1, y_1, z_1)$, 则直线方程为

$$\frac{x - x_0}{x_1 - x_0} = \frac{y - y_0}{y_1 - y_0} = \frac{z - z_0}{z_1 - z_0}.$$

3. 平面、直线间的关系.

平面与平面的关系: 重合、平行、垂直、相交.

直线与直线的关系: 重合、平行、垂直、相交、异面.

直线与平面的关系: 重合、平行、垂直、相交.

平面束方程:

设直线 $L: \begin{cases} A_1 x + B_1 y + C_1 z + D_1 = 0, \\ A_2 x + B_2 y + C_2 z + D_2 = 0, \end{cases}$ 则过直线 L 的平面束方程为

$$\lambda(A_1 x + B_1 y + C_1 z + D_1) + \mu(A_2 x + B_2 y + C_2 z + D_2) = 0.$$

4. 点到平面的距离, 点到直线的距离.

(1) 点 $M(x_0, y_0, z_0)$ 到平面 $Ax + By + Cz + D = 0$ 的距离为

$$d = \frac{|Ax_0 + By_0 + Cz_0 + D|}{\sqrt{A^2 + B^2 + C^2}}.$$

(2) 点 $M(x_1, y_1, z_1)$ 到直线 $\dfrac{x - x_0}{m} = \dfrac{y - y_0}{n} = \dfrac{z - z_0}{p}$ 的距离为

$$d = \frac{|\boldsymbol{r} \times \boldsymbol{s}|}{|\boldsymbol{s}|},$$

其中 $\boldsymbol{r} = \overrightarrow{M_0 M}$, $M_0(x_0, y_0, z_0)$, $\boldsymbol{s} = \{m, n, p\}$.

5. 确定一个平面的两个基本思路:

(1) 已知平面上一点 (x_0, y_0, z_0) 及其法向量 $\{A, B, C\}$, 可以确定平面方程为

$$A(x - x_0) + B(y - y_0) + C(z - z_0) = 0.$$

(2) 已知平面上一点 (x_0, y_0, z_0) 以及与平面平行的两个不共线的向量 $\{X_1, Y_1, Z_1\}$, $\{X_2, Y_2, Z_2\}$, 可以确定平面方程为

$$\begin{vmatrix} x - x_0 & y - y_0 & z - z_0 \\ X_1 & Y_1 & Z_1 \\ X_2 & Y_2 & Z_2 \end{vmatrix} = 0.$$

6. 确定一条直线的两个基本思路:

(1) 两个不平行的平面相交于一条直线.

(2) 已知直线上一点 (x_0, y_0, z_0) 以及直线的方向向量 $\{A, B, C\}$, 可以确定一条直线.

二、例题分析

例 1　求满足下列条件的平面方程:

(1) 平行于 y 轴, 且过点 $P(1, -5, 1)$ 和 $Q(3, 2, -1)$;

(2) 平行于平面 $2x + y + 2z + 5 = 0$, 且与三坐标面构成的四面体体积为 1 个单位;

(3) 过点 $O(0, 0, 0)$, $A(0, 1, 1)$, $B(2, 1, 0)$.

解　(1) 所求平面平行于 y 轴, 可设平面方程为

$$Ax + Cz + D = 0,$$

由于 P, Q 在平面上, 将其坐标代入方程

$$\begin{cases} A + C + D = 0, \\ 3A - C + D = 0 \end{cases} \Rightarrow C = A, D = -2A,$$

平面方程为 $Ax + Az - 2A = 0$, 即 $x + z - 2 = 0$.

(2) 可设所求平面方程为 $2x + y + 2z + D = 0$, 且 $D \neq 0$, 化为截距式为

$$\frac{x}{-\dfrac{D}{2}} + \frac{y}{-D} + \frac{z}{-\dfrac{D}{2}} = 1.$$

由于平面与三坐标面构成的四面体体积为 1 个单位, 所以四面体体积为

$$V = \frac{1}{6} \left| \left(-\frac{D}{2} \right) \cdot D \cdot \left(-\frac{D}{2} \right) \right| = 1,$$

则 $D = \pm\sqrt[3]{24} = \pm 2\sqrt[3]{3}$. 平面方程为

$$2x + y + 2z + 2\sqrt[3]{3} = 0 \quad \text{或} \quad 2x + y + 2z - 2\sqrt[3]{3} = 0.$$

(3) 可设所求平面方程为 $Ax + By + Cz = 0$, 将 A, B 坐标代入方程得

$$\begin{cases} B + C = 0, \\ 2A + B = 0 \end{cases} \Rightarrow B = -2A, C = 2A,$$

平面方程为 $Ax - 2Ay + 2Az = 0$, 即 $x - 2y + 2z = 0$.

例 2 求下列直线 L 的方程:

(1) 直线 L 过点 $P(2, -3, 4)$ 且平行于 z 轴;

(2) 直线 L 过点 $P(0, 2, 4)$ 且与两平面 $x - 4z = 3$ 和 $2x - y - 5z = 1$ 的交线平行;

(3) 直线 L 过点 $P(-1, 0, 4)$, 且平行于平面 Π: $3x - 4y + z = 10$, 又与直线 L_0: $x + 1 = y - 3 = \dfrac{z}{2}$ 相交.

解 (1) 因为直线 L 平行于 z 轴, 所以其方向向量 $\boldsymbol{s} = \{0, 0, 1\}$, 又 L 过点 $P(2, -3, 4)$, 由直线的对称式方程得 L 的方程为

$$\frac{x-2}{0} = \frac{y+3}{0} = \frac{z-4}{1} \quad \text{或} \quad \begin{cases} x = 2, \\ y = -3. \end{cases}$$

(2) 设所求直线的方向向量为 $\boldsymbol{s}$, 则可取 $\boldsymbol{s}$ 为

$$\boldsymbol{s} = \{1, 0, -4\} \times \{2, -1, -5\}$$

$$= \begin{vmatrix} \boldsymbol{i} & \boldsymbol{j} & \boldsymbol{k} \\ 1 & 0 & -4 \\ 2 & -1 & -5 \end{vmatrix} = \{-4, -3, -1\}.$$

则所求直线方程为 $\dfrac{x}{4} = \dfrac{y-2}{3} = \dfrac{z-4}{1}$.

(3) 过点 $P(-1, 0, 4)$ 且平行于平面 Π 的方程为

$$3(x + 1) - 4y + (z - 4) = 0.$$

它与已知直线 L_0 的交点为 $(15, 19, 32)$, 于是所求直线过两点 $(-1, 0, 4)$ 和 $(15, 19, 32)$, 由直线的两点式方程得

$$L : \frac{x+1}{16} = \frac{y}{19} = \frac{z-4}{28}.$$

例 3 已知点 $A(1, 2, 3)$, 直线 L: $\dfrac{x}{1} = \dfrac{y-4}{-3} = \dfrac{z-3}{-2}$, 求:

(1) 点 A 到 L 上的投影 M;

(2) 点 A 关于 L 的对称点 A';

(3) 点 A 到 L 的距离 d.

解　(1) 过 A 作垂直于 L 的平面 Π, 设 L 与 Π 的交点为 M, 则 M 是 A 在 L 上的投影, 平面 Π 的方程为

$$(x-1) - 3(y-2) - 2(z-3) = 0,$$

即 $x - 3y - 2z + 11 = 0$.

直线 L 的参数方程为

$$\begin{cases} x = t, \\ y = -3t + 4, \\ z = -2t + 3, \end{cases}$$

代入平面 Π 的方程:

$$t - 3(-3t + 4) - 2(-2t + 3) + 11 = 0,$$

解得 $t = \dfrac{1}{2}$, 所以点 $M = \left(\dfrac{1}{2}, \dfrac{5}{2}, 2\right)$.

(2) 设 $A' = (x', y', z')$, 显然 $M\left(\dfrac{1}{2}, \dfrac{5}{2}, 2\right)$ 为 AA' 的中点, 从而有

$$\frac{1 + x'}{2} = \frac{1}{2}, \quad \frac{2 + y'}{2} = \frac{5}{2}, \quad \frac{3 + z'}{2} = 2,$$

解得 $x' = 0$, $y' = 3$, $z' = 1$, 所以 $A' = (0, 3, 1)$.

(3) A 到 L 的距离 $d = |AM|$, 即

$$d = \sqrt{\left(1 - \frac{1}{2}\right)^2 + \left(2 - \frac{5}{2}\right)^2 + (3 - 2)^2} = \frac{\sqrt{6}}{2}.$$

例 4　已知平面方程 Π_1: $x - 2y - 2z + 1 = 0$, Π_2: $3x - 4y + 5 = 0$, 求平分 Π_1 与 Π_2 夹角的平面方程.

解法 1　设平面 Π_1 与平面 Π_2 的法向量分别为 $\boldsymbol{n}_1 = \{1, -2, -2\}$ 和 $\boldsymbol{n}_2 = \{3, -4, 0\}$, 则

$$\boldsymbol{N}_1 = \frac{\boldsymbol{n}_1}{|\boldsymbol{n}_1|} + \frac{\boldsymbol{n}_2}{|\boldsymbol{n}_2|} = \left\{\frac{14}{15}, -\frac{22}{15}, -\frac{2}{3}\right\},$$

$$\boldsymbol{N}_2 = \frac{\boldsymbol{n}_1}{|\boldsymbol{n}_1|} - \frac{\boldsymbol{n}_2}{|\boldsymbol{n}_2|} = \left\{-\frac{4}{15}, \frac{2}{15}, -\frac{2}{3}\right\}$$

分别是两个平分平面的法向量, 易得 Π_1 与 Π_2 的一个交点为 $(-3, -1, 0)$, 所以所求的两个平分平面的方程为

$$\frac{14}{15}(x+3) - \frac{22}{15}(y+1) - \frac{2}{3}(z-0) = 0,$$

$$-\frac{4}{15}(x+3) + \frac{2}{15}(y+1) - \frac{2}{3}(z-0) = 0,$$

即 $7x - 11y - 5z + 10 = 0, 2x - y + 5z + 5 = 0.$

解法 2 设 (x, y, z) 为所求平面上的任一点, 则它到 Π_1 的距离等于它到 Π_2 的距离, 即

$$\frac{|x - 2y - 2z + 1|}{\sqrt{1^2 + (-2)^2 + (-2)^2}} = \frac{|3x - 4y + 5|}{\sqrt{3^2 + (-4)^2 + 0^2}},$$

化简整理得所求的平面方程为

$$7x - 11y - 5z + 10 = 0, \quad 2x - y + 5z + 5 = 0.$$

解法 3 (利用平面束方程) 设所求平面方程为

$$x - 2y - 2z + 1 + \lambda(3x - 4y + 5) = 0,$$

即

$$(1 + 3\lambda)x - 2(1 + 2\lambda)y - 2z + 1 + 5\lambda = 0.$$

其法向量 $\boldsymbol{n} = \{1 + 3\lambda, -2(1 + 2\lambda), -2\}$, 由于平面 Π 平分平面 Π_1 与 Π_2, 所以有

$$\left|\cos(\widehat{\boldsymbol{n}, \boldsymbol{n_1}})\right| = \left|\cos(\widehat{\boldsymbol{n}, \boldsymbol{n_2}})\right|,$$

即

$$\left|\frac{\boldsymbol{n_1} \cdot \boldsymbol{n}}{|\boldsymbol{n_1}| \, |\boldsymbol{n}|}\right| = \left|\frac{\boldsymbol{n_2} \cdot \boldsymbol{n}}{|\boldsymbol{n_2}| \, |\boldsymbol{n}|}\right|.$$

将 $\boldsymbol{n}, \boldsymbol{n_1}, \boldsymbol{n_2}$ 代入整理得: $5(11\lambda + 9) = \pm 3(25\lambda + 11)$, 解得 $\lambda = \pm\frac{3}{5}$, 故所求平面方程为

$$7x - 11y - 5z + 10 = 0, \quad 2x - y + 5z + 5 = 0.$$

例 5 已知直线 L 通过原点, 且在过三点 $P_0(0, 0, 0), P_1(2, 2, 0), P_2(0, 1, -2)$ 的平面上, 并与直线

$$L_1: \frac{x+1}{3} = \frac{y-1}{2} = \frac{2z}{1}$$

垂直, 求直线 L 的方程.

解　设直线 L 的方向向量 $s = \{m, n, p\}$, 直线 L_1 的方向向量 $s_1 = \{3, 2, 1\}$, 过三点 P_0, P_1, P_2 的平面法向量为 n, 则

$$n = \overrightarrow{P_0P_1} \times \overrightarrow{P_0P_2} = \{2, 2, 0\} \times \{0, 1, -2\}$$

$$= \begin{vmatrix} i & j & k \\ 2 & 2 & 0 \\ 0 & 1 & -2 \end{vmatrix} = -4i + 4j + 2k = \{-4, 4, 2\}.$$

由题设, 知 $s \cdot n = 0$, $s \cdot s_1 = 0$, 即

$$\begin{cases} -4m + 4n + 2p = 0, \\ 3m + 2n + p = 0 \end{cases} \Rightarrow m = 0, p = -2n.$$

所以, 所求直线方程为 $\dfrac{x}{0} = \dfrac{y}{1} = \dfrac{z}{-2}$.

例 6　已知直线 L 通过点 $A(1, -2, 3)$ 与 z 轴相交, 且与直线 L_1:

$$\frac{x}{4} = \frac{y-3}{3} = \frac{z-2}{-2}$$

垂直, 求直线 L 的方程.

解法 1　(用直线的对称式方程): 设 L 的方向向量 $s = \{m, n, p\}$, L_1 的方向向量 $s_1 = \{4, 3, -2\}$, 则由 L 与 L_1 垂直, 有 $s \cdot s_1 = 0$. 即

$$4m + 3n - 2p = 0. \tag{①}$$

设 $k = \{0, 0, 1\}$, $\overrightarrow{OA} = \{1, -2, 3\}$. 由于 L 与 z 轴相交, 所以 L 在 A 点及 z 轴确定的平面上, 故有

$$(s \times \overrightarrow{OA}) \cdot k = 0,$$

即

$$\begin{vmatrix} m & n & p \\ 1 & -2 & 3 \\ 0 & 0 & 1 \end{vmatrix} = -2m - n = 0. \tag{②}$$

由 ① 和 ② 解得 $m = -p$, $n = 2p$, 于是, 所求直线方程为

$$\frac{x-1}{-1} = \frac{y+2}{2} = \frac{z-3}{1}.$$

解法 2 (用直线的一般式方程) 由于直线 L 通过 A 点且垂直于直线 L_1, 所以 L 在过 A 点且垂直于直线 L_1 的平面 Π_1 上, 平面 Π_1 的方程为

$$4(x-1) + 3(y+2) - 2(z-3) = 0,$$

即 $4x + 3y - 2z + 8 = 0$.

由于直线 L 通过 A 点与 z 轴相交, 所以 L 在由 A 点和 z 轴所确定的平面 Π_2 上, 而 Π_2 的法线向量

$$\boldsymbol{n}_2 = \overrightarrow{OA} \times \boldsymbol{k} = \begin{vmatrix} \boldsymbol{i} & \boldsymbol{j} & \boldsymbol{k} \\ 1 & -2 & 3 \\ 0 & 0 & 1 \end{vmatrix} = -2\boldsymbol{i} - \boldsymbol{j}.$$

从而, 平面 Π_2 的方程为 $-2(x-1) - (y+2) = 0$, 即 $2x + y = 0$.

于是, 所求直线方程为

$$\begin{cases} 4x + 3y - 2z + 8 = 0, \\ 2x + y = 0. \end{cases}$$

例 7 平面 Π 垂直平面 $z = 0$, 且过从 $P(1, -1, 1)$ 到 L: $\begin{cases} y - z + 1 = 0, \\ x = 0 \end{cases}$

的垂线, 求平面 Π 的方程.

解 由于平面 Π 过 $P(1, -1, 1)$ 且垂直于平面 $z = 0$, 所以, 可设平面 Π 的方程为

$$A(x-1) + B(y+1) = 0. \qquad \text{①}$$

设过点 P 垂直于直线 L 的平面 Π_1 的法线向量为 $\boldsymbol{n}_1$, $\boldsymbol{n}_1$ 可取直线 L 的方向向量, 即

$$\boldsymbol{n}_1 = \{0, 1, -1\} \times \{1, 0, 0\}$$

$$= \begin{vmatrix} \boldsymbol{i} & \boldsymbol{j} & \boldsymbol{k} \\ 0 & 1 & -1 \\ 1 & 0 & 0 \end{vmatrix} = -\boldsymbol{j} - \boldsymbol{k} = \{0, -1, -1\},$$

平面 Π_1 的方程为 $-(y+1) - (z-1) = 0$, 即 $y + z = 0$.

直线 L 与平面 Π_1 的交点, 即点 P 到直线 L 的垂足为 $Q\left(0, -\dfrac{1}{2}, \dfrac{1}{2}\right)$, 由题设, Q 在平面 Π 上, 将 Q 点的坐标代入 ① 得

$$A(0-1) + B\left(-\dfrac{1}{2} + 1\right) = 0,$$

解得 $A = \dfrac{1}{2}B$, 于是所求平面的方程为 $x + 2y + 1 = 0$.

例 8　已知直线 L_1: $\dfrac{x-9}{4} = \dfrac{y+2}{-3} = \dfrac{z}{1}$ 及直线 L_2: $\dfrac{x}{-2} = \dfrac{y+7}{9} = \dfrac{z-2}{2}$, 求 L_1 与 L_2 的公垂线方程, 并求 L_1 与 L_2 的最短距离.

解　先求公垂线方程.

法 1　(用直线的对称式方程) 设公垂线 L 的方向向量为 $\boldsymbol{s}$, 直线 L_1 的方向向量为 $\boldsymbol{s}_1 = \{4, -3, 1\}$, L_2 的方向向量为 $\boldsymbol{s}_2 = \{-2, 9, 2\}$, 则 $\boldsymbol{s} /\!/ \boldsymbol{s}_1 \times \boldsymbol{s}_2$, 且

$$\boldsymbol{s}_1 \times \boldsymbol{s}_2 = \begin{vmatrix} \boldsymbol{i} & \boldsymbol{j} & \boldsymbol{k} \\ 4 & -3 & 1 \\ -2 & 9 & 2 \end{vmatrix} = -5\{3, 2, -6\},$$

取 $\boldsymbol{s} = \{3, 2, -6\}$.

设过 L 与 L_1 的平面 Π_1, Π_1 的法向量为

$$\boldsymbol{s}_1 \times \boldsymbol{s} = \begin{vmatrix} \boldsymbol{i} & \boldsymbol{j} & \boldsymbol{k} \\ 4 & -3 & 1 \\ 3 & 2 & -6 \end{vmatrix} = \{16, 27, 17\}.$$

又平面 Π_1 过 L_1 上的点 $P_1(9, -2, 0)$, 所以, 平面 Π_1 的方程为

$$16(x - 9) + 27(y + 2) + 17z = 0,$$

即 $16x + 27y + 17z - 90 = 0$.

将 L_2 的参数方程 $\begin{cases} x = -2t, \\ y = 9t - 7, \\ z = 2t + 2 \end{cases}$ 代入平面 Π_1 的方程, 求得 L_2 与 Π_1 的交点 $M_2(-2, 2, 4)$, 故公垂线 L 的方程为

$$\frac{x+2}{3} = \frac{y-2}{2} = \frac{z-4}{-6}.$$

法 2　(用直线的一般式方程) 已求得过 L 与 L_1 的平面 Π_1 的方程:

$$16x + 27y + 17z - 90 = 0.$$

再求过 L 与 L_2 的平面 Π_2 的方程.

设过 L 与 L_2 的平面 Π_2 的法向量为

$$s_2 \times s = \begin{vmatrix} i & j & k \\ -2 & 9 & 2 \\ 3 & 2 & -6 \end{vmatrix} = \{-58, -6, -31\},$$

平面 Π_2 过 L_2 上的点 $P_2(0, -7, 2)$, 所以, 平面 Π_2 的方程为

$$58x + 6(y + 7) + 31(z - 2) = 0,$$

即 $58x + 6y + 31z - 20 = 0$. 从而公垂线方程为

$$\begin{cases} 16x + 27y + 17z - 90 = 0, \\ 58x + 6y + 31z - 20 = 0. \end{cases}$$

再求 L_1 与 L_2 的最短距离 (利用点到平面的距离公式).

过 L_1 作平面 Π_0 平行于 L_2, 则平面 Π_0 的法线向量 $\boldsymbol{n}_0 = \{3, 2, -6\}$, 平面 Π_0 的方程

$$3(x - 9) + 2(y + 2) - 6z = 0,$$

即 $3x + 2y - 6z - 23 = 0$.

L_2 上的点 $P_2(0, -7, 2)$ 到 Π_0 的距离即为 L_1 与 L_2 的最短距离 d, 所以

$$d = \frac{|3 \times 0 + 2 \times (-7) - 6 \times 2 - 23|}{\sqrt{3^2 + 2^2 + (-6)^2}} = 7.$$

7.3 几种常见曲面和曲线

一、知识要点

1. 曲面的一般方程: $F(x, y, z) = 0$.

2. 几种常见的曲面方程:

圆柱面: $x^2 + y^2 = a^2$;

抛物柱面: $y = ax^2$;

马鞍面: $z = axy$;

圆锥面: $z = a\sqrt{x^2 + y^2}$;

椭球面: $\dfrac{x^2}{a^2} + \dfrac{y^2}{b^2} + \dfrac{z^2}{c^2} = 1$;

单叶双曲面: $\dfrac{x^2}{a^2} + \dfrac{y^2}{b^2} - \dfrac{z^2}{c^2} = 1$;

双叶双曲面: $\dfrac{x^2}{a^2} + \dfrac{y^2}{b^2} - \dfrac{z^2}{c^2} = -1$;

椭圆抛物面: $\dfrac{x^2}{a^2} + \dfrac{y^2}{b^2} = \dfrac{z}{c}$.

3. 旋转曲面的方程: 母线为 $\begin{cases} f(y,z) = 0, \\ x = 0, \end{cases}$ 绕 Oz 轴旋转而得的旋转曲面方程为

$$f(\pm\sqrt{x^2 + y^2}, z) = 0.$$

4. 柱面: 设 Γ 是一条空间曲线, L 是一条直线, 直线 L 沿 Γ 移动所得到的曲面叫柱面. 其中 Γ 称为柱面的准线, L 称为柱面的母线.

5. 空间曲线的一般方程:

$$\begin{cases} F(x,y,z) = 0, \\ G(x,y,z) = 0. \end{cases}$$

空间曲线的参数方程:

$$\begin{cases} x = x(t), \\ y = y(t), \quad \text{为参数}. \\ z = z(t), \end{cases}$$

空间曲线 Γ: $\begin{cases} F(x,y,z) = 0, \\ G(x,y,z) = 0 \end{cases}$ 在 xOy 面上的投影曲线为 $\begin{cases} H(x,y) = 0, \\ z = 0, \end{cases}$ 其中 $H(x,y) = 0$ 是由曲线 Γ 的方程中消去 z 得到的投影柱面方程.

6. 投影.

(1) 经过空间曲线 Γ 的每一点都有平面 π 的一条垂线, 所有的这些垂线构成一个柱面, 称为 Γ 到平面 π 的投影柱面.

(2) 投影曲线的求法: 求出通过空间 Γ 且垂直于 π 的投影柱面方程, $\varphi(x,y,z) = 0$, 则投影曲线为 $\begin{cases} \varphi(x,y,z) = 0, \\ \pi\text{的方程}. \end{cases}$

(3) 空间曲线 $\begin{cases} F_1(x,y,z) = 0, \\ F_2(x,y,z) = 0 \end{cases}$ 在坐标平面 xOy 上投影曲线的求法:

(a) 从方程组 $\begin{cases} F_1(x,y,z) = 0, \\ F_2(x,y,z) = 0 \end{cases}$ 中消去 z, 得到一个母线平行于 z 轴的柱面 $\varphi(x,y) = 0$;

(b) 将 $\varphi(x, y) = 0$ 与 $z = 0$ 联立, 得到投影曲线的方程为 $\begin{cases} \varphi(x, y) = 0, \\ z = 0. \end{cases}$

类似地, 可以求在坐标面 yOz, zOx 上的投影曲线.

二、例题分析

例 1 已知一球面的中心在 $(3, -5, 2)$, 且与平面 $2x - y + 3z + 9 = 0$ 相切, 求球面的方程.

解 由于球面与平面 $2x - y + 3z + 9 = 0$ 相切, 因而球的半径就是球心到平面的距离, 由点到直线的距离公式有

$$R = \frac{|2 \times 3 - 1 \times (-5) + 3 \times 2 + 9|}{\sqrt{2^2 + (-1)^2 + 3^2}} = \frac{26}{\sqrt{14}},$$

于是, 球面的方程为

$$(x - 3)^2 + (y + 5)^2 + (z - 2)^2 = \frac{338}{7}.$$

例 2 动点到定点 $P(c, 0, 0)$, $Q(-c, 0, 0)$ 的距离之和为 $2a$ $(a > 0)$, 求动点的轨迹方程.

解 设动点 $M(x, y, z)$, 由题意可知: $|PM| + |QM| = 2a$, 即

$$\sqrt{(x - c)^2 + y^2 + z^2} + \sqrt{(x + c)^2 + y^2 + z^2} = 2a,$$

整理即得动点的轨迹方程为

$$(a^2 - c^2)x^2 + a^2 y^2 + a^2 z^2 - a^2(a^2 - c^2) = 0.$$

当 $a^2 > c^2$ 时, 方程为

$$\frac{x^2}{a^2} + \frac{y^2 + z^2}{a^2 - c^2} = 1,$$

动点轨迹为旋转椭球面.

当 $a^2 < c^2$ 时, 方程为

$$-\frac{x^2}{a^2} + \frac{y^2 + z^2}{c^2 - a^2} = -1,$$

动点轨迹为旋转双叶双曲面.

例 3 已知二次曲面方程为 $\dfrac{x^2}{a^2} + \dfrac{y^2}{b^2} = z + c$, 其中 $a, b, c > 0$ 为常数. 求:

(1) 二次曲面与各坐标面的截痕;

(2) 二次曲面与平面 $z = -d$ 的截痕.

解　所给二次曲面为椭圆抛物面.

(1) 二次曲面与 xOy 面的截痕的方程为

$$\begin{cases} \dfrac{x^2}{a^2} + \dfrac{y^2}{b^2} = z + c, \\ z = 0, \end{cases}$$

即

$$\begin{cases} \dfrac{x^2}{a^2 c} + \dfrac{y^2}{b^2 c} = 1, \\ z = 0. \end{cases}$$

截痕为 xOy 面上的椭圆, 两个半轴分别为 $a\sqrt{c}$, $b\sqrt{c}$. 类似地, 与 yOz 面和 zOx 面的截痕方程分别为

$$\begin{cases} y^2 = b^2(z + c), \\ x = 0 \end{cases} \qquad 和 \qquad \begin{cases} x^2 = a^2(z + c), \\ y = 0, \end{cases}$$

它们分别为 yOz 面和 zOx 面上的抛物线.

(2) 二次曲面与 $z = -d$ 的截痕的方程为

$$\begin{cases} \dfrac{x^2}{a^2} + \dfrac{y^2}{b^2} = c - d, \\ z = -d. \end{cases}$$

当 $d < c$ 时, 截痕为椭圆; 当 $d = c$ 时, 截痕为一点 $(0, 0, -c)$; 当 $d > c$ 时, 没有截痕 (二次曲面与平面 $z = -d$ 不相交).

例 4　求曲线 $\begin{cases} x^2 + y^2 + z^2 = 9, \\ x + z = 1 \end{cases}$ 在 xOy 面上的投影曲线的方程.

解　投影曲线是投影柱面与 xOy 面的交线, 从曲线方程

$$\begin{cases} x^2 + y^2 + z^2 = 9, \\ x + z = 1 \end{cases}$$

中消去变量 z 即得投影柱面方程为

$$2x^2 - 2x + y^2 = 8.$$

于是所求投影曲线为

$$\begin{cases} 2x^2 - 2x + y^2 = 8, \\ z = 0 \end{cases} \quad 或 \quad \begin{cases} \left(x - \dfrac{1}{2}\right)^2 + \dfrac{y^2}{2} = \dfrac{17}{4}, \\ z = 0, \end{cases}$$

投影曲线是一个椭圆.

例 5 设锥面方程为 $3(x^2 + y^2) = (z - 3)^2$, 求此锥面与平面 $z = 0$ 所围成的正圆锥的内切球面方程.

解 设所求球面的半径为 R, 由对称性知内切球心在 Oz 轴上, 且球心为 $(0, 0, R)$. 于是内切球面方程为

$$x^2 + y^2 + (z - R)^2 = R^2.$$

由题设, 球面切于锥面, 所以球面切于锥面与 yOz 面的交线为

$$\begin{cases} 3(x^2 + y^2) = (z - 3)^2, \\ x = 0, \end{cases}$$

即

$$\begin{cases} \pm\sqrt{3}y = z - 3, \\ x = 0. \end{cases}$$

于是, 球心到每一条直线的距离为 R, 即

$$\frac{\left|\pm\sqrt{3} \cdot 0 - R + 3\right|}{\sqrt{(\pm\sqrt{3})^2 + (-1)^2}} = R \quad 或 \quad \frac{|-R + 3|}{2} = R,$$

解得 $R = 1$ 或 $R = -3$ (舍去). 于是, 所求球面方程为

$$x^2 + y^2 + (z - 1)^2 = 1.$$

例 6 画出下列曲面围成空间区域的图形 (第一卦限部分):

(1) $z = 0$, $x + z = a$ $(a > 0)$, $y = 0$, $x^2 + y^2 = a^2$;

(2) $z = 0$, $z = 3$, $x - y = 0$, $x - \sqrt{3}y = 0$, $x^2 + y = 1$.

解 (1) 此区域是由三个平面和一个圆柱面围成的.

$z = 0$ 是 xOy 平面; $y = 0$ 是 xOz 平面; $x + z = a$ 是平行于 y 轴的平面, 在 x 轴、z 轴上的截距为 a; $x^2 + y^2 = a^2$ 是圆柱面, 其母线平行于 z 轴, 准线是 xOy 平面上的圆

$$\begin{cases} x^2 + y^2 = a^2, \\ z = 0. \end{cases}$$

由上述曲面围成的立体在第一卦限部分的图形如图 7-3 所示.

(2) $z = 0$ 表示 xOy 平面; $z = 3$ 表示平行于 xOy 平面, 它在 xOy 平面上方; $x - y = 0$ 表示过 z 轴的平面, 它平分 xOz 平面和 yOz 平面; $x - \sqrt{3}y = 0$ 表示通过 z 轴的平面, 与 xOz 平面夹角是 $\dfrac{\pi}{6}$; $x^2 + y = 1$ 表示母线平行于 z 轴的抛物柱面, 准线为 xOy 平面上的抛物线 $\begin{cases} x^2 + y = 1, \\ z = 0, \end{cases}$ 开口方向指向 Oy 轴的负方向, 由上述曲面围成的区域在第一卦限部分如图 7-4 所示.

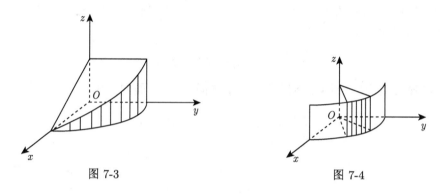

图 7-3　　　　　　　　　　　　图 7-4

例 7　设从椭球面 $\dfrac{x^2}{a^2} + \dfrac{y^2}{b^2} + \dfrac{z^2}{c^2} = 1$ 的中心出发, 沿方向角为 λ, μ, γ 的方向到椭球面上一点的距离为 r, 证明:

$$\frac{1}{r^2} = \frac{\lambda^2}{a^2} + \frac{\mu^2}{b^2} + \frac{\gamma^2}{c^2}.$$

证明　椭球面 $\dfrac{x^2}{a^2} + \dfrac{y^2}{b^2} + \dfrac{z^2}{c^2} = 1$ 的中心点为原点 O, 通过 O 平行于向量 $\boldsymbol{s} = \{\lambda, \mu, \gamma\}$ 的直线方程为 $\dfrac{x}{\lambda} = \dfrac{y}{\mu} = \dfrac{z}{\gamma}$, 其参数方程为

$$\begin{cases} x = \lambda t, \\ y = \mu t, \\ z = \gamma t. \end{cases}$$

设 $t = t_0$ 时, 直线上对应的点 $M(\lambda t_0, \mu t_0, \gamma t_0)$ 落在椭球面上, 则

$$r^2 = |OM|^2 = (\lambda t_0)^2 + (\mu t_0)^2 + (\gamma t_0)^2.$$

因为 λ, μ, γ 为方向余弦, 所以 $\lambda^2 + \mu^2 + \gamma^2 = 1$, 故 $r^2 = t_0^2$, 又 M 在椭球面

上, 将其坐标代入椭球面方程有

$$\frac{(\lambda t_0)^2}{a^2} + \frac{(\mu t_0)^2}{b^2} + \frac{(\gamma t_0)^2}{c^2} = 1,$$

从而 $\dfrac{1}{r^2} = \dfrac{\lambda^2}{a^2} + \dfrac{\mu^2}{b^2} + \dfrac{\gamma^2}{c^2}.$

例 8 曲线 $s: \begin{cases} x^2 + y^2 + z^2 = 1, \\ x + y + z = 1, \end{cases}$ 求以 s 为准线, 顶点在原点的锥面方程.

解 设 $M(x, y, z)$ 是锥面上任意点, 锥面的顶点为原点 $O(0, 0, 0)$, OM 所在直线的方程为

$$\frac{X - 0}{x - 0} = \frac{Y - 0}{y - 0} = \frac{Z - 0}{z - 0},$$

化为参数方程为 $\begin{cases} X = xt, \\ Y = yt, \\ Z = zt. \end{cases}$

设 OM 与 s 的交点 M_0 的坐标为 (xt_0, yt_0, zt_0), M_0 在 s 上, 将其坐标代入 s 的方程:

$$\begin{cases} (xt_0)^2 + (yt_0)^2 + (zt_0)^2 = 1, \\ xt_0 + yt_0 + zt_0 = 1, \end{cases}$$

消去 t_0, 得到 $M(x, y, z)$ 满足的方程

$$\left(\frac{x}{x + y + z}\right)^2 + \left(\frac{y}{x + y + z}\right)^2 + \left(\frac{z}{x + y + z}\right)^2 = 1,$$

化简得所求锥面方程: $xy + yz + zx = 0.$

第 8 章　多元函数的微分法及其应用

8.1　多元函数的微分法

一、知识要点

1. 多元函数的概念.

2. 二元函数的极限、连续的概念.

(1) 二元函数的极限: 设二元函数 $z = f(x, y)$ 的定义域为 D, 如果点 $P_0(x_0, y_0)$ 是 D 的聚点. 如果对于任意的 $\varepsilon > 0$, 总存在正数 $\delta > 0$ 使得

当 $P \in D \cap \overset{\circ}{U}(P_0, \delta)$ 时有

$$|f(P) - A| = |f(x, y) - A| < \varepsilon,$$

则称 $z = f(x, y)$ 在 P_0 点的极限为 A, 记作 $\lim\limits_{(x,y) \to (x_0, y_0)} f(x, y) = A$ 或 $f(x, y) \to A$, $P(x, y) \to P_0(x_0, y_0)$, 这里 $P \to P_0$ 表示 P 以任何方式趋于 P_0.

(2) 二元函数连续的定义: 如果 P_0 是函数 $z = f(x, y)$ 的定义域 D 的聚点, 且有 $P_0(x_0, y_0) \in D$ 及 $\lim\limits_{(x,y) \to (x_0, y_0)} f(x, y) = f(x_0, y_0)$ 成立, 则称函数 $z = f(x, y)$ 在 P_0 点连续.

3. 闭区域上连续函数的性质.

(1) 连续性定理: 一切多元初等函数在其定义域内是连续的.

(2) 有界闭区域上多元连续函数的性质:

(i) 有界性　有界闭区域上的连续函数在其定义域内有界;

(ii) 最值定理　有界闭区域上的连续函数在其定义域内能够取到最大值与最小值;

(iii) 介值定理　有界闭区域上的连续函数能够取到其最大值和最小值之间的一切值.

4. 偏导数的概念.

设 $z = f(x, y)$ 在点 $P_0(x_0, y_0)$ 的邻域内有定义, 若极限

$$\lim_{\Delta x \to 0} \frac{f(x_0 + \Delta x, y_0) - f(x_0, y_0)}{\Delta x}$$

存在, 则称此极限为函数 $z = f(x, y)$ 在点 $P_0(x_0, y_0)$ 处关于自变量 x 的偏导数, 记为

$$\frac{\partial z}{\partial x}\bigg|_{\substack{x=x_0 \\ y=y_0}}, \quad \frac{\partial f}{\partial x}\bigg|_{\substack{x=x_0 \\ y=y_0}}, \quad z_x\bigg|_{\substack{x=x_0 \\ y=y_0}}, \quad f_x(x_0, y_0).$$

同样定义, 函数 $z = f(x, y)$ 在点 $P_0(x_0, y_0)$ 处关于自变量 y 的偏导数为

$$f_y(x_0, y_0) = \lim_{\Delta y \to 0} \frac{f(x_0, y_0 + \Delta y) - f(x_0, y_0)}{\Delta y}.$$

5. 全微分的概念、可微的充分条件及必要条件.

6. 复合函数的求导法则, 隐函数偏导数的计算.

(1) 链式法则: 设 $u = u(x, y)$, $v = v(x, y)$ 在点 (x, y) 处的偏导数存在, 且 $z = f(u, v)$ 在对应点 (u, v) 处具有连续偏导数, 则

$$\frac{\partial z}{\partial x} = \frac{\partial z}{\partial u} \cdot \frac{\partial u}{\partial x} + \frac{\partial z}{\partial v} \cdot \frac{\partial v}{\partial x},$$

$$\frac{\partial z}{\partial y} = \frac{\partial z}{\partial u} \cdot \frac{\partial u}{\partial y} + \frac{\partial z}{\partial v} \cdot \frac{\partial v}{\partial y}.$$

(2) 隐函数的求导法则: 设 $F(x, y, z)$ 具有连续的偏导数, 若 $F_z(x, y, z) \neq 0$, 则由方程 $F(x, y, z) = 0$ 确定的隐函数 $z = f(x, y)$ 的偏导数为

$$\frac{\partial z}{\partial x} = -\frac{F_x(x, y, z)}{F_z(x, y, z)}, \quad \frac{\partial z}{\partial y} = -\frac{F_y(x, y, z)}{F_z(x, y, z)}.$$

二、例题分析

例 1 求下列函数的定义域:

(1) $z = \ln[(y - x)\sqrt{2x - y}]$;

(2) $z = \arcsin\dfrac{x}{y^2} + \ln(1 - \sqrt{y})$.

解 (1) 欲使表达式有意义, 则应有

$$\begin{cases} (y - x)\sqrt{2x - y} > 0, \\ 2x - y \geqslant 0 \end{cases} \Leftrightarrow \begin{cases} y - x > 0, \\ 2x - y > 0 \end{cases} \Leftrightarrow x < y < 2x.$$

因此, 定义域为 $\{(x, y) \mid x < y < 2x\}$, 如图 8-1 所示.

(2) 欲使表达式有意义, 则应有

$$\begin{cases} -1 \leqslant \dfrac{x}{y^2} \leqslant 1, \quad 且 y \neq 0, \\ 1 - \sqrt{y} > 0, \quad 且 y \geqslant 0, \end{cases} \Leftrightarrow \begin{cases} -y^2 \leqslant x \leqslant y^2, \\ 0 < y < 1, \end{cases}$$

因此, 定义域为 $\left\{(x,y)\,\middle|\,-y^2 < x < y^2, 0 < y < 1\right\}$, 如图 8-2 所示.

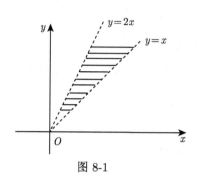

图 8-1

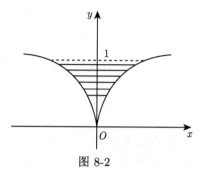

图 8-2

例 2　求下列函数的极限:

(1) $\lim\limits_{\substack{x\to 0\\ y\to 0}} \dfrac{x^3+y^3}{x^2+y^2}$;

(2) $\lim\limits_{\substack{x\to 0\\ y\to 0}} \dfrac{xy}{\sqrt{4+3xy}-2}$;

(3) $\lim\limits_{\substack{x\to 0\\ y\to 1}} \dfrac{1-2xy}{x^2+y^2}$;

(4) $\lim\limits_{\substack{x\to \infty\\ y\to 1}} \left(1+\dfrac{1}{x}\right)^{\frac{x^2}{x+y}}$.

解　(1) 由于

$$\lim\limits_{\substack{x\to 0\\ y\to 0}} \frac{x^3+y^3}{x^2+y^2} = \lim\limits_{\substack{x\to 0\\ y\to 0}} \left(\frac{x^2}{x^2+y^2}\cdot x + \frac{y^2}{x^2+y^2}\cdot y\right),$$

同时注意到 $\left|\dfrac{x^2}{x^2+y^2}\right| \leqslant 1$ (当 $(x,y)\neq(0,0)$) 及 $\lim\limits_{x\to 0} x = 0$, 故

$$\lim\limits_{\substack{x\to 0\\ y\to 0}} \frac{x^3}{x^2+y^2} = 0.$$

同理

$$\lim\limits_{\substack{x\to 0\\ y\to 0}} \frac{y^3}{x^2+y^2} = 0.$$

于是

$$\lim\limits_{\substack{x\to 0\\ y\to 0}} \frac{x^3+y^3}{x^2+y^2} = 0.$$

(2) $\lim\limits_{\substack{x\to 0\\ y\to 0}} \dfrac{xy}{\sqrt{4+3xy}-2} = \lim\limits_{\substack{x\to 0\\ y\to 0}} \dfrac{xy\left(\sqrt{4+3xy}+2\right)}{\left(\sqrt{4+3xy}-2\right)\left(\sqrt{4+3xy}+2\right)}$

$$= \lim_{\substack{x \to 0 \\ y \to 0}} \frac{xy\left(\sqrt{4 + 3xy} + 2\right)}{3xy} = \frac{4}{3}.$$

(3) 由于 $\dfrac{1 - 2xy}{x^2 + y^2}$ 在点 $(0, 1)$ 处连续, 因此

$$\lim_{\substack{x \to 0 \\ y \to 1}} \frac{1 - 2xy}{x^2 + y^2} = \frac{1 - 0}{0 + 1} = 1.$$

(4) 原极限属于 "1^∞" 型

$$原式 = \lim_{\substack{x \to \infty \\ y \to 1}} \left(1 + \frac{1}{x}\right)^{x \cdot \frac{x}{x+y}} = \lim_{\substack{x \to \infty \\ y \to 1}} \left[\left(1 + \frac{1}{x}\right)^x\right]^{\frac{1}{1 + \frac{y}{x}}} = \mathrm{e}^1 = \mathrm{e}.$$

例 3　问极限 $\displaystyle\lim_{\substack{x \to 0 \\ y \to 0}} \frac{x^2 y^2}{x^2 y^2 + (x - y)^2}$ 是否存在?

解　当 (x, y) 沿直线 $y = x$ 趋于 $(0, 0)$ 时, 极限

$$\lim_{\substack{x \to 0 \\ y = x}} \frac{x^2 y^2}{x^2 y^2 + (x - y)^2} = \lim_{x \to 0} \frac{x^4}{x^4} = 1.$$

当 (x, y) 沿直线 $y = 2x$ 趋于 $(0, 0)$ 时, 极限

$$\lim_{\substack{x \to 0 \\ y = 2x}} \frac{x^2 y^2}{x^2 y^2 + (x - y)^2} = \lim_{x \to 0} \frac{4x^4}{4x^4 + x^2} = 0.$$

故 $\displaystyle\lim_{\substack{x \to 0 \\ y \to 0}} \frac{x^2 y^2}{x^2 y^2 + (x - y)^2}$ 不存在.

注　(1) 极限 $\displaystyle\lim_{\substack{x \to x_0 \\ y \to y_0}} f(x, y) = A$, 是指 (x, y) 以任何方式趋向于 (x_0, y_0), 其极限值均为 A.

(2) 欲证明 $\displaystyle\lim_{\substack{x \to x_0 \\ y \to y_0}} f(x, y)$ 不存在, 只需选两条特殊路径, 使其极限值不相同.

例 4　设 $z = f(x, y) = \sqrt{|xy|}$, 问 $f(x, y)$ 在点 $(0, 0)$ 处是否连续? 偏导数是否存在? 是否可微?

解　(1) 连续性: 由于

$$\lim_{\substack{x \to 0 \\ y \to 0}} f(x, y) = \lim_{\substack{x \to 0 \\ y \to 0}} \sqrt{|xy|} = 0 = f(0, 0),$$

因此, $f(x,y)$ 在点 $(0,0)$ 处连续.

(2) 偏导数的存在性:

$$f_x(0,0) = \lim_{\Delta x \to 0} \frac{f(0+\Delta x, 0) - f(0,0)}{\Delta x} = \lim_{\Delta x \to 0} \frac{0-0}{\Delta x} = 0,$$

$$f_y(0,0) = \lim_{\Delta y \to 0} \frac{f(0, 0+\Delta y) - f(0,0)}{\Delta y} = \lim_{\Delta y \to 0} \frac{0-0}{\Delta y} = 0,$$

即 $f(x,y)$ 在点 $(0,0)$ 处的偏导数 $f_x(0,0)$, $f_y(0,0)$ 存在.

(3) 可微性:

$$\lim_{\rho \to 0} \frac{\Delta z - [f_x(0,0)\Delta x + f_y(0,0)\Delta y]}{\rho} = \lim_{\substack{\Delta x \to 0 \\ \Delta y \to 0}} \frac{\sqrt{|\Delta x \Delta y|}}{\sqrt{(\Delta x)^2 + (\Delta y)^2}},$$

由于

$$\lim_{\substack{\Delta x \to 0 \\ \Delta y = \Delta x}} \frac{\sqrt{|\Delta x \Delta y|}}{\sqrt{(\Delta x)^2 + (\Delta y)^2}} = \frac{1}{\sqrt{2}} \neq 0,$$

因此, $\Delta z - [f_x(0,0)\Delta x - f_y(0,0)\Delta y]$ 不是 ρ 的高阶无穷小, 故 $z = f(x,y)$ 在点 $(0,0)$ 处不可微.

注　(1) $z = f(x,y)$ 在点 (x_0, y_0) 可微当且仅当

$$\Delta z = f_x(x_0, y_0)\Delta x + f_y(x_0, y_0)\Delta y + o(\rho),$$

或

$$\Delta z - [f_x(x_0, y_0)\Delta x + f_y(x_0, y_0)\Delta y] = o(\rho),$$

其中 $\rho = \sqrt{\Delta x^2 + \Delta y^2}$.

(2) 多元函数的偏导数、全微分与连续性的关系:

偏导数存在 $\not\Rightarrow$ 连续;

可微 $\Rightarrow$ 偏导数存在, 但偏导数存在 $\not\Rightarrow$ 可微;

偏导数存在且连续 $\Rightarrow$ 可微 $\Rightarrow$ 连续.

例 5　求下列导数:

(1) $z = (1+xy)^{\frac{x}{y}}$, 求 $\dfrac{\partial z}{\partial x}, \dfrac{\partial z}{\partial y}$.

(2) $f(x,y) = x + (y-1)\arcsin\sqrt{\dfrac{x}{y}}$, 求 $f_x(x,1)$.

解　(1) **法 1**　取对数得

$$\ln z = \frac{x}{y}\ln(1+xy).$$

方程两边分别对 x, y 求导得

$$\frac{1}{z} \cdot \frac{\partial z}{\partial x} = \frac{1}{y} \ln(1 + xy) + \frac{x}{y} \cdot \frac{1}{1 + xy} \cdot y,$$

$$\frac{1}{z} \cdot \frac{\partial z}{\partial y} = -\frac{x}{y^2} \ln(1 + xy) + \frac{x}{y} \cdot \frac{1}{1 + xy} \cdot x,$$

则

$$\frac{\partial z}{\partial x} = (1 + xy)^{\frac{x}{y}} \left[\frac{1}{y} \ln(1 + xy) + \frac{x}{1 + xy} \right].$$

$$\frac{\partial z}{\partial y} = (1 + xy)^{\frac{x}{y}} \left[-\frac{x}{y^2} \ln(1 + xy) + \frac{x^2}{y(1 + xy)} \right]$$

$$= \frac{x}{y}(1 + xy)^{\frac{x}{y}} \left[\frac{x}{1 + xy} - \frac{1}{y} \ln(1 + xy) \right].$$

法 2　令 $z = u^v$, 其中 $u = 1 + xy$, $v = \dfrac{x}{y}$, 则

$$\frac{\partial z}{\partial x} = \frac{\partial z}{\partial u} \cdot \frac{\partial u}{\partial x} + \frac{\partial z}{\partial v} \cdot \frac{\partial v}{\partial x},$$

即

$$\frac{\partial z}{\partial x} = v u^{v-1} \cdot y + u^v \ln u \cdot \frac{1}{y}.$$

将 u, v 代入得

$$\frac{\partial z}{\partial x} = \frac{x}{y}(1 + xy)^{\frac{x}{y}-1} \cdot y + (1 + xy)^{\frac{x}{y}} \ln(1 + xy) \cdot \frac{1}{y}$$

$$= (1 + xy)^{\frac{x}{y}} \left[\frac{x}{1 + xy} + \frac{1}{y} \ln(1 + xy) \right].$$

同理可得: $\dfrac{\partial z}{\partial y} = \dfrac{x}{y}(1 + xy)^{\frac{x}{y}} \left[\dfrac{x}{1 + xy} - \dfrac{1}{y} \ln(1 + xy) \right].$

(2) **法 1**　由于

$$f'_x(x, y) = 1 + (y - 1) \cdot \frac{1}{\sqrt{1 - \dfrac{x}{y}}} \cdot \frac{1}{2} \frac{1}{\sqrt{\dfrac{x}{y}}} \cdot \frac{1}{y},$$

故 $f_x(x, 1) = 1$.

法 2　由于

$$f(x, 1) = x + 0 \cdot \arcsin \sqrt{\frac{x}{1}} = x,$$

故 $f_x(x, 1) = 1$.

注　$f_x(x_0, y_0) = \dfrac{\mathrm{d}}{\mathrm{d}x} f(x, y_0) \Big|_{x=x_0}$ 或 $f_x(x, y_0) = \dfrac{\mathrm{d}}{\mathrm{d}x} f(x, y_0)$.

例 6　(1) 设 $\mathrm{e}^z = xyz$, 求 $\dfrac{\partial^2 z}{\partial x^2}$;

(2) $u = u(x, y)$, $v = v(x, y)$, 由 $\begin{cases} u + v = x + y, \\ xu + yv = 1 \end{cases}$ 确定, 求 $\mathrm{d}u$, $\mathrm{d}v$.

解　(1) 方程两边同时对 x 求导得

$$\mathrm{e}^z \cdot \frac{\partial z}{\partial x} = y\left(z + x\frac{\partial z}{\partial x}\right).$$

因此

$$\frac{\partial z}{\partial x} = \frac{yz}{\mathrm{e}^z - xy} = \frac{yz}{xyz - xy} = \frac{z}{xz - x},$$

$$\frac{\partial^2 z}{\partial x^2} = \frac{\partial}{\partial x}\left(\frac{\partial z}{\partial x}\right) = \frac{\dfrac{\partial z}{\partial x}(xz - x) - z\left(z + x\dfrac{\partial z}{\partial x} - 1\right)}{(xz - x)^2}.$$

将 $\dfrac{\partial z}{\partial x} = \dfrac{z}{xz - x}$ 代入得

$$\frac{\partial^2 z}{\partial x^2} = \frac{\dfrac{z}{xz - x} \cdot (xz - x) - z\left(z + x \cdot \dfrac{z}{xz - x} - 1\right)}{(xz - x)^2}$$

$$= \frac{2z^2 - 2z - z^3}{x^2(z - 1)^3}.$$

(2) 方程两边同时对 x 求导得

$$\begin{cases} \dfrac{\partial u}{\partial x} + \dfrac{\partial v}{\partial x} = 1, \\ u + x\dfrac{\partial u}{\partial x} + y\dfrac{\partial v}{\partial x} = 0 \end{cases} \Rightarrow \begin{cases} \dfrac{\partial u}{\partial x} + \dfrac{\partial v}{\partial x} = 1, \\ x\dfrac{\partial u}{\partial x} + y\dfrac{\partial v}{\partial x} = -u, \end{cases}$$

解得

$$\frac{\partial u}{\partial x} = -\frac{u + y}{x - y}, \quad \frac{\partial v}{\partial x} = \frac{u + x}{x - y}.$$

同理可得

$$\frac{\partial u}{\partial y} = -\frac{v+y}{x-y}, \quad \frac{\partial v}{\partial y} = \frac{v+x}{x-y}.$$

于是

$$\mathrm{d}u = \frac{\partial u}{\partial x}\mathrm{d}x + \frac{\partial u}{\partial y}\mathrm{d}y = -\frac{u+y}{x-y}\mathrm{d}x - \frac{v+y}{x-y}\mathrm{d}y,$$

$$\mathrm{d}v = \frac{\partial v}{\partial x}\mathrm{d}x + \frac{\partial v}{\partial y}\mathrm{d}y = \frac{u+x}{x-y}\mathrm{d}x + \frac{v+x}{x-y}\mathrm{d}y.$$

例 7 (1) 设 $f\left(\dfrac{x}{y}, \sqrt{xy}\right) = \dfrac{x^3 - 2xy^2\sqrt{xy} + 3xy^4}{y^3}$, 求 $f_x(x,y)$, $f_y(x,y)$;

(2) $z = \dfrac{1}{x}f(xy) + yf(x-y)$, 其中 f 可微, 求 $\dfrac{\partial z}{\partial x}$, $\dfrac{\partial z}{\partial y}$;

(3) 设 $x^2 + z^2 = y\varphi\left(\dfrac{z}{y}\right)$, 其中 φ 可微, 求 $\dfrac{\partial z}{\partial x}$, $\dfrac{\partial z}{\partial y}$.

解 (1) $\qquad f\left(\dfrac{x}{y}, \sqrt{xy}\right) = \left(\dfrac{x}{y}\right)^3 - 2\dfrac{x}{y}\sqrt{xy} + 3xy.$

令 $\dfrac{x}{y} = u$, $\sqrt{xy} = v$, 则 $f(u,v) = u^3 - 2uv + 3v^2$, 故

$$f(x,y) = x^3 - 2xy + 3y^2.$$

于是 $f_x(x,y) = 3x^2 - 2y$, $f_y(x,y) = -2x + 6y$.

(2) 记 $u = xy$, $v = x - y$, 同时注意到 f 为一元函数, 得

$$\frac{\partial z}{\partial x} = -\frac{1}{x^2}f(u) + \frac{1}{x}f'(u) \cdot y + yf'(v) \cdot 1,$$

即

$$\frac{\partial z}{\partial x} = -\frac{1}{x^2}f(xy) + \frac{y}{x}f'(xy) + yf'(x-y).$$

同理

$$\frac{\partial z}{\partial y} = f'(xy) + f(x-y) - yf'(x-y).$$

(3) **法 1** 令 $F(x,y,z) = x^2 + z^2 - y\varphi\left(\dfrac{z}{y}\right)$, 则

$$F_x = 2x, \quad F_y = -\varphi\left(\frac{z}{y}\right) + \frac{z}{y}\varphi'\left(\frac{z}{y}\right), \quad F_z = 2z - \varphi'\left(\frac{z}{y}\right),$$

故

$$\frac{\partial z}{\partial x} = -\frac{F_x}{F_z} = -\frac{2x}{2z - \varphi'\left(\dfrac{z}{y}\right)}, \quad \frac{\partial z}{\partial y} = -\frac{F_y}{F_z} = \frac{y\varphi\left(\dfrac{z}{y}\right) - z\varphi'\left(\dfrac{z}{y}\right)}{2yz - y\varphi'\left(\dfrac{z}{y}\right)}.$$

法 2　方程两边同时对 x, y 求导得

$$2x + 2z \cdot \frac{\partial z}{\partial x} = y\varphi'\left(\frac{z}{y}\right) \cdot \frac{1}{y}\frac{\partial z}{\partial x},$$

$$2z \cdot \frac{\partial z}{\partial y} = \varphi\left(\frac{z}{y}\right) + y\varphi'\left(\frac{z}{y}\right)\left(-\frac{z}{y^2} + \frac{1}{y}\frac{\partial z}{\partial y}\right),$$

解得 $\dfrac{\partial z}{\partial x} = -\dfrac{2x}{2z - \varphi'\left(\dfrac{z}{y}\right)}, \dfrac{\partial z}{\partial y} = \dfrac{y\varphi\left(\dfrac{z}{y}\right) - z\varphi'\left(\dfrac{z}{y}\right)}{2yz - y\varphi'\left(\dfrac{z}{y}\right)}.$

例 8　设 $w = f(t)$, $t = \varphi(xy, x^2 + y^2)$, 其中 f, φ 具有连续的二阶导数及偏导数, 求 $\dfrac{\partial^2 w}{\partial x^2}$.

解　$\dfrac{\partial w}{\partial x} = f'(t) \cdot \dfrac{\partial t}{\partial x} = f'(t)(\varphi_1' \cdot y + \varphi_2' \cdot 2x),$

$$\frac{\partial^2 w}{\partial x^2} = f''(t) \cdot \frac{\partial t}{\partial x}(\varphi_1' \cdot y + \varphi_2' \cdot 2x) + f'(t) \cdot \frac{\partial}{\partial x}(\varphi_1' \cdot y + \varphi_2' \cdot 2x)$$

$$= f''(t) \cdot (\varphi_1' \cdot y + \varphi_2' \cdot 2x)^2 + f'(t)(\varphi_{11}'' \cdot y^2 + \varphi_{12}'' \cdot 2xy$$

$$+ 2\varphi_2' + 2x\varphi_{21}'' \cdot y + 2x\varphi_{22}'' \cdot 2x)$$

$$= f''(t) \cdot (\varphi_1' \cdot y + \varphi_2' \cdot 2x)^2$$

$$+ f'(t)(y^2\varphi_{11}'' + 4xy\varphi_{12}'' + 4x^2\varphi_{22}'' + 2\varphi_2').$$

例 9　设 $z = z(x, y)$ 是由方程 $F\left(x + \dfrac{z}{y}, y + \dfrac{z}{x}\right) = 0$ 所确定的, 其中 F 具有连续的偏导数, 证明

$$x\frac{\partial z}{\partial x} + y\frac{\partial z}{\partial y} = z - xy.$$

证明 方程两边同时对 x 求导得

$$F_1' \cdot \left(1 + \frac{1}{y}\frac{\partial z}{\partial x} \right) + F_2' \cdot \left(\frac{1}{x}\frac{\partial z}{\partial x} - \frac{z}{x^2} \right) = 0,$$

解得

$$x\frac{\partial z}{\partial x} = \frac{yzF_2' - x^2yF_1'}{xF_1' + yF_2'}.$$

同理可得

$$y\frac{\partial z}{\partial y} = \frac{xzF_1' - y^2xF_2'}{xF_1' + yF_2'}.$$

于是

$$
\begin{aligned}
x\frac{\partial z}{\partial x} + y\frac{\partial z}{\partial y} &= \frac{yzF_2' - x^2yF_1' + xzF_1' - y^2xF_2'}{xF_1' + yF_2'} \\
&= \frac{z(yF_2' + xF_1') - xy(xF_1' + yF_2')}{xF_1' + yF_2'} \\
&= z - xy.
\end{aligned}
$$

例 10 设函数 $z = z(x, y)$ 是由方程

$$\varphi(bz - cy, cx - az, ay - bx) = 0$$

确定的, 且 φ 具有连续的偏导数, 求 $a\dfrac{\partial z}{\partial x} + b\dfrac{\partial z}{\partial y}$.

解 方程两边同时对 x 求导得

$$\varphi_1' \cdot \left(b\frac{\partial z}{\partial x} \right) + \varphi_2' \cdot \left(c - a\frac{\partial z}{\partial x} \right) + \varphi_3' \cdot (-b) = 0,$$

解得

$$\frac{\partial z}{\partial x} = \frac{b\varphi_3' - c\varphi_2'}{b\varphi_1' - a\varphi_2'}.$$

同理可得

$$\frac{\partial z}{\partial y} = \frac{c\varphi_1' - a\varphi_3'}{b\varphi_1' - a\varphi_2'}.$$

因此

$$a\frac{\partial z}{\partial x} + b\frac{\partial z}{\partial y} = \frac{ab\varphi_3' - ac\varphi_2' + bc\varphi_1' - ab\varphi_3'}{b\varphi_1' - a\varphi_2'} = c.$$

例 11　设 $u(x,y)$ 具有连续的二阶偏导数, 且满足

$$\frac{\partial^2 u}{\partial x^2} - \frac{\partial^2 u}{\partial y^2} = 0, \quad u(x,2x) = x, \quad u_x(x,2x) = x^2,$$

求 $u_{xx}(x,2x)$, $u_{xy}(x,2x)$.

解　方程 $u(x,2x) = x$ 两边同时对 x 求导, 得

$$u_x(x,2x) \cdot 1 + u_y(x,2x) \cdot 2 = 1,$$

因 $u_x(x,2x) = x^2$, 故

$$u_y(x,2x) = \frac{1}{2}(1 - x^2).$$

两边再对 x 求导, 得

$$u_{yx}(x,2x) + 2u_{yy}(x,2x) = -x. \tag{①}$$

由 $u_x(x,2x) = x^2$ 两边对 x 求导得

$$u_{xx}(x,2x) + 2u_{xy}(x,2x) = 2x. \tag{②}$$

由 ①, ② 及 $u_{xy} = u_{yx}$, 并题设条件 $u_{xx} - u_{yy} = 0$, 解得

$$u_{xx}(x,2x) = u_{yy}(x,2x) = -\frac{4}{3}x,$$

$$u_{xy}(x,2x) = u_{yx}(x,2x) = \frac{5}{3}x.$$

例 12　设 $z = z(x,y)$ 满足方程 $z_x - z_y = 0$, 试求此方程在变量替换 $x = \dfrac{\xi + \eta}{2}, y = \dfrac{\xi - \eta}{2}$ 下的新方程, 并求出原方程的解 $z(x,y)$.

解　由变换式, 有

$$z = z(x,y) = z\left(\frac{\xi + \eta}{2}, \frac{\xi - \eta}{2}\right) = F(\xi, \eta),$$

其中 $\xi = x + y, \eta = x - y$.

由复合函数求导法则, 有

$$\frac{\partial z}{\partial x} = \frac{\partial z}{\partial \xi} \cdot \frac{\partial \xi}{\partial x} + \frac{\partial z}{\partial \eta} \cdot \frac{\partial \eta}{\partial x} = \frac{\partial z}{\partial \xi} + \frac{\partial z}{\partial \eta}.$$

同理

$$\frac{\partial z}{\partial y} = \frac{\partial z}{\partial \xi} - \frac{\partial z}{\partial \eta}.$$

代入原方程得

$$\frac{\partial z}{\partial \eta} = 0,$$

解此方程得 $z = \varphi(\xi)$ (φ 为任意可微函数), 故原方程的解为

$$z = \varphi(x + y).$$

例 13 设对任意 x 和 y, 有 $\left(\dfrac{\partial f}{\partial x}\right)^2 + \left(\dfrac{\partial f}{\partial y}\right)^2 = 4$, 用变量替换

$$\begin{cases} x = uv, \\ y = \dfrac{1}{2}(u^2 - v^2), \end{cases}$$

将 $f(x, y)$ 变换成函数 $g(u, v)$, 试求满足关系式:

$$a \left(\frac{\partial g}{\partial u}\right)^2 - b \left(\frac{\partial g}{\partial v}\right)^2 = u^2 + v^2$$

中的常数 a 和 b.

解 由已知条件, 得

$$g(u, v) = f \left[uv, \frac{1}{2}(u^2 - v^2)\right],$$

$$\frac{\partial g}{\partial u} = \frac{\partial f}{\partial x} \cdot \frac{\partial x}{\partial u} + \frac{\partial f}{\partial y} \cdot \frac{\partial y}{\partial u} = v\frac{\partial f}{\partial x} + u\frac{\partial f}{\partial y},$$

$$\frac{\partial g}{\partial v} = \frac{\partial f}{\partial x} \cdot \frac{\partial x}{\partial v} + \frac{\partial f}{\partial y} \cdot \frac{\partial y}{\partial v} = u\frac{\partial f}{\partial x} - v\frac{\partial f}{\partial y},$$

代入 $a \left(\dfrac{\partial g}{\partial u}\right)^2 - b \left(\dfrac{\partial g}{\partial v}\right)^2 = u^2 + v^2$, 得

$$a \left(v\frac{\partial f}{\partial x} + u\frac{\partial f}{\partial y}\right)^2 - b \left(u\frac{\partial f}{\partial x} - v\frac{\partial f}{\partial y}\right)^2 = u^2 + v^2,$$

即

$$(av^2 - bu^2)\left(\frac{\partial f}{\partial x}\right)^2 + (2a + 2b)uv\frac{\partial f}{\partial x}\frac{\partial f}{\partial y} + (au^2 - bv^2)\left(\frac{\partial f}{\partial y}\right)^2 = u^2 + v^2.$$

于是 $2a + 2b = 0$, 即 $a = -b$, 代入上式得

$$a(u^2 + v^2)\left[\left(\frac{\partial f}{\partial x}\right)^2 + \left(\frac{\partial f}{\partial y}\right)^2\right] = u^2 + v^2,$$

由于 $\left(\dfrac{\partial f}{\partial x}\right)^2 + \left(\dfrac{\partial f}{\partial y}\right)^2 = 4$, 所以 $4a = 1$, 即

$$a = \frac{1}{4}, \quad b = -\frac{1}{4}.$$

8.2　多元函数微分法的应用

一、知识要点

1. 曲线的切线与法平面.

(1) 设空间曲线 Γ 的参数方程为

$$\begin{cases} x = x(t), \\ y = y(t), \\ z = z(t), \end{cases}$$

则曲线 Γ 在点 $M_0(x_0, y_0, z_0)$ (对应的参数 $t = t_0$) 的切向量为

$$\boldsymbol{T} = \{x'(t_0), y'(t_0), z'(t_0)\},$$

其切线方程为

$$\frac{x - x_0}{x'(t_0)} = \frac{y - y_0}{y'(t_0)} = \frac{z - z_0}{z'(t_0)}.$$

法平面方程为

$$x'(t_0)(x - x_0) + y'(t_0)(y - y_0) + z'(t_0)(z - z_0) = 0.$$

(2) 设空间曲线 Γ 的一般方程为

$$\begin{cases} F(x, y, z) = 0, \\ G(x, y, z) = 0. \end{cases}$$

①

(i) 记 $\boldsymbol{n}_1 = \{F_x, F_y, F_z\}\big|_{M_0}$, $\boldsymbol{n}_2 = \{G_x, G_y, G_z\}\big|_{M_0}$, 则曲线 Γ 在点 M_0 的切向量为 $\boldsymbol{T} = \boldsymbol{n}_1 \times \boldsymbol{n}_2$.

(ii) 当 $\dfrac{\partial(F, G)}{\partial(y, z)}\bigg|_{M_0} \neq 0$ 时, 曲线 L 在点 M_0 处的切向量为

$$\boldsymbol{T} = \{1, y'(x_0), z'(x_0)\},$$

其中 $y'(x)$, $z'(x)$ 是通过方程组 ① 两边对 x 求导所得.

2. 曲面的切平面与法线.

设曲面 Σ 的方程为

$$F(x, y, z) = 0,$$

则曲面 Σ 在点 $M_0(x_0, y_0, z_0)$ 的法向量 $\boldsymbol{n} = \{F_x, F_y, F_z\}\big|_{M_0} = \{A, B, C\}$. 其切平面方程为

$$A(x - x_0) + B(y - y_0) + C(z - z_0) = 0.$$

法线方程为

$$\frac{x - x_0}{A} = \frac{y - y_0}{B} = \frac{z - z_0}{C}.$$

3. 方向导数与梯度.

(1) 方向导数: 设 $z = f(x, y)$ 在点 $P(x, y)$ 的某一邻域内有定义, 则函数在点 P 处沿射线 l 的方向导数定义为

$$\frac{\partial z}{\partial l} = \lim_{\rho \to 0} \frac{f(x + \Delta x, y + \Delta y) - f(x, y)}{\rho},$$

其中 $\rho = |PP'| = \sqrt{\Delta x^2 + \Delta y^2}$, 点 $P'(x + \Delta x, y + \Delta y)$ 为射线 l 上的另一点.

当 $z = f(x, y)$ 在点 $P(x, y)$ 处可微时, 有

$$\frac{\partial z}{\partial l} = \frac{\partial z}{\partial x} \cos \alpha + \frac{\partial z}{\partial y} \sin \alpha,$$

其中 α 为 x 轴到射线 l 的转角.

注 若三元函数 $u = f(x, y, z)$ 在点 $P(x, y, z)$ 处可微, 则 $u = f(x, y, z)$ 沿方向 $\boldsymbol{l} = \{\cos \alpha, \cos \beta, \cos \gamma\}$ 的方向导数为

$$\frac{\partial f}{\partial l} = \frac{\partial f}{\partial x} \cos \alpha + \frac{\partial f}{\partial y} \cos \beta + \frac{\partial f}{\partial z} \cos \gamma.$$

(2) 梯度: 函数 $u = f(x, y, z)$ 在点 $P(x, y, z)$ 的梯度为

$$\mathbf{grad}u = \frac{\partial f}{\partial x}\boldsymbol{i} + \frac{\partial f}{\partial y}\boldsymbol{j} + \frac{\partial f}{\partial z}\boldsymbol{k}.$$

方向导数与梯度的关系为

$$\frac{\partial u}{\partial l} = \mathbf{grad}u \cdot \boldsymbol{l}_0,$$

其中 $\boldsymbol{l}_0$ 为与 $\boldsymbol{l}$ 同方向的单位向量.

注　沿梯度方向的方向导数的值最大, 其值为 $|\mathbf{grad}u|$.

4. 多元函数的极值 (必要条件和充分条件)、条件极值和拉格朗日乘数法.

二、例题分析

例 1　求螺旋线 $x = a\cos t$, $y = a\sin t$, $z = bt$ 在任意点 M (对应 $t = t_0$) 处的切线及法平面方程, 并证明曲线上任意一点处的切线与 Oz 轴相交成定角.

解　　　　　　$x'(t) = -a\sin t$,　　$y'(t) = a\cos t$,　　$z'(t) = b$.

在该点处的切线方程为

$$\frac{x - a\cos t_0}{-a\sin t_0} = \frac{y - a\sin t_0}{a\cos t_0} = \frac{z - bt_0}{b}.$$

法平面方程为

$$-a\sin t_0(x - a\cos t_0) + a\cos t_0(y - a\sin t_0) + b(z - bt_0) = 0,$$

即 $ax\sin t_0 - ay\cos t_0 - bz + b^2 t_0 = 0$.

又曲线的切向量为 $\boldsymbol{T} = \{-a\sin t_0, a\cos t_0, b\}$, Oz 轴方向向量为 $\boldsymbol{k} = \{0, 0, 1\}$, 二者的交角 φ 的余弦

$$\cos\varphi = \frac{0 \cdot (-\sin t_0) + 0 \cdot (a\cos t_0) + 1 \cdot b}{\sqrt{(-a\sin t_0)^2 + (a\cos t_0)^2 + b^2}} = \frac{b}{\sqrt{a^2 + b^2}}$$

为常数, 故切线与 Oz 轴的交角为定角.

例 2　求空间曲线 Γ: $x = \dfrac{1}{4}t^4$, $y = \dfrac{1}{3}t^3$, $z = \dfrac{1}{2}t^2$ 平行于平面 Π: $x + 3y + 2z = 0$ 的切线方程.

解　设曲线上点 $M_0(x_0, y_0, z_0)$ (对应于 $t = t_0$) 处的切线平行于已知平面 Π. 又曲线 Γ 在点 M_0 的切向量为 $\boldsymbol{T} = \{t_0^3, t_0^2, t_0\}$. 所以, 由 $\boldsymbol{T} \cdot \boldsymbol{n} = 0$ 得

$$\{t_0^3, t_0^2, t_0\} \cdot \{1, 3, 2\} = t_0^3 + 3t_0^2 + 2t_0 = t_0(t_0 + 1)(t_0 + 2) = 0,$$

解得 $t_0 = 0$ $\left(\text{舍去, 因 } \boldsymbol{T}\big|_{t=0} = \boldsymbol{0}\right)$, $t_0 = -1$, $t_0 = -2$.

当 $t_0 = -1$ 时, 点 M_0 为 $\left(\dfrac{1}{4}, -\dfrac{1}{3}, \dfrac{1}{2}\right)$, 曲线的切向量为 $\boldsymbol{T} = \{-1, 1, -1\}$, 所求切线方程为

$$\frac{4x-1}{4} = \frac{3y+1}{-3} = \frac{2z-1}{2}.$$

当 $t_0 = -2$ 时, 点 M_0 为 $\left(4, -\dfrac{8}{3}, 2\right)$, 曲线的切向量为 $\boldsymbol{T} = \{-8, 4, -2\}$, 所求切线方程为

$$\frac{x-4}{4} = \frac{3y+8}{-6} = \frac{z-2}{1}.$$

例 3 设有曲面 Σ: $\dfrac{x^2}{2} + y^2 + \dfrac{z^2}{4} = 1$ 和平面 Π: $2x + 2y + z + 5 = 0$, 求 Σ 上某点的切平面, 使切平面与平面 Π 平行.

解 曲面 Σ 上任意一点 $M(x_0, y_0, z_0)$ 处的法向量为 $\boldsymbol{n} = \left\{x_0, 2y_0, \dfrac{1}{2}z_0\right\}$, 要使点 M 的切平面与平面 Π 平行, 则应有

$$\frac{x_0}{2} = \frac{2y_0}{2} = \frac{\frac{1}{2}z_0}{1} = t.$$

将 $x_0 = 2t$, $y_0 = t$, $z_0 = 2t$ 代入曲面方程得

$$\frac{4t^2}{2} + t^2 + \frac{4t^2}{4} = 1,$$

解得 $t = \pm\dfrac{1}{2}$, 于是得切点 M 的坐标为 $\left(1, \dfrac{1}{2}, 1\right)$ 或 $\left(-1, -\dfrac{1}{2}, -1\right)$, 因此切平面方程为

$$2(x-1) + 2\left(y - \frac{1}{2}\right) + (z-1) = 0$$

或

$$2(x+1) + 2\left(y + \frac{1}{2}\right) + (z+1) = 0,$$

即 $2x + 2y + z - 4 = 0$ 或 $2x + 2y + z + 4 = 0$.

例 4 求椭球面 Σ: $x^2 + 2y^2 + 3z^2 = 21$ 上某点 $M(x_0, y_0, z_0)$ 处的切平面 Π 的方程, 使平面 Π 过已知直线 L: $\dfrac{x-6}{2} = \dfrac{y-3}{1} = \dfrac{2z-1}{-2}$.

解　令 $F(x, y, z) = x^2 + 2y^2 + 3z^2 - 21$, 则

$$F_x = 2x, \quad F_y = 4y, \quad F_z = 6z,$$

椭球面在点 $M(x_0, y_0, z_0)$ 处的切平面 Π 的方程为

$$2x_0(x - x_0) + 4y_0(y - y_0) + 6z_0(z - z_0) = 0,$$

同时注意到 $x_0^2 + 2y_0^2 + 3z_0^2 = 21$, 故上述方程化简为

$$x_0 x + 2y_0 y + 3z_0 z = 21.$$

因为直线 L 在此平面上, 故任取 L 上两点 $A\left(6, 3, \dfrac{1}{2}\right)$, $B\left(0, 0, \dfrac{7}{2}\right)$, 代入平面 Π 的方程得

$$6x_0 + 6y_0 + \frac{3}{2}z_0 = 21, \tag{①}$$

$$z_0 = 2. \tag{②}$$

又因点 M 在曲面上, 故

$$x_0^2 + 2y_0^2 + 3z_0^2 = 21. \tag{③}$$

由 ①, ②, ③ 解得切点 M 的坐标为 $(3, 0, 2)$ 或 $(1, 2, 2)$, 因此所求切平面方程为

$$x + 2z = 7 \quad \text{或} \quad x + 4y + 6z = 21.$$

例 5　求空间曲线 $\begin{cases} x^2 + y^2 = \dfrac{1}{2}z^2, \\ x + y + 2z = 4 \end{cases}$ 在点 $M(1, -1, 2)$ 处的切线方程与法平面方程.

解法 1　设 $F(x, y, z) = x^2 + y^2 - \dfrac{1}{2}z^2$, $G(x, y, z) = x + y + 2z - 4$, 则

$$\boldsymbol{n}_1 = \{F_x, F_y, F_z\}_M = \{2, -2, -2\},$$

$$\boldsymbol{n}_2 = \{G_x, G_y, G_z\}_M = \{1, 1, 2\}.$$

则曲线在点 M 的切向量可取

$$\boldsymbol{T} = \boldsymbol{n}_1 \times \boldsymbol{n}_2 = \begin{vmatrix} \boldsymbol{i} & \boldsymbol{j} & \boldsymbol{k} \\ 2 & -2 & -2 \\ 1 & 1 & 2 \end{vmatrix} = \{-2, -6, 4\},$$

故所求切线方程为

$$\frac{x-1}{1} = \frac{y+1}{3} = \frac{z-2}{-2}.$$

法平面方程为

$$(x-1) + 3(y+1) - 2(z-2) = 0,$$

即 $x + 3y - 2z + 6 = 0$.

解法 2 设曲线的参数方程为

$$\begin{cases} x = x, \\ y = y(x), \\ z = z(x). \end{cases}$$

将方程组 $\begin{cases} x^2 + y^2 = \dfrac{1}{2}z^2, \\ x + y + 2z = 4 \end{cases}$ 对 x 求导得

$$\begin{cases} 2x + 2y \cdot y'(x) = z \cdot z'(x), \\ 1 + y'(x) + 2z'(x) = 0, \end{cases}$$

解得

$$y'(x) = \frac{-(4x+z)}{4y+z}, \quad z'(x) = \frac{2x-2y}{4y+z}.$$

曲线在点 M 处的切向量为

$$\boldsymbol{T} = \{1, y'(x), z'(x)\}_M = \{1, 3, -2\},$$

故所求切线方程为

$$\frac{x-1}{1} = \frac{y+1}{3} = \frac{z-2}{-2}.$$

法平面方程为 $x + 3y - 2z + 6 = 0$.

例 6 设函数 $F(u, v, w)$ 是可微函数, 且

$$F_u(2,2,2) = F_w(2,2,2) = 3, \quad F_v(2,2,2) = -6,$$

曲面 $F(x+y, y+z, z+x) = 0$ 过点 $(1,1,1)$, 求曲面过该点的切平面与法线方程.

解 设 $G(x,y,z) = F(x+y, y+z, z+x)$, 则

$$G_x = F_u + F_w, \quad G_y = F_u + F_v, \quad G_z = F_v + F_w,$$

在点 $(1, 1, 1)$ 处

$$u = x + y = 2, \quad v = y + z = 2, \quad w = z + x = 2,$$

故

$$G_x(1, 1, 1) = F_u(2, 2, 2) + F_w(2, 2, 2) = 6,$$

$$G_y(1, 1, 1) = F_u(2, 2, 2) + F_v(2, 2, 2) = -3,$$

$$G_z(1, 1, 1) = F_v(2, 2, 2) + F_w(2, 2, 2) = -3,$$

所以, 曲面的法向量为 $\boldsymbol{n} = \{6, -3, -3\}$. 故所求的切平面方程为

$$2(x - 1) - (y - 1) - (z - 1) = 0,$$

即

$$2x - y - z = 0.$$

法线方程为 $\dfrac{x - 1}{2} = \dfrac{y - 1}{-1} = \dfrac{z - 1}{-1}$.

例 7　求函数 $z = \ln(x + y)$ 在位于抛物线 $y^2 = 4x$ 上点 $(1, 2)$ 处沿着该抛物线在此点切线方向的方向导数.

解　先求曲线 $y^2 = 4x$ 在点 $(1, 2)$ 处的切线方向, 即切线与 x 轴正向的夹角 α, 为此, 求 $y'\big|_{x=1}$.

由于 $2yy' = 4$, 故 $y' = \dfrac{2}{y}$, 因此 $y'\big|_{x=1} = 1$. 注意, 切线有两个方向角, 因此取

$$\alpha = \frac{\pi}{4} \quad \text{或} \quad \alpha = \frac{5}{4}\pi.$$

又

$$\frac{\partial z}{\partial x}\bigg|_{(1,2)} = \frac{1}{x + y}\bigg|_{(1,2)} = \frac{1}{3},$$

$$\frac{\partial z}{\partial y}\bigg|_{(1,2)} = \frac{1}{x + y}\bigg|_{(1,2)} = \frac{1}{3},$$

因此, 当 $\alpha = \dfrac{\pi}{4}$ 时

$$\frac{\partial z}{\partial l} = \frac{1}{3}\cos\frac{\pi}{4} + \frac{1}{3}\sin\frac{\pi}{4} = \frac{\sqrt{2}}{3}.$$

当 $\alpha = \dfrac{5}{4}\pi$ 时

$$\frac{\partial z}{\partial l} = \frac{1}{3}\cos\frac{5}{4}\pi + \frac{1}{3}\sin\frac{5}{4}\pi = -\frac{\sqrt{2}}{3}.$$

例 8 求函数 $z = 1 - \left(\dfrac{x^2}{a^2} + \dfrac{y^2}{b^2}\right)$ 在点 $P\left(\dfrac{a}{\sqrt{2}}, \dfrac{b}{\sqrt{2}}\right)$ 处沿曲线 $\dfrac{x^2}{a^2} + \dfrac{y^2}{b^2} = 1$ 在该点的内法线方向导数.

解 令 $f(x, y) = \dfrac{x^2}{a^2} + \dfrac{y^2}{b^2}$, 则

$$\mathbf{grad}f(x, y) = \frac{2x}{a^2}\boldsymbol{i} + \frac{2y}{b^2}\boldsymbol{j}.$$

曲线 $\dfrac{x^2}{a^2} + \dfrac{y^2}{b^2} = 1$ (为 $w = f(x, y)$ 的等高线) 在点 P 处的法线方向为

$$\boldsymbol{n} = \pm\mathbf{grad}f(x, y)|_P = \pm\left\{\frac{\sqrt{2}}{a}, \frac{\sqrt{2}}{b}\right\}.$$

由于梯度方向从低值指向高值, 故内法线方向为

$$\boldsymbol{n}_{內} = -\mathbf{grad}f(x, y)|_P = -\left\{\frac{\sqrt{2}}{a}, \frac{\sqrt{2}}{b}\right\},$$

即

$$\cos\alpha = -\frac{b}{\sqrt{a^2 + b^2}}, \quad \cos\beta = -\frac{a}{\sqrt{a^2 + b^2}}.$$

又

$$\frac{\partial z}{\partial x}\bigg|_P = -\frac{\sqrt{2}}{a}, \quad \frac{\partial z}{\partial y}\bigg|_P = -\frac{\sqrt{2}}{b},$$

于是

$$\frac{\partial z}{\partial n} = \left(-\frac{\sqrt{2}}{a}\right)\left(-\frac{b}{\sqrt{a^2 + b^2}}\right) + \left(-\frac{\sqrt{2}}{b}\right)\left(-\frac{a}{\sqrt{a^2 + b^2}}\right) = \frac{1}{ab}\sqrt{2(a^2 + b^2)}.$$

例 9 在椭球面 $2x^2 + 2y^2 + z^2 = 1$ 上求一点, 使得函数

$$f(x, y, z) = x^2 + y^2 + z^2$$

沿着方向 $\overrightarrow{AB} = \{1, -1, 0\}$ 的方向导数具有最大值.

解法 1　设所求椭球面上的点为 $M(x_0, y_0, z_0)$, 函数 $f(x, y, z)$ 在点 M 处的梯度为

$$\mathbf{grad} f(x_0, y_0, z_0) = \{2x_0, 2y_0, 2z_0\}.$$

因为 $f(x, y, z)$ 在点 M 沿其梯度方向导数最大, 故梯度 $\mathbf{grad} f(x_0, y_0, z_0)$ 与 $\overrightarrow{AB}$ 同方向. 因此 $\mathbf{grad} f = \lambda \overrightarrow{AB}$ $(\lambda > 0$, 待定$)$, 即

$$\begin{cases} 2x_0 = \lambda, \\ 2y_0 = -\lambda, \\ 2z_0 = 0 \end{cases} \Rightarrow \begin{cases} x_0 = \dfrac{\lambda}{2}, \\ y_0 = -\dfrac{\lambda}{2}, \\ z_0 = 0. \end{cases}$$

又点 $M(x_0, y_0, z_0)$ 在椭球面上, 所以有

$$2 \cdot \left(\frac{\lambda}{2}\right)^2 + 2 \cdot \left(-\frac{\lambda}{2}\right)^2 + 0 = 1.$$

解得 $\lambda = 1$, 故所求的点为 $M\left(\dfrac{1}{2}, -\dfrac{1}{2}, 0\right)$.

解法 2　$\overrightarrow{AB}$ 的方向余弦为

$$\boldsymbol{a}_0 = \{\cos\alpha, \cos\beta, \cos\gamma\} = \left\{\frac{1}{\sqrt{2}}, -\frac{1}{\sqrt{2}}, 0\right\},$$

所以

$$\frac{\partial f}{\partial l} = \frac{\partial f}{\partial x}\cos\alpha + \frac{\partial f}{\partial y}\cos\beta + \frac{\partial f}{\partial z}\cos\gamma$$

$$= 2x \cdot \frac{1}{\sqrt{2}} + 2y \cdot \left(-\frac{1}{\sqrt{2}}\right) + 2z \cdot 0 = \sqrt{2}(x - y).$$

问题归结为求 $\dfrac{\partial f}{\partial l}$ 在条件 $2x^2 + 2y^2 + z^2 = 1$ 的最大值, 引入拉格朗日函数

$$F(x, y, z) = \sqrt{2}(x - y) + \lambda(2x^2 + 2y^2 + z^2 - 1),$$

令

$$\begin{cases} F_x = \sqrt{2} + 4\lambda x = 0, \\ F_y = -\sqrt{2} + 4\lambda y = 0, \\ F_z = 2\lambda z = 0, \\ 2x^2 + 2y^2 + z^2 - 1 = 0, \end{cases}$$

解得

$$x = -y = \pm\frac{1}{2}, \quad z = 0.$$

在点 $\left(\frac{1}{2}, -\frac{1}{2}, 0\right)$ 处, $\frac{\partial f}{\partial l} = \sqrt{2}$; 在点 $\left(-\frac{1}{2}, \frac{1}{2}, 0\right)$ 处, $\frac{\partial f}{\partial l} = -\sqrt{2}$.

由于 $\frac{\partial f}{\partial l}$ 在椭球面上连续, 故 $\frac{\partial f}{\partial l}$ 在椭球面一定存在最大值, $\left(\frac{1}{2}, -\frac{1}{2}, 0\right)$ 即为所求最大值点.

例 10 设 $f(x, y, z) = \ln(x^2 + y^2 + z^2)$, 求:

(1) $f(x, y, z)$ 在点 $A(1, 2, -2)$ 处的梯度;

(2) 何处梯度平行于 $\boldsymbol{a} = \boldsymbol{i} + 2\boldsymbol{k}$?

(3) 何处梯度垂直于 $\boldsymbol{a} = \boldsymbol{i} + 2\boldsymbol{k}$?

(4) 何处梯度为 $\boldsymbol{0}$?

解 $\operatorname{\mathbf{grad}} f(x, y, z) = \frac{\partial f}{\partial x}\boldsymbol{i} + \frac{\partial f}{\partial y}\boldsymbol{j} + \frac{\partial f}{\partial z}\boldsymbol{k}$

$$= \frac{2x}{x^2 + y^2 + z^2}\boldsymbol{i} + \frac{2y}{x^2 + y^2 + z^2}\boldsymbol{j} + \frac{2z}{x^2 + y^2 + z^2}\boldsymbol{k}.$$

(1) $\operatorname{\mathbf{grad}} f(1, 2, -2) = \frac{2}{9}\boldsymbol{i} + \frac{4}{9}\boldsymbol{j} - \frac{4}{9}\boldsymbol{k}$;

(2) 要使 $\operatorname{\mathbf{grad}} f(x, y, z) // \boldsymbol{a}$, 则应有

$$\frac{2x}{x^2 + y^2 + z^2} : 1 = \frac{2y}{x^2 + y^2 + z^2} : 0 = \frac{2z}{x^2 + y^2 + z^2} : 2,$$

即

$$\frac{2x}{1} = \frac{y}{0} = \frac{z}{1}.$$

上述直线上的点处的梯度平行于 $\boldsymbol{a}$.

(3) 要使 $\operatorname{\mathbf{grad}} f(x, y, z) \perp \boldsymbol{a}$, 则应有

$$\frac{2x}{x^2 + y^2 + z^2} \cdot 1 + \frac{2y}{x^2 + y^2 + z^2} \cdot 0 + \frac{2z}{x^2 + y^2 + z^2} \cdot 2 = 0,$$

即

$$x + 2z = 0.$$

上述平面上的点处的梯度垂直于 $\boldsymbol{a}$.

(4) 要使 $\mathbf{grad} f(x, y, z) = \mathbf{0}$, 则应有

$$\begin{cases} \dfrac{2x}{x^2 + y^2 + z^2} = 0, \\ \dfrac{2y}{x^2 + y^2 + z^2} = 0, \\ \dfrac{2z}{x^2 + y^2 + z^2} = 0, \end{cases} \quad \text{即} \begin{cases} x = 0, \\ y = 0, \\ z = 0, \end{cases}$$

故 $\mathbf{grad} f(0, 0, 0) = \mathbf{0}$.

例 11　设 $f(x, y) = 3x + 4y - ax^2 - 2ay^2 - 2bxy$, 试问 a, b 应满足什么条件时, $f(x, y)$ 有极大值, 有极小值?

解　令

$$\begin{cases} f_x(x, y) = 3 - 2ax - 2by = 0, \\ f_y(x, y) = 4 - 4ay - 2bx = 0. \end{cases}$$

当 $2a^2 - b^2 \neq 0$ 时, 解得驻点为

$$x_0 = \frac{3a - 2b}{2a^2 - b^2}, \quad y_0 = \frac{4a - 3b}{2(2a^2 - b^2)}.$$

记

$$A = f_{xx}(x_0, y_0) = -2a,$$

$$B = f_{xy}(x_0, y_0) = -2b,$$

$$C = f_{yy}(x_0, y_0) = -4a,$$

则有

$$B^2 - AC = -4(2a^2 - b^2).$$

当 $B^2 - AC < 0$ 即 $2a^2 - b^2 > 0$ 时, $f(x, y)$ 有极值.

此时, 当 $A = -2a > 0$, 即 $a < 0$ 时, $f(x, y)$ 有极小值, 当 $A = -2a < 0$, 即 $a > 0$ 时, $f(x, y)$ 有极大值.

例 12　求由方程 $2x^2 + y^2 + z^2 + 2xy - 2x - 2y - 4z + 4 = 0$ 所确定的函数 $z = z(x, y)$ 的极值.

解　由隐函数求导数得

$$4x + 2z\frac{\partial z}{\partial x} + 2y - 2 - 4\frac{\partial z}{\partial x} = 0, \qquad \text{①}$$

$$2y + 2z\frac{\partial z}{\partial y} + 2x - 2 - 4\frac{\partial z}{\partial y} = 0. \qquad \text{②}$$

由极值的必要条件有 $\dfrac{\partial z}{\partial x} = \dfrac{\partial z}{\partial y} = 0$, 于是

$$\begin{cases} 2x + y - 1 = 0, \\ y + x - 1 = 0, \end{cases}$$

解得驻点为 $(0, 1)$.

将 $x = 0$, $y = 1$ 代入题中原方程, 解得两个隐函数的值分别为

$$z_1 = z_1(0, 1) = 1, \quad z_2 = z_2(0, 1) = 3.$$

对式 ①, ② 求二阶导数

$$4 + 2\left(\frac{\partial z}{\partial x}\right)^2 + 2z\frac{\partial^2 z}{\partial x^2} - 4\frac{\partial^2 z}{\partial x^2} = 0, \tag{③}$$

$$2\frac{\partial z}{\partial x}\frac{\partial z}{\partial y} + 2z\frac{\partial^2 z}{\partial x \partial y} + 2 - 4\frac{\partial^2 z}{\partial x \partial y} = 0, \tag{④}$$

$$2 + 2\left(\frac{\partial z}{\partial y}\right)^2 + 2z\frac{\partial^2 z}{\partial y^2} - 4\frac{\partial^2 z}{\partial y^2} = 0, \tag{⑤}$$

先将 $x = 0$, $y = 1$, $z_1 = 1$ 代入式 ③, ④, ⑤, 得

$$A_1 = \frac{\partial^2 z}{\partial x^2} = 2 > 0, \quad B_1 = \frac{\partial^2 z}{\partial x \partial y} = 1, \quad C_1 = \frac{\partial^2 z}{\partial y^2} = 1,$$

$$B_1^2 - A_1 C_1 = -1 < 0,$$

故隐函数 $z_1(x, y)$ 在 $(0, 1)$ 有极小值 1.

再将 $x = 0$, $y = 1$, $z_2 = 3$ 代入式 ③, ④, ⑤, 得

$$A_2 = -2 < 0, \quad B_2 = -1, \quad C_2 = -1,$$

$$B_2^2 - A_2 C_2 = -1 < 0,$$

故隐函数 $z_2(x, y)$ 在 $(0, 1)$ 有极大值 3.

例 13 求函数 $z = f(x, y) = x^2 + y^2 + 2xy - 2x$ 在区域 D: $x^2 + y^2 \leqslant 1$ 上的最值.

解 先求函数在 D 内的驻点, 因为方程组

$$\begin{cases} f_x = 2x + 2y - 2 = 0, \\ f_y = 2y + 2x = 0 \end{cases}$$

无解, 可知该函数在 D 内无驻点.

再求函数在区域 D 的边界上的可疑点, 等价于求

$$z = f(x, y) = x^2 + y^2 + 2xy - 2x$$

在条件 $x^2 + y^2 - 1 = 0$ 下的极值点, 引入拉格朗日函数

$$F(x, y) = x^2 + y^2 + 2xy - 2x + \lambda(x^2 + y^2 - 1),$$

令

$$\begin{cases} F_x = 2x + 2y - 2 + 2\lambda x = 0, \\ F_y = 2y + 2x + 2\lambda y = 0, \\ x^2 + y^2 - 1 = 0, \end{cases}$$

得驻点为 $\left(-\dfrac{\sqrt{3}}{2}, -\dfrac{1}{2}\right), \left(\dfrac{\sqrt{3}}{2}, -\dfrac{1}{2}\right), (0, 1)$.

又

$$f\left(-\frac{\sqrt{3}}{2}, -\frac{1}{2}\right) = 1 + \frac{3}{2}\sqrt{3},$$

$$f\left(\frac{\sqrt{3}}{2}, -\frac{1}{2}\right) = 1 - \frac{3}{2}\sqrt{3}, \quad f(0, 1) = 1,$$

因此, 最大值为 $1 + \dfrac{3}{2}\sqrt{3}$, 最小值为 $1 - \dfrac{3}{2}\sqrt{3}$.

例 14　求内接于椭球面 $\dfrac{x^2}{a^2} + \dfrac{y^2}{b^2} + \dfrac{z^2}{c^2} = 1$ 且棱平行于对称轴的最大长方体.

解　设内接长方体在第一象限的顶点坐标为 (x, y, z), 则问题归结为求 $V = 8xyz$ 在条件

$$\frac{x^2}{a^2} + \frac{y^2}{b^2} + \frac{z^2}{c^2} = 1 \quad (x > 0, y > 0, z > 0)$$

下的最大值, 引入拉格朗日函数

$$F(x, y, z) = xyz + \lambda\left(\frac{x^2}{a^2} + \frac{y^2}{b^2} + \frac{z^2}{c^2} - 1\right),$$

令

$$\begin{cases} F_x = yz + \dfrac{2\lambda}{a^2}x = 0, \\[2mm] F_y = xz + \dfrac{2\lambda}{b^2}y = 0, \\[2mm] F_z = xy + \dfrac{2\lambda}{c^2}z = 0, \\[2mm] \dfrac{x^2}{a^2} + \dfrac{y^2}{b^2} + \dfrac{z^2}{c^2} - 1 = 0. \end{cases}$$

解此方程组得 $\dfrac{x^2}{a^2} = \dfrac{y^2}{b^2} = \dfrac{z^2}{c^2} = \dfrac{1}{3}$, 从而, 有

$$x = \frac{a}{\sqrt{3}}, \quad y = \frac{b}{\sqrt{3}}, \quad z = \frac{c}{\sqrt{3}}.$$

根据问题的实际意义知, V 的最大值为 $\dfrac{8}{3\sqrt{3}}abc$.

第 9 章 重 积 分

9.1 二 重 积 分

一、知识要点

1. 二重积分的定义.

$$\iint\limits_{D} f(x,y)\mathrm{d}\sigma = \lim_{\lambda \to 0} \sum_{i=1}^{n} f\left(\xi_i, \eta_i\right)\Delta\sigma_i.$$

注 (1) 二重积分存在定理: 若 $f(x,y)$ 在闭区域 D 上连续, 则 $f(x,y)$ 在 D 上的二重积分存在.

(2) $\iint\limits_{D} f(x,y)\mathrm{d}\sigma$ 中的面积元素 $\mathrm{d}\sigma$ 象征着积分和式中的 $\Delta\sigma_i$. 若用一组平行于坐标轴的直线来划分区域 D, 可以将 $\mathrm{d}\sigma$ 记作 $\mathrm{d}x\mathrm{d}y$ (并称 $\mathrm{d}x\mathrm{d}y$ 为直角坐标系下的面积元素), 二重积分也可表示成 $\iint\limits_{D} f(x,y)\mathrm{d}x\mathrm{d}y$.

(3) 几何意义: 当 $z = f(x,y) \geqslant 0$ 时, 二重积分 I 表示以 $z = f(x,y)$ 为曲顶, 以在 xOy 面的投影 D 为底的柱体体积.

2. 二重积分的性质.

(1) 线性性: 设 α, β 为任意实数, 则有

$$\iint\limits_{D} [\alpha f(x,y) + \beta g(x,y)]\mathrm{d}x\mathrm{d}y = \alpha \iint\limits_{D} f(x,y)\mathrm{d}x\mathrm{d}y + \beta \iint\limits_{D} g(x,y)\mathrm{d}x\mathrm{d}y.$$

(2) 关于区域的可加性: 如果闭区域 D 可以被分为有限个互不相交有界闭区域的交集, 则在 D 上的二重积分等于各部分的二重积分之和. 设 D 可分为 D_1 与 D_2, 则有

$$\iint\limits_{D} f(x,y)\mathrm{d}x\mathrm{d}y = \iint\limits_{D_1} f(x,y)\mathrm{d}x\mathrm{d}y + \iint\limits_{D_2} f(x,y)\mathrm{d}x\mathrm{d}y.$$

(3) $\iint\limits_{D} 1\mathrm{d}x\mathrm{d}y = A$, 其中 A 为区域 D 的面积.

(4) 比较定理: 如果在 D 上恒有 $f(x,y) \leqslant g(x,y)$ 成立, 则有

$$\iint\limits_{D} f(x,y)\mathrm{d}x\mathrm{d}y \leqslant \iint\limits_{D} g(x,y)\mathrm{d}x\mathrm{d}y.$$

推论 1 设 M, m 分别是函数 $f(x,y)$ 在区域 D 上的最大值与最小值, δ 是区域 D 的面积, 则有 $m\delta \leqslant \iint\limits_{D} f(x,y)\mathrm{d}x\mathrm{d}y \leqslant M\delta.$

推论 2 (二重积分中值定理) 设函数 $f(x,y)$ 在闭区域 D 上连续, δ 是区域 D 的面积, 则在区域 D 上至少存在一点 (ξ, η) 使得 $\iint\limits_{D} f(x,y)\mathrm{d}x\mathrm{d}y = f(\xi,\eta)\delta.$

3. 二重积分的计算.

(1) 利用直角坐标计算二重积分.

① 若 D 为 X-型域 (如图 9-1), 则 D 可表示为

$$\begin{cases} a \leqslant x \leqslant b, \\ y_1(x) \leqslant y \leqslant y_2(x), \end{cases}$$

此时,

$$\iint\limits_{D} f(x,y)\mathrm{d}x\mathrm{d}y = \int_a^b \mathrm{d}x \int_{y_1(x)}^{y_2(x)} f(x,y)\mathrm{d}y.$$

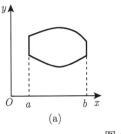 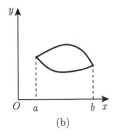

图 9-1

② 若 D 为 Y-型域 (如图 9-2), 则 D 可表示为

$$\begin{cases} c \leqslant y \leqslant d, \\ x_1(y) \leqslant x \leqslant x_2(y), \end{cases}$$

此时,

$$\iint\limits_{D} f(x,y)\mathrm{d}x\mathrm{d}y = \int_{c}^{d} \mathrm{d}y \int_{x_1(y)}^{x_2(y)} f(x,y)\mathrm{d}x.$$

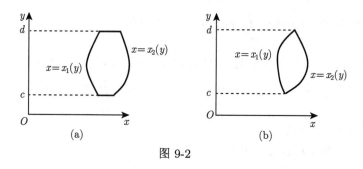

图 9-2

(2) 利用极坐标计算二重积分.

① 若 D (如图 9-3) 可表示为

$$\begin{cases} \alpha \leqslant \theta \leqslant \beta, \\ 0 \leqslant r \leqslant r(\theta), \end{cases}$$

则

$$\iint\limits_{D} f(x,y)\mathrm{d}x\mathrm{d}y = \int_{\alpha}^{\beta} \mathrm{d}\theta \int_{0}^{r(\theta)} f(r\cos\theta, r\sin\theta) r\mathrm{d}r.$$

② 若 D (如图 9-4) 可表示为

$$\begin{cases} \alpha \leqslant \theta \leqslant \beta, \\ r_1(\theta) \leqslant r \leqslant r_2(\theta), \end{cases}$$

则

$$\iint\limits_{D} f(x,y)\mathrm{d}x\mathrm{d}y = \int_{\alpha}^{\beta} \mathrm{d}\theta \int_{r_1(\theta)}^{r_2(\theta)} f(r\cos\theta, r\sin\theta) r\mathrm{d}r.$$

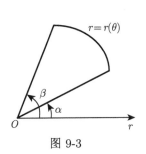

图 9-3

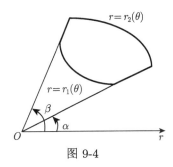

图 9-4

注 当积分区域为圆形或与圆有关 (环形、扇形或边界的一部分为圆弧), 且被积函数可以写成 $f\left(x^2 + y^2\right)$ 或含有较多的 $x^2 + y^2$ 时, 可以考虑用极坐标计算.

直角坐标与极坐标的转换公式为

$$\iint\limits_{D} f(x, y)\mathrm{d}x\mathrm{d}y = \iint\limits_{D} f(r\cos\theta, r\sin\theta)r\mathrm{d}\rho\mathrm{d}\theta.$$

(3) 利用对称性计算二重积分.

① 若 $D = D_1 \cup D_2$ 关于 x 轴对称, 则

$$\iint\limits_{D} f(x, y)\mathrm{d}x\mathrm{d}y = \begin{cases} 0, & \text{当 } f(x, -y) = -f(x, y), \\ 2\iint\limits_{D_1} f(x, y)\mathrm{d}x\mathrm{d}y, & \text{当 } f(x, -y) = f(x, y). \end{cases}$$

② 若 $D = D_1 \cup D_2$ 关于 y 轴对称, 则

$$\iint\limits_{D} f(x, y)\mathrm{d}x\mathrm{d}y = \begin{cases} 0, & \text{当 } f(-x, y) = -f(x, y), \\ 2\iint\limits_{D_1} f(x, y)\mathrm{d}x\mathrm{d}y, & \text{当 } f(-x, y) = f(x, y). \end{cases}$$

③ 若 $D = D_1 \cup D_2$ 关于原点对称, 则

$$\iint\limits_{D} f(x, y)\mathrm{d}x\mathrm{d}y = \begin{cases} 0, & \text{当 } f(-x, -y) = -f(x, y), \\ 2\iint\limits_{D_1} f(x, y)\mathrm{d}x\mathrm{d}y, & \text{当 } f(-x, -y) = f(x, y). \end{cases}$$

④ 若 D 关于直线 $y = x$ 对称, 则

$$\iint\limits_{D} f(x,y)\mathrm{d}x\mathrm{d}y = \iint\limits_{D} f(y,x)\mathrm{d}x\mathrm{d}y.$$

4. 二重积分的换元法.

设变量替换: $x = x(u,v)$, $y = y(u,v)$ 将 uOv 平面上的有界闭区域 D' 一对一变为 xOy 平面上的有界闭区域 D, 且 $x = x(u,v)$, $y = y(u,v)$ 在 D' 有连续的一阶偏导数, 则

$$\iint\limits_{D} f(x,y)\mathrm{d}x\mathrm{d}y = \iint\limits_{D'} f[x(u,v),y(u,v)]\,|J|\mathrm{d}u\mathrm{d}v,$$

其中 $J = \dfrac{\partial(x,y)}{\partial(u,v)} \neq 0$.

5. 二重积分的应用.

(1) 设曲面 Σ 的方程为 $z = f(x,y)$, 它在 xOy 面上的投影区域为 D, 且 $f(x,y)$ 在 D 上有连续的一阶偏导数, 则曲面 Σ 的面积为

$$A = \iint\limits_{D} \sqrt{1 + z_x^2 + z_y^2}\mathrm{d}x\mathrm{d}y.$$

(2) 设平面薄片的面密度为 $\rho = \rho(x,y)$, 薄片占有 xOy 面上的闭区域 D, 则

① 薄片的质量: $M = \iint\limits_{D} \rho(x,y)\mathrm{d}x\mathrm{d}y$.

② 薄片的重心:

$$\overline{x} = \frac{\iint\limits_{D} x\rho(x,y)\mathrm{d}x\mathrm{d}y}{\iint\limits_{D} \rho(x,y)\mathrm{d}x\mathrm{d}y}, \quad \overline{y} = \frac{\iint\limits_{D} y\rho(x,y)\mathrm{d}x\mathrm{d}y}{\iint\limits_{D} \rho(x,y)\mathrm{d}x\mathrm{d}y}.$$

③ 薄片的转动惯量:

$$I_x = \iint\limits_{D} y^2\rho(x,y)\mathrm{d}x\mathrm{d}y, \quad I_y = \iint\limits_{D} x^2\rho(x,y)\mathrm{d}x\mathrm{d}y,$$

$$I_O = \iint\limits_{D} (x^2 + y^2)\rho(x,y)\mathrm{d}x\mathrm{d}y.$$

二、例题分析

例 1　计算二重积分 $\displaystyle\iint\limits_{D}\frac{x^2}{y^2}\mathrm{d}x\mathrm{d}y$, 其中 D 是由直线 $y=x, x=2, xy=1$ 围

成的区域, 如图 9-5.

解法 1　将区域 D 看作 X-型域, 则 D 可
表示为

$$D:\begin{cases} 1\leqslant x\leqslant 2,\\ \dfrac{1}{x}\leqslant y\leqslant x, \end{cases}$$

于是

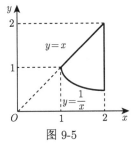

图 9-5

$$\iint\limits_{D}\frac{x^2}{y^2}\mathrm{d}x\mathrm{d}y=\int_{1}^{2}\mathrm{d}x\int_{1/x}^{x}\frac{x^2}{y^2}\mathrm{d}y=\int_{1}^{2}x^2\left(-\frac{1}{x}+x\right)\mathrm{d}x=\frac{9}{4}.$$

解法 2　将区域 D 看作 Y-型域, 则 $D=D_1\cup D_2$, 其中

$$D_1:\begin{cases} \dfrac{1}{2}\leqslant y\leqslant 1,\\ \dfrac{1}{y}\leqslant x\leqslant 2, \end{cases}\qquad D_2:\begin{cases} 1\leqslant y\leqslant 2,\\ y\leqslant x\leqslant 2, \end{cases}$$

故

$$\begin{aligned}
\iint\limits_{D}\frac{x^2}{y^2}\mathrm{d}x\mathrm{d}y &= \iint\limits_{D_1}\frac{x^2}{y^2}\mathrm{d}x\mathrm{d}y+\iint\limits_{D_2}\frac{x^2}{y^2}\mathrm{d}x\mathrm{d}y\\
&= \int_{1/2}^{1}\mathrm{d}y\int_{1/y}^{2}\frac{x^2}{y^2}\mathrm{d}x+\int_{1}^{2}\mathrm{d}y\int_{y}^{2}\frac{x^2}{y^2}\mathrm{d}x\\
&= \int_{1/2}^{1}\left(\frac{8}{3y^2}-\frac{1}{3y^5}\right)\mathrm{d}y+\int_{1}^{2}\left(\frac{8}{3y^2}-\frac{y}{3}\right)\mathrm{d}y=\frac{9}{4}.
\end{aligned}$$

例 2　计算 $\displaystyle I=\int_{0}^{1}\mathrm{d}x\int_{x^2}^{1}\frac{xy}{\sqrt{1+y^3}}\mathrm{d}y.$

解　积分 $\displaystyle\int_{x^2}^{1}\frac{xy}{\sqrt{1+y^3}}\mathrm{d}y$ 较困难, 因此考虑交换积分次序, 其积分区域 D 为

$$D:\begin{cases} 0\leqslant x\leqslant 1,\\ x^2\leqslant y\leqslant 1. \end{cases}$$

如图 9-6 所示, 于是区域 D 又可表示为

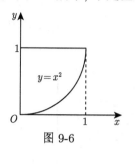

图 9-6

$$D : \begin{cases} 0 \leqslant y \leqslant 1, \\ 0 \leqslant x \leqslant \sqrt{y}. \end{cases}$$

故

$$I = \int_0^1 \mathrm{d}x \int_{x^2}^1 \frac{xy}{\sqrt{1+y^3}} \mathrm{d}y = \int_0^1 \mathrm{d}y \int_0^{\sqrt{y}} \frac{xy}{\sqrt{1+y^3}} \mathrm{d}x$$

$$= \int_0^1 \frac{1}{2} \frac{y^2}{\sqrt{1+y^3}} \mathrm{d}y = \frac{1}{3}\sqrt{1+y^3} \Big|_0^1 = \frac{1}{3}(\sqrt{2}-1).$$

例 3 计算 $\iint\limits_{D} |\sin(x+y)| \mathrm{d}x\mathrm{d}y$, 其中 D 为矩形域: $0 \leqslant x \leqslant \pi, 0 \leqslant y \leqslant \pi.$

解 由于

$$|\sin(x+y)| = \begin{cases} \sin(x+y), & 0 \leqslant x+y \leqslant \pi, \\ -\sin(x+y), & \pi \leqslant x+y \leqslant 2\pi, \end{cases}$$

因此将 D 分成 D_1 与 D_2 两部分 (如图 9-7), 其中

$$D_1 : \begin{cases} 0 \leqslant x \leqslant \pi, \\ 0 \leqslant y \leqslant \pi - x, \end{cases} \qquad D_2 : \begin{cases} 0 \leqslant x \leqslant \pi, \\ \pi - x \leqslant y \leqslant \pi, \end{cases}$$

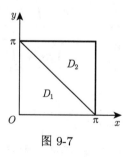

图 9-7

于是

$$\iint\limits_{D} |\sin(x+y)| \mathrm{d}x\mathrm{d}y$$

$$= \iint\limits_{D_1} \sin(x+y)\mathrm{d}x\mathrm{d}y + \iint\limits_{D_2} [-\sin(x+y)]\,\mathrm{d}x\mathrm{d}y$$

$$= \int_0^\pi \mathrm{d}x \int_0^{\pi-x} \sin(x+y)\mathrm{d}y - \int_0^\pi \mathrm{d}x \int_{\pi-x}^\pi \sin(x+y)\mathrm{d}y$$

$$= \int_0^\pi (1+\cos x)\mathrm{d}x + \int_0^\pi [\cos(x+\pi)+1]\,\mathrm{d}x = 2\pi.$$

例 4 计算 $I = \iint\limits_{D} (|x-y|+2)\mathrm{d}x\mathrm{d}y$, 其中积分区域 D 为 $x^2+y^2 \leqslant 1$ 在第一象限的部分.

解 利用极坐标计算. 因为

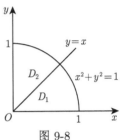

图 9-8

$$|x-y| = \begin{cases} x-y, & x \geqslant y, \\ y-x, & x < y, \end{cases}$$

故将 D 分成两部分 D_1 与 D_2 (如图 9-8), 其中

$$D_1 : \begin{cases} 0 \leqslant \theta \leqslant \dfrac{\pi}{4}, \\ 0 \leqslant r \leqslant 1, \end{cases} \qquad D_2 : \begin{cases} \dfrac{\pi}{4} \leqslant \theta \leqslant \dfrac{\pi}{2}, \\ 0 \leqslant r \leqslant 1. \end{cases}$$

于是

$$I = \iint\limits_{D} |x-y|\mathrm{d}x\mathrm{d}y + \iint\limits_{D} 2\mathrm{d}x\mathrm{d}y$$

$$= \iint\limits_{D_1} (x-y)\mathrm{d}x\mathrm{d}y + \iint\limits_{D_2} (y-x)\mathrm{d}x\mathrm{d}y + 2\iint\limits_{D} \mathrm{d}x\mathrm{d}y$$

$$= \int_0^{\pi/4} \mathrm{d}\theta \int_0^1 (r\cos\theta - r\sin\theta)r\mathrm{d}r$$

$$\quad + \int_{\pi/4}^{\pi/2} \mathrm{d}\theta \int_0^1 (r\sin\theta - r\cos\theta)r\mathrm{d}r + 2 \times \frac{\pi}{4}$$

$$= \frac{2}{3}\left(\sqrt{2}-1\right) + \frac{\pi}{2}.$$

例 5 计算二重积分

$$I = \iint\limits_{D} \sqrt{x^2+y^2}\mathrm{d}x\mathrm{d}y,$$

其中, 积分区域 D 为

$$x^2 + y^2 \leqslant a^2 \quad 和 \quad \left(x - \frac{a}{2}\right)^2 + y^2 \geqslant \frac{a^2}{4}$$

的公共部分 (如图 9-9).

解　积分区域为 $D = D_1 \cup D_2$, 其中

$$D_1 : \begin{cases} -\dfrac{\pi}{2} \leqslant \theta \leqslant \dfrac{\pi}{2}, \\ a\cos\theta \leqslant r \leqslant a, \end{cases} \qquad D_2 : \begin{cases} \dfrac{\pi}{2} \leqslant \theta \leqslant \dfrac{3\pi}{2}, \\ 0 \leqslant r \leqslant a. \end{cases}$$

故

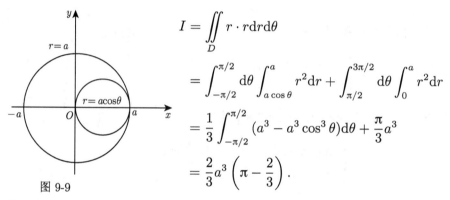

$$I = \iint\limits_{D} r \cdot r\mathrm{d}r\mathrm{d}\theta$$

$$= \int_{-\pi/2}^{\pi/2} \mathrm{d}\theta \int_{a\cos\theta}^{a} r^2\mathrm{d}r + \int_{\pi/2}^{3\pi/2} \mathrm{d}\theta \int_{0}^{a} r^2\mathrm{d}r$$

$$= \frac{1}{3}\int_{-\pi/2}^{\pi/2}(a^3 - a^3\cos^3\theta)\mathrm{d}\theta + \frac{\pi}{3}a^3$$

$$= \frac{2}{3}a^3\left(\pi - \frac{2}{3}\right).$$

图 9-9

例 6　计算二重积分

$$I = \iint\limits_{D} x\left[1 + yf(x^2 + y^2)\right]\mathrm{d}x\mathrm{d}y,$$

其中 D 是由 $y = x^3$, $y = 1$ 和 $x = -1$ 所围成的区域, f 是 D 上的连续函数.

解　先用曲线 $y = -x^3$ 将 D 分成 D_1 和 D_2 两部分 (如图 9-10).

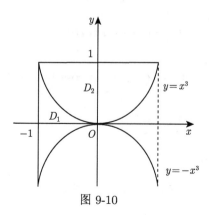

图 9-10

再将 I 分成两部分, 且记为

$$I = \iint\limits_{D} x\mathrm{d}x\mathrm{d}y + \iint\limits_{D} xyf(x^2 + y^2)\mathrm{d}x\mathrm{d}y = I_1 + I_2,$$

则有

$$I_1 = \iint\limits_{D_1} x\mathrm{d}x\mathrm{d}y + \iint\limits_{D_2} x\mathrm{d}x\mathrm{d}y = 0 + \int_{-1}^{0} x\mathrm{d}x \int_{x^3}^{-x^3} \mathrm{d}y = \int_{-1}^{0} -2x^4\mathrm{d}x = -\frac{2}{5}.$$

又由于 $xyf(x^2 + y^2)$ 既是 x 的奇函数, 也是 y 的奇函数, 故

$$I_2 = \iint\limits_{D_1} xyf(x^2 + y^2)\mathrm{d}x\mathrm{d}y + \iint\limits_{D_2} xyf(x^2 + y^2)\mathrm{d}x\mathrm{d}y = 0.$$

因此 $I = I_1 + I_2 = -\dfrac{2}{5}$.

例 7 计算 $I = \iint\limits_{D} \dfrac{a\varphi(x) + b\varphi(y)}{\varphi(x) + \varphi(y)}\mathrm{d}x\mathrm{d}y$, 其中区域 D 为 $x^2 + y^2 \leqslant R^2$.

解 由于 $\varphi(x)$ 为未知函数, 直接将二重积分化成二次积分的方法是计算不出来的. 为此, 利用轮换对称性. 由于积分区域 D 关于直线 $y = x$ 对称, 则有

$$\iint\limits_{D} \frac{\varphi(x)}{\varphi(x) + \varphi(y)}\mathrm{d}x\mathrm{d}y = \iint\limits_{D} \frac{\varphi(y)}{\varphi(x) + \varphi(y)}\mathrm{d}x\mathrm{d}y,$$

于是

$$I = \frac{1}{2}\left[\iint\limits_{D} \frac{a\varphi(x) + b\varphi(y)}{\varphi(x) + \varphi(y)}\mathrm{d}x\mathrm{d}y + \iint\limits_{D} \frac{a\varphi(y) + b\varphi(x)}{\varphi(x) + \varphi(y)}\mathrm{d}x\mathrm{d}y\right]$$

$$= \frac{1}{2}\iint\limits_{D} (a + b)\mathrm{d}x\mathrm{d}y = \frac{a + b}{2}\pi R^2.$$

例 8 交换下列二重积分的积分次序:

(1) $I = \displaystyle\int_{0}^{1} \mathrm{d}x \int_{0}^{\sqrt{2x-x^2}} f(x, y)\mathrm{d}y + \int_{1}^{2} \mathrm{d}x \int_{0}^{2-x} f(x, y)\mathrm{d}y$;

(2) $I = \displaystyle\int_{-\sqrt{2}}^{\sqrt{2}} \mathrm{d}x \int_{x^2}^{4-x^2} f(x, y)\mathrm{d}y$.

解 (1) 积分区域 $D = D_1 \cup D_2$, 其中

$$D_1 : \begin{cases} 0 \leqslant x \leqslant 1, \\ 0 \leqslant y \leqslant \sqrt{2x - x^2}, \end{cases} \qquad D_2 : \begin{cases} 1 \leqslant x \leqslant 2, \\ 0 \leqslant y \leqslant 2 - x. \end{cases}$$

作出积分区域 $D = D_1 \cup D_2$ 的图形 (如图 9-11), 于是, 区域 D 可表示为

$$D : \begin{cases} 0 \leqslant y \leqslant 1, \\ 1 - \sqrt{1 - y^2} \leqslant x \leqslant 2 - y, \end{cases}$$

故

$$I = \int_0^1 \mathrm{d}y \int_{1-\sqrt{1-y^2}}^{2-y} f(x, y) \mathrm{d}x.$$

(2) 积分区域 D 为

$$\begin{cases} -\sqrt{2} \leqslant x \leqslant \sqrt{2}, \\ x^2 \leqslant y \leqslant 4 - x^2. \end{cases}$$

作出区域 D 的图形 (如图 9-12), 于是, 区域 D 可表示为 $D = D_1 \cup D_2$, 其中

$$D_1 : \begin{cases} 0 \leqslant y \leqslant 2, \\ -\sqrt{y} \leqslant x \leqslant \sqrt{y}, \end{cases}$$

$$D_2 : \begin{cases} 2 \leqslant y \leqslant 4, \\ -\sqrt{4 - y} \leqslant x \leqslant \sqrt{4 - y}. \end{cases}$$

故

$$I = \int_0^2 \mathrm{d}y \int_{-\sqrt{y}}^{\sqrt{y}} f(x, y) \mathrm{d}x + \int_2^4 \mathrm{d}y \int_{-\sqrt{4-y}}^{\sqrt{4-y}} f(x, y) \mathrm{d}x.$$

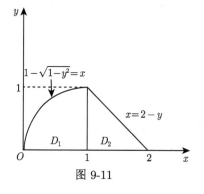

图 9-11

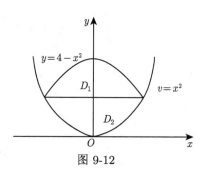

图 9-12

例 9 计算 $I = \iint\limits_{D} \cos\left(\dfrac{x-y}{x+y}\right) \mathrm{d}x\mathrm{d}y$, 其中区域 D 是由 $x+y=1, x=0$ 及 $y=0$ 围成的.

解 令 $u = x-y$, $v = x+y$ 则 D 变成 D' (如图 9-13), 且

$$J = \frac{\partial(x,y)}{\partial(u,v)} = \begin{vmatrix} \dfrac{1}{2} & \dfrac{1}{2} \\ -\dfrac{1}{2} & \dfrac{1}{2} \end{vmatrix} = \frac{1}{2},$$

故

$$I = \iint\limits_{D'} \cos\frac{u}{v} |J| \mathrm{d}u\mathrm{d}v = \frac{1}{2}\int_0^1 \mathrm{d}v \int_{-v}^{v} \cos\frac{u}{v}\mathrm{d}u$$

$$= \frac{1}{2}\int_0^1 2\sin 1 \cdot v \mathrm{d}v = \frac{1}{2}\sin 1.$$

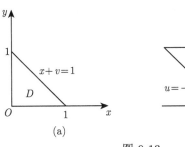 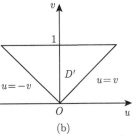

图 9-13

例 10 求由曲线 $x+y=a$, $x+y=b$, $y=kx$ 及 $y=mx$ $(0 < a < b$, $0 < k < m)$ 所围图形的面积.

解 利用二重积分的换元公式来计算.

设 $u = x+y$, $v = \dfrac{y}{x}$, 则区域 D 变换成 D' (如图 9-14), 且

$$J = \frac{\partial(x,y)}{\partial(u,v)} = \frac{1}{\dfrac{\partial(u,v)}{\partial(x,y)}} = \frac{1}{\begin{vmatrix} 1 & 1 \\ -\dfrac{y}{x^2} & \dfrac{1}{x} \end{vmatrix}} = \frac{x^2}{x+y} = \frac{u}{(1+v)^2},$$

于是

$$S_D = \iint\limits_{D} \mathrm{d}x\mathrm{d}y = \iint\limits_{D'} |J|\,\mathrm{d}u\mathrm{d}v = \int_a^b \mathrm{d}u \int_k^m \frac{u}{(1+v)^2}\mathrm{d}v = \frac{(b^2-a^2)(m-k)}{2(1+m)(1+k)}.$$

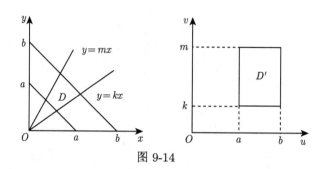

图 9-14

例 11　设 $f(x)$ 是 $[0,1]$ 上的正值连续函数, 且 $f(x)$ 单调减少, 证明

$$\frac{\displaystyle\int_0^1 xf^2(x)\mathrm{d}x}{\displaystyle\int_0^1 xf(x)\mathrm{d}x} \leqslant \frac{\displaystyle\int_0^1 f^2(x)\mathrm{d}x}{\displaystyle\int_0^1 f(x)\mathrm{d}x}.$$

证明　将原不等式变形为

$$\int_0^1 xf^2(x)\mathrm{d}x \cdot \int_0^1 f(x)\mathrm{d}x \leqslant \int_0^1 f^2(x)\mathrm{d}x \cdot \int_0^1 xf(x)\mathrm{d}x,$$

即

$$\int_0^1 xf^2(x)\mathrm{d}x \cdot \int_0^1 f(y)\mathrm{d}y \leqslant \int_0^1 f^2(y)\mathrm{d}y \cdot \int_0^1 xf(x)\mathrm{d}x,$$

$$\iint\limits_{D} xf(x)f(y)\left[f(x)-f(y)\right]\mathrm{d}x\mathrm{d}y \leqslant 0,$$

其中 $D = \{(x,y)\,|\,0 \leqslant x \leqslant 1, 0 \leqslant y \leqslant 1\}$, 关于直线 $y=x$ 对称, 由轮换对称性得

$$I = \iint\limits_{D} xf(x)f(y)\left[f(x)-f(y)\right]\mathrm{d}x\mathrm{d}y$$

$$= \iint\limits_{D} yf(y)f(x)\left[f(y)-f(x)\right]\mathrm{d}x\mathrm{d}y.$$

故

$$I = \frac{1}{2}\left\{ \iint\limits_{D} xf(x)f(y)\left[f(x) - f(y)\right]\mathrm{d}x\mathrm{d}y + \iint\limits_{D} yf(y)f(x)\left[f(y) - f(x)\right]\mathrm{d}x\mathrm{d}y \right\}$$

$$= \frac{1}{2}\iint\limits_{D} f(x)f(y)\left[f(x) - f(y)\right](x - y)\mathrm{d}x\mathrm{d}y.$$

由于 $f(x)$ 单调减少, 故 $(x - y)\left[f(x) - f(y)\right] \leqslant 0$. 因此

$$I = \iint\limits_{D} xf(x)f(y)\left[f(x) - f(y)\right]\mathrm{d}x\mathrm{d}y \leqslant 0,$$

即原不等式成立.

例 12 质量均匀分布的薄片在 xOy 面上所占的区域 D 是由半径为 R 的半圆和一边长为 $2R$ 的矩形域组成的 (如图 9-15), 欲使 D 的重心落在圆心, 问矩形另一边应为多长?

解 取坐标系如图. 设矩形的另一边长为 a, 欲使重心落在圆心上, 应有

$$\overline{x} = \frac{\iint\limits_{D} x\rho\mathrm{d}x\mathrm{d}y}{\iint\limits_{D} \rho\mathrm{d}x\mathrm{d}y} = 0,$$

$$\overline{y} = \frac{\iint\limits_{D} y\rho\mathrm{d}x\mathrm{d}y}{\iint\limits_{D} \rho\mathrm{d}x\mathrm{d}y} = 0.$$

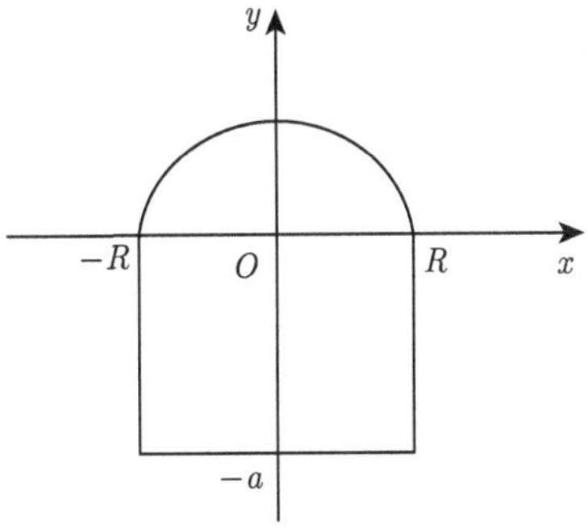

图 9-15

而

$$\iint\limits_{D} y\rho\mathrm{d}x\mathrm{d}y = \int_{-R}^{R} \mathrm{d}x \int_{-a}^{\sqrt{R^2-x^2}} y\rho\mathrm{d}y$$

$$= \rho\int_{-R}^{R} \frac{1}{2}(R^2 - x^2 - a^2)\mathrm{d}x = \left(\frac{2}{3}R^3 - a^2R\right)\rho,$$

由 $\overline{y} = 0$ 得 $\frac{2}{3}R^3 = a^2R$, 即 $a = \sqrt{\frac{2}{3}}R.$

例 13 求椭圆柱面 $\dfrac{x^2}{5} + \dfrac{y^2}{9} = 1$ 位于 xOy 面上方和平面 $z = y$ 下方那部分的面积 (如图 9-16).

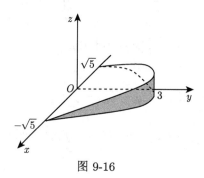

图 9-16

解 由于柱面

$$\frac{x^2}{5} + \frac{y^2}{9} = 1$$

在 xOy 面的投影是曲线, 而不是区域, 故不能投影到 xOy 面上计算, 因此将曲面投影到 xOz 面. 由

$$\begin{cases} \dfrac{x^2}{5} + \dfrac{y^2}{9} = 1, \\ z = y, \end{cases}$$

消去 y 得 $\dfrac{x^2}{5} + \dfrac{z^2}{9} = 1$, 从而曲面在 xOz 投影区域为

$$D_{xz} = \left\{ (x,z) \,\middle|\, 0 \leqslant z \leqslant \frac{3}{\sqrt{5}} \sqrt{5 - x^2}, -\sqrt{5} \leqslant x \leqslant \sqrt{5} \right\}.$$

由 $\dfrac{x^2}{5} + \dfrac{y^2}{9} = 1$, 求得

$$\frac{\partial y}{\partial x} = \frac{3}{\sqrt{5}} \cdot \frac{-x}{\sqrt{5 - x^2}}, \quad \frac{\partial y}{\partial z} = 0.$$

故

$$A = \iint\limits_{D} \sqrt{1 + \left(\frac{\partial y}{\partial x} \right)^2 + \left(\frac{\partial y}{\partial z} \right)^2} \,\mathrm{d}z\mathrm{d}x = \iint\limits_{D} \sqrt{\frac{25 + 4x^2}{5(5 - x^2)}} \,\mathrm{d}z\mathrm{d}x$$

$$= \int_{-\sqrt{5}}^{\sqrt{5}} \mathrm{d}x \int_{0}^{\frac{3\sqrt{5-x^2}}{\sqrt{5}}} \sqrt{\frac{25+4x^2}{5(5-x^2)}} \mathrm{d}z = \frac{3}{5} \cdot 2 \int_{0}^{\sqrt{5}} \sqrt{25+4x^2} \mathrm{d}x$$

$$= 9 + \frac{15}{4} \ln 5.$$

9.2 三 重 积 分

一、知识要点

1. 三重积分的定义.

$$I = \iiint\limits_{\Omega} f(x,y,z) \mathrm{d}v = \lim_{d \to 0} \sum_{i=1}^{n} f(\xi_i, \eta_i, \tau_i) \Delta v_i,$$

其中 $d = \max\limits_{1 \leqslant i \leqslant n} \{d_i\}$, $d_i(i = 1, 2, \cdots, n)$ 为 Δv_i 的直径.

物理意义: 三重积分表示密度为 $f(x,y,z)$ 的空间形体 Ω 的质量.

基本性质: 二重积分的所有性质都可以平行地移到三重积分中来, 这里不再一一赘述.

2. 三重积分的计算.

(1) 利用直角坐标计算三重积分.

① 投影法 ("先一后二" 法) 设空间闭区域 Ω 可表示为

$$\Omega : \begin{cases} a \leqslant x \leqslant b, \\ y_1(x) \leqslant y \leqslant y_2(x), \\ z_1(x,y) \leqslant z \leqslant z_2(x,y), \end{cases}$$

此时

$$\iiint\limits_{\Omega} f(x,y,z) \mathrm{d}V = \iint\limits_{D} \mathrm{d}x\mathrm{d}y \int_{z_1(x,y)}^{z_2(x,y)} f(x,y,z) \mathrm{d}z$$

$$= \int_{a}^{b} \mathrm{d}x \int_{y_1(x)}^{y_2(x)} \mathrm{d}y \int_{z_1(x,y)}^{z_2(x,y)} f(x,y,z) \mathrm{d}z.$$

② 截面法 ("先二后一" 法) 设 Ω 在 Oz 轴上的投影区间为 $[c_1, c_2]$, 在此区间内任取一点 z, 作平行于 xOy 面的平面, 截 Ω 得截面 D_z, 如图 9-17 所示, 则 Ω 可表示为

$$\Omega = \{(x,y,z) \,|\, (xy) \in D_z, c_1 \leqslant z \leqslant c_2\},$$

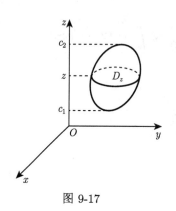

图 9-17

此时, 有

$$\iiint\limits_{\Omega} f(x,y,z)\mathrm{d}V = \int_{c_1}^{c_2}\mathrm{d}z\iint\limits_{D_z} f(x,y)\mathrm{d}x\mathrm{d}y.$$

(2) 利用柱面坐标计算三重积分.

令

$$\begin{cases} x = r\cos\theta, \\ y = r\sin\theta, \\ z = z, \end{cases}$$

则

$$\iiint\limits_{\Omega} f(x,y,z)\mathrm{d}x\mathrm{d}y\mathrm{d}z = \iiint\limits_{\Omega} f(r\cos\theta, r\sin\theta, z)r\mathrm{d}r\mathrm{d}\theta\mathrm{d}z.$$

注　一般地, 当积分区域为圆柱形域, 或 Ω 的投影域为圆域时, 采用柱面坐标计算三重积分.

(3) 利用球面坐标计算三重积分.

令

$$\begin{cases} x = r\sin\varphi\cos\theta, \\ y = r\sin\varphi\sin\theta, \\ z = r\cos\varphi, \end{cases}$$

则

$$\iiint\limits_{\Omega} f(x,y,z)\mathrm{d}x\mathrm{d}y\mathrm{d}z$$

$$= \iiint\limits_{\Omega} f(r\sin\varphi\cos\theta, r\sin\varphi\sin\theta, r\cos\varphi)r^2\sin\varphi\mathrm{d}r\mathrm{d}\theta\mathrm{d}\varphi.$$

注　一般地, 当积分区域 Ω 为球形域, 特别地, 当被积函数 $f(x,y,z)$ 具有形如 $f(x^2+y^2+z^2)$ 的形式时, 采用球面坐标计算三重积分.

(4) 利用对称性计算三重积分.

① 若区域 Ω 关于 xOy 面对称, 且 $f(x,y,-z) = -f(x,y,z)$, 则

$$\iiint\limits_{\Omega} f(x,y,z)\mathrm{d}V = 0.$$

② 若区域 Ω 关于 xOz 面对称, 且 $f(x, -y, z) = -f(x, y, z)$, 则

$$\iiint\limits_{\Omega} f(x, y, z)\mathrm{d}V = 0.$$

③ 若区域 Ω 关于 yOz 面对称, 且 $f(-x, y, z) = -f(x, y, z)$, 则

$$\iiint\limits_{\Omega} f(x, y, z)\mathrm{d}V = 0.$$

3. 三重积分的应用 (质量、重心、转动惯量、体积等).

二、例题分析

例 1 计算 $\iiint\limits_{\Omega} \dfrac{\mathrm{d}x\mathrm{d}y\mathrm{d}z}{(1+x+y+z)^3}$, 其中区域 Ω 为 $x = 0$, $y = 0$, $z = 0$ 及 $x + y + z = 1$ 所围成的四面体.

解 如图 9-18 所示, 积分区域 Ω 可表示为

$$\Omega : \begin{cases} 0 \leqslant x \leqslant 1, \\ 0 \leqslant y \leqslant 1 - x, \\ 0 \leqslant z \leqslant 1 - x - y, \end{cases}$$

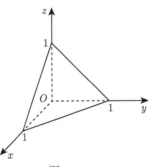

图 9-18

于是

$$\iiint\limits_{\Omega} \frac{\mathrm{d}x\mathrm{d}y\mathrm{d}z}{(1+x+y+z)^3}$$

$$= \int_0^1 \mathrm{d}x \int_0^{1-x} \mathrm{d}y \int_0^{1-x-y} \frac{1}{(1+x+y+z)^3}\mathrm{d}z$$

$$= \frac{1}{2}\int_0^1 \mathrm{d}x \int_0^{1-x} \left[\frac{1}{(1+x+y)^2} - \frac{1}{2^2}\right]\mathrm{d}y$$

$$= \frac{1}{2}\int_0^1 \left(-\frac{1}{1+x+y} - \frac{1}{4}y\right)\Big|_0^{1-x}\mathrm{d}x$$

$$= \frac{1}{8}\int_0^1 \left[\frac{4}{1+x} - (2+1-x)\right]\mathrm{d}x$$

$$= \frac{1}{16}(8\ln 2 - 5).$$

例 2　用 "先二后一" 法计算下列三重积分:

(1) $I = \iiint\limits_{x^2+y^2+z^2\leqslant 1} e^{|z|}dxdydz;$

(2) $I = \iiint\limits_{\Omega} x^2 dV$, 其中 Ω 为 $\dfrac{x^2}{a^2} + \dfrac{y^2}{b^2} + \dfrac{z^2}{c^2} \leqslant 1;$

(3) $I = \iiint\limits_{\Omega} (x+y+x^2+y^2)dV$, 其中积分区域 Ω 为 $z = \sqrt{x^2+y^2}$ 及

$z = 1, z = 2$ 所围成.

解　(1) 将 Ω (如图 9-19) 表示为

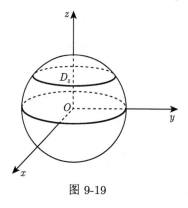

图 9-19

$$\Omega : \begin{cases} -1 \leqslant z \leqslant 1, \\ (x,y) \in D_z, \end{cases}$$

其中 D_z: $x^2 + y^2 \leqslant 1 - z^2$, 于是

$$I = \int_{-1}^{1} dz \iint\limits_{D_z} e^{|z|}dxdy$$

$$= \pi \int_{-1}^{1} e^{|z|}(1-z^2)dz$$

$$= 2\pi \int_{0}^{1} e^{z}(1-z^2)dz = 2\pi.$$

(2) 将 Ω (如图 9-20) 表示为

$$\Omega : \begin{cases} -a \leqslant x \leqslant a, \\ (y,z) \in D_x, \end{cases} \quad 其中 D_x : \dfrac{y^2}{b^2} + \dfrac{z^2}{c^2} \leqslant 1 - \dfrac{x^2}{a^2},$$

于是

$$I = \int_{-a}^{a} dx \iint\limits_{D_x} x^2 dydz = \int_{-a}^{a} x^2 \cdot \pi bc \left(1 - \dfrac{x^2}{a^2}\right)dx$$

$$= 2\pi bc \int_{0}^{a} x^2 \left(1 - \dfrac{x^2}{a^2}\right)dx = \dfrac{4}{15}\pi a^3 bc.$$

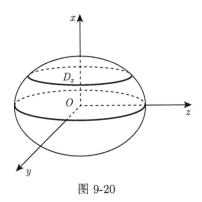

图 9-20

(3) 由于 Ω (如图 9-21) 关于 yOz 面与 xOz 面对称, 故

$$\iiint\limits_{\Omega} x\mathrm{d}V = \iiint\limits_{\Omega} y\mathrm{d}V = 0.$$

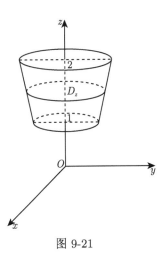

图 9-21

又 Ω 可表示为

$$\Omega: \quad \begin{cases} 1 \leqslant z \leqslant 2, \\ (x,y) \in D_z, \end{cases} \quad \text{其中} D_z: x^2 + y^2 \leqslant z^2,$$

故

$$I = \iiint\limits_{\Omega} x\mathrm{d}V + \iiint\limits_{\Omega} y\mathrm{d}V + \iiint\limits_{\Omega} (x^2 + y^2)\mathrm{d}V$$

$$= \iiint\limits_{\Omega} (x^2 + y^2)\mathrm{d}V = \int_1^2 \mathrm{d}z \iint\limits_{D_z} (x^2 + y^2)\mathrm{d}x\mathrm{d}y$$

$$= \int_1^2 \mathrm{d}z \int_0^{2\pi} \mathrm{d}\theta \int_0^z r^2 \cdot r\mathrm{d}r = 2\pi \int_1^2 \frac{1}{4} z^4 \mathrm{d}z = \frac{31}{10}\pi.$$

例 3 计算

$$\iiint\limits_{\Omega} xyz\mathrm{d}V,$$

其中积分区域 Ω 为球体 $x^2 + y^2 + z^2 \leqslant 1$ 在第一卦限的部分.

解法 1　用直角坐标计算, 如图 9-22 所示, Ω 可表示为

$$\Omega: \begin{cases} 0 \leqslant x \leqslant 1, \\ 0 \leqslant y \leqslant \sqrt{1-x^2}, \\ 0 \leqslant z \leqslant \sqrt{1-x^2-y^2}, \end{cases}$$

故

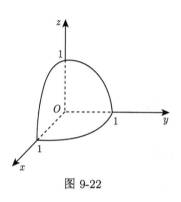

图 9-22

$$\begin{aligned} I &= \int_0^1 \mathrm{d}x \int_0^{\sqrt{1-x^2}} \mathrm{d}y \int_0^{\sqrt{1-x^2-y^2}} xyz\mathrm{d}z \\ &= \frac{1}{2}\int_0^1 \mathrm{d}x \int_0^{\sqrt{1-x^2}} xy(1-x^2-y^2)\mathrm{d}y \\ &= \frac{1}{2}\int_0^1 x\left[\frac{1}{2}(1-x^2)^2 - \frac{1}{4}(1-x^2)^2\right]\mathrm{d}x \\ &= \frac{1}{8}\int_0^1 x(1-x^2)^2\mathrm{d}x = \frac{1}{48}. \end{aligned}$$

解法 2　用柱面坐标计算, Ω 可表示为

$$\Omega: \begin{cases} 0 \leqslant \theta \leqslant \dfrac{\pi}{2}, \\ 0 \leqslant r \leqslant 1, \\ 0 \leqslant z \leqslant \sqrt{1-r^2}, \end{cases}$$

于是

$$\begin{aligned} I &= \int_0^{\pi/2} \mathrm{d}\theta \int_0^1 \mathrm{d}r \int_0^{\sqrt{1-r^2}} r^3 \cos\theta \sin\theta \cdot z\mathrm{d}z \\ &= \int_0^{\pi/2} \cos\theta \sin\theta \mathrm{d}\theta \int_0^1 r^3 \cdot \frac{1}{2}(1-r^2)\mathrm{d}r \\ &= \frac{1}{2}\int_0^{\pi/2} \cos\theta \sin\theta \mathrm{d}\theta \int_0^1 (r^3 - r^5)\mathrm{d}r = \frac{1}{48}. \end{aligned}$$

解法 3　用球面坐标计算, Ω 可表示为

$$\Omega: \begin{cases} 0 \leqslant \theta \leqslant \dfrac{\pi}{2}, \\ 0 \leqslant \varphi \leqslant \dfrac{\pi}{2}, \\ 0 \leqslant r \leqslant 1, \end{cases}$$

于是

$$I = \int_0^{\pi/2} \mathrm{d}\theta \int_0^{\pi/2} \mathrm{d}\varphi \int_0^1 r^5 \sin^3 \varphi \cos \varphi \cos \theta \sin \theta \mathrm{d}r$$

$$= \int_0^{\pi/2} \cos \theta \sin \theta \mathrm{d}\theta \int_0^{\pi/2} \sin^3 \varphi \cos \varphi \mathrm{d}\varphi \int_0^1 r^5 \mathrm{d}r$$

$$= \frac{1}{48}.$$

例 4 计算 $\iiint\limits_{\Omega} (x^2 + y^2)\mathrm{d}V$, 其中区域 Ω 是由曲线 $\begin{cases} y^2 = 2z, \\ x = 0 \end{cases}$ 绕 Oz 轴

的旋转一周而成的曲面与平面 $z = 2, z = 8$ 所围成的立体.

解 曲线 $\begin{cases} y^2 = 2z, \\ x = 0 \end{cases}$ 绕 Oz 轴旋转一周

所得的旋转曲面的方程为 $z = \dfrac{1}{2}(x^2 + y^2)$ (如

图 9-23).

法 1 用柱面坐标计算, 将 Ω 分为

$$\Omega_1 : \begin{cases} x^2 + y^2 \leqslant 4, \\ 2 \leqslant z \leqslant 8, \end{cases} \quad \Omega_2 : \begin{cases} 4 \leqslant x^2 + y^2 \leqslant 16, \\ \frac{1}{2}(x^2 + y^2) \leqslant z \leqslant 8, \end{cases}$$

故

$$I = \iiint\limits_{\Omega_1} (x^2 + y^2)\mathrm{d}V + \iiint\limits_{\Omega_2} (x^2 + y^2)\mathrm{d}V$$

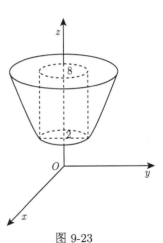

图 9-23

$$= \int_0^{2\pi} \mathrm{d}\theta \int_0^2 r^3 \mathrm{d}r \int_2^8 \mathrm{d}z + \int_0^{2\pi} \mathrm{d}\theta \int_2^4 r^3 \mathrm{d}r \int_{\frac{1}{2}r^2}^8 \mathrm{d}z$$

$$= 336\pi.$$

法 2 用 "先二后一" 法计算, Ω 可表示为

$$\Omega : \quad \begin{cases} 2 \leqslant z \leqslant 8, \\ (x, y) \in D_z, \end{cases} \quad \text{其中} D_z : x^2 + y^2 \leqslant 2z,$$

故

$$I = \int_2^8 \mathrm{d}z \iint\limits_{D_z} (x^2 + y^2)\mathrm{d}x\mathrm{d}y = \int_2^8 \mathrm{d}z \int_0^{2\pi} \mathrm{d}\theta \int_0^{\sqrt{2z}} r^3 \mathrm{d}r$$

$$= 2\pi \int_2^8 z^2 \mathrm{d}z = 336\pi.$$

例 5　计算 $I = \iiint\limits_{\Omega} (ax + by + cz)^2 \mathrm{d}V$, 其中区域 Ω 为 $x^2 + y^2 + z^2 \leqslant R^2$.

解　利用对称性及轮换性计算.

$$I = \iiint\limits_{\Omega} (a^2 x^2 + b^2 y^2 + c^2 z^2) \mathrm{d}V + \iiint\limits_{\Omega} (2abxy + 2bcyz + 2aczx) \mathrm{d}V.$$

由于 Ω 的对称性及被积分函数的奇偶性, 得

$$\iiint\limits_{\Omega} xy \mathrm{d}V = \iiint\limits_{\Omega} yz \mathrm{d}V = \iiint\limits_{\Omega} zx \mathrm{d}V = 0$$

及

$$\iiint\limits_{\Omega} x^2 \mathrm{d}V = \iiint\limits_{\Omega} y^2 \mathrm{d}V = \iiint\limits_{\Omega} z^2 \mathrm{d}V,$$

故

$$I = a^2 \iiint\limits_{\Omega} x^2 \mathrm{d}V + b^2 \iiint\limits_{\Omega} y^2 \mathrm{d}V + c^2 \iiint\limits_{\Omega} z^2 \mathrm{d}V$$

$$= (a^2 + b^2 + c^2) \iiint\limits_{\Omega} x^2 \mathrm{d}V$$

$$= \frac{1}{3}(a^2 + b^2 + c^2) \iiint\limits_{\Omega} (x^2 + y^2 + z^2) \mathrm{d}V$$

$$= \frac{1}{3}(a^2 + b^2 + c^2) \int_0^{2\pi} \mathrm{d}\theta \int_0^{\pi} \mathrm{d}\varphi \int_0^R r^2 \cdot r^2 \sin\varphi \mathrm{d}r$$

$$= \frac{4}{15}\pi R^5 (a^2 + b^2 + c^2).$$

例 6　计算 $I = \iiint\limits_{\Omega} y\cos(z + x)\mathrm{d}V$, 其中 Ω 为抛物柱面 $y = \sqrt{x}$ 与平面 $y = 0, z = 0$ 及 $x + z = \dfrac{\pi}{2}$ 围成的区域.

解 积分区域 Ω 如图 9-24 所示, Ω 可表示为

$$\Omega : \begin{cases} 0 \leqslant x \leqslant \dfrac{\pi}{2}, \\[2mm] 0 \leqslant y \leqslant \sqrt{x}, \\[2mm] 0 \leqslant z \leqslant \dfrac{\pi}{2} - x, \end{cases}$$

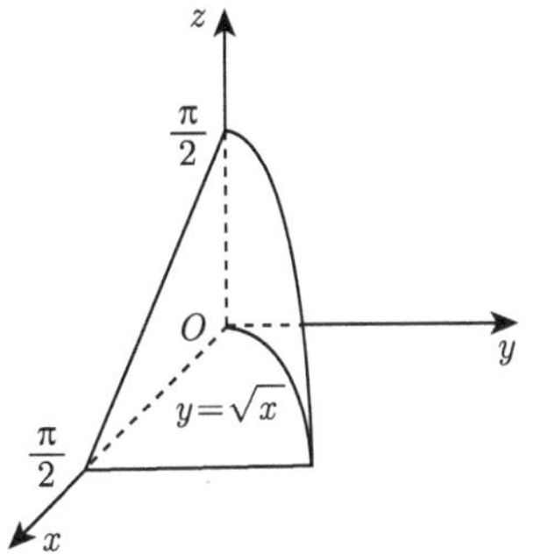

于是

$$I = \int_0^{\frac{\pi}{2}} \mathrm{d}x \int_0^{\sqrt{x}} y\mathrm{d}y \int_0^{\frac{\pi}{2}-x} \cos(z+x)\mathrm{d}z$$

$$= \int_0^{\frac{\pi}{2}} \mathrm{d}x \int_0^{\sqrt{x}} y \cdot \sin(z+x)_0^{\frac{\pi}{2}-x} \mathrm{d}y = \int_0^{\frac{\pi}{2}} \frac{x}{2}(1-\sin x)\mathrm{d}x$$

$$= \frac{1}{2} \int_0^{\frac{\pi}{2}} (x - x\sin x)\mathrm{d}x = \frac{\pi^2 - 8}{16}.$$

图 9-24

例 7 计算

$$I = \int_{-1}^{1} \mathrm{d}x \int_0^{\sqrt{1-x^2}} \mathrm{d}y \int_1^{1+\sqrt{1-x^2-y^2}} \frac{1}{\sqrt{x^2+y^2+z^2}} \mathrm{d}z.$$

解 直接计算较困难, 将三次积分化为三重积分, 再利用球面坐标计算, 积分区域为

$$\Omega : \begin{cases} -1 \leqslant x \leqslant 1, \\[2mm] 0 \leqslant y \leqslant \sqrt{1-x^2}, \\[2mm] 1 \leqslant z \leqslant 1+\sqrt{1-x^2-y^2}, \end{cases}$$

如图 9-25 所示, 可将 Ω 表示为

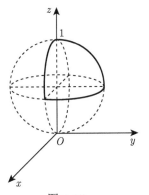

图 9-25

$$\Omega : \begin{cases} 0 \leqslant \theta \leqslant \pi, \\[2mm] 0 \leqslant \varphi \leqslant \dfrac{\pi}{4}, \\[2mm] 1/\cos\varphi \leqslant r \leqslant 2\cos\varphi, \end{cases}$$

故

$$I = \iiint\limits_{\Omega} \frac{1}{\sqrt{x^2 + y^2 + z^2}} \mathrm{d}V$$

$$= \int_0^{\pi} \mathrm{d}\theta \int_0^{\pi/4} \mathrm{d}\varphi \int_{1/\cos\varphi}^{2\cos\varphi} \frac{1}{r} \cdot r^2 \sin\varphi \mathrm{d}r$$

$$= \pi \int_0^{\pi/4} \frac{1}{2} \left(4\cos^2\varphi - \frac{1}{\cos^2\varphi} \right) \sin\varphi \mathrm{d}\varphi$$

$$= \left(\frac{7}{6} - \frac{2}{3}\sqrt{2} \right) \pi.$$

例 8 计算 $\iiint\limits_{\Omega} (x^2 + y^2)\mathrm{d}V$, 其中积分区域 Ω 为球面 $z = \sqrt{a^2 - x^2 - y^2}$, $z = \sqrt{b^2 - x^2 - y^2}$ $(b > a > 0)$ 及 $z = 0$ 围成的区域.

解 用球面坐标计算, Ω 可表示为

$$\Omega : \begin{cases} 0 \leqslant \theta \leqslant 2\pi, \\ 0 \leqslant \varphi \leqslant \dfrac{\pi}{2}, \\ a \leqslant r \leqslant b, \end{cases}$$

于是

$$I = \int_0^{2\pi} \mathrm{d}\theta \int_0^{\pi/2} \mathrm{d}\varphi \int_a^b r^2 \sin^2\varphi \cdot r^2 \sin\varphi \mathrm{d}r$$

$$= \int_0^{2\pi} \mathrm{d}\theta \int_0^{\pi/2} \sin^3\varphi \cdot \frac{1}{5}(b^5 - a^5)\mathrm{d}\varphi$$

$$= \frac{2\pi}{5}(b^5 - a^5) \int_0^{\pi/2} \sin^3\varphi \mathrm{d}\varphi = \frac{4}{15}\pi(b^5 - a^5).$$

例 9 设 $F(t) = \iiint\limits_{\Omega} [z^2 + f(x^2 + y^2)] \mathrm{d}V$, 其中 $f(u)$ 为连续函数, 区域 Ω 是由圆柱体 $x^2 + y^2 = t^2$ 及 $z = 0$, $z = h$ $(h > 0)$ 围成的, 计算 $F'(t)$ 及 $\lim\limits_{t \to 0} \dfrac{F(t)}{t^2}$.

解 因为函数 $f(u)$ 没具体给出, 所以 $F(t)$ 不能直接计算, 先利用柱面坐标将三重积分化为三次积分, 再利用变上限积分求 $F'(t)$, 由于 Ω 可表示为

$$\Omega : \begin{cases} 0 \leqslant \theta \leqslant 2\pi, \\ 0 \leqslant r \leqslant |t|, \\ 0 \leqslant z \leqslant h, \end{cases}$$

于是

$$F(t) = \iiint\limits_{\Omega} \left[z^2 + f(x^2 + y^2) \right] \mathrm{d}V = \int_0^{2\pi} \mathrm{d}\theta \int_0^{|t|} \mathrm{d}r \int_0^h \left[z^2 + f(r^2) \right] r \mathrm{d}z$$

$$= 2\pi \int_0^{|t|} \left[\frac{1}{3} h^3 r + hr f(r^2) \right] \mathrm{d}r = \frac{\pi}{3} h^3 t^2 + 2\pi h \int_0^{|t|} r f(r^2) \mathrm{d}r.$$

当 $t > 0$ 时,

$$F(t) = \frac{\pi}{3} h^3 t^2 + 2\pi h \int_0^t r f(r^2) \mathrm{d}r,$$

$$F'(t) = \frac{2\pi}{3} h^3 t + 2\pi h t f(t^2).$$

当 $t < 0$ 时,

$$F(t) = \frac{\pi}{3} h^3 t^2 + 2\pi h \int_0^{-t} r f(r^2) \mathrm{d}r,$$

$$F'(t) = \frac{2\pi}{3} h^3 t + 2\pi h \cdot (-t) f(t^2) \cdot (-1) = \frac{2\pi}{3} h^3 t + 2\pi h t f(t^2).$$

故有

$$F'(t) = \frac{2\pi}{3} h^3 t + 2\pi h t f(t^2).$$

于是

$$\lim_{t \to 0} \frac{F(t)}{t^2} = \lim_{t \to 0} \frac{F'(t)}{2t} = \lim_{t \to 0} \pi h \left[\frac{1}{3} h^2 + f(t^2) \right] = \pi h \left[\frac{1}{3} h^2 + f(0) \right].$$

例 10 计算三重积分 $I = \iiint\limits_{\Omega} \sqrt{x^2 + y^2 + z^2} \mathrm{d}V$, 其中区域 Ω 是由球面 $y = \sqrt{4 - x^2 - z^2}$ 与 $y = \sqrt{x^2 + z^2}$ 围成的.

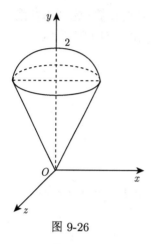

图 9-26

解　由于积分区域 Ω 是由锥面与球面围成的区域, 且被积函数为 $f(x^2+y^2+z^2)$ 的形式, 这是一个典型的利用球面坐标计算的三重积分, 但不能用通常的球面坐标计算, 应将 Ω 向 xOz 面上投影 (如图 9-26).

令

$$\begin{cases} z = r\sin\varphi\cos\theta, \\ x = r\sin\varphi\sin\theta, \\ y = r\cos\varphi, \end{cases}$$

则 Ω 可表示为

$$\Omega: \begin{cases} 0 \leqslant \theta \leqslant 2\pi, \\ 0 \leqslant \varphi \leqslant \dfrac{\pi}{4}, \\ 0 \leqslant r \leqslant 2, \end{cases}$$

于是

$$\begin{aligned} I &= \iiint\limits_{\Omega} \sqrt{x^2+y^2+z^2}\mathrm{d}V = \int_0^{2\pi}\mathrm{d}\theta\int_0^{\pi/4}\mathrm{d}\varphi\int_0^2 r\cdot r^2\sin\varphi\mathrm{d}r \\ &= \int_0^{2\pi}\mathrm{d}\theta\int_0^{\pi/4}\sin\varphi\cdot\left.\frac{r^4}{4}\right|_0^2\mathrm{d}\varphi = 8\pi\int_0^{\pi/4}\sin\varphi\mathrm{d}\varphi = 8\pi\left(1-\frac{\sqrt{2}}{2}\right). \end{aligned}$$

例 11　设一均匀物体占有空间闭区域 Ω, 其中 Ω 是由抛物面 $z = x^2+y^2$ 及平面 $z = 1$ 围成 (如图 9-27), 求该物体的重心.

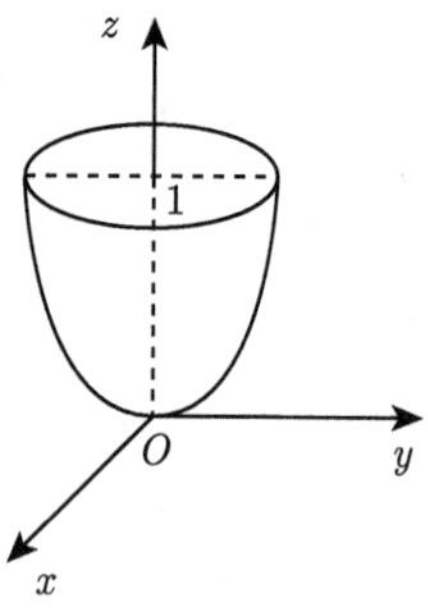

图 9-27

解　根据 Ω 的对称性可知, $\overline{x} = \overline{y} = 0$. 用柱面坐标计算, Ω 可表示为

$$\Omega: \begin{cases} 0 \leqslant \theta \leqslant 2\pi, \\ 0 \leqslant r \leqslant 1, \\ r^2 \leqslant z \leqslant 1, \end{cases}$$

于是

$$V = \iiint\limits_{\Omega}\mathrm{d}V = \int_0^{2\pi}\mathrm{d}\theta\int_0^1\mathrm{d}r\int_{r^2}^1 r\mathrm{d}z$$

$$= \int_0^{2\pi} \mathrm{d}\theta \int_0^1 (r - r^3)\mathrm{d}r = \frac{\pi}{2}.$$

又

$$\iiint\limits_{\Omega} z\mathrm{d}V = \int_0^{2\pi} \mathrm{d}\theta \int_0^1 \mathrm{d}r \int_{r^2}^1 zr\mathrm{d}z = \int_0^{2\pi} \mathrm{d}\theta \int_0^1 r \cdot \frac{1}{2}(1 - r^4)\mathrm{d}r = \frac{\pi}{3},$$

故

$$\overline{z} = \frac{\iiint\limits_{\Omega} z\mathrm{d}V}{V} = \frac{\dfrac{\pi}{3}}{\dfrac{\pi}{2}} = \frac{2}{3},$$

即所求重心为 $\left(0, 0, \dfrac{2}{3}\right)$.

第 10 章　曲线积分与曲面积分

10.1　曲 线 积 分

一、知识要点

1. 对弧长的曲线积分的概念.

定义　设 L 为 xOy 平面内的一条光滑曲线, 函数 $f(x,y)$ 在该曲线上有界. 将 L 分为 n 个小段, 设第 i 个小段的长度为 Δs_i, 在第 i 个小段上任取一点 (ξ_i, η_i), 作和式

$$\sum_{i=1}^{n} f(\xi_i, \eta_i) \Delta s_i.$$

如果各小段的最大长度 $\lambda \to 0$ 时, 该和式的极限存在, 把该极限称为函数 $f(x,y)$ 在曲线 L 上对弧长的曲线积分, 记作 $\displaystyle\int_L f(x,y)\mathrm{d}s$.

2. 对弧长的曲线积分的性质.

(a) 线性性: $\displaystyle\int_L [\alpha f(x,y) + \beta g(x,y)]\,\mathrm{d}s = \alpha \int_L f(x,y)\mathrm{d}s + \beta \int_L g(x,y)\mathrm{d}s.$

(b) 对积分弧段的可加性:

$$\int_L f(x,y)\mathrm{d}s = \int_{L_1} f(x,y)\mathrm{d}s + \int_{L_2} g(x,y)\mathrm{d}s \quad (L_1 \cup L_2 = L, L_1 \cap L_2 = \varnothing).$$

(c) 比较定理: $\displaystyle\int_L f(x,y)\mathrm{d}s \leqslant \int_L g(x,y)\mathrm{d}s, f(x,y) \leqslant g(x,y).$

(d) 对称性: 假设 L 关于 y 轴对称, 则

$$\int_L r(x,y)\mathrm{d}s = \begin{cases} 0, & r(x,y) \text{ 关于 } x \text{ 是奇函数,} \\ 2\displaystyle\int_{L_1} r(x,y)\mathrm{d}s, & r(x,y) \text{ 关于 } x \text{ 是偶函数,} \end{cases}$$

其中 L_1 是 L 在第一、四象限内的部分.

3. 对弧长的曲线积分的计算法.

(1) 设平面曲线 L 的参数方程为

$$x = x(t), \quad y = y(t), \quad \alpha \leqslant t \leqslant \beta,$$

其中 $x(t)$, $y(t)$ 在 $[\alpha, \beta]$ 上具有连续的导数, 则

$$\int_L f(x, y)\mathrm{d}s = \int_\alpha^\beta f\left[x(t), y(t)\right] \cdot \sqrt{x'^2(t) + y'^2(t)}\mathrm{d}t.$$

(2) 设平面曲线 L 的方程为 $y = y(x)$, $a \leqslant x \leqslant b$, 其中 $y'(x)$ 在 $[a, b]$ 上连续, 则

$$\int_L f(x, y)\mathrm{d}s = \int_a^b f\left[x, y(x)\right] \cdot \sqrt{1 + y'^2(x)}\mathrm{d}x.$$

(3) 若空间曲线 Γ 的参数方程为

$$x = x(t), \quad y = y(t), \quad z = z(t), \quad \alpha \leqslant t \leqslant \beta,$$

其中 $x(t)$, $y(t)$, $z(t)$ 在 $[\alpha, \beta]$ 上具有连续的导数, 则

$$\int_\Gamma f(x, y, z)\mathrm{d}s = \int_\alpha^\beta f\left[x(t), y(t), z(t)\right] \cdot \sqrt{x'^2(t) + y'^2(t) + z'^2(t)}\mathrm{d}t.$$

注 计算时要注意, 积分上限一定要大于下限. 该公式还可以推广到三维, 设三维曲线 L 的参数式为

$$\begin{cases} x = x(t), \\ y = y(t), \quad \alpha \leqslant t \leqslant \beta, \\ z = z(t), \end{cases}$$

则有计算公式

$$\int_L f(x, y)\mathrm{d}s = \int_\alpha^\beta f(x(t), y(t), z(t))\sqrt{\left(x'(t)\right)^2 + \left(y'(t)\right)^2 + \left(z'(t)\right)^2}\mathrm{d}t.$$

具体计算步骤

(1) 先将积分曲线参数化, 再利用公式计算.

(2) 计算对弧长的曲线积分关键是记住弧长微分的计算公式

$$\mathrm{d}s = \sqrt{\left(x'(t)\right)^2 + \left(y'(t)\right)^2 + \left(z'(t)\right)^2}\mathrm{d}t,$$

以及它的其他形式. 具体计算时, 可能用到定积分的计算技巧.

4. 对坐标的曲线积分的概念.

注　要结合物理背景理解第二类曲线积分. $(P(x,y), Q(x,y))$ 可以理解为变力 $\boldsymbol{F}$, 由物理知识可知 $\boldsymbol{F}$ 在 $\overrightarrow{M_i M_{i+1}}$ 上所做的功可近似地计算为

$$\boldsymbol{F}(\xi_i, \eta_i) \cdot \overrightarrow{M_i M_{i+1}} = (P(\xi_i, \eta_i), Q(\xi_i, \eta_i)) \cdot (\Delta x_i, \Delta y_i)$$
$$= P(\xi_i, \eta_i) \Delta x_i + Q(\xi_i, \eta_i) \Delta y_i.$$

而和式 $\sum\limits_{i=1}^{n} P(\xi_i, \eta_i) \Delta x_i + Q(\xi_i, \eta_i) \Delta y_i$ 则近似表示变力 $\boldsymbol{F}$ 沿着曲线 L 从 A 到 B 所做的功. 当划分取得无限细时, 可知该和式的极限 $\displaystyle\int_L P(x,y)\mathrm{d}x + \int_L P(x,y)\mathrm{d}y$ 实际就是变力 $\boldsymbol{F}$ 在有向弧段 L 所做的功. 该和式记作

$$\int_L P(x,y)\mathrm{d}x + \int_L Q(x,y)\mathrm{d}y = \int_L \boldsymbol{F}(x,y)\mathrm{d}\boldsymbol{r}.$$

5. 对坐标的曲线积分的性质.

(1) 线性性: $\displaystyle\int_L [\alpha f(x,y) + \beta g(x,y)]\mathrm{d}s = \alpha \int_L f(x,y)\mathrm{d}s + \beta \int_L g(x,y)\mathrm{d}s.$

(2) 对积分弧段的可加性:

$$\int_L f(x,y)\mathrm{d}s = \int_{L_1} f(x,y)\mathrm{d}s + \int_{L_2} g(x,y)\mathrm{d}s \quad (L_1 \cup L_2 = L, L_1 \cap L_2 = \varnothing).$$

(3) 设有向弧段 L 的反向弧段为 L^-, 则有

$$\int_{L^-} \boldsymbol{F}(x,y)\mathrm{d}\boldsymbol{r} = -\int_L \boldsymbol{F}(x,y)\mathrm{d}\boldsymbol{r}.$$

(4) 对称性: 假设 L 关于 y 轴对称, 则

$$\int_L P(x,y)\mathrm{d}x = \begin{cases} 0, & P(x,y)\text{关于}x\text{是奇函数,} \\ 2\displaystyle\int_{L_1} P(x,y)\mathrm{d}x, & P(x,y)\text{关于}x\text{是偶函数,} \end{cases}$$

$$\int_L Q(x,y)\mathrm{d}y = \begin{cases} 0, & Q(x,y)\text{关于}x\text{是偶函数,} \\ 2\displaystyle\int_{L_1} Q(x,y)\mathrm{d}y, & Q(x,y)\text{关于}x\text{是奇函数,} \end{cases}$$

其中 L_1 是 L 在第一、四象限内的部分.

6. 对坐标的曲线积分的计算法.

(1) 设平面曲线 L 的参数方程为 $x = x(t)$, $y = y(t)$, 其中 L 的起点对应的参数为 $t = \alpha$, L 的终点对应的参数为 $t = \beta$, 且 $x(t), y(t)$ 具有连续的导数, 则

$$\int_L P(x,y)\mathrm{d}x + Q(x,y)\mathrm{d}y$$

$$= \int_\alpha^\beta \left\{ P\left[x(t), y(t)\right] \cdot x'(t) + Q\left[x(t), y(t)\right] \cdot y'(t) \right\} \mathrm{d}t.$$

(2) 设平面曲线 L 的方程为 $y = y(x)$, 其中 L 的起点对应于 $x = a$, L 的终点对应于 $x = b$, 且 $y'(x)$ 连续, 则

$$\int_L P(x,y)\mathrm{d}x + Q(x,y)\mathrm{d}y = \int_a^b \left\{ P\left[x, y(x)\right] + Q\left[x, y(x)\right] \cdot y'(x) \right\} \mathrm{d}x.$$

(3) 若空间曲线 Γ 的参数方程为

$$x = x(t), \quad y = y(t), \quad z = z(t),$$

其中 Γ 的起点对应的参数为 $t = \alpha$, Γ 的终点对应的参数为 $t = \beta$, 且其中 $x(t)$, $y(t), z(t)$ 具有连续的导数, 则

$$\int_\Gamma P(x,y,z)\mathrm{d}x + Q(x,y,z)\mathrm{d}y + R(x,y,z)\mathrm{d}z$$

$$= \int_\alpha^\beta \left\{ P\left[x(t), y(t), z(t)\right] \cdot x'(t) + Q[x(t), y(t), z(t)] \cdot y'(t) \right.$$

$$\left. + R[x(t), y(t), z(t)] \cdot z'(t) \right\} \mathrm{d}t.$$

7. 两类曲线积分的联系

$$\int_L (P\cos\alpha + Q\cos\beta)\mathrm{d}s = \int_L P\mathrm{d}x + Q\mathrm{d}y,$$

其中 $\alpha(x,y)$, $\beta(x,y)$ 为有向曲线弧 L 上点 (x,y) 处的切向量的方向角.

注 若 $\boldsymbol{n} = \{\cos\alpha, \cos\beta\}$ 为曲线弧 L 上点 (x,y) 处的外法向量, 则

$$\int_L (P\cos\alpha + Q\cos\beta)\mathrm{d}s = \int_L P\mathrm{d}y - Q\mathrm{d}x.$$

8. 格林公式.

设 $P(x,y), Q(x,y)$ 在由分段光滑的闭曲线 L 围成的闭区域 D 上具有一阶连续的偏导数, 则有

$$\oint_L P\mathrm{d}x + Q\mathrm{d}y = \iint_D \left(\frac{\partial Q}{\partial x} - \frac{\partial P}{\partial y}\right)\mathrm{d}x\mathrm{d}y,$$

其中 L 取正向.

9. 平面上曲线积分与路径无关的条件.

设 G 是平面单连通域, $P(x,y), Q(x,y)$ 在 G 内具有一阶连续的偏导数, 则 $\int_L P\mathrm{d}x + Q\mathrm{d}y$ 在 G 内与路径无关 $\Leftrightarrow \dfrac{\partial Q}{\partial x} = \dfrac{\partial P}{\partial y}$ 在 G 内恒成立.

二、例题分析

例 1　计算下列第一类曲线积分:

(1) $\displaystyle\int_L x\mathrm{d}s$, 其中 L 为双曲线 $xy = 1$ 从点 $\left(\dfrac{1}{2}, 2\right)$ 到点 $(1,1)$ 的一段弧;

(2) $\displaystyle\oint_L (x^2 + y^2)\mathrm{d}s$, 其中曲线 L 为圆 $x^2 + y^2 = ax\ (a > 0)$.

解　(1) 曲线 L 的方程为 $y = \dfrac{1}{x}, \dfrac{1}{2} \leqslant x \leqslant 1$, 则

$$\int_L x\mathrm{d}s = \int_{1/2}^1 x\sqrt{1 + \frac{1}{x^4}}\mathrm{d}x = \int_{1/2}^1 \frac{\sqrt{1+x^4}}{x}\mathrm{d}x \quad (\diamondsuit\, t = \sqrt{1+x^4})$$

$$= \int_{\sqrt{17}/4}^{\sqrt{2}} \frac{t^2}{t^2 - 1}\mathrm{d}t = \frac{\sqrt{2}}{2} - \frac{\sqrt{17}}{8} - \frac{1}{2}\ln\frac{1 + \sqrt{2}}{4 + \sqrt{17}}.$$

(2) **法 1**　取 L 的参数方程为

$$x = a\cos^2\theta, \quad y = a\sin\theta\cos\theta \quad \left(-\frac{\pi}{2} \leqslant \theta \leqslant \frac{\pi}{2}\right),$$

则

$$x^2 + y^2 = ax = a^2\cos^2\theta \quad \text{且} \quad \sqrt{x'^2(\theta) + y'^2(\theta)} = a.$$

于是

$$\oint_L (x^2 + y^2)\mathrm{d}s = \int_{-\pi/2}^{\pi/2} a^2\cos^2\theta\sqrt{x'^2(\theta) + y'^2(\theta)}\mathrm{d}\theta$$

$$= \int_{-\pi/2}^{\pi/2} a^3 \cos^2\theta \mathrm{d}\theta = 2\int_0^{\pi/2} a^3 \frac{1+\cos 2\theta}{2}\mathrm{d}\theta$$

$$= a^3\left(\theta + \frac{1}{2}\sin 2\theta\right)\Big|_0^{\pi/2} = \frac{\pi}{2}a^3.$$

法 2 取 L 的参数方程为

$$x = \frac{a}{2} + \frac{a}{2}\cos\theta, \quad y = \frac{a}{2}\sin\theta \quad (0 \leqslant \theta \leqslant 2\pi),$$

则

$$x^2 + y^2 = ax = \frac{1}{2}a^2(1+\cos\theta) \quad \text{且} \quad \sqrt{x'^2(\theta)+y'^2(\theta)} = \frac{a}{2}.$$

于是

$$\oint_L (x^2+y^2)\mathrm{d}s = \int_0^{2\pi} \frac{1}{2}a^2(1+\cos\theta)\cdot\frac{a}{2}\mathrm{d}\theta$$

$$= \frac{1}{4}a^3(\theta+\sin\theta)\Big|_0^{2\pi} = \frac{\pi}{2}a^3.$$

例 2 设 L 为椭圆 $\frac{x^2}{2^2}+\frac{y^2}{3^2}=1$, 其周长为 l, 求 $\oint_L (xy^2+9x^2+4y^2)\mathrm{d}s$.

解 由于积分曲线 L 关于 y 轴对称, 又 xy^2 为 x 的奇函数, 则

$$\oint_L xy^2\mathrm{d}s = 0.$$

又曲线 L 的方程可化为: $9x^2+4y^2=36$, 故

$$\oint_L (9x^2+4y^2)\mathrm{d}s = \oint_L 36\mathrm{d}s = 36l,$$

于是

$$\oint_L (xy^2+9x^2+4y^2)\mathrm{d}s = 36l.$$

注 (1) 若曲线 L 关于 y 轴对称, 则

$$\int_L f(x,y)\mathrm{d}s = \begin{cases} 0, & f(-x,y)=-f(x,y), \\ 2\int_{L_1} f(x,y)\mathrm{d}s, & f(-x,y)=f(x,y), \end{cases}$$

其中 L_1 为曲线 L 在 $x \geqslant 0$ 的部分曲线.

(2) 若曲线 L 关于 x 轴对称, 则

$$\int_L f(x,y)\mathrm{d}s = \begin{cases} 0, & f(x,-y) = -f(x,y), \\ 2\int_{L_1} f(x,y)\mathrm{d}s, & f(x,-y) = f(x,y), \end{cases}$$

其中 L_1 为曲线 L 在 $y \geqslant 0$ 上的部分曲线.

例 3　设 Γ 为球面 $x^2 + y^2 + z^2 = 1$ 与 $x + y + z = 0$ 的交线, 计算曲线积分 $\oint_\Gamma \left(\dfrac{x}{3} + \dfrac{y^2}{2} \right) \mathrm{d}s.$

解　由于曲线 Γ 的对称性, 利用轮换对称性, 有

$$\oint_\Gamma x\mathrm{d}s = \oint_\Gamma y\mathrm{d}s = \oint_\Gamma z\mathrm{d}s \quad \text{及} \quad \oint_\Gamma x^2\mathrm{d}s = \oint_\Gamma y^2\mathrm{d}s = \oint_\Gamma z^2\mathrm{d}s,$$

因此

$$\oint_\Gamma x\mathrm{d}s = \frac{1}{3} \oint_\Gamma (x + y + z)\mathrm{d}s = \frac{1}{3} \oint_\Gamma 0 \cdot \mathrm{d}s = 0,$$

$$\oint_\Gamma y^2\mathrm{d}s = \frac{1}{3} \oint_\Gamma (x^2 + y^2 + z^2)\mathrm{d}s = \frac{1}{3} \oint_\Gamma \mathrm{d}s = \frac{2}{3}\pi.$$

于是

$$\oint_\Gamma \left(\frac{x}{3} + \frac{y^2}{2} \right) \mathrm{d}s = \oint_\Gamma \frac{x}{3}\mathrm{d}s + \oint_\Gamma \frac{y^2}{2}\mathrm{d}s = \frac{1}{3}\pi.$$

例 4　计算下列曲线积分:

(1) 计算 $\displaystyle\int_L xy^2\mathrm{d}y - x^2y\mathrm{d}x$, 其中 L 为从点 $A(1,0)$ 到点 $B(0,1)$ 的直线段;

(2) 计算 $\displaystyle\int_L (2xy + 3x\sin x)\mathrm{d}x + (x^2 - y\mathrm{e}^y)\mathrm{d}y$, 其中 L 为沿摆线 $x = t - \sin t$, $y = 1 - \cos t$ 从点 $O(0,0)$ 到点 $A(\pi,2)$ 的一段弧.

解　(1) 曲线 L 的方程为 $y = 1 - x$, 当点 A 变到点 B 时, x 从 1 变到 0, 故

$$\int_L xy^2\mathrm{d}y - x^2y\mathrm{d}x = \int_1^0 x(1-x)^2\mathrm{d}(1-x) - x^2(1-x)\mathrm{d}x$$

$$= \int_0^1 (x - x^2)\mathrm{d}x = \frac{1}{6}.$$

(2) 因为

$$\frac{\partial Q}{\partial x} = \frac{\partial P}{\partial y} = 2x,$$

故曲线积分与路径无关, 选积分路径为折线 $\widehat{OBA}$ (如图 10-1), 故

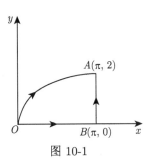

图 10-1

$$\int_L (2xy + 3x\sin x)\mathrm{d}x + (x^2 - y\mathrm{e}^y)\mathrm{d}y$$

$$= \int_{\overline{OB}} + \int_{\overline{BA}} = \int_0^\pi 3x\sin x\,\mathrm{d}x + \int_0^2 (\pi^2 - y\mathrm{e}^y)\mathrm{d}y$$

$$= 3\pi + 2\pi^2 - \mathrm{e}^2 - 1.$$

例 5 设空间曲线 Γ 为球面 $x^2 + y^2 + z^2 = R^2$ 与平面 $x + y = R$ 的交线, 从 y 轴正向看去是顺时针方向, 计算 $\oint_\Gamma \frac{1}{2}y^2\mathrm{d}x - xz\mathrm{d}y + \frac{1}{2}y^2\mathrm{d}z$.

解 曲线 Γ 的方程可改写成

$$\begin{cases} \left(y - \dfrac{R}{2}\right)^2 + \dfrac{1}{2}z^2 = \left(\dfrac{R}{2}\right)^2, \\ x = R - y. \end{cases}$$

于是, 曲线 Γ 的参数方程为

$$x = \frac{R}{2}(1 - \cos\theta), \quad y = \frac{R}{2}(1 + \cos\theta), \quad z = \frac{R}{\sqrt{2}}\sin\theta,$$

且 θ 从 π 变到 $-\pi$, 故

$$\text{原式} = \int_\pi^{-\pi} \left\{ \frac{1}{2}\left[\frac{R}{2}(1+\cos\theta)\right]^2 \frac{R}{2}\sin\theta \right.$$

$$- \frac{R}{2}(1-\cos\theta)\frac{R}{\sqrt{2}}\sin\theta \cdot \left(-\frac{R}{2}\sin\theta\right)$$

$$\left. + \frac{1}{2}\left[\frac{R}{2}(1+\cos\theta)\right]^2 \frac{R}{\sqrt{2}}\cos\theta \right\}\mathrm{d}\theta$$

$$= 0 - \int_{-\pi}^\pi \frac{\sqrt{2}}{8}R^3(\sin^2\theta - \cos\theta\sin^2\theta)\mathrm{d}\theta$$

$$+ \int_{-\pi}^\pi \frac{\sqrt{2}}{16}R^3(1+\cos\theta)^2\cos\theta\,\mathrm{d}\theta$$

$$= -\frac{\sqrt{2}}{4}R^3\pi.$$

例 6　试求 a, b, 使 $(ay^2 - 2xy)\mathrm{d}x + (bx^2 + 2xy)\mathrm{d}y$ 是某一个函数 $u(x, y)$ 的全微分, 并求出 $u(x, y)$.

解　由于 $P(x, y) = ay^2 - 2xy$, $Q(x, y) = bx^2 + 2xy$, 欲使 $P\mathrm{d}x + Q\mathrm{d}y$ 是某个函数 $u(x, y)$ 的全微分, 则应有

$$\frac{\partial Q}{\partial x} = \frac{\partial P}{\partial y},$$

即 $2bx + 2y = 2ay - 2x$, 因此 $a = 1, b = -1$. 则所求的函数为

$$
\begin{aligned}
u(x, y) &= \int_{(0,0)}^{(x,y)} P\mathrm{d}x + Q\mathrm{d}y + C \\
&= \int_0^x 0 \cdot \mathrm{d}x + \int_0^y (-x^2 + 2xy)\mathrm{d}y + C \\
&= -x^2 y + xy^2 + C,
\end{aligned}
$$

其中 C 为任意常数.

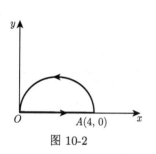

图 10-2

例 7　计算曲线积分 $I = \displaystyle\int_L (y + 2xy)\mathrm{d}x + (x^2 + 2x + y^2)\mathrm{d}y$, 其中曲线 L 为 $x^2 + y^2 = 4x$ 的上半圆周, 由点 $A(4,0)$ 到点 $O(0,0)$ 的一段弧 (如图 10-2).

解法 1　利用格林公式. 取 $L' = L + \overline{OA}$, 则 L' 为封闭曲线, 记

$$P = y + 2xy, \quad \frac{\partial P}{\partial y} = 1 + 2x,$$

$$Q = x^2 + 2x + y^2, \quad \frac{\partial Q}{\partial x} = 2x + 2,$$

$$\oint_{L'} P\mathrm{d}x + Q\mathrm{d}y = \int_L P\mathrm{d}x + Q\mathrm{d}y + \int_{\overline{OA}} P\mathrm{d}x + Q\mathrm{d}y,$$

于是

$$\int_L P\mathrm{d}x + Q\mathrm{d}y = \oint_{L'} P\mathrm{d}x + Q\mathrm{d}y - \int_{\overline{OA}} P\mathrm{d}x + Q\mathrm{d}y.$$

由格林公式得

$$I_1 = \oint_{L'} P\mathrm{d}x + Q\mathrm{d}y = \iint_D \left(\frac{\partial Q}{\partial x} - \frac{\partial P}{\partial y}\right)\mathrm{d}x\mathrm{d}y = \iint_D \mathrm{d}x\mathrm{d}y = 2\pi.$$

对于

$$I_2 = \int_{\overline{OA}} P\mathrm{d}x + Q\mathrm{d}y = \int_{\overline{OA}} (y + 2xy)\mathrm{d}x + (x^2 + 2x + y^2)\mathrm{d}y,$$

因在直线 $\overline{OA}$ 上 $y = 0$, 故 $I_2 = 0$. 从而

$$I = \int_L (y + 2xy)\mathrm{d}x + (x^2 + 2x + y^2)\mathrm{d}y = I_1 - I_2 = 2\pi.$$

解法 2 $I = \int_L (2y + 2xy)\mathrm{d}x + (x^2 + 2x + y^2)\mathrm{d}y - \int_L y\mathrm{d}x = I_1 - I_2.$

在 I_1 中, 记 $P = 2y + 2xy$, $Q = x^2 + 2x + y^2$, 则 $\dfrac{\partial P}{\partial y} = \dfrac{\partial Q}{\partial x}$, 故曲线积分 I_1 与路径无关, 于是

$$I_1 = \int_{\overline{AO}} (2y + 2xy)\mathrm{d}x + (x^2 + 2x + y^2)\mathrm{d}y,$$

在直线 $\overline{AO}$ 上, $y = 0$, 故 $I_1 = 0$.

又曲线 L 的参数方程为

$$\begin{cases} x = 2 + 2\cos t, \\ y = 2\sin t, \end{cases}$$

参数 t 从 0 变到 π, 故

$$I_2 = \int_L y\mathrm{d}x = \int_0^\pi 2\sin t(-2\sin t)\mathrm{d}t = -2\pi,$$

从而 $I = I_1 - I_2 = 2\pi$.

例 8 计算 $\oint_L \dfrac{x\mathrm{d}y - y\mathrm{d}x}{4x^2 + y^2}$, 其中 L 为圆周: $(x - 1)^2 + y^2 = a^2$ $(a \neq 1)$, 取逆时针方向.

解 记

$$P(x, y) = \frac{-y}{4x^2 + y^2}, \quad Q(x, y) = \frac{x}{4x^2 + y^2},$$

则

$$\frac{\partial Q}{\partial x} = \frac{y^2 - 4x^2}{(4x^2 + y^2)^2} = \frac{\partial P}{\partial y}$$

在除原点 $(0,0)$ 外处处成立. 故当 $a < 1$ 时, 曲线 L 所围成的闭区域 D 内不含原点 (如图 10-3(a)), 则

$$\oint_L \frac{x\mathrm{d}y - y\mathrm{d}x}{4x^2 + y^2} = \iint_D \left(\frac{\partial Q}{\partial x} - \frac{\partial P}{\partial y}\right)\mathrm{d}x\mathrm{d}y = 0.$$

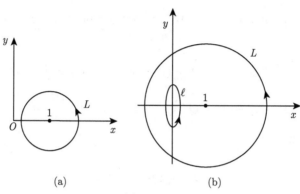

(a)   (b)

图 10-3

当 $a > 1$ 时, 曲线 L 所围成的闭区域 D 内含有原点 (如图 10-3(b)), 故不能直接应用格林公式, 作足够小的椭圆 $\ell: 4x^2 + y^2 = r^2$ (取逆时针方向), 则在曲线 L 与 ℓ^- 围成的区域上应用格林公式, 有

$$\oint_{L+\ell^-} \frac{x\mathrm{d}y - y\mathrm{d}x}{4x^2 + y^2} = \iint_D \left(\frac{\partial Q}{\partial x} - \frac{\partial P}{\partial y}\right)\mathrm{d}x\mathrm{d}y = 0,$$

即

$$\oint_L \frac{x\mathrm{d}y - y\mathrm{d}x}{4x^2 + y^2} - \oint_\ell \frac{x\mathrm{d}y - y\mathrm{d}x}{4x^2 + y^2} = 0, \quad \oint_L \frac{x\mathrm{d}y - y\mathrm{d}x}{4x^2 + y^2} = \oint_\ell \frac{x\mathrm{d}y - y\mathrm{d}x}{4x^2 + y^2}.$$

又曲线 ℓ 的参数方程为: $x = \dfrac{r}{2}\cos\theta,\ y = r\sin\theta,\ \theta$ 从 0 变到 2π, 故

$$
\begin{aligned}
\oint_L \frac{x\mathrm{d}y - y\mathrm{d}x}{4x^2 + y^2} &= \oint_\ell \frac{x\mathrm{d}y - y\mathrm{d}x}{4x^2 + y^2} \\
&= \int_0^{2\pi} \frac{\frac{r}{2}\cos\theta\,\mathrm{d}(r\sin\theta) - r\sin\theta\,\mathrm{d}\left(\frac{r}{2}\cos\theta\right)}{r^2} \\
&= \int_0^{2\pi} \frac{1}{2}\mathrm{d}\theta = \pi.
\end{aligned}
$$

例 9　计算 $I = \oint_L \dfrac{(x+y)\mathrm{d}x - (x-y)\mathrm{d}y}{x^2+y^2}$，其中 L 是沿曲线 $y = \pi\cos x$，由 $A(\pi, -\pi)$ 到 $B(-\pi, -\pi)$ 的一段弧.

解　若直接将 $y = \pi\cos x$ 代入进行计算, 较复杂.

由于

$$\frac{\partial Q}{\partial x} = \frac{x^2 - 2xy - y^2}{(x^2+y^2)^2} = \frac{\partial P}{\partial y}$$

除原点外处处成立, 因此, 曲线积分 I 在不包含原点的区域内与路径无关.

法 1　选取积分路径为折线 $\widehat{ACDB}$ (如图 10-4(a)), 则

$$\int_L = \int_{\widehat{ACDB}} = \int_{\overline{AC}} + \int_{\overline{CD}} + \int_{\overline{DB}},$$

其中 $\overline{AC}$: $x = \pi$; $\overline{CD}$: $y = \pi$; $\overline{DB}$: $x = -\pi$, 则

$$I = \int_{-\pi}^{\pi} \frac{-(\pi - y)}{\pi^2 + y^2}\mathrm{d}y + \int_{\pi}^{-\pi} \frac{x + \pi}{x^2 + \pi^2}\mathrm{d}x + \int_{\pi}^{-\pi} \frac{-(-\pi - y)}{\pi^2 + y^2}\mathrm{d}y$$

$$= -\int_{-\pi}^{\pi} \frac{\pi - x}{\pi^2 + x^2}\mathrm{d}x - \int_{-\pi}^{\pi} \frac{x + \pi}{x^2 + \pi^2}\mathrm{d}x - \int_{-\pi}^{\pi} \frac{\pi + x}{\pi^2 + x^2}\mathrm{d}x$$

$$= -\int_{-\pi}^{\pi} \frac{3\pi + x}{\pi^2 + x^2}\mathrm{d}x = -\frac{3}{2}\pi.$$

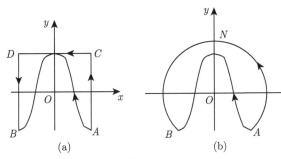

图 10-4

法 2　选取积分路径为以原点为圆心, 经过 A, B 两点半径为 $\sqrt{2}\pi$ 的圆弧 $\widehat{ANB}$ (如图 10-4(b)), 其参数方程为

$$\begin{cases} x = \sqrt{2}\pi\cos t, \\ y = \sqrt{2}\pi\sin t, \end{cases}$$

其中 t 从 $-\dfrac{\pi}{4}$ 变到 $\dfrac{5}{4}\pi$, 于是

$$\int_L = \int_{\widehat{ANB}} = \int_{-\pi/4}^{5\pi/4} \left[\frac{\sqrt{2}\pi(\cos t + \sin t) \cdot (-\sqrt{2}\pi \sin t)}{2\pi^2} \right.$$

$$\left. - \frac{\sqrt{2}\pi(\cos t - \sin t) \cdot (\sqrt{2}\pi \cos t)}{2\pi^2} \right] \mathrm{d}t$$

$$= -\int_{-\pi/4}^{5\pi/4} \mathrm{d}t = -\frac{3}{2}\pi.$$

法 3　连接 AB, 则曲线 $L' = \overline{BA} + L$ 为封闭曲线, 再作足够小的圆周 ℓ: $x^2 + y^2 = r^2$ (如图 10-5), 则易知

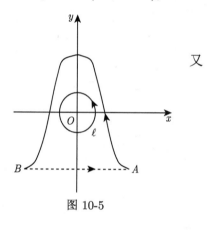

图 10-5

$$\oint_{L'} = \oint_{\ell}.$$

又

$$\oint_{\ell} = \oint_{\ell} \frac{(x+y)\mathrm{d}x - (x-y)\mathrm{d}y}{r^2}$$

$$= \frac{1}{r^2} \iint_D -2\mathrm{d}x\mathrm{d}y = -2\pi,$$

$$\int_{\overline{BA}} = \int_{-\pi}^{\pi} \frac{x-\pi}{x^2+\pi^2} \mathrm{d}x = -\frac{\pi}{2},$$

于是

$$I = \int_L = \oint_{L'} - \int_{\overline{BA}} = -2\pi - \left(-\frac{\pi}{2}\right) = -\frac{3}{2}\pi.$$

例 10　计算曲线积分

$$\int_{\widehat{AMB}} [\varphi(y)\mathrm{e}^x - my]\,\mathrm{d}x + [\varphi'(y)\mathrm{e}^x - m]\,\mathrm{d}y,$$

其中 $\varphi(y)$, $\varphi'(y)$ 为连续函数, $\widehat{AMB}$ 为连接 $A(x_1, y_1)$ 和 $B(x_2, y_2)$ 的在线段 $\overline{AB}$ 下方的任意曲线, 且与线段 $\overline{AB}$ 围成的面积为 S (如图 10-6).

解　作线段 $\overline{BC}$ 和 $\overline{CA}$, 其中 C 点的坐标为 (x_1, y_2), 取曲线为

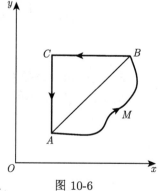

图 10-6

$$L = \widehat{AMB} + \overline{BC} + \overline{CA},$$

则由格林公式得

$$\oint_L = \iint_D \left(\frac{\partial Q}{\partial x} - \frac{\partial P}{\partial y} \right) \mathrm{d}x\mathrm{d}y = \iint_D m\mathrm{d}x\mathrm{d}y = mS + \frac{1}{2}m(y_2 - y_1)(x_2 - x_1).$$

又

$$\int_{\overline{BC}} P\mathrm{d}x + Q\mathrm{d}y = \int_{x_2}^{x_1} [\varphi(y_2)\mathrm{e}^x - my_2]\mathrm{d}x$$

$$= \varphi(y_2)(\mathrm{e}^{x_1} - \mathrm{e}^{x_2}) - my_2(x_1 - x_2),$$

$$\int_{\overline{CA}} P\mathrm{d}x + Q\mathrm{d}y = \int_{y_2}^{y_1} [\varphi'(y)\mathrm{e}^{x_1} - m]\mathrm{d}y$$

$$= [\varphi(y_1) - \varphi(y_2)]\,\mathrm{e}^{x_1} - m(y_1 - y_2),$$

于是

$$\int_{\overline{AMB}} = \oint_L - \int_{\overline{BC}} - \int_{\overline{CA}}$$

$$= mS - \frac{1}{2}m(y_2 + y_1)(x_2 - x_1) + \mathrm{e}^{x_2}\varphi(y_2) - \mathrm{e}^{x_1}\varphi(y_1) + m(y_1 - y_2).$$

例 11 设曲线 L 为任一简单封闭的光滑曲线, $\boldsymbol{l}$ 为一常向量, 证明

$$\oint_L \cos(\boldsymbol{l}, \boldsymbol{n})\mathrm{d}s = 0,$$

其中 $\boldsymbol{n}$ 为闭曲线 L 的外法向量.

证明 设曲线 L 为正向曲线, 且 $\boldsymbol{l} = a\boldsymbol{i} + b\boldsymbol{j}$, $\boldsymbol{n}_0$ 为单位外法向量, 记 $\boldsymbol{n}_0 = \{\cos\alpha, \cos\beta\}$, 于是

$$\cos(\boldsymbol{l}, \boldsymbol{n}) = \cos(\boldsymbol{l}, \boldsymbol{n}_0) = \frac{\boldsymbol{l} \cdot \boldsymbol{n}_0}{|\boldsymbol{l}|\,|\boldsymbol{n}_0|} = \frac{a\cos\alpha + b\cos\beta}{\sqrt{a^2 + b^2}},$$

从而, 有

$$\oint_L \cos(\boldsymbol{l}, \boldsymbol{n})\mathrm{d}s = \oint_L \frac{a\cos\alpha + b\cos\beta}{\sqrt{a^2 + b^2}}\mathrm{d}s = \oint_L \frac{a\mathrm{d}y - b\mathrm{d}x}{\sqrt{a^2 + b^2}}$$

$$= \iint_D \left(\frac{\partial Q}{\partial x} - \frac{\partial P}{\partial y} \right) \mathrm{d}x\mathrm{d}y = \iint_D 0\mathrm{d}x\mathrm{d}y = 0.$$

例 12   设 $\varphi(y), f(y)$ 是二阶可微的函数, 确定 $\varphi(y)$ 与 $f(y)$, 使曲线积分

$$\oint_L 2\left[x\varphi(y) + f(y)\right]\mathrm{d}x + \left[x^2 f(y) + 2xy^2 - 2x\varphi(y)\right]\mathrm{d}y = 0$$

且 $\varphi(0) = -2$, $f(0) = 1$, 其中 L 是平面上的任一条简单闭曲线.

解   由于对任意闭曲线 L, 有

$$\oint_L P\mathrm{d}x + Q\mathrm{d}y = 0,$$

故 $\displaystyle\int_L P\mathrm{d}x + Q\mathrm{d}y$ 与路径无关, 则有 $\dfrac{\partial P}{\partial y} = \dfrac{\partial Q}{\partial x}$, 即

$$2\left[x\varphi'(y) + f'(y)\right] = 2xf(y) + 2y^2 - 2\varphi(y)$$

在整个 xOy 面内恒成立, 比较两边 x 的同次幂, 则有

$$\begin{cases} \varphi'(y) = f(y), \\ f'(y) = y^2 - \varphi(y), \end{cases}$$

由此得

$$\varphi''(y) = f'(y) = y^2 - \varphi(y), \quad \varphi''(y) + \varphi(y) = y^2.$$

解得

$$\varphi(y) = c_1 \cos y + c_2 \sin y + y^2 - 2.$$

所以

$$f(y) = \varphi'(y) = -c_1 \sin y + c_2 \cos y + 2y,$$

由 $\varphi(0) = -2$, $f(0) = 1$, 得 $c_1 = 0$, $c_2 = 1$, 于是

$$\varphi(y) = \sin y + y^2 - 2, \quad f(y) = \cos y + 2y.$$

例 13   已知曲线积分 $\displaystyle\oint_L \dfrac{x\mathrm{d}y - y\mathrm{d}x}{y^2 + \varphi(x)} = A$ (A 为常数), 其中 $\varphi(x)$ 为可导的函数, 且 $\varphi(1) = 1$, L 为环绕原点一周的任意光滑闭曲线的正向, 试求 $\varphi(x)$ 及 A.

解   记

$$P = -\frac{y}{y^2 + \varphi(x)}, \quad Q = \frac{x}{y^2 + \varphi(x)}.$$

对于任意一条不包围原点的光滑闭曲线 L, 将 L 分成为 $L = L_2 + L_1^-$ (如图 10-7), 再补上一条光滑曲线 L_3, 使得曲线 $L_3 + L_1$ 与 $L_3 + L_2$ 都成为环绕原点一周的正向闭曲线. 则由已知条件得

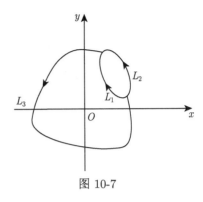

$$\int_{L_3+L_1} = \int_{L_3+L_2} = A,$$

因此 $\int_{L_1} = \int_{L_2}$, 故

图 10-7

$$\oint_L = \int_{L_2+L_1^-} = \int_{L_2} - \int_{L_1} = 0.$$

这表明, 曲线积分 $\int_L \dfrac{x\mathrm{d}y - y\mathrm{d}x}{y^2 + \varphi(x)}$ 在不包含原点的单连通区域内与路径无关. 因此

$$\frac{\partial Q}{\partial x} = \frac{\partial P}{\partial y} \quad (x^2 + y^2 \neq 0),$$

即

$$-\frac{[y^2 + \varphi(x)] - 2y^2}{[y^2 + \varphi(x)]^2} = \frac{[y^2 + \varphi(x)] - x\varphi'(x)}{[y^2 + \varphi(x)]^2}.$$

所以 $x\varphi'(x) = 2\varphi(x)$, 解得 $\varphi(x) = cx^2$. 由于 $\varphi(1) = 1$, 故有 $\varphi(x) = x^2$.

若取 L 为 $x = \cos t, y = \sin t$ $(0 \leqslant t \leqslant 2\pi)$, 则有

$$A = \oint_L \frac{x\mathrm{d}y - y\mathrm{d}x}{y^2 + \varphi(x)} = \int_0^{2\pi} (\cos^2 t + \sin^2 t)\mathrm{d}t = 2\pi.$$

10.2 曲 面 积 分

一、知识要点

1. 第一类曲面积分的概念: 设 Σ 为三维空间中的光滑曲面, 函数 $f(x,y,z)$ 在该曲线上有界. 将 Σ 分为 n 个小块, 设第 i 个小块的面积为 ΔS_i, 在第 i 个小块上任取一点 (ξ_i, η_i, ζ_i), 作和式 $\displaystyle\sum_{i=1}^{n} f(\xi_i, \eta_i, \zeta_i)\Delta S_i$. 如果当各小块的最大直径

$\lambda \to 0$ 时, 该和式的极限存在, 我们就把该极限称为函数 $f(x, y, z)$ 在曲面 Σ 上对面积的曲面积分或第一类曲面积分, 记作 $\iint\limits_{\Sigma} f(x, y, z)\mathrm{d}S$.

2. 第一类曲面积分的性质.

(1) 线性性:

$$\iint\limits_{\Sigma} \alpha f(x, y, z) + \beta g(x, y, z)\mathrm{d}S = \alpha \iint\limits_{\Sigma} f(x, y, z)\mathrm{d}S + \beta \iint\limits_{\Sigma} g(x, y, z)\mathrm{d}S.$$

(2) 对积分曲面的可加性:

$$\iint\limits_{\Sigma_1} f(x, y, z)\mathrm{d}S + \iint\limits_{\Sigma_2} f(x, y, z)\mathrm{d}S = \iint\limits_{\Sigma_1 \cup \Sigma_2} f(x, y, z)\mathrm{d}S \quad (\Sigma_1 \cap \Sigma_2 = \varnothing).$$

(3) 比较定理: $\iint\limits_{\Sigma} f(x, y, z)\mathrm{d}S \leqslant \iint\limits_{\Sigma} g(x, y, z)\mathrm{d}S (f(x, y, z) \leqslant g(x, y, z))$.

(4) 对称性: 设分块光滑曲面 S 关于 xOy 平面对称, 曲面在 z 轴上方的部分记作 S_1, 设其方程为 $z = z(x, y)$, 曲面在 z 轴下方的部分记作 S_2, 并设 $P(x, y, z)$ 是 S 上的连续函数, 则

$$\iint\limits_{S} P(x, y, z)\mathrm{d}S = \begin{cases} 0, & P(x, y, z) \text{ 关于 } z \text{ 是奇函数}, \\ 2\iint\limits_{S_1} P(x, y, z)\mathrm{d}S, & P(x, y, z) \text{ 关于 } z \text{ 是偶函数}. \end{cases}$$

3. 第一类曲面积分的计算法.

(1) 若曲面 Σ 的方程为 $z = z(x, y)$, 曲面 Σ 在 xOy 平面上的投影域为 D_{xy}, 则

$$\iint\limits_{\Sigma} f(x, y, z)\mathrm{d}S = \iint\limits_{D_{xy}} f[x, y, z(x, y)]\sqrt{1 + z_x^2 + z_y^2}\,\mathrm{d}x\mathrm{d}y.$$

(2) 若曲面 Σ 的方程为 $x = x(y, z)$ 或 $y = y(x, z)$, 则有

$$\iint\limits_{\Sigma} f(x, y, z)\mathrm{d}S = \iint\limits_{D_{yz}} f[x(y, z), y, z]\sqrt{1 + x_y^2 + x_z^2}\,\mathrm{d}y\mathrm{d}z$$

或

$$\iint\limits_{\Sigma} f(x, y, z)\mathrm{d}S = \iint\limits_{D_{xz}} f[x, y(x, z), z]\sqrt{1 + y_x^2 + y_z^2}\,\mathrm{d}x\mathrm{d}z,$$

其中, D_{yz}, D_{xz} 是曲面 Σ 在 yOz 面和 xOz 面上的投影区域.

4. 第二类曲面积分的概念: 设 Σ 为三维空间中的有向光滑曲面, 向量值函数 $\boldsymbol{v}(x,y,z) = (P(x,y,z), Q(x,y,z), R(x,y,z))$ 在该曲面上有界. 将 Σ 分为 n 个小块, 设第 i 个小块的面积为 ΔS_i, 在第 i 个小块上任取一点 (ξ_i, η_i, ζ_i), 则单位时间内通过第 i 个小块的液体体积可近似表示为 $\boldsymbol{v}(\xi_i, \eta_i, \zeta_i) \cdot \boldsymbol{n}_i \Delta S_i$, 其中 $\boldsymbol{n}_i$ 是有向曲面 Σ 在点 (ξ_i, η_i, ζ_i) 处的法向量, 设 $\boldsymbol{n}_i = (\cos\alpha, \cos\beta, \cos\gamma)$, 则有

$$\boldsymbol{v}(\xi_i, \eta_i, \zeta_i) \cdot \boldsymbol{n}_i \Delta S_i$$

$$= (P(\xi_i, \eta_i, \zeta_i)\cos\alpha + Q(\xi_i, \eta_i, \zeta_i)\cos\beta + R(\xi_i, \eta_i, \zeta_i)\cos\beta)\Delta S_i,$$

因此, 单位时间内流过曲面 Σ 的液体体积近似于和式

$$\sum_{i=1}^{n} (P(\xi_i, \eta_i, \zeta_i)\cos\alpha + Q(\xi_i, \eta_i, \zeta_i)\cos\beta + R(\xi_i, \eta_i, \zeta_i)\cos\beta)\Delta S_i,$$

由法向量的意义可知, $\cos\alpha\Delta S_i$ 实际上是有向面积元 ΔS_i 在 yOz 平面上的投影. 记 $\cos\alpha\Delta S_i = (\Delta S_i)_{yz}$. 同样记

$$\cos\beta\Delta S_i = (\Delta S_i)_{zx}, \quad \cos\gamma\Delta S_i = (\Delta S_i)_{xy}.$$

则和式可改写为

$$\sum_{i=1}^{n} P(\xi_i, \eta_i, \zeta_i)(\Delta S_i)_{yz} + \sum_{i=1}^{n} Q(\xi_i, \eta_i, \zeta_i)(\Delta S_i)_{zx} + \sum_{i=1}^{n} R(\xi_i, \eta_i, \zeta_i)(\Delta S_i)_{xy}.$$

最后, 当各小块的最大直径 $\lambda \to 0$ 时, 如果和式的极限存在, 则该极限值就是时间内流过曲面 Σ 的液体体积. 其中 $\sum_{i=1}^{n} P(\xi_i, \eta_i, \zeta_i)(\Delta S_i)_{yz}$ 的极限称作函数 $P(x,y,z)$ 在曲面 Σ 上对坐标 y, z 的曲面积分, 记作 $\iint\limits_{\Sigma} P(x,y,z)\mathrm{d}y\mathrm{d}z$, 即

$$\iint\limits_{\Sigma} P(x,y,z)\mathrm{d}y\mathrm{d}z = \lim_{\lambda\to 0}\sum_{i=1}^{n} P(\xi_i, \eta_i, \zeta_i)(\Delta S_i)_{yz}.$$

类似地, 有

$$\iint\limits_{\Sigma} Q(x,y,z)\mathrm{d}z\mathrm{d}x = \lim_{\lambda\to 0}\sum_{i=1}^{n} Q(\xi_i, \eta_i, \zeta_i)(\Delta S_i)_{zx},$$

$$\iint\limits_{\Sigma} R(x,y,z)\mathrm{d}x\mathrm{d}y = \lim_{\lambda \to 0} \sum_{i=1}^{n} R\left(\xi_i, \eta_i, \zeta_i\right) \left(\Delta S_i\right)_{xy}.$$

5. 第二类曲面积分的性质.

(1) 线性性:

$$\iint_{\Sigma} \alpha P(x,y,z) + \beta Q(x,y,z)\mathrm{d}x\mathrm{d}y = \alpha \iint_{\Sigma} P(x,y,z)\mathrm{d}x\mathrm{d}y + \beta \iint_{\Sigma} Q(x,y,z)\mathrm{d}x\mathrm{d}y.$$

(2) 对积分曲面的可加性:

$$\iint_{\Sigma_1} f(x,y,z)\mathrm{d}x\mathrm{d}y + \iint_{\Sigma_2} f(x,y,z)\mathrm{d}x\mathrm{d}y = \iint_{\Sigma_1 \cup \Sigma_2} f(x,y,z)\mathrm{d}x\mathrm{d}y \quad (\Sigma_1 \cap \Sigma_2 = \varnothing).$$

(3) 设有向曲面 Σ 的反向曲面为 Σ^-, 则有

$$\iint_{\Sigma} f(x,y)\mathrm{d}x\mathrm{d}y = -\iint_{\Sigma^{-1}} f(x,y)\mathrm{d}x\mathrm{d}y.$$

(4) 对称性: 设分块光滑曲面 S 关于 xOy 平面对称, 曲面在 z 轴上方的部分记作 S_1, 设其方程为 $z = z(x,y)$, 曲面在 z 轴下方的部分记作 S_2, 并设 $P(x,y,z)$ 是 S 上的连续函数, 则

$$\iint\limits_{S} P(x,y,z)\mathrm{d}x\mathrm{d}y = \begin{cases} 0, & P(x,y,z)\text{关于}z\text{是偶函数}, \\ 2\iint\limits_{S_1} P(x,y,z)\mathrm{d}x\mathrm{d}y, & P(x,y,z)\text{关于}z\text{是奇函数}. \end{cases}$$

6. 第二类曲面积分的计算法.

(1) 若曲面 Σ 的方程为 $z = z(x,y)$, 曲面 Σ 在 xOy 平面上的投影域为 D_{xy}, 则有

$$\iint\limits_{\Sigma} R(x,y,z)\mathrm{d}x\mathrm{d}y \xlongequal[\text{下侧}]{\text{上侧}} \pm \iint\limits_{D_{xy}} R[x,y,z(x,y)]\mathrm{d}x\mathrm{d}y.$$

(2) 若曲面 Σ 的方程为 $x = x(y,z)$ 或 $y = y(x,z)$, 则有

$$\iint\limits_{\Sigma} P(x,y,z)\mathrm{d}y\mathrm{d}z \xlongequal[\text{后侧}]{\text{前侧}} \pm \iint\limits_{D_{yz}} P[x(y,z),y,z]\mathrm{d}y\mathrm{d}z$$

或

$$\iint\limits_{\Sigma} Q(x,y,z)\mathrm{d}z\mathrm{d}x \xlongequal[\text{左侧}]{\text{右侧}} \pm \iint\limits_{D_{xz}} Q[x,y(x,z),z]\mathrm{d}z\mathrm{d}x,$$

其中, D_{yz}, D_{xz} 是曲面 Σ 在 yOz 面和 xOz 面上的投影区域.

7. 两类曲面积分的关系.

$$\iint\limits_{\Sigma} P\mathrm{d}y\mathrm{d}z + Q\mathrm{d}z\mathrm{d}x + R\mathrm{d}x\mathrm{d}y = \iint\limits_{\Sigma} (P\cos\alpha + Q\cos\beta + R\cos\gamma)\mathrm{d}S,$$

其中 $\cos\alpha$, $\cos\beta$, $\cos\gamma$ 为曲面 Σ 的法向量 $\boldsymbol{n}$ 的方向余弦.

8. 高斯公式.

设空间有界闭区域 Ω 是空间二维单连通区域, 其边界曲面为 Σ, 函数 $P(x,y,z)$, $Q(x,y,z)$, $R(x,y,z)$ 在闭区域 Ω 上具有一阶连续的偏导数, 则有

$$\iiint\limits_{\Omega} \left(\frac{\partial P}{\partial x} + \frac{\partial Q}{\partial y} + \frac{\partial R}{\partial z}\right)\mathrm{d}V$$

$$= \oiint\limits_{\Sigma} P\mathrm{d}y\mathrm{d}z + Q\mathrm{d}z\mathrm{d}x + R\mathrm{d}x\mathrm{d}y$$

$$= \oiint\limits_{\Sigma} (P\cos\alpha + Q\cos\beta + R\cos\gamma)\mathrm{d}S,$$

其中 Σ 取外侧, $\cos\alpha$, $\cos\beta$, $\cos\gamma$ 是曲面 Σ 上法向量 $\boldsymbol{n}$ 的方向余弦.

9. 斯托克斯公式.

定理 设 Γ 是分段光滑的空间有向闭曲线, Σ 是以 Γ 为边界的分片光滑有向曲面, Σ 与 Γ 的方向符合右手规则 (当拇指以外的四指沿着 Γ 的方向运动时, 拇指所指的方向与 Σ 上法向量的指向一致), 函数 $P(x,y,z)$, $Q(x,y,z)$, $R(x,y,z)$ 在 Σ 上具有一阶连续偏导数, 则有

$$\int_{\Gamma} P\mathrm{d}x + Q\mathrm{d}y + R\mathrm{d}z$$

$$= \iint\limits_{\Sigma} \left(\frac{\partial R}{\partial y} - \frac{\partial Q}{\partial z}\right)\mathrm{d}y\mathrm{d}z + \left(\frac{\partial P}{\partial z} - \frac{\partial R}{\partial x}\right)\mathrm{d}z\mathrm{d}x + \left(\frac{\partial Q}{\partial x} - \frac{\partial P}{\partial y}\right)\mathrm{d}x\mathrm{d}y.$$

注 (1) 斯托克斯公式是格林公式的推广, 它为我们提供了新的计算曲线积分的思路, 当由于曲线不能参数化或参数化不便于计算等原因造成计算困难时, 可以考虑用此公式.

(2) 高斯公式的应用与格林公式比较接近, 同样分为两种情况: 如果积分曲面不闭合, 则可以用一个简单的曲面 (一般为平面), 给积分曲面 "封口", 然后再在这两张曲面围成空间区域上应用高斯公式, 将原曲面积分转化为一个三重积分减去

另一个曲面积分, 应用适当的情况下, 两个积分都会比较容易求得; 如果积分曲面闭合, 但被积函数在该曲面所围成的区域上有不连续点, 则用另一个较小的闭合曲面 (一般为球面或椭球面, 视被积函数而定) 将该不连续点围起来, 然后在这两条闭合曲面中间的区域上应用高斯公式, 这样就可以把原曲面积分转化为一个三重积分减去另一个曲面积分 (新加的较小的闭合曲面), 这种情况下, 其中的三重积分往往等于零.

10. 向量场的散度、旋度、流量、环流量:

设向量场

$$\boldsymbol{A} = P(x,y,z)\boldsymbol{i} + Q(x,y,z)\boldsymbol{j} + R(x,y,z)\boldsymbol{k}$$

且 P, Q, R 具有一阶连续的偏导数, 则

(1) 散度: $\mathbf{div}\boldsymbol{A} = \dfrac{\partial P}{\partial x} + \dfrac{\partial Q}{\partial y} + \dfrac{\partial R}{\partial z}$.

(2) 旋度: $\mathbf{rot}\boldsymbol{A} = \begin{vmatrix} \boldsymbol{i} & \boldsymbol{j} & \boldsymbol{k} \\ \dfrac{\partial}{\partial x} & \dfrac{\partial}{\partial y} & \dfrac{\partial}{\partial z} \\ P & Q & R \end{vmatrix}$.

(3) 向量场 $\boldsymbol{A}$ 通过曲面 Σ 指定侧的流量

$$\Phi = \iint\limits_{\Sigma} \boldsymbol{A} \cdot \boldsymbol{n}\mathrm{d}S = \iint\limits_{\Sigma} (P\cos\alpha + Q\cos\beta + R\cos\gamma)\mathrm{d}S$$

$$= \iint\limits_{\Sigma} P\mathrm{d}y\mathrm{d}z + Q\mathrm{d}z\mathrm{d}x + R\mathrm{d}x\mathrm{d}y,$$

其中, $\boldsymbol{n} = \{\cos\alpha, \cos\beta, \cos\gamma\}$ 为有向曲面 Σ 的单位法向量.

(4) 向量场 $\boldsymbol{A}$ 沿有向闭曲线 Γ 的环流量

$$\Phi = \oint_{\Gamma} \boldsymbol{A} \cdot \boldsymbol{t}\mathrm{d}s = \oint_{\Gamma} (P\cos\lambda + Q\cos\mu + R\cos\nu)\mathrm{d}s$$

$$= \oint_{\Gamma} P\mathrm{d}x + Q\mathrm{d}y + R\mathrm{d}z,$$

其中, $\boldsymbol{t} = \{\cos\lambda, \cos\mu, \cos\nu\}$ 为有向曲线 Γ 的单位切向量.

二、例题分析

例 1　计算 $\iint\limits_{\Sigma} (x^2 + y^2)\mathrm{d}S$, Σ 为曲面 $z = \sqrt{x^2 + y^2}$ 及平面 $z = 1$ 所围成的立体表面.

解 记曲面 $\Sigma = \Sigma_1 + \Sigma_2$, 其中, Σ_1: $z = \sqrt{x^2 + y^2}$, Σ_2: $z = 1$, Σ_1 与 Σ_2 在 xOy 面的投影区域均为 $D_{xy} = \left\{ (x, y) \,\middle|\, x^2 + y^2 \leqslant 1 \right\}$.

对 Σ_1: $z = \sqrt{x^2 + y^2}$,

$$\sqrt{1 + z_x^2 + z_y^2} = \sqrt{1 + \left(\frac{x}{z}\right)^2 + \left(\frac{y}{z}\right)^2} = \sqrt{2}.$$

对 Σ_2: $z = 1$,

$$\sqrt{1 + z_x^2 + z_y^2} = \sqrt{1 + 0 + 0} = 1.$$

于是

$$\iint\limits_{\Sigma} (x^2 + y^2)\mathrm{d}S = \iint\limits_{\Sigma_1} + \iint\limits_{\Sigma_2} = (\sqrt{2} + 1) \iint\limits_{D_{xy}} (x^2 + y^2)\mathrm{d}x\mathrm{d}y$$

$$= (\sqrt{2} + 1) \int_0^{2\pi} \mathrm{d}\theta \int_0^1 r^3 \mathrm{d}r = \frac{\sqrt{2} + 1}{2}\pi.$$

例 2 计算曲面积分 $\displaystyle\oiint\limits_{\Sigma} (x^2 + y^2 + z^2)\mathrm{d}S$, 其中积分曲面 Σ 是球面 $x^2 + y^2 + z^2 = 2az \; (a > 0)$.

解 记 $\Sigma = \Sigma_1 + \Sigma_2$, 其中 Σ_1 为上半球面, Σ_2 为下半球面, 则对于曲面 $\Sigma_1 : z = a + \sqrt{a^2 - x^2 - y^2}$, 有

$$\frac{\partial z}{\partial x} = \frac{-x}{\sqrt{a^2 - x^2 - y^2}}, \quad \frac{\partial z}{\partial y} = \frac{-y}{\sqrt{a^2 - x^2 - y^2}},$$

故

$$\sqrt{1 + \left(\frac{\partial z}{\partial x}\right)^2 + \left(\frac{\partial z}{\partial y}\right)^2} = \frac{a}{\sqrt{a^2 - x^2 - y^2}} = \frac{a}{z - a}.$$

于是

$$\iint\limits_{\Sigma_1} (x^2 + y^2 + z^2)\mathrm{d}S = \iint\limits_{\Sigma_1} 2az\mathrm{d}S$$

$$= \iint\limits_{\Sigma_1} 2a(z - a)\mathrm{d}S + \iint\limits_{\Sigma_1} 2a^2\mathrm{d}S$$

$$= \iint\limits_{D_1} 2a^2\mathrm{d}x\mathrm{d}y + \iint\limits_{\Sigma_1} 2a^2\mathrm{d}S$$

$$= 2a^2 \cdot a^2\pi + 2a^2 \cdot 2\pi a^2 = 6\pi a^4.$$

同理, 对于曲面 Σ_2: $z = a - \sqrt{a^2 - x^2 - y^2}$, 有

$$\iint\limits_{\Sigma} (x^2 + y^2 + z^2)\mathrm{d}S = 2\pi a^4,$$

故 $\displaystyle\oiint\limits_{\Sigma} (x^2 + y^2 + z^2)\mathrm{d}S = 8\pi a^4.$

例 3　计算曲面积分 $\displaystyle\iint\limits_{\Sigma} (xy + yz + zx)\mathrm{d}S$, 其中 Σ 为锥面 $z = \sqrt{x^2 + y^2}$ 被曲面 $x^2 + y^2 = 2ax$ 所截得的部分.

解　$\displaystyle\iint\limits_{\Sigma} (xy + yz + zx)\mathrm{d}S = \iint\limits_{\Sigma} xy\mathrm{d}S + \iint\limits_{\Sigma} yz\mathrm{d}S + \iint\limits_{\Sigma} zx\mathrm{d}S.$

由于 Σ 关于 xOz 面对称, 又 xy 及 yz 关于 y 为奇函数, 故

$$\iint\limits_{\Sigma} xy\mathrm{d}S = \iint\limits_{\Sigma} yz\mathrm{d}S = 0.$$

对曲面 Σ: $z = \sqrt{x^2 + y^2}$, 有

$$\sqrt{1 + z_x^2 + z_y^2} = \sqrt{2},$$

且曲面 Σ 在 xOy 面投影区域为

$$D_{xy} : \left\{ (x, y) \,\middle|\, x^2 + y^2 \leqslant 2ax \right\},$$

则

$$\iint\limits_{\Sigma} zx\mathrm{d}S = \iint\limits_{D_{xy}} x\sqrt{x^2 + y^2}\sqrt{2}\mathrm{d}x\mathrm{d}y$$

$$= \sqrt{2} \int_{-\pi/2}^{\pi/2} \mathrm{d}\theta \int_0^{2a\cos\theta} r\cos\theta \cdot r \cdot r\mathrm{d}r$$

$$= \frac{\sqrt{2}}{4} \int_{-\pi/2}^{\pi/2} \cos\theta \cdot (2a)^4 \cos^4\theta\mathrm{d}\theta = \frac{64}{15}\sqrt{2}a^4,$$

于是 $\displaystyle\iint\limits_{\Sigma}(xy+yz+zx)\mathrm{d}S=\frac{64}{15}\sqrt{2}a^4.$

注　(1) 若曲面 Σ 关于 xOy 面对称, 且 $f(x,y,z)$ 关于 z 为奇函数, 则

$$\iint\limits_{\Sigma}f(x,y,z)\mathrm{d}S=0.$$

(2) 若曲面 Σ 关于 yOz 面对称, 且 $f(x,y,z)$ 关于 x 为奇函数, 则

$$\iint\limits_{\Sigma}f(x,y,z)\mathrm{d}S=0.$$

(3) 若曲面 Σ 关于 xOz 对称, 且 $f(x,y,z)$ 关于 y 为奇函数, 则

$$\iint\limits_{\Sigma}f(x,y,z)\mathrm{d}S=0.$$

例 4　设 Σ 为球面 $x^2+y^2+z^2=1$ 的外侧, 计算

$$\oiint\limits_{\Sigma}\frac{1}{x}\mathrm{d}y\mathrm{d}z+\frac{1}{y}\mathrm{d}z\mathrm{d}x+\frac{1}{z}\mathrm{d}x\mathrm{d}y.$$

解　由于函数 $P=\dfrac{1}{x},Q=\dfrac{1}{y},R=\dfrac{1}{z}$ 在曲面 Σ 围成的空间闭区域内不连续, 故不能应用高斯公式. 曲面 Σ 在 xOy 面上的投影区域为

$$D_{xy}=\left\{(x,y)\,\middle|\,x^2+y^2\leqslant 1\right\}.$$

记 $\Sigma=\Sigma_1+\Sigma_2$, 其中曲面 Σ_1 为 $z=\sqrt{1-x^2-y^2}$, 取上侧; 曲面 Σ_2 为 $z=-\sqrt{1-x^2-y^2}$, 取下侧. 于是

$$\begin{aligned}
\oiint\limits_{\Sigma}\frac{1}{z}\mathrm{d}x\mathrm{d}y &=\iint\limits_{\Sigma_1}\frac{1}{z}\mathrm{d}x\mathrm{d}y+\iint\limits_{\Sigma_2}\frac{1}{z}\mathrm{d}x\mathrm{d}y\\
&=\iint\limits_{D_{xy}}\frac{1}{\sqrt{1-x^2-y^2}}\mathrm{d}x\mathrm{d}y-\iint\limits_{D_{xy}}\frac{1}{-\sqrt{1-x^2-y^2}}\mathrm{d}x\mathrm{d}y\\
&=2\iint\limits_{D_{xy}}\frac{1}{\sqrt{1-x^2-y^2}}\mathrm{d}x\mathrm{d}y=2\int_0^{2\pi}\mathrm{d}\theta\int_0^1\frac{r}{\sqrt{1-r^2}}\mathrm{d}r=4\pi.
\end{aligned}$$

同理可得

$$\oiint\limits_{\Sigma} \frac{1}{y}\mathrm{d}z\mathrm{d}x = \oiint\limits_{\Sigma} \frac{1}{x}\mathrm{d}y\mathrm{d}z = 4\pi.$$

因此 $\oiint\limits_{\Sigma} \dfrac{1}{x}\mathrm{d}y\mathrm{d}z + \dfrac{1}{y}\mathrm{d}z\mathrm{d}x + \dfrac{1}{z}\mathrm{d}x\mathrm{d}y = 12\pi.$

例 5　设曲面 Σ 为由 $x^2 + y^2 = R^2$, $z = R$, $z = -R$ 所围立体的边界曲面的外侧, 计算 $\oiint\limits_{\Sigma} \dfrac{x\mathrm{d}y\mathrm{d}z + z^2\mathrm{d}x\mathrm{d}y}{x^2 + y^2 + z^2}.$

解　记曲面 $\Sigma = \Sigma_1 + \Sigma_2 + \Sigma_3$, 其中曲面 Σ_1: $z = R$ $(x^2 + y^2 \leqslant R^2)$, 取上侧, Σ_2: $z = -R$ $(x^2 + y^2 \leqslant R^2)$, 取下侧, Σ_3: $x^2 + y^2 = R^2$ $(-R \leqslant z \leqslant R)$, 取外侧, 则

$$\oiint\limits_{\Sigma} \frac{x\mathrm{d}y\mathrm{d}z + z^2\mathrm{d}x\mathrm{d}y}{x^2 + y^2 + z^2} = \iint\limits_{\Sigma_1} + \iint\limits_{\Sigma_2} + \iint\limits_{\Sigma_3},$$

$$\iint\limits_{\Sigma_1} \frac{x\mathrm{d}y\mathrm{d}z + z^2\mathrm{d}x\mathrm{d}y}{x^2 + y^2 + z^2} = \iint\limits_{D_{xy}} \frac{R^2}{x^2 + y^2 + R^2}\mathrm{d}x\mathrm{d}y = I_1,$$

$$\iint\limits_{\Sigma_2} \frac{x\mathrm{d}y\mathrm{d}z + z^2\mathrm{d}x\mathrm{d}y}{x^2 + y^2 + z^2} = -\iint\limits_{D_{xy}} \frac{(-R)^2}{x^2 + y^2 + R^2}\mathrm{d}x\mathrm{d}y = -I_1,$$

其中 $D_{xy} = \left\{(x, y)\,\middle|\,x^2 + y^2 \leqslant R^2\right\}.$

$$\iint\limits_{\Sigma_3} \frac{x\mathrm{d}y\mathrm{d}z + z^2\mathrm{d}x\mathrm{d}y}{x^2 + y^2 + z^2} = \iint\limits_{\Sigma_3} \frac{x\mathrm{d}y\mathrm{d}z}{R^2 + z^2},$$

这里 $\Sigma_3 = \Sigma_3' + \Sigma_3''$, Σ_3' 为 Σ_3 的 $x \geqslant 0$ 的部分曲面, 取前侧. Σ_3'' 为 Σ_3 的 $x \leqslant 0$ 的部分曲面, 取后侧, Σ_3' 与 Σ_3'' 在 yOz 面投影区域为

$$D_{yz} = \left\{(y, z)\,\middle|\,|y| \leqslant R, |z| \leqslant R\right\},$$

则

$$\iint\limits_{\Sigma_3} \frac{x\mathrm{d}y\mathrm{d}z}{R^2 + z^2} = \iint\limits_{\Sigma_3'} + \iint\limits_{\Sigma_3''}$$

$$= \iint\limits_{D_{yz}} \frac{\sqrt{R^2 - y^2}}{R^2 + z^2}\mathrm{d}y\mathrm{d}z - \iint\limits_{D_{yz}} \frac{-\sqrt{R^2 - y^2}}{R^2 + z^2}\mathrm{d}y\mathrm{d}z$$

$$= 2 \iint\limits_{D_{yz}} \frac{\sqrt{R^2 - y^2}}{R^2 + z^2} \mathrm{d}y\mathrm{d}z$$

$$= 2 \int_{-R}^{R} \sqrt{R^2 - y^2}\mathrm{d}y \int_{-R}^{R} \frac{1}{R^2 + z^2} \mathrm{d}z = \frac{1}{2}\pi R^2.$$

于是

$$\oiint\limits_{\Sigma} \frac{x\mathrm{d}y\mathrm{d}z + z^2\mathrm{d}x\mathrm{d}y}{x^2 + y^2 + z^2} = \iint\limits_{\Sigma_1} + \iint\limits_{\Sigma_2} + \iint\limits_{\Sigma_3} = I_1 - I_1 + \frac{1}{2}\pi R^2 = \frac{1}{2}\pi R^2.$$

例 6 计算曲线积分

$$\iint\limits_{\Sigma} [f(x,y,z) + x]\,\mathrm{d}y\mathrm{d}z + [2f(x,y,z) + y]\,\mathrm{d}z\mathrm{d}x + [f(x,y,z) + z]\,\mathrm{d}x\mathrm{d}y,$$

其中 $f(x,y,z)$ 为连续函数, 曲面 Σ 为平面 $x - y + z = 1$ 在第四卦限部分的上侧 (如图 10-8).

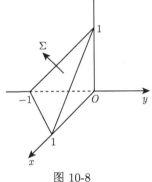

图 10-8

解法 1 将其化为第一类曲面积分曲面 Σ 的法向量 $\boldsymbol{n}$ 的方向余弦为

$$\cos\alpha = \frac{1}{\sqrt{3}}, \quad \cos\beta = -\frac{1}{\sqrt{3}}, \quad \cos\gamma = \frac{1}{\sqrt{3}},$$

故

$$\iint\limits_{\Sigma} [f(x,y,z) + x]\,\mathrm{d}y\mathrm{d}z + [2f(x,y,z) + y]\,\mathrm{d}z\mathrm{d}x + [f(x,y,z) + z]\,\mathrm{d}x\mathrm{d}y$$

$$= \iint\limits_{\Sigma} \left\{\frac{1}{\sqrt{3}}[f(x,y,z) + x] - \frac{1}{\sqrt{3}}[2f(x,y,z) + y] + \frac{1}{\sqrt{3}}[f(x,y,z) + z]\right\}\mathrm{d}S$$

$$= \iint\limits_{\Sigma} \frac{1}{\sqrt{3}}(x - y + z)\mathrm{d}S = \frac{1}{\sqrt{3}}\iint\limits_{\Sigma}\mathrm{d}S = \frac{1}{\sqrt{3}}\iint\limits_{D_{xy}}\sqrt{3}\mathrm{d}x\mathrm{d}y = \frac{1}{2}.$$

解法 2 将对坐标 y, z 的积分转化成对坐标 x, y 的曲面积分, 注意 $\cos\alpha = \frac{1}{\sqrt{3}}, \cos\beta = -\frac{1}{\sqrt{3}}, \cos\gamma = \frac{1}{\sqrt{3}}$. 由于

$$\iint\limits_{\Sigma} [f(x,y,z) + x]\,\mathrm{d}y\mathrm{d}z$$

$$= \iint\limits_{\Sigma} [f(x,y,z) + x]\cos\alpha\, \mathrm{d}S$$

$$= \iint\limits_{\Sigma} [f(x,y,z) + x]\frac{\cos\alpha}{\cos\gamma}\mathrm{d}x\mathrm{d}y = \iint\limits_{\Sigma} [f(x,y,z) + x]\mathrm{d}x\mathrm{d}y,$$

同理

$$\iint\limits_{\Sigma} [2f(x,y,z) + y]\mathrm{d}z\mathrm{d}x = \iint\limits_{\Sigma} [2f(x,y,z) + y]\frac{\cos\beta}{\cos\gamma}\mathrm{d}x\mathrm{d}y$$

$$= -\iint\limits_{\Sigma} [2f(x,y,z) + y]\mathrm{d}x\mathrm{d}y,$$

因此

$$原式 = \iint\limits_{\Sigma} [f(x,y,z) + x]\mathrm{d}x\mathrm{d}y - \iint\limits_{\Sigma} [2f(x,y,z) + y]\mathrm{d}x\mathrm{d}y$$

$$+ \iint\limits_{\Sigma} [f(x,y,z) + z]\mathrm{d}x\mathrm{d}y$$

$$= \iint\limits_{\Sigma} (x - y + z)\mathrm{d}x\mathrm{d}y = \iint\limits_{D_{xy}} \mathrm{d}x\mathrm{d}y = \frac{1}{2}.$$

例 7　已知曲面 Σ 是由锥面 $x = \sqrt{y^2 + z^2}$ 与两个球面 $x^2 + y^2 + z^2 = 1$, $x^2 + y^2 + z^2 = 2\ (x \geqslant 0)$ 所围立体表面的外侧, 计算曲面积分

$$\oiint\limits_{\Sigma} x^3\mathrm{d}y\mathrm{d}z + \left[y^3 + f(yz)\right]\mathrm{d}z\mathrm{d}x + \left[z^3 + f(yz)\right]\mathrm{d}x\mathrm{d}y,$$

其中 $f(u)$ 是连续可微的奇函数.

解　记 $P = x^3$, $Q = y^3 + f(yz)$, $R = z^3 + f(yz)$, 应用高斯公式得

$$原式 = \iiint\limits_{\Omega} \left(\frac{\partial P}{\partial x} + \frac{\partial Q}{\partial y} + \frac{\partial R}{\partial z}\right)\mathrm{d}V$$

$$= \iiint\limits_{\Omega} \left[3x^2 + 3y^2 + zf'(yz) + 3z^2 + yf'(yz)\right]\mathrm{d}V$$

$$= 3\iiint\limits_{\Omega} (x^2 + y^2 + z^2)\mathrm{d}V + \iiint\limits_{\Omega} zf'(yz)\mathrm{d}V + \iiint\limits_{\Omega} yf'(yz)\mathrm{d}V.$$

由于 $f(u)$ 是连续可微的奇函数, 故 $f'(u)$ 是连续的偶函数.

又 Ω 关于 xOy 面对称, 且 $zf'(yz)$ 关于 z 为奇函数, 则

$$\iiint\limits_{\Omega} zf'(yz)\mathrm{d}V = 0.$$

同理

$$\iiint\limits_{\Omega} yf'(yz)\mathrm{d}V = 0.$$

于是, 原式 $= 3\iiint\limits_{\Omega}(x^2 + y^2 + z^2)\mathrm{d}V$, 利用球面坐标进行计算, 令

$$y = r\sin\varphi\cos\theta, \quad z = r\sin\varphi\sin\theta, \quad x = r\cos\varphi,$$

则

$$\text{原式} = 3\int_0^{2\pi}\mathrm{d}\theta\int_0^{\frac{\pi}{4}}\sin\varphi\mathrm{d}\varphi\int_1^{\sqrt{2}}r^4\mathrm{d}r = \frac{3}{5}(9\sqrt{2} - 10)\pi.$$

例 8 设曲面 Σ 为下半球面 $z = -\sqrt{a^2 - x^2 - y^2}$ $(a > 0)$, 取上侧, 计算曲面积分 $\iint\limits_{\Sigma}\dfrac{x\mathrm{d}y\mathrm{d}z + y^2\mathrm{d}z\mathrm{d}x + (z+1)^2\mathrm{d}x\mathrm{d}y}{x^2 + y^2 + z^2}$.

解 化简得

$$\text{原式} = \iint\limits_{\Sigma}\frac{x\mathrm{d}y\mathrm{d}z + y^2\mathrm{d}z\mathrm{d}x + (z+1)^2\mathrm{d}x\mathrm{d}y}{a^2}.$$

取 $\Sigma' = \Sigma + \Sigma_1$, 其中 Σ_1 为 $z = 0$ $(x^2 + y^2 \leqslant a^2)$, 取下侧, 则 Σ' 为封闭曲面, 取内侧, 在 Σ' 应用高斯公式得

$$\oiint\limits_{\Sigma'} = -\frac{1}{a^2}\iiint\limits_{\Omega}\left(\frac{\partial P}{\partial x} + \frac{\partial Q}{\partial y} + \frac{\partial R}{\partial z}\right)\mathrm{d}V$$

$$= -\frac{1}{a^2}\iiint\limits_{\Omega}(1 + 2y + 2z + 2)\mathrm{d}V$$

$$= -\frac{1}{a^2}\iiint\limits_{\Omega}2y\mathrm{d}V - \frac{3}{a^2}\iiint\limits_{\Omega}\mathrm{d}V - \frac{1}{a^2}\iiint\limits_{\Omega}2z\mathrm{d}V$$

$$= 0 - \frac{3}{a^2} \cdot \frac{2}{3}\pi a^3 - \frac{2}{a^2} \int_0^{2\pi} d\theta \int_{\pi/2}^{\pi} d\varphi \int_0^a r\cos\varphi \cdot r^2 \sin\varphi dr$$

$$= -2\pi a - \frac{2}{a^2} \cdot \left(-\frac{1}{4}\pi a^4\right) = \frac{1}{2}\pi a^2 - 2\pi a,$$

又

$$\iint\limits_{\Sigma_1} = -\frac{1}{a^2} \iint\limits_{D_{xy}} dxdy = -\frac{1}{a^2} \cdot a^2\pi = -\pi,$$

于是

$$\iint\limits_{\Sigma} \frac{xdydz + y^2dzdx + (z+1)^2dxdy}{a^2} = \oiint\limits_{\Sigma'} - \iint\limits_{\Sigma_1} = \frac{1}{2}\pi a^2 - 2\pi a + \pi.$$

因此, 原式 $= \frac{1}{2}\pi a^2 - 2\pi a + \pi$.

例 9 计算 $\iint\limits_{\Sigma} xdydz + ydzdx + zdxdy$, 其中曲面 Σ 是柱面 $x^2 + y^2 = 1$ 介于 $z = -1, z = 3$ 之间部分的外侧.

解法 1 直接计算.

由于 Σ 为柱面 $x^2 + y^2 = 1$ 的部分, 在 xOy 面的投影为 $dxdy = 0$ $\left(\gamma = \frac{\pi}{2}\right)$, 故

$$\iint\limits_{\Sigma} zdxdy = 0.$$

对于积分 $\iint\limits_{\Sigma} xdydz$, 记 $\Sigma = \Sigma_1 + \Sigma_2$, 其中 Σ_1: $x = \sqrt{1-y^2}$, 取前侧, $\Sigma_2 : x = -\sqrt{1-y^2}$, 取后侧, 且 Σ_1 与 Σ_2 在 yOz 面的投影区域均为

$$D_{yz} = \{(x,y)\,|{-1} \leqslant z \leqslant 3, -1 \leqslant y \leqslant 1\},$$

于是

$$\iint\limits_{\Sigma} xdydz = \iint\limits_{\Sigma_1} xdydz + \iint\limits_{\Sigma_2} xdydz = \iint\limits_{D_{yz}} \sqrt{1-y^2}dydz - \iint\limits_{D_{yz}} -\sqrt{1-y^2}dydz$$

$$= 2\iint\limits_{D_{yz}} \sqrt{1-y^2}dydz = \int_{-1}^3 dz \int_{-1}^1 \sqrt{1-y^2}dy = 4\pi.$$

由轮换对称性知 $\displaystyle\iint\limits_{\Sigma} y\mathrm{d}z\mathrm{d}x = \iint\limits_{\Sigma} x\mathrm{d}y\mathrm{d}z = 4\pi.$ 于是

$$原式 = \iint\limits_{\Sigma} x\mathrm{d}y\mathrm{d}z + \iint\limits_{\Sigma} y\mathrm{d}z\mathrm{d}x + \iint\limits_{\Sigma} z\mathrm{d}x\mathrm{d}y = 8\pi.$$

解法 2 用高斯公式计算.

记 $\Sigma' = \Sigma + \Sigma_1 + \Sigma_2$, 其中 Σ_1: $z = -1$ $(x^2 + y^2 \leqslant 1)$ 取下侧, Σ_2: $z = 3$ $(x^2 + y^2 \leqslant 1)$, 取上侧, 则 Σ' 为封闭曲面, 取外侧, 于是

$$\oiint\limits_{\Sigma'} x\mathrm{d}y\mathrm{d}z + y\mathrm{d}z\mathrm{d}x + z\mathrm{d}x\mathrm{d}y = \iiint\limits_{\Omega} \left(\frac{\partial P}{\partial x} + \frac{\partial Q}{\partial y} + \frac{\partial R}{\partial z} \right) \mathrm{d}V$$

$$= \iiint\limits_{\Omega} 3\mathrm{d}V = 12\pi,$$

又

$$\iint\limits_{\Sigma_1} x\mathrm{d}y\mathrm{d}z + y\mathrm{d}z\mathrm{d}x + z\mathrm{d}x\mathrm{d}y = \iint\limits_{\Sigma_1} z\mathrm{d}x\mathrm{d}y = -\iint\limits_{D_{xy}} (-1)\mathrm{d}x\mathrm{d}y = \iint\limits_{D_{xy}} \mathrm{d}x\mathrm{d}y = \pi,$$

$$\iint\limits_{\Sigma_2} x\mathrm{d}y\mathrm{d}z + y\mathrm{d}z\mathrm{d}x + z\mathrm{d}x\mathrm{d}y = \iint\limits_{\Sigma_2} z\mathrm{d}x\mathrm{d}y = \iint\limits_{D_{xy}} 3\mathrm{d}x\mathrm{d}y = 3\pi,$$

从而 $\displaystyle\iint\limits_{\Sigma} = \oiint\limits_{\Sigma'} - \iint\limits_{\Sigma_1} - \iint\limits_{\Sigma_2} = 8\pi.$

例 10 设 Σ 是光滑闭曲面, V 是 Σ 所围立体 Ω 的体积, $\boldsymbol{r} = x\boldsymbol{i} + y\boldsymbol{j} + z\boldsymbol{k}$, θ 是 Σ 的外法向量 $\boldsymbol{n}$ 与 $\boldsymbol{r}$ 的夹角, 试证明

$$V = \frac{1}{3} \oiint\limits_{\Sigma} |\boldsymbol{r}| \cos\theta \mathrm{d}S.$$

证明 设向量 $\boldsymbol{n}_0 = \{\cos\alpha, \cos\beta, \cos\gamma\}$ 是曲面 Σ 上的点 (x, y, z) 处的外单位法向量, 则

$$\cos\theta = \frac{\boldsymbol{r} \cdot \boldsymbol{n}_0}{|\boldsymbol{r}|\,|\boldsymbol{n}_0|} = \frac{x\cos\alpha + y\cos\beta + z\cos\gamma}{|\boldsymbol{r}|}.$$

因此

$$\oiint\limits_{\Sigma} |\boldsymbol{r}| \cos\theta \mathrm{d}s = \oiint\limits_{\Sigma} (x\cos\alpha + y\cos\beta + z\cos\gamma)\mathrm{d}S$$

$$= \iiint\limits_{\Omega} (1+1+1)\mathrm{d}x\mathrm{d}y\mathrm{d}z = 3V,$$

于是 $V = \dfrac{1}{3} \oiint\limits_{\Sigma} |\boldsymbol{r}| \cos\theta \mathrm{d}S.$

例 11　计算 $\oiint\limits_{\Sigma} \dfrac{x}{r^3}\mathrm{d}y\mathrm{d}z + \dfrac{y}{r^3}\mathrm{d}z\mathrm{d}x + \dfrac{z}{r^3}\mathrm{d}x\mathrm{d}y$, 其中 $r = \sqrt{x^2+y^2+z^2}$, Σ 是球面 $x^2+y^2+z^2 = a^2$ 的外侧.

解法 1　由对称性可知

$$\oiint\limits_{\Sigma} \frac{x}{r^3}\mathrm{d}y\mathrm{d}z = \oiint\limits_{\Sigma} \frac{y}{r^3}\mathrm{d}z\mathrm{d}x = \oiint\limits_{\Sigma} \frac{z}{r^3}\mathrm{d}x\mathrm{d}y,$$

故

$$\oiint\limits_{\Sigma} \frac{x}{r^3}\mathrm{d}y\mathrm{d}z + \frac{y}{r^3}\mathrm{d}z\mathrm{d}x + \frac{z}{r^3}\mathrm{d}x\mathrm{d}z = 3 \oiint\limits_{\Sigma} \frac{z}{r^3}\mathrm{d}x\mathrm{d}y.$$

记 $\Sigma = \Sigma_1 + \Sigma_2$, 其中曲面 Σ_1: $z = \sqrt{a^2-x^2-y^2}$, 取上侧, 曲面 Σ_2: $z = -\sqrt{a^2-x^2-y^2}$, 取下侧, 且曲面 Σ_1, Σ_2 在 xOy 面上的投影区域均为

$$D_{xy} = \left\{ (x,y) \,\middle|\, x^2+y^2 \leqslant a^2 \right\},$$

于是

$$\begin{aligned}
\oiint\limits_{\Sigma} \frac{z}{r^3}\mathrm{d}x\mathrm{d}y &= \iint\limits_{\Sigma_1} + \iint\limits_{\Sigma_2} \\
&= \iint\limits_{D_{xy}} \frac{\sqrt{a^2-x^2-y^2}}{a^3}\mathrm{d}x\mathrm{d}y - \iint\limits_{D_{xy}} \frac{-\sqrt{a^2-x^2-y^2}}{a^3}\mathrm{d}x\mathrm{d}y \\
&= \frac{2}{a^3} \iint\limits_{D_{xy}} \sqrt{a^2-x^2-y^2}\,\mathrm{d}x\mathrm{d}y \\
&= \frac{2}{a^3} \int_0^{2\pi} \mathrm{d}\theta \int_0^a \sqrt{a^2-r^2}\,r\mathrm{d}r = \frac{4\pi}{3},
\end{aligned}$$

从而, 原式 $= 3 \oiint\limits_{\Sigma} \dfrac{z}{r^3}\mathrm{d}x\mathrm{d}y = 4\pi.$

解法 2 设 $\cos\alpha, \cos\beta, \cos\gamma$ 为 Σ 的外法向量的方向余弦, 则

$$\cos\alpha = \frac{x}{r}, \quad \cos\beta = \frac{y}{r}, \quad \cos\gamma = \frac{z}{r}.$$

由两类曲线积分的关系, 有

$$\oiint\limits_{\Sigma} \frac{x}{r^3}\mathrm{d}y\mathrm{d}z + \frac{y}{r^3}\mathrm{d}z\mathrm{d}x + \frac{z}{r^3}\mathrm{d}x\mathrm{d}y$$

$$= \oiint\limits_{\Sigma} \left(\frac{x}{r^3}\cos\alpha + \frac{y}{r^3}\cos\beta + \frac{z}{r^3}\cos\gamma \right) \mathrm{d}S$$

$$= \oiint\limits_{\Sigma} \left(\frac{x^2}{r^4} + \frac{y^2}{r^4} + \frac{z^2}{r^4} \right) \mathrm{d}S = \oiint\limits_{\Sigma} \frac{1}{r^2}\mathrm{d}S = \oiint\limits_{\Sigma} \frac{1}{a^2}\mathrm{d}S = 4\pi.$$

解法 3 利用高斯公式, 将原积分化简得

$$\oiint\limits_{\Sigma} \frac{x}{r^3}\mathrm{d}y\mathrm{d}z + \frac{y}{r^3}\mathrm{d}z\mathrm{d}x + \frac{z}{r^3}\mathrm{d}x\mathrm{d}y$$

$$= \oiint\limits_{\Sigma} \frac{x}{a^3}\mathrm{d}y\mathrm{d}z + \frac{y}{a^3}\mathrm{d}z\mathrm{d}x + \frac{z}{a^3}\mathrm{d}x\mathrm{d}y$$

$$= \frac{1}{a^3} \oiint\limits_{\Sigma} x\mathrm{d}y\mathrm{d}z + y\mathrm{d}z\mathrm{d}x + z\mathrm{d}x\mathrm{d}y = \frac{1}{a^3} \iiint\limits_{\Omega} 3\mathrm{d}V = 4\pi.$$

注 当 Σ_1 为上半球面 $x^2 + y^2 + z^2 = a^2$ $(z \geqslant 0)$ 的上侧时, 曲面积分

$$\oiint\limits_{\Sigma} \frac{x}{r^3}\mathrm{d}y\mathrm{d}z + \frac{y}{r^3}\mathrm{d}z\mathrm{d}x + \frac{z}{r^3}\mathrm{d}x\mathrm{d}y = 2\pi.$$

例 12 计算曲面积分

$$\iint\limits_{\Sigma} \frac{x\mathrm{d}y\mathrm{d}z + y\mathrm{d}z\mathrm{d}x + z\mathrm{d}x\mathrm{d}y}{\sqrt{(x^2 + y^2 + z^2)^3}},$$

其中 Σ 为曲面 $1 - \dfrac{z}{5} = \dfrac{(x-2)^2}{16} + \dfrac{(y-1)^2}{9}$ $(z \geqslant 0)$ 的上侧.

解 该题直接计算较复杂, 故用高斯公式.

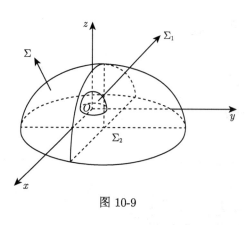

图 10-9

如图 10-9 所示, 取曲面 $\Sigma' = \Sigma + \Sigma_1 + \Sigma_2$, 其中 Σ_1: $x^2 + y^2 + z^2 = a^2$ $(a \geqslant 0,\ a$ 足够小$)$, 取下侧, Σ_2: $z = 0$ $(x^2 + y^2 \geqslant a^2,$ 且 $\dfrac{(x-2)^2}{16} + \dfrac{(y-1)^2}{9} \leqslant 1)$, 取下侧, 则 Σ' 为封闭曲面, 取外侧, 设 Σ' 围成的闭区域为 Ω (如图 10-9). 记

$$P = \frac{x}{\sqrt{(x^2 + y^2 + z^2)^3}},$$

$$Q = \frac{y}{\sqrt{(x^2 + y^2 + z^2)^3}},$$

$$R = \frac{z}{\sqrt{(x^2 + y^2 + z^2)^3}},$$

则 $\dfrac{\partial P}{\partial x} + \dfrac{\partial Q}{\partial y} + \dfrac{\partial R}{\partial z} = 0$ 在 Ω 上恒成立, 故

$$\oiint\limits_{\Sigma'} = \iiint\limits_{\Omega} \left(\frac{\partial P}{\partial x} + \frac{\partial Q}{\partial y} + \frac{\partial R}{\partial z} \right) \mathrm{d}V = 0,$$

即 $\displaystyle\iint\limits_{\Sigma} + \iint\limits_{\Sigma_1} + \iint\limits_{\Sigma_2} = 0.$ 因此

$$\iint\limits_{\Sigma} = -\iint\limits_{\Sigma_1} - \iint\limits_{\Sigma_2} = -\iint\limits_{\Sigma_1} - 0 = \iint\limits_{\Sigma_1'} \quad (\Sigma_1' \text{为与} \Sigma_1 \text{的反向的曲面})$$

$$= \iint\limits_{\Sigma_1'} \frac{x\mathrm{d}y\mathrm{d}z + y\mathrm{d}z\mathrm{d}x + z\mathrm{d}x\mathrm{d}y}{\sqrt{(x^2 + y^2 + z^2)^3}}$$

$$= \iint\limits_{\Sigma_1'} \frac{x\mathrm{d}y\mathrm{d}z + y\mathrm{d}z\mathrm{d}x + z\mathrm{d}x\mathrm{d}y}{r^3} = 2\pi.$$

例 13　设空间闭曲线 Γ 为球面 $x^2 + y^2 + z^2 = a^2$ 与柱面 $x^2 + y^2 = ax$ $(a > 0)$ 的交线位于 xOy 平面上方的部分, 从 x 轴正向看去为逆时针方向, 计算

$$\oint_{\Gamma} (y^2 - z^2)\mathrm{d}x + (z^2 - x^2)\mathrm{d}y + (x^2 - y^2)\mathrm{d}z.$$

解 设曲面 Σ 为球面 $x^2 + y^2 + z^2 = a^2$ 位于柱面 $x^2 + y^2 = ax$ $(z \geqslant 0)$ 内的部分曲面, 取上侧 (与闭曲线 Γ 的正向服从右手法则), 记

$$P = y^2 - z^2, \quad Q = z^2 - x^2, \quad R = x^2 - y^2,$$

应用斯托克斯公式得

$$原式 = \iint\limits_{\Sigma} \begin{vmatrix} \mathrm{d}y\mathrm{d}z & \mathrm{d}z\mathrm{d}x & \mathrm{d}x\mathrm{d}y \\ \dfrac{\partial}{\partial x} & \dfrac{\partial}{\partial y} & \dfrac{\partial}{\partial z} \\ P & Q & R \end{vmatrix}$$

$$= -2 \iint\limits_{\Sigma} (y+z)\mathrm{d}y\mathrm{d}z + (z+x)\mathrm{d}z\mathrm{d}x + (x+y)\mathrm{d}x\mathrm{d}y.$$

由于曲面 Σ 的方向余弦为

$$\cos\alpha = \frac{x}{a}, \quad \cos\beta = \frac{y}{a}, \quad \cos\gamma = \frac{z}{a},$$

由两类曲面积分的关系得

$$原式 = -\frac{4}{a} \iint\limits_{\Sigma} (yz + zx + xy)\mathrm{d}S.$$

由于 Σ 关于 xOz 面对称, 且函数 $yz + xy$ 关于 y 为奇数, 故

$$\iint\limits_{\Sigma} (yz + xy)\mathrm{d}S = 0,$$

于是

$$原式 = -\frac{4}{a} \iint\limits_{\Sigma} zx\mathrm{d}S = -\frac{4}{a} \iint\limits_{\Sigma} zx\frac{1}{\cos\gamma}\mathrm{d}x\mathrm{d}y = -4 \iint\limits_{\Sigma} x\mathrm{d}x\mathrm{d}y$$

$$= -4 \iint\limits_{D_{xy}} x\mathrm{d}x\mathrm{d}y = -4 \int_{\pi/2}^{\pi/2} \mathrm{d}\theta \int_0^{a\cos\theta} r^2 \cos\theta\mathrm{d}r = -\frac{1}{2}\pi a^3,$$

其中 D_{xy} 为曲面 Σ 在 xOy 面的投影域, 且 $D_{xy} = \left\{ (x,y) \,\middle|\, x^2 + y^2 \leqslant ax \right\}$.

第 11 章 无 穷 级 数

11.1 常数项级数

一、 知识要点

1. 无穷级数的定义、部分和、级数的收敛与发散.

2. 级数的基本性质.

级数收敛的必要条件: 级数 $\displaystyle\sum_{n=1}^{\infty} u_n$ 收敛 $\Rightarrow \lim_{n\to\infty} u_n = 0$.

级数发散的充分条件: $\displaystyle\lim_{n\to\infty} u_n \neq 0 \Rightarrow$ 级数 $\displaystyle\sum_{n=1}^{\infty} u_n$ 发散.

3. 正项级数、正项级数收敛的判别法.

(1) 正项级数 $\displaystyle\sum_{n=1}^{\infty} u_n$ 收敛的充要条件是其部分和数列有界.

(2) 正项级数的积分判别法: 设正项级数 $\displaystyle\sum_{n=1}^{\infty} u_n$, 若

① $f(x)$ 在 $x \geqslant 1$ 时为单调减少的正值连续函数;

② $u_n = f(n)$,

则级数 $\displaystyle\sum_{n=1}^{\infty} u_n$ 收敛的充分必要条件为 $\displaystyle\int_1^{+\infty} f(x)\mathrm{d}x$ 收敛.

(3) 正项级数的等价无穷小的审敛法则: 设 $\displaystyle\sum_{n=1}^{\infty} u_n$ 与 $\displaystyle\sum_{n=1}^{\infty} v_n$ 均为正项级数,

若 $n \to \infty$ 时, $u_n \sim v_n$, 则级数 $\displaystyle\sum_{n=1}^{\infty} u_n$ 与 $\displaystyle\sum_{n=1}^{\infty} v_n$ 同敛、同散.

4. 交错级数及交错级数的审敛准则.

5. 任意项级数的绝对收敛和条件收敛、绝对收敛级数的性质.

二、 例题分析

例 1 根据级数收敛与发散的定义判别下列级数的敛散性, 若级数收敛, 求级数的和.

(1) $\displaystyle\sum_{n=1}^{\infty}\frac{n}{(n+1)!}$;

(2) $\displaystyle\sum_{n=1}^{\infty}(\sqrt{n+2}-2\sqrt{n+1}+\sqrt{n})$;

(3) $\displaystyle\sum_{n=1}^{\infty}\sin\frac{n\pi}{6}$;

(4) $\displaystyle\sum_{n=1}^{\infty}\arctan\frac{1}{2n^2}$;

(5) $\displaystyle\sum_{n=1}^{\infty}\frac{n}{3^n}$.

解 (1) 因为 $u_n=\dfrac{n}{(n+1)!}=\dfrac{1}{n!}-\dfrac{1}{(n+1)!}$, 所以

$$s_n=\sum_{k=1}^{n}u_k=\left(1-\frac{1}{2!}\right)+\left(\frac{1}{2!}-\frac{1}{3!}\right)+\cdots+\left(\frac{1}{n!}-\frac{1}{(n+1)!}\right)$$
$$=1-\frac{1}{(n+1)!},$$

因此,

$$\lim_{n\to\infty}s_n=\lim_{n\to\infty}\left(1-\frac{1}{(n+1)!}\right)=1,$$

于是, 级数 $\displaystyle\sum_{n=1}^{\infty}\frac{n}{(n+1)!}$ 收敛, 其和为 1.

(2) 因为 $u_n=\sqrt{n+2}-2\sqrt{n+1}+\sqrt{n}$, 所以

$$s_n=\sum_{k=1}^{n}u_k=\left(\sqrt{3}-2\sqrt{2}+1\right)+\left(\sqrt{4}-2\sqrt{3}+\sqrt{2}\right)+\cdots$$
$$+\left(\sqrt{n+2}-2\sqrt{n+1}+\sqrt{n}\right)$$
$$=1-\sqrt{2}+\left(\sqrt{n+2}-\sqrt{n+1}\right)$$
$$=1-\sqrt{2}+\frac{1}{\sqrt{n+2}+\sqrt{n+1}},$$

因此,

$$\lim_{n\to\infty}s_n=\lim_{n\to\infty}\left(1-\sqrt{2}+\frac{1}{\sqrt{n+2}+\sqrt{n+1}}\right)=1-\sqrt{2},$$

于是, 级数 $\displaystyle\sum_{n=1}^{\infty}(\sqrt{n+2}-2\sqrt{n+1}+\sqrt{n})$ 收敛, 且其和为 $1-\sqrt{2}$.

(3) 因为 $u_n = \sin \dfrac{n\pi}{6}$, 所以

$$s_n = \sum_{k=1}^{n} u_k = \sin \frac{\pi}{6} + \sin \frac{2\pi}{6} + \cdots + \sin \frac{n\pi}{6},$$

用 $2\sin \dfrac{\pi}{12}$ 乘以上式两端, 得

$$2\sin \frac{\pi}{12} s_n = \sum_{k=1}^{n} 2\sin \frac{\pi}{12} \sin \frac{k\pi}{6}$$

$$= \sum_{k=1}^{n} \left[\cos \frac{(2k-1)\pi}{12} - \cos \frac{(2k+1)\pi}{12} \right]$$

$$= \cos \frac{\pi}{12} - \cos \frac{(2n+1)\pi}{12},$$

所以

$$s_n = \frac{1}{2\sin \dfrac{\pi}{12}} \left[\cos \frac{\pi}{12} - \cos \frac{(2n+1)\pi}{12} \right].$$

因此 $\lim\limits_{n\to\infty} s_n = \lim\limits_{n\to\infty} \dfrac{1}{2\sin \dfrac{\pi}{12}} \left[\cos \dfrac{\pi}{12} - \cos \dfrac{(2n+1)\pi}{12} \right]$ 不存在, 故 $\sum\limits_{n=1}^{\infty} \sin \dfrac{n\pi}{6}$ 发散.

(4) 由于 $u_n = \arctan \dfrac{1}{2n^2}$, 用数学归纳法求 s_n.

$$s_1 = \arctan \frac{1}{2} = \arctan \frac{1}{1+1},$$

$$s_2 = \arctan \frac{1}{2} + \arctan \frac{1}{8} = \arctan \frac{\dfrac{1}{2} + \dfrac{1}{8}}{1 - \dfrac{1}{2} \cdot \dfrac{1}{8}}$$

$$= \arctan \frac{2}{3} = \arctan \frac{2}{2+1},$$

设 $n = k-1$ 时, 有

$$s_{k-1} = \arctan \frac{k-1}{(k-1)+1} = \arctan \frac{k-1}{k},$$

则当 $n = k$ 时, 有

$$s_k = s_{k-1} + u_k = \arctan \frac{k-1}{k} + \arctan \frac{1}{2k^2}$$

$$= \arctan \frac{\dfrac{k-1}{k} + \dfrac{1}{2k^2}}{1 - \dfrac{k-1}{k} \cdot \dfrac{1}{2k^2}} = \arctan \frac{k}{k+1},$$

所以 $s_n = \arctan \dfrac{n}{n+1}$. 因此

$$\lim_{n \to \infty} s_n = \lim_{n \to \infty} \arctan \frac{n}{n+1} = \arctan 1 = \frac{\pi}{4}.$$

故级数 $\displaystyle\sum_{n=1}^{\infty} \arctan \frac{1}{2n^2}$ 收敛, 其和为 $\dfrac{\pi}{4}$.

(5) 因为 $u_n = \dfrac{n}{3^n}$, 所以

$$s_n = \sum_{k=1}^{n} u_k = \frac{1}{3} + \frac{2}{3^2} + \cdots + \frac{n}{3^n},$$

而

$$\frac{1}{3} s_n = \frac{1}{3^2} + \frac{2}{3^3} + \cdots + \frac{n}{3^{n+1}},$$

于是

$$s_n - \frac{1}{3} s_n = \frac{1}{3} + \frac{1}{3^2} + \cdots + \frac{1}{3^n} - \frac{n}{3^{n+1}},$$

$$\frac{2}{3} s_n = \frac{\dfrac{1}{3} - \dfrac{1}{3^{n+1}}}{1 - \dfrac{1}{3}} - \frac{n}{3^{n+1}},$$

$$s_n = \frac{3}{2} \left[\frac{3}{2} \left(\frac{1}{3} - \frac{1}{3^{n+1}} \right) - \frac{n}{3^{n+1}} \right].$$

因此,

$$\lim_{n \to \infty} s_n = \lim_{n \to \infty} \frac{3}{2} \left[\frac{3}{2} \left(\frac{1}{3} - \frac{1}{3^{n+1}} \right) - \frac{n}{3^{n+1}} \right] = \frac{3}{4},$$

所以, 级数 $\displaystyle\sum_{n=1}^{\infty} \frac{n}{3^n}$ 收敛, 其和为 $\dfrac{3}{4}$.

例 2 设数列 $\{na_n\}$ 的极限存在, 级数 $\displaystyle\sum_{n=1}^{\infty} n(a_n - a_{n-1})$ 收敛, 证明级数 $\displaystyle\sum_{n=1}^{\infty} a_n$ 也收敛.

证明 设 $\lim\limits_{n\to\infty} na_n = L, s = \sum\limits_{n=1}^{\infty} n(a_n - a_{n-1})$, 由于

$$\sum_{k=0}^{n-1} a_k = na_n - \sum_{k=1}^{n} k(a_k - a_{k-1}),$$

因此

$$\lim_{n\to\infty} \sum_{k=0}^{n-1} a_k = \lim_{n\to\infty} na_n - \lim_{n\to\infty} \sum_{k=1}^{n} k(a_k - a_{k-1}) = L - s.$$

故级数 $\sum\limits_{k=0}^{\infty} a_k$ 收敛, 从而级数 $\sum\limits_{n=1}^{\infty} a_n$ 也收敛.

例 3 判别下列级数的敛散性:

(1) $\sum\limits_{n=1}^{\infty} \dfrac{a}{1+a^n}(a > 0)$; (2) $\sum\limits_{n=1}^{\infty} \dfrac{n^n}{(n+1)^{n+1}}$;

(3) $\sum\limits_{n=1}^{\infty} \dfrac{n!}{n^n}$; (4) $\sum\limits_{n=1}^{\infty} \dfrac{1}{n} \ln\left(1 + \dfrac{1}{n}\right)$;

(5) $\sum\limits_{n=1}^{\infty} n \tan \dfrac{\pi}{2^{n+1}}$; (6) $\sum\limits_{n=1}^{\infty} \left(\arcsin \dfrac{\pi}{n}\right)^n$.

解 (1) 因为 $u_n = \dfrac{a}{1+a^n}$, 所以

$$\lim_{n\to\infty} u_n = \lim_{n\to\infty} \frac{a}{1+a^n} = \begin{cases} a, & 0 < a < 1, \\ \dfrac{1}{2}, & a = 1, \\ 0, & a > 1. \end{cases}$$

于是, 当 $0 < a \leqslant 1$ 时, $\lim\limits_{n\to\infty} u_n \neq 0$, 不满足级数收敛的必要条件, 此时级数 $\sum\limits_{n=1}^{\infty} \dfrac{a}{1+a^n}$ 发散.

当 $a > 1$ 时,

$$u_n = \frac{a}{1+a^n} < \frac{1}{a^{n-1}} = \left(\frac{1}{a}\right)^{n-1}.$$

由于 $a > 1$, 即 $\dfrac{1}{a} < 1$, 因此级数 $\sum\limits_{n=1}^{\infty} \left(\dfrac{1}{a}\right)^{n-1}$ 收敛, 从而由比较审敛法知级数 $\sum\limits_{n=1}^{\infty} \dfrac{a}{1+a^n}$ 收敛.

(2) 由于 $n \to \infty$ 时, 有 $\dfrac{n^n}{(n+1)^{n+1}} \sim \dfrac{1}{\mathrm{e}(n+1)}$, 又级数 $\displaystyle\sum_{n=1}^{\infty} \dfrac{1}{\mathrm{e}(n+1)}$ 发散,

故 $\displaystyle\sum_{n=1}^{\infty} \dfrac{n^n}{(n+1)^{n+1}}$ 发散.

(3) 因为 $u_n = \dfrac{n!}{n^n}$, 所以

$$\lim_{n\to\infty} \frac{u_{n+1}}{u_n} = \lim_{n\to\infty} \frac{(n+1)!}{(n+1)^{n+1}} \cdot \frac{n^n}{n!} = \lim_{n\to\infty} \frac{1}{\left(1+\dfrac{1}{n}\right)^n} = \frac{1}{\mathrm{e}} < 1,$$

由比值审敛法知级数 $\displaystyle\sum_{n=1}^{\infty} \dfrac{n!}{n^n}$ 收敛.

(4) 由于 $n \to \infty$ 时, 有 $\dfrac{1}{n} \ln\left(1+\dfrac{1}{n}\right) \sim \dfrac{1}{n^2}$, 又级数 $\displaystyle\sum_{n=1}^{\infty} \dfrac{1}{n^2}$ 收敛, 故级数

$\displaystyle\sum_{n=1}^{\infty} \dfrac{1}{n} \ln\left(1+\dfrac{1}{n}\right)$ 收敛.

(5) 当 $n \to \infty$ 时, 有 $n\tan\dfrac{\pi}{2^{n+1}} \sim n\dfrac{\pi}{2^{n+1}}$, 考虑级数 $\displaystyle\sum_{n=1}^{\infty} n\dfrac{\pi}{2^{n+1}}$, 由于

$$\lim_{n\to\infty} \frac{u_{n+1}}{u_n} = \lim_{n\to\infty} \frac{(n+1)\dfrac{\pi}{2^{n+2}}}{n\dfrac{\pi}{2^{n+1}}} = \lim_{n\to\infty} \frac{n+1}{2n} = \frac{1}{2} < 1,$$

因此, 级数 $\displaystyle\sum_{n=1}^{\infty} n\dfrac{\pi}{2^{n+1}}$ 收敛, 从而级数 $\displaystyle\sum_{n=1}^{\infty} n\tan\dfrac{\pi}{2^{n+1}}$ 收敛.

(6) 因为 $u_n = \left(\arcsin\dfrac{\pi}{n}\right)^n$, 所以

$$\lim_{n\to\infty} \sqrt[n]{u_n} = \lim_{n\to\infty} \sqrt[n]{\left(\arcsin\frac{\pi}{n}\right)^n} = \lim_{n\to\infty} \arcsin\frac{\pi}{n} = 0 < 1,$$

由根值审敛法知级数 $\displaystyle\sum_{n=1}^{\infty} \left(\arcsin\dfrac{\pi}{n}\right)^n$ 收敛.

例 4 设 $a_n > 0 (n = 1, 2, \cdots)$ 单调, 并且级数 $\displaystyle\sum_{n=1}^{\infty} \dfrac{1}{a_n}$ 收敛. 证明级数

$\displaystyle\sum_{n=1}^{\infty} \dfrac{n}{a_1 + a_2 + \cdots + a_n}$ 也收敛.

证明 由于 $a_n(n=1,2,\cdots)$ 单调, 故偶数项

$$\frac{2n}{a_1+a_2+\cdots+a_{2n}} < \frac{2n}{na_n} = \frac{2}{a_n},$$

奇数项

$$\frac{2n+1}{a_1+a_2+\cdots+a_{2n+1}} < \frac{2n+1}{(n+1)a_n} < \frac{2(n+1)}{(n+1)a_n} = \frac{2}{a_n}.$$

因为级数 $\sum\limits_{n=1}^{\infty} \dfrac{2}{a_n}$ 收敛, 所以根据比较审敛法知, 级数 $\sum\limits_{n=1}^{\infty} \dfrac{n}{a_1+a_2+\cdots+a_n}$ 收敛.

例 5 讨论级数 $\sum\limits_{n=1}^{\infty} \left(\dfrac{1}{\sqrt{n}} - \sqrt{\ln \dfrac{n+1}{n}} \right)$ 的敛散性.

解 由于当 $x \to 0$ 时, 有 $\lim\limits_{x \to 0} \dfrac{x - \ln(1+x)}{x^2} = \dfrac{1}{2}$, 即

$$x - \ln(1+x) \sim \frac{x^2}{2},$$

因此 $\dfrac{1}{n} - \ln \left(1 + \dfrac{1}{n} \right) \sim \dfrac{1}{2n^2}$. 故

$$\frac{1}{\sqrt{n}} - \sqrt{\ln \frac{n+1}{n}} = \frac{\dfrac{1}{n} - \ln \left(1 + \dfrac{1}{n} \right)}{\dfrac{1}{\sqrt{n}} + \sqrt{\ln \dfrac{n+1}{n}}}$$

$$= \frac{\dfrac{1}{n} - \ln \left(1 + \dfrac{1}{n} \right)}{\dfrac{1}{\sqrt{n}} \left(1 + \sqrt{\ln \left(1 + \dfrac{1}{n} \right) \Big/ \dfrac{1}{n}} \right)} \sim \frac{1}{4n^{3/2}},$$

又级数 $\sum\limits_{n=1}^{\infty} \dfrac{1}{4n^{3/2}}$ 收敛, 从而 $\sum\limits_{n=1}^{\infty} \left(\dfrac{1}{\sqrt{n}} - \sqrt{\ln \dfrac{n+1}{n}} \right)$ 收敛.

例 6 利用积分判别法判别下列级数的敛散性:

(1) $\sum\limits_{n=1}^{\infty} \dfrac{1}{(n+1)\ln^2(n+1)}$;

(2) $\sum\limits_{n=2}^{\infty} \dfrac{1}{n \cdot \ln n \cdot \ln \ln n}$.

解 (1) 设 $f(x) = \dfrac{1}{(x+1)\ln^2(x+1)} (x > 0)$, 它是正值单调减少的连续函数,

且 $f(n) = \dfrac{1}{(n+1)\ln^2(n+1)}$. 由于

$$\int_1^{+\infty} f(x)\mathrm{d}x = \int_1^{+\infty} \frac{1}{(x+1)\ln^2(x+1)}\mathrm{d}x = 1/\ln 2,$$

故广义积分 $\displaystyle\int_1^{+\infty} \frac{1}{(x+1)\ln^2(x+1)}\mathrm{d}x$ 收敛, 由积分判别法知, 级数

$$\sum_{n=1}^{\infty} \frac{1}{(n+1)\ln^2(n+1)}$$

收敛.

(2) 设 $f(x) = \dfrac{1}{x\ln x \cdot \ln\ln x} (x \geqslant 3)$, 它是正值单调减少的连续函数, 且

$f(n) = \dfrac{1}{n \cdot \ln n \cdot \ln\ln n}$. 由于

$$\int_3^{+\infty} f(x)\mathrm{d}x = \int_3^{+\infty} \frac{1}{x\ln x \cdot \ln\ln x}\mathrm{d}x = [\ln\ln\ln x]\big|_3^{+\infty} = +\infty,$$

故广义积分发散, 由积分判别法知, 级数 $\displaystyle\sum_{n=2}^{\infty} \frac{1}{n \cdot \ln n \cdot \ln\ln n}$ 发散.

例 7 判别下列级数是否收敛, 若收敛, 是绝对收敛还是条件收敛.

(1) $\displaystyle\sum_{n=1}^{\infty} \frac{(-1)^n}{n - \ln n}$;   (2) $\displaystyle\sum_{n=1}^{\infty} \frac{(-1)^n}{n^p}$;

(3) $\displaystyle\sum_{n=2}^{\infty} \sin\left(n\pi + \frac{1}{\ln n}\right)$.

解 (1) $u_n = \dfrac{(-1)^n}{n - \ln n}$, 而 $|u_n| = \dfrac{1}{n - \ln n} > \dfrac{1}{n}$, 由于 $\displaystyle\sum_{n=1}^{\infty} \frac{1}{n}$ 发散, 故级数

$\displaystyle\sum_{n=1}^{\infty} |u_n|$ 发散.

又因 $\ln\left(1 + \dfrac{1}{n}\right) < 1$, 即 $\ln(n+1) - \ln n < 1$, 故 $(n+1) - \ln(n+1) > n - \ln n$.

即 $|u_{n+1}| < |u_n|$.

而

$$\lim_{n\to\infty} |u_n| = \lim_{n\to\infty} \frac{1}{n-\ln n} = \lim_{n\to\infty} \frac{\dfrac{1}{n}}{1-\dfrac{\ln n}{n}} = 0,$$

由莱布尼茨判别法知, 级数 $\sum\limits_{n=1}^{\infty} \dfrac{(-1)^n}{n-\ln n}$ 是收敛的, 且条件收敛.

(2) $u_n = \dfrac{(-1)^n}{n^p}$, 级数 $\sum\limits_{n=1}^{\infty} |u_n| = \sum\limits_{n=1}^{\infty} \dfrac{1}{n^p}$, 当 $p > 1$ 时收敛; 当 $p \leqslant 1$ 时发散.

又当 $p > 0$ 时, $|u_{n+1}| = \dfrac{1}{(n+1)^p} < \dfrac{1}{n^p} = |u_n|$, 且 $\lim\limits_{n\to\infty} |u_n| = 0$, 故

$\sum\limits_{n=1}^{\infty} \dfrac{(-1)^n}{n^p}$ 收敛.

当 $p < 0$ 时, $\lim\limits_{n\to\infty} u_n = \lim\limits_{n\to\infty} \dfrac{(-1)^n}{n^p}$ 不存在, 故 $\sum\limits_{n=1}^{\infty} \dfrac{(-1)^n}{n^p}$ 发散.

综上所述, 级数在 $p > 1$ 时, 绝对收敛; 在 $0 < p \leqslant 1$ 时, 条件收敛; 当 $p \leqslant 0$ 时, 发散.

(3) $u_n = \sin\left(n\pi + \dfrac{1}{\ln n}\right) = (-1)^n \sin\dfrac{1}{\ln n}$, 可见级数 $\sum\limits_{n=2}^{\infty} \left(n\pi + \dfrac{1}{\ln n}\right)$ 为交错级数.

由对数函数单调性及 $\sin x$ 在 $0 \leqslant x \leqslant \dfrac{\pi}{2}$ 上的单调性可知, 数列 $\left\{\sin\dfrac{1}{\ln n}\right\}$ $(n \geqslant 2)$ 为单调下降的, 即 $|u_n| < |u_{n+1}|$, 又 $\lim\limits_{n\to\infty} |u_n| = 0$, 由莱布尼茨判别法知所给级数 $\sum\limits_{n=2}^{\infty} \sin\left(n\pi + \dfrac{1}{\ln n}\right)$ 收敛.

对于 $\sum\limits_{n=2}^{\infty} |u_n| = \sum\limits_{n=2}^{\infty} \sin\dfrac{1}{\ln n}$, 由于 $\lim\limits_{n\to\infty} \dfrac{\sin\dfrac{1}{\ln n}}{\dfrac{1}{\ln n}} = 1 \neq 0$, 根据极限形式的比较审敛法知, $\sum\limits_{n=2}^{\infty} \sin\dfrac{1}{\ln n}$ 与 $\sum\limits_{n=2}^{\infty} \dfrac{1}{\ln n}$ 敛散性相同, 而由 $\dfrac{1}{\ln n} > \dfrac{1}{n}(n \geqslant 2)$, 级数 $\sum\limits_{n=2}^{\infty} \dfrac{1}{n}$ 发散, 得级数 $\sum\limits_{n=2}^{\infty} \dfrac{1}{\ln n}$ 发散, 从而 $\sum\limits_{n=2}^{\infty} \sin\dfrac{1}{\ln n}$ 发散, 故级数 $\sum\limits_{n=2}^{\infty} \sin\left(n\pi + \dfrac{1}{\ln n}\right)$ 条件收敛.

例 8 证明 $\lim\limits_{n\to\infty} \dfrac{1! + 2! + \cdots + n!}{(2n)!!} = 0.$

证明 考虑正项级数 $\sum\limits_{n=1}^{\infty} u_n = \sum\limits_{n=1}^{n} \dfrac{1! + 2! + \cdots + n!}{(2n)!!}.$

$$u_n = \frac{1! + 2! + \cdots + n!}{(2n)!!} < \frac{n! + n! + \cdots + n!}{(2n)!!} = \frac{n \cdot n!}{2^n \cdot n!} = \frac{n}{2^n},$$

因为级数 $\sum\limits_{n=1}^{\infty} \dfrac{n}{2^n}$ 收敛, 所以级数 $\sum\limits_{n=1}^{\infty} u_n$ 也收敛, 由级数收敛的必要条件知

$$\lim_{n\to\infty} \frac{1! + 2! + \cdots + n!}{(2n)!!} = 0.$$

例 9 设 $f(x)$ 满足下列条件: (a) $f(x)$ 为单调函数; (b) $\lim\limits_{x\to\infty} f(x) = A$; (c) $f''(x) > 0$. 试证:

(1) 级数 $\sum\limits_{n=1}^{\infty} [f(n+1) - f(n)]$ 收敛;

(2) 级数 $\sum\limits_{n=1}^{\infty} f'(n)$ 也收敛.

证明 (1) 由 $s_n = \sum\limits_{k=1}^{n} [f(k+1) - f(k)] = f(n+1) - f(1),$ 可知

$$\lim_{n\to\infty} s_n = \lim_{n\to\infty} [f(n+1) - f(1)] = A - f(1).$$

由于级数 $\sum\limits_{n=1}^{\infty} [f(n+1) - f(n)]$ 的部分和数列收敛, 所以级数收敛.

(2) 由条件 $f''(x) > 0$, 知 $f'(x)$ 为单调增加函数, 又

$$\lim_{n\to\infty} [f(n+1) - f(n)] = 0,$$
$$f(n+1) - f(n) = f'(\xi_n) \quad (n < \xi_n < n+1),$$

所以 $\lim\limits_{n\to\infty} f'(\xi_n) = 0$, 从而 $\lim\limits_{n\to\infty} f'(x) = 0.$

又 $f'(x)$ 为单调增加函数, 知 $f'(x) < 0$, 且 $f(n+1) - f(n) < 0$, 显然级数 $\sum\limits_{n=1}^{\infty} [f(n) - f(n+1)]$ 亦收敛, 且为正项级数.

由微分中值定理得

$$f(n) - f(n+1) = -f'(\xi_n) > -f'(n+1) > 0,$$

由正项级数的比较审敛法知级数 $\sum\limits_{n=1}^{\infty} [-f'(n+1)]$ 收敛, 从而级数 $\sum\limits_{n=1}^{\infty} f'(n)$ 收敛.

例 10 设 $a_n = \int_0^{\pi/4} \tan^n x \mathrm{d}x.$

(1) 求 $\sum\limits_{n=1}^{\infty} \dfrac{1}{n}(a_n + a_{n+2})$ 的值;

(2) 求证: 对任意的常数 $\lambda > 0$, 级数 $\sum\limits_{n=1}^{\infty} \dfrac{a_n}{n^\lambda}$ 收敛.

解 (1) 由于

$$\frac{1}{n}(a_n + a_{n+2}) = \frac{1}{n} \int_0^{\pi/4} \tan^n x (1 + \tan^2 x) \mathrm{d}x$$

$$= \frac{1}{n} \int_0^{\pi/4} \tan^n x \sec^2 x \mathrm{d}x \quad (\diamondsuit t = \tan x)$$

$$= \frac{1}{n} \int_0^1 t^n \mathrm{d}t = \frac{1}{n(n+1)},$$

部分和

$$s_n = \sum_{k=1}^n \frac{1}{k}(a_k + a_{k+2}) = \sum_{k=1}^n \frac{1}{k(k+1)} = 1 - \frac{1}{n+1},$$

所以

$$\lim_{n \to \infty} s_n = 1.$$

故级数 $\sum\limits_{n=1}^{\infty} \dfrac{1}{n}(a_n + a_{n+2}) = 1.$

(2) 因 $a_n = \int_0^{\pi/4} \tan^n x \mathrm{d}x = \int_0^1 \dfrac{t^n}{1+t^2} \mathrm{d}t < \int_0^1 t^n \mathrm{d}t = \dfrac{1}{n+1}$, 故

$$\frac{a_n}{n^\lambda} < \frac{1}{n^\lambda(n+1)} < \frac{1}{n^{\lambda+1}},$$

由于 $\lambda > 0$, 则 $\lambda + 1 > 1$, 知级数 $\sum\limits_{n=1}^{\infty} \dfrac{1}{n^{\lambda+1}}$ 收敛, 从而 $\sum\limits_{n=1}^{\infty} \dfrac{a_n}{n^\lambda}$ 收敛.

11.2 幂 级 数

一、知识要点

1. 幂级数的收敛半径、收敛域、阿贝尔定理.

2. 幂级数的和函数的性质: 和函数的连续性、逐项微分、逐项积分.

3. 利用和函数的性质求幂级数的和函数及将函数展开成幂级数, 在求解过程中常要用到下面的幂级数展开式.

4. 熟悉下面常见函数的幂级数展开式:

$$\frac{1}{1-x} = 1 + x + x^2 + \cdots + x^n + \cdots \quad (-1 < x < 1);$$

$$e^x = 1 + x + \frac{x^2}{2!} + \frac{x^3}{3!} + \cdots + \frac{x^n}{n!} + \cdots \quad (-\infty < x < +\infty);$$

$$\sin x = x - \frac{x^3}{3!} + \frac{x^5}{5!} - \cdots + (-1)^{n-1}\frac{x^{2n-1}}{(2n-1)!} + \cdots \quad (-\infty < x < +\infty);$$

$$\cos x = 1 - \frac{x^2}{2!} + \frac{x^4}{4!} - \cdots + (-1)^n\frac{x^{2n}}{(2n)!} + \cdots \quad (-\infty < x < +\infty);$$

$$\ln(1+x) = x - \frac{x^2}{2} + \frac{x^3}{3} - \cdots + (-1)^n\frac{x^{n+1}}{n+1} + \cdots \quad (-1 < x \leqslant 1);$$

$$(1+x)^m = 1 + mx + \frac{m(m-1)x^2}{2!} + \cdots + \frac{m(m-1)\cdots(m-n+1)x^n}{n!} + \cdots$$
$$(-1 < x < 1);$$

$$\sqrt{1+x} = 1 + \frac{1}{2}x - \frac{1}{2\cdot 4}x^2 + \frac{1\cdot 3}{2\cdot 4\cdot 6}x^3 - \frac{1\cdot 3\cdot 5}{2\cdot 4\cdot 6\cdot 8}x^4 + \cdots \quad (-1 \leqslant x \leqslant 1);$$

$$\frac{1}{\sqrt{1+x}} = 1 - \frac{1}{2}x + \frac{1\cdot 3}{2\cdot 4}x^2 - \frac{1\cdot 3\cdot 5}{2\cdot 4\cdot 6}x^3 + \frac{1\cdot 3\cdot 5\cdot 7}{2\cdot 4\cdot 6\cdot 8}x^4 + \cdots \quad (-1 < x \leqslant 1).$$

5. 用正项级数敛散性判别法求幂级数的收敛半径.

二、例题分析

例 1 求下列幂级数的收敛半径及收敛域:

(1) $\displaystyle\sum_{n=1}^{\infty} \frac{(-1)^{n-1}}{3^n \cdot n} x^n$;

(2) $\displaystyle\sum_{n=1}^{\infty} \frac{2n-1}{2^n} x^{2n-2}$;

(3) $\displaystyle\sum_{n=1}^{\infty} \frac{(x-5)^n}{\sqrt{n}}$;

(4) $\displaystyle\sum_{n=1}^{\infty} \left[\frac{(-1)^n}{2^n} + 3^n \right] x^n$.

解　(1) 因为 $a_n = \dfrac{(-1)^{n-1}}{3^n \cdot n}$, 所以

$$\rho = \lim_{n\to\infty} \left| \frac{a_{n+1}}{a_n} \right| = \lim_{n\to\infty} \frac{3^n \cdot n}{3^{n+1} \cdot (n+1)} = \frac{1}{3},$$

因此收敛半径 $R = \dfrac{1}{\rho} = 3$.

当 $x = -3$ 时, 级数成为 $\displaystyle\sum_{n=1}^{\infty} \frac{(-1)^{2n-1}}{n} = -\sum_{n=1}^{\infty} \frac{1}{n}$, 是发散的;

当 $x = 3$ 时, 级数成为 $\displaystyle\sum_{n=1}^{\infty} \frac{(-1)^{n-1}}{n}$, 是收敛的.

从而幂级数 $\displaystyle\sum_{n=1}^{\infty} \frac{(-1)^{n-1}}{3^n \cdot n} x^n$ 的收敛域为 $(-3, 3]$.

(2) 此幂级数缺项 (只含有偶数项, 不含奇数项), 不能直接用求收敛半径的公式.

法 1　设 $x^2 = t$, 则原级数成为 $\displaystyle\sum_{n=1}^{\infty} \frac{2n-1}{2^n} t^{n-1}$, 此级数可利用求收敛半径的公式, 由于

$$\lim_{n\to\infty} \left| \frac{a_{n+1}}{a_n} \right| = \lim_{n\to\infty} \frac{(2n+1) \cdot 2^n}{2^{n+1} \cdot (2n-1)} = \frac{1}{2},$$

得此级数的收敛半径 $R = 2$, 因此有 $x^2 < 2$, 即 $|x| < \sqrt{2}$, 原收敛半径 $R = \sqrt{2}$.

当 $x = \pm\sqrt{2}$ 时, 级数成为 $\displaystyle\sum_{n=1}^{\infty} \frac{2n-1}{2}$, 是发散的.

从而幂级数 $\displaystyle\sum_{n=1}^{\infty} \frac{2n-1}{2^n} x^{2n-2}$ 的收敛域为 $(-\sqrt{2}, \sqrt{2})$.

法 2　级数的一般项 $u_n = \dfrac{2n-1}{2^n} x^{2n-2}$, 所以

$$\rho = \lim_{n\to\infty} \left| \frac{u_{n+1}}{u_n} \right| = \lim_{n\to\infty} \frac{(2n+1) \cdot |x^{2n}| \cdot 2^n}{2^{n+1} \cdot |x^{2n-2}| \cdot (2n-1)} = \frac{1}{2} |x|^2.$$

由正项级数的比值审敛法, 当 $\dfrac{1}{2}|x|^2 < 1$, 即 $|x| < \sqrt{2}$ 时, 幂级数收敛; 当 $\dfrac{1}{2}|x|^2 > 1$, 即 $|x| > \sqrt{2}$ 时, 幂级数发散, 知收敛半径 $R = \sqrt{2}$.

当 $x = \pm\sqrt{2}$ 时, 级数成为 $\displaystyle\sum_{n=1}^{\infty} \frac{2n-1}{2}$, 是发散的.

从而幂级数的收敛域为 $\left(-\sqrt{2}, \sqrt{2}\right)$.

(3) 此幂级数不是标准形. 设 $t = x - 5$, 级数变为 $\sum\limits_{n=1}^{\infty} \dfrac{t^n}{\sqrt{n}}$, 由 $\lim\limits_{n\to\infty} \left| \dfrac{a_{n+1}}{a_n} \right| =$

$\lim\limits_{n\to\infty} \dfrac{\sqrt{n}}{\sqrt{n+1}} = 1$, 得此级数的收敛半径 $R = 1$.

当 $|t| = |x - 5| < 1$, 即 $4 < x < 6$ 时, 级数 $\sum\limits_{n=1}^{\infty} \dfrac{(x-5)^n}{\sqrt{n}}$ 收敛;

当 $x = 4$ 时, 级数成为 $\sum\limits_{n=1}^{\infty} \dfrac{(-1)^n}{\sqrt{n}}$, 是收敛的;

当 $x = 6$ 时, 级数成为 $\sum\limits_{n=1}^{\infty} \dfrac{1}{\sqrt{n}}$, 是发散的.

从而级数 $\sum\limits_{n=1}^{\infty} \dfrac{(x-5)^n}{\sqrt{n}}$ 的收敛域为 $[4, 6)$.

(4) 此题可以直接利用公式求收敛半径及收敛域. 这里我们采用幂级数的性质来求, 原级数可表示成两个级数的和:

$$\sum_{n=1}^{\infty} \left[\dfrac{(-1)^n}{2^n} + 3^n \right] x^n = \sum_{n=1}^{\infty} \dfrac{(-1)^n}{2^n} x^n + \sum_{n=1}^{\infty} 3^n x^n.$$

幂级数 $\sum\limits_{n=1}^{\infty} \dfrac{(-1)^n}{2^n} x^n$ 的收敛半径 $R_1 = 2$;

幂级数 $\sum\limits_{n=1}^{\infty} 3^n x^n$ 的收敛半径 $R_2 = \dfrac{1}{3}$, 收敛域为 $\left(-\dfrac{1}{3}, \dfrac{1}{3}\right)$.

所以, 原级数的收敛半径 $R = \min(R_1, R_2) = \dfrac{1}{3}$, 收敛域为 $\left(-\dfrac{1}{3}, \dfrac{1}{3}\right)$.

例 2 求下列级数的收敛域:

(1) $\sum\limits_{n=1}^{\infty} \dfrac{n^2}{x^n} (x \neq 0)$;   (2) $\sum\limits_{n=1}^{\infty} n e^{-nx}$.

解 (1) 设 $t = \dfrac{1}{x}$, 级数成为 $\sum\limits_{n=1}^{\infty} n^2 t^n$, 其收敛半径 $R = 1$.

从而当 $|t| = \left| \dfrac{1}{x} \right| < 1$, 即 $x < -1$ 或 $x > 1$ 时, 级数 $\sum\limits_{n=1}^{\infty} \dfrac{n^2}{x^n}$ 收敛.

当 $x = \pm 1$ 时, 级数成为 $\sum\limits_{n=1}^{\infty} (\pm 1)^n n^2$, 是发散的, 故原级数 $\sum\limits_{n=1}^{\infty} \dfrac{n^2}{x^n} (x \neq 0)$ 的

收敛域为 $(-\infty, -1) \cup (1, +\infty)$.

(2) 设 $t = \mathrm{e}^{-x}$, 级数成为 $\displaystyle\sum_{n=1}^{\infty} nt^n$, 其收敛半径 $R = 1$.

从而, 当 $|t| = |\mathrm{e}^{-x}| < 1$, 即 $x > 0$ 时, 级数 $\displaystyle\sum_{n=1}^{\infty} n\mathrm{e}^{-nx}$ 收敛; 当 $x = 0$ 时, 级

数成为 $\displaystyle\sum_{n=1}^{\infty} n$, 是发散的, 故原级数 $\displaystyle\sum_{n=1}^{\infty} n\mathrm{e}^{-nx}$ 的收敛域为 $(0, +\infty)$.

例 3　利用逐项微分、逐项积分求下列各级数在收敛区间内的和函数:

(1) $\displaystyle\sum_{n=1}^{\infty} nx^{n-1} (|x| < 1)$;　　　　　　　　　　(2) $\displaystyle\sum_{n=1}^{\infty} \frac{(-1)^{n-1}x^{2n}}{n(2n-1)} (|x| \leqslant 1)$;

(3) $\displaystyle\sum_{n=0}^{\infty} \frac{(n-1)^2}{n+1} x^n (|x| < 1)$.

解　(1) 设 $s(x) = \displaystyle\sum_{n=1}^{\infty} nx^{n-1}$, 逐项积分, 则有

$$\int_0^x s(x)\mathrm{d}x = \int_0^x \left(\sum_{n=1}^{\infty} nx^{n-1} \right) \mathrm{d}x = \sum_{n=1}^{\infty} x^n = \frac{x}{1-x}, \quad x \in (-1, 1).$$

再逐项求导, 有 $s(x) = \dfrac{1}{(1-x)^2}, x \in (-1, 1)$.

(2) 设 $s(x) = \displaystyle\sum_{n=1}^{\infty} \frac{(-1)^{n-1}x^{2n}}{n(2n-1)}$, 则 $s(0) = 0$. 逐项求导得

$$s'(x) = \sum_{n=1}^{\infty} \frac{(-1)^{n-1}2x^{2n-1}}{(2n-1)}, \quad s'(0) = 0,$$

再逐项求导, 得

$$s''(x) = 2\sum_{n=1}^{\infty} (-1)^{n-1}x^{2n-2} = \frac{2}{1+x^2}, \quad x \in (-1, 1)$$

逐项积分, 得

$$s'(x) = 2\arctan x, \quad x \in (-1, 1),$$

再逐项积分, 得

$$s(x) = \int_0^x 2\arctan x\mathrm{d}x = 2x\arctan x - \ln(1+x^2), \quad x \in [-1, 1].$$

(3) 设

$$s(x) = \sum_{n=0}^{\infty} \frac{(n-1)^2}{n+1} x^n = \sum_{n=0}^{\infty} \frac{(n+1-2)^2}{n+1} x^n$$

$$= \sum_{n=0}^{\infty} (n+1)x^n - 4\sum_{n=0}^{\infty} x^n + 4\sum_{n=0}^{\infty} \frac{1}{n+1} x^n,$$

又设

$$s_1(x) = \sum_{n=0}^{\infty} (n+1)x^n, \quad s_2(x) = \sum_{n=0}^{\infty} x^n, \quad s_3(x) = \sum_{n=0}^{\infty} \frac{1}{n+1} x^n,$$

则

$$s_1(x) = \left[\int_0^x \left(\sum_{n=0}^{\infty} (n+1)x^n \right) \mathrm{d}x \right]' = \left(\sum_{n=0}^{\infty} x^{n+1} \right)'$$

$$= \left(\frac{x}{1-x} \right)' = \frac{1}{(1-x)^2}, \quad x \in (-1,1),$$

$$s_2(x) = \sum_{n=0}^{\infty} x^n = \frac{1}{1-x}, \quad x \in (-1,1),$$

$$s_3(x) = \frac{1}{x} \sum_{n=0}^{\infty} \frac{1}{n+1} x^{n+1} = \frac{1}{x} \int_0^x \left(\sum_{n=0}^{\infty} \frac{1}{n+1} x^{n+1} \right)' \mathrm{d}x$$

$$= \frac{1}{x} \int_0^x \frac{\mathrm{d}x}{1-x} = -\frac{1}{x} \ln(1-x), \quad x \in (-1,1), \quad \text{但} x \neq 0.$$

而 $s_3(0) = 1$, 所以

$$s(x) = \begin{cases} \dfrac{1}{(1-x)^2} - \dfrac{4}{1-x} - \dfrac{4}{x} \ln(1-x), & x \in (-1,1), x \neq 0, \\ 1, & x = 0. \end{cases}$$

例 4 求级数 $\displaystyle\sum_{n=3}^{\infty} \frac{1}{n(n-2)2^n}$ 的和.

解 考虑幂级数 $\displaystyle\sum_{n=3}^{\infty} \frac{x^n}{n(n-2)}$, 它在区间 $[-1,1]$ 上收敛, 只要取 $x = \dfrac{1}{2}$, 则为

所给级数 $\displaystyle\sum_{n=3}^{\infty} \frac{1}{n(n-2)2^n}$. 为此, 先求幂级数 $\displaystyle\sum_{n=3}^{\infty} \frac{x^n}{n(n-2)}$ 的和函数.

令

$$s(x) = \sum_{n=3}^{\infty} \frac{x^n}{n(n-2)} = \frac{1}{2} \left(\sum_{n=3}^{\infty} \frac{x^n}{n-2} - \sum_{n=3}^{\infty} \frac{x^n}{n} \right),$$

$$s_1(x) = \sum_{n=3}^{\infty} \frac{x^n}{n-2}, \quad s_2(x) = \sum_{n=3}^{\infty} \frac{x^n}{n},$$

则

$$s(x) = \frac{1}{2} \left[s_1(x) - s_2(x) \right].$$

而

$$s_1(x) = \sum_{n=3}^{\infty} \frac{x^n}{n-2} = x^2 \sum_{n=3}^{\infty} \frac{x^{n-2}}{n-2} = -x^2 \ln(1-x),$$

$$s_2(x) = \sum_{n=3}^{\infty} \frac{x^n}{n} = -\ln(1-x) - x - \frac{x^2}{2},$$

所以

$$s(x) = \frac{1}{2} \left[s_1(x) - s_2(x) \right] = \frac{1}{2}(1-x^2)\ln(1-x) + \frac{x}{2} + \frac{x^2}{4},$$

从而 $\displaystyle\sum_{n=3}^{\infty} \frac{1}{n(n-2)2^n} = s\left(\frac{1}{2}\right) = \frac{5}{16} - \frac{3}{8}\ln 2.$

例 5　将下列函数展开成 x 的幂级数:

(1) $f(x) = x \arctan x - \ln\sqrt{1+x^2}$;

(2) $f(x) = \displaystyle\int_0^x \frac{\sin t}{t}dt$;

(3) $f(x) = \dfrac{\mathrm{d}}{\mathrm{d}x}\left(\dfrac{\mathrm{e}^x - 1}{x}\right).$

解　(1) 由于 $(\arctan x)' = \dfrac{1}{1+x^2}$, 而

$$\frac{1}{1+x^2} = 1 - x^2 + x^4 - \cdots + (-1)^n x^{2n} + \cdots, \quad x \in (-1, 1),$$

因此

$$\arctan x = x - \frac{x^3}{3} + \frac{x^5}{5} - \cdots + (-1)^{n-1}\frac{x^{2n-1}}{2n-1} + \cdots, \quad x \in [-1, 1].$$

又

$$\ln \sqrt{1 + x^2} = \frac{1}{2} \ln(1 + x^2) = \frac{1}{2} \sum_{n=1}^{\infty} (-1)^{n-1} \frac{x^{2n}}{n}, \quad x \in [-1, 1],$$

从而

$$f(x) = x \arctan x - \ln \sqrt{1 + x^2}$$

$$= \sum_{n=1}^{\infty} (-1)^{n-1} \frac{x^{2n}}{2n - 1} - \frac{1}{2} \sum_{n=1}^{\infty} (-1)^{n-1} \frac{x^{2n}}{n}$$

$$= \sum_{n=1}^{\infty} (-1)^{n-1} \left(\frac{1}{2n - 1} - \frac{1}{2n} \right) x^{2n}$$

$$= \sum_{n=1}^{\infty} (-1)^{n-1} \frac{1}{2n(2n - 1)} x^{2n}, \quad x \in [-1, 1].$$

(2) 由于 $\sin t = \sum_{n=0}^{\infty} \frac{(-1)^n t^{2n+1}}{(2n+1)!}, t \in (-\infty, +\infty)$, 得

$$\frac{\sin t}{t} = \sum_{n=0}^{\infty} \frac{(-1)^n t^{2n}}{(2n+1)!}, \quad t \neq 0,$$

因此

$$\int_0^x \frac{\sin t}{t} dt = \int_0^x \sum_{n=0}^{\infty} \frac{(-1)^n t^{2n}}{(2n+1)!} dt = \sum_{n=0}^{\infty} \frac{(-1)^n x^{2n+1}}{(2n+1)(2n+1)!} \quad (x \neq 0).$$

(3) 由于

$$e^x = 1 + x + \frac{x^2}{2!} + \cdots + \frac{x^n}{n!} + \cdots, \quad x \in (-\infty, +\infty),$$

因此, 有

$$\frac{e^x - 1}{x} = 1 + \frac{x}{2!} + \frac{x^2}{3!} + \cdots + \frac{x^{n-1}}{n!} + \cdots \quad (x \neq 0),$$

从而

$$\frac{d}{dx} \left(\frac{e^x - 1}{x} \right) = \frac{1}{2!} + \frac{2x}{3!} + \cdots + \frac{(n-1)x^{n-2}}{n!} + \cdots \quad (x \neq 0).$$

例 6　将下列函数展开成 $(x-2)$ 的幂级数:

(1) $f(x) = \dfrac{1}{x(x-1)}$;　　　　　　　　　　　(2) $f(x) = \dfrac{1}{x^2}$.

解　(1) 因为 $f(x) = \dfrac{1}{x(x-1)} = \dfrac{1}{x-1} - \dfrac{1}{x}$, 而

$$\frac{1}{x-1} = \frac{1}{1+(x-2)} = \sum_{n=0}^{\infty} (-1)^n (x-2)^n, \quad x \in (1,3),$$

$$\frac{1}{x} = \frac{1}{2+(x-2)} = \frac{1}{2} \frac{1}{1 + \dfrac{x-2}{2}}$$

$$= \frac{1}{2} \sum_{n=0}^{\infty} (-1)^n \left(\frac{x-2}{2} \right)^n, \quad x \in (0,4),$$

所以

$$f(x) = \sum_{n=0}^{\infty} (-1)^n (x-2)^n - \frac{1}{2} \sum_{n=0}^{\infty} (-1)^n \left(\frac{x-2}{2} \right)^n$$

$$= \sum_{n=0}^{\infty} (-1)^n \left(1 - \frac{1}{2^{n+1}} \right) (x-2)^n, \quad x \in (1,3).$$

(2) 因为 $f(x) = \dfrac{1}{x^2} = \left(-\dfrac{1}{x} \right)'$, 而

$$\frac{1}{x} = \frac{1}{2} \sum_{n=0}^{\infty} (-1)^n \left(\frac{x-2}{2} \right)^n, \quad x \in (0,4),$$

逐项求导得

$$\frac{1}{x^2} = \left(-\frac{1}{x} \right)' = \frac{1}{4} \sum_{n=0}^{\infty} (-1)^n \left(\frac{x-2}{2} \right)^n \cdot (n+1), \quad x \in (0,4),$$

所以

$$f(x) = \frac{1}{4} \sum_{n=0}^{\infty} (-1)^n \left(\frac{x-2}{2} \right)^n \cdot (n+1)$$

$$= \sum_{n=0}^{\infty} \frac{(-1)^n \cdot n}{2^{n+2}} (x-2)^n, \quad x \in (0,4).$$

例 7 已知 $\sum_{n=0}^{\infty} \dfrac{1}{(2n+1)^2} = \dfrac{\pi^2}{8}$, 试求 $\displaystyle\int_0^2 \dfrac{1}{x} \ln \dfrac{2+x}{2-x} \mathrm{d}x$ 的值.

解 设 $x = 2t$, 则 $x = 0$ 时 $t = 0$; $x = 2$ 时 $t = 1$. $\mathrm{d}x = 2\mathrm{d}t$, 因此

$$\int_0^2 \frac{1}{x} \ln \frac{2+x}{2-x} \mathrm{d}x = \int_0^1 \frac{1}{t} \ln \frac{1+t}{1-t} \mathrm{d}t = \int_0^1 \frac{1}{t} \left[\ln(1+t) - \ln(1-t)\right] \mathrm{d}t.$$

由于 $\ln(1+t) = \sum_{n=1}^{\infty} (-1)^{n-1} \dfrac{t^n}{n}$, $\ln(1-t) = -\sum_{n=1}^{\infty} \dfrac{t^n}{n}$, 因此

$$\frac{1}{t}\left[\ln(1+t) - \ln(1-t)\right] = 2\sum_{n=1}^{\infty} \frac{t^{2n-2}}{2n-1}.$$

从而

$$\int_0^2 \frac{1}{x} \ln \frac{2+x}{2-x} \mathrm{d}x = \int_0^1 \left[2\sum_{n=1}^{\infty} \frac{t^{2n-2}}{2n-1}\right] \mathrm{d}t = 2\sum_{n=1}^{\infty} \frac{1}{(2n-1)^2}$$

$$= 2\sum_{n=0}^{\infty} \frac{1}{(2n+1)^2} = \frac{\pi^2}{4}.$$

例 8 求极限:

(1) $\lim\limits_{x \to 0} \dfrac{\dfrac{x^2}{2} + 1 - \sqrt{1+x^2}}{(\cos x - \mathrm{e}^{x^2})\sin x^2}$;

(2) $\lim\limits_{n \to \infty} \left(\dfrac{1}{a} + \dfrac{2}{a^2} + \cdots + \dfrac{n}{a^n}\right) \ (a > 1)$.

解 (1) 由于 $x \to 0$ 时, $\sin x^2 \sim x^2$, 且

$$\sqrt{1+x^2} = (1+x^2)^{\frac{1}{2}} = 1 + \frac{1}{2}x^2 + \frac{\frac{1}{2}\left(\frac{1}{2}-1\right)}{2!}x^4 + o(x^4),$$

$$\cos x = 1 - \frac{1}{2!}x^2 + o(x^2),$$

$$\mathrm{e}^{x^2} = 1 + x^2 + o(x^2),$$

故

$$\lim_{x \to 0} \frac{\dfrac{x^2}{2} + 1 - \sqrt{1+x^2}}{(\cos x - \mathrm{e}^{x^2})\sin x^2} = \lim_{x \to 0} \frac{\dfrac{x^2}{2} + 1 - \left[1 + \dfrac{1}{2}x^2 - \dfrac{1}{8}x^4 + o(x^4)\right]}{x^2\left[1 - \dfrac{1}{2!}x^2 - 1 - x^2 + o(x^2)\right]}$$

$$= \lim_{x \to 0} \frac{\dfrac{1}{8}x^4 + o(x^4)}{-\dfrac{3}{2}x^4 + o(x^4)} = -\frac{1}{12}.$$

(2) 所求极限实际上是级数 $\sum\limits_{n=1}^{\infty} \dfrac{n}{a^n}(a > 1)$ 的和. 考虑幂级数 $\sum\limits_{n=1}^{\infty} nx^n$, 设

$s(x) = \sum\limits_{n=1}^{\infty} nx^n$, 则

$$s(x) = x\sum_{n=1}^{\infty} nx^{n-1} = x\left(\sum_{n=1}^{\infty} x^n\right)' = x\left(\frac{1}{1-x}\right)' = \frac{x}{(1-x)^2}, \quad x \in (-1, 1).$$

取 $x = \dfrac{1}{a}(a > 1)$, 则有

$$\lim_{n \to \infty}\left(\frac{1}{a} + \frac{2}{a^2} + \cdots + \frac{n}{a^n}\right) = s\left(\frac{1}{a}\right) = \frac{a}{(a-1)^2}.$$

11.3   傅里叶级数

一、 知识要点

1. 三角函数系的正交性、三角级数.

2. 傅里叶系数与傅里叶级数.

设 $f(x)$ 是以 2π 为周期的周期函数, 且能展开成三角级数:

$$f(x) = \frac{a_0}{2} + \sum_{n=1}^{\infty}(a_n\cos nx + b_n\sin nx), \qquad\qquad ①$$

其中

$$a_0 = \frac{1}{\pi}\int_{-\pi}^{\pi} f(x)\mathrm{d}x,$$

$$a_n = \frac{1}{\pi}\int_{-\pi}^{\pi} f(x)\cos nx\mathrm{d}x, \quad n = 1, 2, \cdots,$$

$$b_n = \frac{1}{\pi}\int_{-\pi}^{\pi} f(x)\sin nx\mathrm{d}x, \quad n = 1, 2, \cdots,$$

称系数 $a_0, a_1, b_1, \cdots, a_n, b_n, \cdots$ 为函数 $f(x)$ 的傅里叶系数, 如此得到的三角级数①叫做函数 $f(x)$ 的傅里叶级数.

3. 收敛定理 (狄利克雷充分条件): 设 $f(x)$ 是周期为 2π 的周期函数, 若它满足

(1) 在一个周期内连续或只有有限个第一类间断点;

(2) 在一个周期内至多只有有限个极值点,

则 $f(x)$ 的傅里叶级数收敛, 并且

当 x 是 $f(x)$ 的连续点时, 级数收敛于 $f(x)$;

当 x 是 $f(x)$ 的间断点时, 级数收敛于

$$\frac{1}{2}\left[f(x-0)+f(x+0)\right].$$

若设 $f(x)$ 的傅里叶级数①的和函数为 $s(x)$, 则在一个周期 $[-\pi, \pi]$ 上, 有

$$s(x) = \begin{cases} f(x), & x \in (-\pi, \pi)\text{为连续点}, \\ \dfrac{f(x-0)+f(x+0)}{2}, & x \in (-\pi, \pi)\text{为间断点}, \\ \dfrac{f(-\pi+0)+f(\pi-0)}{2}, & x = \pm\pi. \end{cases}$$

4. 奇、偶函数的傅里叶级数及求函数的正弦级数与余弦级数.

当 $f(x)$ 为奇函数, 或 $f(x)$ 作奇延拓时, 可得 $f(x)$ 的正弦级数

$$\sum_{n=1}^{\infty} b_n \sin nx,$$

其中

$$b_n = \frac{2}{\pi}\int_0^{\pi} f(x)\sin nx \mathrm{d}x, \quad n = 1, 2, \cdots.$$

当 $f(x)$ 为偶函数, 或 $f(x)$ 作偶延拓时, 可得 $f(x)$ 的余弦级数

$$\frac{a_0}{2} + \sum_{n=1}^{\infty} a_n \cos nx,$$

其中

$$a_n = \frac{2}{\pi}\int_0^{\pi} f(x)\cos nx \mathrm{d}x, \quad n = 0, 1, 2, \cdots.$$

5. 以 $2l$ 为周期的函数的傅里叶级数.

设 $f(x)$ 是以 $2l$ 为周期的满足收敛定理条件的函数, 则 $f(x)$ 的傅里叶级数为

$$\frac{a_0}{2} + \sum_{n=1}^{\infty}\left(a_n \cos\frac{n\pi}{l}x + b_n \sin\frac{n\pi}{l}x\right), \qquad ②$$

其中

$$a_n = \frac{1}{l} \int_{-l}^{l} f(x) \cos \frac{n\pi}{l} x \mathrm{d}x, \quad n = 0, 1, 2, \cdots,$$

$$b_n = \frac{1}{l} \int_{-l}^{l} f(x) \sin \frac{n\pi}{l} x \mathrm{d}x, \quad n = 1, 2, \cdots.$$

设级数②的和函数为 $s(x)$, 则在 $[-l, l]$ 上有

$$s(x) = \begin{cases} f(x), & x \in (-l, l) \text{为连续点}, \\ \dfrac{f(x-0) + f(x+0)}{2}, & x \in (-l, l) \text{为间断点}, \\ \dfrac{f(-l+0) + f(l-0)}{2}, & x = \pm l. \end{cases}$$

对于以 $2l$ 为周期的奇、偶函数, 以及奇、偶延拓, 同样对应有正弦级数与余弦级数.

6. 当 $f(x)$ 是以 $2l$ 为周期的满足收敛定理条件的函数, 且已知 $f(x)$ 在 $[0, 2l]$ 上的表达式, 那么对应的傅里叶系数公式为

$$a_0 = \frac{1}{l} \int_{0}^{2l} f(x) \mathrm{d}x,$$

$$a_n = \frac{1}{l} \int_{0}^{2l} f(x) \cos \frac{n\pi}{l} x \mathrm{d}x, \quad n = 1, 2, \cdots,$$

$$b_n = \frac{1}{l} \int_{0}^{2l} f(x) \sin \frac{n\pi}{l} x \mathrm{d}x, \quad n = 1, 2, \cdots.$$

特别地, 当 $l = \pi$ 时,

$$a_0 = \frac{1}{\pi} \int_{0}^{2\pi} f(x) \mathrm{d}x,$$

$$a_n = \frac{1}{\pi} \int_{0}^{2\pi} f(x) \cos nx \mathrm{d}x, \quad n = 1, 2, \cdots,$$

$$b_n = \frac{1}{\pi} \int_{0}^{2\pi} f(x) \sin nx \mathrm{d}x, \quad n = 1, 2, \cdots.$$

二、例题分析

例 1   将函数 $f(x) = \arcsin(\sin x)$ 展开为傅里叶级数.

解 函数 $f(x)$ 以 2π 为周期函数, 它在 $[-\pi, \pi)$ 上的表达式为

$$f(x) = \begin{cases} -\pi - x, & -\pi \leqslant x < -\dfrac{\pi}{2}, \\[2mm] x, & -\dfrac{\pi}{2} \leqslant x < \dfrac{\pi}{2}, \\[2mm] \pi - x, & \dfrac{\pi}{2} \leqslant x < \pi. \end{cases}$$

$f(x)$ 满足收敛定理的条件, 由于 $f(x)$ 是连续函数, 因此它的傅里叶级数收敛于 $f(x)$. 显然, $f(x)$ 是奇函数, 所以

$$a_n = 0, \quad n = 0, 1, 2, \cdots,$$

$$\begin{aligned} b_n &= \frac{2}{\pi} \int_0^\pi f(x) \sin nx \mathrm{d}x \\ &= \frac{2}{\pi} \left[\int_0^{\pi/2} x \sin nx \mathrm{d}x + \int_{\pi/2}^\pi (\pi - x) \sin nx \mathrm{d}x \right] \\ &= \begin{cases} 0, & n = 2k, \\[2mm] \dfrac{4(-1)^{k-1}}{\pi(2k-1)^2}, & n = 2k - 1, \end{cases} \end{aligned}$$

所以

$$\arcsin(\sin x) = \frac{4}{\pi} \sum_{n=1}^\infty \frac{(-1)^{n-1}}{(2n-1)^2} \sin(2n-1)x, \quad -\infty < x < +\infty.$$

例 2 设函数 $f(x) = x^2, x \in [0, \pi]$, 分别对 $f(x)$ 作: (1) 奇延拓; (2) 偶延拓; (3) 零延拓, 将 $f(x)$ 展开为以 2π 为周期的傅里叶级数.

解 (1) 将 $f(x)$ 作奇延拓, 则

$$a_n = 0, \quad n = 0, 1, 2, \cdots,$$

$$\begin{aligned} b_n &= \frac{2}{\pi} \int_0^\pi x^2 \sin nx \mathrm{d}x \\ &= \frac{2}{\pi} \left[-\frac{1}{n} x^2 \cos nx \Big|_0^\pi + \frac{2}{n} \int_0^\pi x \cos nx \mathrm{d}x \right] \\ &= \frac{2}{\pi} \left[\frac{(-1)^{n+1}\pi^2}{n} + \frac{2}{n^2} x \sin nx \Big|_0^\pi - \frac{2}{n^2} \int_0^\pi \sin nx \mathrm{d}x \right] \end{aligned}$$

$$= \frac{2}{\pi} \left[\frac{(-1)^{n+1}\pi^2}{n} + \frac{2}{n^3} \cos nx \Big|_0^\pi \right]$$

$$= \frac{2}{\pi} \left[\frac{(-1)^{n+1}\pi^2}{n} + \frac{2}{n^3} \left((-1)^n - 1 \right) \right],$$

所以

$$x^2 = 2\pi \sum_{n=1}^\infty \frac{(-1)^{n+1}}{n} \sin nx - \frac{8}{\pi} \sum_{n=1}^\infty \frac{1}{(2n-1)^3} \sin(2n-1)x, \quad 0 \leqslant x < \pi.$$

(2) 将 $f(x)$ 作偶延拓, 则

$$b_n = 0, \quad n = 1, 2, \cdots,$$

$$a_0 = \frac{2}{\pi} \int_0^\pi x^2 \mathrm{d}x = \frac{2}{3}\pi^2,$$

$$a_n = \frac{2}{\pi} \int_0^\pi x^2 \cos nx \mathrm{d}x$$

$$= \frac{2}{\pi} \left[\frac{x^2}{n} \sin nx \Big|_0^\pi - \frac{2}{n} \int_0^\pi x \sin nx \mathrm{d}x \right]$$

$$= \frac{2}{\pi} \left[\frac{2}{n^2} x \cos nx \Big|_0^\pi - \frac{2}{n^2} \int_0^\pi \cos nx \mathrm{d}x \right]$$

$$= \frac{4}{n^2}(-1)^n, \quad n = 1, 2, \cdots,$$

所以

$$x^2 = \frac{\pi^2}{3} + 4 \sum_{n=1}^\infty \frac{(-1)^n}{n^2} \cos nx, \quad 0 \leqslant x \leqslant \pi.$$

(3) 将 $f(x)$ 作零延拓, 即令

$$g(x) = \begin{cases} f(x) = x^2, & 0 \leqslant x \leqslant \pi, \\ 0, & -\pi < x < 0, \end{cases}$$

则

$$a_0 = \frac{1}{\pi} \int_{-\pi}^\pi g(x)\mathrm{d}x = \frac{1}{\pi} \int_0^\pi x^2 \mathrm{d}x = \frac{1}{3}\pi^2,$$

$$a_n = \frac{1}{\pi} \int_{-\pi}^\pi g(x) \cos nx \mathrm{d}x = \frac{1}{\pi} \int_0^\pi x^2 \cos nx \mathrm{d}x$$

$$= \frac{2}{n^2}(-1)^n, \quad n = 1, 2, \cdots,$$

$$b_n = \frac{1}{\pi} \int_{-\pi}^{\pi} g(x) \sin nx \mathrm{d}x = \frac{1}{\pi} \int_0^{\pi} x^2 \sin nx \mathrm{d}x$$

$$= \frac{\pi}{n}(-1)^{n+1} + \frac{2}{\pi n^3}[(-1)^n - 1], \quad n = 1, 2, \cdots,$$

所以

$$x^2 = \frac{\pi^2}{6} + \sum_{n=1}^{\infty}\left[\frac{2}{n^2}(-1)^n \cos nx + \frac{\pi}{n}(-1)^{n+1}\sin nx\right]$$

$$- \frac{4}{\pi}\sum_{n=1}^{\infty}\frac{1}{(2n-1)^3}\sin(2n-1)x, \quad 0 \leqslant x < \pi.$$

例 3 若 $f(x) = \begin{cases} -x+1, & -1 \leqslant x < 0, \\ x+1, & 0 \leqslant x < 1 \end{cases}$ 是周期为 2 的周期函数, 试将

$f(x)$ 展开成傅里叶级数, 并求级数 $\displaystyle\sum_{n=1}^{\infty}\frac{1}{(2n-1)^2}$ 的和.

解 $f(x)$ 满足收敛定理的条件, 由于 $f(x)$ 是连续函数, 所以它的傅里叶级数收敛于 $f(x)$, 由于 $l = 1, f(x)$ 为偶函数, 故

$$b_n = 0, \quad n = 1, 2, \cdots,$$

$$a_0 = 2\int_0^1 f(x)\mathrm{d}x = 2\int_0^1 (x+1)\mathrm{d}x = 3,$$

$$a_n = 2\int_0^1 f(x)\cos n\pi x \mathrm{d}x = 2\int_0^1 (x+1)\cos n\pi x \mathrm{d}x$$

$$= 2\left[\frac{(x+1)}{n\pi}\sin n\pi x\Big|_0^1 - \frac{1}{n\pi}\int_0^1 \sin n\pi x \mathrm{d}x\right] = \frac{2}{n^2\pi^2}\cos n\pi x\Big|_0^1$$

$$= \begin{cases} -\dfrac{4}{n^2\pi^2}, & n = 2k-1, \\ 0, & n = 2k, \end{cases} \quad k = 1, 2, \cdots,$$

所以

$$f(x) = \frac{3}{2} - \frac{4}{\pi^2}\sum_{n=1}^{\infty}\left[\frac{1}{(2n-1)^2}\cos(2n-1)\pi x\right], \quad -\infty < x < +\infty.$$

取 $x = 0$, 则有 $\displaystyle\sum_{n=1}^{\infty} \frac{1}{(2n-1)^2} = \frac{\pi^2}{8}$.

例 4　将函数

$$f(x) = \begin{cases} \cos\dfrac{\pi}{l}x, & 0 \leqslant x \leqslant \dfrac{l}{2}, \\ 0, & \dfrac{l}{2} < x \leqslant l \end{cases} \qquad (l > 0)$$

展开为以 $2l$ 为周期的余弦函数, 并求级数的和函数 $s(x)$.

解　将 $f(x)$ 进行偶延拓, $f(x)$ 满足收敛定理的条件, 在 $[0, l]$ 上 $f(x)$ 的傅里叶级数收敛于 $f(x)$.

$$b_n = 0, \quad n = 1, 2, \cdots,$$

$$a_0 = \frac{2}{l} \int_0^l f(x)\mathrm{d}x = \frac{2}{l} \int_0^{l/2} \cos\frac{\pi}{l}x\,\mathrm{d}x = \frac{2}{\pi},$$

$$a_1 = \frac{2}{l} \int_0^l f(x)\cos\frac{\pi}{l}x\,\mathrm{d}x = \frac{2}{l} \int_0^{l/2} \cos\frac{\pi}{l}x \cdot \cos\frac{\pi}{l}x\,\mathrm{d}x = \frac{1}{2},$$

$$a_n = \frac{2}{l} \int_0^l f(x)\cos\frac{n\pi x}{l}\mathrm{d}x = \frac{2}{l} \int_0^{l/2} \cos\frac{\pi x}{l}\cos\frac{n\pi x}{l}\mathrm{d}x$$

$$= \frac{1}{l} \int_0^{l/2} \left[\cos(1-n)\frac{\pi x}{l} + \cos(1+n)\frac{\pi x}{l}\right]\mathrm{d}x$$

$$= \frac{1}{l} \left[\frac{\sin(1-n)\dfrac{\pi x}{l}}{(1-n)\dfrac{\pi}{l}} + \frac{\sin(1+n)\dfrac{\pi x}{l}}{(1+n)\dfrac{\pi}{l}}\right]_0^{l/2}$$

$$= \frac{1}{\pi} \left[\frac{\sin\dfrac{(1-n)\pi}{2}}{1-n} + \frac{\sin\dfrac{(1+n)\pi}{2}}{1+n}\right], \quad n = 2, 3, \cdots$$

$$= \begin{cases} 0, & n = 2k-1, \\ \dfrac{2}{\pi} \cdot \dfrac{(-1)^{k+1}}{4k^2-1}, & n = 2k, \end{cases} \quad k = 1, 2, \cdots,$$

所以

$$f(x) = \frac{1}{\pi} + \frac{1}{2}\cos\frac{\pi x}{l} + \frac{2}{\pi}\sum_{n=1}^{\infty} \frac{(-1)^{n+1}}{4n^2-1}\cos\frac{2n\pi x}{l}, \quad x \in [0, l].$$

设级数的和函数为 $s(x)$, 则

$$s(x) = \begin{cases} \cos \dfrac{\pi}{l}x, & \left(2k - \dfrac{1}{2}\right)l \leqslant x \leqslant \left(2k + \dfrac{1}{2}\right)l, \\ 0, & \left(2k + \dfrac{1}{2}\right)l < x < \left[(2k+1) + \dfrac{1}{2}\right]l, \\ & \qquad k = 0, \pm 1, \pm 2, \cdots. \end{cases}$$

例 5 设以 $2l(l > 0)$ 为周期的脉冲电压的脉冲波形状如图 11-1 所示, 其中 t 为时间.

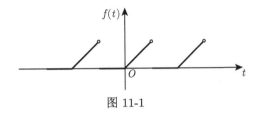

图 11-1

(1) 将脉冲电压 $f(t)$ 在 $[-l, l]$ 上展为以 $2l$ 为周期的傅里叶级数.

(2) 将脉冲电压 $f(t)$ 在 $[0, 2l]$ 上展为以 $2l$ 为周期的傅里叶级数.

(3) (1) 和 (2) 的傅里叶级数相同吗? 为什么? 作出级数的和函数 $s(x)$ 的图形.

解 (1) 函数 $f(t)$ 在 $[-l, l]$ 上的表达式为

$$f(t) = \begin{cases} 0, & -l \leqslant t \leqslant 0, \\ t, & 0 < t < l, \end{cases}$$

$f(t)$ 满足收敛定理的条件, 故

$$a_0 = \frac{1}{l} \int_{-l}^{l} f(t)\mathrm{d}t = \frac{1}{l} \int_{0}^{l} t\mathrm{d}t = \frac{l}{2},$$

$$a_n = \frac{1}{l} \int_{-l}^{l} f(t) \cos \frac{n\pi t}{l} \mathrm{d}t = \frac{1}{l} \int_{0}^{l} t \cos \frac{n\pi t}{l} \mathrm{d}t$$

$$= \frac{l}{n^2 \pi^2}(\cos n\pi - 1) = \begin{cases} 0, & n = 2k, \\ -\dfrac{2l}{n^2 \pi^2}, & n = 2k - 1, \end{cases} \quad k = 1, 2, \cdots,$$

$$b_n = \frac{1}{l} \int_{-l}^{l} f(t) \sin \frac{n\pi t}{l} \mathrm{d}t = \frac{1}{l} \int_{0}^{l} t \sin \frac{n\pi t}{l} \mathrm{d}t$$

$$= \frac{1}{l}\left(-\frac{l}{n\pi}\right)(l\cos n\pi) = \frac{l}{n\pi}(-1)^{n+1}, \quad n = 1, 2, \cdots,$$

所以

$$f(t) = \frac{l}{4} - \frac{2l}{\pi^2}\sum_{n=1}^{\infty}\frac{1}{(2n-1)^2}\cos\frac{(2n-1)\pi}{l}t + \frac{l}{\pi}\sum_{n=1}^{\infty}\frac{(-1)^{n+1}}{n}\sin\frac{n\pi t}{l},$$

$$t \neq (2k+1)l, \quad k = 0, \pm 1, \pm 2, \cdots.$$

(2) $f(t)$ 在 $[0, 2l]$ 上的表达式为

$$f(t) = \begin{cases} t, & 0 \leqslant t < l, \\ 0, & l \leqslant t < 2l, \end{cases}$$

$f(t)$ 满足收敛定理条件, 故

$$a_0 = \frac{1}{l}\int_0^{2l} f(t)\mathrm{d}t = \frac{1}{l}\int_0^l t\mathrm{d}t = \frac{l}{2},$$

$$a_n = \frac{1}{l}\int_0^{2l} f(t)\cos\frac{n\pi t}{l}\mathrm{d}t = \frac{1}{l}\int_0^l t\cos\frac{n\pi t}{l}\mathrm{d}t$$

$$= \frac{l}{n^2\pi^2}\left(\cos n\pi - 1\right) = \begin{cases} 0, & n = 2k, \\ -\dfrac{2l}{n^2\pi^2}, & n = 2k-1, \end{cases} \quad k = 1, 2, \cdots,$$

$$b_n = \frac{1}{l}\int_0^{2l} f(t)\sin\frac{n\pi t}{l}\mathrm{d}t = \frac{1}{l}\int_0^l t\sin\frac{n\pi t}{l}\mathrm{d}t$$

$$= \frac{l}{n\pi}(-1)^{n+1}, \quad n = 1, 2, \cdots,$$

所以

$$f(t) = \frac{l}{4} - \frac{2l}{\pi^2}\sum_{n=1}^{\infty}\frac{1}{(2n-1)^2}\cos\frac{(2n-1)\pi}{l}t + \frac{l}{\pi}\sum_{n=1}^{\infty}\frac{(-1)^{n+1}}{n}\sin\frac{n\pi t}{l}.$$

$$t \neq (2k+1)l, \quad k = 0, \pm 1, \pm 2, \cdots.$$

(3) 本题中 (1) 和 (2) 的傅里叶级数是相同的, 因为 (1) 和 (2) 是同一个周期函数 $f(t)$ 在相同的周期 $2l$ 上的展开式, 和函数 $s(x)$ 的图形如图 11-2 所示.

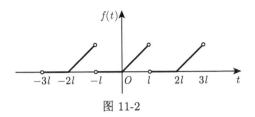

图 11-2

例 6 已知周期为 2π 的函数

$$f(x) = \begin{cases} -1, & -\pi \leqslant x < 0, \\ 1, & 0 \leqslant x < \pi \end{cases}$$

的傅里叶级数展开式为

$$f(x) = \frac{4}{\pi} \sum_{n=1}^{\infty} \frac{1}{2n-1} \sin(2n-1)x, \quad -\infty < x < +\infty,$$

$$x \neq k\pi, \quad k = 0, \pm 1, \pm 2, \cdots.$$

根据上式求周期为 2π 的函数

$$f_1(x) = \begin{cases} a, & -\pi \leqslant x < 0, \\ b, & 0 \leqslant x < \pi \end{cases} \quad \text{及} \quad f_2(x) = \begin{cases} -x, & -\pi \leqslant x < 0, \\ x, & 0 \leqslant x < \pi \end{cases}$$

的傅里叶级数的展开式.

解 由于 $f_1(x) = \dfrac{a+b}{2} - \dfrac{a-b}{2} f(x)$, 因此

$$f_1(x) = \frac{a+b}{2} - \frac{a-b}{2} \cdot \frac{4}{\pi} \sum_{n=1}^{\infty} \frac{1}{2n-1} \sin(2n-1)x$$

$$= \frac{a+b}{2} - \frac{2(a-b)}{\pi} \sum_{n=1}^{\infty} \frac{1}{2n-1} \sin(2n-1)x,$$

$$x \neq k\pi, \quad k = 0, \pm 1, \pm 2, \cdots.$$

由于

$$f_2(x) = \int_0^x f(x)\mathrm{d}x = \int_0^x \frac{4}{\pi} \sum_{n=1}^{\infty} \frac{1}{2n-1} \sin(2n-1)x\mathrm{d}x$$

$$= -\frac{4}{\pi} \sum_{n=1}^{\infty} \frac{1}{(2n-1)^2} \cos(2n-1)x \bigg|_0^x$$

$$= -\frac{4}{\pi} \sum_{n=1}^{\infty} \frac{\cos(2n-1)x}{(2n-1)^2} + \frac{4}{\pi} \sum_{n=1}^{\infty} \frac{1}{(2n-1)^2},$$

将 $f_2\left(\dfrac{\pi}{2}\right) = \dfrac{\pi}{2}$ 代入上式得 $\dfrac{4}{\pi} \sum\limits_{n=1}^{\infty} \dfrac{1}{(2n-1)^2} = \dfrac{\pi}{2}$, 从而

$$f_2(x) = \frac{\pi}{2} - \frac{4}{\pi} \sum_{n=1}^{\infty} \frac{\cos(2n-1)x}{(2n-1)^2}, \quad -\infty < x < +\infty.$$

例 7　设在区间 $[-\pi, \pi]$ 上 $f(x)$ 为偶函数, 且满足

$$f\left(\frac{\pi}{2} + x\right) = -f\left(\frac{\pi}{2} - x\right),$$

证明函数 $f(x)$ 的余弦展开式中系数 $a_{2n} = 0$.

证明　$a_{2n} = \dfrac{2}{\pi} \displaystyle\int_0^{\pi} f(x) \cos 2nx \mathrm{d}x$

$$= \frac{2}{\pi} \int_0^{\pi/2} f(x) \cos 2nx \mathrm{d}x + \frac{2}{\pi} \int_{\pi/2}^{\pi} f(x) \cos 2nx \mathrm{d}x.$$

设 $t = \dfrac{\pi}{2} - x$, 则第一积分

$$\int_0^{\pi/2} f(x) \cos 2nx \mathrm{d}x = \int_0^{\pi/2} f\left(\frac{\pi}{2} - t\right) \cos(n\pi - 2nt) \mathrm{d}t.$$

设 $t = x - \dfrac{\pi}{2}$, 则第二积分

$$\int_{\pi/2}^{\pi} f(x) \cos 2nx \mathrm{d}x = \int_0^{\pi/2} f\left(\frac{\pi}{2} + t\right) \cos(n\pi + 2nt) \mathrm{d}t.$$

由于

$$f\left(\frac{\pi}{2} + x\right) = -f\left(\frac{\pi}{2} - x\right), \quad \cos(n\pi - 2nt) = \cos(n\pi + 2nt),$$

故 $a_{2n} = 0, n = 0, 1, 2, \cdots$.

例 8　设 $f(x)$ 是以 2π 为周期的连续函数, 其傅里叶系数为 a_n, b_n. 试求:

(1) $f(x + l)(l$ 为常数$)$ 的傅里叶系数;

(2) $F(x) = \dfrac{1}{\pi}\displaystyle\int_{-\pi}^{\pi} f(t)f(x+t)\mathrm{d}t$ 的傅里叶系数, 并利用所得结果推出

$$\frac{1}{\pi}\int_{-\pi}^{\pi} f^2(t)\mathrm{d}t = \frac{a_0^2}{2} + \sum_{n=1}^{\infty}(a_n^2 + b_n^2).$$

解 (1) 设 $f(x+l)$ 的傅里叶系数为 A_n, B_n, 则

$$A_n = \frac{1}{\pi}\int_{-\pi}^{\pi} f(x+l)\cos nx\,\mathrm{d}x.$$

令 $t = x + l$, 则

$$
\begin{aligned}
A_n &= \frac{1}{\pi}\int_{-\pi+l}^{\pi+l} f(t)\cos n(t-l)\mathrm{d}t \\
&= \frac{1}{\pi}\int_{-\pi}^{\pi} f(t)(\cos nt\cos nl + \sin nt\sin nl)\mathrm{d}t \\
&= \left[\frac{1}{\pi}\int_{-\pi}^{\pi} f(t)\cos nt\,\mathrm{d}t\right]\cos nl + \left[\frac{1}{\pi}\int_{-\pi}^{\pi} f(t)\sin nt\,\mathrm{d}t\right]\sin nl \\
&= a_n\cos nl + b_n\sin nl, \quad n = 0,1,2,\cdots.
\end{aligned}
$$

同理可得

$$B_n = b_n\cos nl - a_n\sin nl, \quad n = 1,2,\cdots.$$

(2) 因为

$$
\begin{aligned}
F(x+2\pi) &= \frac{1}{\pi}\int_{-\pi}^{\pi} f(t)f(x+2\pi+t)\mathrm{d}t \\
&= \frac{1}{\pi}\int_{-\pi}^{\pi} f(t)f(x+t)\mathrm{d}t = F(x),
\end{aligned}
$$

所以 $F(x)$ 是以 2π 为周期的函数, 设其傅里叶系数 A_n, B_n, 则有

$$
\begin{aligned}
A_0 &= \frac{1}{\pi}\int_{-\pi}^{\pi} F(x)\mathrm{d}x = \frac{1}{\pi}\int_{-\pi}^{\pi}\left[\frac{1}{\pi}\int_{-\pi}^{\pi} f(t)f(x+t)\mathrm{d}t\right]\mathrm{d}x \\
&= \frac{1}{\pi}\int_{-\pi}^{\pi} f(t)\left[\frac{1}{\pi}\int_{-\pi}^{\pi} f(x+t)\mathrm{d}x\right]\mathrm{d}t \\
&= \frac{1}{\pi}\int_{-\pi}^{\pi} f(t)\left[\frac{1}{\pi}\int_{-\pi+t}^{\pi+t} f(u)\mathrm{d}u\right]\mathrm{d}t
\end{aligned}
$$

$$= \frac{1}{\pi} \int_{-\pi}^{\pi} a_0 f(t) \mathrm{d}t = a_0^2.$$

$$A_n = \frac{1}{\pi} \int_{-\pi}^{\pi} F(x) \cos nx \mathrm{d}x = \frac{1}{\pi} \int_{-\pi}^{\pi} \left[\frac{1}{\pi} \int_{-\pi}^{\pi} f(t) f(x+t) \mathrm{d}t \right] \cos nx \mathrm{d}x$$

$$= \frac{1}{\pi} \int_{-\pi}^{\pi} f(t) \left[\frac{1}{\pi} \int_{-\pi}^{\pi} f(x+t) \cos nx \mathrm{d}x \right] \mathrm{d}t$$

$$= \frac{1}{\pi} \int_{-\pi}^{\pi} \left[a_n f(t) \cos nt + b_n f(t) \sin nt \right] \mathrm{d}t = a_n^2 + b_n^2.$$

因为

$$F(-x) = \frac{1}{\pi} \int_{-\pi}^{\pi} f(t) f(-x+t) \mathrm{d}t \quad (\diamondsuit - x + t = u)$$

$$= \frac{1}{\pi} \int_{-x-\pi}^{-x+\pi} f(x+u) f(u) \mathrm{d}u = \frac{1}{\pi} \int_{-\pi}^{\pi} f(x+u) f(u) \mathrm{d}u = F(x),$$

所以 $F(x)$ 为偶函数, 故 $B_n = 0 (n = 1, 2, \cdots)$.

由于 $F(x)$ 处处连续, 因此

$$F(x) = \frac{1}{\pi} \int_{-\pi}^{\pi} f(t) f(x+t) \mathrm{d}t = \frac{A_0}{2} + \sum_{n=1}^{\infty} A_n \cos nx$$

$$= \frac{a_0^2}{2} + \sum_{n=1}^{\infty} (a_n^2 + b_n^2) \cos nx.$$

取 $x = 0$, 则得

$$\frac{1}{\pi} \int_{-\pi}^{\pi} f^2(t) \mathrm{d}t = \frac{a_0^2}{2} + \sum_{n=1}^{\infty} (a_n^2 + b_n^2).$$

第 12 章   微 分 方 程

12.1   一阶微分方程

一、知识要点

一阶微分方程指未知函数的导数为一阶的微分方程. 下面给出一阶微分方程的几种常见形式及解法.

1. 可分离变量的方程: $\dfrac{\mathrm{d}y}{\mathrm{d}x} = p(x)q(y)$. ①

解法: $\displaystyle\int \frac{1}{q(y)}\mathrm{d}y = \int p(x)\mathrm{d}x$ (分离变量再积分).

2. 齐次方程: $\dfrac{\mathrm{d}y}{\mathrm{d}x} = \varphi\left(\dfrac{y}{x}\right)$. ②

解法: 作变量代换 $u = \dfrac{y}{x}$, 齐次方程化为可分离变量的方程

$$\frac{\mathrm{d}u}{\varphi(u) - u} = \frac{\mathrm{d}x}{x}.$$

再积分, 就可求得方程的解.

3. 可化为齐次方程的方程:

$$\frac{\mathrm{d}y}{\mathrm{d}x} = f\left(\frac{ax + by + c}{a_1 x + b_1 y + c_1}\right),$$ ③

其中 $c^2 + c_1^2 \neq 0$, 且 $\begin{vmatrix} a & b \\ a_1 & b_1 \end{vmatrix} \neq 0$.

解法: 作变量代换 $\begin{cases} x = X + x_0, \\ y = Y + y_0, \end{cases}$ 原方程化为齐次方程

$$\frac{\mathrm{d}Y}{\mathrm{d}X} = f\left(\frac{aX + bY}{a_1 X + b_1 Y}\right),$$

其中 x_0, y_0 为方程组 $\begin{cases} ax + by + c = 0, \\ a_1 x + b_1 y + c_1 = 0 \end{cases}$ 的解.

再按齐次方程求解.

4. 一阶线性方程: $\dfrac{\mathrm{d}y}{\mathrm{d}x} + P(x)y = Q(x)$.   ④

解一阶线性微分方程常用的方法是常数变易法, 应用该法可求得方程④的通解为

$$y = \mathrm{e}^{-\int P(x)\mathrm{d}x}\left[\int Q(x)\mathrm{e}^{\int P(x)\mathrm{d}x}\mathrm{d}x + C\right].$$

在求解一阶线性微分方程时, 可直接利用通解公式, 但注意, 方程必须写成④的标准形式. 此类方程也有其他解法.

5. 伯努利方程:

$$y' + P(x)y = Q(x)y^n \quad (n \neq 0, 1).$$ ⑤

解法: 作变量代换 $z = y^{1-n}$, 将方程⑤化为一阶线性方程 $z' + (1-n)P(x)z = (1-n)Q(x)$. 再解一阶线性微分方程.

另外, 此方程也可用常数变易法解.

6. 全微分方程:
$$P(x, y)\mathrm{d}x + Q(x, y)\mathrm{d}y = 0,$$ ⑥

这里 $\dfrac{\partial P}{\partial y} = \dfrac{\partial Q}{\partial x}$.

解法: 设 $u(x, y)$ 的全微分为 $P(x, y)\mathrm{d}x + Q(x, y)\mathrm{d}y$, 则

$$u(x, y) = \int_{x_0}^{x} P(x, y_0)\mathrm{d}x + \int_{y_0}^{y} Q(x, y)\mathrm{d}y,$$

通解为

$$\int_{x_0}^{x} P(x, y_0)\mathrm{d}x + \int_{y_0}^{y} Q(x, y)\mathrm{d}y = C.$$

另外还可用不定积分找原函数的方法.

有些方程可以通过乘上一个积分因子后转化为全微分方程.

7. 对不属于上述几种形式的一阶微分方程, 一般要通过变量代换的方法求解.

二、 例题分析

例 1   求下列微分方程的通解:

(1) $\mathrm{d}x + xy\mathrm{d}y = y^2\mathrm{d}x + y\mathrm{d}y$;   (2) $\dfrac{\mathrm{d}y}{\mathrm{d}x} = \dfrac{2x^3y - y^4}{x^4 - 2xy^3}$;

(3) $(1 + y^2)\mathrm{d}x = (\arctan y - x)\mathrm{d}y$.

解 (1) 原方程整理成

$$(1 - y^2)\mathrm{d}x = y(1 - x)\mathrm{d}y.$$

当 $(1 - y^2) \neq 0, 1 - x \neq 0$ 时, 有

$$\frac{y}{1 - y^2}\mathrm{d}y = \frac{1}{1 - x}\mathrm{d}x,$$

为可分离变量方程, 两边积分得

$$\ln\left|1 - y^2\right| = 2\ln|1 - x| + C_1,$$

故通解为

$$C(1 - x)^2 + y^2 = 1,$$

其中常数 $C = \pm \mathrm{e}^{c_1} \neq 0$.

当 $(1 - y^2) = 0$, 即 $y = \pm 1$ 时, 是原方程的解, 在通解中取 $C = 0$.

当 $1 - x = 0$, 即 $x = 1$ 时, 也是原方程的解, 不含在通解中.

(2) 容易看出方程是齐次方程:

$$\frac{\mathrm{d}y}{\mathrm{d}x} = \frac{2\left(\dfrac{y}{x}\right) - \left(\dfrac{y}{x}\right)^4}{1 - 2\left(\dfrac{y}{x}\right)^3}.$$

令 $u = \dfrac{y}{x}$, 则 $y = ux$, $\dfrac{\mathrm{d}y}{\mathrm{d}x} = u + x\dfrac{\mathrm{d}u}{\mathrm{d}x}$. 代入方程得

$$u + x\frac{\mathrm{d}u}{\mathrm{d}x} = \frac{2u - u^4}{1 - 2u^3}, \quad 即 \frac{\mathrm{d}x}{x} = \frac{1 - 2u^2}{u + u^4}\mathrm{d}u,$$

亦即

$$\frac{\mathrm{d}x}{x} = \left(\frac{1}{u} - \frac{1}{u + 1} - \frac{2u - 1}{u^2 - u + 1}\right)\mathrm{d}u.$$

积分得

$$x = \frac{Cu}{(u + 1)(u^2 - u + 1)},$$

将 $u = \dfrac{y}{x}$ 代入, 得方程的通解为 $x^3 + y^3 = Cxy$.

(3) 所求方程中把 x 看成函数, y 看作自变量, 则方程是一阶线性方程

$$\frac{\mathrm{d}x}{\mathrm{d}y} + \frac{1}{1 + y^2}x = \frac{\arctan y}{1 + y^2}.$$

直接代入一阶线性微分方程的通解公式, 得通解

$$x = \mathrm{e}^{-\int \frac{1}{1+y^2}\mathrm{d}y}\left[\int \frac{\arctan y}{1+y^2}\mathrm{e}^{\int \frac{1}{1+y^2}\mathrm{d}y}\mathrm{d}y + C\right]$$

$$= \mathrm{e}^{-\arctan y}\left[\int \mathrm{e}^{\arctan y}\arctan y\,\mathrm{d}(\arctan y) + C\right],$$

即

$$x = \mathrm{e}^{-\arctan y}\left[\mathrm{e}^{\arctan y}\arctan y - \mathrm{e}^{\arctan y} + C\right],$$

从而通解为: $x = \arctan y - 1 + C\mathrm{e}^{-\arctan y}$.

例 2　求微分方程 $x^2 y' + xy = y^2$ 满足初始条件 $y(1) = 1$ 的特解.

解法 1　原式写成 $y' = \dfrac{y^2 - xy}{x^2}$, 令 $y = xu$, 有

$$x\frac{\mathrm{d}u}{\mathrm{d}x} + u = u^2 - u, \quad \text{即} \quad x\frac{\mathrm{d}u}{\mathrm{d}x} = u^2 - 2u.$$

易知 $u = 0$ 或 $u = 2$ 都是上式的解, 也就原方程的解, 分别对应于 $y = 0$ 或 $y = 2x$, 均不满足初始条件, 舍去, 以下考虑 $u^2 - 2u \neq 0$, 分离变量得

$$\frac{\mathrm{d}u}{u^2 - 2u} = \frac{\mathrm{d}x}{x},$$

两端积分得

$$\frac{u - 2}{u} = Cx^2, \quad \text{即} \frac{y - 2x}{y} = Cx^2.$$

由 $y(1) = 1$ 得 $C = -1$, 即所求特解为 $y = \dfrac{2x}{1 + x^2}$.

解法 2(按解伯努利方程的方法)　$y = 0$ 是方程的一个解, 但不满足初始条件, 舍去. 以下考虑 $y \neq 0$ 的情形, 以 y^2 除以方程两边, 原方程成为

$$\frac{x^2}{y^2}y' + \frac{x}{y} = 1.$$

令 $\dfrac{1}{y} = z$, 则有

$$-x^2 z' + xz = 1 \quad \text{或} \quad z' - \frac{1}{x}z = -\frac{1}{x^2}.$$

解得

$$z = x \left[\int -\frac{1}{x^3} \mathrm{d}x + C \right] = \frac{1}{2x} + Cx,$$

即 $y = \dfrac{2x}{1 + 2Cx^2}$.

再由 $y(1) = 1$, 得 $C = \dfrac{1}{2}$, 于是, 特解为 $y = \dfrac{2x}{1 + x^2}$.

例 3 求解下列方程:

(1) $\dfrac{\mathrm{d}y}{\mathrm{d}x} = \dfrac{1}{x - y} + 1$;

(2) $x\dfrac{\mathrm{d}y}{\mathrm{d}x} + x + \sin(x + y) = 0, y\left(\dfrac{\pi}{2}\right) = 0$.

解 (1) 作变量代换: 令 $u = x - y$, 代入方程得可分离变量的方程

$$1 - \frac{\mathrm{d}u}{\mathrm{d}x} = \frac{1}{u} + 1,$$

即

$$u\mathrm{d}u = -\mathrm{d}x.$$

两端积分得 $\dfrac{1}{2}u^2 = -x + C_1$ 于是, 原方程的通解为

$$(x - y)^2 = -2x + C \quad (C = 2C_1).$$

(2) 令 $u = x + y$, 代入方程得

$$x\left(\frac{\mathrm{d}u}{\mathrm{d}x} - 1\right) + x + \sin u = 0,$$

即

$$\frac{\mathrm{d}u}{\sin u} = -\frac{1}{x}\mathrm{d}x,$$

两端积分得

$$\ln|\csc u - \cot u| = -\ln|x| + \ln|C|,$$

即

$$\frac{1 - \cos u}{\sin u} = \frac{C}{x}.$$

将 $u = x + y$ 代入, 得原方程的通解为

$$\frac{1 - \cos(x + y)}{\sin(x + y)} = \frac{C}{x}.$$

由 $y\left(\dfrac{\pi}{2}\right) = 0$, 得 $C = \dfrac{\pi}{2}$, 于是, 得方程的特解为

$$\frac{1 - \cos(x+y)}{\sin(x+y)} = \frac{\pi}{2x}.$$

例 4 用两种方法解下列微分方程:

(1) $(x^2 + 1)\dfrac{\mathrm{d}y}{\mathrm{d}x} + 2xy = 4x^2;$ \qquad (2) $y' + y\cos x = \mathrm{e}^{-\sin x}$.

解 (1) **法 1**(用通解公式) 原方程可写成

$$\frac{\mathrm{d}y}{\mathrm{d}x} + \frac{2x}{x^2+1}y = \frac{4x^2}{x^2+1},$$

为一阶线性微分方程, 由通解公式得

$$y = \mathrm{e}^{-\int \frac{2x}{x^2+1}\mathrm{d}x}\left[\int \frac{4x^2}{x^2+1}\mathrm{e}^{\int \frac{2x}{x^2+1}\mathrm{d}x}\mathrm{d}x + C\right]$$

$$= \mathrm{e}^{-\ln(x^2+1)}\left[\int \frac{4x^2}{x^2+1}\cdot(x^2+1)\mathrm{d}x + C\right]$$

$$= \frac{1}{x^2+1}\left(\frac{4}{3}x^3 + C\right).$$

法 2 原方程化为 $\left[(x^2+1)y\right]' = 4x^2$, 积分得

$$(x^2+1)y = \frac{4}{3}x^3 + C,$$

于是 $y = \dfrac{1}{x^2+1}\left(\dfrac{4}{3}x^3 + C\right)$.

(2) **法 1** 由通解公式得

$$y = \mathrm{e}^{-\int \cos x\mathrm{d}x}\left[\int \mathrm{e}^{-\sin x}\mathrm{e}^{\int \cos x\mathrm{d}x}\mathrm{d}x + C\right] = \mathrm{e}^{-\sin x}\left(x + C\right).$$

法 2 方程两边同乘以 $\mathrm{e}^{\sin x}$ 得

$$\mathrm{e}^{\sin x}y' + y\mathrm{e}^{\sin x}\cos x = 1,$$

即 $\left(\mathrm{e}^{\sin x}y\right)' = 1$. 积分得 $\mathrm{e}^{\sin x}y = x + C$, 于是, 微分方程的通解为

$$y = \mathrm{e}^{-\sin x}\left(x + C\right).$$

例 5 求下列微分方程的通解:

(1) $x\mathrm{d}x + y\mathrm{d}y + \dfrac{x\mathrm{d}y - y\mathrm{d}x}{x^2 + y^2} = 0$;

(2) $(\mathrm{e}^x + 3y^2)\mathrm{d}x + 2xy\mathrm{d}y = 0$.

解 (1) 原方程为

$$\left(x - \frac{y}{x^2 + y^2}\right)\mathrm{d}x + \left(y + \frac{x}{x^2 + y^2}\right)\mathrm{d}y = 0.$$

设

$$P(x,y) = x - \frac{y}{x^2 + y^2}, \quad Q(x,y) = y + \frac{x}{x^2 + y^2},$$

易验证: 当 $x^2 + y^2 \neq 0$ 时, $\dfrac{\partial P}{\partial y} = \dfrac{\partial Q}{\partial x}$, 故原方程为全微分方程. 用凑微分的方法得

$$\frac{1}{2}\mathrm{d}(x^2 + y^2) + \mathrm{d}\left(\arctan\frac{y}{x}\right) = 0.$$

于是原方程的通解为

$$\frac{1}{2}(x^2 + y^2) + \arctan\frac{y}{x} = C.$$

(2) 记 $P(x,y) = \mathrm{e}^x + 3y^2, Q(x,y) = 2xy$, 则

$$\frac{\partial P}{\partial y} = 6y, \quad \frac{\partial Q}{\partial x} = 2y.$$

因为 $\dfrac{\partial P}{\partial y} \neq \dfrac{\partial Q}{\partial x}$, 所以原方程不是全微分方程, 而

$$\frac{1}{Q}\left(\frac{\partial P}{\partial y} - \frac{\partial Q}{\partial x}\right) = \frac{2}{x},$$

故方程有仅与 x 有关的积分因子

$$u(x) = \mathrm{e}^{\int \frac{2}{x}\mathrm{d}x} = x^2,$$

用 x^2 乘以方程的两端得

$$x^2\mathrm{e}^x\mathrm{d}x + (3x^2y^2\mathrm{d}x + 2x^3y)\mathrm{d}y = 0,$$

即

$$\mathrm{d}\left(\int x^2\mathrm{e}^x\mathrm{d}x\right) + \mathrm{d}(x^3y^2) = 0,$$

从而原方程的通解为 $(x^2 - 2x + 2)\mathrm{e}^x + x^3y^2 = C$.

例 6   求满足方程 $\displaystyle\int_0^x f(t)\mathrm{d}t = x + \int_0^x tf(x-t)\mathrm{d}t$ 的可微函数 $f(x)$.

解   令 $u = x - t$, 则 $\mathrm{d}u = -\mathrm{d}t$, 故

$$\int_0^x tf(x-t)\mathrm{d}t = \int_x^0 (x-u)f(u)\mathrm{d}(-u) = x\int_0^x f(u)\mathrm{d}u - \int_0^x uf(u)\mathrm{d}u,$$

代入原方程得

$$\int_0^x f(t)\mathrm{d}t = x + x\int_0^x f(t)\mathrm{d}t - \int_0^x tf(t)\mathrm{d}t.$$

上式两端对 x 求导得

$$f(x) = 1 + \int_0^x f(t)\mathrm{d}t, \quad \text{且} f(0) = 1.$$

上式再求导得

$$f'(x) = f(x), \quad f(0) = 1,$$

所以 $f(x) = C\mathrm{e}^x$, 由 $f(0) = 1$ 得 $C = 1$. 故原方程的通解为 $f(x) = \mathrm{e}^x$.

例 7   若 $f(0) = \dfrac{1}{2}$, 确定 $f(x)$ 使曲线积分 $\displaystyle\int_{P_1}^{P_2} [\mathrm{e}^x + f(x)]\,y\mathrm{d}x - f(x)\mathrm{d}y$ 与路径无关, 并求当 P_1, P_2 的坐标分别为 $(0,0), (1,1)$ 时, 此曲线积分的值.

解   设 $P(x,y) = [\mathrm{e}^x + f(x)]y, Q(x,y) = -f(x)$, 由 $\dfrac{\partial P}{\partial y} = \dfrac{\partial Q}{\partial x}$, 有

$$\mathrm{e}^x + f(x) = -f'(x), \quad \text{即} \ f'(x) + f(x) = -\mathrm{e}^x.$$

这是一阶线性微分方程, 其通解为

$$f(x) = \mathrm{e}^{-x}\left(-\frac{1}{2}\mathrm{e}^{2x} + C\right).$$

又 $f(0) = \dfrac{1}{2}$, 求得 $C = 1$, 所以 $f(x) = -\dfrac{1}{2}\mathrm{e}^x + \mathrm{e}^{-x}$. 因此

$$\int_{(0,0)}^{(1,1)} [\mathrm{e}^x + f(x)]\,y\mathrm{d}x - f(x)\mathrm{d}y$$

$$= \int_{(0,0)}^{(1,1)} \left(\frac{1}{2}\mathrm{e}^x + \mathrm{e}^{-x}\right)y\mathrm{d}x + \left(\frac{1}{2}\mathrm{e}^x - \mathrm{e}^{-x}\right)\mathrm{d}y$$

$$= \int_0^1 \left(-\frac{1}{2} \right) \mathrm{d}y + \int_0^1 \left(\frac{1}{2} \mathrm{e}^x + \mathrm{e}^{-x} \right) \mathrm{d}x = \frac{\mathrm{e}}{2} - \mathrm{e}^{-1}.$$

例 8 曲线 $y = f(x) (f(x) \geqslant 0, f(0) = 0)$ 围成一个以 $[0, x]$ 为底边的曲边梯形, 其面积与 $f(x)$ 的 $n + 1$ 次幂成正比. 已知 $f(1) = 1$, 求这曲线.

解 由题设有 $\int_0^x y \mathrm{d}x = k y^{n+1} (k$ 为待定系数), 两边对 x 求导得

$$y = k(n + 1)y^n \cdot y',$$

即

$$\mathrm{d}x = k(n + 1)y^{n-1}\mathrm{d}y.$$

积分得

$$x = k\frac{n + 1}{n}y^n + C,$$

由 $y|_{x=0} = 0$ 得 $C = 0$, 则 $x = k\dfrac{n + 1}{n}y^n$. 又 $y|_{x=1} = 1$, 得 $k\dfrac{n + 1}{n} = 1$, 从而 $x = y^n$. 即所求曲线为 $y = \sqrt[n]{x}$.

12.2 可降阶的高阶微分方程

一、知识要点

1. $y^{(n)} = f(x)$ 型方程.

方程特点: 方程左端为 n 阶导数, 方程右端只是 x 的函数.

方程解法: 方程两端积分 n 次即可得到通解.

2. $y'' = f(x, y')$ 型方程.

方程特点: 方程左端为二阶导数, 方程右端不显含函数 y.

方程解法: 设 $p = y'$, 则 $\dfrac{\mathrm{d}p}{\mathrm{d}x} = y''$, 原方程降为一阶微分方程

$$\frac{\mathrm{d}p}{\mathrm{d}x} = f(x, p),$$

求其通解为 $p = \varphi(x, C_1)$, 则原方程的通解为 $y = \displaystyle\int \varphi(x, C_1)\mathrm{d}x + C_2$.

3. $y'' = f(y, y')$ 型方程.

方程特点: 方程左端为二阶导数, 右端不显含自变量 x.

方程解法: 设 $p = y'$, 则 $y'' = p\dfrac{\mathrm{d}p}{\mathrm{d}y}$, 原方程降为一阶微分方程.

$$p\frac{\mathrm{d}p}{\mathrm{d}y} = f(y, p),$$

求其通解为 $p = \varphi(y, C_1)$, 则原方程通解为 $\displaystyle\int \frac{\mathrm{d}y}{\varphi(y, C_1)} = x + C_2$.

4. $y^{(n)} = f(x, y^{(n-1)})$ 型方程.

方程特点: 方程左端为 n 阶导数, 右端只显含 $x, y^{(n-1)}$.

方程的解法: 设 $p = y^{(n-1)}$, 则 $\dfrac{\mathrm{d}p}{\mathrm{d}x} = y^{(n)}$. 原方程降为一阶微分方程

$$\frac{\mathrm{d}p}{\mathrm{d}x} = f(x, p),$$

求其通解为 $p = \varphi(x, C_1)$, 即 $y^{(n-1)} = \varphi(x, C_1)$, 此方程型同 1. $y^{(n)} = f(x)$ 型方程, 按 1. 的解法即可得到原方程的通解.

二、例题分析

例 1 求下列微分方程的通解:

(1) $y'' = \dfrac{1}{\sqrt{1 + x^2}}$;

(2) $(x + 1)y'' + y' = \ln(x + 1)$;

(3) $y'' + \dfrac{2}{1 - y}y'^2 = 0$;

(4) $\dfrac{\mathrm{d}^5 y}{\mathrm{d}x^5} - \dfrac{1}{x}\dfrac{\mathrm{d}^4 y}{\mathrm{d}x^4} = 0$.

解 (1) 对方程两边积分

$$y' = \ln(x + \sqrt{1 + x^2}) + C_1,$$

再积分得方程通解

$$y = x\ln(x + \sqrt{1 + x^2}) - \sqrt{1 + x^2} + C_1 x + C_2.$$

(2) 令 $p = y'$, 则 $\dfrac{\mathrm{d}p}{\mathrm{d}x} = y''$ 代入原方程得

$$\frac{\mathrm{d}p}{\mathrm{d}x} + \frac{1}{x + 1}p = \frac{1}{x + 1}\ln(x + 1),$$

这是一阶微分方程, 解得

$$p = \ln(x+1) - 1 + \frac{C_1}{x+1},$$

即

$$\frac{\mathrm{d}y}{\mathrm{d}x} = \ln(x+1) - 1 + \frac{C_1}{x+1}.$$

积分得方程的通解

$$y = (x+1+C_1)\ln(x+1) - 2x + C_2.$$

(3) 令 $p = y'$, 则 $y'' = p\dfrac{\mathrm{d}p}{\mathrm{d}y}$ 代入原方程得

$$p\frac{\mathrm{d}p}{\mathrm{d}y} + \frac{2}{1-y}p^2 = 0.$$

当 $p = 0$ 时, 即 $y = C$ 是方程的解.

当 $p \neq 0$ 时, 方程为

$$\frac{\mathrm{d}p}{\mathrm{d}y} + \frac{2}{1-y}p = 0.$$

分离变量, 积分得

$$p = C_1(1-y)^2, \quad \text{即} \frac{\mathrm{d}y}{\mathrm{d}x} = C_1(1-y)^2,$$

分离变量, 积分得原方程的通解为

$$\frac{1}{1-y} = C_1 x + C_2.$$

(4) 令 $p = \dfrac{\mathrm{d}^4 y}{\mathrm{d}x^4}$, 则 $\dfrac{\mathrm{d}p}{\mathrm{d}x} = \dfrac{\mathrm{d}^5 y}{\mathrm{d}x^5}$, 代入原方程得

$$\frac{\mathrm{d}p}{\mathrm{d}x} - \frac{p}{x} = 0,$$

解得通解为

$$p = Cx, \quad \text{即} \frac{\mathrm{d}^4 y}{\mathrm{d}x^4} = Cx.$$

逐次积分, 即可得原方程的通解为

$$y = C_1 x^5 + C_2 x^3 + C_3 x^2 + C_4 x + C_5.$$

例 2　求 $xyy'' + x(y')^2 - yy' = 0$ 的通解.

解　此方程不属于我们给出的几种可降阶的类型, 但我们发现 $xyy'' + x(y')^2 = x(yy')'$, 故可设 $p = yy'$, 则 $\dfrac{\mathrm{d}p}{\mathrm{d}x} = (yy')'$, 代入原方程得

$$x\frac{\mathrm{d}p}{\mathrm{d}x} - p = 0,$$

分离变量, 积分得

$$p = C_1 x, \quad 即 yy' = C_1 x.$$

分离变量, 积分即可得原方程的通解

$$y^2 = C_1 x^2 + C_2.$$

例 3　求 $yy'' = 2(y'^2 - y')$ 满足初始条件 $y(0) = 1, y'(0) = 2$ 的特解.

解　令 $y' = p$, 则 $y'' = p\dfrac{\mathrm{d}p}{\mathrm{d}y}$ 代入方程得

$$yp\frac{\mathrm{d}p}{\mathrm{d}y} = 2(p^2 - p).$$

当 $p \neq 0$ 时, 上式为

$$y\frac{\mathrm{d}p}{\mathrm{d}y} = 2(p - 1).$$

分离变量, 积分得

$$p = 1 + Cy^2, \quad y' = 1 + Cy^2.$$

由初始条件 $y(0) = 1, y'(0) = 2$ 得 $C = 1$. 故

$$y' = 1 + y^2, \quad 即 \frac{\mathrm{d}y}{\mathrm{d}x} = 1 + y^2.$$

分离变量, 积分得

$$\arctan y = x + C.$$

由 $y(0) = 1$, 得 $C = \dfrac{\pi}{4}$, 从而得方程的特解为

$$\arctan y = x + \frac{\pi}{4} \quad 或 \quad y = \frac{1 + \tan x}{1 - \tan x}.$$

例 4 如图 12-1, 已知某曲线在第一象限内通过坐标原点, 曲线上任一点 M 处的切线段 MT, 点 M 的纵坐标 PM 以及 Ox 轴所围成三角形 PMT 的面积与曲边三角形 OPM 的面积之比为常数 $k\left(k > \dfrac{1}{2}\right)$, 又设点 M 处导数恒为正值, 试求曲线的方程.

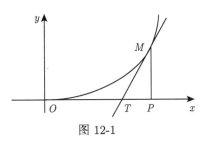

图 12-1

解 设所求曲线方程为 $y = y(x)$, 任取曲线上一点 $M(x, y)(x > 0, y > 0)$, 则

$$PM = y(x), \quad \frac{PM}{TP} = y'(x), \quad TP = \frac{y(x)}{y'(x)}.$$

由题设有

$$\frac{1}{2}PM \cdot TP = k \int_0^x y(t)\mathrm{d}t,$$

即

$$\frac{y^2}{y'} = 2k \int_0^x y(t)\mathrm{d}t.$$

两边对 x 求导得

$$\frac{2yy'^2 - y^2y''}{y'^2} = 2ky,$$

即

$$yy'' + 2(k-1)y'^2 = 0.$$

显然这是一个可降阶的二阶微分方程.

令 $y' = p$, 则 $y'' = p\dfrac{\mathrm{d}p}{\mathrm{d}y}$ 代入方程整理得

$$\frac{\mathrm{d}p}{p} = 2(1-k)\frac{\mathrm{d}y}{y}.$$

积分得

$$p = C_1 y^{2(1-k)}, \quad 即 \frac{\mathrm{d}y}{\mathrm{d}x} = C_1 y^{2(1-k)}.$$

分离变量, 积分得

$$\frac{1}{2k-1}y^{2k-1} = C_1 x + C_2.$$

因为曲线过原点, 即 $y(0) = 0$, 可得 $C_2 = 0$. 故所求曲线为

$$y = Cx^{\frac{1}{2k-1}} \quad (C\text{为任意非零常数}).$$

12.3　高阶线性微分方程

一、 知识要点

1. 二阶线性微分方程解的结构.

方程的一般形式为

$$y'' + p(x)y' + q(x)y = f(x). \tag{①}$$

当 $f(x) = 0$ 时, 方程①成为

$$y'' + p(x)y' + q(x)y = 0. \tag{②}$$

它称为二阶齐次线性方程. 当 $f(x) \neq 0$ 时, 方程①称为二阶非齐次线性方程.

方程解的结构: 若 $y_1(x)$ 与 $y_2(x)$ 是方程②的两个线性无关的解, 则

$$Y = C_1 y_1(x) + C_2 y_2(x) \quad (C_1, C_2\text{为任意常数})$$

是齐次线性方程②的通解.

若 y^* 是非齐次线性方程①的特解, Y 是齐次线性方程②的通解, 则

$$y = Y + y^*$$

是非齐次线性方程①的通解.

2. 二阶常系数齐次线性方程的解法.

方程的形式:

$$y'' + py' + qy = 0, \tag{③}$$

其中 p, q 为常数. 它的特征方程为

$$r^2 + pr + q = 0.$$

根据特征根 r_1, r_2 的三种不同情形, 常系数齐次线性方程③的通解如表 12-1 所示.

表 12-1

特征方程的根 r_1, r_2	方程的通解
$r_1 \neq r_2$(单实根)	$y = C_1 e^{r_1 x} + C_2 e^{r_2 x}$
$r_1 = r_2$(重根)	$y = (C_1 + C_2 x) e^{r_1 x}$
$r_{1,2} = \alpha \pm i\beta$(复根)	$y = e^{\alpha x}(C_1 \cos \beta x + C_2 \sin \beta x)$

3. 二阶常系数非齐次线性方程的解法.

方程的形式:

$$y'' + py' + qy = f(x), \qquad \qquad ④$$

其中 p, q 为常数, $f(x) \neq 0$.

方程④的通解为

$$y = Y + y^*,$$

其中 Y 为方程④对应的齐次方程③的通解, y^* 是方程④的一个特解. 可以利用待定系数法求 y^*, y^* 的形式确定如表 12-2 所示.

表 12-2

$f(x)$ 的形式	条件	特解 y^* 的形式
$f(x) = e^{\lambda x} P_m(x)$	λ 不是特征根	$y^* = e^{\lambda x} Q_m(x)$
	λ 是特征根 (单根)	$y^* = x e^{\lambda x} Q_m(x)$
	λ 是特征根 (重根)	$y^* = x^2 e^{\lambda x} Q_m(x)$
$f(x) = e^{\lambda x}[P_l(x) \cos \omega x$ $+ P_n(x) \sin \omega x]$	$\lambda \pm i\omega$ 不是特征根	$y^* = e^{\lambda x}\Big[R_m^{(1)}(x) \cos \omega x$ $+ R_m^{(2)}(x) \sin \omega x\Big]$
	$\lambda \pm i\omega$ 是特征根	$y^* = x e^{\lambda x}\Big[R_m^{(1)}(x) \cos \omega x$ $+ R_m^{(2)}(x) \sin \omega x\Big]$

4. 二阶线性方程的另一种解法——常数变量法.

已知二阶齐次线性方程②的一个特解 $y_1(x)$.

设 $y_2(x) = \mu(x) y_1(x)$ 是方程②的另一个特解, 其中 $\mu(x)$ 是待定函数, 将 $y_2(x)$ 代入②可求出

$$\mu(x) = \int \left(\frac{1}{y_1^2} e^{\int p(x) dx} \right) dx,$$

于是, 方程②的通解为

$$Y = C_1 y_1(x) + C_2 y_2(x).$$

设 $y^* = \mu_1(x) y_1(x) + \mu_2(x) y_2(x)$ 是二阶非齐次线性方程①的一个特解, 其中 $\mu_1(x), \mu_2(x)$ 为待定函数, 将 y^* 代入得到方程组

$$\begin{cases} \mu_1' y_1 + \mu_2' y_2 = 0, \\ \mu_1' y_1' + \mu_2' y_2' = f(x), \end{cases}$$

解之, 得 μ_1', μ_2', 再积分得

$$\mu_1(x) = -\int \frac{y_2 f(x)}{y_1 y_2' - y_1' y_2} \mathrm{d}x, \quad \mu_2(x) = \int \frac{y_1 f(x)}{y_1 y_2' - y_1' y_2} \mathrm{d}x.$$

于是, 二阶非齐次线性方程①的特解

$$y^* = \left(-\int \frac{y_2 f(x)}{y_1 y_2' - y_1' y_2} \mathrm{d}x\right) y_1(x) + \left(\int \frac{y_1 f(x)}{y_1 y_2' - y_1' y_2} \mathrm{d}x\right) y_2(x).$$

从而方程①的通解为 $y = Y + y^*$.

二、 例题分析

例 1　求下列微分方程的通解:

(1) $y'' + y' - 6y = 0$;　　　　　　　　　　(2) $y'' - 6y' + 9y = 0$;

(3) $y'' - 2y' + 2y = 0$;　　　　　　　　　　(4) $y^{(5)} + 2y''' + y' = 0$.

解　(1) 特征方程为 $r^2 + r - 6 = 0$, 其根为 $r_1 = 2, r_2 = -3$. 因此, 方程的通解为 $y = C_1 \mathrm{e}^{2x} + C_2 \mathrm{e}^{-3x}$.

(2) 特征方程为 $r^2 - 6r + 9 = 0$, 其根为 $r_1 = r_2 = 3$. 因此, 方程的通解为 $y = (C_1 + C_2 x)\mathrm{e}^{3x}$.

(3) 特征方程为 $r^2 - 2r + 2 = 0$, 其根为 $r_1 = 1 + \mathrm{i}, r_2 = 1 - \mathrm{i}$. 因此, 方程的通解为 $y = \mathrm{e}^x(C_1 \cos x + C_2 \sin x)$.

(4) 特征方程为 $r^5 + 2r^3 + r = 0$, 其根为 $r_1 = 0, r_{2,3,4,5} = \pm\mathrm{i}$(二重根). 因此, 方程的通解为 $y = C_1 + (C_2 + C_3 x)\cos x + (C_4 + C_5 x)\sin x$.

例 2　求下列微分方程的通解:

(1) $y'' + y = (x - 2)\mathrm{e}^{3x}$;　　　　　　　　(2) $y'' + y' - 2y = \mathrm{e}^x$;

(3) $y'' - 3y' + 2y = \mathrm{e}^{-x}\cos x$;　　　　　(4) $y'' - 2y' + 5y = \mathrm{e}^x \sin 2x$.

解　(1) 特征方程为 $r^2 + 1 = 0$, 其根为 $r = \pm\mathrm{i}$, 所以原方程对应的齐次方程的通解为

$$Y = C_1 \cos x + C_2 \sin x.$$

因 $\lambda = 3$ 不是特征方程的根, 故设特解

$$y^* = (ax + b)\mathrm{e}^{3x}.$$

将 $y^*, y^{*'}, y^{*''}$ 代入原方程, 解得 $a = \dfrac{1}{10}, b = -\dfrac{13}{50}$. 所以

$$y^* = \left(\frac{1}{10}x - \frac{13}{50}\right)\mathrm{e}^{3x}.$$

从而原方程的通解为 $y = C_1 \cos x + C_2 \sin x + \left(\dfrac{1}{10} x - \dfrac{13}{50} \right) \mathrm{e}^{3x}$.

(2) 特征方程为 $r^2 + r - 2 = 0$, 其根为 $r_1 = -2, r_2 = 1$, 对应的齐次方程的通解

$$Y = C_1 \mathrm{e}^{-2x} + C_2 \mathrm{e}^x.$$

$\lambda = 1$ 是特征方程的单根, 故设特解

$$y^* = ax\mathrm{e}^x.$$

将 $y^*, y^{*\prime}, y^{*\prime\prime}$ 代入原方程, 解得 $a = \dfrac{1}{3}$. 所以

$$y^* = \frac{1}{3} x\mathrm{e}^x.$$

从而原方程的通解为 $y = C_1 \mathrm{e}^{-2x} + C_2 \mathrm{e}^x + \dfrac{1}{3} x\mathrm{e}^x$.

(3) 特征方程为 $r^2 - 3r + 2 = 0$, 其根为 $r_1 = 1, r_2 = 2$, 对应的齐次方程的通解为

$$Y = C_1 \mathrm{e}^x + C_2 \mathrm{e}^{2x}.$$

由于 $-1 + \mathrm{i}$ 不是特征方程的根, 故设特解

$$y^* = \mathrm{e}^{-x}(a \cos x + b \sin x).$$

将 $y^*, y^{*\prime}, y^{*\prime\prime}$ 代入原方程, 解得 $a = \dfrac{1}{10}, b = -\dfrac{1}{10}$. 所以

$$y^* = \frac{1}{10} \mathrm{e}^{-x}(\cos x - \sin x).$$

从而原方程的通解为 $y = C_1 \mathrm{e}^x + C_2 \mathrm{e}^{2x} + \dfrac{1}{10} \mathrm{e}^{-x}(\cos x - \sin x)$.

(4) 特征方程为 $r^2 - 2r + 5 = 0$, 其根为 $r_{1,2} = 1 \pm 2\mathrm{i}$. 对应的齐次方程的通解为

$$y = \mathrm{e}^x(C_1 \cos 2x + C_2 \sin 2x).$$

由于 $1 \pm 2\mathrm{i}$ 为特征根, 故设特解

$$y^* = x\mathrm{e}^x(a \cos 2x + b \sin 2x).$$

将 $y^*, y^{*\prime}, y^{*\prime\prime}$ 代入原方程, 解得 $a = -\dfrac{1}{4}, b = 0$. 所以

$$y^* = -\frac{x}{4} \mathrm{e}^x \cos 2x.$$

从而原方程的通解为 $y = \mathrm{e}^x(C_1\cos 2x + C_2\sin 2x) - \dfrac{x}{4}\mathrm{e}^x\cos 2x$.

例 3 求 $y'' + 4y = \dfrac{1}{2}(x + \cos 2x)$ 满足条件 $y(0) = y'(0) = 0$ 的特解.

解 特征方程为 $r^2 + 4 = 0$, 其根为 $r = \pm 2\mathrm{i}$, 对应的齐次方程的通解为

$$Y = C_1\cos 2x + C_2\sin 2x.$$

又

$$f(x) = \frac{1}{2}(x + \cos 2x) = f_1(x) + f_2(x).$$

其中 $f_1(x) = \dfrac{1}{2}x, f_2(x) = \dfrac{1}{2}\cos 2x$. 因此

设 $y_1^* = ax + b$, 将 $y_1^*, y_1^{*\prime}, y_1^{*\prime\prime}$ 代入方程

$$y'' + 4y = f_1(x),$$

解得 $a = \dfrac{1}{8}, b = 0$, 所以 $y_1^* = \dfrac{1}{8}x$.

设 $y_2^* = x(c\cos 2x + d\sin 2x)$, 将 $y_2^*, y_2^{*\prime}, y_2^{*\prime\prime}$ 代入方程

$$y'' + 4y = f_2(x),$$

解之得 $c = 0, d = \dfrac{1}{8}$, 所以 $y_2^* = \dfrac{1}{8}x\sin 2x$. 从而原方程的通解为

$$y = C_1\cos 2x + C_2\sin 2x + \frac{1}{8}x + \frac{1}{8}x\sin 2x.$$

将 $y(0) = y'(0) = 0$ 代入解得 $C_1 = 0, C_2 = -\dfrac{1}{16}$.

故满足初始条件的特解为 $y = -\dfrac{1}{16}\sin 2x + \dfrac{1}{8}x(1 + \sin 2x)$.

例 4 求方程 $f'(x) = f(1 - x)$ 的通解.

解 因 $f'(x)$ 存在, 又 $f'(x) = f(1 - x)$, 知 $f''(x)$ 存在, 且

$$f''(x) = -f'(1 - x),$$

又

$$f'(1 - x) = f[1 - (1 - x)] = f(x),$$

故有 $f''(x) + f(x) = 0$. 此方程的通解为

$$f(x) = C_1\cos x + C_2\sin x.$$

将其代入原方程, 得

$$-C_1 \sin x + C_2 \cos x = C_1 \cos(1-x) + C_2 \sin(1-x),$$

从而可求得 $C_2 = \dfrac{1 + \sin 1}{\cos 1} C_1$. 故所求的通解为

$$f(x) = C \left(\cos x + \frac{1 + \sin 1}{\cos 1} \sin x \right).$$

例 5 设已给二阶线性微分方程

$$y'' + p(x)y' + q(x)y = 0,$$

其中, $p(x)$ 为可微函数, $q(x)$ 为连续函数, 现通过变量替换 $y = u(x)z(x)$, 把上述方程化为以 $z(x)$ 为未知函数的方程 $z'' + R(x)z = 0$, 试确定 $u(x)$ 及 $R(x)$ 的数学表达式.

解 因为 $y = uz$, 所以

$$y' = u'z + uz', \quad y'' = u''z + 2u'z' + uz''.$$

把 y', y'' 表达式代入 $y'' + p(x)y' + q(x)y = 0$ 中, 并整理得

$$y'' + p(x)y' + q(x)y = uz'' + (2u' + pu)z' + (u'' + pu' + qu)z = 0.$$

令 $2u' + pu = 0$, 解得 $u = Ce^{-\int \frac{p(x)}{2} dx}$. 则

$$u' = -\frac{Cp(x)}{2}e^{-\int \frac{p(x)}{2} dx},$$

$$u'' = \frac{Cp^2(x)}{4}e^{-\int \frac{p(x)}{2} dx} - \frac{Cp'(x)}{2}e^{-\int \frac{p(x)}{2} dx}.$$

把 u, u', u'' 代入 $u'' + pu' + qu$ 中, 则

$$u'' + pu' + qu = C\left[-\frac{p'(x)}{2} - \frac{p^2(x)}{4} + q(x) \right] e^{-\int \frac{p(x)}{2} dx}.$$

于是, 原二阶微分方程化为

$$z''Ce^{-\int \frac{p(x)}{2} dx} + 0 \cdot z' + \left[-\frac{p'(x)}{2} - \frac{p^2(x)}{4} + q(x) \right] Ce^{-\int \frac{p(x)}{2} dx} = 0,$$

所以, 取

$$R(x) = q(x) - \frac{p'(x)}{2} - \frac{p^2(x)}{4}, \quad u(x) = Ce^{-\int \frac{p(x)}{2}dx},$$

则通过变量代换 $y = u(x)z(x)$, 即将原方程化为 $z'' + R(x)z = 0$.

例 6　求一曲线, 使其满足 $y''' - y'' - 2y' = 0$, 且过 $(0, -3)$ 点, 在该点处曲率为 0, 并有倾角为 $\arctan 6$ 的切线.

解　微分方程是常系数线性齐次方程, 其特征方程为 $r^3 - r^2 - 2r = 0$, 其根为 $r_1 = -1, r_2 = 2, r_3 = 0$. 故通解为

$$y = C_1e^{-x} + C_2e^{2x} + C_3.$$

因积分曲线过 $(0, -3)$ 点, 故

$$C_1 + C_2 + C_3 = -3. \tag{①}$$

又曲率为 0, 即 $\left|\dfrac{y''}{(1 + y'^2)^{3/2}}\right| = 0$, 所以 $y''|_{x=0} = 0$, 即

$$C_1 + 4C_2 = 0. \tag{②}$$

又 $y' = -C_1e^{-x} + 2C_2e^{2x}$, 由曲线在 $(0, -3)$ 处有倾角为 $\arctan 6$ 的切线, 得 $y'|_{x=0} = 6$, 即

$$-C_1 + 2C_2 = 6. \tag{③}$$

由①, ②, ③式得 $C_1 = -4, C_2 = 1, C_3 = 0$. 故所求曲线为

$$y = -4e^{-x} + e^{2x}.$$

例 7　求微分方程 $x^2y'' + xy' + y = x$ 的通解.

解　设 $x = e^t, t = \ln x$. 则

$$\frac{dy}{dx} = \frac{dy}{dt} \cdot \frac{1}{x}, \quad \frac{d^2y}{dx^2} = \left(\frac{d^2y}{dt^2} - \frac{dy}{dt}\right) \cdot \frac{1}{x^2},$$

代入原方程对应的齐次方程得

$$\frac{d^2y}{dt^2} + y = 0.$$

其特征方程为 $r^2 + 1 = 0$, 所以 $r_1 = i, r_2 = -i$. 故

$$y = C_1 \cos t + C_2 \sin t = C_1 \cos(\ln x) + C_2 \sin(\ln x).$$

设非齐次方程的特解为

$$y^* = Ae^t = Ax.$$

求出 $y^{*\prime}, y^{*\prime\prime}$ 代入原式, 得 $A = \dfrac{1}{2}$.

故原方程的通解为 $y = C_1 \cos(\ln x) + C_2 \sin(\ln x) + \dfrac{1}{2}x$.

例 8 设二阶连续可微的函数 $f(x)$, 满足 $f(1) = 1, f'(1) = 2$, 且使得曲线积分

$$\int_{\overset{\frown}{AB}} y\,[xf'(x) + f(x)]\,\mathrm{d}x - x^2 f'(x)\mathrm{d}y$$

与路径无关, 求函数 $f(x)$.

解 设 $P(x, y) = y\,[xf'(x) + f(x)], Q(x, y) = -x^2 f'(x)$, 由于曲线积分与路径无关, 故 $\dfrac{\partial P}{\partial y} = \dfrac{\partial Q}{\partial x}$, 而

$$\frac{\partial P}{\partial y} = xf'(x) + f(x), \quad \frac{\partial Q}{\partial x} = -2xf'(x) - x^2 f''(x),$$

故

$$xf'(x) + f(x) = -2xf'(x) - x^2 f''(x).$$

从而 $f(x)$ 满足初值问题

$$\begin{cases} x^2 f''(x) + 3xf'(x) + f(x) = 0, \\ f(1) = 1, \quad f'(1) = 2. \end{cases}$$

方程为欧拉方程, 求得通解 $y = \dfrac{1}{x}(C_1 + C_2 \ln x)$.

利用初值条件, 确定常数 C_1, C_2, 有 $C_1 = 1, C_2 = 3$. 即所求函数为

$$f(x) = \frac{1}{x}(1 + 3\ln x).$$

高等数学典型问题精讲

（竞赛篇）

赵　辉　孟桂芝　杜士晗　主编

科学出版社

北　京

内 容 简 介

　　本书采用精讲例题和精练习题相结合的方式, 帮助学生深入理解并掌握高等数学的基本概念、理论和方法. 内容覆盖高等数学的主要知识点, 结构清晰, 条理分明. 注重将理论知识与实际应用相结合, 以提升学生的数学素养和解决实际问题的能力.

　　本书分为教学篇、竞赛篇两册. 教学篇按照高等数学的章节安排, 侧重基础知识点的讲解和相应练习, 旨在激发学生的学习兴趣, 并帮助学生夯实和巩固基础知识. 竞赛篇以专题形式展开, 对高等数学综合性试题进行分析、解答, 注重数学抽象思维的呈现, 以提高学生综合分析和解决问题能力为目的, 竞赛篇还配有全国大学生数学竞赛试题以及模拟试题供学习者参考练习, 此外, 扫描二维码, 可查看习题精练与模拟试题解答.

　　本书可供高等学校理工类、经管类、农林类等各专业的学生学习使用, 也可作为全国大学生数学竞赛和全国硕士研究生考试的辅导用书.

图书在版编目(CIP)数据

高等数学典型问题精讲. 竞赛篇 / 赵辉, 孟桂芝, 杜士晗主编. -- 北京 : 科学出版社, 2025. 3. -- ISBN 978-7-03-081529-3

I. O13

中国国家版本馆 CIP 数据核字第 2025LP6749 号

责任编辑: 王　静　李　萍 / 责任校对: 杨聪敏
责任印制: 师艳茹 / 封面设计: 陈　敬

科 学 出 版 社 出版
北京东黄城根北街 16 号
邮政编码: 100717
http://www.sciencep.com
三河市骏杰印刷有限公司印刷
科学出版社发行　各地新华书店经销

*

2025 年 3 月第　一　版　开本: 720×1000　1/16
2025 年 3 月第一次印刷　印张: 46 1/2
字数: 937 000
定价: 169.00 元 (全 2 册)
(如有印装质量问题, 我社负责调换)

目　　录

第一部分　专 题 训 练

第二部分　历届预赛和决赛试题及答案

第三部分　模　拟　试　题

第一部分

专题训练

专题一　极限与连续

　　极限思想是近代数学的核心数学思想, 极限理论的主要研究内容是极限和连续. 微积分就是建立在极限理论的基础上, 分析和研究函数的性态及变化规律的重要数学分支. 在学习过程中, 要明晰常量和变量的本质区别, 真正理解一个动态量无限变化过程的含义, 对有限和无限的对立统一有深刻的认识.

1.1　内 容 提 要

一、极限的运算

　　1. 极限的四则运算法则

　　2. 两个重要极限

$$\lim_{x \to 0} \frac{\sin x}{x} = 1, \quad \lim_{x \to 0} (1 + x)^{\frac{1}{x}} = \mathrm{e}.$$

　　3. 等价无穷小

　　(1) **等价无穷小的代换**　给定因变量 γ 及两对等价无穷小 $\alpha \sim \alpha', \beta \sim \beta'$, 则

分式型代换: $\lim \dfrac{\alpha}{\beta} = \lim \dfrac{\alpha'}{\beta'}$;

乘积型代换: $\lim \alpha \gamma = \lim \alpha' \gamma$;

幂指型代换: $\lim (1 + \alpha)^{\frac{1}{\beta}} = \lim (1 + \alpha')^{\frac{1}{\beta'}}$.

注　以上各个等式两端的极限同时存在或不存在.

　　(2) **常用的等价无穷小**　当 $x \to 0$ 时,

$$\sin x \sim x, \quad \tan x \sim x, \quad \mathrm{e}^x - 1 \sim x, \quad \arcsin x \sim x, \quad \arctan x \sim x,$$

$$\ln(1 + x) \sim x, \quad 1 - \cos x \sim \frac{1}{2} x^2, \quad \sqrt[n]{1 + x} - 1 \sim \frac{1}{n} x.$$

　　4. 夹逼定理

　　设 α, β, γ 是自变量相同的三个因变量, 在自变量的同一变化趋势中满足 $\alpha \leqslant \gamma \leqslant \beta$, 且 $\lim \alpha = \lim \beta = A$, 则 $\lim \gamma = A$.

　　5. 单调有界原理

　　单调有界数列一定存在极限.

6. 洛必达法则

(1) $\dfrac{0}{0}$（或 $\dfrac{\infty}{\infty}$）**型不定式** 设函数 $f(x),g(x)$ 可导，其中 $g'(x)\neq 0$，且 $\lim f(x)$
$=\lim g(x)=0$(或 ∞)，若 $\lim\dfrac{f'(x)}{g'(x)}$ 存在 (或为 ∞)，则 $\lim\dfrac{f(x)}{g(x)}=\lim\dfrac{f'(x)}{g'(x)}$.

(2) $\dfrac{\infty}{\infty}$ **型不定式的推广** 设函数 $f(x),g(x)$ 可导，其中 $g'(x)\neq 0$，且 $\lim f(x)$
$=\lim g(x)=\infty$，若 $\lim\dfrac{f'(x)}{g'(x)}$ 存在 (或为 ∞)，则 $\lim\dfrac{f(x)}{g(x)}=\lim\dfrac{f'(x)}{g'(x)}$.

(3) $0\cdot\infty,\infty\pm\infty,0^0,\infty^0$ **都可转化为** $\dfrac{0}{0}$（或 $\dfrac{\infty}{\infty}$）**型** 设 α,β 都是自变量
x 的函数，则

(i) $0\cdot\infty$ 型的转化: 若 $\alpha\to 0,\beta\to\infty$，则 $\alpha\cdot\beta=\dfrac{\beta}{\dfrac{1}{\alpha}}$ 转化为 $\dfrac{\infty}{\infty}$ 型;

(ii) $\infty\pm\infty$ 型的转化: 若 $\alpha\to\infty,\beta\to\infty$，则 $\alpha\pm\beta=\dfrac{\dfrac{1}{\beta}\pm\dfrac{1}{\alpha}}{\dfrac{1}{\alpha\beta}}$ 转化为 $\dfrac{0}{0}$ 型;

(iii) $0^0,\infty^0$ 型的转化: 都可通过公式 $\alpha^\beta=e^{\beta\ln\alpha}$ 转化为 $\dfrac{0}{0}$（或 $\dfrac{\infty}{\infty}$）型.

7. 泰勒公式

泰勒中值定理 (拉格朗日型余项) 如果函数 $f(x)$ 在含有 x_0 的某个开区间
(a,b) 内具有直到 $n+1$ 阶导数，则对任一 $x\in(a,b)$，有泰勒公式

$$f(x)=f(x_0)+f'(x_0)(x-x_0)+\frac{f''(x_0)}{2!}(x-x_0)^2+\cdots+\frac{f^{(n)}(x_0)(x-x_0)^n}{n!}+R_n(x),$$

其中 $R_n(x)=\dfrac{f^{(n+1)}(\xi)}{(n+1)!}(x-x_0)^{n+1}$ 称为拉格朗日型余项，这里 ξ 是介于 x 与 x_0
之间的某个数.

8. 定积分的定义计算极限

设函数 $f(x)$ 定义在闭区间 $[a,b]$ 上，在区间 $[a,b]$ 上任意插入 $n-1$ 个分点
$a=x_0<x_1<x_2<\cdots<x_{n-1}<x_n=b$，将区间 $[a,b]$ 分割成 n 个小区间
$[x_{i-1},x_i],i=1,\cdots,n$，第 i 个小区间 $[x_{i-1},x_i]$ 的长度为 $\Delta x_i=x_i-x_{i-1},i=$
$1,\cdots,n$，任意选取 $\xi_i\in[x_{i-1},x_i]$，作乘积 $f(\xi_i)\Delta x_i(i=1,\cdots,n)$，并作和 $S=$

$\sum\limits_{i=1}^{n} f(\xi_i)\Delta x_i$, 记 $\lambda = \max\limits_{1\leqslant i\leqslant n}\{\Delta x_i\}$, 则定积分定义为

$$\int_a^b f(x)\mathrm{d}x = \lim_{\lambda\to 0}\sum_{i=1}^{n} f(\xi_i)\Delta x_i.$$

9. 柯西收敛准则

$\lim\limits_{n\to\infty} x_n = A \Leftrightarrow \forall\varepsilon > 0$, 存在正整数 N, 当 $m, n > N$, 有 $|x_m - x_n| < \varepsilon$.

注　(1) 柯西收敛准则证明数列收敛, 不需要知道数列的极限值;

(2) 柯西收敛准则给出了证明数列收敛的方法, 但没有给出求极限值的方法;

(3) 否定说法: 数列 $\{x_n\}$ 发散 $\Leftrightarrow$ 存在 $\varepsilon_0 > 0, \forall N > 0, \exists n_1, n_2 > N$, 使得 $|x_{n_1} - x_{n_2}| \geqslant \varepsilon_0$.

10. 施托尔茨 (Stolz) 定理

(1) 若 x_n, y_n 满足

① 对充分大的 n, $y_n < y_{n+1}$(n 充分大时, y_n 单调增加);

② $\lim\limits_{n\to\infty} y_n = +\infty$;

③ $\lim\limits_{n\to\infty}\dfrac{x_{n+1} - x_n}{y_{n+1} - y_n}$ 存在或为 ∞,

则 $\lim\limits_{n\to\infty}\dfrac{x_n}{y_n} = \lim\limits_{n\to\infty}\dfrac{x_{n+1} - x_n}{y_{n+1} - y_n}$.

(2) 若 x_n, y_n 满足

① 对充分大的 n, $y_n > y_{n+1}$(n 充分大时, y_n 单调减少);

② $\lim\limits_{n\to\infty} x_n = \lim\limits_{n\to\infty} y_n = 0$;

③ $\lim\limits_{n\to\infty}\dfrac{x_{n+1} - x_n}{y_{n+1} - y_n}$ 存在或为 ∞,

则 $\lim\limits_{n\to\infty}\dfrac{x_n}{y_n} = \lim\limits_{n\to\infty}\dfrac{x_{n+1} - x_n}{y_{n+1} - y_n}$.

11. 利用级数性质求极限

数项级数 $\sum\limits_{n=1}^{\infty} a_n$ 收敛, 则有 $\lim\limits_{n\to\infty} a_n = 0$.

12. 压缩原理

若数列 $\{x_n\}$ 满足 $|x_{n+1} - x_n| \leqslant r|x_n - x_{n-1}|$, 其中 $0 < r < 1$ 为常数, 则数列 $\{x_n\}$ 一定收敛.

二、函数连续性

1. 一元函数连续的概念

(1) 设 $f(x)$ 在点 x_0 的某邻域内有定义, 增量 $\Delta y = f(x_0 + \Delta x) - f(x_0)$, 如果 $\lim\limits_{\Delta x \to 0} \Delta y = 0$, 则称 $f(x)$ 在点 x_0 连续;

(2) $f(x)$ 在点 x_0 连续 $\Leftrightarrow \lim\limits_{x \to x_0} f(x) = f(x_0)$;

(3) $f(x)$ 在点 x_0 连续 $\Leftrightarrow f(x)$ 在点 x_0 左连续 $\left(\lim\limits_{x \to x_0^-} f(x) = f(x_0) \right)$ 且右连续 $\left(\lim\limits_{x \to x_0^+} f(x) = f(x_0) \right)$.

2. 间断点

若 $f(x)$ 在点 x_0 不连续, 称 x_0 为 $f(x)$ 的间断点.

第一类间断点　左右极限都存在.

第二类间断点　左右极限至少有一个不存在.

注　可去间断点和跳跃间断点统称为第一类间断点.

3. 闭区间连续函数的性质

(1) **有界性**　有界闭区间上的连续函数一定有界.

(2) **最值定理**　有界闭区间上的连续函数一定存在最大值和最小值.

(3) **介值定理**　介于 $f(x)$ 在闭区间 $[a,b]$ 上最大值 M 和最小值 m 之间的一切数值 c, 至少存在一点 $\xi \in (a,b)$, 使得 $f(\xi) = c$.

(4) **零点定理**　若 $f(a)f(b) < 0$, 则至少存在一点 $\xi \in (a,b)$, 使得 $f(\xi) = 0$.

1.2　例 题 精 讲

例 1　设 $\{a_n\}$ 为实数列, 若 $\lim\limits_{n \to \infty} a_n = a$, 求证 $\lim\limits_{n \to \infty} \dfrac{a_1 + a_2 + \cdots + a_n}{n} = a$.

证明　由于 $\lim\limits_{n \to \infty} (a_n - a) = 0$, 故存在 $M > 0$, 则 $|a_n - a| \leqslant M$.

任给 $\varepsilon > 0$, 由于 $\lim\limits_{n \to \infty} a_n = a$, 存在正整数 N, 当 $n \geqslant N$ 时, 有

$$|a_n - a| \leqslant \frac{\varepsilon}{2}.$$

于是

$$\left| \frac{a_1 + a_2 + \cdots + a_n}{n} - a \right| = \frac{|a_1 - a + a_2 - a + \cdots + a_n - a|}{n}$$

$$\leqslant \frac{|a_1 - a + a_2 - a + \cdots + a_N - a|}{n} + \frac{|a_{N+1} - a + a_{N+2} - a + \cdots + a_n - a|}{n}$$

$$\leqslant \frac{MN}{n} + \frac{n-N}{n} \cdot \frac{\varepsilon}{2} < \varepsilon,$$

即 $\lim\limits_{n\to\infty} \dfrac{a_1 + a_2 + \cdots + a_n}{n} = a.$

例 2 设 $\{a_n\}$ 为实数列, $\lim\limits_{n\to\infty} a_n = a(a \text{ 有限})$, 求证: $\lim\limits_{n\to\infty} \dfrac{a_1 + 2a_2 + \cdots + na_n}{n^2} = \dfrac{a}{2}.$

证明 由于 $\lim\limits_{n\to\infty}(a_n - a) = 0$, 存在 $M > 0$, 则 $|a_n - a| \leqslant M$. 任给 $\varepsilon > 0$, 存在正整数 N, 当 $n > N$ 时, 有

$$|a_n - a| < \frac{\varepsilon}{2}.$$

于是

$$\left| \frac{a_1 + 2a_2 + \cdots + na_n}{n^2} - \frac{a}{2} \right| = \left| \frac{a_1 + 2a_2 + \cdots + na_n - \dfrac{n(n+1)a}{2} + \dfrac{n}{2}a}{n^2} \right|$$

$$\leqslant \frac{|a_1 - a| + 2|a_2 - a| + \cdots + n|a_n - a|}{n^2} + \frac{1}{2n}a$$

$$= \frac{|a_1 - a| + 2|a_2 - a| + \cdots + N|a_N - a|}{n^2}$$

$$+ \frac{(N+1)|a_{N+1} - a| + \cdots + n|a_n - a|}{n^2} + \frac{1}{2n}a$$

$$\leqslant \frac{1 + 2 + \cdots + N}{n^2}M + \frac{\varepsilon}{2} + \frac{1}{2n}a$$

$$\leqslant \left(\frac{N}{n}\right)^2 M + \frac{\varepsilon}{2} + \frac{1}{2n}a < \varepsilon,$$

即 $\lim\limits_{n\to\infty} \dfrac{a_1 + 2a_2 + \cdots + na_n}{n^2} = \dfrac{a}{2}.$

例 3 设 $a_n = \cos\dfrac{\theta}{2}\cos\dfrac{\theta}{2^2}\cdots\cos\dfrac{\theta}{2^n}$, 求 $\lim\limits_{n\to\infty} a_n.$

解 若 $\theta = 0$, 则 $\lim\limits_{n\to\infty} a_n = 1.$ 若 $\theta \neq 0$, 当 n 足够大时, $\sin\dfrac{\theta}{2^n} \neq 0$, 于是

$$a_n = \cos\frac{\theta}{2}\cos\frac{\theta}{2^2}\cdots\cos\frac{\theta}{2^n}\sin\frac{\theta}{2^n} \cdot \frac{1}{\sin\dfrac{\theta}{2^n}}$$

$$= \cos\frac{\theta}{2}\cos\frac{\theta}{2^2}\cdots\cos\frac{\theta}{2^{n-1}}\cdot\frac{1}{2}\sin\frac{\theta}{2^{n-1}}\cdot\frac{1}{\sin\dfrac{\theta}{2^n}}$$

$$= \cos\frac{\theta}{2}\cos\frac{\theta}{2^2}\cdots\cos\frac{\theta}{2^{n-2}}\cdot\frac{1}{2^2}\sin\frac{\theta}{2^{n-2}}\cdot\frac{1}{\sin\dfrac{\theta}{2^n}}$$

$$= \cos\frac{\theta}{2}\cos\frac{\theta}{2^2}\cdots\cos\frac{\theta}{2^{n-3}}\cdot\frac{1}{2^3}\sin\frac{\theta}{2^{n-3}}\cdot\frac{1}{\sin\dfrac{\theta}{2^n}}$$

$$= \frac{1}{2^n}\sin\theta\cdot\frac{1}{\sin\dfrac{\theta}{2^n}} = \frac{\sin\theta}{2^n\sin\dfrac{\theta}{2^n}},$$

则 $\displaystyle\lim_{n\to\infty}a_n = \lim_{n\to\infty}\frac{\sin\theta}{2^n\sin\dfrac{\theta}{2^n}} = \frac{\sin\theta}{\theta}$.

例 4 求极限 $\displaystyle\lim_{n\to\infty}(n!)^{\frac{1}{n^2}}$.

解 $\displaystyle\lim_{n\to\infty}(n!)^{\frac{1}{n^2}} = \lim_{n\to\infty}\mathrm{e}^{\frac{1}{n^2}\ln(n!)}$.

由于

$$0\leqslant\frac{1}{n^2}\ln(n!) = \frac{1}{n^2}\left(\ln 1 + \ln 2 + \cdots + \ln n\right)\leqslant\frac{\ln n}{n}$$

及 $\displaystyle\lim_{n\to\infty}\frac{\ln n}{n} = 0$, 则 $\displaystyle\lim_{n\to\infty}\frac{1}{n^2}\ln(n!) = 0$. 故 $\displaystyle\lim_{n\to\infty}(n!)^{\frac{1}{n^2}} = 1$.

例 5 求极限 $\displaystyle\lim_{x\to+\infty}\sqrt[3]{x}\int_x^{x+1}\frac{\sin t}{\sqrt{t+\cos t}}\mathrm{d}t$.

解 当 $1 < x\leqslant t\leqslant x+1$ 时, $0\leqslant\dfrac{\sin t}{\sqrt{t+\cos t}}\leqslant\dfrac{1}{\sqrt{x-1}}$, 则

$$0\leqslant\sqrt[3]{x}\int_x^{x+1}\frac{\sin t}{\sqrt{t+\cos t}}\mathrm{d}t\leqslant\sqrt[3]{x}\int_x^{x+1}\frac{1}{\sqrt{x-1}}\mathrm{d}t = \frac{\sqrt[3]{x}}{\sqrt{x-1}}\to 0\quad(x\to+\infty),$$

于是 $\displaystyle\lim_{x\to+\infty}\sqrt[3]{x}\int_x^{x+1}\frac{\sin t}{\sqrt{t+\cos t}}\mathrm{d}t = 0$.

例 6 求极限 $\displaystyle\lim_{x\to 0}\frac{(1+x)^{\frac{2}{x}} - \mathrm{e}^2(1 - \ln(1+x))}{x}$.

解 因为

$$\lim_{x\to 0}\frac{(1+x)^{\frac{2}{x}} - \mathrm{e}^2(1 - \ln(1+x))}{x} = \lim_{x\to 0}\frac{\mathrm{e}^{\frac{2}{x}\ln(1+x)} - \mathrm{e}^2(1 - \ln(1+x))}{x}$$

$$= \lim_{x \to 0} \left[\frac{e^{\frac{2}{x} \ln(1+x)} - e^2}{x} + \frac{e^2 \ln(1+x)}{x} \right],$$

又 $\lim\limits_{x \to 0} \dfrac{e^2 \ln(1+x)}{x} = e^2$ 及

$$\lim_{x \to 0} \frac{e^{\frac{2}{x} \ln(1+x)} - e^2}{x} = e^2 \lim_{x \to 0} \frac{e^{\frac{2}{x} \ln(1+x) - 2} - 1}{x} = e^2 \lim_{x \to 0} \frac{\frac{2}{x} \ln(1+x) - 2}{x}$$

$$= 2e^2 \lim_{x \to 0} \frac{\ln(1+x) - x}{x^2} = 2e^2 \lim_{x \to 0} \frac{\frac{1}{1+x} - 1}{2x} = -e^2,$$

故 $\lim\limits_{x \to 0} \dfrac{(1+x)^{\frac{2}{x}} - e^2(1 - \ln(1+x))}{x} = 0.$

例 7 已知 $\lim\limits_{x \to 0} \left(1 + x + \dfrac{f(x)}{x} \right)^{\frac{1}{x}} = e^3$, 求 $\lim\limits_{x \to 0} \dfrac{f(x)}{x^2}$.

解 已知 $\lim\limits_{x \to 0} \left(1 + x + \dfrac{f(x)}{x} \right)^{\frac{1}{x}} = e^3$, 得 $\lim\limits_{x \to 0} \dfrac{1}{x} \ln \left(1 + x + \dfrac{f(x)}{x} \right) = 3$, 则

$$\frac{1}{x} \ln \left(1 + x + \frac{f(x)}{x} \right) = 3 + \alpha,$$

其中 $\lim\limits_{x \to 0} \alpha = 0$, 即

$$1 + x + \frac{f(x)}{x} = e^{3x + \alpha x}, \quad \frac{f(x)}{x} = e^{3x + \alpha x} - x - 1, \quad \frac{f(x)}{x^2} = \frac{e^{3x + \alpha x} - 1}{x} - 1,$$

于是

$$\lim_{x \to 0} \frac{f(x)}{x^2} = \lim_{x \to 0} \frac{e^{3x + \alpha x} - 1}{x} - 1 = \lim_{x \to 0} \frac{3x + \alpha x}{x} - 1 = 2.$$

例 8 求极限 $\lim\limits_{n \to \infty} \left(1 + \sin \pi \sqrt{1 + 4n^2} \right)^n$.

解 因为

$$\sin \pi \sqrt{1 + 4n^2} = \sin \pi \left(\sqrt{1 + 4n^2} - 2n \right)$$

$$= \sin \frac{\pi}{\sqrt{1 + 4n^2} + 2n} \to 0 \quad (n \to \infty),$$

所以

$$\lim_{n \to \infty} \left(1 + \sin \pi \sqrt{1 + 4n^2} \right)^n = \lim_{n \to \infty} \left(1 + \sin \frac{\pi}{\sqrt{1 + 4n^2} + 2n} \right)^n$$

$$= \lim_{n \to \infty} \left(1 + \sin \frac{\pi}{\sqrt{1+4n^2}+2n}\right)^{\frac{1}{\sin \frac{\pi}{\sqrt{1+4n^2}+2n}} \cdot \sin \frac{\pi}{\sqrt{1+4n^2}+2n} \cdot n} = e^{\frac{\pi}{4}}.$$

例 9 求极限 $\displaystyle\lim_{x \to 0} \frac{x^2 e^{2x} + \ln(1-x^2)}{x \cos x - \sin x}$.

解 由泰勒公式可知, 当 $x \to 0$ 时, 有

$$e^{2x} = 1 + 2x + 2x^2 + o\left(x^2\right), \quad \ln\left(1-x^2\right) = -x^2 - \frac{x^4}{2} + o\left(x^4\right),$$

$$\cos x = 1 - \frac{x^2}{2} + o\left(x^3\right), \quad \sin x = x - \frac{x^3}{6} + o\left(x^4\right).$$

代入原极限式可得

$$\lim_{x \to 0} \frac{x^2 e^{2x} + \ln(1-x^2)}{x \cos x - \sin x} = \lim_{x \to 0} \frac{x^2\left[1 + 2x + 2x^2 + o\left(x^2\right)\right] - x^2 - \dfrac{x^4}{2} + o\left(x^4\right)}{x\left[1 - \dfrac{x^2}{2} + o\left(x^3\right)\right] - x + \dfrac{x^3}{6} + o\left(x^4\right)}$$

$$= \lim_{x \to 0} \frac{2x^3 + \dfrac{3}{2}x^4 + o\left(x^4\right)}{-\dfrac{1}{3}x^3 + o\left(x^4\right)} = -6.$$

例 10 设 $x_{n+1} = \dfrac{1}{2}\left(x_n + \dfrac{k}{x_n}\right), k > 0, x_1 > 0, n = 1, 2, \cdots$, 证明 $\displaystyle\lim_{n \to \infty} x_n$ 存在, 并求之.

证明 (1) 先证有界性. $x_n > 0, n = 1, 2, \cdots$,

$$x_{n+1} \geqslant \frac{1}{2} \cdot 2\sqrt{x_n \cdot \frac{k}{x_n}} = \sqrt{k} \quad (n = 1, 2, \cdots).$$

(2) 再证单调性. 又

$$x_{n+1} = \frac{1}{2}\left(x_n + \frac{k}{x_n}\right) \leqslant \frac{1}{2}(x_n + \sqrt{k}) \leqslant \frac{1}{2}(x_n + x_n) = x_n,$$

即 x_n 单调递减, 故 $\displaystyle\lim_{n \to \infty} x_n$ 存在.

令 $\displaystyle\lim_{n \to \infty} x_n = A$, 则 $A = \dfrac{1}{2}\left(A + \dfrac{k}{A}\right) (A \geqslant 0)$, 得到 $A = \sqrt{k}$.

例 11 证明 $\displaystyle\lim_{n \to \infty} \left\{\sum_{k=2}^{n} \frac{1}{k \ln k} - \ln(\ln n)\right\}$ 存在.

证明 令 $f(x) = \dfrac{1}{x \ln x}$, 易知 $f(x)$ 在 $[2, +\infty)$ 上非负、单调减少, 则

$$\int_k^{k+1} f(x)\mathrm{d}x \leqslant f(k),$$

即

$$\int_k^{k+1} \frac{1}{x\ln x}\mathrm{d}x \leqslant f(k), \quad \ln(\ln(k+1)) - \ln(\ln k) \leqslant \frac{1}{k\ln k}.$$

于是

$$\ln(\ln n) - \ln(\ln 2) \leqslant \sum_{k=2}^{n-1} \frac{1}{k\ln k} \leqslant \sum_{k=2}^{n} \frac{1}{k\ln k}.$$

令

$$u_n = \sum_{k=2}^{n} \frac{1}{k\ln k} - \ln(\ln n) = \sum_{k=2}^{n} f(k) - \ln(\ln n) \geqslant -\ln(\ln 2),$$

$$u_{n+1} - u_n = f(n+1) - \int_n^{n+1} f(x)\mathrm{d}x \leqslant 0,$$

则 u_n 单调下降、有界, 故 $\lim\limits_{n\to\infty} u_n$ 存在.

例 12 设 $x_1 = 2, x_2 = 2 + \dfrac{1}{x_1}, \cdots, x_{n+1} = 2 + \dfrac{1}{x_n}$, 证明 $\lim\limits_{n\to\infty} x_n$ 存在, 并求之.

证明 显然 $x_n > 2$,

$$x_{n+1} - x_n = \left(2 + \frac{1}{x_n}\right) - \left(2 + \frac{1}{x_{n-1}}\right) = \frac{1}{x_n} - \frac{1}{x_{n-1}} = \frac{x_{n-1} - x_n}{x_n x_{n-1}},$$

则

$$|x_{n+1} - x_n| < \frac{1}{4}|x_n - x_{n-1}|,$$

由压缩原理, 数列 $\{x_n\}$ 一定收敛. 设 $\lim\limits_{n\to\infty} x_n = A$ 且 $A = 2 + \dfrac{1}{A}$, 得 $A_1 = 1 - \sqrt{2}$(不合题意, 舍去), $A_2 = 1 + \sqrt{2}$.

例 13 设 $a_k > 0 (k = 1, 2, \cdots)$, 且 $\lim\limits_{\substack{m\to\infty \\ n\to\infty}} \dfrac{a_m}{a_n} = 1$, 求证: $\lim\limits_{n\to\infty} a_n$ 存在.

证明 (1) 先证 a_n 有界. 由 $\lim\limits_{\substack{m\to\infty \\ n\to\infty}} \dfrac{a_m}{a_n} = 1$ 知: 存在正整数 N, 当时 $m \geqslant N$ 时, $\left|\dfrac{a_m}{a_N} - 1\right| < 1$. 故 $\left|\dfrac{a_m}{a_N}\right| < 2$, 于是对任意 m, 有

$$|a_m| \leqslant \max\{|a_1|, |a_2|, \cdots, |a_N|, 2|a_N|\},$$

即 a_n 有界.

设 $|a_n| \leqslant M(n = 1, 2, \cdots)$. 对于任给 $\varepsilon > 0$, 由于 $\lim\limits_{\substack{m \to \infty \\ n \to \infty}} \dfrac{a_m}{a_n} = 1$, 则存在 $N_1 > 0$, 当 $n \geqslant N_1, m > N_1$ 时, 有

$$\left| \frac{a_m}{a_n} - 1 \right| < \frac{\varepsilon}{M}.$$

于是 $\left| \dfrac{a_m - a_n}{a_n} \right| < \dfrac{\varepsilon}{M}$, 由于 $|a_n| \leqslant M$, 则

$$|a_m - a_n| < \frac{|a_n| \varepsilon}{M} \leqslant \varepsilon.$$

由柯西收敛准则知: $\lim\limits_{n \to \infty} a_n$ 存在.

例 14 求 $\lim\limits_{n \to \infty} \dfrac{\sqrt{1} + \sqrt{2} + \cdots + \sqrt{n}}{\sqrt{n+1} + \sqrt{n+2} + \cdots + \sqrt{n+n}}$.

注 本题也可利用施托尔茨定理来求解.

解法 1 记 $x_n = \sqrt{1} + \sqrt{2} + \cdots + \sqrt{n}, y_n = \sqrt{n+1} + \sqrt{n+2} + \cdots + \sqrt{n+n}$, 则 y_n 单调递增, 且 $\lim\limits_{n \to \infty} y_n = +\infty$. 于是

$$\lim_{n \to \infty} \frac{\sqrt{1} + \sqrt{2} + \cdots + \sqrt{n}}{\sqrt{n+1} + \sqrt{n+2} + \cdots + \sqrt{n+n}} = \lim_{n \to \infty} \frac{x_n}{y_n} = \lim_{n \to \infty} \frac{x_{n+1} - x_n}{y_{n+1} - y_n}$$

$$= \frac{\sqrt{n+1}}{\sqrt{2n+1} + \sqrt{2n+2} - \sqrt{n+1}} = \frac{1}{2\sqrt{2} - 1}.$$

解法 2 $\lim\limits_{n \to \infty} \dfrac{\sqrt{1} + \sqrt{2} + \cdots + \sqrt{n}}{\sqrt{n+1} + \sqrt{n+2} + \cdots + \sqrt{n+n}}$

$$= \lim_{n \to \infty} \frac{\sqrt{\dfrac{1}{n}} + \sqrt{\dfrac{2}{n}} + \cdots + \sqrt{\dfrac{n}{n}}}{\sqrt{1 + \dfrac{1}{n}} + \sqrt{2 + \dfrac{1}{n}} + \cdots + \sqrt{1 + \dfrac{1}{n}}}$$

$$= \lim_{n \to \infty} \frac{\dfrac{1}{n}\left(\sqrt{\dfrac{1}{n}} + \sqrt{\dfrac{2}{n}} + \cdots + \sqrt{\dfrac{n}{n}} \right)}{\dfrac{1}{n}\left(\sqrt{1 + \dfrac{1}{n}} + \sqrt{2 + \dfrac{1}{n}} + \cdots + \sqrt{1 + \dfrac{1}{n}} \right)},$$

注意到

$$\lim_{n \to \infty} \frac{1}{n}\left(\sqrt{\frac{1}{n}} + \sqrt{\frac{2}{n}} + \cdots + \sqrt{\frac{n}{n}} \right) = \lim_{n \to \infty} \sum_{i=1}^{n} \sqrt{\frac{i}{n}} \cdot \frac{1}{n} = \int_0^1 \sqrt{x}\mathrm{d}x = \frac{2}{3},$$

$$\lim_{n\to\infty} \frac{1}{n}\left(\sqrt{1+\frac{1}{n}}+\sqrt{2+\frac{1}{n}}+\cdots+\sqrt{1+\frac{1}{n}}\right) = \int_0^1 \sqrt{1+x}\,\mathrm{d}x = \frac{2}{3}(2\sqrt{2}-1),$$

故 $\displaystyle\lim_{n\to\infty} \frac{\sqrt{1}+\sqrt{2}+\cdots+\sqrt{n}}{\sqrt{n+1}+\sqrt{n+2}+\cdots+\sqrt{n+n}} = \frac{1}{2\sqrt{2}-1}.$

例 15 求极限 $\displaystyle\lim_{n\to\infty} \frac{2^k+4^k+\cdots+(2n)^k}{n^{k+1}}$，其中 k 为正整数.

解 记 $x_n = 2^k+4^k+\cdots+(2n)^k, y_n = n^{k+1}$，则满足施托尔茨定理条件，故

$$\lim_{n\to\infty} \frac{x_n}{y_n} = \lim_{n\to\infty} \frac{x_{n+1}-x_n}{y_{n+1}-y_n} = \lim_{n\to\infty} \frac{(2n+2)^k}{(n+1)^{k+1}-n^{k+1}}$$

$$= \lim_{n\to\infty} \frac{2^k(n+1)^k}{(k+1)n^k+\dfrac{k(k+1)}{2}n^{k-1}+\cdots+(k+1)n+1} = \frac{2^k}{k+1},$$

所以 $\displaystyle\lim_{n\to\infty} \frac{2^k+4^k+\cdots+(2n)^k}{n^{k+1}} = \frac{2^k}{k+1}.$

施托尔茨定理是解决 $\dfrac{\infty}{\infty}$ 型数列极限的有力工具，它的作用类似于求 $\dfrac{\infty}{\infty}$ 型函数极限的洛必达法则. 定理的证明可查阅菲赫金哥尔茨的《微积分学教程》第一卷第一分册.

注 施托尔茨 (O. Stolz, 1842—1905)，德国数学家，在实数和实变函数论等方面都有建树. 他在 1886 年出版的《一般算术教程》中证明了每个无理数都可以表示成无限不循环小数，并以此定义无理数. 所谓施托尔茨定理的普遍形式是他给出的. 但当 $y_n = n$ 时的特殊情形，柯西已经知道了.

例 16 设 $a_n > 0 (n = 1, 2, \cdots)$，且 $\displaystyle\lim_{n\to\infty} a_n = a > 0$，求极限 $\displaystyle\lim_{n\to\infty} \sqrt[n]{a_1 a_2 \cdots a_n}$.

解 已知

$$\sqrt[n]{a_1 a_2 \cdots a_n} = \mathrm{e}^{\frac{1}{n}(\ln a_1 + \ln a_2 + \cdots + \ln a_n)}.$$

记 $x_n = \ln a_1 + \ln a_2 + \cdots + \ln a_n, y_n = n$，则 $\displaystyle\lim_{n\to\infty} y_n = +\infty$. 于是，由施托尔茨定理得

$$\lim_{n\to\infty} \frac{\ln a_1 + \ln a_2 + \cdots + \ln a_n}{n} = \lim_{n\to\infty} \frac{x_n}{y_n} = \lim_{n\to\infty} \frac{x_{n+1}-x_n}{y_{n+1}-y_n} = \lim_{n\to\infty} \ln a_{n+1} = \ln a.$$

于是，

$$\lim_{n\to\infty} \sqrt[n]{a_1 a_2 \cdots a_n} = \lim_{n\to\infty} \mathrm{e}^{\frac{1}{n}(\ln a_1 + \ln a_2 + \cdots + \ln a_n)}$$

$$= \mathrm{e}^{\lim\limits_{n\to\infty} \frac{1}{n}(\ln a_1 + \ln a_2 + \cdots + \ln a_n)} = \mathrm{e}^{\ln a} = a.$$

例 17 计算极限 $\lim\limits_{n\to\infty} \dfrac{1}{\sqrt{n^2+1}} + \dfrac{1}{\sqrt{n^2+2^2}} + \cdots + \dfrac{1}{\sqrt{n^2+n^2}}$.

解 由于

$$\lim_{n\to\infty} \frac{1}{\sqrt{n^2+1}} + \frac{1}{\sqrt{n^2+2^2}} + \cdots + \frac{1}{\sqrt{n^2+n^2}}$$

$$= \lim_{n\to\infty} \frac{1}{n}\left(\frac{1}{\sqrt{1+\dfrac{1}{n^2}}} + \frac{1}{\sqrt{1+\dfrac{2^2}{n^2}}} + \cdots + \frac{1}{\sqrt{1+\dfrac{n^2}{n^2}}} \right)$$

$$= \lim_{n\to\infty} \sum_{k=1}^{n} \frac{1}{\sqrt{1+(k/n)^2}} \cdot \frac{1}{n},$$

记 $x_k = \dfrac{k}{n}$, $\Delta x_k = \dfrac{1}{n}$, 且 $x_0 = 0$, $x_n = 1$, $f(x) = \dfrac{1}{\sqrt{1+x^2}}$, 则

$$原式 = \lim_{n\to\infty} \sum_{k=1}^{n} \frac{1}{\sqrt{1+x_k^2}} \Delta x_k = \lim_{n\to\infty} \sum_{k=1}^{n} f(x_k)\Delta x_k$$

$$= \int_0^1 f(x)\mathrm{d}x = \int_0^1 \frac{1}{\sqrt{1+x^2}}\mathrm{d}x = \ln\left(1+\sqrt{2}\right).$$

注 将区间 $[a,b]$ 进行 n 等分, $x_k = a + k \cdot \dfrac{b-a}{n}$, $\Delta x_k = \dfrac{b-a}{n}$, 则

$$\int_a^b f(x)\mathrm{d}x = \lim_{n\to\infty} \sum_{k=1}^{n} f(x_k)\Delta x_k$$

或

$$\int_a^b f(x)\mathrm{d}x = \lim_{n\to\infty} \sum_{k=1}^{n} f(x_{k-1})\Delta x_k = \lim_{n\to\infty} \sum_{k=1}^{n} f(\xi_k)\Delta x_k \quad (x_{k-1} \leqslant \xi_k \leqslant x_k).$$

注意到: $a = x_0$, $b = x_n$.

特别地, $\displaystyle\int_0^1 f(x)\mathrm{d}x = \lim_{n\to\infty} \sum_{k=1}^{n} f(x_k)\Delta x_k = \lim_{n\to\infty} \sum_{k=1}^{n} f\left(\frac{k}{n}\right) \cdot \frac{1}{n}$.

例 18 计算极限 $\lim\limits_{n\to\infty} \dfrac{1}{n}\left[\sin a + \sin\left(a+\dfrac{b}{n}\right) + \cdots + \sin\left(a+\dfrac{n-1}{n}b\right) \right]$.

分析 $\lim\limits_{n\to\infty}\dfrac{1}{n}\left[\sin a+\sin\left(a+\dfrac{b}{n}\right)+\cdots+\sin\left(a+\dfrac{n-1}{n}b\right)\right]$

$$=\lim_{n\to\infty}\frac{1}{n}\sum_{k=1}^{n}\sin\left(a+\frac{k-1}{n}b\right).$$

解法 1 记 $x_k=a+\dfrac{k}{n}b,\ \Delta x_k=\dfrac{b}{n}$，且 $x_0=a,\ x_n=a+b,\ f(x)=\sin x$，则

原式 $=\lim\limits_{n\to\infty}\sum\limits_{k=1}^{n}\sin x_{k-1}\cdot\dfrac{1}{n}=\dfrac{1}{b}\lim\limits_{n\to\infty}\sum\limits_{k=1}^{n}\sin x_{k-1}\cdot\dfrac{b}{n}=\dfrac{1}{b}\lim\limits_{n\to\infty}\sum\limits_{k=1}^{n}\sin x_{k-1}\Delta x_k$

$$=\frac{1}{b}\int_{a}^{a+b}\sin x\mathrm{d}x=\frac{1}{b}\left[\cos a-\cos(a+b)\right].$$

解法 2 记 $x_k=\dfrac{k}{n},\ \Delta x_k=\dfrac{1}{n}$，且 $x_0=0,\ x_n=1,\ f(x)=\sin(a+bx)$，则

原式 $=\lim\limits_{n\to\infty}\sum\limits_{k=1}^{n}\sin(a+x_{k-1}b)\cdot\dfrac{1}{n}=\lim\limits_{n\to\infty}\sum\limits_{k=1}^{n}\sin(a+x_{k-1}b)\cdot\Delta x_k$

$$=\int_{0}^{1}\sin\left(a+bx\right)\mathrm{d}x=\frac{1}{b}\left[\cos a-\cos(a+b)\right].$$

解法 3 记 $x_k=\dfrac{k}{n}b,\ \Delta x_k=\dfrac{b}{n}$，且 $x_0=0,\ x_n=b,\ f(x)=\sin(a+x)$，则

原式 $=\lim\limits_{n\to\infty}\sum\limits_{k=1}^{n}\sin\left(a+x_{k-1}\right)\cdot\dfrac{1}{n}=\dfrac{1}{b}\lim\limits_{n\to\infty}\sum\limits_{k=1}^{n}\sin\left(a+x_{k-1}\right)\cdot\dfrac{b}{n}$

$$=\frac{1}{b}\lim_{n\to\infty}\sum_{k=1}^{n}\sin\left(a+x_{k-1}\right)\Delta x_k$$

$$=\frac{1}{b}\int_{0}^{b}\sin\left(a+x\right)\mathrm{d}x=\frac{1}{b}\left[\cos a-\cos(a+b)\right].$$

例 19 计算极限 $\lim\limits_{n\to\infty}\left(\dfrac{1}{4n+1}+\dfrac{1}{4n+2}+\cdots+\dfrac{1}{4n+2n}\right)$.

解 由于

$$\lim_{n\to\infty}\left(\frac{1}{4n+1}+\frac{1}{4n+2}+\cdots+\frac{1}{4n+2n}\right)$$

$$=\lim_{n\to\infty}\frac{1}{n}\left(\frac{1}{4+\dfrac{1}{n}}+\frac{1}{4+\dfrac{2}{n}}+\cdots+\frac{1}{4+\dfrac{2n}{n}}\right)$$

$$= \lim_{n \to \infty} \sum_{k=1}^{2n} \frac{1}{4 + \dfrac{k}{n}} \cdot \frac{1}{n},$$

记 $x_k = \dfrac{k}{n}$, $\Delta x_k = \dfrac{1}{n}$, 且 $x_0 = 0$, $x_{2n} = 2$, $f(x) = \dfrac{1}{4 + x}$, 则

$$原式 = \lim_{n \to \infty} \sum_{k=1}^{2n} \frac{1}{4 + x_k} \Delta x_k = \lim_{n \to \infty} \sum_{k=1}^{2n} f(x_k) \Delta x_k$$

$$= \int_0^2 f(x)\mathrm{d}x = \int_0^2 \frac{1}{4 + x}\mathrm{d}x = \ln 6 - \ln 4 = \ln \frac{3}{2}.$$

例 20　计算极限 $\displaystyle\lim_{n \to \infty} \left(\frac{1}{n + 1} + \frac{1}{n + 3} + \cdots + \frac{1}{n + (2n + 1)} \right)$.

解　由于

$$\lim_{n \to \infty} \left(\frac{1}{n + 1} + \frac{1}{n + 3} + \cdots + \frac{1}{n + (2n + 1)} \right)$$

$$= \lim_{n \to \infty} \left(\frac{1}{n + 1} + \frac{1}{n + 3} + \cdots + \frac{1}{n + (2n - 1)} \right) + \lim_{n \to \infty} \frac{1}{n + (2n + 1)},$$

而

$$\lim_{n \to \infty} \left(\frac{1}{n + 1} + \frac{1}{n + 3} + \cdots + \frac{1}{n + (2n - 1)} \right)$$

$$= \lim_{n \to \infty} \frac{1}{n} \left(\frac{1}{1 + \dfrac{1}{n}} + \frac{1}{1 + \dfrac{3}{n}} + \cdots + \frac{1}{1 + \dfrac{2n - 1}{n}} \right)$$

$$= \lim_{n \to \infty} \sum_{k=1}^{n} \frac{1}{1 + \dfrac{2k - 1}{n}} \cdot \frac{1}{n},$$

将区间 $[0, 2]$ 进行 n 等分, 记 $x_k = k \cdot \dfrac{2}{n}$, $\Delta x_k = \dfrac{2}{n}$, 且 $x_0 = 0$, $x_n = 2$, $f(x) = \dfrac{1}{1 + x}$, 则

$$\lim_{n \to \infty} \sum_{k=1}^{n} \frac{1}{1 + \dfrac{2k - 1}{n}} \cdot \frac{1}{n} = \lim_{n \to \infty} \sum_{k=1}^{n} \frac{1}{1 + \xi_k} \cdot \frac{1}{n}$$

$$= \frac{1}{2} \lim_{n \to \infty} \sum_{k=1}^{n} \frac{1}{1 + \xi_k} \cdot \frac{2}{n} = \frac{1}{2} \lim_{n \to \infty} \sum_{k=1}^{n} \frac{1}{1 + \xi_k} \cdot \Delta x_k,$$

其中 ξ_k 为 $[x_{k-1}, x_k] = \left[\dfrac{2(k-1)}{n}, \dfrac{2k}{n}\right]$ 的中点, 于是

$$\lim_{n\to\infty}\left(\frac{1}{n+1}+\frac{1}{n+3}+\cdots+\frac{1}{n+(2n-1)}\right)$$

$$=\frac{1}{2}\lim_{n\to\infty}\sum_{k=1}^{n}\frac{1}{1+\xi_k}\cdot\Delta x_k=\frac{1}{2}\int_0^2\frac{1}{1+x}\mathrm{d}x=\frac{1}{2}\ln 3,$$

故

$$\lim_{n\to\infty}\left(\frac{1}{n+1}+\frac{1}{n+3}+\cdots+\frac{1}{n+(2n+1)}\right)$$

$$=\lim_{n\to\infty}\left(\frac{1}{n+1}+\frac{1}{n+3}+\cdots+\frac{1}{n+(2n-1)}\right)+\lim_{n\to\infty}\frac{1}{n+(2n+1)}$$

$$=\frac{1}{2}\ln 3.$$

例 21 计算极限 $\displaystyle\lim_{n\to\infty}\sum_{k=1}^{n}\frac{\mathrm{e}^{\frac{k}{n}}}{n+\dfrac{1}{k}}$.

解 将区间 $[0,1]$ 进行 n 等分, 记 $x_k=\dfrac{k}{n}, \Delta x_k=\dfrac{1}{n}$, 且 $x_0=0, x_n=1$, 则

$$\lim_{n\to\infty}\sum_{k=1}^{n}\frac{\mathrm{e}^{\frac{k}{n}}}{n}=\lim_{n\to\infty}\sum_{k=1}^{n}\mathrm{e}^{\frac{k}{n}}\cdot\frac{1}{n}=\lim_{n\to\infty}\sum_{k=1}^{n}\mathrm{e}^{x_k}\cdot\Delta x_k=\int_0^1\mathrm{e}^x\mathrm{d}x=\mathrm{e}-1,$$

而

$$\sum_{k=1}^{n}\frac{\mathrm{e}^{\frac{k}{n}}}{n+1}<\sum_{k=1}^{n}\frac{\mathrm{e}^{\frac{k}{n}}}{n+\dfrac{1}{k}}<\sum_{k=1}^{n}\frac{\mathrm{e}^{\frac{k}{n}}}{n},$$

$$\lim_{n\to\infty}\sum_{k=1}^{n}\frac{\mathrm{e}^{\frac{k}{n}}}{n+1}=\lim_{n\to\infty}\frac{n}{n+1}\cdot\sum_{k=1}^{n}\frac{\mathrm{e}^{\frac{k}{n}}}{n}=\lim_{n\to\infty}\sum_{k=1}^{n}\frac{\mathrm{e}^{\frac{k}{n}}}{n}=\int_0^1\mathrm{e}^x\mathrm{d}x=\mathrm{e}-1,$$

因此

$$\lim_{n\to\infty}\sum_{k=1}^{n}\frac{\mathrm{e}^{\frac{k}{n}}}{n+\dfrac{1}{k}}=\mathrm{e}-1.$$

例 22 已知函数 $f(x)$ 是 $[0,2\pi]$ 上的连续函数, 且 $\displaystyle\int_0^{2\pi}f(x)\mathrm{d}x=A$, 求

$$\lim_{n\to+\infty}\int_0^{2\pi}f(x)|\sin nx|\mathrm{d}x.$$

解 由于

$$\int_0^{2\pi} f(x) |\sin nx| \, dx = \sum_{i=1}^n \int_{\frac{2\pi(i-1)}{n}}^{\frac{2\pi i}{n}} f(x) |\sin nx| \, dx$$

$$= \sum_{i=1}^n f(\xi_i) \int_{\frac{2\pi(i-1)}{n}}^{\frac{2\pi i}{n}} |\sin nx| \, dx \quad \left(\frac{2\pi(i-1)}{n} \leqslant \xi_i \leqslant \frac{2\pi i}{n} \right)$$

$$= \sum_{i=1}^n f(\xi_i) \frac{1}{n} \int_0^{2\pi} |\sin x| \, dx = \sum_{i=1}^n f(\xi_i) \cdot \frac{4}{n}$$

$$= \frac{2}{\pi} \sum_{i=1}^n f(\xi_i) \cdot \frac{2\pi}{n} \to \frac{2}{\pi} \int_0^{2\pi} f(x) \, dx = \frac{2}{\pi} A \quad (n \to \infty),$$

故 $\lim\limits_{n \to +\infty} \int_0^{2\pi} f(x) |\sin nx| \, dx = \dfrac{2}{\pi} A.$

例 23 设 $A_n = \dfrac{n}{n^2+1} + \dfrac{n}{n^2+2^2} + \cdots + \dfrac{n}{n^2+n^2}$，求 $\lim\limits_{n \to \infty} n \left(\dfrac{\pi}{4} - A_n \right).$

解 记 $f(x) = \dfrac{1}{1+x^2}$，$x_i = \dfrac{i}{n}$，$\Delta x_i = \dfrac{1}{n}$，则

$$A_n = \frac{n}{n^2+1} + \frac{n}{n^2+2^2} + \cdots + \frac{n}{n^2+n^2}$$

$$= \frac{1}{n} \left(\frac{1}{1+\dfrac{1}{n^2}} + \frac{1}{1+\dfrac{2^2}{n^2}} + \cdots + \frac{1}{1+\dfrac{n^2}{n^2}} \right)$$

$$= \frac{1}{n} \sum_{i=1}^n \frac{1}{1+i^2/n^2} = \sum_{i=1}^n \frac{1}{1+x_i^2} \Delta x_i = \sum_{i=1}^n f(x_i) \Delta x_i,$$

故 $\lim\limits_{n \to \infty} A_n = \int_0^1 f(x) \, dx = \dfrac{\pi}{4}.$ 于是

$$J_n = n \left(\sum_{i=1}^n \int_{x_{i-1}}^{x_i} f(x) \, dx - A_n \right) = n \left(\sum_{i=1}^n \int_{x_{i-1}}^{x_i} f(x) \, dx - \sum_{i=1}^n \int_{x_{i-1}}^{x_i} f(x_i) \, dx \right),$$

$$J_n = n \left(\sum_{i=1}^n \int_{x_{i-1}}^{x_i} f(x) \, dx - A_n \right) = n \left(\sum_{i=1}^n \int_{x_{i-1}}^{x_i} [f(x) - f(x_i)] \, dx \right)$$

$$= n \left(\sum_{i=1}^n \int_{x_{i-1}}^{x_i} f'(\xi_i(x))(x - x_i) \, dx \right).$$

可以证明

$$\int_{x_{i-1}}^{x_i} f'(\xi_i(x))(x-x_i)\mathrm{d}x = f'(\eta_i)\int_{x_{i-1}}^{x_i}(x-x_i)\mathrm{d}x$$

$$= -f'(\eta_i)\frac{(x_i-x_{i-1})^2}{2} = -f'(\eta_i)\frac{1}{2n^2}, \quad \eta_i \in (x_{i-1}, x_i).$$

于是

$$J_n = n\left(\sum_{i=1}^{n} -f'(\eta_i)\frac{1}{2n^2}\right) = -\frac{1}{2n}\sum_{i=1}^{n} f'(\eta_i).$$

$$\lim_{n\to\infty} n\left(\frac{\pi}{4} - A_n\right) = \lim_{n\to\infty} J_n = \lim_{n\to\infty} -\frac{1}{2n}\sum_{i=1}^{n} f'(\eta_i) = -\frac{1}{2}\int_0^1 f'(x)\mathrm{d}x$$

$$= -\frac{1}{2}(f(1) - f(0)) = \frac{1}{4}.$$

例 24 (1) 证明数列 $x_n = \dfrac{11 \cdot 12 \cdot 13 \cdot \cdots \cdot (n+10)}{2 \cdot 5 \cdot 8 \cdot \cdots \cdot (3n-1)} (n = 1, 2, 3, \cdots)$ 有极限, 并求此极限.

(2) 证明数列 $x_n = \dfrac{5^n \cdot n!}{(2n)^n} (n = 1, 2, 3, \cdots)$ 有极限, 并求此极限.

证明 (1) 由于 $\lim\limits_{n\to\infty} \dfrac{x_{n+1}}{x_n} = \dfrac{1}{3} < 1$, 故正项级数 $\sum\limits_{n=1}^{\infty} x_n$ 收敛, 从而 $\lim\limits_{n\to\infty} x_n = 0$.

(2) 由于 $\dfrac{x_{n+1}}{x_n} = \dfrac{5}{2}\dfrac{1}{\left(1+\dfrac{1}{n}\right)^n} \to \dfrac{5}{2\mathrm{e}}(n\to\infty)$, 故正项级数 $\sum\limits_{n=1}^{\infty} x_n$ 收敛, 从而 $\lim\limits_{n\to\infty} x_n = 0$.

注 也可以利用单调有界原理证明上述极限存在

例 25 求极限 $\lim\limits_{n\to\infty}\left[\dfrac{1}{n^2} + \dfrac{1}{(n+1)^2} + \cdots + \dfrac{1}{(2n)^2}\right]$.

解 因级数 $\sum\limits_{k=1}^{\infty} \dfrac{1}{k^2}$ 收敛, 故其余项 $R_n = \sum\limits_{k=n+1}^{\infty} \dfrac{1}{k^2} \to 0$ (当 $n \to \infty$). 因

$$0 \leqslant \left[\frac{1}{n^2} + \frac{1}{(n+1)^2} + \cdots + \frac{1}{(2n)^2}\right] \leqslant R_{n-1},$$

故 $\lim\limits_{n\to\infty}\left[\dfrac{1}{n^2} + \dfrac{1}{(n+1)^2} + \cdots + \dfrac{1}{(2n)^2}\right] = 0.$

例 26 证明 $f(x)$ 在 $(0, +\infty)$ 内可导，且 $\lim\limits_{x \to +\infty} f'(x) = 0$，则 $\lim\limits_{x \to +\infty} \dfrac{f(x)}{x} = 0$.

证明 由于 $\lim\limits_{x \to +\infty} f'(x) = 0$，则对于任给 $\varepsilon > 0$，存在 $X_1 > 0$，当 $x > X_1$ 时，有

$$|f'(x)| < \frac{\varepsilon}{2}.$$

当 $x > b = X_1$ 时，

$$f(x) = f(b) - f'(\xi)(b - x), \quad \xi \in (b, x).$$

于是 $\dfrac{f(x)}{x} = \dfrac{f(b)}{x} - f'(\xi)\dfrac{b - x}{x}$，则

$$\left| \frac{f(x)}{x} \right| \leqslant \left| \frac{f(b)}{x} \right| + |f'(\xi)| \left| \frac{b - x}{x} \right| \leqslant \left| \frac{f(b)}{x} \right| + \frac{\varepsilon}{2} \frac{x - b}{x} < \left| \frac{f(b)}{x} \right| + \frac{\varepsilon}{2}.$$

又存在 $X_2 > 0$，当 $x > X_2$ 时，有

$$\left| \frac{f(b)}{x} \right| < \frac{\varepsilon}{2}.$$

取 $X = \max\{X_1, X_2\}$，当 $x > X$ 时，有

$$\left| \frac{f(x)}{x} \right| < \varepsilon,$$

即 $\lim\limits_{x \to +\infty} \dfrac{f(x)}{x} = 0$.

例 27 证明: (1) 对任意正整数 n，都有 $\dfrac{1}{n+1} < \ln\left(1 + \dfrac{1}{n}\right) < \dfrac{1}{n}$.

(2) 设 $a_n = 1 + \dfrac{1}{2} + \cdots + \dfrac{1}{n} - \ln n (n = 1, 2, \cdots)$，证明数列 $\{a_n\}$ 收敛.

证明 (1) 设 $f(x) = \ln x (x > 0)$，则由拉格朗日中值定理得

$$f(n+1) - f(n) = f'(\xi_n)(n + 1 - n), \quad n < \xi_n < n + 1,$$

即

$$\ln(n+1) - \ln n = \frac{1}{\xi_n}, \quad \ln\left(1 + \frac{1}{n}\right) = \frac{1}{\xi_n}.$$

因为 $n < \xi_n < n + 1$，所以 $\dfrac{1}{n+1} < \dfrac{1}{\xi_n} < \dfrac{1}{n}$，故 $\dfrac{1}{n+1} < \ln\left(1 + \dfrac{1}{n}\right) < \dfrac{1}{n}$.

(2) 因 $a_{n+1} - a_n = \dfrac{1}{n+1} - \ln\left(1 + \dfrac{1}{n}\right) < 0$, 即 a_n 单调递减, 又

$$a_n = 1 + \frac{1}{2} + \cdots + \frac{1}{n} - \ln n$$

$$> \ln(1+1) + \ln\left(1 + \frac{1}{2}\right) + \cdots + \ln\left(1 + \frac{1}{n}\right) - \ln n$$

$$= \ln(n+1) - \ln n = \ln\left(1 + \frac{1}{n}\right) > 0,$$

故 a_n 有界, 于是数列 $\{a_n\}$ 的极限存在.

注 极限值 $\gamma = \lim\limits_{n \to \infty}\left(1 + \dfrac{1}{2} + \cdots + \dfrac{1}{n} - \ln n\right)$ 称为欧拉常数.

欧拉常数最先由瑞士数学家莱昂哈德·欧拉 (Leonhard Euler) 在 1735 年发表的文章中给出的, 其近似值为 $0.57721566490\cdots$. 欧拉曾经使用 C 作为它的符号, 并计算出了它的前 6 位小数. 1761 年他又将该值计算到了 16 位小数. 1790 年, 意大利数学家马歇罗尼 (Mascheroni) 引入了 γ 作为这个常数的符号, 并将该常数计算到小数点后 32 位. 但后来的计算显示他在第 20 位的时候出现了错误. 目前尚不知道该常数是否为有理数, 但是分析表明, 如果它是一个有理数, 那么它的分母位数将超过 10^{242080}. 在微积分学中, 欧拉常数 γ 有许多应用. 如求某些数列的极限、某些收敛数项级数的和等. 欧拉常数的几种积分表示式为

$$\gamma = -\int_0^{+\infty} e^{-x}\ln x\,dx, \quad \gamma = -\int_0^1 \ln\ln\frac{1}{x}\,dx,$$

$$\gamma = \int_0^{+\infty}\left(\frac{1}{1-e^{-x}} - \frac{1}{x}\right)e^{-x}\,dx, \quad \gamma = \int_0^{+\infty}\frac{1}{x}\left(\frac{1}{1+x} - e^{-x}\right)dx,$$

且有

$$\int_0^{+\infty} e^{-x^2}\ln x\,dx = -\frac{\sqrt{\pi}}{4}(\gamma + 2\ln 2); \quad \int_0^{+\infty} e^{-x}\ln^2 x\,dx = \gamma^2 + \frac{\pi^2}{6}.$$

例 28 设函数 $f(x) = \begin{cases} \dfrac{\ln(1 + ax^3)}{x - \arcsin x}, & x > 0, \\[2mm] 6, & x = 0, \\[2mm] \dfrac{e^{ax} + x^2 - ax - 1}{x\sin\dfrac{x}{4}}, & x < 0. \end{cases}$ 问: a 为何值的时候,

$f(x)$ 在 $x = 0$ 处连续; a 为何值的时候, $x = 0$ 是 $f(x)$ 的可去间断点?

解　由题目知

$$\lim_{x \to 0^+} f(x) = \lim_{x \to 0^+} \frac{\ln\left(1 + ax^3\right)}{x - \arcsin x} \xrightarrow{\arcsin x = t} \lim_{t \to 0^+} \frac{\ln\left(1 + a\sin^3 t\right)}{\sin t - t}$$

$$= \lim_{t \to 0^+} \frac{at^3}{-\dfrac{1}{6}t^3} = -6a,$$

$$\lim_{x \to 0^-} f(x) = \lim_{x \to 0^-} \frac{e^{ax} + x^2 - ax - 1}{x \sin \dfrac{x}{4}} = 4 \lim_{t \to 0^-} \frac{e^{ax} + x^2 - ax - 1}{x^2}$$

$$= 2 \lim_{t \to 0^-} \frac{ae^{ax} + 2x - a}{x} = 2a^2 + 4.$$

由 $\lim\limits_{x \to 0^+} f(x) = \lim\limits_{x \to 0^-} f(x)$ 可得 $-6a = 2a^2 + 4$, 解得 $a = -1$ 或 $a = -2$.

又由于当 $a = -1$ 时, 有

$$\lim_{x \to 0^+} f(x) = \lim_{x \to 0^-} f(x) = 6 = f(0),$$

因此 $a = -1$ 时, $f(x)$ 在 $x = 0$ 处连续.

当 $a = -2$ 时, 有

$$\lim_{x \to 0^+} f(x) = \lim_{x \to 0^-} f(x) = 12 \neq f(0).$$

因此 $a = -2$ 时, $x = 0$ 是 $f(x)$ 的可去间断点.

例 29　设 $f(x)$ 在开区间 (a, b) 上连续, 且 $x_1, x_2, \cdots, x_n \in (a, b)$, $c_1, c_2, \cdots, c_n$ 是任意 n 个正数. 证明: $\exists \xi \in (a, b)$, 使得 $f(\xi) = \dfrac{c_1 f(x_1) + c_2 f(x_2) + \cdots + c_n f(x_n)}{c_1 + c_2 + \cdots + c_n}$.

证明　不妨设 $x_1 \leqslant x_2 \leqslant \cdots \leqslant x_n$, 则 $f(x)$ 为闭区间 $[x_1, x_n]$ 上的连续函数. 令 m, M 分别为 $f(x)$ 在闭区间 $[x_1, x_n]$ 上的最小值和最大值, 则有

$$m \leqslant \frac{c_1 f(x_1) + c_2 f(x_2) + \cdots + c_n f(x_n)}{c_1 + c_2 + \cdots + c_n} \leqslant M,$$

即 $\dfrac{c_1 f(x_1) + c_2 f(x_2) + \cdots + c_n f(x_n)}{c_1 + c_2 + \cdots + c_n}$ 是介于 $f(x)$ 在闭区间 $[x_1, x_n]$ 上最大值和最小值之间的数. 则由闭区间上连续函数的介值定理可知, 存在常数 $\xi \in (x_1, x_n) \subset (a, b)$, 使得

$$f(\xi) = \frac{c_1 f(x_1) + c_2 f(x_2) + \cdots + c_n f(x_n)}{c_1 + c_2 + \cdots + c_n}.$$

例 30 设 $f(x)$ 在 $(-\infty, +\infty)$ 上连续, $f[f(x)] = x$. 求证至少有一 $\xi \in (-\infty, +\infty)$, 使 $f(\xi) = \xi$. 证明: 任取 $x_0 \in (-\infty, +\infty)$,

(1) 若 $f(x_0) = x_0$, 则取 $\xi = x_0$, 有 $f(\xi) = \xi$.

(2) 若 $f(x_0) \neq x_0$, 不妨设 $f(x_0) > x_0$,

证明 令 $F(x) = f(x) - x$, 则 $F(x)$ 在 $(-\infty, +\infty)$ 上连续, 且

$$F(f(x_0)) = f[f(x_0)] - f(x_0) = x_0 - f(x_0) < 0,$$

又

$$F(x_0) = f(x_0) - x_0 > 0,$$

则由零点定理, 存在 $\xi \in (x_0, f(x_0)) \subset (-\infty, +\infty)$, 使 $F(\xi) = 0$, 即

$$f(\xi) - \xi = 0, \quad f(\xi) = \xi.$$

1.3 习 题 精 练

1. 求极限 $\lim\limits_{n\to\infty} n^2(\sqrt[n]{x} - \sqrt[n+1]{x})(x > 0)$.

2. 求极限 $\lim\limits_{n\to\infty} \sum\limits_{k=1}^{n} (n^k + 1)^{-\frac{1}{k}}$.

3. 求极限 $\lim\limits_{x\to\infty} [(x+2)\ln(x+2) - 2(x+1)\ln(x+1) + x\ln x]$.

4. 设 $a_1, a_2, \cdots, a_n > 0$, 求 $\lim\limits_{x\to+\infty} \left(\dfrac{a_1^x + a_2^x + \cdots + a_n^x}{n}\right)^{\frac{1}{x}}$ 的值.

5. 求极限 $\lim\limits_{x\to0} \dfrac{\left(1 - x + \frac{1}{2}x^2\right)\mathrm{e}^x - \sqrt{1 + x^2\sin x}}{x^3}$.

6. 设 $0 < x_1 < 1$ 且 $x_{n+1} = -x_n^2 + 2x_n$, 求证 $\lim\limits_{n\to\infty} x_n = 1$.

7. 设 $x_1 = \sqrt{3}, \cdots, x_n = \sqrt{3x_{n-1}}$, 求 $\lim\limits_{n\to\infty} x_n$.

8. 求极限 $\lim\limits_{n\to\infty} \dfrac{n!}{n^n}$.

9. 设 $x_1 > 0, x_{n+1} = \dfrac{5(1 + x_n)}{5 + x_n}(n = 1, 2, \cdots)$, 证明 $\lim\limits_{n\to\infty} x_n$ 存在, 并求之.

10. 证明: $\lim\limits_{x\to\infty} \dfrac{\ln n!}{\ln n^n} = 1$.

11. 求极限 $\lim\limits_{x\to\infty} \dfrac{1 + \frac{1}{2} + \cdots + \frac{1}{n}}{\ln n}$.

12. 将区间 $[1,2]$ 进行 n 等分, 记 $x_k = 1 + k \cdot \dfrac{1}{n}(k = 0, 1, 2, \cdots, n)$, 计算 $\lim\limits_{n \to \infty} \sqrt[n]{x_1 x_2 \cdots x_n}$.

13. 设 $A(n) = \dfrac{\sqrt[n]{n!}}{n}$, 求 $\lim\limits_{n \to \infty} A(n)$.

14. 设 $x_n = \dfrac{1}{2\ln 2} + \cdots + \dfrac{1}{n\ln n} - \ln\ln n (n = 2, 3, \cdots)$, 证明: $\{x_n\}$ 收敛.

15. 证明: 方程 $\cos x - \dfrac{1}{x} = 0$ 有无穷多个正根.

16. 设当 $a \leqslant x \leqslant b, a \leqslant f(x) \leqslant b$, 并设存在常数 $k(0 \leqslant k < 1)$, 对于 $[a, b]$ 上的任意两点 x_1 与 x_2, 都有

$$|f(x_1) - f(x_2)| \leqslant k |x_1 - x_2|,$$

则

(1) 存在唯一的 $\xi \in [a, b]$, 使 $f(\xi) = \xi$ (ξ 称为函数 $f(x)$ 的不动点);

(2) 对于任意给定的 $x_1 \in [a, b]$, 定义 $x_{n+1} = f(x_n) (n = 1, 2, \cdots)$, 则 $\lim\limits_{n \to \infty} x_n$ 存在, 且 $\lim\limits_{n \to \infty} x_n = \xi$.

17. 设 $f(x)$ 在 $[0, 3]$ 上连续, 在 $(0, 3)$ 内可导, 且 $f(0) + f(1) + f(2) = 3$, $f(3) = 1$, 证明: 存在 $\xi \in (0, 3)$, 使 $f'(\xi) = 0$.

18. 若 $f(x) \in C[a, b]$, 且对任意的 $x \in [a, b]$ 存在相应的 $y \in [a, b]$, 使得 $|f(y)| \leqslant \dfrac{1}{2} |f(x)|$. 证明: 至少存在一点 x_0, 使得 $f(x_0) = 0$.

19. 设 $f(x)$ 在 $[0, +\infty)$ 连续, 且 $\displaystyle\int_0^1 f(x)\mathrm{d}x < -\dfrac{1}{2}$, $\lim\limits_{x \to +\infty} \dfrac{f(x)}{x} = 0$. 证明: 至少存在一点 $\xi \in (0, +\infty)$, 使得 $f(\xi) + \xi = 0$.

20. 设 $f_n(x) = \mathrm{C}_n^1 \cos x - \mathrm{C}_n^2 \cos^2 x + \cdots + (-1)^{n+1} \mathrm{C}_n^n \cos^n x$, 求证:

(1) 对任意的 $n \in \mathbf{N}^+$, $f_n(x) = \dfrac{1}{2}$ 在 $\left(0, \dfrac{\pi}{2}\right)$ 内仅有一个解;

(2) 设 $x_n \in \left(0, \dfrac{\pi}{2}\right)$ 满足 $f_n(x_n) = \dfrac{1}{2}$, 则 $\lim\limits_{n \to \infty} x_n = \dfrac{\pi}{2}$.

习题精练答案 1

专题二　一元微分学

一元函数微分学的内容主要包括函数的导数、微分、微分中值定理和导数的应用. 要深刻理解微分中值定理的价值和内涵, 尤其是泰勒中值定理的重要性. 并通过相应具体问题的分析和解决, 加深记忆、触类旁通, 提升抽象思维的能力.

2.1　内　容　提　要

一、可导与可微

1. 导数的定义

设函数 $f(x)$ 在 x_0 的某邻域内有定义, 给自变量 x 在 x_0 处加上增量 $\Delta x(\neq 0)$, 相应地得到因变量 y 的增量 $\Delta y = f(x_0 + \Delta x) - f(x_0)$. 如果极限

$$\lim_{\Delta x \to 0} \frac{\Delta y}{\Delta x} = \lim_{\Delta x \to 0} \frac{f(x_0 + \Delta x) - f(x_0)}{\Delta x}$$

存在, 则称函数在 x_0 **处可导**, 该极限值称为函数在 x_0 **处的导数**, 记作 $f'(x_0)$, $y'(x_0)$, $\left.\dfrac{\mathrm{d}y}{\mathrm{d}x}\right|_{x=x_0}$.

导数的定义式还可以写成 $f'(x_0) = \lim\limits_{x \to x_0} \dfrac{f(x) - f(x_0)}{x - x_0}$.

$f(x)$ 在 x_0 **处的左导数**

$$f'_-(x_0) = \lim_{\Delta x \to 0^-} \frac{f(x_0 + \Delta x) - f(x_0)}{\Delta x} = \lim_{x \to x_0^-} \frac{f(x) - f(x_0)}{x - x_0}.$$

$f(x)$ 在 x_0 **处的右导数**

$$f'_+(x_0) = \lim_{\Delta x \to 0^+} \frac{f(x_0 + \Delta x) - f(x_0)}{\Delta x} = \lim_{x \to x_0^+} \frac{f(x) - f(x_0)}{x - x_0}.$$

2. 可微的定义

设函数 $f(x)$ 在 x_0 的某邻域内有定义, 当自变量 x 在 x_0 处有增量 $\Delta x(\neq 0)$ 时, 如果因变量 y 的增量 $\Delta y = f(x_0 + \Delta x) - f(x_0)$ 可以表示为

$$\Delta y = A\Delta x + o(\Delta x), \quad \Delta x \to 0,$$

其中 A 为只与 x_0 有关而与 Δx 无关的常数, $o(\Delta x)$ 表示 Δx 的高阶无穷小量 (回忆高阶无穷小量的定义), 则称 $f(x)$ **在 x_0 处可微**, 并称 $A\Delta x$ 为 $f(x)$ **在 x_0 处的线性主要部分**, 即**线性主部**, 也称为**微分**, 记作 $\mathrm{d}y$ 或 $\mathrm{d}f(x)$, 即 $\mathrm{d}y = \mathrm{d}f(x) = A\Delta x$.

3. **基本性质**

(1) **左右导数与导数的关系**　函数 $f(x)$ 在 x_0 的导数存在的充要条件是该点的左右导数均存在且相等.

(2) **可导、可微、连续的相互关系**　设函数 $f(x)$ 在 x_0 的某邻域内有定义, 如果 $f(x)$ 在 x_0 处可导, 那么 $f(x)$ 在 x_0 处必然连续. 可微必可导, 可导必可微.

(3) **初等函数的可导性**　一切初等函数在其定义域内 (除端点外) 是可导的.

二、导数的计算

1. **导数的四则运算**

2. **复合函数求导法则**

设 $y = f(u), u = g(x)$, 如果 $g(x)$ 在 x 处可导, 且 $f(u)$ 在对应的 $u = g(x)$ 处可导, 则复合函数 $y = f(g(x))$ 在 x 处可导, 且有

$$[f(g(x))]' = f'(u)g'(x) \quad \text{或} \quad \frac{\mathrm{d}y}{\mathrm{d}x} = \frac{\mathrm{d}y}{\mathrm{d}u}\frac{\mathrm{d}u}{\mathrm{d}x}.$$

3. **反函数求导法则**

设函数 $y = f(x)$ 在点 x_0 的某邻域内连续, 在点 x_0 处可导且 $f'(x) \neq 0$, 并令其反函数为 $x = g(y)$, 且 x_0 所对应的 y 的值为 y_0, 则有

$$g'(y_0) = \frac{1}{f'(x_0)} = \frac{1}{f'(g(y_0))} \quad \text{或} \quad \frac{\mathrm{d}x}{\mathrm{d}y} = \frac{1}{\dfrac{\mathrm{d}y}{\mathrm{d}x}}.$$

为应用方便, 反函数求导法则可简记为 $\left[f^{-1}(x)\right]' = \dfrac{1}{f'\left(f^{-1}(x)\right)}$.

4. **常见函数的导数**

$$(x^a)' = ax^{a-1}, \quad (\sin x)' = \cos x, \quad (\cos x)' = -\sin x,$$

$$(\arcsin x)' = \frac{1}{\sqrt{1-x^2}}, \quad (\arccos x)' = \frac{-1}{\sqrt{1-x^2}},$$

$$(\tan x)' = \sec^2 x, \quad (\cot x)' = -\csc^2 x, \quad (\sec x)' = \sec x \tan x,$$

$$(\csc x)' = -\csc x \cot x, \quad (\arctan x)' = \frac{1}{1+x^2}, \quad (\mathrm{e}^x)' = \mathrm{e}^x, \quad (\ln x)' = \frac{1}{x}.$$

5. 参数方程求导

设函数 $y = f(x)$ 由参数方程 $\begin{cases} x = x(t), \\ y = y(t) \end{cases}$ 确定, 则由复合函数求导及反函数

求导法则可知: $\dfrac{\mathrm{d}y}{\mathrm{d}x} = \dfrac{\mathrm{d}y}{\mathrm{d}t} \dfrac{\mathrm{d}t}{\mathrm{d}x} = \dfrac{\dfrac{\mathrm{d}y}{\mathrm{d}t}}{\dfrac{\mathrm{d}x}{\mathrm{d}t}} = \dfrac{y'(t)}{x'(t)}.$

6. 高阶导数的莱布尼茨公式

设 $f(x), g(x)$ 均有 n 阶导数, 则有: $[f(x)g(x)]^{(n)} = \sum\limits_{i=0}^{n} \mathrm{C}_n^i f^{(i)}(x) g^{(n-i)}(x).$

常用的初等函数的 n 阶导数公式:

(1) $y = \mathrm{e}^x,$ $\qquad\qquad\qquad\qquad y^{(n)} = \mathrm{e}^x;$

(2) $y = a^x (a > 0, a \neq 1),$ $\qquad\quad y^{(n)} = a^x (\ln a)^n;$

(3) $y = \sin x,$ $\qquad\qquad\qquad\quad y^{(n)} = \sin\left(x + \dfrac{n\pi}{2}\right);$

(4) $y = \cos x,$ $\qquad\qquad\qquad\quad y^{(n)} = \cos\left(x + \dfrac{n\pi}{2}\right);$

(5) $y = \ln x,$ $\qquad\qquad\qquad\quad y^{(n)} = (-1)^{n-1}(n-1)! x^{-n};$

(6) $y = x^a,$ $\qquad\qquad\qquad\quad y^{(n)} = a(a-1)\cdots(a-n+1)x^{a-n}.$

三、导数的应用

1. 曲线的切线和法线

切线方程 $y = f'(x_0)(x - x_0) + f(x_0)$, 法线方程 $y = \dfrac{-1}{f'(x_0)}(x - x_0) + f(x_0).$

2. 中值定理

定理 1(罗尔定理) 设 $f(x)$ 满足

(1) $f(x) \in C[a,b];$

(2) $f(x)$ 在 (a,b) 内可导;

(3) $f(a) = f(b),$

则存在 $\xi \in (a,b)$, 使得 $f'(\xi) = 0.$

定理 2 (拉格朗日中值定理) 设 $f(x)$ 满足

(1) $f(x) \in C[a, b]$;

(2) $f(x)$ 在 (a, b) 内可导,

则存在 $\xi \in (a, b)$, 使得 $f'(\xi) = \dfrac{f(b) - f(a)}{b - a}$.

　　注　(1) 拉格朗日中值定理又称为微分中值定理, 其等价形式有

$$f(b) - f(a) = f'(\xi)(b - a),$$

$$f(b) - f(a) = f'[a + \theta(b - a)](b - a), \text{ 其中 } 0 < \theta < 1.$$

(2) ξ 由 a, b 确定, 且微分中值定理的端点可以为变量.

　　定理 3(柯西中值定理)　如果函数 $f(x)$ 和 $g(x)$ 满足

(1) 在闭区间 $[a, b]$ 上连续;

(2) 在开区间 (a, b) 内可导;

(3) 对任意的 $x \in (a, b)$, $g'(x) \neq 0$,

那么在 (a, b) 内至少存在一点 $\xi(a < \xi < b)$, 使得 $\dfrac{f'(\xi)}{g'(\xi)} = \dfrac{f(b) - f(a)}{g(b) - g(a)}$.

　　定理 4(泰勒中值定理)　(a) **带皮亚诺余项的泰勒公式**　设函数 $f(x)$ 在点 x_0 处有 n 阶导数, 则在 x_0 的某邻域内有

$$f(x) = f(x_0) + f'(x_0)(x - x_0) + \frac{f''(x_0)}{2!}(x - x_0)^2 + \cdots$$

$$+ \frac{f^{(n)}(x_0)}{n!}(x - x_0)^n + o[(x - x_0)^n].$$

　　(b) **带拉格朗日余项的泰勒公式**　设函数 $f(x)$ 在含 x_0 的区间 (a, b) 内具有 $n + 1$ 阶导数, 在 $[a, b]$ 内有 n 阶连续导数, 则 $\forall x \in [a, b]$, 有

$$f(x) = f(x_0) + f'(x_0)(x - x_0) + \frac{f''(x_0)}{2!}(x - x_0)^2 + \cdots + \frac{f^{(n)}(x_0)}{n!}(x - x_0)^n$$

$$+ \frac{f^{(n+1)}(\xi)}{(n+1)!}(x - x_0)^{n+1}$$

(ξ 在 x 与 x_0 之间, 也可以写成 $\xi = x_0 + \theta(x - x_0), \theta \in (0, 1)$).

　　(c) **麦克劳林公式**　$x_0 = 0$ 的泰勒公式又称为麦克劳林公式.

　　3. 单调性、极值

　　(1) **单调性定理**　设函数 $f(x)$ 在 $[a, b]$ 上连续, 在 (a, b) 内可导.

(i) 如果在 (a,b) 内有 $f'(x) > 0$, 那么函数 $f(x)$ 在 $[a,b]$ 上单调递增;

(ii) 如果在 (a,b) 内有 $f'(x) < 0$, 那么函数 $f(x)$ 在 $[a,b]$ 上单调递减.

(2) 函数极值点及其判定方法.

(i) **极值点** 设函数 $f(x)$ 在点 x_0 的某邻域 $U(x_0)$ 内有定义, 如果对任意的 $x \in \overset{\circ}{U}(x_0)$, 有 $f(x_0) < f(x)$(或 $f(x_0) > f(x)$), 则称 $f(x_0)$ 是函数 $f(x)$ 的一个极小值 (或极大值).

(ii) 极值点的判别定理.

a.(必要条件) 设函数 $f(x)$ 在 x_0 处可导, 并在 x_0 处取得极值, 那么 $f'(x_0) = 0$. (罗尔定理的推论)

b.(第一充分条件) 设函数 $f(x)$ 在 x_0 处连续, 并在 x_0 的某去心邻域 $\overset{\circ}{U}(x_0, \delta)$ 内可导.

① 若 $x \in (x_0 - \delta, x_0)$ 时, $f'(x) > 0$, 而 $x \in (x_0, x_0 + \delta)$ 时, $f'(x) < 0$, 则 $f(x)$ 在 x_0 处取得极大值;

② 若 $x \in (x_0 - \delta, x_0)$ 时, $f'(x) < 0$, 而 $x \in (x_0, x_0 + \delta)$ 时, $f'(x) > 0$, 则 $f(x)$ 在 x_0 处取得极小值;

③ 若 $x \in \overset{\circ}{U}(x_0, \delta)$ 时, $f'(x)$ 符号保持不变, 则 $f(x)$ 在 x_0 处没有极值.

c.(第二充分条件) 设函数 $f(x)$ 在 x_0 处存在二阶导数且 $f'(x_0) = 0$, 那么

① 若 $f''(x_0) > 0$, 则 $f(x)$ 在 x_0 处取得极小值;

② 若 $f''(x_0) < 0$, 则 $f(x)$ 在 x_0 处取得极大值.

d. (第三充分条件) 设 $f(x)$ 在点 x_0 处 n 阶可导, 且

$$f^{(m)}(x_0) = 0 \ (m = 1, 2, \cdots, n-1), \quad f^{(n)}(x_0) \neq 0 \ (n \geqslant 2),$$

则: ① 当 n 为偶数且 $f^{(n)}(x_0) < 0$ 时, $f(x)$ 在 x_0 处取得极大值;

② 当 n 为偶数且 $f^{(n)}(x_0) > 0$ 时, $f(x)$ 在 x_0 处取得极小值.

4. 函数的凹凸性、拐点

(1) 凹函数与凸函数的定义.

设函数 $f(x)$ 在区间 I 上连续, 如果对 I 上任意两点 x_1, x_2 恒有

$$f\left(\frac{x_1 + x_2}{2}\right) < \frac{f(x_1) + f(x_2)}{2},$$

则称 $f(x)$ 是 I 上的凹函数.

如果对 I 上任意两点 x_1, x_2 恒有

$$f\left(\frac{x_1 + x_2}{2}\right) > \frac{f(x_1) + f(x_2)}{2},$$

则称 $f(x)$ 是 I 上的凸函数.

可以证明如下结论.

(i) 设 $f(x)$ 在区间 I 上连续, 如果对于任意的 $x_1, x_2 \in I$ 总成立着不等式

$$f(q_1 x_1 + q_2 x_2) < q_1 f(x_1) + q_2 f(x_2), \tag{*}$$

其中 q_1, q_2 是满足 $q_1 + q_2 = 1$ 的任意正数, 则 $f(x)$ 称为在区间 I 上的凹函数. 若 $(*)$ 式的不等号相反, 则 $f(x)$ 称为在区间 I 上的凸函数.

(ii) 连续函数 $f(x)$ 在区间 I 上是凹函数的充要条件为: 对任意的 $x_1, x_2, \cdots,$ $x_n \in I$, 总成立着不等式

$$f(q_1 x_1 + q_2 x_2 + \cdots + q_n x_n) < q_1 f(x_1) + q_2 f(x_2) + \cdots + q_n f(x_n),$$

其中 $q_1, q_2, \cdots, q_n$ 是满足 $q_1 + q_2 + \cdots + q_n = 1$ 的任意正数. 与之类似, $f(x)$ 在区间 I 上是凸函数的充要条件为上式中的不等号相反.

(2) **凹凸性与二阶导数的关系** 设函数 $f(x)$ 在闭区间 $[a, b]$ 上连续, 在开区间 (a, b) 内具有一阶和二阶导数, 那么

(i) 如果在 (a, b) 上有 $f''(x) > 0$, 那么函数 $f(x)$ 在 $[a, b]$ 上是凹函数;

(ii) 如果在 (a, b) 上有 $f''(x) < 0$, 那么函数 $f(x)$ 在 $[a, b]$ 上是凸函数.

(3) **函数的拐点** 函数凹凸性的分界点称为拐点.

二阶可导点是拐点的必要条件: 设 $f''(x_0)$ 存在, 且点 $(x_0, f(x_0))$ 为曲线上的拐点, 则 $f''(x_0) = 0$.

(4) 拐点的判别.

判别拐点的第一充分条件 若在点 x_0 处 $f''(x_0) = 0$, 且在点 x_0 两侧函数二阶导数的符号不一样, 则点 $(x_0, f(x_0))$ 为拐点.

判别拐点的第二充分条件 设 $f(x)$ 在点 $x = x_0$ 处三阶可导, 且 $f''(x_0) = 0$, $f'''(x_0) \neq 0$, 则 $(x_0, f(x_0))$ 为拐点.

判别拐点的第三充分条件: 设 $f(x)$ 在点 x_0 处 n 阶可导, 且

$$f^{(m)}(x_0) = 0 \ (m = 2, \cdots, n-1), \quad f^{(n)}(x_0) \neq 0 \ (n \geqslant 3),$$

则当 n 为奇数时, $(x_0, f(x_0))$ 为拐点.

5. 达布定理

设 $f(x)$ 在 (a,b) 内可导, $x_1, x_2 \in (a,b)\,(x_1 < x_2)$, 若 $f'(x_1) \cdot f'(x_2) < 0$, 则至少有一 $\xi \in (x_1, x_2)$, 使 $f'(\xi) = 0$.

达布定理的另一种形式: 设 $f(x)$ 在 (a,b) 内可导, $x_1, x_2 \in (a,b)\,(x_1 < x_2)$, 则对介于 $f'(x_1), f'(x_2)$ 之间的任何值 C, 至少有一点 $\xi \in (x_1, x_2)$, 使 $f'(\xi) = C$.

注 上述定理也被称为导函数的介值定理, 它是导函数的一个很重要的性质.

6. 导函数的极限定理

设 $f(x)$ 在区间 $[x_0, x_0 + c]$ 上连续, 在 $(x_0, x_0 + c)$ 内可导. 若存在极限 $\lim\limits_{x \to x_0^+} f'(x) = A$ (或 ∞), 则 $f(x)$ 在 x_0 点存在右导数, 且 $f'_+(x_0) = A$ (或 ∞).

2.2 例 题 精 讲

例 1 设 f 是可导函数, 对于任意实数 s, t, 有

$$f(s + t) = f(s) + f(t) + 2st$$

且 $f'(0) = 1$, 求函数 f 的表达式.

分析 充分考虑 f 的可导性, 利用导数定义从已知式中得到 $f'(s), f'(0)$ 的关系, 从而可建立 f 与 s 的微分方程, 解出 f 的表达式.

解 因为 $f(s + t) = f(s) + f(t) + 2st$, 令 $s = 0$, 得 $f(0 + t) - f(0) = f(t)$, 所以

$$\frac{f(0 + t) - f(0)}{t} = \frac{f(t)}{t},$$

进一步有

$$f'(0) = \lim_{t \to 0} \frac{f(0 + t) - f(0)}{t} = \lim_{t \to 0} \frac{f(t)}{t} = 1.$$

另一方面, 由已知式有

$$\frac{f(s + t) - f(s)}{t} = \frac{f(t)}{t} + 2s,$$

所以

$$f'(s) = \lim_{t \to 0} \frac{f(s + t) - f(s)}{t} = \lim_{t \to 0} \frac{f(t)}{t} + 2s = 1 + 2s,$$

积分得

$$f(s) = s + s^2 + C,$$

则 $f(0) = C$. 而由 $f(s + t) = f(s) + f(t) + 2st$, 令 $s = t = 0$ 得 $f(0) = 0$. 从而得出 $C = 0$.

因此

$$f(s) = s + s^2.$$

例 2 设 $f(x)$ 是二次可微的函数, 满足 $f(0) = -1, f'(0) = 0$, 且对任意的 $x \geqslant 0$, 有 $f''(x) - 3f'(x) + 2f(x) \geqslant 0$. 证明: 对每个 $x \geqslant 0$, 都有 $f(x) \geqslant e^{2x} - 2e^x$.

证明 首先 $[f''(x) - f'(x)] - 2[f'(x) - f(x)] \geqslant 0$, 令 $F(x) = f'(x) - f(x)$, 则

$$F'(x) - 2F(x) \geqslant 0.$$

因此 $[F(x)e^{-2x}]' \geqslant 0$. 所以

$$F(x)e^{-2x} \geqslant F(0) = 1 \quad \text{或} \quad f'(x) - f(x) \geqslant e^{2x}.$$

进一步有 $[f(x)e^{-x}]' \geqslant e^x$, 即 $[f(x)e^{-x} - e^x]' \geqslant 0$. 所以

$$f(x)e^{-x} - e^x \geqslant f(0) - 1 = -2.$$

故 $f(x) \geqslant e^{2x} - 2e^x$.

例 3 若函数 $f(x)$ 对于一切 $u \neq v$ 均有

$$\frac{f(u) - f(v)}{u - v} = \alpha f'(u) + \beta f'(v),$$

其中 $\alpha, \beta > 0, \alpha + \beta = 1$. 试求 $f(x)$ 的表达式.

分析 从已知式子及因 u, v 地位一致, 互换 u, v 所得的式子中可推出, 当 $\alpha \neq \beta, \alpha = \beta$ 时 $f'(x)$ 或 $f''(x)$ 各为常数, 从而得结论.

解 因为

$$\frac{f(u) - f(v)}{u - v} = \alpha f'(u) + \beta f'(v), \tag{1}$$

互换 u, v 可得

$$\frac{f(v) - f(u)}{v - u} = \alpha f'(v) + \beta f'(u). \tag{2}$$

当 $\alpha \neq \beta$ 时, 式 (1)–(2) 有

$$(\alpha - \beta)(f'(u) - f'(v)) = 0,$$

即知 $f'(x)$ 为常数. 所以 $f(x)$ 是线性函数: $f(x) = ax + b(a, b$ 为常数).

另一方面, 对于任意线性函数 $f(x) = ax + b$,

$$\frac{f(u) - f(v)}{u - v} = \frac{(au + b) - (av + b)}{u - v} = a = \frac{1}{3}a + \frac{2}{3}a$$

$$= \frac{1}{3}f'(u) + \frac{2}{3}f'(v) \quad \left(\alpha = \frac{1}{3}, \beta = \frac{2}{3}\right),$$

满足题意.

当 $\alpha = \beta = \dfrac{1}{2}$ 时, 对于 $x, h \in \mathbf{R}, h \neq 0$, 取 $u = x + h, v = x - h$, 得

$$\frac{f(u) - f(v)}{u - v} = \frac{f(x + h) - f(x - h)}{(x + h) - (x - h)} = \frac{1}{2}f'(x + h) + \frac{1}{2}f'(x - h),$$

$$f(x + h) - f(x - h) = [f'(x + h) + f'(x - h)]h.$$

两边对 h 求导,

$$f'(x + h) + f'(x - h) = [f'(x + h) + f'(x - h)] + [f''(x + h) - f''(x - h)]h,$$

比较两边, 即知 $f''(x)$ 为常数.

所以 $f(x)$ 是二次函数: $f(x) = ax^2 + bx + c$ (a, b, c 为常数).

另一方面, 对于任意二次函数 $f(x) = ax^2 + bx + c$,

$$\frac{f(u) - f(v)}{u - v} = \frac{(au^2 + bu + c) - (av^2 + bv + c)}{u - v} = a(u + v) + b$$

$$= \left(au + \frac{b}{2}\right) + \left(av + \frac{b}{2}\right) = \frac{1}{2}(2au + b) + \frac{1}{2}(2av + b)$$

$$= \frac{1}{2}f'(u) + \frac{1}{2}f'(v) \quad \left(\alpha = \beta = \frac{1}{2}\right),$$

满足题意.

例 4 设 $y = \left(\dfrac{a}{b}\right)^x \left(\dfrac{b}{x}\right)^a \left(\dfrac{x}{a}\right)^b$ ($a > 0, b > 0$), 求 y' 的值.

解 两边取自然对数得

$$\ln y = x \ln \frac{a}{b} + a(\ln b - \ln x) + b(\ln x - \ln b),$$

两边求导得

$$y' \frac{1}{y} = \ln \frac{a}{b} - \frac{a}{x} + \frac{b}{x},$$

所以

$$y' = y\left(\ln\frac{a}{b} - \frac{a}{x} + \frac{b}{x}\right) = \left(\frac{a}{b}\right)^x \left(\frac{b}{x}\right)^a \left(\frac{x}{a}\right)^b \left(\ln\frac{a}{b} - \frac{a}{x} + \frac{b}{x}\right).$$

例 5　求 $y = \sin^4 x + \cos^4 x$ 的 n 阶导数.

分析　先对 y 降幂, 再求导, 最后利用数学归纳法得出.

解　$y = \sin^4 x + \cos^4 x = (\sin^2 x + \cos^2 x)^2 - 2\sin^2 x \cos^2 x$

$$= 1 - \frac{1}{2}\sin^2 2x = 1 - \frac{1}{2}\left(\frac{1 - \cos 4x}{2}\right) = \frac{3}{4} + \frac{1}{4}\cos 4x,$$

$$y' = \frac{1}{4}(-\sin 4x)\cdot 4 = 4^0\cos\left(4x + \frac{\pi}{2}\right),$$

$$y'' = 4\cos\left(4x + 2\cdot\frac{\pi}{2}\right),$$

$$\cdots\cdots$$

$$y^{(n)} = 4^{n-1}\cos\left(4x + n\cdot\frac{\pi}{2}\right).$$

例 6　计算 $(x^2\sin x)^{(n)}$.

解　利用莱布尼茨公式, 得

$$(x^2\sin x)^{(n)} = x^2(\sin x)^{(n)} + n(x^2)'(\sin x)^{(n-1)} + \frac{n(n-1)}{2!}(x^2)''(\sin x)^{(n-2)}$$

$$= x^2\sin\left(x + \frac{\pi}{2}n\right) + 2nx\sin\left[x + \frac{\pi}{2}(n-1)\right] + n(n-1)\sin\left[x + \frac{\pi}{2}(n-2)\right]$$

$$= [x^2 - n(n-1)]\sin\left(x + \frac{n\pi}{2}\right) - 2nx\cos\left(x + \frac{n\pi}{2}\right), \quad n = 2, 3, \cdots.$$

例 7　求 $\lim\limits_{x\to 0}\left\{\dfrac{a_1^x + a_2^x + \cdots + a_n^x}{n}\right\}^{\frac{1}{x}}$ $(a_i > 0, i = 1, 2, \cdots, n)$.

分析　属于 "1^∞" 型未定式的极限问题, 可取自然对数, 然后用洛必达法则直接计算, 或利用重要极限 $\lim\limits_{x\to 0}(1+x)^{\frac{1}{x}} = \mathrm{e}$ 来计算.

解　设 $y = \lim\limits_{x\to 0}\left\{\dfrac{a_1^x + a_2^x + \cdots + a_n^x}{n}\right\}^{\frac{1}{x}}$, 则

$$\ln y = \lim\limits_{x\to 0}\frac{\ln\dfrac{a_1^x + a_2^x + \cdots + a_n^x}{n}}{x} \quad \left(\frac{0}{0}型\right)$$

$$= \lim\limits_{x\to 0}\frac{\dfrac{n}{a_1^x + a_2^x + \cdots + a_n^x}\cdot\dfrac{1}{n}(a_1^x\ln a_1 + a_2^x\ln a_2 + \cdots + a_n^x\ln a_n)}{1}$$

$$= \lim_{x \to 0} \frac{1}{n} \left(\sum_{k=1}^{n} a_k^x \ln a_k \right) = \frac{1}{n} \sum_{k=1}^{n} \lim_{x \to 0} (a_k^x \ln a_k)$$

$$= \frac{1}{n} \sum_{k=1}^{n} \ln a_k = \frac{1}{n} (\ln a_1 + \ln a_2 + \cdots + \ln a_n)$$

$$= \frac{1}{n} \ln(a_1 a_2 \cdots a_n) = \ln(a_1 a_2 \cdots a_n)^{\frac{1}{n}},$$

故原极限式 $y = (a_1 a_2 \cdots a_n)^{\frac{1}{n}}$.

例 8 曲线 $y = \frac{1}{3} x^6 (x > 0)$ 上哪一点处的法线在 y 轴上的截距最小.

解 设 $y = \frac{1}{3} x^6$ 在 (x, y) 处的法线方程为

$$Y - y = k(X - x),$$

因为 $y' = 2x^5$, 所以

$$k = -\frac{1}{2x^5}.$$

法线方程为

$$Y - y = -\frac{1}{2x^5}(X - x),$$

整理得

$$Y = y - \frac{1}{2x^5}(X - x) = -\frac{1}{2x^5} X + \frac{1}{2x^4} + \frac{1}{3} x^6.$$

故法线方程在 y 轴上的截距为

$$b = \frac{1}{2x^4} + \frac{1}{3} x^6.$$

求此函数的极值, 令 $b' = 0$, 解得 $x_1 = 1, x_2 = -1$(舍去),

$$b'' = \frac{10}{x^6} + 10x^4, \quad b''(1) = 20 > 0.$$

故 $b(1)$ 为极小值, 由于驻点唯一, 知它是最小值.

因此曲线在点 $\left(1, \frac{1}{3} \right)$ 处的法线在 y 轴上的截距最小.

例 9 设函数由方程 $2y^3 - 2y^2 + 2xy - x^2 = 1$ 所确定, 试求 $y = y(x)$ 的驻点, 并判断是否为极值点.

解　将方程 $2y^3 - 2y^2 + 2xy - x^2 = 1$ 两边同时对 x 求导, 得

$$6y^2 y' - 4yy' + 2y + 2xy' - 2x = 0, \tag{1}$$

两边再同时对 x 求导得

$$12yy' + 6y^2 y'' - 4(y')^2 - 4yy'' + 2y' + 2y' + 2xy'' - 2 = 0. \tag{2}$$

将 $y' = 0$ 代入 (1) 中得

$$y = x. \tag{3}$$

将 (3) 代入原方程中得 $y = x = 1$, 将 $y'(1) = 0, y(1) = 1$ 代入 (2) 中得 $y''(1) = \dfrac{1}{2}$, 所以 $y = y(x)$ 的驻点为 $x = 1$, $(1,1)$ 为极小值点.

例 10　试确定函数 $f(x) = 2e^{2-x^2}(x^6 - 3x^4 + 5x^2 - 1) - 2e - 5$ 的实零点的个数.

分析　直接求函数 $f'(x) = 0$ 的零点是困难的, 但是我们可先求 $f(x)$ 的零点, 从而用函数的单调性, 并判定 $f(x) = 0$ 实根的个数.

解　记 $x^2 = y$, 则

$$f(x) = \varphi(y) = 2e^{2-y}(y^3 - 3y^2 + 5y - 1) - 2e - 5$$

且

$$\begin{aligned}
\varphi'(y) &= -2e^{2-y}(y^3 - 6y^2 + 11y - 6) \\
&= -2(y-1)(y-2)(y-3)e^{2-y},
\end{aligned}$$

从而 $\varphi'(y) = 0$ 有三个根, 且这三个根将正半轴分成四个区间, 结合函数在这些区间端点的值以及函数的单调性, 知 $\varphi(y)$ 在区间 $(0,1)$ 和 $(1,2)$ 内各有一根, 而在 $(2, +\infty)$ 上没有根. 利用 $f(x)$ 的对称性, 我们知 $f(x)$ 在整个实数轴上有四个不同的零点.

例 11　函数 $f(x) = 2^x - 1 - x^2$ 在实轴上有多少个零点?

分析　令 $p(x) = 2^x, q(x) = 1 + x^2$, 这是两个严格的下凸函数, 从而方程 $f(x) = 0$ 的根是离散的. 直接观察, 我们知方程有根 $x = 0, x = 1$, 以及某个大于 1 的根 $x = x_0$.

解　由于 $f''(x) = 2^x(\ln 2)^2 - 2$, 其等于零只有一个根. 从而由罗尔定理, $f(x) = 0$ 最多只有三个不同的根.

又因 $f(1) = 0, f'(1) < 0, f'(3) > 0$, 从而 $f(x)$ 在区间 $(1,3)$ 内至少有一个根 $x_0 > 1$. 从而 $f(x) = 0$ 恰有三个根 $x_1 = 0, x_2 = 1, x_3 = x_0$.

例 12 讨论曲线 $y = 4\ln x + k$ 与 $y = 4x + \ln^4 x$ 的交点个数.

分析 问题等价于讨论方程 $4x + \ln^4 x - 4\ln x - k = 0$ 有几个不同的实根. 利用导数的方法, 判定实根的个数与 k 值的关系.

解 设 $\varphi(x) = 4x + \ln^4 x - 4\ln x - k$, 则有

$$\varphi'(x) = \frac{4(\ln^3 x - 1 + x)}{x}.$$

不难看出, $x = 1$ 是 $\varphi(x)$ 的驻点.

当 $0 < x < 1$ 时, $\varphi'(x) < 0$, 即 $\varphi(x)$ 单调减少; 当 $x > 1$ 时, $\varphi'(x) > 0$, 即 $\varphi(x)$ 单调增加, 故 $\varphi(1) = 4 - k$ 为函数 $\varphi(x)$ 的最小值.

当 $k < 4$, 即 $4 - k > 0$ 时, $\varphi(x) = 0$ 无实根, 即两条曲线无交点.

当 $k = 4$, 即 $4 - k = 0$ 时, $\varphi(x) = 0$ 有唯一实根, 即两条曲线只有一个交点.

当 $k > 4$, 即 $4 - k < 0$ 时, 由于

$$\lim_{x \to 0^+} \varphi(x) = \lim_{x \to 0^+} [\ln x(\ln^3 x - 4) + 4x - k] = +\infty,$$

$$\lim_{x \to +\infty} \varphi(x) = \lim_{x \to +\infty} [\ln x(\ln^3 x - 4) + 4x - k] = +\infty,$$

故 $\varphi(x) = 0$ 有两个实根, 分别位于 $(0,1)$ 与 $(1, +\infty)$ 内, 即两条曲线有两个交点.

例 13 求曲线 $y = x \arctan x$ 的渐近线.

解 由于 $\lim_{x \to \infty} = (x \arctan x)|_{x=\infty} = \infty$, 则该曲线无水平渐近线.

由于 $\lim_{x \to \xi} x \arctan x \neq \infty$, 则无铅直渐近线.

又

$$\lim_{x \to +\infty} \frac{f(x)}{x} = \lim_{x \to +\infty} \arctan x = \frac{\pi}{2} = a,$$

$$b = \lim_{x \to +\infty} [f(x) - ax] = \lim_{x \to +\infty} \left(x \arctan x - \frac{\pi}{2}x\right)$$

$$= \lim_{x \to +\infty} x \left(\arctan x - \frac{\pi}{2}\right)$$

$$= \lim_{x \to +\infty} \frac{\arctan x - \frac{\pi}{2}}{\frac{1}{x}} = \lim_{x \to +\infty} \frac{\frac{1}{1+x^2}}{-\frac{1}{x^2}} = -1,$$

所以 $y = ax + b = \frac{\pi}{2}x - 1$ 是 $x \to +\infty$ 时的斜渐近线.

同理, $y = -\frac{\pi}{2}x - 1$ 是 $x \to -\infty$ 时的斜渐近线.

例 14 设 $f(x)$ 是区间 $[0,1]$ 上的连续可微函数, 且当 $x \in (0,1)$ 时, $0 < f'(x) < 1, f(0) = 0$. 证明: $\displaystyle\int_0^1 f^2(x)\mathrm{d}x > \left[\int_0^1 f(x)\mathrm{d}x\right]^2 > \int_0^1 f^3(x)\mathrm{d}x$.

分析 结论左边的不等式, 直接利用柯西不等式便可得到. 右边的不等式则通过引进适当的辅助函数证明.

证明 利用柯西不等式, 令 $g(x) \equiv 1$, 则

$$\left[\int_0^1 f(x) \cdot 1\mathrm{d}x\right]^2 \leqslant \int_0^1 f^2(x)\mathrm{d}x \cdot \int_0^1 1\mathrm{d}x = \int_0^1 f^2(x)\mathrm{d}x.$$

$\left(\text{由于 } \dfrac{f(x)}{g(x)} \text{ 不等于常数, 故等号不成立.}\right)$

为证明结论的另一部分, 设

$$F(x) = \left[\int_0^x f(t)\mathrm{d}t\right]^2 - \int_0^x f^3(t)\mathrm{d}t,$$

则

$$F'(x) = 2f(x)\int_0^x f(t)\mathrm{d}t - f^3(x) = f(x)\left[2\int_0^x f(t)\mathrm{d}t - f^2(x)\right].$$

再设

$$G(x) = 2\int_0^x f(t)\mathrm{d}t - f^2(x), \quad \text{即} \quad F'(x) = f(x)G(x),$$

有

$$G'(x) = 2f(x) - 2f(x)f'(x) = 2f(x)[1 - f'(x)].$$

当 $x \in (0,1)$ 时, 由 $0 < f'(x) < 1$ 和 $f(0) = 0$, 知 $f(x)$ 严格单调增加, 且 $f(x) > 0$, 从而, $G'(x) > 0$. 又 $G(0) = 0$, 所以 $G(x) > 0$. 由以上得知 $F'(x) > 0$, 即 $F(x)$ 亦严格单调增加, 而且 $F(0) = 0$, 故 $F(x) > 0$. 由连续性 $F(1) > 0$, 这就证明了

$$\left[\int_0^1 f(x)\mathrm{d}x\right]^2 > \int_0^1 f^3(x)\mathrm{d}x.$$

例 15 设 $f(x)$ 在 $(a, +\infty)$ 可导, 且 $\lim\limits_{x \to a^+} f(x) = \lim\limits_{x \to +\infty} f(x) = A$, 证明: 存在 c $(a < c < +\infty)$, 使 $f'(c) = 0$.

证明 (1) 当 $f(x) \equiv A, x \in (a, +\infty)$ 时, 任取 $c \in (a, +\infty)$, 有 $f'(c) = 0$.

(2) 当 $f(x) \not\equiv A$ 时, 存在 $x_0 \in (a, +\infty)$, 有 $f(x_0) \neq A$, 不妨设 $f(x_0) > A$.

由于 $\lim\limits_{x \to a^+} f(x) = A < f(x_0)$, 即 $\lim\limits_{x \to a^+} [f(x) - f(x_0)] < 0$, 根据极限的保号性知: 存在 $b \in (a, x_0)$, 使 $f(b) - f(x_0) < 0$, 即 $f(b) < f(x_0)$.

又由于 $\lim\limits_{x \to +\infty} f(x) = A < f(x_0)$, 同样可得: 存在 $d \in (x_0, +\infty)$, 使 $f(d) < f(x_0)$.

由于 $f(x)$ 在 $[b, d] \subset (a, +\infty)$ 上连续, 则存在 $c \in [b, d]$ 使 $f(c)$ 为最大值, 且由于 $f(b) < f(x_0), f(d) < f(x_0), x_0 \in (b, d)$, 则知 $c \in (b, d)$ 使 $f(c)$ 为最大值, 故 $f'(c) = 0$.

例 16 设 $f(x)$ 在 $[0, 1]$ 上有二阶导数, 且 $f(0) = f(1)$, 证明存在 $\xi \in (0, 1)$, 使

$$f''(\xi) = \frac{2f'(\xi)}{1 - \xi}.$$

证明 由于 $f(x)$ 在 $[0, 1]$ 上有二阶导数, 且 $f(0) = f(1)$, 则由罗尔定理知: 存在 $x_0 \in (0, 1)$, 使

$$f'(x_0) = 0.$$

令 $\varphi(x) = (x - 1)^2 f'(x)$, 则 $\varphi(x)$ 在 $[0, 1]$ 内可导, 且

$$\varphi'(x) = (x - 1)^2 f''(x) + 2(x - 1)f'(x).$$

又

$$\varphi(1) = \varphi(x_0) = 0,$$

则由罗尔定理知: 存在 $\xi \in (x_0, 1) \subset (0, 1)$, 使 $\varphi'(\xi) = 0$, 即

$$(\xi - 1)^2 f''(\xi) + 2(\xi - 1)f'(\xi) = 0, \quad \text{即} \quad f''(\xi) = \frac{2f'(\xi)}{1 - \xi}.$$

例 17 设 $f(x)$ 在 $[0, 1]$ 上二阶可导, $f(0) = f(1)$, $f'(1) = 1$, 证明: $\exists \xi \in (0, 1)$ 使 $f''(\xi) = 2$.

证明 **法 1** 令 $F(x) = f(x) - x^2 + x$, 则 $F(x)$ 在 $[0, 1]$ 上二阶可导, 且 $F(0) = F(1)$, 由罗尔定理知: 存在 $\eta \in (0, 1)$, 使 $F'(\eta) = 0$. 又 $F'(x) = f'(x) - 2x + 1$, 则 $F'(1) = f'(1) - 1 = 0 = F'(\eta)$, 再由罗尔定理知: 存在 $\xi \in (\eta, 1) \subset (0, 1)$, 使 $F''(\xi) = 0$, 由于 $F''(x) = f''(x) - 2$, 则 $f''(\xi) = 2$.

法 2 在 $x = 1$ 展开为一阶泰勒公式

$$f(x) = f(1) + f'(1)(x - 1) + \frac{1}{2}f''(\xi_1)(x - 1)^2, \quad \xi_1 \in (x, 1)$$

$$f(0) = f(1) - f'(1) + \frac{1}{2}f''(\xi), \quad \xi \in (0, 1).$$

由于 $f(0) = f(1)$, $f'(1) = 1$, 则 $f''(\xi) = 2$.

例 18　设 f 在 $[a,b]$ 上二阶可微, $f(a) = f(b) = 0$, $f'_+(a)f'_-(b) > 0$, 则方程 $f''(x) = 0$ 在 (a,b) 内至少有一根.

证明　由于 $f'_+(a)f'_-(b) > 0$, 不妨设 $f'_+(a) > 0, f'_-(b) > 0$. 则由 $f'_+(a) = \lim\limits_{x \to a^+} \dfrac{f(x) - f(a)}{x - a} > 0$ 知: 存在 $(a, a+\delta)$, 使 $\dfrac{f(x) - f(a)}{x - a} > 0$, 从而有 $x_1 > a$, 使 $f(x_1) > f(a) = 0$.

同样, 由 $\lim\limits_{x \to b^-} \dfrac{f(x) - f(b)}{x - b} > 0$ 知: 存在 $(b - \delta, b)$, 使 $\dfrac{f(x) - f(b)}{x - b} > 0$, 从而有 $x_2 < b$, 使得 $f(x_2) < f(b) = 0$.

又因 $f(x)$ 在 $[a,b]$ 上可微, 所以 $f(x)$ 在 $[x_1, x_2]$ 上连续, 由零点存在定理知: 存在 $x_0 \in (x_1, x_2)$, 使 $f(x_0) = 0$. 于是在 $[a, x_0]$ 及 $[x_0, b]$ 上分别利用罗尔定理得: 存在 $\xi_1 < \xi_2$, 使得

$$f'(\xi_1) = f'(\xi_2) = 0 \quad (a < \xi_1 < x_0, x_0 < \xi_2 < b).$$

再在 $[\xi_1, \xi_2]$ 上用罗尔定理得: 存在 $\xi \in (\xi_1, \xi_2) \subset (a, b)$, 使得 $f''(\xi) = 0$. 即方程 $f''(x) = 0$ 在 (a,b) 内至少有一根.

例 19　设 $f(x)$ 在 $[a,b]$ 上连续, $\displaystyle\int_a^b f(x)\mathrm{d}x = \int_a^b f(x)\mathrm{e}^x\mathrm{d}x = 0$, 求证: $f(x)$ 在 (a,b) 内至少有两个零点.

证明　设 $F(x) = \displaystyle\int_a^x f(t)\mathrm{d}t$, 则 $F(a) = 0$, $F(b) = 0$, 且 $F'(x) = f(x)$, 于是

$$\int_a^b f(x)\mathrm{e}^x\mathrm{d}x = \int_a^b \mathrm{e}^x\mathrm{d}F(x) = \mathrm{e}^x F(x)\Big|_a^b - \int_a^b F(x)\,\mathrm{d}\mathrm{e}^x = 0 - F(c)\,\mathrm{e}^c(b - a),$$

得 $F(c) = 0$.

在 $[a, c]$ 和 $[c, b]$ 上分别用罗尔定理可证.

例 20　设 $f'(x)$ 在 $[a,b]$ 上连续, $f(x)$ 在 (a,b) 内二阶可导, $f(a) = f(b) = 0$, $\displaystyle\int_a^b f(x)\mathrm{d}x = 0$, 求证:

(1) 在 (a,b) 内至少有一点 ξ, 使得 $f'(\xi) = f(\xi)$;

(2) 在 (a,b) 内至少有一点 η, $\eta \neq \xi$, 使得 $f''(\eta) = f(\eta)$.

证明　(1) 由 $\displaystyle\int_a^b f(x)\mathrm{d}x = 0$, 得 $f(c) = 0$, $c \in (a, b)$, 令 $G(x) = \mathrm{e}^{-x} f(x)$, 注意到函数 $G(x)$ 在区间 $[a, c]$ 和 $[c, b]$ 上均满足罗尔定理条件, 在区间 $[a, c]$ 和

$[c, b]$ 上分别应用罗尔定理, 则至少存在 $\xi_1 \in (a, c), \xi_2 \in (c, b)$, 使得

$$G'(\xi_1) = 0, G'(\xi_2) = 0, \quad 即 \quad f'(\xi_1) = f(\xi_1), f'(\xi_2) = f(\xi_2).$$

(2) 令 $F(x) = \mathrm{e}^{-x} [f'(x) - f(x)]$, 由结论 (1), $F(x)$ 在 $[\xi_1, \xi_2] \subset (a, b)$ 上满足罗尔定理条件, 故应用罗尔定理, 得证.

例 21 设 $f(x), g(x)$ 在 $[a, b]$ 上可微, 且 $g'(x) \neq 0$, 证明: 存在一点 $c \in (a, b)$ 使得

$$\frac{f(a) - f(c)}{g(c) - g(b)} = \frac{f'(c)}{g'(c)}.$$

分析 $\dfrac{f(a) - f(c)}{g(c) - g(b)} = \dfrac{f'(c)}{g'(c)}$ 变形为

$$[f(a) - f(c)] g'(c) - [g(c) - g(b)] f'(c) = 0,$$

即

$$[f(a) - f(x)] g'(x) - [g(x) - g(b)] f'(x) |_{x=c} = 0.$$

而

$$[f(a) - f(x)] g'(x) - [g(x) - g(b)] f'(x)$$

$$= f(a) g'(x) + g(b) f'(x) - f(x) g'(x) - f'(x) g(x)$$

$$= [f(a) g(x) + g(b) f(x) - f(x) g(x)]'.$$

证明 令 $F(x) = f(a)g(x) + g(b)f(x) - f(x)g(x)$, 在 $[a, b]$ 上应用罗尔定理可以得出结论.

例 22 设函数 $f(x)$ 在 $[a, b]$ 内连续, 在 (a, b) 内可导, 其中 $a > 0, f(b) = 0$, 试证明: 在 (a, b) 内必有一点 ξ, 使 $f(\xi) = \dfrac{a - \xi}{b} f'(\xi)$.

证明 令 $F(x) = (x - a)^b f(x)$, 则 $F(x)$ 在 $[a, b]$ 内连续, 在 (a, b) 内可导, 且

$$F'(x) = b(x - a)^{b-1} f(x) + (x - a)^b f'(x).$$

又易知 $F(a) = F(b) = 0$, 则由罗尔定理知: 在 (a, b) 内必有一点 ξ, 使 $F'(\xi) = 0$. 即

$$b(\xi - a)^{b-1} f(\xi) + (\xi - a)^b f'(\xi) = 0, \quad f(\xi) = \frac{a - \xi}{b} f'(\xi).$$

注 就本题来说明应用罗尔定理时辅助函数的构造.

将 $f(\xi)=\dfrac{a-\xi}{b}f'(\xi)$ 变形成 $f'(\xi)+\dfrac{b}{\xi-a}f(\xi)=0$(形式为 $f'(\xi)+\varphi(\xi)=0$),
即

$$f'(x)+\frac{b}{x-a}f(x)\Big|_{x=\xi}=0. \tag{1}$$

将 (1) 式左端变成某一函数的导数, 取

$$\mu(x)=\mathrm{e}^{\int\frac{b}{x-a}\mathrm{d}x}=(x-a)^b\neq 0\quad(x\in(a,b)),$$

称 $\mu(x)$ 为积分因子, 则 (1) 式等价于

$$\mu(x)\left(f'(x)+\frac{b}{x-a}f(x)\right)\Big|_{x=\xi}=(\mu(x)f(x))'\Big|_{x=\xi}=0.$$

因此, 辅助函数 $F(x)=\mu(x)f(x)=(x-a)^b f(x)$.

例 23　设 $f(x)$ 在区间 $[0,+\infty)$ 内可导, 且 $0\leqslant f(x)\leqslant\dfrac{x}{1+x^2}$, 证明存在 $\xi>0$, 使

$$f'(\xi)=\frac{1-\xi^2}{(1+\xi^2)^2}.$$

证明　令 $F(x)=\dfrac{x}{1+x^2}-f(x)$, 则 $0\leqslant F(x)\leqslant\dfrac{x}{1+x^2}$, 且不难看出 $F(0)=0$.

若 $F(x)$ 恒等于 0, 则 $F'(x)=\dfrac{1-x^2}{(1+x^2)^2}-f'(x)=0$, 即

$$f'(x)=\frac{1-x^2}{(1+x^2)^2},\quad x\in(0,+\infty),$$

此时命题当然成立.

若 $F(x)$ 不恒等于 0, 则存在 $\eta\in(0,+\infty)$, 有 $F(\eta)\neq 0$, 不妨设 $F(\eta)>0$. 由 $0\leqslant F(x)\leqslant\dfrac{x}{1+x^2}$ 可知, $\lim\limits_{x\to+\infty}F(x)=0<F(\eta)$.

根据极限的保号性, 存在 $N>\eta$, 使得 $F(N)<F(\eta)$. 再根据题设可知, $F(x)$ 在 $[0,N]$ 连续, 故存在最大值 $F(\xi)\geqslant F(\eta)$, 显然 $\xi\in(0,N)$, 则 $F'(\xi)=0$, 即

$$f'(\xi)=\frac{1-\xi^2}{(1+\xi^2)^2}.$$

例 24　设函数 $f(x)$ 在 $(a,+\infty)$ 内有二阶导数, 且 $f(a+1)=0$, $\lim\limits_{x\to a^+}f(x)=0$, $\lim\limits_{x\to+\infty}f(x)=0$. 证明在 $(a,+\infty)$ 内至少有一点 ξ 满足 $f''(\xi)=0$.

证明 (1) 已知 $f(a+1) = 0$, 若在 $(a+1, +\infty)$ 内, $f(x) \equiv 0$, 则 $f''(x) = 0$. 任取 $\xi \in (a+1, +\infty) \subset (a, +\infty)$, 有 $f''(\xi) = 0$, 结论成立.

(2) 若在 $(a+1, +\infty) \subset (a, +\infty)$ 内, $f(x)$ 不恒等于 0, 则至少存在 $x_1 \in (a+1, +\infty)$ 使得 $f(x_1) \neq 0$.

不妨设 $f(x_1) > 0$, 由于 $f(a+1) = 0$, $\lim\limits_{x \to +\infty} f(x) = 0$, 又曲线 $y = f(x)$ 连续 (如图 1), 则曲线上点 $(x_1, f(x_1))$ 左右两侧都存在接近零点的点, 故存在 $x_2 > x_1$, 使得 $f(x_2) < f(x_1)$.

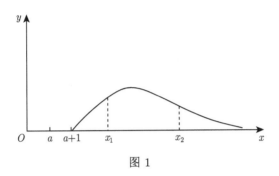

图 1

由于 $f(x)$ 在 $[a+1, x_2]$ 上连续, 则存在 $\xi_1 \in [a+1, x_2]$, 使 $f(\xi_1)$ 为最大值, 且由于

$$f(a+1) < f(x_1), \quad f(x_2) < f(x_1), \quad x_1 \in (a+1, x_2),$$

则知 $\xi_1 \in (a+1, x_2)$, 故 $f'(\xi_1) = 0$.

补充定义 $f(a) = 0$, 则由已知条件知: $f(x)$ 在 $[a, a+1]$ 上满足罗尔定理的条件. 于是存在 $\xi_2 \in (a, a+1)$, 使得 $f'(\xi_2) = 0$.

故存在 $\xi \in (\xi_2, \xi_1) \subset (a, +\infty)$, 使得 $f''(\xi) = 0$.

例 25 设 $f(x)$ 在 $[0,1]$ 上连续, 在 $(0,1)$ 内可导, 且 $f(0) = f(1) = 0$, $f\left(\dfrac{1}{2}\right) = 1$, 证明: 在 $(0,1)$ 内存在两个不同的点 ξ, η, 使得 $f'(\xi) = -1$, $f'(\eta) = 1$.

证明 法 1 设 $F(x) = f(x) + x$, $\varphi(x) = f(x) - x$, 则 $F(x)$, $\varphi(x)$ 在 $[0,1]$ 上连续, 在 $(0,1)$ 内可导, 且 $F(0) = 0$, $F\left(\dfrac{1}{2}\right) = \dfrac{3}{2}$, $F(1) = 1$; $\varphi(0) = 0$, $\varphi\left(\dfrac{1}{2}\right) = \dfrac{1}{2}$, $\varphi(1) = -1$. 因此, 存在 $a \in \left(0, \dfrac{1}{2}\right)$, 使 $F(a) = 1$; 存在 $b \in \left(\dfrac{1}{2}, 1\right)$, 使 $\varphi(b) = 0$.

由罗尔定理知: 存在 $\xi \in (a, 1) \subset (0,1)$, 使得 $F'(\xi) = 0$, 即 $f'(\xi) = -1$; 存在 $\eta \in (0, b) \subset (0,1)$, 使得 $\varphi'(\eta) = 0$, 即 $f'(\eta) = 1$.

法 2 由于设 $f(x)$ 在 $[0,1]$ 上连续, 在 $(0,1)$ 内可导, 则由拉格朗日定理得: 存在 $a, b \in (0,1)$, 使

$$f'(a) = \frac{f\left(\dfrac{1}{2}\right) - f(0)}{\dfrac{1}{2} - 0} = \frac{1-0}{\dfrac{1}{2}-0} = 2, \quad f'(b) = \frac{f(1) - f\left(\dfrac{1}{2}\right)}{1 - \dfrac{1}{2}} = \frac{0-1}{\dfrac{1}{2}} = -2.$$

由于 $f'(b) < -1 < 1 < f'(a)$, 则由达布定理知: 存在 $\xi, \eta \in (0,1)$, 使得 $f'(\xi) = -1, f'(\eta) = 1$.

例 26 设 $f(x)$ 在 $[0,1]$ 上可导, 且 $f(0) = 0, f(1) = 1$, 证明: 在 $(0,1)$ 内存在两个不同的点 ξ, η, 使得 (1) $f'(\xi) + f'(\eta) = 2$; (2) $\dfrac{1}{f'(\xi)} + \dfrac{1}{f'(\eta)} = 2$.

分析 (1) 利用拉格朗日中值定理得出; (2) 利用介值定理和拉格朗日中值定理可以证明.

解 (1) 记 $f\left(\dfrac{1}{2}\right) = x_0$, 则存在 $\xi, \eta \in (0,1)$, 使

$$f'(\xi) = \frac{f\left(\dfrac{1}{2}\right) - f(0)}{\dfrac{1}{2}} = 2x_0, \quad f'(\eta) = \frac{f(1) - f\left(\dfrac{1}{2}\right)}{1 - \dfrac{1}{2}} = 2(1 - x_0),$$

则 $f'(\xi) + f'(\eta) = 2$.

(2) 由于 $f(x)$ 在 $[0,1]$ 上连续、可导, 且 $f(0) = 0, f(1) = 1$, 则存在 $c \in (0,1)$, 使 $f(c) = \dfrac{1}{2}$. 故存在 $\xi, \eta \in (0,1)$, 使得

$$f'(\xi) = \frac{f(c) - f(0)}{c - 0} = \frac{1}{2c}, \quad f'(\eta) = \frac{f(1) - f(c)}{1 - c} = \frac{1}{2(1-c)},$$

则 $\dfrac{1}{f'(\xi)} + \dfrac{1}{f'(\eta)} = 2$.

例 27 设 $f(x)$ 在 $(-1,1)$ 上有二阶连续导数, 且 $f''(x) \neq 0$, 证明:

(1) 对任意 $x \in (-1,1)$, $x \neq 0$, 存在唯一的 $\theta(x) \in (0,1)$, 使得

$$f(x) = f(0) + xf'(\theta(x)x)$$

成立;

(2) $\lim\limits_{x \to 0} \theta(x) = \dfrac{1}{2}$.

分析 利用拉格朗日中值定理和导数定义可以得出结论.

解 (1) 对任意 $x \in (-1,1)$, $x \neq 0$, 由拉格朗日中值定理得

$$f(x) - f(0) = xf'(\theta(x)x),$$

即

$$f(x) = f(0) + xf'(\theta(x)x), \quad 0 < \theta(x) < 1.$$

由于 $f''(x)$ 在 $(-1,1)$ 内连续, 且 $f''(x) \neq 0$, 则 $f''(x)$ 在 $(-1,1)$ 内不变号. 不妨设 $f''(x) > 0$, 则 $f'(x)$ 在 $(-1,1)$ 内严格单调递增, 故 $\theta(x)$ 唯一.

(2) 由 (1) 得

$$\frac{f(x) - f(0)}{x} = f'(\theta(x)x),$$

则

$$\frac{f(x) - f(0)}{x^2} - \frac{f'(0)}{x} = \frac{f'(\theta(x)x) - f'(0)}{\theta(x)x} \cdot \theta(x),$$

$$\frac{f(x) - f(0) - xf'(0)}{x^2} = \frac{f'(\theta(x)x) - f'(0)}{\theta(x)x} \cdot \theta(x).$$

由于

$$\lim_{x \to 0} \frac{f(x) - f(0) - xf'(0)}{x^2} = \lim_{x \to 0} \frac{f'(x) - f'(0)}{2x} = \frac{1}{2} f''(0)$$

及

$$\lim_{x \to 0} \frac{f'(\theta(x)x) - f'(0)}{\theta(x)x} \cdot \theta(x) = \lim_{x \to 0} \frac{f'(\theta(x)x) - f'(0)}{\theta(x)x} \lim_{x \to 0} \theta(x) = f''(0) \cdot \lim_{x \to 0} \theta(x),$$

于是 $\lim\limits_{x \to 0} \theta(x) = \dfrac{1}{2} (f''(0) \neq 0)$.

例 28 设 $f(x)$ 在 $[a,b]$ 上可导, 且 $b - a \geqslant 4$, 证明: 存在 $x_0 \in (a,b)$, 使得 $f'(x_0) < 1 + f^2(x_0)$.

解 设 $\varphi(x) = \arctan f(x)$, 则在 $[a,b]$ 上可导, 由拉格朗日定理得: 存在 $x_0 \in (a,b)$, 使

$$\varphi'(x_0) = \frac{\varphi(b) - \varphi(a)}{b - a} = \frac{\arctan f(b) - \arctan f(a)}{b - a}.$$

又 $\dfrac{\arctan f(b) - \arctan f(a)}{b - a} \leqslant \dfrac{\pi}{4} < 1$, 则 $\varphi'(x_0) < 1$, 即

$$\frac{f'(x_0)}{1 + f^2(x_0)} < 1, \quad f'(x_0) < 1 + f^2(x_0).$$

例 29 设 $f(x)$ 在 $[a,b]$ 上可微, 且 a,b 同号, 证明: 存在 $\xi \in (a,b)$, 使

(1) $2\xi[f(b) - f(a)] = (b^2 - a^2)f'(\xi)$;

(2) $f(b) - f(a) = \xi \left(\ln \dfrac{b}{a} \right) f'(\xi)$.

证明 (1) 令 $g(x) = x^2$, 显然 f, g 在 $[a,b]$ 上满足柯西中值定理的条件, 所以

$$\frac{f(b) - f(a)}{b^2 - a^2} = \frac{f'(\xi)}{2\xi},$$

即

$$2\xi[f(b) - f(a)] = (b^2 - a^2)f'(\xi).$$

(2) 令 $g(x) = \ln|x|$, 显然 f, g 在 $[a,b]$ 上满足柯西中值定理的条件, 所以

$$\frac{f(b) - f(a)}{\ln|b| - \ln|a|} = \frac{f'(\xi)}{\dfrac{1}{\xi}} = \xi f'(\xi),$$

即

$$f(b) - f(a) = \xi \ln \left| \frac{b}{a} \right| f'(\xi) = \xi \left(\ln \frac{b}{a} \right) f'(\xi).$$

例 30 设 $f(x)$ 在 $(-\infty, +\infty)$ 上三阶可导, 并且 $f(x)$ 和 $f'''(x)$ 在 $(-\infty, +\infty)$ 上有界, 证明: $f'(x)$ 和 $f''(x)$ 也在 $(-\infty, +\infty)$ 上有界.

证明 设 $f'(x)$ 无上界, 则存在 $\alpha_n \in (-\infty, +\infty)$, 使 $\lim\limits_{n \to \infty} f'(\alpha_n) \to +\infty$. 考察

$$f(\alpha_n + 1) = f(\alpha_n) + f'(\alpha_n) + \frac{f''(\alpha_n)}{2} + \frac{f'''(\xi)}{6}, \quad \alpha_n < \xi < \alpha_n + 1, \quad (1)$$

$$f(\alpha_n - 1) = f(\alpha_n) - f'(\alpha_n) + \frac{f''(\alpha_n)}{2} - \frac{f'''(\eta)}{6}, \quad \alpha_n - 1 < \eta < \alpha_n. \quad (2)$$

在 (1) 式中, 由于 $f(\alpha_n + 1), f(\alpha_n), f'''(\xi)$ 有界, 因此

$$\lim_{n \to \infty} f''(\alpha_n) \to -\infty.$$

同样, 从 (2) 式中得

$$\lim_{n \to \infty} f''(\alpha_n) \to +\infty,$$

矛盾, 从而 $f'(x)$ 与 $f''(x)$ 有上界, 同理可证 $f'(x)$ 与 $f''(x)$ 有下界.

例 31 设 $f(x)$ 在 $[0,1]$ 上具有二阶导数, 且满足条件 $|f(x)| \leqslant a, |f''(x)| \leqslant b$, 其中 a,b 都是非负常数, c 是 $(0,1)$ 内的任一点, 证明 $|f'(c)| \leqslant 2a + \dfrac{b}{2}$.

分析 如果函数高阶可导, 并给定了导数或函数值, 要求估计一个函数的界, 往往用泰勒展开式.

证明 因 $f(x)$ 在 $[0,1]$ 上具有二阶导数, 故存在 $\xi_1 \in (0,c)$ 使得

$$f(0) = f(c) + f'(c)(0 - c) + \frac{1}{2}f''(\xi_1)(0 - c)^2.$$

同理存在 $\xi_2 \in (c,1)$ 使得

$$f(1) = f(c) + f'(c)(1 - c) + \frac{1}{2}f''(\xi_2)(1 - c)^2.$$

将上面的两个等式两边分别作差, 得

$$f(1) - f(0) = f'(c) + \frac{1}{2}f'(\xi_2)(1 - c)^2 - \frac{1}{2}f''(\xi_1)c^2,$$

即

$$f'(c) = f(1) - f(0) - \frac{1}{2}f'(\xi_2)(1 - c)^2 + \frac{1}{2}f''(\xi_1)c^2.$$

因此

$$|f'(c)| \leqslant |f(1)| + |f(0)| + \frac{1}{2}|f''(\xi_2)|(1 - c)^2 + \frac{1}{2}|f''(\xi_1)|c^2$$

$$\leqslant 2a + \frac{b}{2}(1 - c)^2 + \frac{b}{2}c^2.$$

而 $(1 - c)^2 + c^2 = 2c^2 - 2c + 1 = 2c(c - 1) + 1 \leqslant 1$, 故 $|f'(c)| \leqslant 2a + \dfrac{b}{2}$.

注 选择展开的定点与所讨论的问题有关, 这些展开点通常是函数的零点, 以及区间的端点、中点、极值点等.

例 32 设 $f(x)$ 在 $[0,1]$ 上具有三阶连续导数, 且 $f(0) = 1, f(1) = 2, f'\left(\dfrac{1}{2}\right) = 0$. 证明: 存在 $\xi \in (0,1)$, 使 $|f'''(\xi)| \geqslant 24$.

证明 将 $f(x)$ 在点 $x = \dfrac{1}{2}$ 处展开泰勒公式, 得

$$f(x) = f\left(\frac{1}{2}\right) + f'\left(\frac{1}{2}\right)\left(x - \frac{1}{2}\right) + \frac{1}{2}f''\left(\frac{1}{2}\right)\left(x - \frac{1}{2}\right)^2 + \frac{1}{6}f'''(\xi)\left(x - \frac{1}{2}\right)^3$$

$\left(\xi \text{ 介于 } x \text{ 与 } \frac{1}{2} \text{ 之间}\right).$

令 $x = 0$ 得

$$f(0) = f\left(\frac{1}{2}\right) + f'\left(\frac{1}{2}\right)\left(-\frac{1}{2}\right) + \frac{1}{2}f''\left(\frac{1}{2}\right)\left(\frac{1}{2}\right)^2$$

$$+ \frac{1}{6}f'''(\xi_1)\left(-\frac{1}{2}\right)^3, \quad \xi_1 \in \left(0, \frac{1}{2}\right).$$

令 $x = 1$ 得

$$f(1) = f\left(\frac{1}{2}\right) + f'\left(\frac{1}{2}\right)\frac{1}{2} + \frac{1}{2}f''\left(\frac{1}{2}\right)\left(\frac{1}{2}\right)^2$$

$$+ \frac{1}{6}f'''(\xi_2)\left(\frac{1}{2}\right)^3, \quad \xi_2 \in \left(\frac{1}{2}, 1\right).$$

因为 $f'\left(\frac{1}{2}\right) = 0$, 所以

$$|f(1) - f(0)| \leqslant \frac{1}{6}\left[|f'''(\xi_1)| + |f'''(\xi_2)|\right]\left(\frac{1}{2}\right)^3.$$

令 $f'''(\xi) = \max\{|f'''(\xi_1)|, f'''(\xi_2)\}$, 则 $|f(1) - f(0)| \leqslant \frac{1}{24}|f'''(\xi)|$,

代入 $f(0) = 1, f(1) = 2$, 得 $|f'''(\xi)| \geqslant 24$.

例 33 设函数 $f(x)$ 在 $[0, 2]$ 上二阶可导, 且 $|f(x)| \leqslant 1$, $|f''(x)| \leqslant 1$, $x \in [0, 2]$. 证明: 对一切 $x \in [0, 2]$, 有 $|f'(x)| \leqslant 2$.

证明 对任一点 $x \in [0, 2]$(x 暂时固定), 在 x 处展为一阶泰勒公式

$$f(t) = f(x) + f'(x)(t - x) + \frac{1}{2!}f''(\xi)(t - x)^2 \quad (\xi \text{ 在 } t \text{ 与 } x \text{ 之间}).$$

分别令 $t = 0, 2$ 代入上式, 得

$$f(0) = f(x) + f'(x)(0 - x) + \frac{1}{2!}f''(\xi_1)(0 - x)^2 \quad (0 < \xi_1 < x),$$

$$f(2) = f(x) + f'(x)(2 - x) + \frac{1}{2!}f''(\xi_2)(2 - x)^2 \quad (x < \xi_2 < 2).$$

两式相减并整理得

$$2f'(x) = f(2) - f(0) + \frac{1}{2}x^2 f''(\xi_1) - \frac{1}{2}(2 - x)^2 f''(\xi_2),$$

则

$$2\left|f'(x)\right| \leqslant |f(2)| + |f(0)| + \frac{1}{2}x^2\left|f''(\xi_1)\right| + \frac{1}{2}(2-x)^2\left|f''(\xi_2)\right|.$$

因

$$|f(x)| \leqslant 1, \quad |f''(x)| \leqslant 1,$$

故

$$2\left|f'(x)\right| \leqslant 1 + 1 + \frac{1}{2}x^2 + \frac{1}{2}(2-x)^2 = 2 + \frac{x^2 + (2-x)^2}{2}.$$

由于在 $[0,2]$ 上, $x^2 + (2-x)^2 \leqslant 4$, 故 $2\left|f'(x)\right| \leqslant 4$, 即

$$\left|f'(x)\right| \leqslant 2, \quad x \in [0,2].$$

例 34 设函数 $f(x)$ 在 x_0 的一个邻域内存在四阶导数, 且 $\left|f^{(4)}(x)\right| \leqslant M$, 证明对此邻域内异于 x_0 的任何 x, 均有

$$\left| f''(x_0) - \frac{f(x) - 2f(x_0) + f(x')}{2(x-x_0)^2} \right| \leqslant \frac{M}{12}(x-x_0)^2,$$

其中 x' 与 x 是关于 x_0 对称的点.

证明 根据题意知

$$f(x) - 2f(x_0) + f(x')$$

$$= f(x_0) + f'(x_0)(x-x_0) + \frac{f''(x_0)}{2!}(x-x_0)^2$$

$$+ \frac{f'''(x_0)}{3!}(x-x_0)^3 + \frac{f^{(4)}(\xi)}{4!}(x-x_0)^4 - 2f(x_0) + f(x_0) + f'(x_0)(x'-x_0)$$

$$+ \frac{f''(x_0)}{2!}(x'-x_0)^2 + \frac{f'''(x_0)}{3!}(x'-x_0)^3 + \frac{f^{(4)}(\eta)}{4!}(x'-x_0)^4,$$

其中 ξ 在 x 与 x_0 之间, η 在 x' 与 x_0 之间.

因为 x' 与 x 关于 x_0 对称, 所以 $x - x_0 = -(x'-x_0)$, 于是有

$$f(x) - 2f(x_0) + f(x') = f''(x_0)(x-x_0)^2 + \frac{f^{(4)}(\xi) + f^{(4)}(\eta)}{4!}(x-x_0)^4.$$

故

$$\left| f''(x_0) - \frac{f(x) - 2f(x_0) + f(x')}{2(x-x_0)^2} \right| = \left| \frac{f^{(4)}(\xi) + f^{(4)}(\eta)}{4!}(x-x_0)^2 \right|$$

$$\leqslant \left[\left|f^{(4)}(\xi)\right| + \left|f^{(4)}(\eta)\right|\right](x - x_0)^2 = \frac{1}{4!}2 \cdot M(x - x_0)^2 = \frac{M}{12}(x - x_0)^2.$$

例 35 设 $f(x)$ 在 x_0 某邻域内有直到 $n + 1$ 阶导数, 且

$$f'(x_0) = f''(x_0) = \cdots = f^{(k-1)}(x_0) = 0,$$

$$f^{(k)}(x_0) \neq 0 \quad (k \leqslant n).$$

试证明: (1) k 为奇数时, $f(x_0)$ 不是极值;

(2) k 为偶数时, $f(x_0)$ 为极值.

证明 在 $x = x_0$ 处将 $f(x)$ 按泰勒公式展开. 由题设条件可得

$$f(x) - f(x_0) = \frac{f^{(k)}(\xi)}{k!}(x - x_0)^k \quad (\xi \text{ 在 } x \text{ 与 } x_0 \text{ 之间})$$

且在 x_0 某邻域内 $f^{(k)}(\xi)$ 不变号.

(1) 若 k 为奇数, 因为当 $x > x_0$ 与 $x < x_0$ 时, $(x - x_0)^k$ 变号, 所以 $\frac{f^{(k)}(\xi)}{k!}(x - x_0)^k$ 变号, 从而 $f(x) - f(x_0)$ 变号, 即 $f(x)$ 在 $x = x_0$ 点不取极值.

(2) 若 k 为偶数, $(x - x_0)^k > 0$.

若 $f^{(k)}(\xi) > 0$, 有 $f(x) - f(x_0) > 0$, 即 $f(x) > f(x_0)$, 则 $f(x)$ 在 $x = x_0$ 处取极小值.

若 $f^{(k)}(\xi) < 0$, 有 $f(x) - f(x_0) < 0$, 即 $f(x) < f(x_0)$, 则 $f(x)$ 在 $x = x_0$ 处取极大值.

例 36 设 $f(x)$ 在 $[0, 1]$ 上具有二阶导数, 且 $f''(x) < 0$, 求证:

$$\int_0^1 f(x)\mathrm{d}x \leqslant f\left(\frac{1}{2}\right).$$

分析 考虑到题目涉及 $f(x)$, $f\left(\frac{1}{2}\right)$ 与 $f''(x)$ 的关系, 首先联想到利用泰勒公式.

证明 法 1 将 $f(x)$ 在 $x_0 = \frac{1}{2}$ 处展开为

$$f(x) = f\left(\frac{1}{2}\right) + f'\left(\frac{1}{2}\right)\left(x - \frac{1}{2}\right) + \frac{f''(\xi)}{2!}\left(x - \frac{1}{2}\right)^2 \quad \left(\xi \text{ 介于 } x \text{ 与 } \frac{1}{2} \text{ 之间}\right).$$

由于 $f''(x) < 0$, 则 $f(x) \leqslant f\left(\frac{1}{2}\right) + f'\left(\frac{1}{2}\right)\left(x - \frac{1}{2}\right)$ (这一步也可由凹函数的性质直接得到).

由定积分的性质得

$$\int_0^1 f(x)\mathrm{d}x \leqslant \int_0^1 f\left(\frac{1}{2}\right)\mathrm{d}x + \int_0^1 f'\left(\frac{1}{2}\right)\left(x - \frac{1}{2}\right)\mathrm{d}x$$

$$= f\left(\frac{1}{2}\right) + f'\left(\frac{1}{2}\right)\int_0^1 \left(x - \frac{1}{2}\right)\mathrm{d}x = f\left(\frac{1}{2}\right).$$

分析 考虑到题目涉及定积分, 还可对 $f(x)$ 的原函数利用泰勒公式.

法 2 令 $F(x) = \int_0^x f(t)\mathrm{d}t$, 则 $F'(x) = f(x)$, $\int_0^1 f(x)\mathrm{d}x = F(1) - F(0)$.

将 $F(x)$ 在 $x_0 = \dfrac{1}{2}$ 处展开为

$$F(x) = F\left(\frac{1}{2}\right) + F'\left(\frac{1}{2}\right)\left(x - \frac{1}{2}\right) + \frac{1}{2}F''\left(\frac{1}{2}\right)\left(x - \frac{1}{2}\right)^2 + \frac{1}{6}F'''(\xi)\left(x - \frac{1}{2}\right)^3$$

$$= F\left(\frac{1}{2}\right) + f\left(\frac{1}{2}\right)\left(x - \frac{1}{2}\right) + \frac{1}{2}f'\left(\frac{1}{2}\right)\left(x - \frac{1}{2}\right)^2 + \frac{1}{6}f''(\xi)\left(x - \frac{1}{2}\right)^3$$

$$\left(\xi \text{ 介于 } x \text{ 与 } \frac{1}{2} \text{ 之间}\right).$$

利用公式 $\int_0^1 f(x)\mathrm{d}x = F(1) - F(0)$ 容易得证.

例 37 设 $f(x)$ 在 $[0,1]$ 上具有二阶导数, 且 $f(0) = f(1) = 1$, 若 $\min\limits_{0 \leqslant x \leqslant 1}\{f(x)\}$ $= -1$, 证明: 存在 $\xi \in [0,1]$, 使得 $f''(\xi) \geqslant 16$.

证明 设 $f(x_0) = \min\limits_{0 \leqslant x \leqslant 1}\{f(x)\} = -1$, 则 $x_0 \in (0,1)$, 且 $f'(x_0) = 0$, 因此

$$f(0) = f(x_0) + f'(x_0)(0 - x_0) + \frac{f''(\xi_1)}{2!}x_0^2,$$

即

$$1 = -1 + \frac{f''(\xi_1)}{2!}x_0^2. \tag{1}$$

$$f(1) = f(x_0) + f'(x_0)(1 - x_0) + \frac{f''(\xi_2)}{2!}(1 - x_0)^2,$$

即

$$1 = -1 + \frac{f''(\xi_2)}{2!}(1 - x_0)^2. \tag{2}$$

当 $0 < x_0 \leqslant \dfrac{1}{2}$ 时, 由 (1) 得 $f''(\xi_1) = \dfrac{4}{x_0^2} \geqslant 16$;

当 $\dfrac{1}{2} < x_0 < 1$ 时, 由 (2) 得 $f''(\xi_2) = \dfrac{4}{(1 - x_0)^2} \geqslant 16$.

例 38　设 $f(x)$ 三阶可导, 并且 $\lim\limits_{x \to \infty} f(x) = A$, $\lim\limits_{x \to \infty} f'''(x) = 0$, 证明: $\lim\limits_{x \to \infty} f'(x) = \lim\limits_{x \to \infty} f''(x) = 0$.

证明　将 $f(x - 1), f(x + 1)$ 在点 x 处泰勒展开

$$f(x - 1) = f(x) - f'(x) + \frac{f''(x)}{2} - \frac{f'''(\xi)}{6} \quad (\xi \in (x - 1, x)),$$

$$f(x + 1) = f(x) + f'(x) + \frac{f''(x)}{2} + \frac{f'''(\eta)}{6} \quad (\eta \in (x, x + 1)),$$

则有

$$f'(x) = \frac{1}{2} [f(x + 1) - f(x - 1)] - \frac{1}{12} [f'''(\xi) + f'''(\eta)],$$

$$f''(x) = f(x + 1) - f(x - 1) - 2f(x) - \frac{1}{6} [f'''(\xi) - f'''(\eta)].$$

再根据条件 $\lim\limits_{x \to \infty} f(x) = A$, $\lim\limits_{x \to \infty} f'''(x) = 0$ 得到: $\lim\limits_{x \to \infty} f'(x) = \lim\limits_{x \to \infty} f''(x) = 0$.

例 39　设 $f(x)$ 具有三阶导数, 且 $\lim\limits_{x \to 0} \dfrac{f(x)}{x^2} = 0$, $f(1) = 0$, 试证: 在 $(0, 1)$ 内至少存在一 ξ, 使 $f'''(\xi) = 0$.

证明　由 $\lim\limits_{x \to 0} \dfrac{f(x)}{x^2} = 0$ 知, $f(0) = f'(0) = f''(0) = 0$, 再将 $f(1)$ 在 $x = 0$ 处泰勒展开即得.

例 40　设 $f(x)$ 在 $[-1, 1]$ 上具有三阶导数, 且 $f(-1) = 0$, $f(1) = 1$, $f'(0) = 0$, 求证: 在内至少存在一 ξ, 使 $f'''(\xi) = 3$.

证明　由于

$$f(x) = f(0) + f'(0)x + \frac{f''(0)}{2}x^2 + \frac{f'''(\xi)}{6}x^3$$
$$= f(0) + \frac{f''(0)}{2}x^2 + \frac{f'''(\xi(x))}{6}x^3,$$

则

$$f(1) = f(0) + \frac{f''(0)}{2} + \frac{f'''(\xi_1)}{6}, \quad \xi_1 \in (0, 1),$$

$$f(-1) = f(0) + \frac{f''(0)}{2} - \frac{f'''(\xi_2)}{6}, \quad \xi_2 \in (-1, 0),$$

故

$$f(1) - f(-1) = \frac{1}{6}\left[f'''(\xi_1) + f'''(\xi_2)\right], \quad f'''(\xi_1) + f'''(\xi_2) = 6.$$

由于 $f'''(\xi_1) + f'''(\xi_2) = 6$, 则 3 在 $f'''(\xi_1), f'''(\xi_2)$ 之间. 再根据达布定理知: 存在 $\xi \in (-1, 1)$, 使

$$f'''(\xi) = 3.$$

2.3 习 题 精 练

1. 设 $f(x) = \prod\limits_{n=1}^{100}\left(\tan\frac{\pi x^n}{4} - n\right)$, 求 $f'(1)$.

2. 设 $f(x)$ 在 $x = 0$ 点处有二阶导数且 $\lim\limits_{x \to 0}\dfrac{f(x)}{x} = 0$, 求 $f(0)$, $f'(0)$ 及 $\lim\limits_{x \to 0}\dfrac{f(x)}{x^2}$.

3. 设 $f(x)$ 在点 $x = 0$ 处连续, 且 $\lim\limits_{x \to 0}\dfrac{f(ax) - f(x)}{x} = b$, 其中 a, b 为常数, $|a| > 1$, 证明存在 $f'(0)$, 且 $f'(0) = \dfrac{b}{a - 1}$.

4. 设函数 $f(x)$ 在 $x = 2$ 的某邻域内可导, 且 $f'(x) = \mathrm{e}^{f(x)}, f(2) = 1$, 计算 $f^{(n)}(2)$.

5. 已知 $y = \sin(x + y)$ 确定了 y 是 x 的函数, 求 $\dfrac{\mathrm{d}^2 y}{\mathrm{d}x^2}$.

6. 已知 $x = \displaystyle\int_0^t \mathrm{e}^{-s^2}\mathrm{d}s, y = \int_0^t \sin(t - s)^2\mathrm{d}s$, 求 $\dfrac{\mathrm{d}^2 y}{\mathrm{d}x^2}$.

7. 设三次函数 $f(x) = x^3 + 3ax^2 + 3bx + c$ 在 $x = 2$ 处有极值, 其图形在 $x = 1$ 处的切线与直线 $6x + 2y + 5 = 0$ 平行, 试问极大值比极小值大多少?

8. 已知 $x + \mathrm{e}^x = y + \mathrm{e}^y$, 是否必有 $\sin x = \sin y$?

9. 设函数 $y = y(x)$ 由方程 $y \ln y - x + y = 0$ 确定, 试判断曲线 $y = y(x)$ 在点 $(1, 1)$ 附近的凹凸性.

10. 证明: 若 $q(x) < 0$, 则方程 $y'' + q(x)y = 0$ 的任一非零解至多有一个零点.

11. 设 $f(x)$ 在 $[0, 1]$ 上连续, $f(0) = f(1)$, 证明: 对于任意正整数 n, 必存在 $x_n \in (0, 1)$, 使 $f(x_n) = f\left(x_n + \dfrac{1}{n}\right)$.

12. 设 $f(x)$ 在 $\left[0, \dfrac{\pi}{2}\right]$ 上可导, 且 $f(0)f\left(\dfrac{\pi}{2}\right) < 0$, 证明: 存在 $\xi \in \left(0, \dfrac{\pi}{2}\right)$, 使得 $f'(\xi) = f(\xi)\tan\xi$.

13. 设 $f(x)$ 在 $[0,1]$ 上连续, 在 $(0,1)$ 内可导, 且 $f(1) = k \int_0^{\frac{1}{k}} x \mathrm{e}^{1-x} f(x) \mathrm{d}x$ $(k > 1)$, 证明: 至少存在一点 $\xi \in (0,1)$, 使得 $f'(\xi) = \xi(1 - \xi^{-1}) f(\xi)$.

14. 设 $f(x)$ 在 $[0,1]$ 上连续, 在 $(0,1)$ 内可导, 且 $f(1) = 3 \int_0^{\frac{1}{3}} \mathrm{e}^{1-x^2} f(x) \mathrm{d}x$, 证明: 至少存在 $\xi \in (0,1)$, 使得 $f'(\xi) = 2\xi f(\xi)$.

15. 设函数 $f(x)$ 在 $[0,1]$ 上有二阶导数, 且 $f(0) = f(1) = 0$, 试证: 存在 $\xi \in (0,1)$, 使 $f''(\xi) = \dfrac{2f'(\xi)}{1 - \xi}$.

16. $f(x)$ 在 $(0, +\infty)$ 内可导, 且 $\lim\limits_{x \to +\infty} f'(x) = 0$, 试证: $\lim\limits_{x \to +\infty} \dfrac{f(x)}{x} = 0$.

17. 设 $f(x)$ 在 $[0,3]$ 上连续, 在 $(0,3)$ 内可导, 且 $f(0) + f(1) + f(2) = 3$, $f(3) = 1$, 证明: 存在 $\xi \in (0,3)$, 使 $f'(\xi) = 0$.

18. 设 $f(x)$ 在 $[0,\pi]$ 上连续, 在 $(0,\pi)$ 内可导, 且

$$\int_0^\pi f(x) \sin x \, \mathrm{d}x = \int_0^\pi f(x) \cos x \, \mathrm{d}x = 0,$$

证明: 存在 $\xi \in (0,\pi)$, 使 $f'(\xi) = 0$.

19. 设 $x > 0$.

(1) 证明: $\sqrt{x+1} - \sqrt{x} = \dfrac{1}{2\sqrt{x + \theta(x)}}$, 其中 $\theta(x)$ 是 x 的函数, $0 < \theta(x) < 1$;

(2) 进一步证明 $\dfrac{1}{4} < \theta(x) < \dfrac{1}{2}$.

20. 设 $f(x)$ 在 $[a,b]$ 上连续, 在 (a,b) 内可导, 且 $f(a) = f(b) = 1$, 试证: 存在 $\xi, \eta \in (a,b)$, 使得

$$\mathrm{e}^{\eta-\xi}[f(\eta) + f'(\eta)] = 1.$$

21. 设 $f(x)$ 在 $[a,b]$ 上连续, 在 (a,b) 内可导, 且 $f'(x) \neq 0$, 试证: 存在 $\xi, \eta \in (a,b)$, 使得

$$\frac{f'(\xi)}{f'(\eta)} = \frac{\mathrm{e}^b - \mathrm{e}^a}{b - a} \cdot \mathrm{e}^{-\eta}.$$

22. 设 $f(x)$ 在 $[a,b]$ 上二阶可导, 且 $f'(a) = f'(b) = 0$, 证明: 存在 $\xi \in (a,b)$, 使得

$$|f''(\xi)| \geqslant \frac{4}{(b-a)^2} |f(b) - f(a)|.$$

23. 设 $f(x)$ 在 $[a,b]$ 上连续且 $f(x) \geqslant 0, \int_a^b f(x)\mathrm{d}x = 1, k$ 为任意实数,试证明

$$\left(\int_a^b f(x)\cos kx\mathrm{d}x\right)^2 + \left(\int_a^b f(x)\sin kx\mathrm{d}x\right)^2 \leqslant 1.$$

习题精练答案 2

专题三　一元积分学

一元函数积分学的主要内容包括函数的不定积分、定积分、反常积分以及积分的应用等.

3.1　内 容 提 要

一、不定积分

1. 不定积分的定义

设函数 $f(x)$ 是定义在区间 I 上的函数, 如果存在一个可导函数 $F(x)$, 使得对区间 I 上的每一点都有 $F'(x) = f(x)$ 或 $\mathrm{d}F(x) = f(x)\mathrm{d}x$, 则称函数 $F(x)$ **是** $f(x)$ **在区间 I 上的一个原函数**.

假设 $f(x)$ 在区间 I 上存在原函数, 那么它在该区间上的原函数全体, 称为 $f(x)$ **在区间 I 上的不定积分**, 记作 $\displaystyle\int f(x)\mathrm{d}x$. 一般情况下, 区间 I 默认为函数 $f(x)$ 的自然定义域.

原函数存在定理　连续函数一定有原函数.

注　(1) 设 $f(x)$ 在 I 上存在第一类间断点, 则 $f(x)$ 在 I 上不存在原函数;
(2) 有第二类间断点的函数是可能存在原函数的.

2. 不定积分的基本性质

设 $f(x), g(x)$ 均存在原函数, 则

(1) $\displaystyle\int [f(x) \pm g(x)]\mathrm{d}x = \int f(x)\mathrm{d}x \pm \int g(x)\mathrm{d}x$;

(2) $\displaystyle\int kf(x)\mathrm{d}x = k\int f(x)\mathrm{d}x \ (k \in \mathbf{R}, k \neq 0)$;

(3) $\displaystyle\left(\int f(x)\mathrm{d}x\right)' = f(x)$ 或 $\ \mathrm{d}\left[\int f(x)\mathrm{d}x\right] = f(x)$;

(4) $\displaystyle\int F'(x)\mathrm{d}x = F(x) + C$ 或 $\ \int \mathrm{d}F(x) = F(x) + C$.

注　要注意第二个公式中的 $k \neq 0$, 因为当 $k = 0$ 时, $\displaystyle\int kf(x)\mathrm{d}x = \int 0\mathrm{d}x = C$, 而 $k\displaystyle\int f(x)\mathrm{d}x = 0(F(x) + C) = 0$, 两边是不相等的.

3. 不定积分的计算

(1) 第一类换元法 (凑微分).

设 $f(u)$ 有原函数, $u = \varphi(x)$ 可导, 则有换元公式

$$\int f(\varphi(x))\varphi'(x)\mathrm{d}x = \left[\int f(u)\mathrm{d}u\right]_{u=\varphi(x)}.$$

第一类换元法常用公式

$$\int f\left(ax^n + b\right)x^{n-1}\mathrm{d}x = \frac{1}{na}\int f\left(ax^n + b\right)\mathrm{d}\left(ax^n + b\right),$$

$$\int f\left(\mathrm{e}^x\right)\mathrm{e}^x\mathrm{d}x = \int f\left(\mathrm{e}^x\right)\mathrm{d}\left(\mathrm{e}^x\right),$$

$$\int f(\ln x)\frac{1}{x}\mathrm{d}x = \int f(\ln x)\mathrm{d}(\ln x),$$

$$\int f(\sqrt{x})\frac{1}{\sqrt{x}}\mathrm{d}x = 2\int f(\sqrt{x})\mathrm{d}(\sqrt{x}),$$

$$\int f(\sin x)\cos x\mathrm{d}x = \int f(\sin x)\mathrm{d}(\sin x),$$

$$\int f(\tan x)\sec^2 x\mathrm{d}x = \int f(\tan x)\mathrm{d}(\tan x),$$

$$\int f(\arctan x)\frac{1}{1+x^2}\mathrm{d}x = \int f(\arctan x)\mathrm{d}(\arctan x),$$

$$\int f(\arcsin x)\frac{1}{\sqrt{1-x^2}}\mathrm{d}x = \int f(\arcsin x)\mathrm{d}(\arcsin x).$$

(2) 第二类换元法.

设 $x = \psi(t)$ 是单调、可导的函数, 并且 $\psi'(t) \neq 0$. 又设 $f(\psi(t))\psi'(t)$ 具有原函数 $G(t)$, 则有换元公式 $\int f(x)\mathrm{d}x = \left[\int f(\psi(t))\psi'(t)\mathrm{d}t\right]_{t=\psi^{-1}(x)} = G\left(\psi^{-1}(x)\right) + C.$

第二类换元法常用的换元方法

(i) 处理根式的五种方法

$$\sqrt{a^2 - x^2} : x = a\sin t; \quad \sqrt{a^2 + x^2} : x = a\tan t; \quad \sqrt{x^2 - a^2} : x = a\sec t;$$

被积函数形如 $f\left(\sqrt{\dfrac{ax+b}{cx+d}}\right)$, 可令 $\dfrac{ax+b}{cx+d} = t^2;$

被积函数形如 $f(\sqrt[k_1]{ax+b}, \sqrt[k_2]{ax+b}, \cdots, \sqrt[k_n]{ax+b})$, 可令 $ax+b = t^N$, $N = [k_1, k_2, \cdots, k_n]$ (也即 $k_1, k_2, \cdots, k_n$ 的最小公倍数).

(ii) 当被积函数是指数函数的代数式时 (也即形如 $f(a^x)$ 时), 可以采用指数代换 $a^x = t, x = \dfrac{1}{\ln a} \ln t$.

(iii) 如果被积函数为幂函数的分式, 当分母的次数相对于分子较高时, 可以考虑用倒代换 $x = \dfrac{1}{t}$.

(3) 分部积分法.

(i) 当被积函数形如 $P_n(x)\mathrm{e}^{kx}, P_n(x)\sin ax, P_n(x)\cos ax$ 时 (其中 $P_n(x)$ 表示 n 次多项式), 一般选取 $u(x) = P_n(x), v'(x) = \mathrm{e}^{kx}$ (或 $\sin ax\mathrm{d}x, \cos ax\mathrm{d}x$).

(ii) 当被积函数形如 $\mathrm{e}^{kx}\sin ax, \mathrm{e}^{kx}\cos ax$ 时, $u(x)$ 和 $v'(x)$ 可以随意选取, 一般通过两次分部积分再解方程.

(iii) 当被积函数形如 $P_n(x)\arctan x, P_n(x)\arcsin x, P_n(x)\arccos x, P_n(x)\ln x$ 时, 选取 $v'(x) = P_n(x), u(x) = \arctan x$ (或 $\arcsin x, \arccos x, \ln x$).

二、 定积分

1. 定积分的定义

设函数 $f(x)$ 在区间 $[a,b]$ 上有定义, 在 $[a,b]$ 内任意插入 $n-1$ 个分点

$$a = x_0 < x_1 < x_2 < \cdots < x_{n-1} < x_n = b,$$

这样 $[a,b]$ 就被分为 n 个子区间 $[x_{i-1}, x_i]\,(i = 1, 2, \cdots, n)$. 用 $\Delta x_i = x_i - x_{i-1}$ 表示各区间的长度, 再在每个区间上取一点 $\xi_i, x_{i-1} \leqslant \xi_i \leqslant x_i$, 作如下和式

$$\sum_{i=1}^{n} f(\xi_i)\Delta x_i = f(\xi_1)\Delta x_1 + f(\xi_2)\Delta x_2 + \cdots + f(\xi_n)\Delta x_n,$$

令 $\lambda = \max\limits_{1 \leqslant i \leqslant n}\{\Delta x_i\}$, 如果有极限 $\lim\limits_{\lambda \to 0} \sum\limits_{i=1}^{n} f(\xi_i)\Delta x_i$ 存在且与 $[a,b]$ 的划分及 ξ_i 的选取无关, 则称 $f(x)$ 在区间 $[a,b]$ 上可积, 该极限称为 $f(x)$ 在区间 $[a,b]$ 上的定积分, 记作

$$\int_a^b f(x)\mathrm{d}x = \lim_{\lambda \to 0} \sum_{i=1}^{n} f(\xi_i)\Delta x_i,$$

其中 $f(x)$ 称为被积函数, $f(x)\mathrm{d}x$ 称为被积式, x 称为积分变量, $[a,b]$ 称为积分区间, a, b 分别称为积分上、下限.

2. 基本性质

(1) 设函数 $f(x)$ 在区间 $[a,b]$ 上连续, 则 $f(x)$ 在区间 $[a,b]$ 上可积;

(2) 设函数 $f(x)$ 在区间 $[a,b]$ 上有界, 且只有有限多个间断点, 则 $f(x)$ 在区间 $[a,b]$ 上可积;

(3) 设函数 $f(x)$ 在区间 $[a,b]$ 上单调, 则 $f(x)$ 在区间 $[a,b]$ 上可积;

(4) 如果在区间 $[a,b]$ 上恒有 $f(x) \geqslant g(x)$, 则有 $\displaystyle\int_a^b f(x)\mathrm{d}x \geqslant \int_a^b g(x)\mathrm{d}x$;

(5) 设 M 和 m 是函数 $f(x)$ 在区间 $[a,b]$ 上的最大值与最小值, 则有

$$m(b-a) \leqslant \int_a^b f(x)\mathrm{d}x \leqslant M(b-a);$$

(6) (积分中值定理) 设函数 $f(x)$ 在区间 $[a,b]$ 上连续, 则在积分区间 $[a,b]$ 上至少存在一点 ξ 使得下式成立

$$\int_a^b f(x)\mathrm{d}x = f(\xi)(b-a).$$

3. 定积分的计算

(1) **牛顿–莱布尼茨公式** 如果函数 $F(x)$ 是连续函数 $f(x)$ 在区间 $[a,b]$ 上的一个原函数, 则

$$\int_a^b f(x)\mathrm{d}x = F(b) - F(a).$$

(2) 换元法.

定理 设函数 $f(x)$ 在区间 $[a,b]$ 上连续, 若函数 $x = \varphi(t)$ 满足条件:

(i) $\varphi(\alpha) = a, \varphi(\beta) = b$;

(ii) $\varphi(t)$ 在区间 $[\alpha, \beta]$ 上具有连续导数, 其值域 $\varphi([\alpha, \beta]) \subset [a,b]$,

则有 $\displaystyle\int_a^b f(x)\mathrm{d}x = \int_\alpha^\beta f(\varphi(t))\varphi'(t)\mathrm{d}t.$

注 该定理可以有正反两个方面的应用, 分别对应不定积分的两种换元法. 而且, 定积分中换元法应用时计算到最后无需代回, 比不定积分更简单.

(3) **分部积分法** $\displaystyle\int_a^b u(x)v'(x)\mathrm{d}x = u(x)v(x)\Big|_a^b - \int_a^b u'(x)v(x)\mathrm{d}x.$

(4) 利用奇偶性.

设 $f(x)$ 在区间 $[-a,a]$ 上可积, 则 $\displaystyle\int_{-a}^a f(x)\mathrm{d}x = \int_0^a [f(x) + f(-x)]\mathrm{d}x.$

如果 $f(x)$ 是偶函数, 则 $\displaystyle\int_{-a}^{a} f(x)\mathrm{d}x = 2\int_{0}^{a} f(x)\mathrm{d}x$;

如果 $f(x)$ 是奇函数, 则 $\displaystyle\int_{-a}^{a} f(x)\mathrm{d}x = 0$.

三、反常积分

1. 无穷限反常积分

设函数 $f(x)$ 在 $[a, +\infty)$ 上连续, 取 $t > a$, 如果极限 $\displaystyle\lim_{t\to+\infty}\int_{a}^{t} f(x)\mathrm{d}x$ 存在, 则称此极限值为函数 $f(x)$ 在 $[a, +\infty)$ 上的反常积分, 记作 $\displaystyle\int_{a}^{+\infty} f(x)\mathrm{d}x$, 也就是说 $\displaystyle\int_{a}^{+\infty} f(x)\mathrm{d}x = \lim_{t\to+\infty}\int_{a}^{t} f(x)\mathrm{d}x$. 此时也称反常积分 $\displaystyle\int_{a}^{+\infty} f(x)\mathrm{d}x$ 收敛, 否则称反常积分 $\displaystyle\int_{a}^{+\infty} f(x)\mathrm{d}x$ 发散.

同样, 当 $f(x)$ 在 $(-\infty, a]$ 上连续, 且极限 $\displaystyle\lim_{t\to-\infty}\int_{t}^{a} f(x)\mathrm{d}x$ 存在时, 称此极限为函数 $f(x)$ 在 $(-\infty, a]$ 上的反常积分, 记作 $\displaystyle\int_{-\infty}^{a} f(x)\mathrm{d}x$, 即 $\displaystyle\int_{-\infty}^{a} f(x)\mathrm{d}x = \lim_{t\to-\infty}\int_{t}^{a} f(x)\mathrm{d}x$. 此时也称反常积分 $\displaystyle\int_{-\infty}^{a} f(x)\mathrm{d}x$ 收敛, 否则, 称反常积分 $\displaystyle\int_{-\infty}^{a} f(x)\mathrm{d}x$ 发散.

最后, 当 $f(x)$ 在 $(-\infty, +\infty)$ 上连续, 且极限

$$\lim_{t\to-\infty}\int_{t}^{a} f(x)\mathrm{d}x \ \text{和} \ \lim_{t\to+\infty}\int_{a}^{t} f(x)\mathrm{d}x$$

都存在时, 则称这两个极限值之和为函数 $f(x)$ 在 $(-\infty, +\infty)$ 上的反常积分, 记作 $\displaystyle\int_{-\infty}^{+\infty} f(x)\mathrm{d}x$, 即

$$\int_{-\infty}^{+\infty} f(x)\mathrm{d}x = \lim_{t\to-\infty}\int_{t}^{a} f(x)\mathrm{d}x + \lim_{t\to+\infty}\int_{a}^{t} f(x)\mathrm{d}x$$

$$= \int_{a}^{+\infty} f(x)\mathrm{d}x + \int_{-\infty}^{a} f(x)\mathrm{d}x.$$

也就是说, 当反常积分 $\displaystyle\int_{a}^{+\infty} f(x)\mathrm{d}x$ 和 $\displaystyle\int_{-\infty}^{a} f(x)\mathrm{d}x$ 都收敛时, $\displaystyle\int_{-\infty}^{+\infty} f(x)\mathrm{d}x$ 收

敛; 当 $\displaystyle\int_a^{+\infty} f(x)\mathrm{d}x$ 和 $\displaystyle\int_{-\infty}^a f(x)\mathrm{d}x$ 有一个发散时, $\displaystyle\int_{-\infty}^{+\infty} f(x)\mathrm{d}x$ 发散.

2. 无界函数反常积分

瑕点 如果函数 $f(x)$ 在 $x = a$ 的任一邻域内都无界, 则称点 a 为函数 $f(x)$ 的瑕点.

反常积分 设函数 $f(x)$ 在 $[a,b)$ 上连续, b 为 $f(x)$ 的瑕点, 如果极限 $\displaystyle\lim_{t\to b^-}\int_a^t f(x)\mathrm{d}x$ 存在, 则称该极限为函数 $f(x)$ 在 $[a,b)$ 上的反常积分, 记作 $\displaystyle\int_a^b f(x)\mathrm{d}x$, 也就是说 $\displaystyle\int_a^b f(x)\mathrm{d}x = \lim_{t\to b^-}\int_a^t f(x)\mathrm{d}x$. 此时也称反常积分 $\displaystyle\int_a^b f(x)\mathrm{d}x$ 收敛, 否则, 称反常积分 $\displaystyle\int_a^b f(x)\mathrm{d}x$ 发散.

同样, 设函数 $f(x)$ 在 $(a,b]$ 上连续, a 为 $f(x)$ 的瑕点, 如果极限 $\displaystyle\lim_{t\to a^+}\int_t^b f(x)\mathrm{d}x$ 存在, 则称该极限为函数 $f(x)$ 在 $(a,b]$ 上的反常积分, 记作 $\displaystyle\int_a^b f(x)\mathrm{d}x$, 也就是说 $\displaystyle\int_a^b f(x)\mathrm{d}x = \lim_{t\to a^+}\int_t^b f(x)\mathrm{d}x$. 此时也称反常积分 $\displaystyle\int_a^b f(x)\mathrm{d}x$ 收敛, 否则, 称反常积分 $\displaystyle\int_a^b f(x)\mathrm{d}x$ 发散.

最后, 设函数 $f(x)$ 在 $[a,b]$ 上除了点 $c(a < c < b)$ 处处连续, 如果极限 $\displaystyle\lim_{t\to c^-}\int_a^t f(x)\mathrm{d}x$ 与极限 $\displaystyle\lim_{t\to c^+}\int_t^b f(x)\mathrm{d}x$ 都存在, 则称这两个极限值之和为函数 $f(x)$ 在 $[a,b]$ 上的反常积分, 记作 $\displaystyle\int_a^b f(x)\mathrm{d}x$, 即

$$\int_a^b f(x)\mathrm{d}x = \lim_{t\to c^-}\int_a^t f(x)\mathrm{d}x + \lim_{t\to c^+}\int_t^b f(x)\mathrm{d}x$$
$$= \int_a^c f(x)\mathrm{d}x + \int_c^b f(x)\mathrm{d}x,$$

也就是说, 当反常积分 $\displaystyle\int_a^c f(x)\mathrm{d}x$ 和 $\displaystyle\int_c^b f(x)\mathrm{d}x$ 都收敛时, $\displaystyle\int_a^b f(x)\mathrm{d}x$ 收敛; 当 $\displaystyle\int_a^c f(x)\mathrm{d}x$ 和 $\displaystyle\int_c^b f(x)\mathrm{d}x$ 有一个发散时, $\displaystyle\int_a^b f(x)\mathrm{d}x$ 发散.

四、一元函数积分学的应用

1. 定积分的几何应用

2. 平面图形面积的计算

(1) **微元法简介**　微元法是用积分计算连续变化的量的一种重要思想方法, 它适用于满足可加性的实际量, 如面积、体积、质量、作用力等. 前面平面图形面积的计算公式都可以用微元法进行推导.

(2) 微元法使用步骤.

(i) 根据问题的具体情况选取一个变量如 x 为积分变量, 并确定它的变化区间.

(ii) 将区间 $[a,b]$ 分为许多小区间, 取其中一个小区间 $[x, x+\mathrm{d}x]$, 根据实际问题求出在这一小区间上 U 所对应的分量 ΔU, ΔU 可以表示为形式 $f(x)\mathrm{d}x$.

(iii) 计算积分 $\displaystyle\int_a^b f(x)\mathrm{d}x$.

(3) 微元法的应用.

(i) 极坐标下图形面积的计算.

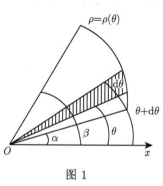

图 1

如图 1 所示, 设曲线方程为 $r = \rho(\theta)$, 取 θ 为积分变量, 设其上下限为 α, β. 在图中取面积元 (阴影部分), 设其角度为 $\mathrm{d}\theta$, 当 $\mathrm{d}\theta$ 取得比较小时, r 在这个范围内可以看作不变的, 设为 $\rho(\theta)$. 于是, 该面积元可以近似看作一个扇形, 其面积为 $\mathrm{d}S = \dfrac{1}{2}(\rho(\theta))^2\mathrm{d}\theta$.

由此可以得到**面积计算公式** $S = \dfrac{1}{2}\displaystyle\int_\alpha^\beta (\rho(\theta))^2\mathrm{d}\theta$.

(ii) 旋转体体积计算.

函数 $f(x)$ 为 $[a,b]$ 上的连续函数, 将它的图像绕 x 轴旋转一周得到一个旋转体, 求该旋转体的体积.

取 θ 为积分变量, 其上下限为 a, b. 取 $[a,b]$ 上的一个小区间 $[x, x+\mathrm{d}x]$, 当 $\mathrm{d}x$ 取得足够小时, 函数 $f(x)$ 在该区间上的函数值可以看作不变的. 则该区间上的函数图像旋转之后得到的体积元可以近似地看作一个圆柱, 其底面半径为 $f(x)$, 高为 $\mathrm{d}x$, 因此体积可以表达为 $\mathrm{d}V = \pi(f(x))^2\mathrm{d}x$. 由可以得到**体积计算公式** $V = \displaystyle\int_a^b \pi(f(x))^2\mathrm{d}x$.

(iii) 平行截面面积已知的立体图形的体积.

同上, 可得**体积计算公式**为 $V = \displaystyle\int_a^b S(x)\mathrm{d}x$.

3. 曲线弧长的计算

空间曲线 $L:\begin{cases} x = x(t), \\ y = y(t), a \leqslant t \leqslant b \text{ 的弧长的计算公式为} \\ z = z(t), \end{cases}$

$$s = \int_a^b \sqrt{[x'(t)]^2 + [y'(t)]^2 + [z'(t)]^2} \mathrm{d}t,$$

其中 $\mathrm{d}s = \sqrt{[x'(t)]^2 + [y'(t)]^2 + [z'(t)]^2} \mathrm{d}t$ 称为弧长微分.

如果曲线在平面内, 其参数方程为 $L:\begin{cases} x = x(t), \\ y = y(t), \end{cases} a \leqslant t \leqslant b$, 则相应的计算

公式改为 $s = \int_a^b \sqrt{[x'(t)]^2 + [y'(t)]^2} \mathrm{d}t$; 如果曲线 L 由函数 $y = f(x), a \leqslant x \leqslant b$

表示, 则公式变为 $s = \int_a^b \sqrt{1 + [f'(x)]^2} \mathrm{d}x$; 如果曲线 L 的方程是极坐标形式

$r = \rho(\theta), \alpha \leqslant \theta \leqslant \beta$, 则相应的计算公式为 $s = \int_\alpha^\beta \sqrt{[\rho(\theta)]^2 + [\rho'(\theta)]^2} \mathrm{d}\theta$.

4. 旋转曲面侧面积的计算

设在 x 上方有一条平面曲线, $L:\begin{cases} x = x(t), \\ y = y(t), \end{cases} a \leqslant t \leqslant b$, 其中 $x(t)$ 满足

$x'(t) \neq 0$.

则由微元法可知, 该曲线绕 x 轴旋转所得的旋转曲面的面积

$$S = 2\pi \int_a^b y(t) \sqrt{[x'(t)]^2 + [y'(t)]^2} \mathrm{d}t.$$

如果该曲线由函数 $y = f(x), a \leqslant x \leqslant b$ 给出, 则相应的计算公式为

$$S = 2\pi \int_a^b f(x) \sqrt{1 + [f'(x)]^2} \mathrm{d}x.$$

如果该曲线由极坐标方程 $r = \rho(\theta), a \leqslant \theta \leqslant b$ 给出, 则相应的计算公式为

$$S = 2\pi \int_a^b \rho(\theta) \sin\theta \sqrt{\rho^2(\theta) + [\rho'(\theta)]^2} \mathrm{d}\theta.$$

五、经典不等式的总结

(1) 设 a, b 为实数, 则 $2|ab| \leqslant a^2 + b^2$; $|a \pm b| \leqslant |a| + |b|$; $|a| - |b| \leqslant |a - b|$.

(2) 设 $a_1, a_2, \cdots, a_n > 0$, 则

$$\frac{a_1 + a_2 + \cdots + a_n}{n} \geqslant \sqrt[n]{a_1 a_2 \cdots a_n}$$

(等号当且仅当 $a_1 = a_2 = \cdots = a_n$ 时成立),

$$\left| \frac{a_1 + a_2 + \cdots + a_n}{n} \right| \leqslant \sqrt[n]{\frac{a_1^2 + a_2^2 + \cdots + a_n^2}{n}}$$

(等号当且仅当 $a_1 = a_2 = \cdots = a_n$ 时成立).

注 (i) 当 $n = 2$ 时, $\sqrt{ab} \leqslant \dfrac{a+b}{2} \leqslant \sqrt{\dfrac{a^2 + b^2}{2}}$ $(a, b > 0)$.

当 $n = 3$ 时, $\sqrt[3]{abc} \leqslant \dfrac{a+b+c}{3} \leqslant \sqrt{\dfrac{a^2 + b^2 + c^2}{3}}$ $(a, b, c > 0)$.

(ii) **推广** 设 $b_i \geqslant 0 (i = 1, \cdots, k), m_1, \cdots, m_k$ 是正整数, 则

$$\frac{m_1 b_1 + \cdots + m_k b_k}{m_1 + \cdots + m_k} \geqslant (b_1^{m_1} \cdots b_k^{m_k})^{\frac{1}{m_1 + \cdots + m_k}}.$$

(3) **Young 不等式** 设 $x > 0, y > 0, p > 0, q > 0, \dfrac{1}{p} + \dfrac{1}{q} = 1$, 则

$$xy \leqslant \frac{x^p}{p} + \frac{y^q}{q}.$$

(4) **柯西不等式** 设 $f(x), g(x)$ 在 $[a, b]$ 上可积且平方可积, 则

$$\left[\int_a^b f(x) \cdot g(x) \mathrm{d}x \right]^2 \leqslant \int_a^b f^2(x) \mathrm{d}x \cdot \int_a^b g^2(x) \mathrm{d}x.$$

(5) 设 $f(x)$ 在 $[a, b]$ 上 p 次方可积, $g(x)$ 在 $[a, b]$ 上 q 次方可积, 则

$$\left| \int_a^b f(x) \cdot g(x) \mathrm{d}x \right| \leqslant \left[\int_a^b |f(x)|^p \, \mathrm{d}x \right]^{\frac{1}{p}} \cdot \left[\int_a^b |g(x)|^q \, \mathrm{d}x \right]^{\frac{1}{q}},$$

其中 $p > 1, \dfrac{1}{p} + \dfrac{1}{q} = 1$.

3.2 例 题 精 讲

例 1 设函数 $f(x)$ 在闭区间 $[a, b]$ 上有连续的导数, 且 $f(a) = 0$, 证明:

$$\int_a^b f^2(x)\mathrm{d}x \leqslant \frac{(b-a)^2}{2} \int_a^b [f'(x)]^2\mathrm{d}x.$$

分析 注意到 $\int_a^b f^2(x)\mathrm{d}x \leqslant \frac{(b-a)^2}{2} \int_a^b [f'(x)]^2\mathrm{d}x$, 构造积分上限函数:

$$F(x) = \frac{(x-a)^2}{2} \int_a^x [f'(t)]^2\mathrm{d}t - \int_a^x f^2(t)\mathrm{d}t.$$

证明 记 $F(x) = \frac{(x-a)^2}{2} \int_a^x [f'(t)]^2\mathrm{d}t - \int_a^x f^2(t)\mathrm{d}t$, 则

$$F'(x) = (x-a) \int_a^x [f'(t)]^2\mathrm{d}t + \frac{(x-a)^2}{2} [f'(x)]^2 - f^2(x)$$

$$\geqslant (x-a) \int_a^x [f'(t)]^2\mathrm{d}t - \left[\int_a^x 1 \cdot f'(t)\mathrm{d}t \right]^2,$$

其中由 $f(a) = 0$ 推出 $f(x) = \int_a^x f'(t)\mathrm{d}t$, 根据柯西不等式有

$$\left[\int_a^x 1 \cdot f'(t)\mathrm{d}t \right]^2 \leqslant \left(\int_a^x 1^2\mathrm{d}t \right) \left(\int_a^x [f'(t)]^2\mathrm{d}t \right).$$

从而有

$$F'(x) \geqslant (x-a) \int_a^x [f'(t)]^2\mathrm{d}t - \left(\int_a^x 1^2\mathrm{d}t \right) \left(\int_a^x [f'(t)]^2\mathrm{d}t \right) = 0,$$

即证得 $F(x)$ 在 $[a, b]$ 上单调递增, 故 $F(b) \geqslant F(a) = 0$, 即

$$\int_a^b f^2(x)\mathrm{d}x \leqslant \frac{(b-a)^2}{2} \int_a^b [f'(x)]^2\mathrm{d}x.$$

例 2 设函数 $f(x), g(x)$ 在闭区间 $[0, 1]$ 上有连续的导数, 且 $f(0) = 0$, $f(x) \geqslant 0$, $g(x) \geqslant 0$, 证明: 对任意 $a \in [0, 1]$, 有 $\int_0^a g(x)f'(x)\mathrm{d}x + \int_0^a g'(x)f(x)\mathrm{d}x \geqslant f(a) \cdot g(1)$.

分析 注意到 $\displaystyle\int_0^a g(x)f'(x)\mathrm{d}x + \int_0^1 g'(x)f(x)\mathrm{d}x \geqslant f(a)\cdot g(1).$

构造积分上限函数: $F(x) = \displaystyle\int_0^x g(t)f'(t)\mathrm{d}t + \int_0^1 g'(t)f(t)\mathrm{d}t - f(x)\cdot g(1).$

证明 记 $F(x) = \displaystyle\int_0^x g(t)f'(t)\mathrm{d}t + \int_0^1 g'(t)f(t)\mathrm{d}t - f(x)\cdot g(1),$ 则 $F(x)$ 在闭区间 $[0,1]$ 可导, 且对 $\forall x \in [0,1]$ 有

$$F'(x) = g(x)f'(x) - f'(x)\cdot g(1) = f'(x)\left[g(x) - g(1)\right] \leqslant 0,$$

故对 $\forall a \in [0,1],$ 有

$$
\begin{aligned}
F(a) \geqslant F(1) &= \int_0^1 g(t)f'(t)\mathrm{d}t + \int_0^1 g'(t)f(t)\mathrm{d}t - f(1)\cdot g(1) \\
&= \int_0^1 \left[g(t)f'(t) + g'(t)f(t)\right]\mathrm{d}t - f(1)\cdot g(1) \\
&= \int_0^1 \mathrm{d}\left[g(t)f(t)\right] - f(1)\cdot g(1) = 0,
\end{aligned}
$$

进而证得

$$\int_0^a g(x)f'(x)\mathrm{d}x + \int_0^a g'(x)f(x)\mathrm{d}x \geqslant f(a)\cdot g(1).$$

例 3 设函数 $f(x)$ 在闭区间 $[a,b]$ 上单调增加且连续, 证明:

$$\int_a^b xf(x)\mathrm{d}x \geqslant \frac{a+b}{2}\int_a^b f(x)\mathrm{d}x.$$

分析 注意到 $\displaystyle\int_a^b xf(x)\mathrm{d}x \geqslant \frac{a+b}{2}\int_a^b f(x)\mathrm{d}x,$ 构造积分上限函数:

$$F(x) = 2\int_a^x tf(t)\mathrm{d}t - (a+x)\int_a^x f(t)\mathrm{d}t.$$

证明 记 $F(x) = 2\displaystyle\int_a^x tf(t)\mathrm{d}t - (a+x)\int_a^x f(t)\mathrm{d}t,$ 则 $F(x)$ 在闭区间 $[a,b]$ 可导, 且对 $\forall x \in [a,b],$ 有

$$F'(x) = 2xf(x) - \int_a^x f(t)\mathrm{d}t - (a+x)\,f(x)$$

$$= (x-a)f(x) - \int_a^x f(t)\mathrm{d}t = \int_a^x [f(x) - f(t)]\,\mathrm{d}t \geqslant 0.$$

故证得 $F(x)$ 在闭区间 $[a,b]$ 上单调增加, 即有 $F(b) \geqslant F(a) = 0$, 即证得

$$2\int_a^b xf(x)\mathrm{d}x \geqslant (a+b)\int_a^b f(x)\mathrm{d}x.$$

例 4 设函数 $f(x)$ 连续, 且 $f(0) \neq 0$, 求极限 $\displaystyle\lim_{x\to 0} \frac{\displaystyle\int_0^x (x-t)f(t)\mathrm{d}t}{\displaystyle x\int_0^x f(x-t)\mathrm{d}t}.$

解 令 $u = x-t$, 有 $\displaystyle\int_0^x f(x-t)\mathrm{d}t = -\int_x^0 f(u)\mathrm{d}u = \int_0^x f(u)\mathrm{d}u$, 则

$$\lim_{x\to 0} \frac{\displaystyle\int_0^x (x-t)f(t)\mathrm{d}t}{\displaystyle x\int_0^x f(x-t)\mathrm{d}t} = \lim_{x\to 0} \frac{\displaystyle x\int_0^x f(t)\mathrm{d}t - \int_0^x tf(t)\mathrm{d}t}{\displaystyle x\int_0^x f(u)\mathrm{d}u}$$

$$= \lim_{x\to 0} \frac{\displaystyle\int_0^x f(t)\mathrm{d}t + xf(x) - xf(x)}{\displaystyle\int_0^x f(u)\mathrm{d}u + xf(x)}$$

$$= \lim_{x\to 0} \frac{\displaystyle\int_0^x f(t)\mathrm{d}t}{\displaystyle\int_0^x f(u)\mathrm{d}u + xf(x)}$$

$$= \lim_{x\to 0} \frac{\dfrac{\displaystyle\int_0^x f(t)\mathrm{d}t}{x}}{\dfrac{\displaystyle\int_0^x f(u)\mathrm{d}u}{x} + f(x)},$$

由洛必达法则知

$$\lim_{x\to 0} \frac{\displaystyle\int_0^x f(t)\mathrm{d}t}{x} = \lim_{x\to 0} f(x) = f(0) \neq 0,$$

故

$$\lim_{x \to 0} \frac{\displaystyle\int_0^x (x-t)f(t)\mathrm{d}t}{x\displaystyle\int_0^x f(x-t)\mathrm{d}t} = \lim_{x \to 0} \frac{\dfrac{\displaystyle\int_0^x f(t)\mathrm{d}t}{x}}{\dfrac{\displaystyle\int_0^x f(u)\mathrm{d}u}{x} + f(x)}$$

$$= \frac{\displaystyle\lim_{x \to 0} \frac{\displaystyle\int_0^x f(t)\mathrm{d}t}{x}}{\displaystyle\lim_{x \to 0}\frac{\displaystyle\int_0^x f(u)\mathrm{d}u}{x} + \lim_{x \to 0} f(x)} = \frac{f(0)}{2f(0)} = \frac{1}{2}.$$

注 计算到 $\displaystyle\lim_{x \to 0} \frac{\displaystyle\int_0^x f(t)\mathrm{d}t}{\displaystyle\int_0^x f(u)\mathrm{d}u + xf(x)}$ 时, 不能再继续使用洛必达法则, 因为题

设中未告知函数 $f(x)$ 可导.

例 5 设函数 $f(x)$ 在 $[0, +\infty)$ 上连续且单调减少, $0 < a < b$, 证明:

$$a\int_0^b f(x)\mathrm{d}x \leqslant b\int_0^a f(x)\mathrm{d}x.$$

分析 注意到 $a\displaystyle\int_0^b f(x)\mathrm{d}x \leqslant b\int_0^a f(x)\mathrm{d}x$, 构造积分上限函数:

$$F(x) = a\int_0^x f(t)\mathrm{d}t - x\int_0^a f(t)\mathrm{d}t.$$

证明 记 $F(x) = a\displaystyle\int_0^x f(t)\mathrm{d}t - x\int_0^a f(t)\mathrm{d}t$, 则 $F(x)$ 在 $[0, +\infty)$ 可导, 且对 $\forall x \geqslant a$, 有

$$F'(x) = af(x) - \int_0^a f(t)\mathrm{d}t = \int_0^a [f(x) - f(t)]\,\mathrm{d}t \leqslant 0,$$

则证得 $F(x)$ 在 $[a, +\infty)$ 单调减少, 故对 $0 < a < b$, 有 $F(b) \leqslant F(a) = 0$, 即证得 $a\displaystyle\int_0^b f(x)\mathrm{d}x \leqslant b\int_0^a f(x)\mathrm{d}x$.

例 6 设函数 $f(x)$ 在 $[0,1]$ 上连续可导, $f(1) - f(0) = 1$, 证明: $\displaystyle\int_0^1 [f'(x)]^2\,\mathrm{d}x \geqslant 1$.

证明　记 $F(x) = x \int_0^x [f'(t)]^2 \, \mathrm{d}t - \left[\int_0^x f'(t)\mathrm{d}t \right]^2$，则 $F(x)$ 在 $[0,1]$ 可导，且 $F(0) = 0$，并对 $0 \leqslant x \leqslant 1$ 有

$$F'(x) = x\,[f'(x)]^2 + \int_0^x [f'(t)]^2 \, \mathrm{d}t - 2f'(x) \left[\int_0^x f'(t)\mathrm{d}t \right]$$

$$= \int_0^x \left\{ [f'(t)]^2 - 2f'(x)f'(t) + [f'(x)]^2 \right\} \mathrm{d}t$$

$$= \int_0^x [f'(t) - f'(x)]^2 \, \mathrm{d}t \geqslant 0.$$

进而 $F(x)$ 在 $[0,1]$ 单调递增，故有 $F(1) \geqslant F(0) = 0$，即

$$F(1) = \int_0^1 [f'(t)]^2 \, \mathrm{d}t - \left[\int_0^1 f'(t)\mathrm{d}t \right]^2$$

$$= \int_0^1 [f'(t)]^2 \, \mathrm{d}t - [f(1) - f(0)]^2$$

$$= \int_0^1 [f'(t)]^2 \, \mathrm{d}t - 1 \geqslant 0,$$

命题得证.

例 7　设函数 $f(x)$ 在 $[0,1]$ 连续可导且单调增加，$f(0) = 0$，证明:

$$\left(\int_0^1 f(x)\mathrm{d}x \right)^2 \leqslant \frac{4}{9} \int_0^1 [f'(x)]^2 \, \mathrm{d}x.$$

证明　根据题设知，对 $\forall x \in [0,1]$，有 $f'(x) \geqslant 0$，且

$$f(x) = \int_0^x 1 \cdot f'(t)\mathrm{d}t \leqslant \sqrt{ \left(\int_0^x 1^2 \mathrm{d}t \right) \int_0^x [f'(t)]^2 \, \mathrm{d}t }$$

$$= \sqrt{x} \sqrt{ \int_0^x [f'(t)]^2 \, \mathrm{d}t }$$

$$\leqslant \sqrt{x} \sqrt{ \int_0^1 [f'(t)]^2 \, \mathrm{d}t }.$$

又由于 $f(x) \geqslant 0$，故对以上不等式两端同时在 $[0,1]$ 上求积分并平方，可得

$$\left(\int_0^1 f(x)\mathrm{d}x \right)^2 \leqslant \left(\int_0^1 \sqrt{x}\mathrm{d}x \right)^2 \cdot \int_0^1 [f'(x)]^2 \, \mathrm{d}x = \frac{4}{9} \int_0^1 [f'(x)]^2 \, \mathrm{d}x.$$

注   遇到乘积的积分或被积函数平方的积分时, 可以考虑使用柯西–施瓦茨不等式, 其关键是将被积函数分为两个函数的乘积.

例 8   证明 $\displaystyle\int_0^\pi x a^{\sin x}\mathrm{d}x \cdot \int_0^{\frac{\pi}{2}} a^{-\cos x}\mathrm{d}x \geqslant \frac{\pi^3}{4}$, 其中 $a > 0$ 为常数.

证明   令 $x = \dfrac{\pi}{2} + t$, 则

$$\int_0^\pi x a^{\sin x}\mathrm{d}x = \int_{-\frac{\pi}{2}}^{\frac{\pi}{2}} \left(\frac{\pi}{2} + t\right) a^{\cos t}\mathrm{d}t$$

$$= \int_{-\frac{\pi}{2}}^{\frac{\pi}{2}} \frac{\pi}{2} a^{\cos t}\mathrm{d}t + \int_{-\frac{\pi}{2}}^{\frac{\pi}{2}} t a^{\cos t}\mathrm{d}t$$

$$= 2\int_0^{\frac{\pi}{2}} \frac{\pi}{2} a^{\cos t}\mathrm{d}t = \pi \int_0^{\frac{\pi}{2}} a^{\cos t}\mathrm{d}t.$$

故只需证明 $\left(\pi \displaystyle\int_0^{\frac{\pi}{2}} a^{\cos x}\mathrm{d}x\right) \cdot \int_0^{\frac{\pi}{2}} a^{-\cos x}\mathrm{d}x \geqslant \dfrac{\pi^3}{4}$, 则根据柯西–施瓦茨不等式有

$$\left(\pi \int_0^{\frac{\pi}{2}} a^{\cos x}\mathrm{d}x\right) \cdot \int_0^{\frac{\pi}{2}} a^{-\cos x}\mathrm{d}x \geqslant \pi \left(\int_0^{\frac{\pi}{2}} a^{\cos x} \cdot a^{-\cos x}\mathrm{d}x\right)^2 = \frac{\pi^3}{4}.$$

例 9   设函数 $f(x)$ 在 $[0,1]$ 上连续, 证明: $\left(\displaystyle\int_0^1 \dfrac{f(x)}{1+x^2}\mathrm{d}x\right)^2 \leqslant \dfrac{\pi}{4} \int_0^1 \dfrac{f^2(x)}{1+x^2}\mathrm{d}x$.

证明   根据柯西–施瓦茨不等式有

$$\left(\int_0^1 \frac{f(x)}{1+x^2}\mathrm{d}x\right)^2 \leqslant \left(\int_0^1 \frac{1}{\sqrt{1+x^2}} \cdot \frac{|f(x)|}{\sqrt{1+x^2}}\mathrm{d}x\right)^2$$

$$\leqslant \left(\int_0^1 \frac{1}{1+x^2}\mathrm{d}x\right)\left(\int_0^1 \frac{f^2(x)}{1+x^2}\mathrm{d}x\right) = \frac{\pi}{4}\int_0^1 \frac{f^2(x)}{1+x^2}\mathrm{d}x.$$

例 10   设函数 $f(x)$ 在 $[a,b]$ 上不恒为零, 其导数连续且 $f(a) = 0$, 证明: 存在 $\xi \in (a,b)$, 使得 $|f'(\xi)| > \dfrac{1}{(b-a)^2}\displaystyle\int_a^b f(x)\mathrm{d}x$.

证明   (1) 当 $\displaystyle\int_a^b f(x)\mathrm{d}x < 0$ 时, 对于任意的 $x \in (a,b)$, 有 $|f'(x)| > \dfrac{1}{(b-a)^2} \times$ $\displaystyle\int_a^b f(x)\mathrm{d}x$, 取 ξ 为 (a,b) 内的任一点.

(2) 当 $\int_a^b f(x)\mathrm{d}x = 0$ 时, 必有 $x_0 \in (a, b)$, 使得 $f'(x_0) \neq 0$.(否则, 若对任意 $x_0 \in (a, b)$, $f'(x_0) \equiv 0$, 则 $f(x) \equiv C$, 又 $f(a) = 0$, 则 $f(x) \equiv 0$, 与题设条件矛盾.) 此时, 取 $\xi = x_0$.

(3) 当 $\int_a^b f(x)\mathrm{d}x > 0$ 时, 由积分中值定理知: $\exists \eta \in (a, b)$, 使

$$\frac{1}{b-a}\int_a^b f(x)\mathrm{d}x = f(\eta) = f(\eta) - f(a).$$

再对 $f(x)$ 在 $[a, \eta]$ 应用拉格朗日中值定理知: 至少存在 $\xi_1 \in (a, \eta)$, 使得

$$f(\eta) - f(a) = f'(\xi_1)(\eta - a),$$

即

$$f'(\xi_1) = \frac{1}{(b-a)(\eta-a)}\int_a^b f(x)\mathrm{d}x > \frac{1}{(b-a)^2}\int_a^b f(x)\mathrm{d}x.$$

从而有 $|f'(\xi_1)| > \dfrac{1}{(b-a)^2}\displaystyle\int_a^b f(x)\mathrm{d}x$, 此时取 $\xi = \xi_1$.

例 11 设函数 $f(x)$ 在 $[a, b]$ 上可导, $f'(x)$ 在 $[a, b]$ 上可积, $f(a) = f(b) = 0$, 证明: 对任意 $x \in [a, b]$, 有 $|f(x)| \leqslant \dfrac{1}{2}\displaystyle\int_a^b |f'(x)|\,\mathrm{d}x$.

证明 对任意 $x \in [a, b]$, 有

$$|f(x)| = \left|\int_a^x f'(x)\mathrm{d}x\right| \leqslant \int_a^x |f'(t)|\,\mathrm{d}t,$$

$$|f(x)| = \left|\int_x^b f'(x)\mathrm{d}x\right| \leqslant \int_x^b |f'(t)|\,\mathrm{d}t,$$

综上有 $|f(x)| \leqslant \dfrac{1}{2}\displaystyle\int_a^b |f'(x)|\,\mathrm{d}x$.

例 12 设函数 $f(x)$ 在 $[0, 1]$ 上有二阶连续导数, 证明:

(1) 对任意 $\xi \in \left(0, \dfrac{1}{4}\right)$ 和 $\eta \in \left(\dfrac{3}{4}, 1\right)$, 有

$$|f'(x)| < 2|f(\xi) - f(\eta)| + \int_0^1 |f''(x)|\,\mathrm{d}x, \quad x \in [0, 1];$$

(2) 当 $f(0) = f(1) = 0$ 及 $f(x) \neq 0$, $x \in (0, 1)$ 时, 有 $\displaystyle\int_0^1 \left|\dfrac{f''(x)}{f(x)}\right|\mathrm{d}x \geqslant 4$.

证明 (1) 注意到, 对任意 $\xi \in \left(0, \dfrac{1}{4}\right)$ 和 $\eta \in \left(\dfrac{3}{4}, 1\right)$, 有

$$|\xi - \eta| > \frac{1}{2},$$

对 $f(x)$ 在 $[\xi, \eta]$ 上应用拉格朗日中值定理知: 存在 $\theta \in (\xi, \eta)$, 使得

$$f(\xi) - f(\eta) = f'(\theta)(\xi - \eta),$$

进而有

$$|f(\xi) - f(\eta)| = |f'(\theta)| \cdot |\xi - \eta| > \frac{1}{2}|f'(\theta)|.$$

故对任意 $x \in [0, 1]$, 有

$$|f'(x)| - 2|f(\xi) - f(\eta)| < |f'(x)| - |f'(\theta)| \leqslant |f'(x) - f'(\theta)|$$

$$= \left|\int_\theta^x f''(t)\mathrm{d}t\right| \leqslant \int_0^1 |f''(x)|\,\mathrm{d}x,$$

即 $|f'(x)| < 2|f(\xi) - f(\eta)| + \displaystyle\int_0^1 |f''(x)|\,\mathrm{d}x$, $x \in [0, 1]$.

(2) 由于 $f(x)$ 在 $[0, 1]$ 上连续, 则 $|f(x)|$ 在 $[0, 1]$ 上连续, 进而存在 $x_0 \in [0, 1]$, 使得 $|f(x_0)| = \max\limits_{0 \leqslant x \leqslant 1} |f(x)|$, 又根据题设条件: 当 $x \in (0, 1)$ 时, $f(x) \neq 0$, 且 $f(0) = f(1) = 0$, 可知 $x_0 \in (0, 1)$, 且 $|f(x_0)| > 0$.

对函数 $f(x)$ 分别在 $[0, x_0]$ 和 $[x_0, 1]$ 上应用拉格朗日中值定理知: 存在 $\xi_1 \in (0, x_0)$, $\xi_2 \in (x_0, 1)$, 使得

$$f(x_0) - f(0) = f'(\xi_1)(x_0 - 0) \Rightarrow f'(\xi_1) = \frac{f(x_0)}{x_0};$$

$$f(1) - f(x_0) = f'(\xi_2)(1 - x_0) \Rightarrow f'(\xi_2) = -\frac{f(x_0)}{1 - x_0}.$$

进而有

$$\int_0^1 \left|\frac{f''(x)}{f(x)}\right|\mathrm{d}x \geqslant \frac{1}{|f(x_0)|} \int_0^1 |f''(x)|\mathrm{d}x \geqslant \frac{1}{|f(x_0)|} \left|\int_{\xi_1}^{\xi_2} f''(x)\mathrm{d}x\right|$$

$$= \frac{1}{|f(x_0)|} |f'(\xi_2) - f'(\xi_1)| = \frac{1}{|f(x_0)|} \left|-\frac{f(x_0)}{1 - x_0} - \frac{f(x_0)}{x_0}\right|$$

$$= \frac{1}{1-x_0} + \frac{1}{x_0} = \frac{1}{x_0(1-x_0)} \geqslant \frac{1}{\dfrac{(x_0+1-x_0)^2}{4}} = 4.$$

例 13 设函数 $f(x)$ 在 $[0,2]$ 上连续可导, $f(0) = f(2) = 1$, $|f'(x)| \leqslant 1$, 求证:

$$1 < \int_0^2 f(x)\mathrm{d}x < 3.$$

证明 当 $0 \leqslant x \leqslant 1$ 时, 对 $f(x)$ 在 $[0,x]$ 上应用拉格朗日中值定理知: 存在 $\xi \in (0,x)$, 使得

$$f(x) - f(0) = f'(\xi)(x-0).$$

当 $1 \leqslant x \leqslant 2$ 时, 对 $f(x)$ 在 $[x,2]$ 上应用拉格朗日中值定理知: 存在 $\eta \in (x,2)$, 使得

$$f(2) - f(x) = f'(\eta)(2-x).$$

又根据 $|f'(x)| \leqslant 1$, 则

当 $0 \leqslant x \leqslant 1$ 时, $1 - x \leqslant f(x) \leqslant 1 + x$;

当 $1 \leqslant x \leqslant 2$ 时, $x - 1 \leqslant f(x) \leqslant 3 - x$.

故

$$\int_0^2 f(x)\mathrm{d}x = \int_0^1 f(x)\mathrm{d}x + \int_1^2 f(x)\mathrm{d}x < \int_0^1 (1+x)\mathrm{d}x + \int_1^2 (3-x)\mathrm{d}x = 3,$$

$$\int_0^2 f(x)\mathrm{d}x = \int_0^1 f(x)\mathrm{d}x + \int_1^2 f(x)\mathrm{d}x > \int_0^1 (1-x)\mathrm{d}x + \int_1^2 (x-1)\mathrm{d}x = 1.$$

注 上述不等式不能取等号, 因为分段函数

$$f_M(x) = \begin{cases} 1+x, & 0 \leqslant x \leqslant 1, \\ 3-x, & 1 \leqslant x \leqslant 2 \end{cases}$$

与

$$f_m(x) = \begin{cases} 1-x, & 0 \leqslant x \leqslant 1, \\ x-1, & 1 \leqslant x \leqslant 2 \end{cases}$$

在 $x = 1$ 处均不可导 (如图 2), 这与题设条件矛盾.

综上所述: $1 < \int_0^2 f(x)\mathrm{d}x < 3.$

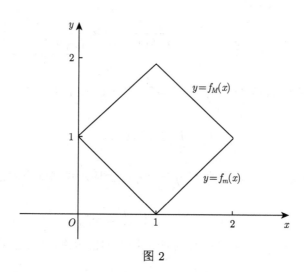

图 2

例 14　设函数 $f(x)$ 在 $[0,1]$ 上连续可导, 求证:

$$\int_0^1 |f(x)|\,\mathrm{d}x \leqslant \max\left\{\int_0^1 |f'(x)|\,\mathrm{d}x, \left|\int_0^1 f(x)\mathrm{d}x\right|\right\}.$$

证明　若函数 $f(x)$ 在 $(0,1)$ 上满足 $f(x)>0$ 或 $f(x)<0$, 则

$$\int_0^1 |f(x)|\,\mathrm{d}x = \left|\int_0^1 f(x)\mathrm{d}x\right|,$$

否则, 根据零点存在定理知: 至少存在 $c\in(0,1)$, 使得 $f(c)=0$, 且

$$\int_c^x f'(t)\,\mathrm{d}t = f(x) - f(c) = f(x), \quad \forall x\in[0,1],$$

于是 $|f(x)| = \left|\int_c^x f'(t)\mathrm{d}t\right| \leqslant \left|\int_c^x |f'(t)|\mathrm{d}t\right| \leqslant \int_c^1 |f'(t)|\mathrm{d}t.$

综上证得 $\displaystyle\int_0^1 |f(x)|\,\mathrm{d}x \leqslant \max\left\{\int_0^1 |f'(x)|\,\mathrm{d}x, \left|\int_0^1 f(x)\mathrm{d}x\right|\right\}.$

例 15　设函数 $f(a)=0$, $f(x)$ 在 $[a,b]$ 上的导数连续, 求证:

$$\frac{1}{(b-a)^2}\int_a^b |f(x)|\,\mathrm{d}x \leqslant \frac{1}{2}\max_{x\in[a,b]} |f'(x)|.$$

证明　对 $\forall x\in[a,b]$, 对 $f(x)$ 在 $[a,x]$ 上应用拉格朗日中值定理知: 存在 $\xi\in(a,x)$, 使得

$$f(x) - f(a) = f'(\xi)(x-a).$$

根据题设条件 $f(x)$ 在 $[a,b]$ 上的导数连续知: $|f'(x)|$ 在 $[a,b]$ 上连续, 进而存在最大值 $M = \max\limits_{x \in [a,b]} |f'(x)|$, 从而有

$$|f(x) - f(a)| = |f(x) - 0| = |f'(\xi)| \cdot |x - a| \leqslant M |x - a|.$$

因此

$$\int_a^b |f(x)| \, \mathrm{d}x \leqslant \int_a^b M |x - a| \, \mathrm{d}x = \frac{1}{2} M (b - a)^2,$$

于是证得 $\dfrac{1}{(b-a)^2} \displaystyle\int_a^b |f(x)| \, \mathrm{d}x \leqslant \dfrac{1}{2} \max\limits_{x \in [a,b]} |f'(x)|$.

例 16 设函数 $f(x)$ 在 $[a,b]$ 上连续可导, 且 $f(a) = f(b) = 0$, 求证:

$$\int_a^b |f(x)| \, \mathrm{d}x \leqslant \frac{(b-a)^2}{4} \max\limits_{x \in [a,b]} |f'(x)|.$$

证明 根据题设条件 $f(x)$ 在 $[a,b]$ 上的连续可导, 令 $M = \max\limits_{x \in [a,b]} |f'(x)|$, 对 $\forall x \in (a,b)$, 对函数 $f(x)$ 分别在 $[a,x]$ 和 $[x,b]$ 上应用拉格朗日中值定理知: 存在 $a < \xi < x < \eta < b$, 使得

$$f(x) = f(a) + f'(\xi) (x - a) = f'(\xi) (x - a);$$

$$f(x) = f(b) + f'(\eta) (x - b) = f'(\eta) (x - b).$$

因此 $|f(x)| \leqslant M (x - a), |f(x)| \leqslant M (b - x)$, 进而对 $\forall x_0 \in (a,b)$, 有

$$\int_a^b |f(x)| \, \mathrm{d}x = \int_a^{x_0} |f(x)| \, \mathrm{d}x + \int_{x_0}^b |f(x)| \, \mathrm{d}x$$

$$\leqslant M \int_a^{x_0} (x - a) \, \mathrm{d}x + M \int_{x_0}^b (b - x) \, \mathrm{d}x$$

$$= M \left[x_0^2 - (a + b) x_0 + \frac{1}{2} (a^2 + b^2) \right], \quad \forall x_0 \in (a,b).$$

令

$$u(x_0) = x_0^2 - (a + b) x_0 + \frac{1}{2} (a^2 + b^2), \quad x_0 \in (a,b),$$

当 $u'(x_0) = 2x_0 - (a + b) = 0$ 时, 得驻点 $x_0 = \dfrac{a + b}{2}$, 以及 $u''(x_0) = 2 > 0$, 故 $u(x_0)$ 的极小值为 $u\left(\dfrac{a + b}{2}\right) = \dfrac{1}{4} (b - a)^2$, 进而证得

$$\int_a^b |f(x)| \, \mathrm{d}x \leqslant \frac{(b-a)^2}{4} \max\limits_{x \in [a,b]} |f'(x)|.$$

例 17 设函数 $f(x)$ 在 $[0,1]$ 上连续可导, 求证: 对 $\forall x \in [0,1]$, 有

$$|f(x)| \leqslant \int_0^1 [|f(x)| + |f'(x)|] \mathrm{d}x.$$

证明 法 1 对函数 $f(x)$ 在 $[0,1]$ 上应用积分中值定理知: 存在 $\xi \in (0,1)$, 使得

$$\int_0^1 f(x)\mathrm{d}x = f(\xi),$$

又 $\int_\xi^x f'(t)\mathrm{d}t = f(x) - f(\xi) \Rightarrow f(x) = f(\xi) + \int_\xi^x f'(t)\mathrm{d}t$, 进而

$$|f(x)| \leqslant |f(\xi)| + \left| \int_\xi^x f'(t)\mathrm{d}t \right|$$

$$\leqslant \left| \int_0^1 f(x)\mathrm{d}x \right| + \int_0^1 |f'(x)|\mathrm{d}x \leqslant \int_0^1 [|f(x)| + |f'(x)|]\mathrm{d}x.$$

法 2 函数 $f(x)$ 在 $[0,1]$ 上连续, 则 $|f(x)|$ 在 $[0,1]$ 上连续, 故存在 $x_0 \in [0,1]$, 使得: 对 $x \in [0,1]$, 有 $|f(x)| \leqslant |f(x_0)|$. 而由 $\int_{x_0}^x f'(t)\mathrm{d}t = f(x) - f(x_0)$ 可推出 $f(x_0) = f(x) - \int_{x_0}^x f'(t)\mathrm{d}t$, 因此

$$|f(x_0)| \leqslant |f(x)| + \left| \int_{x_0}^x f'(t)\mathrm{d}t \right| \leqslant |f(x)| + \int_0^1 |f'(x)|\,\mathrm{d}x$$

$$\Rightarrow \int_0^1 |f(x_0)|\mathrm{d}x \leqslant \int_0^1 \left[|f(x)| + \int_0^1 |f'(x)|\,\mathrm{d}x \right]\mathrm{d}x$$

$$= \int_0^1 [|f(x)| + |f'(x)|]\mathrm{d}x.$$

进而, 对 $\forall x \in [0,1]$, 有 $|f(x)| \leqslant |f(x_0)| = \int_0^1 |f(x_0)|\mathrm{d}x \leqslant \int_0^1 [|f(x)| + |f'(x)|]\mathrm{d}x.$

例 18 设函数 $f(x)$ 二阶可导, $f''(x) \geqslant 0$, $g(x)$ 为连续函数, $a > 0$, 求证:

$$\frac{1}{a} \int_0^a f[g(x)]\mathrm{d}x \geqslant f\left[\frac{1}{a} \int_0^a g(x)\mathrm{d}x \right].$$

证明 将 $f(x)$ 在 $x = x_0$ 处进行泰勒展开

$$f(x) = f(x_0) + f'(x_0)(x - x_0) + \frac{f''(\xi)}{2!}(x - x_0)^2, \quad \xi \text{ 介于 } x_0 \text{ 与 } x \text{ 之间}.$$

因此

$$f(x) \geqslant f(x_0) + f'(x_0)(x - x_0).$$

令 $x = g(t)$, $x_0 = \dfrac{1}{a} \displaystyle\int_0^a g(x)\mathrm{d}x$, 则有

$$f[g(t)] \geqslant f\left[\frac{1}{a}\int_0^a g(x)\mathrm{d}x\right] + f'\left[\frac{1}{a}\int_0^a g(x)\mathrm{d}x\right]\left[g(t) - \frac{1}{a}\int_0^a g(x)\mathrm{d}x\right],$$

于是

$$\int_0^a f[g(t)]\,\mathrm{d}t$$

$$\geqslant af\left[\frac{1}{a}\int_0^a g(x)\mathrm{d}x\right] + f'\left[\frac{1}{a}\int_0^a g(x)\mathrm{d}x\right]\left[\int_0^a g(t)\mathrm{d}t - a \cdot \frac{1}{a}\int_0^a g(x)\mathrm{d}x\right]$$

$$= af\left[\frac{1}{a}\int_0^a g(x)\mathrm{d}x\right].$$

进而证得 $\dfrac{1}{a}\displaystyle\int_0^a f[g(x)]\mathrm{d}x \geqslant f\left[\dfrac{1}{a}\displaystyle\int_0^a g(x)\mathrm{d}x\right]$.

注 使用泰勒中值定理证明与高阶导数有关的积分不等式, 而使用泰勒展开式的关键是确定在哪些点展开, 区间中点、端点以及某些特殊点是经常使用的展开点.

例 19 设函数 $f(x)$ 在 $[a, +\infty)$ 上二阶可导, 且 $|f(x)| \leqslant M_1$, $|f''(x)| \leqslant M_2$, 其中 $M_1 > 0, M_2 > 0$, 求证: 对 $\forall x \in [a, +\infty)$, 有 $|f'(x)| \leqslant 2\sqrt{M_1 M_2}$.

证明 对 $\forall x_0 \in [a, +\infty)$, $f(x)$ 在 $x = x_0$ 处的一阶泰勒展开式为

$$f(x) = f(x_0) + f'(x_0)(x - x_0) + \frac{f''(\xi)}{2!}(x - x_0)^2, \quad \xi \text{ 介于 } x_0 \text{ 与 } x \text{ 之间.}$$

因此

$$f'(x_0) = \frac{1}{x - x_0}[f(x) - f(x_0)] - \frac{f''(\xi)}{2!}(x - x_0),$$

进而

$$|f'(x_0)| \leqslant \frac{1}{|x - x_0|}[|f(x)| + |f(x_0)|] + \frac{|f''(\xi)|}{2!}|x - x_0|$$

$$\leqslant \frac{2}{h}M_1 + \frac{M_2}{2}h \quad (\text{其中记 } h = |x - x_0|).$$

令函数 $g(h) = \dfrac{2}{h}M_1 + \dfrac{M_2}{2}h$, 则

$$g'(h) = -\dfrac{2}{h^2}M_1 + \dfrac{M_2}{2} = 0 \Rightarrow h_0 = 2\sqrt{\dfrac{M_1}{M_2}},$$

又 $g''(h_0) = \dfrac{4}{3h_0^3}M_1 > 0$, 故 $g(h)$ 的最小值为

$$g(h_0) = 2\sqrt{M_1 M_2},$$

于是

$$|f'(x_0)| \leqslant \min_{h>0}\left\{\dfrac{2}{h}M_1 + \dfrac{M_2}{2}h\right\} = 2\sqrt{M_1 M_2}.$$

由 x_0 的任意性, 即证得: 对 $\forall x \in [a, +\infty)$, 有

$$|f'(x)| \leqslant 2\sqrt{M_1 M_2}.$$

例 20　设函数 $f(x)$ 在 $[0, 2]$ 上二次连续可微, $f(1) = 0$, 证明: $\left|\displaystyle\int_0^2 f(x)\,\mathrm{d}x\right|$ $\leqslant \dfrac{1}{3}M$, 其中 $M = \max\limits_{x \in [0,2]} |f''(x)|$.

证明　对 $\forall x \in [0, 2]$, $f(x)$ 在 $x = 1$ 处的一阶泰勒展开式为

$$f(x) = f(1) + f'(1)(x-1) + \dfrac{f''(\xi)}{2!}(x-1)^2, \quad \xi \text{ 介于 } 1 \text{ 与 } x \text{ 之间}.$$

对上式两端积分得

$$\begin{aligned}
\int_0^2 f(x)\mathrm{d}x &= f'(1)\int_0^2 (x-1)\mathrm{d}x + \dfrac{1}{2!}\int_0^2 f''(\xi)(x-1)^2\mathrm{d}x \\
&= f'(1)\left[\dfrac{(x-1)^2}{2}\right]_0^2 + \dfrac{1}{2}\int_0^2 f''(\xi)(x-1)^2\mathrm{d}x \\
&= \dfrac{1}{2}\int_0^2 f''(\xi)(x-1)^2\mathrm{d}x.
\end{aligned}$$

故 $\left|\displaystyle\int_0^2 f(x)\,\mathrm{d}x\right| \leqslant \dfrac{1}{2}\displaystyle\int_0^2 |f''(\xi)|(x-1)^2\mathrm{d}x \leqslant \dfrac{M}{2}\displaystyle\int_0^2 (x-1)^2\mathrm{d}x = \dfrac{M}{3}$.

例 21　设函数 $f(x)$ 在 $[a, b]$ 上具有二阶连续导数, 且 $f'(a) = f'(b) = 0$, 证明: 存在 $\xi \in (a, b)$, 使得 $\displaystyle\int_a^b f(x)\mathrm{d}x = (b-a)\cdot\dfrac{f(a)+f(b)}{2} + \dfrac{1}{6}f''(\xi)(b-a)^3$.

证明 令 $F(x) = \int_a^x f(t)\mathrm{d}t$, 则 $F'(x) = f(x)$, $F''(x) = f'(x)$, $F'''(x) = f''(x)$, 且

$$F(a) = 0, \quad F''(a) = F''(b) = 0.$$

则函数 $F(x)$ 在 $x = a$ 处的二阶泰勒展开式为

$$F(x) = F(a) + F'(a)(x - a) + \frac{F''(a)}{2!}(x - a)^2 + \frac{F'''(\xi_1)}{3!}(x - a)^3$$

$$= f(a)(x - a) + \frac{f''(\xi_1)}{6}(x - a)^3, \quad \xi_1 \text{ 介于 } a \text{ 与 } x \text{ 之间.}$$

在上式中令 $x = b$ 得

$$\int_a^b f(x)\mathrm{d}x = f(a)(b - a) + \frac{1}{6}f''(\xi_2)(b - a)^3, \quad a \leqslant \xi_2 \leqslant b. \tag{1}$$

又函数 $F(x)$ 在 $x = b$ 处的二阶泰勒展开式为

$$F(x) = F(b) + F'(b)(x - b) + \frac{F''(b)}{2!}(x - b)^2 + \frac{F'''(\eta_1)}{3!}(x - b)^3$$

$$= \int_a^b f(x)\mathrm{d}x + f(b)(x - b) + \frac{f''(\eta_1)}{6}(x - b)^3, \quad \eta_1 \text{ 介于 } x \text{ 与 } b \text{ 之间.}$$

在上式中令 $x = a$ 得

$$0 = \int_a^b f(x)\mathrm{d}x - f(b)(b - a) - \frac{f''(\eta_2)}{6}(b - a)^3, \quad a \leqslant \eta_2 \leqslant b. \tag{2}$$

由 (1)−(2) 整理得

$$\int_a^b f(x)\mathrm{d}x = \frac{1}{2}[f(a) + f(b)](b - a) + \frac{1}{12}[f''(\xi_2) + f''(\eta_2)](b - a)^3. \tag{3}$$

若 $f''(\xi_2) = f''(\eta_2)$, 则取 $\xi = \xi_2$ 或 $\xi = \eta_2$, 代入 (3) 式即得所证.

若 $f''(\xi_2) \neq f''(\eta_2)$, 由于 $f''(x)$ 在 $[a, b]$ 上连续, 则由最值定理知: $\forall x \in [a, b]$, $m \leqslant f''(x) \leqslant M$, 则

$$m < \frac{1}{2}[f''(\xi_2) + f''(\eta_2)] < M.$$

再对 $f''(x)$ 在 $[a, b]$ 应用介值定理知: $\exists \xi \in (a, b)$, 使得

$$f''(\xi) = \frac{1}{2}[f''(\xi_2) + f''(\eta_2)],$$

于是有 $\displaystyle\int_a^b f(x)\mathrm{d}x = \frac{1}{2}\left[f(a) + f(b)\right](b - a) + \frac{1}{6}f''(\xi)(b - a)^3$.

例 22　设函数 $f(x)$ 在 $[0, 1]$ 上具有二阶连续导数, 且 $f'(0) = f'(1)$, 证明: 存在 $\xi \in (0, 1)$, 使得 $\displaystyle\int_0^1 f(x)\mathrm{d}x = \frac{f(0) + f(1)}{2} + \frac{1}{24}f''(\xi)$.

证明　令 $F(x) = \displaystyle\int_0^x f(t)\mathrm{d}t$, 则函数 $F(x)$ 在 $x = 0$ 处的二阶泰勒展开式为

$$F(x) = F(0) + F'(0)(x - 0) + \frac{F''(0)}{2!}(x - 0)^2 + \frac{F'''(\xi_1)}{3!}(x - 0)^3$$

$$= f(0)x + \frac{1}{2}f'(0)x^2 + \frac{f''(\xi_1)}{6}x^3, \quad \xi_1 \text{ 介于 } 0 \text{ 与 } x \text{ 之间}.$$

在上式中令 $x = \dfrac{1}{2}$ 得

$$F\left(\frac{1}{2}\right) = \frac{1}{2}f(0) + \frac{1}{8}f'(0) + \frac{f''(\xi_2)}{48}, \quad \xi_2 \in \left(0, \frac{1}{2}\right). \tag{1}$$

函数 $F(x)$ 在 $x = 1$ 处的二阶泰勒展开式为

$$F(x) = F(1) + F'(1)(x - 1) + \frac{F''(1)}{2!}(x - 1)^2 + \frac{F'''(\eta_1)}{3!}(x - 1)^3$$

$$= F(1) + f(1)(x - 1) + \frac{1}{2}f'(1)(x - 1)^2 + \frac{f''(\eta_1)}{6}(x - 1)^3,$$

$$\eta_1 \text{ 介于 } x \text{ 与 } 1 \text{ 之间}.$$

在上式中令 $x = \dfrac{1}{2}$ 得

$$F\left(\frac{1}{2}\right) = \int_0^1 f(t)\mathrm{d}t - \frac{1}{2}f(1) + \frac{1}{8}f'(1) - \frac{f''(\eta_2)}{48}, \quad \eta_2 \in \left(\frac{1}{2}, 1\right). \tag{2}$$

由 (2)−(1) 得

$$\int_0^1 f(x)\mathrm{d}x = \frac{1}{2}\left[f(0) + f(1)\right] + \frac{1}{24} \cdot \frac{\left[f''(\xi_2) + f''(\eta_2)\right]}{2}. \tag{3}$$

若 $f''(\xi_2) = f''(\eta_2)$, 则取 $\xi = \xi_2$ 或 $\xi = \eta_2$, 代入 (3) 式即得所证.

若 $f''(\xi_2) \neq f''(\eta_2)$, 由于 $f''(x)$ 在 $[0, 1]$ 上连续, 则由最值定理知: $\forall x \in [0, 1]$, $m \leqslant f''(x) \leqslant M$, 则

$$m < \frac{1}{2}\left[f''(\xi_2) + f''(\eta_2)\right] < M.$$

再对 $f''(x)$ 在 $[0,1]$ 应用介值定理知: $\exists \xi \in (0,1)$, 使得

$$f''(\xi) = \frac{1}{2} \left[f''(\xi_2) + f''(\eta_2) \right],$$

代入 (3) 式, 即得所证 $\displaystyle\int_0^1 f(x)\mathrm{d}x = \frac{f(0) + f(1)}{2} + \frac{1}{24} f''(\xi)$.

例 23 设函数 $f(x)$ 在 $[a,b]$ 上具有二阶连续导数, 证明: 存在 $\xi \in (a,b)$, 使得

$$\int_a^b f(x)\mathrm{d}x = (b-a) \cdot f\left(\frac{a+b}{2} \right) + \frac{(b-a)^3}{24} f''(\xi).$$

证明 令 $F(x) = \displaystyle\int_a^x f(t)\mathrm{d}t$, 将其在 $x = \dfrac{a+b}{2}$ 处展开为二阶泰勒展开式

$$F(x) = F\left(\frac{a+b}{2} \right) + F'\left(\frac{a+b}{2} \right)\left(x - \frac{a+b}{2} \right) + \frac{1}{2!} F''\left(\frac{a+b}{2} \right)\left(x - \frac{a+b}{2} \right)^2$$

$$+ \frac{F'''(\eta)}{3!}\left(x - \frac{a+b}{2} \right)^3, \quad \eta \text{ 介于 } \frac{a+b}{2} \text{ 与 } x \text{ 之间}.$$

在上述表达式中分别令 $x = a$, $x = b$ 可得

$$0 = F(a) = F\left(\frac{a+b}{2} \right) + f\left(\frac{a+b}{2} \right)\left(\frac{a-b}{2} \right) + \frac{1}{2!} F''\left(\frac{a+b}{2} \right)\left(\frac{a-b}{2} \right)^2$$

$$- \frac{f''(\eta_1)}{3!}\left(\frac{b-a}{2} \right)^3, \quad a < \eta_1 < \frac{a+b}{2};$$

$$F(b) = \int_a^b f(x)\mathrm{d}x$$

$$= F\left(\frac{a+b}{2} \right) + f\left(\frac{a+b}{2} \right)\left(\frac{b-a}{2} \right) + \frac{1}{2!} F''\left(\frac{a+b}{2} \right)\left(\frac{b-a}{2} \right)^2$$

$$+ \frac{f''(\eta_2)}{3!}\left(\frac{b-a}{2} \right)^3, \quad \frac{a+b}{2} < \eta_2 < b.$$

将上述两式相减整理得

$$\int_a^b f(x)\mathrm{d}x = f\left(\frac{a+b}{2} \right)(b-a) + \frac{1}{6}\left(\frac{b-a}{2} \right)^3 \left[f''(\eta_1) + f''(\eta_2) \right].$$

由于 $f''(x)$ 在 $[a,b]$ 上连续, 则根据最值定理及介值定理知: 存在 $\xi \in (\eta_1, \eta_2) \subset (a, b)$, 使得 $f''(\xi) = \dfrac{1}{2}[f''(\eta_1) + f''(\eta_2)]$, 即证得

$$\int_a^b f(x)\mathrm{d}x = (b - a) \cdot f\left(\frac{a+b}{2}\right) + \frac{(b-a)^3}{24}f''(\xi).$$

类似地, 我们可以得到如下结果.

设函数 $f(x)$ 在 $[a, b]$ 上具有二阶连续导数, $M = \max\limits_{x \in [a,b]} |f''(x)|$, 且 $f\left(\dfrac{a+b}{2}\right) = 0$, 则存在 $\xi \in (a, b)$, 使得 $\left| \displaystyle\int_a^b f(x)\mathrm{d}x \right| \leqslant M\dfrac{(b-a)^3}{24}$.

例 24　设函数 $f(x)$ 定义于 $[0,1]$ 且单调递减、可积, 求证: 对 $a \in (0,1)$, 有

$$\int_0^a f(x)\mathrm{d}x \geqslant a \int_0^1 f(x)\mathrm{d}x.$$

分析　此处没有 $f(x)$ 连续的条件, 故不能用积分中值定理.

证明　由于 $f(x)$ 单调递减, 故有

$$\int_0^a f(x)\mathrm{d}x \geqslant af(a), \qquad \int_a^1 f(x)\mathrm{d}x \leqslant f(a)(1-a),$$

由此得

$$\frac{1}{1-a} \int_a^1 f(x)\mathrm{d}x \leqslant f(a) \leqslant \frac{1}{a} \int_0^a f(x)\mathrm{d}x,$$

因此

$$a \int_a^1 f(x)\mathrm{d}x \leqslant (1-a) \int_0^a f(x)\mathrm{d}x \Rightarrow a\left[\int_a^1 f(x)\mathrm{d}x + \int_0^a f(x)\mathrm{d}x\right] \leqslant \int_0^a f(x)\mathrm{d}x,$$

即证得 $\displaystyle\int_0^a f(x)\mathrm{d}x \geqslant a \int_0^1 f(x)\mathrm{d}x$.

例 25　设函数 $f(x)$ 在 $\left[-\dfrac{1}{a}, a\right]$ 上连续 (其中 $a > 0$) 且 $f(x) \geqslant 0$, $\displaystyle\int_{-\frac{1}{a}}^a xf(x)\mathrm{d}x = 0$, 求证: $\displaystyle\int_{-\frac{1}{a}}^a x^2 f(x)\mathrm{d}x \leqslant \int_{-\frac{1}{a}}^a f(x)\mathrm{d}x$.

证明　当 $-\dfrac{1}{a} \leqslant x \leqslant a$ 时, $(a - x)\left(x + \dfrac{1}{a}\right) \geqslant 0$, 又 $f(x) \geqslant 0$, 于是

$$(a - x)\left(x + \frac{1}{a}\right)f(x) \geqslant 0,$$

即

$$\left[1 - x^2 + \left(a - \frac{1}{a}\right)x\right]f(x) \geqslant 0,$$

对不等式两端从 $-\dfrac{1}{a}$ 到 a 积分得

$$\int_{-\frac{1}{a}}^{a} f(x)\mathrm{d}x - \int_{-\frac{1}{a}}^{a} x^2 f(x)\mathrm{d}x + \left(a - \frac{1}{a}\right)\int_{-\frac{1}{a}}^{a} x f(x)\mathrm{d}x \geqslant 0,$$

即证得

$$\int_{-\frac{1}{a}}^{a} x^2 f(x)\mathrm{d}x \leqslant \int_{-\frac{1}{a}}^{a} f(x)\mathrm{d}x.$$

注 当被积函数含有绝对值或取整函数, 尤其与三角函数绝对值相关时, 往往考虑级数方法计算无穷限反常积分.

例 26 计算 $\displaystyle\int_{0}^{+\infty} \mathrm{e}^{-2x}\left|\sin x\right|\mathrm{d}x$.

解 由于

$$\int_{0}^{n\pi} \mathrm{e}^{-2x}\left|\sin x\right|\mathrm{d}x = \sum_{k=1}^{n}\int_{(k-1)\pi}^{k\pi} \mathrm{e}^{-2x}\left|\sin x\right|\mathrm{d}x$$

$$= \sum_{k=1}^{n}\int_{(k-1)\pi}^{k\pi} (-1)^{k-1}\mathrm{e}^{-2x}\sin x\,\mathrm{d}x,$$

而

$$\int_{(k-1)\pi}^{k\pi} \mathrm{e}^{-2x}\sin x\,\mathrm{d}x$$

$$= -\frac{1}{2}\int_{(k-1)\pi}^{k\pi}\sin x\,\mathrm{d}\mathrm{e}^{-2x}$$

$$= -\frac{1}{2}\sin x\,\mathrm{e}^{-2x}\Big|_{(k-1)\pi}^{k\pi} + \frac{1}{2}\int_{(k-1)\pi}^{k\pi}\mathrm{e}^{-2x}\cos x\,\mathrm{d}x$$

$$= -\frac{1}{4}\int_{(k-1)\pi}^{k\pi}\cos x\,\mathrm{d}\mathrm{e}^{-2x}$$

$$= -\frac{1}{4}\cos x\,\mathrm{e}^{-2x}\Big|_{(k-1)\pi}^{k\pi} + \frac{1}{4}\int_{(k-1)\pi}^{k\pi}\mathrm{e}^{-2x}\,\mathrm{d}\cos x$$

$$= -\frac{1}{4}\mathrm{e}^{-2k\pi}(-1)^{k} + \frac{1}{4}(-1)^{k-1}\mathrm{e}^{-2(k-1)\pi} - \frac{1}{4}\int_{(k-1)\pi}^{k\pi}\mathrm{e}^{-2x}\sin x\,\mathrm{d}x,$$

即

$$\int_{(k-1)\pi}^{k\pi} e^{-2x} \sin x dx = \frac{1}{5}\left[-e^{-2k\pi}(-1)^k + (-1)^{k-1}e^{-2(k-1)\pi}\right],$$

两边乘以 $(-1)^{k-1}$ 得

$$\int_{(k-1)\pi}^{k\pi} (-1)^{k-1} e^{-2x} \sin x dx = \frac{1}{5}\left[e^{-2k\pi} + e^{-2(k-1)\pi}\right] = \frac{1}{5}e^{-2k\pi}\left(1 + e^{2\pi}\right).$$

故

$$\int_0^{n\pi} e^{-2x} |\sin x|\, dx = \sum_{k=1}^n \frac{1}{5}e^{-2k\pi}\left(1 + e^{2\pi}\right) = \frac{1}{5}\left(1 + e^{2\pi}\right)\sum_{k=1}^n e^{-2k\pi}$$

$$= \frac{1}{5}\left(1 + e^{2\pi}\right)e^{-2\pi}\cdot\left(\frac{1 - e^{-2n\pi}}{1 - e^{-2\pi}}\right) \to \frac{1}{5}\left(1 + e^{2\pi}\right)\frac{e^{-2\pi}}{1 - e^{-2\pi}}$$

$$= \frac{1}{5}\left(\frac{e^{2\pi} + 1}{e^{2\pi} - 1}\right) \quad (n \to \infty).$$

当 $n\pi \leqslant t \leqslant (n+1)\pi$ 时, 有

$$\int_0^{n\pi} e^{-2x} |\sin x|\, dx \leqslant \int_0^t e^{-2x} |\sin x|\, dx \leqslant \int_0^{(n+1)\pi} e^{-2x} |\sin x|\, dx,$$

令 $n \to \infty$, 根据夹逼定理知

$$\int_0^{+\infty} e^{-2x} |\sin x|\, dx = \lim_{t\to\infty}\int_0^t e^{-2x} |\sin x|\, dx = \frac{1}{5}\left(\frac{e^{2\pi} + 1}{e^{2\pi} - 1}\right).$$

3.3　习　题　精　练

1. 计算不定积分 $\int \ln\left(1 + \sqrt{\dfrac{1+x}{x}}\right)dx(x > 0)$.

2. 计算不定积分 $\int \dfrac{xe^{\arctan x}}{(1+x^2)^{\frac{3}{2}}}dx$.

3. 设 $f(\sin^2 x) = \dfrac{x}{\sin x}$, 求 $\int \dfrac{\sqrt{x}}{\sqrt{1-x}}f(x)dx$.

4. 计算不定积分 $\int \dfrac{\arctan x}{x^2(1+x^2)}dx$.

5. 求 $\int \dfrac{dx}{\sin 2x + 2\sin x}$.

6. 已知 $\dfrac{\sin x}{x}$ 是 $f(x)$ 的一个原函数, 求 $\displaystyle\int x^3 f'(x)\mathrm{d}x$.

7. 计算不定积分 $\displaystyle\int \dfrac{1}{a^2\sin^2 x + b^2\cos^2 x}\mathrm{d}x$, 其中 a, b 是不全为 0 的非负数.

8. 曲线 C 的方程为 $y = f(x)$, 点 $(3,2)$ 是它的一个拐点, 直线 l_1 与 l_2 分别是曲线 C 在点 $(0,0)$ 与 $(3,2)$ 处的切线, 其交点为 $(2,4)$. 设函数 $f(x)$ 具有三阶连续导数, 计算定积分 $\displaystyle\int_0^3 (x^2 + x)f'''(x)\mathrm{d}x$.

9. 设函数 $f(x)$ 连续, 且 $\displaystyle\int_0^x tf(2x - t)\mathrm{d}t = \dfrac{1}{2}\arctan x^2$. 已知 $f(1) = 1$, 求 $\displaystyle\int_1^2 f(x)\mathrm{d}x$ 的值.

10. 计算积分 $\displaystyle\int_{\frac{1}{2}}^{\frac{3}{2}} \dfrac{\mathrm{d}x}{\sqrt{|x - x^2|}}$.

11. 计算 $\displaystyle\int_0^{\ln 2} \sqrt{1 - \mathrm{e}^{-2x}}\,\mathrm{d}x$.

12. 设 $f(x)$ 是区间 $\left[0, \dfrac{\pi}{4}\right]$ 上的单调、可导函数, 且满足

$$\int_0^{f(x)} f^{-1}(t)\mathrm{d}t = \int_0^x t\frac{\cos t - \sin t}{\sin t + \cos t}\mathrm{d}t,$$

其中 f^{-1} 是 f 的反函数, 求 $f(x)$.

13. 已知两曲线 $y = f(x)$ 与 $y = \displaystyle\int_0^{\arctan x} \mathrm{e}^{-t^2}\mathrm{d}t$ 在点 $(0,0)$ 处的切线相同, 写出此切线方程, 并求极限 $\displaystyle\lim_{n\to\infty} nf\left(\dfrac{2}{n}\right)$.

14. 设函数 $f(x)$ 在 $[0, +\infty)$ 上可导, $f(0) = 0$, 且其反函数为 $g(x)$. 若 $\displaystyle\int_0^{f(x)} g(t)\mathrm{d}t = x^2\mathrm{e}^x$, 求 $f(x)$.

15. 设 $a_n = \displaystyle\int_0^1 x^n\sqrt{1 - x^2}\,\mathrm{d}x\,(n = 0, 1, 2, \cdots)$.

(I) 证明: 数列 $\{a_n\}$ 单调递减; 且 $a_n = \dfrac{n-1}{n+2}a_{n-2}\,(n = 2, 3, \cdots)$.

(II) 求 $\displaystyle\lim_{n\to\infty} \dfrac{a_n}{a_{n-1}}$.

16. 已知 $f(x)$ 在 $\left[0, \dfrac{3\pi}{2}\right]$ 上连续, 在 $\left(0, \dfrac{3\pi}{2}\right)$ 内是函数 $\dfrac{\cos x}{2x - 3\pi}$ 的一个原

函数, 且 $f(0) = 0$.

(I) 求 $f(x)$ 在区间 $\left[0, \dfrac{3\pi}{2}\right]$ 上的平均值;

(II) 证明 $f(x)$ 在区间 $\left(0, \dfrac{3\pi}{2}\right)$ 内存在唯一零点.

17. 函数 $f(x), g(x)$ 在区间 $[a, b]$ 上连续, 且 $f(x)$ 单调增加, $0 \leqslant g(x) \leqslant 1$. 证明:

(I) $0 \leqslant \displaystyle\int_a^x g(t)\mathrm{d}t \leqslant x - a, x \in [a, b]$;

(II) $\displaystyle\int_a^{a + \int_a^b g(t)\mathrm{d}t} f(x)\mathrm{d}x \leqslant \int_a^b f(x)g(x)\mathrm{d}x$.

18. 求曲线 $y = \mathrm{e}^{-x}\sin x\,(x \geqslant 0)$ 与 x 轴之间图形的面积.

19. 已知函数 $f(x, y)$ 满足 $\dfrac{\partial f}{\partial y} = 2(y + 1)$, $f(y, y) = (y + 1)^2 - (2 - y)\ln y$, 求曲线 $f(x, y) = 0$ 所围图形绕直线 $y = -1$ 旋转所成旋转体的体积.

20. 设 D 是由曲线 $y = x^{\frac{1}{3}}$、直线 $x = a(a > 0)$ 及 x 轴所围成的平面图形, V_x, V_y 分别是 D 绕 x 轴、y 轴旋转一周所得旋转体的体积. 若 $V_y = 10V_x$, 求 a 的值.

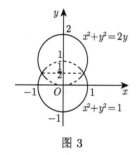

图 3

21. 过 $(0, 1)$ 点作曲线 $L: y = \ln x$ 的切线, 切点为 A, 又 L 与 x 轴交于 B 点, 区域 D 由 L 与直线 AB 围成, 求区域 D 的面积及 D 绕 x 轴旋转一周所得旋转体的体积.

22. 一容器的内侧是由图 3 中曲线绕 y 轴旋转一周而成的曲面, 该曲线由 $x^2 + y^2 = 2y\left(y \geqslant \dfrac{1}{2}\right)$ 与 $x^2 + y^2 = 1\left(y \leqslant \dfrac{1}{2}\right)$ 连接而成的. 如图 3 所示.

(I) 求容器的容积;

(II) 若将容器内盛满的水从容器顶部全部抽出, 至少需要做多少功? (长度单位: m. 重力加速度为 $\mathrm{g} \cdot \mathrm{m/s}^2$. 水的密度为 $10^3\mathrm{kg/m}^3$.)

习题精练答案 3

专题四 多元微分学与空间解析几何

多元函数微分学的主要内容包括多元函数的极限、连续、偏导数和全微分及其应用, 空间解析几何主要研究空间曲线的切线、空间曲面的切平面等. 在学习多元函数微分学时, 要注意和一元微分学相关内容的比对, 比较命题条件和结论的异同. 在学习过程中重视对空间几何图形的深入解析, 会对今后多元函数积分学的学习有较大的帮助.

4.1 内 容 提 要

一、二元函数的极限与连续性

1. 二元函数的极限

设 $z = f(x, y)$ 在 (x_0, y_0) 的某去心邻域有定义, 若对任意 $\varepsilon > 0$, 存在 $\delta > 0$, 使得当 $0 < \sqrt{(x - x_0)^2 + (y - y_0)^2} < \delta$ 时, 有 $|f(x, y) - A| < \varepsilon$, 则称 A 为函数 $f(x, y)$ 当 $(x, y) \to (x_0, y_0)$ 时的极限, 记为 $\lim\limits_{(x,y) \to (x_0, y_0)} f(x, y) = A$.

注 (1) 只有当动点 (x, y) 以任意方式趋近于 (x_0, y_0), $f(x, y)$ 的极限都为 A 时, 才称二元函数的极限存在.

(2) 判断二元函数极限不存在的方法常用的有如下两个.

① 找到一条路径, 沿此路径, 动点 (x, y) 趋近于 (x_0, y_0) 时 $f(x, y)$ 的极限不存在.

② 找到两条不同路径, (x, y) 沿其趋近于 (x_0, y_0) 时 $f(x, y)$ 的极限不相等, 则二元函数的极限不存在.

③ 可借助一元函数求极限的方法求二元函数的极限.

2. 二元函数的连续性

设二元函数 $z = f(x, y)$ 在 (x_0, y_0) 的某邻域有定义, 若

$$\lim_{(x,y) \to (x_0, y_0)} f(x, y) = f(x_0, y_0),$$

则称函数 $f(x, y)$ 在点 (x_0, y_0) 连续.

如果函数 $f(x, y)$ 在 D 的每一点都连续, 则称函数 $f(x, y)$ 在 D 上连续, 或者说 $f(x, y)$ 是 D 上的连续函数.

连续的概念可以推广到二元以上的函数.

3. 多元函数在有界闭区域上的性质

有界性　在有界闭区域 D 上连续的多元函数必定在 D 上有界.

最大值与最小值定理　在有界闭区域 D 上连续的多元函数必定在 D 上取到它的最大值和最小值.

介值定理　在有界闭区域 D 上连续的多元函数必取得介于最大值和最小值之间的任何值.

二、 多元函数的偏导数与全微分

1. 偏导数的定义

设函数 $z = f(x, y)$ 在点 (x_0, y_0) 的某邻域内有定义, 如果

$$\lim_{\Delta x \to 0} \frac{f(x_0 + \Delta x, y_0) - f(x_0, y_0)}{\Delta x}$$

存在, 则称此极限为函数 $z = f(x, y)$ 在点 (x_0, y_0) 处对 x 的偏导数, 记为

$$\left. \frac{\partial z}{\partial x} \right|_{\substack{x = x_0 \\ y = y_0}}, \left. \frac{\partial f}{\partial x} \right|_{\substack{x = x_0 \\ y = y_0}}, \left. z_x \right|_{\substack{x = x_0 \\ y = y_0}} \text{ 或 } f_x(x_0, y_0),$$

即 $f_x(x_0, y_0) = \lim\limits_{\Delta x \to 0} \dfrac{f(x_0 + \Delta x, y_0) - f(x_0, y_0)}{\Delta x}$.

类似地, 函数 $z = f(x, y)$ 在点 (x_0, y_0) 处对 y 的偏导数定义为

$$f_y(x_0, y_0) = \lim_{\Delta y \to 0} \frac{f(x_0, y_0 + \Delta y) - f(x_0, y_0)}{\Delta y},$$

记为 $\left. \dfrac{\partial z}{\partial y} \right|_{\substack{x = x_0 \\ y = y_0}}, \left. \dfrac{\partial f}{\partial y} \right|_{\substack{x = x_0 \\ y = y_0}}, \left. z_y \right|_{\substack{x = x_0 \\ y = y_0}}$ 或 $f_y(x_0, y_0)$.

如果函数 $z = f(x, y)$ 在区域 D 内每一点 (x, y) 处对 x 或者 y 的偏导数都存在, 则称 $f_x(x, y), f_y(x, y)$ 为偏导数.

偏导数的概念还可以推广到二元以上的函数.

2. 偏导数的几何意义

由偏导数的定义, $f_x(x_0, y_0)$ 可看成函数 $z = f(x, y_0)$ 在 x_0 处的导数, 根据导数的几何意义, $f_x(x_0, y_0)$ 是曲线 $\begin{cases} z = f(x, y), \\ y = y_0 \end{cases}$ 在 $M_0(x_0, y_0)$ 处的切线对 x 轴的斜率.

同理, $f_y(x_0, y_0)$ 是曲线 $\begin{cases} z = f(x, y), \\ x = x_0 \end{cases}$ 在 $M_0(x_0, y_0)$ 处的切线对 y 轴的斜率.

3. 偏导数存在和连续的关系

多元函数在某一点处的偏导数存在推不出该函数在这一点处连续, 函数在一点处连续也推不出该函数在这一点处的偏导数存在.

4. 高阶偏导数

一般情况, 函数 $z = f(x, y)$ 的两个偏导数 $f_x(x, y)$ 和 $f_y(x, y)$ 仍然是 x, y 的函数. 因此, 可以考虑 $f_x(x, y)$ 和 $f_y(x, y)$ 的偏导数即二阶偏导数, 依次记为

$$\frac{\partial}{\partial x}\left(\frac{\partial z}{\partial x}\right) = \frac{\partial^2 z}{\partial x^2} = f_{xx}(x, y), \qquad \frac{\partial}{\partial y}\left(\frac{\partial z}{\partial x}\right) = \frac{\partial^2 z}{\partial x \partial y} = f_{xy}(x, y),$$

$$\frac{\partial}{\partial x}\left(\frac{\partial z}{\partial y}\right) = \frac{\partial^2 z}{\partial y \partial x} = f_{yx}(x, y), \qquad \frac{\partial}{\partial y}\left(\frac{\partial z}{\partial y}\right) = \frac{\partial^2 z}{\partial y^2} = f_{yy}(x, y).$$

定理 若函数 $z = f(x, y)$ 的两个二阶混合偏导数 $\dfrac{\partial^2 z}{\partial x \partial y}, \dfrac{\partial^2 z}{\partial y \partial x}$ 在区域 D 内均连续, 那么在该区域内这两个二阶混合偏导数必相等.

换句话说, 二阶混合偏导数在连续的条件下与求导的次序无关.

对于二元以上的函数, 也可以类似地定义高阶偏导数, 而且高阶混合偏导数在偏导数连续的条件下也与求导的次序无关.

5. 求偏导的方法

(1) **直接求偏导** 此法主要是对多元初等函数求偏导, 在求偏导的过程中, 我们假定其余变量均是常数, 从而可利用一元函数的求导方法来求这类函数的偏导数.

(2) 复合函数求偏导.

一般地, 若 $z = f(u, v), u = u(x, y), v = v(x, y)$, 则复合之后 z 是 x, y 的函数, 从而

$$\frac{\partial z}{\partial x} = f_u(u, v)\frac{\partial u}{\partial x} + f_v(u, v)\frac{\partial v}{\partial x},$$

$$\frac{\partial z}{\partial y} = f_u(u,v)\frac{\partial u}{\partial y} + f_v(u,v)\frac{\partial v}{\partial y}.$$

注 (1) 一般而言, 函数 $z = f(u,v)$ 对中间变量的偏导数 f_u, f_v, 仍然是以 u, v 为中间变量, x, y 为自变量的复合函数, 对它们求偏导时须重复使用复合函数求导法.

(2) 对抽象函数求偏导数时, 一定要设中间变量, 为了表示方便, 防止出错, 一般采用下面的记号规则: f 对第一中间变量的偏导数 f_u 记为 f_1', 同理 f_v 记为 f_2', f_{uu} 记为 f_{11}'' 等.

(3) 隐函数求偏导.

隐函数存在定理 1 (一元隐函数) 设函数 $F(x,y)$ 在点 $P(x_0, y_0)$ 的某一邻域内具有连续偏导数, 且 $F(x_0, y_0) = 0$, 若 $F_y(x_0, y_0) \neq 0$, 则方程 $F(x,y) = 0$ 在点 (x_0, y_0) 的某一邻域内能唯一确定一个连续且具有连续导数的函数 $y = f(x)$, 它满足条件 $y_0 = f(x_0)$, 并有 $\dfrac{\mathrm{d}y}{\mathrm{d}x} = -\dfrac{F_x}{F_y}$.

对于一元隐函数的求导, 可以采用如下三种方法:

① 方程两边同时对自变量求导;

② 利用一元函数一阶微分的形式不变性;

③ 公式法.

隐函数存在定理 2 (二元隐函数) 设函数 $F(x,y,z)$ 在点 $P(x_0, y_0, z_0)$ 的某一邻域内具有连续偏导数, 且 $F(x_0, y_0, z_0) = 0$, 若 $F_z(x_0, y_0, z_0) \neq 0$, 则方程 $F(x,y,z) = 0$ 在点 (x_0, y_0, z_0) 的某一邻域内能唯一确定一个连续且具有连续偏导数的函数 $z = f(x,y)$, 它满足条件 $z_0 = f(x_0, y_0)$, 并有 $\dfrac{\partial z}{\partial x} = -\dfrac{F_x}{F_z}, \dfrac{\partial z}{\partial y} = -\dfrac{F_y}{F_z}$.

隐函数存在定理 3 (由方程组确定的隐函数求偏导) 设函数 $F(x,y,u,v)$, (x,y,u,v) 在点 $P(x_0, y_0, u_0, v_0)$ 的某一邻域内具有对各个变量的连续偏导数. 又 $F(x_0, y_0, u_0, v_0) = 0$, $G(x_0, y_0, u_0, v_0) = 0$, 且偏导数所组成的函数行列式 (或称雅可比式)

$$J = \frac{\partial(F,G)}{\partial(u,v)} = \begin{vmatrix} \dfrac{\partial F}{\partial u} & \dfrac{\partial F}{\partial v} \\[2mm] \dfrac{\partial G}{\partial u} & \dfrac{\partial G}{\partial v} \end{vmatrix}$$

在点 $P(x_0, y_0, u_0, v_0)$ 不等于零, 则方程组 $F(x,y,u,v) = 0, G(x,y,u,v) = 0$ 在点 $P(x_0, y_0, u_0, v_0)$ 的某一邻域内恒能唯一确定一组连续且具有连续偏导数的函

数 $u = u(x,y), v = v(x,y)$, 它们满足条件 $u_0 = u(x_0, y_0), v_0 = v(x_0, y_0)$, 并有

$$\frac{\partial u}{\partial x} = -\frac{1}{J}\frac{\partial(F,G)}{\partial(x,v)} = -\frac{\begin{vmatrix} F_x & F_v \\ G_x & G_v \end{vmatrix}}{\begin{vmatrix} F_u & F_v \\ G_u & G_v \end{vmatrix}}, \quad \frac{\partial v}{\partial x} = -\frac{1}{J}\frac{\partial(F,G)}{\partial(u,x)} = -\frac{\begin{vmatrix} F_u & F_x \\ G_u & G_x \end{vmatrix}}{\begin{vmatrix} F_u & F_v \\ G_u & G_v \end{vmatrix}},$$

$$\frac{\partial u}{\partial y} = -\frac{1}{J}\frac{\partial(F,G)}{\partial(y,v)} = -\frac{\begin{vmatrix} F_y & F_v \\ G_y & G_v \end{vmatrix}}{\begin{vmatrix} F_u & F_v \\ G_u & G_v \end{vmatrix}}, \quad \frac{\partial v}{\partial y} = -\frac{1}{J}\frac{\partial(F,G)}{\partial(u,y)} = -\frac{\begin{vmatrix} F_u & F_y \\ G_u & G_y \end{vmatrix}}{\begin{vmatrix} F_u & F_v \\ G_u & G_v \end{vmatrix}}.$$

三、全微分

1. 定义

如果函数 $z = f(x,y)$ 在点 (x,y) 的某邻域内有定义, 函数在点 (x,y) 的全增量 $\Delta z = f(x + \Delta x, y + \Delta y) - f(x,y)$ 可表示为 $\Delta z = A\Delta x + B\Delta y + o(\rho)$, 其中 A 和 B 不依赖于 Δx 和 Δy 而仅与 x 和 y 有关, $\rho = \sqrt{(\Delta x)^2 + (\Delta y)^2}$, 那么称函数 $z = f(x,y)$ 在点 (x,y) 可微分, 而 $A\Delta x + B\Delta y$ 称为函数 $z = f(x,y)$ 在点 (x,y) 的全微分, 记为 $\mathrm{d}z$, 即 $\mathrm{d}z = A\Delta x + B\Delta y$.

如果函数在区域 D 内各点处都可微, 那么称这函数在 D 内可微分.

可微的等价定义 对于函数 $z = f(x,y)$, 若 $\dfrac{\partial z}{\partial x}, \dfrac{\partial z}{\partial y}$ 存在, 且

$$\lim_{\rho \to 0} \frac{\Delta z - \dfrac{\partial z}{\partial x}\Delta x - \dfrac{\partial z}{\partial y}\Delta y}{\rho} = 0,$$

则 $z = f(x,y)$ 可微.

2. 可微的必要条件

如果函数 $z = f(x,y)$ 在点 (x,y) 可微分, 则函数 $z = f(x,y)$ 在点 (x,y) 的偏导数 $\dfrac{\partial z}{\partial x}, \dfrac{\partial z}{\partial y}$ 必存在, 且 $\mathrm{d}z = \dfrac{\partial z}{\partial x}\mathrm{d}x + \dfrac{\partial z}{\partial y}\mathrm{d}y$.

对于可微的三元函数 $u = f(x,y,z)$, 也有 $\mathrm{d}u = \dfrac{\partial u}{\partial x}\mathrm{d}x + \dfrac{\partial u}{\partial y}\mathrm{d}y + \dfrac{\partial u}{\partial z}\mathrm{d}z$.

3. 可微的充分条件

如果函数 $z = f(x,y)$ 的偏导数 $\dfrac{\partial z}{\partial x}, \dfrac{\partial z}{\partial y}$ 在点 (x,y) 连续, 那么函数在该点可微分.

4. 全微分形式不变性

如果 $z = f(u, v), u = u(x, y), v = v(x, y)$, 则

$$\mathrm{d}z = \frac{\partial z}{\partial x}\mathrm{d}x + \frac{\partial z}{\partial y}\mathrm{d}y = \frac{\partial z}{\partial u}\mathrm{d}u + \frac{\partial z}{\partial v}\mathrm{d}v.$$

四、多元函数的极值与最值

1. 多元函数的极值

(1) 无条件极值.

设函数 $z = f(x, y)$ 在点 (x_0, y_0) 的某个邻域内有定义, 如果对在此邻域内任意异于 (x_0, y_0) 的点 (x, y) 都有

$$f(x, y) < f(x_0, y_0),$$

则称函数 $z = f(x, y)$ 在点 (x_0, y_0) 取得极大值 $f(x_0, y_0)$, 点 (x_0, y_0) 称为函数 $f(x, y)$ 的极大值点; 如果对在此邻域内任意异于 (x_0, y_0) 的点 (x, y) 都有

$$f(x, y) > f(x_0, y_0),$$

则称函数 $z = f(x, y)$ 在点 (x_0, y_0) 取得极小值 $f(x_0, y_0)$, 点 (x_0, y_0) 称为函数 $f(x, y)$ 的极小值点.

例如, $z = x^2 + y^2$ 在点 $(0,0)$ 取得极小值, $z = -\sqrt{x^2 + y^2}$ 在点 $(0,0)$ 取得极大值.

极值存在的必要条件

设函数 $z = f(x, y)$ 在点 (x_0, y_0) 具有偏导数, 且在点 (x_0, y_0) 处有极值, 则有

$$f_x(x_0, y_0) = 0, \quad f_y(x_0, y_0) = 0.$$

使得 $f_x(x_0, y_0) = 0, f_y(x_0, y_0) = 0$ 同时成立的点 (x_0, y_0) 称为函数 $z = f(x, y)$ 的**驻点**.

由该定理可知: **具有偏导数的极值点一定是驻点**.

注 (1) 驻点不一定是极值点 $(z = xy)$; 极值点还可以是偏导数不存在的点.

(2) 极值点只可能是驻点或偏导数不存在的点.

(3) 极值存在的充分条件

设函数 $z = f(x, y)$ 在驻点 (x_0, y_0) 的某邻域内连续且具有连续的一阶及二阶偏导数, 令

$$f_{xx}(x_0, y_0) = A, \quad f_{xy}(x_0, y_0) = B, \quad f_{yy}(x_0, y_0) = C,$$

则

① $AC - B^2 > 0$ 时具有极值, 且当 $A < 0$ 时有极大值, 当 $A > 0$ 时有极小值;

② $AC - B^2 < 0$ 时没有极值;

③ $AC - B^2 = 0$ 时可能有极值, 也可能没有极值.

(2) 条件极值——拉格朗日乘数法.

求目标函数 $f(x, y)$ 在附加条件 $\varphi(x, y) = 0$ 下的极值 (或最值):

先作拉格朗日函数 $F(x, y) = f(x, y) + \lambda\varphi(x, y)$, 其中 λ 为参数.

解方程组

$$\begin{cases} F_x = f_x(x, y) + \lambda\varphi_x(x, y) = 0, \\ F_y = f_y(x, y) + \lambda\varphi_y(x, y) = 0, \\ F_\lambda = \varphi(x, y) = 0, \end{cases}$$

得到的 (x, y) 就是函数 $f(x, y)$ 在附加条件 $\varphi(x, y) = 0$ 下的可能极值点.

注 此方法同样适用于多个变量多个约束条件的极值.

2. 连续函数在有界闭区域上的最值问题

设函数 $f(x, y)$ 在有界闭区域 D 上连续, 在 D 内可微分且只有有限个驻点, 求 $f(x, y)$ 在 D 上的最大值与最小值的步骤为:

(1) 求出 $f(x, y)$ 在 D 内的全体驻点, 并求出 $f(x, y)$ 在各驻点处的函数值;

(2) 求出 $f(x, y)$ 在 D 的边界上的最大值和最小值;

(3) 将 $f(x, y)$ 在各驻点处的函数值与 $f(x, y)$ 在 D 的边界上的最大值和最小值相比较, 最大者为 $f(x, y)$ 在 D 上的最大值, 最小者为 $f(x, y)$ 在 D 上的最小值.

五、 二元函数的二阶泰勒公式

设 $z = f(x, y)$ 在点 (x_0, y_0) 的某一邻域内连续且有三阶连续偏导数, $(x_0 + h, y_0 + k)$ 为此邻域内任一点, 则有

$$\begin{aligned} f(x_0 + h, y_0 + k) = {} & f(x_0, y_0) + \left(h\frac{\partial}{\partial x} + k\frac{\partial}{\partial y}\right) f(x_0, y_0) \\ & + \frac{1}{2!}\left(h\frac{\partial}{\partial x} + k\frac{\partial}{\partial y}\right)^2 f(x_0, y_0) \\ & + \frac{1}{3!}\left(h\frac{\partial}{\partial x} + k\frac{\partial}{\partial y}\right)^3 f(x_0 + \theta h, y_0 + \theta k) \quad (0 < \theta < 1). \end{aligned}$$

六、多元微分学的几何应用

1. 曲面的切平面与法线

设曲面 Σ 的方程为 $F(x, y, z) = 0$, $M(x_0, y_0, z_0)$ 为曲面 Σ 上一点, 则 Σ 在点 $M(x_0, y_0, z_0)$ 的法向量为

$$\boldsymbol{n} = (F_x(x_0, y_0, z_0), F_y(x_0, y_0, z_0), F_z(x_0, y_0, z_0)),$$

切平面的方程为

$$F_x(x_0, y_0, z_0)(x - x_0) + F_y(x_0, y_0, z_0)(y - y_0) + F_z(x_0, y_0, z_0)(z - z_0) = 0.$$

法线方程为 $\dfrac{x - x_0}{F_x(x_0, y_0, z_0)} = \dfrac{y - y_0}{F_y(x_0, y_0, z_0)} = \dfrac{z - z_0}{F_z(x_0, y_0, z_0)}$.

2. 空间曲线的切线与法平面

若曲线 Γ 的方程为 $\begin{cases} x = x(t), \\ y = y(t), \\ z = z(t), \end{cases}$　点 $M_0(x(t_0), y(t_0), z(t_0)) \in \Gamma$, 其中 $x(t), y(t), z(t)$ 在 t_0 可导且 $(x'(t_0), y'(t_0), z'(t_0)) \neq (0, 0, 0)$, 则 Γ 在点 M_0 处的切向量为

$$\boldsymbol{l} = (x'(t_0), y'(t_0), z'(t_0)).$$

切线方程为

$$\frac{x - x_0}{x'(t_0)} = \frac{y - y_0}{y'(t_0)} = \frac{z - z_0}{z'(t_0)}.$$

法平面方程为

$$x'(t_0)(x - x_0) + y'(t_0)(y - y_0) + z'(t_0)(z - z_0) = 0.$$

若曲线 Γ 的方程为 $\begin{cases} F(x, y, z) = 0, \\ G(x, y, z) = 0, \end{cases}$　点 $M_0(x(t_0), y(t_0), z(t_0)) \in \Gamma$, 则 Γ 在点 M_0 处的切向量为

$$\boldsymbol{l} = \begin{vmatrix} \boldsymbol{i} & \boldsymbol{j} & \boldsymbol{k} \\ F_x(x_0, y_0, z_0) & F_y(x_0, y_0, z_0) & F_z(x_0, y_0, z_0) \\ G_x(x_0, y_0, z_0) & G_y(x_0, y_0, z_0) & G_z(x_0, y_0, z_0) \end{vmatrix} = \{m, n, p\},$$

切线方程为

$$\frac{x - x_0}{m} = \frac{y - y_0}{n} = \frac{z - z_0}{p},$$

法平面方程为

$$m(x - x_0) + n(y - y_0) + p(z - z_0) = 0.$$

另外, 若 $F(x, y, z), G(x, y, z)$ 在 M_0 有连续的偏导数, 则可给出这两个曲面在 M_0 点的切平面方程, 这两个切平面的交线表示切线, 即 Γ 在点 M_0 处的切线方程为

$$\begin{cases} F_x(x_0, y_0, z_0)(x - x_0) + F_y(x_0, y_0, z_0)(y - y_0) + F_z(x_0, y_0, z_0)(z - z_0) = 0, \\ G_x(x_0, y_0, z_0)(x - x_0) + G_y(x_0, y_0, z_0)(y - y_0) + G_z(x_0, y_0, z_0)(z - z_0) = 0. \end{cases}$$

若两个曲面中有一个是平面, 例如曲线 Γ 的方程为 $\begin{cases} F(x, y, z) = 0, \\ Ax + By + Cz + D = 0, \end{cases}$ 点 $M_0(x(t_0), y(t_0), z(t_0)) \in \Gamma$, 则 Γ 在点 M_0 处的切线方程为

$$\begin{cases} F_x(x_0, y_0, z_0)(x - x_0) + F_y(x_0, y_0, z_0)(y - y_0) + F_z(x_0, y_0, z_0)(z - z_0) = 0, \\ Ax + By + Cz + D = 0. \end{cases}$$

4.2 例 题 精 讲

例 1 设对任意 x 和 y, 有 $\left(\dfrac{\partial f}{\partial x}\right)^2 + \left(\dfrac{\partial f}{\partial y}\right)^2 = 4$, 用变量替换

$$\begin{cases} x = uv, \\ y = \dfrac{1}{2}(u^2 - v^2). \end{cases}$$

将 $f(x, y)$ 变换成函数 $g(u, v)$, 试求满足关系式:

$$a\left(\frac{\partial g}{\partial u}\right)^2 - b\left(\frac{\partial g}{\partial v}\right)^2 = u^2 + v^2$$

中的常数 a 和 b.

解 由已知条件, 得

$$g(u, v) = f\left[uv, \frac{1}{2}(u^2 - v^2)\right],$$

$$\frac{\partial g}{\partial u} = \frac{\partial f}{\partial x} \cdot \frac{\partial x}{\partial u} + \frac{\partial f}{\partial y} \cdot \frac{\partial y}{\partial u} = v\frac{\partial f}{\partial x} + u\frac{\partial f}{\partial y},$$

$$\frac{\partial g}{\partial v} = \frac{\partial f}{\partial x} \cdot \frac{\partial x}{\partial v} + \frac{\partial f}{\partial y} \cdot \frac{\partial y}{\partial v} = u\frac{\partial f}{\partial x} - v\frac{\partial f}{\partial y}.$$

代入 $a\left(\dfrac{\partial g}{\partial u}\right)^2 - b\left(\dfrac{\partial g}{\partial v}\right)^2 = u^2 + v^2$, 得

$$a\left(v\frac{\partial f}{\partial x} + u\frac{\partial f}{\partial y}\right)^2 - b\left(u\frac{\partial f}{\partial x} - v\frac{\partial f}{\partial y}\right)^2 = u^2 + v^2,$$

即

$$(av^2 - bu^2)\left(\frac{\partial f}{\partial x}\right)^2 + (2a + 2b)uv\frac{\partial f}{\partial x}\frac{\partial f}{\partial y} + (au^2 - bv^2)\left(\frac{\partial f}{\partial y}\right)^2 = u^2 + v^2.$$

于是 $2a + 2b = 0$, 即 $a = -b$. 代入上式得

$$a(u^2 + v^2)\left[\left(\frac{\partial f}{\partial x}\right)^2 + \left(\frac{\partial f}{\partial y}\right)^2\right] = u^2 + v^2.$$

由于 $\left(\dfrac{\partial f}{\partial x}\right)^2 + \left(\dfrac{\partial f}{\partial y}\right)^2 = 4$, 所以 $4a = 1$, 即

$$a = \frac{1}{4}, \quad b = -\frac{1}{4}.$$

例 2　设函数 $z = z(x, y)$ 是由方程

$$\varphi(bz - cy, cx - az, ay - bx) = 0$$

确定的, 且 φ 具有连续的偏导数, 求 $a\dfrac{\partial z}{\partial x} + b\dfrac{\partial z}{\partial y}$.

解　方程两边同时对 x 求导得

$$\varphi_1' \cdot \left(b\frac{\partial z}{\partial x}\right) + \varphi_2' \cdot \left(c - a\frac{\partial z}{\partial x}\right) + \varphi_3' \cdot (-b) = 0.$$

解得

$$\frac{\partial z}{\partial x} = \frac{b\varphi_3' - c\varphi_2'}{b\varphi_1' - a\varphi_2'}.$$

同理可得

$$\frac{\partial z}{\partial y} = \frac{c\varphi_1' - a\varphi_3'}{b\varphi_1' - a\varphi_2'}.$$

因此

$$a\frac{\partial z}{\partial x} + b\frac{\partial z}{\partial y} = \frac{ab\varphi_3' - ac\varphi_2' + bc\varphi_1' - ab\varphi_3'}{b\varphi_1' - a\varphi_2'} = c.$$

例 3 求螺旋线 $x = a\cos t, y = a\sin t, z = bt$ 在任意点 M (对应 $t = t_0$) 处的切线及法平面方程, 并证明曲线上任意一点处的切线与 Oz 轴相交成定角.

解 $\qquad x'(t) = -a\sin t, \quad y'(t) = a\cos t, \quad z'(t) = b.$

在该点处的切线方程为

$$\frac{x - a\cos t_0}{-a\sin t_0} = \frac{y - a\sin t_0}{a\cos t_0} = \frac{z - bt_0}{b}.$$

法平面方程为

$$-a\sin t_0(x - a\cos t_0) + a\cos t_0(y - a\sin t_0) + b(z - bt_0) = 0,$$

即 $ax\sin t_0 - ay\cos t_0 - bz + b^2 t_0 = 0.$

曲线的切向量为 $\boldsymbol{T} = (-a\sin t_0, a\cos t_0, b)$, Oz 轴方向向量为 $\boldsymbol{k} = (0, 0, 1)$, 二者的交角 φ 的余弦为

$$\cos\varphi = \frac{0 \cdot (-\sin t_0) + 0 \cdot (a\cos t_0) + 1 \cdot b}{\sqrt{(-a\sin t_0)^2 + (a\cos t_0)^2 + b^2}} = \frac{b}{\sqrt{a^2 + b^2}},$$

是常数, 故切线与 Oz 轴的交角为定角.

例 4 设函数 $F(u, v, w)$ 是可微函数, 且

$$F_u(2, 2, 2) = F_w(2, 2, 2) = 3, \quad F_v(2, 2, 2) = -6.$$

曲面 $F(x + y, y + z, z + x) = 0$ 过点 $(1, 1, 1)$, 求曲面过该点的切平面与法线方程.

解 设 $G(x, y, z) = F(x + y, y + z, z + x)$, 则

$$G_x = F_u + F_w, \quad G_y = F_u + F_v, \quad G_z = F_v + F_w,$$

在点 $(1, 1, 1)$ 处

$$\boldsymbol{u} = x + y = 2, \quad v = y + z = 2, \quad w = z + x = 2.$$

故

$$G_x(1, 1, 1) = F_u(2, 2, 2) + F_w(2, 2, 2) = 6,$$

$$G_y(1, 1, 1) = F_u(2, 2, 2) + F_v(2, 2, 2) = -3,$$

$$G_z(1,1,1) = F_v(2,2,2) + F_w(2,2,2) = -3.$$

所以, 曲面的法向量为 $\boldsymbol{n} = (6, -3, -3)$. 故所求的切平面方程为

$$2(x-1) - (y-1) - (z-1) = 0,$$

即

$$2x - y - z = 0.$$

法线方程为 $\dfrac{x-1}{2} = \dfrac{y-1}{-1} = \dfrac{z-1}{-1}$.

例 5　求函数 $z = 1 - \left(\dfrac{x^2}{a^2} + \dfrac{y^2}{b^2} \right)$ 在点 $P\left(\dfrac{a}{\sqrt{2}}, \dfrac{b}{\sqrt{2}} \right)$ 处沿曲线 $\dfrac{x^2}{a^2} + \dfrac{y^2}{b^2} = 1$ 在这点的内法线方向导数.

解　令 $f(x,y) = \dfrac{x^2}{a^2} + \dfrac{y^2}{b^2}$, 则

$$\mathbf{grad}\, f(x,y) = \frac{2x}{a^2} \boldsymbol{i} + \frac{2y}{b^2} \boldsymbol{j}.$$

曲线 $\dfrac{x^2}{a^2} + \dfrac{y^2}{b^2} = 1$ (为 $w = f(x,y)$ 的等高线) 在点 P 处的法线方向为

$$\boldsymbol{n} = \pm \mathbf{grad}\, f(x,y)\,|_P = \pm \left(\frac{\sqrt{2}}{a}, \frac{\sqrt{2}}{b} \right).$$

由于梯度方向从低值指向高值, 故内法线方向为

$$\boldsymbol{n}_{内} = -\mathbf{grad}\, f(x,y)\,|_P = -\left(\frac{\sqrt{2}}{a}, \frac{\sqrt{2}}{b} \right),$$

即

$$\cos\alpha = -\frac{b}{\sqrt{a^2+b^2}}, \quad \cos\beta = -\frac{a}{\sqrt{a^2+b^2}}.$$

又

$$\frac{\partial z}{\partial x}\bigg|_P = -\frac{\sqrt{2}}{a}, \quad \frac{\partial z}{\partial y}\bigg|_P = -\frac{\sqrt{2}}{b},$$

于是

$$\frac{\partial z}{\partial n} = \left(-\frac{\sqrt{2}}{a} \right) \left(-\frac{b}{\sqrt{a^2+b^2}} \right) + \left(-\frac{\sqrt{2}}{b} \right) \left(-\frac{a}{\sqrt{a^2+b^2}} \right) = \frac{1}{ab}\sqrt{2(a^2+b^2)}.$$

例 6 求由方程 $2x^2 + y^2 + z^2 + 2xy - 2x - 2y - 4z + 4 = 0$ 所确定的函数 $z = z(x, y)$ 的极值.

解 由隐函数求导数得

$$4x + 2z\frac{\partial z}{\partial x} + 2y - 2 - 4\frac{\partial z}{\partial x} = 0, \tag{1}$$

$$2y + 2z\frac{\partial z}{\partial y} + 2x - 2 - 4\frac{\partial z}{\partial y} = 0. \tag{2}$$

由极值的必要条件有 $\dfrac{\partial z}{\partial x} = \dfrac{\partial z}{\partial y} = 0$, 于是

$$\begin{cases} 2x + y - 1 = 0, \\ y + x - 1 = 0. \end{cases}$$

解得驻点为 $(0, 1)$.

将 $x = 0$, $y = 1$ 代入题中原方程, 解得两个隐函数的值分别为

$$z_1 = z_1(0, 1) = 1, \quad z_2 = z_2(0, 1) = 3.$$

对式 (1) 和 (2) 求二阶导数

$$4 + 2\left(\frac{\partial z}{\partial x}\right)^2 + 2z\frac{\partial^2 z}{\partial x^2} - 4\frac{\partial^2 z}{\partial x^2} = 0, \tag{3}$$

$$2\frac{\partial z}{\partial x}\frac{\partial z}{\partial y} + 2z\frac{\partial^2 z}{\partial x\partial y} + 2 - 4\frac{\partial^2 z}{\partial x\partial y} = 0, \tag{4}$$

$$2 + 2\left(\frac{\partial z}{\partial y}\right)^2 + 2z\frac{\partial^2 z}{\partial y^2} - 4\frac{\partial^2 z}{\partial y^2} = 0. \tag{5}$$

先将 $x = 0$, $y = 1$, $z_1 = 1$ 代入式 (3), (4) 和 (5), 得

$$A_1 = \frac{\partial^2 z}{\partial x^2} = 2 > 0, \quad B_1 = \frac{\partial^2 z}{\partial x\partial y} = 1, \quad C_1 = \frac{\partial^2 z}{\partial y^2} = 1,$$

$$B_1^2 - A_1C_1 = -1 < 0.$$

故隐函数 $z_1(x, y)$ 在 $(0, 1)$ 有极小值 1.

再将 $x = 0$, $y = 1$, $z_2 = 3$ 代入式 (3), (4) 和 (5), 得

$$A_2 = -2 < 0, \quad B_2 = -1, \quad C_2 = -1,$$

$$B_2^2 - A_2 C_2 = -1 < 0.$$

故隐函数 $z_2(x, y)$ 在 $(0, 1)$ 有极大值 3.

例 7　求函数 $z = f(x, y) = x^2 + y^2 + 2xy - 2x$ 在区域 D: $x^2 + y^2 \leqslant 1$ 上的最值.

解　先求函数在 D 内的驻点, 因为方程组

$$\begin{cases} f_x = 2x + 2y - 2 = 0, \\ f_y = 2y + 2x = 0 \end{cases}$$

无解, 可知该函数在 D 内无驻点.

再求函数在区域 D 的边界上的可疑点, 等价于求

$$z = f(x, y) = x^2 + y^2 + 2xy - 2x$$

在条件 $x^2 + y^2 - 1 = 0$ 下的极值点, 引入拉格朗日函数

$$F(x, y) = x^2 + y^2 + 2xy - 2x + \lambda(x^2 + y^2 - 1).$$

令 $\begin{cases} F_x = 2x + 2y - 2 + 2\lambda x = 0, \\ F_y = 2y + 2x + 2\lambda y = 0, \\ x^2 + y^2 - 1 = 0, \end{cases}$　得驻点为

$$\left(-\frac{\sqrt{3}}{2}, -\frac{1}{2}\right), \quad \left(\frac{\sqrt{3}}{2}, -\frac{1}{2}\right), \quad (0, 1).$$

又

$$f\left(-\frac{\sqrt{3}}{2}, -\frac{1}{2}\right) = 1 + \frac{3}{2}\sqrt{3},$$

$$f\left(\frac{\sqrt{3}}{2}, -\frac{1}{2}\right) = 1 - \frac{3}{2}\sqrt{3}, \quad f(0, 1) = 1,$$

因此, 最大值为 $1 + \frac{3}{2}\sqrt{3}$, 最小值为 $1 - \frac{3}{2}\sqrt{3}$.

例 8　求内接于椭球面 $\dfrac{x^2}{a^2} + \dfrac{y^2}{b^2} + \dfrac{z^2}{c^2} = 1$ 且棱平行于对称轴的最大长方体.

解　设内接长方体在第一象限的顶点坐标为 (x, y, z), 则问题归结为求 $V = 8xyz$ 在条件

$$\frac{x^2}{a^2} + \frac{y^2}{b^2} + \frac{z^2}{c^2} = 1 \quad (x > 0, y > 0, z > 0)$$

下的最大值, 引入拉格朗日函数

$$F(x, y, z) = xyz + \lambda \left(\frac{x^2}{a^2} + \frac{y^2}{b^2} + \frac{z^2}{c^2} - 1 \right).$$

令

$$\begin{cases} F_x = yz + \dfrac{2\lambda}{a^2} x = 0, \\[2mm] F_y = xz + \dfrac{2\lambda}{b^2} y = 0, \\[2mm] F_z = xy + \dfrac{2\lambda}{c^2} z = 0, \\[2mm] \dfrac{x^2}{a^2} + \dfrac{y^2}{b^2} + \dfrac{z^2}{c^2} - 1 = 0, \end{cases}$$

解此方程组得 $\dfrac{x^2}{a^2} = \dfrac{y^2}{b^2} = \dfrac{z^2}{c^2} = \dfrac{1}{3}$, 从而, 有

$$x = \frac{a}{\sqrt{3}}, \quad y = \frac{b}{\sqrt{3}}, \quad z = \frac{c}{\sqrt{3}}.$$

根据问题的实际意义知, V 的最大值为 $\dfrac{8}{3\sqrt{3}} abc$.

例 9 在曲面 $z = x^2 + 4y^2$ 上求一点, 使曲面在这点的切平面经过点 $(5, 2, 1)$, 且与直线 $\dfrac{x-1}{2} = \dfrac{y-2}{1} = \dfrac{z-3}{4}$ 平行.

解 曲面 $z = x^2 + 4y^2$, 令 $F(x, y, z) = x^2 + 4y^2 - z$ 在点 (x, y, z) 的法向量 $\boldsymbol{n} = (2x, 8y, -1)$, 则

$$(2x, 8y, -1) \cdot (2, 1, 4) = 0. \tag{1}$$

又因向量 $(5 - x, 2 - y, 1 - z)$ 在切平面内, 则

$$(2x, 8y, -1) \cdot (5 - x, 2 - y, 1 - z) = 0 \tag{2}$$

且

$$z = x^2 + 4y^2, \tag{3}$$

由 (1) (2) (3) 解得所求点为 $(-1, 1, 5)$ 或 $(3, -1, -13)$.

例 10 设函数 $f(x, y) = |x - y| \varphi(x, y)$, 其中 $\varphi(x, y)$ 在 $(0, 0)$ 点的某邻域内连续, 证明: $f(x, y)$ 在 $(0, 0)$ 点可微的充要条件是 $\varphi(0, 0) = 0$.

证明 必要性. 设 $f(x, y)$ 在 $(0, 0)$ 点可微, 则 $f_x(0, 0), f_y(0, 0)$ 存在, 又

$$f_x(0, 0) = \lim_{x \to 0} \frac{f(x, 0) - f(0, 0)}{x - 0} = \lim_{x \to 0} \frac{|x| \varphi(x, 0)}{x}$$

$$= \lim_{x \to 0^+} \frac{|x|\,\varphi(x,0)}{x} = \lim_{x \to 0^-} \frac{|x|\,\varphi(x,0)}{x},$$

而 $\displaystyle\lim_{x \to 0^+} \frac{|x|\,\varphi(x,0)}{x} = \varphi(0,0)$; $\displaystyle\lim_{x \to 0^-} \frac{|x|\,\varphi(x,0)}{x} = -\varphi(0,0)$, 故证得 $\varphi(0,0) = 0$.

充分性. 若 $\varphi(0,0) = 0$, 则 $f_x(0,0) = f_y(0,0) = 0$, 则

$$\frac{f(x,y) - f(x,y) - f_x(0,0) - f_y(0,0)}{\rho} = \frac{|x-y|\,\varphi(x,y)}{\sqrt{x^2+y^2}},$$

又 $\dfrac{|x-y|}{\sqrt{x^2+y^2}} \leqslant \dfrac{|x|}{\sqrt{x^2+y^2}} + \dfrac{|y|}{\sqrt{x^2+y^2}} \leqslant 2$ 为 $x \to 0, y \to 0$ 时的有界量, $\varphi(x,y)$ 为 $x \to 0, y \to 0$ 时的无穷小量, 故

$$\lim_{x \to 0, y \to 0} \frac{f(x,y) - f(x,y) - f_x(0,0) - f_y(0,0)}{\rho} = 0,$$

因此证得 $f(x,y)$ 在 $(0,0)$ 点可微.

例 11 设函数 $f(u)$ 在 $(0,+\infty)$ 具有二阶导数, $f(1) = 0$, $f'(1) = 1$, 且 $z = f(x^2 + y^2)$ 满足 $\dfrac{\partial^2 z}{\partial x^2} + \dfrac{\partial^2 z}{\partial y^2} = 0$.

(1) 验证: $f''(u) + \dfrac{f'(u)}{u} = 0$.

(2) 求 $f(u)$.

解 (1) 由于 $z = f(u), u = x^2 + y^2$, 则

$$\frac{\partial z}{\partial x} = f'(u) \cdot 2x, \qquad \frac{\partial^2 z}{\partial x^2} = 2f'(u) + 4x^2 f''(u).$$

同理,

$$\frac{\partial z}{\partial y} = f'(u) \cdot 2y, \qquad \frac{\partial^2 z}{\partial y^2} = 2f'(u) + 4y^2 f''(u).$$

于是有, $\dfrac{\partial^2 z}{\partial x^2} + \dfrac{\partial^2 z}{\partial y^2} = 4f'(u) + 4uf''(u) = 0$, 即证得 $f''(u) + \dfrac{f'(u)}{u} = 0$.

(2) 由 $f'(u) + uf''(u) = 0$ 知 $f'(u) + uf''(u) = [uf'(u)]' = 0$, 即有 $uf'(u) = C_1$, 根据题设条件 $f'(1) = 1$, 知 $uf'(u) = C_1 = 1 \Rightarrow f'(u) = \dfrac{1}{u}$, 进而有 $f(u) = \ln u + C_2$. 根据题设条件 $f(1) = 0$, 知 $f(u) = \ln u + C_2 = \ln u$.

例 12 设函数 $f(x,y)$ 具有连续的一阶偏导数, 且满足 $x\dfrac{\partial f}{\partial x} + y\dfrac{\partial f}{\partial y} = 0$, 试证明: $f(x,y)$ 在极坐标下与极径无关.

证明 设 $x = r\cos\theta, y = r\sin\theta$, 则 $f(x,y) = f(r\cos\theta, r\sin\theta)$, 进而

$$\frac{\partial f}{\partial r} = \frac{\partial f}{\partial x} \cdot \frac{\partial x}{\partial r} + \frac{\partial f}{\partial y} \cdot \frac{\partial y}{\partial r} = \frac{\partial f}{\partial x} \cdot \cos\theta + \frac{\partial f}{\partial y} \cdot \sin\theta$$

$$= \frac{1}{r}\left(\frac{\partial f}{\partial x} \cdot r\cos\theta + \frac{\partial f}{\partial y} \cdot r\sin\theta\right) = \frac{1}{r}\left(\frac{\partial f}{\partial x} \cdot x + \frac{\partial f}{\partial y} \cdot y\right).$$

由于 $x\dfrac{\partial f}{\partial x} + y\dfrac{\partial f}{\partial y} = 0$, 进而 $\dfrac{\partial f}{\partial r} = 0$, 即证得: $f(x,y) = f(r\cos\theta, r\sin\theta) = F(\theta)$ 与极径 r 无关.

例 13 求由方程 $(x+y)^2 + (y+z)^2 + (z+x)^2 = 3$ 所确定的函数 $z(x,y)$ 的极值.

解 利用隐函数求导可以得到

$$\frac{\partial z}{\partial x} = -\frac{2x+y+z}{x+y+2z}, \quad \frac{\partial z}{\partial y} = -\frac{x+2y+z}{x+y+2z}.$$

令 $\dfrac{\partial z}{\partial x} = 0, \dfrac{\partial z}{\partial y} = 0$, 则得到方程组

$$\begin{cases} 2x+y+z = 0, \\ x+2y+z = 0 \end{cases} \Rightarrow \begin{cases} y = x, \\ z = -3x, \end{cases}$$

代入方程 $(x+y)^2 + (y+z)^2 + (z+x)^2 = 3$ 解出

$$x = \frac{1}{2} \quad \text{或} \quad x = -\frac{1}{2}.$$

相应可以得到

$$z\left(\frac{1}{2}, \frac{1}{2}\right) = -\frac{3}{2}, \quad z\left(-\frac{1}{2}, -\frac{1}{2}\right) = \frac{3}{2}.$$

考虑二阶偏导数

$$\frac{\partial^2 z}{\partial x^2} = -\frac{(2+z_x)(x+y+2z) - (2x+y+z)(1+2z_x)}{(x+y+2z)^2},$$

$$\frac{\partial^2 z}{\partial x \partial y} = -\frac{(1+z_y)(x+y+2z) - (2x+y+z)(1+2z_y)}{(x+y+2z)^2},$$

$$\frac{\partial^2 z}{\partial y^2} = -\frac{(2+z_y)(x+y+2z) - (x+2y+z)(1+2z_y)}{(x+y+2z)^2}.$$

当 $z\left(\dfrac{1}{2},\dfrac{1}{2}\right)=-\dfrac{3}{2}$ 时,

$$A=\left.\dfrac{\partial^2 z}{\partial x^2}\right|_{\left(\frac{1}{2},\frac{1}{2},-\frac{3}{2}\right)}=1,\quad B=\left.\dfrac{\partial^2 z}{\partial x\partial y}\right|_{\left(\frac{1}{2},\frac{1}{2},-\frac{3}{2}\right)}=\dfrac{1}{2},\quad A=\left.\dfrac{\partial^2 z}{\partial y^2}\right|_{\left(\frac{1}{2},\frac{1}{2},-\frac{3}{2}\right)}=1.$$

$AC-B^2=\dfrac{3}{4}>0$, 因 $A>0$, 则 $z\left(\dfrac{1}{2},\dfrac{1}{2}\right)=-\dfrac{3}{2}$ 是极小值.

类似地可得 $z\left(-\dfrac{1}{2},-\dfrac{1}{2}\right)=\dfrac{3}{2}$ 是极大值.

例 14　求函数 $z=x^2+y^2$ 在有界闭区域 $\overline{D}:(x-1)^2+y^2\leqslant 4$ 上的最值.

解法 1　首先, $\dfrac{\partial z}{\partial x}=2x$, $\dfrac{\partial z}{\partial y}=2y$. 令 $\dfrac{\partial z}{\partial x}=0$, $\dfrac{\partial z}{\partial y}=0$, 可解得 $x=0$, $y=0$. 考虑 z 在 $\overline{D}$ 的边界上的取值. 这时相当于求函数 $z=x^2+y^2$ 在条件 $(x-1)^2+y^2=4$ 下的最值问题.

作拉格朗日乘数函数得到

$$F(x,y,\lambda)=x^2+y^2+\lambda\left[(x-1)^2+y^2-4\right].$$

求偏导数并令各偏导数等于零, 得到方程组

$$\begin{cases} \dfrac{\partial F}{\partial x}=2(1+\lambda)x-2\lambda=0,\\[2mm] \dfrac{\partial F}{\partial y}=2(1+\lambda)y=0,\\[2mm] \dfrac{\partial F}{\partial \lambda}=(x-1)^2+y^2-4=0. \end{cases}$$

解此方程组得到两组解 $(3,0)$ 与 $(-1,0)$. 在三个可能的最值点计算函数值得到 $z(0,0)=0$, $z(3,0)=9$, $z(-1,0)=1$, 比较可以得到最大值和最小值分别为 $z_{\max}(3,0)=9$ 和 $z_{\min}(0,0)=0$.

解法 2　首先, $\dfrac{\partial z}{\partial x}=2x$, $\dfrac{\partial z}{\partial y}=2y$. 令 $\dfrac{\partial z}{\partial x}=0$, $\dfrac{\partial z}{\partial y}=0$, 可解得 $x=0$, $y=0$. 考虑 z 在 $\overline{D}$ 的边界上的取值. 这时相当于求函数 $z=x^2+y^2$ 在条件 $(x-1)^2+y^2=4$ 下的最值问题.

利用参数化方法求解. 首先将条件 $(x-1)^2+y^2=4$ 参数化为

$$\begin{cases} x=1+2\cos t,\\ y=2\sin t, \end{cases} \quad 0\leqslant t\leqslant 2\pi.$$

代入函数 $z = x^2 + y^2$ 中并化简为 $z = 5 + 4\cos t$, 这时很容易看出 z 在 $t = 0$ 时, 即在 $(3, 0)$ 处取得最大值 9; 在 $t = \pi$ 时, 即在 $(-1, 0)$ 处取得最小值 1, 再与 $z(0, 0) = 0$ 比较, 得到最大值和最小值分别为 $z_{\max}(3, 0) = 9$ 和 $z_{\min}(0, 0) = 0$.

  注 在有界闭区域 $\overline{D}$ 上连续的函数一定有最值. 其最值可能在其开区域 D 的内部取到, 此时的最值就是无条件极值; 另一种可能是在边界 ∂D 上取到, 此时的最值就是条件极值. 求此类最值的基本方法就是先找出最值点的可能点, 它们往往是 D 内部的驻点和边界 ∂D 上的条件极值的可能点. 将全部可能点找出后, 比较可能点上函数值的大小即可找出最大值和最小值.

  例 15 (1) 设函数 $f(t)$ 在 $[1, +\infty)$ 上有连续的二阶导数, $f(1) = 0$, $f'(1) = 1$, 且二元函数 $z = (x^2 + y^2) f(x^2 + y^2)$ 满足 $\dfrac{\partial^2 z}{\partial x^2} + \dfrac{\partial^2 z}{\partial y^2} = 0$, 求 $f(t)$ 在 $[1, +\infty)$ 上的最大值.

  (2) 设函数 $f(t)$ 在 $(1, +\infty)$ 上有连续的二阶导数, $f(1) = 0$, $f'(1) = 1$, 又 $u = f\left(\sqrt{x^2 + y^2 + z^2}\right)$ 满足 $\dfrac{\partial^2 u}{\partial x^2} + \dfrac{\partial^2 u}{\partial y^2} + \dfrac{\partial^2 u}{\partial z^2} = 0$, 求 $f(t)$ 在 $(1, +\infty)$ 上的表达式.

  解 (1) 令 $t = x^2 + y^2$, 则 $z = tf(t)$, 所以

$$\frac{\partial z}{\partial x} = \frac{\partial t}{\partial x} f(t) + tf'(t) \frac{\partial t}{\partial x} = 2x \left[f(t) + tf'(t) \right],$$

$$\frac{\partial^2 z}{\partial x^2} = 2 \left[f(t) + tf'(t) \right] + 4x^2 \left[2f'(t) + tf''(t) \right]$$

$$= 2f(t) + \left(8x^2 + 2t \right) f'(t) + 4x^2 tf''(t).$$

同理

$$\frac{\partial^2 z}{\partial y^2} = 2f(t) + \left(8y^2 + 2t \right) f'(t) + 4y^2 tf''(t).$$

于是

$$\frac{\partial^2 z}{\partial x^2} + \frac{\partial^2 z}{\partial y^2} = 4f(t) + \left(8x^2 + 8y^2 + 4t \right) f'(t) + 4 \left(x^2 + y^2 \right) tf''(t)$$

$$= 4t^2 f''(t) + 12tf'(t) + 4f(t) = 0 \quad (\text{二阶欧拉方程}).$$

令 $t = \mathrm{e}^x$, 上式化为

$$\frac{\mathrm{d}^2 f}{\mathrm{d}x^2} + 2\frac{\mathrm{d}f}{\mathrm{d}x} + f = 0,$$

它的通解为

$$f(t) = C_1 x \mathrm{e}^{-x} + C_2 \mathrm{e}^{-x} = \frac{C_1 \ln t + C_2}{t}.$$

利用 $f(1) = 0, f'(1) = 1$ 得 $C_1 = 1, C_2 = 0$, 故 $f(t) = \dfrac{\ln t}{t}$.

(2) 记 $t = \sqrt{x^2 + y^2 + z^2}$, 则 $u = f(t)$, 所以

$$\frac{\partial u}{\partial x} = f'(t) \frac{x}{\sqrt{x^2 + y^2 + z^2}} = f'(t) \frac{x}{t},$$

$$\frac{\partial^2 u}{\partial x^2} = f''(t) \frac{x^2}{t^2} + f'(t) \frac{t^2 - x^2}{t^3}.$$

同理

$$\frac{\partial^2 u}{\partial y^2} = f''(t) \frac{y^2}{t^2} + f'(t) \frac{t^2 - y^2}{t^3},$$

$$\frac{\partial^2 u}{\partial z^2} = f''(t) \frac{z^2}{t^2} + f'(t) \frac{t^2 - z^2}{t^3}.$$

于是

$$\frac{\partial^2 u}{\partial x^2} + \frac{\partial^2 u}{\partial y^2} + \frac{\partial^2 u}{\partial z^2} = f''(t) + \frac{2}{t} f'(t) = 0,$$

由此可得 $f'(t) = \dfrac{C_1}{t^2}$, 将 $f'(1) = 1$ 代入得 $C_1 = 1$, 故 $f'(t) = \dfrac{1}{t^2}$, 从而 $f(t) = C_2 - \dfrac{1}{t}$, 将 $f(1) = 0$ 代入得 $C_2 = 1$, 故 $f(t) = 1 - \dfrac{1}{t}$.

例 16 设二元函数 $f(x, y)$ 有一阶连续的偏导数, 且 $f(0, 1) = f(1, 0)$, 证明: 单位圆周上至少存在两点满足方程 $y \dfrac{\partial}{\partial x} f(x, y) - x \dfrac{\partial}{\partial y} f(x, y) = 0$.

证明 令 $x = r \cos\theta, y = r \sin\theta$, 则

$$\frac{\partial}{\partial r} f(x, y) = \frac{\partial}{\partial x} f(x, y) \cdot \frac{\partial x}{\partial r} + \frac{\partial}{\partial y} f(x, y) \cdot \frac{\partial y}{\partial r}$$

$$= \frac{\partial}{\partial x} f(x, y) \cos\theta + \frac{\partial}{\partial y} f(x, y) \sin\theta,$$

$$\frac{\partial}{\partial \theta} f(x, y) = \frac{\partial}{\partial x} f(x, y) \cdot \frac{\partial x}{\partial \theta} + \frac{\partial}{\partial y} f(x, y) \cdot \frac{\partial y}{\partial \theta}$$

$$= \frac{\partial}{\partial x} f(x, y) r (-\sin\theta) + \frac{\partial}{\partial y} f(x, y) r \cos\theta.$$

因此

$$\begin{cases} \dfrac{\partial}{\partial x} f(x, y) = \dfrac{\partial}{\partial r} f(x, y) \cos\theta - \dfrac{\partial}{\partial \theta} f(x, y) \cdot \dfrac{\sin\theta}{r}, \\[2mm] \dfrac{\partial}{\partial y} f(x, y) = \dfrac{\partial}{\partial r} f(x, y) \sin\theta + \dfrac{\partial}{\partial \theta} f(x, y) \cdot \dfrac{\cos\theta}{r}. \end{cases}$$

故

$$y\frac{\partial}{\partial x}f(x,y) - x\frac{\partial}{\partial y}f(x,y) = -\frac{\partial}{\partial \theta}f(x,y) = -\frac{\partial}{\partial \theta}f(r\cos\theta, r\sin\theta).$$

令 $r = 1$, 并定义 $g(\theta) = f(\cos\theta, \sin\theta)$, 则由条件 $f(0,1) = f(1,0)$, 可知 $g(0) = g\left(\frac{\pi}{2}\right) = g(2\pi)$. 由零点定理知: 存在 $\xi \in \left(0, \frac{\pi}{2}\right)$, $\eta \in \left(\frac{\pi}{2}, 2\pi\right)$, 使得 $g'(\xi) = g'(\eta) = 0$, 即在单位圆上存在两点使得 $\frac{\partial}{\partial \theta}f(r\cos\theta, r\sin\theta) = 0$, 因此单位圆周上至少存在两点满足方程 $y\frac{\partial}{\partial x}f(x,y) - x\frac{\partial}{\partial y}f(x,y) = 0$.

例 17 设 $\mu = \dfrac{f(r)}{r}$, 其中 $r = \sqrt{x^2+y^2+z^2}$, $f(r)$ 二阶连续可导, $f(1) = 0$, $f(2) = 1$, 又 $\mathrm{div}(\mathbf{grad}\,\mu) = 0$, 求函数值 $\mu(1,1,1)$.

解 因为 $\mathrm{div}(\mathbf{grad}\,\mu) = \dfrac{\partial^2\mu}{\partial x^2} + \dfrac{\partial^2\mu}{\partial y^2} + \dfrac{\partial^2\mu}{\partial z^2}$, 故本题即是求满足方程 $\dfrac{\partial^2\mu}{\partial x^2} + \dfrac{\partial^2\mu}{\partial y^2} + \dfrac{\partial^2\mu}{\partial z^2} = 0$ 的函数 μ 在点 $(1,1,1)$ 的值. 只需求 $f(r)$, 因为 $r = \sqrt{x^2+y^2+z^2}$, 可得

$$\frac{\partial r}{\partial x} = \frac{x}{r}, \quad \frac{\partial r}{\partial y} = \frac{y}{r}, \quad \frac{\partial r}{\partial z} = \frac{z}{r},$$

由 $\dfrac{\partial \mu}{\partial x} = \left[\dfrac{rf'(r) - f(r)}{r^2}\right]\dfrac{\partial r}{\partial x} = \dfrac{x}{r^3}[rf'(r) - f(r)]$, 知

$$\frac{\partial^2\mu}{\partial x^2} = \frac{1}{r^6}\left\{r^3\left[rf'(r) - f(r) + x\frac{\partial r}{\partial x}(f'(r) + rf''(r) - f'(r))\right]\right.$$

$$\left. - 3r^2x[rf'(r) - f(r)]\frac{\partial r}{\partial x}\right\}$$

$$= \frac{1}{r^6}\left[r^4f'(r) - r^3f(r) + r^3x^2f''(r) - 3r^2x^2f'(r) + 3rx^2f(r)\right].$$

根据函数 μ 关于 x, y, z 的对称性, 可得

$$\frac{\partial^2\mu}{\partial y^2} = \frac{1}{r^6}\left[r^4f'(r) - r^3f(r) + r^3y^2f''(r) - 3r^2y^2f'(r) + 3ry^2f(r)\right],$$

$$\frac{\partial^2\mu}{\partial z^2} = \frac{1}{r^6}\left[r^4f'(r) - r^3f(r) + r^3z^2f''(r) - 3r^2z^2f'(r) + 3rz^2f(r)\right].$$

将结果代入 $\dfrac{\partial^2 \mu}{\partial x^2} + \dfrac{\partial^2 \mu}{\partial y^2} + \dfrac{\partial^2 \mu}{\partial z^2} = 0$, 得 $f''(r) = 0$, 连续积分两次, 得

$$f(r) = C_1 r + C_2.$$

由 $f(1) = 0, f(2) = 1$, 得 $C_1 = 1, C_2 = -1$, 所以 $f(r) = r - 1$, 从而

$$\mu = \frac{r-1}{r} = 1 - \frac{1}{\sqrt{x^2 + y^2 + z^2}} \Rightarrow \mu(1,1,1) = 1 - \frac{1}{\sqrt{3}}.$$

例 18　设函数 $z = f(x,y)$ 在点 $(0,1)$ 的某邻域内可微, 且 $f(x, y+1) = 1 + 2x + 3y + o(\rho)$, 其中 $\rho = \sqrt{x^2 + y^2}$, 求曲面 $z = f(x,y)$ 在 $(0,1)$ 的切平面方程.

解　令 $y = 0$, $f(x,1) = 1 + 2x + o(x)$, 则 $f(x,1) - f(0,1) = 2x + o(x)$, 得 $\dfrac{\partial z}{\partial x}\Big|_{(0,1)} = 2$.

令 $x = 0$, $f(0, 1+y) = 1 + 3y + o(y)$, 则 $f(0, 1+y) - f(0,1) = 3y + o(y)$, 得 $\dfrac{\partial z}{\partial x}\Big|_{(0,1)} = 3$.

又 $f(0,1) = 1$, 故切平面方程为 $z - 1 = 2x + 3(y-1)$, 即 $2x + 3y - z - 2 = 0$.

例 19　求由方程 $x^2 + y^2 + z^2 - 2x + 2y - 10 = 0$ 确定的函数的极值.

解　将方程两边分别对 x, y 求偏导数, 得

$$\begin{cases} 2x + 2z \cdot z_x - 2 - 4z_x = 0, \\ 2y + 2z \cdot z_y + 2 - 4z_y = 0. \end{cases}$$

由函数取极值的必要条件知, 驻点为 $P(1, -1)$, 将上面方程组再分别对 x, y 求偏导数, 得

$$A = z_{xx}\Big|_P = \frac{1}{2-z}, \quad B = z_{xy}\Big|_P = 0, \quad C = z_{yy}\Big|_P = \frac{1}{2-z},$$

故 $B^2 - AC = -\dfrac{1}{(2-z)^2} < 0 \, (z \neq 2)$, 函数在 $P(1, -1)$ 取得极值. 将 $P(1, -1)$ 代入原方程, 有 $z_1 = -2, z_2 = 6$.

当 $z_1 = -2$ 时, $A = \dfrac{1}{4} > 0$, 所以 $z = f(1, -1) = -2$ 为极小值;

当 $z_1 = 6$ 时, $A = -\dfrac{1}{4} < 0$, 所以 $z = f(1, -1) = 6$ 为极大值.

例 20 已知三角形的周长为 $2p$, 问怎样的三角形绕自己的一边旋转所得的体积最大?

解 设三角形底边上的高为 x, 垂足分底边的长度为 y, z. 设三角形绕底边旋转, 旋转体的体积为 $V = \dfrac{\pi}{3} x^2 (y + z)$, 其中 $y + z + \sqrt{x^2 + y^2} + \sqrt{x^2 + z^2} = 2p$, $x \geqslant 0, y \geqslant 0, z \geqslant 0$. 构造拉格朗日函数

$$L(x, y, z, \lambda) = x^2 (y + z) + \lambda \left(y + z + \sqrt{x^2 + y^2} + \sqrt{x^2 + z^2} - 2p \right),$$

计算拉格朗日函数的驻点,

$$2x(y + z) + \lambda \left(\frac{x}{\sqrt{x^2 + y^2}} + \frac{x}{\sqrt{x^2 + z^2}} \right) = 0,$$

$$x^2 + \lambda \left(1 + \frac{y}{\sqrt{x^2 + y^2}} \right) = 0,$$

$$x^2 + \lambda \left(1 + \frac{z}{\sqrt{x^2 + z^2}} \right) = 0,$$

$$y + z + \sqrt{x^2 + y^2} + \sqrt{x^2 + z^2} - 2p = 0.$$

进一步推导可得 $\lambda \left(\dfrac{y}{\sqrt{x^2 + y^2}} - \dfrac{z}{\sqrt{x^2 + z^2}} \right) = 0$, 又因为 $\lambda \neq 0$, 可得 $y = z$, 则

$$\begin{cases} 2xy + \dfrac{\lambda x}{\sqrt{x^2 + y^2}} = 0, \\ x^2 + \lambda \left(1 + \dfrac{y}{\sqrt{x^2 + y^2}} \right) = 0, \quad \text{即} \\ y + \sqrt{x^2 + y^2} = p, \end{cases} \qquad \begin{cases} 2y + \dfrac{\lambda}{\sqrt{x^2 + y^2}} = 0, \\ x^2 + \lambda \left(1 + \dfrac{y}{\sqrt{x^2 + y^2}} \right) = 0, \\ y + \sqrt{x^2 + y^2} = p. \end{cases}$$

解得 $y = z = \dfrac{p}{4}$. 因此, 底边长为 $\dfrac{p}{2}$, 两腰长为 $\dfrac{1}{2} \left(2p - \dfrac{p}{2} \right) = \dfrac{3p}{4}$, 底边长为 $\dfrac{p}{2}$ 的等腰三角形, 绕其底边旋转所得体积最大.

4.3 习 题 精 练

1. 设 $x^2 + z^2 = y\varphi\left(\dfrac{z}{y}\right)$, 其中 φ 为可微函数, 求 $\dfrac{\partial z}{\partial y}$.

2. 已知 $xy = xf(z) + yg(z), xf'(z) + yg'(z) \neq 0$, 其中 $z = z(x, y)$ 是 x 和 y 的函数, 求证: $[x - g(z)]\dfrac{\partial z}{\partial x} = [y - f(z)]\dfrac{\partial z}{\partial y}$.

3. 设函数 $f(u, v)$ 具有二阶连续偏导数, $y = f(\mathrm{e}^x, \cos x)$, 求 $\left.\dfrac{\mathrm{d}y}{\mathrm{d}x}\right|_{x=0}$, $\left.\dfrac{\mathrm{d}^2 y}{\mathrm{d}x^2}\right|_{x=0}$.

4. 设函数 $z = f[xy, yg(x)]$, 其中函数 f 具有二阶连续偏导数, 函数 $g(x)$ 可导, 且在 $x = 1$ 处取得极值 $g(1) = 1$. 求 $\left.\dfrac{\partial^2 z}{\partial x \partial y}\right|_{\substack{x=1 \\ y=1}}$.

5. 设 $f(u, v)$ 具有二阶连续偏导数, 且满足 $\dfrac{\partial^2 f}{\partial u^2} + \dfrac{\partial^2 f}{\partial v^2} = 1$, 又 $g(x, y) = f\left[xy, \dfrac{1}{2}(x^2 - y^2)\right]$, 求 $\dfrac{\partial^2 g}{\partial x^2} + \dfrac{\partial^2 g}{\partial y^2}$.

6. 设 $f(u)$ 具有二阶连续导数, 且 $g(x, y) = f\left(\dfrac{y}{x}\right) + yf\left(\dfrac{x}{y}\right)$, 求 $x^2\dfrac{\partial^2 g}{\partial x^2} - y^2\dfrac{\partial^2 g}{\partial y^2}$.

7. 已知函数 $f(u, v)$ 具有二阶连续偏导数, $f(1, 1) = 2$ 是 $f(u, v)$ 的极值, $z = f[x + y, f(x, y)]$. 求 $\left.\dfrac{\partial^2 z}{\partial x \partial y}\right|_{\substack{x=1 \\ y=1}}$.

8. 设 $u = f(x, y, z), \varphi(x^2, \mathrm{e}^y, z) = 0, y = \sin x$, 其中 f, φ 都具有一阶连续偏导数, 且 $\dfrac{\partial \varphi}{\partial z} \neq 0$, 求 $\dfrac{\mathrm{d}u}{\mathrm{d}x}$.

9. 设 $u = f(x, y, z)$ 有连续的一阶偏导数, 又函数 $y = y(x)$ 及 $z = z(x)$ 分别由下列两式确定: $\mathrm{e}^{xy} - xy = 2$ 和 $\mathrm{e}^x = \displaystyle\int_0^{x-z} \dfrac{\sin t}{t}\mathrm{d}t$, 求 $\dfrac{\mathrm{d}u}{\mathrm{d}x}$.

10. 已知 $f(u, v)$ 具有二阶连续偏导数, 且 $g(x, y) = xy - f(x + y, x - y)$. 求

$$\dfrac{\partial^2 g}{\partial x^2} + \dfrac{\partial^2 g}{\partial x \partial y} + \dfrac{\partial^2 g}{\partial y^2}.$$

11. 已知函数 $u(x, y)$ 满足 $2\dfrac{\partial^2 u}{\partial x^2} - 2\dfrac{\partial^2 u}{\partial y^2} + 3\dfrac{\partial u}{\partial x} + 3\dfrac{\partial u}{\partial y} = 0$, 求 a, b 的值, 使得在变换 $u(x, y) = v(x, y)\mathrm{e}^{ax+by}$ 下, 上述等式可化为不含 $v(x, y)$ 一阶偏导数的等式.

12. 设函数 $u = f(x, y)$ 具有二阶连续偏导数, 且满足等式 $4\dfrac{\partial^2 u}{\partial x^2} + 12\dfrac{\partial^2 u}{\partial x \partial y} + 5\dfrac{\partial^2 u}{\partial y^2} = 0$, 确定 a, b 的值, 使等式在变换 $\xi = x + ay, \eta = x + by$ 下化简为

$$\frac{\partial^2 u}{\partial \xi \partial \eta} = 0.$$

13. 求函数 $f(x,y) = x\mathrm{e}^{-\frac{x^2+y^2}{2}}$ 的极值.

14. 求函数 $f(x,y) = \left(y + \frac{x^3}{3}\right)\mathrm{e}^{x+y}$ 的极值.

15. 已知函数 $z = z(x,y)$ 由方程 $(x^2 + y^2)z + \ln z + 2(x + y + 1) = 0$ 确定, 求 $z = z(x,y)$ 的极值.

16. 已知函数 $f(x,y)$ 满足 $f_{xy}(x,y) = 2(y + 1)\mathrm{e}^x$, $f_x(x,0) = (x + 1)\mathrm{e}^x$, $f(0,y) = y^2 + 2y$, 求 $f(x,y)$ 的极值.

17. 求曲线 $x^3 - xy + y^3 = 1(x \geqslant 0, y \geqslant 0)$ 上的点到坐标原点的最长距离与最短距离.

18. 将长为 2m 的铁丝分成三段, 依次围成圆、正方形与正三角形, 三个图形的面积之和是否存在最小值? 若存在, 求出最小值.

习题精练答案 4

专题五   多元积分学

多元积分学的主要内容包括多元函数的二重积分、三重积分、曲线积分、曲面积分、场论,以及多元函数积分学的应用等.

5.1   内 容 提 要

一、二重积分

1. 二重积分的概念

设 $f(x,y)$ 是闭区域 D 上的有界函数, 将区域 D 任意分成 n 个小闭区域 $\Delta\sigma_1, \Delta\sigma_2, \cdots, \Delta\sigma_n$, 其中 $\Delta\sigma_i$ 既表示第 i 个小区域, 也表示它的面积, λ_i 表示它的直径. 在每个 $\Delta\sigma_i$ 上任取一点 (ξ_i, η_i) 作乘积 $f(\xi_i, \eta_i)\Delta\sigma_i\,(i = 1, 2, \cdots, n)$, 并作和式 $\displaystyle\sum_{i=1}^{n} f(\xi_i, \eta_i)\Delta\sigma_i$. 如果当各个小闭区域的直径中的最大值 λ 趋于零时极限 $\displaystyle\lim_{\lambda\to 0}\sum_{i=1}^{n} f(\xi_i, \eta_i)\Delta\sigma_i$ 存在, 则称此极限值为函数 $f(x,y)$ 在区域 D 上的二重积分, 记作 $\displaystyle\iint\limits_{D} f(x,y)\,\mathrm{d}\sigma$, 即

$$\iint\limits_{D} f(x,y)\,\mathrm{d}\sigma = \lim_{\lambda\to 0}\sum_{i=1}^{n} f(\xi_i, \eta_i)\,\Delta\sigma_i,$$

其中 $f(x,y)$ 叫做被积函数, $f(x,y)\,\mathrm{d}\sigma$ 叫做被积表达式, $\mathrm{d}\sigma$ 叫做面积元素, x, y 叫做积分变量, D 叫做积分区域, $\displaystyle\sum_{i=1}^{n} f(\xi_i, \eta_i)\,\Delta\sigma_i$ 叫做积分和.

几何意义   对于任意 $(x,y) \in D$, $f(x,y) \geqslant 0$, 则 $\displaystyle\iint\limits_{D} f(x,y)\,\mathrm{d}\sigma$ 表示以 D 为底、$z = f(x,y)$ 为顶的曲顶柱体的体积.

存在性定理   若 $f(x,y)$ 在有界闭区域 D 上连续, 则 $\displaystyle\iint\limits_{D} f(x,y)\,\mathrm{d}\sigma$ 存在.

2. 二重积分的性质

(1) 线性性质.

$$\iint\limits_{D} [af(x,y)+bg(x,y)]\mathrm{d}\sigma = a\iint\limits_{D} f(x,y)\mathrm{d}\sigma + b\iint\limits_{D} g(x,y)\mathrm{d}\sigma, \quad a,b \text{ 为任意常数}.$$

(2) 对区域的可加性.

若区域 D 分为两个部分闭区域 D_1, D_2, 则

$$\iint\limits_{D} f(x,y)\mathrm{d}\sigma = \iint\limits_{D_1} f(x,y)\mathrm{d}\sigma + \iint\limits_{D_2} f(x,y)\mathrm{d}\sigma.$$

(3) 若在 D 上, $f(x,y) \equiv 1$, A 为区域 D 的面积, 则 $\iint\limits_{D} \mathrm{d}\sigma = A$.

几何意义　高为 1 的平顶柱体的体积在数值上等于柱体的底面积.

(4) 若在 D 上, $f(x,y) \leqslant g(x,y)$, 则

$$\iint\limits_{D} f(x,y)\mathrm{d}\sigma \leqslant \iint\limits_{D} g(x,y)\mathrm{d}\sigma.$$

进一步地, 若 $f(x,y) \leqslant g(x,y)$, 但 $f(x,y) \not\equiv g(x,y)$, 则

$$\iint\limits_{D} f(x,y)\mathrm{d}\sigma < \iint\limits_{D} g(x,y)\mathrm{d}\sigma.$$

3. 二重积分的计算

(1) 二重积分在直角坐标系中的计算.

X 型区域　若 $D = \{(x,y)|a \leqslant x \leqslant b, \varphi_1(x) \leqslant y \leqslant \varphi_2(x)\}$, 如图 1, 则

$$I = \iint\limits_{D} f(x,y)\,\mathrm{d}\sigma = \int_a^b \mathrm{d}x \int_{\varphi_1(x)}^{\varphi_2(x)} f(x,y)\,\mathrm{d}y.$$

Y 型区域　若 $D = \{(x,y)|\alpha \leqslant y \leqslant \beta, \varphi_1(y) \leqslant x \leqslant \varphi_2(y)\}$, 如图 2, 则

$$I = \iint\limits_{D} f(x,y)\,\mathrm{d}\sigma = \int_\alpha^\beta \mathrm{d}y \int_{\varphi_1(y)}^{\varphi_2(y)} f(x,y)\,\mathrm{d}x.$$

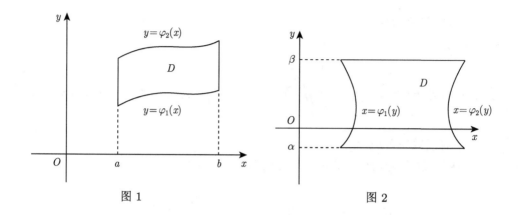

图 1 图 2

(2) 二重积分的换元法.

设 $f(x,y)$ 在 xOy 平面上的闭区域 D 上连续, 若变换 $T: x=x(u,v), y=y(u,v)$ 将 xOy 平面上的闭区域 D 变为 uOv 平面上的 D', 且满足

① $x=x(u,v), y=y(u,v)$ 在 D' 上具有一阶连续偏导数;

② 在 D' 上雅可比式 $J(u,v)=\dfrac{\partial(x,y)}{\partial(u,v)} \neq 0$;

③ 变换 $T: D' \to D$ 是一对一的,

则 $\iint\limits_{D} f(x,y)\mathrm{d}x\mathrm{d}y = \iint\limits_{D'} f[x(u,v),y(u,v)]\,|J(u,v)|\,\mathrm{d}u\mathrm{d}v.$

(3) 利用极坐标计算二重积分.

若 $D=\{\,(r,\theta)|\,\alpha \leqslant \theta \leqslant \beta, r_1(\theta) \leqslant r \leqslant r_2(\theta)\,\}$, 则

$$I = \iint\limits_{D} f(x,y)\,\mathrm{d}\sigma = \int_{\alpha}^{\beta}\mathrm{d}\theta\int_{r_1(\theta)}^{r_2(\theta)} f(r\cos\theta, r\sin\theta)\,r\mathrm{d}r.$$

选择极坐标系计算二重积分的一般原则

(i) 积分区域的边界曲线方程用极坐标表示比较简单 (比如边界曲线与圆有关时).

(ii) 被积函数表达式用极坐标表示较简单 (如 $(x^2+y^2)^{\alpha}$, α 为实数).

(4) 二重积分的简化计算.

在二重积分的计算中, 要注意应用一些技巧, 如: 把积分区域适当分块, 选择适当的坐标系, 选择适当的累次积分次序等, 同时还要注意当积分区域有某种对称性时要想到以下简化计算的方法.

(i) 若积分区域 D 关于 x 轴对称, 则

$$\iint\limits_{D} f(x,y)\,\mathrm{d}\sigma = \begin{cases} 0, & f(x,-y) = -f(x,y), \\ 2\iint\limits_{D_1} f(x,y)\,\mathrm{d}\sigma, & f(x,-y) = f(x,y), \end{cases}$$

其中 $D_1 = D \cap \{y \geqslant 0\}$.

(ii) 若积分区域 D 关于 y 轴对称, 则

$$\iint\limits_{D} f(x,y)\,\mathrm{d}x\mathrm{d}y = \begin{cases} 0, & f(-x,y) = -f(x,y), \\ 2\iint\limits_{D_1} f(x,y)\,\mathrm{d}x\mathrm{d}y, & f(-x,y) = f(x,y), \end{cases}$$

其中 $D_1 = D \cap \{x \geqslant 0\}$.

(iii) 若积分区域 D 关于坐标原点对称, 即 $(x,y) \in D \Leftrightarrow (-x,-y) \in D$, 则

$$\iint\limits_{D} f(x,y)\,\mathrm{d}x\mathrm{d}y = \begin{cases} 0, & f(-x,-y) = -f(x,y), \\ 2\iint\limits_{D_1} f(x,y)\,\mathrm{d}x\mathrm{d}y, & f(-x,-y) = f(x,y), \end{cases}$$

其中 D_1 为 D 的右半平面或上半平面部分.

4. 物理应用

平面图形 D 的面密度为 $\rho(x,y), m = \iint\limits_{D} \rho(x,y)\mathrm{d}x\mathrm{d}y$, 质心 $(\overline{x}, \overline{y})$ 为

$$\overline{x} = \frac{\iint\limits_{D} x\rho(x,y)\mathrm{d}x\mathrm{d}y}{\iint\limits_{D} \rho(x,y)\mathrm{d}x\mathrm{d}y}, \quad \overline{y} = \frac{\iint\limits_{D} y\rho(x,y)\mathrm{d}x\mathrm{d}y}{\iint\limits_{D} \rho(x,y)\mathrm{d}x\mathrm{d}y}.$$

设薄片 D 的面密度为 $\rho(x,y)$, 假定 $\rho(x,y)$ 在 D 上连续. 该薄片对于 x 轴、y 轴的转动惯量为 I_x, I_y, 则

$$I_x = \iint\limits_{D} y^2 \rho(x,y)\,\mathrm{d}\sigma, \quad I_y = \iint\limits_{D} x^2 \rho(x,y)\,\mathrm{d}\sigma.$$

二、三重积分

1. 三重积分的概念

设 $f(x, y, z)$ 是空间闭区域 Ω 上的有界函数, 将 Ω 任意地划分成 n 个小区域 $\Delta v_1, \Delta v_2, \cdots, \Delta v_n$, 其中 Δv_i 表示第 i 个小区域, 也表示它的体积. 在每个小区域 Δv_i 上任取一点 (ξ_i, η_i, ζ_i), 作乘积 $f(\xi_i, \eta_i, \zeta_i)\Delta v_i$, 并作和式 $\sum\limits_{i=1}^{n} f(\xi_i, \eta_i, \zeta_i)\Delta v_i$, 记 λ 为这 n 个小区域直径的最大值, 若极限 $\lim\limits_{\lambda \to 0} \sum\limits_{i=1}^{n} f(\xi_i, \eta_i, \zeta_i)\Delta v_i$ 存在, 则称此极限值为函数 $f(x, y, z)$ 在区域 Ω 上的三重积分, 记作 $\iiint\limits_{\Omega} f(x, y, z)\, dv$, 即

$$\iiint\limits_{\Omega} f(x, y, z)\, dv = \lim\limits_{\lambda \to 0} \sum\limits_{i=1}^{n} f(\xi_i, \eta_i, \zeta_i)\Delta v_i,$$

其中 dv 叫做体积元素.

三重积分的存在定理 若函数 f 在闭区域上连续, 则 f 在闭区域上的三重积分存在.

三重积分的物理意义 如果 $f(x, y, z)$ 表示某物体在 (x, y, z) 处的体密度, Ω 是该物体所占有的空间区域, 且 $f(x, y, z)$ 在 Ω 上连续, 则 $\iiint\limits_{\Omega} f(x, y, z)\, dv$ 表示该物体的质量.

2. 三重积分的性质

(1) $\iiint\limits_{\Omega} kf(x, y, z)dv = k \iiint\limits_{\Omega} f(x, y, z)dv, k$ 为常数.

(2) $\iiint\limits_{\Omega} [f(x, y, z) \pm g(x, y, z)]\, dv = \iiint\limits_{\Omega} f(x, y, z)dv \pm \iiint\limits_{\Omega} g(x, y, z)dv.$

(3) $\iiint\limits_{\Omega} f(x, y, z)dv = \iiint\limits_{\Omega_1} f(x, y, z)dv + \iiint\limits_{\Omega_2} f(x, y, z)dv,$ 其中 $\Omega_1 \cup \Omega_2 = \Omega, \Omega_1 \cap \Omega_2$ 不能形成空间闭区域.

(4) $\iiint\limits_{\Omega} 1 dv = V, V$ 为 Ω 的体积.

(5) 若在 Ω 上恒有 $f(x, y, z) \leqslant g(x, y, z)$, 则

$$\iiint\limits_{\Omega} f(x, y, z)\mathrm{d}v \leqslant \iiint\limits_{\Omega} g(x, y, z)\mathrm{d}v.$$

(6) 设 M, m 分别为 $f(x, y, z)$ 在 Ω 上的最大值、最小值, V 为 Ω 的体积, 则

$$mV \leqslant \iiint\limits_{\Omega} f(x, y, z)\mathrm{d}v \leqslant MV.$$

(7) **三重积分的中值定理** 若 $f(x, y, z)$ 在 Ω 上连续, V 为 Ω 的体积, 则在 Ω 上至少存在一点 (ξ, η, ζ), 使得

$$\iiint\limits_{\Omega} f(x, y, z)\mathrm{d}v = f(\xi, \eta, \zeta) \cdot V.$$

3. 三重积分的计算 (将三重积分化成三次定积分)

(1) 利用直角坐标计算三重积分.

(i) 投影法 (先一后二).

若空间闭区域

$$\Omega = \{(x, y, z) \,|\, z_1(x, y) \leqslant z \leqslant z_2(x, y), (x, y) \in D_{xy}\},$$

其中 $D_{xy} = \{(x, y) \,|\, a \leqslant x \leqslant b, y_1(x) \leqslant y \leqslant y_2(x)\}$, 则

$$\iiint\limits_{\Omega} f(x, y, z)\mathrm{d}v = \iint\limits_{D_{xy}} \mathrm{d}x\mathrm{d}y \int_{z_1(x,y)}^{z_2(x,y)} f(x, y, z)\,\mathrm{d}z$$

$$= \int_a^b \mathrm{d}x \int_{y_1(x)}^{y_2(x)} \mathrm{d}y \int_{z_1(x,y)}^{z_2(x,y)} f(x, y, z)\,\mathrm{d}z.$$

(ii) 截面法 (先二后一).

设空间闭区域 $\Omega = \{(x, y, z) \,|\, (x, y) \in D_z, c \leqslant z \leqslant d\}$, 其中 D_z 是竖坐标为 z 的平面截闭区域 Ω 所得到的一个平面闭区域, 则有

$$\iiint\limits_{\Omega} f(x, y, z)\mathrm{d}v = \int_c^d \mathrm{d}z \iint\limits_{D_z} f(x, y, z)\,\mathrm{d}x\mathrm{d}y.$$

注 一般当被积函数只与 z 有关且 D_z 的面积很好求的时候使用该方法.

(2) 三重积分的换元法.

设变换 $T: x = x(u,v,w), y = y(u,v,w), z = z(u,v,w)$ 把 uvw 空间中的区域 V' 一对一地映成 xyz 空间中的区域 V, 并设函数 $x(u,v,w), y(u,v,w), z(u,v,w)$ 及它们的一阶偏导数在 V' 内连续且函数行列式

$$J(u,v,w) = \begin{vmatrix} \dfrac{\partial x}{\partial u} & \dfrac{\partial x}{\partial v} & \dfrac{\partial x}{\partial w} \\[2mm] \dfrac{\partial y}{\partial u} & \dfrac{\partial y}{\partial v} & \dfrac{\partial y}{\partial w} \\[2mm] \dfrac{\partial z}{\partial u} & \dfrac{\partial z}{\partial v} & \dfrac{\partial z}{\partial w} \end{vmatrix} \neq 0, \quad (u,v,w) \in V',$$

于是有如下的三重积分换元公式

$$\iiint\limits_{V} f(x,y,z)\mathrm{d}x\mathrm{d}y\mathrm{d}z$$

$$= \iiint\limits_{V'} f(x(u,v,w), y(u,v,w), z(u,v,w)) \left|J(u,v,w)\right| \mathrm{d}u\mathrm{d}v\mathrm{d}w,$$

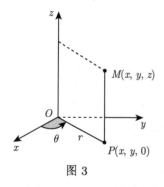

图 3

其中 $f(x,y,z)$ 在 V 上可积.

(3) 利用柱坐标计算三重积分.

直角坐标与柱坐标的关系　直角坐标与柱面坐标之间的关系 $\begin{cases} x = r\cos\theta, \\ y = r\sin\theta, \\ z = z, \end{cases}$ 如图 3 所示.

利用柱面坐标计算三重积分　若空间闭区域 Ω 可以用不等式 $z_1(r,\theta) \leqslant z \leqslant z_2(r,\theta), r_1(\theta) \leqslant r \leqslant r_2(\theta), \alpha \leqslant \theta \leqslant \beta$ 来表示, 则

$$\iiint\limits_{\Omega} f(x,y,z)\mathrm{d}v = \iiint\limits_{\Omega} f(r\cos\theta, r\sin\theta, z) r\mathrm{d}r\mathrm{d}\theta\mathrm{d}z$$

$$= \int_{\alpha}^{\beta} \mathrm{d}\theta \int_{r_1(\theta)}^{r_2(\theta)} r\mathrm{d}r \int_{z_1(r,\theta)}^{z_2(r,\theta)} f(r\cos\theta, r\sin\theta, z)\mathrm{d}z.$$

选择柱坐标的一般原则　① Ω 在 xOy 面上的投影区域是圆或圆的一部分 (通常积分区域是除球外的旋转体); ② 被积函数 $f(x,y,z)$ 含有 $(x^2+y^2)^{\alpha}$.

(4) 利用球坐标计算三重积分.

直角坐标与球坐标的关系 直角坐标与球坐

标间的关系为 $\begin{cases} x = r\sin\varphi\cos\theta, \\ y = r\sin\varphi\sin\theta, \\ z = r\cos\varphi, \end{cases}$ 其中 $0 \leqslant r \leqslant$

$+\infty, 0 \leqslant \varphi \leqslant \pi, 0 \leqslant \theta \leqslant 2\pi$, 如图 4 所示.

利用球面坐标计算三重积分 若空间闭区域 Ω
可表示为

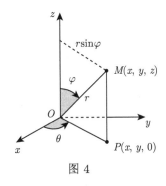

图 4

$$\{(r,\varphi,\theta) \,|\, r_1(\varphi,\theta) \leqslant r \leqslant r_2(\varphi,\theta), \varphi_1(\theta) \leqslant \varphi \leqslant \varphi_2(\theta), \alpha \leqslant \theta \leqslant \beta\},$$

则

$$\iiint\limits_{\Omega} f(x,y,z)\mathrm{d}v$$

$$= \iiint\limits_{\Omega} f(r\sin\varphi\cos\theta, r\sin\varphi\sin\theta, r\cos\varphi)r^2\sin\varphi\mathrm{d}r\mathrm{d}\varphi\mathrm{d}\theta$$

$$= \int_\alpha^\beta \mathrm{d}\theta \int_{\varphi_1(\theta)}^{\varphi_2(\theta)} \sin\varphi\mathrm{d}\varphi \int_{r_1(\varphi,\theta)}^{r_2(\varphi,\theta)} f(r\sin\varphi\cos\theta, r\sin\varphi\sin\theta, r\cos\varphi)r^2\mathrm{d}r.$$

选择球坐标的原则 ① Ω 的边界曲面的方程用球面坐标表示较简单 (常见
的有球体、顶点在原点的圆锥面与球面所围立体); ② 被积函数 $f(x,y,z)$ 中含有
$(x^2 + y^2 + z^2)^\alpha$.

(5) 三重积分的化简.

三重积分也可以利用积分区域的对称性和被积函数的奇偶性进行化简运算.

(i) **奇偶对称性** 若 Ω 关于 xOy (或 yOz, xOz) 面对称, 则

$$\iiint\limits_{\Omega} f(x,y,z)\mathrm{d}v = \begin{cases} 0, & f(x,y,z) \text{ 是 } z \text{ (或 } x,y\text{) 的奇函数}, \\ 2\iiint\limits_{\Omega_1} f(x,y,z)\mathrm{d}v, & f(x,y,z) \text{ 是 } z \text{ (或 } x,y\text{) 的偶函数}, \end{cases}$$

其中 Ω_1 是 Ω 在 xOy (或 yOz, xOz) 上 (前, 右) 方的部分.

(ii) **轮换对称性** 如果积分区域关于变量 x, y, z 具有轮换对称性 (即 x 换成
y, y 换成 z, z 换成 x, 表达式均不变), 则

$$\iiint\limits_{\Omega} f(x)\mathrm{d}v = \iiint\limits_{\Omega} f(y)\mathrm{d}v = \iiint\limits_{\Omega} f(z)\mathrm{d}v = \frac{1}{3}\iiint\limits_{\Omega} [f(x) + f(y) + f(z)]\mathrm{d}v.$$

4. 三重积分的应用

(1) **求曲顶曲底柱体的体积**　由公式 $V = \iiint\limits_{\Omega} \mathrm{d}v$ 计算三重积分, 如果 Ω

的底面在坐标平面上, 则可以利用二重积分的几何意义来计算: $V = \iiint\limits_{\Omega} \mathrm{d}v =$

$\iint\limits_{D} |z(x,y)| \mathrm{d}x\mathrm{d}y$, 其中 D 是 Ω 在 xOy 上的投影.

(2) **曲面的面积**　设曲面 S 由方程 $z = f(x,y)$ 给出, D_{xy} 为曲面 S 在 xOy 面上的投影区域, 函数 $f(x,y)$ 在 D_{xy} 上具有连续偏导数 $f_x(x,y)$ 和 $f_y(x,y)$, 则曲面面积为

$$A = \iint\limits_{D_{xy}} \sqrt{1 + \left(\frac{\partial z}{\partial x}\right)^2 + \left(\frac{\partial z}{\partial y}\right)^2} \mathrm{d}x\mathrm{d}y.$$

(3) **形心质心公式**　设空间立体 Ω 的体密度为 $\rho(x,y,z)$, 假定 $\rho(x,y,z)$ 在 Ω 上连续, 该立体的质心坐标 $(\overline{x}, \overline{y}, \overline{z})$ 三个分量由下面的式子确定:

$$\overline{x} = \frac{\iiint\limits_{\Omega} x\rho(x,y,z)\,\mathrm{d}v}{\iiint\limits_{\Omega} \rho(x,y,z)\,\mathrm{d}v}, \quad \overline{y} = \frac{\iiint\limits_{\Omega} y\rho(x,y,z)\,\mathrm{d}v}{\iiint\limits_{\Omega} \rho(x,y,z)\,\mathrm{d}v}, \quad \overline{z} = \frac{\iiint\limits_{\Omega} z\rho(x,y,z)\,\mathrm{d}v}{\iiint\limits_{\Omega} \rho(x,y,z)\,\mathrm{d}v}.$$

(4) **转动惯量**　设空间立体 Ω 的体密度为 $\rho(x,y,z)$, 假定 $\rho(x,y,z)$ 在 Ω 上连续, 该立体对 x 轴、y 轴、z 轴的转动惯量分别为 I_x, I_y, I_z:

$$I_x = \iiint\limits_{\Omega} \left(y^2 + z^2\right) \rho(x,y,z)\,\mathrm{d}v,$$

$$I_y = \iiint\limits_{\Omega} \left(x^2 + z^2\right) \rho(x,y,z)\,\mathrm{d}v,$$

$$I_z = \iiint\limits_{\Omega} \left(x^2 + y^2\right) \rho(x,y,z)\,\mathrm{d}v.$$

(5) **空间物体对质点的引力**　设物体占有空间域 Ω, 在点 (x,y,z) 处的密度为 $\rho(x,y,z)$, Ω 外有一质点 $M_0(x_0, y_0, z_0)$, 其质量为 m_0, 假定 $\rho(x,y,z)$ 在 Ω 上连

续, 则物体对质点的引力为 $\boldsymbol{F} = \{F_x, F_y, F_z\}$, 其中

$$F_x = \iiint\limits_{\Omega} \frac{km_0\rho(x, y, z)(x - x_0)}{\left[(x - x_0)^2 + (y - y_0)^2 + (z - z_0)^2\right]^{\frac{3}{2}}} \mathrm{d}v,$$

$$F_y = \iiint\limits_{\Omega} \frac{km_0\rho(x, y, z)(y - y_0)}{\left[(x - x_0)^2 + (y - y_0)^2 + (z - z_0)^2\right]^{\frac{3}{2}}} \mathrm{d}v,$$

$$F_z = \iiint\limits_{\Omega} \frac{km_0\rho(x, y, z)(z - z_0)}{\left[(x - x_0)^2 + (y - y_0)^2 + (z - z_0)^2\right]^{\frac{3}{2}}} \mathrm{d}v.$$

三、 曲线积分

1. 对弧长的曲线积分

(1) 定义.

设 L 为 xOy 面内的一条光滑曲线弧, $f(x, y)$ 在 L 上有界. 在 L 上任意插入一点列 $M_1, M_2, \cdots, M_{n-1}$, 把 L 分成 n 个小段. 设第 i 个小段的长度为 Δs_i. 又 (ξ_i, η_i) 为第 i 个小段上任取的一点, 作乘积 $f(\xi_i, \eta_i)\Delta s_i (i = 1, 2, 3, \cdots, n)$, 并作和 $\sum\limits_{i=1}^{n} f(\xi_i, \eta_i)\Delta s_i$, 如果当各小弧段的长度的最大值 $\lambda \to 0$ 时, 该和的极限总存在, 且与曲线弧 L 的分法及点 (ξ_i, η_i) 的取法无关, 则称此极限为函数 $f(x, y)$ 在曲线弧 L 上对弧长的曲线积分 (第一类曲线积分), 记作 $\int_L f(x, y)\mathrm{d}s$, 即

$$\int_L f(x, y)\mathrm{d}s = \lim_{\lambda \to 0} \sum_{i=1}^{n} f(\xi_i, \eta_i)\Delta s_i.$$

注 (1) 若曲线封闭, 积分可表示为 $\oint_L f(x, y)\mathrm{d}s$.

(2) 若 $f(x, y) = 1$, 则 $\int_L f(x, y)\mathrm{d}s = L$ (L 为弧长).

(3) 物理意义: 当 $f(x, y) \geqslant 0$ 时, $\int_L f(x, y)\mathrm{d}s$ 表示以 f 为线密度的曲线的质量.

(4) 该定义可以推广到空间曲线: $\int_\Gamma f(x, y, z)\mathrm{d}s = \lim\limits_{\lambda \to 0} \sum\limits_{i=1}^{n} f(\xi_i, \eta_i, \zeta_i)\Delta s_i.$

(2) 性质.

(i) 若积分弧段 L 可分成两段光滑曲线弧 L_1 和 L_2, 则

$$\int_L f(x,y)\mathrm{d}s = \int_{L_1} f(x,y)\mathrm{d}s + \int_{L_2} f(x,y)\mathrm{d}s.$$

(ii) 设 α, β 为常数, 则

$$\int_L [\alpha f(x,y) \pm \beta g(x,y)]\mathrm{d}s = \alpha \int_L f(x,y)\mathrm{d}s \pm \beta \int_L g(x,y)\,\mathrm{d}s.$$

(iii) 设在 L 上 $f(x,y) \leqslant g(x,y)$, 则 $\int_L f(x,y)\mathrm{d}s \leqslant \int_L g(x,y)\mathrm{d}s.$

特别地, 有 $\left| \int_L f(x,y)\mathrm{d}s \right| \leqslant \int_L |f(x,y)|\,\mathrm{d}s.$

(3) 计算.

设 $f(x,y)$ 在 L 上有定义且连续, $L: \begin{cases} x = \varphi(t), \\ y = \psi(t) \end{cases} (\alpha \leqslant t \leqslant \beta)$, $\varphi(t), \psi(t)$ 在

$[\alpha, \beta]$ 上具有一阶连续导数, 且 $\varphi'^2(t) + \psi'^2(t) \neq 0$, 则曲线积分 $\int_L f(x,y)\mathrm{d}s$ 存在, 且

$$\int_L f(x,y)\mathrm{d}s = \int_\alpha^\beta f[\varphi(t), \psi(t)]\sqrt{\varphi'^2(t) + \psi'^2(t)}\mathrm{d}t.$$

注 (1) 下限 α 一定要小于上限 β, $\alpha < \beta$.

(2) 若曲线 L 的方程为 $y = \varphi(x), a \leqslant x \leqslant b$, 则

$$\int_L f(x,y)\mathrm{d}s = \int_a^b f[x, \varphi(x)]\sqrt{1 + [\varphi'(x)]^2}\mathrm{d}x.$$

同理, 曲线 L 的方程为 $x = \varphi(y), c \leqslant y \leqslant d$, 则

$$\int_L f(x,y)\mathrm{d}s = \int_c^d f[\varphi(y), y]\sqrt{1 + [\varphi'(y)]^2}\mathrm{d}y.$$

(3) 若空间曲线 Γ 的方程为 $x = \varphi(t), y = \psi(t), z = \omega(t), \alpha \leqslant t \leqslant \beta$, 则

$$\int_\Gamma f(x,y,z)\mathrm{d}s = \int_\alpha^\beta f[\varphi(t), \psi(t), \omega(t)]\sqrt{\varphi'^2(t) + \psi'^2(t) + \omega'^2(t)}\mathrm{d}t.$$

(4) 对于所有的线面积分, 在被积函数与曲线或者曲面方程有关系的时候都可以先将曲线或者曲面方程代入化简, 然后再算 ("先代后算").

(5) 对弧长的曲线积分可利用奇偶性和轮换对称性进行计算.

① 若 L 关于 y 轴对称, 则

$$\int_L f(x,y)\mathrm{d}s = \begin{cases} 0, & f(-x,y) = -f(x,y), \\ 2\int_{L_1} f(x,y)\mathrm{d}s, & f(-x,y) = f(x,y), \end{cases}$$

其中 L_1 是 L 在 x 轴右方的部分.

② 若 L 关于 x 轴对称, 则

$$\int_L f(x,y)\mathrm{d}s = \begin{cases} 0, & f(x,-y) = -f(x,y), \\ 2\int_{L_1} f(x,y)\mathrm{d}s, & f(x,-y) = f(x,y), \end{cases}$$

其中 L_1 是 L 在 y 轴上方的部分.

③ 轮换对称性. 如果积分曲线关于变量 x, y 具有轮换对称性 (即 x 换成 y, y 换成 x, 其表达式不变), 则

$$\int_L f(x,y)\mathrm{d}s = \int_L f(y,x)\mathrm{d}s = \frac{1}{2}\int_L [f(x,y) + f(y,x)]\,\mathrm{d}s.$$

2. 对坐标的曲线积分

(1) 定义.

设 L 为 xOy 面内从点 A 到点 B 的一条有向光滑曲线弧, 函数 $P(x,y), Q(x,y)$ 在 L 上有界. 在沿 L 的方向任意插入一点列 $M_1(x_1,y_1), M_2(x_2,y_2), \cdots, M_{n-1}(x_{n-1}, y_{n-1})$ 把 L 分成 n 个有向小弧段

$$\widehat{M_{i-1}M_i} \quad (i = 1, 2, \cdots, n; M_0 = A, M_n = B),$$

设 $\Delta x_i = x_i - x_{i-1}, \Delta y_i = y_i - y_{i-1}$, 点 (ξ_i, η_i) 为 $\widehat{M_{i-1}M_i}$ 上任意取定的点, 作乘积 $P(\xi_i, \eta_i)\Delta x_i(i = 1, 2, \cdots, n)$, 并作和 $\sum\limits_{i=1}^{n} P(\xi_i, \eta_i)\Delta x_i$, 如果当各小弧段长度的最大值 $\lambda \to 0$ 时, 该和的极限总存在, 且与曲线弧 L 的分法及点 (ξ_i, η_i) 的取法无关, 则称此极限为函数 $P(x,y)$ 在有向曲线弧 L 上对坐标 x 的曲线积分 (第二类曲线积分), 记作 $\int_L P(x,y)\mathrm{d}x$.

类似地, 如果 $\lim\limits_{\lambda \to 0} \sum\limits_{i=1}^{n} Q(\xi_i, \eta_i)\Delta y_i$ 总存在, 且与曲线弧 L 的分法及点 (ξ_i, η_i) 的取法无关, 则称此极限为函数 $Q(x,y)$ 在有向曲线弧 L 上对坐标 y 的曲线积分,

记作 $\displaystyle\int_L Q(x,y)\mathrm{d}y$, 即

$$\int_L P(x,y)\mathrm{d}x = \lim_{\lambda\to 0}\sum_{i=1}^{n} P(\xi_i,\eta_i)\Delta x_i,$$

$$\int_L Q(x,y)\mathrm{d}y = \lim_{\lambda\to 0}\sum_{i=1}^{n} Q(\xi_i,\eta_i)\Delta y_i.$$

注　第二类曲线积分可推广到空间有向曲线 Γ 上:

$$\int_\Gamma P(x,y,z)\mathrm{d}x = \lim_{\lambda\to 0}\sum_{i=1}^{n} P(\xi_i,\eta_i,\zeta_i)\Delta x_i,$$

$$\int_\Gamma Q(x,y,z)\mathrm{d}y = \lim_{\lambda\to 0}\sum_{i=1}^{n} Q(\xi_i,\eta_i,\zeta_i)\Delta y_i,$$

$$\int_\Gamma R(x,y,z)\mathrm{d}z = \lim_{\lambda\to 0}\sum_{i=1}^{n} R(\xi_i,\eta_i,\zeta_i)\Delta z_i.$$

(2) 性质.

(i) L 为有向曲线弧, L^- 为与 L 方向相反的曲线, 则

$$\int_L P(x,y)\mathrm{d}x = -\int_{L^-} P(x,y)\mathrm{d}x,\quad \int_L Q(x,y)\mathrm{d}y = -\int_{L^-} Q(x,y)\mathrm{d}y.$$

(ii) 若有向曲线弧 L 可分成两段光滑的有向曲线弧 L_1 和 L_2, 则

$$\int_L P\mathrm{d}x + Q\mathrm{d}y = \int_{L_1} P\mathrm{d}x + Q\mathrm{d}y + \int_{L_2} P\mathrm{d}x + Q\mathrm{d}y.$$

(3) 计算.

设 $P(x,y)$, $Q(x,y)$ 在 L 上有定义且连续, $L:\begin{cases} x=\varphi(t),\\ y=\psi(t). \end{cases}$ 当 t 单调地从 α
变到 β 时, 点 $M(x,y)$ 从 L 的起点 A 沿 L 变到终点 B, $\varphi(t),\psi(t)$ 在以 α,β 为
端点的闭区间上具有一阶连续导数且 $\varphi'^2(t)+\psi'^2(t)\neq 0$, 则

$$\int_L P(x,y)\mathrm{d}x + Q(x,y)\mathrm{d}y = \int_\alpha^\beta \left\{ P\left[\varphi(t),\psi(t)\right]\varphi'(t) + Q\left[\varphi(t),\psi(t)\right]\psi'(t)\right\}\mathrm{d}t.$$

注　(1) α: L 的起点对应的参数; β: L 的终点对应的参数; α 不一定小于 β.

(2) 若 L 由 $y = y(x)$ 给出, L 起点对应的自变量为 α, 终点对应的自变量为 β, 则

$$\int_L P\mathrm{d}x + Q\mathrm{d}y = \int_\alpha^\beta \{P[x, y(x)] + Q[x, y(x)]y'(x)\}\,\mathrm{d}x.$$

(3) 此公式可推广到空间曲线 $\Gamma: x = \varphi(t), y = \psi(t), z = \omega(t), t: \alpha \to \beta$, 则

$$\int_\Gamma P\mathrm{d}x + Q\mathrm{d}y + R\mathrm{d}z = \int_\alpha^\beta \{P[\varphi(t), \psi(t), \omega(t)]\varphi'(t) + Q[\varphi(t), \psi(t), \omega(t)]\psi'(t)$$
$$+ R[\varphi(t), \psi(t), \omega(t)]\omega'(t)\}\mathrm{d}t.$$

$\alpha : \Gamma$ 的起点对应的参数; $\beta : \Gamma$ 的终点对应的参数.

3. 两类曲线积分之间的关系

$$\int_L P(x, y)\mathrm{d}x + Q(x, y)\mathrm{d}y = \int_L [P(x, y)\cos\alpha + Q(x, y)\cos\beta]\,\mathrm{d}s,$$

其中 $\cos\alpha, \cos\beta$ 为有向曲线 L 切向量的方向余弦.

与平面曲线积分类似, 对于空间曲线积分有

$$\int_\Gamma P(x, y, z)\mathrm{d}x + Q(x, y, z)\mathrm{d}y + R(x, y, z)\mathrm{d}z$$
$$= \int_\Gamma [P(x, y, z)\cos\alpha + Q(x, y, z)\cos\beta + R(x, y, z)\cos\gamma]\,\mathrm{d}s,$$

其中 $\cos\alpha, \cos\beta, \cos\gamma$ 为有向曲线 Γ 切向量的方向余弦.

4. 格林公式

设闭区域 D 由分段光滑的曲线 L 围成, 函数 $P(x, y)$ 和 $Q(x, y)$ 在 D 上具有一阶连续偏导数, 则有

$$\oint_L P\mathrm{d}x + Q\mathrm{d}y = \iint_D \left(\frac{\partial Q}{\partial x} - \frac{\partial P}{\partial y}\right)\mathrm{d}x\mathrm{d}y,$$

其中 L 为 D 的取正向的边界曲线.

5. 平面上曲线积分与路径无关的条件

设区域 G 是一个单连通区域, 函数 $P(x, y), Q(x, y)$ 在 G 内具有一阶连续偏导数, 则曲线积分 $\int_L P\mathrm{d}x + Q\mathrm{d}y$ 在 G 内与路径无关 (或沿 G 内任意闭曲线的曲线积分为零) 的充要条件是 $\dfrac{\partial P}{\partial y} = \dfrac{\partial Q}{\partial x}$ 在 G 内恒成立.

6. 二元函数的全微分求解

设区域 G 是一个单连通区域, 函数 $P(x,y)$, $Q(x,y)$ 在 G 内具有一阶连续偏导数, 则表达式 $P(x,y)\mathrm{d}x + Q(x,y)\mathrm{d}y$ 在 G 内为某函数 $u(x,y)$ 的全微分的充分必要条件是 $\dfrac{\partial P}{\partial y} = \dfrac{\partial Q}{\partial x}$ 在 G 内恒成立, 且 $u(x,y) = \displaystyle\int_{(x_0,y_0)}^{(x,y)} P(x,y)\mathrm{d}x + Q(x,y)\mathrm{d}y$.

四、曲面积分

1. 对面积的曲面积分

(1) 定义.

设曲面 Σ 是光滑的, 函数 $f(x,y,z)$ 在 Σ 上有界, 把 Σ 任意分成 n 小块 ΔS_i (ΔS_i 同时也代表第 i 小块曲面的面积), 设 (ξ_i, η_i, ζ_i) 是 ΔS_i 上任意取定的一点, 作乘积 $f(\xi_i, \eta_i, \zeta_i) \cdot \Delta S_i (i = 1, 2, \cdots, n)$, 再作和 $\displaystyle\sum_{i=1}^{n} f(\xi_i, \eta_i, \zeta_i) \cdot \Delta S_i$, 当各小块曲面直径的最大值 $\lambda \to 0$ 时, 该和的极限存在, 则称此极限为函数 $f(x,y,z)$ 在曲面 Σ 上对面积的曲面积分或第一类曲面积分, 记作 $\displaystyle\iint_{\Sigma} f(x,y,z)\mathrm{d}S$, 即

$$\iint_{\Sigma} f(x,y,z)\mathrm{d}S = \lim_{\lambda \to 0} \sum_{i=1}^{n} f(\xi_i, \eta_i, \zeta_i) \cdot \Delta S_i.$$

注　(1) $\displaystyle\oiint_{\Sigma} f(x,y,z)\mathrm{d}S$ 为封闭曲面上的第一类曲面积分.

(2) 当 $f(x,y,z)\,(f > 0)$ 为光滑曲面的密度函数时, 曲面的质量 $M = \displaystyle\iint_{\Sigma} f(x,y,z)\mathrm{d}S$.

(2) 性质.

(i) 当 $f(x,y,z) = 1$ 时, $S = \displaystyle\iint_{\Sigma} \mathrm{d}S$ 为曲面面积.

(ii) $\displaystyle\iint_{\Sigma} [k_1 f(x,y,z) + k_2 g(x,y,z)]\mathrm{d}S = k_1 \iint_{\Sigma} f(x,y,z)\mathrm{d}S + k_2 \iint_{\Sigma} g(x,y,z)\mathrm{d}S$, 其中 k_1, k_2 为任意常数.

(iii) 如果把 Σ 分成 Σ_1 和 Σ_2, 则

$$\iint_{\Sigma} f(x,y,z)\mathrm{d}S = \iint_{\Sigma_1} f(x,y,z)\mathrm{d}S + \iint_{\Sigma_2} f(x,y,z)\mathrm{d}S.$$

(3) 计算.

如果曲面 Σ 的方程 $z = z(x, y)$ 为单值函数, Σ 在 xOy 面上的投影区域为 D_{xy}, 则

$$\iint\limits_{\Sigma} f(x, y, z)\mathrm{d}S = \iint\limits_{D_{xy}} f\left[x, y, z(x, y)\right] \sqrt{1 + z_x^2(x, y) + z_y^2(x, y)}\mathrm{d}x\mathrm{d}y.$$

如果曲面 Σ 的方程 $y = y(x, z)$ 为单值函数, Σ 在 xOz 面上的投影区域为 D_{xz}, 则

$$\iint\limits_{\Sigma} f(x, y, z)\mathrm{d}S = \iint\limits_{D_{xz}} f\left[x, y(x, z), z\right] \sqrt{1 + y_x^2(x, z) + y_z^2(x, z)}\mathrm{d}x\mathrm{d}z.$$

如果曲面 Σ 的方程 $x = x(y, z)$ 为单值函数, Σ 在 yOz 面上的投影区域为 D_{yz}, 则

$$\iint\limits_{\Sigma} f(x, y, z)\mathrm{d}S = \iint\limits_{D_{yz}} f\left[x(y, z), y, z\right] \sqrt{1 + x_y^2(y, z) + x_z^2(y, z)}\mathrm{d}y\mathrm{d}z.$$

注　(1) 先代后算: 将曲面方程代入被积函数化简.

(2) 可利用奇偶性和轮换对称性进行计算.

当曲面 Σ 关于 xOy 面对称时, 如果 $f(x, y, z)$ 关于 z 为奇函数, 则 $\iint\limits_{\Sigma} f(x, y, z)\mathrm{d}S = 0$; 如果 $f(x, y, z)$ 关于 z 为偶函数, 则 $\iint\limits_{\Sigma} f(x, y, z)\mathrm{d}S = 2\iint\limits_{\Sigma_1} f(x, y, z)\mathrm{d}S$, 其中 Σ_1 为 Σ 在 xOy 面上方的部分.

特别地, 如果积分曲面 Σ 关于三个坐标平面都对称, $f(x, y, z)$ 关于三个坐标均为偶函数时, $\iint\limits_{\Sigma} f(x, y, z)\mathrm{d}S = 8\iint\limits_{\Sigma_1} f(x, y, z)\mathrm{d}S$, 其中 Σ_1 为 Σ 在第一卦限的部分.

轮换对称性　设曲面 Σ 具有轮换对称性, 则有

$$\iint\limits_{\Sigma} f(x)\mathrm{d}S = \iint\limits_{\Sigma} f(y)\mathrm{d}S = \iint\limits_{\Sigma} f(z)\mathrm{d}S = \iint\limits_{\Sigma} \frac{f(x) + f(y) + f(z)}{3}\mathrm{d}S.$$

2. 对坐标的曲面积分

(1) 定义.

设 Σ 为光滑的有向曲面, $R(x,y,z)$ 在 Σ 上有界, 把 Σ 分成 n 块 ΔS_i, ΔS_i 在 xOy 面上投影 $(\Delta S_i)_{xy}$, (ξ_i, η_i, ζ_i) 是 ΔS_i 上任一点, 若 $\lambda \to 0$, 存在 $\lim\limits_{\lambda \to 0} \sum\limits_{i=1}^{n} R(\xi_i, \eta_i, \zeta_i)(\Delta S_i)_{xy}$, 称此极限值为 $R(x,y,z)$ 在 Σ 上对坐标 x,y 的曲面积分, 或 $R(x,y,z)\mathrm{d}x\mathrm{d}y$ 在有向曲面 Σ 上的第二类曲面积分, 记为 $\iint\limits_{\Sigma} R(x,y,z)\mathrm{d}x\mathrm{d}y$, 即

$$\iint\limits_{\Sigma} R(x,y,z)\mathrm{d}x\mathrm{d}y = \lim_{\lambda \to 0} \sum_{i=1}^{n} R(\xi_i, \eta_i, \zeta_i)(\Delta S_i)_{xy}.$$

类似地, P, Q 在 yOz 及 zOx 的曲面积分分别为

$$\iint\limits_{\Sigma} P\mathrm{d}y\mathrm{d}z = \lim_{\lambda \to 0} \sum_{i=1}^{n} P(\xi_i, \eta_i, \zeta_i)(\Delta S_i)_{yz},$$

$$\iint\limits_{\Sigma} Q\mathrm{d}z\mathrm{d}x = \lim_{\lambda \to 0} \sum_{i=1}^{n} Q(\xi_i, \eta_i, \zeta_i)(\Delta S_i)_{zx}.$$

注   稳定流动的不可压缩流体, 流向 Σ 指定侧的流量可表示为

$$\Phi = \iint\limits_{\Sigma} P\mathrm{d}y\mathrm{d}z + Q\mathrm{d}z\mathrm{d}x + R\mathrm{d}x\mathrm{d}y.$$

(2) 性质.

(i) 如果把 Σ 分成 Σ_1 和 Σ_2, 则 $\iint\limits_{\Sigma} P\mathrm{d}y\mathrm{d}z = \iint\limits_{\Sigma_1} P\mathrm{d}y\mathrm{d}z + \iint\limits_{\Sigma_2} P\mathrm{d}y\mathrm{d}z$.

(ii) 设 Σ 为有向曲面, Σ^- 表示与 Σ 相反的侧, 则

$$\iint\limits_{\Sigma^-} P\mathrm{d}y\mathrm{d}z = -\iint\limits_{\Sigma} P\mathrm{d}y\mathrm{d}z;$$

$$\iint\limits_{\Sigma^-} Q\mathrm{d}z\mathrm{d}x = -\iint\limits_{\Sigma} Q\mathrm{d}z\mathrm{d}x;$$

$$\iint\limits_{\Sigma^-} R\mathrm{d}x\mathrm{d}y = -\iint\limits_{\Sigma} R\mathrm{d}x\mathrm{d}y.$$

(3) 计算.

设 Σ 是由 $z = z(x, y)$ 给出的有向曲面, Σ 在 xOy 面上的投影为 D_{xy}, $z = z(x, y)$ 在 D_{xy} 内具有一阶连续偏导数, R 在 Σ 上连续, 则

$$\iint\limits_{\Sigma} R\mathrm{d}x\mathrm{d}y = \pm \iint\limits_{D_{xy}} R\left[x, y, z(x, y)\right] \mathrm{d}x\mathrm{d}y,$$

其中当曲面 $z = z(x, y)$ 取上侧时, 取正号; 曲面取下侧时, 则取负号.

$\iint\limits_{\Sigma} P\mathrm{d}y\mathrm{d}z, \iint\limits_{\Sigma} Q\mathrm{d}z\mathrm{d}x$ 的计算类似, 其中

曲面 $\Sigma : y = y(x, z)$ 取右侧时, 为正; 取左侧时, 为负.

曲面 $\Sigma : x = x(y, z)$ 取前侧时, 为正; 取后侧时, 为负.

注 第二类曲面积分也可以 "先代后算".

3. **两类曲面积分间的关系**

$$\iint\limits_{\Sigma} P\mathrm{d}y\mathrm{d}z + Q\mathrm{d}z\mathrm{d}x + R\mathrm{d}x\mathrm{d}y = \iint\limits_{\Sigma} (P\cos\alpha + Q\cos\beta + R\cos\gamma)\,\mathrm{d}S,$$

其中 $(\cos\alpha, \cos\beta, \cos\gamma)$ 为有向曲面 Σ 在点 (x, y, z) 处的法向量的方向余弦.

注 可以利用两类曲面积分之间的关系, 将第二类曲面积分转换为第一类曲面积分, 然后转换为二重积分 (转换投影法). $S : z = z(x, y), (x, y) \in D_{xy}$, 分块光滑, 则

$$\iint\limits_{\Sigma} P\mathrm{d}y\mathrm{d}z + Q\mathrm{d}z\mathrm{d}x + R\mathrm{d}x\mathrm{d}y = \pm \iint\limits_{D_{xy}} \left[P \cdot \left(-\frac{\partial z}{\partial x}\right) + Q \cdot \left(-\frac{\partial z}{\partial y}\right) + R\right] \mathrm{d}x\mathrm{d}y,$$

其中 $z = z(x, y)$, S 取上侧, 取 "+", S 取下侧, 取 "−".

4. **高斯公式**

设空间闭区域 Ω 是由分片光滑的闭曲面 Σ 所围成的, 函数 $P(x, y, z), Q(x, y, z), R(x, y, z)$ 在 Ω 上具有一阶连续偏导数, 则

$$\iiint\limits_{\Omega} \left(\frac{\partial P}{\partial x} + \frac{\partial Q}{\partial y} + \frac{\partial R}{\partial z}\right) \mathrm{d}v = \oiint\limits_{\Sigma} P\mathrm{d}y\mathrm{d}z + Q\mathrm{d}z\mathrm{d}x + R\mathrm{d}x\mathrm{d}y,$$

其中 Σ 是 Ω 的整个边界曲面的外侧.

五、场论初步

1. 方向导数与梯度

(1) **方向导数的定义**　l 为平面上以点 $M_0(x_0, y_0)$ 为起点, $(\cos\alpha, \cos\beta)$ 为方向向量的射线, 将 $z = f(x, y)$ 限制在 l 上, 则 $x = x_0 + t\cos\alpha, y = y_0 + t\cos\beta, t \geqslant 0$, 若

$$\lim_{t \to 0^+} \frac{f(x_0 + t\cos\alpha, y_0 + t\cos\beta) - f(x_0, y_0)}{t}$$

存在, 则称为函数 $f(x, y)$ 在点 (x_0, y_0) 沿射线 l 方向的方向导数, 记为 $\left. \dfrac{\partial f}{\partial l} \right|_{(x_0, y_0)}$.

(2) **方向导数的计算公式**　如果函数 $f(x, y)$ 在点 $M_0(x_0, y_0)$ 可微分, 那么函数在该点沿任何方向 l 的方向导数存在, 且有

$$\left. \frac{\partial f}{\partial l} \right|_{(x_0, y_0)} = f_x(x_0, y_0)\cos\alpha + f_y(x_0, y_0)\cos\beta,$$

其中 $\cos\alpha, \cos\beta$ 是 l 方向的方向余弦.

对于三元函数 $u = f(x, y, z)$ 有类似的定义. 如果 $f(x, y, z)$ 在 $P_0(x_0, y_0, z_0)$ 点可微分, 则函数在该点沿方向 $e_l = (\cos\alpha, \cos\beta, \cos\gamma)$ 的方向导数为

$$\left. \frac{\partial f}{\partial l} \right|_{(x_0, y_0, z_0)} = f_x(x_0, y_0, z_0)\cos\alpha + f_y(x_0, y_0, z_0)\cos\beta + f_z(x_0, y_0, z_0)\cos\gamma.$$

(3) **梯度的定义**　设 $f(x, y)$ 在平面区域 D 内具有一阶连续偏导数, 对于任一点 $P(x_0, y_0) \in D$, 向量 $f_x(x_0, y_0)\boldsymbol{i} + f_y(x_0, y_0)\boldsymbol{j}$ 称为 $f(x, y)$ 在点 $P(x_0, y_0)$ 的梯度, 记为 $\mathbf{grad}\, f(x_0, y_0)$, 即

$$\mathbf{grad}\, f(x_0, y_0) = f_x(x_0, y_0)\boldsymbol{i} + f_y(x_0, y_0)\boldsymbol{j}.$$

对于具有连续偏导数的三元函数 $f(x, y, z)$, 在其定义区域内的任一点 $P(x_0, y_0, z_0)$, 其梯度向量为

$$\mathbf{grad}\, f(x_0, y_0, z_0) = f_x(x_0, y_0, z_0)\boldsymbol{i} + f_y(x_0, y_0, z_0)\boldsymbol{j} + f_z(x_0, y_0, z_0)\boldsymbol{k}.$$

(4) **方向导数与梯度的关系**　沿着梯度的方向, 方向导数最大, 且最大值为梯度的模.

2. 通量、散度、旋度

(1) **散度**

$$\boldsymbol{A}(x,y,z) = P(x,y,z)\boldsymbol{i} + Q(x,y,z)\boldsymbol{j} + R(x,y,z)\boldsymbol{k},$$

称 $\dfrac{\partial P}{\partial x} + \dfrac{\partial Q}{\partial y} + \dfrac{\partial R}{\partial z}$ 为 A 在点 (x,y,z) 的散度, 记为 div $\boldsymbol{A}$, 即

$$\operatorname{div} \boldsymbol{A} = \frac{\partial P}{\partial x} + \frac{\partial Q}{\partial y} + \frac{\partial R}{\partial z}.$$

(2) **通量** 设 $\boldsymbol{A}(x,y,z) = P(x,y,z)\boldsymbol{i} + Q(x,y,z)\boldsymbol{j} + R(x,y,z)\boldsymbol{k}$, P, Q, R 有一阶连续偏导数, Σ 为场内一有向曲面, $\boldsymbol{n}$ 为 Σ 上点 (x,y,z) 处的单位法向量, 则 $\displaystyle\iint_{\Sigma} \boldsymbol{A} \cdot \boldsymbol{n} \mathrm{d}S$ 称为 $\boldsymbol{A}$ 通过曲面 Σ 向着指定侧的通量 (流量).

(3) **旋度** 向量 $\boldsymbol{A}(x,y,z) = P(x,y,z)\boldsymbol{i} + Q(x,y,z)\boldsymbol{j} + R(x,y,z)\boldsymbol{k}$, 则旋度为

$$\mathbf{rot}\,\boldsymbol{A} = \left(\frac{\partial R}{\partial y} - \frac{\partial Q}{\partial z}\right)\boldsymbol{i} + \left(\frac{\partial P}{\partial z} - \frac{\partial R}{\partial x}\right)\boldsymbol{j} + \left(\frac{\partial Q}{\partial x} - \frac{\partial P}{\partial y}\right)\boldsymbol{k} = \begin{vmatrix} \boldsymbol{i} & \boldsymbol{j} & \boldsymbol{k} \\ \dfrac{\partial}{\partial x} & \dfrac{\partial}{\partial y} & \dfrac{\partial}{\partial z} \\ P & Q & R \end{vmatrix}.$$

3. 斯托克斯公式 (空间闭曲面的曲面积分与其边界曲线的曲线积分之间的关系)

设 Γ 为分段光滑的空间有向闭曲线, Σ 是以 Γ 为边界的分片光滑的有向曲面, Γ 的正向与 Σ 的侧符合右手规则, P, Q, R 在包含曲面 Σ 在内的一个空间区域内具有一阶连续偏导数, 则有

$$\iint_{\Sigma} \left(\frac{\partial R}{\partial y} - \frac{\partial Q}{\partial z}\right) \mathrm{d}y\mathrm{d}z + \left(\frac{\partial P}{\partial z} - \frac{\partial R}{\partial x}\right) \mathrm{d}z\mathrm{d}x + \left(\frac{\partial Q}{\partial x} - \frac{\partial P}{\partial y}\right) \mathrm{d}x\mathrm{d}y$$

$$= \oint_{\Gamma} P\mathrm{d}x + Q\mathrm{d}y + R\mathrm{d}z.$$

注 (1) 便捷记忆公式: $\displaystyle\iint_{\Sigma} \begin{vmatrix} \mathrm{d}y\mathrm{d}z & \mathrm{d}z\mathrm{d}x & \mathrm{d}x\mathrm{d}y \\ \dfrac{\partial}{\partial x} & \dfrac{\partial}{\partial y} & \dfrac{\partial}{\partial z} \\ P & Q & R \end{vmatrix} = \oint_{\Gamma} P\mathrm{d}x + Q\mathrm{d}y + R\mathrm{d}z.$

(2) 由两类曲面间关系, 可得斯托克斯公式另一形式为

$$
\iint\limits_{\Sigma}
\begin{vmatrix}
\cos\alpha & \cos\beta & \cos\gamma \\
\dfrac{\partial}{\partial x} & \dfrac{\partial}{\partial y} & \dfrac{\partial}{\partial z} \\
P & Q & R
\end{vmatrix}
\mathrm{d}S = \oint_{\Gamma} P\mathrm{d}x + Q\mathrm{d}y + R\mathrm{d}z,
$$

$\boldsymbol{n} = (\cos\alpha, \cos\beta, \cos\gamma)$ 为 Σ 的单位法向量.

在上述各种积分的计算中, 注意:

(1) 联系各种积分的公式 (格林公式、高斯公式、斯托克斯公式).

(2) 巧用对称性、奇偶性及轮换对称性.

(3) 曲线或曲面的方程在曲线积分或曲面积分中适时代入.

(4) 结合物理意义可以简化计算.

例如: 均匀物体重心公式

$$
\overline{x} = \frac{\iiint\limits_{\Omega} x\mathrm{d}v}{\iiint\limits_{\Omega} \mathrm{d}v}, \quad
\overline{y} = \frac{\iiint\limits_{\Omega} y\mathrm{d}v}{\iiint\limits_{\Omega} \mathrm{d}v}, \quad
\overline{z} = \frac{\iiint\limits_{\Omega} z\mathrm{d}v}{\iiint\limits_{\Omega} \mathrm{d}v},
$$

从而有

$$
\iiint\limits_{\Omega} (x - \overline{x})\,\mathrm{d}v = 0, \quad
\iiint\limits_{\Omega} (y - \overline{y})\,\mathrm{d}v = 0, \quad
\iiint\limits_{\Omega} (z - \overline{z})\,\mathrm{d}v = 0.
$$

5.2 例 题 精 讲

例 1 设 $D_r : x^2 + y^2 \leqslant r^2$, 求 $\lim\limits_{r \to 0^+} \dfrac{1}{\pi r^2} \iint\limits_{D_r} \mathrm{e}^{x^2+y^2} \cos(x+y)\,\mathrm{d}x\mathrm{d}y$.

分析 本题考察的是二重积分的中值定理.

解 由积分中值定理, 存在 $(\xi, \eta) \in D_r$, 使

$$
\iint\limits_{D_r} \mathrm{e}^{x^2+y^2} \cos(x+y)\mathrm{d}x\,\mathrm{d}y = \mathrm{e}^{\xi^2+\eta^2} \cos(\xi+\eta) \cdot \pi r^2.
$$

当 $r \to 0^+$ 时, $(\xi, \eta) \to (0, 0)$, 故原式 $= \lim\limits_{r \to 0^+} \mathrm{e}^{\xi^2+\eta^2} \cos(\xi+\eta) = 1$.

附注 (二重积分的中值定理) 若 $f(x,y)$ 在闭区域 D 上连续, 则在 D 上至少存在一点 (ξ, η), 使得 $\iint\limits_D f(x,y)\mathrm{d}\sigma = f(\xi, \eta) \cdot A$ 成立, 其中 A 为区域 D 的面积.

例 2 证明: 抛物面 $z = x^2 + y^2 + 1$ 上任意一点 $P(x_0, y_0, z_0)$ 处的切平面与抛物面 $z = x^2 + y^2$ 所围成的立体的体积为一常数.

分析 先求出切平面, 再用二重积分表示体积, 计算出二重积分为常数即可.

证明 抛物面 $z = x^2 + y^2 + 1$ 在点 $P(x_0, y_0, z_0)$ 处的切平面为

$$z = 2x_0 x + 2y_0 y - x_0^2 - y_0^2 + 1.$$

由

$$\begin{cases} z = x^2 + y^2, \\ z = 2x_0 x + 2y_0 y - x_0^2 - y_0^2 + 1, \end{cases}$$

求得投影区域 $D : (x - x_0)^2 + (y - y_0)^2 \leqslant 1$, 所围成的立体的体积

$$V = \iint\limits_D (2x_0 x + 2y_0 y - x_0^2 - y_0^2 + 1 - x^2 - y^2)\mathrm{d}x\mathrm{d}y$$

$$= \iint\limits_D \left[1 - (x - x_0)^2 - (y - y_0)^2\right] = \frac{\pi}{2}.$$

例 3 计算二重积分 $\iint\limits_D (2\,|x| + |y|)\,\mathrm{d}x\mathrm{d}y$, 其中 $D : |x| + |y| \leqslant 1$.

分析 可利用积分区域的对称性和被积函数奇偶性去掉绝对值以简化计算.

解 设 $D_1 : x + y \leqslant 1, x \geqslant 0, y \geqslant 0$, 如图 5 所示. 利用积分区域关于 x 轴、y 轴的对称性, 被积函数奇偶性以及积分区域关于直线 $y = x$ 的对称性, 有

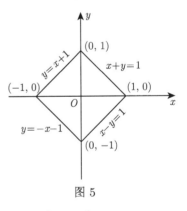

图 5

$$\iint\limits_D (2\,|x| + |y|)\,\mathrm{d}x\mathrm{d}y = 4\iint\limits_{D_1} (2x + y)\mathrm{d}x\mathrm{d}y = 12\int_0^1 \mathrm{d}x \int_0^{1-x} x\mathrm{d}y$$

$$= 12\int_0^1 x\,(1 - x)\,\mathrm{d}x = 2.$$

附注 I. 如果积分区域 D 关于 y 轴对称, 则

(1) 当 $f(-x,y) = -f(x,y)((x,y) \in D)$ 时, 有

$$\iint\limits_{D} f(x,y)\mathrm{d}x\mathrm{d}y = 0.$$

(2) 当 $f(-x,y) = f(x,y)((x,y) \in D)$ 时, 有

$$\iint\limits_{D} f(x,y)\mathrm{d}x\mathrm{d}y = 2\iint\limits_{D_1} f(x,y)\mathrm{d}x\mathrm{d}y,$$

其中 $D_1 = \{(x,y)|(x,y) \in D, x \geqslant 0\}$.

II. 如果积分区域 D 关于 x 轴对称, 则

(1) 当 $f(x,-y) = -f(x,y)((x,y) \in D)$ 时, 有

$$\iint\limits_{D} f(x,y)\mathrm{d}x\mathrm{d}y = 0.$$

(2) 当 $f(x,-y) = f(x,y)((x,y) \in D)$ 时, 有

$$\iint\limits_{D} f(x,y)\mathrm{d}x\mathrm{d}y = 2\iint\limits_{D_2} f(x,y)\mathrm{d}x\mathrm{d}y,$$

其中 $D_2 = \{(x,y)|(x,y) \in D, y \geqslant 0\}$.

III. 如果积分区域 D 关于直线 $y = x$ 对称, 则二重积分

$$\iint\limits_{D} f(x,y)\mathrm{d}x\mathrm{d}y = \iint\limits_{D} f(y,x)\mathrm{d}x\mathrm{d}y. \text{ (二重积分的轮换对称性)}$$

例 4 设 $f(u)$ 为可微函数, 且 $f(0) = 0$, $f'(0) = 3$, 求极限

$$\lim_{t \to 0^+} \frac{1}{\pi t^3} \iint\limits_{x^2+y^2 \leqslant t^2} f\left(\sqrt{x^2+y^2}\right) \mathrm{d}x\mathrm{d}y \quad (t > 0).$$

分析 积分区域为圆且被积函数中含有 $x^2 + y^2$, 用极坐标变换就很方便了.

解 因 $\displaystyle\iint\limits_{x^2+y^2 \leqslant t^2} f\left(\sqrt{x^2+y^2}\right) \mathrm{d}x\mathrm{d}y = \int_0^{2\pi} \mathrm{d}\theta \int_0^t f(r)r\mathrm{d}r = 2\pi \int_0^t f(r)r\mathrm{d}r,$

所以

$$\lim_{t \to 0^+} \frac{1}{\pi t^3} \iint\limits_{x^2+y^2 \leqslant t^2} f\left(\sqrt{x^2+y^2}\right) \mathrm{d}x\mathrm{d}y = \lim_{t \to 0^+} \frac{2\pi \displaystyle\int_0^t f(r)r\mathrm{d}r}{\pi t^3}$$

$$= \lim_{t \to 0^+} \frac{2tf(t)}{3t^2} = \frac{2}{3} \lim_{t \to 0^+} \frac{f(t)}{t} = \frac{2}{3} f'(0) = 2.$$

附注 做二次积分或三次积分时, 如果里层积分的结果不含外层积分变量, 那么里、外层积分可以分别积分然后相乘即可. 如本例方法中 $\int_0^{2\pi} \mathrm{d}\theta$ 可以单独先做.

例 5 证明: $\int_a^b \mathrm{d}x \int_a^x f(y)\mathrm{d}y = \int_a^b f(x)(b-x)\mathrm{d}x$, 其中 $f(x)$ 为连续函数.

分析 本题既可以交换积分次序也可以构造变上限的函数来完成.

证法 1 因

$$\int_a^b \mathrm{d}x \int_a^x f(y)\mathrm{d}y = \iint\limits_D f(y)\mathrm{d}x\mathrm{d}y, \quad 其中 D: a \leqslant y \leqslant x, a \leqslant x \leqslant b,$$

交换积分次序, 有

$$\int_a^b \mathrm{d}x \int_a^x f(y)\mathrm{d}y = \int_a^b \mathrm{d}y \int_y^b f(y)\mathrm{d}x = \int_a^b f(y)(b-y)\mathrm{d}y$$

$$= \int_a^b f(x)(b-x)\mathrm{d}x.$$

证法 2 设

$$F(t) = \int_a^t \mathrm{d}x \int_a^x f(y)\mathrm{d}y - \int_a^t f(x)(t-x)\mathrm{d}x, \quad t \in [a,b].$$

因 $f(x)$ 连续, 所以 $F(t)$ 在 $[a,b]$ 上连续, 在 (a,b) 内可导, 且

$$F'(t) = \left[\int_a^t \left(\int_a^x f(y)\mathrm{d}y \right) \mathrm{d}x - t \int_a^t f(x)\mathrm{d}x + \int_a^t xf(x)\mathrm{d}x \right]'$$

$$= \int_a^t f(y)\mathrm{d}y - \int_a^t f(x)\mathrm{d}x - tf(t) + tf(t) = 0,$$

于是, $F(t) = C$ (C 为常数). 又 $C = F(a) = 0$, 故 $F(t) = 0$, 因此

$$\int_a^b \mathrm{d}x \int_a^x f(y)\mathrm{d}y = \int_a^b f(x)(b-x)\mathrm{d}x.$$

证法 3 设 $F(x) = \int_a^x f(t)\mathrm{d}t$, 则 $F(a) = 0$, 于是

$$\int_a^b \mathrm{d}x \int_a^x f(y)\mathrm{d}y = \int_a^b \left(\int_a^x f(y)\mathrm{d}y \right) \mathrm{d}x = \int_a^b F(x)\mathrm{d}x,$$

又

$$\int_a^b f(x)(b-x)\mathrm{d}x = \int_a^b (b-x)\mathrm{d}F(x)$$

$$= (b-x)F(x)\big|_a^b - \int_a^b F(x)\mathrm{d}(b-x) = \int_a^b F(x)\mathrm{d}x,$$

故

$$\int_a^b \mathrm{d}x \int_a^x f(y)\mathrm{d}y = \int_a^b f(x)(b-x)\mathrm{d}x.$$

例 6 计算 $\int_0^1 \int_0^1 (2x+2y)\mathrm{d}x\mathrm{d}y$, 其中 $[x]$ 为不超过 x 的最大整数.

分析 首先应设法去掉取整函数符号, 为此将积分区域分为四部分即可.

解 $\int_0^1 \int_0^1 (2x+2y)\mathrm{d}x\mathrm{d}y = \int_0^{\frac{1}{2}} \mathrm{d}x \int_0^{\frac{1}{2}-x} 0\mathrm{d}y + \int_0^{\frac{1}{2}} \mathrm{d}x \int_{\frac{1}{2}-x}^{1-x} \mathrm{d}y$

$$+ \int_{\frac{1}{2}}^1 \mathrm{d}x \int_0^{1-x} \mathrm{d}y + \int_0^{\frac{1}{2}} \mathrm{d}x \int_{1-x}^1 2\mathrm{d}y$$

$$+ \int_{\frac{1}{2}}^1 \mathrm{d}x \int_{1-x}^{\frac{3}{2}-x} 2\mathrm{d}y + \int_{\frac{1}{2}}^1 \mathrm{d}x \int_{\frac{3}{2}-x}^1 3\mathrm{d}y = \frac{3}{2}.$$

例 7 计算积分: $\iint\limits_D \sqrt{|y-x^2|}\mathrm{d}x\mathrm{d}y$, 其中 D 是矩形区域 $|x| \leqslant 1, 0 \leqslant y \leqslant 2$.

分析 被积函数带有绝对值的积分的计算关键在于去掉绝对值, 要去掉绝对值就要将积分区域分块.

解 记

$$D_1 = \{(x,y)|\,|x| \leqslant 1, 0 \leqslant y \leqslant 2, y - x^2 \leqslant 0\},$$

$$D_2 = \{(x,y)|\,|x| \leqslant 1, 0 \leqslant y \leqslant 2, 0 \leqslant y - x^2\},$$

则

$$\iint\limits_D \sqrt{|y-x^2|}\mathrm{d}x\mathrm{d}y = \iint\limits_{D_1} \sqrt{x^2-y}\mathrm{d}x\mathrm{d}y + \iint\limits_{D_2} \sqrt{y-x^2}\mathrm{d}x\mathrm{d}y$$

$$= \int_{-1}^1 \mathrm{d}x \int_0^{x^2} (x^2-y)^{\frac{1}{2}}\mathrm{d}y + \int_{-1}^1 \mathrm{d}x \int_{x^2}^2 (y-x^2)^{\frac{1}{2}}\mathrm{d}y$$

$$= \frac{2}{3} \int_{-1}^1 (x^2)^{\frac{3}{2}}\mathrm{d}x + \frac{2}{3} \int_{-1}^1 (2-x^2)^{\frac{3}{2}}\mathrm{d}x$$

$$= \frac{4}{3} \int_0^1 (x^2)^{\frac{3}{2}} \mathrm{d}x + \frac{4}{3} \int_0^1 (2 - x^2)^{\frac{3}{2}} \mathrm{d}x$$

$$= \frac{4}{3} \int_0^1 x^3 \mathrm{d}x + \frac{16}{3} \int_0^{\frac{\pi}{4}} \cos^4 t \mathrm{d}t \quad (这里\ x = \sqrt{2} \sin t)$$

$$= \frac{1}{3} + \frac{16}{3} \int_0^{\frac{\pi}{4}} \left(\frac{1 + \cos 2t}{2} \right)^2 \mathrm{d}t$$

$$= \frac{1}{3} + \frac{4}{3} \int_0^{\frac{\pi}{4}} \left(1 + 2 \cos 2t + \frac{1 + \cos 4t}{2} \right) \mathrm{d}t$$

$$= \frac{1}{3} + \frac{4}{3} \left(\frac{3}{2}t + \sin 2t + \frac{\sin 4t}{8} \right) \Bigg|_0^{\frac{\pi}{4}}$$

$$= \frac{1}{3} + \frac{4}{3} \left(\frac{3\pi}{8} + 1 \right) = \frac{\pi}{2} + \frac{5}{3}.$$

例 8 计算三次积分 $I = \int_{-1}^1 \mathrm{d}x \int_0^{\sqrt{1-x^2}} \mathrm{d}y \int_1^{1+\sqrt{1-x^2-y^2}} \frac{1}{\sqrt{x^2 + y^2 + z^2}} \mathrm{d}z.$

分析 在计算三次积分时, 一般都需要先求出积分区域 Ω. 然后, 根据被积函数与积分区域选择合适的坐标系与积分次序, 使计算简便.

解 由积分限可知, 积分区域 Ω 介于球面 $z = 1 + \sqrt{1 - x^2 - y^2}$ 与 $z = 1$ 之间, 如图 6 所示, 且在 xOy 面上的投影区域为半圆 $D: x^2 + y^2 \leqslant 1, y \geqslant 0$, 选择球面坐标计算较简单. 在球面坐标下, 平面的方程是 $r = \sec\varphi$, 球面的方程是 $r = 2\cos\varphi$, 则

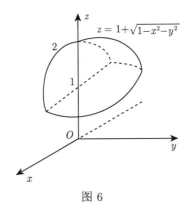

图 6

$$I = \int_0^\pi \mathrm{d}\theta \int_0^{\frac{\pi}{4}} \mathrm{d}\varphi \int_{\sec\varphi}^{2\cos\varphi} \frac{1}{r} \cdot r^2 \sin\varphi \mathrm{d}r$$

$$= -\frac{\pi}{2} \left(\frac{4}{3} \cos^3\varphi + \frac{1}{\cos\varphi} \right) \Bigg|_0^{\frac{\pi}{4}} = \frac{\pi}{6}(7 - 4\sqrt{2}).$$

附注 球面坐标与直角坐标的关系为 $\begin{cases} x = r\sin\varphi\cos\theta, \\ y = r\sin\varphi\sin\theta, \\ z = r\cos\varphi, \end{cases}$ 其中 φ 为向量与

z 轴正向的夹角, $0 \leqslant \varphi \leqslant \pi$; θ 为从正 z 轴来看自 x 轴按逆时针方向转到向量在 xOy 平面上投影线段的角, $0 \leqslant \theta \leqslant 2\pi$; r 为向量的模长, $0 \leqslant r < +\infty$.

球面坐标系中的体积元素为 $dv = r^2 \sin\varphi dr d\varphi d\theta$, 则三重积分的变量从直角坐标变换为球面坐标的公式是

$$\iiint\limits_{\Omega} f(x, y, z) dx dy dz = \iiint\limits_{\Omega} f(r\sin\varphi\cos\theta, r\sin\varphi\sin\theta, r\cos\varphi) r^2 \sin\varphi dr d\varphi d\theta.$$

例 9　计算三重积分 $\iiint\limits_{\Omega} (x+y+z)^2 dx dy dz$, 其中 Ω: $x^2 + y^2 + z^2 \leqslant 2z$.

分析　因积分区域关于坐标面对称, 利用被积函数的奇偶性可以简化重积分的计算.

解　因积分区域由球面所围成, 故选用球面坐标计算.

因

$$\iiint\limits_{\Omega} (x+y+z)^2 dx dy dz = \iiint\limits_{\Omega} (x^2 + y^2 + z^2 + 2xy + 2xz + 2yz) dx dy dz,$$

利用积分区域关于坐标面的对称性, 以及被积函数的奇偶性, 有

$$\iiint\limits_{\Omega} xy dx dy dz = \iiint\limits_{\Omega} xz dx dy dz = \iiint\limits_{\Omega} yz dx dy dz = 0.$$

故

$$\iiint\limits_{\Omega} (x+y+z)^2 dx dy dz = \iiint\limits_{\Omega} (x^2 + y^2 + z^2) dx dy dz$$

$$= \int_0^{2\pi} d\theta \int_0^{\frac{\pi}{2}} d\varphi \int_0^{2\cos\varphi} r^2 \cdot r^2 \sin\varphi dr = \frac{32}{15}\pi.$$

附注　若 $f(x, y, z)$ 为闭区域 Ω 上的连续函数, 空间有界闭区域 Ω 关于 xOy 坐标面对称, Ω_1 为 Ω 位于 xOy 坐标面上侧 $z \geqslant 0$ 的部分区域, 则有

$$\iiint\limits_{\Omega} f(x, y, z) dx dy dz = \begin{cases} 0, & f(x, y, z) = -f(x, y, -z), \\ 2\iiint\limits_{\Omega_1} f(x, y, z) dx dy dz, & f(x, y, z) = f(x, y, -z). \end{cases}$$

同样, 对于空间闭区域 Ω 关于 xOz, yOz 坐标面对称也有类似的性质.

例 10 计算三重积分 $\displaystyle\iiint\limits_{\Omega}\left(\dfrac{x^2}{a^2}+\dfrac{y^2}{b^2}+\dfrac{z^2}{c^2}\right)\mathrm{d}x\mathrm{d}y\mathrm{d}z$, 其中 Ω 是球体 $x^2+y^2+z^2\leqslant 1$.

分析 此题考察三重积分的计算, 可以利用轮换对称性化简后再计算.

解 利用积分区域关于坐标面的对称性, 以及被积函数的奇偶性, 有

$$\iiint\limits_{\Omega} x^2\mathrm{d}x\mathrm{d}y\mathrm{d}z = \iiint\limits_{\Omega} y^2\mathrm{d}x\mathrm{d}y\mathrm{d}z = \iiint\limits_{\Omega} z^2\mathrm{d}x\mathrm{d}y\mathrm{d}z$$

$$= \frac{1}{3}\iiint\limits_{\Omega}(x^2+y^2+z^2)\mathrm{d}x\mathrm{d}y\mathrm{d}z,$$

于是

$$\iiint\limits_{\Omega}\left(\frac{x^2}{a^2}+\frac{y^2}{b^2}+\frac{z^2}{c^2}\right)\mathrm{d}x\mathrm{d}y\mathrm{d}z$$

$$= \frac{1}{3}\left(\frac{1}{a^2}+\frac{1}{b^2}+\frac{1}{c^2}\right)\iiint\limits_{\Omega}(x^2+y^2+z^2)\mathrm{d}x\mathrm{d}y\mathrm{d}z$$

$$= \frac{1}{3}\left(\frac{1}{a^2}+\frac{1}{b^2}+\frac{1}{c^2}\right)\int_0^{2\pi}\mathrm{d}\theta\int_0^{\pi}\mathrm{d}\varphi\int_0^1 r^2\cdot r^2\sin\varphi\mathrm{d}r$$

$$= \frac{4\pi}{15}\left(\frac{1}{a^2}+\frac{1}{b^2}+\frac{1}{c^2}\right).$$

例 11 设函数 $f(x)$ 在 $[0,1]$ 上连续, 试证:

$$\int_0^1\int_x^1\int_x^y f(x)f(y)f(z)\mathrm{d}x\mathrm{d}y\mathrm{d}z = \frac{1}{6}\left[\int_0^1 f(x)\mathrm{d}x\right]^3.$$

分析 构造变限定积分函数的方法在定积分中经常用到, 在重积分中也是非常重要的手段.

证明 设 $F(x)=\displaystyle\int_0^x f(t)\mathrm{d}t$, 则 $F(x)$ 是 $f(x)$ 的一个原函数, 且

$$F(1)=\int_0^1 f(x)\mathrm{d}x, \quad F(0)=0.$$

于是

$$\int_0^1\int_x^1\int_x^y f(x)f(y)f(z)\mathrm{d}x\mathrm{d}y\mathrm{d}z = \int_0^1 f(x)\mathrm{d}x\int_x^1 f(y)\mathrm{d}y\int_x^y f(z)\mathrm{d}z$$

$$= \int_0^1 f(x)\mathrm{d}x \int_x^1 f(y)\left[F(z)\big|_x^y\right]\mathrm{d}y = \int_0^1 f(x)\mathrm{d}x \int_x^1 [F(y)-F(x)]\,\mathrm{d}F(y)$$

$$= \int_0^1 f(x) \cdot \frac{1}{2}\left[F(y)-F(x)\right]^2\bigg|_x^1 \mathrm{d}x = -\frac{1}{2}\int_0^1 [F(1)-F(x)]^2\,\mathrm{d}\left[F(1)-F(x)\right]$$

$$= -\frac{1}{6}\left[F(1)-F(x)\right]^3\bigg|_0^1 = \frac{1}{6}F^3(1) = \frac{1}{6}\left[\int_0^1 f(x)\mathrm{d}x\right]^3.$$

例 12　计算 $\displaystyle\int_L (x^2+y^2+z^2)\mathrm{d}s$, 其中 L 是球面 $x^2+y^2+z^2 = \dfrac{9}{2}$ 与平面 $y+z=1$ 的交线.

分析　本题考察空间上的第一类曲线积分的计算. 可以将积分曲线用参数表示, 转化为定积分计算; 也可以把曲线方程直接代入简化计算.

解法 1　因为 L 的方程可表示为 $\begin{cases} \dfrac{x^2}{4} + \dfrac{\left(y-\dfrac{1}{2}\right)^2}{2} = 1, \\ z = 1-y, \end{cases}$　则其参量方程为

$$\begin{cases} x = 2\cos\theta, \\ y = \dfrac{1}{2} + \sqrt{2}\sin\theta, \quad (0 \leqslant \theta \leqslant 2\pi). \\ z = \dfrac{1}{2} - \sqrt{2}\sin\theta \end{cases}$$

故

$$\int_L (x^2+y^2+z^2)\mathrm{d}s = \int_L \frac{9}{2}\mathrm{d}s = \frac{9}{2}\int_0^{2\pi} \sqrt{x'^2(\theta)+y'^2(\theta)+z'^2(\theta)}\mathrm{d}\theta$$

$$= \frac{9}{2}\int_0^{2\pi} 2\mathrm{d}\theta = 18\pi.$$

解法 2　$\displaystyle\int_L (x^2+y^2+z^2)\mathrm{d}s = \int_L \frac{9}{2}\mathrm{d}s = \frac{9}{2}\int_L \mathrm{d}s = \frac{9}{2}s_L$ (s_L 表示 L 的弧长).

而 $L: \begin{cases} x^2+y^2+z^2 = \dfrac{9}{2}, \\ y+z=1 \end{cases}$ 显然是平面 $y+z=1$ 上的圆周, 为求周长只

需求出其直径 d 即可. 球心 $O(0,0,0)$ 到平面 $y+z=1$ 的距离为 $\dfrac{1}{\sqrt{2}}$, 于是

$d = 2\sqrt{\dfrac{9}{2} - \dfrac{1}{2}} = 4.$ 所以

$$\int_L (x^2 + y^2 + z^2)\mathrm{d}s = \frac{9}{2}\int_L \mathrm{d}s = \frac{9}{2}s_L = \frac{9}{2} \cdot \pi \cdot 4 = 18\pi.$$

例 13 计算积分 $I = \displaystyle\int_L (\sqrt[3]{\sin y} - x)\mathrm{d}y + y\mathrm{d}x$, 其中 L 是依次连接点 $A(-1, 0)$, $B(2,2)$ 和 $C(1,0)$ 的有向折线段.

分析 直接计算较繁, 应该考虑添加曲线使积分曲线封闭进而用格林公式.

解 添加有向直线段 $\overrightarrow{CA}$, 构成闭合曲线 $L + \overrightarrow{CA}$, 如图 7 所示, 再使用格林公式. 记 $L + \overrightarrow{CA}$ 所围域为 D. $P = y, Q = \sqrt[3]{\sin y} - x, \dfrac{\partial Q}{\partial x} - \dfrac{\partial P}{\partial y} = -2$, 故

$$I = \int_L (\sqrt[3]{\sin y} - x)\mathrm{d}y + y\mathrm{d}x = \left(\oint_{L+\overrightarrow{CA}} - \int_{\overrightarrow{CA}} \right)[y\mathrm{d}x + (\sqrt[3]{\sin y} - x)\mathrm{d}y]$$

$$= -\iint\limits_D (-2)\mathrm{d}x\mathrm{d}y - \int_1^{-1} 0\mathrm{d}x = 2\left(\frac{1}{2} \cdot 2 \cdot 2\right) = 4.$$

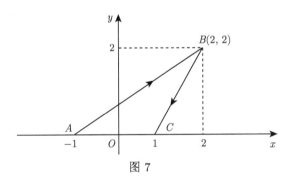

图 7

例 14 求曲线积分 $I = \displaystyle\int_L (\mathrm{e}^x \sin y - b(x+y))\mathrm{d}x + (\mathrm{e}^x \cos y - ax)\mathrm{d}y$, 其中 a 与 b 为正常数, L 为从点 $A(2a,0)$ 沿曲线 $y = \sqrt{2ax - x^2}$ 到点 $O(0,0)$ 的弧.

分析 沿曲线积分的关键在于将所有变量都转化成某一变量, 因此将曲线写成参数方程就可以了. 也可利用格林公式来解.

解 因 $\mathrm{e}^x \sin y\mathrm{d}x + \mathrm{e}^x \cos y\mathrm{d}y = \mathrm{d}(\mathrm{e}^x \sin y)$, 故

$$\int_L \mathrm{e}^x \sin y\mathrm{d}x + \mathrm{e}^x \cos y\mathrm{d}y = \mathrm{e}^x \sin y\Big|_{(2a,0)}^{(0,0)} = 0.$$

而 L 的参数方程为

$$x = a + a\cos t, \quad y = a\sin t, \quad 0 \leqslant t \leqslant \pi,$$

所以

$$-\int_L b(x+y)\mathrm{d}x + ax\mathrm{d}y$$

$$= -\int_0^\pi \left[-ba^2(\sin t + \sin t\cos t + \sin^2 t) + a^3(1+\cos t)\cos t\right]\mathrm{d}t$$

$$= a^2 b\left(\frac{\pi}{2} + 2\right) - \frac{1}{2}\pi a^3.$$

因此

$$I = a^2 b\left(\frac{\pi}{2} + 2\right) - \frac{1}{2}\pi a^3.$$

例 15 计算曲线积分 $I = \oint_L \dfrac{x\mathrm{d}y - y\mathrm{d}x}{4x^2 + y^2}$, 其中 $L : (x-1)^2 + y^2 = 4$ 取逆时针方向.

分析 考察封闭曲线上第二类曲线积分. 由于原点 $(0,0)$ 包含在圆周 L 内, 而原点是被积函数的瑕点, 因此不满足格林公式条件, 需通过做一包含原点的闭曲线挖去原点. 在 L 所围域内做一有向闭曲线 C 挖去瑕点 $(0,0)$, 为了便于计算取 $C : 4x^2 + y^2 = \varepsilon^2 (\varepsilon \ll 1)$.

解 记 $P(x,y) = \dfrac{-y}{4x^2 + y^2}$, $Q(x,y) = \dfrac{x}{4x^2 + y^2}$, 则

$$\frac{\partial Q}{\partial x} = \frac{\partial P}{\partial y} = \frac{y^2 - 4x^2}{(4x^2 + y^2)^2}, \quad (x,y) \neq (0,0).$$

令 $C : 4x^2 + y^2 = \varepsilon^2$ (其中 ε 是小正数), 方向顺时针. 则

$$I = \oint_L \frac{x\mathrm{d}y - y\mathrm{d}x}{4x^2 + y^2} = \oint_{L+C} \frac{x\mathrm{d}y - y\mathrm{d}x}{4x^2 + y^2} - \oint_C \frac{x\mathrm{d}y - y\mathrm{d}x}{4x^2 + y^2}.$$

由格林公式可得

$$\oint_{L+C} \frac{x\mathrm{d}y - y\mathrm{d}x}{4x^2 + y^2} = \iint_D \left(\frac{\partial Q}{\partial x} - \frac{\partial P}{\partial y}\right)\mathrm{d}x\mathrm{d}y = 0,$$

而

$$\oint_C \frac{x\mathrm{d}y - y\mathrm{d}x}{4x^2 + y^2} = \frac{1}{\varepsilon^2}\oint_C x\mathrm{d}y - y\mathrm{d}x = -\frac{1}{\varepsilon^2}\oint_{C-} x\mathrm{d}y - y\mathrm{d}x$$

$$= -\frac{1}{\varepsilon^2} \iint\limits_{D_\varepsilon} 2\mathrm{d}x\mathrm{d}y = -\pi \quad (\text{其中 } D_\varepsilon : 4x^2 + y^2 \leqslant \varepsilon^2),$$

所以

$$I = \oint_L \frac{x\mathrm{d}y - y\mathrm{d}x}{4x^2 + y^2} = \pi.$$

评注 一般地, 对于曲线积分 $\oint_L \dfrac{P(x,y)\mathrm{d}x + Q(x,y)\mathrm{d}y}{R(x,y)}$, 可取 $C : R(x,y) = \varepsilon (\varepsilon \ll 1)$ 作为挖去瑕点的封闭曲线. 然后在此曲线上选择适当方法计算.

例 16 计算 $I = \oint_L (y^2 - z^2)\mathrm{d}x + (2z^2 - x^2)\mathrm{d}y + (3x^2 - y^2)\mathrm{d}z$, 其中 L 是平面 $x+y+z = 2$ 与柱面 $|x| + |y| = 1$ 的交线, 从 z 轴正向看去, L 为逆时针方向.

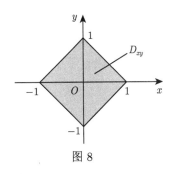

图 8

分析 本题 L 是空间封闭曲线, 自然想到用斯托克斯公式转化为第一类曲面积分, 再进行计算; 也可以利用曲面方程化为平面上的闭曲线积分, 再用格林公式计算.

解法 1 设 Σ 为平面 $x+y+z = 2$ 上由 L 所围成部分的上侧, D_{xy} 是 Σ 在 xOy 面上的投影域, 如图 8 所示, 则 Σ 的法向量的方向余弦为 $\cos\alpha = \cos\beta = \cos\gamma = \dfrac{1}{\sqrt{3}}$, $D_{xy} : |x| + |y| \leqslant 1$, Σ 的曲面面积元素 $\mathrm{d}S = \sqrt{3}\mathrm{d}x\mathrm{d}y$. 由斯托克斯公式, 得

$$I = \oint_L (y^2 - z^2)\mathrm{d}x + (2z^2 - x^2)\mathrm{d}y + (3x^2 - y^2)\mathrm{d}z$$

$$= \iint\limits_{\Sigma} \begin{vmatrix} \dfrac{1}{\sqrt{3}} & \dfrac{1}{\sqrt{3}} & \dfrac{1}{\sqrt{3}} \\ \dfrac{\partial}{\partial x} & \dfrac{\partial}{\partial y} & \dfrac{\partial}{\partial z} \\ y^2 - z^2 & 2z^2 - x^2 & 3x^2 - y^2 \end{vmatrix} \mathrm{d}S = \frac{1}{\sqrt{3}} \iint\limits_{\Sigma} (-8x - 4y - 6z)\mathrm{d}S$$

$$= \frac{-2}{\sqrt{3}} \iint\limits_{\Sigma} (4x + 2y + 3z)\mathrm{d}S = \frac{-2}{\sqrt{3}} \iint\limits_{D_{xy}} (x - y + 6)\sqrt{3}\mathrm{d}x\mathrm{d}y$$

$$= -2\left[0 + 0 + \iint\limits_{D_{xy}} 6\mathrm{d}x\mathrm{d}y\right] = -12 \cdot (\sqrt{2})^2 = -24.$$

解法 2　将其化为平面曲线积分.

记 L 在 xOy 面上的投影曲线为 C, 则 $C: |x| + |y| = 1$, 取逆时针方向, C 所围成的区域记为 D_{xy}. 因为 $z = 2 - x - y$, $\mathrm{d}z = -\mathrm{d}x - \mathrm{d}y$, 故原积分可化为

$$I = \oint_C [y^2 - (2 - x - y)^2]\mathrm{d}x + [2(2 - x - y)^2 - x^2]\mathrm{d}y$$

$$- (3x^2 - y^2)\mathrm{d}x - (3x^2 - y^2)\mathrm{d}y$$

$$= \oint_C [-4 - 4x^2 + 4x + 4y - 2xy + y^2]\mathrm{d}x + [8 - 2x^2 - 8x - 8y + 4xy + 3y^2]\mathrm{d}y$$

$$\xrightarrow{\text{格林公式}} \iint_{D_{xy}} (-2x + 2y - 12)\mathrm{d}x\mathrm{d}y = 0 + 0 - 12 \iint_{D_{xy}} \mathrm{d}x\mathrm{d}y = -24.$$

例 17　设对于半空间 $x > 0$ 内任意的简单光滑有向闭合曲面 Σ, 都有

$$\oiint_{\Sigma} xf(x)\mathrm{d}y\mathrm{d}z - yf(x)\mathrm{d}z\mathrm{d}x - xze^{2x}\mathrm{d}x\mathrm{d}y = 0,$$

其中 $f(x)$ 有连续导数, 且 $\lim\limits_{x \to 0^+} f(x) = 1$, 求 $f(x)$.

分析　本题综合考察高斯公式、微分方程求解及极限逆问题. 可利用高斯公式导出微分方程, 再求此微分方程的特解.

解　设 Σ 所围成的有界闭域为 Ω, 由题设及高斯公式得

$$0 = \oiint_{\Sigma} xf(x)\mathrm{d}y\mathrm{d}z - yf(x)\mathrm{d}z\mathrm{d}x - xze^{2x}\mathrm{d}x\mathrm{d}y$$

$$= \pm \iiint_{\Omega} [f(x) + xf'(x) - f(x) - xe^{2x}]\mathrm{d}V$$

$$= \pm \iiint_{\Omega} [xf'(x) - xe^{2x}]\mathrm{d}V.$$

由 Σ 的任意性, 知 $xf'(x) - xe^{2x} = 0$, 即 $f'(x) = e^{2x}$, 解得

$$f(x) = \frac{1}{2}e^{2x} + C.$$

由 $\lim\limits_{x \to 0^+} f(x) = 1$ 得 $C = \frac{1}{2}$, 故

$$f(x) = \frac{e^{2x} + 1}{2}.$$

附注 (高斯公式) 设空间闭区域 Ω 是由分片光滑的闭曲面 Σ 所围成的, 函数 $P(x,y,z), Q(x,y,z), R(x,y,z)$ 在 Ω 上具有一阶连续偏导数, 则有

$$\iiint\limits_{\Omega} \left(\frac{\partial P}{\partial x} + \frac{\partial Q}{\partial y} + \frac{\partial R}{\partial z}\right)\mathrm{d}v = \oiint\limits_{\Sigma} P\mathrm{d}y\mathrm{d}z + Q\mathrm{d}z\mathrm{d}x + R\mathrm{d}x\mathrm{d}y$$

或

$$\iiint\limits_{\Omega} \left(\frac{\partial P}{\partial x} + \frac{\partial Q}{\partial y} + \frac{\partial R}{\partial z}\right)\mathrm{d}v = \oiint\limits_{\Sigma} (P\cos\alpha + Q\cos\beta + R\cos\gamma)\,\mathrm{d}S,$$

这里 Σ 是 Ω 的整个边界曲面的外侧, $\cos\alpha, \cos\beta, \cos\gamma$ 是 Σ 在点 (x,y,z) 处的法向量的方向余弦. 上述两个公式叫做高斯公式.

例 18 计算曲面积分 $I = \iint\limits_{\Sigma} \dfrac{x\mathrm{d}y\mathrm{d}z + y\mathrm{d}z\mathrm{d}x + z\mathrm{d}x\mathrm{d}y}{(x^2+y^2+z^2)^{\frac{3}{2}}}$, 其中 Σ 是曲面 $\dfrac{z}{10} = 1 - \sqrt{\dfrac{(x-2)^2}{25} + \dfrac{(y-1)^2}{16}}$ 在 xOy 平面之上的部分的上侧.

分析 先添加平面和曲面使之与原曲面围成一封闭曲面, 应用高斯公式求解, 而在添加的平面或曲面上直接把方程代入化简求解即可.

解 $P = \dfrac{x}{(x^2+y^2+z^2)^{\frac{3}{2}}}, Q = \dfrac{y}{(x^2+y^2+z^2)^{\frac{3}{2}}}, R = \dfrac{z}{(x^2+y^2+z^2)^{\frac{3}{2}}}$, 除点 $O(0,0,0)$ 外, $\dfrac{\partial P}{\partial x}, \dfrac{\partial Q}{\partial y}, \dfrac{\partial R}{\partial z}$ 处处连续, 且 $\dfrac{\partial P}{\partial x} + \dfrac{\partial Q}{\partial y} + \dfrac{\partial R}{\partial z} = 0$.

Σ 为顶点在 $(2,1,10)$ 的椭圆锥面的一部分, 它在 xOy 面上的投影域为

$$D_{xy}: \frac{(x-2)^2}{5^2} + \frac{(y-1)^2}{4^2} \leqslant 1.$$

图 9

采用 "挖洞法": 设 $\varepsilon > 0$ 充分小, 取 S^- 为 $S: z = \sqrt{\varepsilon^2 - x^2 - y^2}$ 之下侧, 又取 Σ_1^- 为平面域 $D_{xy}\backslash\{(x,y)\,|\,x^2+y^2 < \varepsilon^2\}$ 之下侧, 于是 $\Sigma + S + \Sigma_1$ 构成一封闭曲面, 如图 9 所示. 记其所围成的空间域为 Ω. 由高斯公式得

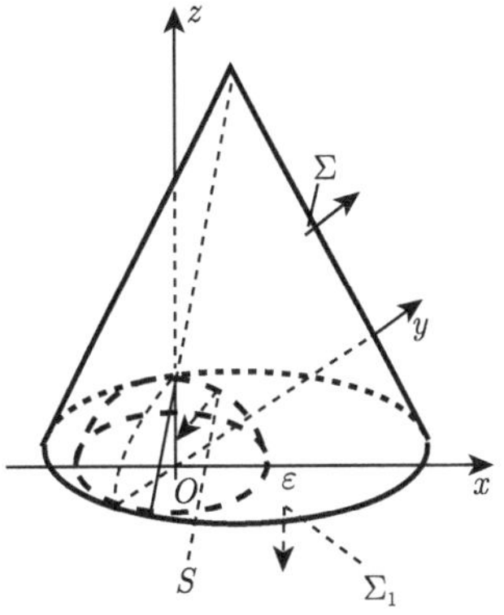

$$I = \left(\oiint\limits_{\Sigma+\Sigma_1^-+S^-} - \iint\limits_{\Sigma_1^-} - \iint\limits_{S^-}\right) \frac{x\mathrm{d}y\mathrm{d}z + y\mathrm{d}z\mathrm{d}x + z\mathrm{d}x\mathrm{d}y}{(x^2+y^2+z^2)^{\frac{3}{2}}}$$

$$= \iiint\limits_{\Omega} 0 \mathrm{d}x\mathrm{d}y\mathrm{d}z + \left(\iint\limits_{\Sigma_1^+} + \iint\limits_{S^+}\right) \frac{x\mathrm{d}y\mathrm{d}z + y\mathrm{d}z\mathrm{d}x + z\mathrm{d}x\mathrm{d}y}{(x^2 + y^2 + z^2)^{\frac{3}{2}}}$$

$$= 0 + 0 + \frac{1}{\varepsilon^3} \iint\limits_{S^+} x\mathrm{d}y\mathrm{d}z + y\mathrm{d}z\mathrm{d}x + z\mathrm{d}x\mathrm{d}y$$

$$= \frac{1}{\varepsilon^3}\left[\iiint\limits_{\substack{x^2+y^2+z^2\leqslant\varepsilon^2 \\ z\geqslant 0}} 3\mathrm{d}x\mathrm{d}y\mathrm{d}z - 0\right] = \frac{1}{\varepsilon^3} 3 \cdot \frac{2}{3}\pi\varepsilon^3 = 2\pi.$$

例 19　求曲面积分 $\displaystyle\iint\limits_{S} x^2\mathrm{d}y\mathrm{d}z + y^2\mathrm{d}z\mathrm{d}x + z^2\mathrm{d}x\mathrm{d}y$, 其中 S: $\Omega : 0 < x < a$,

$0 < y < b, 0 < z < c$ 的表面外侧.

分析　本题可直接利用高斯公式, 再注意到重心坐标就更简便了.

解　$\displaystyle I = 2\iiint\limits_{\Omega} (x + y + z)\mathrm{d}v$

$$= 2\iiint\limits_{\Omega} \left(\left(x - \frac{a}{2}\right) + \left(y - \frac{b}{2}\right) + \left(z - \frac{c}{2}\right)\right)\mathrm{d}v + \iiint\limits_{\Omega} (a + b + c)\mathrm{d}v$$

$$= abc\,(a + b + c).$$

附注　均匀物体重心公式

$$\overline{x} = \frac{\displaystyle\iiint\limits_{\Omega} x\mathrm{d}v}{\displaystyle\iiint\limits_{\Omega} \mathrm{d}v}, \quad \overline{y} = \frac{\displaystyle\iiint\limits_{\Omega} y\mathrm{d}v}{\displaystyle\iiint\limits_{\Omega} \mathrm{d}v}, \quad \overline{z} = \frac{\displaystyle\iiint\limits_{\Omega} z\mathrm{d}v}{\displaystyle\iiint\limits_{\Omega} \mathrm{d}v},$$

从而

$$\iiint\limits_{\Omega} (x - \overline{x})\,\mathrm{d}v = 0, \quad \iiint\limits_{\Omega} (y - \overline{y})\,\mathrm{d}v = 0, \quad \iiint\limits_{\Omega} (z - \overline{z})\,\mathrm{d}v = 0.$$

例 20　计算曲线积分 $\displaystyle\int_{L} (x + y)\mathrm{d}x + (3x + y\mathrm{d}y) + z\mathrm{d}z$, 其中 L 为闭曲线:

$x = a\sin^2 t, y = 2a\cos t\sin t, z = a\cos^2 t\,(0 \leqslant t \leqslant \pi)$, L 的方向按 t 从 0 到 π 方向.

分析 由 $x = a\sin^2 t = \dfrac{a}{2}(1 - \cos 2t),\ y = 2a\cos t\sin t = a\sin 2t$ 得 $(a - 2x)^2 + y^2 = a^2$.

解 首先注意 L 为平面 $x + z = a$ 与柱面 $\dfrac{\left(x - \dfrac{a}{2}\right)^2}{\left(\dfrac{a}{2}\right)^2} + \dfrac{y^2}{a^2} = 1$ 相交的椭圆.

令 $S = \left\{(x, y, z)\ \middle|\ x + z = a,\ \dfrac{\left(x - \dfrac{a}{2}\right)^2}{\left(\dfrac{a}{2}\right)^2} + \dfrac{y^2}{a^2} \leqslant 1\right\}$, 方向取下侧.

由斯托克斯公式可得

$$\int_L (x + y)\mathrm{d}x + (3x + y\mathrm{d}y) + z\mathrm{d}z = \iint_S \begin{vmatrix} \mathrm{d}y\mathrm{d}z & \mathrm{d}z\mathrm{d}x & \mathrm{d}x\mathrm{d}y \\ \dfrac{\partial}{\partial x} & \dfrac{\partial}{\partial y} & \dfrac{\partial}{\partial z} \\ x + y & 3x + y & z \end{vmatrix}$$

$$= \iint_S 2\mathrm{d}x\mathrm{d}y = -\pi a^2.$$

5.3 习题精练

1. 设函数 $f(x)$ 在 $[0, 1]$ 上连续, $\displaystyle\int_0^1 f(x)\mathrm{d}x = \sqrt{2}$, 求 $\displaystyle\int_0^1 \mathrm{d}x \int_x^1 f(x)f(y)\mathrm{d}y$.

2. 设 $f(t)$ 是连续函数, $D : |x| \leqslant 1, |y| \leqslant 1$, 求证:

$$\iint_D f(x - y)\mathrm{d}x\mathrm{d}y = \int_{-2}^2 f(t)(2 - |t|)\mathrm{d}t.$$

3. 设 D 是由曲线 $y = \sin x \left(-\dfrac{\pi}{2} \leqslant x \leqslant \dfrac{\pi}{2}\right)$ 和直线 $x = -\dfrac{\pi}{2}, y = 1$ 所围成的区域, f 是连续函数, 求 $I = \displaystyle\iint_D x[1 + y^3 f(x^2 + y^2)]\mathrm{d}x\mathrm{d}y$.

4. 证明: $1 \leqslant \displaystyle\iint_D (\sin x^2 + \cos y^2)\mathrm{d}\sigma \leqslant \sqrt{2}$, 其中 $D : 0 \leqslant x \leqslant 1, 0 \leqslant y \leqslant 1$.

5. 设函数 $f(x, y)$ 在 $D = \{(x, y)\,|\,0 \leqslant x \leqslant 1, 0 \leqslant y \leqslant 1\}$ 内有连续的二阶导数, 且满足 $f(x, 0) = f(0, y) = 0$. 求证: $\displaystyle\max_{(x, y) \in D} |f(x, y)| \leqslant \iint_D |f_{xy}(x, y)|\,\mathrm{d}\sigma$.

6. 设 $f(x,y,z)=(x+y+z)^2+\iiint\limits_{\Omega}f(x,y,z)\mathrm{d}x\mathrm{d}y\mathrm{d}z$, 其中 $\Omega=\{(x,y,z)|x^2+y^2+z^2\leqslant 1\}$, 求函数 $f(x,y,z)$.

7. 设函数 $f(x)$ 在 $[0,1]$ 上连续, $t>0$. 以 Ω_t 表示由曲面 $z=\sqrt{1-x^2-y^2}$ 与 $\sqrt{x^2+y^2}=tz$ 所围成的有界闭区域. 证明当 $t\to 0^+$ 时,

$$\iiint\limits_{\Omega_t} f\left(\sqrt{x^2+y^2+z^2}\right)\mathrm{d}x\mathrm{d}y\mathrm{d}z=\pi t^2\int_0^1 f(r)r^2\mathrm{d}r+o(t^2),$$

其中 $o(t^2)$ 表示 $t\to 0^+$ 时比 t^2 高阶的无穷小.

8. 计算积分 $I=\int_0^1\mathrm{d}x\int_0^1\mathrm{d}y\int_0^1\cos^2\left[\dfrac{\pi}{6}(x+y+z)\right]\mathrm{d}z$.

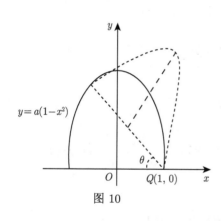

图 10

9. 如图 10. 一平面均匀薄片是由抛物线 $y=a(1-x^2)\ (a>0)$ 及 x 轴所围成的, 现要求当此薄片以 $Q(1,0)$ 为支点向右方倾斜时, 只要 θ 角不超过 $45°$, 则该薄片便不会向右翻倒, 问参数 a 最大不能超过多少?

10. 设 $D:x^2+y^2\leqslant x+y$, 计算 $I=\iint\limits_{D}(2x+3y)\mathrm{d}x\mathrm{d}y$.

11. 计算曲面积分 $I=\iint\limits_{\Sigma}xz\mathrm{d}y\mathrm{d}z+2zy\mathrm{d}z\mathrm{d}x+3xy\mathrm{d}x\mathrm{d}y$, 其中 Σ 是曲面 $z=1-x^2-\dfrac{y^2}{4}(0\leqslant z\leqslant 1)$ 的上侧.

12. 计算积分 $\iint\limits_{\Sigma}\mathbf{rot}\boldsymbol{F}\cdot\boldsymbol{n}\mathrm{d}S$, 其中 $\boldsymbol{F}=(x-z)\boldsymbol{i}+(x^3+yz)\boldsymbol{j}-3xy^2\boldsymbol{k}$, Σ 是锥面 $z=2-\sqrt{x^2+y^2}$ 在 xOy 面上方的部分, 取上侧.

13. 设 $\Sigma:x^2+y^2+z^2-2x-2y-2z+2=0$, 求 $I=\oiint\limits_{\Sigma}(x+y+z)\mathrm{d}S$.

14. 计算曲线积分 $\oint_{\Gamma^+}(y^2+z^2)\mathrm{d}x+(z^2+x^2)\mathrm{d}y+(x^2+y^2)\mathrm{d}z$, 其中 Γ 为曲线 $\begin{cases} x^2+y^2+z^2=4x, \\ x^2+y^2=2x \end{cases}(z\geqslant 0)$, Γ^+ 与 Oz 轴正向成右手系.

15. (1) 设 $f(u)$ 是连续函数, Γ 为任意分段光滑的有向简单闭曲线, 试证:

$$\oint_{\Gamma} f(x^2 + y^2 + z^2)(x\mathrm{d}x + y\mathrm{d}y + z\mathrm{d}z) = 0.$$

(2) 设在上半平面 $D = \{(x,y) \,|\, y > 0\}$ 内, $f(x,y)$ 具有连续的偏导数, 且 $\forall t > 0$, 都有 $f(tx,ty) = t^{-2}f(x,y)$, 证明: 对 D 内任意分段光滑的有向简单闭曲线 L, 都有 $\oint_{L} yf(x,y)\mathrm{d}x - xf(x,y)\mathrm{d}y = 0$.

16. 计算 $\displaystyle\int_{L} (12xy + \mathrm{e}^y)\mathrm{d}x - (\cos y - x\mathrm{e}^y)\,\mathrm{d}y$, 其中 L 为 $y = x^2$ 从 $A(-1,1)$ 到 $O(0,0)$ 再沿 x 轴到点 $B(2,0)$ 的路径.

17. 已知 L 是第一象限中从点 $(0,0)$ 沿圆周 $x^2 + y^2 = 2x$ 到点 $(2,0)$, 再沿圆周 $x^2 + y^2 = 4$ 到点 $(0,2)$ 的曲线段, 计算曲线积分 $J = \displaystyle\int_{L} 3x^2 y\mathrm{d}x + (x^3 + x - 2y)\mathrm{d}y$.

18. 求面密度为 3 的均匀半球壳 $\Sigma: z = \sqrt{1 - x^2 - y^2}$ 对于 z 轴的转动惯量.

19. 求曲面积分 $\displaystyle\iint_{S} (2x + z)\,\mathrm{d}y\mathrm{d}z + z\mathrm{d}x\mathrm{d}y$, 其中 $S:\ z = x^2 + y^2\ (0 \leqslant z \leqslant 1)$ 的上侧.

20. 已知 Σ 是锥面 $z = \sqrt{x^2 + y^2}, z \leqslant 1$ 的下侧. 计算曲面积分

$$\iint_{\Sigma} x^2 \mathrm{d}y\mathrm{d}z + z\mathrm{d}x\mathrm{d}y.$$

习题精练答案 5

专题六 无 穷 级 数

无穷级数的主要内容包括常数项级数 (正项级数、交错项级数、任意项级数)、函数项级数 (幂级数、傅里叶级数) 等, 并结合微积分的方法来研究和分析无穷级数的收敛和发散问题.

6.1 内 容 提 要

一、常数项级数

1. 定义

设 $\{u_n\}$ 是一个无穷数列, 则称 $\sum\limits_{n=1}^{\infty} u_n = u_1 + u_2 + u_3 + \cdots$ 为一个数项级数, 简称级数, u_n 称为数项级数的通项或一般项. $S_n = u_1 + u_2 + u_3 + \cdots + u_n$ 称为级数的部分和. 若 $\lim\limits_{n \to \infty} S_n = S$, 则称级数 $\sum\limits_{n=1}^{\infty} u_n$ 收敛, S 为该级数的和; 若 $\lim\limits_{n \to \infty} S_n$ 不存在, 称级数发散.

2. 性质

(1) 级数 $\sum\limits_{n=1}^{\infty} ku_n (k \neq 0)$ 与级数 $\sum\limits_{n=1}^{\infty} u_n$ 同敛散.

(2) 若级数 $\sum\limits_{n=1}^{\infty} u_n$ 和 $\sum\limits_{n=1}^{\infty} v_n$ 都收敛, 则级数 $\sum\limits_{n=1}^{\infty} (u_n \pm v_n) = \sum\limits_{n=1}^{\infty} u_n \pm \sum\limits_{n=1}^{\infty} v_n$ 必收敛. 若一个收敛, 另一个发散, 则 $\sum\limits_{n=1}^{\infty} (u_n \pm v_n)$ 必发散; 若两个都发散, 则无法判断 $\sum\limits_{n=1}^{\infty} (u_n \pm v_n)$ 的敛散性.

(3) 在级数中去掉、加上或改变有限项, 不会改变级数的敛散性.

(4) 如果级数 $\sum\limits_{n=1}^{\infty} u_n$ 收敛, 则对级数的项任意加括号后所得到的新级数仍收敛且其和不变.

(5) 级数收敛的必要条件: 若级数 $\sum\limits_{n=1}^{\infty} u_n$ 收敛, 则 $\lim\limits_{n\to\infty} u_n = 0$.

逆否命题: 若 $\lim\limits_{n\to\infty} u_n \neq 0$, 则级数 $\sum\limits_{n=1}^{\infty} u_n$ 一定发散. 该结论常用来证明级数发散, 还可以利用该性质求某些特殊数列的极限.

3. 正项级数的概念及其收敛的充要条件

(1) 定义: 若 $\sum\limits_{n=1}^{\infty} u_n, u_n \geqslant 0$, 则称 $\sum\limits_{n=1}^{\infty} u_n$ 为正项级数.

(2) 正项级数收敛的充要条件:

$$\text{正项级数 } \sum_{n=1}^{\infty} u_n \text{ 收敛} \Leftrightarrow \text{部分和数列 } \{S_n\} \text{ 有上界}.$$

4. 正项级数敛散性判别法

(1) 比较判别法.

(i) 比较审敛法的一般形式.

设两个正项级数 $\sum\limits_{n=1}^{\infty} u_n$ 与 $\sum\limits_{n=1}^{\infty} v_n$, 如果级数 $\sum\limits_{n=1}^{\infty} v_n$ 收敛, 且存在自然数 N, 当 $n \geqslant N$ 时有 $u_n \leqslant v_n$ 成立, 则级数 $\sum\limits_{n=1}^{\infty} u_n$ 收敛; 如果级数 $\sum\limits_{n=1}^{\infty} u_n$ 发散, 且当 $n \geqslant N$ 时有 $u_n \leqslant v_n$ 成立, 则级数 $\sum\limits_{n=1}^{\infty} v_n$ 发散.

(ii) 比较判别法的极限形式.

设两个正项级数 $\sum\limits_{n=1}^{\infty} u_n$ 与 $\sum\limits_{n=1}^{\infty} v_n(v_n \neq 0)$, 若 $\lim\limits_{n\to\infty} \dfrac{u_n}{v_n} = l$, 则

当 $0 < l < +\infty$ 时, 则级数 $\sum\limits_{n=1}^{\infty} u_n$ 与 $\sum\limits_{n=1}^{\infty} v_n$ 同时收敛或同时发散;

当 $l = 0$ 时, 如果 $\sum\limits_{n=1}^{\infty} v_n$ 收敛, 则级数 $\sum\limits_{n=1}^{\infty} u_n$ 必收敛;

当 $l = +\infty$, 如果 $\sum\limits_{n=1}^{\infty} v_n$ 发散, 则 $\sum\limits_{n=1}^{\infty} u_n$ 必发散.

注 通常选择做比较的 $\sum\limits_{n=1}^{\infty} v_n$ 为

① p 级数 $\sum\limits_{n=1}^{\infty} \dfrac{1}{n^p} \begin{cases} \text{收敛}, & p > 1, \\ \text{发散}, & p \leqslant 1. \end{cases}$

则比较判别法的极限形式为: 若

$$\lim_{n \to \infty} \frac{u_n}{v_n} = \lim_{n \to \infty} n^p u_n = l,$$

当 $0 \leqslant l < +\infty$ 且 $p > 1$ 时, $\sum\limits_{n=1}^{\infty} u_n$ 收敛; 当 $0 < l \leqslant +\infty$ 且 $p \leqslant 1$ 时, $\sum\limits_{n=1}^{\infty} u_n$ 发散.

② $\sum\limits_{n=1}^{\infty} aq^{n-1}$ (几何级数), 当 $|q| \geqslant 1$ 时级数发散, 当 $|q| < 1$ 时级数收敛.

③ $\sum\limits_{n=2}^{\infty} \dfrac{1}{n \ln^p n} \begin{cases} \text{收敛}, & p > 1, \\ \text{发散}, & p \leqslant 1. \end{cases}$

(2) 比值审敛法.

若正项级数 $\sum\limits_{n=1}^{\infty} u_n$ 满足 $\lim\limits_{n \to \infty} \dfrac{u_{n+1}}{u_n} = l$, 则

当 $0 \leqslant l < 1$ 时, $\sum\limits_{n=1}^{\infty} u_n$ 收敛;

当 $1 < l \leqslant +\infty$ 时, $\sum\limits_{n=1}^{\infty} u_n$ 发散;

当 $l = 1$ 时, 敛散性无法判定, 请用别的方法判定.

(3) 根值审敛法.

若正项级数 $\sum\limits_{n=1}^{\infty} u_n$ 满足 $\lim\limits_{n \to \infty} \sqrt[n]{u_n} = l$, 则

当 $0 \leqslant l < 1$ 时, $\sum\limits_{n=1}^{\infty} u_n$ 收敛;

当 $1 < l \leqslant +\infty$ 时, $\sum\limits_{n=1}^{\infty} u_n$ 发散;

当 $l = 1$ 时, 敛散性无法判定, 请用别的方法判定.

注 正项级数敛散性的判别步骤如下.

第一步: 验证 $\lim\limits_{n \to \infty} u_n$ 是否为零;

第二步: 根据通项 u_n 的特征选取相应的判别方法;

第三步: 利用判别法无法判别时, 则要考虑用定义进行判断.

5. 交错级数及其审敛法

(1) **定义** 设 $u_n > 0$, 称级数 $\displaystyle\sum_{n=1}^{\infty} (-1)^n u_n$ $\left(\text{或者 } \displaystyle\sum_{n=1}^{\infty} (-1)^{n-1} u_n\right)$ 为交错级数.

(2) **莱布尼茨判别法** 若交错级数 $\displaystyle\sum_{n=1}^{\infty} (-1)^n u_n$ 满足条件:

$$① \ u_n > u_{n+1}; \quad ② \ \lim_{n\to\infty} u_n = 0,$$

则级数 $\displaystyle\sum_{n=1}^{\infty} (-1)^n u_n$ 收敛.

6. 任意项级数

设 $\displaystyle\sum_{n=1}^{\infty} u_n$ 为任意项级数.

若级数 $\displaystyle\sum_{n=1}^{\infty} |u_n|$ 收敛, 则称 $\displaystyle\sum_{n=1}^{\infty} u_n$ 绝对收敛;

若 $\displaystyle\sum_{n=1}^{\infty} u_n$ 收敛, 但 $\displaystyle\sum_{n=1}^{\infty} |u_n|$ 发散, 则称 $\displaystyle\sum_{n=1}^{\infty} u_n$ 条件收敛.

定理 如果级数 $\displaystyle\sum_{n=1}^{\infty} u_n$ 绝对收敛, 则级数 $\displaystyle\sum_{n=1}^{\infty} u_n$ 必定收敛.

$$\text{令 } p_n = \frac{u_n + |u_n|}{2} = \begin{cases} u_n, & u_n \geqslant 0, \\ 0, & u_n < 0, \end{cases} \quad q_n = \frac{u_n - |u_n|}{2} = \begin{cases} 0, & u_n > 0, \\ u_n, & u_n \leqslant 0. \end{cases}$$

结论 级数 $\displaystyle\sum_{n=1}^{\infty} u_n$ 绝对收敛 $\Leftrightarrow$ 级数 $\displaystyle\sum_{n=1}^{\infty} \frac{u_n + |u_n|}{2}$ 与 $\displaystyle\sum_{n=1}^{\infty} \frac{u_n - |u_n|}{2}$ 都收敛;

级数 $\displaystyle\sum_{n=1}^{\infty} u_n$ 条件收敛 $\Rightarrow$ 级数 $\displaystyle\sum_{n=1}^{\infty} \frac{u_n + |u_n|}{2}$ 与 $\displaystyle\sum_{n=1}^{\infty} \frac{u_n - |u_n|}{2}$ 都发散.

二、 函数项级数

1. 函数项级数

(1) 定义.

设函数列 $u_n(x)(n = 1, 2, 3, \cdots)$ 在 I 上有定义, 称

$$u_1(x) + u_2(x) + \cdots + u_n(x) + \cdots$$

为定义在 I 上的一个函数项级数, $u_n(x)$ 称为通项, $S_n(x) = \sum\limits_{k=1}^{n} u_k(x)$ 称为部分和函数.

若数项级数 $\sum\limits_{n=1}^{\infty} u_n(x_0)$ 收敛, 则称 x_0 是 $\sum\limits_{n=1}^{\infty} u_n(x)$ 的一个收敛点. 所有收敛点构成的集合称为级数的收敛域.

(2) 和函数.

设级数 $\sum\limits_{n=1}^{\infty} u_n(x)$ 的收敛域为 I, 对于任意的 $x \in I$, 存在唯一的实数 $S(x)$, 使得 $\sum\limits_{n=1}^{\infty} u_n(x) = S(x)$ 成立, 则定义域为 I 的函数 $S(x)$ 称为函数项级数 $\sum\limits_{n=1}^{\infty} u_n(x)$ 的和函数.

2. 幂级数

(1) 定义.

设 $a_n(n = 0, 1, 2, 3, \cdots)$ 是无穷数列, 则形如 $\sum\limits_{n=0}^{\infty} a_n(x - x_0)^n$ 的函数项级数称为 x_0 处的幂级数, $x_0 = 0$ 时的幂级数为 $\sum\limits_{n=0}^{\infty} a_n x^n$, 其中常数 $a_0, a_1, a_2, \cdots, a_n, \cdots$ 叫做幂级数的系数.

(2) 敛散性及收敛半径.

阿贝尔 (Abel) 定理 若幂级数 $\sum\limits_{n=0}^{\infty} a_n x^n$ 在 $x = x_0(x_0 \neq 0)$ 处收敛, 则当 $|x| < |x_0|$ 时, 幂级数绝对收敛; 若级数 $\sum\limits_{n=0}^{\infty} a_n x^n$ 在 $x = x_0$ 时发散, 则当 $|x| > |x_0|$ 时, 幂级数发散.

由此可知, 如果幂级数 $\sum\limits_{n=0}^{\infty} a_n x^n$ 不是在 $(-\infty, +\infty)$ 上每一点都收敛, 也不是只在 $x = 0$ 处收敛, 那么必存在一个唯一的正数 R, 使得当 $|x| < R$ 时, 幂级数 $\sum\limits_{n=0}^{\infty} a_n x^n$ 绝对收敛; 当 $|x| > R$ 时, 幂级数 $\sum\limits_{n=0}^{\infty} a_n x^n$ 发散; 当 $x = R$ 或 $x = -R$ 时, 幂级数 $\sum\limits_{n=0}^{\infty} a_n x^n$ 可能收敛, 也可能发散. R 称为收敛半径, 开区间 $(-R, R)$ 叫

做幂级数 $\sum\limits_{n=0}^{\infty} a_n x^n$ 的收敛区间, 收敛域则可能是开区间、闭区间或半开半闭区间.

若幂级数 $\sum\limits_{n=0}^{\infty} a_n x^n$ 在 $(-\infty, +\infty)$ 上每一点都收敛, 则规定 $R = +\infty$; 若幂级数 $\sum\limits_{n=0}^{\infty} a_n x^n$ 仅在 $x = 0$ 处收敛, 则规定 $R = 0$.

(3) 收敛半径的求解方法.

设幂级数 $\sum\limits_{n=0}^{\infty} a_n x^n$, 其系数当 $n \geqslant N$ 时 $a_n \neq 0$, 且存在极限 $\lim\limits_{n\to\infty} \left| \dfrac{a_{n+1}}{a_n} \right| = \rho$, 则收敛半径为

$$
R = \begin{cases} \dfrac{1}{\rho}, & 0 < \rho < +\infty, \\ +\infty, & \rho = 0, \\ 0, & \rho = +\infty. \end{cases}
$$

一般地, 设幂级数 $\sum\limits_{n=0}^{\infty} a_n x^n$, 当 $n \geqslant N$ 时, $a_n \neq 0$, 将 $\sum\limits_{n=0}^{\infty} a_n x^n$ 的通项看成 $u_n(x)$, 当 $\lim\limits_{n\to\infty} \left| \dfrac{u_{n+1}(x)}{u_n(x)} \right| > 1$ 时, 幂级数 $\sum\limits_{n=0}^{\infty} a_n x^n$ 发散; 当 $\lim\limits_{n\to\infty} \left| \dfrac{u_{n+1}(x)}{u_n(x)} \right| < 1$ 时, 幂级数 $\sum\limits_{n=0}^{\infty} a_n x^n$ 收敛, 此时解出 $x \in (-R, R)$, 则 R 为收敛半径.

(4) 幂级数的性质.

(i) 设 $\sum\limits_{n=0}^{\infty} a_n x^n$ 的收敛半径为 R_a, $\sum\limits_{n=0}^{\infty} b_n x^n$ 的收敛半径为 R_b, 则

$$
\sum_{n=0}^{\infty} a_n x^n \pm \sum_{n=0}^{\infty} b_n x^n = \sum_{n=0}^{\infty} (a_n \pm b_n) x^n,
$$

收敛半径为 $R = \min\{R_a, R_b\} \, (R_a \neq R_b)$.

(ii) 和函数的连续性: 幂级数 $\sum\limits_{n=0}^{\infty} a_n x^n$ 的和函数 $S(x)$ 在其收敛域 I 上连续.

(iii) 幂级数在其收敛区间内可逐项求导, 即

$$
\left(\sum_{n=0}^{\infty} a_n x^n \right)' = \sum_{n=0}^{\infty} (a_n x^n)' = \sum_{n=1}^{\infty} n a_n x^{n-1}.
$$

(iv) 幂级数在其收敛区间内可逐项积分, 即

$$\int_0^x \sum_{n=0}^{\infty} a_n t^n \mathrm{d}t = \sum_{n=0}^{\infty} \int_0^x a_n t^n \mathrm{d}t = \sum_{n=0}^{\infty} \frac{a_n}{n+1} x^{n+1}.$$

注 幂级数的和函数 $S(x)$ 在其收敛区间 I 上逐项积分、逐项求导, 保持收敛半径不变.

(5) 幂级数求和函数.

法 1 利用 $\mathrm{e}^x, \sin x, \cos x, \ln(1+x), \dfrac{1}{1-x}, \dfrac{1}{1+x}$ 的幂级数展开式求和.

法 2 结合模型, 利用微积分的工具求和函数.

提示 级数求和有以下三种常见的基本类型, 这三种是最重要的.

① $S(x) = \sum\limits_{n=0}^{\infty} x^n = \dfrac{1}{1-x} (-1 < x < 1).$

② $S(x) = \sum\limits_{n=1}^{\infty} nx^{n-1}$ 型. 采用先积分后求导的方法求和:

先积分得

$$\int_0^x S(x)\mathrm{d}x = \sum_{n=1}^{\infty} x^n = \frac{x}{1-x},$$

再求导得

$$S(x) = \sum_{n=1}^{\infty} nx^{n-1} = \frac{1}{(1-x)^2} \quad (-1 < x < 1).$$

③ $S(x) = \sum\limits_{n=1}^{\infty} \dfrac{x^n}{n}$ 型. 采用先求导后积分的方法求和:

先求导得

$$S'(x) = \sum_{n=1}^{\infty} x^{n-1} = \frac{1}{1-x},$$

再积分得

$$S(x) = \sum_{n=1}^{\infty} \frac{x^n}{n} = -\ln(1-x) \quad (-1 \leqslant x < 1).$$

(6) 函数的幂级数展开式.

给定函数 $f(x)$, 求幂级数 $\sum\limits_{n=0}^{\infty} a_n x^n$ 或 $\sum\limits_{n=0}^{\infty} a_n(x-x_0)^n$, 使得在相应幂级数的

收敛域 D 内 $f(x) = \sum\limits_{n=0}^{\infty} a_n x^n (x \in D)$ 或 $f(x) = \sum\limits_{n=0}^{\infty} a_n(x-x_0)^n (x \in D)$ 成立.

很明显, 求函数的幂级数展开式与求幂级数和函数是互逆的问题.

(i) 函数展成幂级数的充要条件与充分条件:

$$f(x) = \sum_{n=0}^{\infty} a_n(x-x_0)^n, x \in I = (x_0 - R, x_0 + R)$$

$$\Leftrightarrow f(x) \text{ 在 } I \text{ 上任意次可导且 } f(x) = \sum_{n=0}^{\infty} \frac{f^{(n)}(x_0)}{n!}(x-x_0)^n, x \in I$$

$$\left(0! = 1, a_n = \frac{f^{(n)}(x_0)}{n!} \underline{\quad\text{幂级数展开式的唯一性.}} \right)$$

$$\Leftrightarrow f(x) \text{ 在 } I \text{ 上任意次可导且 } \lim_{n \to \infty} R_n(x) = 0, \forall x \in I,$$

$$R_n = f(x) - \sum_{k=0}^{n} \frac{f^{(k)}(x_0)}{k!}(x-x_0)^k$$

$$\xlongequal{\text{常用}} \frac{f^{(n+1)}(\xi)}{(n+1)!}(x-x_0)^{n+1}, \quad \xi \text{ 在 } x \text{ 与 } x_0 \text{ 之间.}$$

(ii) 将函数展开成幂级数的方法主要有两种: 直接展开法和间接展开法.

直接展开法指的是, 利用泰勒级数的定义及泰勒级数收敛的充要条件, 将函数在某个区间直接展成指定点的泰勒级数的方法.

间接展开法指的是, 通过一定运算将函数转化为其他函数, 进而利用新函数的幂级数展开式将原来函数展开为幂级数的方法. 所用运算主要是加法运算、数乘运算、(逐项) 积分运算和 (逐项) 求导运算. 利用的幂级数展开公式主要是一些常用函数, 如 $e^x, \sin x, \cos x, \ln(1+x), \dfrac{1}{1-x}, \dfrac{1}{1+x}$ 的幂级数展开式. 间接展开法是将函数展开成幂级数的主要方法.

3. 傅里叶级数

(1) 周期为 2π 的函数展开成傅里叶级数.

设函数 $f(x)$ 是周期为 2π 的周期函数, 且在 $[-\pi, \pi]$ 上可积, 则称

$$a_n = \frac{1}{\pi} \int_{-\pi}^{\pi} f(x) \cos nx \mathrm{d}x \quad (n = 0, 1, 2, \cdots),$$

$$b_n = \frac{1}{\pi} \int_{-\pi}^{\pi} f(x) \sin nx \mathrm{d}x \quad (n = 1, 2, \cdots)$$

为 $f(x)$ 的傅里叶系数; 称级数 $\frac{a_0}{2} + \sum_{n=1}^{\infty} (a_n \cos nx + b_n \sin nx)$ 为 $f(x)$ 的傅里叶

级数, 记作

$$f(x) \sim \frac{a_0}{2} + \sum_{n=1}^{\infty} (a_n \cos nx + b_n \sin nx).$$

收敛定理

设 $f(x)$ 是周期为 2π 的周期函数, 如果它满足:

① 在一个周期内连续或只有有限个第一类间断点;

② 在一个周期内至多只有有限个极值点,

则 $f(x)$ 的傅里叶级数收敛并且当 x 是 $f(x)$ 的连续点时级数收敛于 $f(x)$. 当 x 是 $f(x)$ 的间断点或者区间端点时, 级数收敛于 $\frac{1}{2}[f(x-0) + f(x+0)]$.

(2) 周期为 $2l$ 的函数展开成傅里叶级数.

设函数 $f(x)$ 是周期为 $2l$ 的周期函数, 且在 $[-l, l]$ 上可积, 则称

$$a_n = \frac{1}{l} \int_{-l}^{l} f(x) \cos \frac{n\pi x}{l} \mathrm{d}x \quad (n = 0, 1, 2, \cdots),$$

$$b_n = \frac{1}{l} \int_{-l}^{l} f(x) \sin \frac{n\pi x}{l} \mathrm{d}x \quad (n = 1, 2, \cdots)$$

为 $f(x)$ 的以 $2l$ 为周期的傅里叶系数; 称级数 $\frac{a_0}{2} + \sum_{n=1}^{\infty} \left(a_n \cos \frac{n\pi x}{l} + b_n \sin \frac{n\pi x}{l} \right)$ 为 $f(x)$ 的以 $2l$ 为周期的傅里叶级数, 记作

$$f(x) = \frac{a_0}{2} + \sum_{n=1}^{\infty} \left(a_n \cos \frac{n\pi x}{l} + b_n \sin \frac{n\pi x}{l} \right).$$

(3) 正弦级数和余弦级数.

在 $[-l, l]$ 上可积的奇函数的傅里叶级数为正弦级数 $f(x) = \sum_{n=1}^{\infty} b_n \sin \frac{n\pi x}{l}$;

在 $[-l, l]$ 上可积的偶函数的傅里叶级数为余弦级数 $f(x) = \frac{a_0}{2} + \sum_{n=1}^{\infty} a_n \cos \frac{n\pi x}{l}$.

(4) 只在 $[0, l]$ 上有定义的函数的傅里叶级数展开.

要先对 $f(x)$ 进行奇偶延拓, 再周期延拓, 可将 $f(x)$ 展开成正弦级数或余弦级数.

① 正弦级数展开

$$f(x) = \sum_{n=1}^{\infty} b_n \sin \frac{n\pi x}{l}, \quad x \in [0, l],$$

其中, $b_n = \dfrac{2}{l} \displaystyle\int_0^l f(x) \sin \dfrac{n\pi x}{l} \mathrm{d}x (n = 1, 2, 3, \cdots)$.

② 余弦级数展开

$$f(x) = \frac{a_0}{2} + \sum_{n=1}^{\infty} a_n \cos \frac{n\pi x}{l}, \quad x \in [0, l],$$

其中, $a_n = \dfrac{2}{l} \displaystyle\int_0^l f(x) \cos \dfrac{n\pi x}{l} \mathrm{d}x (n = 0, 1, 2, \cdots)$.

这里所得的余弦级数和正弦级数与奇偶函数的傅里叶级数有类似的收敛定理.

另外, 在上述各种级数的讨论中, 注意结合裂项相消法、放缩法, 特别是某些级数的问题会和导数的定义、积分的计算以及微分方程联系起来, 在学习过程中, 要留意观察和总结.

例如: 幂级数

$$\sum_{n=0}^{\infty} \frac{x^{4n}}{(4n)!} = 1 + \frac{x^4}{4!} + \frac{x^8}{8!} + \cdots + \frac{x^{4n}}{(4n)!} + \cdots,$$

其和函数就是微分方程初值问题:

$$\begin{cases} s^{(4)}(x) - s(x) = 0, \\ s(0) = 1, s'(0) = s''(0) = s'''(0) = 0 \end{cases}$$

的解.

6.2 例 题 精 讲

例 1 试求无穷级数 $\displaystyle\sum_{n=1}^{\infty} \arctan \dfrac{1}{n^2 + n + 1}$ 的和.

分析 应该运用三角函数的公式将级数的一般项拆成两项之差, 用裂项相消法.

解 由于

$$\tan(x-y) = \frac{\tan x - \tan y}{1 + \tan x \tan y},$$

当 $|x - y| < \dfrac{\pi}{2}$ 时有

$$x - y = \arctan[\tan(x-y)] = \arctan\frac{\tan x - \tan y}{1 + \tan x \tan y},$$

故

$$\arctan\frac{1}{n^2+n+1} = \arctan\frac{\dfrac{1}{n} - \dfrac{1}{n+1}}{1 + \dfrac{1}{n}\cdot\dfrac{1}{n+1}} = \arctan\frac{1}{n} - \arctan\frac{1}{n+1},$$

所以 $\displaystyle\sum_{n=1}^{\infty}\arctan\frac{1}{n^2+n+1} = \frac{\pi}{4}$.

例 2 设 $\{U_n\}$ 是单调递增且有界的正数数列, 证明: 级数 $\displaystyle\sum_{n=1}^{\infty}\left(1 - \frac{U_n}{U_{n+1}}\right)$ 收敛.

证明 由于 $\{U_n\}$ 单调递增, 则

$$0 \leqslant 1 - \frac{U_n}{U_{n+1}} = \frac{U_{n+1} - U_n}{U_{n+1}} \leqslant \frac{U_{n+1} - U_n}{U_1},$$

而

$$\sum_{i=1}^{n}\frac{U_{i+1} - U_i}{U_1} = \frac{U_{n+1} - U_1}{U_1},$$

再由 $\{U_n\}$ 单调递增且有界得 $\displaystyle\lim_{n\to\infty} U_n$ 存在.

故级数 $\displaystyle\sum_{n=1}^{\infty}\frac{U_{n+1} - U_n}{U_1}$ 收敛.

由正项级数的比较审敛法得级数 $\displaystyle\sum_{n=1}^{\infty}\left(1 - \frac{U_n}{U_{n+1}}\right)$ 收敛.

附注 (正项级数的比较判别法)

设 $\displaystyle\sum_{n=1}^{\infty} u_n$ 和 $\displaystyle\sum_{n=1}^{\infty} v_n$ 都是正项级数, 且 $\displaystyle\lim_{n\to\infty}\frac{v_n}{u_n} = A$, 则

(1) 当 $0 < A < +\infty$ 时, $\sum\limits_{n=1}^{\infty} u_n$ 和 $\sum\limits_{n=1}^{\infty} v_n$ 同时收敛或同时发散.

(2) 当 $A = 0$ 时, 若 $\sum\limits_{n=1}^{\infty} u_n$ 收敛, 则 $\sum\limits_{n=1}^{\infty} v_n$ 收敛; 若 $\sum\limits_{n=1}^{\infty} v_n$ 发散, 则 $\sum\limits_{n=1}^{\infty} u_n$ 发散.

(3) 当 $A = +\infty$ 时, 若 $\sum\limits_{n=1}^{\infty} v_n$ 收敛, 则 $\sum\limits_{n=1}^{\infty} u_n$ 收敛; 若 $\sum\limits_{n=1}^{\infty} u_n$ 发散, 则 $\sum\limits_{n=1}^{\infty} v_n$ 发散.

例 3 设函数 $f(x)$ 在 $x = 0$ 的某邻域内具有二阶连续导数, 且 $\lim\limits_{x \to 0} \dfrac{f(x)}{x} = 0$, 证明级数 $\sum\limits_{n=1}^{\infty} f\left(\dfrac{1}{n}\right)$ 绝对收敛.

分析 因为函数 $f(x)$ 在 $x = 0$ 的某邻域内具有二阶连续导数, 且 $\lim\limits_{x \to 0} \dfrac{f(x)}{x} = 0$, 则 $f(0) = \lim\limits_{x \to 0} f(x) = 0$, 且 $f'(0) = \lim\limits_{x \to 0} \dfrac{f(x) - f(0)}{x} = 0$.

证法 1 由洛必达法则得

$$\lim_{x \to 0} \frac{f(x)}{x^2} = \lim_{x \to 0} \frac{f'(x)}{2x} = \lim_{x \to 0} \frac{f''(x)}{2} = \frac{f''(0)}{2},$$

所以

$$\lim_{n \to \infty} \frac{\left| f\left(\dfrac{1}{n}\right) \right|}{\dfrac{1}{n^2}} = \frac{|f''(0)|}{2},$$

由比较判别法知, 级数 $\sum\limits_{n=1}^{\infty} f\left(\dfrac{1}{n}\right)$ 绝对收敛.

证法 2 因为函数 $f(x)$ 在 $x = 0$ 的某邻域内具有二阶连续导数, 则 $f''(x)$ 在该邻域内的某闭子区间 $[-a, a]$ 上有界, 即存在常数 $M > 0$, 使得 $|f''(x)| \leqslant M$. 由泰勒公式

$$f(x) = f(0) + f'(0)x + \frac{f''(\theta x)}{2!}x^2 = \frac{f''(\theta x)}{2}x^2, \quad 0 < \theta < 1$$

知, 在区间 $[-a, a]$ 上,

$$|f(x)| \leqslant \frac{Mx^2}{2},$$

从而存在正整数 N, 当 $n > N$ 时, 恒有

$$\left| f\left(\frac{1}{n}\right) \right| \leqslant \frac{M}{2}\frac{1}{n^2}.$$

由比较判别法知, 级数 $\sum\limits_{n=1}^{\infty} f\left(\dfrac{1}{n}\right)$ 绝对收敛.

例 4 设 $a_n = \displaystyle\int_0^{n\pi} x\,|\sin x|\mathrm{d}x, n = 1, 2, \cdots$, 试求 $\sum\limits_{n=1}^{\infty}\dfrac{a_n}{2^n}$ 的值.

分析 先求出 a_n 的表达式.

解 令 $x = n\pi - t$, 则

$$a_n = -\int_{n\pi}^0 (n\pi - t)\,|\sin t|\,\mathrm{d}t = n\pi\int_0^{n\pi}|\sin x|\,\mathrm{d}x - \int_0^{n\pi} x\,|\sin x|\,\mathrm{d}x,$$

所以

$$a_n = \frac{n\pi}{2}\int_0^{n\pi}|\sin x|\,\mathrm{d}x = \frac{n^2\pi}{2}\int_0^{\pi}\sin x\mathrm{d}x = n^2\pi, \quad n = 1, 2, \cdots.$$

记 $S(x) = \sum\limits_{n=1}^{\infty} n^2 x^n, -1 < x < 1$, 因为

$$\sum_{n=1}^{\infty} x^n = \frac{1}{1-x}, \quad -1 < x < 1,$$

逐项求导, 得

$$\sum_{n=1}^{\infty} n x^{n-1} = \frac{1}{(1-x)^2}, \quad -1 < x < 1,$$

从而

$$\sum_{n=1}^{\infty} n x^n = \frac{x}{(1-x)^2}, \quad -1 < x < 1.$$

再次逐项求导, 得

$$\sum_{n=1}^{\infty} n^2 x^{n-1} = \frac{1+x}{(1-x)^3}, \quad -1 < x < 1,$$

故

$$S(x) = \sum_{n=1}^{\infty} n^2 x^n = \frac{x(1+x)}{(1-x)^3}, \quad -1 < x < 1,$$

令 $x = \dfrac{1}{2}$, 得 $\displaystyle\sum_{n=1}^{\infty} \frac{a_n}{2^n} = \pi S\left(\frac{1}{2}\right) = 6\pi.$

例 5 设函数 $\phi(x)$ 在 $(-\infty, +\infty)$ 连续, 周期为 1, 且 $\displaystyle\int_0^1 \phi(x)\mathrm{d}x = 0$, 函数 $f(x)$ 在 $[0, 1]$ 上有连续导数, 设 $a_n = \displaystyle\int_0^1 f(x)\phi(nx)\mathrm{d}x$, 求证: 级数 $\displaystyle\sum_{n=1}^{\infty} a_n^2$ 收敛.

分析 证明正项级数的收敛性常用比较审敛法, 适当放大是解题的要点.

证明 由已知条件 $\displaystyle\int_0^1 \phi(u)\mathrm{d}u = \int_1^2 \phi(u)\mathrm{d}u = \cdots = \int_{n-1}^n \phi(u)\mathrm{d}u = 0$, 令

$$F(x) = \int_0^x \phi(t)\mathrm{d}t,$$

则 $F(x)$ 为周期为 1 的函数, 且 $F'(nx) = \phi(nx), F(0) = F(n) = 0$, 因此

$$\begin{aligned}
a_n &= \int_0^1 f(x)F'(nx)\mathrm{d}x \\
&= \frac{1}{n}\int_0^1 f(x)\mathrm{d}F(nx) \\
&= \frac{1}{n}f(x)F(nx)\bigg|_0^1 - \frac{1}{n}\int_0^1 f'(x)F(nx)\mathrm{d}x \\
&= \frac{1}{n}f(1)F(1) - \frac{1}{n}f(0)F(0) - \frac{1}{n}\int_0^1 f'(x)F(nx)\mathrm{d}x \\
&= -\frac{1}{n}\int_0^1 f'(x)F(nx)\mathrm{d}x.
\end{aligned}$$

由于 $F(x)$ 是连续的周期函数, 故 $F(x)$ 有界, 从而 $\exists M_1 > 0$, 使 $\forall x \in (-\infty, +\infty)$, 有 $|F(x)| \leqslant M_1$, 即 $|F(nx)| \leqslant M_1$. 又因为 $f'(x)$ 在 $[0, 1]$ 连续, 知 $\exists M_2 > 0$, 使 $\forall x \in (0, 1)$, 有 $|f'(x)| \leqslant M_2$, 故

$$|a_n| \leqslant \frac{1}{n}\int_0^h |f'(x)F(nx)|\mathrm{d}x \leqslant \frac{1}{n}M_1 M_2, a_n^2 \leqslant \frac{1}{n^2}M_1^2 M_2^2,$$

由正项级数比较审敛法知 $\displaystyle\sum_{n=1}^{\infty} a_n^2$ 收敛.

例 6 设 $a_0 = 4, a_1 = 1, a_{n-2} = n(n-1)a_n, n \geqslant 2.$

(1) 求幂级数 $\sum\limits_{n=0}^{\infty} a_n x^n$ 的和函数 $S(x)$; (2) 求 $S(x)$ 的极值.

分析 把 $S(x)$ 的二阶导数写出来再结合 $a_{n-2} = n(n-1)a_n$ 可建立微分方程.

解 (1) 设幂级数 $\sum\limits_{n=0}^{\infty} a_n x^n$ 的收敛区间为 $(-R, R)$, 逐项求导得

$$S'(x) = \sum_{n=1}^{\infty} n a_n x^{n-1}, \quad S''(x) = \sum_{n=2}^{\infty} n(n-1) a_n x^{n-2}, \quad x \in (-R, R).$$

依题意, 得

$$S''(x) = \sum_{n=2}^{\infty} a_{n-2} x^{n-2} = \sum_{n=0}^{\infty} a_n x^n,$$

所以, 有

$$S''(x) - S(x) = 0.$$

解此二阶常系数齐次线性微分方程, 得

$$S(x) = C_1 \mathrm{e}^x + C_2 \mathrm{e}^{-x}.$$

代入初始条件 $S(0) = a_0 = 4, S'(0) = a_1 = 1$, 得

$$C_1 = \frac{5}{2}, \quad C_2 = \frac{3}{2}.$$

于是, $S(x) = \dfrac{5}{2}\mathrm{e}^x + \dfrac{3}{2}\mathrm{e}^{-x}.$

(2) 令 $S'(x) = \dfrac{5}{2}\mathrm{e}^x - \dfrac{3}{2}\mathrm{e}^{-x} = 0$, 得 $x = \dfrac{1}{2}\ln\dfrac{3}{5}$. 又

$$S''(x) = \frac{5}{2}\mathrm{e}^x + \frac{3}{2}\mathrm{e}^{-x} > 0,$$

所以 $S(x)$ 在 $x = \dfrac{1}{2}\ln\dfrac{3}{5}$ 处取极小值.

例 7 设函数 $f(x)$ 在 $(-\infty, +\infty)$ 上有定义, 在 $x = 0$ 的某个邻域内有一阶连续导数, 且 $\lim\limits_{x \to 0} \dfrac{f(x)}{x} = a > 0$, 证明 $\sum\limits_{n=1}^{\infty} (-1)^n f\left(\dfrac{1}{n}\right)$ 收敛, 而 $\sum\limits_{n=1}^{\infty} f\left(\dfrac{1}{n}\right)$ 发散.

证明 由于 $\lim\limits_{x\to 0}\dfrac{f(x)}{x} = a > 0$, 得

$$f(0) = 0, \quad f'(0) = a > 0.$$

由导数的连续性知, 存在 $x = 0$ 的某个邻域 I, 使得

$$f'(x) > 0 \quad (x \in I),$$

故 $f(x)(x \in I)$ 单调递增, 从而

$$f\left(\frac{1}{n}\right) > f(0) = 0,$$

且单调递减并以零为极限 (n 为自然数). 按莱布尼茨判别法知交错级数

$$\sum_{n=1}^{\infty}(-1)^n f\left(\frac{1}{n}\right)$$

收敛.

再由 $\lim\limits_{x\to 0}\dfrac{f(x)}{x} = a > 0$ 得

$$\lim_{n\to\infty}\frac{f\left(\dfrac{1}{n}\right)}{\dfrac{1}{n}} = a > 0.$$

所以正项级数 $\sum\limits_{n=1}^{\infty} f\left(\dfrac{1}{n}\right)$ 与 $\sum\limits_{n=1}^{\infty}\dfrac{1}{n}$ 同敛散, 故 $\sum\limits_{n=1}^{\infty} f\left(\dfrac{1}{n}\right)$ 发散.

附注 (交错级数的莱布尼茨判别法) 设交错级数 $\sum\limits_{n=1}^{\infty}(-1)^{n-1}u_n \, (u_n \geqslant 0)$ 满足

(1) $u_n \geqslant u_{n+1}, n = 1, 2, \cdots$; (2) $\lim\limits_{n\to\infty} u_n = 0$,

则 $\sum\limits_{n=1}^{\infty}(-1)^{n-1}u_n$ 收敛, 且其和满足 $0 \leqslant \sum\limits_{n=1}^{\infty}(-1)^{n-1}u_n \leqslant u_1$, 余项 $|r_n| \leqslant u_{n+1}$.

例 8 设 $f(x) = \dfrac{1}{1-x-x^2}, a_n = \dfrac{1}{n!}f^{(n)}(0)$, 求证级数 $\sum\limits_{n=0}^{\infty}\dfrac{a_{n+1}}{a_n a_{n+2}}$ 收敛, 并求其和.

分析   直接将 $f(x)$ 展开比较繁琐, 可用待定系数法代入导出递推关系.

证明   将 $f(x)$ 按麦克劳林展开得

$$f(x) = \sum_{n=0}^{\infty} a_n x^n, \quad \text{其中 } a_n = \frac{1}{n!} f^{(n)}(0).$$

由 $f(x) = \dfrac{1}{1-x-x^2}$, 得

$$\begin{aligned}
1 &= \left(1-x-x^2\right) f(x) \\
&= \left(1-x-x^2\right) \sum_{n=0}^{\infty} a_n x^n \\
&= \left(1-x-x^2\right) \left(a_0 + a_1 x + \sum_{n=2}^{\infty} a_n x^n\right) \\
&= a_0 + (a_1 - a_0)x + \sum_{n=0}^{\infty} (a_{n+2} - a_{n+1} - a_n)x^{n+2}.
\end{aligned}$$

从而

$$a_0 = a_1 = 1, \quad a_{n+2} - a_{n+1} - a_n = 0,$$

得

$$a_{n+2} - a_{n+1} = a_n > 0.$$

这样

$$a_{n+1} \geqslant a_n \geqslant a_0 = 1,$$

故

$$a_{n+2} = a_{n+1} + a_n \geqslant a_{n+1} + 1,$$

易知

$$a_n \geqslant n, \quad \lim_{n \to \infty} a_n = +\infty.$$

所以

$$\begin{aligned}
\sum_{n=0}^{\infty} \frac{a_{n+1}}{a_n a_{n+2}} &= \sum_{n=0}^{\infty} \frac{a_{n+2} - a_n}{a_n a_{n+2}} \\
&= \sum_{n=0}^{\infty} \left(\frac{1}{a_n} - \frac{1}{a_{n+2}}\right)
\end{aligned}$$

$$= \lim_{n \to \infty} \left(\frac{1}{a_0} + \frac{1}{a_1} - \frac{1}{a_{n+1}} - \frac{1}{a_{n+2}} \right)$$

$$= 2.$$

故级数 $\sum\limits_{n=0}^{\infty} \dfrac{a_{n+1}}{a_n a_{n+2}}$ 收敛, 且 $\sum\limits_{n=0}^{\infty} \dfrac{a_{n+1}}{a_n a_{n+2}} = 2$.

例 9 判断级数 $\sum\limits_{n=1}^{\infty} (-1)^n \tan \left(\sqrt{n^2 + 2}\pi \right)$ 的敛散性, 若收敛, 指出是条件收敛还是绝对收敛.

分析 先用三角函数的诱导公式把 $\tan \left(\sqrt{n^2 + 2}\pi \right)$ 适当变形, 再构造函数或进行放缩.

解 (不妨设 $n \geqslant 2$) 由

$$u_n = \tan \left(\sqrt{n^2 + 2}\pi \right) = \tan \pi \left(\sqrt{n^2 + 2} - n \right) = \tan \frac{2\pi}{n + \sqrt{n^2 + 2}} > 0,$$

知 u_n 递减且 $\lim\limits_{n \to \infty} u_n = 0$, 按莱布尼茨判别法知, $\sum\limits_{n=1}^{\infty} (-1)^n \tan \left(\sqrt{n^2 + 2}\pi \right)$ 是收敛的交错级数.

另外

$$u_n = \tan \frac{2\pi}{n + \sqrt{n^2 + 2}} > \frac{2\pi}{n + \sqrt{n^2 + 2}}$$

$$> \frac{2\pi}{n + \sqrt{n^2 + 2n^2}} = \frac{\left(\sqrt{3} - 1 \right) \pi}{n} > \frac{1}{n},$$

而级数 $\sum\limits_{n=1}^{\infty} \dfrac{1}{n}$ 发散, 由正项级数比较审敛法知 $\sum\limits_{n=1}^{\infty} u_n$ 发散, 综上原级数条件收敛.

例 10 证明 $\sum\limits_{n=1}^{\infty} \dfrac{(-1)^{n-1}}{n^2} \cos nx = \dfrac{\pi^2}{12} - \dfrac{x^2}{4}, x \in [-\pi, \pi]$, 并求级数 $\sum\limits_{n=1}^{\infty} \dfrac{(-1)^{n-1}}{n^2}$ 的和.

证明 将 x^2 在 $[-\pi, \pi]$ 上展开成余弦级数, 则

$$a_0 = \frac{2}{\pi} \int_0^{\pi} x^2 \mathrm{d}x = \frac{2}{3}\pi^2,$$

$$a_n = \frac{2}{\pi} \int_0^{\pi} x^2 \cos nx \mathrm{d}x = \frac{2}{\pi} \left(\frac{x^2}{n} \sin nx + \frac{2x}{n^2} \cos nx - \frac{1}{n^3} \sin nx \right) \bigg|_0^{\pi}$$

$$= \frac{4\,(-1)^n}{n^2}, \quad b_n = 0, \quad n = 0, 1, 2, \cdots.$$

所以, x^2 的傅里叶级数为

$$x^2 = \frac{\pi^2}{3} + 4 \sum_{n=1}^{\infty} \frac{(-1)^n}{n^2} \cos nx, \quad x \in [-\pi, \pi].$$

整理得

$$\sum_{n=1}^{\infty} \frac{(-1)^{n-1}}{n^2} \cos nx = \frac{\pi^2}{12} - \frac{x^2}{4}, \quad x \in [-\pi, \pi],$$

令 $x = 0$, 得 $\displaystyle\sum_{n=1}^{\infty} \frac{(-1)^{n-1}}{n^2} = \frac{\pi^2}{12}$.

　　附注　(1) 傅里叶系数与傅里叶级数.

　　设 $f(x)$ 是以 $2l(l > 0)$ 为周期或只定义在 $[-l, l]$ 上的可积函数, 令

$$a_n = \frac{1}{l} \int_{-l}^{l} f(x) \cos \frac{n\pi}{l} x \mathrm{d}x, \quad n = 0, 1, 2, \cdots,$$

$$b_n = \frac{1}{l} \int_{-l}^{l} f(x) \sin \frac{n\pi}{l} x \mathrm{d}x, \quad n = 0, 1, 2, \cdots,$$

则称 a_n, b_n 为 $f(x)$ 的傅里叶系数.

　　三角级数 $\dfrac{a_0}{2} + \displaystyle\sum_{n=1}^{\infty} \left(a_n \cos \dfrac{n\pi}{l} x + b_n \sin \dfrac{n\pi}{l} x \right)$ 称为 $f(x)$ 的傅里叶级数, 记作

$$f(x) \sim \frac{a_0}{2} + \sum_{n=1}^{\infty} \left(a_n \cos \frac{n\pi}{l} x + b_n \sin \frac{n\pi}{l} x \right).$$

　　(2) 狄利克雷收敛定理.

　　设 $f(x)$ 在 $[-l, l]$ 上有定义, 且满足

　　① $f(x)$ 在 $[-l, l]$ 上连续或只有有限个第一类间断点;

　　② $f(x)$ 在 $[-l, l]$ 上只有有限个极值点,

则 $f(x)$ 在 $[-l, l]$ 上的傅里叶级数 $\dfrac{a_0}{2} + \displaystyle\sum_{n=1}^{\infty} \left(a_n \cos \dfrac{n\pi x}{l} + b_n \sin \dfrac{n\pi x}{l} \right) = S(x)$

收敛, 且

$$S(x) = \begin{cases} f(x), & x \in (-l, l) \text{ 为 } f(x) \text{ 的连续点,} \\ \dfrac{1}{2}\left[f(x+0) + f(x-0)\right], & x \in (-l, l) \text{ 为 } f(x) \text{ 的第一类间断点,} \\ \dfrac{1}{2}\left[f(-l+0) + f(l-0)\right], & x = \pm l. \end{cases}$$

例 11 设函数 $f(x)$ 在 $|x| \leqslant 1$ 上有定义, 在 $x = 0$ 的某邻域内有连续的二阶导数, 当 $x \neq 0$ 时 $f(x) \neq 0$, 当 $x \to 0$ 时 $f(x)$ 是 x 的高阶无穷小, 且对 $\forall n \in \mathbf{N}$, 有 $\left|\dfrac{b_{n+1}}{b_n}\right| \leqslant \left|\dfrac{f\left(\dfrac{1}{n+1}\right)}{f\left(\dfrac{1}{n}\right)}\right|$, 证明: 级数 $\sum\limits_{n=1}^{\infty} \sqrt{|b_n b_{n+1}|}$ 收敛.

分析 $f(x)$ 是 x 的高阶无穷小 $(x \to 0)$ 这样的条件在高等数学的题目中经常出现, 其中的一些隐藏结论需熟练掌握.

证明 因为当 $x \to 0$ 时 $f(x)$ 是 x 的高阶无穷小, 易得

$$f(0) = 0, \quad f'(0) = 0,$$

在 $x = 0$ 的某邻域内将 $f(x)$ 展成泰勒公式, 有

$$f(x) = f(0) + f'(0)x + \frac{1}{2}f''(\xi)x^2 = \frac{1}{2}f''(\xi)x^2, \quad \xi \text{ 介于 } 0, x \text{ 之间.}$$

因为 $f''(x)$ 连续, 知 $\exists M > 0$, 使得

$$|f''(\xi)| \leqslant M, \quad |f(x)| \leqslant \frac{1}{2}Mx^2.$$

故当 n 充分大时有

$$\left|f\left(\frac{1}{n}\right)\right| \leqslant \frac{M}{2n^2}.$$

由于 $\sum\limits_{n=1}^{\infty} \dfrac{M}{2n^2}$ 收敛, 按比较审敛法得 $\sum\limits_{n=1}^{\infty} \left|f\left(\dfrac{1}{n}\right)\right|$ 收敛.

又由 $\left|\dfrac{b_{n+1}}{b_n}\right| \leqslant \left|\dfrac{f\left(\dfrac{1}{n+1}\right)}{f\left(\dfrac{1}{n}\right)}\right|$，知

$$\left|\frac{b_2}{b_1}\right| \leqslant \left|\frac{f\left(\dfrac{1}{2}\right)}{f\left(1\right)}\right|, \left|\frac{b_3}{b_2}\right| \leqslant \left|\frac{f\left(\dfrac{1}{3}\right)}{f\left(\dfrac{1}{2}\right)}\right|, \cdots.$$

累乘得 $\left|\dfrac{b_n}{b_1}\right| \leqslant \left|\dfrac{f\left(\dfrac{1}{n}\right)}{f\left(1\right)}\right|$，从而

$$|b_n| \leqslant \left|\frac{b_1}{f\left(1\right)}\right| \cdot \left|f\left(\frac{1}{n}\right)\right|.$$

已证 $\displaystyle\sum_{n=1}^{\infty} \left|f\left(\dfrac{1}{n}\right)\right|$ 收敛，得 $\displaystyle\sum_{n=1}^{\infty} \left|\dfrac{b_1}{f\left(1\right)}\right| \cdot \left|f\left(\dfrac{1}{n}\right)\right|$ 收敛，故 $\displaystyle\sum_{n=1}^{\infty} |b_n|$ 收敛.

因为

$$\sqrt{|b_n b_{n+1}|} \leqslant \frac{|b_n| + |b_{n+1}|}{2} \text{ 且 } \sum_{n=1}^{\infty} \frac{1}{2}\left(|b_n| + |b_{n+1}|\right) \text{ 收敛},$$

再由比较审敛法就有 $\displaystyle\sum_{n=1}^{\infty} \sqrt{|b_n b_{n+1}|}$ 收敛.

例 12　已知 $f_n(x)$ 满足 $f_n'(x) = f_n(x) + x^{n-1}\mathrm{e}^x$（$n$ 为正整数），且 $f_n(1) = \dfrac{\mathrm{e}}{n}$，求函数项级数 $\displaystyle\sum_{n=1}^{\infty} f_n(x)$ 之和函数.

分析　先解一阶非齐次线性微分方程得到 $f_n(x)$ 的表达式.

解　解一组微分方程可得通解

$$f_n(x) = \mathrm{e}^x\left(\frac{x^n}{n} + c_n\right) \quad (n = 1, 2, 3, \cdots).$$

由初始条件 $f_n(1) = \dfrac{\mathrm{e}}{n}$，得

$$c_n = 0 \quad (n = 1, 2, 3, \cdots),$$

故

$$f_n(x) = \frac{1}{n} x^n \mathrm{e}^x \quad (n = 1, 2, 3, \cdots).$$

从而 $\displaystyle\sum_{n=1}^{\infty} f_n(x) = \mathrm{e}^x \sum_{n=1}^{\infty} \frac{x^n}{n}$, 令

$$S(x) = \sum_{n=1}^{\infty} \frac{1}{n} x^n, \quad x \in [-1, 1),$$

而在 $x \in (-1, 1)$ 内,

$$S'(x) = \sum_{n=1}^{\infty} x^{n-1} = \frac{1}{1-x},$$

故

$$S(x) = \int_0^x \frac{1}{1-t} \mathrm{d}t = -\ln(1-x).$$

于是

$$\sum_{n=1}^{\infty} f_n(x) = -\mathrm{e}^x \ln(1-x), \quad |x| < 1,$$

又 $\displaystyle\sum_{n=1}^{\infty} f_n(-1) = \mathrm{e}^{-1} \sum_{n=1}^{\infty} \frac{(-1)^n}{n}$ 收敛, 且 $-\mathrm{e}^x \ln(1-x)$ 在 $x = -1$ 处连续. 因此, 在 $-1 \leqslant x < 1$ 时, 都有

$$\sum_{n=1}^{\infty} f_n(x) = -\mathrm{e}^x \ln(1-x).$$

例 13 设级数 $\dfrac{x^4}{2 \cdot 4} + \dfrac{x^6}{2 \cdot 4 \cdot 6} + \dfrac{x^8}{2 \cdot 4 \cdot 6 \cdot 8} + \cdots (-\infty < x < +\infty)$ 的和函数为 $S(x)$, 求:

(1) $S(x)$ 所满足的一阶微分方程;

(2) $S(x)$ 的表达式.

分析 根据 $S(x)$ 表达式的特点可建立 $S'(x)$ 与 $S(x)$ 之间的关系式.

解 (1) 由

$$S(0) = 0,$$

$$S'(x) = \frac{x^3}{2} + \frac{x^5}{2 \cdot 4} + \frac{x^7}{2 \cdot 4 \cdot 6} + \cdots = x \left(\frac{x^2}{2} + \frac{x^4}{2 \cdot 4} + \frac{x^6}{2 \cdot 4 \cdot 6} + \cdots \right)$$

$$= x \left[\frac{x^2}{2} + S(x) \right],$$

得 $S'(x) - xS(x) = \dfrac{x^3}{2}$.

因此, $S(x)$ 是初值问题 $y' - xy = \dfrac{x^3}{2}, y(0) = 0$ 的解.

(2) $y' - xy = \dfrac{x^3}{2}$ 为一阶非齐次线性方程, 它的通解

$$y = \mathrm{e}^{\int x \mathrm{d}x} \left[\int \frac{x^3}{2} \mathrm{e}^{-\int x \mathrm{d}x} \mathrm{d}x + c \right] = -\frac{x^2}{2} - 1 + c \mathrm{e}^{\frac{x^2}{2}}.$$

由初始条件 $S(0) = 0$, 求出 $c = 1$, 故

$$y = -\frac{x^2}{2} - 1 + \mathrm{e}^{\frac{x^2}{2}},$$

于是 $S(x) = -\dfrac{x^2}{2} - 1 + \mathrm{e}^{\frac{x^2}{2}}$.

例 14　设 $f(x)$ 在 $[-\pi, \pi]$ 上可积, a_n, b_n 为 $f(x)$ 的傅里叶系数, 试证:

$$\frac{a_0^2}{2} + \sum_{n=1}^{N} (a_n^2 + b_n^2) \leqslant \frac{1}{\pi} \int_{-\pi}^{\pi} f^2(x) \mathrm{d}x.$$

分析　本题要求熟练运用三角函数系的正交性及傅里叶系数的表达式.

证明　只需证明对任意正整数 N 都有

$$\frac{a_0^2}{2} + \sum_{n=1}^{N} (a_n^2 + b_n^2) \leqslant \frac{1}{\pi} \int_{-\pi}^{\pi} f^2(x) \mathrm{d}x.$$

令 $S_N(x) = \dfrac{a_0}{2} + \sum_{n=1}^{N} (a_n \cos nx + b_n \sin nx)$, 则

$$0 \leqslant \int_{-\pi}^{\pi} [f(x) - S_N(x)]^2 \mathrm{d}x = \int_{-\pi}^{\pi} f^2(x) \mathrm{d}x - 2 \int_{-\pi}^{\pi} f(x) S_N(x) \mathrm{d}x + \int_{-\pi}^{\pi} S_N^2(x) \mathrm{d}x$$

$$= \int_{-\pi}^{\pi} f^2(x) \mathrm{d}x - 2\pi \left[\frac{a_0^2}{2} + \sum_{n=1}^{N} (a_n^2 + b_n^2) \right] + \pi \left[\frac{a_0^2}{2} + \sum_{n=1}^{N} (a_n^2 + b_n^2) \right],$$

即 $\dfrac{a_0^2}{2} + \sum_{n=1}^{N} (a_n^2 + b_n^2) \leqslant \dfrac{1}{\pi} \int_{-\pi}^{\pi} f^2(x) \mathrm{d}x.$

附注 (三角函数系的正交性) 定义在 $[-l, l]$ $(l > 0)$ 上的三角函数系

$$1, \cos\frac{\pi}{l}x, \sin\frac{\pi}{l}x, \cos\frac{2\pi}{l}x, \sin\frac{2\pi}{l}x, \cdots, \cos\frac{n\pi}{l}x, \sin\frac{n\pi}{l}x, \cdots$$

有如下性质

$$\int_{-l}^{l} 1 \cdot \cos\frac{n\pi}{l}\mathrm{d}x = \int_{-l}^{l} 1 \cdot \sin\frac{n\pi}{l}x\mathrm{d}x = 0 \quad (n = 1, 2, \cdots),$$

$$\int_{-l}^{l} \sin\frac{m\pi}{l}x \cos\frac{n\pi}{l}x\mathrm{d}x = 0 \quad (m, n = 1, 2, \cdots),$$

$$\int_{-l}^{l} \cos\frac{m\pi}{l}x \cos\frac{n\pi}{l}x\mathrm{d}x$$

$$= \int_{-l}^{l} \sin\frac{m\pi}{l}x \sin\frac{n\pi}{l}x\mathrm{d}x = 0 \quad (m, n = 1, 2, \cdots, \text{且 } m \neq n).$$

例 15 将 $f(x) = \arctan\dfrac{1-2x}{1+2x}$ 展成 x 的幂级数, 并求 $\displaystyle\sum_{n=0}^{\infty}\dfrac{(-1)^n}{2n+1}$ 的和.

分析 考察用间接法将函数展成幂级数.

解 $f'(x) = \dfrac{-2}{1+4x^2} = -2\displaystyle\sum_{n=0}^{\infty}(-1)^n 4^n x^{2n}, \quad x \in \left(-\dfrac{1}{2}, \dfrac{1}{2}\right).$

$$f(0) = \arctan 1 = \frac{\pi}{4},$$

$$f(x) = f(0) + \int_0^x f'(t)\mathrm{d}t = \frac{\pi}{4} - 2\int_0^x \sum_{n=0}^{\infty}(-1)^n 4^n t^{2n}\mathrm{d}t$$

$$= \frac{\pi}{4} - 2\sum_{n=0}^{\infty}\frac{(-1)^n 4^n}{2n+1}x^{2n+1}, \quad x \in \left(-\frac{1}{2}, \frac{1}{2}\right).$$

因为 $\displaystyle\sum_{n=0}^{\infty}\dfrac{(-1)^n}{2n+1}$ 收敛, 函数 $f(x)$ 在 $x = \dfrac{1}{2}$ 处连续, 故

$$f(x) = \frac{\pi}{4} - 2\sum_{n=0}^{\infty}\frac{(-1)^n 4^n}{2n+1}x^{2n+1}, \quad x \in \left(-\frac{1}{2}, \frac{1}{2}\right].$$

将 $x = \dfrac{1}{2}$ 代入得

$$f\left(\frac{1}{2}\right) = \frac{\pi}{4} - 2\sum_{n=0}^{\infty}\left[\frac{(-1)^n 4^n}{2n+1} \cdot \frac{1}{2^{2n+1}}\right].$$

又 $f\left(\dfrac{1}{2}\right) = 0$, 故得 $\displaystyle\sum_{n=0}^{\infty} \dfrac{(-1)^n}{2n+1} = \dfrac{\pi}{4}$.

例 16 求 $\displaystyle\sum_{n=0}^{\infty} \dfrac{n^2+1}{2^n n!} x^n$ 的和函数.

分析 把一个复杂的幂级数拆成若干个简单的幂级数是本题的出发点.

解 $\displaystyle\lim_{n\to\infty} \left| \dfrac{(n+1)^2+1}{2^{n+1}(n+1)!} \cdot \dfrac{2^n n!}{n^2+1} \right| = 0$, 当 $x \in (-\infty, +\infty)$ 时, 其和函数

$$S(x) = \sum_{n=0}^{\infty} \frac{n^2+1}{2^n n!} x^n = \sum_{n=0}^{\infty} \frac{n(n-1)+n+1}{n!} \cdot \left(\frac{x}{2}\right)^n$$

$$= \sum_{n=2}^{\infty} \frac{1}{(n-2)!} \left(\frac{x}{2}\right)^n + \sum_{n=1}^{\infty} \frac{1}{(n-1)!} \left(\frac{x}{2}\right)^n + \sum_{n=0}^{\infty} \frac{1}{n!} \left(\frac{x}{2}\right)^n$$

$$= \left(\frac{x}{2}\right)^2 \sum_{n=0}^{\infty} \frac{1}{n!} \left(\frac{x}{2}\right)^n + \frac{x}{2} \sum_{n=0}^{\infty} \frac{1}{n!} \left(\frac{x}{2}\right)^n + \sum_{n=0}^{\infty} \frac{1}{n!} \left(\frac{x}{2}\right)^n$$

$$= \left(\frac{x^2}{2} + \frac{x}{2} + 1\right) \sum_{n=0}^{\infty} \frac{1}{n!} \left(\frac{x}{2}\right)^n = \left(\frac{x^2}{2} + \frac{x}{2} + 1\right) \mathrm{e}^{\frac{x}{2}}, \quad -\infty < x < +\infty.$$

附注 下列基本公式应熟背:

(1) $\displaystyle\sum_{n=0}^{\infty} x^n = \dfrac{1}{1-x}, |x| < 1$;

(2) $\displaystyle\sum_{n=0}^{\infty} \dfrac{x^n}{n!} = \mathrm{e}^x, |x| < +\infty$;

(3) $\displaystyle\sum_{n=0}^{\infty} (-1)^n \dfrac{x^{2n+1}}{(2n+1)!} = \sin x, |x| < +\infty$;

(4) $\displaystyle\sum_{n=0}^{\infty} (-1)^n \dfrac{x^{2n}}{(2n)!} = \cos x, |x| < +\infty$;

(5) $\displaystyle\sum_{n=0}^{\infty} (-1)^n \dfrac{x^{n+1}}{n+1} = \ln(1+x), -1 < x \leqslant 1$;

(6) $1 + \displaystyle\sum_{n=1}^{\infty} \dfrac{\alpha(\alpha-1)\cdots(\alpha-n+1)}{n!} x^n = (1+x)^\alpha, -1 < x < 1$ (α 为实常数).

例 17 求极限 $\displaystyle\lim_{n\to\infty} \dfrac{n!}{n^n}$.

分析 构造一个以 $u_n = \dfrac{n!}{n^n}$ 为一般项的级数, 若 $\displaystyle\sum_{n=1}^{\infty} \dfrac{n!}{n^n}$ 收敛, 则由级数收敛的必要条件可知 $\displaystyle\lim_{n\to\infty} u_n = 0$.

解 由比值判别法

$$\lim_{n\to\infty} \frac{u_{n+1}}{u_n} = \lim_{n\to\infty} \frac{(n+1)!}{(n+1)^{n+1}} \cdot \frac{n^n}{n!} = \lim_{n\to\infty} \frac{n^n}{(n+1)^n} = \lim_{n\to\infty} \frac{1}{\left(1 + \dfrac{1}{n}\right)^n} = \frac{1}{e} < 1,$$

所以级数 $\displaystyle\sum_{n=1}^{\infty} u_n = \sum_{n=1}^{\infty} \dfrac{n!}{n^n}$ 收敛, 从而 $\displaystyle\lim_{n\to\infty} u_n = \lim_{n\to\infty} \dfrac{n!}{n^n} = 0$.

例 18 设有方程 $x^n + nx - 1 = 0$, 其中 n 是正整数, 证明方程有唯一正实根 x_n, 并证明: 当 $\alpha > 1$ 时, 级数 $\displaystyle\sum_{n=1}^{\infty} x_n^{\alpha}$ 收敛.

分析 利用介值定理证明存在性, 利用单调性证明唯一性. 而正项级数的敛散性可用比较法判定.

证明 令 $f_n(x) = x^n + nx - 1$. 当 $x > 0$ 时,

$$f_n'(x) = nx^{n-1} + n > 0,$$

故 $f_n(x)$ 在 $[0, +\infty)$ 上单调增加.

而 $f_n(0) = -1 < 0, f_n(1) = n > 0$, 由连续函数的介值定理知 $x^n + nx - 1 = 0$ 存在唯一正实根 x_n.

由 $x_n^n + nx_n - 1 = 0$ 与 $x_n > 0$ 知

$$0 < x_n = \frac{1 - x_n^n}{n} < \frac{1}{n},$$

故当 $\alpha > 1$ 时, $0 < x_n^{\alpha} < \dfrac{1}{n^{\alpha}}$. 而 $\displaystyle\sum_{n=1}^{\infty} \dfrac{1}{n^{\alpha}}$ 收敛, 所以当 $\alpha > 1$ 时, 级数 $\displaystyle\sum_{n=1}^{\infty} x_n^{\alpha}$ 收敛.

例 19 设 $u_n \neq 0 (n = 1, 2, \cdots)$ 且 $\displaystyle\lim_{n\to\infty} \dfrac{n}{u_n} = 1$, 求证: 级数 $\displaystyle\sum_{n=1}^{\infty} (-1)^{n-1} \left(\dfrac{1}{u_n} + \dfrac{1}{u_{n+1}}\right)$ 条件收敛.

分析 先要判断不是绝对收敛的, 再判断是收敛的. 另一方面, 由已知条件可以看出需要对所判断的级数进行变形.

解 因为 $\lim\limits_{n\to\infty}\dfrac{n}{u_n}=1$, 由极限的保号性知

$$\exists N\in\mathbf{N}^+,\quad\forall n>N,\quad u_n>0,$$

另外

$$\lim_{n\to\infty}\frac{1}{u_n}=\lim_{n\to\infty}\frac{n}{u_n}\frac{1}{n}=0.$$

由于

$$\lim_{n\to\infty}\frac{\dfrac{1}{u_n}+\dfrac{1}{u_{n+1}}}{\dfrac{1}{n}}=\lim_{n\to\infty}\frac{n}{u_n}+\lim_{n\to\infty}\frac{n}{u_{n+1}}=1+\lim_{n\to\infty}\frac{n}{n+1}\frac{n+1}{u_{n+1}}=2,$$

知级数不绝对收敛.

又因为

$$S_n=\sum_{k=1}^{n}(-1)^{k-1}\left(\frac{1}{u_k}+\frac{1}{u_{k+1}}\right)$$

$$=\left(\frac{1}{u_1}+\frac{1}{u_2}\right)-\left(\frac{1}{u_2}+\frac{1}{u_3}\right)+\cdots+(-1)^{n-1}\left(\frac{1}{u_n}+\frac{1}{u_{n+1}}\right)$$

$$=\frac{1}{u_1}+(-1)^{n-1}\frac{1}{u_{n+1}},$$

所以

$$\lim_{n\to\infty}S_n=\frac{1}{u_1},$$

综上, 级数 $\sum\limits_{n=1}^{\infty}(-1)^{n-1}\left(\dfrac{1}{u_n}+\dfrac{1}{u_{n+1}}\right)$ 收敛且为条件收敛.

例 20 求级数 $\sum\limits_{n=1}^{\infty}\arctan\dfrac{1}{2n^2}$ 的和.

解 由于

$$\frac{1}{2n^2}=\frac{\dfrac{n}{n+1}-\dfrac{n-1}{n}}{1+\dfrac{n}{n+1}\cdot\dfrac{n-1}{n}}=\tan\left(\arctan\frac{n}{n+1}-\arctan\frac{n-1}{n}\right),$$

故

$$\arctan\frac{1}{2n^2}=\arctan\frac{n}{n+1}-\arctan\frac{n-1}{n}.$$

所以 $\displaystyle\sum_{n=1}^{\infty} \arctan \frac{1}{2n^2} = \lim_{n\to\infty} \arctan \frac{n}{n+1} = \frac{\pi}{4}.$

附注 运用公式将表达式 $\arctan \dfrac{1}{2n^2}$ 裂项是解决本题的关键.

6.3 习 题 精 练

1. 计算 $\displaystyle\sum_{n=1}^{\infty} \left(\sqrt{n} - 2\sqrt{n+1} + \sqrt{n+2}\right).$

2. 求级数 $\displaystyle\sum_{k=1}^{\infty} \frac{k+2}{k! + (k+1)! + (k+2)!}$ 的和.

3. 已知级数 $\displaystyle\sum_{k=1}^{\infty} u_n$ 的通项 u_n 与部分和 S_n 满足 $2S_n^2 = 2u_n S_n - u_n \, (n \geqslant 2)$, 求证级数 $\displaystyle\sum_{k=1}^{\infty} u_n$ 收敛, 并求和.

4. 设 $a_n > 0$, 求证: 级数 $\displaystyle\sum_{n=1}^{\infty} \frac{a_n}{(1+a_1)(1+a_2)\cdots(1+a_n)}$ 收敛.

5. 设 $u_n > 0, S_n = \displaystyle\sum_{k=1}^{n} u_k$, 求证: 级数 $\displaystyle\sum_{n=1}^{\infty} \frac{u_n}{S_n^2}$ 收敛.

6. 求级数 $\displaystyle\sum_{n=1}^{\infty} \frac{1}{n(n+1)(n+2)(n+3)}$ 的和.

7. 设 $\{u_n\}, \{c_n\}$ 为正实数列, 试证:

(1) 若对所有的正整数 n, 有 $c_n u_n - c_{n+1} u_{n+1} \leqslant 0$, 且 $\displaystyle\sum_{n=1}^{\infty} \frac{1}{c_n}$ 发散, 则 $\displaystyle\sum_{n=1}^{\infty} u_n$ 也发散;

(2) 若对所有的正整数 n, 有 $c_n \dfrac{u_n}{u_{n+1}} - c_{n+1} \geqslant a \, (a > 0)$, 且 $\displaystyle\sum_{n=1}^{\infty} \frac{1}{c_n}$ 收敛, 则 $\displaystyle\sum_{n=1}^{\infty} u_n$ 也收敛.

8. 设 $a_n = \displaystyle\int_0^{\frac{\pi}{4}} \tan^n x \mathrm{d}x$, (1) 求 $\displaystyle\sum_{n=1}^{\infty} \frac{1}{n}(a_n + a_{n+2})$; (2) 试证: $\lambda > 0$ 时, $\displaystyle\sum_{n=1}^{\infty} \frac{a_n}{n^\lambda}$ 收敛.

9. 已知两个正项级数 $\sum\limits_{n=1}^{\infty} a_n, \sum\limits_{n=1}^{\infty} b_n$, 满足 $\dfrac{a_n}{a_{n+1}} \geqslant \dfrac{b_n}{b_{n+1}}$ $(n=1,2,\cdots)$, 讨论两个级数收敛性之间的关系.

10. 判断级数 $\sum\limits_{n=1}^{\infty} \left(n \ln \dfrac{2n+1}{2n-1} - 1 \right)$ 的收敛性.

11. 试证: 当 $a > 1$ 时, 级数 $\sum\limits_{n=1}^{\infty} \dfrac{n}{1^a + 2^a + \cdots + n^a}$ 收敛.

12. 求证: 级数 $\sum\limits_{k=1}^{\infty} \sin \left(n\pi + \dfrac{\pi}{n} \right)$ 收敛.

13. 判断级数 $\sum\limits_{n=2}^{\infty} \dfrac{(-1)^n}{\sqrt{n} + (-1)^n}$ 的收敛性.

14. 若偶函数 $f(x)$ 在 $x=0$ 的某一邻域内有二阶连续导数, 且 $f(0) = 1$, 求证: 级数 $\sum\limits_{n=1}^{\infty} \left[f\left(\dfrac{1}{n}\right) - 1 \right]$ 绝对收敛.

15. 设级数的部分和序列 $S_n = \sum\limits_{k=1}^{n} \dfrac{1}{k} - \ln n$, 研究级数的收敛性.

16. 已知级数 $\sum\limits_{n=1}^{\infty} b_n \, (b_n \geqslant 0)$ 收敛, 级数 $\sum\limits_{n=1}^{\infty} (a_n - a_{n-1})$ 收敛, 证明级数 $\sum\limits_{n=1}^{\infty} a_n b_n$ 收敛.

17. 求幂级数 $\sum\limits_{n=1}^{\infty} \dfrac{1 + 2^n + 3^n + \cdots + 50^n}{n^2} \left(\dfrac{1-x}{1+x} \right)^n$ 的收敛域.

18. 设 $x > 0$, 求级数 $\sum\limits_{n=1}^{\infty} \ln \dfrac{[1 + (n-1)x](1 + 2nx)}{(1 + nx)[1 + 2(n-1)x]}$ 的和.

19. 求幂级数 $\sum\limits_{n=1}^{\infty} \dfrac{1}{(2n-1)!!} x^{2n-1}$ 的和函数.

20. 求幂级数 $\sum\limits_{n=0}^{\infty} \dfrac{1}{(4n)!} x^{4n}$ 的和函数.

习题精练答案 6

专题七 微分方程

微分方程是基于微积分解决实际问题的重要数学工具, 其主要内容包括一阶微分方程、高阶微分方程等. 通过分析实际问题, 借助已知的物理规律、几何图形和微元法, 确立实际问题的微积分数学模型, 即微分方程; 通过研究该数学模型, 确认微分方程的解析解或近似解, 并分析解的结构和特征, 从而推动解决复杂工程问题.

7.1 内 容 提 要

一、一阶微分方程

1. 可分离变量的微分方程

(1) **方程形式** $y' = f(x)g(y)$.

(2) **解法** 当 $g(y) \neq 0$ 时, $y' = f(x)g(y) \Leftrightarrow \dfrac{\mathrm{d}y}{g(y)} = f(x)\mathrm{d}x$, 两边求不定积分, 得

$$\int \frac{\mathrm{d}y}{g(y)} = \int f(x)\mathrm{d}x + C, \quad \text{其中 } C \text{ 为任意常数,}$$

$\displaystyle\int \frac{\mathrm{d}y}{g(y)}$ 表示函数 $\dfrac{1}{g(y)}$ 的一个原函数, $\displaystyle\int f(x)\mathrm{d}x$ 表示函数 $f(x)$ 的一个原函数.

若存在 y_0 使 $g(y_0) = 0$, 直接验算可知常值函数 $y = y_0$ 也是原方程的一个解.

注 (1) 尽可能把 y 写成 x 的函数, 也尽可能把 y 从对数中 "解脱" 出来.

(2) 不要漏掉 $g(y) = 0$ 这种常数解.

2. 齐次方程

(1) **方程形式** $y' = f\left(\dfrac{y}{x}\right)$.

(2) **解法** 令 $u = \dfrac{y}{x}$, 则 $y = ux$, 故 $y' = u + xu'$, 所以微分方程 $y' = f\left(\dfrac{y}{x}\right)$, 变为 $u' = \dfrac{1}{x}[f(u) - u]$, 这是关于未知函数 u 的一个变量可分离微分方程. 由此方程解得未知函数 $u = u(x)$, 进而得到函数 $y(x) = xu(x)$.

3. 一阶线性微分方程

(1) **方程形式** $y' + p(x)y = q(x)$, 当右端项 $q(x)$ 恒为零时称其为一阶齐次线性微分方程, 否则称其为一阶非齐次线性微分方程.

(2) **解法** 先考虑一阶齐次线性微分方程 $y' + p(x)y = 0$, 这是一个变量可分离微分方程, 其通解为 $y = Ce^{-\int p(x)dx}$, 其中 C 是任意常数, $\int p(x)dx$ 表示 $p(x)$ 的一个原函数.

引入新的未知函数 $C(x)$, 使得 $y = C(x)e^{-\int p(x)dx}$ 是非齐次微分方程的通解.

将 $y = C(x)e^{-\int p(x)dx}$, $y' = [C'(x) - C(x)p(x)]e^{-\int p(x)dx}$ 代入原微分方程, 并整理得 $C'(x) = q(x)e^{\int p(x)dx}$, 因此 $C(x) = \int q(x)e^{\int p(x)dx}dx + C$, 所以 $y' + p(x)y = q(x)$ 的通解为

$$y = e^{\int -p(x)dx}\left(\int q(x)e^{\int p(x)dx}dx + C\right).$$

上述求解一阶线性微分方程的方法又称为常数变易法.

常数变易法 若 $Cy(x)$ 是齐次线性方程的通解, 则可以利用变换 $y = C(x)y(x)$ (将齐次线性方程通解中的任意常数换成未知函数 $C(x)$ 而得到) 去解非齐次线性微分方程.

4. 伯努利方程

(1) **方程形式** $y' + p(x)y = q(x)y^n (n \neq 0, 1)$.

(2) **解法** 令 $u = y^{1-n}$, 则伯努利方程 $y' + p(x)y = q(x)y^n$ 变为

$$u' + (1-n)p(x)u = (1-n)q(x),$$

这是关于未知函数 $u = u(x)$ 的一个一阶线性微分方程.

5. 可通过换元法化为可分离变量微分方程的方程

(1) **方程形式** $\dfrac{dy}{dx} = f\left(\dfrac{y}{x}\right)$.

(2) **解法** 通过变量替换 $u = \dfrac{y}{x}$, 方程化为 $\dfrac{du}{dx} = \dfrac{f(u) - u}{x}$.

(3) 变形.

形如 $\dfrac{dy}{dx} = \dfrac{a_1x + b_1y + c_1}{a_2x + b_2y + c_2}$, 其中 $a_1, b_1, c_1, a_2, b_2, c_2$ 为常数, 分为三种情形.

① $c_1 = c_2 = 0$, 此时 $\dfrac{\mathrm{d}y}{\mathrm{d}x} = \dfrac{a_1 x + b_1 y}{a_2 x + b_2 y} = \dfrac{a_1 + b_1 \dfrac{y}{x}}{a_2 + b_2 \dfrac{y}{x}} = g\left(\dfrac{y}{x}\right)$ 为齐次方程.

② $\begin{vmatrix} a_1 & a_2 \\ b_1 & b_2 \end{vmatrix} = 0$, 此时设 $\dfrac{a_1}{a_2} = \dfrac{b_1}{b_2} = k$, 则方程变为

$$\frac{\mathrm{d}y}{\mathrm{d}x} = \frac{a_1 x + b_1 y + c_1}{a_2 x + b_2 y + c_2} = \frac{k(a_2 x + b_2 y) + c_1}{a_2 x + b_2 y + c_2} = f(a_2 x + b_2 y).$$

取变量替换 $u = a_2 x + b_2 y$, 此时 $\dfrac{\mathrm{d}u}{\mathrm{d}x} = a_2 + b_2 \dfrac{\mathrm{d}y}{\mathrm{d}x} = a_2 + b_2 f(u)$ 为可分离变量的微分方程.

③ $\begin{vmatrix} a_1 & a_2 \\ b_1 & b_2 \end{vmatrix} \neq 0$ 且 c_1, c_2 不同时为零, 此时设方程组 $\begin{cases} a_1 x + b_1 y + c_1 = 0, \\ a_2 x + b_2 y + c_2 = 0 \end{cases}$

的解为 $\begin{cases} x = \alpha, \\ y = \beta, \end{cases}$ 引入变量替换 $\begin{cases} X = x - \alpha, \\ Y = y - \beta, \end{cases}$ 则方程变为

$$\frac{\mathrm{d}Y}{\mathrm{d}X} = \frac{a_1 X + b_1 Y}{a_2 X + b_2 Y},$$

化为情形①的齐次方程.

注 若一阶微分方程具有形式 $\dfrac{\mathrm{d}y}{\mathrm{d}x} = f\left(\dfrac{a_1 x + b_1 y + c_1}{a_2 x + b_2 y + c_2}\right)$, 则由上述同样可解.

利用其他形式的变量替换, 如以下形式的微分方程:

$\dfrac{\mathrm{d}y}{\mathrm{d}x} = f(ax + by + c)$, 取变量替换$u = ax + by + c$;

$x^2 \dfrac{\mathrm{d}y}{\mathrm{d}x} = f(xy)$, 取变量替换$u = xy$;

$\dfrac{\mathrm{d}y}{\mathrm{d}x} = xf\left(\dfrac{y}{x^2}\right)$, 取变量替换$u = \dfrac{y}{x^2}$;

$yf(xy)\mathrm{d}x + xg(xy)\mathrm{d}y = 0$, 取变量替换$u = xy$.

注 在具体问题中, 需要使用合适的变量替换.

6. 全微分方程

(1) **方程形式**　$P(x, y)\mathrm{d}x + Q(x, y)\mathrm{d}y = 0$, 若 $\dfrac{\partial P}{\partial y} = \dfrac{\partial Q}{\partial x}$, 则该方程称为全微分方程.

$u(x, y) = C$ 是全微分方程的通解, 其中 C 是任意常数.

(2) 解法.

解法 1　由 $\dfrac{\partial u}{\partial x} = P(x, y)$ 对 x 积分得

$$u(x, y) = \int P(x, y)\mathrm{d}x + C(y),$$

对 y 求导得

$$\frac{\partial u}{\partial y} = \frac{\partial}{\partial y}\left(\int P(x, y)\mathrm{d}x\right) + C'(y),$$

它应等于 $Q(x, y)$, 由此求出 $C'(y)$, 再积分求出 $C(y)$.

解法 2

$$u(x, y) = \int_{x_0}^{x} P(x, y_0)\mathrm{d}x + \int_{y_0}^{y} Q(x, y)\mathrm{d}y, \text{ 其中}(x_0, y_0)\text{为任意一点}.$$

解法 3　利用分组凑微分, 采用 "分项组合" 的方法, 把本身已构成全微分的项分出来, 再把剩余项凑成全微分.

如果 $P(x, y)\mathrm{d}x + Q(x, y)\mathrm{d}y = 0$ 不是全微分方程, 但能找到一个适当的连续可微函数 $\mu = \mu(x, y) \neq 0$, 使该方程乘以 $\mu(x, y)$ 后得到的方程 $\mu P(x, y)\mathrm{d}x + \mu Q(x, y)\mathrm{d}y = 0$ 是全微分方程, 那么称 $\mu(x, y)$ 为该方程的积分因子. 若此时 $\mu P(x, y)\mathrm{d}x + \mu Q(x, y)\mathrm{d}y = \mathrm{d}U$, 则 $U(x, y) = C$ 即为该方程的通解.

注　常见的积分因子有 $\dfrac{1}{x + y}, \dfrac{1}{x^2}, \dfrac{1}{x^2 + y^2}, \dfrac{x}{y^2}, \dfrac{y}{x^2}$.

①$\mu(x, y)$ 为方程 $P(x, y)\mathrm{d}x + Q(x, y)\mathrm{d}y = 0$ 的积分因子的充要条件是

$$Q\frac{\partial u}{\partial x} - P\frac{\partial u}{\partial y} = \mu\left(\frac{\partial P}{\partial y} - \frac{\partial Q}{\partial x}\right).$$

②方程 $P(x, y)\mathrm{d}x + Q(x, y)\mathrm{d}y = 0$ 存在只与 x 有关的积分因子 $\mu(x)$ 的充要条件是

$$\frac{\dfrac{\partial P}{\partial y} - \dfrac{\partial Q}{\partial x}}{N} = \varphi(x),$$

即等号左边为 x 的函数, 此时积分因子 $\mu(x) = \mathrm{e}^{\int \varphi(x)\mathrm{d}x}$.

③方程 $P(x,y)\mathrm{d}x + Q(x,y)\mathrm{d}y = 0$ 存在只与 y 有关的积分因子 $\mu(y)$ 的充要条件是

$$\frac{\dfrac{\partial P}{\partial y} - \dfrac{\partial Q}{\partial x}}{-P} = \varphi(y),$$

即等号左边为 y 的函数, 此时积分因子 $\mu(y) = \mathrm{e}^{\int \varphi(y)\mathrm{d}y}$.

二、可降阶微分方程

1. 方程 $y^{(n)} = f(x)$

求 n 次不定积分的解.

2. 方程 $y'' = f(x, y')$

这类方程的特点是不显含未知函数 y, 令 $u = y'(x)$, 则微分方程 $y'' = f(x, y')$ 变为 $u' = f(x, u)$, 这是关于 $u = u(x)$ 的一个一阶微分方程.

3. 方程 $y'' = f(y, y')$

这类方程的特点是不显含自变量 x, 令 $u = y'$, 则 $y'' = \dfrac{\mathrm{d}^2 y}{\mathrm{d}x^2} = \dfrac{\mathrm{d}u}{\mathrm{d}x} = \dfrac{\mathrm{d}u}{\mathrm{d}y}\dfrac{\mathrm{d}y}{\mathrm{d}x} = uu'$, 因此微分方程 $y'' = f(y, y')$ 变为 $uu' = f(y, u)$, 这是一个以 y 为自变量, $u(y)$ 为未知函数的一阶微分方程.

三、线性微分方程解的性质 (以二阶为例)

$$y'' + p(x)y' + q(x)y = f(x), \quad \text{非齐次} \qquad \text{①}$$

$$y'' + p(x)y' + q(x)y = 0. \quad \text{齐次} \qquad \text{②}$$

(1) 若 y_1, y_2 是②的解, 则 $c_1 y_1 + c_2 y_2$ 也是②的解, 其中 c_1, c_2 为任意常数;

(2) 若 y_1, y_2 是②的两个线性无关的解 $\left(\dfrac{y_1}{y_2} \neq c\right)$, 则 $\tilde{y} = c_1 y_1 + c_2 y_2$ 是②的通解;

(3) 若 y_1, y_2 是①的解, 则 $y_1 - y_2$ 为②的解;

(4) 若 $\tilde{y}$ 是②的通解, y^* 是①的特解, 则 $y = \tilde{y} + y^*$ 是①的通解;

(5) (叠加原理) 若 y_1^* 是 $y'' + p(x)y' + q(x)y = f_1(x)$ 的解, y_2^* 是 $y'' + p(x)y' + q(x)y = f_2(x)$ 的解, 则 $y_1^* + y_2^*$ 是 $y'' + p(x)y' + q(x)y = f_1(x) + f_2(x)$ 的解.

四、高阶常系数线性微分方程

1. 二阶常系数齐次线性微分方程

(1) **方程形式**　$y'' + ay' + by = 0$, 其中 a, b 是常数.

(2) 解法 (特征方程法).

方程 $\lambda^2 + a\lambda + b = 0$ 称为它的特征方程, 记特征方程的根为 λ_1, λ_2.

①当 $\lambda_1 \neq \lambda_2$ 且都是实数时, 微分方程的通解是 $y(x) = C_1 \mathrm{e}^{\lambda_1 x} + C_2 \mathrm{e}^{\lambda_2 x}$;

②当 $\lambda_1 = \lambda_2$ 时, 微分方程的通解是 $y(x) = (C_1 + C_2 x)\mathrm{e}^{\lambda_1 x}$;

③当 $\lambda_1 = \alpha + \mathrm{i}\beta, \lambda_2 = \alpha - \mathrm{i}\beta$ 时, 微分方程的通解是

$$y(x) = \mathrm{e}^{\alpha x}(C_1 \cos \beta x + C_2 \sin \beta x),$$

其中 C_1, C_2 是任意常数.

2. 二阶常系数非齐次线性微分方程

求 $y'' + ay' + by = f(x)$ 的通解时, 由解的性质知只需找对应齐次方程的通解和非齐次方程的一个特解, 通解的问题已经解决, 下面求特解.

(1) 右端项为 $f(x) = P_n(x)\mathrm{e}^{\mu x}$ 的方程.

考虑微分方程 $y'' + ay' + by = P_n(x)\mathrm{e}^{\mu x}$, 其中 $P_n(x)$ 是 n 次多项式, μ 为实数.

设方程 $y'' + ay' + by = P_n(x)\mathrm{e}^{\mu x}$ 的一个特解形式为

$$y^*(x) = x^k Q_n(x)\mathrm{e}^{\mu x},$$

其中 $Q_n(x) = a_n x^n + a_{n-1} x^{n-1} + \cdots + a_1 x + a_0$ 为 n 次多项式的一般形式, k 的取值方式为

①当 μ 不是特征方程 $\lambda^2 + a\lambda + b = 0$ 的根时, $k = 0$;

②当 μ 是特征方程 $\lambda^2 + a\lambda + b = 0$ 的单根时, $k = 1$;

③当 μ 是特征方程 $\lambda^2 + a\lambda + b = 0$ 的重根时, $k = 2$.

将 $y^*(x) = x^k Q_n(x)\mathrm{e}^{\mu x}$ 代入微分方程 $y'' + ay' + by = P_n(x)\mathrm{e}^{\mu x}$, 就可求出待定系数 $a_k (k = 0, 1, 2, \cdots, n)$.

(2) 右端项为 $f(x) = P_n(x)\mathrm{e}^{\alpha x} \cos \beta x$ 或 $f(x) = P_n(x)\mathrm{e}^{\alpha x} \sin \beta x$ 的方程.

考虑微分方程 $y'' + ay' + by = P_n(x)\mathrm{e}^{\alpha x} \cos \beta x$, 其中 $P_n(x)$ 是 n 次多项式, α, β 为实数.

设方程 $y'' + ay' + by = P_n(x)\mathrm{e}^{\alpha x} \cos \beta x$ 的一个特解形式为

$$y^*(x) = x^k \mathrm{e}^{\alpha x}\left[Q_n(x) \cos \beta x + W_n(x) \sin \beta x\right],$$

其中 $Q_n(x) = a_n x^n + a_{n-1} x^{n-1} + \cdots + a_1 x + a_0, W_n(x) = b_n x^n + b_{n-1} x^{n-1} + \cdots + b_1 x + b_0$ 为 n 次多项式的一般形式, k 的取值方式为

① 当 $\alpha \pm \mathrm{i}\beta$ 不是特征方程 $\lambda^2 + a\lambda + b = 0$ 的根时, $k = 0$;

② 当 $\alpha \pm \mathrm{i}\beta$ 是特征方程 $\lambda^2 + a\lambda + b = 0$ 的根时, $k = 1$.

将 $y^*(x) = x^k \mathrm{e}^{\alpha x} [Q_n(x) \cos \beta x + W_n(x) \sin \beta x]$ 代入方程 $y'' + ay' + by = P_n(x) \mathrm{e}^{\alpha x} \cos \beta x$ 就可求出待定系数 $a_k, b_k (k = 0, 1, 2, \cdots, n)$.

五、高于二阶的常系数齐次线性微分方程

n 阶常系数齐次线性微分方程的一般形式为

$$y^{(n)} + p_1 y^{(n-1)} + p_2 y^{(n-2)} + \cdots + p_{n-1} y' + p_n y = 0, \quad \text{其中 } p_i (i = 1, 2, \cdots, n) \text{ 为常数}.$$

相应的特征方程为 $\lambda^n + p_1 \lambda^{n-1} + p_2 \lambda^{n-2} + \cdots + p_{n-1} \lambda + p_n = 0$.

特征根与方程通解的关系同二阶情形很类似, 如下:

(1) 若特征方程有 n 个不同的实根 $\lambda_1, \lambda_2, \cdots, \lambda_n$, 则方程通解是

$$y = C_1 \mathrm{e}^{\lambda_1 x} + C_2 \mathrm{e}^{\lambda_2 x} + \cdots + C_n \mathrm{e}^{\lambda_n x},$$

其中 $C_i (i = 1, 2, \cdots, n)$ 为常数.

(2) 若 λ_0 为特征方程的 k 重实根 $(k \leqslant n)$, 则方程通解中含有

$$(C_1 + C_2 x + \cdots + C_k x^{k-1}) \mathrm{e}^{\lambda_0 x},$$

其中 $C_i (i = 1, 2, \cdots, k)$ 为常数.

(3) 若 $\alpha \pm \mathrm{i}\beta$ 为特征方程的 k 重共轭复根 $(2k \leqslant n)$, 则方程通解中含有

$$\mathrm{e}^{\alpha x} \left[(C_1 + C_2 x + \cdots + C_k x^{k-1}) \cos \beta x + (D_1 + D_2 x + \cdots + D_k x^{k-1}) \sin \beta x \right],$$

其中 $C_i, D_i (i = 1, 2, \cdots, k)$ 为常数.

由此可见, 常系数齐次线性方程的通解完全被其特征方程的根所决定, 但是三次及三次以上代数方程的根不一定容易求得, 因此只能讨论某些特征方程的根容易求得高阶常系数齐次线性微分方程的通解.

六、欧拉方程

1. 方程形式

形如 $x^2 y'' + axy' + by = f(x)$ 的微分方程称为二阶欧拉方程, 其中 a, b 是常数.

2. 解法

当 $x > 0$ 时, 作变量代换 $x = e^t$, 因此欧拉方程变为

$$\frac{d^2 y}{dt^2} + (a - 1)\frac{dy}{dt} + by = f(e^t),$$

这是一个以 t 为自变量, y 为未知函数的二阶线性常系数微分方程.

当 $x < 0$ 时, 通过变量代换 $x = -e^t$, 可类似求解.

7.2　例 题 精 讲

例 1　解微分方程 $y(y + 1)dx + [x(y + 1) + x^2 y^2]dy = 0$.

分析　此非全微分方程, 适当分项组合, 选择合适的积分因子再凑微分可得通解.

解　方程变为

$$y(y + 1)dx + x(y + 1)dy + x^2 y^2 dy = 0,$$

方程两边除以 $(y + 1)x^2 y^2$, 得

$$\frac{y dx + x dy}{x^2 y^2} + \frac{dy}{y + 1} = 0,$$

即

$$d\left(-\frac{1}{xy}\right) + d\ln|y + 1| = 0,$$

解出

$$\ln|y + 1| = C_1 + \frac{1}{xy}, \quad \text{即 } |y + 1| = e^{C_1} e^{\frac{1}{xy}}.$$

可得微分方程通解:

$$y + 1 = Ce^{\frac{1}{xy}} \quad (\text{任意常数} \quad C = e^{C_1} > 0).$$

例 2　求微分方程 $(1 + y^2)dx + (x - \arctan y)dy = 0$ 的通解.

分析　将微分方程变为

$$\frac{dx}{dy} + \frac{1}{1 + y^2}x = \frac{\arctan y}{1 + y^2},$$

则成了对未知函数 x 的一阶线性微分方程, 然后用一阶线性微分方程的通解公式即可求得其通解.

解 通解为 $x = Ce^{-\arctan y} + \arctan y - 1$.

例 3 用初等函数及它们的不定积分表示出微分方程

$$y'' - xy' - y = 0$$

的通解.

分析 这是一个求方程解的问题, 其技巧在于将这个二阶微分方程化成一个函数的导数.

解 由于 $y'' - xy' - y = (y' - xy)'$, 从而原方程等价于

$$y' - xy = C_1,$$

其中 C_1 是任一个常数.

这样, 原来方程的通解是

$$y(x) = C_1 e^{\frac{1}{2}x^2} \left(\int_0^x e^{-\frac{1}{2}t^2} \mathrm{d}t + C_2 \right),$$

其中 C_1, C_2 是任意常数.

例 4 求方程 $4x^4 y''' - 4x^3 y'' + 4x^2 y' = 1$ 的通解.

分析 观察出特解形如 $y^* = ax^{-1}$, 定出 a 值, 相应齐次方程为欧拉方程, 作变换 $x = e^t$ 可化为常系数齐次线性方程.

解 首先试探出方程是否有形如 $y^* = ax^{-1}$ 的特解, 代入方程得

$$a(-24 - 8 - 4) = 1, \quad a = -\frac{1}{36}.$$

求得特解 $y^* = -\dfrac{1}{36} x^{-1}$. 再求齐次方程

$$4x^4 y''' - 4x^3 y'' + 4x^2 y' = 0,$$

即 $x^3 y''' - x^2 y'' + xy' = 0$ 的通解, 这是欧拉方程, 令 $x = e^t$ 可化为常系数齐次线性方程

$$y''' - 4y'' + 4y' = 0.$$

解特征方程 $r(r-2)^2 = 0$, 得齐次方程的通解

$$y = C_1 + C_2 e^{2t} + C_3 t e^{2t} = C_1 + C_2 x^2 + C_3 x^2 \ln x,$$

所以, 原方程的通解为

$$y = C_1 + C_2 x^2 + C_3 x^2 \ln x - \frac{1}{36x}.$$

例 5 求微分方程 $y' + \sin(x - y) = \sin(x + y)$ 的通解.

分析 利用三角公式 $\sin \alpha - \sin \beta = 2 \cos \frac{\alpha + \beta}{2} \sin \frac{\alpha - \beta}{2}$.

解 把方程简化为

$$y' = 2 \sin y \cos x,$$

这是可分离变量型方程 $\dfrac{\mathrm{d}y}{\sin y} = 2 \cos x \mathrm{d}x$, 故得

$$\ln(\csc y - \cot y) = 2 \sin x + \ln C.$$

于是所求通解为

$$\csc y - \cot y = C \mathrm{e}^{2 \sin x}.$$

例 6 用变换 $t = \tan x$, 把微分方程

$$\cos^4 x \frac{\mathrm{d}^2 y}{\mathrm{d}x^2} + 2 \cos^2 x (1 - \sin x \cos x) \frac{\mathrm{d}y}{\mathrm{d}x} + y = \tan x$$

化成 y 关于 t 的微分方程, 并求原方程的通解.

解 因为

$$\frac{\mathrm{d}y}{\mathrm{d}x} = \frac{\mathrm{d}y}{\mathrm{d}t} \cdot \frac{1}{\cos^2 x},$$

$$\frac{\mathrm{d}^2 y}{\mathrm{d}x^2} = \frac{\mathrm{d}}{\mathrm{d}x} \left(\frac{\mathrm{d}y}{\mathrm{d}t} \frac{1}{\cos^2 x} \right) = \frac{2 \sin x}{\cos^3 x} \frac{\mathrm{d}y}{\mathrm{d}t} + \frac{1}{\cos^4 x} \frac{\mathrm{d}^2 y}{\mathrm{d}t^2},$$

代入原方程, 得

$$\frac{\mathrm{d}^2 y}{\mathrm{d}t^2} + 2 \frac{\mathrm{d}y}{\mathrm{d}t} + y = t. \tag{1}$$

易知上述方程对应的齐次方程的通解为

$$y = (C_1 t + C_2) \mathrm{e}^{-t}.$$

令 $y^* = At + B$, 代入式 (1), 得特解为 $y^* = t - 2$, 所以式 (1) 的通解为

$$y = (C_1 t + C_2) \mathrm{e}^{-t} + t - 2.$$

故原方程的通解为

$$y = (C_1 \tan x + C_2) \mathrm{e}^{-\tan x} + \tan x - 2.$$

例 7 微分方程 $y' \cos y = (1 + \cos x \sin y) \sin y$.

分析 作适当变换 $z = \sin y$ 便可化为伯努利方程, 解之.

解 令 $z = \sin y$, 则 $\cos y \dfrac{\mathrm{d}y}{\mathrm{d}x} = \dfrac{\mathrm{d}z}{\mathrm{d}x}$. 代入原方程, 得伯努利方程

$$\frac{\mathrm{d}z}{\mathrm{d}x} - z = z^2 \cos x.$$

两边同除以 x^2, 则

$$z^{-2} \frac{\mathrm{d}z}{\mathrm{d}x} - z^{-1} = \cos x,$$

再令 $z^{-1} = u$, 得

$$-z^{-2} \frac{\mathrm{d}z}{\mathrm{d}x} = \frac{\mathrm{d}u}{\mathrm{d}x},$$

代入上方程, 得

$$\frac{\mathrm{d}u}{\mathrm{d}x} + u = -\cos x.$$

解此一阶线性方程

$$u = \mathrm{e}^{-\int \mathrm{d}x} \left(-\int \cos x \cdot \mathrm{e}^{\int \mathrm{d}x} \mathrm{d}x + C_1 \right)$$

$$= -\frac{1}{2} (\cos x + \sin x) + C_1 \mathrm{e}^{-x}.$$

代回 $u = \dfrac{1}{z}$, 而 $z = \sin y$, 得

$$\frac{1}{\sin y} = -\frac{1}{2} (\cos x + \sin x) + C_1 \mathrm{e}^{-x},$$

即得原方程的通解: $\dfrac{2}{\sin y} + \cos x + \sin x = C \mathrm{e}^{-x}$.

例 8 已知 $y_1 = x \mathrm{e}^x + \mathrm{e}^{2x}, y_2 = x \mathrm{e}^x + \mathrm{e}^{-x}, y_3 = x \mathrm{e}^x + \mathrm{e}^{2x} - \mathrm{e}^{-x}$ 是某二阶非齐次线性微分方程的三个解, 求此微分方程.

分析 利用二阶非齐次微分方程解的结构的有关知识, 确定此微分方程.

解　由题设知, e^{2x} 与 e^{-x} 是相应齐次方程两个线性无关的解, 且 xe^x 是非齐次方程的一个特解, 故 $y = xe^x + C_1e^{2x} + C_2e^{-x}$ 是所求方程的通解, 由

$$y' = e^x + xe^x + 2C_1e^{2x} - C_2e^{-x},$$
$$y'' = 2e^x + xe^x + 4C_1e^{2x} + C_2e^{-x},$$

消去 C_1, C_2 得所求方程为

$$y'' - y' - 2y = e^x - 2xe^x.$$

注　有人提出, 题设中应说明 y_1, y_2, y_3 是某二阶常系数非齐次线性微分方程的三个解, 否则不能用待定系数法去求此微分方程. 实际上所给的解法不需要用"常系数"这一条件, 而利用非齐次线性方程解的结构理论即可. 当然, 若直接设所求的微分方程为 $y'' + ay' + by = f(x)$, 将 y_1, y_2, y_3 代入确定求 a, b 和 $f(x)$, 这种解法就缺少依据了.

例 9　设 $y_1(x), y_2(x), y_3(x)$ 均为非齐次线性方程

$$y'' + P_1(x)y' + P_2(x)y = Q(x)$$

的特解, 其中 $P_1(x), P_2(x), Q(x)$ 为已知函数且

$$\frac{y_2(x) - y_1(x)}{y_3(x) - y_1(x)} \neq 常数.$$

试证明: $y(x) = (1 - C_1 - C_2)y_1(x) + C_1y_2(x) + C_2y_3(x)$ 为给定方程的通解 (C_1, C_2 为任意常数).

分析　只要验证 $y(x)$ 满足方程, 再说明它是通解即可, 注意若 $y_1(x), y_2(x)$, $y_3(x)$ 是非齐次线性方程 $y'' + P_1(x)y' + P_2(x)y = Q(x)$ 的特解, 那么 $y_2(x) - y_1(x)$, $y_3(x) - y_1(x)$ 便是相应齐次线性方程 $y'' + P_1(x)y' + P_2(x)y = 0$ 的特解.

证明　由题意, 有

$$y'(x) = (1 - C_1 - C_2)y_1'(x) + C_1y_2'(x) + C_2y_3'(x),$$

$$y''(x) = (1 - C_1 - C_2)y_1''(x) + C_1y_2''(x) + C_2y_3''(x),$$

代入已知方程左边:

$$左 = y''(x) + P_1(x)y'(x) + P_2(x)y(x)$$

$$= (1 - C_1 - C_2)[y_1''(x) + P_1(x)y_1'(x) + P_2(x)y_1(x)]$$

$$+ C_1[y_2''(x) + P_1(x)y_2''(x) + P_2(x)y_2(x)]$$

$$+ C_2[y_3''(x) + P_1(x)y_3'(x) + P_2(x)y_3(x)]$$

$$= (1 - C_1 - C_2)Q(x) + C_1(x)Q(x) + C_2(x)Q(x) = Q(x) = 右.$$

所以 $y(x) = (1 - C_1 - C_2)y_1(x) + C_1y_2(x) + C_2y_3(x)$ 是原方程的解.

以下证 $y(x)$ 是原方程的通解.

$$y(x) = (1 - C_1 - C_2)y_1(x) + C_1y_2(x) + C_2y_3(x)$$

$$= y_1(x) + C_1[y_2(x) - y_1(x)] + C_2[y_3(x) - y_1(x)].$$

因为 $y_1(x), y_2(x), y_3(x)$ 都是原方程的特解, 故 $y_2(x) - y_1(x)$, $y_3(x) - y_1(x)$ 是原方程相应的齐次线性方程的特解, 且由

$$\frac{y_2(x) - y_1(x)}{y_3(x) - y_1(x)} \neq 常数$$

知 $y_2(x) - y_1(x)$ 与 $y_3(x) - y_1(x)$ 线性无关. 又 $y_1(x)$ 是原方程的一个特解, 故由线性方程解的结构定理知

$$y(x) = y_1(x) + C_1[y_2(x) - y_1(x)] + C_2[y_3(x) - y_1(x)]$$

是原方程的通解, 即

$$y(x) = (1 - C_1 - C_2)y_1(x) + C_1y_2(x) + C_2y_3(x) \quad (C_1, C_2 为任意常数)$$

是原方程的通解.

例 10 设 $f(x)$ 为连续函数.

(1) 求初值问题 $\begin{cases} y' + ay = f(x), \\ y|_{x=0} = 0 \end{cases}$ 的解 $y(x)$, 其中 a 是正常数;

(2) 若 $|f(x)| \leqslant k(k$ 为常数), 证明: 当 $x \geqslant 0$ 时有 $|y(x)| \leqslant \dfrac{k}{a}(1 - e^{-ax})$.

分析 利用一阶线性微分方程求通解的公式求出方程 $y' + ay = f(x)$ 的通解并不难, 难的是由通解及初始条件 $y|_{x=0} = 0$ 求特解.

解 (1) 原方程的通解为

$$y(x) = e^{-ax}\left[\int f(t)e^{at}\mathrm{d}x + C\right] = e^{-ax}[F(x) + C],$$

其中 $F(x)$ 是 $f(x)\mathrm{e}^{ax}$ 的任一原函数. 由 $y(0)=0$ 得

$$C=-F(0),$$

故

$$y(x)=\mathrm{e}^{-ax}[F(x)-F(0)]=\mathrm{e}^{-ax}\int_0^x f(t)\mathrm{e}^{at}\mathrm{d}t.$$

(2) $|y(x)|\leqslant \mathrm{e}^{-ax}\displaystyle\int_0^x |f(t)|\mathrm{e}^{at}\mathrm{d}t\leqslant k\mathrm{e}^{ax}\int_0^x \mathrm{e}^{at}\mathrm{d}t$

$$\leqslant \frac{k}{a}\mathrm{e}^{-ax}(\mathrm{e}^{ax}-1)=\frac{k}{a}(1-\mathrm{e}^{-ax}),\quad x\geqslant 0.$$

附注　求 $y(x)$ 的解法, 也可以如下.

在原方程的两端同乘以 e^{ax}, 有

$$y'\mathrm{e}^{ax}+ay\mathrm{e}^{ax}=f(x)\mathrm{e}^{ax}.$$

从而

$$(y\mathrm{e}^{ax})'=f(x)\mathrm{e}^{ax}.$$

所以

$$y\mathrm{e}^{ax}=\int_0^x f(t)\mathrm{e}^{at}\mathrm{d}t$$

或

$$y=\mathrm{e}^{-ax}\int_0^x f(t)\mathrm{e}^{at}\mathrm{d}t.$$

例 11　设 $u_0=0, u_1=1, u_{n+1}=au_n+bu_{n-1}, n=1,2,\cdots$, 其中 a,b 为实常数, 又设 $f(x)=\displaystyle\sum_{n=1}^{\infty}\frac{u_n}{n!}x^n$.

(1) 试导出 $f(x)$ 满足的微分方程;

(2) 求证: $f(x)=-\mathrm{e}^{ax}f(-x)$.

分析　先求出

$$f'(x)=\sum_{n=1}^{\infty}\frac{u_n}{(n-1)!}x^{n-1}=1+\sum_{n=2}^{\infty}\frac{u_n}{(n-1)!}x^{n-1}$$

$$=1+\sum_{n=2}^{\infty}\frac{au_{n-1}+bu_{n-2}}{(n-1)!}x^{n-1}$$

$$= 1 + a \sum_{n=2}^{\infty} \frac{u_{n-1}}{(n-1)!} x^{n-1} + b \sum_{n=2}^{\infty} \frac{u_{n-2}}{(n-1)!} x^{n-1}$$

$$= 1 + af(x) + b \sum_{n=1}^{\infty} \frac{u_{n-1}}{n!} x^n,$$

$$f''(x) = \sum_{n=2}^{\infty} \frac{u_n}{(n-2)!} x^{n-2} = af'(x) + bf(x).$$

并考虑题设条件, 可以解决此题的两个问题.

解 (1) 根据 $f(x), f'(x), f''(x)$ 的结构和 $u_0 = 0, u_1 = 1, u_{n+1} = au_n + bu_{n-1}, n = 1, 2, \cdots,$ 可以验证 $f(x)$ 满足微分方程 $f''(x) - af'(x) - bf(x) = 0.$

(2) 因为 $f(0) = 0, f'(0) = 1,$ 可以验证 $f(x)$ 是满足

$$f''(x) - af'(x) - bf(x) = 0$$

及 $f(0) = 0, f'(0) = 1$ 的唯一解.

设 $f_1(x) = -\mathrm{e}^{ax} f(-x),$ 而

$$f_1'(x) = -a\mathrm{e}^{ax} f(-x) + \mathrm{e}^{ax} f'(-x),$$

$$f_1''(x) = -a^2 \mathrm{e}^{ax} f(-x) + \mathrm{e}^{ax} f'(-x) + a\mathrm{e}^{ax} f'(-x) - \mathrm{e}^{ax} f''(-x)$$

也满足微分方程

$$f_1''(x) - af_1'(x) - bf_1(x) = 0$$

及初始条件 $f_1(0) = 0, f_1'(0) = 1$ 的唯一解, 故

$$f_1(x) \equiv f(x), \quad 即 f(x) = -\mathrm{e}^{ax} f(-x).$$

例 12 已知 $f_n(x)$ 满足

$$f_n'(x) - f_n(x) = x^{n-1}\mathrm{e}^x \quad (n\text{为正整数}),$$

且 $f_n(1) = \dfrac{\mathrm{e}}{n},$ 求函数项级数 $\displaystyle\sum_{n=1}^{\infty} f_n(x)$ 之和.

分析 本题主要考察一阶线性微分方程以及无穷级数. 收敛区域需要讨论端点处的敛散性以及所得到的公式是否在端点处成立的问题.

解 由已知条件可知

$$f_n'(x) - f_n(x) = x^{n-1}e^x.$$

其通解为

$$f_n(x) = e^{\int dx} \left(\int x^{n-1}e^x e^{-\int dx} dx + C \right) = e^x \left(\frac{x^n}{n} + C \right).$$

由条件 $f_n(1) = \dfrac{e}{n}$, 得 $C = 0$, 故 $f_n(x) = \dfrac{x^n e^x}{n}$. 从而

$$\sum_{n=1}^{\infty} f_n(x) = \sum_{n=1}^{\infty} \frac{x^n e^x}{n} = e^x \sum_{n=1}^{\infty} \frac{x^n}{n}.$$

设 $S(x) = \displaystyle\sum_{n=1}^{\infty} \frac{x^n}{n}$, 其收敛域为 $[-1, 1)$, 当 $x \in (-1, 1)$ 时, 有

$$S'(x) = \sum_{n=1}^{\infty} x^{n-1} = \frac{1}{1-x},$$

故

$$S(x) = \int_0^x \frac{1}{1-t} dt = -\ln(1-x).$$

当 $x = -1$ 时,

$$\sum_{n=1}^{\infty} f_n(x) = -e^{-1} \ln 2.$$

于是, 当 $-1 \leqslant x < 1$ 时, 有

$$\sum_{n=1}^{\infty} f_n(x) = -e^x \ln(1-x).$$

例 13 函数 $f(x)$ 在 $[0, +\infty)$ 上可导, $f(0) = 1$, 且满足等式

$$f'(x) + f(x) - \frac{1}{x+1} \int_0^x f(t) dt = 0.$$

(1) 求 $f'(x)$ 的表达式;

(2) 证明: 当 $x \geqslant 0$ 时, 成立不等式 $e^{-x} \leqslant f(x) \leqslant 1$.

分析 对含有变上限积分的题, 在求 $f'(x)$ 时一般都是等式两边对 x 求导以消去积分号, 再解相关的微分方程便可得到解. 本题的一个技巧是先用 $(x+1)$ 乘等式再求导. 第二题的证明题则利用 $f'(x)$ 的表达式及引用恰当的辅助函数或由 $f(x) = \displaystyle\int_0^x f'(x)\mathrm{d}x$ 来证明.

解 (1) 由题设知

$$(x+1)f'(x) + (x+1)f(x) - \int_0^x f(t)\mathrm{d}t = 0.$$

上式两边对 x 求导, 则

$$(x+1)f''(x) = -(x+2)f'(x).$$

设 $u = f'(x)$, 则有 $\dfrac{\mathrm{d}u}{\mathrm{d}x} = -\dfrac{x+2}{x+1}u$, 解之得

$$f'(x) = u = \frac{C\mathrm{e}^{-x}}{x+1}.$$

由 $f(0) = 1$ 及 $f'(0) + f(0) = 0$ 知 $f'(0) = -1$, 从而 $C = -1$, 因此

$$f'(x) = -\frac{\mathrm{e}^{-x}}{x+1}.$$

(2) 当 $x \geqslant 0$ 时, $f'(x) < 0$, 即 $f(x)$ 单调减少, 又 $f(0) = 1$, 所以

$$f(x) \leqslant f(0) = 1.$$

设 $\varphi(x) = f(x) - \mathrm{e}^{-x}$, 则

$$\varphi(0) = 0, \quad \varphi'(x) = f'(x) + \mathrm{e}^{-x} = \frac{x}{x+1}\mathrm{e}^{-x}.$$

当 $x \geqslant 0$ 时, $\varphi'(x) \geqslant 0$ 即 $\varphi(x)$ 单调增加, 因而

$$\varphi(x) \geqslant \varphi(0) = 0,$$

即有

$$f(x) \geqslant \mathrm{e}^{-x}.$$

综上所述, 当 $x \geqslant 0$ 时, 成立不等式: $\mathrm{e}^{-x} \leqslant f(x) \leqslant 1$.

例 14　设 $f(x)$ 为可微函数, 解方程

$$f(x) = e^x + e^x \int_0^x [f(t)]^2 dt.$$

分析　此类方程一般用 "两边求导" 消去积分号的方法化为微分方程. 同时要注意利用原方程的信息确定任意常数.

解　对原方程两边求导

$$f'(x) = e^x + e^x \int_0^x [f(t)]^2 dt + e^x [f(x)]^2.$$

再把原方程代入得

$$f'(x) = f(x) + e^x [f(x)]^2,$$

即

$$\frac{f'(x)}{f^2(x)} - \frac{1}{f(x)} = e^x.$$

令 $u = \dfrac{1}{f(x)}$, 则 $u'(x) = -\dfrac{f'(x)}{f^2(x)}$, 所以有

$$u' + u = -e^x.$$

由求解公式得

$$
\begin{aligned}
u(x) &= e^{-\int dx} \left[\int e^{\int dx} (-e^x) dx + C \right] \\
&= -e^{-x} \left[-\int e^{2x} dx + C \right] \\
&= C e^{-x} - \frac{1}{2} e^x,
\end{aligned}
$$

则

$$f(x) = \frac{1}{C e^{-x} - \dfrac{1}{2} e^x}.$$

又由原方程知 $f(0) = 1$, 代入上式得

$$1 - f(0) = \frac{1}{C - \dfrac{1}{2}}, \quad C = \frac{3}{2}.$$

所以
$$f(x) = \frac{2}{3\mathrm{e}^{-x} - \mathrm{e}^x}.$$

附注 本题的条件 "$f(x)$ 为可微函数" 可减为 "$f(x)$ 为连续函数".

例 15 设函数 $\varphi(x)$ 在 $[0,1]$ 上可导, 并有

$$\int_0^1 \varphi(tx)\mathrm{d}t = a\varphi(x),$$

其中 a 为实常数, 试求 $\varphi(x)$.

分析 作适当变换, 已知条件中积分式变成变上限的积分形式, 求导后得微分方程, 可解之得 $\varphi(x)$.

解 令 $tx = u$, 得

$$\int_0^1 \varphi(tx)\mathrm{d}t = \frac{1}{x}\int_0^x \varphi(u)\mathrm{d}u = a\varphi(x),$$

故

$$\int_0^x \varphi(u)\mathrm{d}u = ax\varphi(x).$$

两边对 x 求导 ($\varphi(u)$ 在 $[0,1]$ 连续), 得

$$\varphi(x) = a\varphi(x) + ax\varphi'(x),$$

所以

$$ax\varphi'(x) = (1-a)\varphi(x).$$

可见:

若 $a = 0$, 则 $\varphi(x) \equiv 0$;

若 $a \neq 0, \dfrac{\mathrm{d}\varphi(x)}{\mathrm{d}x} = \dfrac{1-a}{ax}\varphi(x)$, 则

$$\frac{\mathrm{d}\varphi(x)}{\varphi(x)} = \frac{1-a}{a}\frac{\mathrm{d}x}{x}.$$

如果 $a \neq 1$, 有 $\ln\varphi(x) = \dfrac{1-a}{a}\ln x + \ln C = \ln Cx^{\frac{1-a}{a}}$, 得

$$\varphi(x) = Cx^{\frac{1-a}{a}} \quad (C\text{为任意常数}).$$

如果 $a = 1$, 有 $\dfrac{\mathrm{d}\varphi(x)}{\mathrm{d}x} = 0$, 得

$$\varphi(x) = C \quad (C \text{为任意常数}).$$

例 16　设 $y = f(x)(x \geqslant 0)$ 连续可微, 且 $f(0) = 1$, 现已知曲线 $y = f(x)$, x 轴, y 轴及过点 $(x, 0)$ 且垂直于 x 轴的直线所围成的图形的面积与曲线 $y = f(x)$ 在 $[0, x]$ 上的一段弧长值相等, 求 $f(x)$.

分析　利用定积分的几何意义, 分别以变量 x 为上限的定积分表示所论图形的面积及弧长, 并令它们值相等, 然后两端对上限 x 求导, 从而得 $f(x)$ 的微分方程, 再由题意可得相应的定解条件, 最后解微分方程可求出 $f(x)$.

解　由题设所围成图形的面积为 $\displaystyle\int_0^x f(t)\mathrm{d}t$, 而题设弧长为 $\displaystyle\int_0^x \sqrt{1 + [f'(x)]^2}\mathrm{d}t$, 因而

$$\int_0^x f(t)\mathrm{d}t = \int_0^x \sqrt{1 + [f'(x)]^2}\mathrm{d}t.$$

两端对 x 求导得

$$f(x) = \sqrt{1 + [f'(x)]^2}.$$

又 $f(0) = 1$, 故所求函数 $f(x)$ 满足

$$\begin{cases} y = \sqrt{1 + y'^2}, \\ y|_{x=0} = 1. \end{cases}$$

由上式得 $y^2 = 1 + y'^2$, 故 $y' = \pm\sqrt{y^2 - 1}$. 从而

$$\frac{\mathrm{d}y}{\sqrt{y^2 - 1}} = \pm\mathrm{d}x.$$

则方程的通解为

$$\ln C\left(y + \sqrt{(y^2 - 1)}\right) = \pm x,$$

即

$$C\left(y + \sqrt{y^2 - 1}\right) = \mathrm{e}^{\pm x}.$$

将 $y|_{x=0} = 1$ 代入上式得 $C = 1$, 故所求的解为

$$y + \sqrt{y^2 - 1} = \mathrm{e}^{\pm x},$$

解得

$$y = \frac{e^x + e^{-x}}{2} = \cosh x.$$

例 17 求通过点 $(1,1)$ 的曲线方程 $y = f(x)(f(x) > 0)$, 使此曲线在 $[1, x]$ 上所形成的曲边梯形的面积的值等于曲线终点的横坐标 x 与纵坐标 y 之比的 2 倍减去 2, 其中 $x \geqslant 1$.

分析 利用所给几何性质写出相关等式.

解 由题意得 $\begin{cases} \displaystyle\int_1^x y\mathrm{d}x = \dfrac{2x}{y} - 2, \\ y|_{x=1} = 1, \end{cases}$ 对方程两边求导得

$$y = \frac{2(y - xy')}{y^2},$$

整理得

$$y(y^2 - 2)\mathrm{d}x + 2x\mathrm{d}y = 0,$$

分离变量得

$$\frac{\mathrm{d}y}{y(y^2 - 2)} + \frac{\mathrm{d}x}{2x} = 0,$$

$$\frac{1}{2}\left(\frac{y}{y^2 - 2} - \frac{1}{y}\right)\mathrm{d}y + \frac{1}{2x}\mathrm{d}x = 0,$$

两边积分得

$$\frac{1}{2}\ln|y^2 - 2| - \ln|y| + \ln|x| = \ln C,$$

由 $y|_{x=1} = 1$, 得 $C = 1$, 故所求曲线方程为 $y^2 = x^2|y^2 - 2|$. 考虑到函数在 $x = 1$ 处有定义, 且 $f(x) > 0$, 曲线方程为 $y = \dfrac{\sqrt{2}x}{\sqrt{1 + x^2}}$.

例 18 设函数 $f(x), g(x)$ 具有二阶连续导数, 曲线积分

$$\oint_c \left[y^2 f(x) + 2ye^x + 2yg(x)\right]\mathrm{d}x + 2[yg(x) + f(x)]\mathrm{d}y = 0,$$

其中 c 为平面上任一简单封闭曲线.

(1) 求 $f(x), g(x)$ 使 $f(0) = g(0) = 0$;

(2) 计算沿任一条曲线从点 $(0, 0)$ 到点 $(1, 1)$ 的积分.

分析 (1) 对坐标的曲线积分, 沿任何简单闭曲线的值都为 0 的充要条件是 $\dfrac{\partial Q}{\partial x} = \dfrac{\partial P}{\partial y}$, 据此可求出 $f(x), g(x)$. (2) 的求解, 则要用到另一个充要条件: 积分与路径无关, 只与积分曲线的起点、终点有关.

解 (1) 设

$$P(x, y) = y^2 f(x) + 2y\mathrm{e}^x + 2yg(x),$$
$$Q(x, y) = 2[yg(x) + f(x)].$$

由已知条件得 $\dfrac{\partial Q}{\partial x} = \dfrac{\partial P}{\partial y}$, 即

$$2[yg'(x) + f'(x)] = 2yf(x) + 2\mathrm{e}^x + 2g(x)$$

或

$$y[g'(x) - f(x)] + f'(x) - g(x) - \mathrm{e}^x = 0.$$

从而有

$$\begin{cases} g'(x) - f(x) = 0, \\ f'(x) - g(x) = \mathrm{e}^x. \end{cases}$$

以 $f'(x) = g''(x)$ 代入第二个方程得

$$g''(x) - g(x) = \mathrm{e}^x.$$

解此二阶微分方程得

$$g(x) = C_1 \mathrm{e}^x + C_2 \mathrm{e}^{-x} + \frac{1}{2} x\mathrm{e}^x$$

且

$$f(x) = \left(C_1 + \frac{1}{2} \right) \mathrm{e}^x - C_2 \mathrm{e}^{-x} + \frac{1}{2} x\mathrm{e}^x.$$

又由初始条件得方程组

$$\begin{cases} 0 = g(0) = C_1 + C_2, \\ 0 = f(0) = C_1 + \dfrac{1}{2} - C_2, \end{cases}$$

解之得 $C_1 = -\dfrac{1}{4}, C_2 = \dfrac{1}{4}$, 于是有

$$f(x) = \frac{1}{4}(\mathrm{e}^x - \mathrm{e}^{-x}) + \frac{1}{2} x\mathrm{e}^x,$$
$$g(x) = -\frac{1}{4}(\mathrm{e}^x - \mathrm{e}^{-x}) + \frac{1}{2} x\mathrm{e}^x.$$

(2) 为计算

$$I = \int_{(0,0)}^{(1,1)} [y^2 f(x) + 2ye^x + 2yg(x)]\mathrm{d}x + 2[yg(x) + f(x)]\mathrm{d}y,$$

可取点 $(0,0) \to$ 点 $(1,0) \to$ 点 $(1,1)$ 的折线段, 于是

$$I = 2\int_0^1 [yg(1) + f(1)]\mathrm{d}y = 2\left[\frac{1}{2}g(1) + f(1)\right] = \frac{1}{4}(7e - e^{-1}).$$

例 19 已知方程 $(6y + x^2y^2)\mathrm{d}x + (8x + x^3y)\mathrm{d}y = 0$ 的两边乘以 $y^3 f(x)$ 后变成全微分方程, 试求出可导函数 $f(x)$, 并解此微分方程.

分析 $P(x,y)\mathrm{d}x + Q(x,y)\mathrm{d}y = 0$ 为全微分方程, 必有 $\dfrac{\partial Q}{\partial x} = \dfrac{\partial P}{\partial y}$, 由此可得关于 $f(x)$ 的微分方程.

解 设 $P(x,y) = \left(6y^4 + x^2y^5\right)f(x), Q(x,y) = \left(8xy^3 + x^3y^4\right)f(x)$, 由 $\dfrac{\partial Q}{\partial x} = \dfrac{\partial P}{\partial y}$ 得

$$\left(8xy^3 + x^3y^4\right)f(x) + \left(8xy^3 + x^3y^4\right)f'(x) = \left(24y^3 + 5x^2y^4\right)f(x).$$

消去 y^3 得
$$16f(x) - 8xf'(x) + y\left[2x^2f(x) - x^3f'(x)\right] = 0,$$

有

$$xf'(x) = 2f(x), \quad \frac{\mathrm{d}f(x)}{f(x)} = \frac{2}{x}\mathrm{d}x, \quad f(x) = C_1x^2,$$

且全微分方程为

$$\left(6y^4 + x^2y^5\right)C_1x^2\mathrm{d}x + \left(8xy^3 + x^3y^4\right)C_1x^2\mathrm{d}y = 0,$$

$$u(x,y) = \int_{(0,0)}^{(x,y)} \left(6x^4 + x^2y^5\right)x^2\mathrm{d}x + \left(8xy^3 + x^3y^4\right)x^2\mathrm{d}y$$

$$= \int_0^x 0\mathrm{d}x + \int_0^y \left(8xy^3 + x^3y^4\right)x^2\mathrm{d}y = 2x^3y^4 + \frac{1}{5}x^5y^5.$$

故微分方程的通解为 $10x^3y^4 + x^5y^5 = C.$

例 20 证明函数 $y(x) = \mathrm{e}^{x^2} \displaystyle\int_0^x \mathrm{e}^{-t^2}\mathrm{d}t$ 单调上升, 它满足怎样的一阶微分方程? 初始条件如何?

分析 这是高等数学中一个常见的试题形式, 函数用积分形式给出, 但一般不易积分出显示形式, 从而将问题化为一个常微分方程.

解 对函数两端求导, 我们有

$$y'(x) = 2x\mathrm{e}^{x^2}\int_0^x \mathrm{e}^{-t^2}\mathrm{d}t + \mathrm{e}^{x^2}\mathrm{e}^{-x^2} = 2xy(x) + 1.$$

而由 $y(x)$ 的具体形式, 我们知 $y(x)$ 是无限光滑的, 且在 $x \geqslant 0$ 时有 $y(x) \geqslant 0$, 在 $x < 0$ 时, 有 $y(x) < 0$. 从而对任何 x, 有 $y'(x) \geqslant 1$, 这样 $y(x)$ 是严格单调上升的. 其初值条件是 $y(0) = 0$, 对应的一阶微分方程是 $y'(x) - 2xy(x) - 1 = 0$.

对于本题, 我们也可以直接证明 $y(x)$ 的单调性. 事实上, 设 $0 < x_1 < x_2$, 则有

$$y(x_1) = \mathrm{e}^{x_1^2}\int_0^{x_1} \mathrm{e}^{-t^2}\mathrm{d}t < \mathrm{e}^{x_2^2}\int_0^{x_1} \mathrm{e}^{-t^2}\mathrm{d}t \quad (\mathrm{e}^{x_1^2} < \mathrm{e}^{x_2^2})$$

$$\leqslant \mathrm{e}^{x_2^2}\int_0^{x_2} \mathrm{e}^{-t^2}\mathrm{d}t \quad (\mathrm{e}^{-t^2} \geqslant 0)$$

$$= y(x_2),$$

从而 $y(x)$ 是严格单调上升的.

7.3 习 题 精 练

1. 求微分方程 $y'' + a^2 y = \sin x$ 的通解, 其中常数 $a > 0$.

2. 求微分方程 $\mathrm{d}y = \sin(x + y + 100)\mathrm{d}x$ 的通解.

3. 求微分方程 $y\mathrm{d}x = (1 + x\ln y)x\mathrm{d}y(y > 0)$ 的通解.

4. 求微分方程 $x\dfrac{\mathrm{d}y}{\mathrm{d}x} = y + \sqrt{x^2 - y^2}(x > 0)$ 的通解.

5. (1) 求微分方程 $xy' + ay = 1 + x^2$ 满足 $y|_{x=1} = 1$ 的解, 其中 a 为常数.

(2) 证明 $\lim\limits_{a\to 0} y(x, a)$ 是方程 $xy' = 1 + x^2$ 的解.

6. 解二阶非齐次线性方程 $y'' - 3y' + 2y = 2\mathrm{e}^{-x}\cos x + \mathrm{e}^{2x}(4x + 5)$.

7. 求微分方程 $yy'' - 2(y')^2 = 0$ 的通解.

8. 求微分方程 $(x + 2)y'' + xy'^2 = y'$ 的通解.

9. 求微分方程 $y'' + 4y = 3|\sin x|$ 在 $[-\pi, \pi]$ 上的通解.

10. (2016 年考研试题) 设函数 $y(x)$ 满足方程 $y'' + 2y' + ky = 0$, 其中 $0 < k < 1$.

(1) 证明: 反常积分 $\displaystyle\int_0^{+\infty} y(x)\mathrm{d}x$ 收敛;

(2) 若 $y(0) = 1, y'(0) = 1$, 求 $\displaystyle\int_0^{+\infty} y(x)\mathrm{d}x$ 的值.

11. 设 $u = u\left(\sqrt{x^2 + y^2}\right)$ 具有连续二阶偏导数, 且满足 $\dfrac{\partial^2 u}{\partial x^2} + \dfrac{\partial^2 u}{\partial y^2} - \dfrac{1}{x}\dfrac{\partial u}{\partial x} + u = x^2 + y^2$, 试求函数 u 的表达式.

12. 设函数 $f(t)$ 在 $[0, +\infty)$ 上连续, 且满足方程

$$f(t) = \mathrm{e}^{4\pi t^2} + \iint\limits_{x^2 + y^2 \leqslant t^2} f\left(\frac{1}{2}\sqrt{x^2 + y^2}\right)\mathrm{d}x\mathrm{d}y,$$

求 $f(t)$.

13. (1998 年考研试题) 从船上向海中沉放某种探测仪器, 按探测要求, 需确定仪器的下沉深度 y(从海平面算起) 与下沉速度 v 之间的函数关系. 设仪器在重力作用下, 从海平面由静止开始铅直下沉, 在下沉过程中还受到阻力和浮力的作用. 设仪器的质量为 m, 体积为 B, 海水比重为 ρ, 仪器所受的阻力与下沉速度成正比, 比例系数为 $k(k > 0)$. 试建立 y 与 v 所满足的微分方程, 并求出函数关系式 $y = y(v)$.

14. (2001 年考研试题) 一个半球体状的雪堆, 其体积融化的速率与半球面面积 S 成正比, 比例系数 $K > 0$. 假设在融化过程中雪堆始终保持半球体状, 已知直径为 r_0 的雪堆在开始融化的 3 小时内, 融化了某体积的 $\dfrac{7}{8}$, 问雪堆全部融化需要多少小时?

习题精练答案7

第二部分

历届预赛和决赛试题及答案

第一届全国大学生数学竞赛预赛试卷及答案
(非数学类, 2009)

一、填空题 (每小题 5 分, 共 20 分)

(1) 计算 $\iint\limits_{D} \dfrac{(x+y)\ln\left(1+\dfrac{y}{x}\right)}{\sqrt{1-x-y}}\mathrm{d}x\mathrm{d}y = $_____, 其中区域 D 是由直线 $x+y=1$ 与两坐标轴所围成的三角形区域.

解 令 $x+y=u, x=v$, 则 $x=v, y=u-v$, $\mathrm{d}x\mathrm{d}y = \left|\det\begin{pmatrix} 0 & 1 \\ 1 & -1 \end{pmatrix}\right|\mathrm{d}u\mathrm{d}v = \mathrm{d}u\mathrm{d}v$, 因此

$$
\begin{aligned}
\iint\limits_{D} \dfrac{(x+y)\ln\left(1+\dfrac{y}{x}\right)}{\sqrt{1-x-y}}\mathrm{d}x\mathrm{d}y &= \iint\limits_{D} \dfrac{u\ln u - u\ln v}{\sqrt{1-u}}\mathrm{d}u\mathrm{d}v \\
&= \int_0^1 \left(\dfrac{u\ln u}{\sqrt{1-u}}\int_0^u \mathrm{d}v - \dfrac{u}{\sqrt{1-u}}\int_0^u \ln v\mathrm{d}v \right)\mathrm{d}u \\
&= \int_0^1 \left(\dfrac{u^2\ln u}{\sqrt{1-u}} - \dfrac{u(u\ln u - u)}{\sqrt{1-u}} \right)\mathrm{d}u \\
&= \int_0^1 \dfrac{u^2}{\sqrt{1-u}}\mathrm{d}u. \qquad (*)
\end{aligned}
$$

令 $t=\sqrt{1-u}$, 则 $u=1-t^2$. 于是

$$
\mathrm{d}u = -2t\mathrm{d}t, \quad u^2 = 1-2t^2+t^4, \quad u(1-u) = t^2(1-t)(1+t),
$$

因此

$$
\begin{aligned}
(*) &= -2\int_1^0 (1-2t^2+t^4)\mathrm{d}t \\
&= 2\int_0^1 (1-2t^2+t^4)\mathrm{d}t = 2\left(t - \dfrac{2}{3}t^3 + \dfrac{1}{5}t^5 \right)\Big|_0^1 = \dfrac{16}{15}.
\end{aligned}
$$

(2) 设 $f(x)$ 是连续函数, 且满足 $f(x) = 3x^2 - \int_0^2 f(x)\mathrm{d}x - 2$, 则 $f(x) = $

_____.

解　令 $A = \int_0^2 f(x)\mathrm{d}x$, 则 $f(x) = 3x^2 - A - 2$, 因此

$$A = \int_0^2 (3x^2 - A - 2)\mathrm{d}x = 8 - 2(A + 2) = 4 - 2A,$$

解得 $A = \dfrac{4}{3}$, 因此 $f(x) = 3x^2 - \dfrac{10}{3}$.

(3) 曲面 $z = \dfrac{x^2}{2} + y^2 - 2$ 平行平面 $2x + 2y - z = 0$ 的切平面方程是 _____.

解　因平面 $2x + 2y - z = 0$ 的法向量为 $(2,\ 2,\ -1)$, 而曲面 $z = \dfrac{x^2}{2} + y^2 - 2$ 在 (x_0, y_0) 处的法向量为 $(z_x(x_0, y_0), z_y(x_0, y_0), -1)$, 故 $(z_x(x_0, y_0), z_y(x_0, y_0), -1)$ 与 $(2, 2, -1)$ 平行, 因此, 由 $z_x = x$, $z_y = 2y$ 知 $2 = z_x(x_0, y_0) = x_0$, $2 = z_y(x_0, y_0) = 2y_0$, 即 $x_0 = 2, y_0 = 1$, 又 $z(x_0, y_0) = z(2, 1) = 1$, 于是曲面 $2x + 2y - z = 0$ 在 $(x_0, y_0, z(x_0, y_0))$ 处的切平面方程是

$$2(x - 2) + 2(y - 1) - (z - 1) = 0,$$

即曲面 $z = \dfrac{x^2}{2} + y^2 - 2$ 平行平面 $2x + 2y - z = 0$ 的切平面方程是 $2x + 2y - z - 5 = 0$.

(4) 设函数 $y = y(x)$ 由方程 $x\mathrm{e}^{f(y)} = \mathrm{e}^y \ln 29$ 确定, 其中 f 具有二阶导数, 且 $f' \neq 1$, 则 $\dfrac{\mathrm{d}^2 y}{\mathrm{d}x^2} = $ _____.

解　方程 $x\mathrm{e}^{f(y)} = \mathrm{e}^y \ln 29$ 的两边对 x 求导, 得

$$\mathrm{e}^{f(y)} + xf'(y)y'\mathrm{e}^{f(y)} = \mathrm{e}^y y' \ln 29.$$

因 $\mathrm{e}^y \ln 29 = x\mathrm{e}^{f(y)}$, 故 $\dfrac{1}{x} + f'(y)y' = y'$, 即 $y' = \dfrac{1}{x(1 - f'(y))}$, 因此

$$\begin{aligned}
\frac{\mathrm{d}^2 y}{\mathrm{d}x^2} = y'' &= -\frac{1}{x^2(1 - f'(y))} + \frac{f''(y)y'}{x[1 - f'(y)]^2} \\
&= \frac{f''(y)}{x^2[1 - f'(y)]^3} - \frac{1}{x^2(1 - f'(y))} = \frac{f''(y) - [1 - f'(y)]^2}{x^2[1 - f'(y)]^3}.
\end{aligned}$$

二、(5 分) 求极限 $\displaystyle\lim_{x \to 0} \left(\dfrac{\mathrm{e}^x + \mathrm{e}^{2x} + \cdots + \mathrm{e}^{nx}}{n} \right)^{\frac{\mathrm{e}}{x}}$, 其中 n 是给定的正整数.

解　因

$$\lim_{x \to 0} \left(\frac{e^x + e^{2x} + \cdots + e^{nx}}{n} \right)^{\frac{e}{x}} = \lim_{x \to 0} \left(1 + \frac{e^x + e^{2x} + \cdots + e^{nx} - n}{n} \right)^{\frac{e}{x}},$$

故

$$\begin{aligned}
A &= \lim_{x \to 0} \frac{e^x + e^{2x} + \cdots + e^{nx} - n}{n} \frac{e}{x} \\
&= e \lim_{x \to 0} \frac{e^x + e^{2x} + \cdots + e^{nx} - n}{nx} \\
&= e \lim_{x \to 0} \frac{e^x + 2e^{2x} + \cdots + ne^{nx}}{n} \\
&= e \frac{1 + 2 + \cdots + n}{n} = \frac{n+1}{2} e.
\end{aligned}$$

因此

$$\lim_{x \to 0} \left(\frac{e^x + e^{2x} + \cdots + e^{nx}}{n} \right)^{\frac{e}{x}} = e^A = e^{\frac{n+1}{2}e}.$$

三、(15 分) 设函数 $f(x)$ 连续, $g(x) = \int_0^1 f(xt)\mathrm{d}t$, 且 $\lim\limits_{x \to 0} \dfrac{f(x)}{x} = A$, A 为常数, 求 $g'(x)$ 并讨论 $g'(x)$ 在 $x = 0$ 处的连续性.

解 由 $\lim\limits_{x \to 0} \dfrac{f(x)}{x} = A$ 和函数 $f(x)$ 连续知

$$f(0) = \lim_{x \to 0} f(x) = \lim_{x \to 0} x \lim_{x \to 0} \frac{f(x)}{x} = 0.$$

因 $g(x) = \int_0^1 f(xt)\mathrm{d}t$, 故

$$g(0) = \int_0^1 f(0)\mathrm{d}t = f(0) = 0,$$

因此, 当 $x \neq 0$ 时, $g(x) = \dfrac{1}{x} \int_0^x f(u)\mathrm{d}u$, 故

$$\lim_{x \to 0} g(x) = \lim_{x \to 0} \frac{\int_0^x f(u)\mathrm{d}u}{x} = \lim_{x \to 0} \frac{f(x)}{1} = f(0) = 0.$$

当 $x \neq 0$ 时,

$$g'(x) = -\frac{1}{x^2} \int_0^x f(u)\mathrm{d}u + \frac{f(x)}{x},$$

$$g'(0) = \lim_{x \to 0} \frac{g(x) - g(0)}{x} = \lim_{x \to 0} \frac{\dfrac{1}{x} \displaystyle\int_0^x f(t)\mathrm{d}t}{x}$$

$$= \lim_{x \to 0} \frac{\displaystyle\int_0^x f(t)\mathrm{d}t}{x^2} = \lim_{x \to 0} \frac{f(x)}{2x} = \frac{A}{2},$$

$$\lim_{x \to 0} g'(x) = \lim_{x \to 0} \left[-\frac{1}{x^2} \int_0^x f(u)\mathrm{d}u + \frac{f(x)}{x} \right]$$

$$= \lim_{x \to 0} \frac{f(x)}{x} - \lim_{x \to 0} \frac{1}{x^2} \int_0^x f(u)\mathrm{d}u = A - \frac{A}{2} = \frac{A}{2}.$$

这表明 $g'(x)$ 在 $x = 0$ 处连续.

四、(15 分) 已知平面区域 $D = \{(x, y) | 0 \leqslant x \leqslant \pi,\ 0 \leqslant y \leqslant \pi\}$, L 为 D 的正向边界, 试证:

(1) $\displaystyle\oint_L x\mathrm{e}^{\sin y}\mathrm{d}y - y\mathrm{e}^{-\sin x}\mathrm{d}x = \oint_L x\mathrm{e}^{-\sin y}\mathrm{d}y - y\mathrm{e}^{\sin x}\mathrm{d}x$;

(2) $\displaystyle\oint_L x\mathrm{e}^{\sin y}\mathrm{d}y - y\mathrm{e}^{-\sin y}\mathrm{d}x \geqslant \frac{5}{2}\pi^2$.

证明　因被积函数的偏导数在 D 上连续, 故由格林公式知

(1) $\displaystyle\oint_L x\mathrm{e}^{\sin y}\mathrm{d}y - y\mathrm{e}^{-\sin x}\mathrm{d}x = \iint\limits_D \left[\frac{\partial}{\partial x}(x\mathrm{e}^{\sin y}) - \frac{\partial}{\partial y}(-y\mathrm{e}^{-\sin x}) \right] \mathrm{d}x\mathrm{d}y$

$$= \iint\limits_D (\mathrm{e}^{\sin y} + \mathrm{e}^{-\sin x})\mathrm{d}x\mathrm{d}y,$$

$$\oint_L x\mathrm{e}^{-\sin y}\mathrm{d}y - y\mathrm{e}^{\sin x}\mathrm{d}x = \iint\limits_D \left[\frac{\partial}{\partial x}(x\mathrm{e}^{-\sin y}) - \frac{\partial}{\partial y}(-y\mathrm{e}^{\sin x}) \right] \mathrm{d}x\mathrm{d}y$$

$$= \iint\limits_D (\mathrm{e}^{-\sin y} + \mathrm{e}^{\sin x})\mathrm{d}x\mathrm{d}y.$$

而 D 关于 x 和 y 是对称的, 即知

$$\iint\limits_D (\mathrm{e}^{\sin y} + \mathrm{e}^{-\sin x})\mathrm{d}x\mathrm{d}y = \iint\limits_D (\mathrm{e}^{-\sin y} + \mathrm{e}^{\sin x})\mathrm{d}x\mathrm{d}y.$$

因此

$$\oint_L x\mathrm{e}^{\sin y}\mathrm{d}y - y\mathrm{e}^{-\sin x}\mathrm{d}x = \oint_L x\mathrm{e}^{-\sin y}\mathrm{d}y - y\mathrm{e}^{\sin x}\mathrm{d}x.$$

(2) 因

$$\mathrm{e}^t + \mathrm{e}^{-t} = 2\left(1 + \frac{t^2}{2!} + \frac{t^4}{4!} + \cdots\right) \geqslant 2 + t^2,$$

故

$$\mathrm{e}^{\sin x} + \mathrm{e}^{-\sin x} \geqslant 2 + \sin^2 x = 2 + \frac{1 - \cos 2x}{2} = \frac{5 - \cos 2x}{2}.$$

由

$$\oint_L x\mathrm{e}^{\sin y}\mathrm{d}y - y\mathrm{e}^{-\sin y}\mathrm{d}x = \iint_D (\mathrm{e}^{\sin y} + \mathrm{e}^{-\sin x})\mathrm{d}x\mathrm{d}y = \iint_D (\mathrm{e}^{-\sin y} + \mathrm{e}^{\sin x})\mathrm{d}x\mathrm{d}y,$$

知

$$\oint_L x\mathrm{e}^{\sin y}\mathrm{d}y - y\mathrm{e}^{-\sin y}\mathrm{d}x = \frac{1}{2}\iint_D (\mathrm{e}^{\sin y} + \mathrm{e}^{-\sin x})\mathrm{d}x\mathrm{d}y + \frac{1}{2}\iint_D (\mathrm{e}^{-\sin y} + \mathrm{e}^{\sin x})\mathrm{d}x\mathrm{d}y$$

$$= \frac{1}{2}\iint_D (\mathrm{e}^{\sin y} + \mathrm{e}^{-\sin y})\mathrm{d}x\mathrm{d}y + \frac{1}{2}\iint_D (\mathrm{e}^{-\sin x} + \mathrm{e}^{\sin x})\mathrm{d}x\mathrm{d}y = \iint_D (\mathrm{e}^{-\sin x} + \mathrm{e}^{\sin x})\mathrm{d}x\mathrm{d}y$$

$$= \pi\int_0^\pi (\mathrm{e}^{-\sin x} + \mathrm{e}^{\sin x})\mathrm{d}x \geqslant \pi\int_0^\pi \frac{5 - \cos 2x}{2}\mathrm{d}x = \frac{5}{2}\pi^2,$$

即 $\oint_L x\mathrm{e}^{\sin y}\mathrm{d}y - y\mathrm{e}^{-\sin y}\mathrm{d}x \geqslant \dfrac{5}{2}\pi^2$.

　　五、(10 分) 已知 $y_1 = x\mathrm{e}^x + \mathrm{e}^{2x}$, $y_2 = x\mathrm{e}^x + \mathrm{e}^{-x}$, $y_3 = x\mathrm{e}^x + \mathrm{e}^{2x} - \mathrm{e}^{-x}$ 是某二阶常系数非齐次线性微分方程的三个解, 试求此微分方程.

　　解　设 $y_1 = x\mathrm{e}^x + \mathrm{e}^{2x}$, $y_2 = x\mathrm{e}^x + \mathrm{e}^{-x}$, $y_3 = x\mathrm{e}^x + \mathrm{e}^{2x} - \mathrm{e}^{-x}$ 是二阶常系数非齐次线性微分方程

$$y'' + by' + cy = f(x)$$

的三个解, 则 $y_2 - y_1 = \mathrm{e}^{-x} - \mathrm{e}^{2x}$ 和 $y_3 - y_1 = \mathrm{e}^{-x}$ 都是二阶常系数齐次线性微分方程

$$y'' + by' + cy = 0$$

的解, 因此 $y'' + by' + cy = 0$ 的特征多项式是 $(\lambda - 2)(\lambda + 1) = 0$, 而 $y'' + by' + cy = 0$ 的特征多项式是

$$\lambda^2 + b\lambda + c = 0.$$

因此二阶常系数齐次线性微分方程为 $y'' - y' - 2y = 0$, 由 $y_1'' - y_1' - 2y_1 = f(x)$ 和

$$y_1' = \mathrm{e}^x + x\mathrm{e}^x + 2\mathrm{e}^{2x}, \quad y_1'' = 2\mathrm{e}^x + x\mathrm{e}^x + 4\mathrm{e}^{2x}$$

知

$$f(x) = y_1'' - y_1' - 2y_1$$
$$= x\mathrm{e}^x + 2\mathrm{e}^x + 4\mathrm{e}^{2x} - (x\mathrm{e}^x + \mathrm{e}^x + 2\mathrm{e}^{2x}) - 2(x\mathrm{e}^x + \mathrm{e}^{2x})$$
$$= (1 - 2x)\mathrm{e}^x.$$

二阶常系数非齐次线性微分方程为

$$y'' - y' - 2y = \mathrm{e}^x - 2x\mathrm{e}^x.$$

六、(10 分) 设抛物线 $y = ax^2 + bx + 2\ln c$ 过原点. 当 $0 \leqslant x \leqslant 1$ 时, $y \geqslant 0$, 又已知该抛物线与 x 轴及直线 $x = 1$ 所围图形的面积为 $\dfrac{1}{3}$. 试确定 a, b, c, 使此图形绕 x 轴旋转一周而成的旋转体的体积最小.

解　因抛物线 $y = ax^2 + bx + 2\ln c$ 过原点, 故 $c = 1$, 于是

$$\frac{1}{3} = \int_0^1 (ax^2 + bx)\mathrm{d}x = \left(\frac{a}{3}x^3 + \frac{b}{2}x^2 \right)\Big|_0^1 = \frac{a}{3} + \frac{b}{2},$$

即

$$b = \frac{2}{3}(1 - a).$$

而此图形绕 x 轴旋转一周而成的旋转体的体积

$$V(a) = \pi \int_0^1 (ax^2 + bx)^2 \mathrm{d}x = \pi \int_0^1 \left(ax^2 + \frac{2}{3}(1-a)x \right)^2 \mathrm{d}x$$
$$= \pi a^2 \int_0^1 x^4 \mathrm{d}x + \pi \frac{4}{3}a(1-a) \int_0^1 x^3 \mathrm{d}x + \pi \frac{4}{9}(1-a)^2 \int_0^1 x^2 \mathrm{d}x$$
$$= \frac{1}{5}\pi a^2 + \pi \frac{1}{3}a(1-a) + \pi \frac{4}{27}(1-a)^2,$$

即

$$V(a) = \frac{1}{5}\pi a^2 + \pi \frac{1}{3}a(1-a) + \pi \frac{4}{27}(1-a)^2.$$

令

$$V'(a) = \frac{2}{5}\pi a + \pi \frac{1}{3}(1-2a) - \pi \frac{8}{27}(1-a) = 0,$$

得

$$54a + 45 - 90a - 40 + 40a = 0,$$

即

$$4a + 5 = 0.$$

因此

$$a = -\frac{5}{4}, \quad b = \frac{3}{2}, \quad c = 1.$$

七、(15 分) 已知 $u_n(x)$ 满足 $u_n'(x) = u_n(x) + x^{n-1}\mathrm{e}^x (n = 1, 2, \cdots)$, 且 $u_n(1) = \dfrac{\mathrm{e}}{n}$, 求函数项级数 $\displaystyle\sum_{n=1}^{\infty} u_n(x)$ 之和.

解　由题意知

$$u_n'(x) = u_n(x) + x^{n-1}\mathrm{e}^x,$$

即

$$y' - y = x^{n-1}\mathrm{e}^x.$$

由一阶非齐次线性微分方程公式知

$$y = \mathrm{e}^x \left(C + \int x^{n-1}\mathrm{d}x \right),$$

即

$$y = \mathrm{e}^x \left(C + \frac{x^n}{n} \right).$$

因此

$$u_n(x) = \mathrm{e}^x \left(C + \frac{x^n}{n} \right).$$

由 $\dfrac{\mathrm{e}}{n} = u_n(1) = \mathrm{e}\left(C + \dfrac{1}{n} \right)$ 知, $C = 0$, 于是

$$u_n(x) = \frac{x^n \mathrm{e}^x}{n}.$$

下面求级数的和: 令

$$S(x) = \sum_{n=1}^{\infty} u_n(x) = \sum_{n=1}^{\infty} \frac{x^n \mathrm{e}^x}{n},$$

则

$$S'(x) = \sum_{n=1}^{\infty} \left(x^{n-1}\mathrm{e}^x + \frac{x^n\mathrm{e}^x}{n} \right) = S(x) + \sum_{n=1}^{\infty} x^{n-1}\mathrm{e}^x = S(x) + \frac{\mathrm{e}^x}{1-x},$$

即

$$S'(x) - S(x) = \frac{\mathrm{e}^x}{1-x}.$$

由一阶非齐次线性微分方程公式知

$$S(x) = \mathrm{e}^x \left(C + \int \frac{1}{1-x}\mathrm{d}x \right).$$

令 $x = 0$, 得 $0 = S(0) = C$, 因此级数 $\sum_{n=1}^{\infty} u_n(x)$ 的和

$$S(x) = -\mathrm{e}^x \ln(1-x).$$

八、(10 分) 求当 $x \to 1^-$ 时, 与 $\sum_{n=0}^{\infty} x^{n^2}$ 等价的无穷大量.

解　令 $f(t) = x^{t^2}$, 则因当 $0 < x < 1$, $t \in (0, +\infty)$ 时,

$$f'(t) = 2tx^{t^2} \ln x < 0,$$

故 $f(t) = x^{t^2} = \mathrm{e}^{-t^2 \ln \frac{1}{x}}$ 在 $(0, +\infty)$ 上严格单调减. 因此

$$\int_0^{+\infty} f(t)\mathrm{d}t = \sum_{n=0}^{\infty} \int_n^{n+1} f(t)\mathrm{d}t \leqslant \sum_{n=0}^{\infty} f(n) \leqslant f(0) + \sum_{n=1}^{\infty} \int_{n-1}^{n} f(t)\mathrm{d}t = 1 + \int_0^{+\infty} f(t)\mathrm{d}t,$$

即

$$\int_0^{+\infty} f(t)\mathrm{d}t \leqslant \sum_{n=0}^{\infty} f(n) \leqslant 1 + \int_0^{+\infty} f(t)\mathrm{d}t,$$

又

$$\sum_{n=0}^{\infty} f(n) = \sum_{n=0}^{\infty} x^{n^2},$$

$$\lim_{x \to 1} \frac{\ln \dfrac{1}{x}}{1-x} = \lim_{x \to 1} \frac{-\dfrac{1}{x}}{-1} = 1,$$

$$\int_0^{+\infty} f(t)\mathrm{d}t = \int_0^{+\infty} x^{t^2}\mathrm{d}t = \int_0^{+\infty} \mathrm{e}^{-t^2\ln\frac{1}{x}}\mathrm{d}t = \frac{1}{\sqrt{\ln\dfrac{1}{x}}} \int_0^{+\infty} \mathrm{e}^{-t^2}\mathrm{d}t = \frac{1}{\sqrt{\ln\dfrac{1}{x}}}\frac{\sqrt{\pi}}{2},$$

所以, 当 $x \to 1^-$ 时, 与 $\displaystyle\sum_{n=0}^{\infty} x^{n^2}$ 等价的无穷大量是 $\dfrac{1}{2}\sqrt{\dfrac{\pi}{1-x}}$.

第二届全国大学生数学竞赛预赛试卷及答案 (非数学类, 2010)

一、计算下列各题 (要求写出重要步骤)(每小题 5 分, 共 25 分)

(1) 设 $x_n = (1+a)(1+a^2) \cdots (1+a^{2^n})$, 其中 $|a| < 1$, 求 $\lim\limits_{n \to \infty} x_n$.

解 将 x_n 恒等变形

$$x_n = (1-a)(1+a)(1+a^2) \cdots (1+a^{2^n})/(1-a)$$

$$= (1-a^2)(1+a^2) \cdots (1+a^{2^n})/(1-a) = \cdots = (1-a^{2^{n+1}})/(1-a),$$

由于 $|a| < 1$, 可知 $\lim\limits_{n \to \infty} a^{2n} = 0$. 所以

$$\lim_{n \to \infty} x_n = \lim_{n \to \infty} (1-a^{2^{n+1}})/(1-a) = 1/(1-a).$$

(2) 求 $\lim\limits_{x \to \infty} \mathrm{e}^{-x} \left(1 + \dfrac{1}{x}\right)^{x^2}$.

解 $\lim\limits_{x \to \infty} \mathrm{e}^{-x} \left(1 + \dfrac{1}{x}\right)^{x^2} = \lim\limits_{x \to \infty} \mathrm{e}^{\ln \mathrm{e}^{-x} \left(1 + \frac{1}{x}\right)^{x^2}} = \lim\limits_{x \to \infty} \mathrm{e}^{x^2 \ln\left(1 + \frac{1}{x}\right) - x}$.

令 $x = \dfrac{1}{t}$, 则

$$\text{原式} = \lim_{t \to 0} \mathrm{e}^{\frac{\ln(1+t)-t}{t^2}} = \lim_{t \to 0} \mathrm{e}^{\frac{1/(1+t)-1}{2t}} = \lim_{t \to 0} \mathrm{e}^{-\frac{1}{2(1+t)}} = \mathrm{e}^{-\frac{1}{2}}.$$

(3) 设 $s > 0$, 求 $I = \displaystyle\int_0^{+\infty} \mathrm{e}^{-sx} x^n \mathrm{d}x (n = 1, 2, \cdots)$.

解 因为当 $s > 0$ 时, $\lim\limits_{x \to +\infty} \mathrm{e}^{-sx} x^n = 0$, 则

$$I_n = \int_0^{+\infty} \mathrm{e}^{-sx} x^n \mathrm{d}x = \left(-\frac{1}{s}\right) \int_0^{+\infty} x^n \mathrm{d}\mathrm{e}^{-sx}$$

$$= \left(-\frac{1}{s}\right) \left[x^n \mathrm{e}^{-sx} \Big|_0^{+\infty} - \int_0^{+\infty} \mathrm{e}^{-sx} \mathrm{d}x^n \right]$$

$$= \frac{n}{s} \int_0^{+\infty} e^{-sx} x^{n-1} \mathrm{d}x = \frac{n}{s} I_{n-1}$$

$$= \frac{n(n-1)}{s^2} I_{n-2} = \cdots = \frac{n!}{s^n} I_0 = \frac{n!}{s^{n+1}}.$$

(4) 设函数 $f(t)$ 有二阶连续导数, $r = \sqrt{x^2 + y^2}$, $g(x,y) = f\left(\dfrac{1}{r}\right)$, 求 $\dfrac{\partial^2 g}{\partial x^2} + \dfrac{\partial^2 g}{\partial y^2}$.

解 因为 $\dfrac{\partial r}{\partial x} = \dfrac{x}{r}, \dfrac{\partial r}{\partial y} = \dfrac{y}{r}$, 所以

$$\frac{\partial g}{\partial x} = -\frac{x}{r^3} f'\left(\frac{1}{r}\right), \qquad \frac{\partial^2 g}{\partial x^2} = \frac{x^2}{r^6} f''\left(\frac{1}{r}\right) + \frac{2x^2 - y^2}{r^5} f'\left(\frac{1}{r}\right).$$

利用对称性, $\dfrac{\partial^2 g}{\partial x^2} + \dfrac{\partial^2 g}{\partial y^2} = \dfrac{1}{r^4} f''\left(\dfrac{1}{r}\right) + \dfrac{1}{r^3} f'\left(\dfrac{1}{r}\right)$.

(5) 求直线 $l_1 : \begin{cases} x - y = 0, \\ z = 0 \end{cases}$ 与直线 $l_2 : \dfrac{x-2}{4} = \dfrac{y-1}{-2} = \dfrac{z-3}{-1}$ 的距离.

解 直线 l_1 的对称式方程为 $l_1 : \dfrac{x}{1} = \dfrac{y}{1} = \dfrac{z}{0}$. 记两直线的方向向量分别为 $\boldsymbol{l}_1 = (1,1,0)$, $\boldsymbol{l}_2 = (4,-2,-1)$, 两直线上的定点分别为 $P_1(0,0,0)$ 和 $P_2(2,1,3)$, $\boldsymbol{a} = \overrightarrow{P_1 P_2} = (2,1,3)$.

$\boldsymbol{l}_1 \times \boldsymbol{l}_2 = (-1, 1, -6)$. 由向量的性质可知, 两直线的距离为

$$d = \left| \frac{\boldsymbol{a} \cdot (\boldsymbol{l}_1 \times \boldsymbol{l}_2)}{|\boldsymbol{l}_1 \times \boldsymbol{l}_2|} \right| = \frac{|-2 + 1 - 18|}{\sqrt{1 + 1 + 36}} = \frac{19}{\sqrt{38}} = \sqrt{\frac{19}{2}}.$$

二、(15 分) 设函数 $f(x)$ 在 $(-\infty, +\infty)$ 上具有二阶导数, 并且 $f''(x) > 0$, $\lim\limits_{x \to +\infty} f'(x) = \alpha > 0$, $\lim\limits_{x \to -\infty} f'(x) = \beta < 0$, 且存在一点 x_0, 使得 $f(x_0) < 0$. 证明: 方程 $f(x) = 0$ 在 $(-\infty, +\infty)$ 内恰有两个实根.

证法 1 由 $\lim\limits_{x \to +\infty} f'(x) = \alpha > 0$, 必有一个充分大的 $a > x_0$, 使得 $f'(a) > 0$. 由 $f''(x) > 0$, 知 $y = f(x)$ 是凹函数, 从而

$$f(x) > f(a) + f'(a)(x - a) \quad (x > a).$$

当 $x \to +\infty$ 时,

$$f(+\infty) + f'(a)(x - a) \to +\infty.$$

故存在 $b > a$, 使得

$$f(b) > f(a) + f'(a)(b - a) > 0.$$

同样, 由 $\lim\limits_{x \to -\infty} f'(x) = \beta < 0$, 必有 $c < x_0$, 使得 $f'(c) < 0$. 由 $f''(x) > 0$ 知 $y = f(x)$ 是凹函数, 从而

$$f(x) > f(c) + f'(c)(x - c) \quad (x < c).$$

当 $x \to -\infty$ 时,

$$f(-\infty) + f'(c)(x - c) \to +\infty.$$

故存在 $d < c$, 使得

$$f(d) > f(c) + f'(c)(d - c) > 0.$$

在 $[x_0, b]$ 和 $[d, x_0]$ 上利用零点定理, $\exists x_1 \in (x_0, b)$, $x_2 \in (d, x_0)$, 使得 $f(x_1) = f(x_2) = 0$. 下面证明方程 $f(x) = 0$ 在 $(-\infty, +\infty)$ 内只有两个实根.

　　用反证法. 假设方程 $f(x) = 0$ 在 $(-\infty, +\infty)$ 内有三个实根, 不妨设为 $x_1, x_2,$ x_3, 且 $x_1 < x_2 < x_3$. 对 $f(x)$ 在区间 $[x_1, x_2]$ 和 $[x_2, x_3]$ 上分别应用罗尔定理, 则各至少存在一点 $\xi_1 (x_1 < \xi_1 < x_2)$ 和 $\xi_2 (x_2 < \xi_2 < x_3)$, 使得 $f'(\xi_1) = f'(\xi_2) = 0$. 再将 $f'(x)$ 在区间 $[\xi_1, \xi_2]$ 上使用罗尔定理, 则至少存在一点 $\eta (\xi_1 < \eta < \xi_2)$, 使 $f''(\eta) = 0$. 此与条件 $f''(x) > 0$ 矛盾. 从而方程 $f(x) = 0$ 在 $(-\infty, +\infty)$ 不能多于两个根.

　　证法 2　先证方程 $f(x) = 0$ 至少有两个实根.

　　由 $\lim\limits_{x \to +\infty} f'(x) = \alpha > 0$, 必有一个充分大的 $a > x_0$, 使得 $f'(a) > 0$.

　　因 $f(x)$ 在 $(-\infty, +\infty)$ 上具有二阶导数, 故 $f'(x)$ 及 $f''(x)$ 在 $(-\infty, +\infty)$ 内均连续. 由拉格朗日中值定理, 对于 $x > a$, 有

$$f(x) - [f(a) + f'(a)(x - a)] = f(x) - f(a) - f'(a)(x - a)$$

$$= f'(\xi)(x - a) - f'(a)(x - a) = [f'(\xi) - f'(a)](x - a)$$

$$= f''(\eta)(\xi - a)(x - a),$$

其中 $a < \xi < x, a < \eta < x$. 注意到 $f''(\eta) > 0$ (因为 $f''(x) > 0$), 则

$$f(x) > f(a) + f'(a)(x - a) \quad (x > a).$$

　　又因 $f'(a) > 0$, 故存在 $b > a$, 使得

$$f(b) > f(a) + f'(a)(b - a) > 0.$$

　　又已知 $f(x_0) < 0$, 由连续函数的中间值定理, 至少存在一点 $x_1 (x_0 < x_1 < b)$ 使得

$$f(x_1) = 0,$$

即方程 $f(x) = 0$ 在 $(x_0, +\infty)$ 上至少有一个根 x_1.

同理可证方程 $f(x) = 0$ 在 $(-\infty, x_0)$ 内至少有一个根 x_2.

下面证明方程 $f(x) = 0$ 在 $(-\infty, +\infty)$ 内只有两个实根 (以下同证法 1).

三、(15 分) 设函数 $y = f(x)$ 由参数方程 $\begin{cases} x = 2t + t^2, \\ y = \psi(t) \end{cases}$ $(t > -1)$ 所确定, 且

$\dfrac{\mathrm{d}^2 y}{\mathrm{d}x^2} = \dfrac{3}{4(1+t)}$, 其中 $\psi(t)$ 具有二阶导数, 曲线 $y = \psi(t)$ 与 $y = \displaystyle\int_1^{t^2} \mathrm{e}^{-u^2}\mathrm{d}u + \dfrac{3}{2\mathrm{e}}$

在 $t = 1$ 处相切, 求函数 $\psi(t)$.

解 因为

$$\frac{\mathrm{d}y}{\mathrm{d}x} = \frac{\psi'(t)}{2 + 2t}, \quad \frac{\mathrm{d}^2 y}{\mathrm{d}x^2} = \frac{1}{2 + 2t} \cdot \frac{(2 + 2t)\psi''(t) - 2\psi'(t)}{(2 + 2t)^2} = \frac{(1+t)\psi''(t) - \psi'(t)}{4(1+t)^3},$$

由题设 $\dfrac{\mathrm{d}^2 y}{\mathrm{d}x^2} = \dfrac{3}{4(1+t)}$, 故 $\psi''(t) - \dfrac{1}{1+t}\psi'(t) = 3(1+t)$, 从而

$$(1+t)\psi''(t) - \psi'(t) = 3(1+t)^2, \quad 即 \quad \psi''(t) - \frac{1}{1+t}\psi'(t) = 3(1+t).$$

设 $u = \psi'(t)$, 则有 $u' - \dfrac{1}{1+t}u = 3(1+t)$, 于是

$$u = \mathrm{e}^{\int \frac{1}{1+t}\mathrm{d}t}\left[\int 3(1+t)\mathrm{e}^{-\int \frac{1}{1+t}\mathrm{d}t}\mathrm{d}t + C_1\right]$$

$$= (1+t)\left[\int 3(1+t)(1+t)^{-1}\mathrm{d}t + C_1\right] = (1+t)(3t + C_1).$$

由曲线 $y = \psi(t)$ 与 $y = \displaystyle\int_1^{t^2} \mathrm{e}^{-u^2}\mathrm{d}u + \dfrac{3}{2\mathrm{e}}$ 在 $t = 1$ 处相切得

$$\psi(1) = \frac{3}{2\mathrm{e}}, \quad \psi'(1) = \frac{2}{\mathrm{e}},$$

所以 $u|_{t=1} = \psi'(1) = \dfrac{2}{\mathrm{e}}$, 知 $C_1 = \dfrac{1}{\mathrm{e}} - 3$. 又

$$\psi(t) = \int (1+t)(3t + C_1)\,\mathrm{d}t = \int \left(3t^2 + (3 + C_1)t + C_1\right)\mathrm{d}t$$

$$= t^3 + \frac{3 + C_1}{2}t^2 + C_1 t + C_2,$$

由 $\psi(1) = \dfrac{3}{2e}$, 知 $C_2 = 2$, 于是 $\psi(t) = t^3 + \dfrac{1}{2e}t^2 + \left(\dfrac{1}{e} - 3\right)t + 2(t > -1)$.

四、(15 分) 设 $a_n > 0$, $S_n = \displaystyle\sum_{k=1}^{n} a_k$, 证明:

(1) 当 $\alpha > 1$ 时, 级数 $\displaystyle\sum_{n=1}^{+\infty} \dfrac{a_n}{S_n^\alpha}$ 收敛;

(2) 当 $\alpha \leqslant 1$ 且 $S_n \to \infty (n \to \infty)$ 时, 级数 $\displaystyle\sum_{n=1}^{+\infty} \dfrac{a_n}{S_n^\alpha}$ 发散.

证明 (1) $a_n > 0$, S_n 单调递增.

当 $\displaystyle\sum_{n=1}^{+\infty} a_n$ 收敛时, 因为 $\dfrac{a_n}{S_n^\alpha} < \dfrac{a_n}{S_1^\alpha}$, 而 $\displaystyle\sum_{n=1}^{+\infty} \dfrac{a_n}{S_1^\alpha}$ 收敛, 所以 $\displaystyle\sum_{n=1}^{+\infty} \dfrac{a_n}{S_n^\alpha}$ 收敛;

当 $\displaystyle\sum_{n=1}^{+\infty} a_n$ 发散时, $\displaystyle\lim_{n\to\infty} S_n = \infty$, 因为

$$\frac{a_n}{S_n^\alpha} = \frac{S_n - S_{n-1}}{S_n^\alpha} = \int_{S_{n-1}}^{S_n} \frac{\mathrm{d}x}{S_n^\alpha} < \int_{S_{n-1}}^{S_n} \frac{\mathrm{d}x}{x^\alpha},$$

所以

$$\sum_{n=1}^{\infty} \frac{a_n}{S_n^\alpha} < \frac{a_1}{S_1^\alpha} + \sum_{n=2}^{\infty} \int_{S_{n-1}}^{S_n} \frac{\mathrm{d}x}{x^\alpha} = \frac{a_1}{S_1^\alpha} + \int_{S_1}^{S_n} \frac{\mathrm{d}x}{x^\alpha}.$$

而

$$\int_{S_1}^{S_n} \frac{\mathrm{d}x}{x^\alpha} = \frac{a_1}{S_1^\alpha} + \lim_{n\to+\infty} \frac{S_n^{1-\alpha} - S_1^{1-\alpha}}{1-\alpha} = \frac{a_1}{S_1^\alpha} + \frac{S_1^{1-\alpha}}{\alpha - 1} = k,$$

故收敛于 k. 所以, $\displaystyle\sum_{n=1}^{\infty} \dfrac{a_n}{S_n^\alpha}$ 收敛.

(2) 因为 $\displaystyle\lim_{n\to\infty} S_n = \infty$, 所以 $\displaystyle\sum_{n=1}^{\infty} a_n$ 发散, 所以存在 k_1, 使得 $\displaystyle\sum_{n=2}^{k_1} a_n \geqslant a_1$, 于是,

$$\sum_{n=2}^{k_1} \frac{a_n}{S_n^\alpha} \geqslant \sum_{n=2}^{k_1} \frac{a_n}{S_n} \geqslant \frac{\displaystyle\sum_{n=2}^{k_1} a_n}{S_{k_1}} \geqslant \frac{1}{2}.$$

以此类推, 可得存在 $1 < k_1 < k_2 < \cdots$, 使得 $\displaystyle\sum_{n=k_i}^{k_{i+1}} \dfrac{a_n}{S_n^\alpha} \geqslant \dfrac{1}{2}$ 成立, 所以 $\displaystyle\sum_{n=1}^{k_N} \dfrac{a_n}{S_n^\alpha} \geqslant$

$N \cdot \dfrac{1}{2}.$

当 $n \to +\infty$ 时, $N \to +\infty$, 所以 $\displaystyle\sum_{n=1}^{+\infty} \dfrac{a_n}{S_n^\alpha}$ 发散.

五、(15 分) 设 l 是过原点、方向为 (α, β, γ)(其中 $\alpha^2 + \beta^2 + \gamma^2 = 1$) 的直线, 均匀椭球 $\dfrac{x^2}{a^2} + \dfrac{y^2}{b^2} + \dfrac{z^2}{c^2} \leqslant 1$, 其中 $(0 < c < b < a$, 密度为 1) 绕 l 旋转.

(1) 求其转动惯量;

(2) 求其转动惯量关于方向 (α, β, γ) 的最大值和最小值.

解 (1) 设旋转轴 l 的方向向量为 $\boldsymbol{I} = (\alpha, \beta, \gamma)$, 椭球体内任意一点 $P(x, y, z)$ 到直线 l 的距离的平方为

$$d^2 = (1 - \alpha^2)x^2 + (1 - \beta^2)y^2 + (1 - \gamma^2)z^2 - 2\alpha\beta xy - 2\beta\gamma yz - 2\gamma\alpha zx.$$

因为

$$\iiint\limits_{\Omega} xy \mathrm{d}V = \iiint\limits_{\Omega} yz \mathrm{d}V = \iiint\limits_{\Omega} zx \mathrm{d}V = 0,$$

$$\iiint\limits_{\Omega} z^2 \mathrm{d}V = \int_{-c}^{c} z^2 \mathrm{d}z \iint\limits_{\frac{x^2}{a^2} + \frac{y^2}{b^2} \leqslant 1 - \frac{z^2}{c^2}} \mathrm{d}x\mathrm{d}y = \int_{-c}^{c} \pi ab \left(1 - \dfrac{z^2}{c^2}\right) z^2 \mathrm{d}z = \dfrac{4}{15} \pi abc^3,$$

所以由轮换对称性,

$$\iiint\limits_{\Omega} x^2 \mathrm{d}V = \dfrac{4}{15} \pi a^3 bc, \qquad \iiint\limits_{\Omega} y^2 \mathrm{d}V = \dfrac{4}{15} \pi ab^3 c,$$

$$I = \iiint\limits_{\Omega} d^2 \mathrm{d}V = (1 - \alpha^2) \dfrac{4}{15} \pi a^3 bc + (1 - \beta^2) \dfrac{4}{15} \pi ab^3 c + (1 - \gamma^2) \dfrac{4}{15} \pi abc^3$$

$$= \dfrac{4}{15} \pi abc [(1 - \alpha^2)a^2 + (1 - \beta^2)b^2 + (1 - \gamma^2)c^2].$$

(2) 因为 $a > b > c$, 所以当 $\gamma = 1$ 时, $I_{\max} = \dfrac{4}{15} \pi abc(a^2 + b^2)$.

当 $\alpha = 1$ 时, $I_{\min} = \dfrac{4}{15} \pi abc(b^2 + c^2)$.

六、(15 分) 设函数 $\varphi(x)$ 具有连续的导数, 在围绕原点的任意光滑的简单闭曲线 C 上, 曲线积分 $\displaystyle\oint_{C} \dfrac{2xy\mathrm{d}x + \varphi(x)\mathrm{d}y}{x^4 + y^2}$ 的值为常数.

(1) 设 L 为正向闭曲线 $(x-2)^2 + y^2 = 1$, 证明 $\oint_L \dfrac{2xy\mathrm{d}x + \varphi(x)\mathrm{d}y}{x^4 + y^2} = 0$;

(2) 求函数 $\varphi(x)$;

(3) 设 C 是围绕原点的光滑简单正向闭曲线, 求 $\oint_C \dfrac{2xy\mathrm{d}x + \varphi(x)\mathrm{d}y}{x^4 + y^2}$.

解　(1) 设 $\oint_L \dfrac{2xy\mathrm{d}x + \varphi(x)\mathrm{d}y}{x^4 + y^2} = I$, 闭曲线 L 不绕原点, 在 L 上取两点 A, B, 将 L 分为两段 L_1, L_2, 再从 A, B 作一曲线 L_3, 使之包围原点. 则有

$$\oint_L \frac{2xy\mathrm{d}x + \varphi(x)\mathrm{d}y}{x^4 + y^2} = \oint_{L_1 + L_3} \frac{2xy\mathrm{d}x + \varphi(x)\mathrm{d}y}{x^4 + y^2} - \oint_{L_2^- + L_3} \frac{2xy\mathrm{d}x + \varphi(x)\mathrm{d}y}{x^4 + y^2} = 0.$$

$$(1)$$

(2) 设 $P = \dfrac{2xy}{x^4 + y^2}, Q = \dfrac{\varphi(x)}{x^4 + y^2}$, 由 (1) 知 $\dfrac{\partial Q}{\partial x} - \dfrac{\partial P}{\partial y} = 0$, 代入可得

$$\varphi'(x)(x^4 + y^2) - \varphi(x)4x^3 = 2x^5 - 2xy^2.$$

上式将两边看作 y 的多项式, 整理得

$$y^2\varphi'(x) + \varphi'(x)x^4 - \varphi(x)4x^3 = y^2(-2x) + 2x^5.$$

由此可得

$$\varphi'(x) = -2x, \quad \varphi'(x)x^4 - \varphi(x)4x^3 = 2x^5.$$

解得 $\varphi(x) = -x^2$.

(3) 设 D 为正向闭曲线 $C_a : x^4 + y^2 = 1$ 所围区域, 由 (1)

$$\oint_C \frac{2xy\mathrm{d}x + \varphi(x)\mathrm{d}y}{x^4 + y^2} = \oint_{C_a} \frac{2xy\mathrm{d}x - x^2\mathrm{d}y}{x^4 + y^2}.$$

利用格林公式和对称性,

$$\oint_{C_a} \frac{2xy\mathrm{d}x + \varphi(x)\mathrm{d}y}{x^4 + y^2} = \oint_{C_a} 2xy\mathrm{d}x - x^2\mathrm{d}y = \iint_D (-4x)\mathrm{d}x\mathrm{d}y = 0.$$

第三届全国大学生数学竞赛预赛试卷及答案 (非数学类, 2011)

一、计算题 (每小题 6 分, 共 24 分)

(1) $\lim\limits_{x \to 0} \dfrac{(1+x)^{\frac{2}{x}} - e^2(1 - \ln(1+x))}{x}$.

解 因为

$$\frac{(1+x)^{\frac{2}{x}} - e^2(1 - \ln(1+x))}{x} = \frac{e^{\frac{2}{x}\ln(1+x)} - e^2(1 - \ln(1+x))}{x},$$

$$\lim_{x \to 0} \frac{e^2 \ln(1+x)}{x} = e^2,$$

$$\lim_{x \to 0} \frac{e^{\frac{2}{x}\ln(1+x)} - e^2}{x} = e^2 \lim_{x \to 0} \frac{e^{\frac{2}{x}\ln(1+x)-2} - 1}{x} = e^2 \lim_{x \to 0} \frac{\frac{2}{x}\ln(1+x) - 2}{x}$$

$$= 2e^2 \lim_{x \to 0} \frac{\ln(1+x) - x}{x^2} = 2e^2 \lim_{x \to 0} \frac{\frac{1}{1+x} - 1}{2x} = -e^2,$$

所以

$$\lim_{x \to 0} \frac{(1+x)^{\frac{2}{x}} - e^2(1 - \ln(1+x))}{x} = 0.$$

(2) 设 $a_n = \cos\dfrac{\theta}{2} \cdot \cos\dfrac{\theta}{2^2} \cdots \cos\dfrac{\theta}{2^n}$, 求 $\lim\limits_{n \to \infty} a_n$.

解 若 $\theta = 0$, 则 $\lim\limits_{n \to \infty} a_n = 1$.

若 $\theta \neq 0$, 则当 n 充分大, 使得 $2^n > |k|$ 时,

$$a_n = \cos\frac{\theta}{2} \cdot \cos\frac{\theta}{2^2} \cdots \cos\frac{\theta}{2^n} = \cos\frac{\theta}{2} \cdot \cos\frac{\theta}{2^2} \cdots \cos\frac{\theta}{2^n} \cdot \sin\frac{\theta}{2^n} \cdot \frac{1}{\sin\dfrac{\theta}{2^n}}$$

$$= \cos\frac{\theta}{2} \cdot \cos\frac{\theta}{2^2} \cdots \cos\frac{\theta}{2^{n-1}} \cdot \frac{1}{2}\sin\frac{\theta}{2^{n-1}} \cdot \frac{1}{\sin\dfrac{\theta}{2^n}}$$

$$= \cos\frac{\theta}{2} \cdot \cos\frac{\theta}{2^2} \cdots \cos\frac{\theta}{2^{n-2}} \cdot \frac{1}{2^2}\sin\frac{\theta}{2^{n-2}} \cdot \frac{1}{\sin\dfrac{\theta}{2^n}} = \frac{\sin\theta}{2^n \sin\dfrac{\theta}{2^n}}.$$

这时,

$$\lim_{n\to\infty} a_n = \lim_{n\to\infty} \frac{\sin\theta}{2^n \sin\dfrac{\theta}{2^n}} = \frac{\sin\theta}{\theta}.$$

(3) 求 $\displaystyle\iint\limits_{D} \mathrm{sgn}(xy-1)\mathrm{d}x\mathrm{d}y$, 其中 $D = \{(x,y) \mid 0 \leqslant x \leqslant 2, 0 \leqslant y \leqslant 2\}$.

解 设

$$D_1 = \left\{(x,y) \,\middle|\, 0 \leqslant x \leqslant \frac{1}{2}, 0 \leqslant y \leqslant 2\right\},$$

$$D_2 = \left\{(x,y) \,\middle|\, \frac{1}{2} \leqslant x \leqslant 2, 0 \leqslant y \leqslant \frac{1}{x}\right\},$$

$$D_3 = \left\{(x,y) \,\middle|\, \frac{1}{2} \leqslant x \leqslant 2, \frac{1}{x} \leqslant y \leqslant 2\right\}.$$

则

$$\iint\limits_{D_1 \cup D_2} \mathrm{d}x\mathrm{d}y = 1 + \int_{\frac{1}{2}}^{2} \frac{\mathrm{d}x}{x} = 1 + 2\ln 2, \quad \iint\limits_{D_3} \mathrm{d}x\mathrm{d}y = 3 - 2\ln 2.$$

$$\iint\limits_{D} \mathrm{sgn}(xy-1)\mathrm{d}x\mathrm{d}y = \iint\limits_{D_3} \mathrm{d}x\mathrm{d}y - \iint\limits_{D_2 \cup D_3} \mathrm{d}x\mathrm{d}y = 2 - 4\ln 2.$$

(4) 求幂级数 $\displaystyle\sum_{n=1}^{\infty} \frac{2n-1}{2^n} x^{2n-2}$ 的和函数, 并求级数 $\displaystyle\sum_{n=1}^{\infty} \frac{2n-1}{2^n}$ 的和.

解 令 $S(x) = \displaystyle\sum_{n=1}^{\infty} \frac{2n-1}{2^n} x^{2n-2}$, 则其定义区间为 $(-\sqrt{2}, \sqrt{2})$. $\forall x \in (-\sqrt{2}, \sqrt{2})$,

$$\int_0^x S(t)\mathrm{d}t = \sum_{n=1}^{\infty} \int_0^x \frac{2n-1}{2^n} t^{2n-2}\mathrm{d}t = \sum_{n=1}^{\infty} \frac{x^{2n-1}}{2^n} = \frac{x}{2}\sum_{n=1}^{\infty}\left(\frac{x^2}{2}\right)^{n-1} = \frac{x}{2-x^2}.$$

于是, $S(x) = \left(\dfrac{x}{2-x^2}\right)' = \dfrac{2+x^2}{(2-x^2)^2}, x \in (-\sqrt{2}, \sqrt{2})$,

$$\sum_{n=1}^{\infty} \frac{2n-1}{2^{2n-1}} = \sum_{n=1}^{\infty} \frac{2n-1}{2^n}\left(\frac{1}{\sqrt{2}}\right)^{2n-2} = S\left(\frac{1}{\sqrt{2}}\right) = \frac{10}{9}.$$

二、(每小题 8 分, 共 16 分) 设 $\{a_n\}_{n=0}^{\infty}$ 为数列, a, λ 为有限数, 求证:

(1) 如果 $\lim\limits_{n\to\infty} a_n = a$, 则 $\lim\limits_{n\to\infty} \dfrac{a_1 + a_2 + \cdots + a_n}{n} = a$;

(2) 如果存在正整数 p, 使得 $\lim\limits_{n\to\infty}(a_{n+p} - a_n) = \lambda$, 则 $\lim\limits_{n\to\infty} \dfrac{a_n}{n} = \dfrac{\lambda}{p}$.

证明　(1) 由 $\lim\limits_{n\to\infty} a_n = a$, $\exists M > 0$ 使得 $|a_n| \leqslant M$, 且 $\forall \varepsilon > 0$, $\exists N_1 \in \mathbb{N}$, 当 $n > N_1$ 时,

$$|a_n - a| < \frac{\varepsilon}{2}.$$

因为 $\exists N_2 > N_1$, 当 $n > N_2$ 时, $\dfrac{N_1(M + |a|)}{n} < \dfrac{\varepsilon}{2}$. 于是,

$$\left| \frac{a_1 + a_2 + \cdots + a_n}{n} - a \right| \leqslant \frac{N_1(M + |a|)}{n}\frac{\varepsilon}{2} + \frac{(n - N_1)\varepsilon}{n}\frac{\varepsilon}{2} < \varepsilon.$$

所以,

$$\lim_{n\to\infty} \frac{a_1 + a_2 + \cdots + a_n}{n} = a.$$

(2) 对于 $i = 0, 1, \cdots, p-1$, 令 $A_n^{(i)} = a_{(n+1)p+i} - a_{np+i}$, 易知 $\left\{ A_n^{(i)} \right\}$ 为 $\{a_{n+p} - a_n\}$ 的子列. 由 $\lim\limits_{n\to\infty}(a_{n+p} - a_n) = \lambda$ 知, $\lim\limits_{n\to\infty} A_n^{(i)} = \lambda$. 从而

$$\lim_{n\to\infty} \frac{A_1^{(i)} + A_2^{(i)} + \cdots + A_n^{(i)}}{n} = \lambda.$$

而 $A_1^{(i)} + A_2^{(i)} + \cdots + A_n^{(i)} = a_{(n+1)p+i} - a_{p+i}$. 所以,

$$\lim_{n\to\infty} \frac{a_{(n+1)p+i} - a_{p+i}}{n} = \lambda.$$

由 $\lim\limits_{n\to\infty} \dfrac{a_{p+i}}{n} = 0$ 知 $\lim\limits_{n\to\infty} \dfrac{a_{(n+1)p+i}}{n} = \lambda$.

从而

$$\lim_{n\to\infty} \frac{a_{(n+1)p+i}}{(n+1)p + i} = \lim_{n\to\infty} \frac{n}{(n+1)p + i} \cdot \frac{a_{(n+1)p+i}}{n} = \frac{\lambda}{p}.$$

$\forall m \in \mathbb{N}, \exists n, p, i \in \mathbb{N}\ (0 \leqslant i \leqslant p-1)$, 使得 $m = np + i$, 且当 $m \to \infty$ 时, $n \to \infty$. 所以, $\lim\limits_{m\to\infty} \dfrac{a_m}{m} = \dfrac{\lambda}{p}$.

三、(15 分) 设函数 $f(x)$ 在闭区间 $[-1, 1]$ 上具有连续的三阶导数, 且 $f(-1) = 0$, $f(1) = 1, f'(0) = 0$. 求证: 在开区间 $(-1, 1)$ 内至少存在一点 x_0, 使得 $f'''(x_0) = 3$.

证明　由麦克劳林公式, 得

$$f(x) = f(0) + \frac{1}{2!}f''(0)x^2 + \frac{1}{3!}f'''(\eta)x^3, \quad \eta \text{ 介于 } 0 \text{ 与 } x \text{ 之间}, \quad x \in [-1, 1].$$

在上式中分别取 $x = 1$ 和 $x = -1$, 得

$$1 = f(1) = f(0) + \frac{1}{2!}f''(0) + \frac{1}{3!}f'''(\eta_1), \quad 0 < \eta_1 < 1,$$

$$0 = f(-1) = f(0) + \frac{1}{2!}f''(0) - \frac{1}{3!}f'''(\eta_2), \quad -1 < \eta_2 < 0.$$

两式相减, 得

$$f'''(\eta_1) + f'''(\eta_2) = 6.$$

由于 $f'''(x)$ 在闭区间 $[-1, 1]$ 上连续, 因此 $f'''(x)$ 在闭区间 $[\eta_2, \eta_1]$ 上有最大值 M 和最小值 m, 从而

$$m \leqslant \frac{1}{2}\left(f'''(\eta_1) + f'''(\eta_2)\right) \leqslant M.$$

再由连续函数的介值定理, 至少存在一点 $x_0 \in [\eta_2, \eta_1] \subset (-1, 1)$, 使得

$$f'''(x_0) = \frac{1}{2}\left(f'''(\eta_1) + f'''(\eta_2)\right) = 3.$$

　　四、(15 分) 在平面上, 有一条从点 $(a, 0)$ 向右的射线, 线密度为 ρ. 在点 $(0, h)$ 处 (其中 $h > 0$) 有一质量为 m 的质点. 求射线对该质点的引力.

　　解　在 x 轴的 x 处取一小段 $\mathrm{d}x$, 其质量是 $\rho\mathrm{d}x$, 到质点的距离为 $\sqrt{h^2 + x^2}$, 这一小段与质点的引力是

$$\mathrm{d}\boldsymbol{F} = \frac{Gm\rho\mathrm{d}x}{h^2 + x^2} \quad \text{(其中 } G \text{ 为引力常数)}.$$

这个引力在水平方向的分量为

$$\mathrm{d}F_x = \frac{Gm\rho x\mathrm{d}x}{\left(h^2 + x^2\right)^{3/2}}.$$

从而

$$F_x = \int_a^{+\infty} \frac{Gm\rho x\mathrm{d}x}{\left(h^2 + x^2\right)^{3/2}} = \frac{Gm\rho}{2} \int_a^{+\infty} \frac{\mathrm{d}\left(x^2\right)}{\left(h^2 + x^2\right)^{3/2}}$$

$$= -Gm\rho\left(h^2 + x^2\right)^{-1/2}\Big|_a^{+\infty} = \frac{Gm\rho}{\sqrt{h^2 + a^2}}.$$

而 $\mathrm{d}\boldsymbol{F}$ 在竖直方向的分量为 $\mathrm{d}F_y=\dfrac{Gm\rho h \mathrm{d}x}{(h^2+x^2)^{3/2}}$, 故

$$F_y = \int_a^{+\infty} \frac{Gm\rho h \mathrm{d}x}{(h^2+x^2)^{3/2}} = \int_{\arctan\frac{a}{h}}^{\pi/2} \frac{Gm\rho h^2 \sec^2 \mathrm{d}t}{h^3 \sec^3 t}$$

$$= \frac{Gm\rho}{h} \int_{\arctan\frac{a}{h}}^{\pi/2} \cos t \mathrm{d}t = \frac{Gm\rho}{h}\left(1 - \sin\arctan\frac{a}{h}\right).$$

所求引力向量为 $\boldsymbol{F} = (F_x, F_y)$.

五、(15 分) 设 $z = z(x,y)$ 是由方程 $F\left(z + \dfrac{1}{x}, z - \dfrac{1}{y}\right) = 0$ 确定的隐函数,

其中具有连续的二阶偏导数, 且 $F_u(u,v) = F_v(u,v) \neq 0$, 求证 $x^2\dfrac{\partial z}{\partial x} + y^2\dfrac{\partial z}{\partial y} = 0$

和 $x^3\dfrac{\partial^2 z}{\partial x^2} + xy(x+y)\dfrac{\partial^2 z}{\partial x \partial y} + y^3\dfrac{\partial^2 z}{\partial y^2} = 0$.

证明 在方程 $F\left(z + \dfrac{1}{x}, z - \dfrac{1}{y}\right) = 0$ 两边分别关于 x, y 求偏导, 得

$$\left(\frac{\partial z}{\partial x} - \frac{1}{x^2}\right)F_u + \frac{\partial z}{\partial x}F_v = 0, \quad \frac{\partial z}{\partial y}F_u + \left(\frac{\partial z}{\partial y} + \frac{1}{y^2}\right)F_v = 0.$$

由此解得

$$\frac{\partial z}{\partial x} = \frac{F_u}{x^2(F_u + F_v)}, \quad \frac{\partial z}{\partial y} = \frac{-F_v}{y^2(F_u + F_v)},$$

所以,

$$x^2\frac{\partial z}{\partial x} + y^2\frac{\partial z}{\partial y} = 0.$$

对上式两边关于 x 和 y 分别求偏导, 得

$$x^2\frac{\partial^2 z}{\partial x^2} + y^2\frac{\partial^2 z}{\partial y \partial x} = -2x\frac{\partial z}{\partial x}, \quad x^2\frac{\partial^2 z}{\partial x \partial y} + y^2\frac{\partial^2 z}{\partial y^2} = -2y\frac{\partial z}{\partial y}.$$

上面第一式乘以 x 加上第二式乘以 y, 并注意到 $x^2\dfrac{\partial z}{\partial x} + y^2\dfrac{\partial z}{\partial y} = 0$, 得到

$$x^3\frac{\partial^2 z}{\partial x^2} + xy(x+y)\frac{\partial^2 z}{\partial x \partial y} + y^3\frac{\partial^2 z}{\partial y^2} = 0.$$

六、(15 分) 设函数 $f(x)$ 连续, a, b, c 为常数, Σ 是单位球面 $x^2+y^2+z^2 = 1$. 记

第一型曲面积分 $I = \iint\limits_{\Sigma} f(ax+by+cz)\mathrm{d}S$. 求证: $I = 2\pi \displaystyle\int_{-1}^{1} f\left(\sqrt{a^2+b^2+c^2}u\right)\mathrm{d}u$.

证明　由 Σ 的面积为 4π 可见: 当 a, b, c 都为零时, 等式成立.

当它们不全为零时可知, 原点到平面 $ax + by + cz + d = 0$ 的距离是

$$\frac{|d|}{\sqrt{a^2 + b^2 + c^2}}.$$

设平面 $P_u : u = \dfrac{ax + by + cz}{\sqrt{a^2 + b^2 + c^2}}$, 其中 u 固定. 则 $|u|$ 是原点到平面 P_u 的距离, 从而 $-1 \leqslant u \leqslant 1$.

两平面 P_u 和 $P_{u+\mathrm{d}u}$ 截单位球 Σ 截下来的部分, 被积函数取值为

$$f\left(\sqrt{a^2 + b^2 + c^2}\,u\right).$$

这部分展开可以看成一个细长条. 这个细长条的长是 $2\pi\sqrt{1-u^2}$, 宽是 $\dfrac{\mathrm{d}u}{\sqrt{1-u^2}}$, 它的面积是 $2\pi\mathrm{d}u$, 故我们得证.

第四届全国大学生数学竞赛预赛试卷及答案
(非数学类, 2012)

一、解答下列各题 (要求写出重要步骤)(每小题 6 分, 共 30 分)

(1) 求极限 $\lim\limits_{n\to\infty}(n!)^{\frac{1}{n^2}}$.

解 因为 $(n!)^{\frac{1}{n^2}} = e^{\frac{1}{n^2}\ln(n!)}$, 而

$$\frac{1}{n^2}\ln(n!) \leqslant \frac{1}{n}\left(\frac{\ln 1}{1} + \frac{\ln 2}{2} + \cdots + \frac{\ln n}{n}\right),$$

且 $\lim\limits_{n\to\infty}\dfrac{\ln n}{n} = 0$, 所以

$$\lim_{n\to\infty}\frac{1}{n}\left(\frac{\ln 1}{1} + \frac{\ln 2}{2} + \cdots + \frac{\ln n}{n}\right) = 0,$$

即

$$\lim_{n\to\infty}\frac{1}{n^2}\ln(n!) = 0,$$

故

$$\lim_{n\to\infty}(n!)^{\frac{1}{n^2}} = 1.$$

(2) 求通过直线 $l: \begin{cases} 2x + y - 3z + 2 = 0, \\ 5x + 5y - 4z + 3 = 0 \end{cases}$ 的两个互相垂直的平面 π_1 和 π_2, 使其中一个平面过点 $(4, -3, 1)$.

解 过直线的平面束为

$$\lambda(2x + y - 3z + 2) + \mu(5x + 5y - 4z + 3) = 0,$$

即

$$(2\lambda + 5\mu)x + (\lambda + 5\mu)y - (3\lambda + 4\mu)z + (2\lambda + 3\mu) = 0.$$

若平面 π_1 过点 $(4, -3, 1)$, 代入得 $\lambda + \mu = 0$, 即 $\mu = -\lambda$, 从而平面 π_1 的方程为 $3x + 4y - z + 1 = 0$.

若平面束中 π_2 与 π_1 垂直, 则

$$3 \cdot (2\lambda + 5\mu) + 4 \cdot (\lambda + 5\mu) + (-1)(-3\lambda - 4\mu) = 0,$$

解得 $\lambda = -3\mu$, 从而平面 π_2 的方程为 $x - 2y + 5z + 3 = 0$.

(3) 已知函数 $z = u(x,\ y)\mathrm{e}^{ax+by}$, 且 $\dfrac{\partial^2 u}{\partial x \partial y} = 0$, 确定常数 a 和 b, 使函数 $z = z(x,\ y)$ 满足方程 $\dfrac{\partial^2 z}{\partial x \partial y} - \dfrac{\partial z}{\partial x} - \dfrac{\partial z}{\partial y} + z = 0.$

解　由题目得

$$\frac{\partial z}{\partial x} = \mathrm{e}^{ax+by}\left[\frac{\partial u}{\partial x} + au(x,\ y)\right], \qquad \frac{\partial z}{\partial y} = \mathrm{e}^{ax+by}\left[\frac{\partial u}{\partial y} + bu(x,\ y)\right],$$

$$\frac{\partial^2 z}{\partial x \partial y} = \mathrm{e}^{ax+by}\left[b\frac{\partial u}{\partial x} + a\frac{\partial u}{\partial y} + abu(x,y)\right],$$

$$\frac{\partial^2 z}{\partial x \partial y} - \frac{\partial z}{\partial x} - \frac{\partial z}{\partial y} + z = \mathrm{e}^{ax+by}\left[(b-1)\frac{\partial u}{\partial x} + (a-1)\frac{\partial u}{\partial y} + (ab-a-b-1)u(x,\ y)\right].$$

要使 $\dfrac{\partial^2 z}{\partial x \partial y} - \dfrac{\partial z}{\partial x} - \dfrac{\partial z}{\partial y} + z = 0$, 只有

$$(b-1)\frac{\partial u}{\partial x} + (a-1)\frac{\partial u}{\partial y} + (ab-a-b-1)u(x,\ y) = 0, \quad \text{即} a = b = 1.$$

(4) 设函数 $u = u(x)$ 连续可微, $u(2) = 1$, 且 $\displaystyle\int_L (x+2y)u\mathrm{d}x + (x+u^3)u\mathrm{d}y$ 在右半平面与路径无关, 求 $u(x)$.

解　由 $\dfrac{\partial}{\partial x}(u[x+u^3]) = \dfrac{\partial}{\partial y}([x+2y]u)$ 得 $(x+4u^3)u' = u$, 即

$$\frac{\mathrm{d}x}{\mathrm{d}u} - \frac{1}{u}x = 4u^2.$$

方程的通解为

$$x = \mathrm{e}^{\ln u}\left(\int 4u^2 \mathrm{e}^{-\ln u}\mathrm{d}u + C\right) = u(2u^2 + C).$$

由 $u(2) = 1$ 得 $C = 0$, 故 $u = \left(\dfrac{x}{2}\right)^{\frac{1}{3}}$.

(5) 求极限 $\displaystyle\lim_{x \to +\infty} \sqrt[3]{x}\int_x^{x+1} \frac{\sin t}{\sqrt{t}+\cos t}\mathrm{d}t.$

解 因为当 $x > 1$ 时,

$$\left| \sqrt[3]{x} \int_x^{x+1} \frac{\sin t}{\sqrt{t + \cos t}} dt \right| \leqslant \sqrt[3]{x} \int_x^{x+1} \frac{dt}{\sqrt{t-1}}$$

$$\leqslant 2\sqrt[3]{x}(\sqrt{x} - \sqrt{x-1}) = 2\frac{\sqrt[3]{x}}{\sqrt{x} + \sqrt{x-1}} \to 0 \quad (x \to +\infty),$$

所以

$$\lim_{x \to +\infty} \sqrt[3]{x} \int_x^{x+1} \frac{\sin t}{\sqrt{t + \cos t}} dt = 0.$$

二、(10 分) 计算 $\displaystyle\int_0^{+\infty} \mathrm{e}^{-2x} |\sin x| \, dx$.

解 由于

$$\int_0^{n\pi} \mathrm{e}^{-2x} |\sin x| \, dx = \sum_{k=1}^{n} \int_{(k-1)\pi}^{k\pi} \mathrm{e}^{-2x} |\sin x| \, dx$$

$$= \sum_{k=1}^{n} \int_{(k-1)\pi}^{k\pi} (-1)^{k-1} \mathrm{e}^{-2x} \sin x \, dx,$$

应用分部积分法, 得

$$\int_{(k-1)\pi}^{k\pi} (-1)^{k-1} \mathrm{e}^{-2x} \sin x \, dx = \frac{1}{5} \mathrm{e}^{-2k\pi} (1 + \mathrm{e}^{2\pi}).$$

所以

$$\int_0^{n\pi} \mathrm{e}^{-2x} |\sin x| \, dx = \frac{1}{5} (1 + \mathrm{e}^{2\pi}) \sum_{k=1}^{n} \mathrm{e}^{-2k\pi}$$

$$= \frac{1}{5} (1 + \mathrm{e}^{2\pi}) \frac{\mathrm{e}^{-2\pi} - \mathrm{e}^{-2(n+1)\pi}}{1 - \mathrm{e}^{-2\pi}}.$$

当 $n\pi \leqslant x < (n+1)\pi$ 时,

$$\int_0^{n\pi} \mathrm{e}^{-2x} |\sin x| \, dx < \int_0^x \mathrm{e}^{-2x} |\sin x| \, dx < \int_0^{(n+1)\pi} \mathrm{e}^{-2x} |\sin x| \, dx,$$

令 $n \to \infty$, 由夹逼定理, 得

$$\int_0^{+\infty} \mathrm{e}^{-2x} |\sin x| \, dx = \lim_{n \to \infty} \int_0^{n\pi} \mathrm{e}^{-2x} |\sin x| \, dx = \frac{1}{5} \frac{\mathrm{e}^{2\pi} + 1}{\mathrm{e}^{2\pi} - 1}.$$

注　如果最后不用夹逼法则, 而用

$$\int_0^{+\infty} e^{-2x}\,|\sin x|\,dx = \lim_{n\to\infty} \int_0^{n\pi} e^{-2x}\,|\sin x|\,dx$$

$$= \frac{1}{5}\frac{e^{2\pi}+1}{e^{2\pi}-1},$$

需先说明 $\displaystyle\int_0^{+\infty} e^{-2x}\,|\sin x|\,dx$ 收敛.

三、(10 分) 求方程 $x^2 \sin\dfrac{1}{x} = 2x - 501$ 的近似解, 精确到 0.001.

解　由泰勒公式

$$\sin t = t - \frac{\sin(\theta t)}{2}t^2 \quad (0 < \theta < 1),$$

令 $t = \dfrac{1}{x}$, 得 $\sin\dfrac{1}{x} = \dfrac{1}{x} - \dfrac{\sin\dfrac{\theta}{x}}{2x^2}$, 代入原方程得

$$x - \frac{1}{2}\sin\frac{\theta}{x} = 2x - 501, \quad 即 \ x = 501 - \frac{1}{2}\sin\frac{\theta}{x}.$$

由此知 $x > 500, 0 < \dfrac{\theta}{x} < \dfrac{1}{500}$,

$$|x - 501| = \frac{1}{2}\left|\sin\left(\frac{\theta}{x}\right)\right| \leqslant \frac{1}{2}\frac{\theta}{x} < \frac{1}{1000} = 0.001.$$

所以, $x = 501$ 即为满足题设条件的解.

四、(12 分) 设函数 $y = f(x)$ 二阶可导, 且 $f''(x) > 0$, $f(0) = 0$, $f'(0) = 0$, 求 $\displaystyle\lim_{x\to 0}\frac{x^3 f(u)}{f(x)\sin^3 u}$, 其中 u 是曲线 $y = f(x)$ 上点 $P(x,\ f(x))$ 处的切线在 x 轴上的截距.

解　曲线 $y = f(x)$ 上点 $P(x,\ f(x))$ 处的切线方程为

$$Y - f(x) = f'(x)(X - x).$$

令 $Y = 0$, 则有 $X = x - \dfrac{f(x)}{f'(x)}$, 由此得 $u = x - \dfrac{f(x)}{f'(x)}$, 且有

$$\lim_{x\to 0} u = \lim_{x\to 0}\left(x - \frac{f(x)}{f'(x)}\right) = -\lim_{x\to 0}\frac{\dfrac{f(x)-f(0)}{x-0}}{\dfrac{f'(x)-f'(0)}{x-0}} = \frac{f'(0)}{f''(0)} = 0.$$

由 $f(x)$ 在 $x = 0$ 的二阶泰勒公式

$$f(x) = f(0) + f'(0)x + \frac{f''(0)}{2}x^2 + o(x^2) = \frac{f''(0)}{2}x^2 + o(x^2),$$

得

$$\lim_{x \to 0} \frac{u}{x} = 1 - \lim_{x \to 0} \frac{f(x)}{xf'(x)} = 1 - \lim_{x \to 0} \frac{\dfrac{f''(0)}{2}x^2 + o(x^2)}{xf'(x)}$$

$$= 1 - \frac{1}{2} \lim_{x \to 0} \frac{f''(0) + o(1)}{\dfrac{f'(x) - f'(0)}{x - 0}} = 1 - \frac{1}{2} \frac{f''(0)}{f''(0)} = \frac{1}{2},$$

所以

$$\lim_{x \to 0} \frac{x^3 f(u)}{f(x) \sin^3 u} = \lim_{x \to 0} \frac{x^3 \left(\dfrac{f''(0)}{2}u^2 + o(u^2) \right)}{u^3 \left(\dfrac{f''(0)}{2}x^2 + o(x^2) \right)} = \lim_{x \to 0} \frac{x}{u} = 2.$$

五、(12 分) 求最小实数 C, 使得满足 $\displaystyle\int_0^1 |f(x)|\,\mathrm{d}x = 1$ 的连续函数 $f(x)$ 都有 $\displaystyle\int_0^1 f(\sqrt{x})\mathrm{d}x \leqslant C$.

解 由于

$$\int_0^1 |f(\sqrt{x})|\,\mathrm{d}x = \int_0^1 |f(t)|\,2t\mathrm{d}t \leqslant 2\int_0^1 |f(t)|\,\mathrm{d}t = 2,$$

另一方面, 取 $f_n(x) = (n+1)x^n$, 则

$$\int_0^1 |f_n(x)|\,\mathrm{d}x = \int_0^1 f_n(x)\mathrm{d}x = 1,$$

而

$$\int_0^1 f_n(\sqrt{x})\mathrm{d}x = 2\int_0^1 tf_n(t)\mathrm{d}t = 2\frac{n+1}{n+2} \to 2 \quad (n \to \infty),$$

因此最小实数 $C = 2$.

六、(12 分) 设 $f(x)$ 为连续函数, $t > 0$. 区域 Ω 是由抛物面 $z = x^2 + y^2$ 和球面 $x^2 + y^2 + z^2 = t^2 (z > 0)$ 所围起来的部分. 定义三重积分

$$F(t) = \iiint\limits_{\Omega} f(x^2 + y^2 + z^2)\mathrm{d}v,$$

求 $F(t)$ 的导数 $F'(t)$.

解法 1 记 $g = g(t) = \dfrac{\sqrt{1+4t^2}-1}{2}$, 则 Ω 在 xOy 面上的投影为 $x^2+y^2 \leqslant g$.

在曲线 $l: \begin{cases} x^2+y^2 = z, \\ x^2+y^2+z^2 = t^2 \end{cases}$ 上任取一点 $P(x,y,z)$, 则原点到 P 点的射

线和 z 轴的夹角为

$$\theta_t = \arccos \frac{z}{t} = \arccos \frac{g}{t}.$$

取 $\Delta t > 0$, 则 $\theta_t > \theta_{t+\Delta T}$.

对于固定的 $t > 0$, 考虑积分差 $F(t+\Delta t) - F(t)$, 这是一个在厚度为 Δt 的球壳的积分, 原点到球壳边缘上的点的射线和 z 轴夹角为 $\theta_{t+\Delta T}$ 与 θ_t 之间. 我们使用球坐标变换来做这个积分. 由积分的连续性可知, 存在 $\alpha = \alpha(\Delta t) \in (\theta_{t+\Delta t}, \theta_t)$, 使得

$$F(t+\Delta t) - F(t) = \int_0^{2\pi} \mathrm{d}\varphi \int_0^\alpha \mathrm{d}\theta \int_t^{t+\Delta t} f(r^2) r^2 \sin\theta \mathrm{d}r,$$

这样就有

$$F(t+\Delta t) - F(t) = 2\pi(1 - \cos\alpha) \int_t^{t+\Delta t} f(r^2) r^2 \mathrm{d}r.$$

当 $\Delta t \to 0^+$ 时

$$\cos\alpha \to \cos\theta_t = \frac{g(t)}{t}, \quad \frac{1}{\Delta t} \int_t^{t+\Delta t} f(r^2) r^2 \mathrm{d}r \to t^2 f(t^2),$$

故 $F(t)$ 的右导数为

$$2\pi \left(1 - \frac{g(t)}{t}\right) t^2 f(t^2) = \pi(2t + 1 - \sqrt{1+4t^2}) t f(t^2).$$

当 $\Delta t < 0$ 时, 考察 $F(t) - F(t+\Delta t)$ 可以得到同样的左导数, 因此

$$F'(t) = \pi(2t + 1 - \sqrt{1+4t^2}) t f(t^2).$$

解法 2 令 $\begin{cases} x = r\cos\theta, \\ y = r\sin\theta, \\ z = z, \end{cases}$ 则 $\Omega: \begin{cases} 0 \leqslant \theta \leqslant 2\pi, \\ 0 \leqslant r \leqslant a, \\ r^2 \leqslant z \leqslant \sqrt{t^2-r^2}, \end{cases}$ 其中

$$a^2 + a^4 = t^2,$$

$$a = \frac{\sqrt{1+4t^2}-1}{2},$$

故有

$$F(t) = \int_0^{2\pi} \mathrm{d}\theta \int_0^a r\mathrm{d}r \int_{r^2}^{\sqrt{t^2-r^2}} f\left(r^2+z^2\right) \mathrm{d}z$$

$$= 2\pi \int_0^a r \left(\int_{r^2}^{\sqrt{t^2-r^2}} f\left(r^2+z^2\right) \mathrm{d}z \right) \mathrm{d}r.$$

从而有

$$F'(t) = 2\pi \left\{ a \int_{a^2}^{\sqrt{t^2-a^2}} f\left(r^2+z^2\right) \mathrm{d}z \frac{\mathrm{d}a}{\mathrm{d}t} + \int_0^a rf\left(r^2+t^2-r^2\right) \frac{t\mathrm{d}r}{\sqrt{t^2-r^2}} \right\}.$$

注意到 $\sqrt{t^2-a^2} = a^2$, 第一个积分为 0, 我们得到

$$F'(t) = 2\pi t f\left(t^2\right) \int_0^a \frac{r\mathrm{d}r}{\sqrt{t^2-r^2}} = -\pi t f\left(t^2\right) \int_0^a \frac{\mathrm{d}\left(t^2-r^2\right)}{\sqrt{t^2-r^2}}$$

$$= 2\pi t f\left(t^2\right) \left(t-a^2\right) = \pi \left(2t+1-\sqrt{1+4t^2}\right) t f\left(t^2\right).$$

七、(14 分) 设 $\displaystyle\sum_{n=1}^{\infty} a_n$ 与 $\displaystyle\sum_{n=1}^{\infty} b_n$ 为正项级数, 证明:

(1) 若 $\displaystyle\lim_{n\to\infty} \left(\frac{a_n}{a_{n+1}b_n} - \frac{1}{b_{n+1}} \right) > 0$, 则级数 $\displaystyle\sum_{n=1}^{\infty} a_n$ 收敛;

(2) 若 $\displaystyle\lim_{n\to\infty} \left(\frac{a_n}{a_{n+1}b_n} - \frac{1}{b_{n+1}} \right) < 0$, 且级数 $\displaystyle\sum_{n=1}^{\infty} b_n$ 发散, 则级数 $\displaystyle\sum_{n=1}^{\infty} a_n$ 发散.

证明 (1) 若 $\displaystyle\lim_{n\to\infty} \left(\frac{a_n}{a_{n+1}b_n} - \frac{1}{b_{n+1}} \right) = 2c > c > 0$, 则存在正整数 N, 对于任意的 $n \geqslant N$ 时,

$$\frac{a_n}{a_{n+1}b_n} - \frac{1}{b_{n+1}} > c, \quad \frac{a_n}{b_n} - \frac{a_{n+1}}{b_{n+1}} > c a_{n+1}, \quad a_{n+1} < \frac{1}{c}\left(\frac{a_n}{b_n} - \frac{a_{n+1}}{b_{n+1}} \right),$$

$$\sum_{k=N}^{n} a_{k+1} < \frac{1}{c} \sum_{k=N}^{n} \left(\frac{a_k}{b_k} - \frac{a_{k+1}}{b_{k+1}} \right) < \frac{1}{c} \left(\frac{a_N}{b_N} - \frac{a_{n+1}}{b_{n+1}} \right) < \frac{1}{c} \frac{a_N}{b_N}.$$

因而级数 $\displaystyle\sum_{n=1}^{\infty} a_n$ 的部分和有上界, 从而级数 $\displaystyle\sum_{n=1}^{\infty} a_n$ 收敛.

(2) 若 $\lim\limits_{n\to\infty}\left(\dfrac{a_n}{a_{n+1}b_n}-\dfrac{1}{b_{n+1}}\right)<c<0$, 则存在正整数 N, 对于任意的 $n\geqslant N$ 时, $\dfrac{a_n}{a_{n+1}}<\dfrac{b_n}{b_{n+1}}$, 有

$$a_{n+1}>\frac{b_{n+1}}{b_n}a_n>\frac{b_{n+1}}{b_n}\frac{b_n}{b_{n-1}}a_{n-1}>\frac{b_{n+1}}{b_n}\frac{b_n}{b_{n-1}}\cdots\frac{b_{N+1}}{b_N}a_N=\frac{a_N}{b_N}b_{n+1}.$$

于是由级数 $\sum\limits_{n=1}^{\infty}b_n$ 发散, 得到级数 $\sum\limits_{n=1}^{\infty}a_n$ 发散.

第五届全国大学生数学竞赛预赛试卷及答案 (非数学类, 2013)

一、解答下列各题 (要求写出重要步骤)(每小题 6 分, 共 24 分)

(1) 求极限 $\lim\limits_{n\to\infty}\left(1+\sin\pi\sqrt{1+4n^2}\right)^n$.

解 因为

$$\sin\left(\pi\sqrt{1+4n^2}\right)=\sin\left(\pi\sqrt{1+4n^2}-2n\pi\right)=\sin\frac{\pi}{\pi\sqrt{1+4n^2}+2n\pi},$$

则

$$
\begin{aligned}
原式 &= \lim_{n\to\infty}\left(1+\sin\frac{\pi}{\pi\sqrt{1+4n^2}+2n\pi}\right)^n\\
&= \exp\left[\lim_{n\to\infty}n\ln\left(1+\sin\frac{\pi}{\pi\sqrt{1+4n^2}+2n\pi}\right)\right]\\
&= \exp\left(\lim_{n\to\infty}n\sin\frac{\pi}{\pi\sqrt{1+4n^2}+2n\pi}\right)\\
&= \exp\left(\lim_{n\to\infty}\frac{n\pi}{\pi\sqrt{1+4n^2}+2n\pi}\right)=\mathrm{e}^{\frac{1}{4}}.
\end{aligned}
$$

(2) 证明广义积分 $\displaystyle\int_0^{+\infty}\frac{\sin x}{x}\mathrm{d}x$ 不是绝对收敛的.

证明 记 $a_n=\displaystyle\int_{n\pi}^{(n+1)\pi}\frac{|\sin x|}{x}\mathrm{d}x$, 只要证明 $\displaystyle\sum_{n=0}^{\infty}a_n$ 发散即可.

因为

$$a_n\geqslant\frac{1}{(n+1)\pi}\int_{n\pi}^{(n+1)\pi}|\sin x|\,\mathrm{d}x=\frac{1}{(n+1)\pi}\int_0^{\pi}\sin x\mathrm{d}x=\frac{2}{(n+1)\pi},$$

而 $\displaystyle\sum_{n=0}^{\infty}\frac{2}{(n+1)\pi}$ 发散, 故由比较判别法 $\displaystyle\sum_{n=0}^{\infty}a_n$ 发散.

(3) 设函数 $y=y(x)$ 由 $x^3+3x^2y-2y^3=2$ 确定, 求 $y(x)$ 的极值.

解　方程两边对 x 求导, 得

$$3x^2 + 6xy + 3x^2y' - 6y^2y' = 0,$$

故 $y' = \dfrac{x(x+2y)}{2y^2 - x^2}$, 令 $y' = 0$, 得

$$x(x+2y) = 0 \Rightarrow x = 0 \text{ 或 } x = -2y.$$

将 $x = -2y$ 代入所给方程得

$$x = -2, \quad y = 1.$$

将 $x = 0$ 代入所给方程得

$$x = 0, \quad y = -1.$$

又

$$y'' = \frac{(2x + 2xy' + 2y)(2y^2 - x^2) - x(x+2y)(4yy' - 2x)}{(2y^2 - x^2)^2},$$

$$y''|_{x=0,y=1,y'=0} = \frac{(0+0-2)(2-0) - 0}{(2-0)^2} = -1 < 0,$$

$$y''|_{x=-2,y=1,y'=0} = 1 > 0,$$

故 $y(0) = -1$ 为极大值, $y(-2) = 1$ 为极小值.

(4) 过曲线 $y = \sqrt[3]{x}\,(x \geqslant 0)$ 上的点 A 作切线, 使该切线与曲线及 x 轴所围成的平面图形的面积为 $\dfrac{3}{4}$, 求点 A 的坐标.

解　设切点 A 的坐标为 $\left(t, \sqrt[3]{t}\right)$, 曲线过 A 点的切线方程为

$$y - \sqrt[3]{t} = \frac{1}{3\sqrt[3]{t^2}}(x - t).$$

令 $y = 0$, 由切线方程得切线与 x 轴交点的横坐标为 $x_0 = -2t$.

从而作图可知, 所求平面图形的面积

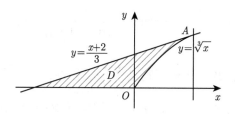

$$S = \frac{1}{2}\sqrt[3]{t}\left[t - (-2t)\right] - \int_0^t \sqrt[3]{x}\mathrm{d}x = \frac{3}{4}t\sqrt[3]{t} = \frac{3}{4} \Rightarrow t = 1,$$

故 A 点的坐标为 $(1,1)$.

二、(12 分) 计算定积分 $I = \displaystyle\int_{-\pi}^{\pi} \frac{x\sin x \cdot \arctan \mathrm{e}^x}{1 + \cos^2 x}\mathrm{d}x.$

解　$I = \displaystyle\int_{-\pi}^{0} \frac{x\sin x \cdot \arctan \mathrm{e}^x}{1 + \cos^2 x}\mathrm{d}x + \int_0^{\pi} \frac{x\sin x \cdot \arctan \mathrm{e}^x}{1 + \cos^2 x}\mathrm{d}x$

$$= \int_0^{\pi} \frac{x\sin x \cdot \arctan \mathrm{e}^{-x}}{1 + \cos^2 x}\mathrm{d}x + \int_0^{\pi} \frac{x\sin x \cdot \arctan \mathrm{e}^x}{1 + \cos^2 x}\mathrm{d}x$$

$$= \int_0^{\pi} \frac{x\sin x}{1 + \cos^2 x} \cdot \left(\arctan \mathrm{e}^{-x} + \arctan \mathrm{e}^x\right)\mathrm{d}x$$

$$= \frac{\pi}{2}\int_0^{\pi} \frac{x\sin x}{1 + \cos^2 x}\mathrm{d}x = \left(\frac{\pi}{2}\right)^2 \int_0^{\pi} \frac{\sin x}{1 + \cos^2 x}\mathrm{d}x$$

$$= -\left(\frac{\pi}{2}\right)^2 \arctan \cos x\bigg|_0^{\pi} = \frac{\pi^3}{8}.$$

三、(12 分) 设 $f(x)$ 在 $x = 0$ 处存在二阶导数 $f''(0)$, 且 $\displaystyle\lim_{x \to 0} \frac{f(x)}{x} = 0$. 证明: 级数 $\displaystyle\sum_{n=1}^{\infty}\left|f\left(\frac{1}{n}\right)\right|$ 收敛.

证明　由于 $f(x)$ 在 $x = 0$ 处可导必连续, 由 $\displaystyle\lim_{x \to 0} \frac{f(x)}{x} = 0$ 得

$$f(0) = \lim_{x \to 0} f(x) = \lim_{x \to 0}\left[x \cdot \frac{f(x)}{x}\right] = 0,$$

$$f'(0) = \lim_{x \to 0} \frac{f(x) - f(0)}{x - 0} = \lim_{x \to 0}\frac{f(x)}{x} = 0.$$

由洛必达法则及定义,

$$\lim_{x \to 0}\frac{f(x)}{x^2} = \lim_{x \to 0}\frac{f'(x)}{2x} = \frac{1}{2}\lim_{x \to 0}\frac{f'(x) - f'(0)}{x - 0} = \frac{1}{2}f''(0),$$

所以

$$\lim_{n \to \infty} \frac{\left|f\left(\dfrac{1}{n}\right)\right|}{\left(\dfrac{1}{n}\right)^2} = \frac{1}{2}|f''(0)|.$$

由于级数 $\sum\limits_{n=1}^{\infty} \dfrac{1}{n^2}$ 收敛, 从而由比较判别法的极限形式得 $\sum\limits_{n=1}^{\infty} \left| f\left(\dfrac{1}{n}\right) \right|$ 收敛.

四、(12 分) 设 $|f(x)| \leqslant \pi, f'(x) \geqslant m > 0 \, (a \leqslant x \leqslant b)$, 证明

$$\left| \int_a^b \sin f(x) \, \mathrm{d}x \right| \leqslant \frac{2}{m}.$$

证明 因为 $f'(x) \geqslant m > 0 \, (a \leqslant x \leqslant b)$, 所以 $f(x)$ 在 $[a,b]$ 上严格单调增, 从而有反函数.

设 $A = f(a), B = f(b), \varphi$ 是 f 的反函数, 则

$$0 < \varphi'(y) = \frac{1}{f'(x)} \leqslant \frac{1}{m}.$$

又 $|f(x)| \leqslant \pi$, 则 $-\pi \leqslant A < B \leqslant \pi$, 所以

$$\left| \int_a^b \sin f(x) \, \mathrm{d}x \right| \xrightarrow{x = \varphi(y)} \left| \int_A^B \varphi'(y) \sin y \, \mathrm{d}y \right|$$

$$\leqslant \left| \int_0^\pi \varphi'(y) \sin y \, \mathrm{d}y \right| \leqslant \int_0^\pi \frac{1}{m} \sin y \, \mathrm{d}y = -\frac{1}{m} \cos y \Big|_0^\pi = \frac{2}{m}.$$

五、(12 分) 设 Σ 是一个光滑封闭曲面, 方向朝外. 给定第二型的曲面积分

$$I = \iint\limits_{\Sigma} \left(x^3 - x\right) \mathrm{d}y\mathrm{d}z + \left(2y^3 - y\right) \mathrm{d}z\mathrm{d}x + \left(3z^3 - z\right) \mathrm{d}x\mathrm{d}y.$$ 试确定曲面 Σ, 使积分 I 的值最小, 并求该最小值.

解 记 Σ 围成的立体为 V, 由高斯公式有

$$I = \iiint\limits_{V} \left(3x^2 + 6y^2 + 9z^2 - 3\right) \mathrm{d}v = 3 \iiint\limits_{V} \left(x^2 + 2y^2 + 3z^2 - 1\right) \mathrm{d}x\mathrm{d}y\mathrm{d}z.$$

为了使得 I 的值最小, 就要求 V 是使得 $x^2 + 2y^2 + 3z^2 - 1 \leqslant 0$ 的最大空间区域, 即取 $V = \left\{ (x,y,z) \, \middle| \, x^2 + 2y^2 + 3z^2 \leqslant 1 \right\}$, 曲面 $\Sigma : x^2 + 2y^2 + 3z^2 = 1$.

为求最小值, 作变换 $\begin{cases} x = u, \\ y = \dfrac{v}{\sqrt{2}}, \\ z = \dfrac{w}{\sqrt{3}}, \end{cases}$ 则

$$\frac{\partial(x,y,z)}{\partial(u,v,w)} = \begin{vmatrix} 1 & 0 & 0 \\ 0 & \dfrac{1}{\sqrt{2}} & 0 \\ 0 & 0 & \dfrac{1}{\sqrt{3}} \end{vmatrix} = \frac{1}{\sqrt{6}},$$

从而

$$I = \frac{3}{\sqrt{6}} \iiint\limits_{V} \left(u^2 + v^2 + w^2 - 1 \right) \mathrm{d}u\mathrm{d}v\mathrm{d}w.$$

使用球坐标计算, 得

$$I = \frac{3}{\sqrt{6}} \int_0^\pi \mathrm{d}\varphi \int_0^{2\pi} \mathrm{d}\theta \int_0^1 \left(r^2 - 1 \right) r^2 \sin\varphi \mathrm{d}r$$

$$= \frac{3}{\sqrt{6}} \cdot 2\pi \left(\frac{1}{5} - \frac{1}{3} \right) (-\cos\varphi) \Big|_0^\pi = \frac{3\sqrt{6}}{6} \cdot 4\pi \cdot \frac{-2}{15} = -\frac{4\sqrt{6}}{15}\pi.$$

六、(14 分) 设 $I_a(r) = \int_C \dfrac{y\mathrm{d}x - x\mathrm{d}y}{(x^2 + y^2)^a}$, 其中 a 为常数, 曲线 C 为椭圆 $x^2 + xy + y^2 = r^2$, 取正向. 求极限 $\lim\limits_{r \to +\infty} I_a(r)$.

解 作变换 $\begin{cases} x = \dfrac{\sqrt{2}}{2}(u - v), \\[2mm] y = \dfrac{\sqrt{2}}{2}(u + v) \end{cases}$ (观察发现或用线性代数里正交变换化二次

型的方法), 曲线 C 变为 uOv 平面上的椭圆 $\Gamma: \dfrac{3}{2}u^2 + \dfrac{1}{2}v^2 = r^2$(实现了简化积分曲线), 也是取正向, 而且 $x^2 + y^2 = u^2 + v^2, y\mathrm{d}x - x\mathrm{d}y = v\mathrm{d}u - u\mathrm{d}v$(被积表达式没变, 同样简单!),

$$I_a(r) = \oint_\Gamma \frac{v\mathrm{d}u - u\mathrm{d}v}{(u^2 + v^2)^a}.$$

曲线参数化 $u = \sqrt{\dfrac{2}{3}}r\cos\theta$, $v = \sqrt{2}r\sin\theta$, $\theta : 0 \to 2\pi$, 则有 $v\mathrm{d}u - u\mathrm{d}v = -\dfrac{2}{\sqrt{3}}r^2\mathrm{d}\theta$,

$$I_a(r) = \int_0^{2\pi} \frac{-\dfrac{2}{\sqrt{3}}r^2\mathrm{d}\theta}{\left(\dfrac{2}{3}r^2\cos^2\theta + 2r^2\sin^2\theta \right)^a} = -\frac{2}{\sqrt{3}}r^{2(1-a)} \int_0^{2\pi} \frac{\mathrm{d}\theta}{\left(\dfrac{2}{3}\cos^2\theta + 2\sin^2\theta \right)^a}.$$

令 $J_a = \displaystyle\int_0^{2\pi} \frac{\mathrm{d}\theta}{\left(\dfrac{2}{3}\cos^2\theta + 2\sin^2\theta \right)^a}$, 则由于 $\dfrac{2}{3} < \dfrac{2}{3}\cos^2\theta + 2\sin^2\theta < 2$, 从而

$0 < J_a < +\infty$. 因此当 $a > 1$ 时 $\lim\limits_{r \to +\infty} I_a(r) = 0$ 或当 $a < 1$ 时 $\lim\limits_{r \to +\infty} I_a(r) = -\infty$.

而当 $a = 1$ 时,

$$J_1 = \int_0^{2\pi} \frac{\mathrm{d}\theta}{\frac{2}{3}\cos^2\theta + 2\sin^2\theta} = 4\int_0^{\pi/2} \frac{\mathrm{d}\theta}{\frac{2}{3}\cos^2\theta + 2\sin^2\theta}$$

$$= 2\int_0^{\pi/2} \frac{\mathrm{d}\tan\theta}{\frac{1}{3} + \tan^2\theta} = 2\int_0^{+\infty} \frac{\mathrm{d}t}{\frac{1}{3} + t^2} = 2 \cdot \frac{1}{\sqrt{1/3}}\arctan\frac{t}{\sqrt{1/3}}\Big|_0^{+\infty}$$

$$= 2\sqrt{3}\left(\frac{\pi}{2} - 0\right) = \sqrt{3}\pi.$$

$$I_1(r) = -\frac{2}{\sqrt{3}} \cdot \sqrt{3}\pi = -2\pi.$$

故所求极限为

$$I_a(r) = \begin{cases} 0, & a > 1, \\ -\infty, & a < 1, \\ -2\pi, & a = 1. \end{cases}$$

七、(14 分) 判断级数 $\displaystyle\sum_{n=1}^{\infty} \frac{1 + \frac{1}{2} + \cdots + \frac{1}{n}}{(n+1)(n+2)}$ 的敛散性, 若收敛, 求其和.

解 (1) 记 $a_n = 1 + \frac{1}{2} + \cdots + \frac{1}{n}, u_n = \dfrac{a_n}{(n+1)(n+2)}, n = 1, 2, 3, \cdots$. 因为 $\displaystyle\lim_{n\to\infty} \frac{1 + \ln n}{\sqrt{n}} = 0$, 当 n 充分大时,

$$0 < a_n < 1 + \int_1^n \frac{1}{x}\mathrm{d}x = 1 + \ln n < \sqrt{n},$$

所以 $0 < u_n < \dfrac{\sqrt{n}}{(n+1)(n+2)} < \dfrac{1}{n^{\frac{3}{2}}}$, 而 $\displaystyle\sum_{n=1}^{\infty} \frac{1}{n^{\frac{3}{2}}}$ 收敛, 故 $\displaystyle\sum_{n=1}^{\infty} \frac{1 + \frac{1}{2} + \cdots + \frac{1}{n}}{(n+1)(n+2)}$ 收敛.

(2) 记 $a_k = 1 + \frac{1}{2} + \cdots + \frac{1}{k}$ $(k = 1, 2, 3, \cdots)$, 则

$$S_n = \sum_{k=1}^n \frac{1 + \frac{1}{2} + \cdots + \frac{1}{k}}{(k+1)(k+2)} = \sum_{k=1}^n \frac{a_k}{(k+1)(k+2)} = \sum_{k=1}^n \left(\frac{a_k}{k+1} - \frac{a_k}{k+2}\right)$$

$$= \left(\frac{a_1}{2} - \frac{a_1}{3}\right) + \left(\frac{a_2}{3} - \frac{a_2}{4}\right) + \cdots + \left(\frac{a_{n-1}}{n} - \frac{a_{n-1}}{n+1}\right) + \left(\frac{a_n}{n+1} - \frac{a_n}{n+2}\right)$$

$$= \frac{a_1}{2} + \frac{1}{3}(a_2 - a_1) + \frac{1}{4}(a_3 - a_2) + \cdots + \frac{1}{n+1}(a_n - a_{n-1}) - \frac{a_n}{n+2}$$

$$= \frac{1}{2} + \frac{1}{3} \cdot \frac{1}{2} + \frac{1}{4} \cdot \frac{1}{3} + \cdots + \frac{1}{n+1} \cdot \frac{1}{n} - \frac{a_n}{n+2} = 1 - \frac{1}{n} - \frac{a_n}{n+2}.$$

因为 $0 < a_n < 1 + \int_1^n \frac{1}{x} \mathrm{d}x = 1 + \ln n$, 所以 $0 < \dfrac{a_n}{n+2} < \dfrac{1 + \ln n}{n+2}$, 从而

$$\lim_{n \to \infty} \frac{1 + \ln n}{n+2} = 0, \text{ 故 } \lim_{n \to \infty} \frac{a_n}{n+2} = 0.$$

因此 $S = \lim\limits_{n \to \infty} S_n = 1 - 0 - 0 = 1$. (也可由此用定义推知级数的收敛性.)

第六届全国大学生数学竞赛预赛试卷及答案 (非数学类, 2014)

一、填空题 (每小题 6 分, 共 30 分)

(1) 已知 $y_1 = \mathrm{e}^x$ 和 $y_2 = x\mathrm{e}^x$ 是二阶常系数齐次线性微分方程的解, 则该方程是_____.

解 由题设知该方程的特征方程有二重根 $r = 1$, 故所求微分方程是 $y''(x) - 2y'(x) + y(x) = 0$.

(2) 设有曲面 $S: z = x^2 + 2y^2$ 和平面 $L: 2x + 2y + z = 0$, 则与 L 平行的 S 的切平面方程是_____.

解 设 $P_0(x_0, y_0, z_0)$ 为 S 上一点, 则 S 在 P_0 的切平面方程是

$$-2x_0(x - x_0) - 4y_0(y - y_0) + (z - z_0) = 0.$$

由于该切平面与已知平面 L 平行, 则 $(-2x_0, -4y_0, 1)$ 平行于 $(2, 2, 1)$, 故存在常数 $k \neq 0$ 使得 $(-2x_0, -4y_0, 1) = k(2, 2, 1)$, 从而 $k = 1$. 故得 $x_0 = -1$, $y_0 = -\dfrac{1}{2}$. 这样就有 $z_0 = \dfrac{3}{2}$. 所求切面方程是 $2x + 2y + z + \dfrac{3}{2} = 0$.

(3) 设函数 $y = y(x)$ 由方程 $x = \displaystyle\int_1^{y-x} \sin^2\left(\dfrac{\pi t}{4}\right) \mathrm{d}t$ 所确定, 求 $\left.\dfrac{\mathrm{d}y}{\mathrm{d}x}\right|_{x=0} = $_____.

解 易知 $y(0) = 1$. 对方程的两边关于 x 求导, 得 $1 = \sin^2\left(\dfrac{\pi}{4}(y - x)\right) \times (y' - 1)$, 于是 $y' = \csc^2\left(\dfrac{\pi}{4}(y - x)\right) + 1$, 把 $x = 0$ 代入上式, 得 $y' = 3$.

(4) 设 $x_n = \displaystyle\sum_{k=1}^n \dfrac{k}{(k+1)!}$, 则 $\displaystyle\lim_{n\to\infty} x_n = $_____.

解 $x_n = \displaystyle\sum_{k=1}^n \dfrac{k}{(k+1)!} = \sum_{k=1}^n \left(\dfrac{1}{k!} - \dfrac{1}{(k+1)!}\right)$

$= \left(1 - \dfrac{1}{2!}\right) + \left(\dfrac{1}{2!} - \dfrac{1}{3!}\right) + \left(\dfrac{1}{3!} - \dfrac{1}{4!}\right) + \cdots + \left(\dfrac{1}{n!} - \dfrac{1}{(n+1)!}\right)$

$= 1 - \dfrac{1}{(n+1)!},$

因此 $\lim\limits_{n\to\infty} x_n = \lim\limits_{n\to\infty}\left(1 - \dfrac{1}{(n+1)!}\right) = 1.$

(5) 已知 $\lim\limits_{x\to 0}\left(1 + x + \dfrac{f(x)}{x}\right)^{\frac{1}{x}} = e^3$, 则 $\lim\limits_{x\to 0}\dfrac{f(x)}{x^2} = $ _____.

解 由 $\lim\limits_{x\to 0}\left(1 + x + \dfrac{f(x)}{x}\right)^{\frac{1}{x}} = e^3$ 知, $\lim\limits_{x\to 0}\dfrac{1}{x}\ln\left(1 + x + \dfrac{f(x)}{x}\right) = 3$, 于是有

$$\frac{1}{x}\ln\left(1 + x + \frac{f(x)}{x}\right) = 3 + \alpha, \quad \text{其中 } \alpha \to 0(x \to 0),$$

即有 $\dfrac{f(x)}{x^2} = \dfrac{e^{3x+ax} - 1}{x} - 1$, 从而

$$\lim_{x\to 0}\frac{f(x)}{x^2} = \lim_{x\to 0}\frac{e^{3x+ax} - 1}{x} - 1 = \lim_{x\to 0}\frac{3x + \alpha x}{x} - 1 = 2.$$

二、(12 分) 设 n 为正整数, 计算 $I = \displaystyle\int_{e^{-2n\pi}}^{1}\left|\dfrac{\mathrm{d}}{\mathrm{d}x}\cos\left(\ln\dfrac{1}{x}\right)\right|\mathrm{d}x.$

解 $I = \displaystyle\int_{e^{-2n\pi}}^{1}\left|\dfrac{\mathrm{d}}{\mathrm{d}x}\cos\left(\ln\dfrac{1}{x}\right)\right|\mathrm{d}x$

$$= \int_{e^{-2n\pi}}^{1}\left|\frac{\mathrm{d}}{\mathrm{d}x}\cos(\ln x)\right|\mathrm{d}x = \int_{e^{-2n\pi}}^{1}|\sin\ln x|\frac{1}{x}\mathrm{d}x.$$

令 $\ln x = u$, 则有 $I = \displaystyle\int_{-2n\pi}^{0}|\sin u|\mathrm{d}u = \int_{0}^{2n\pi}|\sin t|\mathrm{d}t = 4n\int_{0}^{\frac{\pi}{2}}|\sin t|\mathrm{d}t = 4n.$

三、(14 分) 设函数 $f(x)$ 在 $[0,1]$ 上有二阶导数, 且有正常数 A, B, 使得 $|f(x)| \leqslant A$, $|f''(x)| \leqslant B$. 证明: 对任意 $x \in [0,1]$, 有 $|f'(x)| \leqslant 2A + \dfrac{B}{2}$.

证明 由泰勒公式, 有

$$f(0) = f(x) + f'(x)(0 - x) + \frac{1}{2}f''(\xi)(0 - x)^2, \quad \xi \in (0, x),$$

$$f(1) = f(x) + f'(x)(1 - x) + \frac{1}{2}f''(\eta)(1 - x)^2, \quad \eta \in (x, 1).$$

上述两式相减, 得到

$$f(0) - f(1) = -f'(x) - \frac{1}{2}f''(\eta)(1 - x)^2 + \frac{1}{2}f''(\xi)x^2,$$

于是

$$f'(x) = f(1) - f(0) - \frac{1}{2}f''(\eta)(1 - x)^2 + \frac{1}{2}f''(\xi)x^2.$$

由条件 $|f(x)| \leqslant A$, $|f''(x)| \leqslant B$ 得

$$|f'(x)| \leqslant 2A + \frac{B}{2}\left((1-x)^2 + x^2\right).$$

因 $x^2 + (1-x)^2 = 2x^2 - 2x + 1$ 在 $[0,1]$ 的最大值为 1, 故

$$|f'(x)| \leqslant 2A + \frac{B}{2}.$$

四、(14 分)(1) 设一球缺高为 h, 所在球半径为 R. 证明该球缺体积为 $\frac{\pi}{3}(3R - h)h^2$, 球冠面积为 $2\pi Rh$.

(2) 设球体 $(x-1)^2 + (y-1)^2 + (z-1)^2 \leqslant 12$ 被平面 $P: x + y + z = 6$ 所截得小球缺为 Ω, 记球缺上的球冠为 Σ, 方向指向球外. 求第二型曲面积分 $I = \iint\limits_{\Sigma} x\mathrm{d}y\mathrm{d}z + y\mathrm{d}z\mathrm{d}x + z\mathrm{d}x\mathrm{d}y$.

解 (1) 设球缺所在的球体表面的方程为 $x^2 + y^2 + z^2 = R^2$, 球缺的中心线为 z 轴, 且设球缺所在圆锥顶角为 2α, 记球缺的区域为 Ω, 则其体积为

$$\iiint\limits_{\Omega} \mathrm{d}v = \int_{R-h}^{R} \mathrm{d}z \iint\limits_{D_x} \mathrm{d}x\mathrm{d}y = \int_{R-h}^{R} \pi\left(R^2 - z^2\right)\mathrm{d}z = \frac{\pi}{3}(3R - h)h^2.$$

由于球面的面积微元是 $\mathrm{d}S = R^2 \sin\theta\mathrm{d}\theta$, 故球冠的面积为

$$\int_0^{2\pi} \mathrm{d}\varphi \int_0^{\alpha} R^2 \sin\theta\mathrm{d}\theta = 2\pi R^2 (1 - \cos\alpha) = 2\pi Rh.$$

(2) 记球缺 Ω 的底面圆为 P_1, 方向指向球缺外, 且记 $J = \iint\limits_{P_1} x\mathrm{d}y\mathrm{d}z + y\mathrm{d}z\mathrm{d}x + z\mathrm{d}x\mathrm{d}y$. 由高斯公式有

$$I + J = \iiint\limits_{\Omega} 3\mathrm{d}v = 3v(\Omega),$$

其中 $v(\Omega)$ 为 Ω 的体积. 由于平面 P 的正向单位法向量为 $\frac{-1}{\sqrt{3}}(1,1,1)$, 故

$$J = \frac{-1}{\sqrt{3}} \iint\limits_{P_1} (x+y+z)\mathrm{d}S = \frac{-6}{\sqrt{3}}\sigma\left(P_1\right) = -2\sqrt{3}\sigma\left(P_1\right),$$

其中 $\sigma(P_1)$ 是 P_1 的面积. 故

$$I = 3v(\Omega) - J = 3v(\Omega) + 2\sqrt{3}\sigma(P_1).$$

因为球缺底面圆心为 $Q(2,2,2)$, 而球缺的顶点为 $D(3,3,3)$, 故球缺的高度

$$h = |QD| = \sqrt{3}.$$

再由 (1) 所证并代入 $h = \sqrt{3}$ 和 $H = 2\sqrt{3}$ 得

$$I = 3 \cdot \frac{\pi}{3}(3R - h)h^2 + 2\sqrt{3}\pi\left(2Rh - h^2\right) = 33\sqrt{3}\pi.$$

五、(15 分) 设 f 在 $[a,b]$ 上非负连续, 严格单增, 且存在 $x_n \in [a,b]$, 使得 $[f(x_n)]^n = \dfrac{1}{b-a}\displaystyle\int_a^b [f(x)]^n \mathrm{d}x$, 求 $\lim\limits_{n\to\infty} x_n$.

证明　先考虑特殊情形: $a = 0, b = 1$. 下证 $\lim\limits_{n\to\infty} x_n = 1$.

首先 $x_n \in [0,1]$, 即 $x_n \leqslant 1$, 只要证明 $\forall \varepsilon > 0(\varepsilon < 1)$, $\exists N$, 当 $\forall n > N$ 时, $1 - \varepsilon < x_n$, 由 f 在 $[0,1]$ 严格单增, 就是要证明

$$f''(1-\varepsilon) < f^n(x_n) = \int_0^1 f''(x)\mathrm{d}x.$$

由于 $\forall c \in (0,1)$, 有 $\displaystyle\int_c^1 f''(x)\mathrm{d}x > f''(c)(1-c)$, 现取 $c = 1 - \dfrac{\varepsilon}{2}$, $f(1-\varepsilon) < f(c)$, 即 $\dfrac{f(1-\varepsilon)}{f(c)} < 1$, 于是 $\lim\limits_{n\to\infty}\left(\dfrac{f(1-\varepsilon)}{f(c)}\right)^n = 0$, 所以 $\exists N$, 当 $\forall n > N$ 时有

$$\left(\frac{f(1-\varepsilon)}{f(c)}\right)^n < \frac{\varepsilon}{2} = 1 - c,$$

即 $f^n(1-\varepsilon) < f^n(c)(1-c) \leqslant \displaystyle\int_c^1 f^n(x)\mathrm{d}x \leqslant \int_0^1 f^n(x)\mathrm{d}x = f^n(x_n)$, 从而 $1 - \varepsilon < x_n$. 由 ε 的任意性得 $\lim\limits_{n\to\infty} x_n = 1$.

再考虑一般情形. 令 $F(t) = f(a + t(b-a))$, 由 f 在 $[a,b]$ 上非负连续、严格单增知 F 在 $[0,1]$ 上非负连续、严格单增, 从而 $\exists t_n \in [0,1]$, 使得 $F^n(t_n) = \displaystyle\int_0^1 F^n(t)\mathrm{d}t$, 且 $\lim\limits_{n\to\infty} t_n = 1$, 即

$$f^n(a + t_n(b-a)) = \int_0^1 f^n(a + t(b-a))\mathrm{d}t.$$

记 $x_n = a + t_n(b-a)$, 则有

$$[f(x_n)]^n = \frac{1}{b-a} \int_a^b [f(x)]^n \mathrm{d}x, \quad \text{且} \lim_{n\to\infty} x_n = a + (b-a) = b.$$

六、(15 分) 设 $A_n = \dfrac{n}{n^2+1} + \dfrac{n}{n^2+2^2} + \cdots + \dfrac{n}{n^2+n^2}$, 求 $\lim\limits_{n\to\infty} n\left(\dfrac{\pi}{4} - A_n\right)$.

解 令 $f(x) = \dfrac{1}{1+x^2}$, 因 $A_n = \dfrac{1}{n}\sum\limits_{i=1}^n \dfrac{1}{1+i^2/n^2}$, 故

$$\lim_{n\to\infty} A_n = \int_0^1 f(x)\mathrm{d}x = \frac{\pi}{4}.$$

记 $x_i = \dfrac{i}{n}$, 则 $A_n = \sum\limits_{i=1}^n \int_{x_{i-1}}^{x_i} f(x_i)\,\mathrm{d}x$, 故

$$J_n = n\sum_{i=1}^n \int_{x_{i-1}}^{x_i} (f(x) - f(x_i))\,\mathrm{d}x.$$

由拉格朗日中值定理, 存在 $\zeta_i \in (x_{i-1}, x_i)$ 使得

$$J_n = n\sum_{i=1}^n \int_{x_{i-1}}^{x_i} f'(\zeta_i)(x - x_i)\,\mathrm{d}x.$$

记 m_i 和 M_i 分别是 $f'(x)$ 在 $[x_{i-1}, x_i]$ 上的最小值和最大值, 则 $m_i \leqslant f'(\zeta_i) \leqslant M_i$, 故积分 $\displaystyle\int_{x_{i-1}}^{x_i} f'(\zeta_i)(x-x_i)\,\mathrm{d}x$ 介于

$$m_i \int_{x_{i-1}}^{x_i} f'(\zeta_i)(x-x_i)\,\mathrm{d}x \quad \text{和} \quad M_i \int_{x_{i-1}}^{x_i} f'(\zeta_i)(x-x_i)\,\mathrm{d}x$$

之间, 所以存在 $\eta_i \in (x_{i-1}, x_i)$ 使得

$$\int_{x_{i-1}}^{x_i} f'(\zeta_i)(x-x_i)\,\mathrm{d}x = -f'(\eta_i)(x_i - x_{i-1})^2/2.$$

于是, 有 $J_n = -\dfrac{n}{2}\sum\limits_{i=1}^n f'(\eta_i)(x_i - x_{i-1})^2 = -\dfrac{1}{2n}\sum\limits_{i=1}^n f'(\eta_i)$. 从而

$$\lim_{n\to\infty} n\left(\frac{\pi}{4} - A_n\right) = \lim_{n\to\infty} J_n = -\frac{1}{2}\int_0^1 f'(x)\mathrm{d}x = -\frac{1}{2}[f(1) - f(0)] = \frac{1}{4}.$$

第七届全国大学生数学竞赛预赛试卷及答案 (非数学类, 2015)

一、填空题 (每小题 6 分, 共 30 分)

(1) 极限 $\lim\limits_{n\to\infty} n\left(\dfrac{\sin\dfrac{\pi}{n}}{n^2+1} + \dfrac{\sin\dfrac{2\pi}{n}}{n^2+2} + \cdots + \dfrac{\sin\pi}{n^2+n}\right) =$ _____.

解 由于 $\dfrac{1}{n+1}\sum\limits_{i=1}^{n}\sin\dfrac{i}{n}\pi \leqslant \sum\limits_{i=1}^{n}\dfrac{\sin\dfrac{i}{n}\pi}{n+\dfrac{i}{n}} \leqslant \dfrac{1}{n}\sum\limits_{i=1}^{n}\sin\dfrac{i}{n}\pi,$ 而

$$\lim_{n\to\infty}\frac{1}{n+1}\sum_{i=1}^{n}\sin\frac{i}{n}\pi = \lim_{n\to\infty}\frac{n}{(n+1)\pi}\frac{\pi}{n}\sum_{i=1}^{n}\sin\frac{i}{n}\pi = \frac{1}{\pi}\int_{0}^{\pi}\sin x\mathrm{d}x = \frac{2}{\pi},$$

$$\lim_{n\to\infty}\frac{1}{n}\sum_{i=1}^{n}\sin\frac{i}{n}\pi = \lim_{n\to\infty}\frac{1}{\pi}\frac{\pi}{n}\sum_{i=1}^{n}\sin\frac{i}{n}\pi = \frac{1}{\pi}\int_{0}^{\pi}\sin x\mathrm{d}x = \frac{2}{\pi},$$

所以所求极限是 $\dfrac{2}{\pi}$.

(2) 设函数 $z = z(x,y)$ 由方程 $F\left(x+\dfrac{z}{y}, y+\dfrac{z}{x}\right) = 0$ 所决定, 其中 $F(u,v)$ 具有连续偏导数, 且 $xF_u + yF_v \neq 0$, 则 $x\dfrac{\partial z}{\partial x} + y\dfrac{\partial z}{\partial y} =$ _____. (本小题结果要求不显含 F 及其偏导数.)

解 方程两边对 x 求导, 得到

$$\left(1 + \frac{1}{y}\frac{\partial z}{\partial x}\right)F_u + \left(\frac{1}{x}\frac{\partial z}{\partial x} - \frac{z}{x^2}\right)F_v = 0,$$

即

$$x\frac{\partial z}{\partial x} = \frac{y\left(zF_v - x^2 F_u\right)}{xF_u + yF_v}.$$

同样, 方程对 y 求导, 得到

$$y\frac{\partial z}{\partial y} = \frac{x\left(zF_u - y^2 F_v\right)}{xF_u + yF_v}.$$

于是

$$x\frac{\partial z}{\partial x} + y\frac{\partial z}{\partial y} = \frac{z\left(xF_u + yF_v\right) - xy\left(xF_u + yF_v\right)}{xF_u + yF_v} = z - xy.$$

(3) 曲面 $z = x^2 + y^2 + 1$ 在点 $M(1, -1, 3)$ 的切平面与曲面所围区域的体积是_____.

解　曲面 $z = x^2 + y^2 + 1$ 在点 $M(1, -1, 3)$ 的切平面:

$$2(x - 1) - 2(y + 1) - (z - 3) = 0,$$

即 $z = 2x - 2y - 1$. 联立

$$\begin{cases} z = x^2 + y^2, \\ z = 2x - 2y - 1, \end{cases}$$

得到所围区域的投影 D 为 $(x - 1)^2 + (y + 1)^2 \leqslant 1$. 所求体积为

$$V = \iint\limits_{D} \left[(2x - 2y - 1) - \left(x^2 + y^2\right)\right] \mathrm{d}x\mathrm{d}y = \iint\limits_{D} \left[1 - (x - 1)^2 - (y + 1)^2\right] \mathrm{d}x\mathrm{d}y.$$

令 $\begin{cases} x - 1 = r\cos t, \\ y + 1 = r\sin t, \end{cases}$ 则 $V = \int_0^{2\pi} \mathrm{d}t \int_0^1 \left(1 - r^2\right) r\mathrm{d}r = \frac{\pi}{2}.$

(4) 函数 $f(x) = \begin{cases} 3, & x \in [-5, 0), \\ 0, & x \in [0, 5) \end{cases}$ 在 $(-5, 5]$ 的傅里叶级数在 $x = 0$ 收敛的值是_____.

解　由傅里叶收敛定理, 易知 $f(0) = \dfrac{3}{2}.$

(5) 设区间 $(0, +\infty)$ 上的函数 $u(x)$ 定义域为 $u(x) = \displaystyle\int_0^{+\infty} \mathrm{e}^{-xt^2}\mathrm{d}t$, 则 $u(x)$ 的初等函数表达式是_____.

解　由于 $u^2(x) = \displaystyle\int_0^{+\infty} \mathrm{e}^{-xt^2}\mathrm{d}t \int_0^{+\infty} \mathrm{e}^{-xs^2}\mathrm{d}s = \iint\limits_{s\geqslant 0, t\geqslant 0} \mathrm{e}^{-x(s^2+r^2)}\mathrm{d}s\mathrm{d}t$, 故有

$$u^2(x) = \int_0^{\pi/2} \mathrm{d}\varphi \int_0^{+\infty} \mathrm{e}^{-x\rho^2}\rho\mathrm{d}\rho = \frac{\pi}{4x}\int_0^{+\infty} \mathrm{e}^{-x\rho^2}\mathrm{d}\left(x\rho^2\right)$$

$$= -\frac{\pi}{4x}\mathrm{e}^{-x\rho^2}\Big|_{\rho=0}^{\rho=+\infty} = \frac{\pi}{4x}.$$

所以 $u(x) = \dfrac{\sqrt{\pi}}{2\sqrt{x}}$.

二、(12 分) 设 M 是以三个正半轴为母线的半圆锥面, 求其方程.

解　显然, $O(0,0.0)$ 为 M 的顶点, $A(1,0,0), B(0,1,0), C(0,0,1)$ 在 M 上. 由 A, B, C 三点决定的平面 $x+y+z=1$ 与球面 $x^2+y^2+z^2=1$ 的交线 L 是 M 的准线.

设 $P(x,y,z)$ 是 M 上的点, (u,v,w) 是 M 的母线 OP 与 L 的交点, 则 OP 的方程为

$$\frac{x}{u} = \frac{y}{v} = \frac{z}{w} = \frac{1}{t}, \quad \text{即 } u=xt, v=yt, w=zt.$$

代入准线方程, 得

$$\begin{cases} (x+y+z)t = 1, \\ \left(x^2+y^2+z^2\right)t^2 = 1. \end{cases}$$

消除 t, 得到圆锥面 M 的方程 $xy+yz+zx=0$.

三、(12 分) 设 $f(x)$ 在 (a,b) 内二次可导, 且存在常数 α, β, 使得对于 $\forall x \in (a,b)$, 有 $f'(x) = \alpha f(x) + \beta f''(x)$, 则 $f(x)$ 在 (a,b) 内无穷次可导.

证明　(1) 若 $\beta=0$, 对于 $\forall x \in (a,b)$, 有

$$f'(x) = \alpha f(x), f''(x) = \alpha f'(x) = \alpha^2 f(x), \cdots, f^{(n)}(x) = \alpha^n f(x).$$

从而 $f(x)$ 在 (a,b) 内无穷次可导.

(2) 若 $\beta \neq 0$, 对于 $\forall x \in (a,b)$, 有

$$f''(x) = \frac{f'(x) - \alpha f(x)}{\beta} = A_1 f'(x) + B_1 f(x), \tag{1}$$

其中 $A_1 = 1/\beta, B_1 = -\alpha/\beta$.

因为 (1) 右端可导, 从而

$$f'''(x) = A_1 f''(x) + B_1 f'(x).$$

设 $f^{(n)}(x) = A_1 f^{(n-1)}(x) + B_1 f^{(n-2)}(x), n > 1$, 则

$$f^{(n+1)}(x) = A_1 f^{(n)}(x) + B_1 f^{(n-1)}(x).$$

故 $f(x)$ 任意阶可导.

四、(14 分) 求幂级数 $\displaystyle\sum_{n=0}^{\infty} \frac{n^3+2}{(n+1)!} (x-1)^n$ 的收敛域及其和函数.

解 因 $\displaystyle\lim_{n\to\infty} \frac{a_{n+1}}{a_n} = \lim_{n\to\infty} \frac{(n+1)^3+2}{(n+2)(n^3+2)} = 0$, 故收敛半径 $R = +\infty$, 收敛域为 $(-\infty, +\infty)$. 由

$$\frac{n^3+2}{(n+1)!} = \frac{(n+1)n(n-1)}{(n+1)!} + \frac{n+1}{(n+1)!} + \frac{1}{(n+1)!} = \frac{1}{(n-2)!} + \frac{1}{n!} + \frac{1}{(n+1)!} \quad (n \geqslant 2),$$

以及幂级数 $\displaystyle\sum_{n=2}^{\infty} \frac{1}{(n-2)!}(x-1)^n$, $\displaystyle\sum_{n=0}^{\infty} \frac{1}{n!}(x-1)^n$ 和 $\displaystyle\sum_{n=0}^{\infty} \frac{1}{(n+1)!}(x-1)^n$ 的收敛域皆为 $(-\infty, +\infty)$, 得

$$\sum_{n=0}^{\infty} \frac{n^3+2}{(n+1)!}(x-1)^n = \sum_{n=2}^{\infty} \frac{1}{(n-2)!}(x-1)^n + \sum_{n=0}^{\infty} \frac{1}{n!}(x-1)^n + \sum_{n=0}^{\infty} \frac{1}{(n+1)!}(x-1)^n.$$

用 $S_1(x), S_2(x)$ 和 $S_3(x)$ 分别表示上式右端三个幂级数的和函数. 依据 e^x 的展开式得到

$$S_1(x) = (x-1)^2 \sum_{n=0}^{\infty} \frac{1}{n!}(x-1)^n = (x-1)^2\mathrm{e}^{x-1}, \quad S_2(x) = \mathrm{e}^{x-1}.$$

再由

$$(x-1)S_3(x) = \sum_{n=0}^{\infty} \frac{1}{(n+1)!}(x-1)^{n+1} = \sum_{n=1}^{\infty} \frac{1}{n!}(x-1)^n = \mathrm{e}^{x-1} - 1$$

得到, 当 $x \neq 1$ 时, $S_3(x) = \dfrac{1}{x-1}\left(\mathrm{e}^{x-1} - 1\right)$. 又 $S_3(1) = 1$.

综合以上讨论, 最终得到所给幂级数的和函数

$$S(x) = \begin{cases} (x^2 - 2x + 2)\,\mathrm{e}^{x-1} + \dfrac{1}{x-1}\left(\mathrm{e}^{x-1} - 1\right), & x \neq 1, \\ 2, & x = 1. \end{cases}$$

五、(16 分) 设函数 $f(x)$ 在 $[0,1]$ 上连续, 且 $\displaystyle\int_0^1 f(x)\,\mathrm{d}x = 0$, $\displaystyle\int_0^1 xf(x)\,\mathrm{d}x = 1$.
试证:

(1) $\exists x_0 \in [0,1]$ 使 $|f(x_0)| > 4$.

(2) $\exists x_1 \in [0,1]$ 使 $|f(x_1)| = 4$.

证明　(1) 若 $\forall x \in [0,1], |f(x)| \leqslant 4$, 则

$$1 = \int_0^1 \left(x - \frac{1}{2}\right) f(x) \mathrm{d}x \leqslant \int_0^1 \left|x - \frac{1}{2}\right| |f(x)| \mathrm{d}x \leqslant 4 \int_0^1 \left|x - \frac{1}{2}\right| \mathrm{d}x = 1.$$

因此 $\displaystyle\int_0^1 \left|x - \frac{1}{2}\right| |f(x)| \mathrm{d}x = 1$. 而 $4 \displaystyle\int_0^1 \left|x - \frac{1}{2}\right| \mathrm{d}x = 1$, 故

$$\int_0^1 \left|x - \frac{1}{2}\right| (4 - |f(x)|) \mathrm{d}x = 0,$$

所以对于任意的 $x \in [0,1], |f(x)| = 4$, 由连续性知 $f(x) \equiv 4$ 或 $f(x) \equiv -4$. 这就与条件 $\displaystyle\int_0^1 f(x) \, \mathrm{d}x = 0$ 矛盾. 故 $\exists x_0 \in [0,1]$ 使 $|f(x_0)| > 4$.

(2) 先证 $\exists x_2 \in [0,1]$ 使 $|f(x_2)| = 4$. 若不然, 对任何 $x \in [0,1], |f(x)| \geqslant 4$ 成立. 则 $f(x) \geqslant 4$ 恒成立, 或者 $f(x) \leqslant -4$ 恒成立, 与 $\displaystyle\int_0^1 f(x) \, \mathrm{d}x = 0$ 矛盾. 再由 $f(x)$ 的连续性及 (1) 的结果, 利用介值定理 $\exists x_1 \in [0,1]$ 使 $|f(x_1)| = 4$.

六、(16 分) 设 $f(x,y)$ 在 $x^2 + y^2 \leqslant 1$ 上有连续的二阶偏导数, 且 $f_{xx}^2 + 2f_{xy}^2 + f_{yy}^2 \leqslant M$. 若 $f(0,0) = 0, f_x(0,0) = f_y(0,0) = 0$, 证明:

$$\left| \iint_{x^2 + y^2 \leqslant 1} f(x,y) \, \mathrm{d}x\mathrm{d}y \right| \leqslant \frac{\pi\sqrt{M}}{4}.$$

证明　在点 $(0,0)$ 展开 $f(x,y)$ 得

$$f(x,y) = \frac{1}{2} \left(x \frac{\partial}{\partial x} + y \frac{\partial}{\partial y}\right)^2 f(\theta x, \theta y)$$

$$= \frac{1}{2} \left(x^2 \frac{\partial^2}{\partial x^2} + 2xy \frac{\partial^2}{\partial x \partial y} + y^2 \frac{\partial^2}{\partial y^2}\right) f(\theta x, \theta y),$$

其中 $\theta \in (0,1)$.

记 $(u,v,w) = \left(\dfrac{\partial^2}{\partial x^2}, \dfrac{\partial^2}{\partial x \partial y}, \dfrac{\partial^2}{\partial y^2}\right) f(\theta x, \theta y)$, 则

$$f(x,y) = \frac{1}{2} \left(ux^2 + 2vxy + wy^2\right).$$

由于 $\left\| (u, \sqrt{2}v, w) \right\| = \sqrt{u^2 + 2v^2 + w^2} \leqslant \sqrt{M}$ 以及 $\left\| \left(x^2, \sqrt{2}xy, y^2 \right) \right\| = x^2 + y^2$,
我们有

$$\left| (u, \sqrt{2}v, w) \cdot \left(x^2, \sqrt{2}xy, y^2 \right) \right| \leqslant \sqrt{M} \left(x^2 + y^2 \right),$$

即

$$|f(x, y)| \leqslant \frac{1}{2} \sqrt{M} \left(x^2 + y^2 \right).$$

从而

$$\left| \iint\limits_{x^2 + y^2 \leqslant 1} f(x, y) \mathrm{d}x\mathrm{d}y \right| \leqslant \frac{\sqrt{M}}{2} \iint\limits_{x^2 + y^2 \leqslant 1} \left(x^2 + y^2 \right) \mathrm{d}x\mathrm{d}y = \frac{\pi \sqrt{M}}{4}.$$

第八届全国大学生数学竞赛预赛试卷及答案 (非数学类, 2016)

一、填空题 (每小题 6 分, 共 30 分)

(1) 若 $f(x)$ 在点 $x = a$ 可导, 且 $f(a) \neq 0$, 则 $\displaystyle\lim_{n\to\infty} \left(\dfrac{f\left(a + \dfrac{1}{n}\right)}{f(a)} \right)^n =$

_____.

解 $\displaystyle\lim_{n\to+\infty} \left(\dfrac{f\left(a + \dfrac{1}{n}\right)}{f(a)} \right)^n = \lim_{n\to+\infty} \left(\dfrac{f(a) + f'(a)\dfrac{1}{n} + o\left(\dfrac{1}{n}\right)}{f(a)} \right)^n = \mathrm{e}^{\frac{f'(a)}{f(a)}}.$

(2) 若 $f(1) = 0$, $f'(1)$ 存在, 求极限 $I = \displaystyle\lim_{x\to 0} \dfrac{f\left(\sin^2 x + \cos x\right) \tan 3x}{(\mathrm{e}^{x^2} - 1)\sin x}$.

解 因为

$$I = \lim_{x\to 0} \dfrac{f\left(\sin^2 x + \cos x\right) \cdot 3x}{x^2 \cdot x} = 3 \lim_{x\to 0} \dfrac{f\left(\sin^2 x + \cos x\right)}{x^2},$$

所以

$$
\begin{aligned}
I &= 3 \lim_{x\to 0} \dfrac{f\left(\sin^2 x + \cos x\right) - f(1)}{\sin^2 x + \cos x - 1} \cdot \dfrac{\sin^2 x + \cos x - 1}{x^2} \\
&= 3f'(1) \lim_{x\to 0} \dfrac{\sin^2 x + \cos x - 1}{x^2} \\
&= 3f'(1) \lim_{x\to 0} \left(\dfrac{\sin^2 x}{x^2} - \dfrac{1 - \cos x}{x^2} \right) \\
&= 3f'(1) \left(1 - \dfrac{1}{2} \right) = \dfrac{3}{2} f'(1).
\end{aligned}
$$

(3) 设 $f(x)$ 有连续导数, 且 $f(1) = 2$, 记 $z = f\left(\mathrm{e}^x y^2\right)$, 若 $\dfrac{\partial z}{\partial x} = z$, 求 $f(x)$ 在 $x > 0$ 的表达式.

解 由题设得 $\dfrac{\partial z}{\partial x} = f'\left(\mathrm{e}^x y^2\right)\mathrm{e}^x y^2 = f\left(\mathrm{e}^x y^2\right)$. 令 $u = \mathrm{e}^x y^2$, 得到当 $u > 0$ 时, 有 $f'(u)u = f(u)$, 即 $\dfrac{f'(u)}{f(u)} = \dfrac{1}{u}$, 从而

$$(\ln f(u))' = (\ln u)'.$$

所以有 $\ln f(u) = \ln u + c_1, f(u) = cu$. 再而由初始条件得 $f(u) = 2u$. 故当 $x > 0$ 有 $f(x) = 2x$.

(4) 设 $f(x) = \mathrm{e}^x \sin 2x$, 求 $f^{(4)}(0)$.

解 由泰勒展开式得

$$f(x) = \left[1 + x + \frac{1}{2!}x^2 + \frac{1}{3!}x^3 + o\left(x^3\right)\right]\left[2x - \frac{1}{3!}(2x)^3 + o\left(x^4\right)\right],$$

所以 $f(x)$ 展式的 4 次项为 $\dfrac{-1}{3!}(2x)^3 \cdot x + \dfrac{2}{3!}x^4 = -x^4$, 从而 $\dfrac{f^{(4)}(0)}{4!} = -1$, 故 $f^{(4)}(0) = -24$.

(5) 求曲面 $z = \dfrac{x^2}{2} + y^2$ 平行于平面 $2x + 2y - z = 0$ 的切平面方程.

解 该曲面在点 (x_0, y_0, z_0) 的切平面的法向量为 $(x_0, 2y_0, -1)$. 又因该切平面与已知平面平行, 从而两平面法向量平行, 故

$$\frac{x_0}{2} = \frac{2y_0}{2} = \frac{-1}{-1}.$$

于是 $x_0 = 2, y_0 = 1$, 得 $z_0 = \dfrac{x_0^2}{2} + y_0^2 = 3$, 从而所求切平面为

$$2(x - 2) + 2(y - 1) - (z - 3) = 0,$$

即 $2x + 2y - z = 3$.

二、(14 分) 设 $f(x)$ 在 $[0, 1]$ 上可导, $f(0) = 0$, 且当 $x \in (0, 1)$ 时, $0 < f'(x) < 1$, 试证当 $a \in (0, 1)$ 时, $\left(\displaystyle\int_0^a f(x)\,\mathrm{d}x\right)^2 > \displaystyle\int_0^a f^3(x)\,\mathrm{d}x$.

证明 设 $F(x) = \left(\displaystyle\int_0^x f(t)\,\mathrm{d}t\right)^2 - \displaystyle\int_0^x f^3(t)\,\mathrm{d}t$, 则 $F(0) = 0$ 且需要证明 $F'(x) > 0$.

设 $g(x) = 2\displaystyle\int_0^x f(t)\mathrm{d}t - f^2(x)$, 则 $F'(x) = f(x)g(x)$, 由于 $f(0) = 0, f'(x) > 0$, 故 $f(x) > 0$, 从而只要证明 $g(x) > 0, x > 0$. 而 $g(0) = 0$, 我们只要证明 $g'(x) > 0, 0 < x < a$. 而 $g'(x) = 2f(x)\left[1 - f'(x)\right] > 0$, 得证.

三、(14 分) 某物体所在的空间区域为 $\Omega: x^2 + y^2 + 2z^2 \leqslant x + y + 2z$, 密度函数为 $x^2 + y^2 + z^2$, 求质量 $M = \iiint\limits_{\Omega} (x^2 + y^2 + z^2) \mathrm{d}x\mathrm{d}y\mathrm{d}z$.

解 由于 $\Omega : \left(x - \dfrac{1}{2}\right)^2 + \left(y - \dfrac{1}{2}\right)^2 + 2\left(z - \dfrac{1}{2}\right)^2 \leqslant 1$ 是一个椭球, 其体积 $V = \dfrac{4}{3}\pi$.

作变换 $u = x - \dfrac{1}{2}$, $v = y - \dfrac{1}{2}$, $w = \sqrt{2}\left(z - \dfrac{1}{2}\right)$, 将 Ω 变为单位球 Σ : $u^2 + v^2 + w^2 \leqslant 1$, 而 $\dfrac{\partial(u, v, w)}{\partial(x, y, z)} = \sqrt{2}$, 故 $\mathrm{d}u\mathrm{d}v\mathrm{d}w = \sqrt{2}\mathrm{d}x\mathrm{d}y\mathrm{d}z$ 且

$$M = \frac{1}{\sqrt{2}} \iiint\limits_{\Sigma} \left[\left(u + \frac{1}{2}\right)^2 + \left(v + \frac{1}{2}\right)^2 + \left(\frac{w}{\sqrt{2}} + \frac{1}{2}\right)^2 \right] \mathrm{d}u\mathrm{d}v\mathrm{d}w.$$

因一次项积分都是 0, 故

$$M = \frac{1}{\sqrt{2}} \iiint\limits_{\Sigma} \left(u^2 + v^2 + \frac{w^2}{2} \right) \mathrm{d}u\mathrm{d}v\mathrm{d}w + A,$$

其中

$$A = \frac{1}{\sqrt{2}} \left(\frac{1}{4} + \frac{1}{4} + \frac{1}{4} \right) \frac{4\pi}{3} = \frac{\pi}{\sqrt{2}}.$$

记

$$I = \iiint\limits_{\Sigma} (u^2 + v^2 + w^2) \mathrm{d}u\mathrm{d}v\mathrm{d}w = \int_0^{2\pi} \mathrm{d}\varphi \int_0^{\pi} \mathrm{d}\theta \int_0^1 r^2 \cdot r^2 \sin\theta \mathrm{d}r = \frac{4\pi}{5}.$$

由于 u^2, v^2, w^2 在 Σ 上的积分都是 $I/3$, 故

$$M = \frac{1}{\sqrt{2}} \left(\frac{1}{3} + \frac{1}{3} + \frac{1}{6} \right) I + A = \frac{5\sqrt{2}}{6}\pi.$$

四、(14 分) 设函数 $f(x)$ 在闭区间 $[0, 1]$ 上具有连续导数, $f(0) = 0$, $f(1) = 1$, 证明 $\lim\limits_{n \to \infty} n \left(\displaystyle\int_0^1 f(x) \mathrm{d}x - \frac{1}{n} \sum_{k=1}^n f\left(\frac{k}{n}\right) \right) = -\frac{1}{2}$.

证明　将区间 $[0,1]$ 进行 n 等分, 设分点 $x_k = \dfrac{k}{n}$, 则 $\Delta x_k = \dfrac{1}{n}$, 且

$$\lim_{n \to \infty} n \left(\int_0^1 f(x)\mathrm{d}x - \frac{1}{n} \sum_{k=1}^n f\left(\frac{k}{n}\right) \right) = \lim_{n \to \infty} n \left(\sum_{k=1}^n \int_{x_{k-1}}^{x_k} f(x)\mathrm{d}x - \sum_{k=1}^n f(x_k)\Delta x_k \right)$$

$$= \lim_{n \to \infty} n \left(\sum_{k=1}^n \int_{x_{k-1}}^{x_k} [f(x) - f(x_k)]\,\mathrm{d}x \right) = \lim_{n \to \infty} n \left(\sum_{k=1}^n \int_{x_{k-1}}^{x_k} \frac{f(x) - f(x_k)}{x - x_k}(x - x_k)\,\mathrm{d}x \right)$$

$$= \lim_{n \to \infty} n \left(\sum_{k=1}^n \frac{f(\xi_k) - f(x_k)}{\xi_k - x_k} \int_{x_{k-1}}^{x_k} (x - x_k)\,\mathrm{d}x \right) \quad (\text{其中} \xi_k \in (x_{k-1}, x_k))$$

$$= \lim_{n \to \infty} n \left(\sum_{k=1}^n f'(\eta_k) \int_{x_{k-1}}^{x_k} (x - x_k)\,\mathrm{d}x \right) \quad (\text{其中 } \eta_k \text{在 } \xi_k, x_k \text{之间})$$

$$= \lim_{n \to \infty} n \left(\sum_{k=1}^n f'(\eta_k) \left(-\frac{1}{2}(x_k - x_{k-1})^2 \right) \right)$$

$$= \lim_{n \to \infty} \frac{-1}{2} \left(\sum_{k=1}^n f'(\eta_k)(x_k - x_{k-1}) \right) = -\frac{1}{2} \int_0^1 f'(x)\mathrm{d}x = -\frac{1}{2}.$$

五、(14 分) 设函数 $f(x)$ 在闭区间 $[0,1]$ 上连续, 且 $I = \displaystyle\int_0^1 f(x)\mathrm{d}x \neq 0$, 证明: 在 $(0,1)$ 内存在不同的两点 x_1, x_2, 使得 $\dfrac{1}{f(x_1)} + \dfrac{1}{f(x_2)} = \dfrac{2}{I}$.

证明　设 $F(x) = \dfrac{1}{I} \displaystyle\int_0^x f(t)\mathrm{d}t$, 则 $F(0) = 0, F(1) = 1$. 由介值定理, 存在 $\xi \in (0,1)$ 使得

$$F(\xi) = \frac{1}{2}.$$

在两个子区间 $(0, \xi), (\xi, 1)$ 分别应用拉格朗日中值定理:

$$F'(x_1) = \frac{f(x_1)}{I} = \frac{F(\xi) - F(0)}{\xi - 0} = \frac{1/2}{\xi}, \quad x_1 \in (0, \xi),$$

$$F'(x_2) = \frac{f(x_2)}{I} = \frac{F(1) - F(\xi)}{1 - \xi} = \frac{1/2}{1 - \xi}, \quad x_2 \in (\xi, 1),$$

$$\frac{I}{f(x_1)} + \frac{I}{f(x_2)} = \frac{1}{F'(x_1)} + \frac{1}{F'(x_2)} = \frac{\xi}{1/2} + \frac{1 - \xi}{1/2} = 2.$$

六、(14 分) 设 $f(x)$ 在 $(-\infty, +\infty)$ 可导, 且 $f(x) = f(x+2) = f\left(x + \sqrt{3}\right)$.

用傅里叶级数理论证明 $f(x)$ 为常数.

证明 由 $f(x) = f(x+2)$ 知 f 为以 2 为周期的周期函数, 其傅里叶系数分别为

$$a_n = \int_{-1}^{1} f(x) \cos n\pi x \, \mathrm{d}x, \quad b_n = \int_{-1}^{1} f(x) \sin n\pi x \, \mathrm{d}x.$$

由 $f(x) = f\left(x + \sqrt{3}\right)$ 知

$$
\begin{aligned}
a_n &= \int_{-1}^{1} f(x+\sqrt{3}) \cos n\pi x \, \mathrm{d}x \\
&= \int_{-1+\sqrt{3}}^{1+\sqrt{3}} f(t) \cos n\pi (t - \sqrt{3}) \, \mathrm{d}t \\
&= \int_{-1+\sqrt{3}}^{1+\sqrt{3}} f(t) (\cos n\pi t \cos \sqrt{3} n\pi + \sin n\pi t \sin \sqrt{3} n\pi) \, \mathrm{d}t \\
&= \cos \sqrt{3} n\pi \int_{-1+\sqrt{3}}^{1+\sqrt{3}} f(t) \cos n\pi t \, \mathrm{d}t + \sin \sqrt{3} n\pi \int_{-1+\sqrt{3}}^{1+\sqrt{3}} f(t) \sin n\pi t \, \mathrm{d}t \\
&= \cos \sqrt{3} n\pi \int_{-1}^{1} f(t) \cos n\pi t \, \mathrm{d}t + \sin \sqrt{3} n\pi \int_{-1}^{1} f(t) \sin n\pi t \, \mathrm{d}t,
\end{aligned}
$$

所以 $a_n = a_n \cos \sqrt{3} n\pi + b_n \sin \sqrt{3} n\pi$.

同理可得

$$b_n = b_n \cos \sqrt{3} n\pi - a_n \sin \sqrt{3} n\pi.$$

联立 $\begin{cases} a_n = a_n \cos \sqrt{3} n\pi + b_n \sin \sqrt{3} n\pi, \\ b_n = b_n \cos \sqrt{3} n\pi - a_n \sin \sqrt{3} n\pi, \end{cases}$ 得

$$a_n = b_n = 0 \quad (n = 1, 2, \cdots).$$

而 f 可导, 其傅里叶级数处处收敛于 $f(x)$, 所以

$$f(x) = \frac{a_0}{2} + \sum_{n=1}^{\infty} (a_n \cos nx + b_n \sin nx) = \frac{a_0}{2},$$

其中 $a_0 = \int_{-1}^{1} f(x) \mathrm{d}x$ 为常数.

第九届全国大学生数学竞赛预赛试卷及答案

(非数学类, 2017)

一、填空题 (每小题 7 分, 共 42 分)

(1) 已知可导函数 $f(x)$ 满足 $\cos x f(x) + 2 \int_0^x f(t) \sin t \, dt = x + 1$, 则 $f(x) =$ _____.

解 两边同时对 x 求导

$$f'(x) \cos x + f(x) \sin x = 1 \Rightarrow f'(x) + f(x) \tan x = \sec x.$$

由常数变易法, 从而

$$f(x) = e^{-\int \tan x \, dx} \left(\int \sec x e^{\int \tan x \, dx} \, dx + C \right)$$

$$= e^{\ln \cos x} \left(\int \frac{1}{\cos x} e^{-\ln \cos x} \, dx + C \right) = \cos x \left(\int \frac{1}{\cos^2 x} \, dx + C \right)$$

$$= \cos x (\tan x + C) = \sin x + C \cos x.$$

由于 $f(0) = 1$, 故 $f(x) = \sin x + \cos x$.

(2) 求 $\lim\limits_{n \to \infty} \sin^2 \left(\pi \sqrt{n^2 + n} \right) =$ _____.

解 $\lim\limits_{n \to \infty} \sin^2 \left(\pi \sqrt{n^2 + n} \right) = \lim\limits_{n \to \infty} \sin^2 \left(\pi \sqrt{n^2 + n} - n\pi \right)$

$$= \lim_{n \to \infty} \sin^2 \left(\frac{n\pi}{\sqrt{n^2 + n} + n} \right) = 1.$$

(3) 设 $w = f(u, v)$ 具有二阶连续偏导数, 且 $u = x - cy$, $v = x + cy$, 其中 c 为非零常数. 则 $w_{xx} - \dfrac{1}{c^2} w_{yy} =$ _____.

解 因为

$$w_x = f_1' + f_2', \quad w_{xx} = f_{11}'' + 2f_{12}'' + f_{22}'',$$

$$w_y = c \left(f_2' - f_1' \right),$$

$$w_{yy} = c \frac{\partial}{\partial y} \left(f_2' - f_1' \right) = c (cf_{11}'' - cf_{12}'' - cf_{21}'' + cf_{22}'') = c^2 \left(f_{11}'' - 2f_{12}'' + f_{22}'' \right),$$

所以

$$w_{xx} - \frac{1}{c^2} w_{yy} = 4f''_{12}.$$

(4) 设 $f(x)$ 有二阶导数连续, 且 $f(0) = f'(0) = 0, f''(0) = 6$, 则 $\lim\limits_{x \to 0} \dfrac{f(\sin^2 x)}{x^4}$

= _____.

解　因为 $f(x)$ 在 $x = 0$ 泰勒展开式为

$$f(x) = f(0) + f'(0)x + \frac{1}{2} f''(\xi)x^2,$$

所以 $f\left(\sin^2 x\right) = \dfrac{1}{2} f''(\xi) \sin^4 x$, 于是

$$\lim_{x \to 0} \frac{f\left(\sin^2 x\right)}{x^4} = \lim_{x \to 0} \frac{\frac{1}{2} f''(\xi) \sin^4 x}{x^4} = 3.$$

(5) 不定积分 $I = \displaystyle\int \dfrac{\mathrm{e}^{-\sin x} \sin 2x}{(1 - \sin x)^2} \mathrm{d}x =$ _____.

解　$I = 2 \displaystyle\int \dfrac{\mathrm{e}^{-\sin x} \sin x \cos x}{(1 - \sin x)^2} \mathrm{d}x$

$$\xlongequal{\sin x = v} 2 \int \frac{v\mathrm{e}^{-v}}{(1 - v)^2} \mathrm{d}v = 2 \int \frac{(v - 1 + 1)\mathrm{e}^{-v}}{(1 - v)^2} \mathrm{d}v$$

$$= 2 \int \frac{\mathrm{e}^{-v}}{v - 1} \mathrm{d}v + 2 \int \frac{\mathrm{e}^{-v}}{(v - 1)^2} \mathrm{d}v$$

$$= 2 \int \frac{\mathrm{e}^{-v}}{v - 1} \mathrm{d}v - 2 \int \mathrm{e}^{-v} \mathrm{d}\left(\frac{1}{v - 1}\right)$$

$$= 2 \int \frac{\mathrm{e}^{-v}}{v - 1} \mathrm{d}v - 2 \left(\frac{\mathrm{e}^{-v}}{v - 1} + \int \frac{\mathrm{e}^{-v}}{v - 1} \mathrm{d}v\right)$$

$$= -\frac{2\mathrm{e}^{-v}}{v - 1} + C = \frac{2\mathrm{e}^{-\sin x}}{1 - \sin x} + C.$$

(6) 记曲面 $z^2 = x^2 + y^2$ 和 $z = \sqrt{4 - x^2 - y^2}$ 围成空间区域为 V, 则三重积分 $\displaystyle\iiint\limits_V z\mathrm{d}x\mathrm{d}y\mathrm{d}z =$ _____.

解　使用球面坐标

$$I = \iiint\limits_V z\mathrm{d}x\mathrm{d}y\mathrm{d}z = \int_0^{2\pi} \mathrm{d}\theta \int_0^{\pi/4} \mathrm{d}\varphi \int_0^2 \rho \cos\varphi \cdot \rho^2 \sin\varphi \mathrm{d}\rho$$

$$= 2\pi \cdot \frac{1}{2} \sin^2 \varphi \Big|_0^{\pi/4} \cdot \frac{1}{4} \rho^4 \Big|_0^2 = 2\pi.$$

二、(14 分) 设二元函数 $f(x, y)$ 在平面上有连续的二阶偏导数. 对任何角度 α, 定义一元函数 $g_\alpha(t) = f(t \cos \alpha, t \sin \alpha)$. 若对任何 α 都有 $\dfrac{\mathrm{d} g_\alpha(0)}{\mathrm{d} t} = 0$ 且 $\dfrac{\mathrm{d}^2 g_\alpha(0)}{\mathrm{d} t^2} > 0$. 证明 $f(0, 0)$ 是 $f(x, y)$ 的极小值.

证法 1 由于 $\dfrac{\mathrm{d} g_\alpha(0)}{\mathrm{d} t} = (f_x, f_y)_{(0,0)} \begin{pmatrix} \cos \alpha \\ \sin \alpha \end{pmatrix} = 0$ 对一切 α 成立, 故 $(f_x, f_y)_{(0,0)} = (0, 0)$, 即 $(0, 0)$ 是 $f(x, y)$ 的驻点.

记 $H_f = (x, y) = \begin{pmatrix} f_{xx} & f_{xy} \\ f_{yx} & f_{yy} \end{pmatrix}$, 则

$$\frac{\mathrm{d}^2 g_\alpha(0)}{\mathrm{d} t^2} = \frac{\mathrm{d}}{\mathrm{d} t} \left[(f_x, f_y) \begin{pmatrix} \cos \alpha \\ \sin \alpha \end{pmatrix} \right]_{(0,0)} = (\cos \alpha, \sin \alpha) H_f(0, 0) \begin{pmatrix} \cos \alpha \\ \sin \alpha \end{pmatrix} > 0,$$

上式对任何单位向量 $(\cos \alpha, \sin \alpha)$ 成立, 故 $H_f(0, 0)$ 是一个正定阵, 而 $f(0, 0)$ 是 $f(x, y)$ 极小值.

证法 2 易得 $\dfrac{\mathrm{d} g_\alpha(t)}{\mathrm{d} t} = f_x \cos \alpha + f_y \sin \alpha$, 令 $x = t \cos \alpha, y = t \sin \alpha$, 由已知 $\dfrac{\mathrm{d} g_\alpha(0)}{\mathrm{d} t} = 0$, 则

$$\frac{\mathrm{d} g_\alpha(0)}{\mathrm{d} t} = f_x(0, 0) \cos \alpha + f_y(0, 0) \sin \alpha = 0.$$

由 α 的任意性得 $\begin{cases} f_x(0, 0) = 0, \\ f_y(0, 0) = 0, \end{cases}$ 从而 $f(0, 0)$ 是 $f(x, y)$ 的驻点.

$$\frac{\mathrm{d}^2 g_\alpha(t)}{\mathrm{d} t^2} = \frac{\mathrm{d}}{\mathrm{d} t} (f_x \cos \alpha + f_y \sin \alpha)$$

$$= (f_{xx} \cos \alpha + f_{xy} \sin \alpha) \cos \alpha + (f_{yx} \cos \alpha + f_{yy} \sin \alpha) \sin \alpha$$

$$= f_{xx} \cos^2 \alpha + 2 f_{xy} \sin \alpha \cos \alpha + f_{yy} \sin^2 \alpha$$

$$= \sin \alpha \cos \alpha \left(f_{xx} \cot^2 \alpha + 2 f_{xy} + f_{yy} \tan^2 \alpha \right).$$

由已知

$$\frac{\mathrm{d}^2 g_\alpha(0)}{\mathrm{d} t^2} = \frac{1}{2} \sin 2\alpha \left[f_{xx}(0, 0) \cot^2 \alpha + 2 f_{xy}(0, 0) + f_{yy}(0, 0) \tan^2 \alpha \right] > 0,$$

令 $\alpha = \dfrac{\pi}{4}$, 得

$$f_{xy}(0,0) > -\frac{1}{2}\left[f_{xx}(0,0) + f_{yy}(0,0)\right],$$

从而

$$[f_{xy}(0,0)]^2 - f_{xx}(0,0)f_{yy}(0,0)$$

$$> \frac{1}{4}[f_{xy}(0,0)]^2 + \frac{1}{2}f_{xx}(0,0)f_{yy}(0,0) + \frac{1}{4}[f_{yy}(0,0)]^2 - f_{xx}(0,0)f_{yy}(0,0)$$

$$= \frac{1}{4}\left\{[f_{xy}(0,0)]^2 - 2f_{xx}(0,0)f_{yy}(0,0) + [f_{yy}(0,0)]^2\right\}$$

$$= \frac{1}{4}[f_{xx}(0,0) - f_{yy}(0,0)]^2 \geqslant 0.$$

这就说明 $B^2 - AC > 0$, $f(0,0)$ 为极值. 下面证明 $f(0,0)$ 为极小值.

$$\frac{\mathrm{d}^2 g_\alpha(0)}{\mathrm{d}t^2} = \lim_{t\to 0}\frac{g_\alpha'(t) - g_\alpha'(0)}{t} = \lim_{t\to 0}\frac{g_\alpha'(t)}{t} > 0,$$

由保序性知: 当 $t > 0$ 时, $g_\alpha'(t) > 0 \Rightarrow g_\alpha(t)\uparrow$; 当 $t < 0$ 时, $g_\alpha'(t) < 0 \Rightarrow g_\alpha(t)\downarrow$. 所以 $f(0,0)$ 是 $f(x,y)$ 的极小值.

三、(14 分) 设曲线 Γ 为在 $x^2 + y^2 + z^2 = 1$, $x + z = 1$, $x \geqslant 0$, $y \geqslant 0$, $z \geqslant 0$ 上从 $A(1,0,0)$ 到 $B(0,0,1)$ 的一段. 求曲线积分 $I = \displaystyle\int_\Gamma y\mathrm{d}x + z\mathrm{d}y + x\mathrm{d}z$.

解 记 Γ_1 为从 B 到 A 的直线段, 则 $x = t, y = 0, z = 1 - t, 0 \leqslant t \leqslant 1$,

$$\int_{\Gamma_1} y\mathrm{d}x + z\mathrm{d}y + x\mathrm{d}z = \int_0^1 t\mathrm{d}(1-t) = -\frac{1}{2},$$

设 Γ 和 Γ_1 围成的平面区域为 Σ, 方向按右手法则, 由斯托克斯公式得到

$$\left(\int_\Gamma + \int_{\Gamma_1}\right)y\mathrm{d}x + z\mathrm{d}y + x\mathrm{d}z = \iint_\Sigma \begin{vmatrix} \mathrm{d}y\mathrm{d}z & \mathrm{d}z\mathrm{d}x & \mathrm{d}x\mathrm{d}y \\ \dfrac{\partial}{\partial x} & \dfrac{\partial}{\partial y} & \dfrac{\partial}{\partial z} \\ y & z & x \end{vmatrix}$$

$$= -\iint_\Sigma \mathrm{d}y\mathrm{d}z + \mathrm{d}z\mathrm{d}x + \mathrm{d}x\mathrm{d}y.$$

右边三个积分都是 Σ 在各个坐标面上的投影面积, 而 Σ 在 xOz 面上投影面积为零, 故

$$I + \int_{\Gamma_1} = -\iint_\Sigma \mathrm{d}y\mathrm{d}z + \mathrm{d}x\mathrm{d}y.$$

曲线 Γ 在 xOy 面上投影的方程为

$$\frac{\left(x - \dfrac{1}{2}\right)^2}{\left(\dfrac{1}{2}\right)^2} + \frac{y^2}{\left(\dfrac{1}{\sqrt{2}}\right)^2} = 1.$$

又由该投影 (半个椭圆) 的面积得知 $\displaystyle\iint_{\Sigma} \mathrm{d}x\mathrm{d}y = \frac{\pi}{4\sqrt{2}}$. 同理, $\displaystyle\iint_{\Sigma} \mathrm{d}y\mathrm{d}z = \frac{\pi}{4\sqrt{2}}$. 这样就有 $I = \dfrac{1}{2} - \dfrac{\pi}{2\sqrt{2}}$.

　　四、(15 分) 设函数 $f(x) > 0$ 且在实轴上连续, 若对任意实数 t, 有 $\displaystyle\int_{-\infty}^{+\infty} \mathrm{e}^{-|t-x|} f(x)\mathrm{d}x \leqslant 1$, 证明 $\forall a, b, a < b$, $\displaystyle\int_a^b f(x)\mathrm{d}x \leqslant \frac{b-a+2}{2}$.

　　证明　由于 $\forall a, b(a < b)$, 有

$$\int_a^b \mathrm{e}^{-|t-x|} f(x)\mathrm{d}x \leqslant \int_{-\infty}^{+\infty} \mathrm{e}^{-|t-x|} f(x)\mathrm{d}x \leqslant 1,$$

因此

$$\int_a^b \mathrm{d}t \int_a^b \mathrm{e}^{-|t-x|} f(x)\mathrm{d}x \leqslant b - a.$$

然而

$$\int_a^b \mathrm{d}t \int_a^b \mathrm{e}^{-|t-x|} f(x)\mathrm{d}x = \int_a^b f(x) \left(\int_a^b \mathrm{e}^{-|t-x|}\mathrm{d}t \right) \mathrm{d}x,$$

其中

$$\int_a^b \mathrm{e}^{-|t-x|}\mathrm{d}t = \int_a^x \mathrm{e}^{t-x}\mathrm{d}t + \int_x^b \mathrm{e}^{x-t}\mathrm{d}t = 2 - \mathrm{e}^{a-x} - \mathrm{e}^{x-b},$$

这样就有

$$\int_a^b f(x) \left(2 - \mathrm{e}^{a-x} - \mathrm{e}^{x-b} \right) \mathrm{d}x \leqslant b - a, \tag{1}$$

即

$$\int_a^b f(x)\mathrm{d}x \leqslant \frac{b-a}{2} + \frac{1}{2}\left[\int_a^b \mathrm{e}^{a-x} f(x)\mathrm{d}x + \int_a^b \mathrm{e}^{x-b} f(x)\mathrm{d}x \right].$$

注意到

$$\int_a^b \mathrm{e}^{a-x}f(x)\mathrm{d}x = \int_a^b \mathrm{e}^{-|a-x|}f(x)\mathrm{d}x \leqslant 1 \quad 和 \quad \int_a^b \mathrm{e}^{x-b}f(x)\mathrm{d}x \leqslant 1,$$

把以上两个式子代入 (1), 即得结论.

五、(15 分) 设 $\{a_n\}$ 为一个数列, p 为固定的正整数. 若 $\lim\limits_{n\to\infty}(a_{n+p}-a_n)=\lambda$, 其中 λ 为常数, 证明 $\lim\limits_{n\to\infty}\dfrac{a_n}{n}=\dfrac{\lambda}{p}$.

证明　对于 $i=0,1,2,\cdots,p-1$, 记 $A_n^{(i)}=a_{(n+1)p+i}-a_{np+i}$. 由题设 $\lim\limits_{n\to\infty}A_n^{(i)}=\lambda$. 从而

$$\lim_{n\to\infty}\frac{A_1^{(i)}+A_2^{(i)}+\cdots+A_n^{(i)}}{n}=\lambda.$$

而

$$A_1^{(i)}+A_2^{(i)}+\cdots+A_n^{(i)}=a_{(n+1)p+i}-a_{p+i},$$

由题设知

$$\lim_{n\to\infty}\frac{a_{(n+1)p+i}}{(n+1)p+i}=\lim_{n\to\infty}\frac{a_{(n+1)p+i}}{n}\frac{n}{(n+1)p+i}=\frac{\lambda}{p},$$

对正整数 m, 设 $m=np+i$, 其中 $i=0,1,2,\cdots,p-1$, 从而可以把正整数依照 i 分为 p 个子列类. 考虑任何这样的子列, 下面极限为

$$\lim_{n\to\infty}\frac{a_{(n+1)p+i}}{(n+1)p+i}=\frac{\lambda}{p},$$

故 $\lim\limits_{m\to\infty}\dfrac{a_m}{m}=\dfrac{\lambda}{p}$.

当 $p=1$ 时, 可以由 $\lim\limits_{n\to\infty}(a_{n+1}-a_n)=\lambda$ 知

$$\forall \varepsilon>0, \exists N_1\in\mathbf{N}, \text{当 } n>N_1 \text{ 时, 有} |a_{n+1}-a_n-\lambda|<\frac{\varepsilon}{2}.$$

注意到

$$a_n=a_1+(a_2-a_1)+(a_3-a_2)+\cdots+(a_n-a_{n-1}),$$

用 N_1 作分项指标, 得

$$\left|\frac{a_n}{n}-\lambda\right|=\left|\frac{a_n-n\lambda}{n}\right|=\left|\frac{(a_1+(a_2-a_1)+(a_3-a_2)+\cdots+(a_n-a_{n-1}))-n\lambda}{n}\right|$$

$$=\left|\frac{(a_1-\lambda)+(a_2-a_1-\lambda)+\cdots+(a_n-a_{n-1}-\lambda)}{n}\right|$$

$$\leqslant\frac{|a_1-\lambda|+\cdots+|a_{N_1+1}-a_{N_1}-\lambda|}{n}+\frac{|a_{N_1+2}-a_{N_1+1}-\lambda|+\cdots+|a_n-a_{n-1}-\lambda|}{n},$$

其次, 记 $M = |a_1 - \lambda| + \cdots + |a_{N_1+1} - a_{N_1} - \lambda|$, 且取 N_2, 使得当 $n > N_2$ 时, 有 $\dfrac{M}{n} < \dfrac{\varepsilon}{2}$. 从而令 $N = \max\{N_1, N_2\}$, 则当 $n > N$ 时, 有

$$\left|\frac{a_n}{n} - \lambda\right| < \frac{\varepsilon}{2} + \frac{n-1-N_1}{n} \cdot \frac{\varepsilon}{2} < \varepsilon.$$

第十届全国大学生数学竞赛预赛试卷及答案 (非数学类, 2018)

一、填空题 (每小题 6 分, 共 24 分)

(1) 设 $\alpha \in (0,1)$, 则 $\lim\limits_{n \to +\infty} ((n+1)^{\alpha} - n^{\alpha}) = $ _____.

解 由于 $\left(1 + \dfrac{1}{n}\right)^{\alpha} < \left(1 + \dfrac{1}{n}\right)$, 则

$$(n+1)^{\alpha} - n^{\alpha} = n^{\alpha}\left(\left(1+\frac{1}{n}\right)^{\alpha} - 1\right) < n^{\alpha}\left(\left(1+\frac{1}{n}\right) - 1\right) = \frac{1}{n^{1-\alpha}},$$

于是 $0 < (n+1)^{\alpha} - n^{\alpha} < \dfrac{1}{n^{1-\alpha}}$, 应用夹逼定理, $\lim\limits_{n \to +\infty} ((n+1)^{\alpha} - n^{\alpha}) = 0$.

(2) 若曲线 $y = y(x)$ 由 $\begin{cases} x = t + \cos t, \\ e^{y} + ty + \sin t = 1 \end{cases}$ 确定, 则此曲线在 $t = 0$ 对应点处的切线方程为_____.

解 当 $t = 0$ 时, $x = 1, y = 0$, 对 $x = t + \cos t$ 两边关于 t 求导

$$\frac{\mathrm{d}x}{\mathrm{d}t} = 1 - \sin t, \quad \frac{\mathrm{d}x}{\mathrm{d}t}\bigg|_{t=0} = 1,$$

对 $e^{y} + ty + \sin t = 1$ 两边关于 t 求导

$$e^{y}\frac{\mathrm{d}y}{\mathrm{d}t} + y + t\frac{\mathrm{d}y}{\mathrm{d}t} + \cos t = 0,$$

则

$$\frac{\mathrm{d}y}{\mathrm{d}t}\bigg|_{t=0} = -1, \quad \frac{\mathrm{d}y}{\mathrm{d}x}\bigg|_{t=0} = -1.$$

所以, 切线方程为 $y - 0 = -(x-1)$.

(3) $\displaystyle\int \frac{\ln\left(x + \sqrt{1+x^2}\right)}{(1+x^2)^{3/2}} \mathrm{d}x = $ _____.

解法 1

$$\int \frac{\ln\left(x+\sqrt{1+x^2}\right)}{(1+x^2)^{3/2}}\,\mathrm{d}x \xlongequal{x=\tan t} \int \frac{\ln(\tan t+\sec t)}{\sec t}\,\mathrm{d}t = \int \ln(\tan t+\sec t)\mathrm{d}(\sin t)$$

$$= \int \ln(\tan t+\sec t)\mathrm{d}(\sin t) = \sin t \ln(\tan t+\sec t) - \int \sin t\, \mathrm{d}(\ln(\tan t+\sec t))$$

$$= \sin t \ln(\tan t+\sec t) - \int \sin t \frac{1}{\tan t+\sec t}\left(\sec^2 t+\tan t\sec t\right)\mathrm{d}t$$

$$= \sin t \ln(\tan t+\sec t) - \int \frac{\sin t}{\cos t}\mathrm{d}t$$

$$= \sin t \ln(\tan t+\sec t) + \ln|\cos t| + C$$

$$= \frac{x}{\sqrt{1+x^2}} \ln\left(x+\sqrt{1+x^2}\right) - \frac{1}{2}\ln\left(1+x^2\right) + C.$$

解法 2

$$\int \frac{\ln\left(x+\sqrt{1+x^2}\right)}{(1+x^2)^{3/2}}\,\mathrm{d}x = \int \ln\left(x+\sqrt{1+x^2}\right)\mathrm{d}\frac{x}{\sqrt{1+x^2}}$$

$$= \frac{x}{\sqrt{1+x^2}} \ln\left(x+\sqrt{1+x^2}\right) - \int \frac{x}{\sqrt{1+x^2}} \frac{1}{x+\sqrt{1+x^2}}\left(1+\frac{x}{\sqrt{1+x^2}}\right)\mathrm{d}x$$

$$= \frac{x}{\sqrt{1+x^2}} \ln\left(x+\sqrt{1+x^2}\right) - \int \frac{x}{1+x^2}\mathrm{d}x$$

$$= \frac{x}{\sqrt{1+x^2}} \ln\left(x+\sqrt{1+x^2}\right) - \frac{1}{2}\ln\left(1+x^2\right) + C.$$

(4) $\displaystyle\lim_{x\to 0} \frac{1-\cos x\sqrt{\cos 2x}\sqrt[3]{\cos 3x}}{x^2} = $ _____.

解

$$\lim_{x\to 0} \frac{1-\cos x\sqrt{\cos 2x}\sqrt[3]{\cos 3x}}{x^2}$$

$$= \lim_{x\to 0}\left[\frac{1-\cos x}{x^2} + \frac{\cos x(1-\sqrt{\cos 2x}\sqrt[3]{\cos 3x})}{x^2}\right]$$

$$= \frac{1}{2} + \lim_{x\to 0}\frac{1-\sqrt{\cos 2x}\sqrt[3]{\cos 3x}}{x^2}$$

$$= \frac{1}{2} + \lim_{x\to 0}\left[\frac{1-\sqrt{\cos 2x}}{x^2} + \frac{\sqrt{\cos 2x}(1-\sqrt[3]{\cos 3x})}{x^2}\right]$$

$$=\frac{1}{2}+\lim_{x\to 0}\left[\frac{1-\sqrt{(\cos 2x-1)+1}}{x^2}+\frac{1-\sqrt[3]{(\cos 3x-1)+1}}{x^2}\right]$$

$$=\frac{1}{2}+\lim_{x\to 0}\frac{1-\cos 2x}{2x^2}+\lim_{x\to 0}\frac{1-\cos 3x}{3x^2}=\frac{1}{2}+1+\frac{3}{2}=3.$$

二、(8 分) 设函数 $f(t)$ 在 $t\neq 0$ 时一阶连续可导, 且 $f(1)=0$, 求函数 $f(x^2-y^2)$ 使得曲线积分 $\displaystyle\int_L\left[y\left(2-f\left(x^2-y^2\right)\right)\right]\mathrm{d}x+xf\left(x^2-y^2\right)\mathrm{d}y$ 与路径无关, 其中 L 为任一不与直线 $y=\pm x$ 相交的分段光滑闭曲线.

解 设 $P(x,y)=y\left(2-f\left(x^2-y^2\right)\right)$, $Q(x,y)=xf\left(x^2-y^2\right)$, 由题设可知, 积分与路径无关, 于是有 $\dfrac{\partial Q(x,y)}{\partial x}=\dfrac{\partial P}{\partial y}$, 由此可知

$$\left(x^2-y^2\right)f'\left(x^2-y^2\right)+f\left(x^2-y^2\right)=1.$$

记 $t=x^2-y^2$, 则得微分方程 $tf'(t)+f(t)=1$, 即

$$(tf(t))'=1,\quad tf(t)=t+C.$$

又 $f(1)=0$, 可得 $C=-1$, $f(t)=1-\dfrac{1}{t}$, 从而

$$f\left(x^2-y^2\right)=1-\frac{1}{x^2-y^2}.$$

三、(14 分) 设 $f(x)$ 在区间 $[0,1]$ 上连续, 且 $1\leqslant f(x)\leqslant 3$, 证明

$$1\leqslant\int_0^1 f(x)\mathrm{d}x\int_0^1\frac{1}{f(x)}\mathrm{d}x\leqslant\frac{4}{3}.$$

证明 由柯西不等式有

$$\int_0^1 f(x)\mathrm{d}x\int_0^1\frac{1}{f(x)}\mathrm{d}x\geqslant\left(\int_0^1\sqrt{f(x)}\sqrt{\frac{1}{f(x)}}\mathrm{d}x\right)^2=1,$$

又由于 $(f(x)-1)(f(x)-3)\leqslant 0$, 则

$$(f(x)-1)(f(x)-3)/f(x)\leqslant 0,$$

即

$$f(x)+\frac{3}{f(x)}\leqslant 4,\quad\int_0^1\left(f(x)+\frac{3}{f(x)}\right)\mathrm{d}x\leqslant 4.$$

由于

$$\int_0^1 f(x)\mathrm{d}x \int_0^1 \frac{3}{f(x)}\mathrm{d}x \leqslant \frac{1}{4}\left(\int_0^1 \left(f(x)+\frac{3}{f(x)}\right)\mathrm{d}x\right)^2,$$

故

$$1 \leqslant \int_0^1 f(x)\mathrm{d}x \int_0^1 \frac{3}{f(x)}\mathrm{d}x \leqslant \frac{4}{3}.$$

四、(12 分) 计算三重积分 $\iiint\limits_{(V)} \left(x^2+y^2\right)\mathrm{d}V$, 其中 (V) 是由 $x^2+y^2+(z-2)^2 \geqslant 4$, $x^2+y^2+(z-1)^2 \leqslant 9$, $z \geqslant 0$ 所围成的空心立体.

解　(1)$(V_1):\begin{cases} x=r\sin\varphi\cos\theta,\ y=r\sin\varphi\sin\theta,\ z-1=r\cos\varphi, \\ 0\leqslant r\leqslant 3,\ 0\leqslant\varphi\leqslant\pi,\ 0\leqslant\theta\leqslant 2\pi. \end{cases}$

$$\iiint\limits_{(V_1)} \left(x^2+y^2\right)\mathrm{d}V = \int_0^{2\pi}\mathrm{d}\theta\int_0^{\pi}\mathrm{d}\varphi\int_0^3 r^2\sin^2\varphi r^2\sin\varphi\mathrm{d}r = \frac{8}{15}\cdot 3^5\cdot\pi.$$

(2)$(V_2):\begin{cases} x=r\sin\varphi\cos\theta,\ y=r\sin\varphi\sin\theta,\ z-2=r\cos\varphi, \\ 0\leqslant r\leqslant 2,\ 0\leqslant\varphi\leqslant\pi,\ 0\leqslant\theta\leqslant 2\pi. \end{cases}$

$$\iiint\limits_{(V_2)} \left(x^2+y^2\right)\mathrm{d}V = \int_0^{2\pi}\mathrm{d}\theta\int_0^{\pi}\mathrm{d}\varphi\int_0^2 r^2\sin^2\varphi r^2\sin^2\varphi\mathrm{d}r = \frac{8}{15}\cdot 2^5\cdot\pi.$$

(3)$(V_3):\begin{cases} x=r\cos\theta,\ y=r\sin\theta,\ 1-\sqrt{9-r^2}\leqslant z\leqslant 0, \\ 0\leqslant r\leqslant 2\sqrt{2},\ 0\leqslant\theta\leqslant 2\pi. \end{cases}$

$$\iiint\limits_{(V_3)} \left(x^2+y^2\right)\mathrm{d}V = \iint\limits_{r\leqslant 2\sqrt{2}} r\,\mathrm{d}r\mathrm{d}\theta\int_{1-\sqrt{9-r^2}}^0 r^2\mathrm{d}z = \int_0^{2\pi}\mathrm{d}\theta\int_0^{2\sqrt{2}} r^3\left(\sqrt{9-r^2}-1\right)\mathrm{d}r$$

$$= \left(124 - \frac{2}{5}\cdot 3^5 + \frac{2}{5}\right)\pi.$$

$$\iiint\limits_{(V)} \left(x^2+y^2\right)\mathrm{d}V = \iiint\limits_{(V_1)} \left(x^2+y^2\right)\mathrm{d}V - \iiint\limits_{(V_2)} \left(x^2+y^2\right)\mathrm{d}V - \iiint\limits_{(V_3)} \left(x^2+y^2\right)\mathrm{d}V$$

$$= \frac{256}{3}\pi.$$

五、(14 分) 设 $f(x,y)$ 在区域 D 内可微, 且 $\sqrt{\left(\dfrac{\partial f}{\partial x}\right)^2 + \left(\dfrac{\partial f}{\partial y}\right)^2} \leqslant M$,

$A(x_1, y_1)$, $B(x_2, y_2)$ 是 D 内两点, 线段 AB 包含在 D 内. 证明: $|f(x_1, y_1) - f(x_2, y_2)| \leqslant M|AB|$, 其中 $|AB|$ 表示线段 AB 的长度.

证明 作辅助函数

$$\varphi(t) = f(x_1 + t(x_2 - x_1), y_1 + t(y_2 - y_1)),$$

显然 $\varphi(t)$ 在 $[0,1]$ 上可导. 根据拉格朗日中值定理, 存在 $c \in (0,1)$, 使得

$$\varphi(1) - \varphi(0) = \varphi'(c) = \frac{\partial f(u,v)}{\partial u}(x_2 - x_1) + \frac{\partial f(u,v)}{\partial v}(y_2 - y_1),$$

因此

$$
\begin{aligned}
|\varphi(1) - \varphi(0)| &= |f(x_2, y_2) - f(x_1, y_1)| \\
&= \left| \frac{\partial f(u,v)}{\partial u}(x_2 - x_1) + \frac{\partial f(u,v)}{\partial v}(y_2 - y_1) \right| \\
&\leqslant \left[\left(\frac{\partial f(u,v)}{\partial u} \right)^2 + \left(\frac{\partial f(u,v)}{\partial v} \right)^2 \right]^{\frac{1}{2}} \left[(x_2 - x_1)^2 + (y_2 - y_1)^2 \right]^{\frac{1}{2}} \\
&\leqslant M|AB|.
\end{aligned}
$$

六、(14 分) 证明: 对于连续函数 $f(x) > 0$, 有 $\ln \displaystyle\int_0^1 f(x)\mathrm{d}x \geqslant \int_0^1 \ln f(x)\mathrm{d}x$.

证明 由于 $f(x)$ 在 $[0,1]$ 上连续, 所以 $\displaystyle\int_0^1 f(x)\mathrm{d}x = \lim_{n\to\infty} \frac{1}{n}\sum_{k=1}^{n} f(x_k)$, 其中

$$x_k \in \left[\frac{k-1}{n}, \frac{k}{n} \right].$$

由不等式 $(f(x_1)f(x_2)\cdots f(x_n))^{\frac{1}{n}} \leqslant \dfrac{1}{n}\displaystyle\sum_{k=1}^{n} f(x_k)$, 根据 $\ln x$ 的单调性,

$$\frac{1}{n}\sum_{k=1}^{n} \ln f(x_k) \leqslant \ln \left(\frac{1}{n}\sum_{k=1}^{n} f(x_k) \right),$$

根据 $\ln x$ 的连续性, 两边取极限

$$\lim_{n\to\infty} \left(\frac{1}{n}\sum_{k=1}^{n} \ln f(x_k) \right) \leqslant \lim_{n\to\infty} \ln \left(\frac{1}{n}\sum_{k=1}^{n} f(x_k) \right),$$

得

$$\int_0^1 \ln f(x)\mathrm{d}x \leqslant \ln \int_0^1 f(x)\mathrm{d}x.$$

七、(14 分) 已知 $\{a_k\}$, $\{b_k\}$ 是正项数列, 且 $b_{k+1} - b_k \geqslant \delta \geqslant 0$, $k = 1, 2, \cdots$, δ 为一常数. 证明: 若级数 $\displaystyle\sum_{k=1}^{+\infty} a_k$ 收敛, 则级数

$$\sum_{k=1}^{+\infty} \frac{k\sqrt[k]{(a_1 a_2 \cdots a_k)(b_1 b_2 \cdots b_k)}}{b_{k+1} b_k}$$

收敛.

证明　令 $S_k = \displaystyle\sum_{i=1}^{k} a_i b_i$, $a_k b_k = S_k - S_{k-1}$, $S_0 = 0$, $a_k = \dfrac{S_k - S_{k-1}}{b_k}$, $k = 1, 2, \cdots$, 则

$$\sum_{k=1}^{N} a_k = \sum_{k=1}^{N} \frac{S_k - S_{k-1}}{b_k} = \sum_{k=1}^{N} \left(\frac{S_k}{b_k} - \frac{S_k}{b_{k+1}} \right) + \frac{S_N}{b_N}$$

$$= \sum_{k=1}^{N} \frac{b_{k+1} - b_k}{b_k b_{k+1}} S_k + \frac{S_N}{b_N} \geqslant \sum_{k=1}^{N-1} \frac{\delta}{b_k b_{k+1}} S_k,$$

所以 $\displaystyle\sum_{k=1}^{\infty} \frac{S_k}{b_k b_{k+1}}$ 收敛. 由不等式

$$\sqrt[k]{(a_1 a_2 \cdots a_k)(b_1 b_2 \cdots b_k)} \leqslant \frac{a_1 b_1 + a_2 b_2 + \cdots + a_k b_k}{k} = \frac{S_k}{k}$$

知

$$\sum_{k=1}^{+\infty} \frac{k\sqrt[k]{(a_1 a_2 \cdots a_k)(b_1 b_2 \cdots b_k)}}{b_k b_{k+1}} \leqslant \sum_{k=1}^{+\infty} \frac{S_k}{b_k b_{k+1}},$$

故结论成立.

第十一届全国大学生数学竞赛预赛试卷及答案 (非数学类, 2019)

一、填空题 (每小题 6 分, 共 30 分)

(1) $\lim\limits_{x \to 0} \dfrac{\ln\left(e^{\sin x} + \sqrt[3]{1 - \cos x}\right) - \sin x}{\arctan(4\sqrt[3]{1 - \cos x})} = $ _____.

解 $\lim\limits_{x \to 0} \dfrac{\ln\left(e^{\sin x} + \sqrt[3]{1 - \cos x}\right) - \sin x}{\arctan(4\sqrt[3]{1 - \cos x})}$

$= \lim\limits_{x \to 0} \dfrac{(e^{\sin x} - 1) + \sqrt[3]{1 - \cos x}}{4\sqrt[3]{1 - \cos x}} - \lim\limits_{x \to 0} \dfrac{\sin x}{4\sqrt[3]{1 - \cos x}}$

$= \lim\limits_{x \to 0} \dfrac{(e^{\sin x} - 1)}{4\left(\dfrac{x^2}{2}\right)^{1/3}} + \dfrac{1}{4} - \lim\limits_{x \to 0} \dfrac{\sin x}{4\left(\dfrac{x^2}{2}\right)^{1/3}} = \dfrac{1}{4}.$

(2) 设隐函数 $y = y(x)$ 由方程 $y^2(x - y) = x^2$ 所确定, 则_____.

解 令 $y = tx$, 则 $x = \dfrac{1}{t^2(1 - t)}$, $y = \dfrac{1}{t(1 - t)}$, $\mathrm{d}x = \dfrac{-2 + 3t}{t^3(1 - t)^2}\mathrm{d}t$, 这样,

$$\int \dfrac{\mathrm{d}x}{y^2} = \int \dfrac{-2 + 3t}{t}\mathrm{d}t = 3t - 2\ln|t| + C = \dfrac{3y}{x} - 2\ln\left|\dfrac{y}{x}\right| + C.$$

(3) 定积分 $\displaystyle\int_0^{\frac{\pi}{2}} \dfrac{e^x(1 + \sin x)}{1 + \cos x}\mathrm{d}x = $ _____.

解 $\displaystyle\int_0^{\frac{\pi}{2}} \dfrac{e^x(1 + \sin x)}{1 + \cos x}\mathrm{d}x = \int_0^{\frac{\pi}{2}} \dfrac{e^x}{1 + \cos x}\mathrm{d}x + \int_0^{\frac{\pi}{2}} \dfrac{\sin x}{1 + \cos x}\mathrm{d}e^x$

$= \displaystyle\int_0^{\frac{\pi}{2}} \dfrac{e^x}{1 + \cos x}\mathrm{d}x + \dfrac{\sin x e^x}{1 + \cos x}\bigg|_0^{\frac{\pi}{2}} - \int_0^{\frac{\pi}{2}} e^x \dfrac{\cos x(1 + \cos x) + \sin^2 x}{(1 + \cos x)^2}\mathrm{d}x$

$= \displaystyle\int_0^{\frac{\pi}{2}} \dfrac{e^x}{1 + \cos x}\mathrm{d}x + \dfrac{\sin x e^x}{1 + \cos x}\bigg|_0^{\frac{\pi}{2}} - \int_0^{\frac{\pi}{2}} \dfrac{e^x}{1 + \cos x}\mathrm{d}x = e^{\frac{\pi}{2}}.$

(4) 已知 $\mathrm{d}u(x, y) = \dfrac{y\mathrm{d}x - x\mathrm{d}y}{3x^2 - 2xy + 3y^2}$, 则 $u(x, y) = $ _____.

解 因为

$$\mathrm{d}u(x,y) = \frac{y\mathrm{d}x - x\mathrm{d}y}{3x^2 - 2xy + 3y^2} = \frac{\mathrm{d}\left(\dfrac{x}{y}\right)}{3\left(\dfrac{x}{y}\right)^2 - \dfrac{2x}{y} + 3}$$

$$= \frac{1}{2\sqrt{2}}\mathrm{d}\arctan\frac{3}{2\sqrt{2}}\left(\frac{x}{y} - \frac{1}{3}\right),$$

所以,

$$u(x,y) = \frac{1}{2\sqrt{2}}\arctan\frac{3}{2\sqrt{2}}\left(\frac{x}{y} - \frac{1}{3}\right) + C.$$

(5) 设 $a, b, c, \mu > 0$, 曲面 $xyz = \mu$ 与曲面 $\dfrac{x^2}{a^2} + \dfrac{y^2}{b^2} + \dfrac{z^2}{c^2} = 1$ 相切, 则 $\mu = \underline{\qquad}$.

解 根据题意有 $yz = \dfrac{2x}{a^2}\lambda$, $xz = \dfrac{2y}{b^2}\lambda$, $xy = \dfrac{2z}{c^2}\lambda$, 以及 $\mu = 2\lambda\dfrac{x^2}{a^2}$, $\mu = 2\lambda\dfrac{y^2}{b^2}$, $\mu = 2\lambda\dfrac{z^2}{c^2}$, 从而得 $\mu = \dfrac{8\lambda^3}{a^2b^2c^2}$, $3\mu = 2\lambda$, 联立解得 $\mu = \dfrac{abc}{3\sqrt{3}}$.

二、(14 分) 计算三重积分 $\displaystyle\iiint\limits_{\Omega} \frac{xyz}{x^2 + y^2}\mathrm{d}x\mathrm{d}y\mathrm{d}z$, 其中 Ω 是由曲面 $(x^2 + y^2 + z^2)^2 = 2xy$ 围成的区域在第一卦限部分.

解 采用 "球面坐标" 计算, 并利用对称性, 得

$$I = 2\int_0^{\frac{\pi}{4}}\mathrm{d}\theta\int_0^{\frac{\pi}{2}}\mathrm{d}\varphi\int_0^{\sqrt{2}\sin\varphi\sqrt{\sin\theta\cos\theta}} \frac{\rho^3\sin^2\varphi\cos\theta\sin\theta\cos\varphi}{\rho^2\sin^2\varphi}\rho^2\sin\varphi\mathrm{d}\rho$$

$$= 2\int_0^{\frac{\pi}{4}}\sin\theta\cos\theta\mathrm{d}\theta\int_0^{\frac{\pi}{2}}\sin\varphi\cos\varphi\mathrm{d}\varphi\int_0^{\sqrt{2}\sin\varphi\sqrt{\sin\theta\cos\theta}}\rho^3\mathrm{d}\rho$$

$$= 2\int_0^{\frac{\pi}{4}}\sin^3\theta\cos^3\theta\mathrm{d}\theta\int_0^{\frac{\pi}{2}}\sin^5\varphi\cos\varphi\mathrm{d}\varphi$$

$$= \frac{1}{4}\int_0^{\frac{\pi}{4}}\sin^3 2\theta\mathrm{d}\theta\int_0^{\frac{\pi}{2}}\sin^5\varphi\mathrm{d}(\sin\varphi)$$

$$= \frac{1}{48}\int_0^{\frac{\pi}{2}}\sin^3 t\mathrm{d}t = \frac{1}{48}\cdot\frac{2}{3} = \frac{1}{72}.$$

三、(14 分) 设 $f(x)$ 在 $[0, +\infty)$ 上可微, $f(0) = 0$, 且存在常数 $A > 0$, 使得 $|f'(x)| \leqslant A|f(x)|$ 在 $[0, +\infty)$ 上成立, 试证明: 在 $(0, +\infty)$ 上有 $f(x) \equiv 0$.

证明 设 $x_0 \in \left[0, \dfrac{1}{2A}\right]$, 使得 $|f(x_0)| = \max\left\{|f(x)|\,\Big|\, x \in \left[0, \dfrac{1}{2A}\right]\right\}$.

$$|f(x_0)| = |f(0) + f'(\xi) x_0| \leqslant A|f(x_0)|\frac{1}{2A} = \frac{1}{2}|f(x_0)|,$$

则

$$|f(x_0)| = 0.$$

故当 $x \in \left[0, \dfrac{1}{2A}\right]$ 时, $f(x) \equiv 0$.

递推可得, 对所有的 $x \in \left[\dfrac{k-1}{2A}, \dfrac{k}{2A}\right]$, $k = 1, 2, \cdots$, 均有 $f(x) \equiv 0$.

四、(14 分) 计算积分 $I = \displaystyle\int_0^{2\pi} \mathrm{d}\phi \int_0^\pi \mathrm{e}^{\sin\theta(\cos\phi - \sin\phi)}\sin\theta\mathrm{d}\theta$.

解 设球面 $\Sigma : x^2 + y^2 + z^2 = 1$, 由球面参数方程

$$x = \sin\theta\cos\phi, \quad y = \sin\theta\sin\phi, \quad z = \cos\theta$$

知 $\mathrm{d}S = \sin\theta\mathrm{d}\theta\mathrm{d}\phi$, 所以, 所求积分可化为第一型曲面积分

$$I = \iint\limits_{\Sigma} \mathrm{e}^{x-y}\mathrm{d}S.$$

设平面 $P_t : \dfrac{x-y}{\sqrt{2}} = t$, $-1 \leqslant t \leqslant 1$, 其中 t 为平面 P_t 被球面截下部分中心到原点距离. 用平面 P_t 分割球面 Σ, 球面在平面 P_t, $P_{t+\mathrm{d}t}$ 之间的部分形如圆台外表面状, 记为 $\Sigma_{t,\mathrm{d}t}$. 被积函数在其上为 $\mathrm{e}^{x-y} = \mathrm{e}^{\sqrt{2}t}$.

由于 $\Sigma_{t,\mathrm{d}t}$ 的半径为 $r_t = \sqrt{1-t^2}$, 半径的增长率为 $\mathrm{d}\sqrt{1-t^2} = \dfrac{-t\mathrm{d}t}{\sqrt{1-t^2}}$ 就是 $\Sigma_{t,\mathrm{d}t}$ 上、下底半径之差. 记圆台外表面斜高为 h_t, 则由微元法知 $\mathrm{d}t^2 + \left(\mathrm{d}\sqrt{1-t^2}\right)^2 = h_t^2$, 得到 $h_t = \dfrac{\mathrm{d}t}{\sqrt{1-t^2}}$, 所以 $\Sigma_{t,\mathrm{d}t}$ 的面积为

$$\mathrm{d}S = 2\pi r_t h_t = 2\pi\mathrm{d}t,$$

$$I = \int_{-1}^1 \mathrm{e}^{\sqrt{2}t} 2\pi\mathrm{d}t = \frac{2\pi}{\sqrt{2}}\mathrm{e}^{\sqrt{2}t}\bigg|_{-1}^1 = \sqrt{2}\pi\left(\mathrm{e}^{\sqrt{2}} - \mathrm{e}^{-\sqrt{2}}\right).$$

五、(14 分) 设 $f(x)$ 是仅有正实根的多项式函数, 满足 $\dfrac{f'(x)}{f(x)} = -\displaystyle\sum_{n=0}^{+\infty} c_n x^n$.

试证: $c_n > 0$ $(n \geqslant 0)$, 极限 $\displaystyle\lim_{n\to+\infty} \dfrac{1}{\sqrt[n]{c_n}}$ 存在, 且等于 $f(x)$ 的最小根.

证明　由 $f(x)$ 为仅有正实根的多项式, 不妨设 $f(x)$ 的全部根为 $0 < a_1 < a_2 < \cdots < a_k$, 这样,

$$f(x) = A(x-a_1)^{r_1} \cdots (x-a_k)^{r_k},$$

其中 r_i 为对应根 a_i $(i=1,\cdots,k, r_k \geqslant 1)$ 的重数. 因为

$$f'(x) = Ar_1(x-a_1)^{r_1-1}\cdots(x-a_k)^{r_k} + \cdots + Ar_k(x-a_1)^{r_1}\cdots(x-a_k)^{r_k-1},$$

所以, $f'(x) = f(x)\left(\dfrac{r_1}{x-a_1} + \cdots + \dfrac{r_k}{x-a_k}\right)$, 从而,

$$-\frac{f'(x)}{f(x)} = \frac{r_1}{a_1}\cdot\frac{1}{1-\dfrac{x}{a_1}} + \cdots + \frac{r_k}{a_k}\cdot\frac{1}{1-\dfrac{x}{a_k}}.$$

若 $|x| < a_1$, 则

$$-\frac{f'(x)}{f(x)} = \frac{r_1}{a_1}\cdot\sum_{n=0}^{\infty}\left(\frac{x}{a_1}\right)^n + \cdots + \frac{r_k}{a_k}\cdot\sum_{n=0}^{\infty}\left(\frac{x}{a_k}\right)^n = \sum_{n=0}^{\infty}\left(\frac{r_1}{a_1^{n+1}} + \cdots + \frac{r_k}{a_k^{n+1}}\right)x^n.$$

而 $-\dfrac{f'(x)}{f(x)} = \displaystyle\sum_{n=0}^{\infty} c_n x^n$, 由幂级数的唯一性知

$$c_n = \frac{r_1}{a_1^{n+1}} + \cdots + \frac{r_k}{a_k^{n+1}} > 0,$$

$$\frac{c_n}{c_{n+1}} = \frac{\dfrac{r_1}{a_1^{n+1}} + \cdots + \dfrac{r_k}{a_k^{n+1}}}{\dfrac{r_1}{a_1^{n+2}} + \cdots + \dfrac{r_k}{a_k^{n+2}}} = a_1 \cdot \frac{r_1 + \cdots + \left(\dfrac{a_1}{a_k}\right)^{n+1} r_k}{r_1 + \cdots + \left(\dfrac{a_1}{a_k}\right)^{n+2} r_k},$$

$$\lim_{n\to\infty}\frac{c_n}{c_{n+1}} = a_1\cdot\frac{r_1 + 0 + \cdots + 0}{r_1 + 0 + \cdots + 0} = a_1 > 0, \quad \lim_{n\to\infty}\frac{c_{n+1}}{c_n} = \frac{1}{a_1},$$

$$\lim_{n\to\infty}\frac{1}{n}\cdot\left(\ln\frac{c_2}{c_1} + \cdots + \ln\frac{c_{n+1}}{c_n}\right) = \ln\frac{1}{a_1},$$

$$\sqrt[n]{c_n} = e^{\frac{\ln c_n}{n}} = e^{\frac{\ln c_1}{n} + \frac{1}{n}\left(\ln\frac{c_2}{c_1} + \cdots + \ln\frac{c_{n+1}}{c_n}\right)} \to e^{\ln\frac{1}{a_1}} = \frac{1}{a_1}.$$

从而, $\lim\limits_{n\to\infty}\dfrac{1}{\sqrt[n]{c_n}}=a_1$, 即 $f(x)$ 的最小正根.

六、(14 分) 设函数 $f(x)$ 在 $[0,+\infty)$ 上具有连续导数, 满足

$$3\left[3+f^2(x)\right]f'(x)=2\left[1+f^2(x)\right]^2\mathrm{e}^{-x^2},$$

且 $f(0)\leqslant 1$, 证明: 存在常数 $M>0$, 使得 $x\in[0,+\infty)$ 时, 恒有 $|f(x)|\leqslant M$.

证明　由于 $f'(x)>0$, 所以 $f(x)$ 是 $[0,+\infty)$ 上的严格增函数, 故 $\lim\limits_{n\to\infty}f(x)=L$(有限或为 $+\infty$), 下面证明 $L\neq+\infty$.

记 $y=f(x)$, 将所给等式分离变量并积分得

$$\int\frac{3+y^2}{(1+y^2)^2}\mathrm{d}y=\frac{2}{3}\int\mathrm{e}^{-x^2}\mathrm{d}x,$$

即

$$\frac{y}{1+y^2}+2\arctan y=\frac{2}{3}\int_0^x\mathrm{e}^{-t^2}\mathrm{d}t+C,$$

其中 $C=\dfrac{f(0)}{1+f^2(0)}+2\arctan f(0)$.

若 $L=+\infty$, 则对上式取极限 $x\to+\infty$, 并利用 $\displaystyle\int_0^{+\infty}\mathrm{e}^{-t^2}\mathrm{d}t=\dfrac{\sqrt{\pi}}{2}$, 得

$$C=\pi-\frac{\sqrt{\pi}}{3}.$$

另一方面, 令 $g(u)=\dfrac{u}{1+u^2}+2\arctan u$, 则 $g'(u)=\dfrac{3+u^2}{(1+u^2)^2}>0$, 所以函数 $g(u)$ 在 $(-\infty,+\infty)$ 上严格增加, 因此, 当 $f(0)\leqslant 1$ 时, $C=g(f(0))\leqslant g(1)=\dfrac{1+\pi}{2}$, 但 $C>\dfrac{2\pi-\sqrt{\pi}}{2}>\dfrac{1+\pi}{2}$, 矛盾, 这就证明了 $\lim\limits_{n\to\infty}f(x)=L$ 为有限数.

最后, 取 $M=\max\{|f(0)|,|L|\}$, 则 $|f(x)|\leqslant M,\ \forall x\in[0,+\infty)$.

第十二届全国大学生数学竞赛初赛试卷及答案 (非数学类, 2020)

一、填空题 (每小题 6 分, 共 30 分)

(1) 极限 $\lim\limits_{x\to 0} \dfrac{(x-\sin x)\,\mathrm{e}^{-x^2}}{\sqrt{1-x^3}-1} =$ _____.

解 利用等价无穷小: 当 $x\to 0$ 时, 有 $\sqrt{1-x^3}-1 \sim -\dfrac{1}{2}x^3$, 所以

$$\lim_{x\to 0} \frac{(x-\sin x)\,\mathrm{e}^{-x^2}}{\sqrt{1-x^3}-1} = -2\lim_{x\to 0}\frac{x-\sin x}{x^3} = -2\lim_{x\to 0}\frac{1-\cos x}{3x^2} = -\frac{1}{3}.$$

(2) 设函数 $f(x) = (x+1)^n\,\mathrm{e}^{-x^2}$, 则 $f^{(n)}(-1) =$ _____.

解 利用莱布尼茨求导法则, 得

$$f^{(n)}(x) = n!\mathrm{e}^{-x^2} + \sum_{k=0}^{n-1} \mathrm{C}_n^k \left[(x+1)^n\right]^{(k)} \left(\mathrm{e}^{-x^2}\right)^{(n-k)},$$

所以 $f^{(n)}(-1) = \dfrac{n!}{\mathrm{e}}$.

(3) 设 $y=f(x)$ 是由方程 $\arctan\dfrac{x}{y} = \ln\sqrt{x^2+y^2} - \dfrac{1}{2}\ln 2 + \dfrac{\pi}{4}$ 确定的隐函数, 且满足 $f(1)=1$, 则曲线 $y=f(x)$ 在点 $(1,1)$ 处的切线方程为_____.

解 对所给方程两端关于 x 求导, 得 $\dfrac{\dfrac{y-xy'}{y^2}}{1+\left(\dfrac{x}{y}\right)^2} = \dfrac{x+yy'}{x^2+y^2}$, 即 $(x+y)\,y' = y-x$, 所以 $f'(1)=0$, 曲线 $y=f(x)$ 在点 $(1,1)$ 处的切线方程为 $y=1$.

(4) 已知 $\displaystyle\int_0^{+\infty} \dfrac{\sin x}{x}\mathrm{d}x = \dfrac{\pi}{2}$, 则

$$\int_0^{+\infty}\int_0^{+\infty} \frac{\sin x \sin(x+y)}{x(x+y)}\mathrm{d}x\mathrm{d}y = \underline{\qquad}.$$

解 令 $u=x+y$, 得

$$I = \int_0^{+\infty}\frac{\sin x}{x}\mathrm{d}x\int_0^{+\infty}\frac{\sin(x+y)}{x+y}\mathrm{d}y = \int_0^{+\infty}\frac{\sin x}{x}\mathrm{d}x\int_x^{+\infty}\frac{\sin u}{u}\mathrm{d}u$$

$$= \int_0^{+\infty} \frac{\sin x}{x} dx \left(\int_0^{+\infty} \frac{\sin u}{u} du - \int_0^x \frac{\sin u}{u} du \right)$$

$$= \left(\int_0^{+\infty} \frac{\sin x}{x} dx \right)^2 - \int_0^{+\infty} \frac{\sin x}{x} dx \int_0^x \frac{\sin u}{u} du.$$

令 $F(x) = \int_0^x \frac{\sin u}{u} du$, 则 $F'(x) = \frac{\sin x}{x}$, $\lim\limits_{x \to +\infty} F(x) = \frac{\pi}{2}$, 所以

$$I = \frac{\pi^2}{4} - \int_0^{+\infty} F(x) F'(x) dx = \frac{\pi^2}{4} - \frac{1}{2} \left[F(x) \right]^2 \Big|_0^{+\infty} = \frac{\pi^2}{4} - \frac{1}{2} \left(\frac{\pi}{2} \right)^2 = \frac{\pi^2}{8}.$$

(5) 设 $f(x)$, $g(x)$ 在 $x = 0$ 的某一邻域 U 内有定义, 对任意 $x \in U$, $f(x) \neq g(x)$, 且 $\lim\limits_{x \to 0} f(x) = \lim\limits_{x \to 0} g(x) = a > 0$, 则 $\lim\limits_{x \to 0} \dfrac{[f(x)]^{g(x)} - [g(x)]^{f(x)}}{f(x) - g(x)} =$ _____.

解 根据极限的保号性, 存在 $x = 0$ 的一个去心邻域 U_1, 使得 $x \in U_1$ 时 $f(x) > 0$, $g(x) > 0$. 当 $x \to 0$ 时, 有 $e^x - 1 \sim x$, $\ln(1 + x) \sim x$, 利用等价无穷小替换, 得

$$\lim_{x \to 0} \frac{[f(x)]^{g(x)} - [g(x)]^{g(x)}}{f(x) - g(x)} = \lim_{x \to 0} [g(x)]^{g(x)} \frac{\left(\dfrac{f(x)}{g(x)} \right)^{g(x)} - 1}{f(x) - g(x)}$$

$$= a^a \lim_{x \to 0} \frac{\left(\dfrac{f(x)}{g(x)} \right)^{g(x)} - 1}{f(x) - g(x)} = a^a \lim_{x \to 0} \frac{e^{g(x) \ln \frac{f(x)}{g(x)}} - 1}{f(x) - g(x)}$$

$$= a^a \lim_{x \to 0} \frac{g(x) \ln \dfrac{f(x)}{g(x)}}{f(x) - g(x)} = a^a \lim_{x \to 0} \frac{g(x) \ln \left(1 + \left(\dfrac{f(x)}{g(x)} - 1 \right) \right)}{f(x) - g(x)}$$

$$= a^a \lim_{x \to 0} \frac{g(x) \left(\dfrac{f(x)}{g(x)} - 1 \right)}{f(x) - g(x)} = a^a.$$

二、(10 分) 设数列 $\{a_n\}$ 满足: $a_1 = 1$, 且 $a_{n+1} = \dfrac{a_n}{(n+1)(a_n + 1)}$, $n \geqslant 1$, 求极限 $\lim\limits_{n \to \infty} n! a_n$.

解　利用归纳法易知 $a_n > 0 (n \geqslant 1)$. 由于

$$\frac{1}{a_{n+1}} = (n+1)\left(1 + \frac{1}{a_n}\right) = (n+1) + (n+1)\frac{1}{a_n}$$

$$= (n+1) + (n+1)\left(n + n\frac{1}{a_{n-1}}\right)$$

$$= (n+1) + (n+1)n + (n+1)n\frac{1}{a_{n-1}},$$

如此递推, 得 $\dfrac{1}{a_{n+1}} = (n+1)!\left(\displaystyle\sum_{k=1}^{n}\frac{1}{k!} + \frac{1}{a_1}\right) = (n+1)!\displaystyle\sum_{k=0}^{n}\frac{1}{k!}$, 因此

$$\lim_{n\to\infty} n!a_n = \frac{1}{\displaystyle\lim_{n\to\infty}\sum_{k=0}^{n-1}\frac{1}{k!}} = \frac{1}{\mathrm{e}}.$$

三、(10 分) 设 $f(x)$ 在 $[0,1]$ 上连续, $f(x)$ 在 $(0,1)$ 内可导, 且 $f(0) = 0$, $f(1) = 1$. 证明: (1) 存在 $x_0 \in (0,1)$ 使得 $f(x_0) = 2 - 3x_0$; (2) 存在 $\xi, \eta \in (0,1)$, 且 $\xi \neq \eta$, 使得 $[1 + f'(\xi)][1 + f'(\eta)] = 4$.

解　(1) 令 $F(x) = f(x) - 2 + 3x$, 则 $F(x)$ 在 $[0,1]$ 上连续, 且 $F(0) = -2$, $F(1) = 2$. 根据连续函数介值定理, 存在 $x_0 \in (0,1)$ 使得 $F(x_0) = 0$, 即 $f(x_0) = 2 - 3x_0$.

(2) 在区间 $[0, x_0]$, $[x_0, 1]$ 上利用拉格朗日中值定理, 存在 $\xi, \eta \in (0,1)$, 且 $\xi \neq \eta$, 使得

$$\frac{f(x_0) - f(0)}{x_0 - 0} = f'(\xi), \quad \text{且} \frac{f(x_0) - f(1)}{x_0 - 1} = f'(\eta).$$

所以

$$[1 + f'(\xi)][1 + f'(\eta)] = 4.$$

四、(12 分) 已知 $z = xf\left(\dfrac{y}{x}\right) + 2y\varphi\left(\dfrac{x}{y}\right)$, 其中, f, φ 均为二次可微函数.

(1) 求 $\dfrac{\partial z}{\partial x}$, $\dfrac{\partial^2 z}{\partial x \partial y}$;

(2) 当 $f = \varphi$, 且 $\dfrac{\partial^2 z}{\partial x \partial y}\bigg|_{x=a} = -by^2$ 时, 求 $f(y)$.

解 (1)
$$\frac{\partial z}{\partial x} = f\left(\frac{y}{x}\right) - \frac{y}{x}f'\left(\frac{y}{x}\right) + 2\varphi'\left(\frac{x}{y}\right),$$

$$\frac{\partial^2 z}{\partial x \partial y} = -\frac{y}{x^2}f''\left(\frac{y}{x}\right) - \frac{2x}{y^2}\varphi''\left(\frac{x}{y}\right).$$

(2)
$$\left.\frac{\partial^2 z}{\partial x \partial y}\right|_{x=a} = -\frac{y}{a^2}f''\left(\frac{y}{a}\right) - \frac{2a}{y^2}\varphi''\left(\frac{a}{y}\right) = -by^2.$$

因为 $f = \varphi$, 所以

$$\frac{y}{a^2}f''\left(\frac{y}{a}\right) + \frac{2a}{y^2}f''\left(\frac{a}{y}\right) = by^2.$$

令 $y = au$, 则 $\dfrac{u}{a}f''(u) + \dfrac{2}{au^2}f''\left(\dfrac{1}{u}\right) = a^2bu^2$, 即

$$u^3 f''(u) + 2f''\left(\frac{1}{u}\right) = a^3bu^4.$$

上式中以 $\dfrac{1}{u}$ 换 u 得

$$2f''\left(\frac{1}{u}\right) + 4u^3 f''(u) = 2a^3b\frac{1}{u}.$$

联立二式, 解得 $-3u^3 f''(u) = a^3b\left(u^4 - \dfrac{2}{u}\right)$, 所以 $f''(u) = \dfrac{a^3b}{3}\left(\dfrac{2}{u^4} - u\right)$, 从而有

$$f(u) = \frac{a^3b}{3}\left(\frac{1}{3u^2} - \frac{u^3}{6}\right) + C_1 u + C_2.$$

故 $f(y) = \dfrac{a^3b}{3}\left(\dfrac{1}{3y^2} - \dfrac{y^3}{6}\right) + C_1 y + C_2$.

五、(12 分) 计算 $I = \oint_\Gamma \left|\sqrt{3}y - x\right| \mathrm{d}x - 5z\mathrm{d}z$, 曲线 Γ: $\begin{cases} x^2 + y^2 + z^2 = 8, \\ x^2 + y^2 = 2z, \end{cases}$ 从 z 轴正向往坐标原点看去取逆时针方向.

解 曲线 Γ 也可表示为 $\begin{cases} z = 2, \\ x^2 + y^2 = 4, \end{cases}$ 所以 Γ 的参数方程为 $\begin{cases} x = 2\cos\theta, \\ y = 2\sin\theta, \\ z = 2, \end{cases}$

参数的范围: $0 \leqslant \theta \leqslant 2\pi$.

注意到在曲线 Γ 上 $\mathrm{d}z = 0$, 所以

$$
\begin{aligned}
I &= -\int_0^{2\pi} \left| 2\sqrt{3}\sin\theta - 2\cos\theta \right| 2\sin\theta \mathrm{d}\theta \\
&= -8\int_0^{2\pi} \left| \frac{\sqrt{3}}{2}\sin\theta - \frac{1}{2}\cos\theta \right| \sin\theta \mathrm{d}\theta \\
&= -8\int_0^{2\pi} \left| \cos\left(\theta + \frac{\pi}{3}\right) \right| \sin\theta \mathrm{d}\theta \\
&= -8\int_{\frac{\pi}{3}}^{2\pi+\frac{\pi}{3}} \left| \cos t \right| \sin\left(t - \frac{\pi}{3}\right) \mathrm{d}t. \quad \left(\text{代换}: t = \theta + \frac{\pi}{3}\right)
\end{aligned}
$$

根据周期函数的积分性质, 得

$$
\begin{aligned}
I &= -8\int_{-\pi}^{\pi} |\cos t| \sin\left(t - \frac{\pi}{3}\right) \mathrm{d}t \\
&= -4\int_{-\pi}^{\pi} |\cos t|(\sin t - \sqrt{3}\cos t)\mathrm{d}t \\
&= 8\sqrt{3}\int_0^{\pi} |\cos t| \cos t \mathrm{d}t.
\end{aligned}
$$

令 $u = t - \dfrac{\pi}{2}$, 则

$$
I = -8\sqrt{3}\int_{-\frac{\pi}{2}}^{\frac{\pi}{2}} |\sin u| \sin u \mathrm{d}u = 0.
$$

六、(12 分) 证明 $f(n) = \sum\limits_{m=1}^{n} \int_0^m \cos\dfrac{2\pi n\,[x+1]}{m}\mathrm{d}x$ 等于 n 的所有因子 (包括 1 和 n 本身) 之和, 其中 $[x+1]$ 表示不超过 $x+1$ 的最大整数, 并计算 $f(2021)$.

解　$\displaystyle \int_0^m \cos\frac{2\pi n\,[x+1]}{m}\mathrm{d}x = \sum_{k=1}^{m} \int_{k-1}^{k} \cos\frac{2\pi n\,[x+1]}{m}\mathrm{d}x$

$$
= \sum_{k=1}^{m} \int_{k-1}^{k} \cos\frac{2\pi nk}{m}\mathrm{d}x = \sum_{k=1}^{m} \cos k\frac{2\pi n}{m}.
$$

如果 m 是 n 的因子, 那么 $\displaystyle\int_0^m \cos\frac{2\pi n\,[x+1]}{m}\mathrm{d}x = m$; 否则, 根据三角恒等式

$$\sum_{k=1}^{m}\cos kt = \cos\frac{m+1}{2}t\cdot\frac{\sin\dfrac{mt}{2}}{\sin\dfrac{t}{2}},$$

有 $\displaystyle\int_0^m \cos\frac{2\pi n\,[x+1]}{m}\mathrm{d}x = \cos\left(\frac{m+1}{2}\cdot\frac{2\pi n}{m}\right)\cdot\frac{\sin\left(\dfrac{m}{2}\cdot\dfrac{2\pi n}{m}\right)}{\sin\dfrac{2\pi n}{2m}} = 0$, 因此得证.

由此可得 $f(2021) = 1 + 43 + 47 + 2021 = 2112$.

七、(14 分) 设 $u_n = \displaystyle\int_0^1\frac{\mathrm{d}t}{(1+t^4)^n}\ (n\geqslant 1)$.

(1) 证明数列 $\{u_n\}$ 收敛, 并求极限 $\lim\limits_{n\to\infty} u_n$;

(2) 证明级数 $\displaystyle\sum_{n=1}^{\infty}(-1)^n u_n$ 条件收敛;

(3) 证明当 $p\geqslant 1$ 时级数 $\displaystyle\sum_{n=1}^{\infty}\frac{u_n}{n^p}$ 收敛, 并求级数 $\displaystyle\sum_{n=1}^{\infty}\frac{u_n}{n}$ 的和.

解　(1) 对任意 $\varepsilon > 0$, 取 $0 < a < \dfrac{\varepsilon}{2}$, 将积分区间分成两段, 得

$$u_n = \int_0^1\frac{\mathrm{d}t}{(1+t^4)^n} = \int_0^a\frac{\mathrm{d}t}{(1+t^4)^n} + \int_a^1\frac{\mathrm{d}t}{(1+t^4)^n}.$$

因为

$$\int_a^1\frac{\mathrm{d}t}{(1+t^4)^n} \leqslant \frac{1-a}{(1+a^4)^n} < \frac{1}{(1+a^4)^n}\to 0\quad(n\to\infty),$$

所以存在正整数 N, 当 $n > N$ 时, $\displaystyle\int_a^1\frac{\mathrm{d}t}{(1+t^4)^n} < \frac{\varepsilon}{2}$, 从而

$$0\leqslant u_n < a + \int_a^1\frac{\mathrm{d}t}{(1+t^4)^n} < \frac{\varepsilon}{2} + \frac{\varepsilon}{2} = \varepsilon,$$

所以 $\lim\limits_{n\to\infty} u_n = 0$.

(2) 显然 $0 < u_{n+1} = \displaystyle\int_0^1\frac{\mathrm{d}t}{(1+t^4)^{n+1}} \leqslant \int_0^1\frac{\mathrm{d}t}{(1+t^4)^n} = u_n$, 即 u_n 单调递减,

又 $\lim\limits_{n\to\infty} u_n = 0$, 故由莱布尼茨判别法知, $\displaystyle\sum_{n=1}^{\infty}(-1)^n u_n$ 收敛.

另一方面, 当 $n \geqslant 2$ 时, 有

$$u_n = \int_0^1 \frac{\mathrm{d}t}{(1+t^4)^n} \geqslant \int_0^1 \frac{\mathrm{d}t}{(1+t)^n} = \frac{1}{n-1}\left(1 - 2^{1-n}\right),$$

由于 $\displaystyle\sum_{n=2}^{\infty} \frac{1}{n-1}$ 发散, $\displaystyle\sum_{n=2}^{\infty} \frac{1}{n-1}\frac{1}{2^{n-1}}$ 收敛, 所以 $\displaystyle\sum_{n=2}^{\infty} \frac{1}{n-1}\left(1 - \frac{1}{2^{n-1}}\right)$ 发散, 从 而 $\displaystyle\sum_{n=1}^{\infty} u_n$ 发散, 因此 $\displaystyle\sum_{n=1}^{\infty} (-1)^n u_n$ 条件收敛.

(3) 先求级数 $\displaystyle\sum_{n=1}^{\infty} \frac{u_n}{n}$ 的和. 因为

$$u_n = \int_0^1 \frac{\mathrm{d}t}{(1+t^4)^n} = \frac{t}{(1+a^4)^n}\bigg|_0^1 + n\int_0^1 \frac{4t^4}{(1+t^4)^{n+1}}\mathrm{d}t$$

$$= \frac{1}{2^n} + 4n\int_0^1 \frac{t^4}{(1+t^4)^{n+1}}\mathrm{d}t$$

$$= \frac{1}{2^n} + 4n\int_0^1 \frac{1+t^4-1}{(1+t^4)^{n+1}}\mathrm{d}t = \frac{1}{2^n} + 4n\left(u_n - u_{n+1}\right),$$

所以

$$\sum_{n=1}^{\infty} \frac{u_n}{n} = \sum_{n=1}^{\infty} \frac{1}{n2^n} + 4\sum_{n=1}^{\infty} \left(u_n - u_{n+1}\right) = \sum_{n=1}^{\infty} \frac{1}{n2^n} + 4u_1.$$

利用展开式 $\ln(1+x) = \displaystyle\sum_{n=1}^{\infty} (-1)^{n-1}\frac{x^n}{n}$, 取 $x = -\dfrac{1}{2}$, 得 $\displaystyle\sum_{n=1}^{\infty} \frac{1}{n2^n} = \ln 2$. 而

$$u_1 = \int_0^1 \frac{\mathrm{d}t}{1+t^4} = \frac{\sqrt{2}}{8}\left[\pi + 2\ln\left(1 + \sqrt{2}\right)\right],$$

因此

$$\sum_{n=1}^{\infty} \frac{u_n}{n} = \ln 2 + \frac{\sqrt{2}}{2}\left[\pi + 2\ln\left(1 + \sqrt{2}\right)\right].$$

最后, 当 $p \geqslant 1$ 时, 因为 $\dfrac{u_n}{n^p} \leqslant \dfrac{u_n}{n}$, 且 $\displaystyle\sum_{n=1}^{\infty} \frac{u_n}{n}$ 收敛, 所以 $\displaystyle\sum_{n=1}^{\infty} \frac{u_n}{n^p}$ 收敛.

第十三届全国大学生数学竞赛初赛试卷及答案 (非数学类, 2021)

一、填空题 (每小题 6 分, 共 30 分)

(1) 极限 $\lim\limits_{x \to +\infty} \sqrt{x^2 + x + 1} \dfrac{x - \ln(e^x + x)}{x} = $ _____.

解 原式 $= -\lim\limits_{x \to +\infty} \sqrt{1 + \dfrac{1}{x} + \dfrac{1}{x^2}} \ln\left(1 + \dfrac{x}{e^x}\right) = 0.$

(2) 设 $z = z(x, y)$ 是由方程 $2\sin(x + 2y - 3z) = x + 2y - 3z$ 所确定的二元隐函数, 则 $\dfrac{\partial z}{\partial x} + \dfrac{\partial z}{\partial y} = $ _____.

解 将方程两边分别关于 x 和 y 求偏导, 得

$$
\begin{cases}
2\cos(x + 2y - 3z)\left(1 - 3\dfrac{\partial z}{\partial x}\right) = 1 - 3\dfrac{\partial z}{\partial x}, \\[2mm]
2\cos(x + 2y - 3z)\left(2 - 3\dfrac{\partial z}{\partial y}\right) = 2 - 3\dfrac{\partial z}{\partial y}.
\end{cases}
$$

按 $\cos(x + 2y - 3z) = \dfrac{1}{2}$ 和 $\neq \dfrac{1}{2}$ 两种情形, 都可解得
$\begin{cases}
\dfrac{\partial z}{\partial x} = \dfrac{1}{3}, \\[2mm]
\dfrac{\partial z}{\partial y} = \dfrac{2}{3}.
\end{cases}$

因此 $\dfrac{\partial z}{\partial x} + \dfrac{\partial z}{\partial y} = 1.$

(3) 设函数 $f(x)$ 连续, 且 $f(0) \neq 0$, 则 $\lim\limits_{x \to 0} \dfrac{2\displaystyle\int_0^x (x - t)f(t)\mathrm{d}t}{x \displaystyle\int_0^x f(x - t)\mathrm{d}t} = $ _____.

解 原式 $= \lim\limits_{x \to 0} \dfrac{2x\displaystyle\int_0^x f(t)\mathrm{d}t - 2\displaystyle\int_0^x tf(t)\mathrm{d}t}{x\displaystyle\int_0^x f(u)\mathrm{d}u}$

$= \lim\limits_{x \to 0} \dfrac{2\displaystyle\int_0^x f(t)\mathrm{d}t + 2xf(x) - 2xf(x)}{\displaystyle\int_0^x f(u)\mathrm{d}u + xf(x)}$

$$= \lim_{x \to 0} \frac{2 \int_0^x f(t)\mathrm{d}t}{\int_0^x f(u)\mathrm{d}u + xf(x)} = \lim_{x \to 0} \frac{2xf(\xi)}{xf(\xi) + xf(x)}$$

$$= 1, \quad \text{其中 } \xi \text{ 介于 } 0, x \text{ 之间}.$$

(4) 过三条直线 $L_1: \begin{cases} x=0, \\ y-z=2, \end{cases} L_2: \begin{cases} x=0, \\ x+y-z+2=0 \end{cases}$ 与 $L_3: \begin{cases} x=\sqrt{2}, \\ y-z=0 \end{cases}$ 的圆

柱面方程为_____.

解　三条直线的对称式方程分别为

$$L_1: \frac{x}{0} = \frac{y-1}{1} = \frac{z+1}{1}, \quad L_2: \frac{x}{0} = \frac{y-0}{1} = \frac{z-2}{1}, \quad L_3: \frac{x-\sqrt{2}}{0} = \frac{y-1}{1} = \frac{z-1}{1},$$

所以三条直线平行.

在 L_1 上取点 $P_1(0, 1, -1)$, 过该点作与三直线都垂直的平面 $y+z = 0$, 分别交 L_2, L_3 于点 $P_2(0, -1, 1)$, $P_3(\sqrt{2}, 0, 0)$. 易知经过这三点的圆的圆心为 $O(0, 0, 0)$. 这样, 所求圆柱面的中心轴线方程为 $\frac{x}{0} = \frac{y}{1} = \frac{z}{1}$.

设圆柱面上任意点的坐标为 $Q(x, y, z)$, 因为点 Q 到轴线的距离均为 $\sqrt{2}$, 所以有 $\frac{|(x, y, z) \times (0, 1, 1)|}{\sqrt{0^2 + 1^2 + 1^2}} = \sqrt{2}$, 化简即得所求圆柱面的方程为 $2x^2 + y^2 + z^2 - 2yz = 4$.

(5) 记 $D = \{(x, y) \mid x^2 + y^2 \leqslant \pi\}$, 则 $\iint\limits_D \left(\sin x^2 \cos y^2 + x\sqrt{x^2 + y^2} \right) \mathrm{d}x\mathrm{d}y$

=_____.

解　根据重积分的对称性, 得

$$\text{原式} = \iint\limits_D \sin x^2 \cos y^2 \mathrm{d}x\mathrm{d}y = \iint\limits_D \sin y^2 \cos x^2 \mathrm{d}x\mathrm{d}y$$

$$= \frac{1}{2} \iint\limits_D \left(\sin x^2 \cos y^2 + \sin y^2 \cos x^2 \right) \mathrm{d}x\mathrm{d}y$$

$$= \frac{1}{2} \iint\limits_D \sin \left(x^2 + y^2 \right) \mathrm{d}x\mathrm{d}y = \frac{1}{2} \int_0^{2\pi} \mathrm{d}\theta \int_0^{\sqrt{\pi}} r \sin r^2 \mathrm{d}r$$

$$= \frac{\pi}{2} \left(-\cos r^2 \right)\Big|_0^{\sqrt{\pi}} = \pi.$$

二、(14 分) 设 $x_1 = 2021, x_n^2 - 2(x_n + 1)x_{n+1} + 2021 = 0 (n \geqslant 1)$, 证明数列 $\{x_n\}$ 收敛, 并求极限 $\lim\limits_{n \to \infty} x_n$.

解 记 $a = 1011$, $y_n = 1 + x_n$, 函数 $f(x) = \dfrac{x}{2} + \dfrac{a}{x}$ $(x > 0)$, 则 $y_1 = 2a$, 且

$$y_{n+1} = f(y_n) \quad (n \geqslant 1).$$

易知, 当 $x > \sqrt{2a}$ 时, $x > f(x) > \sqrt{2a}$, 所以 $\{y_n\}$ 是单调减少且有下界的数列, 因而收敛. 由此可知 $\{x_n\}$ 收敛.

令 $\lim\limits_{n \to \infty} y_n = A$, 则 $A > 0$ 且 $A = f(A)$, 解得 $A = \sqrt{2a}$. 因此 $\lim\limits_{n \to \infty} x_n = \sqrt{2022} - 1$.

三、(14 分) 设 $f(x)$ 在 $[0, +\infty)$ 上是有界连续函数, 证明: 方程 $y'' + 14y' + 13y = f(x)$ 的每一个解在 $[0, +\infty)$ 上都是有界函数.

证明 易得对应的齐次方程 $y'' + 14y' + 13y = 0$ 的通解为

$$y = C_1 \mathrm{e}^{-x} + C_2 \mathrm{e}^{-13x}.$$

又由 $y'' + 14y' + 13y = f(x)$, 得 $(y'' + y') + 13(y' + y) = f(x)$. 令 $y_1 = y' + y$, 则 $y_1' + 13y_1 = f(x)$, 解得 $y_1 = \mathrm{e}^{-13x}\left(\displaystyle\int_0^x f(t)\mathrm{e}^{13t}\mathrm{d}t + C_3\right)$.

同理, 由 $y'' + 14y' + 13y = f(x)$, 得 $(y'' + 13y') + (y' + 13y) = f(x)$. 令 $y_2 = y' + 13y$, 则 $y_2' + y_2 = f(x)$, 解得 $y_2 = \mathrm{e}^{-x}\left(\displaystyle\int_0^x f(t)\mathrm{e}^{t}\mathrm{d}t + C_4\right)$.

取 $C_3 = C_4 = 0$, 得 $\begin{cases} y' + y = \mathrm{e}^{-13x}\displaystyle\int_0^x f(t)\mathrm{e}^{13t}\mathrm{d}t, \\ y' + 13y = \mathrm{e}^{-x}\displaystyle\int_0^x f(t)\mathrm{e}^{t}\mathrm{d}t, \end{cases}$ 由此解得原方程的一

个特解为

$$y^* = \frac{1}{12}\mathrm{e}^{-x}\int_0^x f(t)\mathrm{e}^{t}\mathrm{d}t - \frac{1}{12}\mathrm{e}^{-13x}\int_0^x f(t)\mathrm{e}^{13t}\mathrm{d}t.$$

因此, 原方程的通解为

$$y = C_1 \mathrm{e}^{-x} + C_2 \mathrm{e}^{-13x} + \frac{1}{12}\mathrm{e}^{-x}\int_0^x f(t)\mathrm{e}^{t}\mathrm{d}t - \frac{1}{12}\mathrm{e}^{-13x}\int_0^x f(t)\mathrm{e}^{13t}\mathrm{d}t.$$

因为 $f(x)$ 在 $[0, +\infty)$ 上有界, 所以, 存在 $M > 0$, 使得 $|f(x)| \leqslant M, 0 \leqslant x < +\infty$, 注意到当 $x \in [0, +\infty)$ 时, $0 < \mathrm{e}^{-x} \leqslant 1, 0 < \mathrm{e}^{-13x} \leqslant 1$, 所以

$$|y| \leqslant \left|C_1 \mathrm{e}^{-x}\right| + \left|C_2 \mathrm{e}^{-13x}\right| + \frac{1}{12}\mathrm{e}^{-x}\left|\int_0^x f(t)\mathrm{e}^{t}\mathrm{d}t\right| + \frac{1}{12}\mathrm{e}^{-13x}\left|\int_0^x f(t)\mathrm{e}^{13t}\mathrm{d}t\right|$$

$$\leqslant |C_1| + |C_2| + \frac{M}{12}\mathrm{e}^{-x}\int_0^x \mathrm{e}^{t}\mathrm{d}t + \frac{M}{12}\mathrm{e}^{-13x}\int_0^x \mathrm{e}^{13t}\mathrm{d}t$$

$$\leqslant |C_1| + |C_2| + \frac{M}{12}\left(1 - \mathrm{e}^{-x}\right) + \frac{M}{12 \times 13}\left(1 - \mathrm{e}^{-13x}\right)$$

$$\leqslant |C_1| + |C_2| + \frac{M}{12} + \frac{M}{12 \times 13} = |C_1| + |C_2| + \frac{7M}{78}.$$

对于方程的每一个确定的解, 常数 C_1, C_2 是固定的, 所以, 原方程的每一个解都是有界的.

四、(14 分) 对于 4 次齐次函数

$$f(x, y, z) = a_1 x^4 + a_2 y^4 + a_3 z^4 + 3a_4 x^2 y^2 + 3a_5 y^2 z^2 + 3a_6 x^2 z^2,$$

计算曲面积分 $\displaystyle\oiint_{\Sigma} f(x, y, z)\mathrm{d}S$, 其中 $\Sigma : x^2 + y^2 + z^2 = 1$.

解 因为 $f(x, y, z)$ 为 4 次齐次函数, 所以对 $\forall t \in \mathbf{R}$, 恒有

$$f(tx, ty, tz) = t^4 f(x, y, z).$$

对上式两边关于 t 求导, 得

$$x f_1(tx, ty, tz) + y f_2(tx, ty, tz) + z f_3(tx, ty, tz) = 4t^3 f(x, y, z).$$

取 $t = 1$, 得

$$x f_x(x, y, z) + y f_y(x, y, z) + z f_z(x, y, z) = 4 f(x, y, z).$$

设曲面 Σ 上点 (x, y, z) 处的外法线方向的方向余弦为 $(\cos\alpha, \cos\beta, \cos\gamma)$, 则 $\cos\alpha = x, \cos\beta = y, \cos\gamma = z$, 因此

$$\oiint_{\Sigma} f(x, y, z)\mathrm{d}S = \frac{1}{4} \oiint_{\Sigma} \left(x f_x(x, y, z) + y f_y(x, y, z) + z f_z(x, y, z)\right)\mathrm{d}S$$

$$= \frac{1}{4} \oiint_{\Sigma} \left[\cos\alpha\, f_x(x, y, z) + \cos\beta\, f_y(x, y, z) + \cos\gamma\, f_z(x, y, z)\right]\mathrm{d}S$$

$$= \frac{1}{4} \oiint_{\Sigma} f_x(x, y, z)\mathrm{d}y\mathrm{d}z + f_y(x, y, z)\mathrm{d}z\mathrm{d}x + f_z(x, y, z)\mathrm{d}x\mathrm{d}y$$

$$= \frac{1}{4} \iiint_{x^2+y^2+z^2 \leqslant 1} \left[f_{xx}(x, y, z) + f_{yy}(x, y, z) + f_{zz}(x, y, z)\right]\mathrm{d}x\mathrm{d}y\mathrm{d}z \quad (\text{利用高斯公式})$$

$$= \frac{3}{2} \iiint_{x^2+y^2+z^2 \leqslant 1} \left[x^2\left(2a_1 + a_4 + a_6\right) + y^2\left(2a_2 + a_4 + a_5\right) + z^2\left(2a_3 + a_5 + a_6\right)\right]\mathrm{d}x\mathrm{d}y\mathrm{d}z$$

(利用轮换对称性)

$$= \sum_{i=1}^{6} a_i \iiint\limits_{x^2+y^2+z^2 \leqslant 1} \left(x^2 + y^2 + z^2 \right) \mathrm{d}x\mathrm{d}y\mathrm{d}z$$

$$= \sum_{i=1}^{6} a_i \int_0^{2\pi} \mathrm{d}\theta \int_0^{\pi} \mathrm{d}\varphi \int_0^1 \rho^2 \cdot \rho^2 \sin\varphi \mathrm{d}\rho$$

$$= \frac{4\pi}{5} \sum_{i=1}^{6} a_i.$$

五、(14 分) 设函数 $f(x)$ 在闭区间 $[a,b]$ 上有连续的二阶导数, 证明:

$$\lim_{n\to\infty} n^2 \left[\int_a^b f(x)\mathrm{d}x - \frac{b-a}{n} \sum_{k=1}^n f\left(a + \frac{2k-1}{2n}(b-a) \right) \right]$$

$$= \frac{(b-a)^2}{24} \left[f'(b) - f'(a) \right].$$

证明 记 $x_k = a + \dfrac{k(b-a)}{n}, \xi_k = a + \dfrac{(2k-1)(b-a)}{2n}, k = 1, 2, \cdots, n.$ 将 $f(x)$ 在 $[x_{k-1}, x_k]$ 上展开成泰勒公式, 得

$$f(x) = f\left(\xi_k\right) + f'\left(\xi_k\right)\left(x - \xi_k\right) + \frac{f''\left(\eta_k\right)}{2}\left(x - \xi_k\right)^2,$$

其中 $x \in [x_{k-1}, x_k], \eta_k$ 介于 0 和 x 之间. 于是

$$B_n = \int_a^b f(x)\mathrm{d}x - \frac{b-a}{n} \sum_{k=1}^n f\left(a + \frac{2k-1}{2n}(b-a) \right)$$

$$= \sum_{k=1}^n \int_{x_{k-1}}^{x_k} \left(f(x) - f\left(\xi_k\right) \right) \mathrm{d}x$$

$$= \sum_{k=1}^n \int_{x_{k-1}}^{x_k} \left[f'\left(\xi_k\right)\left(x - \xi_k\right) + \frac{f''\left(\eta_k\right)}{2}\left(x - \xi_k\right)^2 \right] \mathrm{d}x$$

$$= \frac{1}{2} \sum_{k=1}^n \int_{x_{k-1}}^{x_k} f''\left(\eta_k\right)\left(x - \xi_k\right)^2 \mathrm{d}x.$$

设 $f''(x)$ 在 $[x_{k-1}, x_k]$ 上的最大值和最小值分别为 $M_k, m_k,$ 因为

$$\int_{x_{k-1}}^{x_k} \left(x - \xi_k \right)^2 \mathrm{d}x = \frac{(b-a)^3}{12n^3},$$

所以

$$\frac{(b-a)^2}{24}\sum_{k=1}^{n}m_k\frac{b-a}{n}\leqslant n^2B_n\leqslant \frac{(b-a)^2}{24}\sum_{k=1}^{n}M_k\frac{b-a}{n}.$$

因为 $f''(x)$ 在 $[a,b]$ 上连续, 所以 $f''(x)$ 在 $[a,b]$ 上可积. 根据定积分 $\displaystyle\int_0^1 f''(x)\mathrm{d}x$ 的定义, 以及牛顿-莱布尼茨公式, 得

$$\lim_{n\to\infty}\sum_{k=1}^{n}m_k\frac{b-a}{n}=\lim_{n\to\infty}\sum_{k=1}^{n}M_k\frac{b-a}{n}=\int_a^b f''(x)\mathrm{d}x=f'(b)-f'(a).$$

再根据夹逼定理, 得

$$\lim_{n\to\infty}n^2B_n=\frac{(b-a)^2}{24}\left[f'(b)-f'(a)\right].$$

六、(14 分) 设 $\{a_n\}$ 与 $\{b_n\}$ 均为正实数列, 满足: $a_1=b_1=1$, 且 $b_n=a_nb_{n-1}-2, n=2,3,\cdots$. 又设 $\{b_n\}$ 为有界数列, 证明级数 $\displaystyle\sum_{n=1}^{\infty}\frac{1}{a_1a_2\cdots a_n}$ 收敛, 并求该级数的和.

解　首先, 注意到 $a_1=b_1=1$, 且 $a_n=\left(1+\dfrac{2}{b_n}\right)\dfrac{b_n}{b_{n-1}}$, 所以当 $n\geqslant 2$ 时, 有

$$a_1a_2\cdots a_n=\left(1+\frac{2}{b_2}\right)\left(1+\frac{2}{b_3}\right)\cdots\left(1+\frac{2}{b_n}\right)b_n.$$

由于 $\{b_n\}$ 有界, 故存在 $M>0$, 使得当 $n\geqslant 1$ 时, 恒有 $0<b_n\leqslant M$. 因此

$$0<\frac{b_n}{a_1a_2\cdots a_n}=\left(1+\frac{2}{b_2}\right)^{-1}\left(1+\frac{2}{b_3}\right)^{-1}\cdots\left(1+\frac{2}{b_n}\right)^{-1}$$

$$\leqslant\left(1+\frac{2}{M}\right)^{-n+1}\to 0,\quad n\to\infty.$$

根据夹逼定理,

$$\lim_{n\to\infty}\frac{b_n}{a_1a_2\cdots a_n}=0.$$

考虑级数 $\displaystyle\sum_{n=1}^{\infty}\frac{1}{a_1a_2\cdots a_n}$ 的部分和 S_n, 当 $n\geqslant 2$ 时, 有

$$S_n=\sum_{k=1}^{n}\frac{1}{a_1a_2\cdots a_k}=\frac{1}{a_1}+\sum_{k=2}^{n}\frac{1}{a_1a_2\cdots a_k}\cdot\frac{a_kb_{k-1}-b_k}{2}$$

$$= 1 + \frac{1}{2} \sum_{k=2}^{n} \left(\frac{b_{k-1}}{a_1 a_2 \cdots a_{k-1}} - \frac{b_k}{a_1 a_2 \cdots a_k} \right)$$

$$= \frac{3}{2} - \frac{b_n}{2 a_1 a_2 \cdots a_n},$$

所以 $\lim\limits_{n \to \infty} S_n = \frac{3}{2}$, 这就证明了级数 $\sum\limits_{n=1}^{\infty} \dfrac{1}{a_1 a_2 \cdots a_n}$ 收敛, 且其和为 $\dfrac{3}{2}$.

第十三届全国大学生数学竞赛补赛试卷及答案 (非数学类, 2021)

一、填空题 (每小题 6 分, 共 30 分)

(1) 设 $x_0 = 1, x_n = \ln(1 + x_{n-1}) \, (n \geqslant 1)$, 则 $\lim\limits_{n \to \infty} n x_n = $ _____.

解 易知 $x_n \geqslant 0$, 从而 $x_{n+1} - x_n = \ln(1 + x_n) - x_n \leqslant 0$, 即 $x_{n+1} \leqslant x_n$, 所以数列 $\{x_n\}$ 单调递减, 由单调有界原理可知 $\lim\limits_{n \to \infty} x_n$ 存在, 记 $\lim\limits_{n \to \infty} x_n = A$, 对 $x_n = \ln(1 + x_{n-1})$ 两边取 $n \to \infty$ 极限可知 $A = \ln(1 + A) \Rightarrow A = 0$, 故 $\lim\limits_{n \to \infty} x_n = 0$. 由施托尔茨定理可知

$$
\lim_{n \to \infty} n x_n = \lim_{n \to \infty} \frac{n}{\dfrac{1}{x_n}} = \lim_{n \to \infty} \frac{(n+1) - n}{\dfrac{1}{x_{n+1}} - \dfrac{1}{x_n}} = \lim_{n \to \infty} \frac{x_n x_{n+1}}{x_n - x_{n+1}}
$$

$$
= \lim_{n \to \infty} \frac{x_n \ln(1 + x_n)}{x_n - \ln(1 + x_n)} = \lim_{n \to \infty} \frac{x_n^2}{\dfrac{1}{2} x_n^2} = 2.
$$

(2) 积分 $\displaystyle\int_0^{\frac{\pi}{2}} \frac{\cos x}{1 + \tan x} \mathrm{d}x = $ _____.

解 $\displaystyle\int_0^{\frac{\pi}{2}} \frac{\cos x}{1 + \tan x} \mathrm{d}x = \int_0^{\frac{\pi}{2}} \frac{\cos^2 x}{\sin x + \cos x} \mathrm{d}x$, 作代换 $x = \dfrac{\pi}{2} - t$, 则有

$$
\int_0^{\frac{\pi}{2}} \frac{\cos^2 x}{\sin x + \cos x} \mathrm{d}x = \int_0^{\frac{\pi}{2}} \frac{\sin^2 t}{\sin t + \cos t} \mathrm{d}t = \int_0^{\frac{\pi}{2}} \frac{\sin^2 x}{\sin x + \cos x} \mathrm{d}x,
$$

因此

$$
\int_0^{\frac{\pi}{2}} \frac{\cos^2 x}{\sin x + \cos x} \mathrm{d}x
$$

$$
= \frac{1}{2} \left(\int_0^{\frac{\pi}{2}} \frac{\cos^2 x}{\sin x + \cos x} \mathrm{d}x + \int_0^{\frac{\pi}{2}} \frac{\sin^2 x}{\sin x + \cos x} \mathrm{d}x \right) = \frac{1}{2} \int_0^{\frac{\pi}{2}} \frac{1}{\sin x + \cos x} \mathrm{d}x
$$

$$
= \frac{1}{2\sqrt{2}} \int_0^{\frac{\pi}{2}} \frac{\mathrm{d}x}{\sin\left(x + \dfrac{\pi}{4}\right)} = \frac{1}{2\sqrt{2}} \ln \left| \csc\left(x + \frac{\pi}{4}\right) - \cot\left(x + \frac{\pi}{4}\right) \right| \Big|_0^{\frac{\pi}{2}}
$$

$$=\frac{1}{2\sqrt{2}}\ln\frac{\sqrt{2}+1}{\sqrt{2}-1}=\frac{1}{\sqrt{2}}\ln(1+\sqrt{2}),$$

所以 $\int_0^{\frac{\pi}{2}}\frac{\cos x}{1+\tan x}\mathrm{d}x=\frac{1}{\sqrt{2}}\ln(1+\sqrt{2}).$

(3) 已知直线 $L:\begin{cases}2x-4y+z=0,\\3x-y-2z=9\end{cases}$ 和平面 $\pi:4x-y+z=1$, 则直线 L 在平面 π 上的投影直线方程为_____.

解　通过直线 L 的平面方程 π' 为

$$2x-4y+z+\lambda(3x-y-2z-9)=0,$$

则该平面的法向量为

$$\boldsymbol{n}_1=(2+3\lambda,-4-\lambda,1-2\lambda),$$

又因为平面 π 的法向量为

$$\boldsymbol{n}_2=(4,-1,1),$$

由已知条件可知, 平面 π 与 π' 垂直, 所以 $\boldsymbol{n}_1\cdot\boldsymbol{n}_2=0$, 即

$$4(2+3\lambda)+(\lambda+4)+(1-2\lambda)=0,$$

解得 $\lambda=-\frac{13}{11}$, 代入 π' 方程可得

$$17x+31y-37z-117=0,$$

故投影直线方程为

$$\begin{cases}17x+31y-37z-117=0,\\4x-y+z-1=0.\end{cases}$$

(4) $\displaystyle\sum_{n=1}^{\infty}\arctan\frac{2}{4n^2+4n+1}=$_____.

解　利用公式 $\arctan\dfrac{a-b}{1+ab}=\arctan a-\arctan b$, 可得

$$\sum_{n=1}^{N}\arctan\frac{2}{4n^2+4n+1}=\sum_{n=1}^{N}\arctan\frac{(2n+2)-2n}{1+2n(2n+2)}$$

$$=\sum_{n=1}^{N}[\arctan(2n+2)-\arctan(2n)],$$

所以

$$\sum_{n=1}^{+\infty} \arctan \frac{2}{4n^2 + 4n + 1} = \lim_{N \to \infty} [\arctan(2N + 2) - \arctan 2]$$

$$= \frac{\pi}{2} - \arctan 2 = \arctan \frac{1}{2}.$$

(5) 微分方程 $\begin{cases} (x+1)\dfrac{\mathrm{d}y}{\mathrm{d}x} + 1 = 2\mathrm{e}^{-y}, \\ y(0) = 0 \end{cases}$ 的解是_____.

解　由 $(x+1)\dfrac{\mathrm{d}y}{\mathrm{d}x} + 1 = 2\mathrm{e}^{-y}$, 当 $x = -1$ 时, 显然 $y = \ln 2$. 当 $x \neq -1$ 时, 可得 $(x+1)\dfrac{\mathrm{d}\left(\mathrm{e}^y\right)}{\mathrm{d}x} + \mathrm{e}^y = 2$, 所以 $[(x+1)\mathrm{e}^y]' = 2$, 两边积分可得 $(x+1)\mathrm{e}^y = 2x + c$. 由于 $y(0) = 0$, 所以 $c = 1$, 从而 $\mathrm{e}^y = \dfrac{2x+1}{x+1}$, 进而 $y = \ln \left| \dfrac{2x+1}{x+1} \right|$. 综上知

$$y = \begin{cases} \ln \left| \dfrac{2x+1}{x+1} \right|, & x \neq -1, \\ \ln 2, & x = -1. \end{cases}$$

二、(14 分) 设 $f(x) = -\dfrac{1}{2}\left(1 + \dfrac{1}{\mathrm{e}}\right) + \displaystyle\int_{-1}^{1} |x - t| \mathrm{e}^{-t^2} \mathrm{d}t$, 证明: 在区间 $(-1, 1)$ 内 $f(x)$ 有且仅有两个实根.

证明　$f(x) = -\dfrac{1}{2}\left(1 + \dfrac{1}{\mathrm{e}}\right) + \displaystyle\int_{-1}^{x} (x - t)\mathrm{e}^{-t^2} \mathrm{d}t + \int_{x}^{1} (t - x)\mathrm{e}^{-t^2} \mathrm{d}t$

$$= -\frac{1}{2}\left(1 + \frac{1}{\mathrm{e}}\right) + x\int_{-1}^{x} \mathrm{e}^{-t^2} \mathrm{d}t - x\int_{x}^{1} \mathrm{e}^{-t^2} \mathrm{d}t - \int_{-1}^{x} t\mathrm{e}^{-t^2} \mathrm{d}t + \int_{x}^{1} t\mathrm{e}^{-t^2} \mathrm{d}t.$$

注意到

$$\int_{x}^{1} \mathrm{e}^{-t^2} \mathrm{d}t = \int_{-1}^{1} \mathrm{e}^{-t^2} \mathrm{d}t - \int_{-1}^{x} \mathrm{e}^{-t^2} \mathrm{d}t,$$

$$\int_{x}^{1} t\mathrm{e}^{-t^2} \mathrm{d}t = \int_{-1}^{1} t\mathrm{e}^{-t^2} \mathrm{d}t - \int_{-1}^{x} t\mathrm{e}^{-t^2} \mathrm{d}t = -\int_{-1}^{x} t\mathrm{e}^{-t^2} \mathrm{d}t,$$

所以

$$f(x) = -\frac{1}{2}\left(1 + \frac{1}{\mathrm{e}}\right) + 2x\int_{-1}^{x} \mathrm{e}^{-t^2} \mathrm{d}t - x\int_{-1}^{1} \mathrm{e}^{-t^2} \mathrm{d}t - 2\int_{-1}^{x} t\mathrm{e}^{-t^2} \mathrm{d}t$$

$$= -\frac{1}{2}\left(1 + \frac{1}{e}\right) + 2x\int_{-1}^{x} e^{-t^2}dt - 2x\int_{-1}^{0} e^{-t^2}dt + e^{-x^2} - e^{-1}$$

$$= 2x\int_{0}^{x} e^{-t^2}dt + e^{-x^2} - \frac{3}{2}e^{-1} - \frac{1}{2},$$

显然 $f(x)$ 为偶函数, 因此只需考虑 $f(x)$ 在区间 $[0,1]$ 上的零点即可.

$$f(0) = \frac{1}{2} - \frac{3}{2}e^{-1} < 0,$$

$$f(1) = 2\int_{0}^{1} e^{-t^2}dt - \frac{1}{2}e^{-1} - \frac{1}{2} > 2\int_{0}^{1} e^{-x}dx - \frac{1}{2}e^{-1} - \frac{1}{2} = \frac{3}{2} - \frac{5}{2}e^{-1} > 0,$$

所以由零点定理可知, $f(x)$ 在 $(0,1)$ 上至少有一个零点, 又因为

$$f'(x) = 2\int_{0}^{x} e^{-t^2}dt + 2xe^{-x^2} > 0$$

在 $[0,1]$ 恒成立, 所以 $f(x)$ 单调递增, 故 $f(x)$ 在 $(0,1)$ 内有且只有一个零点, 因此, $f(x)$ 在 $(-1,1)$ 内有且只有两个实根.

三、(14 分) 设函数 $f(x,y)$ 在闭区域 $D = \{(x,y) \mid x^2 + y^2 \leqslant 1\}$ 上具有二阶连续偏导数, 且 $\dfrac{\partial^2 f}{\partial x^2} + \dfrac{\partial^2 f}{\partial y^2} = x^2 + y^2$, 求 $\displaystyle\lim_{r \to 0^+} \dfrac{\displaystyle\iint_{x^2+y^2 \leqslant r^2} \left(x\dfrac{\partial f}{\partial x} + y\dfrac{\partial f}{\partial y}\right)dxdy}{(\tan r - \sin r)^2}$.

解 采用极坐标, 令 $\begin{cases} x = r\cos\theta, \\ y = r\sin\theta, \end{cases}$ 则

$$\iint_{x^2+y^2\leqslant r^2} \left(x\frac{\partial f}{\partial x} + y\frac{\partial f}{\partial y}\right)dxdy = \int_{0}^{r} d\rho \int_{0}^{2\pi} \left(\rho\cos\theta\frac{\partial f}{\partial x} + \rho\sin\theta\frac{\partial f}{\partial y}\right)\rho d\rho$$

$$= \int_{0}^{r} \rho d\rho \oint_{x^2+y^2=\rho^2} \left(\frac{\partial f}{\partial x}dy - \frac{\partial f}{\partial y}dx\right)$$

$$= \int_{0}^{r} \rho d\rho \iint_{x^2+y^2\leqslant\rho^2} \left(\frac{\partial^2 f}{\partial x^2} + \frac{\partial^2 f}{\partial y^2}\right)dxdy$$

$$= \int_{0}^{r} \rho d\rho \iint_{x^2+y^2\leqslant\rho^2} (x^2 + y^2)\,dxdy$$

$$= \int_{0}^{r} \rho d\rho \int_{0}^{\rho} d\mu \int_{0}^{2\pi} \mu^2\mu d\theta = \frac{\pi}{12}r^6;$$

另一方面, 由泰勒公式

$$(\tan r - \sin r)^2 = \left(r + \frac{r^3}{3} - r + \frac{r^3}{6} + o\left(r^3\right) \right)^2 \sim \frac{r^6}{4},$$

从而

$$\lim_{r \to 0^+} \frac{\displaystyle\iint_{x^2+y^2 \leqslant r^2} \left(x\frac{\partial f}{\partial x} + y\frac{\partial f}{\partial y} \right) \mathrm{d}x\mathrm{d}y}{(\tan r - \sin r)^2} = \frac{\pi}{3}.$$

四、(14 分) 若对于 $\mathbf{R}^3$ 中半空间 $\{(x,y,z) \in \mathbf{R}^3 \mid x > 0\}$ 内任意有向光滑封闭曲面 S, 都有 $\displaystyle\iint_S xf'(x)\mathrm{d}y\mathrm{d}z + y\left(xf(x) - f'(x)\right)\mathrm{d}z\mathrm{d}x - xz\left(\sin x + f'(x)\right)\mathrm{d}x\mathrm{d}y$
$= 0$, 其中 f 在 $(0, +\infty)$ 上二阶导数连续且 $\displaystyle\lim_{x \to 0^+} f(x) = \lim_{x \to 0^-} f'(x) = 0$. 求 $f(x)$.

解 记 $P = xf'(x), Q = y\left(xf(x) - f'(x)\right), R = -xz\left(\sin x + f'(x)\right)$, 则有

$$\frac{\partial P}{\partial x} + \frac{\partial Q}{\partial y} + \frac{\partial R}{\partial z}$$

$$= f'(x) + xf''(x) + xf(x) - f'(x) - x\sin x - xf'(x)$$

$$= xf''(x) - xf'(x) + xf(x) - x\sin x.$$

由已知条件可知 $\dfrac{\partial P}{\partial x} + \dfrac{\partial Q}{\partial y} + \dfrac{\partial R}{\partial z} = 0$, 即

$$f''(x) - f'(x) + f(x) = \sin x,$$

该方程对应的齐次方程的特征方程为 $r^2 - r + 1 = 0$, 解得 $r_{1,2} = \dfrac{1}{2} \pm \dfrac{\sqrt{3}}{2}\mathrm{i}$, 所以齐次方程的通解为

$$\bar{y} = \mathrm{e}^{\frac{1}{2}x}\left(c_1 \cos\frac{\sqrt{3}}{2}x + c_2 \sin\frac{\sqrt{3}}{2}x \right).$$

又因为 $y^* = \cos x$, 所以

$$f(x) = \mathrm{e}^{\frac{1}{2}x}\left(c_1 \cos\frac{\sqrt{3}}{2}x + c_2 \sin\frac{\sqrt{3}}{2}x \right) + \cos x \quad (c_1, c_2 \text{为任意常数}).$$

由于 $\displaystyle\lim_{x \to 0^+} f(x) = \lim_{x \to 0^-} f'(x) = 0$, 故 $c_1 = -1, c_2 = \dfrac{1}{\sqrt{3}}$, 即

$$f(x) = \mathrm{e}^{\frac{1}{2}x} \left(-\cos \frac{\sqrt{3}}{2}x + \frac{1}{\sqrt{3}} \sin \frac{\sqrt{3}}{2}x \right) + \cos x.$$

五、(14 分) 设 $f(x) = \displaystyle\int_0^x \left(1 - \frac{[u]}{u} \right) \mathrm{d}u$, 其中 $[x]$ 表示小于等于 x 的最大整数, 试讨论 $\displaystyle\int_1^{+\infty} \frac{\mathrm{e}^{f(x)}}{x^p} \cos \left(x^2 - \frac{1}{x^2} \right) \mathrm{d}x$ 的敛散性, 其中 $p > 0$.

解　当 $x \in [N, N+1)$ 时,

$$f(x) = \int_0^1 \mathrm{d}u + \int_1^x \left(1 - \frac{[u]}{u} \right) \mathrm{d}u$$

$$= 1 + \sum_{k=1}^{N-1} \int_k^{k+1} \left(1 - \frac{k}{u} \right) \mathrm{d}u + \int_N^x \left(1 - \frac{N}{u} \right) \mathrm{d}u$$

$$= x + \ln(N!) - N \ln x,$$

从而 $\mathrm{e}^{f(x)} = \dfrac{\mathrm{e}^x N!}{x^N}, x \in [N, N+1)$, 由斯特林公式 $n! \sim \sqrt{2\pi n} \left(\dfrac{n}{\mathrm{e}} \right)^n \ (n \to \infty)$, 且 $\dfrac{\mathrm{e}^N N!}{(N+1)^N} \leqslant \mathrm{e}^{f(x)} \leqslant \dfrac{\mathrm{e}^{N+1} N!}{N^N}$, 从而 x 与 N 充分大时

$$\frac{\mathrm{e}^N N!}{(N+1)^N} \sim \frac{1}{\mathrm{e}} \sqrt{2\pi} \sqrt{N} \leqslant \frac{1}{\mathrm{e}} \sqrt{2\pi} \sqrt{x}, \quad \frac{\mathrm{e}^{N+1} N!}{N^N} \sim \sqrt{2\pi} \mathrm{e} \sqrt{N} \leqslant \sqrt{2\pi} \mathrm{e} \sqrt{x},$$

于是 $\mathrm{e}^{f(x)}$ 与 $\sqrt{x}$ 同阶无穷大, 从而 $\displaystyle\int_1^{+\infty} \frac{\mathrm{e}^{f(x)}}{x^p} \cos \left(x^2 - \frac{1}{x^2} \right) \mathrm{d}x$ 的敛散性与 $\displaystyle\int_1^{+\infty} \frac{1}{x^{p-\frac{1}{2}}} \cos \left(x^2 - \frac{1}{x^2} \right) \mathrm{d}x$ 的敛散性相同, 作换元 $x = \sqrt{y}$, 显然原积分

$$\sim \int_1^\infty \frac{\cos \left(y - \dfrac{1}{y} \right)}{y^{\frac{2p+1}{4}}} \mathrm{d}y, \text{由狄利克雷判别法, 显然当 } p > 0 \text{ 时} \int_1^\infty \frac{\cos \left(y - \dfrac{1}{y} \right)}{y^{\frac{2p+1}{4}}} \mathrm{d}y$$

收敛, 且

$$\int_1^\infty \frac{\cos \left(y - \dfrac{1}{y} \right)}{y^{\frac{2p+1}{4}}} \mathrm{d}y = \int_1^\infty \frac{\cos y \cos \dfrac{1}{y}}{y^{\frac{2p+1}{4}}} \mathrm{d}y + \int_1^\infty \frac{\sin y \sin \dfrac{1}{y}}{y^{\frac{2p+1}{4}}} \mathrm{d}y,$$

当 $\dfrac{2p+1}{4} > 1 \Leftrightarrow p > \dfrac{3}{2}$ 时容易知道这两项均绝对收敛, 对于 $0 < p \leqslant \dfrac{3}{2}$,

$$\int_1^\infty \frac{\sin y \sin \dfrac{1}{y}}{y^{\frac{2p+1}{4}}} \mathrm{d}y \sim \int_1^\infty \frac{\sin y}{y^{\frac{2p+1}{4}}} \mathrm{d}y, \text{ 显然绝对收敛. 但} \int_1^\infty \frac{\cos y \cos \dfrac{1}{y}}{y^{\frac{2p+1}{4}}} \mathrm{d}y \sim$$

$\int_1^\infty \dfrac{\cos y}{y^{\frac{2p+1}{4}}} \mathrm{d}y = \infty$ 发散, 故原无穷积分在 $0 < p \leqslant \dfrac{3}{2}$ 条件收敛, $p > \dfrac{3}{2}$ 绝对收敛.

六、(14 分) 设正数列 $\{a_n\}$ 单调减少且趋于零, $f(x) = \displaystyle\sum_{n=1}^\infty a_n^n x^n$, 证明: 若级数 $\displaystyle\sum_{n=1}^\infty a_n$ 发散, 则积分 $\displaystyle\int_1^{+\infty} \dfrac{\ln f(x)}{x^2} \mathrm{d}x$ 也发散.

证明 因为级数 $\displaystyle\sum_{n=1}^\infty a_n^n x^n$ 的收敛半径 $R = \lim\limits_{n \to \infty} \dfrac{1}{\sqrt[n]{a_n^n}} = \lim\limits_{n \to \infty} \dfrac{1}{a_n} = \infty$, 所以 $f(x)$ 的定义域是 **R**. 若 $x \in \left[\dfrac{\mathrm{e}}{a_p}, \dfrac{\mathrm{e}}{a_{p+1}}\right]$, 则当 $k \leqslant p$ 时, $a_k x \geqslant a_p x \geqslant \mathrm{e}$ (因为 a_n 单调减少). 因此 $f(x) \geqslant \displaystyle\sum_{k=0}^p (a_k x)^k \geqslant \sum_{k=0}^p \mathrm{e}^k \geqslant \mathrm{e}^p$, 于是 $\ln f(x) > p \left(\dfrac{\mathrm{e}}{a_p} \leqslant x \leqslant \dfrac{\mathrm{e}}{a_{p+1}}\right)$, 又因为当 $x \geqslant 0$ 时, $f(x) \geqslant f(0) = 1$, 所以得到对于固定的 n, 当 $X > \dfrac{\mathrm{e}}{a_n}$ 时

$$\int_1^x \frac{\ln f(x)}{x^2} \mathrm{d}x = \int_1^{\frac{\mathrm{e}}{a}} \frac{\ln f(x)}{x^2} \mathrm{d}x + \sum_{p=1}^{n-1} \int_{\frac{\mathrm{e}}{a_p}}^{\frac{\mathrm{e}}{a_{p+1}}} \frac{\ln f(x)}{x^2} \mathrm{d}x + \int_{\frac{\mathrm{e}}{a_n}}^x \frac{x \ln f(x)}{x^2} \mathrm{d}x$$

$$\geqslant \sum_{p=1}^{n-1} p \int_{\frac{\mathrm{e}}{a_p}}^{\frac{\mathrm{e}}{a_{p+1}}} \frac{\mathrm{d}x}{x^2} + n \int_{\frac{\mathrm{e}}{a_n}}^x \frac{\mathrm{d}x}{x^2}$$

$$= \sum_{p=1}^{n-1} p \left(\frac{a_p}{\mathrm{e}} - \frac{a_{p+1}}{\mathrm{e}}\right) + n \left(\frac{a_n}{\mathrm{e}} - \frac{1}{X}\right)$$

$$= \frac{1}{\mathrm{e}} \sum_{p=1}^n a_p - \frac{n}{X}.$$

于是当 $X > \max\left\{n, \dfrac{\mathrm{e}}{a_n}\right\}$ 时, $\displaystyle\int_1^x \dfrac{\ln f(x)}{x^2} \mathrm{d}x \geqslant \dfrac{1}{\mathrm{e}} \sum_{p=1}^n a_p - 1$. 因为级数 $\displaystyle\sum_{n=1}^\infty a_n$ 发散, 所以 $\lim\limits_{n \to \infty} \displaystyle\int_1^x \dfrac{\ln f(x)}{x^2} \mathrm{d}x = \infty$, 即积分 $\displaystyle\int_1^{+\infty} \dfrac{\ln f(x)}{x^2} \mathrm{d}x$ 发散.

第十四届全国大学生数学竞赛初赛试卷及答案
(非数学类, 2022)

一、填空题 (每小题 6 分, 共 30 分)

(1) 极限 $\lim\limits_{x\to 0}\dfrac{1-\sqrt{1-x^2}\cos x}{1+x^2-\cos^2 x}=$_____.

解 利用洛必达法则, 得

$$原式=\lim_{x\to 0}\frac{\sqrt{1-x^2}\sin x+\dfrac{x\cos x}{\sqrt{1-x^2}}}{2x+2\cos x\sin x}=\lim_{x\to 0}\frac{\sqrt{1-x^2}\cdot\dfrac{\sin x}{x}+\dfrac{\cos x}{\sqrt{1-x^2}}}{2+2\dfrac{\sin x}{x}\cdot\cos x}=\frac{1}{2}.$$

(2) 设 $f(x)=\begin{cases}1, & x>0,\\ 0, & x\leqslant 0,\end{cases}$ $g(x)=\begin{cases}x-1, & x\geqslant 1,\\ 1-x, & x<1,\end{cases}$ 则复合函数 $f[g(x)]$ 的间断点为 $x=$_____ .

解 显然, 复合函数 $f[g(x)]=\begin{cases}1, & g(x)>0,\\ 0, & g(x)\leqslant 0\end{cases}=\begin{cases}1, & x\neq 1,\\ 0, & x=1,\end{cases}$ 所以 $f[g(x)]$ 的唯一间断点为 $x=1$.

(3) 极限 $\lim\limits_{x\to 1^-}(1-x)^3\sum\limits_{n=1}^{\infty}n^2x^n=$_____.

解 易知, $\sum\limits_{n=1}^{\infty}n^2x^n$ 的和函数为 $\sum\limits_{n=1}^{\infty}n^2x^n=\dfrac{x^2+x}{(1-x)^3}, |x|<1$, 所以

$$\lim_{x\to 1^-}(1-x)^3\sum_{n=1}^{\infty}n^2x^n=\lim_{x\to 1^-}(x^2+x)=2.$$

(4) 微分方程 $\dfrac{\mathrm{d}y}{\mathrm{d}x}x\ln x\sin y+\cos y(1-x\cos y)=0$ 的通解为_____.

解 原方程等价于 $\dfrac{\mathrm{d}y}{\mathrm{d}x}\sin y+\dfrac{1}{x\ln x}\cos y=\dfrac{1}{\ln x}\cos^2 y$. 令 $u=\cos y$, 则方程可化为 $\dfrac{\mathrm{d}u}{\mathrm{d}x}-\dfrac{1}{x\ln x}u=-\dfrac{1}{\ln x}u^2$. 再令 $w=\dfrac{1}{u}$, 则方程可进一步化为 $\dfrac{\mathrm{d}w}{\mathrm{d}x}+$

$\dfrac{1}{x\ln x}w = \dfrac{1}{\ln x}$. 这是一阶线性微分方程, 利用求解公式得

$$w = \mathrm{e}^{-\int \frac{\mathrm{d}x}{x\ln x}}\left(\int \frac{1}{\ln x}\mathrm{e}^{\int \frac{\mathrm{d}x}{x\ln x}}\,\mathrm{d}x + C\right) = \frac{1}{\ln x}(x+C).$$

将变量 $w = \dfrac{1}{u} = \dfrac{1}{\cos y}$ 代回, 得

$$(x+C)\cos y = \ln x.$$

(5) 记 $D = \left\{(x,y)\,\middle|\,0 \leqslant x+y \leqslant \dfrac{\pi}{2}, 0 \leqslant x-y \leqslant \dfrac{\pi}{2}\right\}$, 则

$$\iint\limits_{D} y\sin(x+y)\mathrm{d}x\mathrm{d}y = \underline{\hspace{3cm}}.$$

解法 1　利用三角公式 $\sin(x+y) = \sin x\cos y + \cos x\sin y$, 并根据重积分的对称性, 得

$$\text{原式} = 2\int_0^{\frac{\pi}{4}} y\sin y\,\mathrm{d}y\int_y^{\frac{\pi}{2}-y}\cos x\,\mathrm{d}x = 2\int_0^{\frac{\pi}{4}} y\sin y(\cos y - \sin y)\mathrm{d}y$$

$$= \int_0^{\frac{\pi}{4}} y\sin 2y\,\mathrm{d}y + \int_0^{\frac{\pi}{4}} y\cos 2y\,\mathrm{d}y - \int_0^{\frac{\pi}{4}} y\,\mathrm{d}y$$

$$= \frac{1}{4} + \left(\frac{\pi}{8} - \frac{1}{4}\right) - \frac{\pi^2}{32} = \frac{\pi}{8} - \frac{\pi^2}{32}.$$

解法 2　利用二元变量代换, 令 $\begin{cases} u = x+y, \\ v = x-y, \end{cases}$ 则 $\begin{cases} x = \dfrac{1}{2}(u+v), \\ y = \dfrac{1}{2}(u-v). \end{cases}$ 因为

$$J = \begin{vmatrix} \dfrac{\partial x}{\partial u} & \dfrac{\partial x}{\partial v} \\ \dfrac{\partial y}{\partial u} & \dfrac{\partial y}{\partial v} \end{vmatrix} = \begin{vmatrix} \dfrac{1}{2} & \dfrac{1}{2} \\ \dfrac{1}{2} & -\dfrac{1}{2} \end{vmatrix} = -\frac{1}{2},$$

所以

$$\text{原式} = |J|\int_0^{\frac{\pi}{2}}\int_0^{\frac{\pi}{2}}\frac{1}{2}(u-v)\sin u\,\mathrm{d}u\,\mathrm{d}v$$

$$= \frac{1}{4}\int_0^{\frac{\pi}{2}} \mathrm{d}v \int_0^{\frac{\pi}{2}} u\sin u \, \mathrm{d}u - \frac{1}{4}\int_0^{\frac{\pi}{2}} v \, \mathrm{d}v \int_0^{\frac{\pi}{2}} \sin u \, \mathrm{d}u$$

$$= \frac{1}{4}\times\frac{\pi}{2}\times 1 - \frac{1}{4}\times\frac{\pi^2}{8}\times 1 = \frac{\pi}{8} - \frac{\pi^2}{32}.$$

二、(14 分) 记向量 $\overrightarrow{OA}$ 与 $\overrightarrow{OB}$ 的夹角为 α, $\left|\overrightarrow{OA}\right| = 1$, $\left|\overrightarrow{OB}\right| = 2$, $\overrightarrow{OP} = (1-\lambda)\overrightarrow{OA}$, $\overrightarrow{OQ} = \lambda\overrightarrow{OB}$, $0 \leqslant \lambda \leqslant 1$.

(1) 问当 λ 为何值时, $\left|\overrightarrow{PQ}\right|$ 取得最小值;

(2) 设 (1) 中的 λ 满足 $0 < \lambda < \dfrac{1}{5}$, 求夹角 α 的取值范围.

解　(1) 根据余弦定理, 并注意到 $0 \leqslant \alpha \leqslant \pi$, 得

$$f(\lambda) = |\overrightarrow{PQ}|^2 = (1-\lambda)^2 + 4\lambda^2 - 4\lambda(1-\lambda)\cos\alpha$$

$$= (5 + 4\cos\alpha)\lambda^2 - 2(1 + 2\cos\alpha)\lambda + 1$$

$$= (5 + 4\cos\alpha)\left(\lambda - \frac{1 + 2\cos\alpha}{5 + 4\cos\alpha}\right)^2 + 1 - \frac{(1 + 2\cos\alpha)^2}{5 + 4\cos\alpha}.$$

因此, 当 $\lambda = \dfrac{1 + 2\cos\alpha}{5 + 4\cos\alpha}$ 时, $0 \leqslant \lambda \leqslant 1$, $\left|\overrightarrow{PQ}\right|$ 取得最小值.

(2) 令 $y = \cos\alpha$, 则 $\lambda = \dfrac{1 + 2y}{5 + 4y}$ 的反函数为 $g(\lambda) = -\dfrac{1}{2}\times\dfrac{5\lambda - 1}{2\lambda - 1}$. 易知 $g(\lambda)$ 在 $\left(0, \dfrac{1}{5}\right)$ 单调增加, 其值域为 $\left(-\dfrac{1}{2}, 0\right)$, 所以 $-\dfrac{1}{2} < \cos\alpha < 0$, 注意到 $\cos\alpha$ 在 $[0, \pi]$ 上单调减, 解得 $\dfrac{\pi}{2} < \alpha < \dfrac{2\pi}{3}$, 即夹角 α 的取值范围为 $\left(\dfrac{\pi}{2}, \dfrac{2\pi}{3}\right)$.

三、(14 分) 设函数 $f(x)$ 在 $(-1, 1)$ 上二阶可导, $f(0) = 1$, 且当 $x \geqslant 0$ 时, $f(x) \geqslant 0$, $f'(x) \leqslant 0$, $f''(x) \leqslant f(x)$, 证明: $f'(0) \geqslant -\sqrt{2}$.

证明　任取 $x \in (0, 1)$, 对 $f(x)$ 在 $[0, x]$ 上利用拉格朗日中值定理, 存在 $\xi \in (0, 1)$, 使得 $f(x) - f(0) = xf'(\xi)$. 因为 $f(0) = 1$, $f(x) \geqslant 0\,(x > 0)$, 所以

$$-\frac{1}{x} \leqslant f'(\xi) \leqslant 0.$$

令 $F(x) = \left[f'(x)\right]^2 - \left[f(x)\right]^2$, 则 $F(x)$ 在 $(0, 1)$ 内可导, 且

$$F'(x) = 2f'(x)\left[f''(x) - f(x)\right].$$

根据题设条件, 当 $x \geqslant 0$ 时, $f'(x) \leqslant 0$, $f''(x) \leqslant f(x)$, 所以 $F'(x) \geqslant 0$. 这表明 $F(x)$ 在 $[0,1)$ 上单调增加, 从而有 $F(\xi) \geqslant F(0)$, 可得

$$[f'(\xi)]^2 - [f'(0)]^2 \geqslant [f(\xi)]^2 - [f(0)]^2 \geqslant -1,$$

因此 $[f'(0)]^2 \leqslant [f'(\xi)]^2 + 1 \leqslant 1 + \dfrac{1}{x^2}$.

由于 $\lim\limits_{x \to 1^-}\left(1 + \dfrac{1}{x^2}\right) = 2$, 所以 $[f'(0)]^2 \leqslant 2$, 从而有 $f'(0) \geqslant -\sqrt{2}$.

四、(14 分) 证明: 对任意正整数 n, 恒有

$$\int_0^{\frac{\pi}{2}} x \left(\frac{\sin nx}{\sin x}\right)^4 \mathrm{d}x \leqslant \left(\frac{n^2}{4} - \frac{1}{8}\right)\pi^2.$$

证明　首先, 利用归纳法易证: 对 $n \geqslant 1$, $|\sin nx| \leqslant n \sin x \left(0 \leqslant x \leqslant \dfrac{\pi}{2}\right)$.

又由于 $|\sin nx| \leqslant 1$, 以及 $\sin x \geqslant \dfrac{2}{\pi}x \left(0 \leqslant x \leqslant \dfrac{\pi}{2}\right)$, 所以当 $n > 1$ 时, 得

$$\int_0^{\frac{\pi}{2}} x \left(\frac{\sin nx}{\sin x}\right)^4 \mathrm{d}x$$

$$= \int_0^{\frac{\pi}{2n}} x \left(\frac{\sin nx}{\sin x}\right)^4 \mathrm{d}x + \int_{\frac{\pi}{2n}}^{\frac{\pi}{2}} x \left(\frac{\sin nx}{\sin x}\right)^4 \mathrm{d}x$$

$$\leqslant n^4 \int_0^{\frac{\pi}{2n}} x\mathrm{d}x + \int_{\frac{\pi}{2n}}^{\frac{\pi}{2}} x \left(\frac{1}{2x/\pi}\right)^4 \mathrm{d}x = \frac{n^4}{2}\left(\frac{\pi}{2n}\right)^2 + \frac{\pi^4}{16}\int_{\frac{\pi}{2n}}^{\frac{\pi}{2}} \frac{\mathrm{d}x}{x^3}$$

$$= \frac{n^2\pi^2}{8} + \frac{\pi^4}{16}\cdot\frac{1}{(-2x^2)}\bigg|_{\frac{\pi}{2n}}^{\frac{\pi}{2}} = \frac{n^2\pi^2}{8} - \frac{\pi^4}{16}\cdot\left(\frac{2}{\pi^2} - \frac{2n^2}{\pi^2}\right)$$

$$= \left(\frac{n^2}{4} - \frac{1}{8}\right)\pi^2.$$

当 $n = 1$ 时, $\int_0^{\frac{\pi}{2}} x\mathrm{d}x = \dfrac{\pi^2}{8}$, 等号成立.

五、(14 分) 设 $z = f(x,y)$ 是区域 $D = \{(x,y) \mid 0 \leqslant x \leqslant 1, 0 \leqslant y \leqslant 1\}$ 上的可

微函数, $f(0,0) = 0$, 且 $\mathrm{d}z|_{(0,0)} = 3\mathrm{d}x + 2\mathrm{d}y$, 求极限 $\lim\limits_{x \to 0^+} \dfrac{\displaystyle\int_0^{x^2}\mathrm{d}t\int_x^{\sqrt{t}} f(t,u)\mathrm{d}u}{1 - \sqrt[4]{1 - x^4}}$.

解　交换二次积分的次序, 得 $\displaystyle\int_0^{x^2}\mathrm{d}t\int_x^{\sqrt{t}} f(t,u)\mathrm{d}u = -\int_0^x \mathrm{d}u\int_0^{u^2} f(t,u)\mathrm{d}t$.

由于 $f(x,y)$ 在 D 上可微, 所以 $f(x,y)$ 在点 $(0,0)$ 的半径为 1 的扇形域内连续, 从而 $\varphi(u) = \int_0^{u^2} f(t,u)\mathrm{d}t$ 在 $u=0$ 的某邻域内连续, 因此

$$I = \lim_{x \to 0^+} \frac{\displaystyle\int_0^{x^2} \mathrm{d}t \int_x^{\sqrt{t}} f(t,u)\mathrm{d}u}{1 - \sqrt[4]{1-x^4}} = \lim_{x \to 0^+} \frac{-\displaystyle\int_0^x \varphi(u)\mathrm{d}u}{\dfrac{x^4}{4}} = -\lim_{x \to 0^+} \frac{\varphi(x)}{x^3}$$

$$= -\lim_{x \to 0^+} \frac{\displaystyle\int_0^{x^2} f(t,x)\mathrm{d}t}{x^3} = -\lim_{x \to 0^+} \frac{f(\xi,x)x^2}{x^3} = -\lim_{x \to 0^+} \frac{f(\xi,x)}{x}, \quad 0 < \xi < x^2.$$

因为 $\mathrm{d}z|_{(0,0)} = 3\mathrm{d}x + 2\mathrm{d}y$, 所以 $f_x(0,0) = 3, f_y(0,0) = 2$. 又 $f(0,0) = 0$, 于是

$$f(\xi,x) = f(0,0) + f_x(0,0)\xi + f_y(0,0)x + o\left(\sqrt{\xi^2+x^2}\right) = 3\xi + 2x + o\left(\sqrt{\xi^2+x^2}\right).$$

注意到 $0 < \dfrac{\xi}{x} < x$, 故由夹逼定理知 $\lim\limits_{x \to 0^+} \dfrac{\xi}{x} = 0$, 从而

$$\lim_{x \to 0^+} \frac{o\left(\sqrt{\xi^2+x^2}\right)}{x} = \lim_{x \to 0^+} \frac{o\left(\sqrt{\xi^2+x^2}\right)}{\sqrt{\xi^2+x^2}} \cdot \sqrt{1 + \left(\frac{\xi}{x}\right)^2} = 0.$$

所以

$$I = -\lim_{x \to 0^+} \frac{f(\xi,x)}{x} = -\lim_{x \to 0^+} \frac{3\xi + 2x + o\left(\sqrt{\xi^2+x^2}\right)}{x} = -2.$$

六、(14 分) 设正项级数 $\displaystyle\sum_{n=1}^{\infty} a_n$ 收敛, 证明: 存在收敛的正项级数 $\displaystyle\sum_{n=1}^{\infty} b_n$, 使得 $\lim\limits_{n \to \infty} \dfrac{a_n}{b_n} = 0$.

证明 因为 $\displaystyle\sum_{n=1}^{\infty} a_n$ 收敛, 所以 $\forall \varepsilon > 0$, 存在 $N \in \mathbf{N}$, 使得当 $n > N$ 时 $\displaystyle\sum_{k=n}^{\infty} a_k < \varepsilon$. 特别地, 对 $k = 1, 2, \cdots$, 取 $\varepsilon = \dfrac{1}{3^k}$, 则存在 $1 < n_1 < n_2 < \cdots < n_{k-1} < n_k$, 使得 $\displaystyle\sum_{i=n_k}^{\infty} a_i < \dfrac{1}{3^k}$.

构造 $\{b_n\}$ 如下: 当 $1 \leqslant n < n_1$ 时, $b_n = a_n$; 当 $n_k \leqslant n < n_{k+1}$ 时, $b_n = 2^k a_n$, $k = 1, 2, \cdots$.

显然, 当 $n \to \infty$ 时, $k \to \infty$, 且

$$\lim_{n \to \infty} \frac{a_n}{b_n} = \lim_{k \to \infty} \frac{a_n}{2^k a_n} = \lim_{k \to \infty} \frac{1}{2^k} = 0.$$

此时, 有

$$\sum_{n=1}^{\infty} b_n = \sum_{n=1}^{n_1-1} a_n + \sum_{i=n_1}^{n_2-1} 2a_i + \sum_{i=n_2}^{n_3-1} 2^2 a_i + \cdots$$

$$\leqslant \sum_{n=1}^{n_1-1} a_n + 2 \cdot \frac{1}{3} + 2^2 \cdot \left(\frac{1}{3}\right)^2 + \cdots$$

$$= \sum_{n=1}^{n_1-1} a_n + \sum_{k=1}^{\infty} \frac{2^k}{3^k} = \sum_{n=1}^{n_1-1} a_n + 2 < +\infty.$$

因此, 正项级数 $\displaystyle\sum_{n=1}^{\infty} b_n$ 收敛.

第十五届全国大学生数学竞赛初赛试卷及答案
(非数学 A 类, 2023)

一、(每小题 6 分, 共 30 分)

(1) $\lim\limits_{x\to 3}\dfrac{\sqrt{x^3+9}-6}{2-\sqrt{x^3-23}}=$ _____.

解 使用洛必达法则, 得

$$\lim_{x\to 3}\frac{\sqrt{x^3+9}-6}{2-\sqrt{x^3-23}}=\lim_{x\to 3}\frac{\dfrac{3x^2}{2\sqrt{x^3+9}}}{-\dfrac{3x^2}{2\sqrt{x^3-23}}}=-\lim_{x\to 3}\frac{\sqrt{x^3-23}}{\sqrt{x^3+9}}=-\frac{1}{3}.$$

(2) 设 $z=f(x^2-y^2,xy)$, 且 $f(u,v)$ 有连续的二阶偏导数, 则 $\dfrac{\partial^2 z}{\partial x\partial y}=$

_____.

解
$$z_x=2xf_1'+yf_2',$$
$$z_{xy}=2x(f_{11}''(-2y)+xf_{12}'')+f_2'+y(f_{21}''(-2y)+xf_{22}'')$$
$$=f_2'-4xyf_{11}''+2(x^2-y^2)f_{12}''+xyf_{22}''.$$

(3) 设 $f(x)=\dfrac{1}{x^2-3x+2}$, 则 $f^{(n)}(0)=$ _____.

解
$$f(x)=-\frac{1}{x-1}+\frac{1}{x-2}.$$
$$f^{(n)}(x)=(-1)^{n+1}\cdot n!\left(\frac{1}{(x-1)^{n+1}}-\frac{1}{(x-2)^{n+1}}\right).$$
$$f^{(n)}(0)=n!\left(1-\frac{1}{2^{n+1}}\right).$$

(4) 幂函数 $\sum\limits_{n=1}^{\infty}\dfrac{(-1)^{n-1}x^{2n}}{n(2n-1)}$ 的收敛域为_____.

解 因为 $\lim\limits_{x\to 3}\sqrt[n]{\dfrac{1}{n(2n-1)}}=1$, 所以收敛半径为 1.

当 $x=\pm 1$ 时, $\sum\limits_{n=1}^{\infty}\dfrac{(-1)^{n-1}}{n(2n-1)}$ 绝对收敛, 故收敛域为 $[-1,1]$.

(5) 设曲面 Σ 是平面 $y + z = 5$ 被柱面 $x^2 + y^2 = 25$ 所截得的部分, 则 $\iint\limits_{\Sigma} (x + y + z)\mathrm{d}S$_____.

解　Σ 的方程为 $z = 5 - y$, 故

$$\mathrm{d}S = \sqrt{2}\mathrm{d}x\mathrm{d}y.$$

Σ 在 xOy 平面的投影 $D_{xy} : x^2 + y^2 \leqslant 25$, 故

$$I = \sqrt{2} \iint\limits_{D_{xy}} (x + 5)\mathrm{d}x\mathrm{d}y = 5\sqrt{2} \iint\limits_{D_{xy}} \mathrm{d}x\mathrm{d}y = 125\sqrt{2}\pi.$$

二、(14 分) 解方程

$$(x^2 + y^2 + 3)\frac{\mathrm{d}y}{\mathrm{d}x} = 2x \left(2y - \frac{x^2}{y} \right).$$

解　原方程变形为

$$\frac{y\mathrm{d}y}{x\mathrm{d}x} = \frac{2(2y^2 - x^2)}{x^2 + y^2 + 3}.$$

令 $u = x^2, v = y^2$, 则原方程化为

$$\frac{\mathrm{d}v}{\mathrm{d}u} = \frac{2(2v - u)}{u + v + 3}.$$

解方程 $2v - u = 0, u + v + 3 = 0$, 得到 $u = -2, v = -1$, 再令 $U = u + 2, V = v + 1$, 上述方程化为

$$\frac{\mathrm{d}V}{\mathrm{d}U} = \frac{2(2V - U)}{U + V}.$$

作变量替换 $W = \dfrac{V}{U}$ 得到

$$U\frac{\mathrm{d}W}{\mathrm{d}U} = -\frac{W^2 - 3W + 2}{W + 1}.$$

这是分离变量方程, 解之得 $U(W - 2)^3 = C(W - 1)^2$, 回代得

$$(y^2 - 2x^2 - 3)^3 = C(y^2 - x^2 - 1)^2.$$

三、(14 分) 设 Σ_1 是以 $(0, 4, 0)$ 为顶点且与曲面 $\Sigma_2 : \dfrac{x^2}{3} + \dfrac{y^2}{4} + \dfrac{z^2}{3} = 1$ $(y > 0)$ 相切的圆锥面, 求曲面 Σ_1 与 Σ_2 所围成的空间区域的体积.

解 设 L 是 xOy 平面上过点 $(0, 4)$ 且与 $\dfrac{x^2}{3} + \dfrac{y^2}{4} = 1$ 相切于点 (x_0, y_0) 的直线, 则

$$\frac{x_0^2}{3} + \frac{y_0^2}{4} = 1.$$

且切线斜率 $\dfrac{y_0 - 4}{x_0} = -\dfrac{4x_0}{3y_0}$, 解得

$$x_0 = \pm\frac{3}{2}, \quad y_0 = 1.$$

显然, Σ_1 与 Σ_2 是切线 L 和曲线 $\dfrac{x^2}{3} + \dfrac{y^2}{4} = 1$ 绕 y 轴旋转而成的曲面, 它们的交线位于平面 $y_0 = 1$ 上, 记该平面与 Σ_1, Σ_2 围成的空间区域分别记为 Ω_1 和 Ω_2.

由于 Ω_1 是底面圆半径的 $\dfrac{3}{2}$、高为 3 的圆锥体, 所以其体积

$$V_1 = \frac{1}{3} \cdot \pi \left(\frac{3}{2}\right)^2 \cdot 3 = \frac{9\pi}{4}.$$

又 Ω_2 的体积为

$$V_2 = \iiint\limits_{\Omega_2} \mathrm{d}V = \int_1^2 \mathrm{d}y \iint\limits_{x^2 + z^2 \leqslant 3(1 - \frac{y^2}{4})} 1 \mathrm{d}x\mathrm{d}z = \pi \int_1^2 3\left(1 - \frac{y^2}{4}\right)\mathrm{d}y = \frac{5\pi}{4}.$$

因此, 曲面 Σ_1 与 Σ_2 所围成的空间区域的体积为 $\dfrac{9\pi}{4} - \dfrac{5\pi}{4} = \pi$.

四、(14 分) 设 $I_n = n \displaystyle\int_1^a \dfrac{\mathrm{d}x}{1 + x^n}$, 其中 $a > 1$, 求极限 $\displaystyle\lim_{n\to\infty} I_n$.

解 记 $b = \dfrac{1}{a}$, 则 $0 < b < 1$. 作变量替换 $x = \dfrac{1}{t}$, 得到

$$I_n = \int_b^1 \frac{nt^{n-1}}{t(1 + t^n)}\mathrm{d}t = \int_b^1 \frac{\mathrm{d}(\ln(1 + t^n))}{t}.$$

分部积分得

$$I_n = \ln 2 - \frac{\ln(1 + b^n)}{b} + \int_b^1 \frac{\ln(1 + t^n)}{t^2}\mathrm{d}t.$$

当 $t \in [b, 1]$ 时, $\dfrac{\ln(1 + t^n)}{t^2} \leqslant t^{n-2}$,

$$0 \leqslant \int_b^1 \frac{\ln(1 + t^n)}{t^2} \mathrm{d}t \leqslant \int_b^1 t^{n-2} \mathrm{d}t = \frac{1 - b^{n-1}}{n - 1}.$$

显然, $\lim\limits_{n \to \infty} \dfrac{1 - b^{n-1}}{n - 1} = 0$. 由夹逼定理,

$$\lim_{n \to \infty} \int_b^1 \frac{\ln(1 + t^n)}{t^2} \mathrm{d}t = 0.$$

又 $\lim\limits_{n \to \infty} \dfrac{\ln\left(1 + b^n\right)}{b} = 0$, 则 $\lim\limits_{n \to \infty} I_n = \ln 2$.

五、(14 分) 设 $f(x)$ 在 $[0,1]$ 上有连续的导数且 $f(0)=0$, 求证 $\displaystyle\int_0^1 f^2(x)\mathrm{d}x \leqslant 4 \int_0^1 (1-x)^2 |f'(x)|^2 \mathrm{d}x$, 并求使上式成为等式的 $f(x)$.

解　由分部积分法

$$\int_0^1 f^2(x)\mathrm{d}x = (x - 1)f^2(x)\Big|_0^1 - \int_0^1 (x - 1)2f(x)f'(x)\mathrm{d}x$$

$$= 2\int_0^1 (1 - x)f'(x) \cdot f(x)\mathrm{d}x.$$

由柯西积分不等式, 有

$$\int_0^1 (1 - x)f'(x) \cdot f(x)\mathrm{d}x \leqslant \left(\int_0^1 (1 - x)^2 (f'(x))^2 \mathrm{d}x\right)^{\frac{1}{2}} \left(\int_0^1 f^2(x)\mathrm{d}x\right)^{\frac{1}{2}}.$$

于是

$$\int_0^1 f^2(x)\mathrm{d}x \leqslant 4\int_0^1 (1 - x)^2 |f'(x)|^2 \mathrm{d}x.$$

等式成立时应有常数 c 使得 $(1 - x)f'(x) = cf(x)$. 因此当 $x \in (0,1)$ 时, 有

$$((1 - x)^c f(x))' = (1 - x)^{c-1}((1 - x)f'(x) - cf(x)) = 0.$$

因此存在常数 d 使得

$$f(x) = d(1 - x)^{-c} \quad (0 < x < 1).$$

当 $x \to 0$ 时, $f(x) \to 0$, 故 $d = 0$, 于是 $f = 0$. 所以使得题中不等式成为等式的函数是 $f(x) = 0$.

六、(14 分) 设数列 $\{x_n\}$ 满足 $x_0 = \dfrac{1}{3}$, $x_{n+1} = \dfrac{x_n^2}{1 - x_n + x_n^2}$, $n \geqslant 0$. 证明无穷级数 $\displaystyle\sum_{n=0}^{\infty} x_n$ 收敛, 并求其和.

解法 1 根据数学归纳法可知 $x_n > 0$. 此外,

$$x_{n+1} - x_n = -\frac{x_n(1 - x_n)^2}{1 - x_n + x_n^2} < 0.$$

故 x_n 单调递减, $x_n \leqslant \dfrac{1}{3}$. 于是,

$$x_{n+1} = x_n \cdot \frac{x_n}{1 - x_n + x_n^2} \leqslant \frac{4}{9} x_n,$$

$\displaystyle\lim_{n \to \infty} x_n$ 收敛于 0. 令 $f(x) = \dfrac{x}{1 + x}$, $x > 0$, 不难验证 $f(x)$ 严格单调递增且其反函数为

$$f^{-1}(x) = \frac{x}{1 - x}.$$

注意到 $x_{n+1} = f(f^{-1}(x_n) - x_n)$, 故

$$f^{-1}(x_{n+1}) = f^{-1}(x_n) - x_n, \quad x_n = f^{-1}(x_n) - f^{-1}(x_{n+1}).$$

因此

$$\sum_{i=0}^{n} x_i = f^{-1}(x_0) - f^{-1}(x_{n+1}).$$

$$\sum_{i=0}^{\infty} x_i = f^{-1}(x_0) - f^{-1}(0) = \frac{1}{2}.$$

解法 2 证明 x_n 收敛于 0 同解法 1.

注意到

$$x_n = \frac{x_n}{1 - x_n} - \frac{x_{n+1}}{1 - x_{n+1}},$$

$$\sum_{i=0}^{n} x_i = \frac{x_0}{1 - x_0} - \frac{x_{n+1}}{1 - x_{n+1}},$$

因此

$$\sum_{i=0}^{\infty} x_i = \frac{x_0}{1 - x_0} = \frac{1}{2}.$$

第十五届全国大学生数学竞赛初赛试卷及答案 (非数学 B 类, 2023)

一、(每小题 6 分, 共 30 分)

(1) $\lim\limits_{x\to\infty}\left(\dfrac{x+3}{x+2}\right)^{2x-1} = $ _____.

解 $\lim\limits_{x\to\infty}\left(1+\dfrac{1}{x+2}\right)^{2(x+2)-5} = \mathrm{e}^2$.

(2) 设 $z = f(x^2-y^2,xy)$, 且 $f(u,v)$ 有连续的二阶偏导数, 则 $\dfrac{\partial z^2}{\partial x\partial y} = $ _____.

解
$$z_x = 2xf_1' + yf_2',$$
$$z_{xy} = 2x(f_{11}''(-2y) + xf_{12}'') + f_2' + y(f_{21}''(-2y) + xf_{22}'')$$
$$= f_2' - 4xyf_{11}'' + 2(x^2-y^2)f_{12}'' + xyf_{22}''.$$

(3) 设曲线 $y = \ln(1+ax) + 1$ 与曲线 $y = 2xy^3 + b$ 在 $(0,1)$ 处相切, 则 $a+b = $ _____.

解 易得 $b = 1, a = 2$, 故 $a+b = 3$.

(4) 设函数 $y = y(x)$ 由方程 $y = 1 + \arctan(xy)$ 所决定, $y'(0) = $ _____.

解 易得 $y'(x) = \dfrac{xy'+y}{1+x^2y^2}$. 当 $x = 0$ 时, $y'(0) = 1$.

(5) 计算 $\displaystyle\int_0^1 \mathrm{d}x \int_x^{\sqrt{x}} \dfrac{\cos y}{y}\mathrm{d}y = $ _____.

解 交换积分顺序, 得

$$\int_0^1 \mathrm{d}x \int_x^{\sqrt{x}} \dfrac{\cos y}{y}\mathrm{d}y = \int_0^1 \mathrm{d}y \int_{y^2}^{y} \dfrac{\cos y}{y}\mathrm{d}x = \int_0^1 (1-y)\cos y\mathrm{d}y = 1 - \cos 1.$$

二、(14 分) 设曲线 $y = 3ax^2 + 2bx + \ln c$ 经过 $(0,0)$ 点, 且当 $0 \leqslant x \leqslant 1$ 时 $y \geqslant 0$. 设该曲线与直线 $x = 1$, x 轴所围图形的平面图形 D 的面积为 1. 试求常数 a, b, c 的值, 使得 D 绕 x 轴一圈后, 所得旋转体的体积最小.

解 由于曲线 $y = 3ax^2 + 2bx + \ln c$ 经过 $(0,0)$ 点, 故 $\ln c = 0, c = 1$. D 的面积

$$A = \int_0^1 (3ax^2 + 2bx)\mathrm{d}x = a + b = 1.$$

D 绕 x 轴一周得到的旋转体体积

$$V = \pi \int_0^1 (3ax^2 + 2bx)^2 \mathrm{d}x$$

$$= \pi \left(\frac{9}{5}a^2 + 3ab + \frac{4}{3}b^2 \right)$$

$$= \pi \left(\frac{2}{15}a^2 + \frac{1}{3}a + \frac{4}{3} \right).$$

所以

$$V'(a) = \pi \left(\frac{4}{15}a + \frac{1}{3} \right).$$

不难得到, 当 $a = -5/4$ 时, 旋转体的体积最小, 此时, $b = 9/4, c = 1$.

注　推导最小值点时, 用其他办法如配方也可.

三、(14 分) 解方程 $(x^2 + y^2 + 3)\dfrac{\mathrm{d}y}{\mathrm{d}x} = 2x \left(2y - \dfrac{x^2}{y} \right)$.

解　原方程变形为 $\dfrac{y\mathrm{d}y}{x\mathrm{d}x} = \dfrac{2(2y^2 - x^2)}{x^2 + y^2 + 3}$.

令 $u = x^2, v = y^2$, 则原方程化为

$$\frac{\mathrm{d}v}{\mathrm{d}u} = \frac{2(2v - u)}{u + v + 3}.$$

解方程 $2v - u = 0, u + v + 3 = 0$, 得到 $u = -2, v = -1$, 再令 $U = u + 2, V = v + 1$, 上述方程化为

$$\frac{\mathrm{d}V}{\mathrm{d}U} = \frac{2(2V - U)}{U + V}.$$

作变量替换 $W = \dfrac{V}{U}$ 得到

$$U\frac{\mathrm{d}W}{\mathrm{d}U} = -\frac{W^2 - 3W + 2}{W + 1}.$$

这是分离变量方程, 解得 $U(W - 2)^3 = C(W - 1)^2$, 回代得

$$(y^2 - 2x^2 - 3)^3 = C(y^2 - x^2 - 1)^2.$$

四、(14 分) 求幂函数 $\displaystyle\sum_{n=1}^{\infty} \frac{(-1)^{n-1}x^{2n}}{n(2n-1)}$ 的收敛域及和函数.

解 因为 $\lim\limits_{n\to\infty}\sqrt[n]{\dfrac{1}{n(2n-1)}}=1$, 所以收敛半径为 1.

当 $x=\pm 1$ 时, $\sum\limits_{n=1}^{\infty}\dfrac{(-1)^{n-1}}{n(2n-1)}$ 绝对收敛, 故收敛域为 $[-1,1]$.

记该幂函数的和函数为 $S(x)$, 则在 $(-1,1)$ 上,

$$\frac{1}{2}S''(x)=\sum_{n=1}^{\infty}(-1)^{n-1}x^{2n-2}=\frac{1}{1+x^2}.$$

$$S'(x)=2\int_0^x\frac{1}{1+s^2}\mathrm{d}s=2\arctan x, \quad x\in(-1,1).$$

$$S(x)=2\int_0^x\arctan s\,\mathrm{d}s=2x\arctan x-\ln(1+x^2), \quad x\in(-1,1).$$

由于 $S(x)$ 在收敛域上连续, 所以

$$S(x)=2\int_0^x\arctan s\,\mathrm{d}s=2x\arctan x-\ln(1+x^2), \quad x\in[-1,1].$$

五、(14 分) 设 $f(x)$ 在 $[0,1]$ 上可导且 $f(0)>0, f(1)>0, \int_0^1 f(x)\mathrm{d}x=0$. 证明:

(1) $f(x)$ 在 $[0,1]$ 上至少有两个零点;

(2) 在 $(0,1)$ 内至少存在一点 ξ, 使得 $f'(\xi)+3f^3(\xi)=0$.

证明 (1) 首先, 在 $(0,1)$ 上至少存在一点 x_0 使得 $f(x_0)<0$. 否则, 对于任意的 $x\in[0,1]$, 因为 $f(x)\geqslant 0$. $f(x)$ 连续且不恒为 0, 所以 $\int_0^1 f(x)\mathrm{d}x>0$. 与题设矛盾.

其次, 因为 $f(x)$ 连续, 在区间 $[0,x_0]$ 和 $[x_0,1]$ 上分别应用零点定理知, 存在 $\xi_1\in(0,x_0), \xi_2\in(x_0,1)$ 使得 $f(\xi_1)=0, f(\xi_2)=0$.

(2) 令 $F(x)=f(x)\mathrm{e}^{\int_0^x 3f^2(s)\mathrm{d}s}$, 则 F 在 $[0,1]$ 上连续, $(0,1)$ 上可导且 $F(\xi_1)=F(\xi_2)=0$.

由罗尔定理, 存在 $\xi\in(\xi_1,\xi_2)\subset(0,1)$ 使得 $F'(\xi)=0$.

又 $F'(x)=(f'(x)+3f^3(x))\mathrm{e}^{\int_0^x 3f^2(s)\mathrm{d}s}$, 所以 $f'(\xi)+3f^3(\xi)=0$.

六、(14 分) 设 $f(x)$ 在 $[0,1]$ 上有连续的导数且 $f(0)=0$, 求证:

$$\int_0^1 f^2(x)\mathrm{d}x\leqslant 4\int_0^1 (1-x)^2|f'(x)|^2\mathrm{d}x,$$

并求使上式成为等式的 $f(x)$.

解　由分部积分法

$$\int_0^1 f^2(x)\mathrm{d}x = (x-1)f^2(x)\Big|_0^1 - \int_0^1 (x-1)2f(x)f'(x)\mathrm{d}x$$

$$= 2\int_0^1 (1-x)f'(x)\cdot f(x)\mathrm{d}x.$$

由柯西积分不等式, 有

$$\int_0^1 (1-x)f'(x)\cdot f(x)\mathrm{d}x \leqslant \left(\int_0^1 (1-x)^2(f'(x))^2\mathrm{d}x\right)^{\frac12}\left(\int_0^1 f^2(x)\mathrm{d}x\right)^{\frac12}.$$

于是

$$\int_0^1 f^2(x)\mathrm{d}x \leqslant 4\int_0^1 (1-x)^2|f'(x)|^2\mathrm{d}x.$$

等式成立时应有常数 c 使得 $(1-x)f'(x) = cf(x)$. 因此当 $x \in (0,1)$ 时, 有

$$((1-x)^c f(x))' = (1-x)^{c-1}((1-x)f'(x) - cf(x)) = 0.$$

因而存在常数 d 使得 $f(x) = d(1-x)^{-c}(0 < x < 1)$.

当 $x \to 0$ 时, $f(x) \to 0$, 故 $d = 0$. 于是 $f = 0$. 所以使得题中不等式成为等式的函数是 $f(x) = 0$.

2009 年首届全国大学生数学竞赛决赛试卷及答案

一、计算下列各题 (要求写出重要步骤)(每小题 5 分, 共 20 分)

(1) 求极限 $\displaystyle\lim_{n\to\infty}\sum_{k=1}^{n-1}\left(1+\frac{k}{n}\right)\sin\frac{k\pi}{n^2}$.

解　记 $S_n=\displaystyle\sum_{k=1}^{n-1}\left(1+\frac{k}{n}\right)\sin\frac{k\pi}{n^2}$, 则

$$S_n=\sum_{k=1}^{n-1}\left(1+\frac{k}{n}\right)\left(\frac{k\pi}{n^2}+o\left(\frac{1}{n^2}\right)\right)$$

$$=\frac{\pi}{n^2}\sum_{k=1}^{n-1}k+\frac{\pi}{n^3}\sum_{k=1}^{n-1}k^2+o\left(\frac{1}{n}\right)$$

$$\to\frac{\pi}{2}+\frac{\pi}{3}=\frac{5\pi}{6}\quad(n\to\infty).$$

(2) 计算 $\displaystyle\iint_{\Sigma}\frac{ax\mathrm{d}y\mathrm{d}z+(z+a)^2\mathrm{d}x\mathrm{d}y}{\sqrt{x^2+y^2+z^2}}$, 其中 Σ 为下半球面 $z=-\sqrt{a^2-y^2-x^2}$

的上侧, a 为大于 0 的常数.

解　将 Σ(或分片后) 投影到相应的坐标平面上化为二重积分逐块计算

$$I_1=\frac{1}{a}\iint_{\Sigma}ax\mathrm{d}y\mathrm{d}z=-2\iint_{D_{yz}}\sqrt{a^2-(y^2+z^2)}\mathrm{d}y\mathrm{d}z,$$

其中 D_{yz} 为 yOz 平面上的半圆 $y^2+z^2\leqslant a^2,z\leqslant 0$. 利用极坐标, 得

$$I_1=-2\int_{\pi}^{2\pi}\mathrm{d}\theta\int_0^a\sqrt{a^2-r^2}r\mathrm{d}r=-\frac{2}{3}\pi a^3,$$

$$I_2=\frac{1}{a}\iint_{\Sigma}(z+a)^2\mathrm{d}x\mathrm{d}y=\frac{1}{a}\iint_{D_{xy}}\left[a-\sqrt{a^2-(x^2+y^2)}\right]^2\mathrm{d}x\mathrm{d}y,$$

其中 D_{xy} 为 xOy 平面上的半圆 $x^2+y^2\leqslant a^2,z\leqslant 0$. 利用极坐标, 得

$$I_2=\frac{1}{a}\int_0^{2\pi}\mathrm{d}\theta\int_0^a\left(2a^2-2\sqrt{a^2-r^2}-r^2\right)r\mathrm{d}r=\frac{\pi}{6}a^3.$$

因此, $I = I_1 + I_2 = -\dfrac{\pi}{2}a^3$.

(3) 现要设计一个容积为 V 的圆柱体的容器. 已知上下两底的材料费为单位面积 a 元, 而侧面的材料费为单位面积 b 元. 试给出最节省的设计方案: 高与上下底的直径之比为何值时所需费用最少?

解 设圆柱容器的高为 h, 上下底的径为 r, 则有

$$\pi r^2 h = V, \text{ 或 } h = \frac{V}{\pi r^2}.$$

所需费用为

$$F(r) = 2a\pi r^2 + 2b\pi rh = 2a\pi r^2 + \frac{2bV}{r}.$$

显然,

$$F'(r) = 4a\pi r - \frac{2bV}{r^2}.$$

那么, 费用最少意味着 $F'(r) = 0$, 也即

$$r^3 = \frac{bV}{2a\pi}.$$

这时高与底的直径之比为 $\dfrac{h}{2r} = \dfrac{V}{2\pi r^3} = \dfrac{a}{b}$.

(4) 已知 $f(x)$ 在 $\left(\dfrac{1}{4}, \dfrac{1}{2}\right)$ 内满足 $f'(x) = \dfrac{1}{\sin^3 x + \cos^3 x}$, 求 $f(x)$.

解 由 $\sin^3 x + \cos^3 x = \dfrac{1}{\sqrt{2}}\cos\left(\dfrac{\pi}{4} - x\right)\left[1 + 2\sin^2\left(\dfrac{\pi}{4} - x\right)\right]$ 得

$$I = \sqrt{2}\int \frac{\mathrm{d}x}{\cos\left(\dfrac{\pi}{4} - x\right)\left[1 + 2\sin^2\left(\dfrac{\pi}{4} - x\right)\right]},$$

令 $u = \dfrac{\pi}{4} - x$, 得

$$I = -\sqrt{2}\int \frac{\mathrm{d}u}{\cos u\left(1 + 2\sin^2 u\right)} = -\sqrt{2}\int \frac{\mathrm{d}\sin u}{\cos^2 u\left(1 + 2\sin^2 u\right)}$$

$$\xrightarrow{\text{令} t = \sin u} -\sqrt{2}\int \frac{\mathrm{d}t}{(1 - t^2)(1 + 2t^2)} = -\frac{\sqrt{2}}{3}\left[\int \frac{\mathrm{d}t}{1 - t^2} + \int \frac{2\mathrm{d}t}{1 + 2t^2}\right]$$

$$= -\frac{\sqrt{2}}{3}\left[\frac{1}{2}\ln\left|\frac{1+t}{1-t}\right| + \sqrt{2}\arctan\sqrt{2}t\right] + C$$

$$= -\frac{\sqrt{2}}{6}\ln\left|\frac{1 + \sin\left(\dfrac{\pi}{4} - x\right)}{1 - \sin\left(\dfrac{\pi}{4} - x\right)}\right| - \frac{2}{3}\arctan\left(\sqrt{2}\sin\left(\dfrac{\pi}{4} - x\right)\right) + C.$$

二、(10 分) 求下列极限:

(1) $\lim\limits_{n\to\infty} n\left(\left(1+\dfrac{1}{n}\right)^n - e\right)$;

(2) $\lim\limits_{n\to\infty} \left(\dfrac{a^{\frac{1}{n}} + b^{\frac{1}{n}} + c^{\frac{1}{n}}}{3}\right)^n$, 其中 $a>0, b>0, c>0$.

解 (1) 我们有

$$\left(1+\frac{1}{n}\right)^n - e = e^{1-\frac{1}{2}n+o\left(\frac{1}{n}\right)} - e = e\left[e^{-\frac{1}{2n}+o\left(\frac{1}{n}\right)} - 1\right]$$

$$= e\left[\left\{1 - \frac{1}{2n}o\left(\frac{1}{n}\right)\right\} - 1\right] = e\left[-\frac{1}{2n} + o\left(\frac{1}{n}\right)\right],$$

因此, $\lim\limits_{n\to\infty} n\left[\left(1+\dfrac{1}{n}\right)^n - e\right] = -\dfrac{e}{2}$.

(2) 由泰勒公式有

$$a^{\frac{1}{n}} = e^{\frac{\ln a}{n}} = 1 + \frac{1}{n}\ln a + o\left(\frac{1}{n}\right) \quad (n \to \infty),$$

$$b^{\frac{1}{n}} = e^{\frac{\ln b}{n}} = 1 + \frac{1}{n}\ln b + o\left(\frac{1}{n}\right) \quad (n \to \infty),$$

$$c^{\frac{1}{n}} = e^{\frac{\ln c}{n}} = 1 + \frac{1}{n} + o\left(\frac{1}{n}\right) \quad (n \to \infty),$$

因此,

$$\frac{1}{3}\left(a^{\frac{1}{n}} + b^{\frac{1}{n}} + c^{\frac{1}{n}}\right) = 1 + \frac{1}{n}\ln\sqrt[3]{abc} + o\left(\frac{1}{n}\right) \quad (n \to \infty),$$

$$\left(\frac{a^{\frac{1}{n}} + b^{\frac{1}{n}} + c^{\frac{1}{n}}}{3}\right)^n = \left[1 + \frac{1}{n}\ln\sqrt[3]{abc} + o\left(\frac{1}{n}\right)\right]^n.$$

令 $a_n = \dfrac{1}{n}\ln\sqrt[3]{abc} + o\left(\dfrac{1}{n}\right)$, 上式可改写成

$$\left(\frac{a^{\frac{1}{n}}+b^{\frac{1}{n}} + c^{\frac{1}{n}}}{3}\right)^n = \left[(1+a_n)^{\frac{1}{a_n}}\right]^{na_n}.$$

显然, $(1+a_n)^{\frac{1}{a_n}} \to e\,(n \to +\infty)$, $na_n \to \ln\sqrt[3]{abc}\,(n \to +\infty)$, 所以,

$$\lim_{n\to\infty}\left(\frac{a^{\frac{1}{n}} + b^{\frac{1}{n}} + c^{\frac{1}{n}}}{3}\right)^n = \sqrt[3]{abc}.$$

三、(10 分) 设 $f(x)$ 在 $x = 1$ 点附近有定义, 且在 $x = 1$ 点可导, 并已知 $f(1) = 0, f'(1) = 2.$ 求 $\lim\limits_{x \to \infty} \dfrac{f(\sin^2 x + \cos x)}{x^2 + x \tan x}.$

解 由题设可知

$$\lim_{y \to 1} \frac{f(y) - f(1)}{y - 1} = \lim_{y \to 1} \frac{f(y)}{y - 1} = f'(1) = 2.$$

令 $y = \sin^2 x + \cos x$, 那么当 $x \to 0$ 时,

$$y = \sin^2 x + \cos x \to 1,$$

故由上式有

$$\lim_{x \to 0} \frac{f\left(\sin^2 x + \cos x\right)}{\sin^2 x + \cos x - 1} = 2.$$

可见,

$$\lim_{x \to 0} \frac{f\left(\sin^2 x + \cos x\right)}{x^2 + x \tan x}$$
$$= \lim_{x \to 0} \left(\frac{f\left(\sin^2 x + \cos x\right)}{\sin^2 x + \cos x - 1} \times \frac{\sin^2 x + \cos x - 1}{x^2 + x \tan x} \right)$$
$$= 2 \lim_{x \to 0} \frac{\sin^2 x + \cos x - 1}{x^2 + x \tan x} = \frac{1}{2}.$$

最后一步的极限可用常规的办法——洛必达法则或泰勒展开——求出.

四、(10 分) 设 $f(x)$ 在 $[0, +\infty)$ 上连续, 并且无穷积分 $\displaystyle\int_0^\infty f(x)\mathrm{d}x$ 收敛. 求 $\lim\limits_{y \to +\infty} \dfrac{1}{y} \displaystyle\int_0^y x f(x)\mathrm{d}x.$

解 设 $\displaystyle\int_0^{+\infty} f(x)\,\mathrm{d}x = l$, 并令 $F(x) = \displaystyle\int_0^x f(t)\,\mathrm{d}t.$ 这时, $F'(x) = f(x)$, 并有 $\lim\limits_{x \to +\infty} F(x) = l.$

对于任意的 $y > 0$, 我们有

$$\frac{1}{y} \int_0^y x f(x)\,\mathrm{d}x = \frac{1}{y} \int_0^y x\mathrm{d}F(x) = \frac{1}{y} x F(x) \Big|_{x=0}^{x=y} - \frac{1}{y} \int_0^y F(x)\,\mathrm{d}x$$
$$= F(y) - \frac{1}{y} \int_0^y F(x)\,\mathrm{d}x.$$

根据洛必达法则和变上限积分的求导公式, 不难看出

$$\lim_{y \to +\infty} \frac{1}{y} \int_0^y F(x)\, \mathrm{d}x = \lim_{y \to +\infty} F(y) = l,$$

因此, $\displaystyle\lim_{y \to +\infty} \frac{1}{y} \int_0^y x f(x)\, \mathrm{d}x = l - l = 0.$

五、(12 分) 设函数 $f(x)$ 在 $[0,1]$ 上连续, 在 $(0,1)$ 内可微, 且 $f(0) = f(1) = 0, f\left(\dfrac{1}{2}\right) = 1.$ 证明:

(1) 存在 $\xi \in \left(\dfrac{1}{2}, 1\right)$ 使得 $f(\xi) = \xi$;

(2) 存在 $\eta \in (0, \xi)$ 使得 $f'(\eta) = f(\eta) - \eta + 1.$

证明 (1) 令 $F(x) = f(x) - x$, 则 $F(x)$ 在 $[0,1]$ 上连续, 且有

$$F\left(\frac{1}{2}\right) = \frac{1}{2} > 0, \quad F(1) = -1 < 0.$$

所以, 存在一个 $\xi \in \left(\dfrac{1}{2}, 1\right)$, 使得 $F(\xi) = 0,$ 即 $f(\xi) = \xi.$

(2) 令 $G(x) = \mathrm{e}^{-x}[f(x) - x]$, 那么 $G(0) = G(\xi) = 0.$ 这样, 存在一个 $\eta \in (0, \xi)$, 使得 $G'(\eta) = 0,$ 即

$$G'(\eta) = \mathrm{e}^{-\eta}[f'(\eta) - 1] - \mathrm{e}^{-\eta}[f(\eta) - \eta] = 0,$$

也即 $f'(\eta) = f(\eta) - \eta + 1.$ 证毕.

六、(14 分) 设 $n > 1$ 为整数,

$$F(x) = \int_0^x \mathrm{e}^{-t} \left(1 + \frac{t}{1!} + \frac{t^2}{2!} + \cdots + \frac{t^n}{n!}\right) \mathrm{d}t,$$

证明: 方程 $F(x) = \dfrac{n}{2}$ 在 $\left(\dfrac{n}{2}, n\right)$ 内至少有一个根.

证明 因为

$$\mathrm{e}^{-t} \left(1 + \frac{t}{1!} + \frac{t^2}{2!} + \cdots + \frac{t^n}{n!}\right) < 1, \quad \forall t > 0,$$

故有

$$F\left(\frac{n}{2}\right) = \int_0^{\frac{n}{2}} \mathrm{e}^{-t} \left(1 + \frac{t}{1!} + \frac{t^2}{2!} + \cdots + \frac{t^n}{n!}\right) \mathrm{d}t < \frac{n}{2}.$$

下面只需证明 $F(n) > \dfrac{n}{2}$ 即可. 我们有

$$F(n) = \int_0^n e^{-t}\left(1 + \frac{t}{1!} + \frac{t^2}{2!} + \cdots + \frac{t^n}{n!}\right)dt$$

$$= -\int_0^n \left(1 + \frac{t}{1!} + \frac{t^2}{2!} + \cdots + \frac{t^n}{n!}\right)de^{-t}$$

$$= 1 - e^{-n}\left(1 + \frac{n}{1!} + \frac{n^2}{2!} + \cdots + \frac{n^n}{n!}\right)$$

$$+ \int_0^n e^{-t}\left(1 + \frac{t}{1!} + \frac{t^2}{2!} + \cdots + \frac{t^{n-1}}{(n-1)!}\right)dt.$$

因此推出

$$F(n) = \int_0^n e^{-t}\left(1 + \frac{t}{1!} + \frac{t^2}{2!} + \cdots + \frac{t^n}{n!}\right)dt$$

$$= 1 - e^{-n}\left(1 + \frac{n}{1!} + \frac{n^2}{2!} + \cdots + \frac{n^n}{n!}\right) + 1 - e^{-n}\left(1 + \frac{n}{1!} + \frac{n^2}{2!} + \cdots + \frac{n^{n-1}}{(n-1)!}\right)$$

$$+ \cdots + 1 - e^{-n}\left(1 + \frac{n}{1!}\right) + 1 - e^{-n}. \qquad (*)$$

记 $a_i = \dfrac{n^i}{i!}$, 那么 $a_0 = 1 < a_1 < a_2 < \cdots < a_n$. 我们观察下面的方阵

$$\begin{pmatrix} a_0 & 0 & \cdots & 0 \\ a_0 & a_1 & \cdots & 0 \\ \vdots & \vdots & & \vdots \\ a_0 & a_1 & \cdots & a_n \end{pmatrix} + \begin{pmatrix} a_0 & a_1 & \cdots & a_n \\ 0 & a_1 & \cdots & a_n \\ 0 & \vdots & & \vdots \\ 0 & 0 & \cdots & a_n \end{pmatrix} = \begin{pmatrix} 2a_0 & a_1 & \cdots & a_n \\ a_0 & 2a_1 & \cdots & a_n \\ \vdots & \vdots & & \vdots \\ a_0 & a_1 & \cdots & 2a_n \end{pmatrix},$$

整个矩阵的所有元素之和为

$$(n+2)(1 + a_1 + a_2 + \cdots + a_n) = (n+2)\left(1 + \frac{n}{1!} + \frac{n^2}{2!} + \cdots + \frac{n^n}{n!}\right).$$

基于上述观察, 由 $(*)$ 式我们便得到

$$F(n) > n + 1 - \frac{(2+n)}{2}e^{-n}\left(1 + \frac{n}{1!} + \frac{n^2}{2!} + \cdots + \frac{n^n}{n!}\right) > n + 1 - \frac{n+2}{2} = \frac{n}{2}.$$

七、(12 分) 是否存在 $\mathbf{R}^1$ 中的可微函数 $f(x)$ 使得

$$f(f(x)) = 1 + x^2 + x^4 - x^3 - x^5?$$

若存在, 请给出一个例子; 若不存在, 请给出证明.

解法 1　不存在.

假设存在 $\mathbf{R}^1$ 中的可微函数 $f(x)$ 使得

$$f(f(x)) = 1 + x^2 + x^4 - x^3 - x^5.$$

考虑方程 $f(f(x)) = x$, 即

$$1 + x^2 + x^4 - x^3 - x^5 = x \quad \text{或} \quad (x-1)\left(x^4 + x^2 + 1\right) = 0.$$

此时方程有唯一实数根 $x = 1$, 即 $f(f(x))$ 有唯一不动点 $x = 1$.

下面说明 $x = 1$ 也是 $f(x)$ 的不动点.

事实上, 令 $f(1) = t$, 则 $f(t) = f(f(1)) = 1, f(f(t)) = f(1) = t$, 因此 $t = 1$, 如所需. 记 $g(x) = f(f(x))$, 则一方面,

$$[g(x)]' = [f(f(x))]' \Rightarrow g'(1) = (f'(1))^2 \geqslant 0;$$

另一方面,

$$g'(x) = \left(1 + x^2 + x^4 - x^3 - x^5\right)' = 2x + 4x^3 - 3x^2 - 5x^4,$$

从而 $g'(1) = -2$. 矛盾.

所以, 不存在 $\mathbf{R}^1$ 中的可微函数 $f(x)$ 使得 $f(f(x)) = 1 + x^2 + x^4 - x^3 - x^5$.

解法 2　满足条件的函数不存在.

理由如下.

首先, 不存在 $x_k \to +\infty$, 使 $f(x_k)$ 有界, 否则 $f(f(x_k)) = 1 + x_k^2 + x_k^4 - x_k^3 - x_k^5$ 有界, 矛盾.

因此 $\lim\limits_{x \to +\infty} f(x) = \infty$. 从而由连续函数的介值性, 有 $\lim\limits_{x \to +\infty} f(x) = +\infty$ 或 $\lim\limits_{x \to +\infty} f(x) = -\infty$.

若 $\lim\limits_{x \to +\infty} f(x) = +\infty$, 则 $\lim\limits_{x \to +\infty} f(f(x)) = \lim\limits_{y \to +\infty} f(y) = -\infty$, 矛盾.

若 $\lim\limits_{x \to +\infty} f(x) = -\infty$, 则 $\lim\limits_{x \to +\infty} f(f(x)) = \lim\limits_{y \to +\infty} f(y) = +\infty$, 矛盾.

因此, 无论哪种情况都不可能.

八、(12 分) 设 $f(x)$ 在 $[0, \infty)$ 上一致连续, 且对于固定的 $x \in [0, \infty)$, 当自然数 $n \to \infty$ 时 $f(x+n) \to 0$. 证明: 函数序列 $\{f(x+n) : n = 1, 2, \cdots\}$ 在 $[0, 1]$ 上一致收敛于 0.

证明　由于 $f(x)$ 在 $[0, +\infty)$ 上一致连续, 故对于任意给定的 $\varepsilon > 0$, 存在一个 $\delta > 0$ 使得

$$|f(x_1) - f(x_2)| < \frac{\varepsilon}{2}, \text{ 只要 } |x_1 - x_2| < \delta \quad (x_1 \geqslant 0, x_2 \geqslant 0).$$

取一个充分大自然数 m, 使得 $m > \delta^{-1}$, 并在 $[0,1]$ 中取 m 个点:

$$x_1 = 0 < x_2 < \cdots < x_m = 1,$$

其中 $x_j = \dfrac{j}{m}\,(j = 1, 2, \cdots, m)$. 这样, 对于每一个 j,

$$|x_{j+1} - x_j| = \frac{1}{m} < \delta.$$

又由于 $\lim\limits_{n \to \infty} f(x + n) = 0$, 故对于每一个 x_j, 存在一个 N_j 使得

$$|f(x_j + n)| < \frac{\varepsilon}{2}, \text{ 只要 } n > N_j,$$

这里的 ε 是前面给定的.

令 $N = \max\{N_1, \cdots, N_m\}$, 那么

$$|f(x_j + n)| < \frac{\varepsilon}{2}, \text{ 只要 } n > N,$$

其中 $j = 1, 2, \cdots, m$. 设 $x \in [0,1]$ 是任意一点, 这时总有一个 x_j 使得 $x \in [x_j, x_{j+1}]$.

由 $f(x)$ 在 $[0, +\infty)$ 上一致连续性及 $|x - x_j| < \delta$ 可知

$$|f(x_j + n) - f(x + n)| < \frac{\varepsilon}{2} \quad (n = 1, 2, \cdots).$$

另一方面, 我们已经知道

$$|f(x_j + n)| < \frac{\varepsilon}{2}, \text{ 只要 } n > N,$$

这样, 由后面证得的两个式子就得到

$$|f(x + n)| < \varepsilon, \quad \text{只要 } n > N, \quad x \in [0,1].$$

注意到这里 N 的选取与点 x 无关, 这就证实了函数序列 $\{f(x+n) : n = 1, 2, \cdots\}$ 在 $[0,1]$ 上一致收敛于 0.

2010 年第二届全国大学生数学竞赛决赛试卷及答案

一、计算下列各题 (每小题 5 分, 共 15 分)

(1) 求 $\lim\limits_{x\to 0}\left(\dfrac{\sin x}{x}\right)^{\frac{1}{1-\cos x}}$.

解法 1 用两个重要极限.

$$\lim_{x\to 0}\left(\frac{\sin x}{x}\right)^{\frac{1}{1-\cos x}}=\lim_{x\to 0}\left(1+\frac{\sin x-x}{x}\right)^{\frac{x}{\sin x-x}\cdot\frac{\sin x-x}{x(1-\cos x)}}$$

$$=\lim_{x\to 0}\mathrm{e}^{\frac{\sin x-x}{x(1-\cos x)}}=\mathrm{e}^{\lim\limits_{x\to 0}\frac{\sin x-x}{\frac{1}{2}x^3}}=\mathrm{e}^{\lim\limits_{x\to 0}\frac{\cos x-1}{\frac{3}{2}x^2}}=\mathrm{e}^{\lim\limits_{x\to 0}\frac{-\frac{1}{2}x^2}{\frac{3}{2}x^2}}=\mathrm{e}^{-\frac{1}{3}}.$$

解法 2 取对数.

$$\lim_{x\to 0}\left(\frac{\sin x}{x}\right)^{\frac{1}{1-\cos x}}=\mathrm{e}^{\lim\limits_{x\to 0}\frac{\ln\left(\frac{\sin x}{x}\right)}{1-\cos x}}=\mathrm{e}^{\lim\limits_{x\to 0}\frac{\frac{\sin x}{x}-1}{\frac{1}{2}x^2}}$$

$$=\mathrm{e}^{\lim\limits_{x\to 0}\frac{\sin x-x}{\frac{1}{2}x^3}}=\mathrm{e}^{\lim\limits_{x\to 0}\frac{\cos x-1}{\frac{3}{2}x^2}}=\mathrm{e}^{\lim\limits_{x\to 0}\frac{-\frac{1}{2}x^2}{\frac{3}{2}x^2}}=\mathrm{e}^{-\frac{1}{3}}.$$

(2) 求 $\lim\limits_{n\to\infty}\left(\dfrac{1}{n+1}+\dfrac{1}{n+2}+\cdots+\dfrac{1}{n+n}\right)$.

解法 1 用欧拉公式. 令 $x_n=\dfrac{1}{n+1}+\dfrac{1}{n+2}+\cdots+\dfrac{1}{n+n}$.

由欧拉公式得

$$1+\frac{1}{2}+\cdots+\frac{1}{n}-\ln n=C+o(1),$$

则

$$1+\frac{1}{2}+\cdots+\frac{1}{n}+\frac{1}{n+1}+\cdots+\frac{1}{2n}-\ln 2n=C+o(1),$$

其中, $o(1)$ 表示 $n\to\infty$ 时的无穷小量, 两式相减, 得 $x_n-\ln 2=o(1)$, 从而有 $\lim\limits_{n\to\infty}x_n=\ln 2$.

解法 2 用定积分的定义.

$$\lim_{n\to\infty} x_n = \lim_{n\to\infty} \frac{1}{n} + \lim_{n\to\infty} \left(\frac{1}{n+1} + \cdots + \frac{1}{2n} \right)$$

$$= \lim_{n\to\infty} \frac{1}{n} \left(\frac{1}{1+\dfrac{1}{n}} + \cdots + \frac{1}{1+\dfrac{n}{n}} \right) = \int_0^1 \frac{1}{1+x} dx = \ln 2.$$

(3) 已知 $\begin{cases} x = \ln\left(1 + e^{2t}\right), \\ y = t - \arctan e^t, \end{cases}$ 求 $\dfrac{d^2y}{dx^2}$.

解 因为

$$\frac{dx}{dt} = \frac{2e^{2t}}{1+e^{2t}}, \frac{dy}{dt} = 1 - \frac{e^t}{1+e^{2t}}, \quad \frac{dy}{dx} = \frac{1 - \dfrac{e^t}{1+e^{2t}}}{\dfrac{2e^{2t}}{1+e^{2t}}} = \frac{e^{2t} - e^t + 1}{2e^{2t}},$$

所以 $\dfrac{d^2y}{dx^2} = \dfrac{d}{dt}\left(\dfrac{dy}{dx}\right) \cdot \dfrac{1}{\dfrac{dx}{dt}} = \dfrac{e^t - 2}{2e^{2t}} \cdot \dfrac{1+e^{2t}}{2e^{2t}} = \dfrac{\left(1+e^{2t}\right)\left(e^t - 2\right)}{4e^{4t}}.$

二、(10 分) 求方程 $(2x + y - 4)\,dx + (x + y - 1)\,dy = 0$ 的通解.

解 设 $P = 2x + y - 4, Q = x + y - 1$, 则 $Pdx + Qdy = 0$.

因为 $\dfrac{\partial P}{\partial y} = \dfrac{\partial Q}{\partial x} = 1$, 所以 $Pdx + Qdy = 0$ 是一个全微分方程, 设 $dz = Pdx + Qdy$.

法 1 由 $\dfrac{\partial z}{\partial x} = P = 2x + y - 4$ 得

$$z = \int (2x + y - 4)\,dx = x^2 + xy - 4x + C(y).$$

由 $\dfrac{\partial z}{\partial y} = x + C'(y) = Q = x + y - 1$, 得 $C'(y) = y - 1$, 则 $C(y) = \dfrac{1}{2}y^2 - y + C$.

所以 $z = x^2 + xy - 4x + \dfrac{1}{2}y^2 - y + C$.

法 2 $z = \int dz = \int Pdx + Qdy = \int_{(0,0)}^{(x,y)} (2x + y - 4)\,dx + (x + y - 1)\,dy.$

因为 $\dfrac{\partial P}{\partial y} = \dfrac{\partial Q}{\partial x}$, 所以该曲线积分与路径无关. 因此

$$z = \int_0^x (2x - 4)\,dx + \int_0^y (x + y - 1)\,dy = x^2 - 4x + xy + \frac{1}{2}y^2 - y.$$

三、(15 分) 设函数 $f(x)$ 在 $x = 0$ 的某邻域内具有二阶连续导数, 且 $f(0)$, $f'(0)$, $f''(0)$ 均不为 0, 证明: 存在唯一一组实数 k_1, k_2, k_3, 使得

$$\lim_{h \to 0} \frac{k_1 f(h) + k_2 f(2h) + k_3 f(3h) - f(0)}{h^2} = 0.$$

证明   由极限的存在性:

$$\lim_{h \to 0} [k_1 f(h) + k_2 f(2h) + k_3 f(3h) - f(0)] = 0,$$

即 $(k_1 + k_2 + k_3 - 1) f(0) = 0$, 又 $f(0) \neq 0$, 所以

$$k_1 + k_2 + k_3 = 1. \tag{1}$$

由洛必达法则得

$$\lim_{h \to 0} \frac{k_1 f(h) + k_2 f(2h) + k_3 f(3h) - f(0)}{h^2}$$

$$= \lim_{h \to 0} \frac{k_1 f'(h) + 2k_2 f'(2h) + 3k_3 f'(3h)}{2h} = 0.$$

由极限的存在性得

$$\lim_{h \to 0} [k_1 f'(h) + 2k_2 f'(2h) + 3k_3 f'(3h)] = 0,$$

即 $(k_1 + 2k_2 + 3k_3) f'(0) = 0$, 又 $f'(0) \neq 0$, 所以

$$k_1 + 2k_2 + 3k_3 = 0. \tag{2}$$

再次使用洛必达法则得

$$\lim_{h \to 0} \frac{k_1 f'(h) + 2k_2 f'(2h) + 3k_3 f'(3h)}{2h}$$

$$= \lim_{h \to 0} \frac{k_1 f''(h) + 4k_2 f''(2h) + 9k_3 f''(3h)}{2} = 0.$$

所以 $(k_1 + 4k_2 + 9k_3) f''(0) = 0$, 因为 $f''(0) \neq 0$, 所以

$$k_1 + 4k_2 + 9k_3 = 0. \tag{3}$$

由 (1)(2)(3) 得 k_1, k_2, k_3 是齐次线性方程组 $\begin{cases} k_1 + k_2 + k_3 = 1, \\ k_1 + 2k_2 + 3k_3 = 0, \\ k_1 + 4k_2 + 9k_3 = 0 \end{cases}$ 的解.

设 $\boldsymbol{A} = \begin{pmatrix} 1 & 1 & 1 \\ 1 & 2 & 3 \\ 1 & 4 & 9 \end{pmatrix}, \boldsymbol{x} = \begin{pmatrix} k_1 \\ k_2 \\ k_3 \end{pmatrix}, \boldsymbol{b} = \begin{pmatrix} 1 \\ 0 \\ 0 \end{pmatrix}$, 则

$$\boldsymbol{Ax} = \boldsymbol{b},$$

增广矩阵

$$\boldsymbol{A}^* = \begin{pmatrix} 1 & 1 & 1 & 1 \\ 1 & 2 & 3 & 0 \\ 1 & 4 & 9 & 0 \end{pmatrix} \sim \begin{pmatrix} 1 & 0 & 0 & 3 \\ 0 & 1 & 0 & -3 \\ 0 & 0 & 1 & 1 \end{pmatrix},$$

则

$$R(\boldsymbol{A}, \boldsymbol{b}) = R(\boldsymbol{A}) = 3.$$

所以, 方程 $\boldsymbol{Ax} = \boldsymbol{b}$ 有唯一解, 即存在唯一一组实数 k_1, k_2, k_3 满足题意, 且 $k_1 = 3, k_2 = -3, k_3 = 1$.

四、(17 分) 设 $\Sigma_1 : \dfrac{x^2}{a^2} + \dfrac{y^2}{b^2} + \dfrac{z^2}{c^2} = 1$, 其中 $a > b > c > 0$, $\Sigma_2 : z^2 = x^2 + y^2$, Γ 为 Σ_1 与 Σ_2 的交线, 求椭球面 Σ_1 在 Γ 上各点的切平面到原点距离的最大值和最小值.

解 设 Γ 上任一点 $M(x, y, z)$, 令 $F(x, y, z) = \dfrac{x^2}{a^2} + \dfrac{y^2}{b^2} + \dfrac{z^2}{c^2} - 1$, 则

$$F_x = \frac{2x}{a^2}, \quad F_y = \frac{2y}{b^2}, \quad F_z = \frac{2z}{c^2},$$

则椭球面 Σ_1 在 Γ 上点 M 处的法向量为

$$\boldsymbol{t} = \left(\frac{x}{a^2}, \frac{y}{b^2}, \frac{z}{c^2} \right),$$

所以 Σ_1 在点 M 处的切平面为 Π:

$$\frac{x}{a^2}(X - x) + \frac{y}{b^2}(Y - y) + \frac{z}{c^2}(Z - z) = 0.$$

原点到平面 Π 的距离为 $d = \dfrac{1}{\sqrt{\dfrac{x^2}{a^4} + \dfrac{y^2}{b^4} + \dfrac{z^2}{c^4}}}$, 令

$$G(x, y, z) = \frac{x^2}{a^4} + \frac{y^2}{b^4} + \frac{z^2}{c^4},$$

则
$$d = \frac{1}{\sqrt{G(x,y,z)}}.$$

现在求 $G(x,y,z) = \dfrac{x^2}{a^4} + \dfrac{y^2}{b^4} + \dfrac{z^2}{c^4}$ 在条件 $\dfrac{x^2}{a^2} + \dfrac{y^2}{b^2} + \dfrac{z^2}{c^2} = 1,\ z^2 = x^2 + y^2$ 下的条件极值. 令

$$H(x,y,z,\lambda_1,\lambda_2) = \frac{x^2}{a^4} + \frac{y^2}{b^4} + \frac{z^2}{c^4} + \lambda_1\left(\frac{x^2}{a^2} + \frac{y^2}{b^2} + \frac{z^2}{c^2} - 1\right) + \lambda_2\left(x^2 + y^2 - z^2\right),$$

则由拉格朗日乘数法得

$$\begin{cases} H_x = \dfrac{2x}{a^4} + \lambda_1\dfrac{2x}{a^2} + 2\lambda_2 x = 0, \\[2mm] H_y = \dfrac{2y}{b^4} + \lambda_1\dfrac{2y}{b^2} + 2\lambda_2 y = 0, \\[2mm] H_z = \dfrac{2z}{c^4} + \lambda_1\dfrac{2z}{c^2} - 2\lambda_2 z = 0, \\[2mm] \dfrac{x^2}{a^2} + \dfrac{y^2}{b^2} + \dfrac{z^2}{c^2} - 1 = 0, \\[2mm] x^2 + y^2 - z^2 = 0, \end{cases}$$

解得

$$\begin{cases} x = 0, \\ y^2 = z^2 = \dfrac{b^2 c^2}{b^2 + c^2} \end{cases} \quad \text{或} \quad \begin{cases} x^2 = z^2 = \dfrac{a^2 c^2}{a^2 + c^2}, \\ y = 0. \end{cases}$$

对应此时的

$$G(x,y,z) = \frac{b^4 + c^4}{b^2 c^2 (b^2 + c^2)} \quad \text{或} \quad G(x,y,z) = \frac{a^4 + c^4}{a^2 c^2 (a^2 + c^2)},$$

此时的

$$d_1 = bc\sqrt{\frac{b^2 + c^2}{b^4 + c^4}} \quad \text{或} \quad d_2 = ac\sqrt{\frac{a^2 + c^2}{a^4 + c^4}}.$$

又因为 $a > b > c > 0$, 则

$$d_1 < d_2.$$

所以, 椭球面 Σ_1 在 Γ 上各点的切平面到原点距离的最大值和最小值分别为

$$d_2 = ac\sqrt{\frac{a^2 + c^2}{a^4 + c^4}}, \quad d_1 = bc\sqrt{\frac{b^2 + c^2}{b^4 + c^4}}.$$

五、(16 分) 已知 S 是空间曲线 $\begin{cases} x^2 + 3y^2 = 1, \\ z = 0 \end{cases}$ 绕 y 轴旋转形成的椭球面

的上半部分 $(z \geqslant 0)$ 取上侧, Π 是 S 在 $P(x, y, z)$ 点处的切平面, $\rho(x, y, z)$ 是原点到切平面 Π 的距离, λ, μ, ν 表示 S 的正法向的方向余弦. 计算:

(1) $\displaystyle\iint\limits_{S} \frac{z}{\rho(x, y, z)} \mathrm{d}S$; (2) $\displaystyle\iint\limits_{S} z(\lambda x + 3\mu y + \nu z)\, \mathrm{d}S$.

解　(1) 由题意得椭球面 S 的方程为

$$x^2 + 3y^2 + z^2 = 1 \quad (z \geqslant 0),$$

令 $F = x^2 + 3y^2 + z^2 - 1$, 则

$$F_x = 2x, \quad F_y = 6y, \quad F_z = 2z,$$

切平面 Π 的法向量为 $\boldsymbol{n} = (x, 3y, z)$, Π 的方程为

$$x(X - x) + 3y(Y - y) + z(Z - z) = 0,$$

原点到切平面 Π 的距离为

$$\rho(x, y, z) = \frac{x^2 + 3y^2 + z^2}{\sqrt{x^2 + 9y^2 + z^2}} = \frac{1}{\sqrt{x^2 + 9y^2 + z^2}},$$

所以 $I_1 = \displaystyle\iint\limits_{S} \frac{z}{\rho(x, y, z)} \mathrm{d}S = \iint\limits_{S} z\sqrt{x^2 + 9y^2 + z^2}\mathrm{d}S.$

将一型曲面积分转化为二重积分, 记 $D_{xz} : x^2 + z^2 \leqslant 1, x \geqslant 0, z \geqslant 0$, 则

$$I_1 = 4\iint\limits_{D_{xz}} \frac{z[3 - 2(x^2 + z^2)]}{\sqrt{3(1 - x^2 - z^2)}}\mathrm{d}x\mathrm{d}z = 4\int_0^{\frac{\pi}{2}} \sin\theta\mathrm{d}\theta \int_0^1 \frac{r^2(3 - 2r^2)\,\mathrm{d}r}{\sqrt{3(1 - r^2)}}$$

$$= 4\int_0^1 \frac{r^2(3 - 2r^2)\,\mathrm{d}r}{\sqrt{3(1 - r^2)}} = 4\int_0^{\frac{\pi}{2}} \frac{\sin^2\theta(3 - 2\sin^2\theta)\,\mathrm{d}\theta}{\sqrt{3}}$$

$$= \frac{4}{\sqrt{3}}\left(\frac{3}{2} - 2 \cdot \frac{1 \times 3}{2 \times 4}\right)\frac{\pi}{2} = \frac{\sqrt{3}\pi}{2}.$$

(2) **法 1**　因为

$$\lambda = \frac{x}{\sqrt{x^2 + 9y^2 + z^2}}, \quad \mu = \frac{3y}{\sqrt{x^2 + 9y^2 + z^2}}, \quad \nu = \frac{z}{\sqrt{x^2 + 9y^2 + z^2}},$$

所以

$$I_2 = \iint\limits_S z\left(\lambda x + 3\mu y + \nu z\right)\mathrm{d}S = \iint\limits_S z\sqrt{x^2 + 9y^2 + z^2}\mathrm{d}S = I_1 = \frac{\sqrt{3}\pi}{2}.$$

法 2 将一型曲面积分转化为二型.

$$I_2 = \iint\limits_S z\left(\lambda x + 3\mu y + \nu z\right)\mathrm{d}S = \iint\limits_S xz\mathrm{d}y\mathrm{d}z + 3yz\mathrm{d}z\mathrm{d}x + z^2\mathrm{d}x\mathrm{d}y.$$

记 $\Sigma: z = 0, x^2 + 3y^2 \leqslant 1, \Omega: x^2 + 3y^2 + z^2 \leqslant 1\,(z \geqslant 0)$, 取面 Σ 向下, Ω 向外, 由高斯公式得

$$I_2 + \iint\limits_\Sigma xz\mathrm{d}y\mathrm{d}z + 3yz\mathrm{d}z\mathrm{d}x + z^2\mathrm{d}x\mathrm{d}y = \iiint\limits_\Omega 6z\mathrm{d}V.$$

所以 $I_2 = \iiint\limits_\Omega 6z\mathrm{d}V$, 求该三重积分的方法很多, 现给出如下几种常见方法.

①先一后二: $I_2 = 6\displaystyle\iint\limits_{x^2+3y^2\leqslant 1}\mathrm{d}\sigma\int_0^{\sqrt{1-x^2-3y^2}} z\mathrm{d}z$

$$= 3\iint\limits_{x^2+3y^2\leqslant 1}\left(1 - x^2 - 3y^2\right)\mathrm{d}\sigma$$

$$= 12\int_0^{\frac{\pi}{2}}\mathrm{d}\theta\int_0^1 \frac{1}{\sqrt{3}}r\left(1 - r^2\right)\mathrm{d}r = \frac{\sqrt{3}\pi}{2}.$$

②先二后一: $I_2 = 6\displaystyle\int_0^1 z\mathrm{d}z\iint\limits_{x^2+3y^2\leqslant 1-z^2}\mathrm{d}\sigma = \frac{6}{\sqrt{3}}\pi\int_0^1 z\left(1 - z^2\right)\mathrm{d}z = \frac{\sqrt{3}\pi}{2}.$

③广义极坐标代换: $I_2 = \dfrac{24}{\sqrt{3}}\displaystyle\int_0^{\frac{\pi}{2}}\mathrm{d}\theta\int_0^{\frac{\pi}{2}}\mathrm{d}\varphi\int_0^1 r^3\sin^2\varphi\mathrm{d}r = \frac{\sqrt{3}\pi}{2}.$

六、(12 分) 设 $f(x)$ 是在 $(-\infty, +\infty)$ 内的可微函数, 且 $|f'(x)| < mf(x)$, 其中 $0 < m < 1$, 任取实数 a_0, 定义 $a_n = \ln f(a_{n-1}), n = 1, 2, \cdots$, 证明: $\displaystyle\sum_{n=1}^{\infty}(a_n - a_{n-1})$ 绝对收敛.

证明 $a_n - a_{n-1} = \ln f(a_{n-1}) - \ln f(a_{n-2})$, 由拉格朗日中值定理得: $\exists \xi$ 介于 a_{n-1}, a_{n-2} 之间, 使得

$$\ln f(a_{n-1}) - \ln f(a_{n-2}) = \frac{f'(\xi)}{f(\xi)}(a_{n-1} - a_{n-2}).$$

所以

$$\left| a_n - a_{n-1} \right| = \left| \frac{f'(\xi)}{f(\xi)} (a_{n-1} - a_{n-2}) \right|,$$

又由 $\left| f'(\xi) \right| < m f(\xi)$ 得 $\left| \dfrac{f'(\xi)}{f(\xi)} \right| < m$, 所以

$$\left| a_n - a_{n-1} \right| < m \left| a_{n-1} - a_{n-2} \right| < \cdots < m^{n-1} \left| a_1 - a_0 \right|,$$

因为 $0 < m < 1$, 所以级数 $\displaystyle\sum_{n=1}^{\infty} m^{n-1} \left| a_1 - a_0 \right|$ 收敛, 所以级数 $\displaystyle\sum_{n=1}^{\infty} \left| a_n - a_{n-1} \right|$ 收敛, 即 $\displaystyle\sum_{n=1}^{\infty} (a_n - a_{n-1})$ 绝对收敛.

七、(15 分) 是否存在区间 $[0,2]$ 上的连续可微函数 $f(x)$, 满足 $f(0) = f(2) = 1$, $\left| f'(x) \right| \leqslant 1$, $\left| \displaystyle\int_0^2 f(x) \, \mathrm{d}x \right| \leqslant 1$? 请说明理由.

解 假设存在, 当 $x \in [0,1]$ 时, 由拉格朗日中值定理得: $\exists \xi_1$ 介于 0, x 之间, 使得

$$f(x) = f(0) + f'(\xi_1) x.$$

同理, 当 $x \in [1,2]$ 时, 由拉格朗日中值定理得: $\exists \xi_2$ 介于 x 和 2 之间, 使得 $f(x) = f(2) + f'(\xi_2)(x-2)$, 即

$$f(x) = 1 + f'(\xi_1) x, \ x \in [0,1]; \quad f(x) = 1 + f'(\xi_2)(x-2), \ x \in [1,2].$$

因为 $-1 \leqslant f'(x) \leqslant 1$, 所以

$$1 - x \leqslant f(x) \leqslant 1 + x, \ x \in [0,1]; \quad x - 1 \leqslant f(x) = 3 - x, \ x \in [1,2].$$

显然, $f(x) \geqslant 0$, $\displaystyle\int_0^2 f(x) \, \mathrm{d}x \geqslant 0$. 于是

$$1 \leqslant \int_0^1 (1-x) \, \mathrm{d}x + \int_1^2 (x-1) \, \mathrm{d}x$$

$$\leqslant \int_0^2 f(x) \, \mathrm{d}x \leqslant \int_0^1 (1+x) \, \mathrm{d}x + \int_1^2 (3-x) \, \mathrm{d}x = 3.$$

所以 $\left| \displaystyle\int_0^2 f(x) \, \mathrm{d}x \right| \geqslant 1$, 又由题意得 $\left| \displaystyle\int_0^2 f(x) \, \mathrm{d}x \right| \leqslant 1$, 所以 $\left| \displaystyle\int_0^2 f(x) \, \mathrm{d}x \right| = 1$, 即

$$\int_0^2 f(x) \, \mathrm{d}x = 1,$$

所以

$$f(x) = \begin{cases} 1 - x, & x \in [0,1], \\ x - 1, & x \in [1,2]. \end{cases}$$

因为

$$\lim_{x \to 1^+} \frac{f(x) - f(1)}{x - 1} = \lim_{x \to 1^+} \frac{x - 1}{x - 1} = 1, \quad \lim_{x \to 1^-} \frac{f(x) - f(1)}{x - 1} = \lim_{x \to 1^+} \frac{1 - x}{x - 1} = -1,$$

所以 $f'(1)$ 不存在, 又因为 $f(x)$ 是在区间 $[0,2]$ 上的连续可微函数, 即 $f'(1)$ 存在, 矛盾. 故原假设不成立, 所以不存在满足题意的函数 $f(x)$.

2011 年第三届全国大学生数学竞赛决赛试卷及答案

一、计算下列各题 (要求写出重要步骤)(每小题 6 分, 共 30 分)

(1) $\lim\limits_{x \to 0} \dfrac{\sin^2 x - x^2 \cos^2 x}{x^2 \sin^2 x}$.

解 $\lim\limits_{x \to 0} \dfrac{\sin^2 x - x^2 \cos^2 x}{x^2 \sin^2 x} = \lim\limits_{x \to 0} \dfrac{\sin^2 x - x^2 + x^2 - x^2 \cos^2 x}{x^4}$

$= \lim\limits_{x \to 0} \dfrac{(\sin x - x)(\sin x + x)}{x^4} + \lim\limits_{x \to 0} \dfrac{(1 - \cos x)(1 + \cos x)}{x^2}$

$= -\dfrac{1}{6} \cdot 2 + \dfrac{1}{2} \cdot 2 = \dfrac{2}{3}$.

(2) $\lim\limits_{x \to +\infty} \left[\left(x^3 + \dfrac{1}{2} x - \tan \dfrac{1}{x} \right) \mathrm{e}^{\frac{1}{x}} - \sqrt{1 + x^6} \right]$.

解 $\lim\limits_{x \to +\infty} x^3 \left[\left(1 + \dfrac{1}{2x^2} - \dfrac{1}{x^3} \tan \dfrac{1}{x} \right) \mathrm{e}^{\frac{1}{x}} - \sqrt{1 + \dfrac{1}{x^6}} \right]$

$\xrightarrow{\diamondsuit t = \frac{1}{x}} \lim\limits_{t \to 0} \dfrac{\left(1 + \dfrac{t^2}{2} - t^3 \tan t \right) \mathrm{e}^t - \sqrt{t^6 + 1}}{t^3}$

$= \lim\limits_{t \to 0} \dfrac{\left(1 + \dfrac{t^2}{2} - t^3 \tan t \right)^2 \mathrm{e}^{2t} - t^6 - 1}{t^3 \left[\left(1 + \dfrac{t^2}{2} - t^3 \tan t \right) \mathrm{e}^t + \sqrt{t^6 + 1} \right]}$

$= \lim\limits_{t \to 0} \dfrac{\left(1 + \dfrac{t^2}{2} - t^3 \tan t \right)^2 \mathrm{e}^{2t} - t^6 - 1}{2 t^3} = +\infty$.

(3) 设函数 $f(x, y)$ 有二阶连续偏导数, 满足

$$f_x^2 f_{yy} - 2 f_x f_y f_{xy} + f_y^2 f_{yy} = 0$$

且 $f_y \neq 0, y = y(x, z)$ 是由方程 $z = f(x, y)$ 所确定的函数. 求 $\dfrac{\partial^2 y}{\partial x^2}$.

解 依题意有, y 是函数, x 和 z 是自变量, 将方程 $z = f(x, y)$ 两边同时对 x 求导,

$$0 = f_x + f_y \frac{\partial y}{\partial x} \Rightarrow \frac{\partial y}{\partial x} = -\frac{f_x}{f_y},$$

$$\frac{\partial^2 y}{\partial x^2} = \frac{\partial}{\partial x}\left(-\frac{f_x}{f_y}\right) = -\frac{f_y\left(f_{xx} + f_{xy}\frac{\partial y}{\partial x}\right) - f_x\left(f_{yx} + f_{yy}\frac{\partial y}{\partial x}\right)}{f_y^2}$$

$$= -\frac{f_y f_{xx} - f_x f_{xy} - f_x f_{yx} + f_x f_{yy}\frac{f_x}{f_y}}{f_y^2} = -\frac{f_y^2 f_{xx} - 2f_x f_y f_{yx} + f_x^2 f_{yy}}{f_y^3} = 0.$$

(4) 求不定积分 $I = \int\left(1 + x - \frac{1}{x}\right)\mathrm{e}^{x+\frac{1}{x}}\mathrm{d}x.$

解 $I = \int\left(1 + x - \frac{1}{x}\right)\mathrm{e}^{x+\frac{1}{x}}\mathrm{d}x = \int x\left(\frac{1}{x} + 1 - \frac{1}{x^2}\right)\mathrm{e}^{x+\frac{1}{x}}\mathrm{d}x$

$$= \int\left[1 + x\left(1 - \frac{1}{x^2}\right)\right]\mathrm{e}^{x+\frac{1}{x}}\mathrm{d}x$$

$$= \int \mathrm{e}^{x+\frac{1}{x}}\mathrm{d}x + \int x\left(1 - \frac{1}{x^2}\right)\mathrm{e}^{x+\frac{1}{x}}\mathrm{d}x = \int \mathrm{e}^{x+\frac{1}{x}}\mathrm{d}x + \int x\mathrm{d}\mathrm{e}^{x+\frac{1}{x}}$$

$$= \int \mathrm{e}^{x+\frac{1}{x}}\mathrm{d}x + x\mathrm{e}^{x+\frac{1}{x}} - \int \mathrm{e}^{x+\frac{1}{x}}\mathrm{d}x = x\mathrm{e}^{x+\frac{1}{x}} + C.$$

(5) 求曲面 $x^2 + y^2 = az$ 和 $z = 2a - \sqrt{x^2 + y^2}\,(a > 0)$ 所围立体的表面积.

解 联立两个曲面方程, 解得交线所在平面 $z = a(z = 4a$ 舍去), 它将表面积分为 S_1, S_2 两部分, 它们在 xOy 面上的投影为 $D: x^2 + y^2 \leqslant a^2$, 则

$$S = \frac{1}{a}\iint\limits_{D}\sqrt{a^2 + 4x^2 + 4y^2}\,\mathrm{d}x\mathrm{d}y + \iint\limits_{D}\sqrt{2}\,\mathrm{d}x\mathrm{d}y$$

$$= \frac{2\pi}{a}\int_{-a}^{a}\rho\sqrt{a^2 + 4\rho^2}\,\mathrm{d}\rho + \sqrt{2}a^2\pi = \frac{a^2\pi}{6}\left(5\sqrt{5} + 6\sqrt{2} - 1\right).$$

二、(13 分) 讨论 $\displaystyle\int_0^{+\infty}\frac{x}{\cos^2 x + x^\alpha \sin^2 x}\mathrm{d}x$ 的敛散性, 其中 α 是一个实常数.

解 记 $I_1 = \displaystyle\int_0^1 \frac{x}{\cos^2 x + x^\alpha \sin^2 x}\mathrm{d}x,\ I_2 = \displaystyle\int_1^{+\infty}\frac{x}{\cos^2 x + x^\alpha \sin^2 x}\mathrm{d}x$, 则

$$\int_0^{+\infty}\frac{x}{\cos^2 x + x^\alpha \sin^2 x}\mathrm{d}x = I_1 + I_2.$$

首先, 对任意的实常数 α, I_1 收敛, 这是因为设 $f(x) = \dfrac{x}{\cos^2 x + x^\alpha \sin^2 x}$, 当

$\alpha \geqslant 0$ 时, $f(x)$ 在 $[0,1]$ 上连续, 所以可积. 当 $\alpha < 0$ 时, $\lim\limits_{x \to 0} f(x) = 0$, 只要令 $f(0) = 0$, 则 $f(x)$ 在 $[0,1]$ 上连续, 所以可积. 注意到 $\int_1^{+\infty} \dfrac{x}{\cos^2 x + x^\alpha \sin^2 x} \mathrm{d}x >$ $\int_1^{+\infty} \dfrac{x}{x^\alpha} \mathrm{d}x = \int_1^{+\infty} \dfrac{1}{x^{\alpha-1}} \mathrm{d}x$, 所以当 $\alpha \leqslant 2$ 时发散. 而当 $\alpha > 2$ 时, $f(x) = \dfrac{1}{x^{-1} \cos^2 x + x^{\alpha-1} \sin^2 x}$, 取 $x_k = k\pi, k = 1, 2, 3, \cdots$, 则 $f(x_k) = k\pi \to +\infty (k \to \infty)$, 所以发散. 综上所述, 对任意的实常数 α, 积分都是发散的.

三、(13 分) 设 $f(x)$ 在 $(-\infty, +\infty)$ 上无穷次可微, 并且满足: 存在 $M > 0$, 使得
$$\left| f^{(k)}(x) \right| \leqslant M, \quad \forall x \in (-\infty, +\infty) \quad (k = 1, 2, \cdots)$$
且 $f\left(\dfrac{1}{2^n}\right) = 0 (n = 1, 2, \cdots)$. 求证: 在 $(-\infty, +\infty)$ 上, $f(x) \equiv 0$.

证明 因为 $f(0) = \lim\limits_{n \to \infty} f\left(\dfrac{1}{2^n}\right) = 0$, 所以 $f\left(\dfrac{1}{2^n}\right) - f(0) = f'(\xi_1)\dfrac{1}{2^n}$, 于是
$$f'(\xi_1) = 0.$$
从而有 $f'(0) = \lim\limits_{\xi_1 \to 0} f'(\xi_1) = 0$. 设 $f(0) = f'(0) = \cdots = f^{(k)}(0) = 0$, 则
$$f\left(\dfrac{1}{2^n}\right) = f(0) + f'(0)\dfrac{1}{2^n} + \dfrac{f''(0)}{2!}\dfrac{1}{2^{2n}} + \cdots + \dfrac{f^{(k)}(0)}{k!}\dfrac{1}{2^{nk}} + \dfrac{f^{(k+1)}(\xi_{k+1})}{(k+1)!}\dfrac{1}{2^{n(k+1)}}.$$
所以 $f^{(k+1)}(\xi_{k+1}) = 0$, 从而 $f^{(k+1)}(0) = \lim\limits_{\xi_{k+1} \to 0} f^{(k+1)}(\xi_{k+1}) = 0$, 所以对任意自然数 k, 都有 $f^{(k)}(0) = 0$, 又 $\left| f^{(k)}(x) \right| \leqslant M$, 即
$$-M \leqslant f^{(k)}(x) \leqslant M. \tag{1}$$

当 $x > 0$ 时, 上式两端在 $[0, x]$ 上连续积分 k 次, 得
$$-M\dfrac{x^k}{k!} < f(x) < M\dfrac{x^k}{k!}. \tag{2}$$

因为幂级数 $\sum\limits_{k=0}^{\infty} M\dfrac{x^k}{k!}$ 对任意的 x 都是收敛的, 所以由级数收敛的必要条件知 $\lim\limits_{k \to \infty} M\dfrac{x^k}{k!} = 0$.

由 $\lim\limits_{k \to \infty} -M\dfrac{x^k}{k!} < f(x) < \lim\limits_{k \to \infty} M\dfrac{x^k}{k!} = 0$ 得 $f(0) = 0$.

当 $x < 0$ 时, (1) 式两端在 $[x, 0]$ 上连续积分 k 次, 得

$$-M(-1)^n \frac{x^k}{k!} < f(x) < M(-1)^n \frac{x^k}{k!}.$$

同理可得 $f(0) = 0$, 所以在 $(-\infty, +\infty)$ 上, $f(x) \equiv 0$.

四、(第 1 小题 6 分, 第 2 小题 10 分, 共 16 分)

设 D 为椭圆形 $\dfrac{x^2}{a^2} + \dfrac{y^2}{b^2} \leqslant 1 (a > b > 0)$, 面密度为 ρ 的均质薄板. l 为通过椭圆焦点 $(-c, 0)$ (其中 $c^2 = a^2 - b^2$) 垂直于薄板的旋转轴.

(1) 求薄板 D 绕 l 旋转的转动惯量 J;

(2) 对于固定的转动惯量, 讨论椭圆薄板的面积是否有最大值和最小值.

解 (1) $J = \displaystyle\iint\limits_{D} (x+c)^2 \mathrm{d}x\mathrm{d}y = \iint\limits_{D} x^2 \mathrm{d}x\mathrm{d}y + \iint\limits_{D} c^2 \mathrm{d}x\mathrm{d}y$

$$\xrightarrow[y=br\sin\theta]{x=ar\cos\theta} \iint\limits_{D_{xy}} a^2 r^2 \sin^2\theta \, abr\mathrm{d}r\mathrm{d}\theta + abc^2\pi$$

$$= a^3 b \int_0^{2\pi} \sin^2\theta \mathrm{d}\theta \int_0^1 r^3 \mathrm{d}r + abc^2\pi = \frac{5a^3 b\pi}{4} + abc^2\pi.$$

(2) 令 $L(a, b) = ab\pi + \lambda \left(\dfrac{5a^3 b\pi}{4} - abc^2\pi - J \right)$, 则有

$$1 + \lambda \left(\frac{15a^2}{4} - b^2\pi \right) = 0, \tag{1}$$

$$1 + \lambda \left(\frac{5a^2}{4} - 3b^2 \right) = 0. \tag{2}$$

由 (1)−(2) 可得 $\dfrac{5}{2}a^2 + 2b^2 = 0$, 这是不可能的, 所以对于固定的转动惯量, 椭圆薄板的面积不存在最大值和最小值.

五、(12 分) 设连续可微函数 $z = f(x, y)$ 由方程 $F(xz - y, x - yz) = 0$ (其中 $F(u, v) = 0$ 有连续的偏导数) 唯一确定, L 为正向单位圆周. 试求:

$$I = \oint_L (xz^2 + 2yz)\mathrm{d}y - (2xz + yz^2)\mathrm{d}x.$$

解 由格林公式

$$I = \oint_L (xz^2 + 2yz)\mathrm{d}y - (2xz + yz^2)\mathrm{d}x = \iint\limits_{D} \left(\frac{\partial Q}{\partial x} - \frac{\partial P}{\partial y} \right) \mathrm{d}\sigma$$

$$= \iint\limits_{D} \left(z^2 + 2xz\frac{\partial z}{\partial x} + 2y\frac{\partial z}{\partial x} \right) + \left(2x\frac{\partial z}{\partial y} + z^2 + 2yz\frac{\partial z}{\partial y} \right) \mathrm{d}\sigma$$

$$= \iint\limits_{D} \left(2z^2 + 2(xz+y)\frac{\partial z}{\partial x} + 2(x+yz)\frac{\partial z}{\partial y} \right) \mathrm{d}\sigma.$$

又连续可微函数 $z = f(x,y)$ 对方程 $F(xz-y, x-yz) = 0$ 两边同时对 x 求偏导数:

$$F_1\left(z + x\frac{\partial z}{\partial x} \right) + F_2\left(1 - y\frac{\partial z}{\partial x} \right) = 0 \Rightarrow \frac{\partial z}{\partial x} = \frac{zF_1 + F_2}{yF_2 - xF_1}.$$

两边同时对 y 求偏导数:

$$F_1\left(x\frac{\partial z}{\partial y} - 1 \right) + F_2\left(-z - y\frac{\partial z}{\partial y} \right) = 0 \Rightarrow \frac{\partial z}{\partial y} = \frac{F_1 + zF_2}{xF_1 - yF_2}.$$

将 $\dfrac{\partial z}{\partial x}$ 与 $\dfrac{\partial z}{\partial y}$ 代入 I 中:

$$I = \iint\limits_{D} \left[2z^2 + 2(xz+y)\frac{zF_1+F_2}{yF_2-xF_1} + 2(x+yz)\frac{F_1+zF_2}{xF_1-yF_2} \right] \mathrm{d}\sigma$$

$$= 2\iint\limits_{D} \left[z^2 + \frac{xz^2F_1 + xzF_2 + yzF_1 + yF_2}{yF_2 - xF_1} \right.$$

$$\left. + \frac{xF_1 + xzF_2 + yzF_1 + yz^2F_2}{xF_1 - yF_2} \right] \mathrm{d}\sigma$$

$$= \iint\limits_{D} \left[z^2 + \frac{xz^2F_1 + yF_2 - xF_1 - yz^2F_2}{yF_2 - xF_1} \right] \mathrm{d}\sigma$$

$$= 2\iint\limits_{D} \left[z^2 + \frac{(xF_1 - yF_2)z^2 + yF_2 - xF_1}{yF_2 - xF_1} \right] \mathrm{d}\sigma$$

$$= 2\iint\limits_{D} \mathrm{d}\sigma = 2\pi.$$

六、(第 1 小题 6 分, 第 2 小题 10 分, 共 16 分)

(1) 求解微分方程 $\begin{cases} y' - xy = xe^{x^2}, \\ y(0) = 1; \end{cases}$

(2) 如 $y = f(x)$ 为上述方程的解, 证明

$$\lim_{n \to \infty} \int_0^1 \frac{n}{1 + n^2 x^2} f(x) \mathrm{d}x = \frac{\pi}{2}.$$

解　(1) $y = \mathrm{e}^{\frac{x^2}{2}} \left[\int x \mathrm{e}^{\frac{x^2}{2}} \mathrm{d}x + C \right] = \mathrm{e}^{\frac{x^2}{2}} + C\mathrm{e}^{\frac{x^2}{2}}$, 由 $y(0) = 1$, 得 $C = 0$, 所以 $y = \mathrm{e}^{\frac{x^2}{2}}$.

(2) 因为

$$\int_0^1 \frac{n\mathrm{e}^{x^2}}{1 + n^2 x^2} \mathrm{d}x = \int_0^1 \mathrm{e}^{x^2} \mathrm{d}\arctan nx = \mathrm{e}^{x^2} \arctan nx \Big|_0^1 - \int_0^1 2x \mathrm{e}^{x^2} \arctan nx \mathrm{d}x$$

$$= \mathrm{e} \arctan n - \arctan n\xi \int_0^1 2x \mathrm{e}^{x^2} \mathrm{d}x$$

$$= \mathrm{e} \arctan n - \arctan n\xi \int_0^1 \mathrm{e}^{x^2} \mathrm{d}x^2$$

$$= \mathrm{e} \arctan n - \arctan n\xi \cdot \mathrm{e}^{x^2} \Big|_0^1$$

$$= \mathrm{e} \arctan n - (\mathrm{e} - 1) \arctan n\xi \quad (\xi \in [0, 1]),$$

所以

$$\lim_{n \to \infty} \int_0^1 \frac{n\mathrm{e}^{x^2}}{1 + n^2 x^2} \mathrm{d}x = \lim_{n \to \infty} [\mathrm{e} \arctan n - (\mathrm{e} - 1) \arctan n\xi]$$

$$= \mathrm{e} \frac{\pi}{2} - (\mathrm{e} - 1) \frac{\pi}{2} = \frac{\pi}{2} \quad (\xi \in [0, 1]).$$

2012 年第四届全国大学生数学竞赛决赛试卷及答案

一、解答下列各题 (每小题 5 分, 共 25 分)

(1) 计算 $\lim\limits_{x \to 0^+} \left[\ln\left(x \ln a\right) \cdot \ln\left(\dfrac{\ln ax}{\ln \dfrac{x}{a}} \right) \right] \ (a > 1)$.

解 $\lim\limits_{x \to 0^+} \left[\ln\left(x \ln a\right) \cdot \ln\left(\dfrac{\ln ax}{\ln \dfrac{x}{a}} \right) \right]$

$= \lim\limits_{x \to 0^+} \ln \left(1 + \dfrac{2 \ln a}{\ln x - \ln a} \right)^{\frac{\ln x - \ln a}{2 \ln a} 2 \ln a \frac{\ln x + \ln(\ln a)}{\ln x - \ln a}}$

$= \lim\limits_{x \to 0^+} \ln \mathrm{e}^{\ln a^2} = 2 \ln a.$

(2) 设 $f(u, v)$ 具有连续偏导数, 且满足 $f_u(u,v) + f_v(u,v) = uv$, 求 $y(x) = \mathrm{e}^{-2x} f(x, x)$ 所满足的一阶微分方程, 并求其通解.

解 因为

$$y' = -2\mathrm{e}^{-2x} f(x,x) + \mathrm{e}^{-2x} f_u(x,x) + \mathrm{e}^{-2x} f_v(x,x) = -2y + x^2 \mathrm{e}^{-2x},$$

所以, 所求的一阶微分方程为

$$y' + 2y = x^2 \mathrm{e}^{-2x}.$$

解得

$$y = \mathrm{e}^{-\int 2 \mathrm{d}x} \left(\int x^2 \mathrm{e}^{-2x} \mathrm{e}^{\int 2 \mathrm{d}x} \mathrm{d}x + C \right) = \left(\dfrac{x^3}{3} + C \right) \mathrm{e}^{-2x} \quad (C \text{为任意常数}).$$

(3) 求在 $[0, +\infty)$ 上的可微函数 $f(x)$, 使 $f(x) = \mathrm{e}^{-u(x)}$, 其中 $u = \displaystyle\int_0^x f(t)\,\mathrm{d}t$.

解 由题意

$$\mathrm{e}^{-\int_0^x f(t)\mathrm{d}t} = f(x),$$

即有

$$\int_0^x f(t)\,\mathrm{d}t = -\ln f(x).$$

两边求导可得

$$f'(x) = -f^2(x), \quad \text{并且 } f(0) = \mathrm{e}^0 = 1,$$

由此可求得 $f(x) = \dfrac{1}{x+1}$.

(4) 计算不定积分 $\displaystyle\int x \arctan x \ln\left(1+x^2\right) \mathrm{d}x$.

解　由于

$$\int x \ln\left(1+x^2\right) \mathrm{d}x = \frac{1}{2}\int \ln\left(1+x^2\right) \mathrm{d}\left(1+x^2\right)$$

$$= \frac{1}{2}\left(1+x^2\right)\ln\left(1+x^2\right) - \frac{1}{2}x^2 + C,$$

则

$$\text{原式} = \int \arctan x\, \mathrm{d}\left[\frac{1}{2}\left(1+x^2\right)\ln\left(1+x^2\right) - \frac{1}{2}x^2\right]$$

$$= \frac{1}{2}\left[\left(1+x^2\right)\ln\left(1+x^2\right) - x^2\right]\arctan x - \frac{1}{2}\int\left[\ln\left(1+x^2\right) - \frac{x^2}{1+x^2}\right]\mathrm{d}x$$

$$= \frac{1}{2}\arctan x\left[\left(1+x^2\right)\ln\left(1+x^2\right) - x^2 - 3\right] - \frac{x}{2}\ln\left(1+x^2\right) + \frac{3}{2}x + C.$$

(5) 过直线 $\begin{cases} 10x + 2y - 2z = 27, \\ x + y - z = 0 \end{cases}$ 作曲面 $3x^2 + y^2 - z^2 = 27$ 的切平面, 求此切平面的方程.

解　设 $F(x,y,z) = 3x^2 + y^2 - z^2 - 27$, 则曲面法向量为

$$\boldsymbol{n}_1 = \left(F_x, F_y, F_z\right) = 2\left(3x, y, -z\right),$$

过直线 $\begin{cases} 10x + 2y - 2z = 27, \\ x + y + z = 0 \end{cases}$ 的平面束方程为 $10x + 2y - 2z - 27 + \lambda\left(x + y - z\right) = 0$, 即

$$(10+\lambda)x + (2+\lambda)y - (2+\lambda)z - 27 = 0.$$

其法向量为

$$\boldsymbol{n}_2 = \{10+\lambda, 2+\lambda, -(2+\lambda)\}.$$

设所求切点为 $P_0\left(x_0, y_0, z_0\right)$, 则

$$\begin{cases} \dfrac{10+\lambda}{3x_0} = \dfrac{2+\lambda}{y_0} = \dfrac{2+\lambda}{z_0}, \\[2mm] 3x_0^2 + y_0^2 - z_0^2 = 27, \\[1mm] (10+\lambda)x_0 + (2+\lambda)y_0 - (2+\lambda)z_0 - 27 = 0. \end{cases}$$

解得 $x_0 = 3, y_0 = 1, z_0 = 1, \lambda = -1$, 或 $x_0 = -3, y_0 = -17, z_0 = -17, \lambda = -19$. 所求切平面方程为

$$9x + y - z - 27 = 0 \quad \text{或} \quad 9x + 17y - 17z + 27 = 0.$$

二、(15 分) 设曲面: $\Sigma : z^2 = x^2 + y^2, 1 \leqslant z \leqslant 2$, 其面密度为常数 ρ. 求在原点处的质量为 1 的质点和 Σ 之间的引力 (记引力常数为 G).

解 设引力 $\boldsymbol{F} = (F_x, F_y, F_z)$, 由对称性 $F_x = 0, F_y = 0$.

记 $r = \sqrt{x^2 + y^2 + z^2}$, 从原点出发过点 (x, y, z) 的射线与 z 轴的夹角为 θ. 则有 $\cos\theta = \dfrac{z}{r}$, 质点和面积微元 $\mathrm{d}S$ 之间的引力为

$$\mathrm{d}\boldsymbol{F} = G\frac{\rho\mathrm{d}S}{r^2},$$

而 $\mathrm{d}F_z = G\dfrac{\rho\mathrm{d}S}{r^2}\cos\theta = G\rho\dfrac{z}{r^3}\mathrm{d}S$, 则

$$F_z = \int\limits_{\Sigma} G\rho\frac{z}{r^3}\mathrm{d}S.$$

在 z 轴上的区间 $[1, 2]$ 上取小区间 $[z, z + \mathrm{d}z]$, 相应于该小区间有

$$\mathrm{d}S = 2\pi z\sqrt{2}\mathrm{d}z = 2\sqrt{2}\pi z\mathrm{d}z.$$

而 $r = \sqrt{2z^2} = \sqrt{2}z$, 就有

$$F_z = \int_1^2 G\rho\frac{2\sqrt{2}\pi z^2}{2\sqrt{2}z^3}\mathrm{d}z = G\rho\pi\int_1^2\frac{1}{z}\mathrm{d}z = G\rho\pi\ln 2.$$

三、(15 分) 设 $f(x)$ 在 $[1, +\infty)$ 连续可导,

$$f'(x) = \frac{1}{1 + f^2(x)}\left[\sqrt{\frac{1}{x}} - \sqrt{\ln\left(1 + \frac{1}{x}\right)}\right],$$

证明 $\lim\limits_{x \to +\infty} f(x)$ 存在.

证明 当 $t > 0$ 时, 对函数 $\ln(1 + x)$ 在区间 $[0, t]$ 上用拉格朗日中值定理, 有

$$\ln(1 + t) = \frac{t}{1 + \xi}, \quad 0 < \xi < t.$$

由此得

$$\frac{t}{1+t} < \ln(1+t) < t.$$

取 $t = \dfrac{1}{x}$, 有

$$\frac{1}{1+x} < \ln\left(1+\frac{1}{x}\right) < \frac{1}{x}.$$

所以, 当 $x \geqslant 1$ 时, 有 $f'(x) > 0$, 即 $f(x)$ 在 $[1, +\infty)$ 上单调增加.

又

$$f'(x) \leqslant \sqrt{\frac{1}{x}} - \sqrt{\ln\left(1+\frac{1}{x}\right)} \leqslant \sqrt{\frac{1}{x}} - \sqrt{\frac{1}{x+1}} = \frac{\sqrt{x+1} - \sqrt{x}}{\sqrt{x}\sqrt{x+1}}$$

$$= \frac{1}{\sqrt{x(x+1)}\left(\sqrt{x+1} + \sqrt{x}\right)} \leqslant \frac{1}{2\sqrt{x^3}},$$

故

$$\int_1^x f'(t)\,\mathrm{d}t \leqslant \int_1^x \frac{1}{2\sqrt{t^3}}\mathrm{d}t,$$

所以 $f(x) - f(1) \leqslant 1 - \dfrac{1}{\sqrt{x}} \leqslant 1$, 即 $f(x) \leqslant f(1) + 1$, $f(x)$ 有上界.

由于 $f(x)$ 在 $[1, +\infty)$ 上单调增加且有上界, 所以 $\lim\limits_{x \to +\infty} f(x)$ 存在.

四、(15 分) 设函数 $f(x)$ 在 $[-2, 2]$ 上二阶可导, 且 $|f(x)| < 1$, 又 $f^2(0) + [f'(0)]^2 = 4$. 试证: 在 $(-2, 2)$ 内至少存在一点 ξ, 使得 $f(\xi) + f''(\xi) = 0$.

证明 在 $[-2, 0]$ 与 $[0, 2]$ 上分别对 $f(x)$ 应用拉格朗日中值定理, 可知存在 $\xi_1 \in (-2, 0)$, $\xi_2 \in (0, 2)$, 使得

$$f'(\xi_1) = \frac{f(0) - f(-2)}{2}, \quad f'(\xi_2) = \frac{f(2) - f(0)}{2}.$$

由于 $|f(x)| < 1$, 所以 $|f'(\xi_1)| \leqslant 1, |f'(\xi_2)| \leqslant 1$.

设 $F(x) = f^2(x) + [f'(x)]^2$, 则

$$|F(\xi_1)| \leqslant 2, \quad |F(\xi_2)| \leqslant 2. \tag{*}$$

由于 $F(0) = f^2(0) + [f'(0)]^2 = 4$, 且 $F(x)$ 为 $[\xi_1, \xi_2]$ 上的连续函数, 应用闭区间上连续函数的最大值定理, $F(x)$ 在 $[\xi_1, \xi_2]$ 上必定能够取得最大值, 设为 M, 则当 ξ 为 $F(x)$ 的最大值点时, $M = F(\xi) \geqslant 4$, 由 $(*)$ 式知 $\xi \in (\xi_1, \xi_2)$.

所以 ξ 必是 $F(x)$ 的极大值点, 注意到 $F(x)$ 可导, 由极值的必要条件可知

$$F'(\xi) = 2f'(\xi)[f(\xi) + f''(\xi)] = 0.$$

由于 $F(\xi) = f^2(\xi) + [f'(\xi)]^2 \geqslant 4$, $|f(\xi)| \leqslant 1$, 可知 $f'(\xi) \neq 0$, 由上式知

$$f(\xi) + f''(\xi) = 0.$$

五、(15 分) 求二重积分

$$I = \iint\limits_{x^2+y^2\leqslant 1} \left|x^2 + y^2 - x - y\right| \mathrm{d}x\mathrm{d}y.$$

解　由对称性, 可以直接考虑区间 $y \geqslant x$, 由极坐标变换得

$$I = 2\int_{\pi/4}^{5\pi/4} \mathrm{d}\varphi \int_0^1 \left|r - \sqrt{2}\sin\left(\varphi + \frac{\pi}{4}\right)\right| r^2\mathrm{d}r = 2\int_0^\pi \mathrm{d}\varphi \int_0^1 \left|r - \sqrt{2}\cos\varphi\right| r^2\mathrm{d}r.$$

后一个积分里, (φ, r) 所在区域为矩形: $D: 0 \leqslant \varphi \leqslant \pi, 0 \leqslant r \leqslant 1$. 把 D 分解为 $D_1 \cup D_2$, 其中

$$D_1: 0 \leqslant \varphi \leqslant \frac{\pi}{2}, 0 \leqslant r \leqslant 1, \quad D_2: \frac{\pi}{2} \leqslant \varphi \leqslant \pi, 0 \leqslant r \leqslant 1.$$

又记 $D_3: \frac{\pi}{4} \leqslant \varphi \leqslant \frac{\pi}{2}, \sqrt{2}\cos\varphi \leqslant r \leqslant 1$, 这里 D_3 是 D_1 的子集, 且记

$$I_i = \iint\limits_{D_i} \mathrm{d}\varphi\mathrm{d}r \left|r - \sqrt{2}\cos\varphi\right| r^2 \quad (i = 1, 2, 3),$$

则

$$I = 2(I_1 + I_2).$$

注意到 $\left(r - \sqrt{2}\cos\varphi\right) r^2$ 在 $D_1 \setminus D_3, D_2, D_3$ 的符号分别为负、负、正, 则

$$I_3 = \int_{\pi/4}^{\pi/2} \mathrm{d}\varphi \int_{\sqrt{2}\cos\varphi}^1 \left(r - \sqrt{2}\cos\varphi\right) r^2\mathrm{d}r = \frac{3\pi}{32} + \frac{1}{4} - \frac{\sqrt{2}}{3},$$

$$I_1 = \iint\limits_{D_1} \left(\sqrt{2}\cos\varphi - r\right) r^2\mathrm{d}\varphi\mathrm{d}r + 2I_3 = \frac{\sqrt{2}}{3} - \frac{\pi}{8} + 2I_3 = \frac{\pi}{16} + \frac{1}{2} - \frac{\sqrt{2}}{3},$$

$$I_2 = \iint\limits_{D_2} \left(r - \sqrt{2}\cos\varphi \right) r^2 \mathrm{d}\varphi \mathrm{d}r = \frac{\pi}{8} + \frac{\sqrt{2}}{3},$$

所以就有 $I = 2\left(I_1 + I_2\right) = 1 + \dfrac{3\pi}{8}$.

六、(15 分) 若对于任何收敛于零的序列 $\{x_n\}$, 级数 $\displaystyle\sum_{n=1}^{\infty} a_n x_n$ 都是收敛的, 试

证明级数 $\displaystyle\sum_{n=1}^{\infty} |a_n|$ 收敛.

证明   用反证法. 若 $\displaystyle\sum_{n=1}^{\infty} |a_n|$ 发散, 必有 $\displaystyle\sum_{n=1}^{\infty} |a_n| = \infty$.

则存在自然数 $m_1 < m_2 < \cdots < m_k < \cdots$, 使得

$$\sum_{i=1}^{m_1} |a_i| \geqslant 1, \qquad \sum_{i=m_{k-1}+1}^{m_k} |a_i| \geqslant k \quad (k = 2, 3, \cdots),$$

取 $x_i = \dfrac{1}{k}\mathrm{sgn}\, a_i \, (m_{k-1} \leqslant i \leqslant m_k)$, 则

$$\sum_{i=m_{k-1}+1}^{m_k} a_i x_i = \sum_{i=m_{k-1}+1}^{m_k} \frac{|a_i|}{k} \geqslant 1.$$

由此可知, 存在数列 $\{x_n\} \to 0 \, (n \to \infty)$, 使得 $\displaystyle\sum_{n=1}^{\infty} a_n x_n$ 发散, 矛盾. 所以

$\displaystyle\sum_{n=1}^{\infty} |a_n|$ 收敛.

2013 年第五届全国大学生数学竞赛决赛试卷及答案

一、解答下列各题 (每小题 7 分, 共 28 分)

(1) 计算积分 $\int_0^{2\pi} x \mathrm{d}x \int_x^{2\pi} \dfrac{\sin^2 t}{t^2} \mathrm{d}t$.

解 交换积分次序得

$$\int_0^{2\pi} x \mathrm{d}x \int_x^{2\pi} \frac{\sin^2 t}{t^2} \mathrm{d}t = \int_0^{2\pi} \frac{\sin^2 t}{t^2} \mathrm{d}t \int_0^t x \mathrm{d}x = \frac{1}{2} \int_0^{2\pi} \sin^2 t \mathrm{d}t$$

$$= \frac{1}{2} \cdot 4 \int_0^{\frac{\pi}{2}} \sin^2 t \mathrm{d}t = 2 \cdot \frac{1}{2} \cdot \frac{\pi}{2} = \frac{\pi}{2}.$$

(2) 设 $f(x)$ 是区间 $[0,1]$ 上的连续函数, 且满足 $\int_0^1 f(x) \mathrm{d}x = 1$, 求一个这样的函数 $f(x)$ 使得积分 $\int_0^1 (1+x^2) f^2(x) \mathrm{d}x$ 取得最小值.

解 $1 = \int_0^1 f(x) \mathrm{d}x = \int_0^1 f(x) \dfrac{\sqrt{1+x^2}}{\sqrt{1+x^2}} \mathrm{d}x$

$$\leqslant \left(\int_0^1 (1+x^2) f^2(x) \mathrm{d}x \right)^{\frac{1}{2}} \left(\int_0^1 \frac{1}{1+x^2} \mathrm{d}x \right)^{\frac{1}{2}}$$

$$= \left(\int_0^1 (1+x^2) f^2(x) \mathrm{d}x \right)^{\frac{1}{2}} \left(\frac{\pi}{4} \right)^{\frac{1}{2}}$$

$$\Rightarrow \left(\int_0^1 (1+x^2) f^2(x) \mathrm{d}x \right)^{\frac{1}{2}} \geqslant \frac{4}{\pi}, \quad \text{取 } f(x) = \frac{4}{\pi(1+x^2)} \text{ 即可.}$$

(3) 设 $F(x,y,z)$ 和 $G(x,y,z)$ 有连续偏导数, 雅可比行列式 $\dfrac{\partial(F,G)}{\partial(x,z)} \neq 0$, 曲线 $\Gamma : \begin{cases} F(x,y,z) = 0, \\ G(x,y,z) = 0 \end{cases}$ 过点 $P_0(x_0, y_0, z_0)$. 记 Γ 在 xOy 平面上的投影曲线为 S, 求 S 上过点 (x_0, y_0) 的切线方程.

解 由两方程定义的曲面在 $P_0(x_0, y_0, z_0)$ 的切面分别为

$$F_x(P_0)(x - x_0) + F_y(P_0)(y - y_0) + F_z(P_0)(z - z_0) = 0,$$

$$G_x(P_0)(x - x_0) + G_y(P_0)(y - y_0) + G_z(P_0)(z - z_0) = 0.$$

上述两切面的交线就是 Γ 在 P_0 点的切线, 该切线在 xOy 面上的投影就是 S 过 (x_0, y_0) 的切线. 消去 $z - z_0$, 可得

$$(F_x G_z - G_x F_z)_{P_0}(x - x_0) + (F_y G_z - G_y F_z)_{P_0}(y - y_0) = 0.$$

这里 $x - x_0$ 的系数是 $\dfrac{\partial(F, G)}{\partial(x, z)} \neq 0$, 故上式是一条直线的方程, 就是所要求的切线.

(4) 设矩阵 $\boldsymbol{A} = \begin{pmatrix} 1 & 2 & 1 \\ 3 & 4 & a \\ 1 & 2 & 2 \end{pmatrix}$, 其中 a 为常数, 矩阵 $\boldsymbol{B}$ 满足关系式 $\boldsymbol{AB} = \boldsymbol{A} - \boldsymbol{B} + \boldsymbol{E}$, 其中 $\boldsymbol{E}$ 是单位矩阵, 且 $\boldsymbol{B} \neq \boldsymbol{E}$. 若秩 $\mathrm{rank}(\boldsymbol{A} + \boldsymbol{B}) = 3$, 试求常数 a 的值.

解 由关系式 $\boldsymbol{AB} = \boldsymbol{A} - \boldsymbol{B} + \boldsymbol{E}$, 得 $(\boldsymbol{A} + \boldsymbol{E})(\boldsymbol{B} - \boldsymbol{E}) = \boldsymbol{0}$, 故可得

$$\mathrm{rank}(\boldsymbol{A} + \boldsymbol{B}) \leqslant \mathrm{rank}(\boldsymbol{A} + \boldsymbol{E}) + \mathrm{rank}(\boldsymbol{B} - \boldsymbol{E}) \leqslant 3.$$

因为 $\mathrm{rank}(\boldsymbol{A} + \boldsymbol{E}) = 3$, 所以

$$\mathrm{rank}(\boldsymbol{A} + \boldsymbol{E}) + \mathrm{rank}(\boldsymbol{B} - \boldsymbol{E}) = 3.$$

又 $\mathrm{rank}(\boldsymbol{A} + \boldsymbol{E}) \geqslant 2$, 考虑到 $\boldsymbol{B}$ 非单位矩阵, 所以 $\mathrm{rank}(\boldsymbol{B} - \boldsymbol{E}) \geqslant 1$, 只有 $\mathrm{rank}(\boldsymbol{A} + \boldsymbol{E}) = 2$,

$$\boldsymbol{A} + \boldsymbol{E} = \begin{pmatrix} 2 & 2 & 1 \\ 3 & 5 & a \\ 1 & 2 & 3 \end{pmatrix} \sim \begin{pmatrix} 0 & -2 & -5 \\ 0 & -1 & a-9 \\ 1 & 2 & 3 \end{pmatrix} \sim \begin{pmatrix} 0 & 0 & 13-2a \\ 0 & -1 & a-9 \\ 1 & 2 & 3 \end{pmatrix},$$

从而 $a = \dfrac{13}{2}$.

二、(12 分) 设 $f \in C^4(-\infty, +\infty)$, $f(x + h) = f(x) + f'(x)h + \dfrac{1}{2}f''(x + \theta h)h^2$, 其中 θ 是与 x, h 无关的常数, 证明 f 是不超过三次的多项式.

证明 由泰勒公式

$$f(x + h) = f(x) + f'(x)h + \frac{1}{2}f''(x)h^2 + \frac{1}{6}f'''(x)h^3 + \frac{1}{24}f^{(4)}(\xi)h^4,$$

$$f''(x + \theta h) = f''(x) + f'''(x)\theta h^3 + \frac{1}{2}f^{(4)}(\eta)\theta^2 h^4,$$

其中 ξ 在 x 在 $x+h$ 之间, η 在 x 在 $x+\theta h$ 之间, 由上面两式及已知条件

$$f(x+h) = f(x) + f'(x)h + \frac{1}{2}f''(x+\theta h)h^2,$$

可得

$$4(1-3\theta)f'''(x) = \left[6f^{(4)}(\eta)\theta^2 - f^{(4)}(\xi)\right]h.$$

当 $\theta \neq \frac{1}{3}$ 时, 令 $h \to 0$, 得 $f'''(x) = 0$, 此时 f 是不超过二次的多项式.

当 $\theta = \frac{1}{3}$ 时, 有 $\frac{2}{3}f^{(4)}(\eta) = f^{(4)}(\xi)$. 令 $h \to 0$, 注意到 $\xi \to x, \eta \to x$, 有 $f^{(4)}(x) = 0$, 从而 f 是不超过三次的多项式.

三、(12 分) 设当 $x > -1$ 时, 可微函数 $f(x)$ 满足条件

$$f'(x) + f(x) - \frac{1}{x+1}\int_0^x f(t)\mathrm{d}t = 0,$$

且 $f(0) = 1$, 试证: 当 $x \geqslant 0$ 时, 有 $\mathrm{e}^{-x} \leqslant f(x) \leqslant 1$ 成立.

证明 由已知条件知 $f'(0) = -1$, 则所给方程可变形为

$$(1+x)f'(x) + (1+x)f(x) - \int_0^x f(t)\mathrm{d}t = 0.$$

两端对 x 求导并整理得

$$(1+x)f''(x) + (2+x)f'(x) = 0.$$

利用可降阶的微分方程的方法, 可得 $f'(x) = \dfrac{C\mathrm{e}^{-x}}{1+x}$, 由 $f'(0) = -1$ 得

$$C = -1, \quad f'(x) = -\frac{\mathrm{e}^{-x}}{1+x} < 0,$$

可见 $f(x)$ 单调减少. 而 $f(0) = 1$, 所以当 $x \geqslant 0$ 时, $f(x) \leqslant 1$. 对 $f'(t) = -\dfrac{\mathrm{e}^{-t}}{1+t} < 0$ 在 $[0,x]$ 上进行积分得

$$f(x) = f(0) - \int_0^x \frac{\mathrm{e}^{-t}}{1+t}\mathrm{d}t \geqslant 1 - \int_0^x \mathrm{e}^{-t}\mathrm{d}t = \mathrm{e}^{-x}.$$

四、(12 分) 设 $D = \{(x,y)|0 \leqslant x \leqslant 1, 0 \leqslant y \leqslant 1\}$, $I = \iint\limits_D f(x,y)\mathrm{d}x\mathrm{d}y$, 其中函数 $f(x,y)$ 在 D 上有连续二阶偏导数, 若对任何 x,y 有 $f(0,y) = f(x,0) = 0$ 且 $\dfrac{\partial^2 f}{\partial x \partial y} \leqslant A$. 证明 $I \leqslant \dfrac{A}{4}$.

证明　$I = \int_0^1 \mathrm{d}y \int_0^1 f(x, y)\mathrm{d}x = -\int_0^1 \mathrm{d}y \int_0^1 f(x, y)\mathrm{d}(1 - x)$, 对固定的 y,

$(1 - x)f(x, y)\Big|_{x=0}^{x=1} = 0$, 由分部积分法得

$$\int_0^1 f(x, y)\mathrm{d}(1 - x) = -\int_0^1 (1 - x)\frac{\partial f(x, y)}{\partial x}\mathrm{d}x,$$

交换积分次序可得

$$I = \int_0^1 (1 - x)\mathrm{d}x \int_0^1 \frac{\partial f(x, y)}{\partial x}\mathrm{d}y.$$

因为 $f(x, 0) = 0$, 所以 $\dfrac{\partial f(x, 0)}{\partial x} = 0$, 从而 $(1 - y)\dfrac{\partial f(x, y)}{\partial x}\Big|_{y=0}^{y=1} = 0$, 再由分

部积分得

$$\int_0^1 \frac{\partial f(x, y)}{\partial x}\mathrm{d}y = -\int_0^1 \frac{\partial f(x, y)}{\partial x}\mathrm{d}(1 - y) = \int_0^1 (1 - y)\frac{\partial^2 f}{\partial x \partial y}\mathrm{d}y,$$

$$I = \int_0^1 (1 - x)\mathrm{d}x \int_0^1 (1 - y)\frac{\partial^2 f}{\partial x \partial y}\mathrm{d}y = \iint\limits_D (1 - x)(1 - y)\frac{\partial^2 f}{\partial x \partial y}\mathrm{d}x\mathrm{d}y.$$

因为 $\dfrac{\partial^2 f}{\partial x \partial y} \leqslant A$, 且 $(1-x)(1-y)$ 在 D 上非负, 故 $I \leqslant \iint\limits_D (1-x)(1-y)\mathrm{d}x\mathrm{d}y = \dfrac{A}{4}$.

五、(12 分) 设函数 $f(x)$ 连续可导, $P = Q = R = f((x^2 + y^2)z)$, 有向曲面 Σ_t 是圆柱体 $x^2 + y^2 \leqslant t^2$, $0 \leqslant z \leqslant 1$ 的表面, 方向朝外, 记第二型的曲面积分为

$$I_t = \iint\limits_{\Sigma_t} P\mathrm{d}y\mathrm{d}z + Q\mathrm{d}z\mathrm{d}x + R\mathrm{d}x\mathrm{d}y,$$

求极限 $\lim\limits_{t \to 0^+} \dfrac{I_t}{t^4}$.

解　由高斯公式

$$I_t = \iiint\limits_V \left(\frac{\partial P}{\partial x} + \frac{\partial Q}{\partial y} + \frac{\partial R}{\partial z}\right) \mathrm{d}x\mathrm{d}y\mathrm{d}z$$

$$= \iiint\limits_V \left(2xz + 2yz + x^2 + y^2\right) f'\left((x^2 + y^2)z\right) \mathrm{d}x\mathrm{d}y\mathrm{d}z.$$

由对称性知 $\displaystyle\iiint\limits_{V} (2xz + 2yz) f'\left((x^2+y^2)z\right) \mathrm{d}x\mathrm{d}y\mathrm{d}z = 0$, 从而得

$$I_t = \iiint\limits_{V} (x^2+y^2) f'\left((x^2+y^2)z\right) \mathrm{d}x\mathrm{d}y\mathrm{d}z \quad (\text{采用柱面坐标变换})$$

$$= \int_0^1 \left[\int_0^{2\pi} \mathrm{d}\theta \int_0^t f'(r^2 z)r^3 \mathrm{d}r\right]\mathrm{d}z = 2\pi \int_0^1 \left[\int_0^t f'(r^2 z)r^3 \mathrm{d}r\right]\mathrm{d}z.$$

因此

$$\lim_{t\to 0^+} \frac{I_t}{t^4} = \lim_{t\to 0^+} \frac{2\pi \displaystyle\int_0^1 \left[\int_0^t f'(r^2 z)r^3 \mathrm{d}r\right]\mathrm{d}z}{t^4} = \lim_{t\to 0^+} \frac{2\pi \displaystyle\int_0^1 f'(t^2 z)t^3 \mathrm{d}z}{4t^3}$$

$$= \lim_{t\to 0^+} \frac{\pi}{2} \int_0^1 f'(t^2 z)\mathrm{d}z = \frac{\pi}{2} f'(0).$$

六、(12 分) 设 $\boldsymbol{A}, \boldsymbol{B}$ 为二个 n 阶正定矩阵, 求证 $\boldsymbol{AB}$ 正定的充要条件是 $\boldsymbol{AB} = \boldsymbol{BA}$.

证明 必要性. 设 $\boldsymbol{AB}$ 为二个 n 阶正定矩阵的乘积, 从而为对称矩阵, 即 $(\boldsymbol{AB})^{\mathrm{T}} = \boldsymbol{AB}$. 又 $\boldsymbol{A}^{\mathrm{T}} = \boldsymbol{A}, \boldsymbol{B}^{\mathrm{T}} = \boldsymbol{B}$, 所以 $(\boldsymbol{AB})^{\mathrm{T}} = \boldsymbol{B}^{\mathrm{T}}\boldsymbol{A}^{\mathrm{T}} = \boldsymbol{BA}$, 故有 $\boldsymbol{AB} = \boldsymbol{BA}$.

充分性. 因为 $\boldsymbol{AB} = \boldsymbol{BA}$, 则 $(\boldsymbol{AB})^{\mathrm{T}} = \boldsymbol{B}^{\mathrm{T}}\boldsymbol{A}^{\mathrm{T}} = \boldsymbol{BA} = \boldsymbol{AB}$, 所以 $\boldsymbol{AB}$ 为实对称矩阵. 因为 $\boldsymbol{A}, \boldsymbol{B}$ 为正定矩阵, 故存在可逆矩阵 $\boldsymbol{P}, \boldsymbol{Q}$, 使得

$$\boldsymbol{A} = \boldsymbol{P}^{\mathrm{T}}\boldsymbol{P}, \boldsymbol{B} = \boldsymbol{Q}^{\mathrm{T}}\boldsymbol{Q}, \quad \boldsymbol{AB} = \boldsymbol{P}^{\mathrm{T}}\boldsymbol{P}\boldsymbol{Q}^{\mathrm{T}}\boldsymbol{Q}.$$

所以 $\left(\boldsymbol{P}^{\mathrm{T}}\right)^{-1}\boldsymbol{AB}\boldsymbol{P}^{\mathrm{T}} = \boldsymbol{P}\boldsymbol{Q}^{\mathrm{T}}\boldsymbol{Q}\boldsymbol{P}^{\mathrm{T}} = (\boldsymbol{Q}\boldsymbol{P}^{\mathrm{T}})^{\mathrm{T}}(\boldsymbol{Q}\boldsymbol{P}^{\mathrm{T}})$, 即 $\boldsymbol{AB}$ 相似于 $\left(\boldsymbol{P}^{\mathrm{T}}\right)^{-1}\boldsymbol{AB}\boldsymbol{P}^{\mathrm{T}}$, 所以 $\boldsymbol{AB}$ 的特征值全为正实数, 所以 $\boldsymbol{AB}$ 为正定矩阵.

七、(12 分) 假设 $\displaystyle\sum_{n=0}^{\infty} a_n x^n$ 的收敛半径为 1, $\displaystyle\lim_{n\to\infty} na_n = 0$, 且 $\displaystyle\lim_{x\to 1^-}\sum_{n=0}^{\infty} a_n x^n = A$. 证明 $\displaystyle\sum_{n=0}^{\infty} a_n$ 收敛, 且 $\displaystyle\sum_{n=0}^{\infty} a_n = A$.

证明 由 $\displaystyle\lim_{n\to\infty} na_n = 0$, 知 $\displaystyle\lim_{n\to\infty} \frac{\sum\limits_{k=0}^{n} k|a_k|}{n} = 0$, 故对于任意 $\varepsilon > 0$, 存在 $N_1 \in \mathbf{N}$, 使得当 $n > N_1$ 时, 有

$$0 < \frac{\sum\limits_{k=0}^{n} k|a_k|}{n} < \frac{\varepsilon}{3}, \quad |n|a_n < \frac{\varepsilon}{3}.$$

又因为 $\lim\limits_{x \to 1^-} \sum\limits_{n=0}^{\infty} a_n x^n = A$, 所以存在 $\delta > 0$, 当 $1 - \delta < x < 1$ 时, 有

$$\left| \sum_{n=0}^{\infty} a_n x^n - A \right| < \frac{\varepsilon}{3}.$$

取正整数 N_2, 当 $n > N_2$ 时 $\frac{1}{n} < \delta$, 从而 $1 - \delta < 1 - \frac{1}{n}$, 取 $x = 1 - \frac{1}{n}$, 则

$$\left| \sum_{n=0}^{\infty} a_n \left(1 - \frac{1}{n} \right)^n - A \right| < \frac{\varepsilon}{3}.$$

取 $N = \max\{N_1, N_2\}$, 当 $n > N$ 时

$$\left| \sum_{k=0}^{n} a_k - A \right| = \left| \sum_{k=0}^{n} a_k - \sum_{k=0}^{n} a_k x^k - \sum_{k=n+1}^{\infty} a_k x^k + \sum_{k=0}^{\infty} a_k x^k - A \right|$$

$$\leqslant \left| \sum_{k=0}^{n} a_k (1 - x^k) \right| + \left| \sum_{k=n+1}^{\infty} a_k x^k \right| + \left| \sum_{k=0}^{\infty} a_k x^k - A \right|.$$

取 $x = 1 - \frac{1}{n}$, 则

$$\left| \sum_{k=0}^{n} a_k (1 - x^k) \right| = \left| \sum_{k=0}^{n} a_k (1 - x)(1 + x + x^2 + \cdots + x^{k-1}) \right|$$

$$\leqslant \sum_{k=0}^{n} a_k (1 - x) k = \frac{\sum\limits_{k=0}^{n} k |a_k|}{n} < \frac{\varepsilon}{3},$$

$$\left| \sum_{k=n+1}^{\infty} a_k x^k \right| \leqslant \frac{1}{n} \sum_{k=n+1}^{\infty} |a_k| \, x^k < \frac{\varepsilon}{3n} \sum_{k=n+1}^{\infty} x^k < \frac{\varepsilon}{3n} \frac{1}{1 - x} = \frac{\varepsilon}{3n \cdot \frac{1}{n}} = \frac{\varepsilon}{3}.$$

又因为 $\left| \sum\limits_{k=0}^{\infty} a_k x^k - A \right| < \frac{\varepsilon}{3}$, 则 $\left| \sum\limits_{n=0}^{\infty} a_n - A \right| < 3 \cdot \frac{\varepsilon}{3} = \varepsilon.$

2014 年第六届全国大学生数学竞赛决赛试卷及答案

一、填空题 (每小题 5 分, 共 30 分)

(1) 极限 $\lim\limits_{x \to +\infty} \dfrac{\left(\int_0^x \mathrm{e}^{u^2} \mathrm{d}u \right)^2}{\int_0^x \mathrm{e}^{2u^2} \mathrm{d}u}$ 的值是_____.

解 $\lim\limits_{x \to +\infty} \dfrac{\left(\int_0^x \mathrm{e}^{u^2} \mathrm{d}u \right)^2}{\int_0^x \mathrm{e}^{2u^2} \mathrm{d}u} = \lim\limits_{x \to +\infty} \dfrac{2\mathrm{e}^{x^2} \int_0^x \mathrm{e}^{u^2} \mathrm{d}u}{\mathrm{e}^{2x^2}}$

$= \lim\limits_{x \to +\infty} \dfrac{2\int_0^x \mathrm{e}^{u^2} \mathrm{d}u}{\mathrm{e}^{x^2}} = \lim\limits_{x \to +\infty} \dfrac{2\mathrm{e}^{x^2}}{2x\mathrm{e}^{x^2}} = 0.$

(2) 设实数 $a \neq 0$, 微分方程 $\begin{cases} y'' - ay'^2 = 0, \\ y(0) = 0,\ y'(0) = -1 \end{cases}$ 的解是_____.

解 记 $p = y'$, 则 $p' - ap^2 = 0$, 就是 $\dfrac{\mathrm{d}p}{p^2} = a\mathrm{d}x$, 从而 $-\dfrac{1}{p} = ax + c_1$, 由

$p(0) = -1$ 得 $c_1 = 0$. 故有 $\dfrac{\mathrm{d}y}{\mathrm{d}x} = -\dfrac{1}{ax}$, $y = -\dfrac{1}{a}\ln(ax + c_2)$. 再由 $y(0) = 0$ 得

$c_2 = 1$, 故 $y = -\dfrac{1}{a}\ln(ax + 1)$.

(3) 设 $\boldsymbol{A} = \begin{pmatrix} \lambda & 0 & 0 \\ 0 & \lambda & 0 \\ -1 & 1 & \lambda \end{pmatrix}$, 则 $\boldsymbol{A}^{50} =$_____.

解 记 $\boldsymbol{B} = \begin{pmatrix} 0 & 0 & 0 \\ 0 & 0 & 0 \\ -1 & 1 & 0 \end{pmatrix}$, 则 $\boldsymbol{B}^2$ 为零矩阵, 故

$\boldsymbol{A}^{50} = (\lambda\boldsymbol{E} + \boldsymbol{B})^{50} = \lambda^{50}\boldsymbol{E} + 50\lambda^{49}\boldsymbol{B} = \begin{pmatrix} \lambda^{50} & 0 & 0 \\ 0 & \lambda^{50} & 0 \\ -50\lambda^{49} & 50\lambda^{49} & \lambda^{50} \end{pmatrix}.$

(4) 不定积分 $I = \displaystyle\int \dfrac{x^2 + 1}{x^4 + 1}\mathrm{d}x$ 是_____.

解
$$I = \int \frac{1 + \dfrac{1}{x^2}}{x^2 + \dfrac{1}{x^2}}\mathrm{d}x = \int \frac{1}{2 + \left(x - \dfrac{1}{x}\right)^2}\mathrm{d}\left(x - \frac{1}{x}\right)$$

$$= \frac{1}{\sqrt{2}}\arctan\left[\frac{1}{\sqrt{2}}\left(x - \frac{1}{x}\right)\right] + C.$$

(5) 设曲线积分 $I = \oint_L \dfrac{x\mathrm{d}y - y\mathrm{d}x}{|x| + |y|}$, 其中 L 是以 $(1,0)\,(0,1)\,(-1,0)\,,(0,-1)$ 为顶点的正方形边界曲线, 方向为逆时针, 则 $I =$ _____.

解 曲线 L 的方程为 $|x| + |y| = 1$, 记该曲线所围区域为 D. 由格林公式

$$I = \oint_L x\mathrm{d}y - y\mathrm{d}x = \iint_D (1 + 1)\,\mathrm{d}x\mathrm{d}y = 2\sigma(D) = 4.$$

(6) 设 D 是平面上由光滑封闭曲线围成的有界区域, 其面积为 $A > 0$, 函数 $f(x,y)$ 在该区域及其边界上连续, 函数 $f(x,y)$ 在 D 上连续且 $f(x,y) > 0$, 记

$$J_n = \left(\frac{1}{A}\iint_D f^{\frac{1}{n}}(x,y)\,\mathrm{d}\sigma\right)^n,$$

求极限 $\lim\limits_{n \to +\infty} J_n$.

解 设 $F(t) = \dfrac{1}{A}\iint_D f^t(x,y)\,\mathrm{d}\sigma$, 则

$$\lim_{n \to +\infty} J_n = \lim_{t \to 0^+} (F(t))^{1/t} = \lim_{t \to 0^+} \exp\frac{\ln F(t)}{t}.$$

又

$$\lim_{t \to 0^+} \frac{\ln F(t)}{t} = \lim_{t \to 0^+} \frac{\ln F(t) - \ln F(0)}{t - 0} = (\ln F(t))'\big|_{t=0} = \frac{F'(0)}{F(0)} = F'(0),$$

故有 $\lim\limits_{n \to +\infty} J_n = \exp(F'(0)) = \exp\left(\dfrac{1}{A}\iint_D \ln f(x,y)\mathrm{d}\sigma\right).$

二、(12 分) 设 l_j, $j = 1, 2, \cdots, n$ 是平面上点 P_0 处的 $n \geqslant 2$ 个方向向量, 相邻两个向量之间的夹角为 $\dfrac{2\pi}{n}$. 若函数 $f(x, y)$ 在点 P_0 处有连续偏导数, 证明

$$\sum_{j=1}^{n} \frac{\partial f(P_0)}{\partial l_j} = 0.$$

证明 不妨设 l_j 为单位向量, 且设

$$l_j = \left(\cos\left(\theta + \frac{j2\pi}{n}\right), \sin\left(\theta + \frac{j2\pi}{n}\right) \right), \quad \nabla f(P_0) = \left(\frac{\partial f(P_0)}{\partial x}, \frac{\partial f(P_0)}{\partial y} \right),$$

则有

$$\frac{\partial f(P_0)}{\partial l_j} = \nabla f(P_0) \cdot l_j.$$

因此 $\displaystyle\sum_{j=1}^{n} \frac{\partial f(P_0)}{\partial l_j} = \sum_{j=1}^{n} \nabla f(P_0) \cdot l_j = \nabla f(P_0) \cdot \sum_{j=1}^{n} l_j = \nabla f(P_0) \cdot l_j = 0.$

三、(14 分) 设 A_1, A_2, B_1, B_2 均为 n 阶方阵, 其中 A_2, B_2 可逆. 证明: 存在可逆矩阵 P, Q 使得

$$PA_iQ = B_i \quad (i = 1, 2)$$

成立的充要条件是 $A_1A_2^{-1}$ 和 $B_1B_2^{-1}$ 相似.

证明 若存在可逆阵 P, Q 使 $PA_iQ = B_i (i = 1, 2)$, 则 $B_2^{-1} = Q^{-1}A_2^{-1}P^{-1}$, 所以 $B_1B_2^{-1} = PA_1A_2^{-1}P^{-1}$, 故 $A_1A_2^{-1}$ 和 $B_1B_2^{-1}$ 相似.

反之, 若 $A_1A_2^{-1}$ 和 $B_1B_2^{-1}$ 相似, 则存在可逆阵 C, 使 $C^{-1}A_1A_2^{-1}C = B_1B_2^{-1}$. 于是 $C^{-1}A_1A_2^{-1}CB_2 = B_1$. 令 $P = C^{-1}$, $Q = A_2^{-1}CB_2$, 则 P, Q 可逆, 且满足

$$PA_iQ = B_i \quad (i = 1, 2).$$

四、(14 分) 设 $p > 0, x_i = \dfrac{1}{4}$, 且 $x_{n+1}^p = x_n^p + x_n^{2p} (n = 1, 2, \cdots)$, 证明

$$\sum_{n=1}^{\infty} \frac{1}{1 + x_n^p}$$ 收敛且求和.

解 记 $y_n = x_n^p$, 由题设, $y_{n+1} = y_n + y_n^2$, $y_{n+1} - y_n = y_n^2 \geqslant 0$, 所以 $y_{n+1} > y_n$.

设 y_n 收敛, 即有上界, 记 $A = \lim\limits_{n \to \infty} y_n \geqslant \left(\dfrac{1}{4}\right)^p > 0$. 从而 $A = A + A^2$, 所以 $A = 0$, 矛盾. 故 $y_n \to +\infty, n \to -\infty$.

由 $y_{n+1} = y_n(1 + y_n)$, 即 $\dfrac{1}{y_{n+1}} = \dfrac{1}{y_n(1 + y_n)} = \dfrac{1}{y_n} - \dfrac{1}{1 + y_n}$, 得

$$\sum_{k=1}^{n} \frac{1}{1 + y_k} = \sum_{k=1}^{n} \left(\frac{1}{y_k} - \frac{1}{y_k + 1} \right) = \frac{1}{y_1} - \frac{1}{y_{n+1}} \to \frac{1}{y_1} = 4^p.$$

五、(15 分)

(1) 将 $[-\pi, \pi)$ 上的函数 $f(x) = |x|$ 展开成傅里叶级数, 并证明 $\displaystyle\sum_{k=1}^{n} \frac{1}{k^2} = \frac{\pi^2}{6}$.

(2) 求积分 $I = \displaystyle\int_0^{+\infty} \frac{u}{1 + e^u} du$ 的值.

解 (1) $f(x)$ 为偶函数, 其傅里叶级数为余弦级数.

$$a_0 = \frac{2}{\pi} \int_0^{\pi} x dx = \pi,$$

$$a_n = \frac{2}{\pi} \int_0^{\pi} x \cos nx\, dx = \frac{2}{\pi n^2}(\cos n\pi - 1) = \begin{cases} -\dfrac{4}{\pi n^2}, & n = 1, 3, \cdots, \\ 0, & n = 2, 4, \cdots. \end{cases}$$

由于 $f(x)$ 连续, 所以当 $x \in [-\pi, \pi)$ 时有

$$f(x) = \frac{\pi}{2} - \frac{4}{\pi} \left(\cos x + \frac{1}{3^2} \cos 3x + \frac{1}{5^2} \cos 5x + \cdots \right).$$

令 $x = 0$, 得到 $\displaystyle\sum_{k=0}^{\infty} \frac{1}{(2k+1)^2} = \frac{\pi^2}{8}$, 记 $s_1 = \displaystyle\sum_{k=1}^{\infty} \frac{1}{k^2}$, $s_2 = \displaystyle\sum_{k=0}^{\infty} \frac{1}{(2k+1)^2}$, 则

$s_1 - s_2 = \dfrac{1}{4} s_1$, 故得 $s_1 = \dfrac{4 s_2}{3} = \dfrac{\pi^2}{6}$.

(2) 记 $g(u) = \dfrac{u}{1 + e^u}$, 则在 $[0, +\infty)$ 上成立

$$g(u) = \frac{u e^{-u}}{1 + e^{-u}} = u e^{-u} - u e^{-2u} + u e^{-3u} - \cdots.$$

记该级数的前 n 项和为 $S_n(u)$, 余项为 $r_n(u) = g(u) - S_n(u)$, 则由交错 (单调) 级数的性质有

$$|r_n(u)| \leqslant u e^{-(n+1)u}.$$

因为 $\displaystyle\int_0^{+\infty} u e^{-nu} du = \frac{1}{n^2}$, 则有 $\displaystyle\int_0^{+\infty} |r_n(u)| du \leqslant \frac{1}{(n+1)^2}$, 这样就有

$$\int_0^{+\infty} g(u)\, du = \int_0^{+\infty} S_n(u)\, du + \int_0^{+\infty} r_n(u)\, du = \sum_{k=1}^{n} (-1)^{k-1} \frac{1}{k^2} + \int_0^{+\infty} r_n(u)\, du.$$

由于 $\lim\limits_{n\to+\infty}\displaystyle\int_0^{+\infty} r_n(u)\,\mathrm{d}u = 0$, 故

$$I = 1 - \frac{1}{2^2} + \frac{1}{3^2} - \frac{1}{4^2} + \cdots.$$

所以 $I + \dfrac{1}{2}s_1 = s_1$, 再由 (1) 所证得 $I = \dfrac{s_1}{2} = \dfrac{\pi^2}{12}$.

六、(15 分) 设 $f(x,y)$ 为 $\mathbf{R}^2$ 上的非负连续函数, 若

$$I = \lim_{t\to+\infty} \iint\limits_{x^2+y^2\leqslant t^2} f(x,y)\,\mathrm{d}\sigma$$

存在有限, 则称广义积分 $\displaystyle\iint_{\mathbf{R}^2} f(x,y)\,\mathrm{d}\sigma$ 收敛于 I.

(1) 设 $f(x,y)$ 为 $\mathbf{R}^2$ 上的非负连续函数, 若 $\displaystyle\iint_{\mathbf{R}^2} f(x,y)\,\mathrm{d}\sigma$ 收敛于 I, 证明极限 $\lim\limits_{t\to+\infty}\displaystyle\iint\limits_{x^2+y^2\leqslant t^2} f(x,y)\,\mathrm{d}\sigma$ 存在且等于 I.

(2) 设 $\displaystyle\iint\limits_{\mathbf{R}^2} e^{ax^2+2bxy+cy^2}\,\mathrm{d}\sigma$ 收敛于 I, 其中实二次型 $ax^2 + 2bxy + cy^2$ 在正交变换下的标准形为 $\lambda_1 u^2 + \lambda_2 v^2$. 证明 λ_1 和 λ_2 都小于 0.

证明　(1) 由于 $f(x,y)$ 非负,

$$\iint\limits_{x^2+y^2\leqslant t^2} f(x,y)\,\mathrm{d}\sigma \leqslant \iint\limits_{-t\leqslant x,y\leqslant t} f(x,y)\,\mathrm{d}\sigma \leqslant \iint\limits_{x^2+y^2\leqslant 2t^2} f(x,y)\,\mathrm{d}\sigma,$$

当 $t\to+\infty$ 时, 上式中左右两端的极限都收敛于 I, 故中间项也收敛于 I.

(2) 记 $I(t) = \displaystyle\iint\limits_{x^2+y^2\leqslant t^2} e^{ax^2+2bxy+cy^2}\,\mathrm{d}x\mathrm{d}y$, 则 $\lim\limits_{t\to+\infty} I(t) = I$.

记 $\boldsymbol{A} = \begin{pmatrix} a & b \\ c & d \end{pmatrix}$, 则 $ax^2 + 2bxy + cy^2 = (x,y)\,\boldsymbol{A}\begin{pmatrix} x \\ y \end{pmatrix}$. 因 $\boldsymbol{A}$ 实对称, 存在正交矩阵 $\boldsymbol{P}$ 使得 $\boldsymbol{P}^{\mathrm{T}}\boldsymbol{A}\boldsymbol{P} = \begin{pmatrix} \lambda_1 & 0 \\ 0 & \lambda_2 \end{pmatrix}$, 其中 λ_1, λ_2 是 $\boldsymbol{A}$ 的特征值, 也就是标准形的系数.

在变换 $\begin{pmatrix} x \\ y \end{pmatrix} = \boldsymbol{P} \begin{pmatrix} u \\ v \end{pmatrix}$ 下, 有 $ax^2 + 2bxy + cy^2 = \lambda_1 u^2 + \lambda_2 v^2$, 又由于

$$u^2 + v^2 = (u, v) \begin{pmatrix} u \\ v \end{pmatrix} = \boldsymbol{P}(x, y) \begin{pmatrix} x \\ y \end{pmatrix} \boldsymbol{P}^{\mathrm{T}} = (x^2 + y^2) \boldsymbol{P} \boldsymbol{P}^{\mathrm{T}} = x^2 + y^2,$$

故变换把圆盘 $x^2 + y^2 \leqslant t^2$ 变为 $u^2 + v^2 \leqslant t^2$, 且 $\left| \dfrac{\partial(x, y)}{\partial(u, v)} \right| = |\boldsymbol{P}| = 1,$

$$I(t) = \iint\limits_{u^2 + v^2 \leqslant t^2} \mathrm{e}^{\lambda_1 u^2 + \lambda_2 v^2} \left| \frac{\partial(x, y)}{\partial(u, v)} \right| \mathrm{d}u\mathrm{d}v = \iint\limits_{u^2 + v^2 \leqslant t^2} \mathrm{e}^{\lambda_1 u^2 + \lambda_2 v^2} \mathrm{d}u\mathrm{d}v.$$

由 $\lim\limits_{t \to +\infty} I_t = I$ 和 (1) 所证得: $\lim\limits_{t \to +\infty} \iint\limits_{-t \leqslant u,\ v \leqslant t} \mathrm{e}^{\lambda_1 u^2 + \lambda_2 v^2} \mathrm{d}u\mathrm{d}v = I$. 在矩形上
分离积分变量得

$$\iint\limits_{-t \leqslant u, v \leqslant t} \mathrm{e}^{\lambda_1 u^2 + \lambda_2 v^2} \mathrm{d}u\mathrm{d}v = \int_{-t}^{t} \mathrm{e}^{\lambda_1 u^2} \mathrm{d}u \int_{-t}^{t} \mathrm{e}^{\lambda_2 v^2} \mathrm{d}v = I_1(t) I_2(t).$$

因为 $I_1(t)$ 和 $I_2(t)$ 都是严格单调增加, 故 $\lim\limits_{t \to +\infty} \int_{-t}^{t} \mathrm{e}^{\lambda_1 u^2} \mathrm{d}u$ 收敛, 则有 $\lambda_1 < 0$. 同理 $\lambda_2 < 0$.

2015 年第七届全国大学生数学竞赛决赛试卷及答案

一、填空题 (每小题 6 分, 共 30 分)

(1) 微分方程 $y'' - (y')^3 = 0$ 的通解为_____.

解 令 $p = y'$, 则 $y'' = p' = p^3$, 于是 $\dfrac{\mathrm{d}p}{p^3} = \mathrm{d}x$, 积分

$$-\frac{p^{-2}}{2} = x - c_1 \Rightarrow p = y' = \frac{\pm 1}{\sqrt{2(c_1 - x)}} \Rightarrow y = c_2 \pm \sqrt{2(c_1 - x)}.$$

(2) 设 $D : 1 \leqslant x^2 + y^2 \leqslant 4$, 则积分 $I = \iint\limits_{D} (x + y^2)\, \mathrm{e}^{-(x^2 + y^2 - 4)} \mathrm{d}x\mathrm{d}y$ 的值

为_____.

解 由对称性和极坐标变换有

$$I = \iint\limits_{D} (x + y^2)\, \mathrm{e}^{-(x^2 + y^2 - 4)} \mathrm{d}x\mathrm{d}y = 4\mathrm{e}^4 \int_0^{\frac{\pi}{2}} \mathrm{d}\theta \int_1^2 r^2 \sin^2\theta \mathrm{e}^{-r^2} r\, \mathrm{d}r$$

$$= \frac{\pi}{2}\mathrm{e}^4 \int_1^4 u\mathrm{e}^{-u}\mathrm{d}u = -\frac{\pi}{2}\mathrm{e}^4 \mathrm{e}^{-u}(1 + u) \Big|_1^4 = \frac{\pi}{2}(2\mathrm{e}^3 - 5).$$

(3) 设 $f(t)$ 二阶可导, 且 $f(t) \neq 0$, 若 $\begin{cases} x = \displaystyle\int_0^t f(s)\, \mathrm{d}s, \\ y = f(t), \end{cases}$ 则 $\dfrac{\mathrm{d}^2 y}{\mathrm{d}x^2} = $_____.

解 由题目, 两个方程两边取微分:

$$\mathrm{d}x = f(t)\mathrm{d}t, \quad \mathrm{d}y = f'(t)\mathrm{d}t$$

$$\Rightarrow \frac{\mathrm{d}y}{\mathrm{d}x} = \frac{f'(t)}{f(t)}$$

$$\Rightarrow \frac{\mathrm{d}^2 y}{\mathrm{d}x^2} = \frac{\mathrm{d}}{\mathrm{d}t}\left(\frac{f'(t)}{f(t)}\right)\frac{\mathrm{d}t}{\mathrm{d}x} = \frac{f'(t)f''(t) - [f'(t)]^2}{f^3(t)}.$$

(4) 设 $\lambda_1, \lambda_2, \cdots, \lambda_n$ 是 n 阶方阵 $\boldsymbol{A}$ 的特征值, 则矩阵 $f(\boldsymbol{A})$ 的行列式的值

为_____.

解 矩阵 $f(\boldsymbol{A})$ 的行列式的值为 $f(\lambda_1) \cdot f(\lambda_2) \cdot \cdots \cdot f(\lambda_n)$.

(5) 极限 $\lim\limits_{n \to \infty} [n \sin(\pi n! \mathrm{e})]$ 的值是_____.

解 极限 $\lim\limits_{n \to \infty} [n \sin(\pi n! \mathrm{e})]$ 的值是不存在的.

这是因为在 e^x 的泰勒展开式中, 取 $x = 1$, 得

$$
\begin{aligned}
n! \mathrm{e} &= n! \left(2 + \frac{1}{2!} + \frac{1}{3!} + \cdots + \frac{1}{n!} + \frac{1}{(n+1)!} + \cdots \right) \\
&= 2n! + \frac{n!}{2!} + \frac{n!}{3!} + \cdots + 1 + \frac{1}{n+1} + \frac{1}{(n+1)(n+2)} + \cdots.
\end{aligned}
$$

则

$$
\sin(\pi n! \mathrm{e}) = \sin\left[\pi \times \left(N + \frac{1}{n+1} + o\left(\frac{1}{n+1}\right) \right) \right] \sim (-1)^N \sin\frac{\pi}{n+1} \sim (-1)^N \frac{\pi}{n+1},
$$

故极限 $\lim\limits_{n \to \infty} [n \sin(\pi n! \mathrm{e})]$ 不存在.

二、(14 分) 设 $f(u, v)$ 在全平面上具有连续的偏导数, 证明: 曲面 $f\left(\dfrac{x-a}{z-c},\right.$ $\left.\dfrac{y-b}{z-c}\right) = 0$ 的所有切平面都交于点 (a, b, c).

证明 记 $F(x, y, z) = f\left(\dfrac{x-a}{z-c}, \dfrac{y-b}{z-c}\right)$, 则

$$
\left(\frac{\partial F}{\partial x}, \frac{\partial F}{\partial y}, \frac{\partial F}{\partial z} \right) = \left(\frac{f_1}{z-c}, \frac{f_2}{z-c}, \frac{-(x-a)f_1 - (y-b)f_2}{(z-c)^2} \right).
$$

取曲面的法向量 $\boldsymbol{n} = ((z-c)f_1, (z-c)f_2, -(x-a)f_1 - (y-b)f_2)$, 记 (x, y, z) 为曲面上的点, (X, Y, Z) 是切平面上的点, 则曲面上过点 (x, y, z) 的切平面方程为

$$
[(z-c)f_1](X-x) + [(z-c)f_2](Y-y) - [(x-a)f_1 - (y-b)f_2](Z-z) = 0,
$$

令 $(X, Y, Z) = (a, b, c)$, 代入满足方程, 故原命题得证.

三、(14 分) 设 $f(x)$ 在 $[a, b]$ 上连续, 证明:

$$
2\int_a^b f(x) \left(\int_x^b f(t)\,\mathrm{d}t \right) \mathrm{d}x = \left(\int_a^b f(x)\,\mathrm{d}x \right)^2.
$$

证明　因为 $f(x)$ 在 $[a,b]$ 上可积, 则令 $F(x) = \displaystyle\int_x^b f(t)\,\mathrm{d}t$, 于是 $F'(x) = -f(x)$, 由此

$$2\int_a^b f(x)\left(\int_x^b f(t)\,\mathrm{d}t\right)\mathrm{d}x = 2\int_a^b f(x)F(x)\,\mathrm{d}x$$

$$= -2\int_a^b F'(x)F(x)\,\mathrm{d}x = -F^2(x)\Big|_a^b$$

$$= F^2(a) - F^2(b) = \left[\int_a^b f(x)\,\mathrm{d}x\right]^2.$$

(注:　本题也可以用交换积分次序, 化二重积分的方法做, 注意利用轮换对称性.)

四、(14 分) 设 $\boldsymbol{A}$ 是 $m \times n$ 矩阵, $\boldsymbol{B}$ 是 $n \times p$ 矩阵, $\boldsymbol{C}$ 是 $p \times q$ 矩阵, 证明: $R(\boldsymbol{AB}) + R(\boldsymbol{BC}) - R(\boldsymbol{B}) \leqslant R(\boldsymbol{ABC})$, 其中 $R(\boldsymbol{X})$ 表示矩阵 $\boldsymbol{X}$ 的秩.

证明　要证明题中不等式, 即证明

$$R(\boldsymbol{AB}) + R(\boldsymbol{BC}) \leqslant R(\boldsymbol{ABC}) + R(\boldsymbol{B}) = R\begin{bmatrix} \boldsymbol{ABC} & \boldsymbol{O} \\ \boldsymbol{O} & \boldsymbol{B} \end{bmatrix}.$$

由于

$$\begin{bmatrix} \boldsymbol{E}_m & \boldsymbol{A} \\ \boldsymbol{O} & \boldsymbol{E}_n \end{bmatrix}\begin{bmatrix} \boldsymbol{ABC} & \boldsymbol{O} \\ \boldsymbol{O} & \boldsymbol{B} \end{bmatrix}\begin{bmatrix} \boldsymbol{E}_q & \boldsymbol{O} \\ -\boldsymbol{C} & \boldsymbol{E}_p \end{bmatrix} = \begin{bmatrix} \boldsymbol{O} & \boldsymbol{AB} \\ -\boldsymbol{BC} & \boldsymbol{B} \end{bmatrix},$$

$$\begin{bmatrix} \boldsymbol{O} & \boldsymbol{AB} \\ -\boldsymbol{BC} & \boldsymbol{B} \end{bmatrix}\begin{bmatrix} \boldsymbol{O} & -\boldsymbol{E}_q \\ \boldsymbol{E}_p & \boldsymbol{O} \end{bmatrix} = \begin{bmatrix} \boldsymbol{AB} & \boldsymbol{O} \\ \boldsymbol{B} & \boldsymbol{BC} \end{bmatrix},$$

易知方阵

$$\begin{bmatrix} \boldsymbol{E}_m & \boldsymbol{A} \\ \boldsymbol{O} & \boldsymbol{E}_n \end{bmatrix}, \quad \begin{bmatrix} \boldsymbol{E}_q & \boldsymbol{O} \\ -\boldsymbol{C} & \boldsymbol{E}_p \end{bmatrix}, \quad \begin{bmatrix} \boldsymbol{O} & \boldsymbol{AB} \\ -\boldsymbol{BC} & \boldsymbol{B} \end{bmatrix}$$

均可逆, 所以

$$R\begin{bmatrix} \boldsymbol{ABC} & \boldsymbol{O} \\ \boldsymbol{O} & \boldsymbol{B} \end{bmatrix} = R\begin{bmatrix} \boldsymbol{AB} & \boldsymbol{O} \\ \boldsymbol{B} & \boldsymbol{BC} \end{bmatrix} \geqslant R(\boldsymbol{AB}) + R(\boldsymbol{BC}).$$

故原不等式得证.

$\Bigg($注: 实际上本题是对大的分块矩阵 $\begin{bmatrix} ABC & O \\ O & B \end{bmatrix}$ 作初等变换得到与左式

$\begin{bmatrix} AB & O \\ O & BC \end{bmatrix}$ 形式接近的分块矩阵.$\Bigg)$

五、(14 分) 设 $I_n = \displaystyle\int_0^{\frac{\pi}{4}} \tan^n x \, \mathrm{d}x$, 其中 n 为正整数.

(1) 若 $n \geqslant 2$, 计算 $I_n + I_{n-2}$;

(2) 设 p 为实数, 讨论级数 $\displaystyle\sum_{n=1}^{\infty} (-1)^n I_n^p$ 的绝对收敛性和条件收敛性.

证明   (1) $I_n + I_{n-2} = \displaystyle\int_0^{\frac{\pi}{4}} \tan^n x \, \mathrm{d}x + \int_0^{\frac{\pi}{4}} \tan^{n-2} x \, \mathrm{d}x$

$$= \int_0^{\frac{\pi}{4}} \tan^{n-2} x \left(1 + \tan^2 x\right) \mathrm{d}x$$

$$= \int_0^{\frac{\pi}{4}} \tan^{n-2} x \sec^2 x \, \mathrm{d}x$$

$$= \int_0^{\frac{\pi}{4}} \tan^{n-2} x \, \mathrm{d}\tan x = \frac{1}{n-1}.$$

(2) 由于 $0 < x < \dfrac{\pi}{4}$, 所以 $0 < \tan x < 1$, $\tan^{n+2} x < \tan^n x < \tan^{n-2} x$, 从而

$$I_{n+2} < I_n < I_{n-2} \Rightarrow I_{n+2} + I_n < 2I_n < I_n + I_{n-2}.$$

故有

$$\frac{1}{2(n+1)} < I_n < \frac{1}{2(n-1)}, \quad \left[\frac{1}{2(n+1)}\right]^p < I_n^p < \left[\frac{1}{2(n-1)}\right]^p \quad p > 0.$$

当 $p > 1$ 时,

$$|(-1)^n I_n^p| < I_n^p < \left[\frac{1}{2(n-1)}\right]^p, \quad n \geqslant 2,$$

因为级数 $\displaystyle\sum_{n=2}^{\infty} \frac{1}{(n-1)^p}$ 收敛, 则级数 $\displaystyle\sum_{n=1}^{\infty} (-1)^n I_n^p$ 绝对收敛.

当 $0 \leqslant p \leqslant 1$ 时, 由于 $\{I_n^p\}$ 单调递减, 并趋于 0, 由莱布尼茨判别法, 知级数收敛, 而

$$\frac{1}{2^p} \cdot \frac{1}{n+1} < \left[\frac{1}{2(n+1)}\right]^p < I_n^p,$$

级数 $\dfrac{1}{2^p} \displaystyle\sum_{n=1}^{\infty} \dfrac{1}{n+1}$ 发散, 则此时级数 $\displaystyle\sum_{n=1}^{\infty}(-1)^n I_n^p$ 条件收敛.

当 $p \leqslant 0$ 时, $|I_n^p| \geqslant 1$ 不满足级数收敛的必要条件, 故此时级数 $\displaystyle\sum_{n=1}^{\infty}(-1)^n I_n^p$ 发散.

六、(14 分) 设 $P(x,y,z)$ 和 $R(x,y,z)$ 在空间上有连续偏导数, 记上半球 S: $z = z_0 + \sqrt{r^2 - (x-x_0)^2 - (y-y_0)^2}$, 方向向上, 若对任何点 (x_0, y_0, z_0) 和 $r > 0$, 第二型曲面积分

$$\iint\limits_{\Sigma} P\mathrm{d}y\mathrm{d}z + R\mathrm{d}x\mathrm{d}y = 0.$$

证明: $\dfrac{\partial P}{\partial x} \equiv 0$.

证明 记上半球面的底面为 D, 方向向下, S 和 D 围成的区域为 Ω, 由高斯公式得

$$\left(\iint\limits_{D} + \iint\limits_{S}\right) P\mathrm{d}y\mathrm{d}z + R\mathrm{d}x\mathrm{d}y = \iiint\limits_{\Omega}\left(\frac{\partial P}{\partial x} + \frac{\partial R}{\partial z}\right)\mathrm{d}V.$$

由于

$$\iint\limits_{D} P\mathrm{d}y\mathrm{d}z + R\mathrm{d}x\mathrm{d}y = -\iint\limits_{D} R\mathrm{d}\sigma,$$

$\mathrm{d}\sigma$ 是 xOy 平面的面积元, 根据题设条件, 可得

$$-\iint\limits_{D} R\mathrm{d}\sigma = \iiint\limits_{\Omega}\left(\frac{\partial P}{\partial x} + \frac{\partial R}{\partial z}\right)\mathrm{d}V. \qquad (*)$$

此式对任意的 $r > 0$ 均成立, 由此来证明 $R(x_0, y_0, z_0) = 0$.

由积分中值定理得

$$\iint\limits_{D} R\mathrm{d}\sigma = R(\xi, \zeta, z_0)\pi r^2, \quad (\xi, \zeta, z_0) \in D,$$

则 $r \to 0^+$ 时, $(*)$ 式左端即为一个二阶无穷小量.

同理, 当

$$\frac{\partial P(x_0, y_0, z_0)}{\partial x} + \frac{\partial R(x_0, y_0, z_0)}{\partial z} \neq 0$$

时,

$$\iiint\limits_{\Omega} \left(\frac{\partial P}{\partial x} + \frac{\partial R}{\partial z} \right) \mathrm{d}V$$

是一个三阶无穷小量.

若 $\dfrac{\partial P\left(x_0, y_0, z_0\right)}{\partial x} + \dfrac{\partial R\left(x_0, y_0, z_0\right)}{\partial z} = 0$, 此时 $(*)$ 式右端的阶数高于左边, 则当 r 很小时,

$$\left| \iint\limits_{D} R \mathrm{d}\sigma \right| > \left| \iiint\limits_{\Omega} \left(\frac{\partial P}{\partial x} + \frac{\partial R}{\partial z} \right) \mathrm{d}V \right|.$$

此式与 $(*)$ 式矛盾.

由于在任意一点 (x_0, y_0, z_0) 处 $R\left(x_0, y_0, z_0\right) = 0$, 根据 (x_0, y_0, z_0) 的任意性知 $R\left(x, y, z\right) = 0$, 代入 $(*)$ 式得

$$\iiint\limits_{\Omega} \frac{\partial P}{\partial x} \mathrm{d}V = 0.$$

重复前面的证明过程, 即得

$$\frac{\partial P\left(x_0, y_0, z_0\right)}{\partial x} = 0.$$

再根据 (x_0, y_0, z_0) 的任意性原等式得证.

(注: 类似习题详见 2014 天津大学天津市第二次选拔试题的那道二维情况下的证明方法, 思路比该题所给思路清晰, 陈启浩《数学竞赛辅导》第 2 版的第 247 页的 5.26 题是本题原型.)

2016 年第八届全国大学生数学竞赛决赛试卷及答案

一、填空题 (每小题 5 分, 共 30 分)

(1) 过单叶双曲面 $\dfrac{x^2}{4} + \dfrac{y^2}{2} - 2z^2 = 1$ 与球面 $x^2 + y^2 + z^2 = 4$ 的交线且与直

线 $\begin{cases} x = 0, \\ 3y + z = 0 \end{cases}$ 垂直的平面方程为 _____.

解 平面方程为 $y - 3z = 0$.

(2) 设可微函数 $f(x, y)$ 满足 $\dfrac{\partial f}{\partial x} = -f(x, y)$, $f\left(0, \dfrac{\pi}{2}\right) = 1$, 且

$$\lim_{n \to \infty} \left(\frac{f\left(0, y + \dfrac{1}{n}\right)}{f(0, y)} \right)^n = \mathrm{e}^{\cot y},$$

则 $f(x, y) =$ _____.

解 $f(x, y) = \mathrm{e}^{-x} \sin y$.

(3) 已知 $\boldsymbol{A}$ 为 n 阶可逆反对称矩阵, $\boldsymbol{b}$ 为 n 元列向量, 设 $\boldsymbol{B} = \begin{pmatrix} \boldsymbol{A} & \boldsymbol{b} \\ \boldsymbol{b}^{\mathrm{T}} & 0 \end{pmatrix}$,

则 $\mathrm{rank}(\boldsymbol{B}) =$ _____.

解 $\mathrm{rank}(\boldsymbol{B}) = n$.

(4) $\displaystyle\sum_{n=1}^{100} n^{-\frac{1}{2}}$ 的整数部分为 _____.

解 $\displaystyle\sum_{n=1}^{100} n^{-\frac{1}{2}}$ 的整数部分为 18.

(5) 曲线 $L_1: y = \dfrac{1}{3}x^3 + 2x \ (0 \leqslant x \leqslant 1)$ 绕直线 $L_2: y = \dfrac{4}{3}x$ 旋转所生成的

旋转曲面的面积 _____.

解 旋转曲面的面积为 $\dfrac{\sqrt{5}\left(2\sqrt{2} - 1\right)}{3}\pi$.

二、(14 分) 设 $0 < x < \dfrac{\pi}{2}$, 证明: $\dfrac{4}{\pi^2} < \dfrac{1}{x^2} - \dfrac{1}{\tan^2 x} < \dfrac{2}{3}$.

证明 设 $f(x) = \dfrac{1}{x^2} - \dfrac{1}{\tan^2 x}$ $\left(0 < x < \dfrac{\pi}{2}\right)$, 则

$$f'(x) = -\frac{2}{x^3} + \frac{2\cos x}{\sin^3 x} = \frac{2\left(x^3 \cos x - \sin^3 x\right)}{x^3 \sin 3x}, \tag{1}$$

令 $\varphi(x) = \dfrac{\sin x}{\sqrt[3]{\cos x}} - x$ $\left(0 < x < \dfrac{\pi}{2}\right)$, 则

$$\varphi'(x) = \frac{\cos^{\frac{4}{3}} x + \dfrac{1}{3}\cos^{-\frac{2}{3}} x \sin^2 x}{\cos^{\frac{2}{3}} x} - 1 = \frac{2}{3}\cos^{\frac{2}{3}} x + \frac{1}{3}\cos^{-\frac{4}{3}} x - 1.$$

由均值不等式, 得

$$\frac{2}{3}\cos^{\frac{2}{3}} x + \frac{1}{3}\cos^{-\frac{4}{3}} x = \frac{1}{3}\left(\cos^{\frac{2}{3}} x + \cos^{\frac{2}{3}} x + \cos^{-\frac{3}{4}} x\right)$$
$$> \sqrt[3]{\cos^{\frac{2}{3}} x + \cos^{\frac{2}{3}} x + \cos^{-\frac{3}{4}} x} = 1.$$

所以当 $0 < x < \dfrac{\pi}{2}$ 时, $\varphi'(x) > 0$, 从而 $\varphi(x)$ 单调递增, 又 $\varphi(0) = 0$, 因此 $\varphi(x) > 0$,

$$x^3 \cos x - \sin^3 x < 0.$$

由 (1) 式得 $f'(x) < 0$, 从而 $f(x)$ 在区间 $\left(0, \dfrac{\pi}{2}\right)$ 上单调递减.

由于

$$\lim_{x \to \frac{\pi}{2}} f(x) = \lim_{x \to \frac{\pi}{2}} \left(\frac{1}{x^2} - \frac{1}{\tan^2 x}\right) = \frac{4}{\pi^2},$$

$$\lim_{x \to 0^+} f(x) = \lim_{x \to 0^+} \left(\frac{1}{x^2} - \frac{1}{\tan^2 x}\right) = \lim_{x \to 0^+} \frac{\tan^2 x - x^2}{x^2 \tan^2 x}$$
$$= \lim_{x \to 0^+} \frac{\tan x + x}{x} \times \lim_{x \to 0^+} \frac{\tan x - x}{x \tan^2 x}$$
$$= 2 \times \lim_{x \to 0^+} \frac{\dfrac{1}{3} x^3}{x^3} = \frac{2}{3},$$

所以当 $0 < x < \dfrac{\pi}{2}$ 时, 有

$$\frac{4}{\pi^2} < \frac{1}{x^2} - \frac{1}{\tan^2 x} < \frac{2}{3}.$$

三、(14 分) 设 $f(x,y)$ 为 $(-\infty, +\infty)$ 上连续的周期为 1 的周期函数, 且满足 $0 \leqslant f(x) \leqslant 1$ 与 $\int_0^1 f(x)\, \mathrm{d}x = 1$. 证明当 $0 \leqslant x \leqslant 13$ 时, 有

$$\int_0^{\sqrt{x}} f(t)\, \mathrm{d}t + \int_0^{\sqrt{x+27}} f(t)\, \mathrm{d}t + \int_0^{\sqrt{13-x}} f(t)\, \mathrm{d}t \leqslant 11,$$

并给出取等号的条件.

证明   由条件 $0 \leqslant f(x) \leqslant 1$, 有

$$\int_0^{\sqrt{x}} f(t)\, \mathrm{d}t + \int_0^{\sqrt{x+27}} f(t)\, \mathrm{d}t + \int_0^{\sqrt{13-x}} f(t)\, \mathrm{d}t \leqslant \sqrt{x} + \sqrt{x+27} + \sqrt{13-x}.$$

利用离散柯西不等式, 即 $\left(\sum_{i=1}^n a_i b_i \right)^2 \leqslant \sum_{i=1}^n a_i^2 \sum_{i=1}^n b_i^2$, 等号当 a_i 与 b_i 对应成比例时成立. 因为

$$\sqrt{x} + \sqrt{x+27} + \sqrt{13-x}$$

$$= 1 \cdot \sqrt{x} + \sqrt{2} \sqrt{\frac{1}{2}(x+27)} + \sqrt{\frac{2}{3}} \cdot \sqrt{\frac{3}{2}(13-x)}$$

$$\leqslant \sqrt{1 + 2 + \frac{2}{3}} \cdot \sqrt{x + \frac{1}{2}(x+27) + \frac{3}{2}(13-x)} = 11,$$

且等号成立的充分必要条件是

$$x = \frac{1}{2}(x+27) = \frac{2}{3}\sqrt{\frac{3}{2}(13-x)}, \quad 即 \ x = 9,$$

所以

$$\int_0^{\sqrt{x}} f(t)\, \mathrm{d}t + \int_0^{\sqrt{x+27}} f(t)\, \mathrm{d}t + \int_0^{\sqrt{13-x}} f(t)\, \mathrm{d}t \leqslant 11.$$

特别地, 当 $x = 9$ 时, 有

$$\int_0^{\sqrt{x}} f(t)\, \mathrm{d}t + \int_0^{\sqrt{x+27}} f(t)\, \mathrm{d}t + \int_0^{\sqrt{13-x}} f(t)\, \mathrm{d}t$$

$$= \int_0^3 f(t)\, \mathrm{d}t + \int_0^6 f(t)\, \mathrm{d}t + \int_0^2 f(t)\, \mathrm{d}t.$$

根据周期性, 以及 $\int_0^1 f(x)\mathrm{d}x = 1$, 有

$$\int_0^3 f(t)\,\mathrm{d}t + \int_0^6 f(t)\,\mathrm{d}t + \int_0^2 f(t)\,\mathrm{d}t = 11\int_0^1 f(t)\,\mathrm{d}t = 11.$$

所以取等号的充分必要条件是 $x = 9$.

四、(14 分) 设函数 $f(x, y, z)$ 在区域 $\Omega = \left\{ (x, y, z) \mid x^2 + y^2 + z^2 \leqslant 1 \right\}$ 上具有连续的二阶偏导数, 且满足

$$\frac{\partial^2 f}{\partial x^2} + \frac{\partial^2 f}{\partial y^2} + \frac{\partial^2 f}{\partial z^2} = \sqrt{x^2 + y^2 + z^2}.$$

计算

$$I = \iiint\limits_{\Omega} \left(x\frac{\partial f}{\partial x} + y\frac{\partial f}{\partial y} + z\frac{\partial f}{\partial z} \right)\mathrm{d}x\mathrm{d}y\mathrm{d}z.$$

解 记球面 $\Sigma : x^2 + y^2 + z^2 = 1$ 外侧的单位法向量为 $\boldsymbol{n} = (\cos\alpha, \cos\beta, \cos\gamma)$, 则

$$\frac{\partial f}{\partial \boldsymbol{n}} = \frac{\partial f}{\partial x}\cos\alpha + \frac{\partial f}{\partial y}\cos\beta + \frac{\partial f}{\partial z}\cos\gamma.$$

考虑曲面积分等式

$$\oiint\limits_{\Sigma} \frac{\partial f}{\partial \boldsymbol{n}}\mathrm{d}S = \oiint\limits_{\Sigma} (x^2 + y^2 + z^2)\frac{\partial f}{\partial \boldsymbol{n}}\mathrm{d}S, \tag{2}$$

对两边都利用高斯公式, 得

$$\oiint\limits_{\Sigma} \frac{\partial f}{\partial \boldsymbol{n}}\mathrm{d}S = \oiint\limits_{\Sigma} \left(\frac{\partial f}{\partial x}\cos\alpha + \frac{\partial f}{\partial y}\cos\beta + \frac{\partial f}{\partial z}\cos\gamma \right)\mathrm{d}S$$

$$= \oiint\limits_{\Omega} \left(\frac{\partial^2 f}{\partial x^2} + \frac{\partial^2 f}{\partial y^2} + \frac{\partial^2 f}{\partial z^2} \right)\mathrm{d}v, \tag{3}$$

$$\oiint\limits_{\Sigma} (x^2 + y^2 + z^2)\frac{\partial f}{\partial \boldsymbol{n}}\mathrm{d}S = \oiint\limits_{\Sigma} (x^2 + y^2 + z^2)\left(\frac{\partial f}{\partial x}\cos\alpha + \frac{\partial f}{\partial y}\cos\beta + \frac{\partial f}{\partial z}\cos\gamma \right)\mathrm{d}S$$

$$= 2\oiint\limits_{\Omega} \left(x\frac{\partial f}{\partial x} + y\frac{\partial f}{\partial y} + z\frac{\partial f}{\partial z} \right)\mathrm{d}v$$

$$+ \oiint\limits_{\Omega} \left(x^2 + y^2 + z^2\right) \left(\frac{\partial^2 f}{\partial x^2} + \frac{\partial^2 f}{\partial y^2} + \frac{\partial^2 f}{\partial z^2}\right) \mathrm{d}v. \qquad (4)$$

将 (3), (4) 代入 (2) 并整理得

$$I = \frac{1}{2} \iiint\limits_{\Omega} \left(1 - \left(x^2 + y^2 + z^2\right)\right)\sqrt{x^2 + y^2 + z^2}\mathrm{d}v$$

$$= \frac{1}{2} \int_0^{2\pi} \mathrm{d}\theta \int_0^{\pi} \sin\varphi \mathrm{d}\varphi \int_0^1 \left(1 - \rho^2\right) \rho^3 \mathrm{d}\rho = \frac{\pi}{6}.$$

五、(14 分) 设 n 阶方阵 $\boldsymbol{A}, \boldsymbol{B}$ 满足 $\boldsymbol{AB} = \boldsymbol{A} + \boldsymbol{B}$. 证明: 若存在正整数 k 使 $\boldsymbol{A}^k = \boldsymbol{O}(\boldsymbol{O}$ 为零矩阵), 则行列式 $|\boldsymbol{B} + 2017\boldsymbol{A}| = |\boldsymbol{B}|$.

证明 由 $\boldsymbol{AB} = \boldsymbol{A} + \boldsymbol{B} \Rightarrow (\boldsymbol{A} - \boldsymbol{E})(\boldsymbol{B} - \boldsymbol{E}) = \boldsymbol{E}$, 得

$$(\boldsymbol{A} - \boldsymbol{E})(\boldsymbol{A} - \boldsymbol{E}) = (\boldsymbol{B} - \boldsymbol{E})(\boldsymbol{A} - \boldsymbol{E}),$$

化简可得到

$$\boldsymbol{AB} = \boldsymbol{BA}.$$

(I) 若 $\boldsymbol{B}$ 可逆, 则由 $\boldsymbol{AB} = \boldsymbol{BA}$ 得 $\boldsymbol{B}^{-1}\boldsymbol{A} = \boldsymbol{AB}^{-1}$, 从而

$$\left(\boldsymbol{B}^{-1}\boldsymbol{A}\right)^k = \left(\boldsymbol{B}^{-1}\right)^k \boldsymbol{A}^k = \boldsymbol{O},$$

所以 $\boldsymbol{B}^{-1}\boldsymbol{A}$ 的特征值全为 0, 则 $\boldsymbol{E} + 2017\boldsymbol{B}^{-1}\boldsymbol{B}$ 的特征值全为 1, 因此

$$\left|\boldsymbol{E} + 2017\boldsymbol{B}^{-1}\boldsymbol{A}\right| = 1,$$

$$|\boldsymbol{B} + 2017\boldsymbol{A}| = |\boldsymbol{B}|\left|\boldsymbol{E} + 2017\boldsymbol{B}^{-1}\boldsymbol{A}\right| = |\boldsymbol{B}|.$$

(II) 若 $\boldsymbol{B}$ 不可逆, 则存在无穷多个数 t, 使 $\boldsymbol{B}_t = t\boldsymbol{E} + \boldsymbol{B}$ 可逆, 且有 $\boldsymbol{AB}_t = \boldsymbol{B}_t\boldsymbol{A}$ 利用 (I) 的结论, 有恒等式

$$|\boldsymbol{B}_t + 2017\boldsymbol{A}| = |\boldsymbol{B}_t|,$$

取 $t = 0$, 得

$$|\boldsymbol{B} + 2017\boldsymbol{A}| = |\boldsymbol{B}|.$$

六、(14 分) 设 $a_n = \displaystyle\sum_{k=1}^n \frac{1}{k} - \ln n$.

(1) 证明: $\displaystyle\lim_{n\to\infty} a_n$ 存在.

(2) 设 $\lim\limits_{n\to\infty} a_n = C$, 讨论级数 $\sum\limits_{n=1}^{\infty}(a_n - C)$ 的敛散性.

解　(1) 利用不等式: 当 $x > 0$ 时, $\dfrac{x}{1+x} < \ln(1+x) < x$, 有

$$a_n - a_{n-1} = \frac{1}{n} - \ln\frac{n}{n-1} = \frac{1}{n} - \ln\left(1 + \frac{1}{n-1}\right) \leqslant \frac{1}{n} - \frac{\dfrac{1}{n-1}}{1 + \dfrac{1}{n-1}} = 0,$$

$$a_n = \sum_{k=1}^{n}\frac{1}{k} - \sum_{k=2}^{n}\ln\frac{k}{k-1} \sum_{k=2}^{n}\left(\frac{1}{k} - \ln\frac{k}{k-1}\right)$$

$$= 1 + \sum_{k=2}^{n}\left[\frac{1}{k} - \ln\left(1 + \frac{1}{k-1}\right)\right]$$

$$\geqslant 1 + \sum_{k=2}^{n}\left[\frac{1}{k} - \frac{1}{k-1}\right] = \frac{1}{n} > 0.$$

所以 $\{a_n\}$ 单调减少有下界, 故 $\lim\limits_{n\to\infty} a_n$ 存在.

(2) 显然, 以 a_n 为部分和的级数为 $1 + \sum\limits_{n=2}^{\infty}\left(\dfrac{1}{n} - \ln n + \ln(n-1)\right)$, 则该级数收敛于 C, 且 $a_n - C > 0$, 记 r_n 为该级数的余项, 则

$$a_n - C = -r_n = -\sum_{k=n+1}^{\infty}\left(\frac{1}{k} - \ln k + \ln(k-1)\right) = \sum_{k=n+1}^{\infty}\left(\ln\left(1 + \frac{1}{k-1}\right) - \frac{1}{k}\right).$$

根据泰勒公式, 当 $x > 0$ 时, $\ln(1+x) > x - \dfrac{x^2}{2}$, 所以

$$a_n - C > \sum_{k=n+1}^{\infty}\left(\frac{1}{k-1} - \frac{1}{2(k-1)^2} - \frac{1}{k}\right).$$

记 $b_n = \sum\limits_{k=n+1}^{\infty}\left(\dfrac{1}{k-1} - \dfrac{1}{2(k-1)^2} - \dfrac{1}{k}\right)$, 下面证明正项级数 $\sum\limits_{n=1}^{\infty} b_n$ 发散.
因为

$$c_n = n\sum_{k=n+1}^{\infty}\left(\frac{1}{k-1} - \frac{1}{k} - \frac{1}{2(k-1)(k-2)}\right) < nb_n$$

$$< n \sum_{k=n+1}^{\infty} \left(\frac{1}{k-1} - \frac{1}{k} - \frac{1}{2k(k-2)} \right) = \frac{1}{2},$$

而当 $n \to \infty$ 时, $c_n = \dfrac{n-2}{2(n-1)} \to \dfrac{1}{2}$, 所以 $\lim\limits_{n \to \infty} n b_n = \dfrac{1}{2}$.

根据比较判别法可知, 级数 $\sum\limits_{n=1}^{\infty} b_n$ 发散. 因此, 正项级数 $\sum\limits_{n=1}^{\infty} (a_n - C)$ 发散.

2017 年第九届全国大学生数学竞赛决赛试卷及答案

一、(每小题 6 分, 共 30 分)

(1) 极限 $\lim\limits_{x \to 0^+} \dfrac{\tan x - \sin x}{x \ln\left(1 + \sin^2 x\right)} = \underline{\hspace{2cm}}$.

解 $\lim\limits_{x \to 0^+} \dfrac{\tan x - \sin x}{x \ln\left(1 + \sin^2 x\right)} = \dfrac{1}{2}$.

(2) 设一平面过原点和点 $(6, -3, 2)$, 且与平面 $4x - y + 2z = 8$ 垂直, 则此平面方程为_____.

解 此平面方程为: $2x + 2y - 3z = 0$.

(3) 设函数 $f(x, y)$ 具有一阶连续偏导数, 满足 $\mathrm{d}f(x, y) = y\mathrm{e}^y \mathrm{d}x + x\left(1 + y\right) \times \mathrm{e}^y \mathrm{d}y$, 及 $f(0, 0) = 0$, 则 $f(x, y) = \underline{\hspace{2cm}}$.

解 $f(x, y) = xy\mathrm{e}^y$.

(4) 满足 $\dfrac{\mathrm{d}u(t)}{\mathrm{d}t} = u(t) + \displaystyle\int_0^1 u(t)\,\mathrm{d}t$ 及 $u(0) = 1$ 的可微函数 $u(t) = \underline{\hspace{2cm}}$.

解 $u(t) = \dfrac{2\mathrm{e}^t - \mathrm{e} + 1}{3 - \mathrm{e}}$.

(5) 设 a, b, c, d 是互不相同的正实数, x, y, z, w 是实数, 满足 $a^x = bcd$, $b^y = cda$, $c^z = dab$, $d^w = abc$, 则行列式 $\begin{vmatrix} -x & 1 & 1 & 1 \\ 1 & -y & 1 & 1 \\ 1 & 1 & -z & 1 \\ 1 & 1 & 1 & -w \end{vmatrix} = \underline{\hspace{2cm}}$.

解 $\begin{vmatrix} -x & 1 & 1 & 1 \\ 1 & -y & 1 & 1 \\ 1 & 1 & -z & 1 \\ 1 & 1 & 1 & -w \end{vmatrix} = 0$.

二、(11 分) 设函数 $f(x)$ 在区间 $(0, 1)$ 连续, 且存在两两互异的点 $x_1, x_2, x_3, x_4 \in (0, 1)$, 使得

$$\alpha = \frac{f(x_1) - f(x_2)}{x_1 - x_2} < \frac{f(x_3) - f(x_4)}{x_3 - x_4} = \beta,$$

证明: 对任意 $\lambda \in (\alpha, \beta)$, 存在互异的点 $x_5, x_6 \in (0,1)$, 使得 $\lambda = \dfrac{f(x_5) - f(x_6)}{x_5 - x_6}$.

证明 不妨设 $x_1 < x_2, x_3 < x_4$, 考虑辅助函数

$$F(t) = \frac{f((1-t)x_2 + tx_4) - f((1-t)x_1 + tx_3)}{(1-t)(x_2 - x_1) + t(x_4 - x_3)},$$

则 $F(t)$ 在闭区间 $[0,1]$ 上连续, 且 $F(0) = \alpha < \lambda < \beta = F(1)$. 根据连续函数介值定理, 存在 $t_0 \in (0,1)$, 使得 $F(t_0) = \lambda$.

令 $x_5 = (1-t_0)x_1 + t_0 x_3, x_6 = (1-t_0)x_2 + t_0 x_4$, 则 $x_5, x_6 \in (0,1), x_5 < x_6$ 且

$$\lambda = F(t_0) = \frac{f(x_5) - f(x_6)}{x_5 - x_6}.$$

三、(11 分) 设函数 $f(x)$ 在区间 $[0,1]$ 上连续且 $\displaystyle\int_0^1 f(x)\,\mathrm{d}x \neq 0$, 证明: 在区间 $[0,1]$ 上存在三个不同的点 x_1, x_2, x_3, 使得

$$\frac{\pi}{8} \int_0^1 f(x)\,\mathrm{d}x = \left[\frac{1}{1 + x_1^2} \int_0^{x_1} f(t)\,\mathrm{d}t + f(x_1)\arctan x_1 \right]$$
$$= \left[\frac{1}{1 + x_2^2} \int_0^{x_2} f(t)\,\mathrm{d}t + f(x_2)\arctan x_2 \right](1 - x_3).$$

证明 令 $F(x) = \dfrac{4}{\pi} \dfrac{\arctan x \displaystyle\int_0^x f(t)\,\mathrm{d}t}{\displaystyle\int_0^1 f(t)\,\mathrm{d}t}$, 则 $F(0) = 0, F(1) = 1$ 且函数

$F(x)$ 在闭区间 $[0,1]$ 上可导. 根据介值定理, 存在点 $x_3 \in (0,1)$, 使 $F(x_3) = \dfrac{1}{2}$.

再分别在区间 $[0, x_3]$ 与 $[x_3, 1]$ 上利用拉格朗日中值定理, 存在 $x_1 \in (0, x_3)$, 使 $F(x_3) - F(0) = F'(x_1)(x_3 - 0)$, 即

$$\frac{\pi}{8} \int_0^1 f(x)\,\mathrm{d}x = \left[\frac{1}{1 + x_1^2} \int_0^{x_1} f(t)\,\mathrm{d}t + f(x_1)\arctan x_1 \right] x_3,$$

且存在 $x_2 \in (x_3, 1)$, 使得 $F(1) - F(x_3) = F'(x_2)(1 - x_3)$, 即

$$\frac{\pi}{8} \int_0^1 f(x)\,\mathrm{d}x = \left[\frac{1}{1 + x_1^2} \int_0^{x_2} f(t)\,\mathrm{d}t + f(x_2)\arctan x_2 \right](1 - x_3).$$

四、(12 分) 求极限: $\displaystyle\lim_{n \to \infty} \left[\sqrt[n+1]{(n+1)!} - \sqrt[n]{n!} \right]$.

解 注意到 $\sqrt[n+1]{(n+1)!} - \sqrt[n]{n!} = n\left[\dfrac{\sqrt[n+1]{(n+1)!}}{\sqrt[n]{n!}} - 1\right] \cdot \dfrac{\sqrt[n]{n!}}{n}$, 而

$$\lim_{n \to \infty} \frac{\sqrt[n]{n!}}{n} = \mathrm{e}^{\lim\limits_{n \to \infty} \frac{1}{n} \sum\limits_{k=1}^{n} \ln \frac{k}{n}} = \mathrm{e}^{\int_0^1 \ln x \mathrm{d}x} = \frac{1}{\mathrm{e}},$$

$$\frac{\sqrt[n+1]{(n+1)!}}{\sqrt[n]{n!}} = \sqrt[(n+1)n]{\frac{[(n+1)!]^n}{(n!)^{n+1}}} = \sqrt[(n+1)n]{\frac{(n+1)^{n+1}}{(n+1)!}} = \mathrm{e}^{-\frac{1}{n}\frac{1}{n+1} \sum\limits_{k=1}^{n+1} \ln \frac{k}{n+1}},$$

利用等价无穷小替换 $\mathrm{e}^x - 1 \sim x \, (x \to 0)$, 得

$$\lim_{n \to \infty} n\left[\frac{\sqrt[n+1]{(n+1)!}}{\sqrt[n]{n!}} - 1\right] = -\lim_{n \to \infty} \frac{1}{n+1} \sum_{k=1}^{n+1} \ln \frac{k}{n+1} = -\int_0^1 \ln x \mathrm{d}x = 1,$$

因此, 所求极限为

$$\lim_{n \to \infty} \sqrt[n+1]{(n+1)!} - \sqrt[n]{n!} = \lim_{n \to \infty} \frac{\sqrt[n]{n!}}{n} \cdot \lim_{n \to \infty} n\left[\frac{\sqrt[n+1]{(n+1)!}}{\sqrt[n]{n!}} - 1\right] = \frac{1}{\mathrm{e}}.$$

五、(12 分) 设 $\boldsymbol{x} = (x_1, x_2, \cdots, x_n)^{\mathrm{T}} \in \mathbf{R}^n$, 定义

$$H_n = \sum_{i=1}^{n} x_i^2 - \sum_{i=1}^{n-1} x_i x_{i+1}, \quad n \geqslant 2.$$

(1) 证明: 对任一非零 $x \in \mathbf{R}^n$, $H(x) > 0$;

(2) 求 $H(x)$ 满足条件 $x_n = 1$ 的最小值.

解 (1) 二次型 $H_n = \sum\limits_{i=1}^{n} x_i^2 - \sum\limits_{i=1}^{n-1} x_i x_{i+1}$ 的矩阵为

$$\boldsymbol{A} = \begin{pmatrix} 1 & -\dfrac{1}{2} & & & \\ -\dfrac{1}{2} & 1 & -\dfrac{1}{2} & & \\ & -\dfrac{1}{2} & \ddots & \ddots & \\ & & \ddots & 1 & -\dfrac{1}{2} \\ & & & -\dfrac{1}{2} & 1 \end{pmatrix}.$$

因为 $\boldsymbol{A}$ 实对称, 其任意 k 阶顺序主子式 $\Delta_k > 0$, 所以 $\boldsymbol{A}$ 正定, 故结论成立.

(2) 对 $\boldsymbol{A}$ 作分块如下 $\boldsymbol{A} = \begin{pmatrix} \boldsymbol{A}_{n-1} & \boldsymbol{\alpha} \\ \boldsymbol{\alpha}^{\mathrm{T}} & 1 \end{pmatrix}$, 其中 $\boldsymbol{\alpha} = \left(0, \cdots, 0, -\dfrac{1}{2}\right)^{\mathrm{T}} \in$

$\mathbf{R}^{n-1}$, 取可逆矩阵 $\boldsymbol{P} = \begin{pmatrix} \boldsymbol{I}_{n-1} & -\boldsymbol{A}_{n-1}^{-1}\boldsymbol{\alpha} \\ \boldsymbol{0} & 1 \end{pmatrix}$, 则

$$\boldsymbol{P}^{\mathrm{T}}\boldsymbol{A}\boldsymbol{P} = \begin{pmatrix} \boldsymbol{A}_{n-1} & \boldsymbol{0} \\ \boldsymbol{0} & 1 - \boldsymbol{\alpha}^{\mathrm{T}}\boldsymbol{A}_{n-1}^{-1}\boldsymbol{\alpha} \end{pmatrix} = \begin{pmatrix} \boldsymbol{A}_{n-1} & \boldsymbol{0} \\ \boldsymbol{0} & a \end{pmatrix},$$

其中 $a = 1 - \boldsymbol{\alpha}^{\mathrm{T}}\boldsymbol{A}_{n-1}^{-1}\boldsymbol{\alpha}$.

记 $\boldsymbol{x} = \boldsymbol{P}(\boldsymbol{x}_0, 1)^{\mathrm{T}}$, 其中 $\boldsymbol{x}_0 = (x_1, x_2, \cdots, x_{n-1})^{\mathrm{T}} \in \mathbf{R}^{n-1}$, 因为

$$H(\boldsymbol{x}) = \boldsymbol{x}^{\mathrm{T}}\boldsymbol{A}\boldsymbol{x} = (\boldsymbol{x}_0^{\mathrm{T}}, 1)\,\boldsymbol{P}^{\mathrm{T}}\,(\boldsymbol{P}^{\mathrm{T}})^{-1}\begin{pmatrix} \boldsymbol{A}_{n-1} & \boldsymbol{0} \\ \boldsymbol{0} & a \end{pmatrix}\boldsymbol{P}^{-1}\boldsymbol{P}\begin{pmatrix} \boldsymbol{x}_0 \\ 1 \end{pmatrix} = \boldsymbol{x}_0^{\mathrm{T}}\boldsymbol{A}_{n-1}\boldsymbol{x}_0,$$

且 $\boldsymbol{A}_{n-1}$ 正定, 所以 $H(\boldsymbol{x}) = \boldsymbol{x}_0^{\mathrm{T}}\boldsymbol{A}_{n-1}\boldsymbol{x}_0 + a \geqslant a$, 当 $\boldsymbol{x} = \boldsymbol{P}(\boldsymbol{x}_0, 1)^{\mathrm{T}} = \boldsymbol{P}(0, 1)^{\mathrm{T}}$ 时. $H(\boldsymbol{x}) = a$. 因此, $H(\boldsymbol{x})$ 满足条件 $x_n = 1$ 的最小值为 a.

六、(12 分) 设函数 $f(x, y)$ 在区域 $D = \{(x, y) | x^2 + y^2 \leqslant a\}$ 上具有一阶连续偏导数, 且满足 $f(x, y)|_{x^2+y^2=a^2} = a$, 以及 $\max\limits_{(x,y)\in D}\left[\left(\dfrac{\partial f}{\partial x}\right)^2 + \left(\dfrac{\partial f}{\partial y}\right)^2\right] = a^2$, 其中 $a > 0$, 证明:

$$\left|\iint\limits_{D} f(x, y)\,\mathrm{d}x\mathrm{d}y\right| \leqslant \frac{4}{3}\pi a^4.$$

证明 在格林公式

$$\oint_{C} P(x, y)\,\mathrm{d}x + Q(x, y)\,\mathrm{d}y = \iint\limits_{D}\left(\frac{\partial Q}{\partial x} - \frac{\partial P}{\partial y}\right)\mathrm{d}x\mathrm{d}y$$

中, 依次取 $P = yf(x, y)$, $Q = 0$ 和 $P = 0$, $Q = xf(x, y)$, 分别可得

$$\iint\limits_{D} f(x, y)\mathrm{d}x\mathrm{d}y = -\oint_{C} yf(x, y)\,\mathrm{d}x - \iint\limits_{D} y\frac{\partial f}{\partial y}\mathrm{d}x\mathrm{d}y,$$

$$\iint\limits_{D} f(x, y)\mathrm{d}x\mathrm{d}y = \oint_{C} xf(x, y)\,\mathrm{d}y - \iint\limits_{D} x\frac{\partial f}{\partial x}\mathrm{d}x\mathrm{d}y,$$

两式相加，得

$$\iint\limits_{D} f(x,y)\mathrm{d}x\mathrm{d}y = \frac{a^2}{2}\oint_{C} -y\mathrm{d}x + x\mathrm{d}y - \frac{1}{2}\iint\limits_{D}\left(x\frac{\partial f}{\partial x} + y\frac{\partial f}{\partial y}\right)\mathrm{d}x\mathrm{d}y = I_1 + I_2.$$

对 I_1 再次利用格林公式, 得

$$I_1 = \frac{a^2}{2}\oint_{C} -y\mathrm{d}x + x\mathrm{d}y = a^2\iint\limits_{D}\mathrm{d}x\mathrm{d}y = \pi a^4.$$

对 I_2 的被积函数利用柯西不等式, 得

$$|I_2| \leqslant \frac{1}{2}\iint\limits_{D}\left|x\frac{\partial f}{\partial x} + y\frac{\partial f}{\partial y}\right|\mathrm{d}x\mathrm{d}y$$

$$\leqslant \frac{1}{2}\iint\limits_{D}\sqrt{x^2+y^2}\sqrt{\left(\frac{\partial f}{\partial x}\right)^2 + \left(\frac{\partial f}{\partial y}\right)^2}\mathrm{d}x\mathrm{d}y$$

$$\leqslant \frac{a}{2}\iint\limits_{D}\sqrt{x^2+y^2}\mathrm{d}x\mathrm{d}y = \frac{1}{3}\pi a^4.$$

因此, 有

$$\left|\iint\limits_{D} f(x,y)\,\mathrm{d}x\mathrm{d}y\right| \leqslant \pi a^4 + \frac{1}{3}\pi a^4 \leqslant \frac{4}{3}\pi a^4.$$

七、(12 分) 设 $0 < a_n < 1, n = 1,2,\cdots$, 且 $\displaystyle\lim_{n\to\infty}\frac{\ln\dfrac{1}{a_n}}{\ln n} = q$ (有限或 $+\infty$).

(1) 证明: 当 $q > 1$ 时级数 $\displaystyle\sum_{n=1}^{\infty} a_n$ 收敛, 当 $q < 1$ 时级数 $\displaystyle\sum_{n=1}^{\infty} a_n$ 发散.

(2) 讨论 $q = 1$ 时级数 $\displaystyle\sum_{n=1}^{\infty} a_n$ 的敛散性并阐述理由.

解 (1) 若 $q > 1$, 则 $\exists p \in \mathbf{R}$, 使得 $q > p > 1$. 根据极限性质, $\exists N \in \mathbf{Z}^+$, 使得

$\forall n > N$, 有 $\dfrac{\ln\dfrac{1}{a_n}}{\ln n} > p$, 即 $a_n < \dfrac{1}{n^p}$, 而 $p > 1$ 时 $\displaystyle\sum_{n=1}^{\infty}\frac{1}{n^p}$ 收敛, 所以 $\displaystyle\sum_{n=1}^{\infty} a_n$ 收敛.

　　若 $q < 1$, 则 $\exists p \in \mathbb{R}$, 使得 $q < p < 1$. 根据极限性质, $\exists N \in \mathbf{Z}^+$, 使得 $\forall n > N$,

有 $\dfrac{\ln \dfrac{1}{a_n}}{\ln n} < p$, 即 $a_n > \dfrac{1}{n^p}$, 而当 $p < 1$ 时 $\displaystyle\sum_{n=1}^{\infty} \dfrac{1}{n^p}$ 发散, 所以 $\displaystyle\sum_{n=1}^{\infty} a_n$ 发散.

　　(2) 当 $q = 1$ 时, 级数 $\displaystyle\sum_{n=1}^{\infty} a_n$ 可能收敛, 也可能发散.

　　例如: $a_n = \dfrac{1}{n}$ 满足条件, 但级数 $\displaystyle\sum_{n=1}^{\infty} a_n$ 发散;

　　又如: $a_n = \dfrac{1}{n \ln^2 n}$ 满足条件, 但级数 $\displaystyle\sum_{n=1}^{\infty} a_n$ 收敛.

2018 年第十届全国大学生数学竞赛决赛试卷及答案

一、填空题 (每小题 6 分, 共 30 分)

(1) 设函数 $y = \begin{cases} \dfrac{\sqrt{1 - a\sin^2 x} - b}{x^2}, & x \neq 0, \\ 2, & x = 0 \end{cases}$ 在 $x = 0$ 处连续, 则 $a + b$ 的

值为_____.

解 $a + b = -3$.

(2) 设 $a > 0$, 则 $\displaystyle\int_0^{+\infty} \frac{\ln x}{x^2 + a^2}\,\mathrm{d}x = $_____.

解 $\displaystyle\int_0^{+\infty} \frac{\ln x}{x^2 + a^2}\,\mathrm{d}x = \frac{\pi \ln a}{2a}$.

(3) 设曲线 L 是空间区域 $0 \leqslant x \leqslant 1, 0 \leqslant y \leqslant 1, 0 \leqslant z \leqslant 1$ 的表面与平面 $x + y + z = \dfrac{3}{2}$ 的交线, 则 $\left| \displaystyle\oint_L (z^2 - y^2)\mathrm{d}x + (x^2 - z^2)\mathrm{d}y + (y^2 - x^2)\mathrm{d}z \right| = $_____.

解 $\left| \displaystyle\oint_L (z^2 - y^2)\mathrm{d}x + (x^2 - z^2)\mathrm{d}y + (y^2 - x^2)\mathrm{d}z \right| = \dfrac{9}{2}$.

(4) 设函数 $z = z(x, y)$ 由方程 $F(x - y, z) = 0$ 确定, 其中 $F(u, v)$ 具有连续二阶偏导数, 则 $\dfrac{\partial^2 z}{\partial x \partial y} = $_____.

解 $\dfrac{\partial^2 z}{\partial x \partial y} = \dfrac{F_2^2 F_{11} - 2F_1 F_2 F_{12} + F_1^2 F_{22}}{F_2^3}$.

(5) 已知二次型 $f(x_1, x_2, \cdots, x_n) = \displaystyle\sum_{i=1}^n \left(x_i - \frac{x_1 + x_2 + \cdots + x_n}{n} \right)^2$, 则 f 的

规范形为_____.

解 f 的规范形为: $y_1^2 + y_2^2 + \cdots + y_{n-1}^2$.

二、(12 分) 设 $f(x)$ 在区间 $(-1, 1)$ 内三阶连续可导, 满足

$$f(0) = 0, \quad f'(0) = 1, \quad f''(0) = 0, \quad f'''(0) = -1,$$

又设数列 $\{a_n\}$ 满足 $a_1 \in (0, 1), a_{n+1} = f(a_n)(n = 1, 2, 3, \cdots)$, 严格单调减少且 $\displaystyle\lim_{n \to \infty} a_n = 0$, 计算 $\displaystyle\lim_{n \to \infty} na_n^2$.

解 由于 $f(x)$ 在区间 $(-1,1)$ 内三阶可导, $f(x)$ 在 $x=0$ 处有泰勒公式

$$f(x) = f(0) + f'(0)x + \frac{f''(0)}{2!}x^2 + \frac{f'''(0)}{3!}x^3 + o\left(x^3\right).$$

又 $f(0)=0, f'(0)=1, f''(0)=0, f'''(0)=-1$, 所以

$$f(x) = x - \frac{1}{6}x^3 + o\left(x^3\right).$$

由于 $a_1 \in (0,1)$, 数列 $\{a_n\}$ 严格单调且 $\lim\limits_{n\to\infty} a_n = 0$, 则 $a_n > 0$, 且 $\left\{\dfrac{1}{a_n^2}\right\}$ 为严格单调增加趋于正无穷的数列, 注意到 $a_{n+1} = f(a_n)$, 故由施托尔茨定理及式, 有

$$\lim_{n\to\infty} na_n^2 = \lim_{n\to\infty} \frac{n}{\dfrac{1}{a_n^2}} = \lim_{n\to\infty} \frac{1}{\dfrac{1}{a_{n+1}^2} - \dfrac{1}{a_n^2}}$$

$$= \lim_{n\to\infty} \frac{a_n^2 a_{n+1}^2}{a_n^2 - a_{n+1}^2} = \lim_{n\to\infty} \frac{a_n^2 f^2\left(a_n\right)}{a_n^2 - f^2\left(a_n\right)}$$

$$= \lim_{n\to\infty} \frac{a_n^2 \left(a_n - \dfrac{1}{6}a_n^3 + o\left(a_n^3\right)\right)^2}{a_n^2 - \left(a_n - \dfrac{1}{6}a_n^3 + o\left(a_n^3\right)\right)^2}$$

$$= \lim_{n\to\infty} \frac{a_n^4 - \dfrac{1}{3}a_n^6 + \dfrac{1}{36}a_n^8 + o\left(a_n^4\right)}{\dfrac{1}{3}a_n^4 - \dfrac{1}{36}a_n^6 + o\left(a_n^4\right)} = 3.$$

三、(12 分) 设 $f(x)$ 在 $(-\infty, +\infty)$ 上具有连续导数, 且 $|f(x)| \leqslant 1, f(x) > 0$, $x \in (-\infty, +\infty)$. 证明: 对于 $0 < \alpha < \beta$, 成立

$$\lim_{n\to\infty} \int_\alpha^\beta f'\left(nx - \frac{1}{x}\right) \mathrm{d}x = 0.$$

证明 令 $y = x - \dfrac{1}{nx}$, 则 $y' = 1 + \dfrac{1}{nx^2} > 0$, 故函数 $y(x)$ 在 $[\alpha, \beta]$ 上严格单调增加. 记 $y(x)$ 的反函数为 $x(y)$, 则定义在 $\left[\alpha - \dfrac{1}{n\alpha}, \beta - \dfrac{1}{n\beta}\right]$ 上, 且

$$x'(y) = \frac{1}{y'(x)} = \frac{1}{1 + \dfrac{1}{nx^2}} > 0.$$

于是 $\displaystyle\int_{\alpha}^{\beta} f'\left(nx-\frac{1}{x}\right)\mathrm{d}x = \int_{\alpha\frac{1}{n\alpha}}^{\beta\frac{1}{n\beta}} f'(ny)x'(y)\mathrm{d}y.$ 根据积分中值定理, 存在 $\xi_n \in \left[\alpha-\dfrac{1}{n\alpha}, \beta-\dfrac{1}{n\beta}\right]$, 使得

$$\int_{\alpha\frac{1}{n\alpha}}^{\beta-\frac{1}{n\beta}} f'(ny)x'(y)\mathrm{d}y = x'(\xi_n)\int_{\alpha\frac{1}{n\alpha}}^{\beta-\frac{1}{n\beta}} f'(ny)\mathrm{d}y$$

$$=\frac{x'(\xi_n)}{n}\left[f\left(n\beta-\frac{1}{\beta}\right) - f\left(n\alpha-\frac{1}{\alpha}\right)\right].$$

因此

$$\left|\int_{a}^{\beta} f'\left(nx-\frac{1}{x}\right)\mathrm{d}x\right| \leqslant \frac{|x'(\xi_n)|}{n}\left[\left|f\left(n\beta-\frac{1}{\beta}\right)\right| + \left|f\left(n\alpha-\frac{1}{\alpha}\right)\right|\right]$$

$$\leqslant \frac{2|x'(\xi_n)|}{n}.$$

注意到 $0 < x'(\xi_n) = \dfrac{1}{1+\dfrac{1}{n\xi_n^2}} < 1$, 则

$$\left|\int_{\alpha}^{\beta} f'\left(nx-\frac{1}{x}\right)\mathrm{d}x\right| \leqslant \frac{2}{n},$$

即

$$\lim_{n\to\infty}\int_{\alpha}^{\beta} f'\left(nx-\frac{1}{x}\right)\mathrm{d}x = 0.$$

四、(12 分) 计算三重积分 $\displaystyle\iiint\limits_{\Omega} \frac{1}{(1+x^2+y^2+z^2)^2}\mathrm{d}x\mathrm{d}y\mathrm{d}z$, 其中, $\Omega : 0 \leqslant x \leqslant 1$, $0 \leqslant y \leqslant 1, 0 \leqslant z \leqslant 1$.

解 采用 "先二后一" 法, 并利用对称性, 得

$$I = 2\int_{0}^{1} \mathrm{d}z \iint\limits_{D} \frac{\mathrm{d}x\mathrm{d}y}{(1+x^2+y^2+z^2)^2}, \quad 其中 D : 0 \leqslant x \leqslant 1, 0 \leqslant y \leqslant x.$$

交换积分次序, 得

$$I = \int_{0}^{\frac{\pi}{4}} \mathrm{d}\theta \int_{0}^{1} \left(\frac{1}{1+z^2} - \frac{1}{1+\sec^2\theta+z^2}\right)\mathrm{d}z$$

$$= \frac{\pi^2}{16} - \int_0^{\frac{\pi}{4}} \mathrm{d}\theta \int_0^1 \frac{1}{1 + \sec^2\theta + z^2} \mathrm{d}z.$$

作变量代换: $z = \tan t$, 并利用对称性, 得

$$\int_0^{\frac{\pi}{4}} \mathrm{d}\theta \int_0^1 \frac{1}{1 + \sec^2\theta + z^2} \mathrm{d}z = \int_0^{\frac{\pi}{4}} \mathrm{d}\theta \int_0^{\frac{\pi}{4}} \frac{\sec^2 t}{\sec^2\theta + \sec^2 t} \mathrm{d}t$$

$$= \int_0^{\frac{\pi}{4}} \mathrm{d}\theta \int_0^{\frac{\pi}{4}} \frac{\sec^2\theta}{\sec^2\theta + \sec^2 t} \mathrm{d}t$$

$$= \frac{1}{2} \int_0^{\frac{\pi}{4}} \mathrm{d}\theta \int_0^{\frac{\pi}{4}} \frac{\sec^2\theta + \sec^2 t}{\sec^2\theta + \sec^2 t} \mathrm{d}t$$

$$= \frac{1}{2} \times \frac{\pi^2}{16} = \frac{\pi^2}{32}.$$

所以, $I = \frac{\pi^2}{16} - \frac{1}{2}\frac{\pi^2}{16} = \frac{\pi^2}{32}.$

五、(12 分) 求级数 $\sum\limits_{n=1}^{+\infty} \frac{1}{3} \cdot \frac{2}{5} \cdot \frac{3}{7} \cdot \cdots \cdot \frac{n}{2n+1} \cdot \frac{1}{n+1}$ 之和.

解 级数通项

$$a_n = \frac{1}{3} \cdot \frac{2}{5} \cdot \frac{3}{7} \cdot \cdots \cdot \frac{n}{2n+1} \cdot \frac{1}{n+1}$$

$$= \frac{2(2n)!!}{(2n+1)!(n+1)} \left(\frac{1}{\sqrt{2}}\right)^{2n+2}.$$

令 $f(x) = \sum\limits_{n=0}^{\infty} \frac{(2n)!!}{(2n+1)!!(n+1)} x^{2n+2}$, 则收敛区间为 $(-1, 1)$, 于是

$$\sum_{n=1}^{\infty} a_n = 2\left[f\left(\frac{1}{\sqrt{2}}\right) - \frac{1}{2}\right].$$

由逐项可导性质, 得

$$f'(x) = 2\sum_{n=0}^{\infty} \frac{(2n)!!}{(2n+1)!!} x^{2n+1} = 2g(x),$$

其中 $g(x) = \sum\limits_{n=0}^{\infty} \dfrac{(2n)!!}{(2n+1)!!} x^{2n+1}$, 因为

$$
\begin{aligned}
g'(x) &= 1 + \sum_{n=1}^{\infty} \frac{(2n)!!}{(2n-1)!!} x^{2n} \\
&= 1 + x \sum_{n=1}^{\infty} \frac{(2n-2)!!}{(2n-1)!!} 2n x^{2n-1} \\
&= 1 + x \frac{\mathrm{d}}{\mathrm{d}x} \left(\sum_{n=1}^{\infty} \frac{(2n-2)!!}{(2n-1)!!} x^{2n} \right) \\
&= 1 + x \frac{\mathrm{d}}{\mathrm{d}x} [x g(x)],
\end{aligned}
$$

所以 $g(x)$ 满足 $g(0) = 0, g'(x) - \dfrac{x}{1-x^2} g(x) = \dfrac{1}{1-x^2}$. 解这个一阶线性方程, 得

$$
\begin{aligned}
g(x) &= \mathrm{e}^{\int \frac{x}{1-x^2} \mathrm{d}x} \left(\int \frac{1}{1-x^2} \mathrm{e}^{-\int \frac{x}{1-x^2} \mathrm{d}x} \mathrm{d}x + C \right) \\
&= \frac{\arcsin x}{\sqrt{1-x^2}} + \frac{C}{\sqrt{1-x^2}}.
\end{aligned}
$$

由 $g(0) = 0$ 得 $C = 0$, 故 $g(x) = \dfrac{\arcsin x}{\sqrt{1-x^2}}$, 所以

$$
f(x) = (\arcsin x)^2, \quad f\left(\frac{1}{\sqrt{2}} \right) = \frac{\pi^2}{16},
$$

且 $\sum\limits_{n=1}^{\infty} a_n = 2 \left(\dfrac{\pi^2}{16} - \dfrac{1}{2} \right) = \dfrac{\pi^2 - 8}{8}$.

六、(11 分) 设 $\boldsymbol{A}$ 是 n 阶幂零矩阵, 即满足 $\boldsymbol{A}^2 = \boldsymbol{O}$. 证明: 若 $\boldsymbol{A}$ 的秩为 r, 且 $1 \leqslant r < \dfrac{n}{2}$, 则存在 n 阶可逆矩阵 $\boldsymbol{P}$, 使得 $\boldsymbol{P}^{-1}\boldsymbol{A}\boldsymbol{P} = \begin{pmatrix} \boldsymbol{O} & \boldsymbol{I}_r & \boldsymbol{O} \\ \boldsymbol{O} & \boldsymbol{O} & \boldsymbol{O} \end{pmatrix}$, 其中 $\boldsymbol{I}_r$ 为 r 阶单位矩阵.

证明 存在 n 阶可逆矩阵 $\boldsymbol{H}, \boldsymbol{Q}$, 使得

$$
\boldsymbol{A} = \boldsymbol{H} \begin{pmatrix} \boldsymbol{I}_r & \boldsymbol{O} \\ \boldsymbol{O} & \boldsymbol{O} \end{pmatrix} \boldsymbol{Q}.
$$

因为 $A^2 = O$, 所以

$$A^2 = H \begin{pmatrix} I_r & O \\ O & O \end{pmatrix} Q H \begin{pmatrix} I_r & O \\ O & O \end{pmatrix} Q = O.$$

对 QH 作相应分块为 $QH = \begin{pmatrix} R_{11} & R_{12} \\ R_{21} & R_{22} \end{pmatrix}$, 则有

$$\begin{pmatrix} I_r & O \\ O & O \end{pmatrix} QH \begin{pmatrix} I_r & O \\ O & O \end{pmatrix} = \begin{pmatrix} I_r & O \\ O & O \end{pmatrix} \begin{pmatrix} R_{11} & R_{12} \\ R_{21} & R_{22} \end{pmatrix} \begin{pmatrix} I_r & O \\ O & O \end{pmatrix}$$

$$= \begin{pmatrix} R_{11} & O \\ O & O \end{pmatrix} = O.$$

因此, $R_{11} = O$. 而 $Q = \begin{pmatrix} O & R_{12} \\ R_{21} & R_{22} \end{pmatrix} H^{-1}$, 所以

$$A = H \begin{pmatrix} I_r & O \\ O & O \end{pmatrix} Q$$

$$= H \begin{pmatrix} I_r & O \\ O & O \end{pmatrix} \begin{pmatrix} O & R_{12} \\ R_{21} & R_{22} \end{pmatrix} H^{-1} = H \begin{pmatrix} O & R_{12} \\ O & O \end{pmatrix} H^{-1}.$$

显然, $r(A) = r(R_{12}) = r$, 所以 R_{12} 为行满秩矩阵.

因为 $r < \dfrac{n}{2}$, 所以存在可逆矩阵 S_1, S_2, 使得

$$S_1 R_{12} S_2 = (I_r, O).$$

令 $P = H \begin{pmatrix} S_1^{-1} & O \\ O & S_2 \end{pmatrix}$, 则有

$$P^{-1} A P = \begin{pmatrix} S_1 & O \\ O & S_2^{-1} \end{pmatrix} H^{-1} A H \begin{pmatrix} S_1^{-1} & O \\ O & S_2 \end{pmatrix} = \begin{pmatrix} O & I_r & O \\ O & O & O \end{pmatrix}.$$

七、(11 分) 设 $\{u_n\}_{n=1}^{\infty}$ 为单调递减的正实数列, $\lim\limits_{n \to \infty} u_n = 0$. $\{a_n\}_{n=1}^{\infty}$ 为一

实数列, 级数 $\sum\limits_{n=1}^{\infty} a_n u_n$ 收敛, 证明: $\lim\limits_{n \to \infty} (a_1 + a_2 + \cdots + a_n) u_n = 0$.

证明　$\sum\limits_{n=1}^{\infty} a_n u_n$ 收敛, 所以对任意给定的 $\varepsilon > 0$, 存在正整数 N_1, 使得当

$n > N_1$ 时, 有 $-\dfrac{\varepsilon}{2} < \sum\limits_{k=N_1}^{n} a_k u_k < \dfrac{\varepsilon}{2}$.

因为 $\{u_n\}_{n=1}^{\infty}$ 是单调递减的正数列, 所以

$$0 < \frac{1}{u_{N_1}} \leqslant \frac{1}{u_{N_1+1}} \leqslant \cdots \leqslant \frac{1}{u_n}.$$

注意到当 $m < n$ 时, 有

$$\sum_{k=m}^{n} (A_k - A_{k-1}) b_k = A_n b_n - A_{m-1} b_m + \sum_{k=m}^{n-1} (b_k - b_{k+1}) A_k.$$

令 $A_0 = 0, A_k = \sum\limits_{i=1}^{k} a_i (k = 1, 2, \cdots, n)$, 得到

$$\sum_{k=1}^{n} a_k b_k = A_n b_n + \sum_{k=1}^{n-1} (b_k - b_{k+1}) A_k.$$

下面证明: 对于任意正整数 n, 如果 $\{a_n\}, \{b_n\}$ 满足

$$b_1 \geqslant b_2 \geqslant \cdots \geqslant b_n \geqslant 0, \quad m \leqslant a_1 + a_2 + \cdots + a_n \leqslant M,$$

则有 $b_1 m \leqslant \sum\limits_{k=1}^{n} a_k b_k = b_1 M.$

事实上, $m \leqslant A_k \leqslant M, b_k - b_{k+1} \geqslant 0$, 即得到

$$mb_1 = mb_n + \sum_{k=1}^{n-1} (b_k - b_{k+1}) m \leqslant \sum_{k=1}^{n} a_k b_k$$

$$\leqslant Mb_n + \sum_{k=1}^{n-1} (b_k - b_{k+1}) M = Mb_1.$$

令 $b_1 = \dfrac{1}{u_n}, b_2 = \dfrac{1}{u_{n-1}}, \cdots$ 可以得到

$$-\frac{\varepsilon}{2} u_n^{-1} < \sum_{k=N_1}^{n} a_k < \frac{\varepsilon}{2} u_n^{-1},$$

即 $\left| \sum\limits_{k=N_1}^{n} a_k u_n \right| < \dfrac{\varepsilon}{2}$. 又由 $\lim\limits_{n\to\infty} u_n = 0$ 知, 存在正整数 N_2, 使得当 $n > N_2$ 时,

$$\left| (a_1 + a_2 + \cdots + a_{N_1 - 1}) u_n \right| < \frac{\varepsilon}{2}.$$

取 $N = \max\{N_1, N_2\}$, 则当 $n > N$ 时, 有

$$\left| (a_1 + a_2 + \cdots + a_n) u_n \right| < \frac{\varepsilon}{2} + \frac{\varepsilon}{2} = \varepsilon.$$

因此 $\lim\limits_{n\to\infty} (a_1 + a_2 + \cdots + a_n) u_n = 0.$

2019 年第十一届全国大学生数学竞赛决赛试卷及答案

一、填空题 (每小题 6 分, 共 30 分)

(1) 极限 $\lim\limits_{x \to \frac{\pi}{2}} \dfrac{(1 - \sqrt{\sin x})(1 - \sqrt[3]{\sin x}) \cdots (1 - \sqrt[n]{\sin x})}{(1 - \sin x)^n} = $ _____.

解 由等价无穷小,

$$\lim_{x \to \frac{\pi}{2}} \frac{1 - \sqrt[k]{\sin x}}{1 - \sin x} = \lim_{x \to \frac{\pi}{2}} \frac{1 - \sqrt[k]{1 + (\sin x - 1)}}{1 - \sin x}$$

$$= - \lim_{x \to \frac{\pi}{2}} \frac{\frac{1}{k}(\sin x - 1)}{1 - \sin x} = \frac{1}{k}.$$

故由极限的乘法法则, 得

$$原式 = \lim_{x \to \frac{\pi}{2}} \frac{1 - \sqrt{\sin x}}{1 - \sin x} \frac{1 - \sqrt[3]{\sin x}}{1 - \sin x} \cdots \cdot \frac{1 - \sqrt[n]{\sin x}}{1 - \sin x}$$

$$= \frac{1}{2} \cdot \frac{1}{3} \cdot \cdots \cdot \frac{1}{n} = \frac{1}{n!}.$$

(2) 设函数 $y = f(x)$ 由方程 $3x - y = 2\arctan(y - 2x)$ 所确定, 则曲线 $y = f(x)$ 在点 $P\left(1 + \dfrac{\pi}{2}, 3 + \pi\right)$ 处的切线方程为_____.

解 对方程 $3x - y = 2\arctan(y - 2x)$ 两边求导, 得 $3 - y' = 2\dfrac{y' - 2}{1 + (y - 2x)^2}$, 将点 P 的坐标代入, 得曲线 $y = f(x)$ 在 P 点的切线斜率为 $y' = \dfrac{5}{2}$. 因此, 切线方程为 $y - (3 + \pi) = \dfrac{5}{2}\left(x - 1 - \dfrac{\pi}{2}\right)$, 即 $y = \dfrac{5}{2}x + \dfrac{1}{2} - \dfrac{\pi}{4}$.

(3) 设平面曲线 L 的方程为 $Ax^2 + By^2 + Cxy + Dx + Ey + F = 0$, 且通过五个点 $P_1(-1, 0), P_2(0, -1), P_3(0, 1), P_4(2, -1), P_5(2, 1)$, 则 L 上任意两点之间的直线距离最大值为_____.

解 将所给点的坐标代入方程得

$$\begin{cases} A - D + F = 0, \\ B - E + F = 0, \\ B + E + F = 0, \\ 4A + B - 2C + 2D - E + F = 0, \\ 4A + B + 2C + 2D + E + F = 0. \end{cases}$$

解得曲线 L 的方程为 $x^2 + 3y^2 - 2x - 3 = 0$, 其标准形为 $\dfrac{(x-1)^2}{4} + \dfrac{y^2}{4/3} = 1$. 因此曲线 L 上两点间的最长直线距离为 4.

(4) 设 $f(x) = (x^2 + 2x - 3)^n \arctan^2 \dfrac{x}{3}$, 其中 n 为正整数, 则 $f^{(n)}(-3) =$ _____.

解 记 $g(x) = (x-1)^n \arctan^2 \dfrac{x}{3}$, 则

$$f(x) = (x+3)^n g(x).$$

利用莱布尼茨法则, 可得

$$f^{(n)}(x) = n!g(x) + \sum_{k=0}^{n-1} \mathrm{C}_n^k \left[(x+3)^n\right]^{(k)} g^{(n-k)}(x),$$

所以 $f^{(n)}(-3) = n!g(-3) = (-1)^n 4^{n-2} n! \pi^2$.

(5) 设函数 $f(x)$ 的导数 $f'(x)$ 在 $[0,1]$ 上连续, $f(0) = f(1) = 0$, 且满足 $\displaystyle\int_0^1 [f'(x)]^2 \mathrm{d}x - \int_0^1 f(x)\mathrm{d}x + \dfrac{4}{3} = 0$, 则 $f(x) =$ _____.

解 因为 $\displaystyle\int_0^1 f(x)\mathrm{d}x = -\int_0^1 xf'(x)\mathrm{d}x$, $\displaystyle\int_0^1 f'(x)\mathrm{d}x = 0$ 且 $\displaystyle\int_0^1 \left(4x^2 - 4x + 1\right)\mathrm{d}x = \dfrac{1}{3}$, 所以

$$\int_0^1 f'^2(x)\mathrm{d}x - 8\int_0^1 f(x)\mathrm{d}x + \dfrac{4}{3}$$

$$= \int_0^1 \left[f'^2(x) + 8xf'(x) - 4f'(x) + \left(16x^2 - 16x + 4\right)\right]\mathrm{d}x$$

$$= \int_0^1 \left[f'(x) + 4x - 2\right]^2 \mathrm{d}x = 0.$$

因此 $f'(x) = 2 - 4x$,

$$f(x) = 2x - 2x^2 + C.$$

由 $f(0) = 0$ 得 $C = 0$. 因此 $f(x) = 2x - 2x^2$.

二、(12 分) 求极限 $\displaystyle\lim_{n\to\infty} \sqrt{n}\left(1 - \sum_{k=1}^{n} \frac{1}{n + \sqrt{k}}\right)$.

解　记 $a_n = \sqrt{n}\left(1 - \displaystyle\sum_{k=1}^{n} \frac{1}{n + \sqrt{k}}\right)$, 则

$$a_n = \sqrt{n} \sum_{k=1}^{n} \left(\frac{1}{n} - \frac{1}{n + \sqrt{k}}\right)$$

$$= \sum_{k=1}^{n} \frac{\sqrt{k}}{\sqrt{n}(n + \sqrt{k})} \leqslant \frac{1}{n\sqrt{n}} \sum_{k=1}^{n} \sqrt{k}.$$

因为

$$\sum_{k=1}^{n} \sqrt{k} \leqslant \sum_{k=1}^{n} \int_{k}^{k+1} \sqrt{x}\mathrm{d}x$$

$$= \int_{1}^{n+1} \sqrt{x}\mathrm{d}x = \frac{2}{3}((n+1)\sqrt{n+1} - 1),$$

所以 $a_n < \dfrac{2}{3} \cdot \dfrac{(n+1)\sqrt{n+1}}{n\sqrt{n}} = \dfrac{2}{3}\left(1 + \dfrac{1}{n}\right)\sqrt{1 + \dfrac{1}{n}}$. 又

$$\sum_{k=1}^{n} \sqrt{k} \geqslant \sum_{k=1}^{n} \int_{k-1}^{k} \sqrt{x}\,\mathrm{d}x = \int_{0}^{n} \sqrt{x}\,\mathrm{d}x = \frac{2}{3}n\sqrt{n},$$

得 $a_n \geqslant \dfrac{1}{\sqrt{n}(n + \sqrt{n})} \displaystyle\sum_{k=1}^{n} \sqrt{k} \geqslant \dfrac{2}{3} \cdot \dfrac{n}{n + \sqrt{n}}$. 于是可得

$$\frac{2}{3} \cdot \frac{n}{n + \sqrt{n}} \leqslant a_n < \frac{2}{3}\left(1 + \frac{1}{n}\right)\sqrt{1 + \frac{1}{n}},$$

故由夹逼定理, 得

$$\lim_{n\to\infty} \sqrt{n}\left(1 - \sum_{k=1}^{n} \frac{1}{n + \sqrt{k}}\right) = \lim_{n\to\infty} a_n = \frac{2}{3}.$$

三、(12 分) 设 $F(x_1, x_2, x_3) = \displaystyle\int_0^{2\pi} f(x_1 + x_3 \cos\varphi, x_2 + x_3 \sin\varphi)\mathrm{d}\varphi$, 其中 $f(u, v)$ 具有二阶连续偏导数. 已知

$$\frac{\partial F(x_1, x_2, x_3)}{\partial x_i} = \int_0^{2\pi} \frac{\partial}{\partial x_i} f(x_1 + x_3 \cos\varphi, x_2 + x_3 \sin\varphi)\mathrm{d}\varphi,$$

$$\frac{\partial^2 F(x_1, x_2, x_3)}{\partial x_i^2} = \int_0^{2\pi} \frac{\partial^2}{\partial x_i^2} f(x_1 + x_3 \cos\varphi, x_2 + x_3 \sin\varphi)\mathrm{d}\varphi,$$

$i = 1, 2, 3$. 试求 $x_3 \left(\dfrac{\partial^2 F}{\partial x_1^2} + \dfrac{\partial^2 F}{\partial x_2^2} - \dfrac{\partial^2 F}{\partial x_3^2} \right) - \dfrac{\partial F}{\partial x_3}$ 并要求化简.

解 令 $u = x_1 + x_3 \cos\varphi, v = x_2 + x_3 \sin\varphi$, 利用复合函数求偏导法则易知

$$\frac{\partial f}{\partial x_1} = \frac{\partial f}{\partial u}, \quad \frac{\partial f}{\partial x_2} = \frac{\partial f}{\partial v}, \quad \frac{\partial f}{\partial x_3} = \cos\varphi \frac{\partial f}{\partial u} + \sin\varphi \frac{\partial f}{\partial v},$$

$$\frac{\partial^2 f}{\partial x_1^2} = \frac{\partial^2 f}{\partial u^2}, \quad \frac{\partial^2 f}{\partial x_2^2} = \frac{\partial^2 f}{\partial v^2},$$

$$\frac{\partial^2 f}{\partial x_3^2} = \frac{\partial^2 f}{\partial u^2} \cos^2\varphi + \frac{\partial^2 f}{\partial u \partial v} \sin 2\varphi + \frac{\partial^2 f}{\partial v^2} \sin^2\varphi,$$

所以

$$x_3 \left(\frac{\partial^2 F}{\partial x_1^2} + \frac{\partial^2 F}{\partial x_2^2} - \frac{\partial^2 F}{\partial x_3^2} \right)$$

$$= x_3 \left[\int_0^{2\pi} \frac{\partial^2 f}{\partial u^2} \mathrm{d}\varphi + \int_0^{2\pi} \frac{\partial^2 f}{\partial v^2} \mathrm{d}\varphi - \int_0^{2\pi} \left(\frac{\partial^2 f}{\partial u^2} \cos^2\varphi + \frac{\partial^2 f}{\partial u \partial v} \sin 2\varphi + \frac{\partial^2 f}{\partial v^2} \sin^2\varphi \right) \mathrm{d}\varphi \right]$$

$$= x_3 \int_0^{2\pi} \left(\frac{\partial^2 f}{\partial u^2} \sin^2\varphi - \frac{\partial^2 f}{\partial u \partial u} \sin 2\varphi + \frac{\partial^2 f}{\partial v^2} \cos^2\varphi \right) \mathrm{d}\varphi.$$

又由于 $\dfrac{\partial F}{\partial x_3} = \displaystyle\int_0^{2\pi} \left(\cos\varphi \dfrac{\partial f}{\partial u} + \sin\varphi \dfrac{\partial f}{\partial v} \right) \mathrm{d}\varphi$, 利用分部积分, 得

$$\frac{\partial F}{\partial x_3} = -\int_0^{2x} \sin\varphi \left(\frac{\partial^2 f}{\partial u^2} \frac{\partial u}{\partial \varphi} + \frac{\partial^2 f}{\partial u \partial v} \frac{\partial v}{\partial \varphi} \right) \mathrm{d}\varphi$$

$$+ \int_0^{2\pi} \cos\varphi \left(\frac{\partial^2 f}{\partial u \partial v} \frac{\partial u}{\partial \varphi} + \frac{\partial^2 f}{\partial v^2} \frac{\partial v}{\partial \varphi} \right) \mathrm{d}\varphi$$

$$= x_3 \int_0^{2\pi} \left(\frac{\partial^2 f}{\partial u^2} \sin^2 \varphi - \frac{1}{2} \sin 2\varphi \frac{\partial^2 f}{\partial u \partial v} \right) \mathrm{d}\varphi$$

$$- x_3 \int_0^{2n} \left(\frac{1}{2} \sin 2\varphi \frac{\partial^2 f}{\partial u \partial v} - \cos^2 \varphi \frac{\partial^2 f}{\partial v^2} \right) \mathrm{d}\varphi$$

$$= x_3 \int_0^{2\pi} \left(\frac{\partial^2 f}{\partial u^2} \sin^2 \varphi - \frac{\partial^2 f}{\partial u \partial v} \sin 2\varphi + \frac{\partial^2 f}{\partial v^2} \cos^2 \varphi \right) \mathrm{d}\varphi,$$

所以 $x_3 \left(\dfrac{\partial^2 F}{\partial x_1^2} + \dfrac{\partial^2 F}{\partial x_2^2} - \dfrac{\partial^2 F}{\partial x_3^2} \right) - \dfrac{\partial F}{\partial x_3} = 0.$

四、(10 分) 函数 $f(x)$ 在 $[0,1]$ 上具有连续导数, 且 $\displaystyle\int_0^1 f(x)\mathrm{d}x = \frac{5}{2}$, $\displaystyle\int_0^1 xf(x)\mathrm{d}x = \frac{3}{2}$. 证明: 存在 $\xi \in (0,1)$, 使得 $f'(\xi) = 3$.

证明 考虑积分 $\displaystyle\int_0^1 x(1-x)\,[3 - f'(x)]\,\mathrm{d}x$. 利用分部积分及题设条件, 得

$$\int_0^1 x(1-x)\,[3 - f'(x)]\,\mathrm{d}x$$

$$= x(1-x)[3x - f(x)]\Big|_0^1 - \int_0^1 (1-2x)[3x - f(x)]\mathrm{d}x$$

$$= \int_0^1 3x(2x-1)\mathrm{d}x + \int_0^1 (1-2x)f(x)\mathrm{d}x$$

$$= \left(2x^3 - \frac{3}{2}x^2 \right)\Big|_0^1 + \int_0^1 f(x)\mathrm{d}x - 2\int_0^1 xf(x)\mathrm{d}x$$

$$= 2 - \frac{3}{2} + \frac{5}{2} - 3 = 0.$$

根据积分中值定理, 存在 $\xi \in (0,1)$, 使得

$$\xi(1-\xi)\,[3 - f'(\xi)] = 0, \quad \text{即} \quad f'(\xi) = 3.$$

五、(12 分) 设 $B_1, B_2, \cdots, B_{2021}$ 为空间 $\mathbf{R}^3$ 中半径不为零的 2021 个球, $\boldsymbol{A} = (a_{ij})$ 为 2021 阶方阵, 其 (i,j) 元 a_{ij} 为球 B_i 与 B_j 相交部分的体积. 证明: 行列式 $|\boldsymbol{E} + \boldsymbol{A}| > 1$, 其中 $\boldsymbol{E}$ 为单位矩阵.

证明 记 Ω 为以原点, O 为球心且包含 $B_1, B_2, \cdots, B_{2021}$ 在内的球, 考察二

次型 $f = \sum\limits_{i=1}^{2021} \sum\limits_{j=1}^{2011} a_{ij}z_iz_j$. 注意到

$$a_{ij} = \iiint\limits_{\Omega} \chi_i(t,u,v)\chi_j(t,u,v)\mathrm{d}t\,\mathrm{d}u\,\mathrm{d}v,$$

其中 $\chi_i(t,u,v)$ 的定义为

$$\chi_i(t,u,v) = \begin{cases} 1, & (t,u,v) \in B_i, \\ 0, & (t,u,v) \in \Omega \setminus B_i. \end{cases}$$

于是有

$$\begin{aligned} f &= \sum_{i=1}^{2021} \sum_{j=1}^{2011} a_{ij}z_iz_j \\ &= \sum_{i=1}^{2011} \sum_{j=1}^{2021} \iiint [\chi_i(t,u,v)z_i][\chi_j(t,u,v)z_j]\,\mathrm{d}t\mathrm{d}u\mathrm{d}v \\ &= \iiint\limits_{\Omega} \sum_{i=1}^{2021} [\chi_i(t,u,v)z_i]^2\,\mathrm{d}t\,\mathrm{d}u\,\mathrm{d}v \geqslant 0. \end{aligned}$$

另一方面, 存在正交变换 $\boldsymbol{Z} = \boldsymbol{PY}$ 使得 f 化为

$$f = \lambda_1 y_1^2 + \lambda_2 y_2^2 + \cdots + \lambda_{2021}y_{2021}^2,$$

其中 $\lambda_1, \lambda_2, \cdots, \lambda_{2021}$ 为 $\boldsymbol{A}$ 的全部特征值. 因为二次型 $f \geqslant 0$, 所以 $\boldsymbol{A}$ 的特征值 $\lambda_i \geqslant 0(i=1,2,\cdots,2021)$. 于是

$$|\boldsymbol{E}+\boldsymbol{A}| = |\boldsymbol{P}^{-1}(\boldsymbol{E}+\boldsymbol{A})\boldsymbol{P}| = (1+\lambda_1)(1+\lambda_2)\cdots(1+\lambda_{2021}) \geqslant 1.$$

注意到 $\boldsymbol{A}$ 不是零矩阵, 所以至少有一个特征值 $\lambda_i > 0$, 故

$$|\boldsymbol{E}+\boldsymbol{A}| > 1.$$

六、(12 分) 设 Ω 是由光滑的简单封闭曲面 Σ 围成的有界闭区域, 函数 $f(x,y,z)$ 在 Ω 上具有连续二阶偏导数, 且 $f(x,y,z)|_{(x,y,z)\in\Sigma} = 0$. 记 ∇f 为 $f(x,y,z)$ 的梯度, 并令

$$\Delta f = \frac{\partial^2 f}{\partial x^2} + \frac{\partial^2 f}{\partial y^2} - \frac{\partial^2 f}{\partial z^2}.$$

证明: 对任意常数 $C > 0$, 恒有

$$C \iiint_{\Omega} f^2 \mathrm{d}x\mathrm{d}y\mathrm{d}z + \frac{1}{C} \iiint_{\Omega} (\Delta f)^2 \mathrm{d}x\mathrm{d}y\mathrm{d}z \geqslant 2 \iiint_{\Omega} |\nabla f|^2 \mathrm{d}x\mathrm{d}y\mathrm{d}z.$$

证明　首先利用高斯公式, 得

$$\iint_{\Sigma} f\frac{\partial f}{\partial x}\mathrm{d}y\mathrm{d}z + f\frac{\partial f}{\partial y}\mathrm{d}z\mathrm{d}x + f\frac{\partial f}{\partial z}\mathrm{d}x\mathrm{d}y$$

$$= \iiint_{\Omega} \left(f\Delta f + |\nabla f|^2 \right) \mathrm{d}x\mathrm{d}y\mathrm{d}z.$$

其中 Σ 取外侧. 因为 $f(x,y,z)\Big|_{(x,y,z)\in\Sigma} = 0$, 所以上式左端等于零.

利用柯西不等式, 得

$$\iiint_{\Omega} |\nabla f|^2 \mathrm{d}x\mathrm{d}y\mathrm{d}z = -\iiint_{\Omega} (f\Delta f)\mathrm{d}x\mathrm{d}y\mathrm{d}z$$

$$\leqslant \left(\iiint_{\Omega} f^2 \mathrm{d}x\mathrm{d}y\mathrm{d}z \right)^{1/2} \left(\iiint_{\Omega} (\Delta f)^2 \mathrm{d}x\mathrm{d}y\mathrm{d}z \right)^{1/2}.$$

故对任意常数 $C > 0$, 恒有 (利用均值不等式)

$$C \iiint_{\Omega} f^2 \mathrm{d}x\mathrm{d}y\mathrm{d}z + \frac{1}{C} \iiint_{\Omega} (\Delta f)^2 \mathrm{d}x\mathrm{d}y\mathrm{d}z$$

$$\geqslant 2 \left(\iiint_{\Omega} f^2 \mathrm{d}x\mathrm{d}y\mathrm{d}z \right)^{1/2} \left(\iiint_{\Omega} (\Delta f)^2 \mathrm{d}x\mathrm{d}y\mathrm{d}z \right)^{1/2}$$

$$\geqslant 2 \iiint_{\Omega} |\nabla f|^2 \mathrm{d}x\mathrm{d}y\mathrm{d}z.$$

七、(12 分) 设是正数列, 满足 $\dfrac{U_{n+1}}{u_n} = 1 - \dfrac{\alpha}{n} + o\left(\dfrac{1}{n^\beta} \right)$, 其中常数 $\alpha > 0, \beta > 1$.

(1) 对于 $v_n = n^\alpha u_n$, 判断级数 $\sum\limits_{n=1}^{\infty} \ln \dfrac{v_{n+1}}{v_n}$ 的敛散性;

(2) 讨论级数 $\sum\limits_{n=1}^{\infty} u_n$ 的敛散性.

(注: 设数列 $\{a_n\}, \{b_n\}$ 满足 $\lim\limits_{n\to\infty} a_n = 0, \lim\limits_{n\to\infty} b_n = 0$, 则 $a_n = o(b_n) \Leftrightarrow$ 存在常数 $M > 0$ 及正整数 N, 使得 $|a_n| \leqslant M|b_n|$ 对任意 $n > N$ 成立.)

解 (1) 注意到

$$\ln \frac{v_{n+1}}{v_n} = \alpha \ln\left(1 + \frac{1}{n}\right) + \ln \frac{u_{n+1}}{u_n}$$
$$= \left(\frac{\alpha}{n} + o\left(\frac{1}{n^2}\right)\right) + \left(-\frac{\alpha}{n} + \frac{\alpha^2}{n^2} + o\left(\frac{1}{n^\beta}\right)\right) = o\left(\frac{1}{n^\gamma}\right),$$

其中 $\gamma = \min\{2, \beta\} > 1$, 故存在常数 $C > 0$ 及正整数 N, 使得

$$\left| \ln \frac{v_{n+1}}{v_n} \right| \leqslant C \left| \frac{1}{n^\gamma} \right|$$

对任意 $n > N$ 成立, 所以级数 $\sum\limits_{n=1}^{\infty} \ln \frac{v_{n+1}}{v_n}$ 收敛.

(2) 因为 $\sum\limits_{k=1}^{n} \ln \frac{v_{k+1}}{v_k} = \ln v_{n+1} - \ln v_1$, 所以由 (1) 的结论可知, 极限 $\lim\limits_{n\to\infty} \ln v_n$ 存在. 令 $\lim\limits_{n\to\infty} \ln v_n = a$, 则 $\lim\limits_{n\to\infty} v_n = \mathrm{e}^a > 0$, 即 $\lim\limits_{n\to\infty} \frac{u_n}{1/n^\alpha} = \mathrm{e}^a > 0$.

根据正项级数的比较判别法, 级数 $\sum\limits_{n=1}^{\infty} u_n$ 当 $\alpha > 1$ 时收敛, 当 $\alpha < 1$ 时发散.

2020 年第十二届全国大学生数学竞赛决赛试卷及答案

一、填空题 (每小题 6 分, 共 30 分)

(1) 极限 $\lim\limits_{n \to \infty} \sum\limits_{k=1}^{n} \dfrac{k}{n^2} \sin^2 \left(1 + \dfrac{k}{n}\right) = $ _____.

解 $\lim\limits_{n \to x} \sum\limits_{k=1}^{n} \dfrac{k}{n^2} \sin^2 \left(1 + \dfrac{k}{n}\right) = \int_0^1 x \sin^2(1+x) \mathrm{d}x = \dfrac{1}{8}(2 - 2\sin 4 - \cos 4 + \cos 2)$.

(2) 设 $P_0(1, 1, -1), P_1(2, -1, 0)$ 为空间的两点, 则函数 $u = xyz + \mathrm{e}^{xyz}$ 在点 P_0 处沿 $\overrightarrow{P_0 P_1}$ 方向的方向导数为 _____.

解 $\overrightarrow{P_0 P_1}$ 方向的单位向量为 $\boldsymbol{l} = \dfrac{1}{\sqrt{6}}(1, -2, 1)$,

$$u_x|_{\rho_0} = yz\left(1 + \mathrm{e}^{xyz}\right)|_{P_0} = -\left(1 + \mathrm{e}^{-1}\right),$$

$$u_y|_{P_0} = xz\left(1 + \mathrm{e}^{xyz}\right)|_{P_0} = -\left(1 + \mathrm{e}^{-1}\right),$$

$$u_z|_{p_0} = xy\left(1 + \mathrm{e}^{xyz}\right)|_{p_0} = 1 + \mathrm{e}^{-1},$$

因此, 方向导数

$$\left.\frac{\partial u}{\partial \boldsymbol{l}}\right|_{f_0} = \frac{2}{\sqrt{6}}\left(1 + \mathrm{e}^{-1}\right).$$

(3) 记空间曲线 $\Gamma: \begin{cases} x^2 + y^2 + z^2 = a^2, \\ x + y + z = 0 \end{cases} (a > 0)$, 则积分 $\oint_{\Gamma} (1+x)^2 \mathrm{d}s = $ _____.

解 利用对称性, 得

$$\int_{\Gamma} (1+x)^2 \mathrm{d}s = \int_{\Gamma} \left(1 + 2x + x^2\right) \mathrm{d}s$$

$$= \int_{\Gamma} \mathrm{d}s + \frac{2}{3} \int_{\Gamma} (x + y + z) \mathrm{d}s + \frac{1}{3} \int_{\Gamma} \left(x^2 + y^2 + z^2\right) \mathrm{d}s$$

$$= \left(1 + \frac{a^2}{3}\right) \int_{\Gamma} \mathrm{d}s = 2\pi a \left(1 + \frac{a^2}{3}\right).$$

(4) 设矩阵 $\boldsymbol{A}$ 的伴随矩阵 $\boldsymbol{A}^* = \begin{pmatrix} 1 & & \\ & 16 & \\ & & 1 \end{pmatrix}$, 且 $|\boldsymbol{A}| > 0, \boldsymbol{A}\boldsymbol{B}\boldsymbol{A}^{-1} = \boldsymbol{B}\boldsymbol{A}^{-1} + 3\boldsymbol{I}$, 其中 $\boldsymbol{I}$ 为单位矩阵, 则 $\boldsymbol{B} = $_____.

解 由 $\boldsymbol{A}\boldsymbol{A}^* = |\boldsymbol{A}|\boldsymbol{I}$ 及 $|\boldsymbol{A}^*| = 16$ 可知, $|\boldsymbol{A}| = 4$. 对 $\boldsymbol{A}\boldsymbol{B}\boldsymbol{A}^{-1} = \boldsymbol{B}\boldsymbol{A}^{-1} + 3\boldsymbol{I}$ 的两边同时左乘 $\boldsymbol{A}^{-1}$ 右乘 $\boldsymbol{A}$ 得 $\boldsymbol{B} = \boldsymbol{A}^{-1}\boldsymbol{B} + 3\boldsymbol{I}$, 即 $\left(\boldsymbol{I} - \boldsymbol{A}^{-1}\right)\boldsymbol{B} = 3\boldsymbol{I}$, 所以

$$\boldsymbol{B} = 3\left(\boldsymbol{I} - \boldsymbol{A}^{-1}\right)^{-1} = 3\left(\boldsymbol{I} - \frac{1}{4}\boldsymbol{A}^*\right)^{-1} = \begin{pmatrix} 4 & & \\ & -1 & \\ & & 4 \end{pmatrix}.$$

(5) 函数 $u = x_1 + \dfrac{x_2}{x_1} + \dfrac{x_3}{x_2} + \dfrac{2}{x_3}$ $(x_i > 0, i = 1, 2, 3)$ 的所有极值点为_____.

解 利用均值不等式, 可知 $u(x_1, x_2, x_3) \geqslant 4\sqrt[4]{2}$. 另一方面, 有

$$\frac{\partial u}{\partial x_1} = 1 - \frac{x_2}{x_1^2}, \quad \frac{\partial u}{\partial x_2} = \frac{1}{x_1} - \frac{x_3}{x_2^2}, \quad \frac{\partial u}{\partial x_3} = \frac{1}{x_2} - \frac{2}{x_3^2}.$$

令 $\dfrac{\partial u}{\partial x_k} = 0 (k = 1, 2, 3)$, 即 $1 - \dfrac{x_2}{x_1^2} = 0, \dfrac{1}{x_1} - \dfrac{x_3}{x_2^2} = 0, \dfrac{1}{x_2} - \dfrac{2}{x_3^2} = 0$. 由此解得 u 在定义域内的唯一驻点 $P_0\left(2^{\frac{1}{4}}, 2^{\frac{1}{2}}, 2^{\frac{3}{4}}\right)$, 且 u 在该点取得最小值 $u(P_0) = 4\sqrt[4]{2}$, 这是函数唯一的极值. 因此 u 的唯一极值点为 $\left(2^{\frac{1}{4}}, 2^{\frac{1}{2}}, 2^{\frac{3}{4}}\right)$.

(注: 也可用通常的充分性条件 (黑塞矩阵正定) 判断驻点 P_0 为极小值点.)

二、(12 分) 求极限: $\lim\limits_{x \to 0} \dfrac{\sqrt{\dfrac{1+x}{1-x}} \cdot \sqrt[4]{\dfrac{1+2x}{1-2x}} \cdot \sqrt[6]{\dfrac{1+3x}{1-3x}} \cdot \cdots \cdot \sqrt[2n]{\dfrac{1+nx}{1-nx}} - 1}{3\pi \arcsin x - (x^2 + 1)\arctan^3 x}$, 其中 n 为正整数.

解 令 $f(x) = \sqrt{\dfrac{1+x}{1-x}} \cdot \sqrt[4]{\dfrac{1+2x}{1-2x}} \cdot \sqrt[6]{\dfrac{1+3x}{1-3x}} \cdot \cdots \cdot \sqrt[2n]{\dfrac{1+nx}{1-nx}}$, 则 $f(0) = 1$, 且

$$\ln f(x) = \frac{1}{2}\ln\frac{1+x}{1-x} + \frac{1}{4}\ln\frac{1+2x}{1-2x} + \frac{1}{6}\ln\frac{1+3x}{1-3x} + \cdots + \frac{1}{2n}\ln\frac{1+nx}{1-nx},$$

$$\frac{f'(x)}{f(x)} = \frac{1}{2}\left(\frac{1}{1+x} + \frac{1}{1-x}\right) + \frac{1}{4}\left(\frac{2}{1+2x} + \frac{2}{1-2x}\right) + \cdots + \frac{1}{2n}\left(\frac{n}{1+nx} + \frac{n}{1-nx}\right),$$

$$\ln f(x) = \frac{1}{2}\ln\frac{1+x}{1-x} + \frac{1}{4}\ln\frac{1+2x}{1-2x} + \frac{1}{6}\ln\frac{1+3x}{1-3x} + \cdots + \frac{1}{2n}\ln\frac{1+nx}{1-nx},$$

$$\frac{f'(x)}{f(x)} = \frac{1}{2}\left(\frac{1}{1+x} + \frac{1}{1-x}\right) + \frac{1}{4}\left(\frac{2}{1+2x} + \frac{2}{1-2x}\right) + \cdots + \frac{1}{2n}\left(\frac{n}{1+nx} + \frac{n}{1-nx}\right),$$

所以 $f'(0) = n$.

注意到 $\lim\limits_{x\to 0} \dfrac{\arcsin x}{x} = 1, \lim\limits_{x\to 0} \dfrac{\arctan x}{x} = 1$, 因此

$$原式 = \lim_{x\to 0} \frac{x}{3\pi \arcsin x - (x^2+1)\arctan^3 x} \cdot \frac{f(x)-f(0)}{x-0} = \frac{n}{3\pi}.$$

三、(12 分) 幂级数 $\sum\limits_{n=1}^{\infty} \left[1 - n\ln\left(1+\dfrac{1}{n}\right)\right] x^n$ 的收敛域.

解　记 $a_n = 1 - n\ln\left(1+\dfrac{1}{n}\right)$. 当 $n\to\infty$ 时, $a_n \sim \dfrac{1}{2n}$. 所以

$$R = \lim_{n\to\infty} \frac{a_n}{a_{n+1}} = \lim_{n\to\infty} \frac{n+1}{n} = 1.$$

显然, 级数 $\sum\limits_{n=1}^{\infty} a_n$ 发散.

为了证明 $\{a_n\}$ 是单调递减数列, 考虑函数 $f(x) = x\ln\left(1+\dfrac{1}{x}\right), x \geqslant 1$. 利用不等式: 当 $a > 0$ 时, $\ln(1+a) > \dfrac{a}{1+a}$, 得

$$f'(x) = \ln\left(1+\frac{1}{x}\right) - \frac{1}{1+x} > 0,$$

即 $f(x)$ 是 $[1, +\infty)$ 上的增函数, 所以

$$a_n - a_{n+1} = (n+1)\ln\left(1+\frac{1}{n+1}\right) - n\ln\left(1+\frac{1}{n}\right) > 0.$$

根据莱布尼茨审敛法, 级数 $\sum\limits_{n=1}^{\infty} (-1)^n a_n$ 收敛.

因此 $\sum\limits_{n=1}^{\infty} a_n x^n$ 的收敛域为 $[-1, 1)$.

四、(12 分) 设函数 $f(x)$ 在 $[a,b]$ 上连续, 在 (a,b) 内二阶可导, 且

$$f(a) = f(b) = 0, \qquad \int_a^b f(x)\mathrm{d}x = 0.$$

证明: (1) 存在互不相同的点 $x_1, x_2 \in (a,b)$, 使得 $f''(x_i) = f(x_i), i = 1, 2$;

(2) 存在 $\xi \in (a,b), \xi \neq x_i, i = 1, 2$, 使得 $f''(\xi) = f(\xi)$.

证明 (1) 令 $F(x) = \mathrm{e}^{-x} \int_a^x f(t)\mathrm{d}t$, 则 $F(a) = F(b) = 0$, 对 $F(x)$ 在 $[a,b]$ 上利用罗尔定理, 存在 $x_0 \in (a,b)$, 使得 $F'(x_0) = 0$, 即 $f(x_0) = \int_a^{x_0} f(t)\mathrm{d}t$.

再令 $G(x) = f(x) - \int_a^x f(t)\mathrm{d}t$, 则 $G(a) = G(x_0) = G(b) = 0$. 对 $G(x)$ 分别在 $[a, x_0]$ 与 $[x_0, b]$ 上利用罗尔定理, 存在 $x_1 \in (a, x_0)$ 及 $x_2 \in (x_0, b)$, 使得 $G'(x_1) = G'(x_2) = 0$, 即 $f'(x_i) = f(x_i), i = 1, 2$, 且 $x_1 \neq x_2$.

(2) 令 $\varphi(x) = \mathrm{e}^x [f'(x) - f(x)]$, 则 $\varphi(x_1) = \varphi(x_2) = 0$, 且

$$\varphi'(x) = \mathrm{e}^x [f'(x) - f(x)] + \mathrm{e}^x [f''(x) - f'(x)]$$

$$= \mathrm{e}^x [f''(x) - f(x)].$$

对 $\varphi(x)$ 在 $[x_1, x_2]$ 上利用罗尔定理, 存在 $\xi \in (x_1, x_2)$, 使 $\varphi'(\xi) = 0$, 即 $f^*(\xi) = f(\xi)$, 显然 $\xi \neq x_i, i = 1, 2$.

五、(12 分) 设 $\boldsymbol{A}$ 是 n 阶实对称矩阵, 证明:

(1) 存在实对称矩阵 $\boldsymbol{B}$, 使得 $\boldsymbol{B}^{2021} = \boldsymbol{A}$, 且 $\boldsymbol{AB} = \boldsymbol{BA}$;

(2) 存在一个多项式 $p(x)$, 使得上述矩阵 $\boldsymbol{B} = p(\boldsymbol{A})$;

(3) 上述矩阵 $\boldsymbol{B}$ 是唯一的.

证明 (1) 因为 $\boldsymbol{A}$ 是实对称矩阵, 所以存在正交矩阵 $\boldsymbol{Q}$, 使得 $\boldsymbol{A} = \boldsymbol{QDQ}^{\mathrm{T}}$, 其中 $\boldsymbol{D} = \mathrm{diag}(\lambda_1, \lambda_2, \cdots, \lambda_n)$, 而 $\lambda_i(i = 1, 2, \cdots, n)$ 为矩阵 $\boldsymbol{A}$ 的特征值.

令 $\boldsymbol{B} = \boldsymbol{QD}^{\frac{1}{2021}}\boldsymbol{Q}^{\mathrm{T}}$, 其中 $\boldsymbol{D}^{\frac{1}{2021}} = \mathrm{diag}\left(\lambda_1^{\frac{1}{2021}}, \lambda_2^{\frac{1}{2021}}, \cdots, \lambda_n^{\frac{1}{2021}}\right)$, 则

$$\boldsymbol{B}^{2021} = \left(\boldsymbol{QD}^{\frac{1}{2021}}\boldsymbol{Q}^{\mathrm{T}}\right)^{2021} = \boldsymbol{QDQ}^{\mathrm{T}} = \boldsymbol{A},$$

且满足

$$\boldsymbol{AB} = \boldsymbol{QDQ}^{\mathrm{T}}\boldsymbol{QD}^{\frac{1}{2021}}\boldsymbol{Q}^{\mathrm{T}} = \boldsymbol{QDD}^{\frac{1}{2021}}\boldsymbol{Q}^{\mathrm{T}} = \boldsymbol{QD}^{\frac{1}{2021}}\boldsymbol{DQ}^{\mathrm{T}}$$

$$= \boldsymbol{QD}^{\frac{1}{22121}}\boldsymbol{Q}^{\mathrm{T}}\boldsymbol{QDQ}^{\mathrm{T}} = \boldsymbol{BA}.$$

(2) 设 $\lambda_1, \lambda_2, \cdots, \lambda_s (1 \leqslant s \leqslant n)$ 是 $\boldsymbol{A}$ 的所有两两互异的特征值, 利用待定系数法及克拉默法则, 存在唯一的 s 次多项式 $p(x) = x^s + a_1 x^{s-1} + \cdots + a_{s-1}x + a_s$, 使得 $p(\lambda_i) = \lambda_i^{\frac{1}{2021}}(i = 1, 2, \cdots, s)$. 因为 $p(\boldsymbol{D}) = \boldsymbol{D}^{\frac{1}{2012}}$, 所以

$$p(\boldsymbol{A}) = p\left(\boldsymbol{QDQ}^{\mathrm{T}}\right) = \boldsymbol{Q}p(\boldsymbol{D})\boldsymbol{Q}^{\mathrm{T}} = \boldsymbol{QD}^{\frac{1}{2021}}\boldsymbol{Q}^{\mathrm{T}} = \boldsymbol{B}.$$

(3) 设另存在 n 阶实对称矩阵 $\boldsymbol{C}$ 使得 $\boldsymbol{C}^{2021} = \boldsymbol{A}$, 则 $\boldsymbol{B} = p(\boldsymbol{A}) = p\left(\boldsymbol{C}^{2021}\right)$, 所以 $\boldsymbol{BC} = p\left(\boldsymbol{C}^{2021}\right)\boldsymbol{C} = \boldsymbol{C}p\left(\boldsymbol{C}^{2021}\right) = \boldsymbol{CB}$. 由于 $\boldsymbol{B}, \boldsymbol{C}$ 都可相似对角化, 故存

在 n 阶可逆实矩阵 T 及实对角矩阵 D_1, D_2, 使得 $B = TD_1T^{-1}, C = TD_2T^{-1}$. 因此 $C^{2021} = A = B^{2021} \Rightarrow D_2^{2021} = D_1^{2021} \Rightarrow D_2 = D_1 \Rightarrow C = B$, 唯一性得证.

六、(12 分) 设 $A_n(x, y) = \sum\limits_{k=0}^{n} x^{n-k}y^k$, 其中 $0 < x, y < 1$, 证明:

$$\frac{2}{2-x-y} \leqslant \sum_{n=0}^{x} \frac{A_n(x, y)}{n+1} \leqslant \frac{1}{2}\left(\frac{1}{1-x} + \frac{1}{1-y}\right).$$

证法 1　当 $x = y$ 时, $\sum\limits_{n=0}^{\infty} \frac{A_n(x, x)}{n+1} = \sum\limits_{n=0}^{n} x^n = \frac{1}{1-x}$, 等式成立.

当 $x \neq y$ 时, 注意到 $A_n(x, y) = A_n(y, x)$, 故可设 $0 < x < y < 1$. 因为

$$\sum_{n=0}^{\infty} \frac{A_n(x, y)}{n+1} = \sum_{n=0}^{\infty} \frac{x^n}{n+1} \sum_{k=0}^{n} \left(\frac{y}{x}\right)^k = \frac{1}{y-x} \sum_{n=1}^{\infty} \frac{y^n - x^n}{n} = \frac{1}{y-x} \ln\frac{1-x}{1-y},$$

所以不等式化为

$$\frac{2}{2-x-y} \leqslant \frac{1}{y-x} \ln\frac{1-x}{1-y} \leqslant \frac{1}{2}\left(\frac{1}{1-x} + \frac{1}{1-y}\right).$$

对于 $0 \leqslant t < 1$, 有

$$\frac{1}{2}\ln\frac{1+t}{1-t} = \sum_{n=0}^{\infty} \frac{t^{2n+1}}{2n+1}, \quad \frac{1}{2}\left(\frac{1}{1-t} + \frac{1}{1+t}\right) = \frac{1}{1-t^2} = \sum_{n=0}^{\infty} t^{2n},$$

所以

$$t \leqslant \frac{1}{2}\ln\frac{1+t}{1-t} \leqslant \frac{t}{2}\left(\frac{1}{1-t} + \frac{1}{1+t}\right).$$

令 $t = \dfrac{y-x}{2-x-y}$, 则 $0 < t < 1$, 代入上式即得所证不等式.

证法 2　因为 $\dfrac{2}{2-x-y} = \sum\limits_{n=0}^{\infty} \left(\dfrac{x+y}{2}\right)^n$, $\dfrac{1}{1-x} = \sum\limits_{n=0}^{\infty} x^n$, 所以问题转化为

$$\sum_{n=0}^{x} \left(\frac{x+y}{2}\right)^n \leqslant \sum_{n=0}^{\infty} \frac{A_n(x, y)}{n+1} \leqslant \sum_{n=0}^{\infty} \frac{1}{2}\left(x^n + y^n\right).$$

这只需证明: 对任意 $n \geqslant 0$, 都有 $\left(\dfrac{x+y}{2}\right)^n \leqslant \dfrac{A_n(x, x)}{n+1} \leqslant \dfrac{1}{2}\left(x^n + y^n\right)$, 其中 $0 < x, y < 1$.

用数学归纳法. $n = 0, 1$ 时, 显然, 假设 $n = p$ 时, 结论成立, 当 $n = p+1$ 时,

$$A_{p+1}(x, y) = \sum_{k=0}^{p+1} x^{p+1-k} y^k = x^{p+1} + y A_p(x, y),$$

$$A_{p+1}(x, y) = \sum_{k=0}^{p+1} x^{p+1-k} y^k = y^{p+1} + x A_p(x, y),$$

$$\begin{aligned}
A_{p+1}(x, y) &= \frac{1}{2} \left(x^{p+1} + y^{p+1} \right) + \frac{1}{2}(x + y) A_p(x, y) \\
&= \frac{1}{2} \left(x^{p+1} + y^{p+1} \right) + \frac{p+1}{2}(x + y) \frac{A_p(x, y)}{p+1} \\
&\leqslant \frac{1}{2} \left(x^{p+1} + y^{p+1} \right) + \frac{p+1}{2}(x + y) \left(x^p + y^p \right) \\
&\leqslant \frac{1}{2} \left(x^{p+1} + y^{p+1} \right) + \frac{p+1}{2} \left(x^{p+1} + y^{p+1} \right), \quad (1)
\end{aligned}$$

所以 $A_{p+1}(x, y) \leqslant \dfrac{p+2}{2} \left(x^{p+1} + y^{p+1} \right)$. 另一方面, 仍由 (1) 式及归纳假设, 可得

$$A_{p+1}(x, y) \geqslant \left(\frac{x+y}{2} \right)^{p+1} + \frac{p+1}{2}(x+y) \left(\frac{x+y}{2} \right)^p = (p+2) \left(\frac{x+y}{2} \right)^{p+1},$$

因此, 所证不等式对任意 $n \geqslant 0$ 及 $0 < x, y < 1$ 都成立.

七、(10 分) 设 $f(x), g(x)$ 是 $[0, 1] \to [0, 1]$ 的连续函数, 且 $f(x)$ 单调增加, 求证:

$$\int_0^1 f(g(x)) \mathrm{d}x \leqslant \int_0^1 f(x) \mathrm{d}x + \int_0^1 g(x) \mathrm{d}x.$$

证明 令 $F(x) = f(x) - x$, 则问题转化为证明

$$\int_0^1 [F(g(x)) - F(x)] \mathrm{d}x \leqslant \int_0^1 x \mathrm{d}x = \frac{1}{2}.$$

这只需证明

$$F_{\max}(x) - \int_0^1 F(x) \mathrm{d}x \leqslant \frac{1}{2}, \quad \text{即} \int_0^1 F(x) \mathrm{d}x \geqslant F_{\max}(x) - \frac{1}{2}.$$

记 $\max F(x) = F(x_0) = a$, 由于 $0 \leqslant f(x) \leqslant 1$, 则 $-x \leqslant F(x) \leqslant 1 - x$, 所以 $a \leqslant 1$.

因为 $f(x)$ 单调增加, 当 $x \in [x_0, 1]$ 时, $f(x) \geqslant f(x_0)$, 即

$$F(x) + x \geqslant F(x_0) + x_0 = a + x_0,$$

所以

$$\int_0^1 F(x)\mathrm{d}x = \int_0^{x_0} F(x)\mathrm{d}x + \int_{x_0}^1 F(x)\mathrm{d}x \geqslant \int_0^{x_0} (-x)\mathrm{d}x + \int_{x_0}^1 (a + x_0 - x)\,\mathrm{d}x$$

$$= a - \frac{1}{2} + x_0 (1 - x_0) \geqslant a - \frac{1}{2} = \max F(x) - \frac{1}{2}.$$

2021 年第十三届全国大学生数学竞赛决赛试卷及答案

一、填空题 (每小题 6 分, 共 30 分)

(1) 已知 $\boldsymbol{a}$ 和 $\boldsymbol{b}$ 均为非零向量, 且 $|\boldsymbol{b}| = 1$, $\boldsymbol{a}$ 和 $\boldsymbol{b}$ 的夹角 $\langle \boldsymbol{a}, \boldsymbol{b} \rangle = \dfrac{\pi}{4}$, 则极限 $\lim\limits_{x \to 0} \dfrac{|\boldsymbol{a} + \boldsymbol{b}x| - |\boldsymbol{a}|}{x} = $ _____.

解 利用条件: $|\boldsymbol{b}| = 1$, $\langle \boldsymbol{a}, \boldsymbol{b} \rangle = \dfrac{\pi}{4}$, 得 $\boldsymbol{a} \cdot \boldsymbol{b} = |\boldsymbol{a}||\boldsymbol{b}| \cos \langle \boldsymbol{a}, \boldsymbol{b} \rangle = \dfrac{\sqrt{2}}{2}|\boldsymbol{a}|$, 所以

$$|\boldsymbol{a} + x\boldsymbol{b}|^2 = \boldsymbol{a}^2 + 2x\boldsymbol{a} \cdot \boldsymbol{b} + x^2 \boldsymbol{b}^2 = \boldsymbol{a}^2 + \sqrt{2}x|\boldsymbol{a}| + x^2.$$

因此

$$\begin{aligned}
\lim_{x \to 0} \frac{|\boldsymbol{a} + x\boldsymbol{b}| - |\boldsymbol{a}|}{x} &= \lim_{x \to 0} \frac{\sqrt{\boldsymbol{a}^2 + \sqrt{2}x|\boldsymbol{a}| + x^2} - |\boldsymbol{a}|}{x} \\
&= \lim_{x \to 0} \frac{\sqrt{2}|\boldsymbol{a}| + x}{\sqrt{\boldsymbol{a}^2 + \sqrt{2}x|\boldsymbol{a}| + x^2} + |\boldsymbol{a}|} = \frac{\sqrt{2}}{2}.
\end{aligned}$$

(2) 极限 $\lim\limits_{x \to 0} \left[2 - \dfrac{\ln(1+x)}{x} \right]^{\frac{2}{x}} = $ _____.

解 利用洛必达法则, 得 $\lim\limits_{x \to 0} \dfrac{x - \ln(1+x)}{x^2} = \dfrac{1}{2}$, 因此

$$\lim_{x \to 0} \left[2 - \frac{\ln(1+x)}{x} \right]^{\frac{2}{x}} = \lim_{x \to 0} \left[1 + \frac{x + \ln(1+x)}{x} \right]^{\frac{x}{x + \ln(1+x)} \cdot \frac{2[x - \ln(1+x)]}{x^2}} = \mathrm{e}.$$

(3) 积分 $\displaystyle\int_{\sqrt{2}}^{2} \dfrac{\mathrm{d}x}{x\sqrt{x^2 - 1}} = $ _____.

解 作变换 $x = \sec\theta$, 则

$$\int_{\sqrt{2}}^{2} \frac{\mathrm{d}x}{x\sqrt{x^2 - 1}} = \int_{\frac{\pi}{4}}^{\frac{\pi}{3}} \frac{\sec\theta\tan\theta\,\mathrm{d}\theta}{\sec\theta\tan\theta} = \int_{\frac{\pi}{4}}^{\frac{\pi}{3}} \mathrm{d}\theta = \frac{\pi}{3} - \frac{\pi}{4} = \frac{\pi}{12}.$$

(4) 设函数 $y = y(x)$ 由参数方程 $x = \dfrac{t}{1+t^2}$, $y = \dfrac{t^2}{1+t^2}$ 确定, 则曲线 $y = y(x)$ 在点 $\left(\dfrac{\sqrt{2}}{3}, \dfrac{2}{3}\right)$ 处的曲率 $k = $ _____.

解　易知, 对应点 $\left(\dfrac{\sqrt{2}}{3}, \dfrac{2}{3}\right)$ 的参数 $t = \sqrt{2}$. 利用参数方程求导法则, 得

$$\frac{\mathrm{d}y}{\mathrm{d}x} = \frac{2t}{1-t^2}, \quad \frac{\mathrm{d}^2y}{\mathrm{d}x^2} = \frac{2\left(1+t^2\right)^3}{\left(1-t^2\right)^3}.$$

所以, 当 $t = \sqrt{2}$ 时, $\dfrac{\mathrm{d}y}{\mathrm{d}x} = -2\sqrt{2}$, $\dfrac{\mathrm{d}^2y}{\mathrm{d}x^2} = -2\times 27$, 因此曲线 $y = y(x)$ 在 $\left(\dfrac{\sqrt{2}}{3}, \dfrac{2}{3}\right)$ 处的曲率

$$k = \frac{\left|\dfrac{\mathrm{d}^2y}{\mathrm{d}x^2}\right|}{\sqrt{\left(1+\left(\dfrac{\mathrm{d}y}{\mathrm{d}x}\right)^2\right)^3}} = \frac{2\times 27}{\sqrt{\left(1+\left(2\sqrt{2}\right)^2\right)^3}} = 2.$$

(5) 设 D 是由曲线 $\sqrt{x} + \sqrt{y} = 1$ 及两坐标轴围成的平面薄片型物件, 其密度函数为 $\rho(x, y) = \sqrt{x} + 2\sqrt{y}$, 则薄片物件 D 的质量 $M = $ _____.

解　$M = \displaystyle\iint\limits_{D} \left(\sqrt{x} + 2\sqrt{y}\right) \mathrm{d}x\mathrm{d}y$, 利用二重积分的对称性, 得

$$M = 3\iint\limits_{D} \sqrt{x}\,\mathrm{d}x\mathrm{d}y = 3\int_0^1 \sqrt{x}\,\mathrm{d}x \int_0^{\left(1-\sqrt{x}\right)^2} \mathrm{d}y = 3\int_0^1 \sqrt{x}\left(1-\sqrt{x}\right)^2 \mathrm{d}x.$$

作变量代换: $t = \sqrt{x}$, 得

$$M = 3\int_0^1 \sqrt{x}\left(1-\sqrt{x}\right)^2 \mathrm{d}x = 6\int_0^1 t^2(1-t)^2 \mathrm{d}t = \frac{1}{5}.$$

二、(12 分) 求区间 $[0,1]$ 上的连续函数 $f(x)$, 使之满足

$$f(x) = 1 + (1-x)\int_0^x yf(y)\mathrm{d}y + x\int_x^1 (1-y)f(y)\mathrm{d}y.$$

解　根据题设条件及等式可推知, 函数 $f(x)$ 在 $[0,1]$ 上二阶可导, 且 $f(0) = f(1) = 1$.

对等式两边关于 x 求导, 得

$$f'(x) = -\int_0^x yf(y)\mathrm{d}y + (1-x)xf(x) + \int_x^1 (1-y)f(y)\mathrm{d}y - x(1-x)f(x)$$

$$= -\int_0^x yf(y)\mathrm{d}y + \int_x^1 (1-y)f(y)\mathrm{d}y.$$

再对上式两边求导得

$$f''(x) = -xf(x) - (1-x)f(x) = -f(x),$$

即

$$f''(x) + f(x) = 0.$$

这是二阶常系数齐次线性微分方程, 易知其通解为

$$f(x) = C_1 \cos x + C_2 \sin x.$$

分别取 $x = 0$ 和 $x = 1$, 代入上式, 得

$$C_1 = 1, \quad C_2 = \frac{1 - \cos 1}{\sin 1} = \tan \frac{1}{2}.$$

因此所求函数为

$$f(x) = \cos x + \tan \frac{1}{2} \cdot \sin x \quad (0 \leqslant x \leqslant 1).$$

三、(12 分) 设曲面 Σ 是由锥面 $x = \sqrt{y^2 + z^2}$, 平面 $x = 1$, 以及球面 $x^2 + y^2 + z^2 = 4$ 围成的空间区域的外侧表面, 计算曲面积分:

$$I = \oiint_{\Sigma} \left[x^2 + f(xy)\right]\mathrm{d}y\mathrm{d}z + \left[y^2 + f(xz)\right]\mathrm{d}z\mathrm{d}x + \left[z^2 + f(yz)\right]\mathrm{d}x\mathrm{d}y,$$

其中 $f(u)$ 是具有连续导数的奇函数.

解 设 $P = x^2 + f(xy), Q = y^2 + f(xz), R = z^2 + f(yz)$, 则

$$\frac{\partial P}{\partial x} + \frac{\partial Q}{\partial y} + \frac{\partial R}{\partial z} = 2(x + y + z) + y\left[f'(xy) + f'(yz)\right].$$

因为奇函数 $f(u)$ 的导数是偶函数, 所以 $f'(xy) + f'(yz)$ 关于 y 是偶函数.

记 Ω 是以 Σ 为边界曲面的有界区域, 根据高斯公式, 并结合三重积分的对称性得

$$I = \iiint\limits_{\Omega} \left(\frac{\partial P}{\partial x} + \frac{\partial Q}{\partial y} + \frac{\partial R}{\partial z} \right) \mathrm{d}x\mathrm{d}y\mathrm{d}z = 2 \iiint\limits_{\Omega} x\mathrm{d}x\mathrm{d}y\mathrm{d}z$$

$$= 2 \int_0^{2\pi} \mathrm{d}\theta \int_0^{\frac{\pi}{4}} \mathrm{d}\varphi \int_{\frac{1}{\cos\varphi}}^2 \rho\cos\varphi \cdot \rho^2 \sin\varphi\mathrm{d}\rho$$

$$= \pi \int_0^{\frac{\pi}{4}} \cos\varphi \sin\varphi \left(16 - \frac{1}{\cos^4\varphi} \right) \mathrm{d}\varphi = 4\pi - \frac{\pi}{2} = \frac{7\pi}{2}.$$

四、(12 分) 设 $f(x)$ 是以 2π 为周期的周期函数,

$$f(x) \begin{cases} x, & 0 < x < \pi, \\ 0, & -\pi \leqslant x \leqslant 0. \end{cases}$$

试将函数 $f(x)$ 展开成傅里叶级数, 并求级数之和 $\displaystyle\sum_{n=1}^{\infty} \frac{(-1)^{n-1}}{n^2}$.

解 函数 $f(x)$ 在点 $x = (2k+1)\pi(k = 0,\ \pm 1,\ \pm 2,\ \cdots)$ 处不连续, 在其他点处连续, 根据收敛定理可知, $f(x)$ 的傅里叶级数收敛, 并且当 $x \neq (2k+1)\pi$ 时级数收敛于 $f(x)$, 当 $x = (2k+1)\pi$ 时级数收敛于 $\dfrac{f(-\pi-0)+f(\pi+0)}{2} = \dfrac{\pi}{2}$.

下面先计算 $f(x)$ 的傅里叶系数. $a_0 = \dfrac{1}{\pi} \displaystyle\int_{-\pi}^{\pi} f(x)\mathrm{d}x = \dfrac{1}{\pi} \int_0^{\pi} x\mathrm{d}x = \dfrac{\pi}{2}$, 且

$$a_n = \frac{1}{\pi} \int_{-\pi}^{\pi} f(x)\cos nx\mathrm{d}x = \frac{1}{\pi} \int_0^{\pi} x\cos nx\mathrm{d}x = \frac{(-1)^n - 1}{\pi n^2}, \quad n = 1, 2, \cdots,$$

$$b_n = \frac{1}{\pi} \int_{-\pi}^{\pi} f(x)\sin nx\mathrm{d}x = \frac{1}{\pi} \int_0^{\pi} x\sin nx\mathrm{d}x = \frac{(-1)^{n+1}}{n}, \quad n = 1, 2, \cdots.$$

因此当 $x \in (-\infty, +\infty)$, 且 $x \neq \pm\pi, \pm 3\pi, \cdots$ 时, 有

$$f(x) = \frac{\pi}{4} + \sum_{k=1}^{\infty} \left[\frac{(-1)^n - 1}{n^2\pi} \cos nx + \frac{(-1)^{n+1}}{n} \sin nx \right].$$

注意到 $x = 0$ 是 $f(x)$ 的连续点, 代入上式得

$$\frac{\pi}{4} + \sum_{n=1}^{\infty} \frac{(-1)^n - 1}{n^2\pi} = 0,$$

即

$$\sum_{n=1}^{\infty} \frac{1}{(2n-1)^2} = \frac{\pi^2}{8}.$$

又 $\sum_{n=1}^{\infty} \frac{1}{n^2} = \sum_{n=1}^{\infty} \frac{1}{(2n-1)^2} + \sum_{n=1}^{\infty} \frac{1}{(2n)^2} = \frac{\pi^2}{8} + \frac{1}{4} \sum_{n=1}^{\infty} \frac{1}{n^2}$, 由此解得 $\sum_{n=1}^{\infty} \frac{1}{n^2} = \frac{\pi^2}{6}$. 最后可得

$$\sum_{n=1}^{\infty} \frac{(-1)^{n-1}}{n^2} = \sum_{n=1}^{\infty} \frac{1}{(2n-1)^2} - \sum_{n=1}^{\infty} \frac{1}{(2n)^2} = \frac{\pi^2}{8} - \frac{1}{4} \cdot \frac{\pi^2}{6} = \frac{\pi^2}{12}.$$

(注: 对于最后一步, 若只给出结果 $\sum_{n=1}^{\infty} \frac{(-1)^{n-1}}{n^2} = \frac{\pi^2}{12}$, 则可得 2 分.)

五、(12 分) 设数列 $\{a_n\}$ 满足: $a_1 = \frac{\pi}{2}$, $a_{n+1} = a_n - \frac{1}{n+1} \sin a_n$, $n \geqslant 1$. 求证: 数列 $\{na_n\}$ 收敛.

证明 利用不等式: $x - \frac{x^3}{6} < \sin x < x \left(0 < x < \frac{\pi}{2}\right)$.

首先, 易知

$$0 < a_{n+1} < a_n < a_1 < \frac{6}{\pi} \quad (n \geqslant 2).$$

故由题设等式得 $(n+1)a_{n+1} = na_n + a_n - \sin a_n > na_n$, 所以 $\{na_n\}$ 是严格递增数列.

其次, 由于

$$\frac{1}{na_n} - \frac{1}{(n+1)a_{n+1}} < \frac{(n+1)a_{n+1} - na_n}{(na_n)^2} = \frac{a_n - \sin a_n}{(na_n)^2} < \frac{a_n^3}{6} \cdot \frac{1}{(na_n)^2} \leqslant \frac{a_1}{6n^2},$$

所以

$$\sum_{k=1}^{n} \left(\frac{1}{ka_k} - \frac{1}{(k+1)a_{k+1}} \right) < \frac{a_1}{6} \sum_{k=1}^{n} \frac{1}{k^2},$$

即

$$\frac{1}{a_1} - \frac{1}{(n+1)a_{n+1}} < \frac{a_1}{6} \sum_{k=1}^{n} \frac{1}{k^2} < \frac{a_1}{6} \cdot \frac{\pi^2}{6}.$$

解得

$$(n+1)a_{n+1} < \frac{a_1}{1 - \left(\frac{a_1\pi}{6}\right)^2}.$$

这就证明了数列 $\{na_n\}$ 严格递增且有上界, 因而收敛.

六、(10 分) 证明: $a^b + b^a \leqslant \sqrt{a} + \sqrt{b} \leqslant a^a + b^b$, 其中 $a > 0, b > 0, a + b = 1$.

证明　不妨设 $0 < a \leqslant \dfrac{1}{2} \leqslant b < 1$, 考虑函数 $f(x) = a^x + b^{1-x}$, 如能证明 $f(x)$ 在区间 $(0, b]$ 上单调减少, 则有 $f(b) \leqslant f\left(\dfrac{1}{2}\right) \leqslant f(a)$, 不等式得证.

对于 $x \in (0, b]$, 因为 $f'(x) = \ln a \cdot a^x - \ln b \cdot b^{1-x}, f''(x) = \ln^2 a \cdot a^x + \ln^2 b \cdot b^{1-x} > 0$, 所以 $f'(x) < f'(b)$, 故只需证 $f'(b) \leqslant 0$, 即 $\ln a \cdot a^b \leqslant \ln b \cdot b^a$ 或 $\dfrac{\ln a^a}{a^a} \leqslant \dfrac{\ln b^b}{b^b}$.

容易证明 $\dfrac{\ln x}{x}$ 是 $(0, e]$ 上的单调增函数, 问题归结为证 $0 < a^a < b^b \leqslant e$, 这等价于证 $\dfrac{\ln a}{1-a} < \dfrac{\ln b}{1-b}$, 而这由函数 $\dfrac{\ln x}{1-x}$ 在 $(0,1)$ 上单调增加即得.

(注: 补证函数 $g(x) = \dfrac{\ln x}{1-x}$ 在 $(0,1)$ 上单调增加. 利用 $\ln(1+x) < x(x > 0)$, 有

$$g'(x) = \frac{1}{(1-x)^2}\left[\frac{1}{x} - 1 - \ln\left(1 + \left(\frac{1}{x} - 1\right)\right)\right] > 0,$$

所以 $g(x)$ 在 $(0,1)$ 上单调增加.)

七、(12 分) 设 $\boldsymbol{A} = (a_{ij})$ 为 n 阶实矩阵, $\boldsymbol{\alpha}_1, \boldsymbol{\alpha}_2, \cdots, \boldsymbol{\alpha}_n$ 为 $\boldsymbol{A}$ 的 n 个列向量, 且均不为零. 证明: 矩阵 $\boldsymbol{A}$ 的秩满足

$$r(\boldsymbol{A}) \geqslant \sum_{i=1}^{n} \frac{a_{ii}^2}{\boldsymbol{\alpha}_i^{\mathrm{T}} \boldsymbol{\alpha}_i}.$$

证明　注意到用非零常数乘矩阵的列向量不改变矩阵的秩 $r(\boldsymbol{A})$, 故可设 $\boldsymbol{\alpha}_i^{\mathrm{T}} \boldsymbol{\alpha}_i = 1, i = 1, 2, \cdots, n$, 所以只需证明

$$r(\boldsymbol{A}) \geqslant \sum_{i=1}^{n} a_{ii}^2, \text{ 也即} r(\boldsymbol{A}) \geqslant \sum_{i=1}^{n} (\boldsymbol{e}_i^{\mathrm{T}} \boldsymbol{\alpha}_i)^2.$$

其中 $\boldsymbol{e}_i = (0, \cdots, 0, 1, 0, \cdots, 0)^{\mathrm{T}}$ 是第 i 个分量为 1、其余分量均为 0 的 n 维列向量.

令 $r(\boldsymbol{A}) = k$, 则由 $\boldsymbol{\alpha}_1, \boldsymbol{\alpha}_2, \cdots, \boldsymbol{\alpha}_n$ 的任一极大无关组并利用施密特正交化方法, 可得标准正交向量组 $\boldsymbol{\beta}_1, \boldsymbol{\beta}_2, \cdots, \boldsymbol{\beta}_k$. 易知, 向量组 $\boldsymbol{\alpha}_1, \boldsymbol{\alpha}_2, \cdots, \boldsymbol{\alpha}_n$ 与 $\boldsymbol{\beta}_1, \boldsymbol{\beta}_2, \cdots, \boldsymbol{\beta}_k$ 等价.

对任意 $i = 1, 2, \cdots, n$, 令

$$\boldsymbol{\alpha}_i = \sum_{j=1}^{k} x_j \boldsymbol{\beta}_j,$$

则由 $\boldsymbol{\beta}_1, \boldsymbol{\beta}_2, \cdots, \boldsymbol{\beta}_k$ 的标准正交性可知

$$x_j = \boldsymbol{\beta}_j^{\mathrm{T}} \boldsymbol{\alpha}_i, \quad j = 1, 2, \cdots, k,$$

所以 $\boldsymbol{\alpha}_i = \sum\limits_{j=1}^{k} \left(\boldsymbol{\beta}_j^{\mathrm{T}} \boldsymbol{\alpha}_i\right) \boldsymbol{\beta}_j$, 故 $\boldsymbol{e}_i^{\mathrm{T}} \boldsymbol{\alpha}_i = \sum\limits_{j=1}^{k} \left(\boldsymbol{\beta}_j^{\mathrm{T}} \boldsymbol{\alpha}_i\right) \left(\boldsymbol{e}_i^{\mathrm{T}} \boldsymbol{\beta}_j\right)$.

根据柯西–施瓦茨不等式, 并注意到 $\sum\limits_{j=1}^{k} \left(\boldsymbol{\beta}_j^{\mathrm{T}} \boldsymbol{\alpha}_i\right)^2 = \boldsymbol{\alpha}_i^{\mathrm{T}} \boldsymbol{\alpha}_i = 1$, 可得

$$\left(\boldsymbol{e}_i^{\mathrm{T}} \boldsymbol{\alpha}_i\right)^2 = \left(\sum_{j=1}^{k} \left(\boldsymbol{\beta}_j^{\mathrm{T}} \boldsymbol{\alpha}_i\right) \left(\boldsymbol{e}_i^{\mathrm{T}} \boldsymbol{\beta}_j\right)\right)^2 \leqslant \sum_{j=1}^{k} \left(\boldsymbol{\beta}_j^{\mathrm{T}} \boldsymbol{\alpha}_i\right)^2 \sum_{j=1}^{k} \left(\boldsymbol{e}_i^{\mathrm{T}} \boldsymbol{\beta}_j\right)^2 = \sum_{j=1}^{k} \left(\boldsymbol{e}_i^{\mathrm{T}} \boldsymbol{\beta}_j\right)^2,$$

$$\sum_{i=1}^{n} \left(\boldsymbol{e}_i^{\mathrm{T}} \boldsymbol{\alpha}_i\right)^2 \leqslant \sum_{j=1}^{k} \sum_{i=1}^{n} \left(\boldsymbol{e}_i^{\mathrm{T}} \boldsymbol{\beta}_j\right)^2 = \sum_{j=1}^{k} \left(\boldsymbol{\beta}_j^{\mathrm{T}} \boldsymbol{\beta}_j\right)^2 = k = r(\boldsymbol{A}).$$

2022 年第十四届全国大学生数学竞赛决赛试卷及答案

一、填空题 (每小题 6 分, 共 30 分)

(1) 极限 $\lim\limits_{x\to 0}\dfrac{\arctan x-x}{x-\sin x}=$_____.

解 利用洛必达法则, 得

$$\lim_{x\to 0}\frac{\arctan x-x}{x-\sin x}=\lim_{x\to 0}\frac{\dfrac{1}{1+x^2}-1}{1-\cos x}=-\lim_{x\to 0}\frac{1}{1+x^2}\cdot\frac{x^2}{1-\cos x}=-2.$$

(2) 设 $a>0$, 则 $\displaystyle\int_0^{+\infty}\frac{x^3}{\mathrm{e}^{ax}}\mathrm{d}x=$_____.

解 利用分部积分, 得

$$\int_0^{+\infty}\frac{x^3}{\mathrm{e}^{ax}}\mathrm{d}x=-\frac{1}{a}x^3\mathrm{e}^{-ax}\Big|_0^{+\infty}+\frac{3}{a}\int_0^{+\infty}x^2\mathrm{e}^{-ax}\mathrm{d}x=\frac{3}{a}\int_0^{+\infty}x^2\mathrm{e}^{-ax}\mathrm{d}x$$

$$=-\frac{3}{a^2}x^2\mathrm{e}^{-ax}\Big|_0^{+\infty}+\frac{6}{a^2}\int_0^{+\infty}x\mathrm{e}^{-ax}\mathrm{d}x=\frac{6}{a^2}\int_0^{+\infty}x\mathrm{e}^{-ax}\mathrm{d}x$$

$$=-\frac{6}{a^3}x\mathrm{e}^{-ax}\Big|_0^{+\infty}+\frac{6}{a^3}\int_0^{+\infty}\mathrm{e}^{-ax}\mathrm{d}x=-\frac{6}{a^4}\mathrm{e}^{-ax}\Big|_0^{+\infty}=\frac{6}{a^4}.$$

(3) 点 $M_0(2,2,2)$ 关于直线 $L:\dfrac{x-1}{3}=\dfrac{y+4}{2}=z-3$ 的对称点 M_1 的坐标为_____.

解 过点 $M_0(2,2,2)$ 且垂直于直线 L 的平面 π 的方程为

$$3(x-2)+2(y-2)+z-2=0,\quad 即\ 3x+2y+z-12=0.$$

将直线 $\dfrac{x-1}{3}=\dfrac{y+4}{2}=z-3$ 用参数方程可表示为 $x=3t+1,y=2t-4,z=t+3$, 代入平面 π 的方程, 得

$$3(3t+1)+2(2t-4)+(t+3)-12=0,\quad 解得\ t=1.$$

由此可得直线 L 与平面 π 的交点为 $P(4,-2,4)$. 注意到 P 是线段 M_0M_1 的中点, 利用中点公式即可解得对称点为 $M_1(6,-6,6)$.

(4) 二元函数 $f(x,y) = 3xy - x^3 - y^3 + 3$ 的所有极值的和等于_____.

解 易知 $\dfrac{\partial f}{\partial x} = 3y - 3x^2, \dfrac{\partial f}{\partial y} = 3x - 3y^2, \dfrac{\partial^2 f}{\partial x^2} = -6x, \dfrac{\partial^2 f}{\partial x \partial y} = 3, \dfrac{\partial^2 f}{\partial y^2} = -6y.$

令 $\dfrac{\partial f}{\partial x} = 0, \dfrac{\partial f}{\partial y} = 0,$ 解得 $f(x,y)$ 的驻点为 $(0,0), (1,1)$. 因为

$$B^2 - AC = \left(\frac{\partial^2 f}{\partial x \partial y}\right)^2 - \frac{\partial^2 f}{\partial x^2} \cdot \frac{\partial^2 f}{\partial x^2} = 9 - 36xy,$$

故在驻点 $(0,0)$ 处, $B^2 - AC = 9 > 0$, 所以 $f(x,y)$ 不存在极值; 在驻点 $(1,1)$ 处, $B^2 - AC = -27 < 0$, 且 $A = -6 < 0$, 所以 $f(x,y)$ 取得极大值 $f(1,1) = 4$.

因此, 函数 $f(x,y)$ 的所有极值的和等于 4.

(5) 幂级数 $\displaystyle\sum_{n=1}^{\infty} (-1)^n \frac{1}{n3^n} x^n$ 的收敛域为_____.

解 记 $a_n = (-1)^n \dfrac{1}{n3^n}$, 则级数的收敛半径

$$R = \lim_{n \to \infty} \left|\frac{a_n}{a_{n+1}}\right| = 3 \lim_{x \to 0} \frac{n}{n+1} = 3.$$

当 $x = 3$ 时, 级数成为 $\displaystyle\sum_{n=1}^{\infty} \frac{(-1)^n}{n}$, 利用莱布尼茨判别法, 可知 $\displaystyle\sum_{n=1}^{\infty} \frac{(-1)^n}{n}$ 收敛;

当 $x = -3$ 时, 级数成为调和级数 $\displaystyle\sum_{n=1}^{\infty} \frac{1}{n}$, 发散.

因此, 原级数的收敛域为 $(-3, 3]$.

二、$(10\ 分)$ 用正交变换将二次曲面的方程

$$x^2 - 2y^2 - 2z^2 - 4xy + 4xz + 8yz - 27 = 0$$

化为标准方程, 并说明该曲面是什么曲面.

解 设 $\boldsymbol{A} = \begin{pmatrix} 1 & -2 & 2 \\ -2 & -2 & 4 \\ 2 & 4 & -2 \end{pmatrix}, \boldsymbol{X} = (x, y, z)^{\mathrm{T}}$, 则曲面方程为 $\boldsymbol{X}^{\mathrm{T}} \boldsymbol{A} \boldsymbol{X} = 27$.

易知, A 的特征多项式为

$$|\lambda E - A| = \begin{vmatrix} \lambda-1 & 2 & -2 \\ 2 & \lambda+2 & -4 \\ -2 & -4 & \lambda+2 \end{vmatrix} = (\lambda-2)^2(\lambda+7),$$

所以 A 的特征值为 $\lambda_1 = 2$ (二重), $\lambda_2 = -7$.

对于 $\lambda_1 = 2$, 解齐次线性方程组 $(\lambda_1 E - A)X = 0$, 求得对应的线性无关的特征向量为 $\alpha_1 = (-2,1,0)^\mathrm{T}, \alpha_2 = (2,0,1)^\mathrm{T}$, 利用施密特正交化方法, 得

$$\beta_1 = \frac{1}{\sqrt{5}}(-2,1,0)^\mathrm{T}, \quad \beta_2 = \frac{1}{3\sqrt{5}}(2,4,5)^\mathrm{T}.$$

对于 $\lambda_2 = -7$, 解齐次线性方程组 $(\lambda_2 E - A)X = 0$, 求得对应的单位化特征向量为

$$\beta_3 = \frac{1}{3}(1,2,-2)^\mathrm{T}.$$

取正交矩阵 $Q = (\beta_1, \beta_2, \beta_3)$, 令 $X' = (x',y',z')^\mathrm{T}$, 则正交变换 $X = QX'$ 将曲面的方程 $X^\mathrm{T}AX = 27$ 可化为如下标准方程

$$2x'^2 + 2y'^2 - 7z'^2 = 27,$$

这是单叶双曲面.

三、(12 分) 设函数 $f(x), g(x)$ 在 $(-\infty, +\infty)$ 上具有二阶连续导数, $f(0) = g(0) = 1$, 且对 xOy 平面上的任一简单闭曲线 C, 曲线积分

$$\oint_C [y^2 f(x) + 2ye^x - 8yg(x)]\,\mathrm{d}x + 2[yg(x) + f(x)]\mathrm{d}y = 0,$$

求函数 $f(x), g(x)$.

解　记 $P(x,y) = y^2 f(x) + 2ye^x - 8yg(x), Q(x,y) = 2[yg(x) + f(x)]$. 根据题设条件可知 $\dfrac{\partial Q}{\partial x} = \dfrac{\partial P}{\partial y}$, 由此得

$$y\left[g'(x) - f(x)\right] + f'(x) + 4g(x) - e^x = 0.$$

从而有 $\begin{cases} g'(x) - f(x) = 0, \\ f'(x) + 4g(x) = e^x. \end{cases}$ 可得

$$g''(x) + 4g(x) = e^x.$$

这是关于 $g(x)$ 的常系数二阶非齐次线性微分方程, 解得

$$g(x) = C_1 \cos 2x + C_2 \sin 2x + \frac{1}{5}\mathrm{e}^x.$$

利用 $g(0) = 1, g'(0) = f(0) = 1$, 即 $\begin{cases} C_1 + \dfrac{1}{5} = 1, \\ 2C_2 + \dfrac{1}{5} = 1 \end{cases}$ 解得 $C_1 = \dfrac{4}{5}, C_2 = \dfrac{2}{5}$,

因此

$$g(x) = \frac{4}{5} \cos 2x + \frac{2}{5} \sin 2x + \frac{1}{5}\mathrm{e}^x.$$

此外, 再由 $g'(x) - f(x) = 0$ 即可解得

$$f(x) = -\frac{8}{5} \sin 2x + \frac{4}{5} \cos 2x + \frac{1}{5}\mathrm{e}^x.$$

四、(12 分) 求由 xOz 平面上的曲线 $\begin{cases} \left(x^2 + z^2\right)^2 = 4\left(x^2 - z^2\right), \\ y = 0 \end{cases}$ 绕 Oz 轴旋转而成的曲面所包围区域的体积.

解　曲面的方程为 $\left(x^2 + y^2 + z^2\right)^2 = 4\left(x^2 + y^2 - z^2\right)$. 采用球面坐标: $x = \rho \cos\theta \sin\varphi, y = \rho \sin\theta \sin\varphi, z = \rho \cos\varphi$, 曲面的方程可表示为: $\rho = 2\sqrt{-\cos 2\varphi}$, $\varphi \in \left[\dfrac{\pi}{4}, \dfrac{3\pi}{4}\right]$. 根据区域的对称性, 得

$$V = 8 \int_0^{\frac{\pi}{2}} \mathrm{d}\theta \int_{\frac{\pi}{4}}^{\frac{\pi}{2}} \mathrm{d}\varphi \int_0^{2\sqrt{-\cos 2\varphi}} \rho^2 \sin\varphi \mathrm{d}\rho = \frac{32\pi}{3} \int_{\frac{\pi}{4}}^{\frac{\pi}{2}} (-\cos 2\varphi)^{\frac{3}{2}} \sin\varphi \mathrm{d}\varphi.$$

再先后作变量代换: $t = \cos\varphi, \sqrt{2}t = \sin u$, 得

$$V = \frac{32\pi}{3} \int_0^{\frac{\sqrt{2}}{2}} \left(1 - 2t^2\right)^{\frac{3}{2}} \mathrm{d}t = \frac{16\sqrt{2}\pi}{3} \int_0^{\frac{\pi}{2}} \cos^4 u \, \mathrm{d}u.$$

利用沃利斯公式得 $\displaystyle\int_0^{\frac{\pi}{2}} \cos^4 u \, \mathrm{d}u = \frac{3}{4} \cdot \frac{1}{2} \cdot \frac{\pi}{2} = \frac{3\pi}{16}$, 所以

$$V = \frac{16\sqrt{2}\pi}{3} \cdot \frac{3\pi}{16} = \sqrt{2}\pi^2.$$

五、(12 分) 证明下列不等式:

(1) 设 $x \in [0, \pi], t \in [0, 1]$, 则 $\sin tx \geqslant t \sin x$;

(2) 设 $p > 0$, 则 $\int_0^{\frac{\pi}{2}} |\sin u|^p \mathrm{d}u \geqslant \dfrac{\pi}{2(p+1)}$;

(3) 设 $x \geqslant 0, p > 0$, 则 $\int_0^x |\sin u|^p \mathrm{d}u \geqslant \dfrac{x|\sin x|^p}{p+1}$.

解 (1) 令 $F(t) = \sin xt - t \sin x$, 则 $F(0) = F(1) = 0, F''(t) = -x^2 \sin xt$ $\leqslant 0$. 当 $x \in [0, \pi], t \in [0, 1]$ 时, 有 $F(t) \geqslant 0$, 即 $\sin tx \geqslant t \sin x$.

(2) 设 $p > 0$, 令 $u = \dfrac{\pi}{2}t$, 则

$$\int_0^{\frac{\pi}{2}} |\sin u|^p \mathrm{d}u = \frac{\pi}{2} \int_0^1 \left|\sin \frac{\pi}{2}t\right|^p \mathrm{d}t \geqslant \frac{\pi}{2} \int_0^1 \left|t \sin \frac{\pi}{2}\right|^p \mathrm{d}t = \frac{\pi}{2(p+1)}.$$

(3) 根据对称性, 并利用上述结果, 得

$$\int_0^{\pi} |\sin u|^p \mathrm{d}u = 2 \int_0^{\frac{\pi}{2}} |\sin u|^p \mathrm{d}u \geqslant \frac{\pi}{p+1}.$$

对于 $x \geqslant 0$, 存在非负整数 $k \geqslant 0$, 使得 $x = k\pi + v$, 其中 $v \in [0, \pi)$. 根据定积分的周期性特征, 有

$$\int_0^{k\pi} |\sin u|^p \mathrm{d}u = k \int_0^{\pi} |\sin u|^p \mathrm{d}u, \quad \int_{k\pi}^x |\sin u|^p \mathrm{d}u = \int_0^v |\sin u|^p \mathrm{d}u.$$

类似于第 (2) 题可证, $\int_0^v |\sin u|^p \mathrm{d}u \geqslant \dfrac{v|\sin v|^p}{p+1}$, 因此

$$\int_0^x |\sin u|^p \mathrm{d}u = \int_0^{k\pi} |\sin u|^p \mathrm{d}u + \int_{k\pi}^x |\sin u|^p \mathrm{d}u$$

$$= k \int_0^{\pi} |\sin u|^p \mathrm{d}u + \int_0^v |\sin u|^p \mathrm{d}u$$

$$\geqslant \frac{k\pi}{p+1} + \frac{v|\sin v|^p}{p+1} \geqslant \frac{x|\sin x|^p}{p+1}.$$

六、(12 分) 设函数 $f(x)$ 在闭区间 $[a, b]$ 上具有一阶连续导数, 证明:
$\int_a^b \sqrt{1 + [f'(x)]^2} \mathrm{d}x \geqslant \sqrt{(a-b)^2 + [f(a) - f(b)]^2}$, 并给出等号成立的条件.

证明 令 $F(t) = \int_a^t \sqrt{1 + [f'(x)]^2} \mathrm{d}x - \sqrt{(t-a)^2 + [f(t) - f(a)]^2}$, 则 $F(t)$

在 $[a, b]$ 上连续, 在 (a, b) 内具有一阶连续导数, 且

$$F'(t) = \sqrt{1 + [f'(t)]^2} - \frac{(t-a) + [f(t) - f(a)]f'(t)}{\sqrt{(t-a)^2 + [f(t) - f(a)]^2}}$$

$$= \frac{\sqrt{1 + [f'(t)]^2}\sqrt{(t-a)^2 + [f(t) - f(a)]^2} - [(t-a) + [f(t) - f(a)]f'(t)]}{\sqrt{(t-a)^2 + [f(t) - f(a)]^2}}.$$

对任意 $t \in (a, b)$, 利用柯西不等式, 恒有

$$1 \cdot (t-a) + f'(t)[f(t) - f(a)] \leqslant \sqrt{1 + [f'(t)]^2}\sqrt{(t-a)^2 + [f(t) - f(a)]^2},$$

可知 $F'(t) \geqslant 0$, 所以 $F(t)$ 在 $[a, b]$ 上单调递增. 故 $F(b) \geqslant F(a) = 0$, 即得所证.

进一步, 等号成立当且仅当 $f'(t) = \dfrac{f(t) - f(a)}{t - a} = k(\text{实常数})$, 即

$$f(t) = f(a) + k(t - a), \quad \forall t \in [a, b],$$

此时曲线 $y = f(x)$ 为直线.

七、(12 分) 证明级数 $\displaystyle\sum_{n=1}^{\infty} \ln\left(1 + \frac{1}{2n}\right) \cdot \ln\left(1 + \frac{1}{2n+1}\right)$ 收敛, 并求其和.

证明 记 $a_n = \ln\dfrac{n+1}{n}, n = 1, 2, \cdots$, 则级数化为 $\displaystyle\sum_{n=1}^{\infty} a_{2n}a_{2n+1}$.

因为 $x \to 0$ 时, $\ln(1+x) \sim x$, 所以 $n \to \infty$ 时, 有 $a_{2n}a_{2n+1} \sim \dfrac{1}{2n} \cdot \dfrac{1}{2n+1}$,

而级数 $\displaystyle\sum_{n=1}^{\infty} \dfrac{1}{2n(2n+1)}$ 显然收敛, 所以 $\displaystyle\sum_{n=1}^{\infty} a_{2n}a_{2n+1}$ 收敛.

再求级数 $\displaystyle\sum_{n=1}^{\infty} a_{2n}a_{2n+1}$ 的和. 令 $b_n = \displaystyle\sum_{k=n}^{2n-1} a_k^2, n = 1, 2, \cdots$, 则由 $a_n = a_{2n} + a_{2n+1}$ 得

$$b_n - b_{n+1} = a_n^2 - a_{2n}^2 - a_{2n+1}^2 = (a_{2n} + a_{2n+1})^2 - a_{2n}^2 - a_{2n+1}^2 = 2a_{2n}a_{2n+1}.$$

由于 $0 < b_n < n\ln^2\left(1 + \dfrac{1}{n}\right) < \dfrac{1}{n}$, 故由夹逼定理可知 $b_n \to 0(n \to \infty)$. 于是有

$$\sum_{n=1}^{\infty} a_{2n}a_{2n+1} = \frac{1}{2}\lim_{N \to \infty}\sum_{n=1}^{N}(b_n - b_{n+1}) = \frac{1}{2}\lim_{N \to \infty}(b_1 - b_{N+1}) = \frac{b_1}{2} = \frac{\ln^2 2}{2}.$$

第三部分

模 拟 试 题

数学模拟题 (一)

一、解答下列各题 (每小题 6 分, 共 24 分)

(1) 计算 $\int_2^4 \dfrac{\sqrt{\ln(9-x)}}{\sqrt{\ln(9-x)} + \sqrt{\ln(x+3)}} \mathrm{d}x$.

(2) 设 $0 < \alpha < 1$, 求 $\lim\limits_{n \to \infty} [(n+1)^\alpha - n^\alpha]$.

(3) 讨论级数 $\sum\limits_{n=1}^\infty \left[\dfrac{1}{n} - \ln\left(1 + \dfrac{1}{n}\right) \right]$ 的收敛性.

(4) 设函数 $z = f(x,y)$ 在点 $(0,1)$ 的某邻域内可微, 且 $f(x, y+1) = 1 + 2x + 3y + o(\rho)$, 其中 $\rho = \sqrt{x^2 + y^2}$, 求曲面 $z = f(x,y)$ 在点 $(0,1)$ 处的切平面方程.

二、(10 分) 设 $f(x)$ 在 $(0, +\infty)$ 上有定义, 且 $a > 0, b > 0$, 若 $\dfrac{f(x)}{x}$ 单调递减, 证明 $f(a) + f(b) > f(a+b)$.

三、(12 分) 设 $f(x) = \begin{cases} \dfrac{g(x) - \mathrm{e}^{-x}}{x}, & x \neq 0, \\ 0, & x = 0, \end{cases}$ 其中 $g(x)$ 有二阶连续导数, 且 $g(0) = 1, g'(0) = -1$.

(1) 求 $f'(x)$;

(2) 讨论 $f'(x)$ 在 $(-\infty, +\infty)$ 上的连续性.

四、(12 分) 设 $f(x), g(x)$ 在 $[a,b]$ 上二阶可导, $g''(x) \neq 0$, 且 $f(a) = f(b) = g(a) = g(b) = 0$, 求证:

(1) 在 (a,b) 内, $g(x) \neq 0$;

(2) 存在 $\xi \in (a,b)$, 使 $\dfrac{f(\xi)}{g(\xi)} = \dfrac{f''(\xi)}{g(''\xi)}$.

五、(10 分) 在椭圆 $\dfrac{x^2}{a^2} + \dfrac{y^2}{b^2} = 1$ 的第一象限部分上求一点 P, 使该点处的切线、椭圆及两坐标轴所围成图形的面积为最小 (其中 $a > 0, b > 0$).

六、(10 分) 设曲面 Σ 为 $x^2 + y^2 + z^2 = a^2$ 的外侧, $\cos\alpha, \cos\beta, \cos\gamma$ 是其外法线向量的方向余弦, 计算 $\oiint\limits_{\Sigma} \dfrac{x\cos\alpha + y\cos\beta + z\cos\gamma}{(x^2 + y^2 + z^2)^{3/2}} \mathrm{d}S$.

七、(12 分) 设 $\rho = \rho(x)$ 是抛物线 $y = \sqrt{x}$ 上任意一点 $M(x,y)(x \geqslant 1)$ 的曲率半径, $s = s(x)$ 是该抛物线上介于点 $A(1,1)$ 与 M 之间的弧长, 计算 $3\rho\dfrac{\mathrm{d}^2\rho}{\mathrm{d}s^2} -$

$\left(\dfrac{\mathrm{d}\rho}{\mathrm{d}s}\right)^2$ 的值.

八、(10 分) 设 $f(x)$ 在 $[a,b]$ 上连续, 且单调递增, 证明:

$$(a+b)\int_a^b f(x)\mathrm{d}x \leqslant 2\int_a^b xf(x)\mathrm{d}x.$$

数学模拟题 (二)

一、解答下列各题 (每小题 6 分, 共 24 分)

(1) 求极限 $\lim\limits_{x\to 0}\dfrac{1-\cos x\cos 2x}{x^2}$.

(2) 设 m 为正整数, 若 $x\to 1$ 时, $1-\dfrac{m}{1+x+\cdots+x^{m-1}}$ 与 $x-1$ 是等价无穷小, 求 m.

(3) 设曲面 Σ 为 $x^2+y^2+z^2=4$, 计算 $\displaystyle\iint\limits_{\Sigma}(x^2+y^2)\mathrm{d}S$.

(4) 已知曲线的极坐标方程为 $r=1-\cos\theta$, 求该曲线上对应于 $\theta=\dfrac{\pi}{6}$ 处的切线与法线的直角坐标方程.

二、(10 分) 设 $f(x)$ 在 $[a,b]$ 上连续, 在 (a,b) 内可导, 且 $f(a)=f(b)=1$. 试证: 存在 $\xi,\eta\in(a,b)$, 使 $\mathrm{e}^{\xi-\eta}=f(\eta)+f'(\eta)$.

三、(12 分) 对于任意的 $x>0$, 曲线上的点 $(x,f(x))$ 处的切线在 y 轴上的截距等于 $\dfrac{1}{x}\displaystyle\int_0^x f(t)\mathrm{d}t$, 求 $f(x)$ 的表达式.

四、(12 分) 设 $f(x)$ 在 $[0,a]$ 上二阶可导, 且 $f''(x)\geqslant 0$, 又 $x=u(t)$ 连续. 证明

$$\frac{1}{a}\int_0^a f(u(t))\mathrm{d}t \geqslant f\left(\frac{1}{a}\int_0^a u(t)\mathrm{d}t\right).$$

五、(10 分) 设 $f(x), g(x)$ 均在 $[0,1]$ 上有定义, 证明: 存在 $x_1,x_2\in[0,1]$, 使得

$$|x_1 x_2-f(x_1)-g(x_2)|\geqslant\frac{1}{4}.$$

六、(12 分) 设 $f(x)$ 在 $[0,+\infty)$ 上单调减少, 且非负连续, $a_n=\displaystyle\sum_{k=1}^n f(k)-\displaystyle\int_k^{k+1}f(x)\mathrm{d}x(n=1,2,\cdots)$. 证明数列 $\{a_n\}$ 的极限存在.

七、(10 分) 若 $\lim\limits_{x \to 0} \dfrac{\sin 6x + x f(x)}{x^3} = 0$, 求极限 $\lim\limits_{x \to 0} \dfrac{6 + f(x)}{x^2}$.

八、(10 分) 设曲面 S 的方程为 $z = \sqrt{4 + x^2 + 4y^2}$, 平面 π 的方程为 $x + 2y + 2z = 2$, 试在曲面 S 上求一个点的坐标, 使该点与平面 π 的距离为最近, 求此最近距离.

数学模拟题 (三)

一、解答下列各题 (每小题 6 分, 共 24 分)

(1) 求极限 $\lim\limits_{n \to \infty} \left(n \tan \dfrac{1}{n} \right)^{n^2}$.

(2) 设当 $\alpha \to 0$ 时, $I_\alpha = \oint_L \dfrac{y \mathrm{d}x - x \mathrm{d}y}{(x^2 + y^2 + xy)^2}$ 与 α^n 为同阶无穷小, 其中 L 为有向圆周: $x^2 + y^2 = \dfrac{1}{\alpha^2}$, 求常数 n.

(3) 求级数 $\sum\limits_{k=1}^{\infty} \dfrac{k + 2}{k! + (k+1)! + (k+2)!}$ 的和.

(4) 设 $f(x^2 - 1) = \ln \dfrac{x^2}{x^2 - 2}$, 且 $f(\varphi(x)) = \ln x$, 求不定积分 $\int \varphi(x) \mathrm{d}x$.

二、(10 分) 设 $f(x)$ 在 (a,b) 内可导且无界, 求证 $f'(x)$ 在 (a,b) 内也无界, 但逆命题不成立.

三、(12 分) 设 $f(x)$ 在 $[0,1]$ 上连续, 在 $(0,1)$ 内可导, 且 $f(0) = f(1) = 0$, $f\left(\dfrac{1}{2}\right) = 1$. 试证:

(1) 存在 $\eta \in \left(\dfrac{1}{2}, 1\right)$, 使 $f(\eta) = \eta$;

(2) 对任意的实数 λ, 存在 $\xi \in (0, \eta)$, 使 $f'(\xi) - \lambda [f(\xi) - \xi] = 1$.

四、(12 分) 设函数 $y = f(x)$ 是由方程

$$2y^3 - 2y^2 + 2xy - x^2 = 1$$

确定的, 求 $y = f(x)$ 的驻点, 并判断它是否为极值点.

五、(10 分) 计算 $\int_0^{\frac{\pi}{2}} \dfrac{\mathrm{d}x}{1 + (\tan x)^\alpha}$, 其中 α 为常数.

六、(12 分) 设 $f(x)$ 在 $(-\infty, +\infty)$ 上具有连续的导数, 且 $m \leqslant f(x) \leqslant M$.

(1) 求 $\lim\limits_{a \to 0} \dfrac{1}{4a^2} \int_{-a}^{a} [f(t+a) - f(t-a)] \mathrm{d}t$;

(2) 证明 $\left| \dfrac{1}{2a} \displaystyle\int_{-a}^{a} f(t)\mathrm{d}t - f(x) \right| \leqslant M - m.$

七、(10 分) 设 $f(x)$ 连续, 且 $f(0) = 0$,

$$F(t) = \iiint\limits_{\Omega_t} \left[z^2 + f(x^2 + y^2) \right] \mathrm{d}x\mathrm{d}y\mathrm{d}z,$$

其中积分区域 $\Omega_t: x^2 + y^2 \leqslant t^2, 0 \leqslant z \leqslant 1$, 计算 $\lim\limits_{t \to 0^+} \dfrac{F(t)}{t^2}$.

八、(10 分) 设 $0 < a < b$, 证明不等式 $\dfrac{2a}{a^2 + b^2} < \dfrac{\ln b - \ln a}{b - a} < \dfrac{1}{\sqrt{ab}}$.

数学模拟题 (四)

一、解答下列各题 (每小题 6 分, 共 24 分)

(1) 计算极限 $\lim\limits_{n \to \infty} \left(\dfrac{1}{n+1} + \dfrac{1}{n+3} + \cdots + \dfrac{1}{n+(2n+1)} \right).$

(2) 求函数 $f(x, y, z) = \sqrt{x^2 + y^2 + z^2}$ 在点 $M(1, 1, 1)$ 处沿曲面 $2z = x^2 + y^2$ 在点 M 处的外法线 $\boldsymbol{n}$ 的法向导数 $\left. \dfrac{\partial u}{\partial \boldsymbol{n}} \right|_M$.

(3) 设质点 P 在直角坐标系 xOy 的 y 轴上做匀速运动, 定点 A 在 x 轴上且不与原点重合. 试证明: 直线段 AP 的角速度与 AP 之长的平方成反比.

(4) 设 $f(x)$ 可导, 且 $f(0) = 0$, $F(x) = \displaystyle\int_0^x t^{n-1} f(x^n - t^n)\mathrm{d}t$, 求 $\lim\limits_{x \to 0} \dfrac{F(x)}{x^{2n}}$.

二、(10 分) 设 $f(x)$ 在 $[0, 1]$ 上连续、可导, 且 $f(0) = 0$, $f(1) = \dfrac{1}{3}$, 试证明存在 $\xi \in \left(0, \dfrac{1}{2} \right), \eta \in \left(\dfrac{1}{2}, 1 \right)$, 使 $f'(\xi) + f'(\eta) = \xi^2 + \eta^2$.

三、(10 分) 求极限 $\lim\limits_{n \to \infty} \sum\limits_{k=1}^{n} \dfrac{\mathrm{e}^{\frac{k}{n}}}{n + \dfrac{1}{k}}$.

四、(10 分) 设 $f(x)$ 在 $[a, b]$ 上连续, 在 (a, b) 内可导, 且 $f'(x) \neq 0$. 试证: 存在 $\xi, \eta \in (a, b)$, 使 $\dfrac{f'(\xi)}{f'(\eta)} = \dfrac{b - a}{\mathrm{e}^b - \mathrm{e}^a} \mathrm{e}^{\xi}$.

五、(10 分) 试证: 当 $x > 0$ 时, 有 $(x^2 - 1) \ln x \geqslant (x - 1)^2$.

六、(12 分) 设 $f(x)$ 在点 x_0 的某邻域内存在四阶导数, 且 $\left| f^{(4)}(x) \right| \leqslant M$, 证明: 对于该邻域内异于 x_0 的任意 x, 均有

$$\left| f''(x_0) - \frac{f(x) - 2f(x_0) + f'(x)}{(x - x_0)^2} \right| \leqslant \frac{M}{12}(x - x_0)^2.$$

七、(12 分) 设二元函数 $f(x, y) = |x - y| \varphi(x, y)$, 其中 $\varphi(x, y)$ 在点 $(0, 0)$ 的某邻域内连续, 试证明 $f(x, y)$ 在点 $(0, 0)$ 处可微的充要条件是 $\varphi(0, 0) = 0$.

八、(12 分) 计算 $\displaystyle\iint\limits_{\Sigma} \frac{x\mathrm{d}y\mathrm{d}z + y\mathrm{d}z\mathrm{d}x + z\mathrm{d}x\mathrm{d}y}{(x^2 + y^2 + z^2)^{3/2}}$, 其中:

(1) Σ 为 $x^2 + y^2 + z^2$ ($a > 0$, 取外侧);

(2) Σ 为 $\dfrac{x^2}{2} + \dfrac{y^2}{3} + \dfrac{z^2}{4} = 1$ (取外侧);

(3) Σ 为不经过原点的任意光滑曲面 (取外侧).

数学模拟题 (五)

一、解答下列各题 (每小题 6 分, 共 24 分)

(1) 求极限 $\displaystyle\lim_{n\to\infty} \frac{n(n-1)(n-2)\cdots(n-k+1)}{k!} \left(\frac{\lambda}{n}\right)^k \left(1 - \frac{\lambda}{n}\right)^{n-k}$.

(2) 设函数 $f(x)$ 在 $(0, +\infty)$ 上连续, 对任意正数 x, 有 $f(x^2) = f(x)$, 且 $f(x) = 5$, 求 $f(x)$.

(3) 在曲面 $z = x^2 + 4y^2$ 上求一点, 使曲面在这点的切平面经过点 $(5, 2, 1)$, 且与直线

$$\frac{x-1}{2} = \frac{y-2}{1} = \frac{z-3}{4}$$

平行.

(4) 设 $f(x) = \begin{cases} \sin x, & 0 \leqslant x \leqslant 2, \\ 0, & \text{其他}, \end{cases}$ D 是全平面, 计算二重积分

$$\iint\limits_{D} f(x)f(y-x)\mathrm{d}x\mathrm{d}y.$$

二、(10 分) 设 $f(x)$ 连续, 且 $\displaystyle\int_0^x tf(2x-t)\mathrm{d}t = \frac{1}{2}\arctan x^2$, 已知 $f(1) = 1$, 求 $\displaystyle\int_1^2 f(x)\mathrm{d}x$.

三、(10 分) 设 $f(x)$ 在区间 $[-1, 1]$ 上具有三阶连续导数, 证明存在 $\xi \in (-1, 1)$, 使得

$$\frac{f(1) - f(-1)}{2} - f'(0) = \frac{f'''(\xi)}{6!}.$$

四、(12 分) 设 $f(x)$ 在 $[0,1]$ 上连续, 且 $f(x) > 0$. 证明

$$\ln \int_0^1 f(x)\mathrm{d}x \geqslant \int_0^1 \ln f(x)\mathrm{d}x.$$

五、(12 分) 设函数 $f(x)$ 在 $(-\infty, +\infty)$ 上有定义, 在 $[0,2]$, $f(x) = x(x^2 - 4)$, 若对任意的 x 都满足 $f(x) = kf(x+2)$, 其中 k 为常数.

(1) 写出在 $f(x)$ 在 $[-2,0]$ 上的表达式;

(2) 问 k 为何值时, $f(x)$ 在 $x = 0$ 处连续;

(3) 写出在 $f(x)$ 在 $[-4,-2]$ 上的表达式.

六、(12 分) 设函数 $f(x)$ 在 $[0,+\infty)$ 上连续, 且 $\int_0^1 f(x)\mathrm{d}x < -\dfrac{1}{2}$, $\lim\limits_{x \to +\infty} \dfrac{f(x)}{x} = 0$. 证明: 至少存在 $\xi \in (0, +\infty)$, 使 $f(\xi) + \xi = 0$.

七、(10 分) 求极限 $\lim\limits_{x \to +\infty} (x+2)\ln(x+2) - 2(x+1)\ln(x+1) + x\ln(x)$.

八、(10 分) 求级数 $\sum\limits_{n=0}^{\infty} (-1)^n \dfrac{n^2 - n + 1}{2^n}$ 的和.

数学模拟题 (六)

一、解答下列各题 (每小题 6 分, 共 24 分)

(1) 求满足 $f'(x)f''(x) = 0$ $(x \in (-\infty, +\infty))$ 的所有函数 $f(x)$.

(2) 求极限 $\lim\limits_{n \to \infty} n^2(\sqrt[n]{x} - \sqrt[n+1]{x})$ $(x > 0)$.

(3) 求两条异面直线 $L_1: \dfrac{x+1}{0} = \dfrac{y-1}{1} = \dfrac{z-2}{3}$ 与 $L_2: \dfrac{x-1}{1} = \dfrac{y}{2} = \dfrac{z+1}{2}$ 之间的距离.

(4) 已知 $z = f(x,y)$ 在点 $(1,1)$ 处可微, 且

$$f(1,1) = 1, \quad \left.\frac{\partial f}{\partial x}\right|_{(1,1)} = 2, \quad \left.\frac{\partial f}{\partial y}\right|_{(1,1)} = 3.$$

设 $\varphi(x) = f(x, f(x,x))$, 求 $\left.\dfrac{\mathrm{d}}{\mathrm{d}x}\varphi^3(x)\right|_{x=1}$.

二、(10 分) 设函数 $f(x)$ 在 $(-\infty, +\infty)$ 内连续, 且 $f[f(x)] = x$, 证明在 $(-\infty, +\infty)$ 内至少有一个 x_0 满足 $f(x_0) = x_0$.

三、(12 分) 设 $y = y(x)$ 是具有二阶连续导数的上凹曲线, 其上任意一点 (x, y) 处的曲率为 $\dfrac{1}{\sqrt{1 + y'^2}}$, 且曲线在 $(0, 1)$ 处的切线方程为 $y = x + 1$, 求该曲线的方程, 并求 $y = y(x)$ 的极值.

四、(10 分) 设 $f(x)$ 在 $[0, 1]$ 上有二阶导数, 且 $f(0) = f(1)$, 证明存在 $\xi \in (0, 1)$, 使

$$f''(\xi) = \frac{2f'(\xi)}{1 - \xi}.$$

五、(10 分) 设 $f(x), g(x)$ 均为 $[a, b]$ 上连续增函数, 试证明:

$$\int_a^b f(x)\mathrm{d}x \int_a^b g(x)\mathrm{d}x \leqslant (b - a) \int_a^b f(x)g(x)\mathrm{d}x.$$

六、(12 分) 设 Σ 为椭球面 $\dfrac{x^2}{2} + \dfrac{y^2}{2} + z^2 = 1$ 的上半部分, 点 $P(x, y, z)$ 为 Σ 上一点, π 为 Σ 在点 P 处的切平面, $\rho(x, y, z)$ 为点 $(0, 0, 0)$ 到平面 π 的距离, 试计算 $\displaystyle\iint_\Sigma \dfrac{z\mathrm{d}S}{\rho(x, y, z)}$.

七、(12 分) 设有幂级数 $2 + \displaystyle\sum_{n=1}^\infty \dfrac{x^{2n}}{(2n)!}$.

(1) 求此级数的收敛域并证明此级数的和函数 $y(x)$ 满足 $y'' - y = -1$;

(2) 求微分方程 $y'' - y = -1$ 的通解, 并由此确定该级数的和函数 $y(x)$.

八、(10 分) 设 $\{a_n\}, \{b_n\}$ 是两个实数列, 且满足 $\mathrm{e}^{a_n} = a_n + \mathrm{e}^{b_n}$, $n = 1, 2, \cdots$.

(1) 若 $a_n > 0 (n = 1, 2, \cdots)$, 证明 $b_n > 0 (n = 1, 2, \cdots)$;

(2) 若 $a_n > 0 (n = 1, 2, \cdots)$, 且 $\displaystyle\sum_{n=1}^\infty a_n$ 收敛, 求证 $\displaystyle\sum_{n=1}^\infty \dfrac{b_n}{a_n}$ 也收敛.

数学模拟题 (七)

一、解答下列各题 (每小题 6 分, 共 24 分)

(1) 求函数 $f(x) = x^2 + y^2 - xy$ 在区域 $|x| + |y| \leqslant 1$ 上的最大值与最小值.

(2) 设 $a_n > 0 \ (n = 1, 2, \cdots)$, 且 $\lim\limits_{n \to \infty} a_n = a > 0$, 求极限 $\lim\limits_{n \to \infty} \sqrt[n]{a_1 a_2 \cdots a_n}$.

(3) 设 $f(x) = \displaystyle\int_1^x \dfrac{1}{\sqrt{1 + t^4}}\mathrm{d}t$, 计算 $\displaystyle\int_0^1 x^2 f(x)\mathrm{d}x$.

(4) 设 $f(x)$ 在 $x = 1$ 处连续, 且

$$\lim_{x \to 1} \frac{2f(x) + 3}{(x - 1)^2} = 2.$$

① 求 $f'(x)$;

② 若 $\lim\limits_{x \to 1} \dfrac{f'(x)}{x - 1}$ 存在, 求 $f''(1)$.

二、(12 分) 设 $f(x)$ 在 $(-1, 1)$ 上有二阶连续导数, 且 $f''(x) \neq 0$, 证明:

(1) 任意 $x \in (-1, 1)$, $x \neq 0$, 存在唯一的 $\theta(x) \in (0, 1)$, 使得

$$f(x) = f(0) + x f'(\theta(x) x)$$

成立;

(2) $\lim\limits_{x \to 0} \theta(x) = \dfrac{1}{2}$.

三、(10 分) 设 $D = \{(x, y) \,|\, |x| + |y| \leqslant t, t > 0\}$, 且

$$I_t = \iint\limits_{D} \mathrm{e}^{-(x^2 + y^2)} \mathrm{d}x \mathrm{d}y,$$

求极限 $\lim\limits_{t \to +\infty} I_t$.

四、(10 分) 设 $f(x)$ 具有一阶连续导数, 且 $f'(0)$ 存在, 求解函数方程

$$f(x + y) = \frac{f(x) + f(y)}{1 - f(x) f(y)}.$$

五、(12 分) 设 $f(x)$ 在 $[0, 1]$ 上连续、可导, 在 $(0, 1)$ 内大于 0, 并满足

$$x f'(x) = f(x) + \frac{3a}{2} x^2 \ (a \text{为常数}).$$

又曲线 $y = f(x)$ 与 $x = 1$, $y = 0$ 所围图形 A 的面积为 2, 求函数 $y = f(x)$, 并问 a 为何值时, 图形 A 绕 x 轴的旋转体的体积最小.

六、(12 分) 设 $f(x)$ 在 $[0, 1]$ 上连续, 且 $\int_0^1 f(x) \mathrm{d}x = m$, 试求

$$\int_0^1 \mathrm{d}x \int_x^1 \mathrm{d}y \int_x^y f(x) f(y) f(z) \mathrm{d}z.$$

七、(10 分) 设函数 $f(x)$ 满足关系式 $f''(x) + [f'(x)]^2 = x$, 且 $f'(0) = 0$. 证明: 点 $(0, f(0))$ 是曲线 $y = f(x)$ 的拐点, 但 $f(0)$ 不是 $f(x)$ 的极值.

八、(10 分)

设 $\{a_n\}$ 是正项递减数列且级数 $\sum\limits_{n=1}^{\infty} a_n$ 收敛, 证明:

(1) $\lim\limits_{n\to\infty} na_n = 0$;

(2) $\sum\limits_{n=1}^{\infty} n(a_{n-1} - a_n) = \sum\limits_{n=1}^{\infty} a_n$, 其中 $a_0 = 0$.

数学模拟题 (八)

一、解答下列各题 (每小题 6 分, 共 24 分)

(1) 设 $y = f(x)$ 是由方程 $y^3 + xy^2 + x^2y + 6 = 0$ 确定的, 求 $f(x)$ 的极值.

(2) 设 $x_n = 1 + \dfrac{1}{1+2} + \cdots + \dfrac{1}{1+2+\cdots+n}$, 求极限 $\lim\limits_{n\to\infty} x_n$.

(3) 计算定积分 $\displaystyle\int_{-2}^{2} x\ln(1 + \mathrm{e}^x)\mathrm{d}x$.

(4) 求级数 $\sum\limits_{n=1}^{\infty} \dfrac{1}{n \cdot 2^n}$ 的和.

二、(10 分) 设 $f(x,y) = x + y + xy$, 曲线 C: $x^2 + y^2 + xy = 3$, 求 $f(x,y)$ 在曲线 C 上的最大方向导数.

三、(12 分) 设 $f(x)$ 在 $[0, +\infty)$ 上连续、可微, 且 $\lim\limits_{x\to+\infty}[f'(x) + f(x)] = 0$, 证明 $\lim\limits_{x\to+\infty} f(x) = 0$.

四、(10 分) 设 $f(x)$ 在 $(0, +\infty)$ 内可导, $f(x) > 0$, $\lim\limits_{x\to+\infty} f(x) = 1$, 且满足

$$\lim_{h\to 0}\left[\frac{f(x + hx)}{f(x)}\right]^{\frac{1}{h}} = \mathrm{e}^{\frac{1}{x}}.$$

求 $f(x)$.

五、(10 分) 设有直线 L_1: $\dfrac{x-9}{4} = \dfrac{y+2}{-3} = \dfrac{z}{1}$ 与 L_2: $\dfrac{x}{-2} = \dfrac{y+7}{9} = \dfrac{z-2}{2}$, 试求与 L_1, L_2 都垂直相交的直线方程.

六、(12 分) 设对于空间 $x > 0$ 内的任意的光滑有向闭曲面 Σ, 均有

$$\oiint\limits_{\Sigma} xf(x)\mathrm{d}y\mathrm{d}z - xyf(x)\mathrm{d}z\mathrm{d}x - \mathrm{e}^{2x}z\mathrm{d}x\mathrm{d}y = 0,$$

其中 $f(x)$ 在 $(0, +\infty)$ 内具有连续的一阶导数, 且 $\lim\limits_{x\to0^+} f(x) = 1$, 求 $f(x)$.

七、(10 分) 设 Ω 为 $x^2 + y^2 + z^2 \leqslant 1$, 证明

$$\frac{4\sqrt[3]{2}\pi}{3} \leqslant \iiint\limits_{\Omega} \sqrt[3]{x + 2y - 2z + 5}\mathrm{d}x\mathrm{d}y\mathrm{d}z \leqslant \frac{8}{3}\pi.$$

八、(12 分)

(1) 设 $f(x) = \ln(1 + x)$, 将 $f(x)$ 展开成 x 的幂级数;

(2) 已知 $\displaystyle\sum_{n=1}^{\infty} \frac{(-1)^{n+1}}{n^2} = \frac{\pi^2}{12}$, 求 $\displaystyle\int_0^1 \frac{\ln(1 + x)}{x}\mathrm{d}x$.

数学模拟题 (九)

一、解答下列各题 (每小题 6 分, 共 24 分)

(1) 设 $f(x)$ 在 $x = 0$ 的某邻域内具有二阶导数, 且 $\displaystyle\lim_{x \to 0} \left[1 + x + \frac{f(x)}{x}\right]^{\frac{1}{x}} = \mathrm{e}^3$, 试求 $f(0)$, $f'(0)$ 及 $f''(0)$.

(2) 求极限 $\displaystyle\lim_{n \to \infty} \sqrt{n} \int_n^{n+1} \frac{\mathrm{d}x}{\sqrt{2x + \cos x}}$.

(3) 设 $f(x)$ 可微, $f(1) = 5$, 且满足 $\displaystyle\int_0^1 f(tx)\mathrm{d}t = \frac{1}{2}f(x) + 1$. 求 $f(x)$.

(4) 求 $I = \displaystyle\iint\limits_{D} xy \left[f(x^2 + y^2) + x\right]\mathrm{d}\sigma$, 其中积分区域 D 是由 $y = -x$, $y = 1$, $x = 1$ 围成的.

二、(10 分) 设当 $x > -1$ 时, 可微函数 $f(x)$ 满足条件

$$f'(x) + f(x) - \frac{1}{x+1}\int_0^x f(t)\mathrm{d}t = 0,$$

且 $f(0) = 1$, 试证: 当 $x \geqslant 0$ 时, 有 $\mathrm{e}^{-x} \leqslant f(x) \leqslant 1$ 成立.

三、(12 分) 设非负函数 $f(x)$ 在 $[0, +\infty)$ 上连续, 且 $\displaystyle\lim_{x \to +\infty} f(x) = 0$, 证明: $f(x)$ 在 $[0, +\infty)$ 上取到最大值.

四、(10 分) 设 $f(t)$ 单调递增, 在区间 $[0, T]$ 上可积, 且 $\displaystyle\lim_{T \to \infty} \frac{1}{T}\int_0^T f(t)\,\mathrm{d}t = c$ (常数). 试证明: $\displaystyle\lim_{t \to \infty} f(t) = c$.

五、(10 分) 已知当 $x \to 0$ 时, $f(x)$ 与 x^2 为等价无穷小, 且当 $x > 0$ 时, $f(x) > 0$, 记 $\alpha_n = f\left(\dfrac{1}{n}\right)$ $(n = 1, 2, \cdots)$, 试证: 极限 $\lim\limits_{n\to\infty}(1+\alpha_1)(1+\alpha_2)\cdots(1+\alpha_n)$ 存在.

六、(12 分) 设 Σ 为锥面 $z^2 = 3x^2 + 3y^2$ $(z \geqslant 0)$ 被平面 $x - \sqrt{3}z + 4 = 0$ 截下的 (有限) 部分, 求 Σ 的面积.

七、(10 分) 计算三重积分 $I = \iiint\limits_{V} \left(\dfrac{x^2}{a^2} + \dfrac{y^2}{b^2} + \dfrac{z^2}{c^2}\right) \mathrm{d}x\mathrm{d}y\mathrm{d}z$, 其中 V 是椭球体 $\dfrac{x^2}{a^2} + \dfrac{y^2}{b^2} + \dfrac{z^2}{c^2} \leqslant 1$.

八、(12 分) 求级数 $\sum\limits_{n=3}^{\infty} \dfrac{1}{n(n-2)2^n}$ 的和.

数学模拟题 (十)

一、解答下列各题 (每小题 6 分, 共 24 分)

(1) 计算积分 $I = \displaystyle\int_0^1 \dfrac{x^3 - x^2}{\ln x} \mathrm{d}x$.

(2) 试确定常数 a, b, 使 $\lim\limits_{x\to 0} \dfrac{1}{ax - \sin x} \displaystyle\int_0^x \dfrac{t^2}{\sqrt{b + 3t}} \mathrm{d}t = 2$.

(3) 设 $f(x) = x\mathrm{e}^x$, 求 $f^{(n)}(x)$ 极值.

(4) 计算曲线积分 $\displaystyle\int_L |y| \mathrm{d}s$, 其中曲线 L 为 $x^2 + y^2 = R^2$ $(R > 0)$.

二、(10 分) 设函数 $f(x)$ 在 $(-\infty, +\infty)$ 上有界且导数连续, 又对任意 x, 均有

$$|f(x) + f'(x)| \leqslant 1.$$

试证: $|f(x)| \leqslant 1$.

三、(10 分) 设 $F(x) = f(x)g(x)$, 其中 $f'(x) = g(x)$, $g'(x) = f(x)$, 且

$$f(0) = 0, \quad f(x) + g(x) = 2\mathrm{e}^x.$$

(1) 求 $F(x)$ 满足的一阶微分方程;

(2) 求 $F(x)$ 的表达式.

四、(12 分)

设 $f'(x)$ 在 $[a, b]$ 上连续, $f(x)$ 在 (a, b) 内二阶可导, $f(a) = f(b) = 0$, $\displaystyle\int_a^b f(x)\mathrm{d}x = 0$, 证明

(1) 在 (a,b) 内至少有一点 ξ, 使得 $f'(\xi) = f(\xi)$;

(2) 在 (a,b) 内至少有一点 η, $\eta \neq \xi$, 使得 $f''(\eta) = f(\eta)$.

五、(10 分) 对于什么样的实数 x, 级数 $\sum\limits_{n=0}^{\infty} \sin(nx)$ 收敛? 说明理由.

六、(10 分) 求曲线积分 $I = \int_L (\mathrm{e}^x \sin y - b(x+y))\mathrm{d}x + (\mathrm{e}^x \cos y - ax)\mathrm{d}y$, 其中 a 与 b 为正常数, 曲线 L 为从点 $A(2a,0)$ 沿曲线 $y = \sqrt{2ax - x^2}$ 到点 $O(0,0)$ 的弧.

七、(12 分) 已知函数 $f(x)$ 是 $[0, 2\pi]$ 上的连续函数, 且 $\int_0^{2\pi} f(x)\mathrm{d}x = A$, 试计算极限 $\lim\limits_{n \to +\infty} \int_0^{2\pi} f(x) |\sin nx| \,\mathrm{d}x$.

八、(12 分) 将函数 $f(x) = \arctan \dfrac{1-2x}{1+2x}$ 展开成 x 的幂级数, 并求级数 $\sum\limits_{n=0}^{\infty} \dfrac{(-1)^n}{2n+1}$ 的和.

数学模拟题答案及提示

参 考 文 献

菲赫金哥尔茨. 2006. 微积分学教程 (第二卷)[M]. 8 版. 徐献瑜, 冷生明, 梁文骐, 译. 北京: 高等教育出版社.

龚昇. 2006. 简明微积分 [M]. 4 版. 北京: 高等教育出版社.

贺才兴. 2011. 高等数学解题方法与技巧 [M]. 上海: 上海交通大学出版社.

华东师范大学数学系. 2010. 数学分析: 上册 [M]. 4 版. 北京: 高等教育出版社.

华东师范大学数学系. 2010. 数学分析: 下册 [M]. 4 版. 北京: 高等教育出版社.

李建平. 2018. 微积分 [M]. 北京: 北京大学出版社.

罗来珍, 汪海蓉, 张健. 2023. 高等数学: 下册 [M]. 北京: 科学出版社.

南京理工大学应用数学系. 2016. 高等数学学习辅导 [M]. 2 版. 北京: 机械工业出版社.

裴礼文. 2021. 数学分析中的典型问题与方法 [M]. 3 版. 北京: 高等教育出版社.

齐民友. 2004. 重温微积分 [M]. 北京: 高等教育出版社.

四川大学数学学院高等数学教研室. 2020. 高等数学: 第一册 [M]. 5 版. 北京, 高等教育出版社.

苏德矿, 吴明华. 2000. 微积分 [M]. 北京: 高等教育出版社.

同济大学数学系. 2014. 高等数学: 上册 [M]. 7 版. 北京: 高等教育出版社.

同济大学数学系. 2014. 高等数学: 下册 [M]. 7 版. 北京: 高等教育出版社.

武忠祥. 2006. 工科数学分析基础教学辅导书: 上册 [M]. 北京: 高等教育出版社.

武忠祥. 2007. 工科数学分析基础教学辅导书: 下册 [M]. 北京: 高等教育出版社.

赵辉, 李莎莎, 付作娴. 2023. 高等数学: 上册 [M]. 北京: 科学出版社.